"十二五"国家重点图书出版规划项目
2017年度国家出版基金项目（2017T-077）
国家重点研发计划项目（2016YFC0801402）
国家重点基础研究发展计划（973计划）(2011CB201205)

Coalmine Gas Dynamic Disaster Control

煤矿瓦斯动力灾害及其治理

林柏泉　杨威　◎　著

中国矿业大学出版社

图书在版编目(CIP)数据

煤矿瓦斯动力灾害及其治理 / 林柏泉，杨威著. —徐州:中国矿业大学出版社,2018.6

ISBN 978-7-5646-4220-4

Ⅰ. ①煤… Ⅱ. ①林… ②杨… Ⅲ. ①煤矿—瓦斯—灾害防治 Ⅳ. ①TD712

中国版本图书馆 CIP 数据核字(2018)第 247707 号

书　　名　煤矿瓦斯动力灾害及其治理
著　　者　林柏泉　杨　威
责任编辑　姜志方　马跃龙　陈红梅
出版发行　中国矿业大学出版社有限责任公司
　　　　　　（江苏省徐州市解放南路　邮编 221008）
营销热线　(0516)83884103　83885105
出版服务　(0516)83995789　83884920
网　　址　http://www.cumtp.com　**E-mail**:cumtpvip@cumtp.com
印　　刷　江苏凤凰数码印务有限公司
开　　本　880×1240　1/16　**印张** 33.75　**字数** 970 千字
版次印次　2018 年 6 月第 1 版　2018 年 6 月第 1 次印刷
定　　价　128.00 元
（图书出现印装质量问题,本社负责调换）

前 言

煤炭是我国的主体能源，在我国一次性能源消费结构中，煤炭占60% ~70%，中国将“坚持以煤炭为主体、电力为中心、油气和新能源全面发展的能源战略”。中国工程院预测：2020 年、2030 年、2050 年，我国煤炭需求量分别为39 亿 ~44 亿 t、45 亿 ~51 亿 t、38 亿 t，煤炭在我国一次性能源结构中的比重还将分别保持在62%、55%、50%左右。煤层瓦斯是煤炭形成过程中的伴生物，作为煤层或煤系地层内的一种非常规气藏，它不仅是一种清洁能源，同时还是煤矿主要重大灾害源和大气污染源。

在煤矿开采过程中，煤矿瓦斯事故是煤矿生产过程中最严重的灾害之一。1949 年以来，我国发生的25 起死亡百人以上的煤矿事故中，涉及瓦斯的事故有19 起，死亡2 677 人，分别占全部的76%和67.9%。近年来，随着我国各级政府、企业及相关人员对瓦斯治理观念的转变，抽采力度的加大，瓦斯抽采量显著增加，2005 年我国煤矿瓦斯抽采量仅有32 亿 m^3，至2015 年则达到180 亿 m^3，相应煤矿瓦斯事故则从2005 年的414 起、死亡2 171 人，下降至2015 年的45 起、死亡171 人，即事故减少369 起、少死亡2 000 人。可见，我国煤矿瓦斯抽采对矿井安全生产具有十分重要的促进作用。

煤矿瓦斯主要成分是甲烷，是宝贵的清洁能源。目前，我国已探明的瓦斯储量与天然气相当，约36 万亿 m^3，居全球第三。而据估算，1 m^3 瓦斯可发电3 kW · h，热值与1.5 kg 煤相当，开采利用瓦斯的经济价值、社会价值不可估量。

此外，煤炭开采过程中排放的甲烷，又是大气中温室气体的重要来源，其温室效应是二氧化碳的21 ~25 倍，对臭氧层的破坏力是二氧化碳的7 倍；甲烷对全球气候变暖的贡献率已达15%，仅次于二氧化碳，是地球上的第二大温室气体，严重破坏环境。加快煤矿瓦斯抽采与开发，不断提高利用率，可大幅度降低温室气体排放，保护生态环境。

因此，为了解决煤矿瓦斯问题，科技部、国家自然科学基金委等相关部门和企业十分重视，先后组织实施了国家科技支撑计划、国家973 计划、国家自然科学基金等项目，取得了一批具有国际先进水平的瓦斯防治理论和技术成果，为改善煤矿安全状况、提高瓦斯抽采与利用效率、减少环境污染发挥了重要作用。

本书是结合作者承担的国家科技支撑计划、国家973 计划、国家自然科学基金项目和典型矿区企业委托科技项目，对我国煤矿瓦斯动力灾害特征、卸压增透理论、高效抽采与灾害治理技术的总结，汇聚了作者团队近年来取得的主要科研成果，是一部科技专著。主要特征体现在：较全面总结了我国煤矿瓦斯动力灾害特征及治理的主要技术成果，具有重要的学术价值和实用意义，在内容表现形式上，以学术性为主，注重理论和技术的原创性；同时，融入了林柏泉教授指导的博士研究生和硕士研究生毕业论文部分的有益内容。

本书共分九章，第一章 绪论，由林柏泉、刘统撰写；第二章 煤矿瓦斯动力灾害，由杨威、刘统撰写；第三章 煤的孔隙特征及破坏类型，由李子文、邹全乐撰写；第四章 煤层瓦斯吸附解吸及流动，由林柏泉、邹全乐、刘厅撰写；第五章 含水煤体力学与瓦斯运移性能，由倪冠华、邹全乐、刘厅撰写；第六章 煤矿瓦斯动力灾害的地应力作用机制，由杨威、林柏泉撰写；第七章 煤矿井下射流割缝卸压增透技术，由林柏泉、沈春明、高亚斌撰写；第八章 煤矿井下脉动压裂增透技术，由林柏泉、李全贵、倪冠华撰写;第九章 煤矿瓦斯区域治理技术,由杨威、郭畅、林柏泉撰写。全书由林柏泉负责策划、林柏泉和杨威负责统稿,俞启香教授和周心权教授负责审稿。借本书出版之际,对他们所付出的劳动表示感谢。

项目研究期间,有幸分别得到了周世宁院士、谢和平院士、张铁岗院士、袁亮院士等的指导和帮助,以及中国平煤神马集团、潞安集团、韩城集团、彬长集团、焦煤集团、铁法集团等单位给予的大力支持,借此机会表示衷心感谢。

本书选题列入“十二五”国家重点图书出版规划项目,获得了2017年度国家出版基金项目资助,同时还获得了国家重点研发计划项目(2016YFC0801402)和国家自然科学基金项目(51474211)的支持。

感谢中国矿业大学出版社的支持和帮助!

由于作者水平有限,错误及不妥之处在所难免,敬请读者不吝指正。

作　者

2017年12月

Preface

Coal is the main energy in China, which accounts for 60% ~ 70% of the consumption amount of primary energy. Meanwhile, the energy strategy of "taking coal as the main body, power as the center energy and comprehensively developing oil, gas and new energy" will be kept in China. According to the prediction of Chinese Academy of Engineering, the coal demand in China will be 3.9 ~ 4.4 billion tons, 4.5 ~ 5.1 billion tons and 3.8 billion tons by years of 2020, 2030 and 2050, respectively. Then the coal still approximately accounts for 62%, 55% and 50% of the primary energy consumption amount. Coalmine gas, a concomitant of coal, is an unconventional gas reservoir. It is a clean energy. However, it can also result in severe coalmine disasters and accelerate the greenhouse effect.

Gas-related disaster is one of the most serious accidents in the mining process. From the year of 1949, there are 19 gas-related incidents in China (with 2 677 casualties) out of 25 mining accidents with more than 100 casualties, which account for 76% of total accident amount and 67.9% of total casualties. In recent years, with the changes in gas control attitudes of government departments, enterprises and related personnel, the gas drainage performance has been enhanced, leading to a significant increase in gas production. In 2005, the gas drainage amount was only 3.2 billion m^3, but it increased to 18 billion m^3 by 2015. At the same time, the corresponding gas-related accidents and casualties decreased from 414 and 2 171 in 2005 to 45 and 171 in 2015, respectively. It indicates that coalmine gas drainage is of great significance to coalmine safe production in China.

Coalmine gas mainly refers to CH_4 which is a valuable clean energy. It is reported that the proven reserve of coalmine gas in China is about 3.6×10^{14} m^3, which approximately equals to the natural gas reserve and is the third-largest proven reserve around the world. It is estimated that 1 m^3 gas could generate 3 kW · h heat, which is equivalent to that of 1.5 kg coal. Therefore, the exploitation and development of coalmine gas could bring huge economic and social benefits.

Furthermore, CH_4 emits out in the coal mining process, which is a main source of greenhouse gas. The greenhouse effect of CH_4 is 21 ~ 25 times of CO_2, and its negative impact on ozone layer is 7 times of CO_2. The contribution rate of methane to global warming has reached 15%, being second only to CO_2 and causing serious damage to environment. Therefore, improvements in gas drainage and utilization could substantially decrease the greenhouse gas emission amount and deliver great benefits on environmental protection.

The Ministry of Science and Technology, the National Natural Science Foundation of China and other relevant departments and enterprises attach great importance to the coalmine gas issue. Thus lots of projects have been implemented, e. g. the National Science and Technology Supporting Program, National "973" Plan and National Natural Science Foundation of China. A series of advanced theories and techniques on gas control have been obtained. Theses outcomes greatly improve the coalmine safety, increase the efficiencies of gas drainage and utilization and reduce the environment pollution.

This book is a technical monograph, which collects main research outcomes of the authors' research group. Those research outcomes are obtained from related projects in recent years, including the National

Key R & D Project, the National Science and Technology Supporting Program, National "973" Plan and National Natural Science Foundation of China. In this book, the gas dynamic disaster characterizations in China, theories of stress relief and permeability enhancement and techniques for efficient gas drainage and disaster control have been systematically summarized. The main characteristics of this monograph are that it summarizes main characterizations of gas dynamic disaster in China and related gas control techniques, which have both academic value and practical significance. This book includes parts of the dissertations of graduate students under Professor Lin Baiquan's guidance, presenting its academic nature and originality of related theories and techniques.

This book includes nine chapters in total. The first chapter is "Introduction", which is written by Lin Baiquan and Liu Tong; the second chapter is "Coalmine Gas Dynamic Disaster", which is written by Yang Wei and Liu Tong; the third chapter is "Pore Characteristics and Failure Types of Coal", which is written by Li Ziwen and Zou Quanle; the fourth chapter is "Gas Adsorption/Desorption and Flow of Coalmine gas", which is written by Lin Baiquan, Zou Quanle and Liu Ting; the fifth chapter is "Mechanics and Gas Migration Properties of Water-bearing Coal", which is written by Ni Guanhua, Zou Quanle and Liu Ting; the sixth chapter is "Ground Stress Mechanism of Coalmine Gas Dynamic Disaster", which is written by Yang Wei and Lin Baiquan; the seventh chapter is "Jet Cutting Pressure Relief and Permeability Increase Technology in Underground Coalmine", which is written by Lin Baiquan, Shen Chunming and Gao Yabin; the eighth chapter is "Pulsating Fracturing Permeability Increase Technology in Underground Coalmine", which is written by Lin Baiquan, Li Quangui and Ni Guanhua; and the ninth chapter is "Coalmine Gas Regional Control Technology", which is written by Yang Wei, Guo Chang and Lin Baiquan. This book is organized by Lin Baiquan and compiling by Lin Baiquan and Yang Wei. Professors Yu Qixiang and Zhou Xinquan are responsible for the manuscript review. We are greatly appreciated for all the authors and reviewers.

We are also grateful for the help and guidance of Academicians Zhou Shining, Xie Heping, Zhang Tiegang and Yuan Liang, and the China Pingmei Shenma Group, Luan Group, Hancheng Group, Binchang Group, Jiaomei Group and Tiefa Group.

The topic of this book was listed as the "12th Five-Year Plan" National Key Book Publishing Planning Project, and was sponsored by the National Publication Fund Program 2017. Besides, it was also supported by the National Science and Technology Supporting Program and National Natural Science Foundation of China.

Great thanks for the help and support from China University of Mining and Technology Press.

Due to the limited knowledge of authors, errors and imperfection are unavoidable in this book. The readers are greatly appreciated for their valuable comments.

The Authors

December 2017

目 录

Contents

Chapter 4 Adsorption/Desorption and Flow of Coalmine Gas /130

Chapter 5 Mechanics and Gas Migration Performance of Water-bearing Coal /188

Chapter 6 Ground Stress Mechanism of Coalmine Gas Dynamic Disaster /228

符号说明

第一章符号说明

$R_{o,max}$ 最大镜质组反射率
C. M. 煤中可燃质即固定碳和挥发分
p 瓦斯压力
H 垂深
x_y 煤的游离瓦斯含量
V 容积、体积
T_0 标准状况下绝对温度(273 K)
p_0 标准状况下压力(101. 325 kPa)
ξ 瓦斯压缩系数
x_x 煤的吸附瓦斯含量
a 最大吸附量
b 朗缪尔(Langmuir)压力的倒数
A 煤中灰分
W 煤中水分
φ 煤层的孔隙率
x 间接法测试煤的瓦斯含量
X_j 瓦斯解吸量
X_s 瓦斯损失量
X_c 残存瓦斯含量
X_m 直接法测试煤的瓦斯含量
m 煤样质量

第二章符号说明

H_f 瓦斯风化带深度
H_c 始突深度
f 普氏系数
Δp 瓦斯放散初速度
γ 容重
K 应力集中系数
C 黏聚力
φ 内摩擦角
σ_t 抗拉强度
K_0 $x=0$ 时煤体的渗透率
K 煤体的渗透率
μ 瓦斯的黏度
σ_y 地应力

第四章符号说明

V 吸附体积
p 瓦斯压力
V_a 单分子层吸附量
b 朗缪尔常数
σ_0 一个吸附位的面积
V_0 标准状态下气体分子体积
N_0 阿伏伽德罗常数
Σ 比表面积
p_L 朗缪尔压力常数
V_L 朗缪尔体积常数

Q_m 饱和吸附容量
E_a 吸附特征能
n 吸附失去的自由度
p_s 饱和蒸气压
Q_t t 时刻累计吸附或解吸气体量
Q_∞ 极限吸附或解吸气体量
D 扩散系数
C 煤粒内的瓦斯浓度
r 煤粒内任一点离球心的距离
μ 气体(动力)黏度
k 煤体渗透率
A 煤样的截面积
L 煤样高度
p_{out} 煤样出气口压力
p_{in} 煤样进气口压力
b_f 应力敏感裂隙开度
b_r 残余裂隙开度
σ_{ij}^e 有效应力
σ_{ij} 煤体所受外部应力
p_f 裂隙瓦斯压力
p_p 基质瓦斯压力
δ_{ij} 克罗内克函数(Kronecker delta)
σ_a 吸附膨胀应力
α_f 裂隙有效应力系数
α_p 孔隙有效应力系数
E 煤的弹性模量
E_p 煤粒的弹性模量
φ_p 煤基质孔隙率
ν 煤的泊松比
ρ_s 煤的真密度
R 气体常数
T 温度
V_m 气体摩尔体积
φ_f 裂隙孔隙率
ξ_i 煤体骨架热膨胀系数
γ 煤体骨架压缩系数
M 约束轴向模量
σ 煤体所受外部应力
K 煤的体积模量
c 克林肯伯格(Klinkenberg)系数
χ 基质形状因子
Q_m 孔隙与裂隙间的质量交换量
M_C 甲烷摩尔质量
D_0 瓦斯初始扩散系数
λ 衰减系数
m_p 单位质量煤基质的瓦斯含量
φ_p 基质孔隙率
v_f 裂隙中瓦斯流动速度
F_i 体积力
G 含瓦斯煤的剪切模量
ε_V 体积应变

第六章符号说明

σ_1 最大主应力
σ_2 中间主应力
σ_3 最小主应力
K 渗透率
a 回归常数
b 回归常数
c 回归常数
K_0 回归常数
f_c 极限抗压强度
f_{cr} 残余抗压强度
f_t 极限抗拉强度
f_{tr} 残余抗拉强度
σ_n 正应力
K_{n0} 裂隙初始刚度
δ 裂隙闭合尺寸
δ_m 裂隙最大闭合尺寸
σ_{n0} 初始正向应力
K_f 无量纲渗透率
K_x 沿 x 方向的无量纲渗透率
K_y 沿 y 方向的无量纲渗透率
K_z 沿 z 方向的无量纲渗透率
σ_{x0} 初始状态下沿 x 方向的地应力
σ_{y0} 初始状态下沿 y 方向的地应力
σ_{z0} 初始状态下沿 z 方向的地应力

σ_x　沿 x 方向的地应力
σ_y　沿 y 方向的地应力
σ_z　沿 z 方向的地应力
S　钻屑量
Δh_2　瓦斯解吸指标

第七章符号说明

p_0　水射流压力
D　喷嘴直径
v_0　出口流速
Q　射流流量
ρ_w　水密度
φ　速度系数
b　射流圆形断面半径
θ　水射流扩散角
S　射流初始段长度
v_x　水射流轴线上速度
α_i　水冲击边界反射角
Δt　冲击时间
v_s　水射流冲击绝对速度
F_w　接触面上水受到的作用力
F_s　接触面上固体受到的作用力
ρ_s　冲击固体密度
c_w　冲击波水介质中传播速度
c_s　冲击波煤岩体中传播速度
c　冲击波在介质中的传播速度
C_a　介质中的声速
φ　介质参数
t_p　水射流冲击水锤压力持续时间
p_b　水射流冲击滞止压力
σ_{y0}　竖直方向应力
σ_{x0}　水平方向应力
V_m　煤体所占体积
S_k　边界面中裂隙所占面积
V_L　煤体内体平均应力
σ'　二次应力
ε'　二次应变
L_0　正方格边长
$n(L_0)$　贯通裂隙条数
a_0　比例系数
D'　分形维数
k　渗透率
σ　静水压力
k_{fi}　孔隙的渗透率
c_f　孔隙压缩系数
k_0　煤体初始渗透率
σ'　有效应力
p　孔隙压力
q　流量
m　微元内含裂纹数目
L　裂隙微元长度
V_0　原始孔隙体积
V_f　缝槽的体积
$\boldsymbol{A}$　节点与线单元关系衔接矩阵
$\boldsymbol{H}$　所有节点的水头向量
$\boldsymbol{T}$　裂隙几何矩阵
$\boldsymbol{Q}$　源汇向量
σ_r　钻孔周围煤体的径向应力
σ_t　钻孔周围煤体的切向应力
R_0　钻孔直径
C　煤体黏聚力
K_p　煤的孔隙体积模量
k_r　钻孔径向渗透率
R_0　钻孔直径
d　喷嘴出口直径
α　喷嘴收缩角
μ　动力黏性系数
μ_r　紊流黏性系数
σ_ε　ε 的紊流普朗特(Prandtl)数

第八章符号说明

n_i　疲劳寿命
γ　表面能
W_i　吸收的净功
μ　泊松比
m　损伤核数目
K_J^0　总应力强度因子
r　裂隙扩展系数
K_J^S　静载强度因子
E'　损伤后材料弹性模量
K_J^P　脉动载荷强度因子
ε'　卸载后的残余塑性变形
p　注水压力
f　载荷频率
$p(f)$　压裂液通过裂隙产生的摩擦力
t　时间
$p(\mathrm{tip})$　克服尖端阻力需要的压力
V　试件内部有效裂隙体积
q　管道流量
∂V　裂隙表面积
k　渗透系数
$\boldsymbol{v}_D$　裂隙外试件中流体达西流量
g　两颗粒表面间的法向距离
$\boldsymbol{n}$　垂直于裂隙表面的法向向量
K_f　流体体积模数
$\dot{M}_\mathrm{in}$　泵注流量
V_d　域表观体积
v　裂隙扩展速率
$\sum q$　域从周围管道中获得的总流量
Δa　距离增量
ΔV_d　力引起的域的体积改变量
ΔN　载荷作用次数
J　瓦斯扩散速度
Δt　单位时间
$\frac{\partial C}{\partial x}$　瓦斯浓度梯度
K_I　Ⅰ型裂隙尖端应力强度因子
D　扩散系数
a　裂隙尺寸
C　扩散流体浓度
σ　应力
c　甲烷浓度
σ_v　垂直主应力
c_f　煤粒间裂隙中游离甲烷浓度
σ_H　最大水平主应力
Q_∞　瓦斯极限解吸量
σ_h　最小水平主应力
Q_t　t 时刻瓦斯累积解吸量
σ_r　径向正应力
$F_0{}'$　传质傅里叶级数
σ_θ　切向正应力
β_n　超越方程 $\tan\beta=\beta/(1-\alpha r_0/D)=\beta/(1-B_i{}')$ 系列解的一个解
$\tau_{\theta r}$　周向应力
$B_i{}'$　传质毕欧准数
p_f　孔内压力
K_1　瓦斯解吸指标
σ_t　煤层抗拉强度
Δh_2　瓦斯解吸指标
ν_f　煤层渗透系数
S　钻屑量
E　煤体弹性模量

第九章符号说明

q_5　瓦斯第 5 分钟的涌出速度
q　瓦斯涌出速度
q_H　钻孔瓦斯涌出初速度
p_0　煤层瓦斯压力

p_1　室内瓦斯压力
p_2　测量室瓦斯压力
p_3　毛细管外端的压力
t_0　打钻结束时间
t_H　开始测量时间
t_n　达到最大瓦斯涌出初速度的时间
μ　绝热指数
n　多变曲线的指数
d　圆孔直径
α　瓦斯涌出衰减系数
E　弹性模量
Q　钻孔瓦斯涌出量
ρ_c　煤的密度
υ　泊松比
σ_0　煤体应力
σ_c　煤体单轴抗压强度
K_1　钻屑瓦斯解吸指标
S　钻屑量指标
η_t　预测有突出危险次数
η_1　预测突出率
η_k　真正有突出危险的次数
N　预测总次数
η_3　预测不突出准确率
η_2　预测突出准确率
n_B　预测无突出危险次数中果真无突出危险的次数
n_A　预测无突出危险次数
λ_*　煤层原始透气性
λ　煤层瓦斯透气性
x　在煤体内距离暴露面的深度
λ_0　煤层暴露表面透气性
G_g　未注水区煤层相对瓦斯涌出量
x_p　煤层塑性极限应力带深度
x_0　煤层开采前的原始瓦斯含量
G_s　注水区煤层相对瓦斯涌出量
x_{sd}　矿井所丢湿煤残存瓦斯含量
x_{gd}　矿井所丢干煤残存瓦斯含量
x_s''　采落的湿煤残余瓦斯含量
x_g''　采落的干煤残余瓦斯含量
h_H　阶段斜长
b　采面运输平巷未注水区下部排放带的宽度
x_{sx}　下阶段湿煤被运输巷道所造成的排放带煤的残余瓦斯含量
x_{gx}　下阶段干煤被运输巷道所造成的排放带煤的残余瓦斯含量
p_R　上覆岩层的压力
p_G　煤层中瓦斯压力
τ　煤层与岩层接触面的切向应力
l_Γ　钻孔封孔深度
$S_下$　下保护层的最大保护垂距
M　煤层厚度
$S_下'$　下保护层的理论最大保护垂距
$S_上$　上保护层的最大保护垂距
L　工作面长度
$S_上'$　上保护层的理论最大保护垂距
β_1　保护层开采的影响系数
H　开采深度
M_0　保护层的最小有效厚度
M　保护层的开采厚度
H_m　允许采用的最小层间距
β_2　层间硬岩(砂岩、石灰岩)含量系数
K　顶板管理系数
α　煤层倾角
λ　侧压系数
σ_{zc}　垂直于煤层层理方向的应力
H_0　始突深度
γ　重度
H_d　上向孔的上升高度或下向孔的下降深度
β　钻孔倾角
l　钻孔长度
L_d　垂直于煤层走向水平钻孔的长度
B　垂直于煤层走向钻孔的终点与斜交钻孔终点之间的距离
γ_d　钻孔夹角
l'　钻孔长度
β'　钻孔倾角
q_t　排放瓦斯时间为 t 时的钻孔瓦斯流量
q_0　钻孔的初始瓦斯流量
t　排放瓦斯时间
α_d　钻孔瓦斯流量衰减系数

Q　极限排放瓦斯量
Q_i　累计排放瓦斯量
C_{ic}　原始瓦斯含量
C　最高允许含气量
β_c　煤炭资源采出率
R_j　煤层瓦斯解吸率
M_c　回风流中瓦斯最高允许体积分数
ε　综合影响因子
V_h　回风巷最高允许风速
S_h　回风巷断面积
P　单位时间煤炭产量
n　掘进工作面前方影响距离与工作面推进速度的比值
q_c　工作面瓦斯抽采量
η_1　工作面瓦斯抽采率
η_2　矿井瓦斯抽采率
q_f　工作面风排瓦斯量
l_w　工作面推进长度
$W_{储}$　煤层瓦斯可解吸量
m　煤层厚度
h_w　抽采钻孔深入工作面平均长度
W_0　煤的原始瓦斯含量
$\gamma_{煤}$　煤的容重
Δp　注水系统的压力损失
W_c　煤的残存瓦斯量
p_i　冲击波瞬时压力
p_m　冲击波波峰值压力
Q　药包质量
I　冲击波作用于单位面积上的冲量
E　通过垂直于波速方向单位面积上的能量
R_d　波阵面到药包中心的距离
p_0　未经扰动水介质的压力
θ　时间常数
E_0　未经扰动水介质的内能
ρ_0　未经扰动水介质的密度
p_1　冲击波阵面通过后瞬间的压力
v_0　未经扰动水介质的质点速度
ρ_1　冲击波阵面通过后瞬间的密度
E_1　冲击波阵面通过后瞬间的内能
D　水中冲击波阵面的速度
v_1　冲击波阵面通过后瞬间的质点速度
ρ_m　岩石的密度
p_r　透射到孔壁煤岩体上的压力
ρ_0　水的原始密度
C_p　岩石的弹性纵波波速
r　距炮孔轴心距离
p_1　炮孔耦合装药孔壁初始冲击压力
σ_θ　岩体中的切向应力峰值
σ_r　岩体中的径向应力
μ　岩石的泊松比
α　应力波衰减指数
E　冲击波水流能量密度
λ　侧向应力系数
R　到爆炸中心的距离
Q　装药量
K_1　材料的强度提高系数
R_t　筒壁材料的极限抗拉强度
K_r　裂隙尖端应力强度因子
K_2　破坏程度系数
p_m　孔壁压力
L　裂隙扩展瞬间长度
K_{rc}　静态断裂韧性
p　地应力

第一章　绪　论

煤矿瓦斯基础知识是研究煤矿瓦斯灾害及防治技术的基础，涉及的内容很多。本章重点阐述的是与煤矿瓦斯动力灾害及防治技术密切相关的部分，主要包括煤矿瓦斯的生成、煤矿瓦斯成分和属性、煤矿瓦斯的赋存和煤矿瓦斯主要参数。

1.1　煤矿瓦斯的生成

煤矿井下的瓦斯主要来自煤层和煤系地层，关于它的成因可以认为是在成煤作用过程中伴生的。植物体被埋藏后，经过微生物的生物化学作用转化为泥炭（泥炭化作用阶段），泥炭又经历以物理化学作用为主的地质作用，向褐煤、烟煤和无烟煤转化（变质作用阶段）。在成煤作用过程中，成煤物质发生了复杂的物理化学变化，挥发分含量和水含量减少，固定碳含量和发热量增加，同时也生成了以甲烷为主的气体成分。

煤的原始母质沉积以后，一般经历两个成气时期：从泥炭到褐煤的生物化学成气时期和在地层的高温高压作用下从烟煤直到无烟煤的变质作用成气时期，按主要成因特点，可将其分别称为生物成因气和热成因气[1]。瓦斯的生成贯穿于整个成煤过程，是煤的伴生物。

瓦斯的生成与煤的成因息息相关，它除了与成煤物质、成煤环境、煤岩组成、围岩性质、成煤阶段等均有关系外，还与两个不同成气时期有很大的关系。一般情况下，瓦斯的成气母质可分为两大类，即高等植物在成煤过程中形成的腐殖型有机质和低等植物在成煤过程中形成的腐泥型有机质，它们在成煤和成气过程中的差异，构成了各自特有的地球化学标志和各自不同的特点（如表1-1所列）。

表1-1　腐殖型有机质和腐泥型有机质对比表[2]

成气母岩		腐殖质	腐泥质
主要成分		以芳香族化合物为主，类脂化合物较少	含丰富的类脂化合物
元素组成	氢和氧	贫氢（一般<6%） 富氧（可达27%）	高氢（一般>6%） 低氧（<4%）
	氢与碳的比值	低（<1）	较高（>1）
	氧与碳的比值	高（>0.5）	较低（<0.3）
主要形成环境		沼泽相及三角洲相	海相及湖泊相
产物及气产量	煤	腐殖煤	腐泥煤
	气	高甲烷（90%～95%） 低湿气（一般<0.5%）	较低甲烷（47%～75%） 较高湿气（20%左右）

1.1.1　瓦斯的生成过程

1.1.1.1　生物化学成气时期瓦斯的生成

生物化学成气是从成煤原始有机物堆积在沼泽相和三角洲相环境中开始的。生物成因气是有机质在微生物降解作用下的产物，是指在相对低的温度（一般小于50 ℃）条件下，通过细菌的参与或作用，在煤层中生成的以甲烷为主并含少量其它成分的气体。在温度不超过 65 ℃的条件下，成煤原始物质经厌氧微生物分解成瓦斯。该过程用纤维素的化学反应式表示[3]：

$$4C_6H_{10}O_5 \rightarrow 7CH_4\uparrow + 8CO_2\uparrow + 3H_2O + C_9H_6O$$

或

$$2C_6H_{10}O_5 \rightarrow CH_4\uparrow + 2CO_2\uparrow + 5H_2O + C_9H_6O$$

生物化学成气时期瓦斯的生成有两种机制：其一，二氧化碳的还原作用生成甲烷；其二，醋酸、甲醇、甲胺等经发酵作用转化成甲烷。尽管两种作用都在近地表环境中进行，但据组分研究，大部分古代聚集的生物气可能来自二氧化碳的还原作用。煤层中生成大量生物成因气的有利条件是：大量有机质的快速沉积、充裕的孔隙空间、低温和高 pH 的缺氧环境。按照生气时间、母质以及地质条件的不同，生物成因气有原生生物成因气和次生生物成因气两种类型，两者在成因上无本质差别[1]。

在这个阶段，成煤物质生成的泥炭层埋深浅，上覆盖层的胶结固化不好，生成的瓦斯通过渗透和扩散容易排放到古大气中去。因此，生物化学作用生成的瓦斯一般不会保留在现有煤层内。此后，随着泥炭层的下沉，上覆盖层越来越厚，成煤物质中所受的温度和压力也随之增高，生物化学作用逐渐减弱直至结束。在较高的压力与温度作用下泥炭转化成褐煤，并逐渐进入变质作用阶段。

1.1.1.2 变质作用成气时期瓦斯的生成

褐煤层进一步沉降，便进入变质作用造气阶段。在 100 ℃高温及其相应的地层压力下，煤层中的煤体就会产生强烈的热力成气作用。在变质作用的初期，煤中有机质基本结构单元主要是带有羟基（—OH）、甲基（$—CH_3$）、羧基（—COOH）、醚基（—O—）等侧链和官能团的缩合稠环芳烃体系，煤中的碳元素则主要集中在稠环中。一般情况下，稠环的键结合力强、稳定性好，侧链和官能团之间及其与稠环之间的结合力弱、稳定性差，因此，随着地层下降，压力及温度的增大与升高，侧链和官能团即不断发生断裂与脱落，生成 CO_2、CH_4、H_2O 等挥发性气体，如图 1-1 所示[3]。

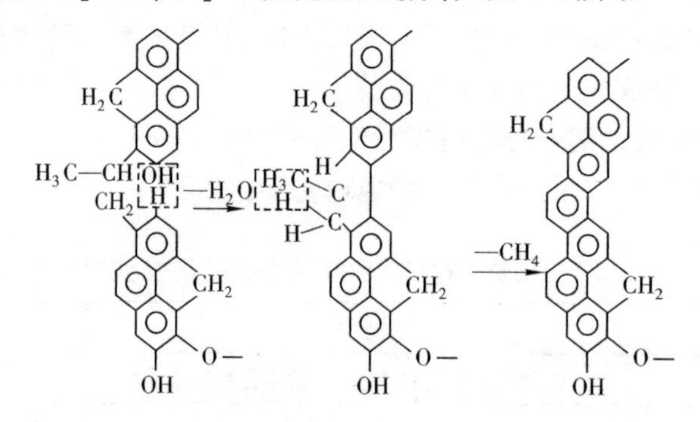

图 1-1　变质作用（含碳量 83% ~92%）成气反应示意图

变质作用过程中有机质分解、脱出甲基侧链和含氧官能团而生成 CO_2、CH_4和 H_2O 是煤成气形成的基本反应，变质作用过程中生成的瓦斯以甲烷为主要组分。

在瓦斯产出的同时，芳核进一步缩合，碳元素进一步集中在碳网中。随着变质作用的加深，基本结构单元中缩聚芳核的数目不断增加，到无烟煤时，主要由缩聚芳核所组成。从烟煤到无烟煤，煤的变质程度越高，生成的瓦斯量也越多。但是，各个变质阶段生成的气体组分不仅不同，而且数量上也有很大变化，不同变质作用阶段的气体生成特征如图 1-2 所示，形成热成因甲烷大致分三个阶段：

① 褐煤至长焰煤阶段：生成的气量多，成分以 CO_2为主（占 72% ~92%）；烃类<20% 且以甲烷为主，重烃气<4%。

② 长焰煤至焦煤阶段：烃类气体迅速增加（占 70% ~80%），CO_2下降至 10% 左右。烃类气体以 CH_4为主但含较多的重烃，至肥、焦煤时重烃可占 10% ~20%。该阶段是主要的生油阶段，如果煤中壳质组含量多，则油和湿气含量亦多。

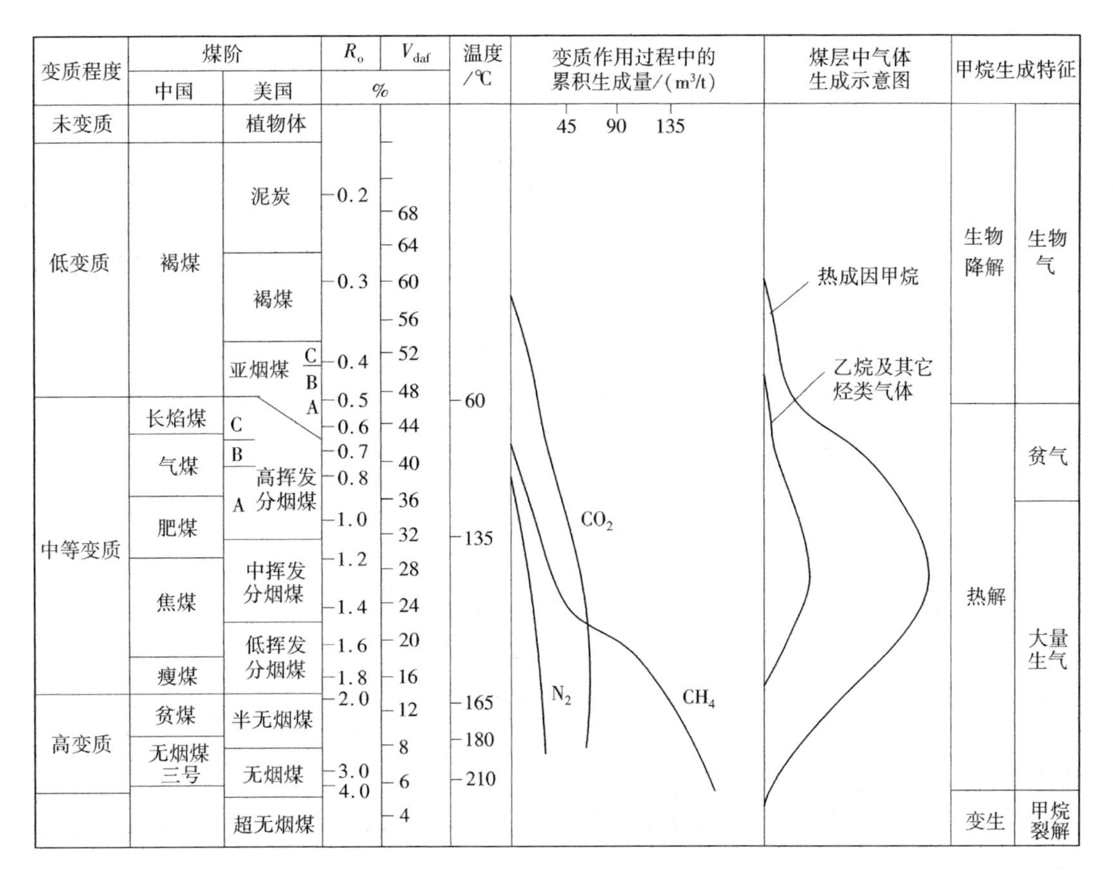

图 1-2 变质作用阶段及气体生成[4]

③ 瘦煤至无烟煤阶段:烃类气体占 70%,其中 CH_4占绝对优势(97% ~99%),几乎没有重烃。

从图中可以看出,由褐煤开始的热成因 CH_4的生成是个连续相,即在整个变质阶段的各个时期都不断地有 CH_4生成,只是各阶段生成的数量有较大的波动而已;但是,重烃的生成则是个不连续相。实践表明,这个以人工热演化产生瓦斯为基础的模型与实测的结果在趋势上是一致的。

煤的有机显微组分可以分为镜质组、惰质组和壳质组。这些组分产烃的能力大小次序是壳质组>镜质组>惰质组,其结果见表 1-2。

表 1-2 煤的各有机显微组分人工热演化产气结果

纤维组分	壳质组(抚顺)	镜质组(抚顺)	惰质组(阜新)
产气率/(mL/g)	483	183	43.9

实验条件:500 ℃,110 h,无压、真空封闭体系(中科院地球化学所)

苏联学者乌斯别斯基根据地球化学与变质作用过程反应物与生成物平衡原理,计算出了各变质阶段的煤所生成的甲烷量,其结果如图 1-3 所示。

实际上,由于泥炭向褐煤过渡时期生成的甲烷很容易流失掉,所以,目前估算煤层生成甲烷量的多少,一般都是以褐煤作为计算起点。但是,由于自然界的实际变质过程远比带有许多假设进行的理论计算复杂,所以,上述数据只能是近似的,仅供参考。

在煤和石油共生矿区,有时煤层瓦斯与油气田的瓦斯侵入有关。例如,重庆中梁山煤矿 10 号煤层的瓦斯,与底板石灰岩溶洞中的瓦斯有关;而陕西铜川焦坪煤矿井下的瓦斯又与顶底板砂岩含油层

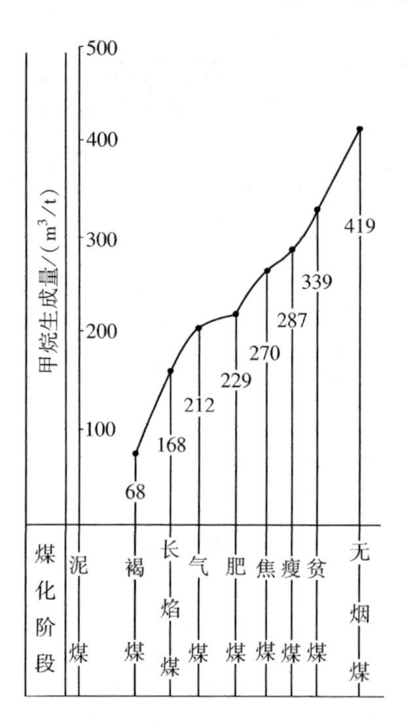

图 1-3　各变质阶段甲烷生成量曲线

的瓦斯有关。

一般来说，世界各国煤田中所含瓦斯均以 CH_4为主，在某些煤层中还含有 C_2H_6、C_3H_8等重烃气体及 CO_2等其它气体。

1.1.2　瓦斯生成的影响因素及分析

由于煤层中的瓦斯主要是变质作用的产物，所以煤中瓦斯生成量的多少和煤岩组成、变质程度等都有一定的关系。

1.1.2.1　*煤岩组分*

煤是一种固体可燃有机岩，其岩石组成比较复杂。煤岩组分是煤的基本成分，是煤层瓦斯的生气母质，所以是影响瓦斯组成的首要因素。煤岩显微组分可分成镜质组、惰质组和壳质组。从煤岩学角度看，煤层瓦斯的生成取决于成煤作用和煤岩显微组分。在同一变质作用阶段，相对惰质组而言，镜质组碳含量少，氢含量多，挥发分产率高，瓦斯生成量大。壳质组在整个成煤过程中都产生瓦斯，其挥发分产率和烃产率最高，但是，它在煤中所占比例很少。各种煤岩组分所具有的不同的物理化学性质会影响煤中瓦斯的吸附性质和赋存状态。实际资料证实，煤岩组分与瓦斯吸附量之间存在着十分清楚的依附关系，即甲烷吸附量随着煤的不同变质作用阶段而发生变化。

傅雪海等的研究结果(图 1-4)表明：随镜质组反射率 $R_{o,max}$增高，干煤样的朗缪尔(Langmuir)体积呈波状演化，分别在镜质组最大反射率 $R_{o,max}=1.1\%$ 附近出现极小值，在 $R_{o,max}=4.0\%$ 左右时出现极大值，即当 $R_{o,max}<1.1\%$ 和 $R_{o,max}>4.0\%$ 时，朗缪尔体积随煤阶增加而减少；当 $1.1\%<R_{o,max}<4.0\%$ 时，朗缪尔体积随煤阶增加而增大。

从图 1-2 和图 1-4 中可以看出，镜质组在肥煤阶段甲烷吸附量最小，肥煤以后吸附量迅速增加，因此，肥煤阶段是镜质组甲烷吸附量的一个转折点。同时研究表明，惰质组的甲烷吸附量是随着变质程度的提高而呈直线型缓慢增长。将两者综合考虑，可以认为煤的瓦斯吸附量取决于惰质组所占的比例，即惰质组在煤中所占的比例越多，煤的瓦斯吸附量就越大。在中等变质作用阶段，镜质组和惰

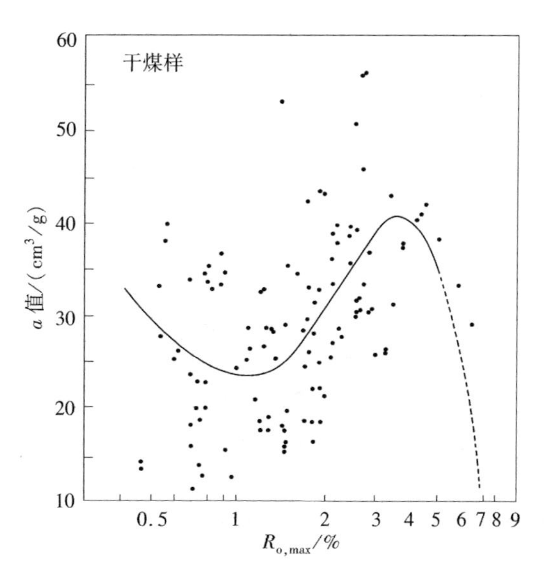

图 1-4　最大吸附量(a 值)与 $R_{o,max}$ 的关系[5]

质组在煤中所占比例的变化对煤的总的瓦斯吸附量影响不大;在高变质作用阶段,煤的瓦斯吸附量主要取决于镜质组在煤中所占的比例,即镜质组比例越多,煤的吸附量越大。煤岩组分对煤的瓦斯吸附量的影响不仅反映在不同煤岩组分瓦斯生成量的不同上,而且还与煤岩组分在煤中所占比例大小有关;不同变质程度的煤,其煤岩组分是不相同的。产生这种变化的原因是由于镜质组和惰质组在变质作用过程中分子结构的变化不均一,从而影响到煤体中微孔隙和超微孔隙的性质和数量改变所致。

1.1.2.2　变质作用的程度及其变质分带

在变质作用过程中,瓦斯不断地产生。变质作用的程度越高,累积产生的瓦斯量就越多。主要原因是:① 煤层瓦斯的伴生量直接依赖于变质程度;② 随着变质程度的加深,煤的气体渗透率下降,煤的储气能力提高,气体沿煤层向地表运移能力减弱;③ 变质程度越高,煤中微孔隙和超微孔隙所占比例提高,煤的吸附能力增强。因此,变质程度不仅影响瓦斯的生成量,而且对瓦斯的吸附能力也有影响。在成煤初期,褐煤的结构疏松,孔隙率大,瓦斯分子能渗入煤体内部;但是,由于该阶段瓦斯生成量较少且不易保存,煤中实际所含瓦斯量并不大。在变质作用过程中,由于地应力的作用,煤的孔隙率减少,煤质渐趋致密,如长焰煤,其孔隙和比表面积都比较小,所以吸附瓦斯的能力并不大,其吸附量一般在 20 ~ 30 m^3/t。随着变质程度提高,在高温、高压作用下,煤体内部因干馏作用而生成许多微孔隙,使煤的比表面积到无烟煤时为最大;因此,无烟煤吸附瓦斯的能力最强,可达 50 ~ 60 m^3/t。以后,煤体内部的微孔又收缩、减少,到石墨时变为零,从而导致吸附瓦斯能力消失(如图 1-5 所示)。

我国的聚煤期多,煤炭储量丰富,煤种分布广,变质作用分带明显。目前,从地质时代上看,变质作用总的规律表现为:晚古生代以中、高变质煤占较大比例,尚未发现低变质煤如褐煤;中生代虽有褐煤,但以中、低变质煤为主,并伴随有高变质烟煤以至无烟煤;第三纪则不仅有褐煤,而且也有低变质烟煤。因此,目前的研究结果基本上反映出成煤时期越久,经历的地质历史越长,变质作用的程度就越高的趋势。从地区上看,大致在北纬 38°以北,包括东北地区和西北大部分地区,基本上是以褐煤和低、中变质程度的烟煤为主;而北纬 38°以南的华北地区则具有各种变质程度的烟煤和无烟煤;西南地区主要是中、高变质烟煤赋存的地区,而东南地区则以高变质烟煤和无烟煤占优势。这种分布规律与煤矿瓦斯分布规律有一定的吻合性,其具体表现在西北地区为低、中瓦斯区,华北地区为中瓦斯区,而华南地区则为高瓦斯区。但是,对东北地区而言,情况则比较复杂,一般情况下,在褐煤分布范

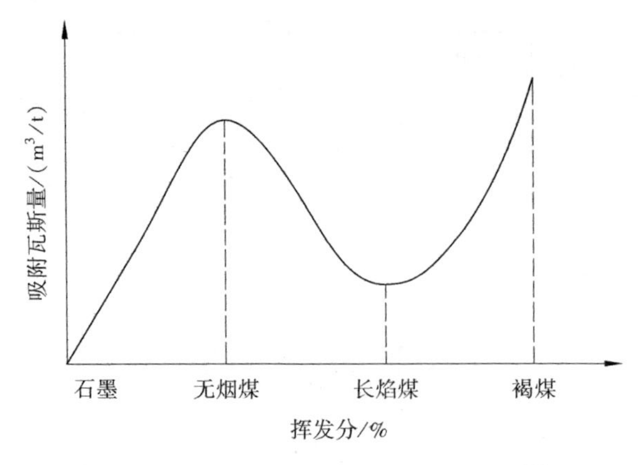

图 1-5　不同煤级煤对瓦斯的吸附能力[6]

围内,低瓦斯矿井居多;在低、中变质煤分布范围内,则多数矿井瓦斯较大,这种情况的出现和其它地质条件有一定的关系。

除上述情况以外,各成煤期的煤种在区域分布上也各有其不同的特点,通常表现为相同或相近似的煤种呈带状分布,形成不同的带;它们在一定程度上也影响着瓦斯突出区域的分布。例如,在华北石炭—二叠纪聚煤区所划分的三个高变质作用带中,现已开发的生产矿井中高瓦斯和突出矿井居多,特别是太行山东南麓的安阳、鹤壁、焦作一带,煤种以高变质烟煤和无烟煤为主,现已开发的生产矿井中高瓦斯和突出矿井占多数,河南省境内高变质烟煤矿井中有 80% 的高瓦斯和突出矿井集中在这一地区。以上事实表明,变质作用分带在一定程度上影响着煤层瓦斯的生成与赋存。

世界各地瓦斯组分和同位素组成差异很大,煤层瓦斯组成除了受煤岩组分、变质作用的影响外,还与煤层瓦斯生气过程、埋深及相应的温度、压力条件等因素密切相关。此外,水动力条件和次生作用(如混合、氧化作用等)也影响着煤层瓦斯的地球化学组成。

1.2　煤矿瓦斯成分和属性

1.2.1　瓦斯的成分

从广义上讲,煤矿瓦斯是井下有害气体[包括 CH_4、重烃(C_nH_m)、H_2、CO_2、CO、NO_2、SO_2、H_2S、Rn 等]的总称。一般它包含四类来源,第一来源是在煤层与围岩内赋存并能涌入到矿井的气体;第二来源是矿井生产过程中产生的气体;第三来源是井下空气与煤、岩、矿物、支架和其它材料之间的化学或生物化学反应生成的气体等;第四来源是放射性物质蜕变过程中生成的或地下水放出的放射性稀有气体氡(Rn)及稀有气体氦(He)。矿井瓦斯的组成成分及其比例关系因其成因不同而有差别。煤矿大部分瓦斯来自于煤层,而煤层中的瓦斯一般以甲烷为主(可达 80% ~90%),它构成威胁矿井安全的主要危险源,所以煤矿狭义的矿井瓦斯专指煤层瓦斯,它的主要成分是甲烷(CH_4)。本书中,除特别注明外,瓦斯指的就是煤层瓦斯,主要指甲烷。

煤层瓦斯的化学组分有烃类气体(甲烷及其同系物)、非烃类气体(二氧化碳、氮气、氢气、一氧化碳、硫化氢和稀有气体氦、氩等)。其中,甲烷、二氧化碳、氮气是煤层瓦斯的主要成分,尤以甲烷含量最高,二氧化碳和氮气含量较低,一氧化碳和稀有气体含量甚微。我国部分煤矿煤层瓦斯组分的分析结果如表 1-3 所列。

1.2.1.1　烃类气体

煤层瓦斯的主要成分是甲烷,其含量一般大于 80%,其它烃类气体含量极少。通常,在同一煤阶

表 1-3　我国部分煤矿煤层瓦斯组分测定结果[7]

采样地点	煤层	煤质	煤层瓦斯组分(体积分数)/%											
			N_2	CO_2	CH_4	C_2H_4	C_3H_8	$i—C_4H_{10}$	$n—C_4H_{10}$	$i—C_5H_{12}$	$i—C_5H_{12}$	C_6H_{14}	C_7H_{16}	C_8H_{18}
北票台吉矿-550 m 水平	4	气肥	7.10	0.39	92.03	0.090 8	0.007 9	0.018 7	0.022 8	0.011 8	0.016 9	0.023 6	0.027 1	
北票台吉矿-550 m,东三石门	5A	气肥	1.42	1.60	73.07	16.18	5.49	0.713 0	0.652 0	0.173 0	0.158 0	0.099 0	0.154 0	0.064
北票冠山矿-58 m 水平	5C	气肥	7.28	0.93	91.57	0.070 4	0.001 8	0.005 2	0.011 2	0.006 0	0.011 2	0.022 3	0.064 8	0.019 4
铁法大隆矿西翼南二区	7	气	12.27	1.08	84.92	1.686 8	0.006 0	0.000 3	0.000 5	0.001 9		0.010 8		
鸡西滴道立井二路	18	焦	12.85	1.07	85.87	0.045 3	0.004 2	0.000 4	0.0120				0.159 0	
中梁山北井 2443 采面	K_4	焦	4.61	3.33	91.35	0.670 8	0.013 5	0.002 0	0.005 7	0.000 6	0.000 3		0.005 2	
天府南井六石门	K_9	焦	5.05	2.95	91.92	0.034 4	0.026 0	0.002 6	0.006 9	0.001 1	0.001 8	0.002 3	0.006 5	
天府南井北段+110 m	K_2	焦	2.98	2.64	93.78	0.547 7	0.004 3	0.000 6	0.001 5	0.000 5	0.000 6			
南桐直属二井 2504 采面	5	瘦	2.96	1.97	87.44	6.271 1	1.312 1	0.005 0	0.012 7	0.001 1	0.002 1	0.001 1	0.028 1	0.016 6
沈阳红阳三井 860 孔	7	瘦	5.45	5.50	87.58	1.314 3	0.088 8	0.003 1	0.007 6	0.001 2	0.003 6	0.005 3	0.051 7	
沈阳红阳三井 895 孔	13	瘦	3.73	2.02	92.79	1.377 7	0.060 7	0.002 5	0.009 0	0.000 3	0.000 7		0.006 2	
阳泉一矿北头嘴井	3	无烟	0.93	2.29	96.72	0.050 0	0.003 6	0.002	0.002 0					
松藻+430 m,1356 采面	K_3	无烟	14.17	0.32	84.84	0.548 5	0.006 0		0.001 3	0.000 4			0.094 9	
白沙红卫坦家冲井	6	无烟	9.07	12.14	73.72	4.12	0.034 8	0.002 7	0.010 1	0.001 9	0.004 9	0.006 3	0.014 3	
焦作李封大井	2	无烟	9.15	9.14	77.82	2.97	0.020 5	0.000 1		0.000 4	0.001 4	0.002 3	0.033 2	

注:1. 根据空气中氧和氮的比例,按试样中的氧含量扣除混进的空气量; 2. 除红阳三井煤样为勘探钻孔煤样外,其它煤样均为井下新暴露面煤样。

烃类气体随埋藏深度的增大而增加。重烃气主要分布于未受风化的煤层中。此外重烃含量常常还与煤变质程度有关。一般中变质煤中重烃含量高,而低、高变质煤中低。

1.2.1.2 非烃类气体

大多数煤层瓦斯中的非烃类气体含量通常均小于20%,其中氮气约占2/3,二氧化碳约占1/3。如美国阿巴拉契亚盆地、阿科马盆地和黑勇士盆地,其瓦斯中非烃类气体含量极低,远远低于10%。在某些瓦斯中,氮气和二氧化碳含量变化很大,如江西丰城煤矿瓦斯的氮气含量变化在0.20%~83.39%之间,二氧化碳含量变化在0.02%~10.12%之间。氮气分子较小、运移速度快,因而主要受上覆盖层质量影响。二氧化碳易溶于水且易被地下水带走,因而二氧化碳含量主要受地下水活动影响。此外,氮气和二氧化碳含量亦受煤层埋深和煤变质程度影响。一般而言,越靠近地表,氮气和二氧化碳的含量越高;煤变质程度越高,氮气和二氧化碳的含量越低。

1.2.2 瓦斯的属性

1.2.2.1 瓦斯分子的大小和分子量

如表1-4所列,瓦斯分子的大小介于0.32~0.55 nm之间,多为近似值。分子的偏心度或非均质度即偏心因子,甲烷最小(只有0.008),分子平均自由程(气体分子运动过程中与其它分子两次碰撞之间的距离)约为其分子平均直径的200倍。其分子量由组成瓦斯的各种分子的百分数累加而成,称为表现分子量。

表1-4 煤中吸附介质分子直径、沸点和分子自由程(0 ℃,101.325 kPa)[1]

吸附介质	CH_4	H_2O	N_2	CO_2	C_2H_6	H_2S	H_2
分子量	16.042	18.011	28.013	44.010	30.070	34.070	2.016
分子直径/nm	0.33~0.42	0.29	0.32~0.38	0.33~0.47	0.44~0.55		0.289
临界温度/℃	-82.57	374.1	-126.2	31.06	32.37	100.39	-239.90
临界压力/MPa	4.604	21.83	3.399	7.384	4.880	9.05	1.297
平均自由程/nm	533.0		74.6	83.9			
沸点/℃	-161.49	100	-195.80	-78.50	-88.60	-60.33	-252.70
动力黏度/μPa·s	10.84		17.65	14.66			
偏心因子	0.008	0.344	0.040	0.225			
液态密度/(g/cm^3)	0.425	0.998		0.777			
绝对密度/(kg/m^3)(15.5 ℃)	0.677	1.00	1.182	1.858	1.269	1.48	
对空气的相对密度(15.5 ℃)	0.554		0.967	1.519	1.038	1.178	0.069
热值/(kJ/m^3)	37.62		不可燃	不可燃	65.90	23.73	12.07
溶解系数/[$m^3/(m^3\cdot atm)$]	0.033		0.016	0.87	0.047	2.58	

注:atm是atmosphere的简写,指地球上海平面的标准大气压。

1.2.2.2 瓦斯的密度

标准状态下(101.325 kPa,温度15 ℃)单位体积瓦斯的质量,单位为kg/m^3。瓦斯在地下的密度随分子量和压力增大而增大,随温度的升高而减小。瓦斯的相对密度是指同温度、压力条件下(101.325 kPa,温度15 ℃或20 ℃)瓦斯密度与空气密度的比值。

1.2.2.3 瓦斯的黏度

黏度是流体运动时其内部质点沿接触面相对运动、产生内摩擦力以阻抗流体变形的性质。常用

[动力]黏度即流体内摩擦切应力与切应变速率的比值来表示,其单位为 Pa·s。瓦斯的黏度很小,在地表常压、20 ℃时,甲烷的[动力]黏度为 1.08×10^{-5} MPa·s。表示黏度的参数还有运动黏度(即流体的动力黏度与流体密度的比值,单位为 cm^2/s)和相对黏度(即液体的绝对黏度与水的绝对黏度的比值)。

瓦斯的黏度与气体的组成、温度、压力等条件有关,在正常压力下黏度随温度的升高而变大,这与分子运动加速、气体分子碰撞次数增加有关,而随分子量增大而变小。在较高压力下,瓦斯的黏度随压力增加而增长、随温度的升高而减小、随分子量的增大而增大。

1.2.2.4 瓦斯的溶解度

瓦斯能不同程度地溶解于煤储层的地下水中,不同的气体溶解度差别很大。20 ℃、101.325 kPa下单位体积水中溶解的气体体积称为溶解度,溶解度与气体压力的比值称为溶解系数。温度对甲烷溶解度的影响较复杂,温度<80 ℃时,随温度升高溶解度降低;温度>80 ℃时,溶解度随温度升高而增加,如图 1-6 所示;甲烷溶解度随压力的增加而增加,低压时呈线性关系,高压时(>10 MPa)呈曲线关系,如图 1-7 所示;甲烷溶解度随水矿化度的增加而减少。所以在高温高压的地下水中溶解气明显增加。如果煤层水被 CO_2 饱和时,则甲烷在水中的溶解度会明显增大。

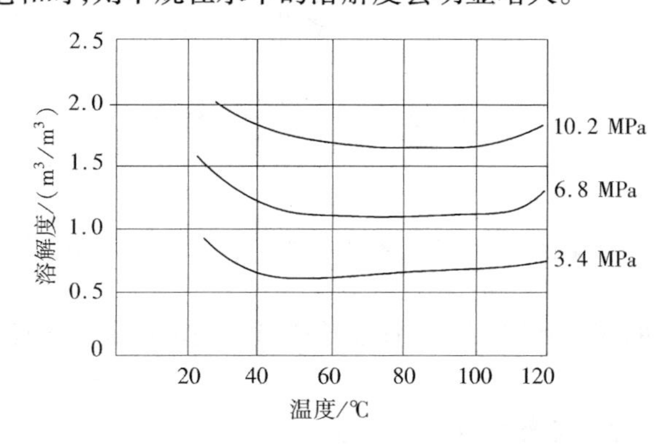

图 1-6 甲烷在水中的溶解度与温度的关系[1]

甲烷是无色、无味、无臭、无毒、可以燃烧和爆炸的气体。甲烷分子的直径为 $0.375\ 8\times10^{-9}$ m,可以在微小的煤体孔隙和裂隙里流动。其扩散速度是空气的 1.34 倍,所以从煤岩中涌出的瓦斯会很快扩散到巷道空间。甲烷标准状态时的密度为 0.716 kg/m^3,比空气轻,与空气相比的相对密度为 0.554。甲烷微溶于水,在 101.325 kPa 条件下,温度为 20 ℃时,100 L 水可以溶解 3.31 L 甲烷;0 ℃时可以溶解 5.56 L 甲烷。当压力为 3.4 MPa、温度为 20 ℃时,其溶解度仅为 1 m^3/m^3。因此,一般认为少量地下水的流动对瓦斯排放影响不大;但是,少量地下水的长期流动对瓦斯的排放则会造成重大的影响。

甲烷本身虽无毒,但是当空气中的甲烷浓度很高时,就会冲淡空气中的氧,可使人窒息。当甲烷浓度为 43% 时,空气中相应的氧浓度即降到 12%,人感到呼吸非常短促;当甲烷浓度为 57% 时,相应的氧浓度被冲淡到 9%,人会即刻处于昏迷状态,有死亡危险[9]。

同时以甲烷为主的瓦斯是一种可燃性气体,当其在空气中的浓度达到某一范围时,遇适当的火源就会发生燃烧或爆炸。当瓦斯浓度在 0% ~5% 时,遇火源即发生氧化燃烧反应,在火焰外围形成稳定的燃烧层;当瓦斯浓度位于 5% ~16% 范围内,遇火源会形成强烈的爆炸;瓦斯浓度超过爆炸上限 16% 时,混合气体无法被点燃,但与新鲜空气混合时,可以在混合界面上被点燃,形成稳定的火焰。瓦斯燃烧是煤矿非常危险的事故,瓦斯的瞬间燃烧往往使人来不及躲避,造成人员伤残,并引发火灾事故。瓦斯爆炸对煤矿井下安全威胁很大,局部区域瓦斯的瞬间爆炸可以对井下的人员和设施造成很

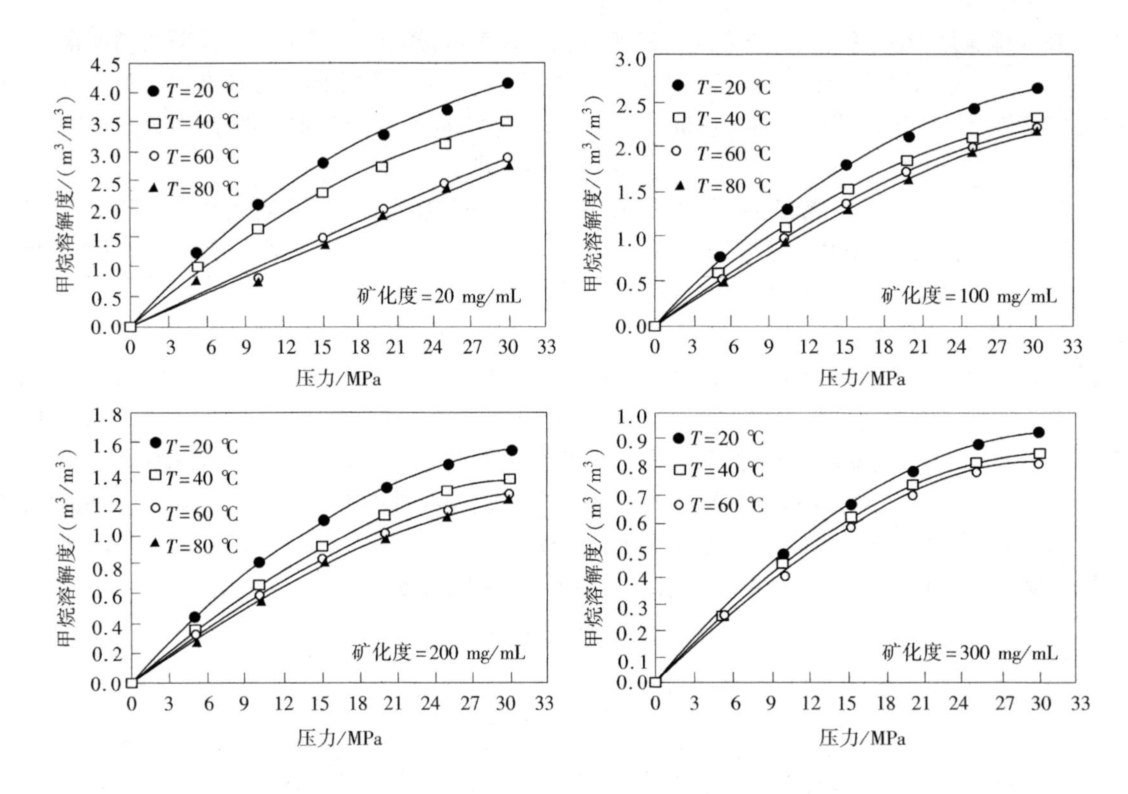

图 1-7　不同温度、不同矿化度条件下的甲烷溶解度与压力的关系[1,8]

大的伤害和破坏，由此引发的煤尘爆炸、火灾、冒顶及通风系统紊乱等又会使事故进一步扩大，造成更大损失。

由上可知，瓦斯具有扩散性、易燃易爆性及窒息性等灾害属性，是煤矿生产过程中的灾害源之一，被视为煤矿安全生产的一大安全隐患；同时瓦斯的可燃烧的性质又使得其具备了资源属性，它是一种经济的可燃气体，是高热、清洁的非常规天然气资源。煤层中抽出的瓦斯发热量一般为 37.25 MJ/m^3，与天然气相当，是通用煤气的 2 ~ 5 倍，且燃烧后很少产生污染物，是一种可以开发和利用的优质洁净气体能源[10]。瓦斯还是一种强温室气体，加大对煤层瓦斯抽采治理，不仅对节能减排、保护环境有很大的促进，更对煤矿瓦斯灾害的治理至关重要。

1.3　煤矿瓦斯的赋存

煤体是一种复杂的多孔固体，既有成煤胶结过程中产生的原生孔隙，也有成煤后的构造运动形成的大量孔隙和裂隙，形成了很大的自由空间和孔隙表面。因此，成煤过程中生成的瓦斯就能以游离和吸附两种状态存在于煤体内。煤体中赋存瓦斯的多少不仅对煤层瓦斯含量大小有影响，而且还直接影响到煤层中瓦斯流动及其发生灾害的危险性的大小。因此，研究煤层中瓦斯的赋存状况是矿井瓦斯研究中的重要一环。多年来，国内外学者对此进行了大量卓有成效的研究工作，取得了许多重要的成果，如通过引入固体表面吸附理论解释了煤体表面的瓦斯吸附现象，借助于朗缪尔方程和气体状态方程分别求出了煤体吸附瓦斯量和游离瓦斯量等。1963 年，结合我国矿井的实际情况，中国矿业大学周世宁院士提出了影响煤层原始瓦斯含量的 8 项主要因素，即煤的变质程度、煤层地质史、煤层露头、煤层本身的渗透性和顶底板的渗透性、煤层的断层和地质破坏、埋藏的深度和地形、地下水的流动以及古窑的开采，从而为我国研究影响煤层瓦斯含量的主要因素奠定了基础；此外，还对煤层瓦斯的赋存状态、煤体表面的吸附作用及煤的吸附模型、煤对混合气体的吸附作用等进行了大量的实验和理论研究工作。近年来,河南理工大学等单位在瓦斯地质方面也做了许多研究[11,12]。

1.3.1 煤层瓦斯的赋存状态与垂向分带

1.3.1.1 煤层瓦斯的赋存状态

瓦斯在煤层中的赋存状态一般有两种,即吸附状态和游离状态。游离状态也叫自由状态,即瓦斯以自由气体的状态存在于煤体或围岩的裂缝和较大的孔隙(孔径大于0.01 μm)之中,如图1-8所示。游离瓦斯能自由运动,并呈现出压力来。游离瓦斯含量的大小与缝隙储存空间的体积和瓦斯压力成正比,与瓦斯温度成反比。吸附状态又可分为吸着状态和吸收状态两种。吸着状态是由于煤中的碳(C)对瓦斯(CH_4)分子有很大的吸引力,使大量的瓦斯分子被吸着于煤的微孔表面形成一个薄层。吸收状态是瓦斯分子在较高的压力作用下,能渗入煤体胶粒结构之中,与煤体紧密地结合在一起。吸附瓦斯量的大小,与煤的性质、孔隙结构特点以及瓦斯压力和温度有关。

图1-8 瓦斯在煤内的存在形态示意图[3]

1——游离瓦斯;2——吸附瓦斯;3——吸收瓦斯;4——煤体;5——孔隙

煤体中的瓦斯含量是一定的,并且游离状态与吸附状态的瓦斯是处于动态平衡状态,即吸附状态的瓦斯与游离状态的瓦斯处于不断的交换之中。当外界条件变化时,这种平衡状态就遭到破坏。如当压力升高或温度降低时,部分瓦斯将由游离状态转化为吸附状态,这种现象称为吸附。反之,当压力降低或温度升高时,就会有部分吸附状态瓦斯转化为游离状态,这种现象称为解吸。

在现今的开采深度,煤层内的瓦斯主要是以吸附状态存在,游离状态的瓦斯只占总量的10%~20%。相关研究结果表明,在300~1 200 m开采深度范围内,游离瓦斯仅占5%~12%。但是在断层,大的裂隙、孔洞和砂岩内,瓦斯则主要以游离状态赋存。

近年来,随着分析测试技术的不断发展,有关学者采用X射线、衍射分析等技术对煤体进行观察分析后认为,煤体内瓦斯的赋存状态不仅有吸附(固态)和游离(气态)状态,而且还包含有瓦斯的液态和固溶体状态;但是,总的来说,吸附(固态)和游离(气态)瓦斯所占的比例在85%以上,在正常情况下,整体所表现出来的特征仍是吸附和游离状态的瓦斯特征;所以,其和传统的观点并没有矛盾,只是分析测试更加深入而已。

1.3.1.2 煤层瓦斯的垂向分带

当煤层具有露头或直接为透气性较好的第四系冲积层覆盖时,在煤层内存在两个不同方向的气体运移,即变质过程中生成的瓦斯经煤层、上覆岩层和断层不断由煤层深部向地表运移;而地面空气、表土中的生物化学和化学反应生成的气体向煤层深部渗透扩散,从而使赋存在煤层内的瓦斯表现出垂向分带特性。煤层瓦斯的带状分布是煤层瓦斯含量及巷道瓦斯涌出量预测的基础,也是搞好瓦斯管理的依据。

如图 1-9 所示，一般将煤层由露头自上向下分为四个带：CO_2—N_2带、N_2带、N_2—CH_4带、CH_4带，其中前三个带总称为瓦斯风化带。各带的煤层瓦斯组分和含量见表 1-5。

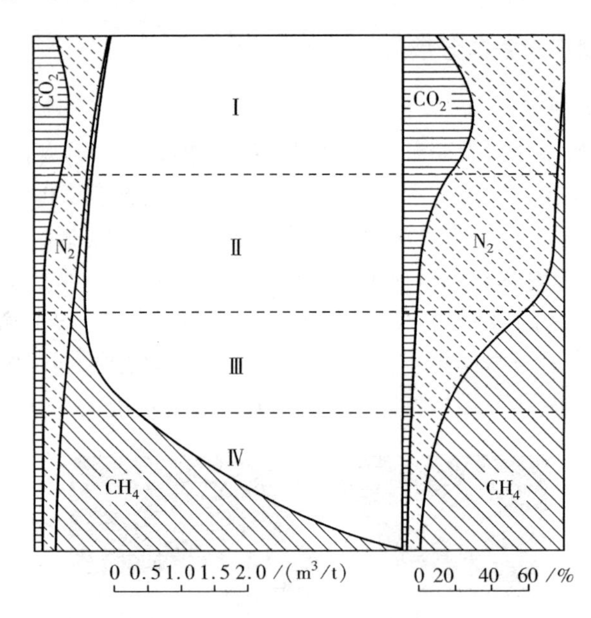

图 1-9　煤层瓦斯垂向分带图

Ⅰ——CO_2—N_2 带；Ⅱ——N_2 带；Ⅲ——N_2—CH_4 带；Ⅳ——CH_4 带

表 1-5　各带的煤层瓦斯组分和含量

瓦斯带名称	CO_2		N_2		CH_4	
	%	m^3/t	%	m^3/t	%	m^3/t
CO_2—N_2	20～80	0.19～2.24	20～80	0.15～1.42	0～10	0～0.16
N_2	0～20	0～0.27	80～100	0.22～1.86	0～20	0～0.22
N_2—CH_4	0～20	0～0.39	20～80	0.25～1.78	20～80	0.06～5.27
CH_4	0～10	0～0.37	0～20	0～1.93	80～100	0.61～10.5

在近代开采深度内，瓦斯风化带内煤层的瓦斯含量和涌出量随深度增加而有规律地增大，所以确定瓦斯风化带深度有重要的现实意义。

瓦斯风化带下界深度可以根据下列指标中的任何一项确定：

（1）煤层的相对瓦斯涌出量等于 2～3 m^3/t；

（2）煤层内的瓦斯组分中甲烷及重烃浓度总和达到 80%（体积分数）；

（3）煤层内的瓦斯压力为 0.1～0.15 MPa；

（4）煤的瓦斯含量以煤中可燃质（C. M.）即固定碳和挥发分质量计算，达到下列数值时：长焰煤 1.0～1.5 m^3/t；气煤 1.5～2.0 m^3/t；肥煤与焦煤 2.0～2.5 m^3/t；瘦煤 2.5～3.0 m^3/t；贫煤 3.0～4.0 m^3/t；无烟煤 5.0～7.0 m^3/t。

瓦斯风化带的深度取决于井田地质和煤层赋存条件，现代的瓦斯风化带深度是煤田长期地质进程的结果，是由一系列地质因素综合作用所致，如剥蚀风化、围岩性质、煤层有无露头、断层发育情况、煤层倾角、地下水活动情况等。剥蚀过程可使瓦斯风化带减少；长期风化，自由排放瓦斯的时间越长，瓦斯风化带深度就越深；围岩透气性越大，煤层倾角越大，开放性断层越发育，地下水活动越剧烈，则瓦斯风化带深度也越大。瓦斯风化带深度随煤层的具体条件而变化,而且变化很大,即使在同一井田有时也相差很大。如开滦集团的唐山和赵各庄两矿瓦斯风化带深度下限就相差近 80 m。乌克兰顿涅茨煤田最浅的瓦斯风化带为 50 m,最深达 800 m。

1.3.2　影响瓦斯赋存的主要因素

煤体在从植物遗体到无烟煤的变质过程中,每吨煤至少可以生成 100 m^3 的瓦斯。但是,在目前的天然煤层中,最大的瓦斯含量不超过 50 m^3/t。究其原因,笔者认为,一方面是由于煤层本身含瓦斯的能力所限;另一方面是因为瓦斯是以压力气体存在于煤层中,经过漫长的地质年代,放散了大部分,目前储藏在煤体中的瓦斯仅是剩余的瓦斯量。因此,可以说煤层瓦斯含量的多少主要取决于保存瓦斯的条件,而不是生成瓦斯量的多少;也就是说不仅取决于煤质及变质程度,而更主要的是取决于储存瓦斯的地质条件。根据目前的研究成果认为,影响煤层瓦斯含量的主要因素有煤层储气条件、区域地质构造和采矿工作[13]。

1.3.2.1　煤层储气条件

煤层储气条件对于煤层瓦斯赋存及含量具有重要作用。这些储气条件主要包括煤层的埋藏深度、煤层和围岩的透气性、煤层倾角、煤层露头以及煤的变质程度等。

(1) 煤层的埋藏深度

煤层埋藏深度的增加不仅会因地应力增高而使煤层和围岩的透气性降低,而且瓦斯向地表运移的距离也增大,这二者的变化均朝着有利于封存瓦斯,而不利于放散瓦斯的方向发展。研究表明,当深度不大时,煤层瓦斯含量随埋深的增大基本上呈线性规律增加;当埋深达到一定值后,煤层瓦斯含量将趋于常量。一般来说,埋藏深度在 200 m 之上,随埋藏深度增加,压力提高,煤层吸附能力增加,保存条件变好,含气量一般也相应增加。

(2) 煤层和围岩的透气性

煤系地层岩性组合及其透气性对煤层瓦斯含量有重大影响。煤层及其围岩的透气性越大,瓦斯越易流失,煤层瓦斯含量就越小;反之,瓦斯易于保存,煤层的瓦斯含量就高。围岩岩性影响煤层瓦斯的富集,煤层顶底板围岩封闭性能好,煤层吸附气含量高。以岩性划分,围岩可分为油页岩型、泥页岩型、砂泥岩互层型、石灰岩型和砂岩型五种类型,其中以厚层泥页岩和油页岩封闭效果最好;石灰岩型因其次生孔洞和裂隙发育,地质和水文地质条件复杂,因而影响煤层瓦斯的保存也比较复杂;砂岩型的孔隙度和渗透性很高,则不利于煤层瓦斯的保存。

围岩封盖能力与围岩的岩性、韧性、厚度、连续性和埋深有关。从岩性来说,围岩的封盖能力随碎屑含量减少、颗粒变细和泥质含量增高而增强。由此可知,由砂岩、碳酸盐岩、砂泥岩互层组合、泥岩、煤层到油页岩,其封盖能力依次增强。泥质岩类具有一定的韧性,在构造变形过程中产生较少裂隙,封盖能力较强。此外,致密岩层越厚、连续性越稳定,封盖能力越强。围岩的封闭机理,可以分为薄膜封闭、水力封闭、压力封闭和浓度封闭几种类型,如表 1-6 所列。

现场实践表明,煤层顶底板透气性低的岩层(如泥岩、胶结致密的细碎屑岩、裂隙不发育的灰岩等)越厚,它们在煤系地层中所占的比例越大,则煤层的瓦斯含量往往越高。例如重庆、贵州六枝、湖南涟邵等地区其煤系主要岩层均是泥岩、页岩、砂页岩、粉砂岩和致密的灰岩,而且厚度大,横向岩性变化小,围岩的透气性差,封闭瓦斯的条件好,所以煤层瓦斯压力高、瓦斯含量大,这些地区的矿井往往是高瓦斯或有煤与瓦斯突出危险的矿井。反之,当围岩是由厚层中粗粒砂岩、砾岩或是裂隙溶洞发育的灰岩组成时,煤层瓦斯含量往往较小。例如山西大同煤田煤层顶底板主要是厚层砂岩,透气性好,故而煤层瓦斯含量较低。

表 1-6 围岩的封闭类型[14]

封闭类型	封闭机理	围岩类型
薄膜封闭	毛细管压力封闭	泥岩、油页岩、部分致密灰岩和砂岩
水力封闭	孔隙流体压力和毛细管压力封闭	含水泥岩、含液态烃油页岩
压力封闭	厚层泥岩欠压实造成流体排出不畅,导致地层压力异常增高	巨厚泥岩
浓度封闭	围岩本身的生烃强度能阻止煤层气的扩散作用	油页岩、碳质泥岩

目前,根据岩性及透气性的不同,可将煤层围岩划分为屏障层、半屏障层以及透气层三种基本类型。

① 屏障层:即瓦斯难以通过的岩层,在煤系地层中,常见的屏障层有:以黏土矿物为主,岩性致密的泥岩和砂质泥岩;胶结物含量不低于 15%,成分以黏土矿物、泥质物为主,属孔隙式或基底式胶结类型的粉砂岩;薄层砂岩与砂质泥岩互层或薄层砂岩夹砂质泥岩。以上岩层在矿井巷道揭露后岩壁干燥,无明显潮湿和滴水现象,厚度一般在 5 m 以上。它的邻近层虽有透气层,但仍以屏障层为主组成岩层剖面结构,如其上覆或下伏为岩溶发育的灰岩,则厚度一般不少于 15 m(包括部分砂岩夹泥岩,或砂岩、泥岩互层组成的岩层)。

② 透气层:即瓦斯易于流动通过的岩层,属于这一类的岩层在煤系岩层中常见的有:碎屑成分以石英为主,分选和磨圆中等,胶结物含量一般在 15% 以下,以接触式到孔隙式胶结为主,多呈厚层状,岩性硬脆、裂隙发育的细粒级以上的砂岩和砾岩;泥质成分含量低,岩溶发育的石灰岩,厚度一般在 5 m以上,矿井巷道揭露后,常有滴水现象。

③ 半屏障层:即瓦斯从岩层中流动通过的难易程度介于屏障层与透气层之间的岩层。属于这一类的岩层在煤系地层中常见的为:胶结物含量在 10% ~15%,胶结物成分中的黏土矿物含量较低,多属接触式胶结的粉砂岩;碎屑成分以石英为主,含长石,胶结物含量大于 20%,成分以黏土矿物为主,碎屑颗粒分选、磨圆程度中等,属孔隙式到基底式胶结的薄至中厚层状的细砂岩;细中粒砂岩夹薄层(毫米级以下)砂质泥岩。厚度一般在 2.5 m 以上,邻近层虽有透气层,仍以半屏障层或屏障层为主组成岩层剖面结构。

以煤层围岩的透气性为主要依据,并适当考虑构造断裂等因素,又可将煤层围岩划分为封闭型、半封闭型、开放型三类。

① 封闭型:煤层直接围岩均由屏障层组成,当屏障层较薄时,在煤层顶板屏障层之上、底板屏障层之下尚有透气层但不太厚,且与屏障层或半屏障层互层组成的岩层,区内切穿煤层并与透气层沟通的断裂不发育,瓦斯一般只能沿煤层由深部往浅部运移放散(见图 1-10),能很好地保存瓦斯。一般情况下,严重突出矿井的煤层多属于这种封闭类型,如湖南里王庙与坦家冲井(6#煤层)、蛇形山井(4#煤层)。

② 半封闭型:这一类型较复杂,目前认为凡具有下列情况之一者,均属半封闭型。

(a) 煤层围岩均为半屏障层;煤层顶板为半屏障层,底板为屏障层;煤层顶板为屏障层,底板为半屏障层。

(b) 煤层顶底板岩性均为屏障层,但由于屏障层薄、不稳定,常有“气窗”出现,只在一定范围内仍能保存一定量的瓦斯。这种现象在实际矿井中较多,并且往往容易导致局部瓦斯涌出不均衡现象。

所谓“气窗”现象,一般是指当煤层围岩屏障层不发育,顶板或底板局部存在缺失现象,造成局部范围煤层直接与上覆或下伏透气层接触;或者,煤层下伏为灰岩,而灰岩溶洞发育,因溶洞而使煤层中产生陷落柱。这时,煤层中的瓦斯,一方面仍然沿着煤层从深部往浅部流动放散;另一方面,瓦斯通过透气层与煤层接触的部位,或通过陷落柱流入透气层中,再从透气层中流动放散。如图 1-11 所示。

一般情况下，气窗的存在有利于煤层瓦斯的排放。

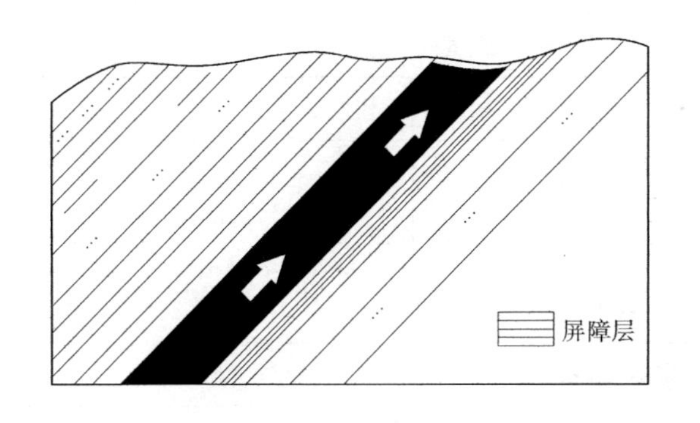

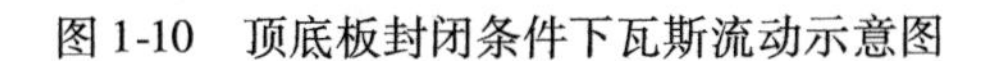
图 1-10 顶底板封闭条件下瓦斯流动示意图

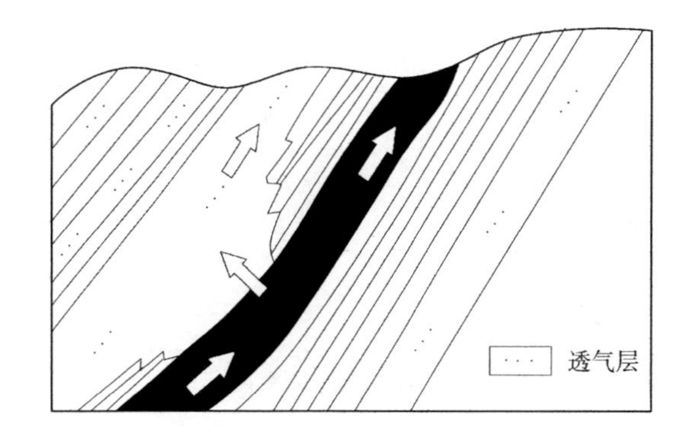

图 1-11 顶板有“气窗”瓦斯流动示意图

（c）煤层围岩为屏障层，但有密度较大的张性断层或裂隙切穿煤层和透气层，构成了瓦斯排放通道，如图 1-12 所示。

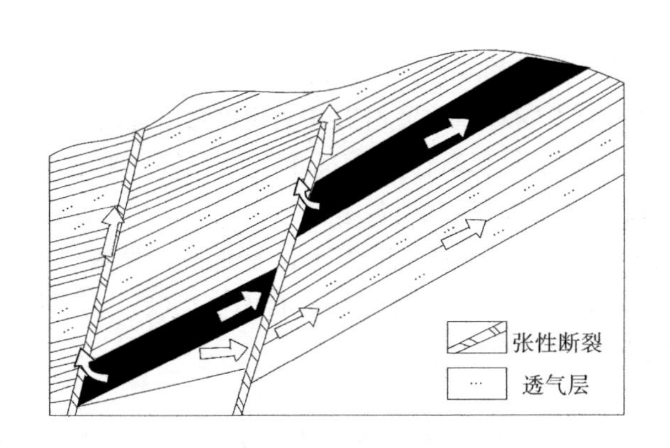

图 1-12 有断裂通道瓦斯流动示意图

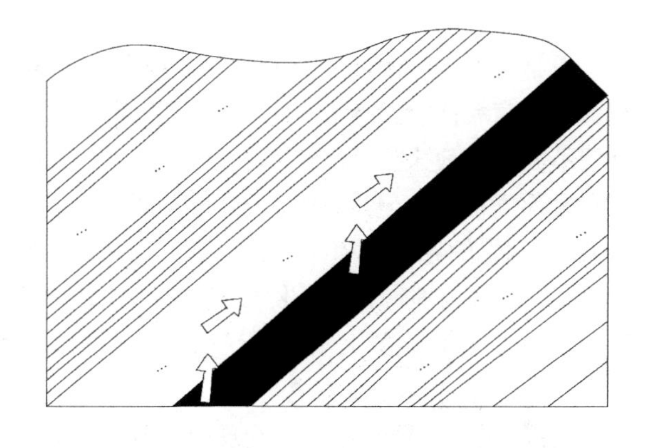

图 1-13 顶板为透气层瓦斯流动示意图

上述三种情况，一般尚能在一定范围内保存“承压瓦斯”，使煤层中瓦斯流动状态复杂多变。我国属于这一类煤层的矿井较多。如湖南白沙矿区的坦家冲矿井的 6#煤层，湖坪与香花台矿井的 2#煤层等。

③ 开放型：煤层围岩为透气层，其中包括三种情况：第一种，煤层顶板为屏障层，底板为透气层；第二种，煤层底板为屏障层，顶板为透气层；第三种，顶底板透气层又未被其它的屏障层所封闭，瓦斯放散条件好，如图 1-13 所示。在这种情况下，煤层中的瓦斯难于保存，低瓦斯矿井煤层围岩有许多就属于开放型。

我国瓦斯地质工作者曾对湖南 35 对矿井的主采煤层之围岩对瓦斯的封闭类型进行了初步划分，其结果如表 1-7 所列。从表中可以看出，有严重突出的矿井，其围岩全为封闭型；有局部突出的矿井，其煤层围岩以半封闭型为主；而非突出矿井，则煤层围岩多为半封闭型或开放型。

（3）煤层倾角

在同一埋深及有关条件相同的情况下，煤层倾角越小，煤层的瓦斯含量就越高。例如芙蓉煤矿北翼煤层倾角陡（40°～80°），相对瓦斯涌出量约 20 m^3/t，无瓦斯突出现象；反之，南翼煤层倾角缓（6°～12°），相对瓦斯涌出量则高达 150 m^3/t，而且有发生瓦斯突出的危险。这种现象的主要原因在于：煤层透气性一般大于围岩；煤层倾角越小，在顶板岩性密封好的条件下，瓦斯不易通过煤层排放，煤体中的瓦斯容易得到储存，故而煤层的瓦斯含量高。

表 1-7　湖南 35 对矿井煤层围岩封闭类型统计表[15]

	封闭型	半封闭型	开放型
严重突出井	15 对	0	0
局部突出井	2 对	6 对	0
非突出井	1 对	9 对	2 对
总计	18 对	15 对	2 对
举例	里王庙井、坦家冲井、蛇形山井等	利民井 3 煤层二、三、四、五采区	龙潭组北型煤层

（4）煤层露头

煤层露头是瓦斯向地面排放的出口。因此，露头存在时间越长，瓦斯排放就越多。例如福建、广东地区的煤层多有露头，故而瓦斯含量往往较低；反之，地表无露头的煤层，瓦斯含量往往较高。例如重庆中梁山煤田，煤层无露头且为覆舟（背斜）状构造，所以煤层瓦斯含量比较高。

（5）变质程度

煤是天然的吸附体，煤的变质程度越高，其储存瓦斯的能力就越强。一般情况下，在瓦斯带内，倘若其它因素相同、变质程度不同的煤，其瓦斯含量不仅有所不同且随深度增加其瓦斯含量增加的量也有所不同。一般来说，随着变质程度的提高，在相同深度下，不仅瓦斯含量高，而且对于相同深度的瓦斯含量梯度也大。但是，相关研究表明对于高变质程度的无烟煤，其瓦斯含量不符合上述规律。这是因为，无烟煤的结构发生了质的变化，孔隙率和比表面积大大减少，其瓦斯含量低（一般≤2～3 m^3/t），而且与埋深无关。例如我国湖南梅田矿区的文化村矿，变质程度已接近石墨状态（挥发分仅为 3.14% 左右），它的大窝井煤已变质成石墨，它们的瓦斯含量都很低[16]。

（6）煤系地层的地质史

成煤有机物沉积以后，直到现今，经历了漫长的地质年代，其间地层多次下降或上升、覆盖层加厚或遭受剥蚀、陆相与海相交替变化、遭受地质构造运动破坏等，所有这些地质过程及其延续时间的长短都对煤层瓦斯含量的大小产生影响。从沉积环境上看，海陆交替相含煤岩系、聚煤古地理环境属于滨海平原，往往岩性与岩相在横向上比较稳定，沉积物粒度细，这时形成的煤系地层的透气性往往较差；如果其上又遭受长期海侵并被泥岩、灰岩等致密地层覆盖，这种煤层的瓦斯含量有可能很高。反之，对于陆相沉积、内陆环境而言，横向岩性岩相变化大且覆盖层多为粗粒碎屑岩，这类煤系地层往往不利于瓦斯的储存，煤层的瓦斯含量一般都较低。表 1-8 为湘中、湘西煤系地层与瓦斯的关系简表。从中可以看出，其含煤建造有三期。石炭系下统的测水煤系属滨海环境，以页岩、砂质页岩为主，含无烟煤 2～7 层，其上下都为海相泥灰岩、灰岩建造，至二叠系的斗岭煤系为止，平均沉积为 1 400 m 的海相致密岩层，致使测水煤系煤层的瓦斯含量很高，现已开采的矿井大多是高瓦斯矿井或是煤与瓦斯突出矿井。斗岭煤系属滨海含煤建造，以细粒碎屑岩为主，含煤 4～8 层（焦煤—无烟煤），其上遭受长期海侵，大面积沉积了平均厚700 m 的灰岩、泥岩等海相地层，封存瓦斯条件好，所以煤层瓦斯含量高，有的煤层有瓦斯突出危险。如涟邵矿业集团与邵阳地区许多瓦斯突出严重煤层就属于斗岭煤系。再上则为侏罗系的石门口煤系，它为陆相沙砾岩含煤建造，其上为遭受多次剥蚀的陆相沉积，良好的瓦斯排放条件导致该煤系煤层瓦斯含量很低。因此，从中可以看出，煤系地层的地质史对煤层瓦斯含量的大小有很大的影响。

表 1-8　湘中、湘西煤系地层与瓦斯的关系

地层系统						沉积建造	地层接触关系	瓦斯情况
界	系	统	层(组)	代号	厚度/m 最小～最大 平均			
新生界	第四系		冲积	Q	0～20 4	陆相沉积	不整合 分布极有限	
	第三系			N	0～150 100	红层建造	不整合 不全、残存	
		衡阳统	衡阳砂岩		0～350 150	红层建造	不整合 分布极有限	
中生界	侏罗系	下统	石门口煤系	J_1	0～130 80	陆相沙砾岩 含煤建造		煤层瓦斯 含量小
	三叠系	上统		T_3			不整合	
		下统	大冶灰岩	T_1t	300～980 600	浅海泥 页岩建造	整合	
古生界	二叠系	乐平统	长兴灰岩	P_2l_2	30～220 130	海相硅质灰 岩页岩建造	整合	
			斗岭煤系	P_2l_1	253～700 422	滨海含 煤建造	整合(?)	煤层瓦斯含量大， 有煤和瓦斯突出危险
		阳新统	茅口灰岩	P_1m_1	100～500 250	浅海灰 岩建造	假整合	
			栖霞灰岩	P_1c_h	30～550 300	海相灰 岩建造	假整合	
	石炭系	上统	壶天灰岩	C_2	300～850 700	海相灰 岩建造	整合	
		下统	梓门桥灰岩	C_1^4	10～300 130	海相泥 灰岩建造	整合	
			测水煤系	C_1^3	10～233 150	滨海含 煤建造	整合(?)	煤层瓦斯含量大， 有煤和瓦斯突出危险
			石登子灰岩	C_1^2	20～200 200	海相泥灰岩 砂页岩建造	整合	
			孟公坳组	C_1^1	20～200 150	海相泥灰岩 砂页岩建造		

1.3.2.2　区域地质构造

地质构造是影响煤层瓦斯赋存及含量的重要条件之一，地质构造对瓦斯保存和运移起到重要作用[17]。目前总的认为，封闭型地质构造有利于封存瓦斯，开放型地质构造有利于瓦斯排放。具体而言，影响煤层瓦斯赋存的因素包括以下几个方面。

(1) 褶曲构造

褶曲类型和褶皱复杂程度对瓦斯赋存均有影响。背斜往往有利于瓦斯的储存，是良好的储气构造，当顶板为致密岩层而又未遭破坏时，在其轴部煤层内，往往能够积存高压瓦斯，形成"气顶"，如图1-14(a)、(b)所示；但是，在背斜轴顶部岩层是透气性岩层或因张力形成连通地表或其它储气构造的裂隙的情况下，背斜中的瓦斯容易沿裂隙逸散，瓦斯会大量流失，轴部瓦斯含量反而比翼部少。

向斜构造一般轴部的瓦斯含量比翼部高，这是因为轴部岩层受到的挤压力比底板岩层强烈，使顶板岩层和两翼煤层的透气性变小，煤层瓦斯沿垂直地层方向运移十分困难，大部分瓦斯仅能够沿煤田两翼流向地表，故而形成较好的瓦斯赋存条件，有利于轴部瓦斯的积聚和封存，如图1-14(f)所示。但当开采深受侵蚀的褶曲构造煤层时，轴部瓦斯容易通过构造裂隙和煤层转移到向斜的翼部，瓦斯含量反而减少。

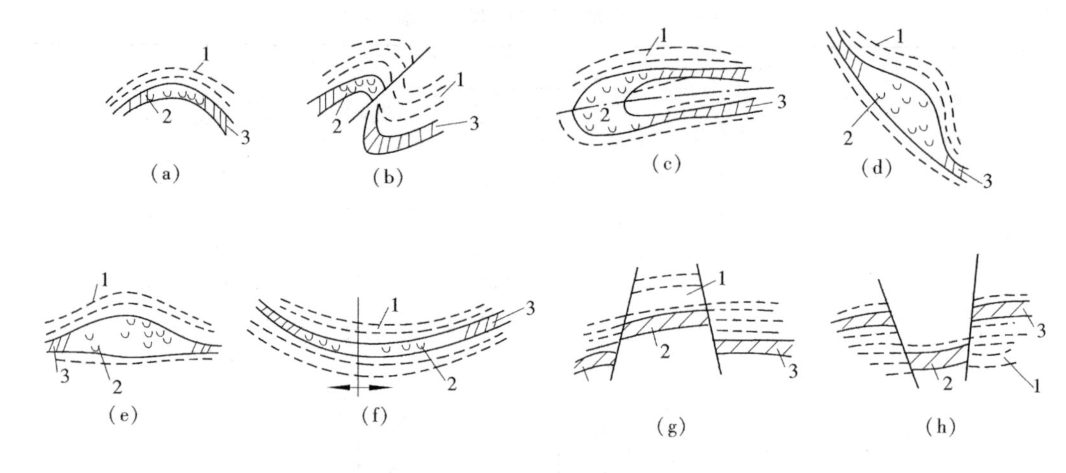

图 1-14　几种常见的贮存瓦斯的构造[9]

1——不透气岩层;2——煤层瓦斯含量增高部位;3——煤层

受构造影响而在煤层局部形成的大型煤包[如图 1-14(c)、(d)、(e)所示]的煤层内也会出现瓦斯含量增高的现象。这是因为煤包四周在构造挤压应力作用下,煤层变薄,使煤包内形成了有利于瓦斯封闭的条件。同理,由两条封闭性断层与致密岩层构成的封闭的地垒或地堑构造,也能成为瓦斯含量增高区,如图 1-14(g)、(h)所示[9]。

从构造应力角度来看,褶曲构造属弹塑性变形,可保留一定程度的原始应力状态,在褶曲部位形成相对的高压区和高瓦斯区(简称双高区)。在双高区范围内,不同部位的应力分布和瓦斯分布也不相同。在褶曲的轴部,变形最大,相对而言能量释放最多,应力缓解,压力降低,形成卸压带和低瓦斯区;褶曲轴附近的两翼,应力集中,形成高压带和煤层瓦斯聚积带(高瓦斯区);由此向外,压力和瓦斯均逐渐降低,形成相对的低压带和低瓦斯区;再向外,则进入正常地带,压力和瓦斯均恢复常值。即双高区比正常区瓦斯高,但其中间(轴部)略低,这就形成了瓦斯在褶曲构造中呈驼峰形曲线分布。

(2) 断裂构造

地质构造中的断层不仅破坏了煤层的连续完整性,而且使煤层瓦斯排放条件发生了变化。有的断层有利于煤层瓦斯的排放,也有的断层不利于瓦斯的排放,成为阻挡瓦斯排放的屏障;前者通常称为开放性断层,后者则称为封闭性断层。断层的开放性与封闭性主要取决于以下条件:

① 断层的性质。张性正断层属于开放性断层,而压性或压扭性逆断层则属于封闭条件较好的封闭性断层。

② 断层与地面或冲积层的连通情况。一般情况下,规模大且与地表相通或与松散冲积层相连的断层,瓦斯排放条件好,为开放性断层。

③ 煤层与断层另一盘接触的岩层性质。倘若该岩层透气性好,则有利于瓦斯的排放,该断层为开放性断层。

④ 断层带的特征。断层带的特征主要反映在断层面的充填情况、断层的紧闭程度以及断层面裂隙发育情况等。由于断层的充填情况、紧闭程度和裂隙发育情况的不同,故而断层的开放性和封闭性也有差别。

此外,断层的空间方位对瓦斯的储存、排放也有影响。一般认为,走向断层阻隔了瓦斯沿煤层倾斜方向的排放而有利于瓦斯储存;倾向和斜交断层则把煤层切割成互不联系的块体,而有利于瓦斯排放。

总而言之,断层对瓦斯的封闭作用如何,不仅与断层的力学性质有关,而且与煤层的围岩性质、断层上下盘与煤层接触地点岩层的岩性以及断层的充填情况等均有关系。倘若在围岩透气性较好的开放型地区,构造越复杂,裂隙越发育,则该处通道就越多,排气就越快,瓦斯保存就越少。

(3) 构造复合、联合

构造复合、联合部位多属于地应力集中地带,容易造成封闭瓦斯的条件,故而有利于煤层瓦斯的储存。

(4) 构造组合

构造组合是指控制瓦斯分布的构造形迹的组合形式。从目前来看,大致可以划分为以下几种类型:

① 矿井边界为压性断层的封闭型:这一类型目前是指压性断层作为矿井的对边边界,断层面一般为相背倾斜,导致整个矿井处于封闭的条件,故而煤层瓦斯含量高。

② 构造盖层封闭型:煤层的盖层条件是指沉积盖层。从构造角度而言,也可指构造成因的盖层。

③ 正断层断块封闭型:该类型一般是由两组不同方向的压扭性正断层在平面上组成三角形或多边形块体,而井田边界则为正断层所圈闭,其特点是除接近正断层露头的浅部或因煤层与断层另一盘接触的岩性为透气性好的岩层时煤层瓦斯含量较低外,其余皆因断层的挤压封闭而有利于瓦斯的储存,使煤层的瓦斯含量增高。

(5) 水文地质条件

地下水与瓦斯共存于含煤岩系及围岩之中,它们的共性是均为流体,其运移和赋存都与煤层和岩层的孔隙、裂隙通道有关。由于地下水的运移,一方面驱动着裂隙和孔隙中瓦斯的运移;另一方面又带动了溶解于水中的瓦斯一起流动。因此,地下水的活动有利于瓦斯的排放。同时,水吸附在裂隙和孔隙的表面,还降低了煤对瓦斯的吸附能力及排放能力。地下水和瓦斯占有的空间是互补的,其表现为水大地带瓦斯小,水小地带瓦斯大。

1.3.2.3　采矿工作

煤矿井下采矿工作会使煤层所受应力重新分布,造成次生透气性结构;同时,矿山压力可以使煤体透气性增高或降低,其表现为在卸压区内透气性增高,在集中应力带内透气性降低。这种情况会引起煤层瓦斯赋存状态发生变化,具体表现为在采掘空间中瓦斯涌出量的忽大忽小;如开采上、下保护层时,在保护范围内,由于煤(岩)体透气性的增大,使煤体中的瓦斯大量释放。图 1-15 所示为保护层开采后,地层应力重新分布示意图。图 1-16 所示为保护层开采后各参数的变化曲线,从中可以看出:由于保护层的开采引起地层应力的重新分布,导致瓦斯赋存状态发生很大的变化。表现为保护层本身的开采过程中瓦斯涌出量的增大,而使邻近被保护层中的瓦斯得到释放。此外,在厚煤层分层开采中,也会有类似的现象。

工作面回采时,由于暴露面积和围岩移动大为增加,近工作面的岩层透气性较掘进巷道时增大得更多,这种增大往往会导致瓦斯涌出量的增大;然而回采时又必然形成具有最大值不断变化的应力集中带,且其最大应力值沿工作面长度分布,因而又会造成透气性降低,而集中应力最大值的增加是因局部集中应力引起的,如掘进巷道、矸石充填带、地质破坏、工作面形状、邻近层留的煤柱、顶底板岩石的松动等的影响。因此,回采时煤体透气性变化的特点更为复杂,并常常取决于大量的不经常明显表现出来的因素。这种情况给煤层瓦斯赋存状态带来的变化也是十分复杂的,往往表现出来的是工作面瓦斯涌出量的变化不定,个别情况下还容易引起煤与瓦斯突出。

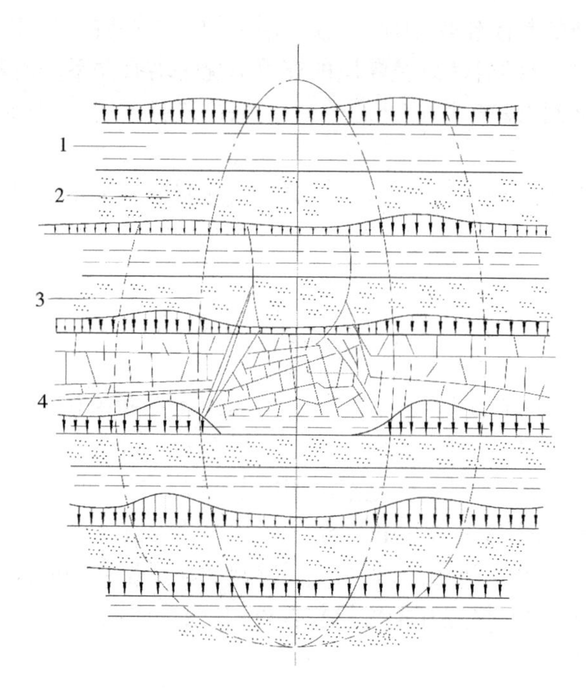

图 1-15　保护层开采后地层应力重新分布示意图

1——常压带;2——支承压力带;3——卸压带;4——垮落带

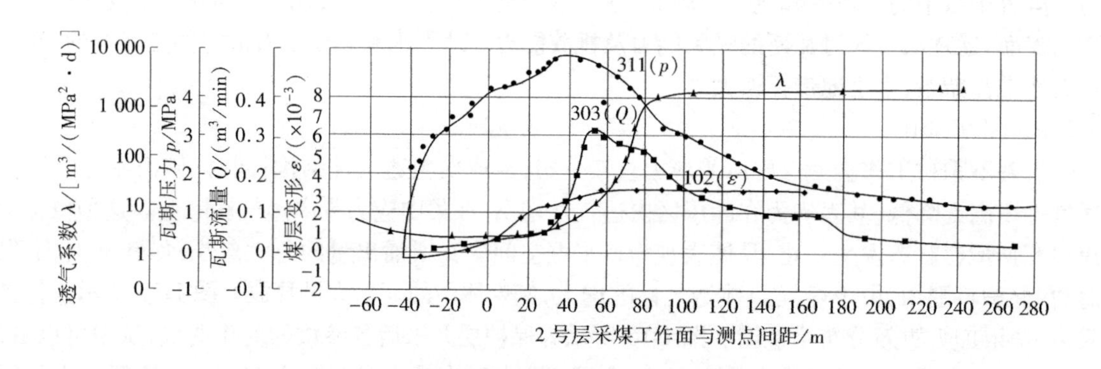

图 1-16　天府南井 2[#]层开采后 9[#]层各参数的变化情况

1.4　煤矿瓦斯主要参数

为了预防瓦斯灾害、实现煤矿安全高效开采,首先就必须掌握所在矿区煤层的瓦斯分布规律和特征。瓦斯压力和瓦斯含量是表征瓦斯的赋存特征的重要参数,是评估煤层瓦斯动力灾害危险性的重要指标,并在煤层突出危险性评价及预测指标中位居前列[18-20]。

1.4.1　瓦斯压力

1.4.1.1　基本概念

煤层瓦斯压力指的是煤层孔隙内气体分子自由运动撞击孔隙壁而产生的作用力,即瓦斯作用在煤体孔隙壁的压力,单位是 MPa。瓦斯压力由游离瓦斯形成,也可以说是指原始煤体孔隙中所含游离瓦斯的气体压力。煤层内的瓦斯压力就是处于煤层孔隙中的游离瓦斯分子热运动的结果[21]，瓦斯压力大小取决于含瓦斯煤体孔隙中游离瓦斯分子的数量，主要受瓦斯含量和温度等因素影响[22]。煤层瓦斯压力一般有两种类别，一种是煤层原始瓦斯压力，指的是煤层未受采动、瓦斯抽采等任何人为影响时的瓦斯压力；另一种是煤层残余瓦斯压力，指的是煤层受采动、瓦斯抽采等人为影响后的瓦斯压力。两者均是评价煤层瓦斯赋存情况的重要参数，并在煤层瓦斯动力灾害危险评估预测、煤层瓦斯治理验证等煤矿实际开采工作中扮演重要角色。

瓦斯压力作为煤层瓦斯流动的动力，是煤层瓦斯流动和涌出活动的基本参数[23]，同时也是瓦斯动力灾害潜能大小的重要参数。煤中的游离瓦斯量和吸附瓦斯量都与瓦斯压力大小密切相关，因此瓦斯压力在一定程度上直接决定着瓦斯含量及涌出量的大小，在煤体同等吸附瓦斯能力条件下，煤层瓦斯压力越大，煤体中所含的瓦斯含量也就越大。瓦斯压力是评价煤层瓦斯含量、涌出量及动力灾害危险性的重要参数指标，在合理优化瓦斯抽采设计和瓦斯动力灾害危险区域划分中具有重要指导意义[24]。

1.4.1.2 瓦斯压力的分布

(1) 瓦斯压力的垂向分布

由前文可知，赋存在煤层中的瓦斯表现垂向分带特征，一般可分为瓦斯风化带与甲烷带。风化带内的瓦斯含量和瓦斯压力都较小，风化带下部边界条件中瓦斯压力为 $p=0.15\sim0.2$ MPa；在甲烷带内，煤层瓦斯压力随深度的增加而增大。我国北票、南桐、天府等瓦斯突出矿井的统计资料表明，每隔 8～14 m 垂深，瓦斯压力增加 0.1 MPa 左右。在煤层正常赋存和地质构造破坏不大的条件下，同一煤层相同深度上各个地点的瓦斯压力基本上保持相同的数值，异常的瓦斯压力分布是和矿井中异常地质构造密切相关的，如在局部地质构造异常带，在强大的构造应力的作用下，煤体中的部分大孔隙和裂隙会变窄甚至闭合，瓦斯流动、渗透的通道被堵塞，甚至形成一些彼此近似隔离的空间，在增高的应力作用下，这些隔离空间中的瓦斯压力即升高，从而形成了局部瓦斯压力增高的地带。事实上，在瓦斯矿井中，不仅在地质构造应力作用下可以使瓦斯压力分布不均，而且就是在采动应力作用下，也可能产生这样或那样的局部瓦斯压力增高带。例如，北票冠山矿二井-540 m 水平西 1 石门 54 煤层，由于受开采集中应力的影响，所测瓦斯压力高达 13.6 MPa。

煤层瓦斯压力与煤层所处位置承受的地应力的大小有关。一般情况下，浅部由于构造应力小，且受瓦斯风化带的影响，其瓦斯压力往往小于或近似于静水压力，$p=0.01H$；而在矿井深部，由于地应力(其中包括自重应力、构造应力和温度应力)随垂深成线性增加，瓦斯压力可以超过静水压力，p 值可达$(0.013\sim0.015)H$，且在个别构造应力和开采集中应力很高的地带，瓦斯压力可以达到更高值。

煤层瓦斯运移的总趋势是瓦斯由地层深部向地表逸散，这一规律决定了煤层瓦斯压力和含量随深度的增加而增大。表 1-9 则列出了我国部分矿井实测所得的瓦斯压力值。从中可以看出，大多数矿井瓦斯压力随垂深成线性增加；在煤层正常赋存条件下，处于同一深度的煤层各测点瓦斯压力基本上趋于一致。图 1-17 给出了我国各主要矿区实测煤层瓦斯压力随深度的变化规律，由图中可以看出，在地质条件相近的地质块段如同一矿区，相同深度的同一煤层具有大体相同的瓦斯压力，多数煤层瓦斯压力随埋深呈线性增加。不同矿区由于地质构造情况不同，煤层瓦斯压力的分布也呈现复杂无规律的现象，部分测点的煤层瓦斯压力值与该测试区域的局部地质构造环境密切相关[25]，如覆盖岩层性质改变、岩浆岩侵蚀、开放式的大断层附近等，某些地质条件的局部变化导致了煤层瓦斯压力测试值偏离了线性规律。

表 1-10 为国外部分矿井测定的瓦斯压力值。从中可以看出，随着矿井开采深度的增加，瓦斯压力大于地层静水压力(即 $p/H>0.01$)的现象并不罕见。这也说明了随着开采深度的加大，地应力对瓦斯压力的影响是不能忽视的。

表 1-9　我国一些矿井测定的瓦斯压力值

矿　区	矿　井	煤　层	垂深 H/m	瓦斯压力 p/MPa	p/H
北　票	台吉一井	4	560	5.23	9.34×10^{-3}
	台吉一井	4	728	6.70	9.2×10^{-3}
	台吉一井	5	458	4.00	8.7×10^{-3}
	三宝一井	9B	220	2.10	9.5×10^{-3}
	三宝一井	9B	597	5.40	9.05×10^{-3}
阳　泉	一矿北头嘴井	3	415	1.20	2.89×10^{-3}
涟　邵	立新矿	4	214	2.18	10.2×10^{-3}
	立新矿	4	252	2.65	10.5×10^{-3}
白　沙	红卫里王庙井	6	260	1.73	6.65×10^{-3}
	红卫坦家冲井	6	138	1.26	9.13×10^{-3}
六　枝	木岗矿	7	330	1.50	4.55×10^{-3}
南　桐	直属一井	4	307	2.90	9.45×10^{-3}
	直属一井	4	432	4.95	11.5×10^{-3}
	直属一井	4	503	4.30	8.55×10^{-3}
天　府	磨心坡矿	K_2	513	4.80	9.36×10^{-3}
	磨心坡矿	K_2	550	7.30	13.3×10^{-3}
	磨心坡矿	K_2	652	8.00	12.3×10^{-3}

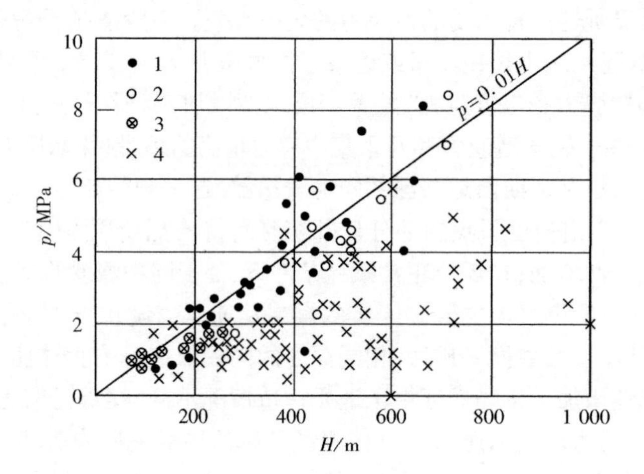

图 1-17　煤层瓦斯压力随距地表深度的变化[26]

1——重庆;2——辽宁北票;3——湖南;4——其它

表 1-10 国外部分矿井测定的瓦斯压力值

矿 区	矿 井	煤 层	垂深 H/m	瓦斯压力 p/MPa	p/H
顿巴斯	青年公社社员	m_3	596	7.90	13.3×10^{-3}
	青年公社社员	l_4^H	596	6.75	11.3×10^{-3}
	青年公社社员	K_3^H	596	7.30	12.2×10^{-3}
	《红十月》1-2	K_4^1	560	6.30	11.3×10^{-3}
	加耶伏	K_3^H	740	7.65	10.3×10^{-3}
	加里宁	h_{10}	600	9.00	15.0×10^{-3}
	加里宁	h_8	519	6.03	11.6×10^{-3}
	扎别立瓦利娜亚	h_8	530	6.11	11.5×10^{-3}
	伊格那齐夫斯卡亚	h_8	597	13.40	22.4×10^{-3}
	彼得罗夫斯克	h_7	1050	10.80	10.3×10^{-3}
	彼得罗夫斯克	h_7	1197	12.70	10.6×10^{-3}
卡拉干达	十月革命五十周年	K_{14}	320	5.40	16.9×10^{-3}
库兹巴斯	北 方		475	4.86	10.2×10^{-3}
别卓尔斯克	沃尔库金斯卡亚	h_{14}	440	4.70	10.7×10^{-3}
	沃尔库金斯卡亚	h_1	685	7.20	10.5×10^{-3}
乌格洛夫斯克	基 本	K	440	4.80	10.9×10^{-3}
北海道	夕张新矿		900	>15.0	16.7×10^{-3}

(2) 采场工作面前方煤层瓦斯压力分布

瓦斯压力的分布不仅决定了煤层中的瓦斯流场,而且决定着发生瓦斯突出的可能性。图 1-18 所示是巷道前方煤体中瓦斯压力分布的示意图,从中可以看出,在巷道揭开煤层引起瓦斯流动后,在暴露时间为 t_1时,瓦斯流动场长度为 l_1,在 t_2时为 l_2,在 t_3时为 l_3;随着煤壁暴露时间 t 的不断增长,瓦斯流动场范围不断扩大,工作面附近瓦斯压力下降变缓。从发生瓦斯突出的角度而言,最危险的时间是在 $t\to0$ 时,即在爆破见煤的瞬时,由于瓦斯压力梯度最大,故而此时最容易发生瓦斯突出,这就是为什么在石门揭穿煤层和煤巷震动爆破时,最容易发生突出的重要原因。

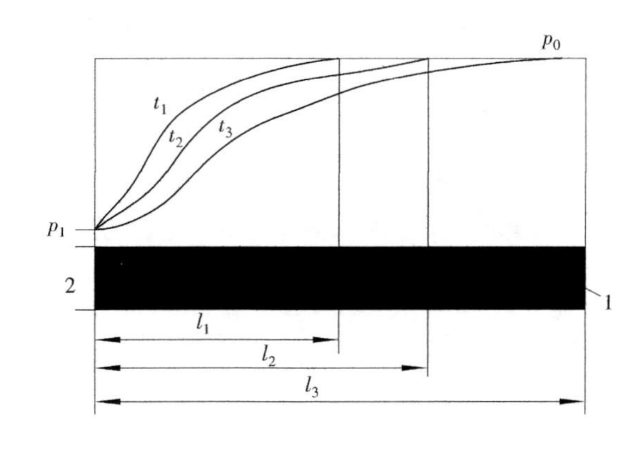

图 1-18 采场工作面前方煤层瓦斯压力分布规律

1——煤层;2——巷道;p_0——原始瓦斯压力;p_1——巷道大气压力

1.4.2 瓦斯含量

1.4.2.1 基本概念

煤层瓦斯含量指的是单位质量煤体中所含有的瓦斯体积[换算成标准状态下的体积,标准状态是指绝对温度273.15 K(0 ℃),大气压力为101.32 kPa(1大气压)],煤层瓦斯含量的单位为m^3/t或mL/g。煤层未受采动影响处于原始自然状态下的瓦斯含量称为原始瓦斯含量;煤层受采动或瓦斯抽采等因素影响后,煤体中剩余的瓦斯含量称为残余瓦斯含量。二者均是煤矿生产中常用的重要参数指标,其中原始瓦斯含量主要反映待采煤层的整体瓦斯赋存情况,通常用于瓦斯预抽设计、煤层突出危险性评价等工作;残余瓦斯含量则多用于回采、掘进、采区各区域乃至整个矿井的瓦斯涌出量预测、突出煤层区域防突措施后的效果检验等,残余瓦斯含量和残余瓦斯压力共同作为区域措施效果检验的重要指标,《煤与瓦斯突出防治规定》(以下简称《防突规定》)指出:煤层残余瓦斯含量小于8 m^3/t或残余瓦斯压力小于0.74 MPa的预抽区域为无突出危险区,否则,即为突出危险区,预抽防突措施无效。

煤层瓦斯含量是表征煤层瓦斯赋存情况的重要参数,煤层瓦斯含量实际上是指吸附瓦斯量和游离瓦斯量之和,其值的大小往往是评价煤层瓦斯储量、是否具有抽采价值以及评价煤层突出危险性的重要指标[6]。煤层瓦斯含量的测试方法主要有两种,即间接法和直接法。由于测试方式的不同,其煤层瓦斯含量的定义也不同。间接法测试时煤层瓦斯含量主要包括吸附瓦斯含量和游离瓦斯含量两部分;直接法测试时,煤层瓦斯含量则包括煤样解吸瓦斯含量、损失瓦斯含量以及残存瓦斯含量三部分。

目前的实验表明,在煤的瓦斯含量中,一般吸附瓦斯占80%~90%;而吸附瓦斯量的多少,主要取决于煤对瓦斯的吸附能力、瓦斯压力和温度等条件,吸附瓦斯在煤中主要是以单分子层吸附的状态附着于煤的表面。

煤的瓦斯吸附量与温度、瓦斯压力的关系如图1-19所示,从中可以看出,瓦斯吸附量随瓦斯压力增大而提高,随温度的升高而降低。这是因为在一定温度下,当瓦斯压力升高时,则意味着单位体积内瓦斯分子数增加,从而增大了瓦斯分子与煤体吸附的机会;当吸附量增加到一定程度后,就渐趋饱和。目前认为,一般在瓦斯压力超过5.0 MPa以后,吸附量基本上达到饱和范围。

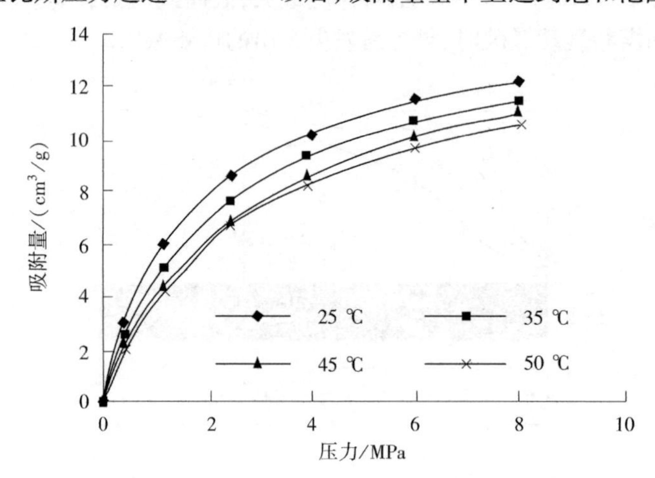

图1-19 瓦斯吸附量和温度、压力的关系[27]

1.4.2.2 瓦斯含量的计算

由于煤层瓦斯含量包括游离瓦斯含量和吸附瓦斯含量,因此,在计算时,一般应分别进行计算。

（1）煤的游离瓦斯含量

一般情况下，煤的游离瓦斯含量是按气体状态方程（马略特定律）进行计算，即：

$$x_y = \frac{VpT_0}{Tp_0\xi} \tag{1-1}$$

式中 x_y——煤的游离瓦斯含量，m^3/t；

V——单位质量煤的孔隙体积，m^3/t；

p——瓦斯压力，MPa；

T_0,p_0——标准状态下的绝对温度（273 K）与压力（101.325 kPa）；

T——瓦斯的绝对温度，K；

ξ——瓦斯压缩系数（以甲烷的压缩系数代替），甲烷的压缩系数如表 1-11 所列。

表 1-11 甲烷气体压缩系数表

甲烷压力/MPa	温度/℃					
	0	10	20	30	40	50
0.1	1.00	1.04	1.08	1.12	1.16	1.20
1.0	0.97	1.02	1.06	1.10	1.14	1.18
2.0	0.95	1.00	1.04	1.08	1.12	1.16
3.0	0.92	0.97	1.02	1.06	1.10	1.14
4.0	0.90	0.95	1.00	1.04	1.08	1.12
5.0	0.87	0.93	0.98	1.02	1.06	1.11
6.0	0.85	0.90	0.95	1.00	1.05	1.10
7.0	0.83	0.88	0.93	0.98	1.04	1.09

（2）煤的吸附瓦斯含量

目前，一般情况下煤的吸附瓦斯含量按朗缪尔方程计算，在计算中同时应考虑煤中水分、可燃物百分数以及温度的影响。因此，煤的吸附瓦斯量为：

$$x_x = \frac{abp}{1+bp}e^{n(t_0-t)} \cdot \frac{1}{1+0.31W} \cdot \frac{100-A-W}{100} \tag{1-2}$$

式中 x_x——煤的吸附瓦斯含量，m^3/t；

t_0——实验室测定煤的吸附常数时的实验温度，℃；

t——煤层温度，℃；

n——经验系数，一般情况下可按 $n = \dfrac{0.02}{0.993+0.07p}$ 确定；

p——煤层瓦斯压力，MPa；

a——煤的吸附常数，m^3/t；

b——煤的吸附常数，MPa^{-1}；

A,W——煤中灰分与水分，%。

我国部分矿井相应煤层的吸附实验结果如表 1-12 所列。

（3）煤的瓦斯含量

煤的瓦斯含量等于游离瓦斯含量与吸附瓦斯含量之和，故而有：

$$x = x_y + x_x = \frac{VpT_0}{Tp_0\xi} + \frac{abp}{1+bp}e^{n(t_0-t)} \cdot \frac{1}{1+0.31W} \cdot \frac{100-A-W}{100} \tag{1-3}$$

式中 x ——煤的瓦斯含量,m^3/t;

其余符号意义同前。

表 1-12 我国部分矿井煤层煤样的吸附实验结果表[3]

矿井	煤层	水分/%	灰分/%	挥发分/%	密度/(t/m^3)	吸附实验结果				
						温度/℃	瓦斯压力/MPa	瓦斯含量/(m^3/t)	a/(m^3/t)	b/MPa^{-1}
焦作李封天官	大煤	1.86	12.16	4.37	1.72	30	1.27	25.33	30.72	4.8
白沙红卫	3	1.72	5.95	6.37	1.49	30	1.49	24.16	53.47	0.5
阳泉矿区	S_5	1.02	9.34	7.64	1.39	30	1.31	23.62	41.32	1.1
白沙红卫	4	2.19	30.18	10.13	1.73	30	1.22	19.27	25.66	2.4
萍乡煤矿		1.10	8.07	10.33	1.45	30	1.10	14.39	21.33	1.7
鹤壁梁峪		1.70	11.53	12.20	1.43	30	1.21	18.97	35.63	1.0
北票台吉一坑	4	0.63	14.90	17.98	1.46	30	1.82	10.86	14.85	1.2
天府磨心坡	K_9	0.99	5.44	18.29	1.36	30	1.76	11.29	17.18	1.1
丰城坪湖	B_4	1.70	9.50	18.77	1.37	30	1.18	12.61	27.30	0.7
南桐煤矿	K_2	0.83	22.87	20.26	1.55	30	1.16	6.6	14.16	1.8
包头河滩沟		1.32	32.49	27.16	1.37	30	1.57	12.27	20.77	1.0
开滦赵各庄		1.66	14.40	29.93	1.46	30	1.01	6.42	10.89	1.3
淮北芦岭	8	1.25	7.54	32.17	1.37	30	1.69	12.75	21.88	0.9
抚顺龙凤	4 分层	1.52	9.11	33.72	1.41	30	1.21	13.57	22.93	1.2
阜新平安二坑		8.53	13.37	38.46	1.21	30	1.34	12.30	21.11	1.1
淮南谢一矿	B_{11b}	1.58	31.8	36.20	1.32	30	1.84	20.1	39.06	0.6
辽源西安	上煤	5.54	6.63	41.66	1.34	30	1.68	17.80	28.97	0.9

此外,为了简化计算,有些煤矿瓦斯研究工作者也采用孔隙率和瓦斯压力来计算游离瓦斯量,即 $x_y = B\varphi \cdot p$[φ 为煤层的孔隙率,B 为量纲修正值,量纲为 $m^3/(t \cdot MPa)$,数值为 1]。

图 1-20 为煤的吸附瓦斯量、游离瓦斯量、总瓦斯量和瓦斯压力之间的关系,从中可以看出:在瓦斯压力比较低时,吸附瓦斯量占绝大部分,随着瓦斯压力的增大,吸附瓦斯量渐趋饱和,而游离瓦斯量所占的比例逐渐提高。因此,在深部地层中,当瓦斯压力较高时,煤层和岩层孔隙中所含有的游离瓦斯量往往可以达到相当大的数值。

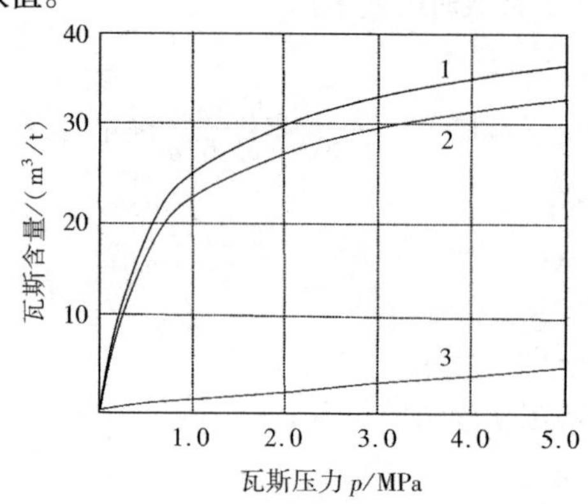

图 1-20 煤层瓦斯含量和瓦斯压力的关系曲线[13]

1——总瓦斯量;2——吸附瓦斯量;3——游离瓦斯量

如果煤层的自然条件和实验室测定的条件完全相同,则实验室中按煤层瓦斯压力和温度测定出来的瓦斯含量就是该煤层的瓦斯含量。

在实际应用时,由于在矿井中各煤层的煤质一般变化不大,因此,在实验室中可以将各个煤层分别用不同瓦斯压力和温度测定出它的瓦斯含量曲线,然后再根据采掘工作地点测出的煤层温度和瓦斯压力,从该煤层的瓦斯含量曲线中求得该地点的煤层瓦斯含量。

在目前我国的瓦斯矿井中,烟煤的瓦斯含量一般未超过 35 m^3/t,无烟煤的瓦斯含量一般未超过 45 m^3/t,但是,实际矿井中的煤层瓦斯含量应根据实际测定和计算才能确定。

1.4.3 瓦斯压力和含量的测试

1.4.3.1 瓦斯压力测试[3,19,28-30]

我国在 1996 年 12 月首次发布了安全生产行业标准《煤矿井下煤层瓦斯压力的直接测定方法》(MT/T 638—1996),并于 2007 年 3 月发布了 AQ/T 1047—2007 替换 MT/T 638—1996,标准中规定了煤矿井下直接测定煤层瓦斯压力的测定方法、工艺、设备、材料、封孔等具体要求,对井下瓦斯压力的测定起到了指导作用。

(1) 测定方法的分类

煤层瓦斯压力井下直接测定法测定原理是通过钻孔揭露煤层,安设测定仪表并密封钻孔,利用煤层中瓦斯的自然渗透原理测定在钻孔揭露处达到平衡的瓦斯压力。采用现有的方法通过打钻封孔后在煤层内形成测压室,测压室周围无限大空间煤体内的瓦斯不断向测压室运移,保证打钻过程和封孔后材料凝固时期(上表前)逸散的瓦斯通过周围流场的流动补充,最终平衡,达到煤层的真实瓦斯压力。

① 按测压方式分类

按测压时是否向测压钻孔内注入补偿气体,测定方法可分为主动测压法和被动测压法。

主动测压法:在钻孔预设测定装置和仪表并完成密封后,通过预设装置向钻孔揭露煤层处或测压气室充入一定压力的气体,从而缩短瓦斯压力平衡所需时间,进而缩短测压时间的一种测压方法。补偿气体用于补偿钻孔密封前通过钻孔释放的瓦斯,缩短瓦斯压力平衡时间,可选用氮气(N_2)、二氧化碳(CO_2)或其它惰化气体。补充气量取决于打钻过程中(封孔前)损失的气量和补气的性质,如 CO_2 的吸附能力较强,其需要补充的气体量相对 N_2 要大。此外,还要考虑补充气体的吸附平衡时间。

被动测压法:测压钻孔被密封后,利用被测煤层瓦斯向钻孔揭露煤层处或测压气室的自然渗透作用,进而测定煤层瓦斯压力的方法。

② 按封孔方法及材料分类

按测压钻孔封孔材料的不同,测定方法可分为黄泥(黏土)封孔法、水泥砂浆封孔法、胶圈封孔器法、胶圈—压力黏液封孔法、胶囊—压力黏液封孔法及聚氨酯泡沫封孔法等。按测压封孔方法的不同,测定方法可分为填料法和封孔器法两类,其中根据封孔器的结构特点,封孔器分为胶圈、胶囊和胶圈—黏液等几种方法。

(2) 井下直接测定法

① 填料封孔法(黄泥、黏土封孔)

填料法是应用最早的一种封孔方法。采用该法时,在打完钻孔后,先用水清洗钻孔,放入带有压力表接头的紫铜管(管径为 6 ~ 8 mm,长度不小于 6 m)。填料法封孔结构示意图如图 1-21 所示。

为了防止测压管堵塞,在测压管前端焊接一段直径大于测压管的筛管。为了防止填料堵塞筛管,在测压管前端后部焊一挡料圆盘。充填材料一般用黄泥或黏土。填料可用人力送入钻孔。封孔时将圆环形木楔套入测压管,使其滑入钻孔中,到达托盘处时停止,再送入三块黄泥。其后再送一块木楔,

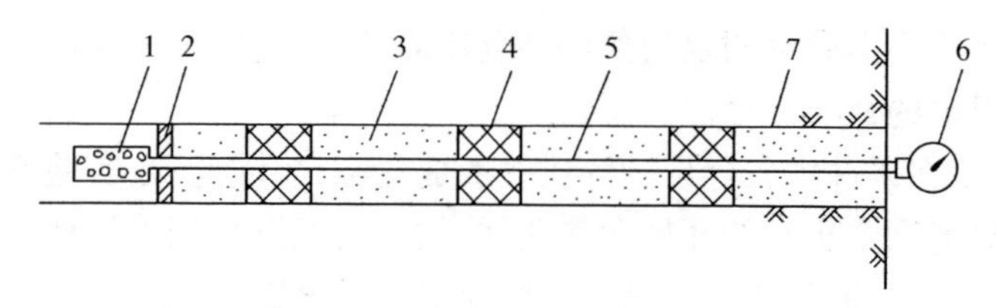

图 1-21　填料法封孔示意图[9]

1——前端筛管;2——挡料圆盘;3——充填材料;
4——木楔;5——测压管;6——压力表;7——钻孔

然后将铁耙也套入测压管,顺测压管下放入钻孔中。使用铁耙将下放的黄泥砸实,提出铁耙。接下来再送入三块黄泥和一块木楔,再用铁耙捣实,依此类推连续进行,直到钻孔外段只剩 0.3 m 时停止,钻孔外段需用水泥砂浆固结。

② 注浆封孔测压法

注浆封孔测压法是目前应用最广泛的一种封孔方法,适应于井下各种情况下的封孔。注浆泵一般采用柱塞注浆泵,封孔材料一般采用膨胀不收缩水泥浆(一般由膨胀剂、水泥和水按一定比例制成),测压管一般采用铜管、高压软管或无缝钢管。如图 1-22 所示,通过辅助管将安装有夹持器的测压管安装至预定的测压深度,在孔口用木楔和快干水泥封住,并安装好注浆管,根据封孔深度确定膨胀不收缩水泥的使用量,按照一定比例(参考值:水灰比为 2 ∶ 1,膨胀剂的掺量为水泥的 12%)配好封孔水泥浆,用注浆泵一次连续将封孔水泥浆注入钻孔内,并在注浆 24 h 后,在孔口安装三通及压力表。孔口可装置充气设备,通过主动注气,补偿瓦斯的损失量,缩短平衡时间。

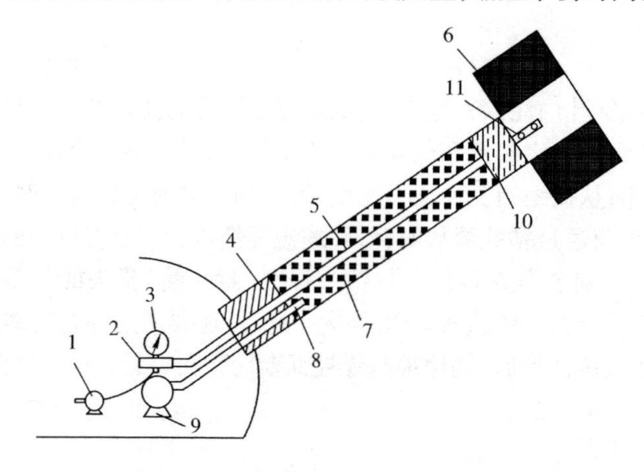

图 1-22　注浆封孔测压法示意图

1——充气装置;2——三通;3——压力表;4——木楔;5——测压管;
6——煤层;7——封堵材料;8——注浆管;9——注浆泵;10——夹持器;11——小孔

(3) 封孔器封孔

① 胶圈封孔器

胶圈封孔是一种简便的封孔方法,它适用于岩柱完整致密的条件。图 1-23 为胶圈封孔器结构示意图。

封孔器由内外套管、挡圈、胶圈和压力表等组成,内套管即为测压管。封直径为 50 mm 的钻孔时,胶圈外径为 49 mm,内径为 21 mm,每节胶圈长度为 78 mm。测压管前端焊有环形固定挡圈,当拧紧压紧螺帽时,外套管向前移动压缩胶圈,使胶圈径向膨胀,即达到封孔目的。为了提高胶圈封孔质量,有时用两组胶圈。

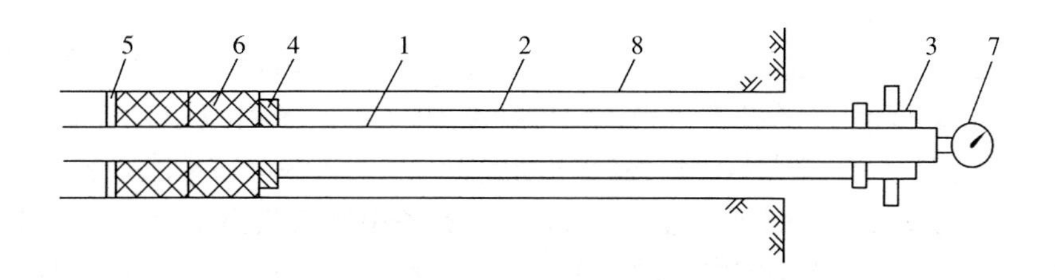

图 1-23　胶圈封孔器结构示意图

1——测压管;2——外套管;3——压紧螺帽;4——活动挡圈;

5——固定挡圈;6——胶圈;7——压力表;8——钻孔

② 胶圈—压力黏液封孔器

胶圈—压力黏液封孔器是中国矿业大学研制成功的一种新的封孔装置,它与胶圈封孔器的主要区别是在两组封孔胶圈之间充入带压力的黏液。胶圈—压力黏液封孔器结构和实物图分别如图 1-24(a)、(b)所示。

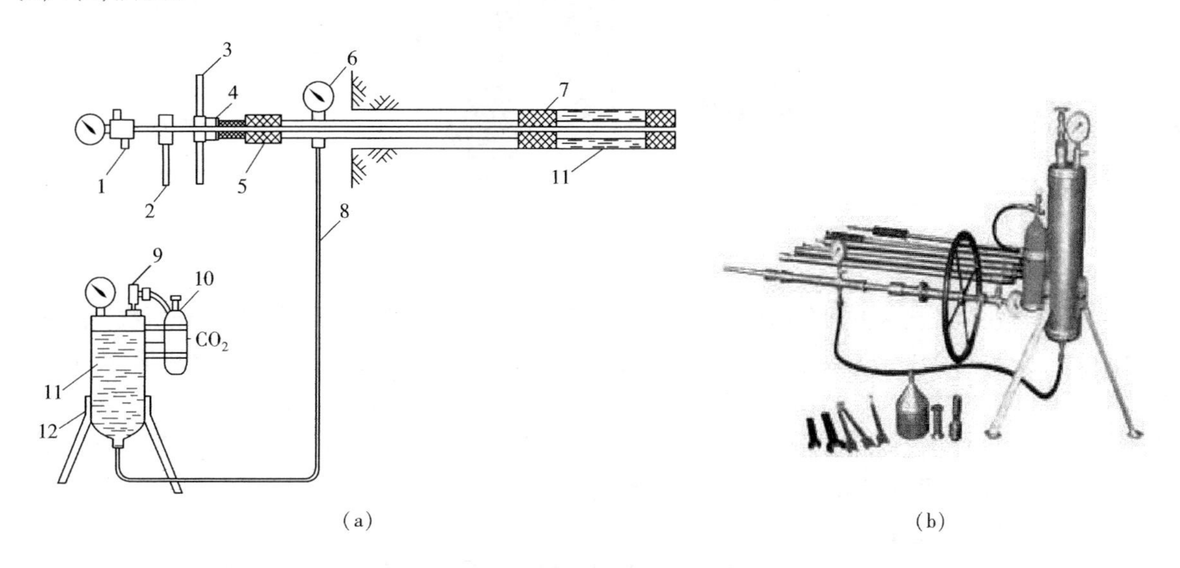

图 1-24　胶圈—压力黏液封孔测压仪器

(a) 结构示意图; (b)仪器实物图

1——补充气体入口;2——固定把;3——加压手把;4——推力轴承;5——胶圈;6——黏液压力表;

7——胶圈;8——高压胶管;9——阀门;10——二氧化碳罐;11——黏液;12——黏液罐

该封孔装置由胶圈封孔系统和黏液加压系统组成。为了缩短测压时间,该封孔装置带有预充气口,预充气压力略小于预计的煤层瓦斯压力。与其它封孔器相比,这种封孔器的主要优点:一是增大了封孔段的长度;二是压力黏液可渗入封孔段岩(煤)体的裂隙,增大了密封效果。为了进一步提高黏液的堵漏效果,可在黏液中添加固体碎屑,或将压力黏液改为气、液、固三相泡沫介质。试验证明,利用三相泡沫,可封堵小于 4 mm 宽的裂隙[31]。

③ 胶囊—压力黏液封孔器

由于胶圈对钻孔孔型变化的适应性较低,且深部矿井钻孔周围卸压圈的增大导致封孔段黏液的泄漏,胶圈—压力黏液封孔技术的应用受到限制。因此,在胶圈—压力黏液封孔装置基础上,中国矿业大学又研制成功了胶囊—黏液封孔器,其封孔原理类似于胶圈黏液封孔器,所不同的是用胶囊代替了胶圈。胶囊的有效变形量可达50%，可以较好地适应孔壁形状的变化，可全面紧密接触，且便于用水压进行控制，密封黏液的性能优于胶圈，不仅适用于封岩石钻孔，而且也能封较硬煤层中的煤孔。

为了进一步防止黏液泄漏，该技术采用了一种特殊密封液，该密封液中含有2种填料，一种是刚性的骨料（如采用炉渣），另一种为塑性骨料（如采用锯末）。这2种填料都能以悬浮状态存在于黏液中，当密封液进入封孔段、在孔隙中产生泄漏时，骨料在孔隙中能彼此相互咬合：首先是大颗粒骨料堵塞孔道，然后是小的颗粒堵塞大颗粒之间的缝隙，而塑性骨料则起到了充填和加固骨料之间的咬合作用。这样密封液就不至于漏失，压力可得以保持。

在进行钻孔的封孔测压时，采用两个充高压液体的胶囊封孔，同时在两个胶囊之间充入具有一定压力的黏液，并保持黏液的压力始终高于测压室的瓦斯压力，黏液在压力作用下渗入钻孔周边裂隙，杜绝瓦斯的泄漏，从而使测出的瓦斯压力值接近煤层真实的瓦斯压力。胶囊—压力黏液封孔测压仪器实物如图1-25所示。

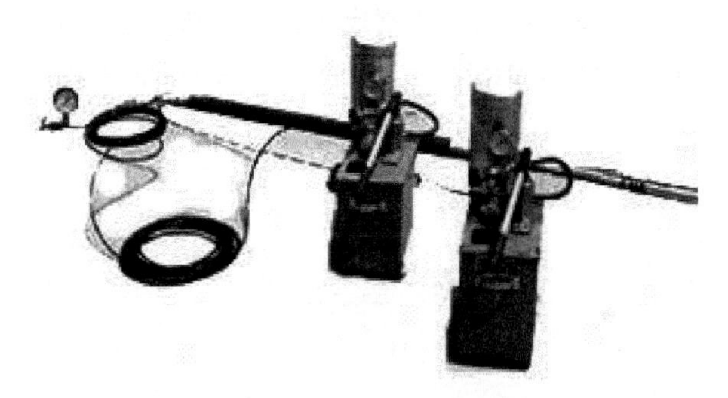

图1-25　胶囊—压力黏液封孔测压仪器

尽管在封孔测压技术方面我国进行了许多试验研究，但实践表明，迄今还不能保证每次测压都能成功。这除与封孔测压工艺条件（如孔未清洗净，填料未填紧密，水泥凝固产生收缩裂隙，接头漏气等）有关外，主要取决于测压地点岩体（或煤体）的破裂状况。当岩体本身完整性被破坏时，煤层中瓦斯会经破坏岩柱产生流动，这时测到的瓦斯压力实际上是瓦斯流经岩柱的流动阻力。为了测到煤层的原始瓦斯压力，应尽可能选择在致密岩石地点测压，并适当增大封孔段长度。

(4) 测压地点的选择

测压地点的选择原则如下：应优先选择在石门或岩巷中岩性致密且无断层、裂隙等地质构造处布置测点，其瓦斯赋存状况要具有代表性；测压钻孔应避开含水层、溶洞，并保证测压钻孔与其距离不小于50 m；对于测定煤层原始瓦斯压力的测压钻孔应避开采动、瓦斯抽采及其它人为卸压影响范围，并保证测压钻孔与其距离不小于50 m；选择测压地点应保证测压钻孔有足够的封孔深度（穿层测压钻孔的见煤点或顺层测压钻孔的测压室应位于巷道的卸压圈之外），并需保证15 m以上的岩柱长度；采用注浆封孔的上向测压钻孔倾角应不小于5°；同一地点应设置两个测压钻孔，其终孔见煤点或测压气室应在相互影响范围外，原则上测压孔距离应不小于20 m；瓦斯压力测定地点宜选择在进风系统，行人少且便于安设保护栅栏的地方等。

1.4.3.2　瓦斯含量测试[28,32-35]

目前，我国煤层瓦斯含量的测试方法主要有两种，由于测试原理不同，分为间接法和直接法。

(1) 间接法

① 间接法测试原理

间接法测定煤层瓦斯含量是建立在煤吸附瓦斯理论基础上的，这里的煤层原始瓦斯含量也就是吸附和游离2种状态下瓦斯量的总和。利用间接方法测定煤层原始瓦斯含量，首先需要在井下实测或用已知规律和相关数据推算得出煤层原始瓦斯压力,并在井下采取新鲜煤样后送实验室测定煤的孔隙率、吸附常数值(a、b 值)、煤的工业分析等参数,然后再根据朗缪尔方程计算出煤层瓦斯含量。

② 间接法测试流程及计算方法

a) 测试流程

在现场采集待测煤层煤样,送至实验室后将其筛分出一定质量的0.20~0.25 mm、10~13 mm与0.2 mm以下粒径的煤样。将空气干燥后的0.2 mm以下粒径的煤样利用工业分析仪器进行煤的水分、灰分、挥发分及固定碳含量分析,得到煤的工业分析结果。取0.2 mm以下粒径及10~13 mm粒径煤样,测定煤的真密度、视密度。将0.20~0.25 mm粒径的煤样进行干燥后利用吸附常数测定装置进行不同平衡压力下瓦斯吸附量的测定,并代入所测工业分析和密度结果得到煤样的吸附常数。在现场测煤层瓦斯压力后,即可利用间接法计算煤层瓦斯含量。其中,工业分析仪和瓦斯吸附解吸常数测试仪器实物图如图1-26所示,煤样的工业分析参数测定参考国家标准《煤的工业分析方法》(GB/T 212—2008),真、视密度测试参考国家标准《煤的真相对密度测定方法》(GB/T 217—2008)、《煤的视相对密度测定方法》(GB/T 6949—2010),吸附常数测试参考《煤的甲烷吸附量测定方法(高压容量法)》(MT/T 752—1997)。煤层瓦斯含量的一般测试流程如图1-27所示。

(a)

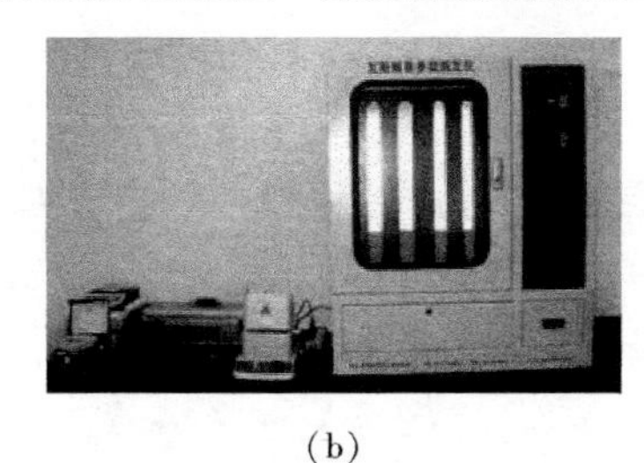

(b)

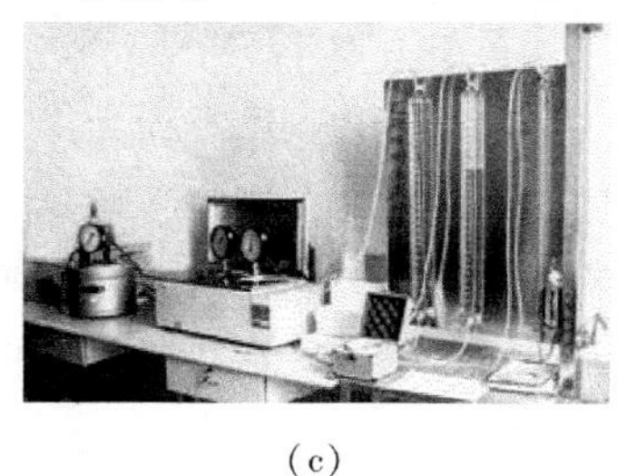

(c)

图1-26 间接法测试瓦斯含量部分仪器实物图

(a) 工业分析仪;(b) 瓦斯解吸参数测定仪;(c) 瓦斯吸附常数测定仪

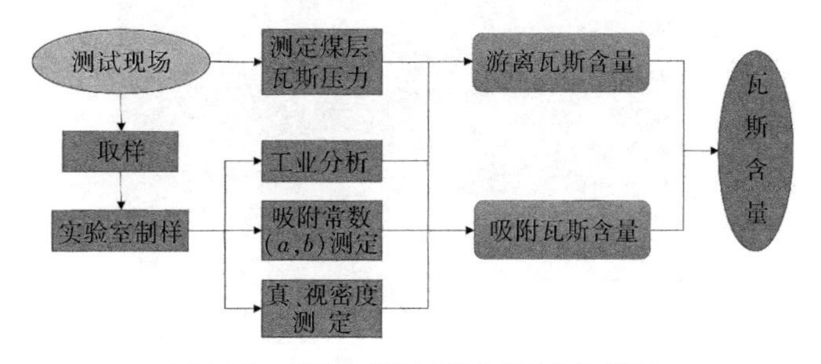

图1-27 间接法测试煤层瓦斯含量流程

b) 计算方法

根据上述可知,煤的瓦斯含量等于游离瓦斯含量与吸附瓦斯含量之和,由式(1-3)计算。

(2) 直接法

① 直接法测试原理

在原始煤体中,游离瓦斯和吸附瓦斯处于动态平衡状态,一旦这种动态平衡遭到破坏,部分瓦斯的赋存状态就会向另一种状态转化,直至建立新的动态平衡[36]。所测煤样处在原始煤层环境中,其瓦斯压力与原始煤层瓦斯压力相等。当煤样在采掘作用下被剥离原始煤层,暴露于大气之中后,其周围环境压力降低,变为测试地点的大气压,煤样中游离瓦斯和吸附瓦斯的动态平衡遭到破坏,煤样中的吸附瓦斯开始解吸,直至煤样中的瓦斯压力与周围大气压力相等后达到新的动态平衡。直接法测试煤层瓦斯压力正是基于这种煤体内部瓦斯状态的动态平衡原理而被提出，指的就是直接从待测煤层中取样进行测试。首先，测定煤样的解吸瓦斯量、解析瓦斯规律和残存瓦斯量；然后，根据其解析规律及煤样脱离煤体至装罐解吸测定前暴露于空气之中的时间推算在此时间内损失的瓦斯量；测定和计算损失瓦斯量、解吸瓦斯量和残存瓦斯量这三部分之和即为煤层原始瓦斯含量。

可解吸瓦斯含量是指当原始煤体受到采动等因素的影响，在常压和储层温度下自然脱附出来的煤层瓦斯含量，单位为 m^3/t 或 mL/g。可解吸瓦斯含量等于煤层原始瓦斯含量与残存瓦斯含量的差值[37]。残存瓦斯含量是指在标准状态下，煤样自然解吸平衡后，残存在煤样中的瓦斯含量，单位是 m^3/t 或 mL/g。根据文献定义[38]，煤样自然解吸平衡是指每克煤样一周内的平均解吸量小于 0.05 mL/d。国际上由于研究目的和领域不同，煤的残存瓦斯含量含义也具有一定的差异性。

我国煤炭行业在煤层瓦斯含量测定及矿井瓦斯涌出量预测时，残存瓦斯含量是指煤样在井下解吸一段时间之后残存于煤中的瓦斯量，由于我国各煤矿的情况不一，难以取得一致的标准。因此，在测定残存瓦斯含量时，煤的暴露时间应取正常生产过程的平均时间，为研究方便通常将解吸时间取为 2 h，经 2 h 解吸之后仍残存于煤中的瓦斯量作为残存瓦斯量（此时解吸未达到自然平衡状态，是非稳态解吸过程）。

② 测试流程及计算方法

直接法的测试流程为在现场选取合适的瓦斯含量测定地点，通过钻孔将煤样从煤层深部取出，及时装入煤样罐中密封起来，现场测试 2 h 瓦斯解吸量 X_j，根据煤样瓦斯解吸规律选取合理的经验公式推算煤样装入煤样密封罐之前的瓦斯损失量 X_s，然后把煤样罐带回实验室进行残存瓦斯量 X_c 的测定；瓦斯损失量、瓦斯解吸量和残存瓦斯量之和就是瓦斯含量，即：

$$X_m = X_s + X_j + X_c \tag{1-4}$$

直接法测试瓦斯含量仪器装置如图 1-28 所示。

图 1-28　直接法测试瓦斯含量装置实物图

直接法测试瓦斯含量计算步骤如下[28]：

a）井下 2 h 瓦斯解吸体积校正

解吸瓦斯含量采用解吸仪测定，瓦斯解吸量以实测数据为准，即井下测定的 2 h 瓦斯解吸体积换算成标准状态下瓦斯解吸体积，然后计算成单位质量的瓦斯解吸量，其计算方法按式(1-4)进行：

$$V_{t_0}=\frac{273.2}{101.3\times(273.2+t_w)}\times(p_1-0.00981h_w-p_2)V_t \tag{1-4}$$

式中 V_{t_0}——换算为标准状态下的气体体积,cm^3;

V_t——t 时刻时量管内气体体积读数,cm^3;

p_1——大气压力,kPa;

t_w——量管内的水温,℃;

h_w——量管内的水柱高度,mm;

p_2——t 时水的饱和蒸汽压,kPa。

b)实验室两次脱气气体体积的换算

(i)粉碎前脱气:利用真空脱气装置,将解吸 2 h 后的煤样分别在常温和加热至 95~100 ℃恒温进行真空集气,一直进行到每 30 min 内泄出瓦斯量小于 10 cm^3,然后用气相色谱仪分析气体成分。

(ii)粉碎后脱气:粉碎前脱气终了后,取下煤样罐,迅速地取出煤样立即装入球磨罐中密封,煤样粉碎到粒度小于 0.25 mm 的质量超过 80% 为合格,按(i)步骤进行真空集气。按式(1-5)将两次脱气的气体体积换算到标准状态下的体积:

$$V_{t_{n0}}=\frac{273.2}{101.3\times(273.2+t_n)}\times(p_1-0.0167C_0-p_2)V_{tn} \tag{1-5}$$

式中 $V_{t_{n0}}$——换算为标准状态下的气体体积,cm^3;

V_{tn}——在实验室温度 t_n,大气压力 p_1 条件下量管内气体体积,cm^3;

p_1——大气压力,kPa;

t_n——实验室温度,℃;

C_0——气压计温度,℃;

p_2——在实验室温度 t_n 下饱和食盐水饱和蒸汽压,kPa。

c)损失瓦斯量的计算

目前,我国推算瓦斯损失量的方法采用 $\sqrt{t}$ 法和幂函数法两种方法,也可采用经验证有效的方法计算。

(i)$\sqrt{t}$ 法

此方法是根据煤样开始暴露一段时间内 V_{t_0} 与 $\sqrt{t}$ 呈直线关系来进行确定,即:

$$V_{t_0}=a+b\sqrt{t} \tag{1-6}$$

式中 a,b——待定常数,当 $\sqrt{t}=0$ 时,$V_{t_0}=a$,a 值即为所求的损失瓦斯量。

计算 a 值前首先以 t 为横坐标,以 V_{t_0} 为纵坐标作图,由图大致判定呈线性关系的各测点,然后根据这些点的坐标值,按最小二乘法求出 a 值,即为所求的损失瓦斯量。

(ii)幂函数法

将测得的 (t,V_t) 数据转化为解吸速度数据 $\left(\frac{t_i+t_{i-1}}{2},q_t\right)$,然后对 $\left(\frac{t_i+t_{i-1}}{2},q_t\right)$ 按式(1-7)拟合求出 q_0 和 n。

$$q_t=q_0(1+t)^{-n} \tag{1-7}$$

式中 q_t——时间 t 对应的瓦斯解吸速度,cm^3/min;

q_0——$t=0$ 时对应的瓦斯解吸速度,cm^3/min;

t——包括取样时间 T_0 在内的瓦斯解吸时间,min;

n——瓦斯解吸速度衰减系数,$0<n<1$。

煤样的损失瓦斯量按式(1-8)计算：

$$V_s = q_0 \cdot \frac{(1 + T_0)^{1-n} - 1}{1 - n} \tag{1-8}$$

式中 V_s——煤样损失瓦斯量，cm^3；

T_0——煤样暴露时间，min。

d）煤层自然瓦斯成分计算

煤层自然瓦斯成分是根据煤样粉碎前脱气或粉碎前自然解吸得到的气体成分计算的。设得到的混合有空气的气体通过气相色谱分析得出各种气体组分的浓度分别为 $C(O_2)$、$C(N_2)$、$C(CH_4)$、$C(CO_2)$。按以下各式计算各种气体组分无空气基的浓度，即为煤层自然瓦斯成分。

$$A(N_2) = \frac{C(N_2) - 3.57C(O_2)}{100 - 4.57C(O_2)} \times 100 \tag{1-9}$$

$$A(CH_4) = \frac{C(CH_4)}{100 - 4.57C(O_2)} \times 100 \tag{1-10}$$

$$A(CO_2) = \frac{C(CO_2)}{100 - 4.57C(O_2)} \times 100 \tag{1-11}$$

式中 $A(N_2)$，$A(CH_4)$，$A(CO_2)$——分别为扣除空气后各种气体组分的浓度，%。

e）含有空气解吸、损失气体或脱出气体的体积按式(1-12)换算为无空气煤层气的体积

$$V_i = \frac{V_{tn0}(100 - 4.57C_{O_2})}{100} \tag{1-12}$$

式中 V_{tn0}——换算为标准状态下的气体体积，cm^3；

C_{O_2}——标准状态下氧的浓度，%。

5）各阶段煤样瓦斯含量计算

瓦斯含量测定结果有两种表达方式，一种是空气干燥基（原煤）瓦斯含量，另一种是干燥无灰基瓦斯含量。干燥无灰基即为空气干燥基质量减去水分、灰分质量：

$$X_i = \frac{\sum V_i}{m} \tag{1-13}$$

式中 X_i——各阶段煤样瓦斯含量，cm^3/g；

m——煤样质量（分为空气干燥基和干燥无灰基），g；

V_i——各阶段某种气体体积，cm^3。

参考文献

[1] 傅雪海，秦勇，韦重韬. 煤层气地质学[M]. 徐州：中国矿业大学出版社，2007.

[2] 许瑞祯. 煤矿通风安全[M]. 北京：煤炭工业出版社，1992.

[3] 周世宁，林柏泉. 煤层瓦斯赋存与流动理论[M]. 北京：煤炭工业出版社，1999.

[4] PALMER I D，METCALFE R S，YEE D，等. 煤层甲烷储层评价及生产技术——美国煤层甲烷研究新进展[M]. 秦勇，曾勇，编译. 徐州：中国矿业大学出版社，1996.

[5] 秦勇，傅雪海，叶建平，等. 中国煤储层岩石物理学因素控气特征及机理[J]. 中国矿业大学学报，1999(1)：14-20.

[6] 林柏泉. 煤层瓦斯含量及煤与瓦斯突出机理探讨[J]. 阜新矿业学院学报，1988(4)：31-40.

[7] 于不凡. 煤和瓦斯突出机理[M]. 北京：煤炭工业出版社，1985.

[8] 庞雄奇,金之钧,姜振学,等. 深盆气成藏门限及其物理模拟实验[J]. 天然气地球科学,2003,14(3):157-166.
[9] 王永安,朱云辉. 矿井瓦斯防治[M]. 北京:煤炭工业出版社,2007.
[10] 赵铁锤. 搞好瓦斯抽放利用 促进煤矿安全生产[J]. 中国煤层气,2005,2(2):3-5.
[11] 张子敏,吴吟. 中国煤矿瓦斯赋存构造逐级控制规律与分区划分[J]. 地学前缘,2013,20(2):237-245.
[12] 张子敏. 瓦斯地质学[M]. 徐州:中国矿业大学出版社,2009.
[13] 林柏泉. 矿井瓦斯防治理论与技术[M]. 徐州:中国矿业大学出版社,2010.
[14] 付广,庞雄奇. 岩石实测排替压力用于评价盖层封闭能力的局限性及其在实用中需要注意的几个问题[J]. 天然气地球科学,1992,3(5):17-24.
[15] 林柏泉,张建国. 矿井瓦斯抽放理论与技术[M]. 徐州:中国矿业大学出版社,2007.
[16] 王佑安,吴继周,杨思敬,等. 煤矿安全手册:第 2 篇 矿井瓦斯防治[M]. 北京:煤炭工业出版社,1994.
[17] 舒龙勇,程远平,王亮,等. 地质因素对煤层瓦斯赋存影响的研究[J]. 中国安全科学学报,2011,21(2):121-125.
[18] 龚珑,陈学习,齐黎明. 区域突出预测对煤层瓦斯含量与压力敏感性研究[J]. 中国安全科学学报,2014,24(5):115-119.
[19] 胡东亮,周福宝,张仁贵,等. 影响煤层瓦斯压力测定结果的关键因素分析[J]. 煤炭科学技术,2010,38(2):28-31.
[20] 俞启香. 煤层突出危险性的评价指标及其重要性排序的研究[J]. 煤矿安全,1991(9):11-14.
[21] 王子佳. 煤层瓦斯压力和瓦斯含量关系的研究[J]. 安全生产与监督,1996(2):38-41.
[22] 江林华,姜家钰,谢向向. 基于 Langmuir 吸附的瓦斯含量和瓦斯压力的对应关系[J]. 煤田地质与勘探,2016(1):17-21.
[23] 于不凡. 煤层瓦斯压力的分布规律及测量方法[J]. 矿业安全与环保,1984(3):55-62.
[24] 李英俊,赵均. 煤层瓦斯压力分布的研究[J]. 煤矿安全,1980(5):7-12.
[25] 田靖安,王亮,程远平,等. 煤层瓦斯压力分布规律及预测方法[J]. 采矿与安全工程学报,2008,25(4):481-485.
[26] 俞启香. 矿井瓦斯防治[M]. 徐州:中国矿业大学出版社,1992.
[27] 钟玲文. 煤的吸附性能及影响因素[J]. 地球科学,2004,29(3):327-332.
[28] 俞启香,程远平. 矿井瓦斯防治[M]. 徐州:中国矿业大学出版社,2012.
[29] 孙琦. 煤层瓦斯压力测定技术在司马矿井的实践[J]. 煤,2014(12):55-57.
[30] 兰泽全,曲荣飞,陈学习,等. 直接法测定煤层瓦斯压力现状及分析[J]. 煤矿安全,2009,40(4):74-78.
[31] 林柏泉. 三相泡沫流体密封技术及其应用[M]. 徐州:中国矿业大学出版社,1997.
[32] 齐黎明,陈学习,程五一,等. 新型煤层瓦斯含量准确测定方法研究[J]. 采矿与安全工程学报,2010,27(1):115-119.
[33] 陈大力,陈洋. 对我国煤层瓦斯含量测定方法的评述[J]. 煤矿安全,2008,39(12):79-82.
[34] 王震宇,王佑安. 煤层瓦斯含量测定方法评述[J]. 煤矿安全,2012,43(b10):129-132.
[35] 王刚,谢军,段毅,等. 取碎屑状煤芯时的煤层瓦斯含量直接测定方法研究[J]. 采矿与安全工程学报,2013,30(4):610-615.
[36] 王恩元,何学秋,林海燕. 瓦斯气体在煤中的赋存形态[J]. 矿业安全与环保,1996(5):12-15.

[37] 于良臣.中国煤炭工业劳动保护科学技术学会刊授进修部第一期刊授班教材——第二单元 矿井瓦斯[J].煤矿安全,1986(1):56-64.
[38] DIAMOND W P, SCHATZEL S J. Measuring the gas content of coal: A review[J]. International Journal of Coal Geology,1998,35(1-4):311-331.
[39] BERTARD C, BRUYET B, GUNTHER J. Determination of desorbable gas concentration of coal (direct method) [J]. International Journal of Rock Mechanics & Mining Sciences & Geomechanics Abstracts,1970,7(1):43,43,IN3,51-50,IN4,65.
[40] LEVINE J R. Oversimplifications can lead to faulty coalbed gas reservoir analysis[J]. Oil and Gas Journal,1992,90(47):63-69.
[41] DIAMOND W P, MURRIE G W, MCCULLOCH C M. Methane gas content of the Mary Lee group of coalbeds, Jefferson, Tuscaloosa, and Walker Counties, Ala: Report of investigations [R]. Coal Mines,1976.

第二章　煤矿瓦斯动力灾害

2.1　引言

瓦斯事故主要包括瓦斯窒息、瓦斯爆炸、瓦斯喷出和煤与瓦斯突出等，由于瓦斯自身的灾害属性和复杂的赋存特征，导致瓦斯致灾频率较高，瓦斯灾害常以动力现象的形式发生，常带来强大的动力冲击效应，破坏力极强。当瓦斯压力较高，煤体裂隙张开时，大量瓦斯便会从煤体中扩散喷出，突然涌入工作区域；当煤体强度较低、应力梯度较大时，便会出现大量煤和瓦斯一起抛出的情形，即煤与瓦斯突出事故，这都属于瓦斯参与导致形成的煤矿动力现象。

煤矿瓦斯动力灾害是一种极其复杂的动力现象，它能在很短的时间内，由煤体向巷道或采场突然喷出大量的瓦斯及煤（岩），在煤体中形成特殊形状的孔洞，并形成一定的动力效应，如推倒矿车，破坏支架等；喷出的粉煤可以充填数百米长的巷道。喷出的瓦斯—粉煤流有时带有暴风般的性质，瓦斯可以逆风流运行，充满数千米长的巷道。

对煤矿瓦斯动力灾害的研究一直在进行，并取得了诸多进展。由于瓦斯动力灾害往往发生条件复杂、影响因素较多和发生过程迅速，使得煤矿瓦斯动力灾害发生机理较为复杂，这给相关研究造成了较大困难。尽管我国煤矿瓦斯动力灾害防治技术取得了一定的进展，研究整体处于世界的前沿，但与我国煤矿生产安全形势的需求还有较大的差距，安全科技相对落后的局面仍然没有得到彻底的改变。且随着矿井开采向深部发展，开采环境变化和生产技术进步又带来了新的问题，煤矿瓦斯动力灾害治理的难度进一步加大。

本章结合我国煤矿瓦斯动力灾害日趋严重的现状，从煤矿瓦斯动力灾害的定义和分类入手，对煤矿瓦斯动力灾害的基本特征和规律、灾害发生机理及相应的灾害研究方法等方面进行了分析和探讨，以期阐述煤矿瓦斯动力灾害的特点，深化对煤矿瓦斯动力灾害的理解和认知。

2.2　基本定义及分类

2.2.1　基本定义

瓦斯动力灾害通常发生在瓦斯含量高、瓦斯压力大的高瓦斯煤层或突出煤层。当瓦斯压力较高时，煤、岩体受应力扰动后构造裂隙张开，大量瓦斯便会从煤、岩体裂缝中突然喷出，造成瓦斯喷出事故；当煤、岩体应力梯度较大，煤、岩体强度难以承受高应力梯度和瓦斯压力梯度时，煤、岩体突然发生失稳破碎并混合大量瓦斯以巨大的冲击力共同涌向巷道或工作面空间，形成煤（岩石）与瓦斯突出事故，这些事故因为有窒息性和爆炸性气体瓦斯的参与而极具威力[4]。不论是瓦斯的突然喷出还是煤与瓦斯突出，瓦斯都作为灾害发生的主要推动力，参与了灾害的发生或发展，因此，将煤矿生产中瓦斯以力的形式参与发生或发展的异常动力现象继而引发的灾害事故称之为煤矿瓦斯动力灾害。

煤矿瓦斯动力灾害通常还有地应力的参与，瓦斯和地应力共同作用造成了机理复杂、威胁力较大的突出事故,与地应力单独作用产生的动力灾害(如煤爆)及重力引起的动力灾害(如垮落)不同[5],瓦斯的参与加剧了发生动力灾害的强度和影响范围,瓦斯的窒息性和易燃易爆的特征更是增加了灾害级别,大量瓦斯涌进巷道或工作面空间容易引发窒息、爆炸等更为严重的事故,使得灾害升级,损失加剧。煤矿瓦斯动力灾害的发生对矿井的安全生产威胁极大,这类动力现象发生时煤体和瓦斯冲入巷道空间,直接推倒设备和支架,掩埋工作面的人员;其次是动力现象产生的同时涌出大量的爆炸性气体,矿井通风系统短期内难以稀释,遇到火源,就会发生瓦斯爆炸,摧毁整个矿井,造成群死群伤事故。

煤矿地下采掘过程中,在很短时间(数分钟)内,从煤(岩)壁内部向采掘工作空间突然喷出煤(岩)和瓦斯的现象,人们称为煤(岩)与瓦斯突出,简称瓦斯突出或突出。突出是一种典型的动力灾害,且破坏性极大,关于煤与瓦斯突出机理及防治一直是煤矿行业多年研究的热点,因此人们常说的煤矿瓦斯动力灾害也多指煤与瓦斯突出。作为最具代表性的煤矿瓦斯动力灾害,煤与瓦斯突出也是本书主要研究和探讨对象,本书提及的煤矿瓦斯动力灾害主要是指煤与瓦斯突出。

2.2.2 基本分类

煤矿瓦斯动力灾害按突出能量源分类可分为瓦斯突出和煤(岩)与瓦斯突出,瓦斯突出仅以压缩瓦斯为能量源,根据喷瓦斯裂隙显现的原因不同可分为沿原地质构造裂隙的喷出和沿采掘地压所生成裂隙的喷出;煤(岩)与瓦斯突出的能量则由高应力煤(岩)和压缩瓦斯共同提供,人们把矿井中有瓦斯参与抛出煤岩的现象称为煤(岩)瓦斯突出,它包括煤与瓦斯突出(简称突出),煤体压出并伴随大量瓦斯涌出(简称压出),煤体倾出并伴有大量瓦斯涌出(简称倾出),岩石与瓦斯突出等。根据煤(岩)瓦斯突出动力现象的力学特征和强度,以及突出危险程度的不同,可分别进行分类。

2.2.2.1 按动力现象的力学(能源)特征分类

根据动力现象的力学(能源)特征不同可分为突出、压出与倾出三类,各类动力现象的特征及其鉴别指标见表 2-1 所列。

发动突出的主要作用力是地应力和瓦斯压力的联合作用,通常以地应力为主,瓦斯压力为辅,重力不起决定作用;实现突出的基本能源是煤内积蓄的高压瓦斯潜能,因此突出的各基本特征也缘于此。

发动与实现压出的主要作用力是地应力,瓦斯压力与煤的自重是次要因素,压出的基本能源是煤岩所积蓄的弹性变形能。这就构成了压出的各主要特征。

发动倾出的主要因素是地应力,即结构松软、含有瓦斯致使黏聚力降低的煤,在较高地应力作用下,突然破坏、失去平衡,为其位能的释放创造了条件,实现倾出的主要作用力是失稳煤的自重,因此,呈现出倾出的各主要特征。

这三类动力现象的发动都以地应力为主,所以它们的预兆相似(如有声响预兆等),对震动以及引起应力集中的各因素都非常敏感,在应力集中地带、地质构造带、松软煤带等处都易发生这三类现象。反之,凡能使地应力得到缓和和减少的措施(例如开采保护层等)都可以减弱甚至消除它们。但是,实现这三种现象的基本能源不同,根据表 2-1 所列的特征,在一般情况下是不难区分它们的,从而可采取不同的措施,加以防范。在突出危险煤层内,地应力、瓦斯和煤的重力是同时存在的,而且前两者又是相辅相成的(即地应力增大处,瓦斯压力与瓦斯含量增高;而瓦斯含量高、瓦斯压力大的地区,由于吸附瓦斯附加应力的增高使地应力也增大),所以可能发生不同类型的动力现象,也可能由某一类导致另一类动力现象,这样,可能会遇到不易准确划分的中间类型和混合类型。例如同时具有倾出和压出的特征,这时,应通过仔细观察,抓住主要因素和特征来鉴别这种现象的类型。吨煤瓦斯涌出量大于煤的瓦斯含量,表明多余的瓦斯来自孔洞周围的卸压煤体。

表 2-1 各类动力现象特征及其鉴别表[6]

动力现象类别	主要作用力与能源	突出物的搬运特征	突出物的堆积特征	突出物的破碎特征	喷出的瓦斯量	动力效应后果	孔洞形状
突出	地应力,瓦斯压力,煤岩的弹性变形能,瓦斯潜能	有气体搬运诸特征,随瓦斯风暴搬运至远处,可随巷道拐弯、分流,甚至抛向高处	有分选性,有沉积轮回性,堆积角小于安息角	有大量的手捻无颗粒感的微尘("狂粉"),这是煤被所含的高压气体在突出过程中粉碎的产物,前期突出物被后期突出物捣固压实	吨煤瓦斯涌出量大大超过煤的瓦斯含量;瓦斯风暴逆风流运动:强度<100 t的突出,逆流数十米;强度<1 000 t的突出,逆流数百米;强度>1 000 t的突出,逆流超过1 km	动力效应猛烈,可推倒、运走矿车,瓦斯风暴可运走成吨重的设备和巨石,破坏通风系统与设施,破坏支架,扭弯钢管、钢轨	口小腔大的梨形、舌形、倒瓶形、分岔形,孔洞中心线倾角可为任意角度,有时不见孔洞只见位移的虚煤区
压出	地应力,煤岩的弹性变形能	煤呈整体压出或碎体抛出,直线运移距离不大(数米远)	堆积角小于或等于安息角,无分选性,无轮回性	大小不同的块体与碎末混杂	吨煤瓦斯涌出量一般都大于煤的瓦斯含量,有时从裂缝喷出瓦斯,涌出量异常,但一般无瓦斯逆流现象	可压坏推倒支架,推移矿车、采煤机和运输机,底鼓时推走枕木、钢轨	口大腔小,外宽内窄,呈楔形、唇形、缝形、袋形,有时无孔洞
倾出	地应力,煤自重,煤岩的位能与弹性变形能	在重力作用下,向下方直线运移,距离不大(数米至数十米)	无分选性,无轮回性,堆积角等于安息角	大小块混杂	吨煤瓦斯涌出量一般都大于煤的瓦斯含量,瓦斯涌出量虽然异常,但一般无瓦斯逆流现象	动力效应较小,可推倒矿车、支架	舌形、梨形、袋形等较规则的几何形状,多位于上隅角沿煤层倾向伸延,孔洞中心线倾角大于安息角

2.2.2.2 按动力现象的强度分类

强度是指每次动力现象抛出的煤(岩)量(以t或m^3为单位)和瓦斯量(以m^3为单位)。由于在动力现象发生过程中瓦斯量的计量尚存在一些技术问题(如自动记录仪表,统一计算标准等),现在分类主要依据抛出的煤(岩)量,据此可分为:

小型突出:强度<50 t/次(突出后,经过几十分钟瓦斯浓度可恢复正常)

中型突出:强度 50 ~99 t/次(突出后,经过一个工作班以上瓦斯浓度可逐步恢复正常)

次大型突出:强度 100 ~499 t/次(突出后,经过一天以上瓦斯浓度可逐步恢复正常)

大型突出:强度 500 ~999 t/次(突出后,经过几天回风系统中瓦斯浓度可逐步恢复正常)

特大型突出:强度>1 000 t/次(突出后,经过长时间排放瓦斯,回风系统中瓦斯浓度才恢复正常)

2.2.3 煤矿瓦斯动力灾害的基本特征[7]

2.2.3.1 煤的突然倾出

煤的突然倾出是煤矿中常见的瓦斯动力现象,在顿涅茨煤田的急倾斜煤层中,煤的突然倾出占突出总数的50%以上。煤的突然倾出主要是重力引起的,而瓦斯在一定程度上也参与了倾出过程,这是由于瓦斯的存在进一步降低了煤的机械强度,瓦斯压力还促进了重力作用的显现,由于这种关系,煤的倾出能引起或转化为煤与瓦斯突出。

煤的突然倾出具有下列特征:

① 倾出空洞具有较规则的几何形状(椭圆形、梨形、舌形等)。在上山,空洞常沿煤层倾斜延伸,多为梨形;在平巷,空洞多分布在工作面上方及上隅角,椭圆形较为常见,一般空洞的上部呈自然拱的形状,空洞中心线与水平面所成之夹角大于煤的自然安息角。

② 倾出的煤主要是碎煤,有时也能见到少量粉煤,无分选现象。

③ 煤的抛出距离及其堆积情况取决于煤量的多少、空洞的大小及倾角。煤的抛出距离一般不超过 50 m,倾出的煤的堆积坡面角一般近于自然安息角,沿倾斜发生大强度、大倾出时,堆积坡面角可能小于自然安息角。

④ 倾出的煤量由数吨到数百吨,但多数情况不超过 100 t。

⑤ 倾出时的瓦斯涌出量取决于煤层瓦斯含量、煤的破碎程度、倾出煤量。瓦斯流一般不逆风运行,在正常通风条件下,一般经 0.5 ~1 h 便能降至正常浓度。

⑥ 倾出时的动力效应可以推倒矿车、折断木支架等。

⑦ 在倾出前经常出现的预兆是:煤硬度降低,煤裂开,工作面掉碴,支架压力增加等,有时煤体中也出现劈裂声、闷雷声等。

2.2.3.2 煤的突然压出

煤的突然压出是由构造应力或开采集中应力引起的,瓦斯只起次要作用。伴随着突然压出,回风流中瓦斯浓度增高。

煤的突然压出,常见于准备巷道,表现为煤体的整体移动,煤体虽保持某种程度的完整外形,而实际已被压坏并布满裂缝,甚至还有部分煤体被压碎成块状。有时也表现为巷道底板整体向上鼓起。不抛出煤和不形成空洞是它的特点。

构造应力的水平挤压作用造成压出,其特征为:

① 工作面煤体整体移动,或底板煤体向上鼓起 0.2 ~0.4 m(有时达 1 m),不形成空洞。

② 煤不抛出,无分选现象。

③ 强度一般在 10 ~20 t,个别达 50 t 以上。

④ 瓦斯涌出量小于煤层瓦斯含量,通常不引起巷道瓦斯超限。

⑤ 动力效应较小,支柱一般不被破坏,只是嵌入压出的煤体中;底板鼓起时,可把矿车、钻机抬起。

⑥ 压出前的预兆是:支柱压力增加,掉煤碴,煤体内出现劈裂声、雷声等。

2.2.3.3 煤与瓦斯突出

煤与瓦斯突出是在地应力和瓦斯的共同参与下发生的,其特征如下:

① 突出空洞的位置和形状是各式各样的,大部分空洞位于巷道上方及上隅角,但也有位于巷道下隅角的。突出空洞的形状为口小腹大的梨形或椭圆形,有时呈很复杂的奇异的外形。空洞中心线与水平面之夹角可以小于或大于自然安息角,但很少为水平方向的。

② 煤与瓦斯突出的一个重要特征是喷出的煤具有分选现象,即在靠近突出空洞和巷道下部为块煤,其次为碎煤,离突出空洞较远处和煤堆上部是粉煤,有时粉煤能被抛出很远。

③ 煤的抛出距离取决于突出强度,可以由数米到数百米,突出的煤可以堆满全断面,造成巷道堵塞。煤的堆积坡度通常小于自然安息角。

④ 煤与瓦斯突出的煤量,可以由数吨到上千吨。

⑤ 煤与瓦斯突出时喷出的瓦斯量,取决于煤层瓦斯含量和突出的煤量等。特大型煤与瓦斯突出时,短时间能涌出数十万至数百万立方米的瓦斯,吨煤瓦斯涌出量高达 100 ~800 m^3,超过煤层瓦斯含量的 5 ~30 倍。

瓦斯一般顺风流运行,而在特大型煤与瓦斯突出时,瓦斯—粉煤流呈暴风形式,瓦斯可逆风流运行并充满数千米长的巷道。例如,南桐矿业公司南桐矿 1406 采区大巷的特大型突出涌出瓦斯 360 万 m^3,瓦斯逆风流经 1 612 m 长的巷道冲至进风副井井口(进风量 3 600 m^3/min);同时,沿回风道将鱼塘角抽风机两扇防爆门冲开(抽风机仍运转),且使前来关闭防爆门的地面工人窒息。

⑥ 煤与瓦斯突出的动力效应常表现为推翻矿车,搬动巨石,破坏木支架,造成冲击气浪以及声响等。

⑦ 突出的预兆可分为有声预兆和无声预兆。有声预兆俗称响煤炮,通常在煤体深处有闷雷声(爆炸声)、噼啪声(枪声)、劈裂声、嘈杂声、沙沙声等。无声预兆为煤变软、光泽变暗、掉碴和小块剥落、煤面轻微颤动、支架压力增加、瓦斯涌出量增高或忽大忽小、煤面温度或气温降低等。

巷道类型不同,突出的条件也不同,这就使引起突出的各种作用发生一定的变化,各类巷道突出有不同的特点。按掘进工作面所在的地点不同,突出又可分为石门突出、平巷(煤层平巷)突出、上山突出和下山突出等。

(1) 石门突出

石门突出有四种类型:爆破揭开煤层(揭盖)时的突出、延期突出、过煤门时的突出、自行冲破岩柱的突出。其中以爆破揭开煤层时的突出所占比例最大,因为它对发生突出的条件来讲最有利。

目前石门揭煤多采用爆破的方式。南桐矿业公司鱼田堡矿+150 m 水平主运输石门突出的实例说明,爆破的深揭作用与震动作用有利于诱导突出。在爆破瞬间,地应力重新分布,炸药爆炸的冲击波与煤体受到的动载荷突然叠加到巷道周围煤体原来应力上,可能超过煤的强度极限。在煤岩交界面两侧,岩、煤的力学性质相差悬殊,这种差异产生其变形的突变(即变形出现不连续);因为应力是靠变形来传递的,这样就形成煤、岩交界面两侧的应力突变(应力不连续)。煤层揭开之前,其瓦斯未经排放,保持着原始高压状态或受到掘进集中应力影响,煤体压缩处于超原始高压状态。在爆破揭煤瞬间,煤体内地应力状态突然变化,一方面新暴露煤壁内的地应力及其梯度都可能达到很高的数值,在煤岩交界应力突变处此值可能更高;另一方面新暴露煤壁力学强度由原来的三向受力状态变为两向受力状态,如果在某局部区域煤体经受不住这个高地应力的冲击和高压瓦斯的膨胀张力的作用,就可能触发突出。煤门过煤层时,煤层内的瓦斯流动属于径向流动(巷周)和球向流动(工作面),其瓦斯压力梯度都较煤巷与采煤工作面的单向流动高,这也有利于突出的发动与发展。因此,突出发生在地应力较大、瓦斯压力较高、煤强度低、煤结构遭破坏、层理紊乱的地点。

石门突出能源充足,突出强度大,突出涌出量高,瓦斯喷出逆风流可达数千米,典型突出比例多,灾害最严重,在揭穿突出煤层的全过程中,都存在突出危险,揭穿同一煤层时甚至连续发生突出,必须认真对待。

(2) 平巷(煤层平巷)突出

与石门突出相比,煤巷突出不仅平均强度降低,而且典型突出在突出现象中所占的比重大为减少。其主要原因是,从地压力方面看,由于煤巷工作面前方煤体往往缺少像石门那样的硬岩约束(夹持)条件与全断面上应力不连续条件,所以地应力较低,特别是当多种应力叠加时,由于缺少前述条件,限制了合成应力值的升高及其梯度的加大。这样,在一般情况下,煤内所积累的弹性应变能较石门大为降低;从瓦斯方面来看,煤巷工作面前方煤体内的瓦斯压力值和瓦斯压力梯度值远比石门揭煤前煤内的瓦斯压力低,一方面是前者中的瓦斯预排量较大[预排时间较长,煤的透气性较高(因为地应力较小),有利于涌出],另一方面前者基本属于二维流动(后者属于三维流动),所以瓦斯压力及其梯度均较小,从而煤内所积累瓦斯能一般较石门条件下低很多。在特殊情况下(例如,纵向煤柱集中应力带、压性或压扭性地质构造集中应力区和对掘巷道贯通前并有较有利的约束地应力与瓦斯的条件时),也可以产生特大型突出。

如平煤神马集团十二矿己$_{15-17}$-16101 采煤工作面掘进煤巷期间,共发生煤与瓦斯突出 11 次,突出强度 3 ~ 140 t,抛出距离 0 ~ 16.5 m,涌出瓦斯量 169 ~ 21 000 m^3。在 1989 年 2 月 13 日机巷发生的一次突出中,突出煤量 85 t,瓦斯涌出量约 2.1 万 m^3,动力点距第二联络巷 187 m,标高-307.4 m,距地表垂深 407.4 m。在打超前排放钻孔过程中,有顶钻、夹钻、喷孔现象。当日巷道已掘过断层

12.9 m，于 8 点班清碴后，掘进机抬刨头正准备割煤时，掘进工作面掉落一长 2.0 m、宽 0.6 m“三棱形”碴块，顶板也频频掉碴，并有煤炮声、闷雷声，随之有气浪尘烟阻挡人的视线，联络巷以南瓦斯浓度达 40%。此次突出有显著的动力效应，突出煤的堆积角为 14°，突出的煤被抛出 16.5 m，并有明显的分选现象，上部为粉煤，煤粉呈波浪状，说明有明显的气体搬运现象。工作面重约 250 t 的掘进机从右帮被挤到左帮。掘进机截割头下扎后上抬共 22°。工作面支架损坏严重，工字钢支架第一棚扭转 90°，第二架棚梁滚落到截割头上，第三架棚左帮棚腿弯曲，第四架棚棚梁左端牙口错位，工作面右上角有突出孔洞。

（3）上山突出

上山掘进时，倾出所占的比重明显增多，在急倾斜煤层更为显著。由于煤的自重因素，倾斜与急倾斜煤层上山突出强度一般比平巷小。如果在留有煤柱的邻近煤层上方或下方掘进上山，倾出的强度则大大增加，可达数百吨。

如六枝工矿集团六枝矿 5 采区二中巷上山倾出。该上山沿 7 号煤层掘进，煤层倾角 55°，煤厚 4 m，其上部邻近层 1 号、3 号煤层已采，但留有煤柱。突出点正位于这个煤柱的下方，煤质松软，岩石破碎，并有一个压扭性断层，倾出前发现煤壁掉碴，加强支护时煤层来压，支架发出响声，随即倾出。倾出的煤全部为碎煤，无分选现象，堵满上山。孔洞沿倾斜向上延伸，孔洞倾角与煤层倾角一致。倾出的孔洞与上巷道贯通，倾出煤量 500 t。

（4）下山突出

下山掘进所发生的突出现象只有两种类型：突出与压出。煤自重在下山表现为突出的阻力，所以尚没有见到倾出。下山突出的平均强度与平巷相似。因为下山掘进占巷道掘进的比例小，加上重力又阻止突出，所以下山突出的次数最少，典型的下山突出一般也看不到孔洞。

如天府矿业磨心坡矿峰区 9 号煤层掘进临时斜井，向下掘至距离地表 374 m 深处时发生突出，突出煤炭 121 t，瓦斯 11 万 m^3。该处煤层倾角 59°，斜井坡度 30°，煤层厚度 4.5 m，地质构造正常。突出前发现煤变软，层理紊乱，顶板裂缝有“丝丝”声和“冷气”喷出，突出前手镐落煤时听到类似跑车的轰轰声音，紧接一声巨响发生突出。煤抛出 17 m 远，最上面 5 m 为煤粉，往下 4 m 为直径小于25 mm的碎煤；再往下 3.5 m 为直径 50 mm 的小煤块，最后 2 m 为 70 ~ 100 mm 的大块煤，紧接着有3 m长破裂而完整的位移煤。突出 22 h 后仍听到工作面有连续巨响，同时从底板涌出含有硫化氢的水。

2.2.3.4 岩石与瓦斯突出

随着开采深度的增加，我国的一些矿井相继发生了岩石与瓦斯突出，尽管目前岩石与瓦斯突出的次数还不多，但已引起人们的高度重视。在我国，突出的岩石主要为砂岩，也有含砾砂岩及安山岩，参与突出的瓦斯主要是二氧化碳或甲烷。例如吉林营城煤矿五井为砂岩与二氧化碳突出，吉林营城煤矿九井为安山岩与二氧化碳突出，甘肃窑街三矿为煤、砂岩与二氧化碳突出，吉林和龙煤矿松下坪井为砂岩（或含砾砂岩）与二氧化碳突出，辽宁北票台吉竖井为砂岩与甲烷突出。

根据国内外资料，岩石与瓦斯突出一般具有如下规律：

① 岩石与瓦斯突出大都发生在构造破坏带。如营城五井的突出地点位于井田西部的 F_3 和 F_2 断层之间，营城九井的突出地点则处在这两个断层的东侧，窑街三矿的两次突出与 F_{605} 和 F_{19} 断层有关。一般当岩石有突出危险时，该煤层也有突出可能。

② 国外的岩石与瓦斯突出，毫无例外地发生在爆破时；我国除 1 次由冒顶引起外，其余的也均由爆破引起。

③ 岩石与瓦斯突出后，在岩体中形成一定形状的空洞，根据乌克兰“彼得洛夫斯克—深”矿井的 502 次突出空洞统计资料，绝大多数空洞（411 次）接近于垂直（偏差在±10°范围内），有 213 个空洞位于巷道顶板，169 个位于巷道底板。

目前，一般认为岩石与瓦斯突出是岩体的动力破坏，是具有一定岩相和物理力学性质的含瓦斯岩石在静应力和动应力综合作用下发生的。岩体的静应力场决定于上覆岩层的重力、构造应力和瓦斯压力，动应力则是爆破引起的。爆破时，动应力和静应力叠加引起岩体脆性破坏而突出。它与煤与瓦斯突出的一致处，在于二者都以构造应力为主要动力。

实际上，岩石与瓦斯突出的表现特征，与煤与瓦斯突出有许多相似之处：

① 我国已见到的突出空洞多位于巷道上方及上隅角，呈不规则的拉长的椭圆形、倒瓶形或圆锥形，空洞中心线几乎与巷道垂直。

② 喷出的岩石有分选现象，多数为粉末状，少部分为块状，在堆积物上覆盖一层厚0.2～0.5 m的岩石粉末，而在顶板下面留有高0.3～0.5 m的通道。

③ 岩石抛出距离取决于岩石与瓦斯突出的强度，可以由数米到数十米，粉末状的岩石可以喷出百余米（如窑街三矿1978年5月23日的突出，岩石和煤喷出163 m），喷出岩石的堆积坡度小于自然安息角。

④ 突出的岩石量可以由数吨到上千吨。

⑤ 突出时喷出的瓦斯量取决于岩石瓦斯含量、瓦斯种类、喷出的岩石量等。一般二氧化碳参与突出时的喷出量大。例如营城九井1985年11月29日的突出，6 h内涌出二氧化碳4万 m^3、逆风蔓延400余米。瓦斯一般顺风运行，在大型和特大型突出时，瓦斯流可逆风流运行很远。

⑥ 动力效应较大，多可推翻矿车、搬动大石头和破坏木支架等。

⑦ 绝大多数突出前均有预兆出现。主要有瓦斯涌出增加、岩石变软、巷道压力增大、巷道顶板岩石呈片状脱落、炮眼利用率增高、发生底鼓等。

2.2.3.5　瓦斯突然喷出

大量承压状态的瓦斯从肉眼可见的煤、岩裂缝中快速喷出的现象，称之为瓦斯喷出。瓦斯突然喷出是由高压瓦斯引起的动力现象，主要取决于两个因素，即瓦斯压力的大小和周围煤、岩裂隙状态。根据喷瓦斯裂隙显现的原因不同，基本上可以分为沿采掘地压生成裂隙的喷出和沿原地质构造裂隙的喷出。

在开采近距离上保护层时，有可能发生沿采动裂隙的瓦斯突然喷发。此时采空区底板突然鼓起，并有大量瓦斯喷出。一次最大初始瓦斯喷出量竟达500 m^3/min以上。如南桐鱼田堡1302一段回采工作面1965年4月4日发生的瓦斯突然喷出。当时开采的3号层厚0.4 m，倾角30°，与4号层间距8.3 m，当工作面开采到距开切眼14 m、采空面积达354 m^2时，中部底板突然来压，且鼓起高达0.3～0.4 m。由于底鼓，“笨溜子”抬起，支柱大量折断，向采区倾倒，运输巷支架也遭到破坏。瓦斯喷出前发现有声预兆。喷出发生时，回风流瓦斯浓度在10%以上（风量130 m^3/min），未发生逆流现象。瓦斯突然喷出后，底板黏土页岩形成大量鱼鳞状近水平的缝隙，宽达数十毫米，经4 d后，瓦斯浓度才恢复正常。

第二类瓦斯突然喷出为沿原地质构造裂隙的喷出，与开采过程无关。当巷道揭穿充满高压瓦斯的溶洞、裂缝时，常发生这种喷出，在重庆中梁山煤矿、南桐煤矿、大同煤矿均有发生。如1960年9月4日中梁山煤矿南井+390 m水平北茅口大巷在掘到北一石门以北56 m时，爆破崩穿一大溶洞，发生一次大的瓦斯突然喷出。崩穿溶洞的前几天，就发现马牙状方解石结晶的空穴及裂缝，并滴水、涌出大量瓦斯。爆破崩穿溶洞后发生一声轰鸣，出现像压风管破裂似的大量瓦斯喷出，雾气弥漫，逆风流向外涌出，并充满整个回风系统的巷道，瓦斯流压力很大，能吹动石块。由于喷出瓦斯量过大，没能立即测定，2 h后，总排风井的瓦斯含量仍高达3.6%，相当于瓦斯涌出量486 m^3/min，大约两星期后，才恢复至原有的瓦斯涌出量，14 d内共涌出瓦斯量36万 m^3。

总的来说，各类瓦斯动力现象特征对比可总结如表2-2所列。

表 2-2 各类瓦斯动力现象具体特征详细对比[7]

突出类型		成因	孔洞特征			喷出煤特征				突出强度	喷出瓦斯		动力效应	预兆
			位置	形状	倾角	粒度	分选性	距离/m	堆积坡度		吨煤瓦斯量	运行方向		
1. 煤的突然倾出		煤重力为主，瓦斯在一定程度上参与作用	平巷—上隅角；上山—沿仰斜延伸	较规则（椭圆形、梨形等）	大于自然安息角	碎煤，少量粉煤	无	一般在孔洞下，小于50 m	大于或等于自然安息角	数吨至数百吨，一般不大于100 t	小于或近于瓦斯含量	顺流	不大，可折断支柱	煤变软，变暗，掉碴，支架压力增加
2. 煤的突然压出	（1）突然移动	由构造应力或采掘集中应力引起	掘进巷道前方	整体位移无孔洞		大块	无	不抛出		多数为10～20 t，个别50 t	小于瓦斯含量，通常不超限	顺流	不大，能折断支柱	支架压力增加，掉碴
	（2）突然挤出		采煤工作面前方弧形条带	长7～30 m，最宽1～3 m		小块及大块	无	一般1～3 m	小于自然安息角	一般数十吨，大者可达300 t以上	小于瓦斯含量，短时间超限	顺流		掉碴，支架压力增加，煤体中劈裂声、闷雷声
3. 煤和瓦斯突出		发生在地应力和瓦斯共同参与下，构造应力是发动的动力	各式各样，大部分在上方及上隅角	口小腹大，梨形、椭圆形	大于或小于自然安息角	碎煤、粉煤	有	数米至数百米，粉煤可达千米以上	可堵塞全断面，堆积坡度小于自然安息角	数吨至数千吨	为瓦斯含量的数倍至数百倍	一般顺流，特大型突出逆流	很大，可推翻矿车、支架	煤变软、变暗，掉碴，支架压力增加，煤面轻微颤动，瓦斯涌出量增大，或忽大忽小，煤体中劈裂声、闷雷声
4. 岩石和瓦斯突出		发生在地应力和瓦斯共同参与下，构造应力是发动的动力，由爆破激发	巷道上方及上隅角	不规则椭圆及角锥形	几乎与巷道垂直	多数为粉状，少数为块状	有	数米至数十米	可堵塞全断面，堆积坡度小于自然安息角	数吨至上千吨	远大于瓦斯含量	一般顺流，特大型突出逆流		岩石变软，瓦斯涌出量增大，或忽大忽小，炮眼利用率增高，发生底鼓
5. 瓦斯突然喷出	（1）与开采有关	近距离被保护层高压瓦斯突然释放	不形成孔洞			不喷出煤				数万至数十万立方米	远大于瓦斯含量	工作面底鼓形成裂隙	工作面底板来压	
	（2）与开采无关	高压瓦斯	不形成孔洞			不喷出煤				数万至数十万立方米	远大于瓦斯含量			瓦斯涌出量增大

2.3　煤矿瓦斯动力灾害的现状及一般规律

2.3.1　煤矿瓦斯动力灾害的现状

1834 年 3 月 22 日法国鲁阿尔煤田伊萨克矿井在急倾斜厚煤层平巷掘进工作面发生了世界上第一次有记载的突出。支架工在架棚子时，发现工作面煤壁外移，三个工人立即逃跑，巷道煤尘弥漫，一人被煤流埋没死亡，一人被瓦斯窒息死亡，一人逃跑得救。突出煤沿巷道堆积 13 m 长，煤粉散落15 m 长，迎头支架倾倒。

1879 年 4 月 17 日比利时阿拉波二号井在向上掘进 580 ~ 610 m 水平之间的上山眼时，发生了世界上第一次猛烈的突出，突出强度 420 t 煤，瓦斯 50 万 m^3以上。最初瓦斯喷出量 2 000 m^3/min 以上，瓦斯逆风流从提升井冲至地面，距该井口 23 m 处的绞车房附近的火炉引燃了瓦斯，火焰高达 50 m，井口建筑物被烧成一片废墟，2 h 后火焰将要熄灭时，连续发生 7 次瓦斯爆炸（每隔 7 min 左右 1 次）。井下 209 人中死亡 121 人；地面 3 人被烧死，11 人被烧伤。

迄今为止，世界各主要产煤国家都发生过这种现象，发生突出 3 万多次，突出的气体有 CH_4、CO_2 与 CH_4+CO_2，突出在千次以上的国家有中国、法国、苏联、波兰和日本等五国。法国和比利时，由于能源政策的改变，20 世纪 70 年代以来已停采突出危险煤层。世界上最大的一次突出发生在 1969 年 7 月 13 日顿巴斯加加林矿井 710 m 水平主石门揭穿厚仅 1.03 m 的 l_3煤层时，突出煤量 14 000 t，瓦斯 25 万 m^3以上。

我国是世界上煤与瓦斯突出最严重的国家之一，突出矿井数量多、分布广、增长快；突出事故起数多、伤亡人数多、特大型突出事故不断[8]。从 1950 年吉林省辽源矿务局富国西二坑在垂深 280 m 煤巷掘进发生第一次有记载突出以来，最大突出是于 1975 年 8 月 8 日在天府矿务局三汇坝一矿主平硐（+280 m）震动性爆破揭穿 6 号煤层时发生的，突出煤岩 12 780 t（煤占 60%，矸占 40%）、喷出瓦斯 140 万 m^3。我国的突出主要为煤气甲烷突出，也有少量的岩石与二氧化碳突出（营城煤矿、和龙煤矿）及岩石与甲烷突出（北票台吉竖井、阜新东梁和五营煤矿），突出的岩石是砂岩，也有含砾砂岩及安山岩。1975 年 6 月 13 日吉林营城五井在垂深 439 m 处全岩掘进巷道爆破时发生我国第一次砂岩与 CO_2突出，突出砂岩 1 005 t，CO_2 1.1 万 m^3。2004 年河南郑州大平煤矿的“10 · 20”事故也是一起煤与瓦斯突出继发瓦斯爆炸的特别重大事故，造成 148 人死亡。

我国已有 20 个省区的一些矿井发生过突出，高瓦斯矿井和煤与瓦斯突出矿井占 40% 以上，突出灾害的发生次数为世界之最，突出的规模为数百吨到数千吨，甚至超过万吨[9]。表 2-3 记录了我国发生的一些典型的煤（岩）与瓦斯突出事故，从中可以看出煤（岩）与瓦斯突出多发生在石门揭煤或岩巷掘进工作面，可抛出数千吨乃至万吨煤，喷出数十方乃至上百万方瓦斯，多会造成重大人员伤亡。

突出事故作为我国主要的瓦斯事故类型之一在瓦斯事故中占有较大的比重，2008 ~ 2016 年，我国共发生突出事故 131 起，死亡 1 067 人，在瓦斯事故起数、死亡人数中的占比高达 38.5% 和 37.4%。图 2-1 和图 2-2 分别是 2008 ~ 2016 年我国历年突出事故和瓦斯事故的事故起数及占比情况、伤亡人数及占比情况。从中可以看出，近年来瓦斯事故和突出事故的起数和死亡人数均逐年下降。突出事故作为典型的煤矿瓦斯动力灾害，近年来在瓦斯事故中的占比整体呈现出下降趋势，尤其是 2009 年《防治煤与瓦斯突出规定》[10]（以下简称《防突规定》）发布之后，防突工作更加科学化和制度化，加之防突技术的不断进步，从 2012 年起，突出事故在瓦斯事故中的占比降低至 30% 水平。近年来，随着矿井开采深度和强度的增加，地应力不断升高，煤层瓦斯压力和含量呈增加趋势，且构造煤分布越来越广泛，煤体塑性变形严重，这大大加剧了瓦斯动力灾害发生的危险，以突出为主的煤矿瓦斯动力灾害频发，灾害程度加剧。

表 2-3　中国典型煤与瓦斯突出案例汇总表

序号	突出日期	突出地点	垂深或标高/m	突出煤层	作业过程	突出煤(岩)量/t	突出瓦斯量/万 m^3	死亡/人
1	1968-01-20	南桐一井三半石门	360	4	过煤门	3 500	125	
2	1969-04-25	鱼田堡煤矿+150 m 的 1406 大巷	+150(标)	4		5 000	350	
4	1975-06-13	吉林营城煤矿五井	439		岩巷掘进	1 005(岩)	1.1(CO_2)	
3	1975-08-08	天府磨心坡矿三汇坝一矿主平硐	412	6	石门揭煤	12 780	140	
5	1988-10-16	南桐鱼田堡矿二水平东翼三采区+20 m 石门	+20(标)	4	石门揭煤	8 765	201	15
6	1996-06-20	沈煤集团红菱煤矿-620 m 南小石门	658	12	石门揭煤	5 390	42	14
7	2002-04-07	淮北矿业集团芦岭矿 818—3 溜煤斜巷	600	8	石门揭煤	8 729	93	13
8	2004-08-14	沈煤集团红菱煤矿-780 m 中石门运输巷	820	12	煤巷掘进措施孔施工	701	6.63	5
9	2004-10-20	郑煤集团大平煤矿二$_1$ 岩石下山	612	二$_1$	岩巷掘进遇断层	1 894	25	148
10	2005-01-05	淮南矿业集团望峰岗矿主井	956	13	立井揭煤	2 831	29.3	12

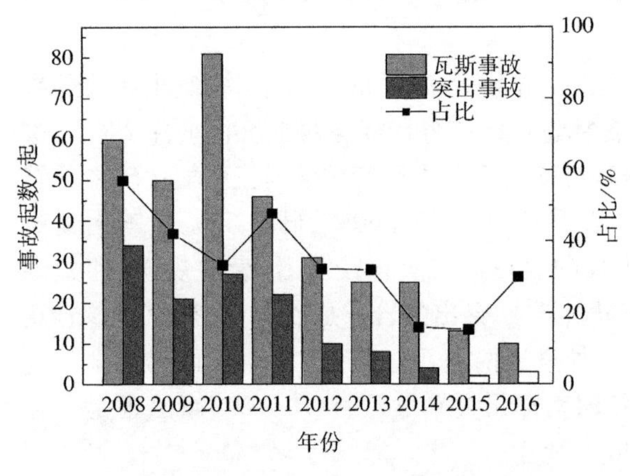

图 2-1　2008 ~ 2016 年历年我国煤矿突出事故和瓦斯事故起数及占比

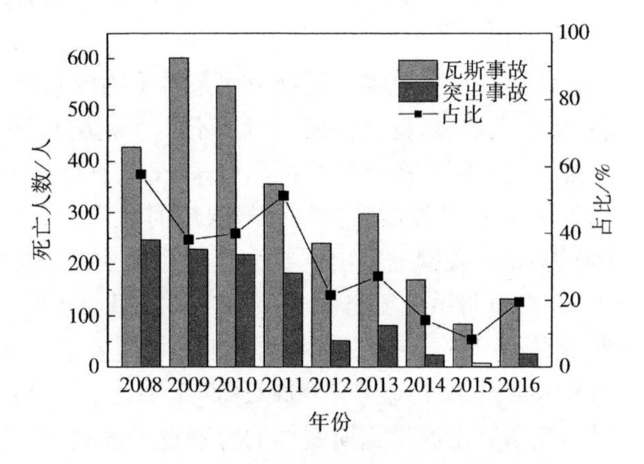

图 2-2　2008 ~ 2016 年历年我国煤矿突出事故和瓦斯事故死亡人数及占比

近十几年来，我国突出事故的发生次数和伤亡人数都经历了较大的变化，图 2-3 统计了 2000 年以来我国突出事故起数和造成死亡人数的变化情况，从图中可以看出 2000 年后的几年，煤与瓦斯突出事故起数迅速增加，且事故多为重大或特别重大事故，突出死亡人数激增。

《防突规定》的实施极大地促进了我国突出防治技术的发展，瓦斯抽采量大幅提高，突出事故明显下降，2009 ~ 2011 年的 3 a 间，突出事故起数和死亡人数并未收到显著降低的效果。到了 2012 年，突出事故起数和死亡人数都出现了显著降低，较大以上突出事故由 2006 年的 40 起下降为 2012 年的 15 起，突出事故得到了较好的控制，突出防治形势开始有了较大程度的改观[11]。

近年来，煤矿需求量和产量仍都维持在一个相当庞大的数字级别上，煤矿开采逐渐向深部延伸，突出的主要影响因素如地应力、瓦斯压力、瓦斯含量和煤层力学特性等也发生较大变化，煤层突出危险性增大，瓦斯动力现象频次增加，引发的动力灾害强度增强，大型突出事故时有发生，多引发群死群

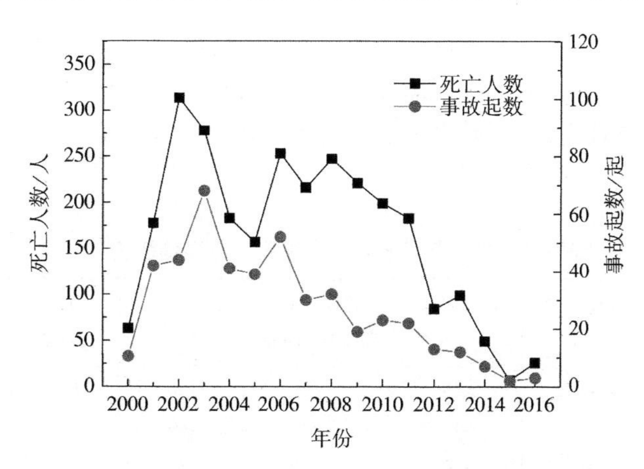

图 2-3　2000 年以来我国历年煤与瓦斯突出事故起数及死亡人数统计

伤的恶性安全事故。图 2-4 和图 2-5 分别对 2010～2016 年历年突出事故等级与事故起数、死亡人数的分布情况进行了统计。从中可以看出,2010 至 2016 年,较大事故的事故起数及死亡人数在突出事故中均为最多,其次是重大事故,其事故起数及死亡人数均仅次于较大事故;突出事故起数和死亡人数都逐年降低,特别是一般事故和特别重大事故减少明显,而较大及严重突出事故却仍在不断发生,安全形势仍不容乐观。

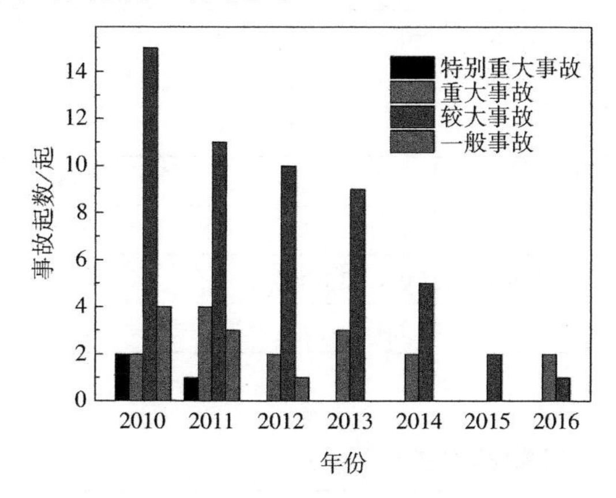

图 2-4　2010～2016 年历年突出事故等级与事故起数分布统计

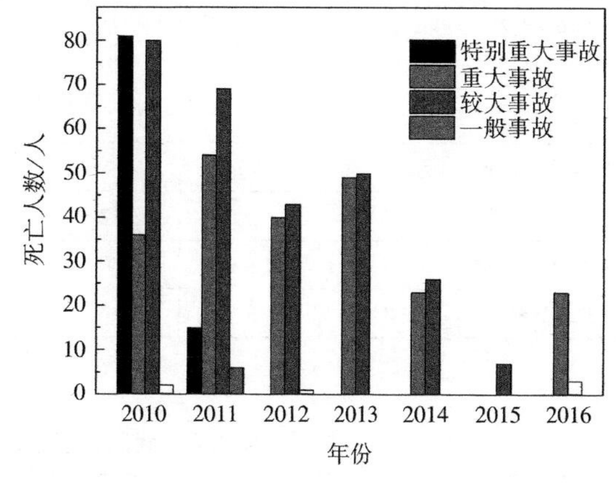

图 2-5　2010～2016 年历年突出事故等级与死亡人数分布统计

当前深部煤层瓦斯含量高、瓦斯压力大、应力环境更为复杂且构造煤分布广泛等开采特征,大大增加了煤矿瓦斯动力灾害发生的危险性和威胁程度,在煤矿安全事故起数和死亡人数都不断降低的大趋势下,以突出为主的煤矿瓦斯动力灾害愈发成为我国煤矿安全开采的重大威胁,关于煤矿瓦斯动力灾害机理、规律及治理对策等方面的研究已然成为当今煤矿安全领域研究的热点。

2.3.2　煤矿瓦斯动力灾害发生的一般规律[7]

我国一些主要突出矿区的统计资料表明,突出发生的一般规律有:

① 突出发生在一定的深度上(见表 2-4 所列)。开始发生突出的最浅深度称为始突深度,一般它比瓦斯风化带的深度深一倍以上,始突深度标志着突出需要起码的地应力与瓦斯压力。随着深度的增加,突出的危险性增高,这表现为突出的次数增多、突出的强度增大、突出煤层数增加、突出危险区域扩大(从点突出发展到多点突出甚至再发展到几乎点点突出)。表 2-5 列出了我国某些矿区突出强

度与埋藏垂深的关系。由表中可以看出在大多数矿区,突出强度与垂深成正相关关系,即突出强度对埋深的增大呈现增强的趋势。部分矿区深部发生的突出强度较小,这可能由于不同突出位置的地质条件、开采情况等特征不同而造成,同时也可能是由于深部该位置处应用的防突措施加强,因此突出危险性有所降低。

表 2-4　我国若干矿井始突深度及煤层特征表[14]

名　称	突出煤层名称	煤层厚度/m	煤层倾角/(°)	瓦斯风化带深度 H_f/m	始突深度 H_c/m	突出分层普氏系数	H_c/H_f	挥发分含量/%
南桐东林矿	4	2~2.7	>45	30~50	120	0.1~0.34	3	17.5
南桐鱼田堡矿	4	2~2.7	<45	30~70	160	0.27	3~4	17.5
南桐南桐矿	4	22.7	<45	30~50	175	0.18	4~5	22.5
南桐南桐矿	6	1~1.5	<45	30~70	240	0.45	4~5	18.0
天府磨心坡矿	9	40	60	50	300	0.29	6	18.6
中梁山南矿	K_1	1.4~1.8	65	—	160	0.28~0.32	—	23.0
北票台吉一井	4	3.5	50	115	260	0.09~0.32	2	37.7
北票冠山二井	4	3.2	40	115	467	0.8	4	37.7
北票冠山二井	5A	1.5~1.8	40	115	260	0.1~0.35	2	35.6
北票三宝矿	9B	3	18~35	110	180	0.1~0.24	1.5	26.8
焦作李封矿	大煤	6	8	80	260	0.3~0.6	3	4.4
焦作演马庄矿	大煤	7	10	100	285	0.3~0.6	3	7.0
白沙里王庙矿	6	6	10~30	15	85	0.1~0.19	5	5~6.6
郴州罗卜安矿	6	>6	>45	15	50	0.1	3	6~8
六枝木岗矿	7	6	12	100	330	0.3	3	15.9
抚顺老虎台矿	B	1~4	30	300	640	0.1~0.2	2	38~46
淮北芦岭矿	8	9	8~20	235	425	0.4~0.6	2	32

表 2-5　我国某些矿区突出强度与埋藏垂深的关系

名　称		北票矿务局(1951~1974)		六枝矿务局(1964~1976)		里王庙煤矿(1959~1975)		焦作矿务局(1955~1975)		涟邵蛇形山井(1965~1983)		天府、中梁山、松藻矿(1951~1973)
项　目		突出次数	平均强度/(t/次)	突出次数	平均强度/(t/次)	突出次数	平均强度/(t/次)	突出次数	平均强度/(t/次)	突出次数	平均强度/(t/次)	平均强度/(t/次)
深度/m	<100			1	8	3	83.5					
	101~200	24	12.4	27	130	205	106.7	22	26.8	56	43.4	37
	201~300	156	23.1	55	115	3	1 835.0	74	73.9	170	90.6	68
	301~400	253	46.5	1	1 700					6	48.7	118
	401~500	267	26.8									948
	501~600	176	55.7									1 250*
	601~700	54	83.2									
	>700	20	42.5									

*　一次突出的强度。

② 突出的次数和强度随着煤层厚度特别是软分层的厚度的增加而增多。突出最严重的煤层一般是最厚的主采煤层,因此突出对矿井的安全生产与经济效益有重大影响。英岗岭等8个局矿突出强度与煤层厚度关系的一些统计数据如表2-6所列和图2-6所示。由表中数据和图中曲线可以大致看出,英岗岭和焦作矿区随着煤层厚度增大,突出强度有增大趋势;而涟邵、资兴、开滦矿区突出强度随煤层厚度增大变化不大,这是因为突出的发生影响因素较多,不仅与煤层厚度有关,还与煤层软分层的厚度、地质构造情况、巷道类型等因素密切相关。总的来说,煤层厚度特别是软分层的厚度越大突出危险性就越高。

表2-6　突出强度与煤层厚度的关系

煤层厚度/m	突出强度/t								
	英岗岭	焦作	涟邵	资兴	开滦	丰城	安阳	平顶山	全国平均
<1	93.8	61.0	137.6		31.7	20.0			106.9
1~2	58.5	63.8	112.3	22.3	11.3	26.0		12.9	60.7
2~3	89.4	87.7	150.5	29.3	15.8	72.5		17.1	88.2
3~4	190.0	91.4	119.4	13.7		48.0		91.8	123.5
4~5	310.0	193.7	126.0	22.1	21.3			22.7	108.9
5~6	111.8	86.3	96.2	46.3	6.0		76.7	50.5	76.1
≥6	234.4	104.6	87.8	60.0	66.2		132.3	52.3	111.2

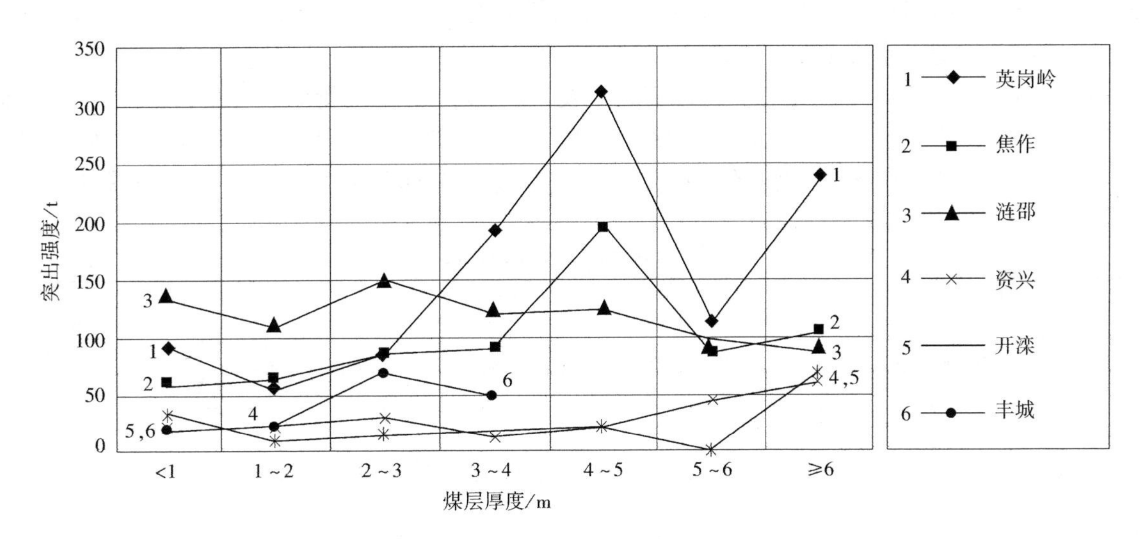

图2-6　突出强度与煤层厚度关系曲线

③ 突出的气体种类主要是甲烷,个别矿井(吉林营城、甘肃窑街)突出二氧化碳,突出煤层的瓦斯含量、开采时的相对瓦斯涌出量都在10 m^3/t 以上,即突出都发生在高瓦斯矿井内。

同一煤层,其瓦斯压力越高,突出危险性越大。发生突出的瓦斯压力最小值可用以下统计公式估算:

$$p_{min} = A(0.1 + BVf) \tag{2-1}$$

式中　p_{min}——煤层发生突出的瓦斯压力最小值,MPa;

f——软煤分层的普氏系数;

V——软煤分层的挥发分含量,%;

A,B——统计常数，据我国26个矿井始突深度位置的统计资料，$A=5$，$B=0.017$。

发生千吨(特大型)突出的瓦斯压力最小值$p_{\min,kt}$可用以下统计公式估算[2]：

当$0<Vf\leqslant 5$时：

$$p_{\min,kt}=0.028(Vf)^2-0.126Vf+1.02 \tag{2-2a}$$

当$5<Vf<8$时：

$$p_{\min,kt}=0.411(Vf)^3-7.37(Vf)^2+44.7Vf-89.5 \tag{2-2b}$$

式中符号的意义同式(2-1)，从式(2-2a)与式(2-2b)可知，煤层越软(f值越小)，变质程度越高(V越小)，$p_{\min}$越小。我国南方某些变质程度高的煤层(例如里王庙煤矿、郴州罗卜安矿、三五矿等)始突深度与千吨级突出深度都很浅，就是因为f值与V值都很低的缘故。因此，变质程度高而普氏系数小的煤是非常危险的。但是当V值过低($<4\%$)时由于煤结构已接近石墨，含瓦斯能力很小，反而不突出。

④ 采掘工作往往可激发突出，特别是落煤与震动作业，不仅可引起应力状态的变化，而且可使动载荷作用在新暴露煤体上造成煤的突然破碎。例如，据我国7 765次突出的统计资料，爆破引起的突出为4 243次，约占55 %；打钻引起的突出为197次，占2.5 %；风动工具引起的突出602次，占7.8 %；手镐作业的突出为979次，占12.6 %；水力落煤的突出111次，占1.4 %；机组采煤的突出62次，占0.8 %(以上落煤作业总计达6 194次，约占80 %)；作业情况记录不详的突出1 338次，占17.2 %；其它作业的突出177次，占2.3 %；突出前没有作业的仅56次，占0.7 %。其中爆破诱导突出作用最强，因为它既有"深揭"作用，又产生较大的震动作用。前者使内部煤体突然解除约束，变为表面状态，导致其破碎；后者的动应力与静应力叠加，故加重其破碎，引起的突出强度大大增加。由此可见，采掘作业引起煤体的应力状态变化越剧烈，突出强度就可能越大。

突出强度与采掘作业方式的相关统计资料如表2-7所列和图2-7所示。可以看出，在各种作业方式中，震动爆破引发的突出强度最大，其次为爆破(除震动爆破外的一切爆破)作业；涟邵矿区打钻(包括打防突措施钻和炮眼)作业也有大型突出发生，手镐、风镐落煤和支护作业突出强度都不大。

表2-7 突出强度与作业方式的关系

作业方式	突出强度/t												
	英岗岭	焦作	涟邵	白沙	平顶山	北票	资兴	丰城	安阳	开滦	重庆地区	六枝	全国平均
震动爆破	425.0	157.7	335.2	622.4		160.1	98.0			59.2			464
爆　破	93.3	103.7	108.3	90.2	62.7	50.8	31.8	63.7	109.7	48.0	206.2	16.5	92.5
挖柱窝	20.0	26.4	48.0	32.0	27.7		13.3		32.0				38.0
采煤机割煤		70.4			25.1				168.3				31.4
掘进机割煤					52.8								52.8
支　护		199.0	47.2	23.4		31.2	25.5	25.0			42.8	500.0	35.8
打　钻		11.9	643.4	50.8	9.9	18.6				10.6	40.4	6.0	35.6
无作业			480.0	126.0	7.0	37.3					6.0	4.0	82.6
其　他		59.2	139.4	158.2	102.5	45.2	23.3	144		15.7	76.7	90.4	61.1
手镐落煤		11.1	64.5	32.2	20.0	24.5	28.1				29.8	21.7	40.2
风镐作业		6				21.2		54.5			43.6	114	25.7

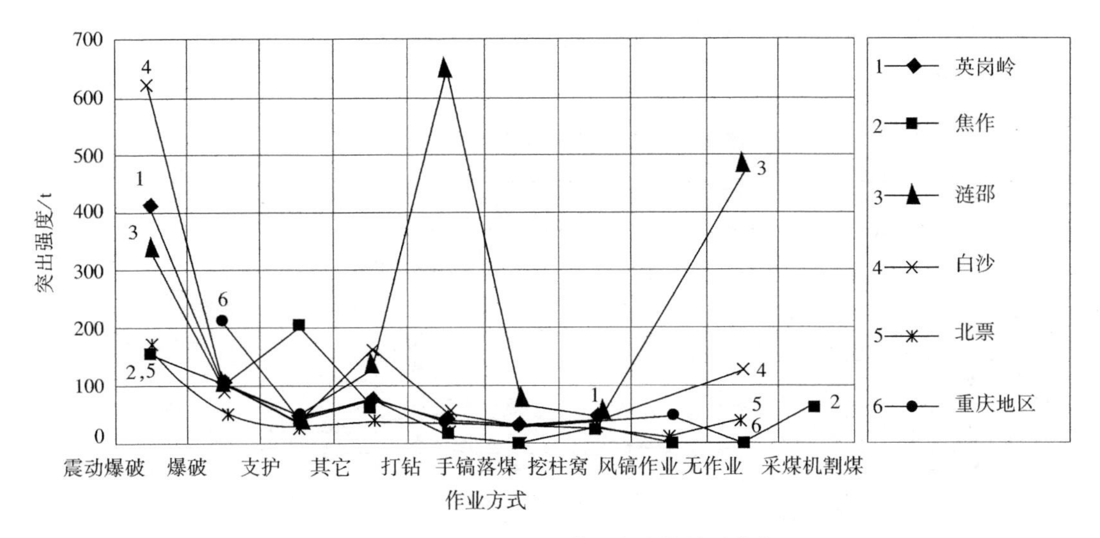

图 2-7　突出强度与作业方式的关系曲线

⑤ 绝大多数突出都有预兆，它是突出准备阶段的外部表现。预兆大体可分为三个方面：地压显现方面的预兆有煤炮声、支架声响、掉碴、岩煤开裂、底鼓、岩与煤自行剥落、煤壁外鼓、支架来压、煤壁颤动、钻孔变形、垮孔顶钻、夹钻杆、钻粉量增大、钻机过负荷等。瓦斯涌出方面的预兆有瓦斯涌出异常、瓦斯浓度忽大忽小、煤尘增大、气温与气味异常、打钻喷瓦斯、喷煤、哨声、蜂鸣声等。煤力学性能与结构方面的预兆有层理紊乱、煤强度松软或软硬不均、煤暗淡无光泽、煤厚变化大、倾角变陡、波状隆起、褶曲、顶底板阶状凸起、断层、煤干燥等。例如，据里王庙煤矿统计，在 61 次突出中，仅发现瓦斯与地压预兆 110 次，平均每次突出预兆有 2 种，仅有 6 次突出未发现瓦斯与地压预兆。在预兆中出现煤炮最多，达 50 次，掉碴 20 次，底鼓 7 次，其它地压预兆 12 次。在瓦斯预兆中以瓦斯浓度变化预兆最多，达 14 次，喷瓦斯 6 次，合计 20 次。

突出强度与突出预兆的关系如表 2-8 所列和图 2-8 所示。

表 2-8　突出强度与突出预兆的关系

突出预兆	突出强度/t										
	英岗岭	焦作	涟邵	白沙	平顶山	北票	资兴	丰城	鹤壁	安阳	开滦	全国平均
响煤炮	86.1	83.7	128.4	63.4	34.3	34.9	20.6	25.0	73.2	57.3	46.3	55.4
喷、顶、夹钻	107.2	99.5	296.0	81.8	119.9	27.8		219.5		375.3	10.5	128.1
片帮掉碴	64.6	54.3	139.8	97.7	103.8	21.8	24.9	25.0	92.0	220.8	50.0	45.0
煤结构变化	46.0	148.6	241.1	72.3	46.5	35.5	18.1	164.0	44.3	92.2	9.0	54.2
瓦斯忽大忽小	60.8	70.3	62.8	44.0	121.6	92.8	18.6	145.0		98.3	28.0	69.5
瓦斯异常	100.0	40.0	161.1	104.8	57.0	35.8	19.8		84.2	30.7		57.6
无预兆	115.3	146.2	175.0	90.0	42.0	63.9	41.7	106.0		21.8	255.0	94.8
其　他	56.6	76.5	141.4	78.5		46.2	26.14			12.4		56.2
两种以上预兆	93.0	76.5	188.1	77.8	79.9	27.9	19.5	148.7	73.2	86.0	56.0	78.4

由表中数据和图中曲线趋势可以看出，在各种突出预兆中，有喷、顶、夹钻（即打钻时发生喷孔、顶钻、夹钻）和片帮掉碴预兆的突出强度最大，其次为煤结构变化（包括煤层层理紊乱、煤变松软、结构严重破坏、煤光泽变暗、构造煤）、瓦斯异常（瓦斯浓度突然增大、减少，喷出瓦斯等，但不包括瓦斯

忽大忽小),而响煤炮(包括闪雷声、爆竹声、嗡嗡声及其它一切声响)突出强度并不大,无预兆时突出强度反而比响煤炮大。

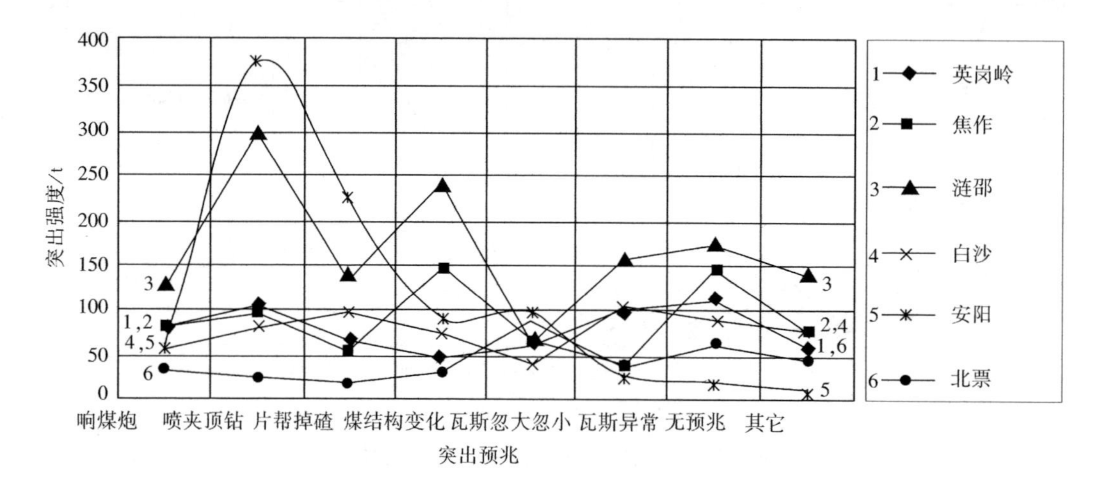

图 2-8　突出强度与各种突出预兆的关系

⑥ 从巷道类型与突出危险性的关系上看以揭穿石门为最危险,见表 2-9 所列。它的平均突出强度都在数百吨以上,瓦斯喷出量超过数万立方米,波及范围广,易造成非常严重的重大事故。而且从石门工作面距煤层 2 m 起至穿过煤层全厚而进入顶板或底板 2 m 止,整个揭穿过程都有危险,也曾发生过仅 2 m 厚煤层在石门揭穿过程中突出两次的实例。

表 2-9　某些矿区各类巷道突出情况统计

名　称	项目	石门	平巷	上山	下山	回采	打钻	岩巷	合计
天府、中梁山、南桐、松藻(1951 ~ 1971)	突出次数	54	240	131	6	127	38	1	597
	平均强度 t/次	451	47	35.5	41.6	56.7	37.6		85.5
北票矿务局(1951 ~ 1979)	突出次数	97	320	496	2	18	15	2	950
	平均强度	138	34.5	24.3	11	60	6.2		40
里王庙煤矿(1959 ~ 1976)	突出次数	13	116	33	9	27	13	0	211
	平均强度	1 090	9.3	40.5	14.9	32.8	13.3		130.5
六枝矿务局(1969 ~ 1976)	突出次数	5	21	45	9	0	4	0	84
	平均强度	935	29	95	98		6		138
全　国(1950 ~ 1981)	突出次数	567	4 652	2 455	375	1 556	240		9 845
	平均强度	317.1	55.6	50.0	86.3	35.9	31.5		69.6
	最大强度	12 780	5 000	1 267	369	900	420		12 780

⑦ 突出危险区呈带状分布,这是因为影响突出的主要因素受地质构造控制的缘故,而地质构造具有带状分布的特征。向斜轴部地区,向斜构造中局部隆起地区,向斜轴部与断层或褶曲交汇地区,火成岩侵入形成变质煤与非变质煤交混区或邻近地区,煤层扭转地区,煤层倾角骤变、走向拐弯、变厚特别是软分层变厚地区,压性、压扭性断层地带,煤层构造分岔、顶底板阶梯状凸起地区等都是突出点密集地区,也是大型甚至特大型突出地区。

突出强度与地质构造的关系如表2-10所列和图2-9所示。在各种地质构造中，软分层变厚处突出强度最大，其次为煤层倾角变化、褶曲，“无构造”的突出强度一般较小，这与通常认为突出多发生在地质构造带结论一致；严重突出矿区断层突出强度也较大，但是，除英岗岭、平顶山矿区外其它矿区的断层与褶曲相比突出强度反而小，分析认为，这与各个矿区断层的性质不同有关。一般拉应力产生的张性断层突出强度较小；压扭性断层突出强度较大，而褶曲多为压应力形成。

表2-10　突出强度与地质构造关系

地质构造	突出强度/t											
	英岗岭	焦作	涟邵	白沙	平顶山	北票	资兴	丰城	鹤壁	安阳	开滦	全国平均
断　层	129.7	63.5	147.4	72.1	63.8	32.8	29.7	54.4	61.0	101.0	48.6	48.4
褶　曲	69.4	149.7	190.6	134.7	24.6	44.8	29.6	129.0	135.0	233.3	64.7	74.8
煤厚变化	99.5	88.3	121.2	60.6	66.8	41.0	21.7	63.3		51.0	64.7	64.7
软分层变厚		276.5		76.5	122.8			320.0				194.9
煤层倾角变化	185.0	105.3	125.4		85.5	59.2				48.5		116.8
无构造	67.6	39.0	150.7		17.6	61.2	25.0	31.0				53.0
其　他	63.8	31.18	87.4			80.1	20.9	77.2	25.0	10.0	17.1	48.0
火成岩侵入			143.0			29.2	22.0					47.3

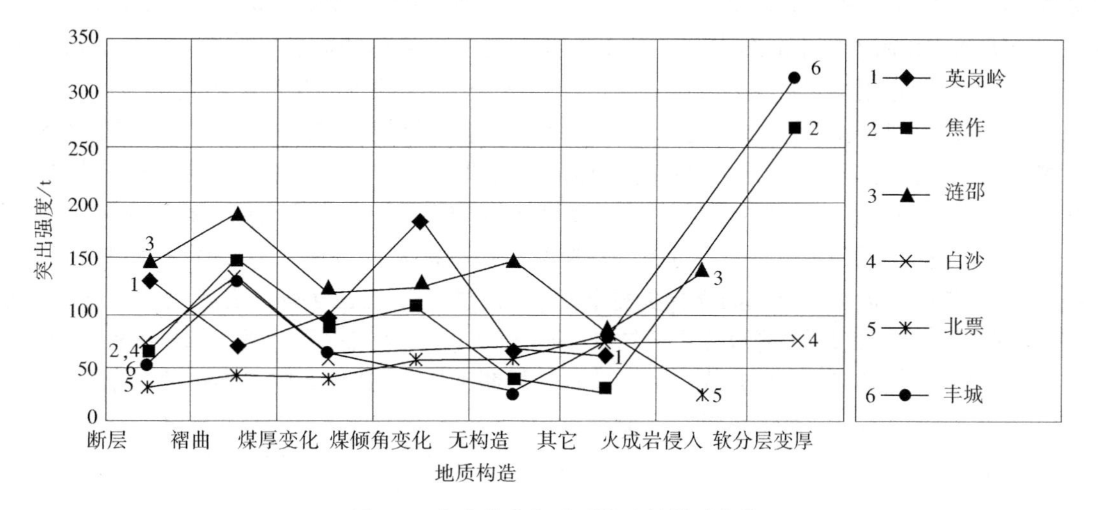

图2-9　突出强度与地质构造的关系曲线

同时，在采掘形成的应力集中地带，例如邻近层留有煤柱、相向采掘的两工作面互相接近、巷道开口或两巷贯通之前在采煤工作面的集中应力带内（特别是当采煤工作面遇断层推不过去而在其前方靠近断层重新掘开切眼时）掘进巷道（上山）等，其危险性倍增，不仅突出次数频繁而且强度也大。

⑧ 突出危险性随着有硬而厚的围岩（硅质灰岩、砂岩等）存在而增高。

⑨ 突出煤层的特点是煤的力学强度低（普氏系数$f<0.8$）而且变化大；透气性差[透气性系数$<10\ m^2/(MPa^2\cdot d)$]；瓦斯放散初速度高（$\Delta p>15$ mmHg）；湿度小；层理紊乱、遭受过地质构造力严重破坏的“构造煤”。

⑩ 受煤自重影响，由上前方向巷道方向的突出占大多数，从下方向巷道的突出为数极少。突出的次数有随着煤层倾角增大而增多的趋势。

2.4 煤矿瓦斯动力灾害机理

煤矿瓦斯动力灾害的发生给煤矿安全生产、特别是井下人员的生命及煤矿财产安全造成了极其严重的威胁,其中以煤与瓦斯突出灾害的性质最为严重,破坏强度和影响范围最大,因此最具有研究的典型性。为了防止这类灾害事故的发生,保障煤矿井下安全生产,世界上各主要产煤国均投入了大量的人力、物力和财力研究煤与瓦斯突出机理,以便为突出危险性预测和防突技术措施的制定与实施提供科学依据。但是,迄今为止,人们对于突出过程中煤岩体破坏与发展机制的认识还停留在定性与假说阶段,对于突出过程中起主要作用的因素以及与其它因素间的作用机理还把握不准,故而只能对某些突出现象给予解释,还不能形成统一、完整的理论体系。

2.4.1 突出发生机理研究综述

各国研究者经过长期的努力,提出了包括瓦斯主导作用、地应力主导作用、化学本质作用和综合作用等假说,其中综合假说比前面的单项因素的假说大大进了一步,它们能解释的突出现象也比其它各种单项因素的假说多。在煤与瓦斯突出机理综合假说理论的指导下,瓦斯突出机理研究不断取得新的进展。

国外的相关研究在不断进行,俄罗斯的 M. И. 包尔申斯基等测得孔隙压力增长可使得煤样拉伸变形增加,深入研究了瓦斯动力现象的本质和岩石破坏机理;佩特森(Paterson[15])认为煤与瓦斯突出是在瓦斯压力梯度作用下发生的结构失稳,并建立了煤与瓦斯突出的数学模型进行讨论分析。柯多特(Khodot)等[16]通过模型讨论了地应力、瓦斯压力、煤体强度参数等对突出的影响。

我国关于煤与瓦斯突出机理的研究工作也不断取得新的进展。郑哲敏就我国特大型突出实例所做的能量分析表明突出煤层中瓦斯内能要比煤体的弹性潜能大一至三个量级。周世宁等[17]进行了煤与瓦斯突出过程的流变学研究,提出了煤与瓦斯突出的流变假说,用该假说解释了延期性突出问题;蒋承林等[18]提出球壳失稳假说,认为煤和瓦斯突出过程的实质是地应力破坏煤体,煤体释放瓦斯,瓦斯使煤体裂隙扩张并使形成的煤壳失稳破坏;林柏泉等[19]提出了煤与瓦斯突出是地应力、瓦斯、煤的物理力学性质和卸压区宽度作用的结果;俞善炳等[20]从含气多孔介质的卸压破坏角度出发,给出了定量化的突出发生判据,发现煤体的破坏有强弱两种模式,分别对应于煤体的突出和层裂;许江等[21]从煤体变形对突出的作用和影响角度对煤与瓦斯突出进行了研究;马中飞等[22]将突出煤体视为煤与瓦斯承压散体,提出了煤与瓦斯承压散体失控突出机理;吕绍林等[23]认为瓦斯突出的发生和发展受控于赋存在岩石—含瓦斯煤—岩石体系中诸多因素的综合作用,并在此基础上提出了关键层—应力墙理论模型;唐春安[24]、徐涛[25]等运用流固耦合的相关理论,对煤与瓦斯突出过程进行了数值模拟研究;胡千庭等[26]认为"煤与瓦斯突出是一个力学破坏过程",并详细阐述了煤与瓦斯突出的各个阶段的力学破坏特征。以下介绍我国关于煤与瓦斯突出机理研究所形成的几类主要学说。

2.4.1.1 流变假说

中国矿业大学的周世宁、何学秋等通过对含瓦斯煤样在三轴受力状态下流变特性的研究,得出了含瓦斯煤流变行为的数学模型,提出了煤与瓦斯突出的流变机理。流变假说认为,含瓦斯煤在外力的作用下,当达到或超过其屈服载荷时,明显地表现出变形衰减、均匀变形及加速变形三个阶段;前两个阶段为瓦斯突出的准备阶段,后一阶段为瓦斯突出的发生、发展阶段;突出是含瓦斯煤体快速流变的结果。流变假说还认为瓦斯、地压、煤的物理力学性质和时间过程是突出的重要因素,并建立了定量化的流变本构方程。流变假说从流变学的角度分析了突出过程中含瓦斯煤受力的时间和空间过程,能够很好地解释综合作用的瓦斯突出现象,突出的发展过程如图 2-10 所示。

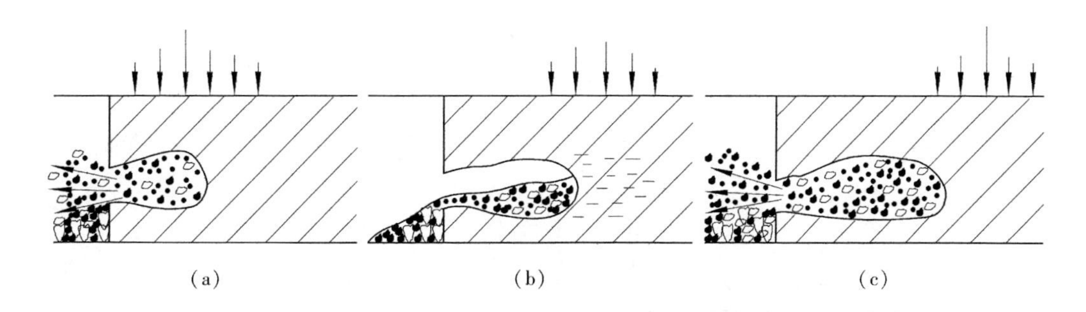

图 2-10　突出的发展过程[17]

(a) 突出;(b) 突出停止;(c) 再突出

2.4.1.2　二相流体假说

西安科技大学的李萍丰通过对突出特征的研究,提出了瓦斯突出机理的二相流体假说。该假说认为,由于工作面采场应力的作用,工作面前方煤体可分为突出阻碍区、突出控制区、突出积能区(或突出中心)和突出能量补给区,如图 2-11 所示。突出中心的煤体破碎,放散出大量的瓦斯,在瓦斯压力的作用下,使得破碎的煤粒间失去机械联系,形成分散相,在瓦斯介质中产生流变性,形成二相流体。二相流体所产生的膨胀能是煤的弹性能和瓦斯膨胀能之和的 1.5 倍。这两种能量之和足以大于煤体本身的强度,因而发生瓦斯突出。该假说较好地解释了突出现象、规律,并经实例计算验证了瓦斯突出的力学平衡方程。

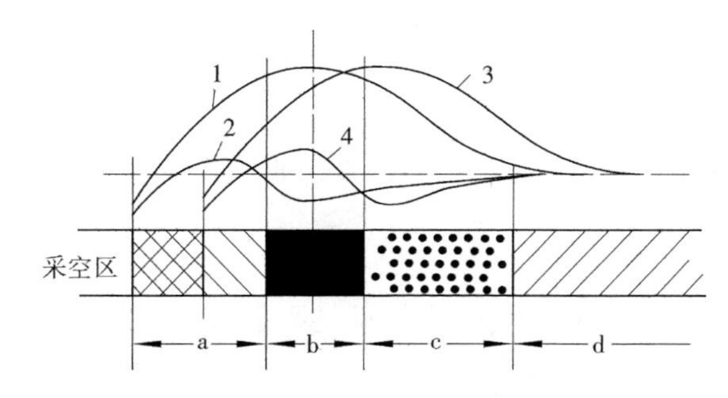

图 2-11　突出分区示意图[27]

a——突出阻碍区;b——突出控制区;c——突出能量积累区;d——突出能量补给区

1——支承压力;2——瓦斯压力;3——瓦斯涌出速度;4——煤层透气性

2.4.1.3　球壳失稳机理

中国矿业大学的蒋承林、俞启香等通过对突出过程的理论分析和大量的实验室研究,提出了煤巷掘进瓦斯突出的球壳失稳机理,如图 2-12 所示。他们认为,在石门揭穿瓦斯突出煤层时所发生动力现象的过程中,煤体的破坏以球盖状煤壳的形成、扩展及失稳抛出为其典型特征:突出过程中,煤体在应力作用下破坏是突出的必要条件,但不是充分条件;发动煤与瓦斯突出的充分条件是煤体受到应力破坏后能马上释放出大量的瓦斯,使煤体内的裂隙扩展、沟通,并使形成的煤壳失稳抛出。综合假说中瓦斯突出三因素可归结为影响煤体的初始释放瓦斯膨胀能的大小。

2.4.1.4　瓦斯突出的关键层—应力墙机理

中南大学的何继善、吕绍林等在研究电磁法预测瓦斯突出的过程中,通过从地球物理场的观点认识瓦斯突出动力现象的本质,在对突出煤体的结构特征、力学特征、瓦斯吸附和放散特征、强度及相同破坏条件下的破坏特征等瓦斯地质和地球物理介质条件研究的基础上,通过对关键层瓦斯突出物理

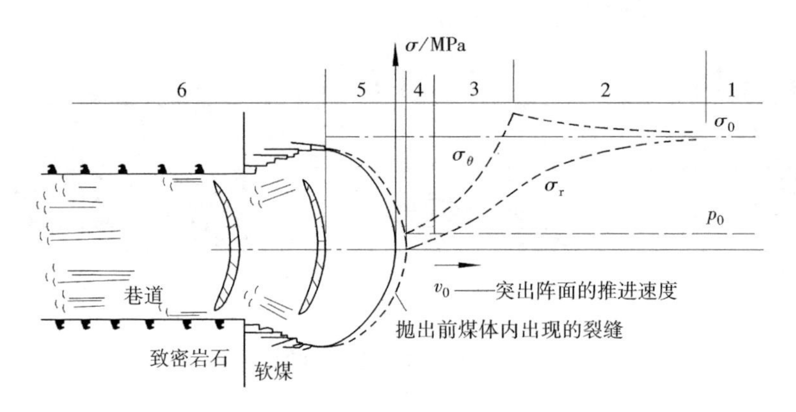

图 2-12　球壳失稳机理示意图[18]

1——原始应力阶段;2——应力集中阶段;3——地应力破坏阶段;
4——瓦斯撕裂煤体阶段;5——煤壳失稳抛出阶段;6——搬运及静止解吸阶段

模型的力学分析研究后提出的。该假说认为关键层的存在使煤层具备了发生瓦斯突出的破坏介质条件,在采场中应力的作用下容易在工作面前方形成高瓦斯内能和高弹性潜能作用的应力墙(如图2-13所示),当应力墙的动态平衡被破坏后便发生瓦斯突出。该假说既强调了瓦斯突出是综合作用的结果,又强调了瓦斯突出发生的地质背景和地质条件,能够较好地解释突出机理综合假说不能解释的部分现象。

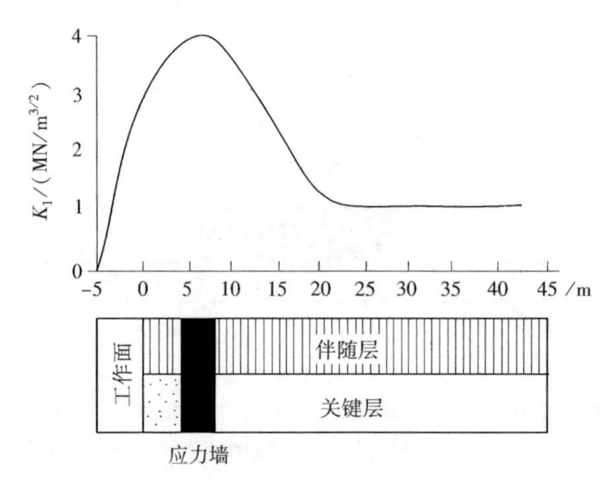

图 2-13　应力墙机理原理示意图[23]

综上所述,国内外大量学者通过对突出的理论研究,在突出机理综合假说的基础上提出的新假说,是对突出机理综合假说的补充、完善和提高,丰富了瓦斯突出理论研究成果。这些学说的提出基本定性地解释了煤与瓦斯突出现象,为煤与瓦斯突出危险性预测和防突措施的制定与实施提供了依据。但由于在影响煤与瓦斯突出的主要因素中,煤岩物理力学性质是非线性假说性的,煤岩体破坏形式是多样性的,瓦斯赋存与运移过程是复杂性的,这导致对于突出的原因、过程及一些细节的解释还不十分明确。实际矿井观测资料表明,现有的这些突出机理还不能解释所有突出现象,还停留在定性或近似定量的假说阶段,没有形成定量的统一完整的理论体系。因此,对突出机理的认识目前仍然处于定性综合作用假说阶段,即煤与瓦斯突出是地应力、瓦斯和煤的物理力学性质三者综合作用的结果,是聚集在围岩和煤体中大量潜能的高速释放,并认为高压瓦斯在突出的发展过程中起决定性的作用,地应力是激发突出的因素,而煤的物理力学性质则是阻碍突出的因素。

2.4.2　突出发展过程及各因素的作用

2.4.2.1　突出的发展过程[29]

突出煤体经历着能量的积聚过程，使之逐渐发展到临界破坏甚至过载的脆弱平衡状态。突出的发展过程一般可划分为四个阶段，即：

① 准备阶段。该阶段的特点是：在工作面附近的煤壁内形成高的地应力与瓦斯压力梯度。即在有利的约束条件（石门岩柱，煤巷的硬煤包裹体）下，煤内地应力梯度急剧增高，能够叠加着各种地应力，形成很高的应力集中，积聚着很大的变形能；同时由于孔隙裂隙的压缩，使瓦斯压力增高，瓦斯内能也增大。在这个阶段，会显现多种有声的与无声的突出预兆。准备阶段的时间可在很大范围内变化，也可在几秒钟内完成（如在震动爆破或顶板动能冲击条件下）。

② 激发阶段。该阶段的特点是地应力状态突然改变，即极限应力状态的部分煤体突然破坏，卸载（卸压）并发生巨响和冲击；向巷道方向作用的瓦斯压力的推力由于煤体的破裂，顿时增加几倍到十几倍，伴随着裂隙的生成与扩张，膨胀瓦斯流开始形成，大量吸附瓦斯进入解吸过程而参与突出。大量的突出实例表明，工作面的多种作业都可以引起应力状态的突变而激发突出。例如各种方式的落煤、钻眼、刨柱窝、修整工作面煤壁等都可以人为激发突出，而且统计表明，应力状态变化越剧烈，突出的强度越大。因此，震动爆破、一般爆破是最易引发突出的工序。

③ 发展阶段。该阶段具有两个互相关联的特点，一是突出从激发点起向内部连续剥离并破碎煤体，二是破碎的煤在不断膨胀的承压瓦斯风暴中边运送边粉碎。前者是在地应力与瓦斯压力共同作用下完成的，后者主要是瓦斯内能做功的过程。煤的粉化程度、游离瓦斯含量、瓦斯放散初速度、解吸的瓦斯量以及突出孔周围的卸压瓦斯流对瓦斯风暴的形成与发展起着决定作用。在该阶段中煤的剥离与破碎不仅具有脉冲的特征，而且有时是多轮回的过程。这可以从突出物的多轮回堆积特征中得到证实，也可以从突出过程实测记录中找到依据。

④ 终止阶段。突出的终止有以下两种情况：一是在剥离和破碎煤体的扩展中遇到了较硬的煤体或地应力与瓦斯压力降低不足以破坏煤体；二是突出孔道被堵塞，其孔壁由突出物支撑建立起新的拱平衡或孔洞瓦斯压力因其被堵塞而升高，地应力与瓦斯压力梯度不足以剥离和破碎煤体。但是，这时突出虽然停止了，而突出孔周围的卸压区与突出的煤涌出瓦斯的过程并没有停止，异常的瓦斯涌出还要持续相当长的时间。

2.4.2.2　突出发展过程中各因素的作用

地应力、瓦斯压力和煤强度在突出过程中各个阶段所起的作用可以是不同的。在通常情况下，突出的激发阶段，破碎煤体的主导力是地应力（包括重力、地质构造应力、采动引起的集中应力以及煤吸附瓦斯引起的附加应力等），因为地应力的大小通常比瓦斯压力高几倍；而在突出的发展阶段，剥离煤体靠地应力与瓦斯压力的联合作用，运送与粉碎煤炭是靠瓦斯内能。根据对若干典型突出实例的统计数据进行计算，在突出过程中瓦斯提供的能量比地应力弹性能高 3 ~6 倍以上。压出和倾出时煤体的最初破碎的主导力也是地应力。在极少数突出实例中也可以看到瓦斯压力为主导力发动突出的现象，这时需要很大的瓦斯压力梯度与非常低的煤强度。突出煤的重要力学特征是强度低和具有揉皱破碎结构，即所谓“构造煤”。这种煤处于约束状态时可以储存较高的能量，并使透气性锐减形成危险的瓦斯压力梯度；而当处于表面状态时，它极易被破坏而粉碎，放散瓦斯的初速度高、释放能量的功率大，因此当应力状态突然改变或者从约束状态突然变为表面状态时容易激发突出。

地应力在突出过程中的主要作用有：① 激发突出；② 在发展阶段中与瓦斯压力梯度联合作用对煤体进行剥离、破碎；③ 影响煤体内部裂隙系统的闭合程度和生成新的裂隙，控制着瓦斯的流动、卸压瓦斯流和瓦斯解吸过程，当煤体突然破坏时，伴随着卸压过程，新旧裂隙系统连通起来并处于开放状态，顿时显现卸压流动效应，形成可以携带破碎煤的有压头的膨胀瓦斯风暴。

瓦斯在突出过程中的主要作用有：① 在某些场合，当能形成高瓦斯压力梯度（例如2 MPa/cm）时，瓦斯可独立激发突出；在自然条件下，由于有地应力配合，可以不需要这样高的瓦斯压力梯度就可以激发突出。② 发展与实现突出的主要因素，在突出的发展阶段中，瓦斯压力与地应力配合连续地剥离破碎煤体使突出向深部传播。③ 膨胀着的具有压头的瓦斯风暴不断地把破碎的煤运走、加以粉碎，并使新暴露的突出孔壁附近保持着较高的地应力梯度与瓦斯压力梯度，为连续剥离煤体准备好必要条件。就这个意义上说，突出的发展或终止将取决于破碎煤炭被运出突出孔的程度，及时而流畅地运走突出物会促进突出的发展，反之突出孔被堵塞时，突出孔壁的瓦斯压力梯度骤降，可以阻止突出的发展，以致使突出停止下来。

2.4.3 卸压带理论与突出防控机理[6,19]

实践表明，煤与瓦斯突出和工作面前方卸压区的大小有关。一般情况下，当卸压区缩短，且煤面附近存在高压瓦斯时，就会引起突出。煤与瓦斯突出是地应力、瓦斯和煤的物理力学性质三者相互作用的结果。而实际上，在矿井中并不是只要满足三者的关系就会发生突出，倘若高的地应力、瓦斯压力和低的煤强度所处位置远离采掘工作面，则理所当然就不会引起突出。反之，在采掘工作面附近，就会引起突出，也就是说，和工作面前方的卸压区有关。本节将分析卸压带对突出的影响，并基于此分析总结突出的防控机理。

2.4.3.1 煤体作为连续性介质的条件

物质是有结构的，结构体间联结本质决定着物质的物理力学性质。通常把结构体间直接由分子引力或离子引力联结起来的物质视为连续介质，这种物质变形前是连续的，变形过程中仍然保持为连续。但是，对煤体而言，上述假设很难无条件成立，其原因为：

① 大多数煤（岩）体都存在裂隙。

② 组成煤（岩）体的基本结构单元间的联结强度较低，在不太大的应力作用下即可遭到破坏，即使变形前是连续的，变形过程中往往就变为不连续。

③ 物体连续性的重要标志之一是，其泊松比小于0.5，而煤（岩）体的泊松比有的大于0.5，这表明这类煤（岩）体是不连续的。

但是，在理论研究和实际工作中，为了能够应用连续介质力学理论的成果，往往把煤（岩）体看作是连续介质煤（岩）体来加以研究，这种假设在一定条件下是允许的。一般认为，在下列情况下煤（岩）体具有连续介质的特征：

① 结构面不连续延展，切割不成分离的物体，而具有完整结构的煤（岩）体。

② 在较高的围岩压力作用下，结构面闭合，在摩擦力作用下，使煤（岩）体在传递应力或变形破坏过程中，结构面不起主导作用。

③ 在人工改造作用下，使煤（岩）体结构面人工愈合，而使煤（岩）体变为完整结构煤（岩）体。

有关实验表明，在一定的条件下，煤（岩）体的介质性质是可以转化的，这种转化不仅反映在力学介质上，而且其变形和破坏机制随着围岩压力的变化也会发生转化，即在变形上由弹性向塑性转化，具有明显的流变性，在破坏上则由脆性破坏可转化为柔性破坏。在这方面，它与一般连续介质材料有着许多相似之处，但是，煤（岩）体的变形和破坏机制转化是在压性应力作用下产生的。在拉应力作用下，煤（岩）体的破坏机制主要为脆性，是不抗拉的，这表明连续介质煤（岩）体力学性质与一般的连续介质材料力学性质有同有异，特别是在压应力作用下基本相同，在拉应力作用下不大相同。

在围压作用下，形成煤（岩）体连续性有两种情况。① 在结构面摩擦力作用下，且在一定的应力范围内，岩体内应力传递具有连续性；在这种情况下，研究煤（岩）体变形时可以作为连续介质。② 当围压继续增高时,结构面力学效应完全消失,结构面不仅在应力传播上不起作用,而且在岩体破坏方面也不起作用,构成了破坏机制的转化,这种转化受两种重要成分控制,即岩性和地应力。

连续介质煤(岩)体与其它变形体相同之处是其变形机制也是由两种主要的变形机制成分组成的,即由弹性变形和黏性变形组成,而与其它物体变形不同之处是其内部或多或少发育有裂隙,且煤体强度较低。因此,在它的总变形中,除了上述变形机制成分外,往往还有裂隙变形的成分,但是,对于连续介质煤(岩)体而言,裂隙变形的影响居于次要地位。

综上所述,连续性介质煤(岩)体有两种基本类型:

① 无裂隙的连续性介质煤(岩)体,或是煤(岩)体内裂隙小,可忽略,这种情况一般只在相对较小的煤块中才能存在。

② 有裂隙的连续性介质煤(岩)体。

这两种连续介质煤(岩)体的重要区别之一是它受力作用时,煤(岩)体内部应力分布状态有所差别。无裂隙的连续介质煤(岩)体受力时,很少出现高水平的应力集中,或者说,其所产生的应力集中不足以影响煤(岩)体的力学性质。此外,在这种煤(岩)体内由于成分不均一,以及形状效应等也存在有应力集中,但其应力集中水平也不高。而在有裂隙的连续介质煤(岩)体内,在裂隙的终端经常形成有高度的应力集中,造成了煤(岩)体破坏的突破点,使煤(岩)体的强度大大降低。此外,煤体内(其中包括煤块)总是或多或少存在有裂隙,它决定了其力学试验结果总是存在有分散性,而分散性的大小则主要决定于煤体内裂隙存在状况。

2.4.3.2　巷道煤层区域中应力分布状态及其划分

煤矿井下采煤作业破坏了原始地层的应力平衡状态,使煤体中的应力重新分布。一般情况下,在采掘空间形成的较短时间内,首先在采掘空间界面附近形成较高的集中应力(又称支承压力),当集中应力值达到煤体的强度极限后,该部分煤体首先发生屈服变形,使集中应力向煤体深部传播,经过一定时间后,形成卸压区(应力松弛区)、应力集中区和原始应力区,如图 2-14 所示,在这三个区中,煤体所受应力和变形性质各有差异。

(1) 卸压区:由于集中应力(或支承压力)的作用,使煤体边缘首先被压酥,形成裂隙,造成煤体强度显著降低,只能承受低于原岩应力的载荷,故称之为卸压区(或应力降低区),如图 2-14 所示。由于煤体被压酥,使集中应力的作用点向煤体深部转移。我国研究人员研究表明,卸压区的宽度可变化在 2 ~5 m 之间,主要与集中应力的大小、煤层采高和煤层软硬有关。一般认为,集中应力越大、煤层厚和煤质软,则卸压区的宽度也越大。

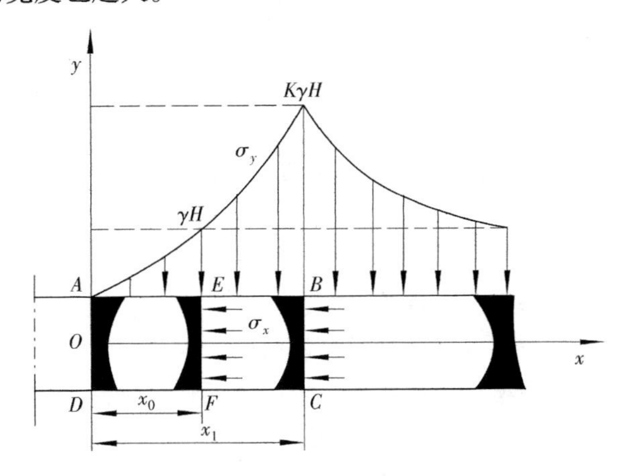

图 2-14　工作面前方煤体中的应力分布状态

（2）集中应力区：集中应力区又可分为塑性变形区和弹性变形区。如图 2-14 所示，$x_0 \sim x_1$为塑性变形区，在这一区域，由于煤层与顶底板之间摩擦力逐渐增加，使煤体所受的水平挤压力增大，此时，煤体受力状态为双向乃至三向受力状态，其强度增大，所受压力逐渐增高直至集中应力峰值。理论和实践表明：塑性区宽度大小取决于煤层开采深度、煤层厚度、煤层性质及其顶底板岩性等。从峰值应力再深向煤体，集中应力随着远离煤壁而逐渐衰减，该阶段煤体由于所受应力未达到屈服值，煤体基本上处于弹性变形阶段，故而称之为弹性变形区。

（3）原始应力区：该阶段煤体由于远离采掘空间，不受采动压力的影响，故而，煤体所受应力仍处于原岩应力状态。

综上所述，由于塑性区和卸压区中的煤体经受了峰值应力的作用，超过了煤体的最大承载能力，在这一区域内的煤体处于极限应力状态。而处于极限应力状态的煤体通常只能承担一部分集中应力，在大多数情况下，紧靠采掘空间的卸压区中的煤体甚至连集中应力区以外，一般的原岩应力也担负不了，而只能担负低于原岩应力的部分。在含瓦斯煤体中，极限状态区煤体中的应力状态、瓦斯量大小，尤其是卸压区的长短及其承载能力，对煤与瓦斯突出有很大影响。实践表明，倘若在采掘工作面前方始终存在一定宽度的卸压区，则不会发生突出现象；否则，就容易发生煤与瓦斯突出现象。

2.4.3.3 极限平衡区中煤层界面的应力分布状态及其分析

煤层巷道开挖以后，巷道周围附近围岩应力、瓦斯压力将重新分布，煤体边缘部分将首先遭到破坏，产生卸压，并逐渐向深部扩展，形成卸压区、应力集中区和原始应力区。在正常情况下，可以认为卸压区和集中应力区的塑性变形区中的煤体应力处于极限平衡状态。由于煤体的泊松比大于其顶底板岩石（软煤分层的泊松比也大于硬煤分层），加之煤层与顶底板的交界面（简称煤层界面）处由于岩性变化而造成强度削弱，因而，此处煤体的黏聚力和内摩擦角比煤体内部的黏聚力和内摩擦角低（煤层内存在软弱分层除外）。所以在不含瓦斯的煤层中，巷道开挖以后，煤层界面或软弱夹层处将首先出现塑性变形和破坏，应力极限平衡区中的煤体最容易从顶底板岩石间或软弱夹层处挤出，并在煤层界面上伴随有剪应力 τ_{xy}产生，煤体中应力分布状态如图 2-14 所示。

为了便于讨论，特作如下假设：

（1）在应力极限平衡区内，煤体为均质，且各向同性，满足连续介质条件。

（2）煤层界面的正应力和剪应力随着距巷道周边距离的增加而增加，直到峰值应力处，它的值等于应力集中区的最高应力，故有：

$$[\sigma_y]x_1 = K\gamma H \tag{2-3}$$

式中 K——应力集中系数；

γ——岩石的容重；

H——开采深度。

（3）在 $x=x_1$的截面上，水平应力可以用界面垂直应力的平均值表示，因此，有如下等式：

$$[\sigma_x]x_1 = A_0[\sigma_y]x_1 = A_0 K\gamma H \tag{2-4}$$

式中 A_0——侧压系数。

在上述假设的基础上，根据极限平衡理论，在煤体从顶底板间挤出时，应力极限平衡区煤层界面应力应满足应力极限平衡条件，煤层界面附近某个领域内的煤体应力应满足应力微分方程。所以，在不计体积力的条件下，应力极限平衡区煤层界面应力可用下式求解：

$$\frac{d\sigma_x}{dx} + \frac{d\tau_{xy}}{dy} = 0 \tag{2-5}$$

$$\frac{d\tau_{xy}}{dx} + \frac{d\sigma_y}{dy} = 0 \tag{2-6}$$

$$\tau_{xy}=-(\sigma_y\tan\varphi+C) \tag{2-7}$$

将式(2-7)代入式(2-6)可得：

$$-\tan\varphi\frac{\mathrm{d}\sigma_y}{\mathrm{d}x}+\frac{\mathrm{d}\sigma_y}{\mathrm{d}y}=0 \tag{2-8}$$

根据数理方程可知，上式为可分离变量的微分方程，故令：

$$\sigma_y=f(x)g(y)+B_1 \tag{2-9}$$

式中　B_1——任意常数。

将式(2-9)代入式(2-8)，可得：

$$-\tan\varphi g(y)\frac{\mathrm{d}f(x)}{\mathrm{d}x}+f(x)\frac{\mathrm{d}g(y)}{\mathrm{d}y}=0$$

$$\frac{1}{g(y)}\frac{\mathrm{d}g(y)}{\mathrm{d}y}=\frac{\tan\varphi}{f(x)}\frac{\mathrm{d}f(x)}{\mathrm{d}x}=B \tag{2-10}$$

式中　B——常数。

所以，有：

$$\frac{\mathrm{d}f(x)}{f(x)}=\frac{B}{\tan\varphi}\mathrm{d}x$$

$$f(x)=B'\mathrm{e}^{\frac{B}{\tan\varphi}x}$$

式中　B'——积分常数。

又因为在煤层界面上，$g(y)=\mathrm{const}$，所以：

$$\sigma_y=B_0\mathrm{e}^{\frac{B}{\tan\varphi}x}+B_1 \tag{2-11}$$

根据边界条件，当 $x=0$ 时，$\sigma_y=0$，代入式(2-11)，得：

$$\sigma_y=B_0(\mathrm{e}^{\frac{B}{\tan\varphi}x}-1) \tag{2-12}$$

$$\tau_{xy}=-[B_0\tan\varphi(\mathrm{e}^{\frac{B}{\tan\varphi}x}-1)+C_0] \tag{2-13}$$

式中　B_0——待定常数。

如果取应力极限平衡区的煤体($ABCD$)为分离体(如图2-14所示)，进行受力分析，则有：

$$\sum F_x=0$$

$$2\int_0^{x_1}\tau_{xy}\mathrm{d}x-m\sigma_{x_1}=0 \tag{2-14}$$

将式(2-4)代入式(2-14)，有：

$$2\int_0^{x_1}\tau_{xy}\mathrm{d}x-mA_0[\sigma_y]x_1=0$$

这是一个关于 x_1 的方程式，将其对 x_1 求导，并解得：

$$[\sigma_y]x_1=B'\mathrm{e}^{\frac{2\tan\varphi}{mA_0}x_1}-\frac{C}{\tan\varphi} \tag{2-15}$$

令式(2-12)中 $x=x_1$，并与式(2-15)进行比较，可得：

$$B=\frac{2\tan^2\varphi}{mA_0}$$

$$B'=B_0=\frac{C}{\tan\varphi}$$

$$\sigma_y=\frac{C}{\tan\varphi}(\mathrm{e}^{\frac{2\tan\varphi}{mA_0}x}-1) \tag{2-16}$$

$$\tau_{xy} = Ce^{\frac{2\tan\varphi}{mA_0}x} \tag{2-17}$$

式中 C,φ——分别为煤层或软分层界面的黏聚力和内摩擦角；

m——煤层或软分层厚度。

当 $x=x_1$ 时，$\sigma_y=K\gamma H$；$x=x_0$ 时，$\sigma_y=\gamma H$；代入式(2-16)，可分别获得应力极限平衡区宽度 x_1 和卸压区宽度 x_0：

$$x_1 = \frac{mA_0}{2\tan\varphi}\ln\left(K\gamma H\frac{\tan\varphi}{C}+1\right) \tag{2-18}$$

$$x_0 = \frac{mA_0}{2\tan\varphi}\ln\left(\gamma H\frac{\tan\varphi}{C}+1\right) \tag{2-19}$$

假定，在卸压区中煤体的破坏条件服从莫尔强度理论，其抗拉强度 $\sigma_t=C\tan\varphi$，代入式(2-19)，则有：

$$x_0 = \frac{1}{2}mA_0\cot\varphi\ln\left(\frac{\gamma H}{\sigma_t}+1\right) = \frac{1}{2f}mA_0\ln\left(\frac{\gamma H}{\sigma_t}+1\right) \tag{2-20}$$

式中 f——煤层界面的摩擦因数，$f=\tan\varphi$；

σ_t——煤层或软分层的抗拉强度。

上式表明，卸压区宽度 x_0 与煤层界面的摩擦因数 f、煤体抗拉强度 σ_t 成反比，与煤层(或软分层)的厚度 m、侧压系数 A_0、煤层开采深度 H 成正比。因此，对于煤层(或软分层)厚度、开采深度一定的煤层，卸压区宽度 x_0 就取决于煤体抗拉强度 σ_t 和煤层界面摩擦因数 f，当 σ_t、f 值越小，则 x_0 值越大；对于 σ_t、f 值一定的煤层，则 m、H 值越大，x_0 值也越大。

2.4.3.4 瓦斯压力分布及其在突出过程中的作用

(1) 极限平衡区中瓦斯压力的分布状态

瓦斯压力是煤和瓦斯突出的动力，它在煤和瓦斯突出的发动、发展过程中占有十分重要的地位，为了探讨在极限平衡区中瓦斯压力的分布状态，我们不妨做如下假设：

① 在极限平衡区中，瓦斯的流动为单向流动，煤体中瓦斯的吸附和解吸基本上处于平衡状态，瓦斯流动服从达西定律。

② 在极限平衡区中，煤体为均质，且各向同性；煤体渗透率 K 随距离 x 的变化服从负指数方程，满足下面经验公式：

$$K = K_0e^{-bx} \tag{2-21}$$

式中 K_0——$x=0$ 时煤体的渗透率；

b——经验常数。

在上述假设的基础上，当瓦斯通过极限平衡区中的煤体渗透时，作用于采掘空间方向的瓦斯压力可由比流量方程式求得：

$$q = \frac{AK}{\mu p_n}p\frac{dp}{dx} \tag{2-22}$$

式中 q——在 1 m^2 煤面上流过的瓦斯流量(0.1 MPa,t)，$m^3/(m^2\cdot d)$；

K——煤体的渗透率，m^2；

μ——瓦斯绝对黏度，Pa·s；对于甲烷气体，$\mu=1.08\times10^{-6}$ Pa·s；

p_n——大气压，0.1 MPa；

p——在位置 x 处的瓦斯压力，MPa；

dp——在 dx 长度内的压差，MPa；

dx——与瓦斯流动方向一致的某一极小长度；

A——单位换算修正系数。

在极限平衡区中，由于集中应力的作用，煤体被大大压缩，使渗透率减小，渗透率的变化是煤层暴露面距离的函数。根据上述第二条假设 $K=K_0\mathrm{e}^{-bx}$，当煤体透气性变化时，单位面积上的瓦斯流量为：

$$q=\frac{-AK_0}{\mu p_{\mathrm{n}}}\mathrm{e}^{-bx}p\frac{\mathrm{d}p}{\mathrm{d}x}$$

$$\frac{q\mu p_{\mathrm{n}}}{AK_0}\mathrm{e}^{bx}\mathrm{d}x=-p\mathrm{d}p \tag{2-23}$$

令 $G=\frac{q\mu p_{\mathrm{n}}}{AK_0}$，则有：

$$-G\mathrm{e}^{bx}\mathrm{d}x=p\mathrm{d}p$$

解上述微分方程，可得：

$$p=\sqrt{\frac{2G}{b}(c-\mathrm{e}^{bx})} \tag{2-24}$$

式中　c——常数。

上式即为极限平衡区中，瓦斯压力的分布方程。实际上，由于煤是多孔介质，瓦斯压力 p 只有 n 部分作用于巷道方向。B. B. 霍多特的研究表明，对有孔隙的连续体来说，n 值与孔隙率相近，对于由可变形的球形颗粒构成且更接近实际煤体之多孔分散介质来说，其 n 值可用下式计算：

$$n=\frac{1-bh}{1-3h^2}-n_0 \tag{2-25}$$

式中　h——球弧体高度（相当于球的压扁程度）；

n_0——煤体孔隙率。

因此，作用于巷道方向之瓦斯压力为：

$$p=n\sqrt{\frac{2G}{b}(c-\mathrm{e}^{bx})} \tag{2-26}$$

上式经求导可以看出：x 值越小，卸压区越薄，瓦斯压力梯度就越大，卸压区被冲破而发生突出的危险性就越大。

（2）瓦斯在突出过程中的作用

瓦斯在突出过程中的作用，首先是降低煤的强度。这不仅仅是由于煤吸附瓦斯后，使其强度降低，而且还由于孔隙压力（游离瓦斯）的作用，抵消外界作用的正应力而使煤体抗剪强度降低，如图2-14所示。假定煤体内部瓦斯压力为 p，煤体所受主应力分别为 σ_1 和 σ_3，则有：

$$\sigma_{\mathrm{n}}'=\frac{(\sigma_1-p)+(\sigma_3-p)}{2}-\frac{(\sigma_1-p)-(\sigma_3-p)}{2}\cos\alpha=$$

$$\frac{\sigma_1+\sigma_3}{2}-\frac{\sigma_1-\sigma_3}{2}\cos\alpha-p \tag{2-27}$$

$$S'=\frac{(\sigma_1-p)-(\sigma_3-p)}{2}\sin 2\alpha=\frac{\sigma_1-\sigma_3}{2}\sin 2\alpha=S \tag{2-28}$$

式中　σ_{n}'——含瓦斯煤体法向应力；

S'——含瓦斯煤体剪应力。

上式表明，煤体内部存在孔隙压力时，其法向应力变为 σ_n-p，而剪应力则不变，因此，其抗剪强度为：

$$\tau_1=(\sigma_{\mathrm{n}}-p)\tan\varphi_1+C_1 \tag{2-29}$$

式中　C_1——含瓦斯煤体的黏聚力；

φ_1——含瓦斯煤体的内摩擦角；

τ_1——含瓦斯煤的抗剪强度。

上式表明，含瓦斯煤体由于其内部存在孔隙压力 p，则其抗剪强度降低了 $p\tan\varphi_1$。

因此，含瓦斯煤体由于内部存在孔隙压力，抗剪强度较无瓦斯煤体抗剪强度降低了 $\Delta\tau=\tau-\tau_1$。

$$\Delta\tau = \tau - \tau_1 = C + \sigma_n\tan\varphi - [C_1 + (\sigma_n - p)\tan\varphi_1] =$$
$$C - C_1 + \sigma_n(\tan\varphi - \tan\varphi_1) + p\tan\varphi_1 \tag{2-30}$$

上式即为瓦斯对煤体抗剪强度所具有的综合力学效应，其中 $C-C_1$ 为吸附瓦斯软化作用使煤体黏聚力产生的降低量，$\tan\varphi-\tan\varphi_1$ 为吸附瓦斯软化作用使煤体摩擦因数产生的降低量，而 $p\tan\varphi_1$ 则为孔隙压力作用使煤体抗剪强度产生的降低量。

现场实践表明，富含瓦斯的煤体往往表现为较为酥松，就是由于煤体吸附瓦斯后其黏聚力、摩擦因数、抗剪强度大大降低而造成的；而瓦斯排放后，能使煤体强度提高，也正是由于其黏聚力、摩擦因数和抗剪强度在瓦斯排放后得到提高而造成的。此外，从莫尔强度理论也能较好地解释这一现象，煤体吸附瓦斯后其莫尔圆的变化情况如图 2-15 所示。图中，莫尔圆Ⅲ是由于吸附瓦斯后，在孔隙瓦斯压力的作用下，使煤体强度降低，莫尔圆向右移动，变为莫尔圆Ⅱ。莫尔圆右移，则意味着接近破坏包络线，煤体强度降低，瓦斯压力越高，则莫尔圆右移量越多，煤体强度降低量越大，越容易受到破坏。

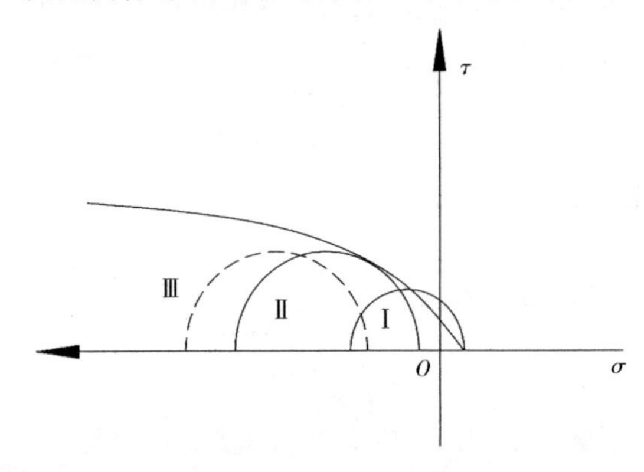

图 2-15　煤体吸附瓦斯后强度莫尔圆的变化示意图

瓦斯在突出过程中的作用之二是瓦斯压力作为一种应力施加于煤体的推动作用，这种作用主要有两个方面：其一是孔隙瓦斯压力对孔内壁的推力，促使孔隙周围形成拉应力区，这种作用在靠近工作面时尤其明显；其二是裂隙中的游离瓦斯对裂隙面的推力，裂隙面越大，瓦斯压力作用面也越大。

瓦斯在突出过程中的作用之三是瓦斯对煤体的进一步破碎作用和搬运作用，这种作用类似于“爆米花”现象，即当富含瓦斯的煤体（瓦斯压力较高时）在外界压力突然降低时，必然使煤体内的瓦斯快速向外释放，从而造成煤体的破碎，并且，由于压力梯度的作用，产生一定的作用力搬运煤体。

因此可以认为，根据瓦斯因素进行预测煤与瓦斯突出是否发生时，应偏重于瓦斯压力，至于煤钻屑的瓦斯解吸指标、瓦斯放散初速度等指标，似乎并没有反映煤体强度降低和破坏的物理本质，因此在预测突出是否发生时可暂不考虑，但是在预测突出强度时，则仍有必要加以考虑。

2.4.3.5　卸压区煤体的稳定性分析及其安全宽度的确定

（1）卸压区煤体的破坏判断

实验表明，在一定的围压作用下，煤体的破裂多数为剪破裂，甚至对于某些煤块，在单向压缩情况下，其破裂形式也表现为剪破裂。因此，我们假定在卸压区中，煤体的破裂为剪破裂，物理判断可用库仑—纳维条件表示，即：

$$\tau = \sigma\tan\varphi + C = f\sigma + C \tag{2-31}$$

或

$$[C] = \tau - f\sigma \tag{2-32}$$

式中　f——摩擦因数，$f=\tan\varphi$。

在平面应力条件下，式(2-32)可用主应力 σ_1、σ_3 来表示，则有：

$$[C] = \frac{1}{2}(\sigma_1 - \sigma_3)\sin 2\alpha - f\left[\frac{\sigma_1 + \sigma_3}{2} + \frac{1}{2}(\sigma_1 - \sigma_3)\cos 2\alpha\right] =$$

$$-f\left(\frac{\sigma_1 + \sigma_3}{2}\right) + \frac{1}{2}(\sigma_1 - \sigma_3)(\sin 2\alpha - f\cos 2\alpha) \tag{2-33}$$

上式中 $[C]$ 可视为抗剪力 $f\sigma$ 与剪应力 τ 间的差值，这个差值需用黏聚力 C 来补偿，若 $[C]>C$，则煤体便将破坏；若 $C\geqslant[C]_{max}$，煤体不会由于剪力作用而发生破坏。

由式(2-33)可知，$[C]_{max}$ 随 α 角而变，$[C]_{max}$ 的条件为：

$$\frac{d[C]}{d\alpha} = 0 \tag{2-34}$$

将式(2-33)代入上式，则可求得：

$$\alpha = 45° + \frac{\varphi}{2} \tag{2-35}$$

式(2-35)为点破裂面与 σ_3 轴的夹角，将其代入式(2-33)，且令 $[C]=[C]_{max}$，则可得：

$$\frac{1}{2}(\sigma_1 - \sigma_3) = \frac{1}{2}(\sigma_1 + \sigma_3)\sin\varphi + C\cos\varphi \tag{2-36}$$

将上式进行整理，并且让 $f=\tan\varphi$ 代入，则可得：

$$\sigma_1[(1 + f^2)^{\frac{1}{2}} - f] = \sigma_3[(1 + f^2)^{\frac{1}{2}} + f] + 2C \tag{2-37}$$

当 $\sigma_3=0$ 时，$\sigma_1=\sigma_0$；$\sigma_1=0$ 时，$\sigma_3=-\sigma_t$（σ_0 为单轴抗压强度，σ_t 为抗拉强度）；将上述两个条件代入式(2-37)，则可得：

$$2C = \sigma_0[(1 + f^2)^{\frac{1}{2}} - f] \tag{2-38}$$

$$2C = \sigma_t[(1 + f^2)^{\frac{1}{2}} + f] \tag{2-39}$$

由此可得：

$$\frac{\sigma_t}{\sigma_0} = \frac{(1 + f^2)^{\frac{1}{2}} - f}{(1 + f^2)^{\frac{1}{2}} + f} \tag{2-40}$$

将式(2-38)、式(2-39)、式(2-40)代入式(2-37)后，整理可得：

$$\frac{\sigma_1}{\sigma_0} - \frac{\sigma_3}{\sigma_t} = 1$$

或

$$\sigma_3 = \frac{\sigma_t}{\sigma_0}\sigma_1 - \sigma_t \tag{2-41}$$

在卸压区中，令 $\sigma_3=\sigma_x$，$\sigma_1=\sigma_y$，则可得：

$$\frac{\sigma_y}{\sigma_0} - \frac{\sigma_x}{\sigma_t} = 1$$

或

$$\sigma_x = \frac{\sigma_t}{\sigma_0}\sigma_y - \sigma_t \tag{2-42}$$

上式即为卸压区煤体剪破坏强度判据。

(2) 卸压区中煤体稳定性分析及其安全宽度确定

为了便于讨论，我们假定卸压区中煤体剪破坏强度判据服从式(2-42)，如图2-14所示，取卸压区

$AEFD$ 为分离体进行受力分析，有 $\sum F_x = 0$。

$$2\int_0^{x_0} \tau_{xy} \mathrm{d}x - m(\sigma_x + p) = 0 \tag{2-43}$$

$$\tau_{xy} = \sigma_y \tan\varphi + C \tag{2-44}$$

将 $\sigma_x = \dfrac{\sigma_t}{\sigma_0}\sigma_y - \sigma_t$ 代入式(2-43)，并整理可得：

$$H\sigma_y + p - \frac{2}{m}\int_0^{x_0} \tau_{xy} \mathrm{d}x = \sigma_t \tag{2-45}$$

式中　$H = \sigma_t/\sigma_0$；

　　p——作用于工作面方向卸压区煤体上的瓦斯压力。

将 τ_{xy} 代入，并求解可得：

$$H\sigma_y + p - \frac{CA_0}{\tan\varphi}(\mathrm{e}^{\frac{2\tan\varphi}{mA_0}x_0} - 1) = \sigma_t \tag{2-46}$$

因此，上式即为卸压区中煤体稳定性的条件。

若

$$H\sigma_y + p - \frac{CA_0}{\tan\varphi}(\mathrm{e}^{\frac{2\tan\varphi}{mA_0}x_0} - 1) > \sigma_t \tag{2-47}$$

卸压区中煤体将产生破坏，形成煤与瓦斯突出。所以，从卸压区煤体稳定性条件出发，卸压区的安全宽度为：

$$x_0 \geqslant \frac{mA_0}{2\tan\varphi}\ln\left[\frac{\tan\varphi}{CA_0}(H\sigma_y + p - \sigma_t) + 1\right] \tag{2-48}$$

即卸压区的安全宽度 x_0 与煤层(或软分层)厚度 m、地应力 σ_y、瓦斯压力 p 成正比；与煤体强度 σ_t 成反比。m,σ_y,p 值越大，x_0 值也越大，反之，则可适当减小。另外，当 σ_t 值越小，x_0 值也应增大，才能确保安全。

2.4.3.6 煤巷卸压区和煤与瓦斯突出危险性之间的关系

由上节可知，在煤巷中，卸压区煤体稳定性的条件为：

$$H\sigma_y + p - M(\mathrm{e}^{Bx_0} - 1) = \sigma_t$$

式中　$M = CA_0\cot\varphi, B = \dfrac{2\tan\varphi}{mA_0}$。

现场实践表明，当煤巷卸压区中的煤体受到破坏时，则往往导致突出的发生。因此，在煤巷中，煤与瓦斯突出的条件为：

$$H\sigma_y + p - M(\mathrm{e}^{Bx_0} - 1) \geqslant \sigma_t \tag{2-49}$$

上式表明，煤与瓦斯突出不仅取决于地应力、瓦斯压力和煤体强度，同时还和卸压区的长短有关。当卸压区长度 x_0 一定时，地应力 σ_y、瓦斯压力 p 越大，则突出的危险性就越大；反之，当地应力 σ_y、瓦斯压力 p 一定时，卸压区长度 x_0 越小，则越容易满足上式，突出危险性就越大。这种情况说明，在同样的地应力、瓦斯压力和煤强度状态下，有些地方会发生突出，而在另一些地方则不会发生突出，其原因就在于和该处煤体卸压区的长短有关。而现行的许多防突措施如深孔松动爆破、钻孔瓦斯排放等能实现防突的主要原因就在于通过采取措施后，加大了卸压区的范围，使式(2-49)不能满足，从而达到防止煤与瓦斯突出的目的。因此，可以认为，工作面前方的卸压区犹如一堵保护屏障，该屏障越薄，即瓦斯压力梯度越大，则屏障被破坏而引起突出的可能性就越大。煤层平巷工作面实际观测资料表明，工作面前方煤体可分为如下几个带，即：

① 挤出带(卸压区):此处观察到瓦斯压力下降,带长 3 ~ 10 m;

② 压缩带(应力集中区):此处瓦斯压力升高,带长 4 ~ 10 m;

③ 未扰动煤体带(原始应力区):此处瓦斯压力保持原始应力值。

在不引起突出的震动爆破后,大多数情况下都可见到这三个带。在发生突出之前震动爆破时,大多数情况下,瓦斯压力保持不变,挤出带和压缩带不明显。而在引起突出的震动爆破后,煤体中重新出现这三个带,并且带的尺寸略有增加。在突出发生之前震动爆破时,之所以挤出带和压缩带不明显,我们认为实际上是挤出带大大缩短,使集中应力区造成的压缩带越接近工作面,保护屏障越薄,因此,在受到外力作用(震动爆破)时,就容易被破坏而形成突出。

在一些突出实例中,突出有准备时间,即在煤体变形和瓦斯压力变化后隔一段时间,才发生煤的抛出,而在另一些实例中,间隔时间则极短,基本上可以看作没有准备时间。这种情况我们认为与煤体卸压区的大小有关,有些突出由于卸压区相对较长,冲破这层阻挡层需要一定的时间,故而产生延期现象,而有些突出则由于卸压区相对较短,或者基本上没有,故而突出的间隔时间极短,而通常所说的应力异常现象,实际上也和卸压区的范围大小密切相关。实践表明,对于比较强烈的突出而言,其地应力、瓦斯压力也往往比较高,煤体所受应力较大,而卸压区的大小和煤体所受应力有一定的关系,因而工作面前方卸压区的范围也可能较大,冲破这层阻挡层所需要的时间就可能相对较长。总而言之,我们认为突出的准备阶段实际上是煤体内部应力和瓦斯压力冲破卸压区的阶段,当煤体内应力和瓦斯压力一定时,卸压区越大,则突出的准备时间就越长,即突出的延期时间就可能越长;反之,则可能越短。当卸压区的宽度达到一定值时,即大于等于卸压区的安全宽度时,则突出就不会发生。

2.4.3.7　突出防控机理

当前对突出机理的认识是,煤层(包括围岩)中地应力和瓦斯压力是突出的主要原动力;煤层是受力体,是被破碎和抛出的对象;卸压带的宽度是决定煤体中储存的弹性潜能和瓦斯内能是否能够得到释放的主要因素。采掘工艺条件是突出发生的外部诱导因素。基于这种认识,关于煤与瓦斯突出的防控机理应包括以下几个方面:

① 部分卸除煤层区域或采掘工作面前方煤体的应力,增加卸压带的宽度,使煤体卸压并将集中应力区推移至远离工作面。

② 部分抽采煤层区域或采掘工作面前方煤体中的瓦斯,降低瓦斯压力(含量),减少工作面前方煤体中的瓦斯压力梯度。

③ 增大工作面附近煤体的承载能力,提高煤体稳定性,如金属支架、超前支护和注浆加固煤体等。

④ 改变煤体的性质,使其不易于突出。如煤层注水后,煤体弹性减小、塑性增大,煤的放散瓦斯初速度降低,使突出不易发生。

⑤ 改变采掘工艺条件,使采掘工作面前方煤体应力和瓦斯压力状态平缓变化,达到工作面自身卸压和排放瓦斯,消除和减少突出危险性。

⑥ 优化巷道布置,煤层巷道应尽量布置在非突出煤层或突出煤层的保护区内;基于应力方向选择巷道布置方向,以最大限度地降低采掘方向上的应力集中;地质构造复杂的矿井,则应按地质构造划分盘区,每个盘区自成一个开采系统等;优化开采方式,为实施综合防突措施提供足够的时间和空间。

应当指出,上述前两项防控机理(卸压和瓦斯排放)是减少发生突出的原动力,是釜底抽薪的防突方法。因此,它是国内外绝大多数防突技术的主要原理和依据,诸如开采保护层、区域预抽煤层瓦斯、水力压裂、水力割缝、松动爆破等,皆是根据这两项防控机理。上述第三、四条防控机理是增大煤体对发生突出的阻力,实践证明,它对防止小型突出,特别是倾出类型的突出是有效的。上述第五、六条防控机理通过优化巷道布置和采掘工艺达到工作面自身卸压和排放瓦斯,消除和减少突出危险性的目的。随着突出煤层采掘机械化程度提高,加强研究能消除或减小发生突出危险性的采掘工艺参数也是十分必要的。

由前文可知,煤与瓦斯突出和工作面前方卸压区的大小有直接的关系,卸压区的大小决定了煤体中储存的弹性潜能和瓦斯内能是否能够得到释放,突出是否能够形成。一般情况下,卸压区范围越小,则集中应力区最大值越接近工作面,瓦斯压力梯度越大,卸压区煤体被冲破而形成突出的可能性就越大;当卸压区的范围足够大时,即使工作面前方存在高压瓦斯和急剧的应力集中,突出也不可能形成。因此,基于卸压带理论,煤与瓦斯突出的防控就是要采取一定措施降低或消除煤层内的应力集中和高压瓦斯源,增大卸压区的范围,防止突出的发生。而现行的许多防突技术如水力割缝、水力压裂、深孔松动爆破、开卸压槽等,都对煤层进行了不同方式的卸压,降低煤层的应力水平,防止较高应力梯度出现;再辅之相应的瓦斯抽采措施,进一步降低煤层瓦斯压力和含量,削弱高能瓦斯的集聚,防止高瓦斯压力梯度出现。即从应力水平和瓦斯压力两个方面扩大了卸压区的范围,最终达到防止突出的目的。

2.5 煤矿瓦斯动力灾害研究方法

煤矿瓦斯动力灾害由于瓦斯的参与往往带来较为严重的后果,特别是煤与瓦斯突出动辄引发重大或特别重大事故,同时突出机理复杂、影响因素多、治理困难,煤与瓦斯突出成为煤矿行业的重点研究难题。近年来,关于煤与瓦斯突出灾害的研究一直在进行,并取得了较大的进展。为了攻克煤与瓦斯突出灾害各个方面的难题,煤炭科研工作者们的研究方法和手段也是多样的,主要包括现场调研、统计分析、理论分析、物理实验研究、数值模拟分析、现场试验研究以及技术及装备综合开发研究等,本节将对其中几种重要的研究方法进行归纳介绍。

2.5.1 理论分析研究

理论分析研究主要应用在煤与瓦斯突出机理相关方面的研究,随着煤与瓦斯突出机理研究的逐步深入,对煤与瓦斯突出发生的原因、条件、过程和能量认识也逐步深入。但目前仍对突出的一些细节缺乏全面了解,还基本停留在定性解释和近似定量计算阶段,没有形成统一的完整理论体系。地应力、瓦斯、煤的物理力学性质是影响突出的3个方面,而每个方面又受很多因素作用。且突出是一个动态的时空演变的过程,从而决定了煤与瓦斯突出机理研究的困难性[30]。理论研究多建立在数值模拟和实验测试的基础上,在理论分析的基础上建立突出物理数学模型,利用数学和力学对所建的物理数学模型进行近似定量研究。周世宁等[17]通过对含瓦斯煤样在三轴受力状态下流变特性的研究,得出了含瓦斯煤流变行为的数学模型,提出了煤与瓦斯突出的流变机理;韩光[31]提出了煤与瓦斯突出的耦合动力学模型,并采用有限元法进行了数值求解;程建圣[32]构造了突变势函数,应用突变理论对立井煤与瓦斯突出动力现象发生过程进行解释;郭德勇等[33]采用构造物理学的理论和方法,对地质构造控制煤与瓦斯突出机理及分布规律进行了研究,提出了煤与瓦斯突出的黏滑失稳机理;王继仁等[34]构建了煤表面与CH_4的吸附模型,提出了煤与瓦斯突出微观机理。

理论研究手段丰富,涉及多种学科、多个方面,不仅有传统的数学、力学等学科,还包括构造物理学、量子化学、突变理论等学科理论的综合分析应用,多种理论和学科交叉研究使煤与瓦斯突出机理得到了不断发展与完善。

2.5.2 物理实验研究

物理实验研究主要应用于研究各因素对煤与瓦斯突出的影响以及突出的准备、发生与发展演化机制等方面,主要包括构造煤研究、瓦斯及应力影响因素研究、煤与瓦斯突出过程物理模拟试验研究。

2.5.2.1　构造煤研究

煤的物理力学性质是影响煤与瓦斯突出的主要因素之一。构造煤是典型的突出煤,对构造煤的研究也是研究煤与瓦斯突出的主要方法之一。对构造煤的研究涉及多个方面,既包括对构造煤的物理孔隙结构特征、化学结构特征及构造煤瓦斯吸附—解吸性与渗透性特征等方面的基础特性研究,还包括基于多种分析手段的对构造煤与突出关系的综合研究。关于构造煤的基础特性方面的研究,常常利用压汞法、液氮吸附法和扫描电镜研究构造煤的孔隙结构特征;运用 X 射线衍射、高分辨透射电镜、顺磁共振、核磁共振以及傅立叶红外光谱等现代技术方法研究不同类型构造煤的大分子化学结构特征;采用等温吸附/解吸实验与大直径构造煤原位样品室内渗透率实验研究不同类型构造煤的吸附—解吸性与渗透性特征。

关于构造煤与突出的关系研究一直在进行。张玉贵等[35]研究了构造煤结构与瓦斯突出之间的关系,通过采用有机溶剂萃取和煤成烃热模拟实验,对煤层受构造应力作用时的煤结构变化及构造煤的生烃特征进行研究,研究表明构造煤分子间的作用力小,决定了构造煤强度低和吸附性能高,从而控制了煤与瓦斯突出灾害的发生。琚宜文等[36]分别叙述了不同类型构造煤的宏观和微观变形特征,发现变形程度较强的脆韧性与韧性构造煤如鳞片煤、糜棱煤等储层是煤与瓦斯突出防治的重点。富向等[37]对构造煤的瓦斯放散特征展开了研究,进行了构造煤瓦斯放散的微观与宏观数学模型理论研究,分析了构造煤的瓦斯放散特征。通过对构造煤的研究有助于从煤的物理力学性质角度提高对煤与瓦斯突出发生机理的认识。

2.5.2.2　瓦斯、应力等影响因素研究

瓦斯和地应力是影响突出发生的另外两个主要因素。在这方面,主要包括瓦斯对突出煤的力学特性研究、瓦斯压力和含量对突出煤渗流特性、能量特征等的影响研究、地应力对突出煤渗流特性、突出发生特征的作用机制研究等方面。如王家臣等[38]对含瓦斯煤样加、卸载过程中的力学性质及瓦斯对煤样力学性质的影响进行了试验研究,有助于增强对含瓦斯突出煤力学性质演化特征的认识;王汉鹏等[39]研究了吸附瓦斯含量对煤与瓦斯突出的影响与能量分析,为揭示、量化吸附瓦斯含量在突出中的作用提供参考和依据;韦纯福等[40]通过自制的煤岩瓦斯动力灾害模拟试验系统研究了煤与瓦斯突出过程中的瓦斯压力效应;尹光志等[41]利用自压式三轴渗透仪及力学试验机等开展了固定瓦斯压力及不同围压情况下突出煤试样试验研究,分析了地应力对突出煤瓦斯渗流的影响等。对瓦斯及地应力等对突出影响的实验研究有助于更加深入地探究突出的发生机理,从而进一步促进对突出发生机理的科学研究。

2.5.2.3　煤与瓦斯突出过程物理模拟试验研究

关于煤与瓦斯突出过程的物理模拟实验研究主要包括对突出发生条件、突出发生发展过程、突出煤粉区域划分、突出孔洞特征以及瓦斯压力、应力分布、煤体粒径和强度等因素对突出发生的影响机制等几大方面。

近年来,程远平、郭品坤[45]等开展了突出模拟试验,研究了突出的层裂发展机制;越来越多的物理模拟试验平台被搭建,煤与瓦斯突出的物理模拟试验的开展把对突出机理的研究从突出因素的影响机制拓展到突出发生发展过程及特征;欧建春等[42]通过煤与瓦斯突出模拟实验装置,研究了煤与瓦斯突出的过程及煤体破裂演化规律,提出煤与瓦斯突出经历了孕育、启动、发展和停止 4 个阶段,呈多次间歇式发展;唐巨鹏等[43]利用自主研制的煤与瓦斯突出仪,开展了轴压、围压、孔隙压三维应力条件下煤与瓦斯突出模拟试验,研究发现突出表现为瓦斯—煤气固两相射流特征,高压瓦斯是突出发生的动力源和煤体粉碎粉化的破坏源,煤与瓦斯突出能量释放具有波动性特征;许江等[44]使用煤与瓦斯突出模拟试验装置开展了煤与瓦斯突出过程的相关实验模拟研究,研究了突出口径对突出发生

的影响，据此提出合理设计揭煤工艺控制煤层新暴露面面积可有效防治煤与瓦斯突出。

2.5.3 数值模拟分析

由于煤与瓦斯突出发生机理尚未有定论，且其发展过程十分复杂，因此对煤与瓦斯突出的数值模拟较为困难。国内外研究者利用 Ansys Fluent、FLAC^{3D}等软件进行了煤与瓦斯突出发生及发展过程的数值模拟研究，取得了相应的研究成果。齐黎明等[46]以突出后遗留的典型孔洞形状为基础，采用 RFPA—Flow 软件对上山掘进突出进行了数值模拟；蓝航等[47]在数值模拟软件 FLAC^{3D}中编写了能量计算模块，采用完全耦合模式开展了不同瓦斯初始压力作用下巷道围岩的能量分布状态的数值模拟，通过此模拟进一步研究探讨了煤岩动力灾害能量机理；孙东玲等[48]运用 Ansys Fluent 软件中的 Mixture模型对煤与瓦斯突出过程中煤—瓦斯两相流的运动状态进行了数值模拟分析，部分模拟结果如图 2-16 所示。

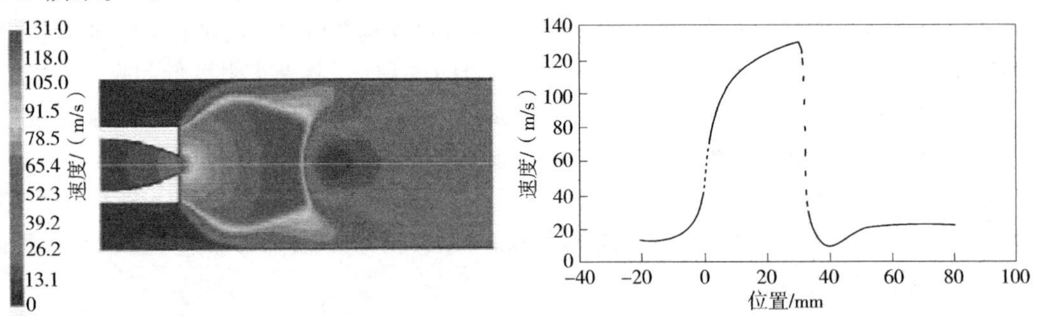

图 2-16 突出煤—瓦斯两相流模拟[49]

（a）p_0 = 1.00 MPa 时的速度分布；（b）p_0 = 1.00 MPa 时的轴线速度

李辉（Hui Li）等[49]通过建立二维数值模型模拟了石门揭煤诱导突出发展的过程，研究了煤与瓦斯突出过程及不同阶段的演化机制。

2.5.4 技术及装备综合研发

2.5.4.1 模拟煤与瓦斯突出实验设备开发

中国矿业大学蒋承林、程远平、王恩元等，煤矿瓦斯治理国家工程中心袁亮、薛俊华等，辽宁工程技术大学潘一山、唐巨鹏等和安徽理工大学刘泽功、张春华等均对煤与瓦斯突出实验设备进行了研究开发。

2013 年中国矿业大学（北京）聂百胜、徐涛等研发出一套煤与瓦斯突出相似模拟装置，该实验平台可以实现按工作面前方应力分布规律对模型进行加载，能够模拟突出煤层的顶底板岩层。

2013 年重庆大学尹光志、许江、刘东等[52]自主研制了多场耦合煤矿动力灾害大型模拟试验系统，该系统主要功能包括煤与瓦斯突出灾害模拟和煤矿开采过程中煤岩层应力变化动态模拟。

模拟煤与瓦斯突出实验设备开发逐渐向大型化、高相似化、高密闭化、多功能化等方向发展，随着先进设备不断研制成功，突出物理实验模拟的结果更加科学可信，大大促进了煤与瓦斯突出相关科学研究的进展。

2.5.4.2 预测、防治技术及装备开发

经过多年的研究，煤矿瓦斯动力灾害防治技术有了长足的发展，为高瓦斯突出矿井的安全生产提供了有力的技术保障。随着矿井开采条件的变化和技术进步，今后煤矿瓦斯动力灾害防治技术的发展趋势是，采用高科技手段来完善和提高预测预报的可靠性、防治技术措施的有效性，提高效率，降低

成本,具体表现在:

① 发展和完善区域性防突技术。坚持“区域防突措施先行,局部防突措施补充”的要求,最大限度地提高防治措施的高效性、解放生产力、降低防突成本。

② 预测技术及装备方面,声发射监测技术、利用环境监测系统连续监测工作面的瓦斯涌出变化特征,分析瓦斯涌出与突出的关系从而预测突出以及电磁辐射监测技术等非接触式预测技术不断发展,同时神经网络理论预测、突变理论预测等数学预测方法也逐渐成为研究的热点。

③ 防突技术及装备方面,开发和提升了高压水射流、“钻—冲—割”一体化卸压增透[54]、高压脉动水力压裂增透[55]等相关技术及装备,以提高突出煤层防突效果,同时一些新的卸压理念和技术不断涌现,如 CO_2 相变致裂增透[56]、微波辐射致裂增透[57]、高压电脉冲致裂增透[58]等,以强化突出煤层治理。

2.6　本章小结

本章对煤矿瓦斯动力灾害作了较为详细的论述,揭示了煤矿瓦斯动力灾害危险性高、威胁性大、机理复杂、研究困难的特点,进一步突显了煤矿瓦斯动力灾害加剧的严峻形势,亟须对煤矿瓦斯动力灾害发生机理及防治技术等关键问题开展系统全面的研究,得出如下结论:

(1) 基于瓦斯在各种动力灾害中的作用,对煤矿瓦斯动力灾害作了定义,分别按动力现象的力学(能源)特征和动力现象的强度对煤矿瓦斯动力灾害进行了分类,分别总结阐述了煤的突然倾出、煤的突然压出、煤与瓦斯突出、岩石与瓦斯突出及瓦斯突然喷出等几大典型动力灾害发生的基本特征。

(2) 分析了煤矿瓦斯动力灾害发生的现状,指出了随采深加大突出灾害发生危险性升高、突出灾害事故严重性的增加的现状特点,明确了仍需深化突出机理研究、优化研究方法以提高对突出灾害规律和治理方法认识。

(3) 分别阐述了突出与开采深度、煤层厚度、瓦斯压力和含量、采掘作业方式、突出征兆、巷道类型、地质构造、厚硬围岩及煤的物理力学特征等因素的关系,在总结突出灾害发生一般规律的基础上,对突出机理的研究现状展开论述,分别介绍了单因素假说、综合作用假说的主要代表学说,并对煤与瓦斯突出研究的新进展作了总结,指出对突出机理的认识目前仍然处于定性综合作用假说阶段,即煤与瓦斯突出是地应力、瓦斯和煤的物理力学性质三者综合作用的结果。分析了突出发展的过程及各因素在突出发生、发展过程中的作用,重点研究了卸压带对突出的作用机理。

(4) 分别从理论分析、物理实验研究、数值模拟分析以及技术装备综合开发研究等几个重要方面对现今煤矿瓦斯动力灾害的一些研究方法进行了介绍。

参考文献

[1] 高亚斌. 钻孔水射流冲击动力破煤岩增透机制及其应用研究[D]. 徐州:中国矿业大学,2016.

[2] 倪冠华. 脉动压裂过程中瓦斯微观动力学特性及液相滞留机制研究[D]. 徐州:中国矿业大学,2015.

[3] 聂百胜,何学秋. 煤矿煤岩瓦斯动力灾害预防理论与技术进展[J]. 中国科技论文,2009,4(11):795-801.

[4] 蒋承林,高艳忠,陈松立,等. 矿井瓦斯动力灾害的分级与分级鉴定指标的研究[J]. 煤炭学报,2007,32(2):159-162.

[5] 蒋承林. 煤矿井下动力现象的分类研究[J]. 湖南科技大学学报(自然科学版),1998(4):1-6.

[6] 林柏泉.矿井瓦斯防治理论与技术[M].徐州:中国矿业大学出版社,2010.
[7] 卫修君,林柏泉.煤岩瓦斯动力灾害发生机理及综合治理技术[M].北京:科学出版社,2009.
[8] 胡千庭,赵旭生.中国煤与瓦斯突出事故现状及其预防的对策建议[J].矿业安全与环保,2012,39(5):1-6.
[9] 林柏泉,常建华,翟成.我国煤矿安全现状及应当采取的对策分析[J].中国安全科学学报,2006,16(5):42-46.
[10] 国家安全生产监督管理总局,国家煤矿安全监察局.防治煤与瓦斯突出规定[M].北京:煤炭工业出版社,2009.
[11] 杨涛,刘锦伟.2010~2015年我国煤与瓦斯突出事故发生时空分布规律研究[J].华北科技学院学报,2016,13(6):96-100.
[12] 陈晓坤,蔡灿凡,肖旸.2005—2014年我国煤矿瓦斯事故统计分析[J].煤矿安全,2016,47(2):224-226.
[13] 程远平,刘洪永,赵伟.我国煤与瓦斯突出事故现状及防治对策[J].煤炭科学技术,2014,42(6):15-18.
[14] 俞启香.矿井瓦斯防治[M].徐州:中国矿业大学出版社,1992.
[15] PATERSON L. A model for outburst in coal[J]. International Journal of Rock Mechanics & Mining Science & Geomechanics Abstracts,1986,23(4):327-332.
[16] KHODOT V V,KOGAN G L. Modeling gas bursts[J]. Soviet Mining Science,1979,15(5):491-494.
[17] 周世宁,何学秋.煤和瓦斯突出机理的流变假说[J].中国矿业大学学报,1990,19(2):1-9.
[18] 蒋承林,俞启香.煤与瓦斯突出机理的球壳失稳假说[J].煤矿安全,1995,26(2):17-25.
[19] 林柏泉,周世宁,张仁贵.煤巷卸压带及其在煤和瓦斯突出危险性预测中的应用[J].中国矿业大学学报,1993,22(4):44-53.
[20] 俞善炳.恒稳推进的煤与瓦斯突出[J].力学学报,1988,20(2):3-12.
[21] 许江,鲜学福,杜云贵,等.含瓦斯煤的力学特性的实验分析[J].重庆大学学报(自然科学版),1993,16(5):42-47.
[22] 马中飞,俞启香.煤与瓦斯承压散体失控突出机理的初步研究[J].煤炭学报,2006,31(3):329-333.
[23] 吕绍林,何继善.关键层—应力墙瓦斯突出机理[J].重庆大学学报(自然科学版),1999,22(6):80-85.
[24] 唐春安,刘红元.石门揭煤突出过程的数值模拟研究[J].岩石力学与工程学报,2002,21(10):1467-1472.
[25] 徐涛,郝天轩,唐春安,等.含瓦斯煤岩突出过程数值模拟[J].中国安全科学学报,2005,15(1):108-110.
[26] 胡千庭,周世宁,周心权.煤与瓦斯突出过程的力学作用机理[J].煤炭学报,2008,33(12):1368-1372.
[27] 李萍丰.浅谈煤与瓦斯突出机理的假说——二相流体假说[J].煤矿安全,1989(11):29-35.
[28] 郭德勇,韩德馨.煤与瓦斯突出黏滑机理研究[J].煤炭学报,2003,28(6):598-602.
[29] 于不凡.煤和瓦斯突出机理[M].北京:煤炭工业出版社,1985.
[30] 李希建,林柏泉.煤与瓦斯突出机理研究现状及分析[J].煤田地质与勘探,2010,38(1):7-13.
[31] 韩光.煤和瓦斯突出的气固耦合机理及分析[D].阜新:辽宁工程技术大学,2005.
[32] 程建圣.立井掘进过程中的煤与瓦斯突出动力现象研究[D].淮南:安徽理工大学,2006.

[33] 郭德勇,韩德馨,王新义.煤与瓦斯突出的构造物理环境及其应用[J].北京科技大学学报,2002,24(6):581-592.
[34] 王继仁,邓存宝,邓汉忠.煤与瓦斯突出微观机理研究[J].煤炭学报,2008,33(2):131-135.
[35] 张玉贵,张子敏,曹运兴.构造煤结构与瓦斯突出[J].煤炭学报,2007,32(3):281-284.
[36] 琚宜文,侯泉林,姜波,等.构造煤结构与储层物性:2006 国际煤层气研讨会论文集[C].北京:[出版者不详],2006.
[37] 富向,王魁军,杨天鸿.构造煤的瓦斯放散特征[J].煤炭学报,2008,33(7):775-779.
[38] 王家臣,邵太升,赵洪宝.瓦斯对突出煤力学特性影响试验研究[J].采矿与安全工程学报,2011,28(3):391-394.
[39] 王汉鹏,张冰,袁亮,等.吸附瓦斯含量对煤与瓦斯突出的影响与能量分析[J].岩石力学与工程学报,2017,36(10):2449-2456.
[40] 韦纯福,李化敏,袁瑞甫.煤与瓦斯突出过程中的瓦斯压力效应[J].煤田地质与勘探,2014(6):24-28.
[41] 尹光志,李晓泉,赵洪宝,等.地应力对突出煤瓦斯渗流影响试验研究[J].岩石力学与工程学报,2008,27(12):2557-2561.
[42] 欧建春.煤与瓦斯突出演化过程模拟实验研究[D].徐州:中国矿业大学,2012.
[43] 唐巨鹏,潘一山,杨森林.三维应力下煤与瓦斯突出模拟试验研究[J].岩石力学与工程学报,2013,32(5):960-965.
[44] 许江,刘东,彭守建,等.不同突出口径条件下煤与瓦斯突出模拟试验研究[J].煤炭学报,2013,38(1):9-14.
[45] 郭品坤.煤与瓦斯突出层裂发展机制研究[D].徐州:中国矿业大学,2014.
[46] 齐黎明,林柏泉,支晓伟.基于 RFPA—Flow 的马家沟矿突出数值模拟[J].西安科技大学学报,2006,26(2):167-169.
[47] 蓝航,潘俊锋,彭永伟.煤岩动力灾害能量机理的数值模拟[J].煤炭学报,2010,35(增刊1):10-14.
[48] 孙东玲,胡千庭,苗法田.煤与瓦斯突出过程中煤—瓦斯两相流的运动状态[J].煤炭学报,2012,37(3):452-458.
[49] LI H,FENG Z,ZHAO D,et al. Simulation Experiment and Acoustic Emission Study on Coal and Gas Outburst[J]. Rock Mechanics & Rock Engineering,2017,50(8):2193-2205.
[50] 张春华,刘泽功,刘健,等.封闭型地质构造诱发煤与瓦斯突出的力学特性模拟试验[J].中国矿业大学学报,2013,42(4):554-559.
[51] 胡守涛.煤与瓦斯突出相似模拟试验及突出能量特征研究[D].北京:中国矿业大学(北京),2016.
[52] 刘东,许江,尹光志,等.多场耦合煤矿动力灾害大型模拟试验系统研制与应用[J].岩石力学与工程学报,2013,32(5):966-975.
[53] 林柏泉.深孔控制卸压爆破及其防突作用机理的实验研究[J].阜新矿业学院学报(自然科学版),1995(3):16-21.
[54] 高亚斌,林柏泉,杨威,等.高突煤层穿层钻孔"钻—冲—割"耦合卸压技术及应用[J].采矿与安全工程学报,2017,34(1):177-184.
[55] 林柏泉,李子文,翟成,等.高压脉动水力压裂卸压增透技术及应用[J].采矿与安全工程学报,2011,28(3):452-455.

[56] 雷云,刘建军,张哨楠. CO_2 相变致裂本煤层增透技术研究[J]. 工程地质学报,2017,25(1):215-221.

[57] LI H,LIN B,YANG W,et al. Experimental study on the petrophysical variation of different rank coals with microwave treatment[J]. International Journal of Coal Geology,2016,154-155:82-91.

[58] 林柏泉,闫发志,朱传杰,等. 基于空气环境下的高压击穿电热致裂煤体实验研究[J]. 煤炭学报,2016,41(1):94-99.

第三章　煤的孔隙结构及破坏特征

3.1　引言

煤是一种由有机质、矿物质和各类孔隙、裂隙所构成的具有复杂微观结构特征的多孔介质[1-2]。煤的孔隙结构非常复杂，其孔径分布、比表面积、孔容等参数直接影响煤对瓦斯的吸附解吸特性，而煤的孔隙结构和瓦斯吸附解吸特性又影响煤层的瓦斯含量、突出危险性和瓦斯抽采。因此，随着对瓦斯灾害防治和煤层气开发与利用越来越重视，煤的孔隙结构特征越来越成为一项重要的基础性研究工作。

目前，研究煤的孔隙结构特征的方法主要是根据不同的孔隙类型选择合适的表征方法来对孔隙进行分类，分别研究不同孔隙类型的孔径分布特征[3-5]。前人的研究表明，煤的孔隙结构特征受煤的组成和变质程度的影响，不同变质程度的煤具有明显的差异。因此，在研究煤层气的吸附解吸及流动规律时，必须弄清不同变质程度煤的孔隙结构特征。压汞法和气体吸附法是目前最常用的两种表征煤孔隙结构特征的方法，通过实验曲线和数据分析可以得到煤中的孔隙类型和孔径分布，从而研究煤的孔隙结构特征对煤层气解吸及渗流的作用机制，为煤层气高效开采和预防瓦斯动力灾害提供理论基础。

在研究煤的孔隙结构特征的过程中发现，由于煤体多孔介质内部的孔隙结构十分复杂，难以用传统的几何方法进行准确描述，只能用统计的方法进行研究，因此，亟须一个参数来准确反映煤的孔隙结构特征。分形理论自诞生以来在研究自相似形态现象和结构方面发挥了重要作用，能够定义和描述多孔介质孔的不规则性和表面的粗糙程度。国内外大量研究表明，含有大量孔隙、裂隙的煤体是一种分形体，其孔隙表面的断裂、变形、孔隙率、渗透率及其物理性质均具有分形特征。国内外学者利用分形理论研究了多孔介质的孔隙结构特征和渗透性能、煤岩超微孔隙结构特征、多孔介质渗透率与孔隙率理论关系模型等。研究煤孔隙结构的分形特征主要借助压汞实验和液氮吸附实验。

由地质学观点可知，我国大部分煤形成于石炭纪—二叠纪时期，经历了强烈的构造运动，其原生结构遭到破坏，形成了复杂的破坏特征。不同破坏类型的煤反映了不同的应力环境和变形机制，煤的破坏特征对研究瓦斯动力灾害具有重要意义。但是，突出煤的强度一般较低，表现出松软的特征，采用突出原煤进行实验是比较困难的。通过重构方法使实验煤样力学性质逼近原煤力学性质是可行的手段之一。

本章在研究煤的孔隙分类的基础上，结合常用的孔隙结构测定方法，研究典型煤的孔隙结构特征及其影响因素；通过对实验数据进行分形分析，研究煤孔隙结构的分形特征并建立分形维数与孔隙率的关系；通过研究煤的破坏特征和理论分析，对煤进行了重构，从细观角度揭示煤体破坏的原因，为预防瓦斯动力灾害提供理论基础。

3.2　煤的孔隙分类

煤的孔隙结构非常复杂，不仅含有大量的微孔隙，可以为气体吸附提供广阔的比表面积，而且还含有大孔隙和微裂隙，为气体在煤层中的流动提供通道。不同煤的成煤原因、环境和成煤过程不同，使得其中孔的大小、形态各异，直接反映了煤的宏观物理化学性质。因此，很有必要通过煤的孔隙分类来研究煤的孔隙结构特征。目前，国内外学者对煤的孔隙性进行了大量研究。克洛斯（Close）等认为煤储层是由孔隙、裂隙组成的双重结构系统[6-7]，而加姆森（P. Gamson）认为在孔隙、裂隙之间还存在着一种过渡类型的孔隙、裂隙[8]，霍永忠等对煤中显微孔、裂隙进行了成因分类[9]，王生维等研究了煤基质块孔、裂隙特征[10]，傅雪海等认为煤储层系由宏观裂隙、显微裂隙和孔隙组成的三元孔、裂隙介质。煤的孔径结构是研究煤层气赋存状态、气、水介质与煤基质块间物理、化学作用以及煤层气解吸、扩散和渗流的基础[11]。根据国内外研究结果，煤的孔隙分类方法主要有四种，分别是按照煤的组成及其结构性质分类、按照孔隙的成因分类、按照孔隙大小分类和按照孔隙形态及连通性分类。

3.2.1 孔隙的组成及结构性质分类

按照煤的组成及其结构性质，煤中孔隙可以分为以下 3 种[12]。

3.2.1.1 宏观孔隙

宏观孔隙是指可用肉眼分辨的层理、节理、劈理及次生裂隙等构成的孔隙。肉眼的最高分辨率大致为 0.1 mm，因此，宏观孔隙一般属于毫米级。宏观孔隙是由于沉积相改变、凝胶体在成岩作用下脱水缩干和地质构造运动破坏形成的。煤中原生和次生的节理和层理等是煤受机械载荷时产生破坏的薄弱面，它在很大程度上决定着煤的强度性质。

3.2.1.2 显微孔隙

显微孔隙是指用光学显微镜和扫描电镜能分辨的孔隙。煤是复杂的多种高分子物质的混合物。煤中包含各种不同大小的结构单元：大分子、结晶体、胶粒和结构单体。这些大小不同的结构单元相结合时，可以形成各种不同大小的孔隙。结合煤的显微组分，显微孔隙的构成大致有以下几种：

① 煤中保留的植物残骸组织的孔腔或内腔，如丝炭组分的组织孔腔，菌类体、孢粉、藻类体的内腔所构成的孔隙。

② 各种显微组分的界面，显微组分间微结构（条带状、团块状及碎黏状结构）和微构造（微断层、微褶曲）构成的孔隙。

③ 煤中无机组分黄铁矿、方解石等结晶群之间，黏土矿物片状、纤维状、叠层状结晶群之间所构成的孔隙。

④ 成煤作用过程中煤的凝胶质形成的干缩孔、排气孔、脱水孔和侵蚀孔等。

显微孔隙放大 300 ~ 10 000 倍后可清晰地观察和测量，孔隙的尺寸一般为微米级。

3.2.1.3 分子孔隙

分子孔隙是指煤的分子结构所构成的超微孔隙。现代研究认为，煤分子的结构模型是中间由不同数量芳香环组成的芳香核（芳环层），在芳香核周围连接有交联键（烷基侧链，如甲基、乙基、丙基等）、各种桥键（次甲基键、醚键、硫醚键、次甲基醚键和芳香碳—碳键等）和官能团（如各种含氧官能团）。低变质煤为敞开型结构，芳香核为单层，相互由交联键连接，方向随机取向，形成三维空间的多空体系；中变质煤芳香核由 2 层以上的芳香层组成，互相叠合，在一定方向上取向，交联键大为减少，形成二维空间结构，孔隙率最小；高变质煤芳香核增大，叠合程度增加，分子排列趋于有序化，孔隙率再次增大。总之，在煤分子内部和分子之间构成一系列超微孔隙，这些孔隙的尺寸一般皆在 0.1 μm 以下[13]。

3.2.2 孔隙的成因分类

煤中孔隙的成因类型和发育特征是煤层生气、储气和渗透性能的直接反映。国内外学者对此进行了大量的研究。甘(Gan)等[14]按照成因将孔隙类型划分为煤植体孔、分子间孔、热成因孔和裂缝孔。吴俊[15]根据压汞实验曲线和煤层中气体运移特征将煤中的孔隙分为气体容积型扩散孔隙和气体分子型扩散孔隙。郝琦[16]采用电子扫描技术将煤中的孔隙分为气孔、植物组织孔、矿物铸模孔、晶间孔、溶蚀孔、原生粒间孔以及内生裂隙、构造裂隙等。

(1) 气孔(或生气孔)。它是成煤过程中形成气体产物留下的孔洞。其中镜质体中最为多见,一般呈单个出现,成气作用强烈时则可密集成群;有时在结构丝质体胞壁和均一丝质体碎片上也有发现;在稳定组的角质体和树脂体中则偶尔见之。在所有显微组分中出现的气孔外形多为圆形、椭圆形、水滴形,大者可呈不规则的港湾状,其轮廓圆滑、大小悬殊,直径从 100 ~ 10 000 nm 都有,一般为 1 000 nm左右,通常不充填矿物。个别气孔呈现圆管状,纵向长达 30 000 nm,有的还可以彼此连通。在镜质体中还可见到气孔明显保留了因受热塑变而使边缘弯曲的形状。

(2) 植物组织孔。它们是成煤植物本身所具有的组织结构孔。当成煤原始物质死亡埋藏后,由于植物各部分的细胞腔内多为轻的、易水解的蛋白质和酯类等化学性质不稳定的化合物,在细菌和酶的作用下不断分解;胞壁组织由于成煤条件、变化过程及作用程度不同而保留了相应的胞壁结构,最常见的是镜质体、丝质体中保留的植物木质纤维组织的胞腔、导管及其上的各种纹孔、筛孔。有的煤还能见到木栓质体(植物树皮部分)的细胞腔和表皮组织的呼吸孔。有时还可发现少量低等生物的体腔孔。

这些植物组织上的微孔和胞腔,其孔径大者可达 10^5 nm,小者约为 100 nm,与气孔的大小相近。它们的最大特点是排列整齐、大小均一、保存完整,同现代植物的有关组织结构极为相似,在较低和中等煤化程度的煤中最常见到。

(3) 溶蚀孔。煤中常含黄铁矿、长石及碳酸盐矿物,在空气、地下水作用下易于风化或溶蚀而产生次生孔洞;当煤层形成后,有时受气水溶液循环过程的溶蚀作用影响,亦能产生众多孔隙。这类孔洞的大小和形态极不规则。

(4) 矿物铸模孔。煤层形成初期,煤中混杂的原生矿物晶体(常见的是方解石和黄铁矿)在成岩阶段压固作用下,因晶体较坚固,晶体形状不易改变,而周围有机物质(常混入少量黏土矿物)收缩紧密化,则晶体和有机物接触部分产生间隙,使得水流易于出入,在一定水动力、水介质条件下,矿物遭受冲击或局部溶解易于脱落,而留下与晶形大体相仿的印坑。当某些矿物本身(如黄铁矿、黏土矿团粒)外形较圆时,应注意与气孔的区分,在扫描时注意大面积观察,有时会找出保存完好的"铸体"本身而不难辨认。

(5) 晶间孔。可分为原生和次生两类。原生晶间孔是在成煤作用过程中,当环境稳定、介质条件适当时,矿物结晶造成的晶粒之间的孔隙。次生晶间孔是流水自围岩、地表或其它岩层带来的矿物质在一定条件下重结晶而成的晶粒间孔隙。次生晶间孔多沿裂隙和层面发育,也可在煤中较大孔隙的空间内生成。

(6) 原生粒间孔。它是成煤时各种成煤物质(主要是有机物质,其次为矿物杂质、生物遗体等)颗粒之间的孔隙。这主要是在成岩作用时成煤物质压紧、失水变得逐渐致密化过程中保留下来的孔洞。小于 10 nm 的微孔可用水银孔隙测定仪直接测定,大于 10 nm 的孔隙可用扫描电镜进行观察。这类孔隙取决于成煤物质的多种多样,孔径大小不一、形态各异。

在前人研究的基础上,李强等[17]按孔的性质将煤中的孔隙分为变质气孔、植物组织孔、颗粒间孔、胶体收缩孔、层间孔和矿物溶蚀孔。

(1) 变质气孔。变质气孔是煤中出现的由于有机质强烈的成烃作用和挥发作用形成的孔,在形态上有圆形、椭圆形、拉长(变形)和不规则形状等,分布不均匀,呈单个或群体出现,气孔边缘多不光滑。它们是富烃或成烃转化率高的有机质原地成烃的空间证据,多出现于镜质体和树皮体中,连通性差。

（2）植物组织孔。植物组织孔是具有一定规则分布和排列特征的孔隙，是由于植物细胞组织内蛋白质、酯类等化学性质不稳定的化合物经生物地球化学作用强烈分解而残留的空隙。它们常出现于丝质体和镜质体中。这类孔隙易被有机质或矿物质充填，连通性差。

（3）颗粒间孔。颗粒间孔可分为两种类型：一种是由破碎的显微组分形成，常发育在微角砾煤或微碎裂煤中；另一种是发育在原生结构为碎屑状结构的煤中。无论哪种类型都具有较好的连通性。

（4）胶体收缩孔。胶体收缩孔为基质镜质体的特征产物，由于植物残体受强烈的生物化学作用，它被从有形物质降解成胶体物质，在此过程中胶体脱水收缩并呈超微球体聚合，形成基质镜质体，球粒之间的空隙称为胶体收缩孔（不包括内生裂隙）。胶体收缩孔一般孔径较小，连通性差。

（5）层间孔。层间孔是由于层状分布的煤岩组分之间表面不平或有其它杂质存在，层面上下组分之间合缝不好，中间留下的空隙（不包括后期受构造应力形成的顺层裂隙）。此种孔隙较少，但连通性好。

（6）矿物溶蚀孔。矿物溶蚀孔是煤层中出现的一些孤立存在的，有时具有矿物形态的孔隙。它们的成因有两种：其一是成煤过程中或成煤后期地下水对可溶性矿物的溶蚀作用所致；另一种是由于有机质在热演化过程中所形成的酸碱有机气体对可溶性矿物的溶蚀作用。矿物溶蚀孔一般连通性较差。

张慧等[18]通过分析大量的扫描电镜实验结果，将煤中的孔隙总结归纳为四大类十小类，如表3-1所列。

表3-1　煤的孔隙类型及其成因

类型		成因简介
原生孔	胞腔孔	成煤植物本身所具有的细胞结构孔
	屑间孔	镜屑体、惰屑体和壳屑体等碎屑状颗粒之间的孔隙
变质孔	链间孔	凝胶化物质在变质作用下缩聚而形成的链之间的孔隙
	气孔	煤变质过程中由生气和聚气作用而形成的孔隙
外生孔	角砾孔	煤受构造应力破坏而形成的角砾之间的孔隙
	碎粒孔	煤受构造应力破坏而形成的碎粒之间的孔隙
	摩擦孔	压应力作用下面与面之间因摩擦而形成的孔隙
矿物质孔	铸模孔	煤中矿物质在有机质中因硬度差异而铸成的印坑
	溶蚀孔	可溶性矿物质在长期气、水作用下受溶蚀而形成的孔
	晶间孔	矿物晶粒之间的孔

3.2.3　孔隙的大小分类

煤是一种孔隙极为发育的储集体，煤的表面和本体遍布由有机质、矿物质形成的各类孔，是包含不同孔径分布的多孔固态物质。煤中孔径的大小是不均一的，国内外学者基于不同的研究目的和测试方法，按照大小对煤中的孔隙进行了分类。但是，到目前为止，对煤中孔隙的分类还很不统一，比较有代表性的分类方法如表3-2所列[19-24]。

在众多的孔隙大小分类方法中，国内外常用的分类方法主要有三种。

（1）杜比宁（Dubinin）分类方法。该分类方法多用于研究多孔介质的吸附特性，主要将孔隙分为以下三类：

① 大孔，孔径>20 nm。此类孔对煤吸附瓦斯的影响较小。

② 过渡孔，孔径在 2.0 ~ 20 nm 之间。此类孔容积较小，比表面积也较小。

③ 微孔，孔径<2.0 nm。此类孔比表面积较大，是煤吸附瓦斯的主要场所。

表 3-2　煤的孔隙结构分类方法（单位：nm）

<table>
<tr><th>霍多特
(1961)</th><th>杜比宁
(1966)</th><th>IUPAC
(1978)</th><th>甘(H. Gan)
(1972)</th><th>抚顺煤研所
(1985)</th><th>杨思敬
(1991)</th><th>秦勇
(1994)</th><th>琚宜文
(2005)</th></tr>
<tr><td>可见孔
>100 000</td><td>大孔
>20</td><td>大孔
>50</td><td>粗孔
>30</td><td>大孔
>100</td><td>大孔
>750</td><td>大孔
>450</td><td>超大孔
>20 000</td></tr>
<tr><td>大孔
>1 000</td><td rowspan="2">过渡孔
2 ~ 20</td><td rowspan="2">中孔
2 ~ 50</td><td rowspan="2">过渡孔
1.2 ~ 30</td><td rowspan="2">过渡孔
8 ~ 100</td><td>中孔
50 ~ 750</td><td>中孔
50 ~ 450</td><td>大孔
5 000 ~ 20 000</td></tr>
<tr><td>中孔
100 ~ 1 000</td><td>过渡孔
10 ~ 50</td><td>过渡孔
15 ~ 50</td><td>中孔
100 ~ 5 000</td></tr>
<tr><td>过渡孔
10 ~ 100</td><td rowspan="2">微孔
<2</td><td rowspan="2">微孔
<2</td><td rowspan="2">微孔
<1.2</td><td rowspan="2">微孔
<8</td><td rowspan="2">微孔
<10</td><td rowspan="2">微孔
<15</td><td>过渡孔
15 ~ 100</td></tr>
<tr><td>微孔
<10</td><td>微孔
<15</td></tr>
</table>

在杜比宁的孔隙分类中，其物理依据有[2]：所谓微孔，就是指在相当于滞后回线开始时的相对压力下已经被完全充填的那些孔隙，它们相当于吸附分子的大小。微孔的容积约为 0.2 ~ 0.6 cm^3/g，而其孔隙数量约为 10^{20} 个。全部微孔的比表面积对于煤基活性炭来说约为 500 ~ 1 000 m^2/g。由此可见，微孔是决定吸附能力大小的重要因素。

过渡孔是那些能发生毛细凝聚使被吸附物质液化而形成弯液面，从而在吸附等温线上出现滞后回线的孔隙。过渡孔的孔容积较小，约为 0.015 ~ 0.15 cm^3/g。

大孔在技术上是不能实现毛细凝聚的，主要为瓦斯在煤中的扩散空间。

(2) 霍多特分类方法。该类方法常用于研究瓦斯在煤层中的赋存与流动规律，主要将孔隙分为以下几类：

① 微孔，孔径<10 nm。它构成煤中的吸附容积，通常认为是不可压缩的。

② 小孔（过渡孔），孔径在 10 ~ 100 nm 之间。它构成了毛细管凝聚和瓦斯扩散空间。

③ 中孔，孔径在 100 ~ 1 000 nm 之间。它构成了瓦斯缓慢层流渗透的区间。

④ 大孔，孔径在 10^3 ~ 10^5 nm 之间。它构成强烈的层流渗透区间，并决定了具有强烈破坏结构的煤的破坏面。

⑤ 可见孔及裂隙，孔径 > 10^5 nm。它构成层流及紊流混合渗透的区间，并决定了煤的宏观破坏面。

(3) 国际理论与应用化学联合会（IUPAC）在 1978 年提出的分类方法，将煤中的孔隙分为三类[2]：

① 大孔，孔径>50 nm，其中孔径>1 μm 的孔能够用光学显微镜观察到；小的孔则能用扫描电子显微镜（SEM）看到煤中的微裂隙的孔；较大的孔则用图像分析技术对孔径加以定量，或用压汞法进行孔径测定。

② 中孔，孔径在 2 ~ 50 nm 之间，能用 SEM 观察到或借透射电子显微镜（TEM）对孔进行定量测量；亦可用氮吸附法或小角中子（SANS）或 X 射线散射技术（SAXS）进行定量。

③ 微孔，孔径<2 nm，微孔尺寸及孔径波动范围能用 SAXS 法或 CO_2 吸附法或纯氦比重技术进行计算。

在研究煤的孔隙结构特征时，需根据研究内容的不同选择合适的孔隙分类方法。

3.2.4 孔隙的连通状态及形态分类

根据煤的开放性，可以将煤中的孔隙分为开放孔、半开放孔和封闭孔[25]。国内外学者通过扫描电镜、压汞实验和液氮吸附实验研究发现，煤中孔隙间的空间分布是其连通性的定性反映。开放型孔道由于其中大孔和可见孔的分布较多，最有利于煤层气的运移。而封闭型孔道，由于孔隙多集中在微孔隙阶段，导致孔隙通道不畅通，使得煤层气运移难度增大。

通过分析压汞实验的进汞—退汞曲线和液氮吸附实验的吸附—脱附曲线，可以研究煤中孔隙的形态和连通性[26]。根据压汞曲线滞后环的特征，可以初步判定煤孔隙的开放性。开放孔具有压汞“滞后环”，半开放孔由于退汞压力与进汞压力相等而不具有“滞后环”，但一种特殊的半开放孔——细瓶颈孔，由于其瓶颈和瓶体的退汞压力不同，也会形成“滞后环”。

开尔文(Kelvin)认为液体的饱和蒸气压与弯液面的曲率有关。根据开尔文方程，毛细管内液体的饱和蒸气压比平液面小，因此，毛细管内的液面上升，蒸气发生凝聚，产生毛细管凝聚。如果测试材料中含有中孔和大孔，其表面一定会发生毛细管凝聚现象[27]。不同的孔隙形态会产生不同程度的吸附滞后，德博尔(de Boer)根据孔的不同形状将滞后环分为 4 类，如图 3-1 所示，对应的孔形状如图 3-2 所示。

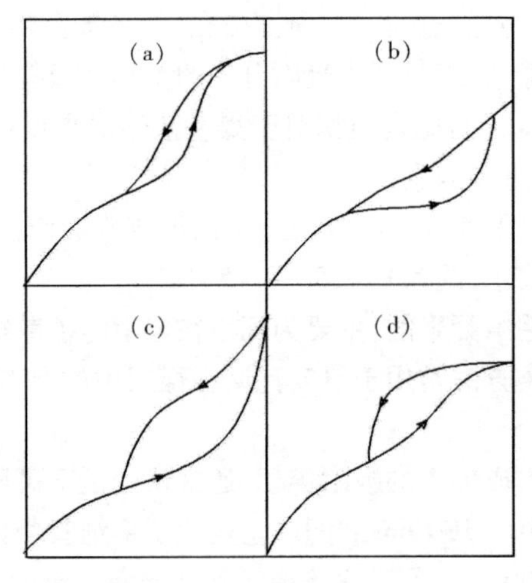

图 3-1 吸附滞后环的类型

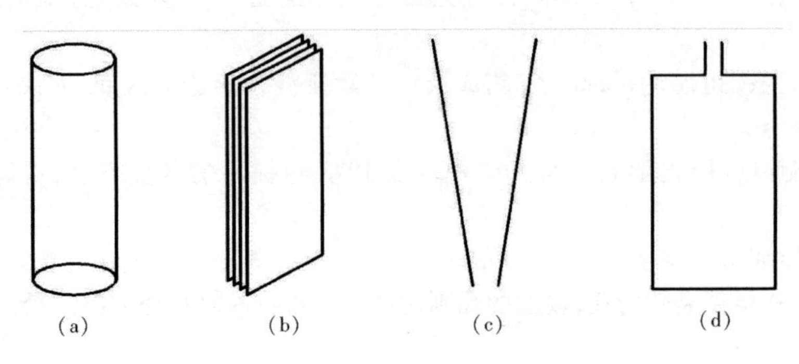

图 3-2 孔的形状

图 3-1(a)所示的液氮吸附类型曲线发生在两端开口的圆筒形孔中，如图 3-2(a)所示；图 3-1(b)所示的液氮吸附类型曲线发生在狭缝形孔和两平行板之间的缝隙中，如图 3-2(b)所示；图 3-1(c)所示的液氮吸附类型曲线发生在两端开口的楔形孔中，如图 3-2(c)所示；图 3-1(d)所示的液氮吸附类型曲线发生在一种特殊的半封闭孔——墨水瓶形孔中，如图 3-2(d)所示。根据孔形和开放性可以将煤中的孔大致分为 3 类[28]：第Ⅰ类是开放性孔，包括两端开口的圆筒形孔和四周开口的平行板孔或狭缝形孔，产生吸附回线；第Ⅱ类是一端封闭的半开放性孔，包括一端封闭的圆筒形孔、一端封闭的楔形孔或圆锥形孔，不产生吸附回线；第Ⅲ类是一类特殊的半开放性孔——墨水瓶形孔，根据开尔文方程，脱附时的平衡压力小于吸附时的平衡压力，因此会产生吸附回线，且脱附分支会出现急剧下降的拐点。

3.3　煤的孔隙结构参数及测定方法

煤是一种多孔介质，煤体吸附瓦斯是煤的一种自然属性。煤表面吸附瓦斯量的多少，与煤体表面积的大小密切相关，而煤体表面积的大小则和煤体孔隙特征有关。因此，研究煤的孔隙结构参数对煤体吸附瓦斯具有重要作用。其中，表征煤孔隙结构特征的两个主要参数分别为孔隙率和比表面积。

3.3.1　孔隙率

煤是一种包含有机质的岩石，它的有机物成分很复杂。在电子显微镜下观察，煤的有机物质类似海绵体，具有一个庞大的微孔系统。微孔直径从小于 1 nm 到数纳米，微孔之间则由一些直径只有甲烷分子大小的微小毛细管所沟通，彼此交织，组成超细网状结构，具有很大的内表面积(有的高达 200 m^2/g)，形成了煤体特有的多孔结构。这种超细结构好像一个分子筛，能够容纳瓦斯的分子，而又不破坏它的化学结构，为瓦斯在煤体中的赋存提供了极佳的场所。

煤是多孔物质，非突出煤结构致密，而突出煤则结构疏松、呈土状结构。为了衡量煤的多孔程度，用孔隙率 φ 来表示。煤的孔隙率就是孔隙的总体积与煤的总体积的比，其计算公式为[1]：

$$\varphi = \frac{V_s - V_d}{V_s} \times 100\% = \left(1 - \frac{V_d}{V_s}\right) \times 100\% \tag{3-1}$$

$$V_d = \frac{M}{d} \tag{3-2}$$

$$V_s = \frac{M}{\gamma} \tag{3-3}$$

式中　φ——煤的孔隙率，%；

V_s——煤的总体积，包括其中孔隙体积，cm^3；

V_d——煤的骨架体积，除煤孔隙以外的体积，cm^3；

M——煤的质量，g；

d——煤的真密度，g/cm^3；

γ——煤的视密度，g/cm^3。

将式(3-2)、式(3-3)代入式(3-1)，则有：

$$\varphi = \left(1 - \frac{M}{d} \cdot \frac{\gamma}{M}\right) \times 100\% = \left(1 - \frac{\gamma}{d}\right) \times 100\% \tag{3-4}$$

煤的真密度和视密度可在实验室内测得。

孔隙率是决定煤的吸附、渗透和强度性能的重要因素；通过孔隙率和瓦斯压力的测定，可以计算出煤层中的游离瓦斯量。此外,孔隙率的大小与煤中瓦斯流动情况也有密切关系。

3.3.2 比表面积

煤是孔隙体,其中含有大量的表面积,单位质量煤具有的表面积被称作比表面积。据苏联矿业研究所的资料,各种直径孔隙的表面积同其容积有表3-3所列的关系。从中可知,微微孔和微孔孔隙体积还不到总体积的55%,而其孔隙表面积却占整个表面积的97%以上。从表中可知,微孔发育的煤,尽管其孔隙率可能不高,可是却有相当可观的表面积[1]。表3-4是原煤炭科学研究总院重庆研究院测定的一些煤的比表面积。从表中可知,随着挥发分的减少及煤化程度的增加,煤的比表面积大大增加。

表3-3　孔隙直径与其表面积、容积关系表

孔隙类别	孔隙直径/mm	孔隙表面积/%	孔隙体积/%
微微孔	$<2\times10^{-6}$	62.2	12.5
微　孔	$2\times10^{-6}\sim10^{-5}$	35.1	42.2
小　孔	$10^{-5}\sim10^{-4}$	2.5	28.1
中　孔	$10^{-4}\sim10^{-3}$	0.2	17.2
合　计		100.0	100.0

表3-4　煤的挥发分与比表面积的关系

采样地点与煤层层位	重庆鱼田堡矿			重庆松藻煤矿			江西涌山煤矿		
	四煤			八煤			二煤	四煤	六煤
	顶板炭	槽口炭	底板炭	顶板炭	槽口炭	底板炭			
挥发分/%	17.50	17.43	—	10.85	11.16	10.90	7.70	7.08	10.57
比表面积/(m^2/g)	28.69	93.32	27.40	82.08	112.24	56.97	255.13	201.36	165.36

表面积分外表面积、内表面积两类。理想的非孔性物料只具有外表面积,如硅酸盐水泥、一些黏土矿物粉粒等;有孔和多孔物料具有外表面积和内表面积,如石棉纤维、煤岩、硅藻土等。

比表面积测试方法主要分连续流动法(即动态法)和静态容量法。

动态法是将待测粉体样品装在U形的样品管内,使含有一定比例吸附质的混合气体流过样品,根据吸附前后气体浓度变化来确定被测样品对吸附质分子(N_2)的吸附量。

静态法根据确定吸附量方法的不同分为质量法和容量法。质量法是根据吸附前后样品质量变化来确定被测样品对吸附质分子(N_2)的吸附量,由于分辨率低、准确度差、对设备要求很高等缺陷已很少使用;容量法是将待测粉体样品装在一定体积的一段封闭的试管状样品管内,向样品管内注入一定压力的吸附质气体,根据吸附前后的压力或质量变化来确定被测样品对吸附质分子(N_2)的吸附量。

两种方法比较而言,动态法比较适合快速测试比表面积和测试中小吸附量的小比表面积样品(对于中大吸附量样品,静态法和动态法都可以定量得很准确),静态容量法比较适合孔径及比表面积测试。虽然静态法具有比表面测试和孔径测试的功能,但静态法由于样品真空处理耗时较长,吸附平衡过程较慢,易受外界环境影响等,使得测试效率相对动态法的快速直读法低,对小比表面积样品测试结果稳定性也较动态法低,所以静态法在比表面积测试的效率、分辨率、稳定性方面,相对动态法并没有优势。在多点BET法(吸附比表面积测试法)比表面积分析方面,静态法无须液氮杯升降来吸附脱附,所以相对动态法省时。静态法相对于动态法由于氮气分压可以很容易地控制到接近1,所以比较适合做孔径分析。而动态法由于是通过浓度变化来测试吸附量，当浓度为 1 时的情况下吸附前后将没有浓度变化，使得孔径测试受限。

动态法和静态法的目的都是确定吸附质气体的吸附量。吸附质气体的吸附量确定后，就可以由该吸附质分子的吸附量来计算待测粉体的比表面积了。

由吸附量来计算比表面积的理论很多[29-30]，如朗缪尔吸附理论、BET 吸附理论、统计吸附层厚度法吸附理论等。其中 BET 理论计算所得比表面积大多数情况下与实际值吻合较好，被比较广泛地应用于比表面积测试，通过 BET 理论计算得到的比表面积又叫 BET 比表面积。

3.3.3　煤的孔隙结构测定方法

煤孔隙结构的测定方法主要分为三类：

(1) 物理方法。如压汞法[31-35]、气体吸附脱附法[36-39]、X 射线衍射法(XRD)[40-42]、红外光谱法(IR)[43-44]、拉曼光谱法(Raman)[45-46]、扫描电子显微镜(SEM)法[47-48]、高倍透射电镜(HRTEM)法[49]、小角中子衍射法(SANS)[50]、小角散射法(SAXS)[51]、CT 成像技术(X-CT)[52]和核磁共振技术(NMR)[53]等。

(2) 化学方法。主要包括核磁共振(NMR)[54]、高倍透射电镜(HRTEM)以及铑离子的催化氧化反应(RICO)[55]等方法。

(3) 物理化学方法。如使用溶剂抽提[56]等，这种方法通过研究煤在溶剂中的可溶物质，来确定煤的化学结构以及研究煤中组分对煤结构的影响。

国内外学者采用上述方法对煤的微观结构进行了研究，得到了煤的孔隙特征以及表面特征等参数。克洛斯(Close)等[6]认为煤储层是由孔隙、裂隙组成的双重孔隙结构，而加姆森(P. Gamson)等[8]认为在孔隙、裂隙之间还存在着一种过渡类型的孔隙、裂隙。吴俊等[15]用压汞仪对富烃煤和贫烃煤分别做了孔隙体积研究，发现破坏程度大的煤，具有较大的孔隙体积，并且含有较多孔径大于 100 nm 的孔隙类型。克斯汀·塔斯克(Kirstin Taske)[57]在实验室使用微孔测定仪对煤样进行测量，测定仪记录了压力、孔径、平均孔径、累计体积、体积增加量和微分体积，并进行了孔径分布的讨论，得知煤中大孔和中孔的分布是非常易变且没有规律的，且在孔径—汞量增加值曲线上可以明显看出，几乎所有的煤样在 0.3 μm 峰值处均有一个突然的增加。袁静[58]利用扫描电镜手段研究了松辽盆地东南隆起区上侏罗统储层孔隙发育特征。张素新等[59]利用扫描电镜观察和分析了大量煤样，发现储层中的微孔隙有植物细胞残留孔隙、基质孔隙和次生孔隙等三种类型。奥尔蒂斯(Ortiz)、刘先贵等[60-61]对孔隙结构随压力的变化规律做了研究。卢平、李祥春等[62-63]对不同含瓦斯煤的孔隙率进行了数学推导，但未见其实测数据。拉德林斯基(Radlinski)等[50]利用 SAXS 和 SANS 技术研究了煤的孔隙率、孔径分布和比表面积等参数，结果表明球形结构能够反映煤样的平均孔结构。克拉克森(Clarkson)等[64]通过二氧化碳吸附实验研究了加拿大西部沉积盆地烟煤的孔径分布特征，发现随着惰质组和矿物质成分的增加，微孔的不均匀性增强；煤体成分对微孔的分布特征具有重要影响。

根据国内外学者的研究可以总结得到常用的孔隙分类及对应的孔隙表征方法，如图 3-3 所示。其中，最常用的孔隙结构测定方法是压汞法和液氮吸附法。

3.3.4　压汞实验测定方法

根据毛细管现象，若液体对多孔材料不浸润(即浸润角大于 90°)，则表面张力将阻止液体浸入孔隙。但是，对液体施加一定压力后，即可克服这种阻力而使得液体浸入孔隙中。因此，通过测定液体充满一给定孔隙所需的压力值即可确定该孔径的大小。压汞法测定煤的孔隙结构特征就是利用不同孔径的孔隙对压入汞的阻力不同这一特性，根据压入汞的质量和压力，计算出煤中孔隙体积和孔隙

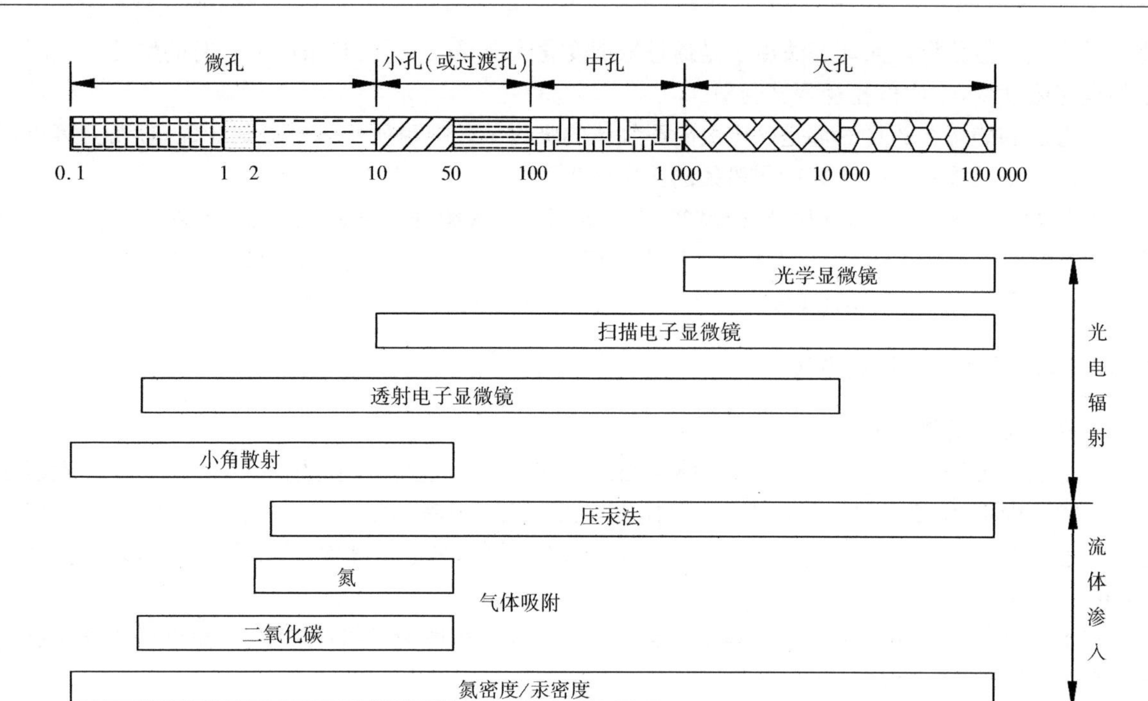

图 3-3　孔隙类型及表征方法

半径[65]。

在半径为 r 的圆柱形毛细管中压入不浸润液体，达到平衡时，作用在液体上的接触环截面法线方向上的压力应与同一截面上张力在此面法线上的分量等值反向，即

$$p = -\frac{2\sigma\cos\alpha}{r} \tag{3-5}$$

式中　p——将汞压入半径为 r 的孔隙所需的压力，Pa；

r——孔隙半径，m；

σ——汞的表面张力，N/m，实验中汞的表面张力等于 0.485 N/m；

α——汞对材料的浸润角，(°)，实验中汞对煤的浸润角等于 130°。

本章煤样的压汞实验在中国矿业大学资源与地球科学学院煤层气资源及成藏过程实验室完成。实验设备采用美国麦克默瑞提克仪器（Micromeritics Instrument）公司 AutoPore Ⅳ 9500 型全自动压汞仪，如图 3-4 所示。仪器最大工作压力为 413 MPa，孔径测量范围 3 nm～370 μm。所用煤样均为块状煤样，在进行压汞实验前烘干 12 h，并在膨胀仪中抽真空后进行测试。

3.3.5　液氮吸附实验测定方法

通过压汞实验可以得到煤孔隙特征的基本参数和孔径分布特征，能够从整体上反映煤的孔隙性和渗透性。在压汞实验中，随着进汞压力的增大，煤样会被压缩，使得在高压时的测试数据不准确。尤其是对于低阶煤，煤的孔隙率越高，被压缩的程度就越高。因此，煤样中的微孔数据需要通过气体吸附实验来完成。

低温吸附法测定固体比表面积和孔径分布是根据气体在固体表面的吸附规律。气体分子与固体表面接触时，由于气体和固体分子之间的相互作用，气体分子会被吸附在固体表面，当气体分子能够克服固体表面的力场时即发生脱附。在某一特定压力下，当吸附速率与脱附速率相等时达到吸附平衡。在平衡状态时，一定的气体压力对应于一定的气体吸附量，随着平衡压力的变化，气体吸附量发

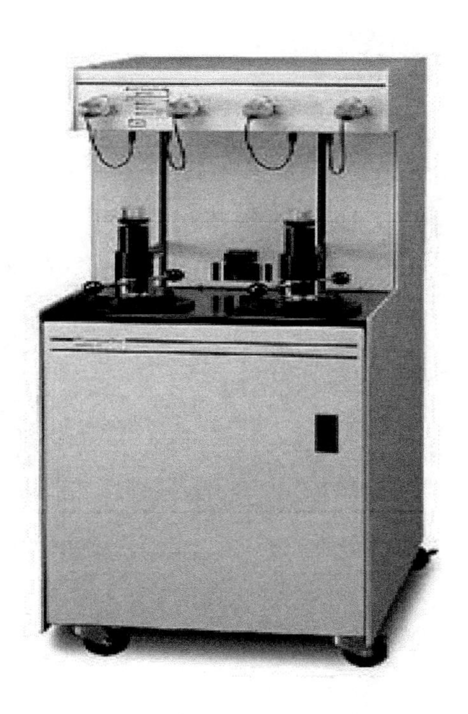

图 3-4　AutoPore Ⅳ 9500 型全自动压汞仪

生变化。平衡吸附量随压力变化的曲线称为吸附等温线，对吸附等温线的研究可以获得固体中的孔隙类型、比表面积和孔径分布。

目前被公认的测量固体比表面积的标准化方法是多层吸附理论，即 BET 吸附等温线方程。该理论认为，气体分子在固体表面的吸附是多层吸附，第一层上可以产生第二层吸附，第二层上又可能产生第三层吸附，各层达到各层的吸附平衡，具体的吸附方程如下：

$$V = \frac{V_m C p}{(p_0 - p)[1 + (C - 1)(p/p_0)]} \tag{3-6}$$

经过变换可以得到：

$$\frac{p}{V(p_0 - p)} = \frac{1}{CV_m} + \frac{C - 1}{CV_m} \cdot \frac{p}{p_0} \tag{3-7}$$

式中　V——气体吸附量，mL/g；

V_m——单分子层吸附量，mL/g；

p——吸附质压力，MPa；

p_0——吸附质饱和蒸气压，MPa；

C——常数。

根据实验压力和对应的吸附量，将 $p/[V(p_0-p)]$ 对 p/p_0 作直线，可以得到直线的斜率和截距，进而求得 $V_m=1/$（斜率+截距）。在液氮吸附实验中，比表面积 S_g 可以由下式求得：

$$S_g = 4.36V_m \tag{3-8}$$

本章低温液氮吸附实验在中国矿业大学化工学院完成，实验设备采用美国康塔仪器（Quantachrome Instruments）公司生产的 AUTOSORB—1 型全自动物理吸附仪，如图 3-5 所示。实验温度77 K，实验相对压力范围为 0.05～0.995，所选煤样粒径为 0.2～0.25 mm，煤样质量约 20 g。通过实验可以得到煤样的液氮吸附脱附曲线及其孔径分布特征参数。

图 3-5　AUTOSORB—1 型全自动物理吸附仪

3.4　典型煤的孔隙结构特征及其影响因素

3.4.1　煤样的选取

3.4.1.1　煤样采集地点

为了研究不同变质程度煤的孔隙结构特征，本次研究选取了 12 种不同变质程度的煤样进行研究，主要分布区域为早—中侏罗世的西北聚煤区、晚侏罗世—早白垩世的东北及内蒙古东部聚煤区以及平顶山等矿区。煤样的采集地点及煤级如表 3-5 所列。

表 3-5　煤样采集地点及煤级

煤样编号	取样地点	煤级	聚煤时期
1#	陕西彬长矿区大佛寺煤矿 4 煤	不黏煤(BNM)	早—中侏罗世
2#	陕西彬长矿区大佛寺煤矿 4上煤	长焰煤(CYM)	早—中侏罗世
3#	内蒙古霍林河矿区	褐煤(HM)	晚侏罗世—早白垩世
4#	内蒙古胜利矿区	褐煤(HM)	晚侏罗世—早白垩世
5#	新疆准噶尔煤田	长焰煤(CYM)	晚石炭—早二叠世
6#	辽宁阜新矿区	长焰煤(CYM)	晚侏罗世—早白垩世
7#	河南平煤集团八矿	焦煤(JM)	石炭—二叠世
8#	河南平煤集团四矿	肥煤(FM)	石炭—二叠世
9#	山西大同塔山煤矿	气煤(QM)	石炭—二叠世
10#	河南焦作九里山煤矿	无烟煤(WYM)	石炭—二叠世
11#	山西汾西新裕煤矿	气煤(QM)	石炭—二叠世
12#	安徽淮北袁庄矿	气煤(QM)	石炭—二叠世

3.4.1.2　煤岩显微组分与镜质组反射率

1935 年斯托普斯(M. Stopes)提出了显微组分的概念，指在显微镜下才能识别的煤中基本有机组成单元。1975 年，国际煤岩学会(ICCP)将所有的显微组分分为三类：镜质组、惰质组和壳质组。煤中除了这三类物质以外，还含有少量矿物质组分。

镜质组的前身是泥炭和褐煤中的腐殖组，镜质组和腐殖组是经过腐殖化和凝胶化作用而形成的[25]，镜质组的反射率随变质程度而增大的规律明显，因此，煤的镜质组反射率被用来表征煤的变质程度。煤中各显微组分含量的多少反映了煤变质程度的大小。根据 GB/T 15588—2013 和 GB/T 6948—2008 分别测定的煤样的显微组分和镜质组反射率如表 3-6 所列。

表 3-6　煤岩显微组分及镜质组反射率测定结果

煤样	镜质组反射率/%	镜质组/%	惰质组/%	壳质组/%	矿物质/%
1#	0.73	42.67	55.68	0	1.65
2#	0.65	45.34	53.67	0	0.99
3#	0.36	90.56	1.34	5.93	2.17
4#	0.34	91.23	2.18	4.19	2.40
5#	0.58	51.56	30.48	13.95	4.01
6#	0.63	45.76	48.27	1.03	4.94
7#	1.90	82.96	9.57	6.07	1.40
8#	1.83	80.21	11.68	6.93	1.18
9#	1.36	77.10	22.13	0	0.77
10#	3.19	87.90	10.93	0	1.17
11#	1.33	73.41	24.89	0	1.70
12#	1.22	73.45	24.37	0	2.18

从表 3-6 可以看出，所选 1# ~ 6#煤样为低阶煤，7# ~ 12#煤样为中高阶烟煤或无烟煤。从显微组分的测定结果可以看出，煤样镜质组含量的变化范围从 42.67% 到 91.23%，惰质组含量的变化范围从 1.34% 到 55.68%。其中，褐煤中镜质组的含量最高，达到了 90% 以上，除此之外，低阶煤的镜质组含量相对较低，一般小于惰质组的含量。而中高阶煤中镜质组含量相对较高，达到 70% ~ 80%。无论是低阶煤还是中高阶煤，煤中壳质组的含量相对较低，有些甚至没有。煤中还含有一些矿物质成分，低阶煤中主要为碳酸盐矿物，中高阶煤中主要为黏土类矿物和硫化物。

3.4.1.3　工业分析

煤的工业分析是确定煤物质组成的基本方法，它将煤的组成分为水分、灰分、挥发分和固定碳等四部分。煤中最高内在水分的高低，在很大程度上取决于煤的内表面积，因此，它与煤的结构以及变质程度密切相关。煤中挥发分的含量随着变质程度的增加而降低，因此，可以用来表征煤的变质程度。而固定碳则更加直接地反映了煤化过程中碳含量的变化。依据国家标准对煤样进行工业分析，所用设备为全自动工业分析仪，选取煤样粒径为 0.074 ~ 0.2 mm，每个样品测定两组数据，取平均值作为最终的测定结果，如表 3-7 所列。

从表 3-7 可以看出，煤样中水分含量的变化范围为 3.37% ~ 19.13%。其中，两个褐煤煤样的含水量明显高于其它煤样，分别达到了 18.02% 和 19.13%，其余低阶煤煤样的含水量变化范围为 3.37% ~ 6.19%。而中高阶煤样的含水量在 3.50% ~ 7.24%。

煤中灰分含量的变化范围为 2.13% ~ 16.34%。低阶煤的灰分含量大多高于中高阶煤，但是没有明显的规律。低阶煤中除了 3#、4#褐煤和 6#长焰煤的灰分低于 10% 外，其余均高于 10%，属于中灰煤，而中高变质程度的煤大多属于低灰煤。

表 3-7　工业分析测定结果

煤样	镜质组反射率/%	水分/%	灰分/%	挥发分/%	固定碳/%
1#	0.73	4.66	15.78	32.94	46.62
2#	0.65	5.24	16.34	30.50	47.92
3#	0.36	18.02	9.19	34.25	38.54
4#	0.34	19.13	9.67	31.34	39.86
5#	0.58	3.37	11.25	38.37	47.01
6#	0.63	6.19	6.94	28.93	57.94
7#	1.90	4.65	9.93	13.26	72.16
8#	1.83	7.24	9.01	15.28	68.47
9#	1.36	6.89	8.34	16.53	68.24
10#	3.19	3.50	2.13	6.03	88.34
11#	1.33	5.04	9.10	17.88	67.98
12#	1.22	4.14	8.79	21.64	65.43

煤中挥发分含量的变化范围为6.03% ~38.37%。挥发分含量和变质程度的变化规律基本保持一致,即随着变质程度的增加,挥发分的含量逐渐减少,但在低阶煤阶段,挥发分的含量基本保持在30%以上。固定碳含量的变化规律则和挥发分相反。

3.4.2　不同变质程度煤的孔隙结构特征

煤的孔隙结构特征主要通过压汞实验和液氮吸附实验的实验曲线和孔径分布特征来描述,分别反映煤中渗流孔和吸附孔的结构特征。

3.4.2.1　压汞曲线及孔类型分析

根据各煤样的压汞实验数据,绘制了进退汞曲线,如图3-6所示。

图3-6中1# ~6#为低阶煤的进退汞实验曲线,7# ~12#为中高阶煤的进退汞实验曲线。从图中可以看出,不同煤样的进退汞曲线形态不同,反映了煤样中孔的开放程度不同。低阶煤的进汞和退汞曲线差值较大,在整个压力阶段都具有明显的压汞滞后环,说明低阶煤具有开放性孔隙,且从微孔到大孔都具有开放性,孔隙间的连通性较好。相比较之下,中高阶煤样的进退汞曲线差值较小,说明煤样中孔隙的开放程度较小,并且在进退汞压力大于10 MPa时,进退汞曲线基本重合,滞后环消失。当进汞压力为10 MPa时,根据公式(3-5),对应的孔隙直径为124.7 nm。因此,对于中高阶煤,孔径大于124.7 nm的孔隙的开放性较好,即中孔和大孔的开放程度较好,而过渡孔和微孔则属于半开放性孔隙。10#煤样(九里山煤矿的无烟煤)的进退汞曲线重合,说明煤中含有大量的半开放性孔隙,孔隙之间的连通性较差。

综上所述,低阶煤中含有大量的开放性孔隙,各阶段孔隙均具有开放性,孔隙之间的连通性较好,有利于煤层中瓦斯的扩散和运移。而中高阶煤中含有大量的半开放性的过渡孔和微孔,使得孔隙之间的连通性较差,瓦斯在煤层中的运移困难。因此,低阶煤比中高阶煤更易进行瓦斯抽采。

3.4.2.2　压汞实验孔隙结构特征

利用压汞实验可以得到煤样的孔隙结构特征,孔径的测量范围为3 ~175 693.1 nm。同时,还可以得到煤样的孔容、比表面积、孔隙率、渗透率等孔隙结构参数。国内外学者在这些基本参数方面做了大量的研究,但得到的规律不尽相同,充分反映了煤样孔隙结构的复杂性。本节根据压汞实验结果,分析了煤样孔隙结构的基本参数及其分布特征。煤样孔隙结构的基本特征参数如表3-8所列。

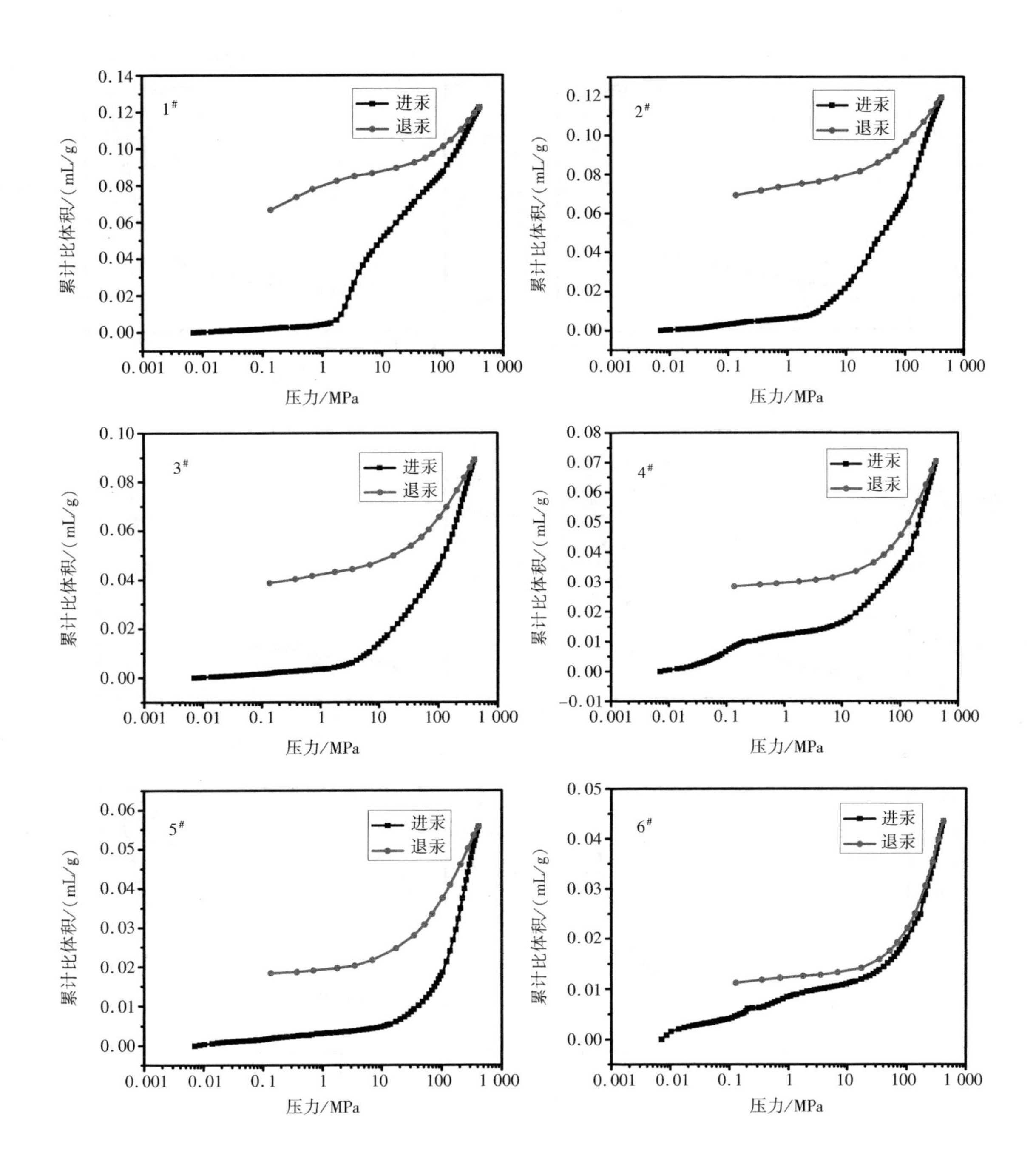

图 3-6　压汞实验曲线(1)

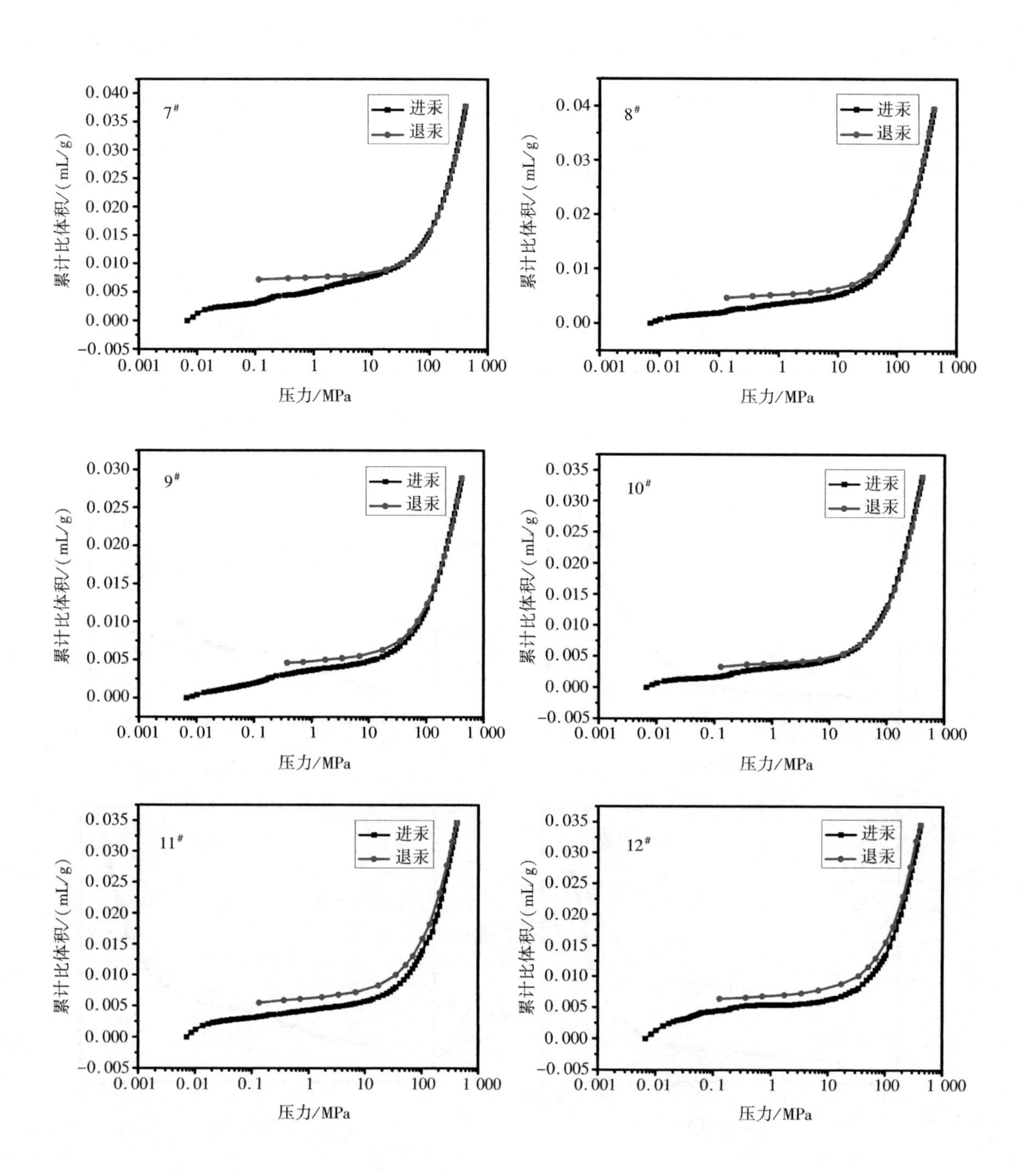

图 3-6　压汞实验曲线(2)

表 3-8 煤样孔隙结构的基本特征参数

煤 样	总孔比体积/(mL/g)	比表面积/(m^2/g)	平均孔径/nm	体积密度/(g/mL)	骨架密度/(g/mL)	孔隙率/%	渗透率/mD
1#	0.122 4	31.23 4	65.3	1.122 6	1.301 5	13.742 2	10.336 8
2#	0.119 4	42.31 7	18.1	1.126 4	1.301 4	13.448 6	8.708 0
3#	0.089 1	37.109	13.1	1.172 1	1.308 8	10.441 4	13.319 4
4#	0.070 5	29.89 5	13.3	1.164 3	1.268 4	8.208 8	14.393 3
5#	0.0558	30.136	10.7	1.310 3	1.413 6	7.310 4	11.547 3
6#	0.043 5	20.205	10.4	1.175 2	1.238 6	5.117 3	8.630 7
7#	0.037 7	18.972	8.8	1.265 8	1.329 2	4.766 6	2.532 9
8#	0.039 5	21.64 3	7.6	1.234 7	1.298 1	4.881 0	3.314 4
9#	0.028 9	14.566	8.9	1.237 3	1.283 2	3.574 2	3.564 6
10#	0.033 9	17.650	8.5	1.184 0	1.233 6	4.018 5	2.380 8
11#	0.034 6	18.166	7.8	1.228 3	1.282 7	4.244 7	4.400 6
12#	0.034 5	17.959	8.3	1.293 3	1.353 6	4.457 1	5.256 5

(1) 煤样孔隙结构的基本特征参数

煤样孔隙结构的基本特征参数在一定程度上反映了煤中孔隙的发育程度、渗透性和连通性。从表 3-8 可以看出,低阶煤煤样的总孔比体积为 0.043 5 ~ 0.122 4 mL/g,比表面积为 20.205 ~ 42.317 m^2/g;而中高阶煤的总孔比体积为 0.028 9 ~ 0.039 5 mL/g,比表面积为 14.566 ~ 21.643 m^2/g,说明低阶煤的孔隙较发育,煤中广阔的孔体积和比表面积能够为瓦斯的扩散和运移提供通道,更有利于煤层中瓦斯的流动。而中高阶煤的孔隙发育程度较低,主要是因为随着变质程度的增加,煤缩聚物上的侧链减少、芳香环数增加,使得煤逐渐趋于密实,煤中的孔隙减少。

从表 3-8 还可以看出,低阶煤的平均孔径较大,为 10.4 ~ 65.3 nm,而中高阶煤的平均孔径为 7.6 ~ 8.9 nm,说明低阶煤中孔径大于 10 nm 的孔隙所占的比例较大,而中高阶煤的孔隙主要由微孔组成。同时,由于低阶煤中的孔隙多为开放性孔隙,煤中孔隙的连通性较好,使得瓦斯在煤层中的流动更加容易。低阶煤的孔隙率为 5.117 3% ~ 13.742 2%,渗透率为 8.630 7 ~ 14.393 3 mD,而中高阶煤的孔隙率为 3.574 2% ~ 4.881 0%,渗透率为 2.380 8 ~ 5.256 5 mD,这些数据也说明低阶煤的孔隙性和渗透性较好。

(2) 煤样的孔径分布特征

煤样具体的孔隙结构特征与煤中的孔径分布有关,按照霍多特的分类方法,压汞实验所得的各孔径段的孔容和比表面积结果如表 3-9、表 3-10 所列。同时,绘制了孔径与孔容增量以及比表面积增量的关系,分别如图 3-7、图 3-8 所示。

从表 3-9 和图 3-7 可知,低阶煤中大孔所占的比例范围为 3.84% ~ 20.23%,平均为 9.54%;中孔所占比例为 3.58% ~ 40.44%,平均为 14.51%;过渡孔所占比例为 23.91% ~ 41.37%,平均为 31.75%;微孔所占比例为 25.65% ~ 61.83%,平均为 44.21%。而中高阶煤中大孔所占的比例为 9.38% ~ 15.65%,平均为 12.39%;中孔所占的比例为 2.90% ~ 6.90%,平均为 4.60%;过渡孔所占比例为 24.40% ~ 29.79%,平均为 26.81%;微孔所占的比例为 54.38% ~ 58.99%,平均为 56.21%。由此可见,低阶煤的孔径分布范围更加广泛,各类孔径都比较发育,而中高阶煤的孔径分布相对集中在微孔阶段。例如 1#煤样(大佛寺煤矿 4 煤煤样)孔隙类型以中孔和过渡孔为主,分别占总孔比体积的 40.44% 和 30.07%,两者合计占总孔比体积的 70.51%,微孔所占的比例为 25.65%,孔径分布相对均匀。而10#煤样(九里山煤矿无烟煤)的孔径分布则集中在微孔阶段,占总孔比体积的56.34%,过渡孔占29.79%,而大孔和中孔仅占9.44%和4.42%。煤中各阶段的孔径分布越均匀,尤其是中孔和过渡孔所占的比例越大,孔隙之间的连通性越好,越有利于瓦斯在煤层中的流动;而微孔所占的比例越大,越有利于瓦斯的吸附。因此,低阶煤的孔隙结构更有利于瓦斯抽采,而中高阶煤的孔隙结构由于更有利于瓦斯的吸附,因而更加难以抽采。

表3-9　压汞实验孔容分布结果

煤　样	孔比体积/(mL/g)					孔比体积比/%			
	V_1	V_2	V_3	V_4	V_t	V_1/V_t	V_2/V_t	V_3/V_t	V_4/V_t
1#	0.004 7	0.049 5	0.036 8	0.031 4	0.122 4	3.84	40.44	30.07	25.65
2#	0.006 4	0.019	0.049 4	0.044 6	0.119 4	5.36	15.91	41.37	37.35
3#	0.003 7	0.012 5	0.033 3	0.039 6	0.089 1	4.15	14.03	37.37	44.44
4#	0.012 5	0.005	0.020 5	0.032 5	0.070 5	17.73	7.09	29.08	46.10
5#	0.003 3	0.002	0.016	0.034 5	0.055 8	5.91	3.58	28.67	61.83
6#	0.008 8	0.002 6	0.010 4	0.021 7	0.043 5	20.23	5.98	23.91	49.89
7#	0.005 4	0.002 6	0.009 2	0.020 5	0.037 7	14.32	6.90	24.40	54.38
8#	0.003 7	0.001 8	0.010 7	0.023 3	0.039 5	9.38	4.56	27.09	58.99
9#	0.003 7	0.001 3	0.008 1	0.015 8	0.028 9	12.80	4.50	28.03	54.67
10#	0.003 2	0.001 5	0.010 1	0.019 1	0.033 9	9.44	4.42	29.79	56.34
11#	0.004 4	0.001 5	0.009 3	0.019 4	0.034 6	12.72	4.34	26.88	56.07
12#	0.005 4	0.001	0.008 5	0.019 6	0.034 5	15.65	2.90	24.64	56.81

注:V_1为大孔孔比体积(d>1 000 nm);V_2为中孔孔比体积(100 nm<d<1 000 nm);V_3为过渡孔孔比体积(10 nm<d<100 nm);V_4为微孔孔比体积(d<10 nm);V_t为总孔比体积。

表3-10　压汞实验比表面积分布结果

煤样	比表面积/(m²/g)					比表面积比/%			
	S_1	S_2	S_3	S_4	S_t	S_1/S_t	S_2/S_t	S_3/S_t	S_4/S_t
1#	0.005	0.740	5.737	24.752	31.234	0.016	2.369	18.368	79.247
2#	0.005	0.397	8.254	33.661	42.317	0.012	0.938	19.505	79.545
3#	0.003	0.259	5.694	31.153	37.109	0.008	0.698	15.344	83.950
4#	0.007	0.104	3.450	26.334	29.895	0.023	0.348	11.540	88.088
5#	0.002	0.041	3.320	26.773	30.136	0.007	0.136	11.017	88.841
6#	0.007	0.040	2.152	18.006	20.205	0.035	0.198	10.651	89.117
7#	0.003	0.041	1.893	17.035	18.972	0.016	0.216	9.978	89.790
8#	0.002	0.035	2.175	19.431	21.643	0.009	0.162	10.049	89.780
9#	0.002	0.024	1.670	12.870	14.566	0.014	0.165	11.465	88.365
10#	0.002	0.028	2.084	15.536	17.650	0.011	0.159	11.807	88.020
11#	0.002	0.027	1.889	16.248	18.166	0.011	0.149	10.399	89.442
12#	0.001	0.022	1.787	16.149	17.959	0.006	0.123	9.950	89.921

注:S_1为大孔比表面积(d>1 000 nm);S_2为中孔比表面积(100 nm<d<1 000 nm);S_3为过渡孔比表面积(10 nm<d<100 nm);S_4为微孔比表面积(d<10 nm);S_t为总比表面积。

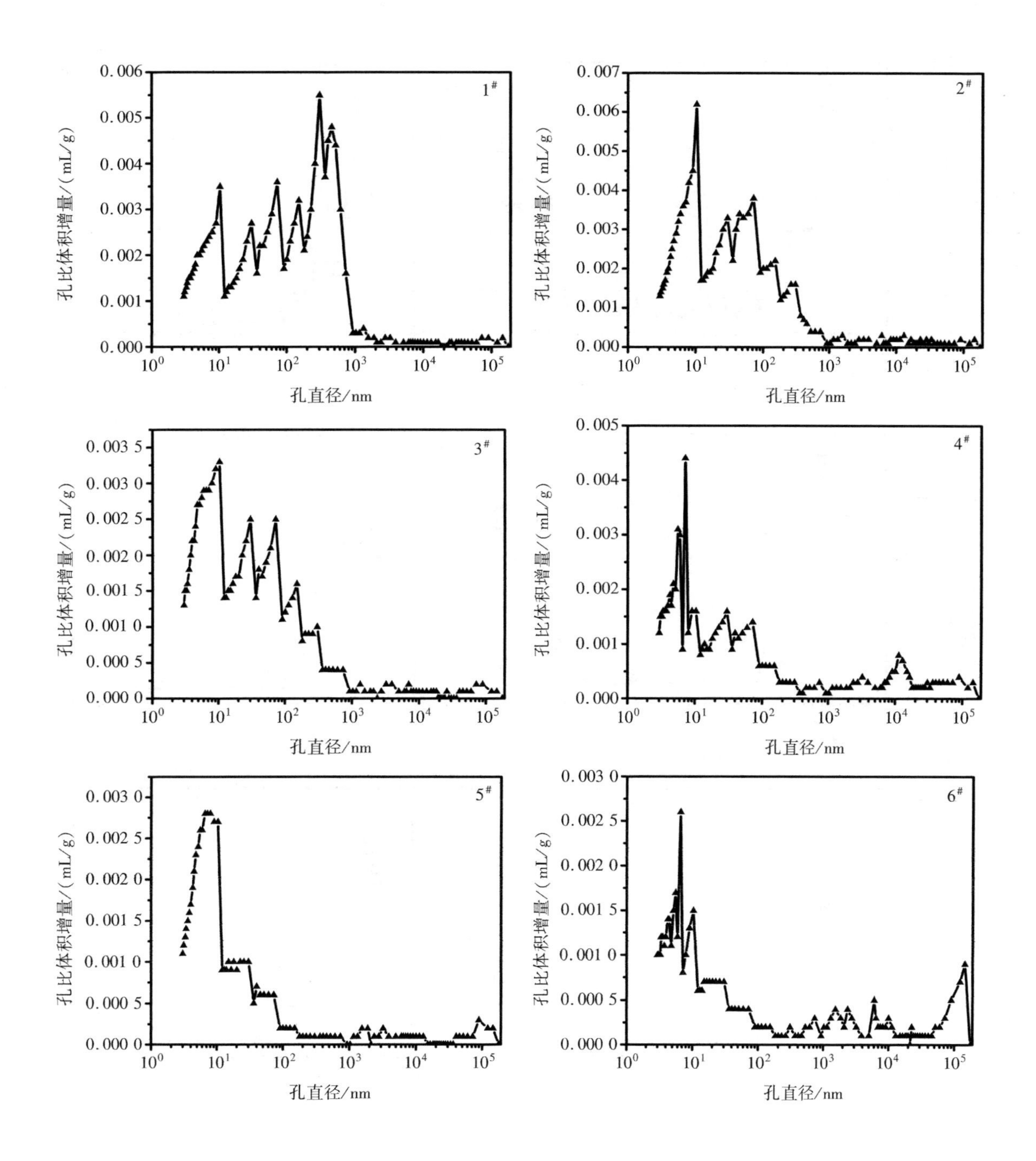

图 3-7　孔比体积增量与孔径分布曲线(1)

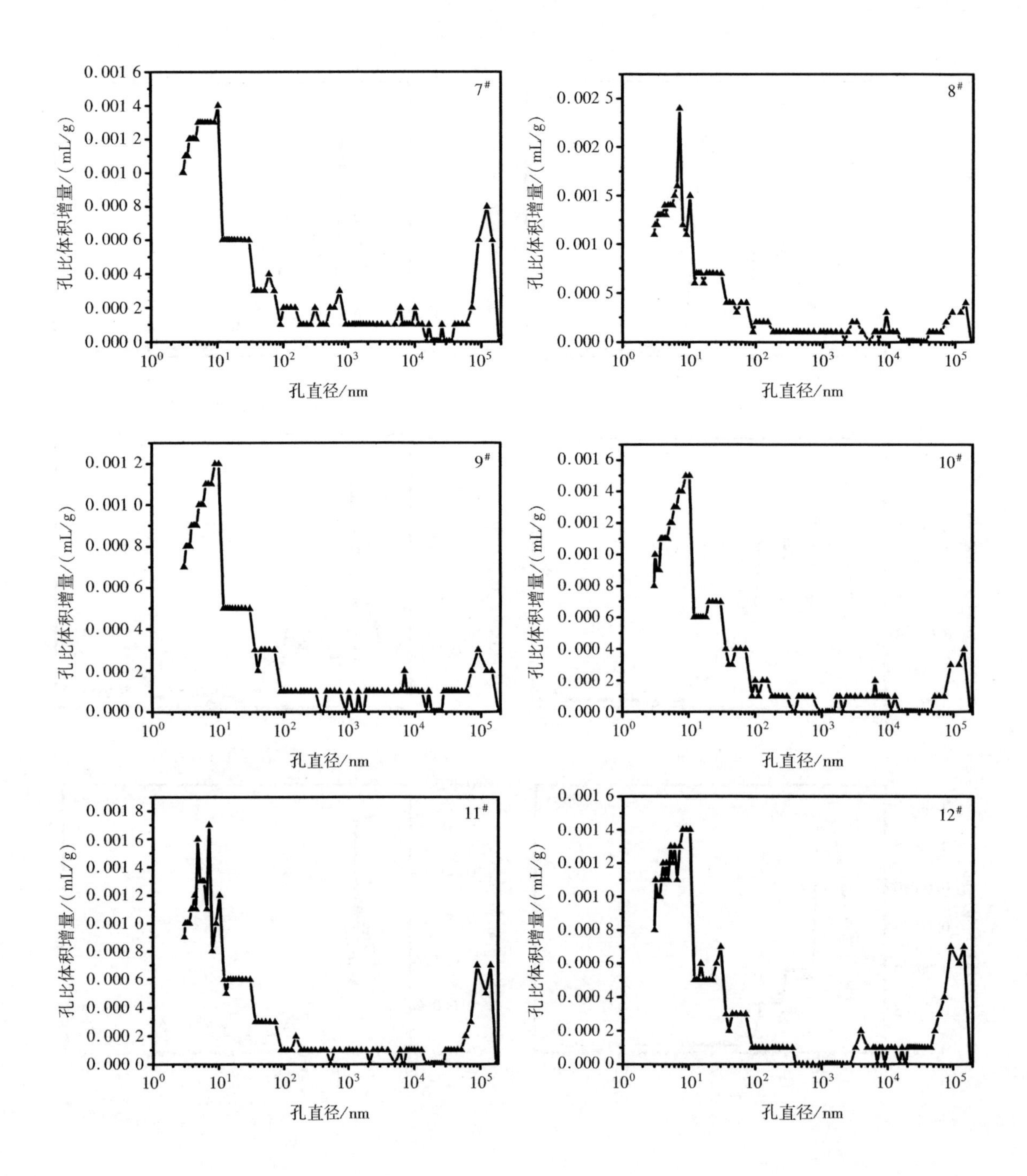

图 3-7　孔比体积增量与孔径分布曲线(2)

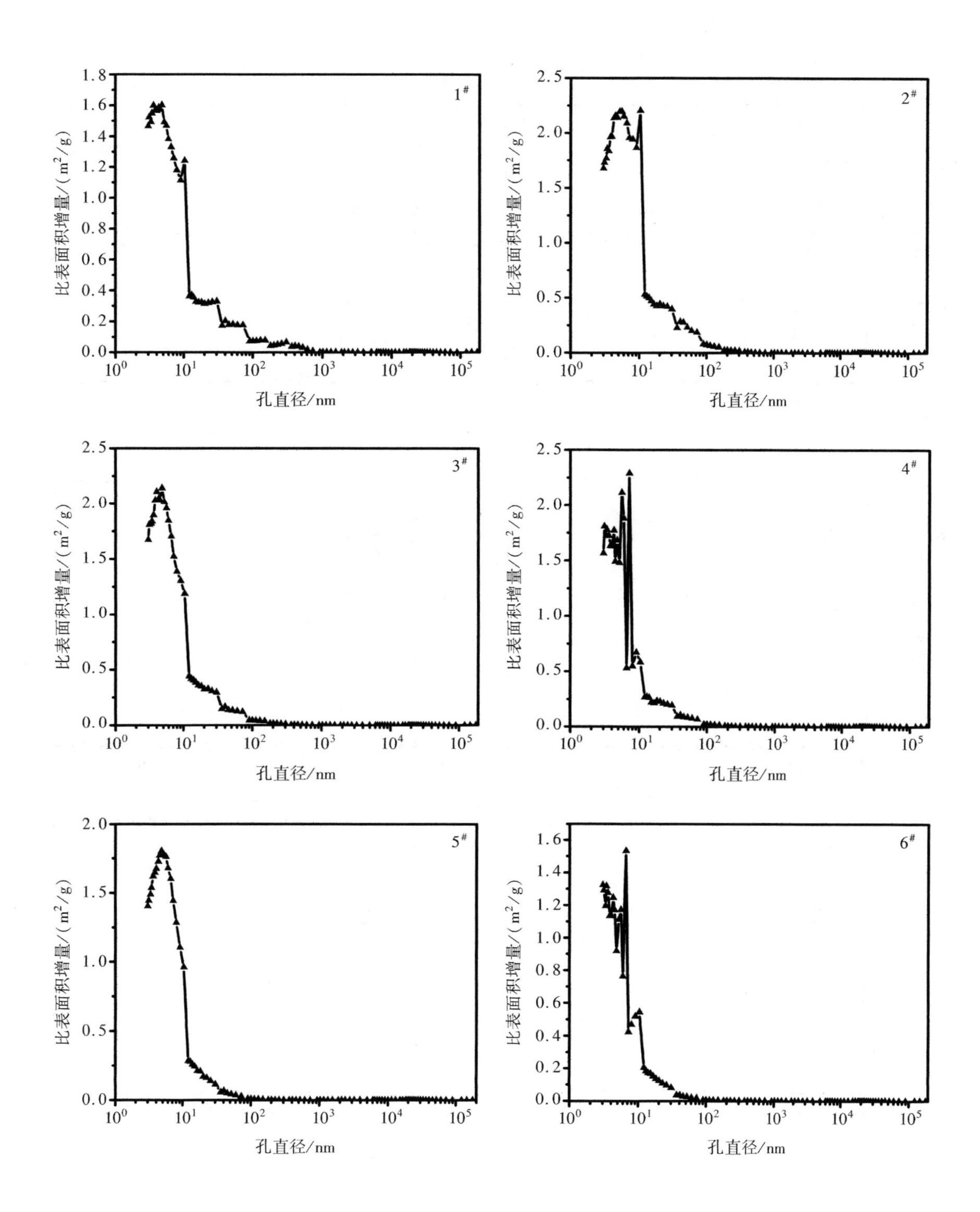

图 3-8　比表面积增量与孔径分布曲线(1)

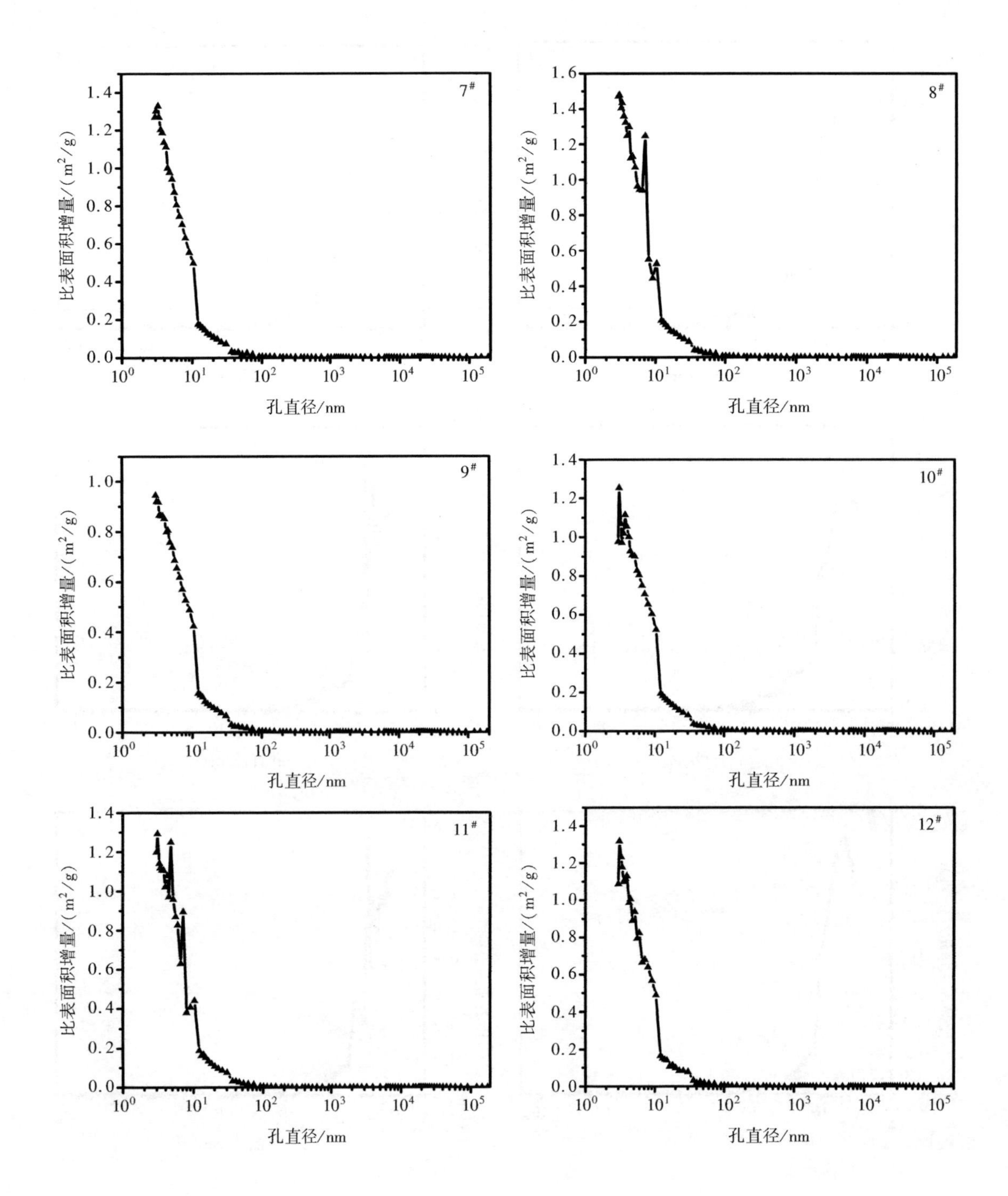

图 3-8　比表面积增量与孔径分布曲线(2)

从表 3-10 和图 3-8 可知，低阶煤的比表面积中微孔所占的比例为 79.247% ~89.117%，平均为 84.80%；过渡孔的比表面积所占的比例为 10.651% ~19.505%，平均为 14.40%；大孔和中孔所占的比例很小，平均仅占 0.8%。中高阶煤的比表面积中微孔所占的比例为 88.02% ~89.921%，平均为 89.22%；过渡孔的比表面积所占的比例为 9.950% ~11.807%，平均为 10.64%；大孔和中孔平均仅占 0.14%。由此可见，无论是低阶煤还是中高阶煤，煤样的比表面积主要集中在微孔阶段，而比表面积的大小决定了煤样的吸附能力，因此，微孔是影响瓦斯吸附的主要因素。相比较而言，低阶煤中过渡孔所占的比例更大，吸附瓦斯的能力要弱于中高阶煤。

综上所述，低阶煤孔隙更加发育，其孔隙率和渗透率均显著高于中高阶煤，较大的孔体积能够为瓦斯的流动和运移提供广阔的空间，煤中各类孔径分布相对均匀，尤其是中孔和过渡孔占有较大的比例，使得低阶煤孔隙间的连通性更好。而随着变质程度的增加，中高阶煤的孔隙逐渐减少，孔隙类型主要为微孔，不利于瓦斯的抽采。

3.4.2.3　液氮吸附脱附曲线分析

由 3.2 节可知，根据煤样的液氮吸附脱附曲线可以判断孔隙的开放程度和形状，不同变质程度煤样的形状结构对瓦斯的吸附脱附规律影响不同。煤样的液氮吸附脱附曲线如图 3-9 所示。

从图 3-9 可以看出，除了 12#袁庄矿煤样外，其余煤样均出现了吸附滞后现象，即液氮吸附曲线和脱附曲线不重合。1# ~6#低阶煤煤样在整个压力段均出现吸附滞后现象，而 7# ~11#中高阶煤煤样仅在相对压力较大（$p/p_0>0.5$）时出现吸附滞后现象。前人的研究表明，吸附滞后现象的产生主要是因为在吸附剂表面的中孔和大孔中发生了毛细管凝聚现象。根据开尔文方程，在相对压力较小（$p/p_0<0.5$）时，毛细凝聚现象不能发生，因此，吸附滞后现象消失。由此可见，低阶煤煤样中大孔和中孔所占的比例较大，而中高阶煤中微孔所占的比例较大。

煤样吸附滞后环形状的差异与煤样的孔形状密切相关。在图 3-9 中，1#、2#和 4#煤样的脱附曲线均在相对压力等于 0.55 左右时出现突降，说明煤样中含有大量的墨水瓶形孔，相对压力较大时，脱附速率较慢，突破瓶颈作用后，脱附速率加快，脱附曲线出现突降。3#、5#和 6#煤样的脱附曲线只在相对压力较大时出现突降，说明煤样中的大孔和中孔比例较大，且煤样中的孔隙类型主要为楔形孔和墨水瓶形孔。7#、10#和 11#煤样吸附和脱附曲线较为平缓，说明煤样中含有大量的圆筒形孔，10#煤样的吸附曲线还出现了阶段式增长，说明煤样中发生了多层吸附。8#和 9#煤样在相对压力较大（$p/p_0>0.5$）时出现了明显的吸附滞后现象，而当相对压力分别大于 0.85 和 0.90 时，吸附脱附曲线重新重合，吸附滞后现象消失，说明煤样中含有大量的狭缝形孔和平行板孔。

综上所述，低阶煤煤样中大孔和中孔所占比例较大，且含有大量的墨水瓶形孔和楔形孔，而中高阶煤样中微孔所占的比例较大，孔隙类型多为圆筒形孔和狭缝形孔。

3.4.2.4　不同变质程度煤的孔径分布特征

煤样的孔隙类型决定了吸附脱附曲线的形状，而煤样吸附能力的大小则主要与孔结构分布特征相关。液氮等温吸附实验的孔径分布的分析方法采用非定域密度泛函理论（NLDFT），得到的主要是煤样中吸附孔的分布特征。研究煤样中吸附孔的分布特征主要是为了研究煤样对瓦斯的吸附解吸能力，因此，孔径大小的分类采用杜比宁的分类标准。由于液氮吸附实验是在 77 K 的低温下进行的，在这种温度下，液氮分子进入煤中微孔的速度较慢，尤其当孔径小于 0.7 nm 时，液氮分子难以进入，影响微孔的测试，而二氧化碳分子能够较容易地进入微孔中，因此，采用二氧化碳吸附实验补充测试微孔参数。液氮和二氧化碳吸附实验结果如表 3-11、表 3-12 所列。

从表 3-11 可知，低阶煤的总比表面积为 13.11 ~18.09 m^2/g，中高阶煤的总比表面积为 11.58 ~26.07 m^2/g；低阶煤的平均孔径为 14.05 ~23.67 nm，中高阶煤的平均孔径为 3.16 ~13.09 nm；低阶煤的中孔比体积变化范围为 5.74 ~ 11.47 μL/g，中高阶煤的中孔比体积变化范围为 1.14 ~

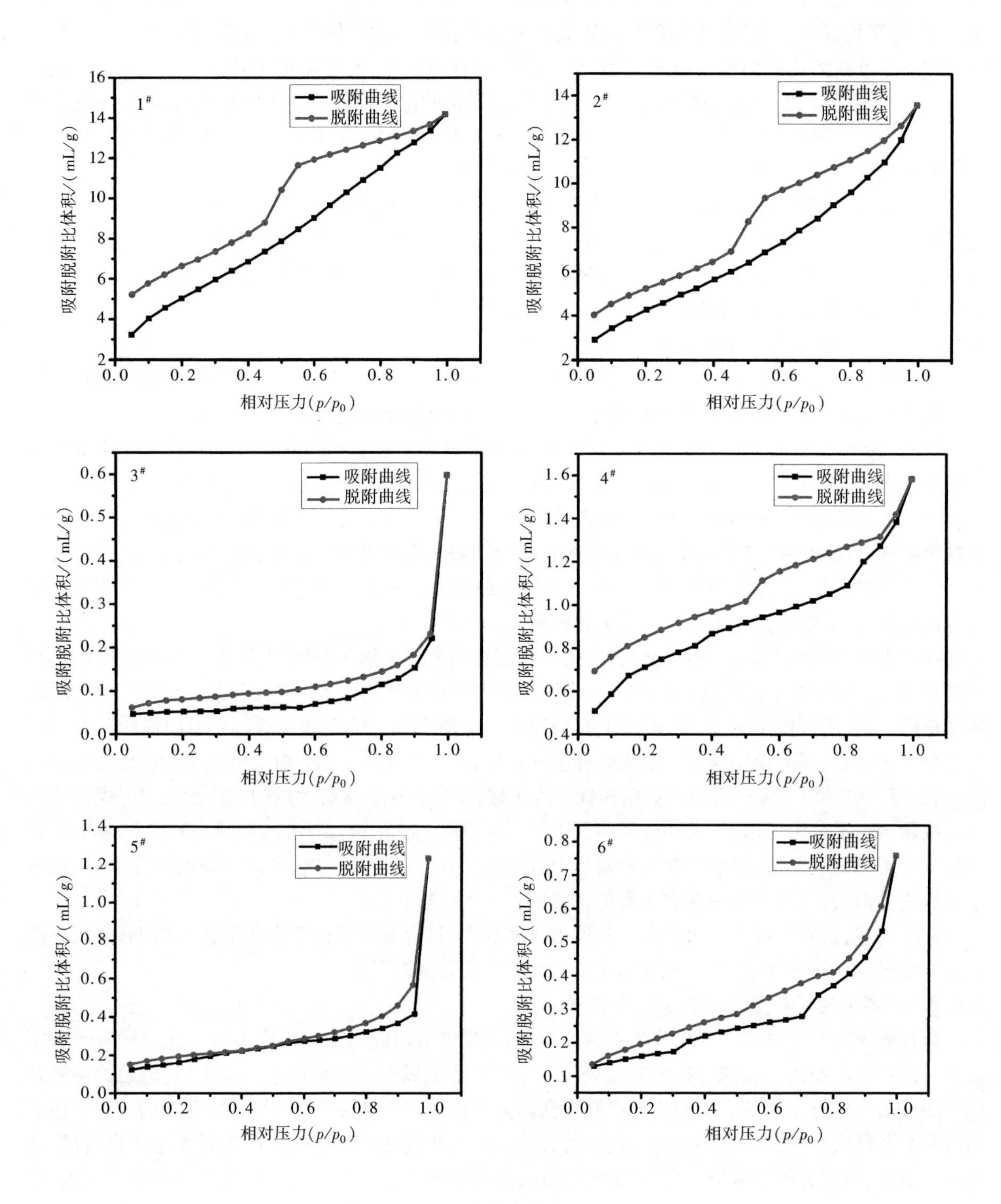

图 3-9　液氮吸附脱附曲线(1)

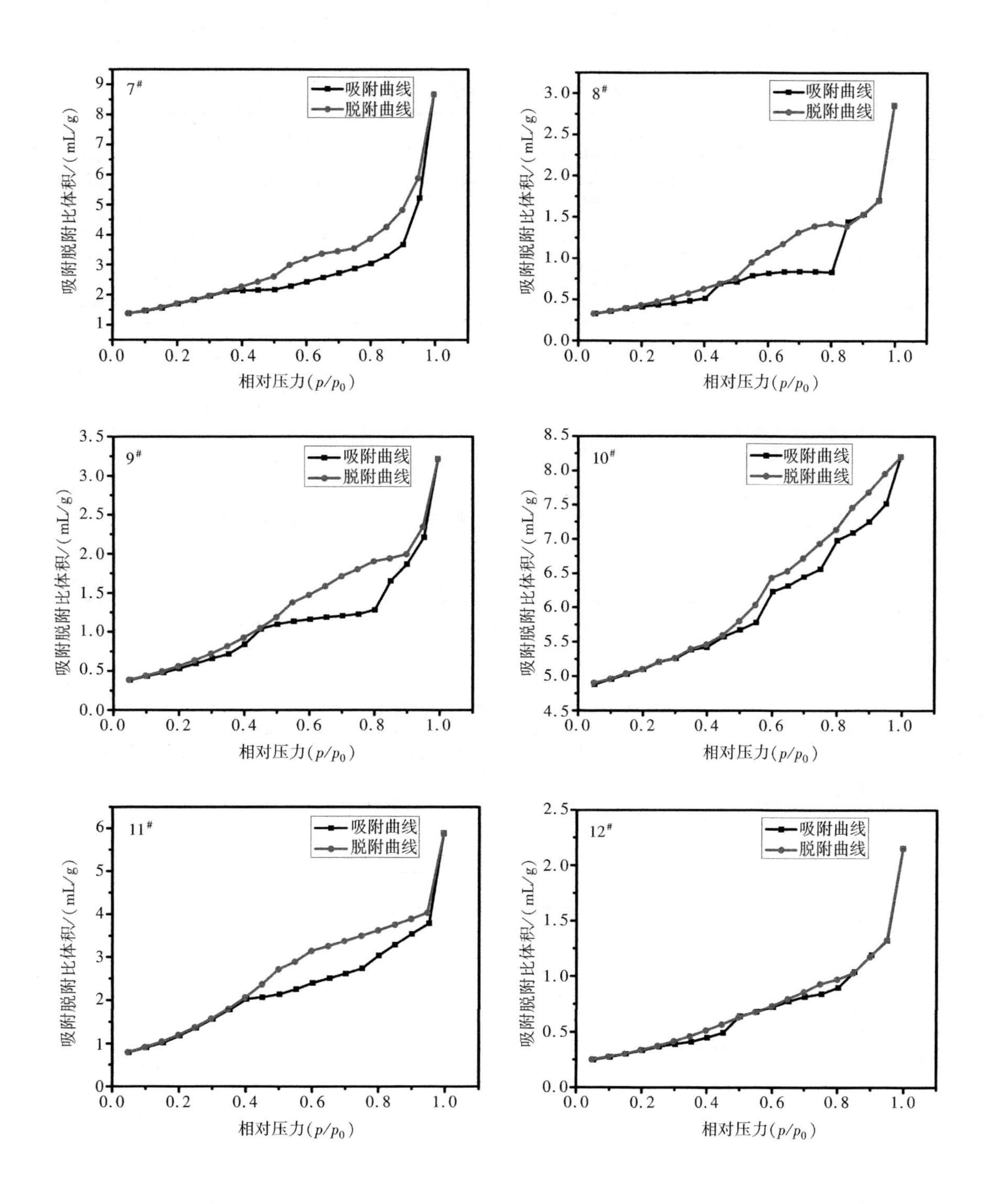

图 3-9　液氮吸附脱附曲线(2)

6.35 μL/g；低阶煤的大孔比体积变化范围为6.72～24.08 μL/g，中高阶煤的大孔比体积变化范围为0.71～2.15 μL/g；而液氮吸附实验所得的煤样的微孔比体积相对较小，这主要是因为在低温条件下，液氮分子难以进入微孔，导致微孔比体积的测定不准。因此，采用二氧化碳吸附实验作为补充。

表3-11 液氮吸附实验结果

煤样	总比表面积/(m^2/g)[a]	平均孔径/nm[a]	孔比体积/(μL/g)[b]			
			V_{total}^{b}	V_{mic}^{c}	V_{mes}^{d}	V_{mac}^{e}
1#	14.93	14.05	15.78	0.89	8.17	6.72
2#	14.78	15.21	18.28	1.03	7.34	9.91
3#	17.73	20.54	29.85	1.54	10.14	18.17
4#	18.09	23.67	37.93	2.38	11.47	24.08
5#	16.31	16.94	21.45	0.65	9.34	11.46
6#	13.11	16.73	17.03	0.93	5.74	10.36
7#	14.46	5.75	5.92	0.38	3.96	1.58
8#	12.32	8.90	5.14	0.02	2.97	2.15
9#	11.62	10.33	2.35	0.12	1.36	0.87
10#	26.07	3.16	12.69	4.26	6.35	2.08
11#	11.58	12.68	1.89	0.04	1.14	0.71
12#	11.93	13.09	3.98	0.04	2.01	1.93

注：a. 通过BET方法求得；b. 通过NLDFT方法求得；c. 微孔比体积，d<2 nm；d. 中孔比体积，2 nm<d<20 nm；e. 大孔比体积，d>20 nm。

表3-12 二氧化碳吸附实验结果

煤样	微孔比体积/(μL/g)	微孔比表面积/(m^2/g)	平均孔径/nm
1#	9.93	24.11	1.04
2#	10.13	22.89	1.32
3#	11.01	24.78	1.67
4#	11.85	25.01	1.74
5#	10.73	23.49	0.98
6#	8.67	23.04	1.23
7#	9.85	27.92	0.55
8#	7.68	21.85	0.82
9#	2.96	15.21	0.84
10#	19.67	53.74	0.48
11#	2.26	13.67	0.91
12#	4.44	9.66	0.59

从表3-12可知，低阶煤微孔比体积的变化范围为8.67～11.85 μL/g，中高阶煤微孔比体积的变化范围为2.26～19.67 μL/g；低阶煤微孔比表面积的变化范围为22.89～25.01 m^2/g，中高阶煤微孔比表面积的变化范围为9.66～53.74 m^2/g。在研究煤样吸附孔结构的分布特征时，煤样的微孔比体积采用二氧化碳吸附实验得到的数据，中孔和大孔的比体积则采用液氮吸附实验所得的数据。根据

实验结果绘制了不同变质程度煤样中各孔径的分布规律，如图 3-10、图 3-11 所示。

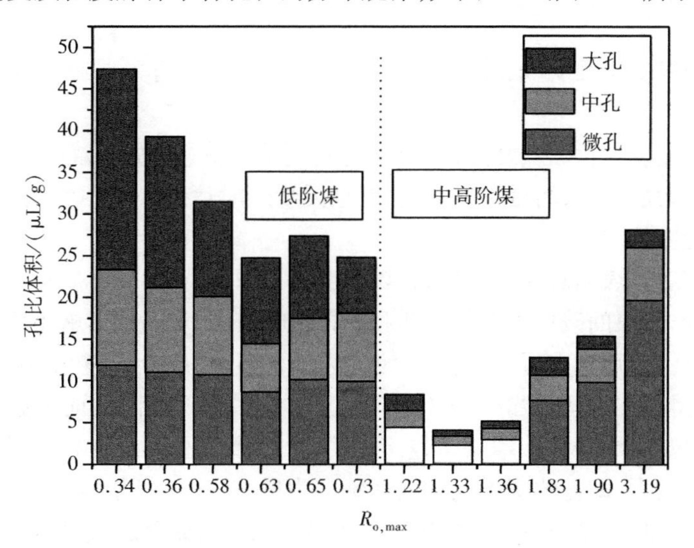

图 3-10　不同煤阶煤的孔径分布

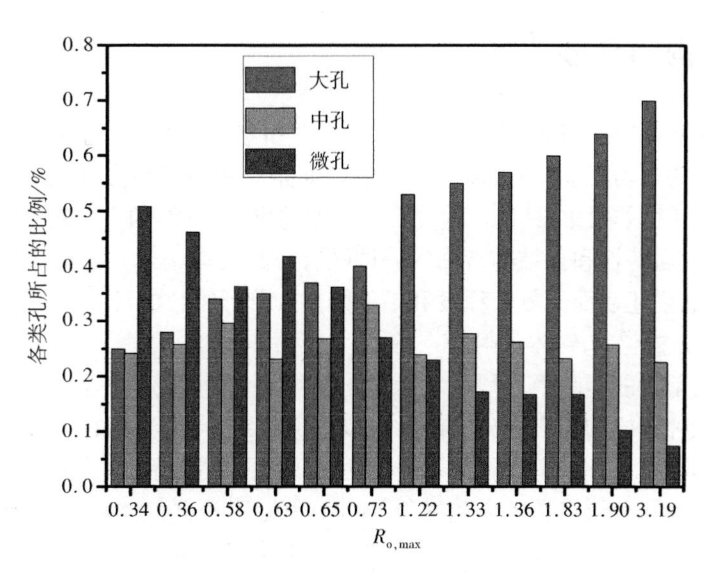

图 3-11　不同煤阶煤中各类孔所占的比例

从图 3-10 可以看出，低阶煤的孔隙比较发育，各类孔比体积都相对较大，尤其是大孔和中孔的比体积，明显大于中高阶煤。在中等变质程度（$1.0<R_{o,max}<1.5$）的煤样中，各类孔的比体积都较小，达到最低，而在变质程度较高（$R_{o,max}>1.5$）的中高阶煤中，微孔的比体积明显增加。在低阶煤中，由于煤的变质程度较低，煤体是一个多孔的疏松层，孔隙裂隙发育；随着变质程度的增加，煤中孔隙大量减少，低阶煤中极为发育的粒间孔减少，各类孔体积减小；当煤的变质程度增加到中高阶的烟煤和无烟煤时，煤芳香片层的秩理性增加使得孔隙增加，微孔体积逐渐增大。图 3-11 反映了不同煤阶煤中各类孔所占的比例，可以看出，随着变质程度的增加，微孔所占的比例逐渐增加，大孔所占的比例明显减小，说明低阶煤的孔分布以大孔和中孔为主，而中高阶煤以微孔分布为主。

3.4.3 煤孔隙结构特征的影响因素

煤的孔隙特征与煤变质程度、地质破坏程度和地应力等因素有关。影响煤体孔隙结构特征的主要因素有[66-68]：

(1) 煤的变质程度。从长焰煤开始,随着煤化程度的加深(挥发分减小),煤的总孔隙体积逐渐减少,到焦煤、瘦煤时为最低值,而后又逐渐增加,至无烟煤时达最大值。然而,煤中微孔体积所占的比例则是随着煤化程度的增加而一直增长。

(2) 煤的破坏程度。煤的破坏程度越高,煤的渗透容积就越大,即孔隙率越大。煤的渗透容积主要由中孔和大孔组成,而煤的破坏程度对大孔和中孔影响较大,对微孔影响不大。

(3) 地应力。压性的地应力(压应力)可使渗透容积缩小,压应力越高,煤体渗透容积缩小得就越多,即孔隙率减少得越多;而张性的应力(张应力)则可使裂隙张开,从而引起渗透容积增大。目前的研究表明,张应力越高,渗透容积增长得越多,即孔隙率增加越大。此外,卸压(地应力减小)作用可使煤岩的渗透容积增大,即孔隙率增大;增压(地应力增高)作用可使煤岩受到压缩,导致渗透容积减小,即孔隙率降低。目前的实验表明,地应力并不减少煤的吸附体积或减少得不多,因此,地应力对煤的吸附性影响很小,但对渗透性有很大的影响。

3.5 煤孔隙结构的分形特征

煤是一种多孔介质,其结构和性质对煤层气的吸附、解吸、存储及运输有极大的影响。然而,由于煤的孔结构具有高度的非均相性,使得描述其结构变得异常困难,因此,寻找一个合适的参数来描述对研究煤的吸附解吸特性非常重要[69]。随着分形理论的出现,分形的方法被用来描述煤的结构的复杂性,现已成为分析表面特性和孔结构特征的一种强有力的工具[70-72]。分形维数 D 作为分形的定量表征和基本参数,能够描述表面的复杂程度和不规则性。分形维数的计算方法有很多种,包括小角度 X 射线衍射[73]、图像分析[74]和气体吸附[75-77]等。

国内外学者借助不同的实验手段研究了煤岩的分形特征。亓(Qi)等人[78]采用 SANS 和液氮吸附实验分别计算了三种岩样的孔表面分形维数,发现采用吸附实验求得的分形维数通常比采用SANS方法求得的数值要小。李(Lee)等人[49]基于分形理论采用图像分析和气体吸附的方法分别计算了碳样本的表面分形维数和孔分形维数。卡利里(Khalili)等人[79]根据气体和液体吸附实验数据,采用修正的 BET 模型和 FHH(Frenkel-Halsey-Hill,弗伦克尔—哈尔希—希尔)模型计算了五种样品的表面分形维数,FHH 分形计算结果表明范德华力是氮分子和碳分子之间的主要作用力。许(Xu)等人[80]发现煤的分形维数随着碳含量的增加逐渐增大,并与煤中灰分和挥发分的含量相关。姚(Yao)等[74]发现煤的表面粗糙度越高,可以向甲烷提供的吸附位越多;而孔结构越复杂,则可能导致气/液面的张力越大,反而不利于甲烷的吸附。傅雪海等人[81-82]根据中国 146 件煤样的压汞数据,通过对孔容与孔径结构的分形研究,将煤孔隙划分为小于 65 nm 的扩散孔隙和大于 65 nm 的渗透孔隙;同时,对煤样进行了宏观裂隙及显微裂隙的连续系统观测、统计,计算了煤中各级别裂隙的面密度维数,分析了分形维数与孔隙裂隙发育程度和煤变质程度的关系。王文峰等[83]通过对淮南淮北两个研究区内各煤矿不同煤级煤样进行的压汞法孔隙测量结果的分析,表明用分形维数可以表示煤的孔隙结构特征,而且煤孔隙体积分形维数随着煤变质程度的增高而减小,渗透性随煤级的增加而减弱。江丙友等[84]研究发现,煤孔隙结构具有很好的分形特征,煤体越松软,分形性越好,用分形规律研究煤岩孔隙结构越精确;随着煤体硬度的增加,孔隙分形维数不断降低,煤体抗压强度不断增大。邓英尔、韦江雄等[85-86]建立了分形维数与煤岩孔隙率、渗透率的关系模型。

国内外研究表明，煤体是一种含有大量孔隙裂隙的分形体，其表面、孔结构和孔隙率等都具有分形特征，因此，研究煤的分形特征有助于了解煤的孔隙结构特征。目前，分形维数的计算方法主要有压汞法和气体实验法，本节主要研究利用压汞实验和液氮吸附实验计算分形维数的方法，并探讨分形维数与孔隙率以及煤结构组成之间的关系。

3.5.1　压汞法研究煤的分形特征

在测量体积为 V 的几何对象时，可用半径为 r 的小球来填充该几何对象，所需的小球数目为：

$$N(r)=\frac{V}{\frac{4}{3}\pi r^{3}}\propto r^{-3} \tag{3-9}$$

同理，当用半径为 r_0 的小球去测度煤的孔隙体积 V 时，则：

$$V=N\times\frac{4}{3}\pi r_0^{3} \tag{3-10}$$

根据分形的定义，小球的半径 r_0 与充满整个孔隙所需的小球个数 N 存在如下的关系：

$$N=cr_0^{-D} \tag{3-11}$$

式中　c——比例常数；

D——分形维数。

由式(3-10)和式(3-11)可得孔隙体积 V 和孔隙半径 r 之间的关系：

$$V=\frac{4}{3}\pi cr^{3-D}\propto r^{3-D} \tag{3-12}$$

根据压汞实验的原理，孔隙半径 r 与进汞压力 p 存在如式(3-5)所示的关系，由此可知孔隙体积 V 和进汞压力 p 之间的关系：

$$V\propto p^{D-3} \tag{3-13}$$

对式(3-13)两边进行微分并取对数可得：

$$\lg\frac{\mathrm{d}V}{\mathrm{d}p}\propto(D-4)\lg p \tag{3-14}$$

由式(3-14)可知，分形维数可以根据 $\mathrm{d}V/\mathrm{d}p$ 与 p 的双对数关系来确定，只要 $\lg(\mathrm{d}V/\mathrm{d}p)$ 与 $\lg p$ 存在直线关系，孔隙分布就具有分形特征，直线的斜率 $K=D-4$，由此可求得分形维数 $D=K+4$，根据压汞实验求得的分形维数通常被称为体积分形维数。根据压汞实验，分形维数的求解数据如表3-13所列（以1#煤样为例），煤样的数据拟合曲线如图3-12所示。

由图3-12可以计算出煤样的体积分形维数如表3-14所列。从体积分形维数的计算结果可以看出，1#～3#低阶煤以孔径1 332 nm为界，拟合曲线分为两段，当孔径大于1 332 nm时，求得的体积分形维数为3.067 1～3.091 8；当孔径小于1 332 nm时，求得的体积分形维数为3.049 2～3.529 2，拟合度均达到0.8以上。4#～12#煤样以孔径129.7 nm为界，当孔径大于129.7 nm时，曲线的拟合度达到0.942 3～0.979 5，求得的体积分形维数为2.852 9～2.993 5；而当孔径小于129.7 nm时，曲线的拟合度较低，煤样不具有分形特征。因此，煤样的体积分形维数主要反映了大孔和中孔的分形特征。

低阶煤的体积分形维数一般在2.915 7～3.091 8之间，平均为3.011 6；中高阶煤的体积分形维数在2.852 9～2.960 1之间，平均为2.922 2。根据经典的分形几何理论，多孔固体的分形维数 D 应介于2.0～3.0之间，而低阶煤的体积分形维数 $D>3$，这主要是因为低阶煤的孔隙率较大，煤体是一个多孔的疏松层，压力较大时，煤具有较大的可压缩性，导致分形维数大于3。中高阶煤在进汞压力小于10 MPa，即 $\lg p<1$ 时，求得的体积分形维数小于3，说明此时煤的可压缩性对计算的影响较小；当进汞压力大于10 MPa时，煤样不具有分形特征。

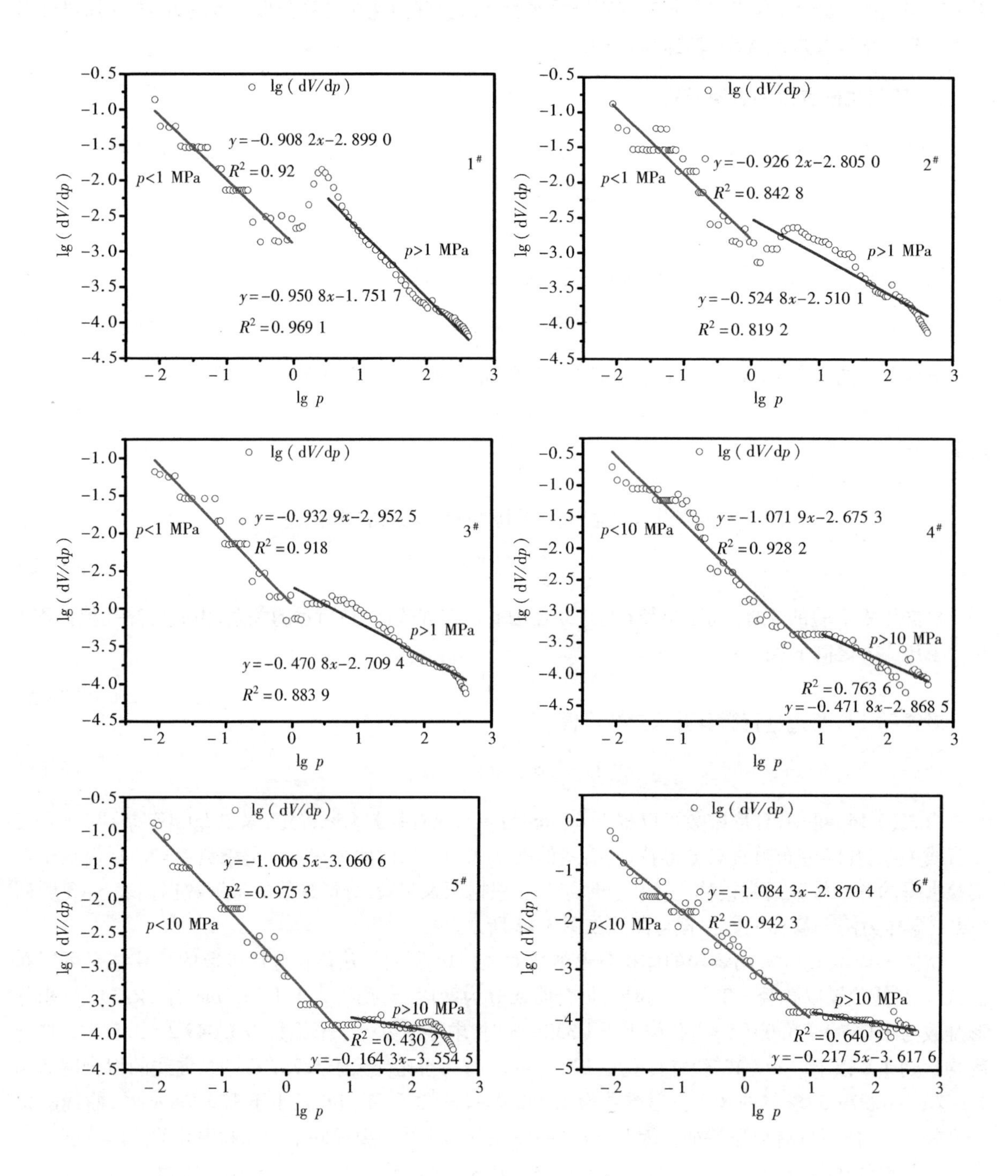

图 3-12　压汞数据的拟合曲线(1)

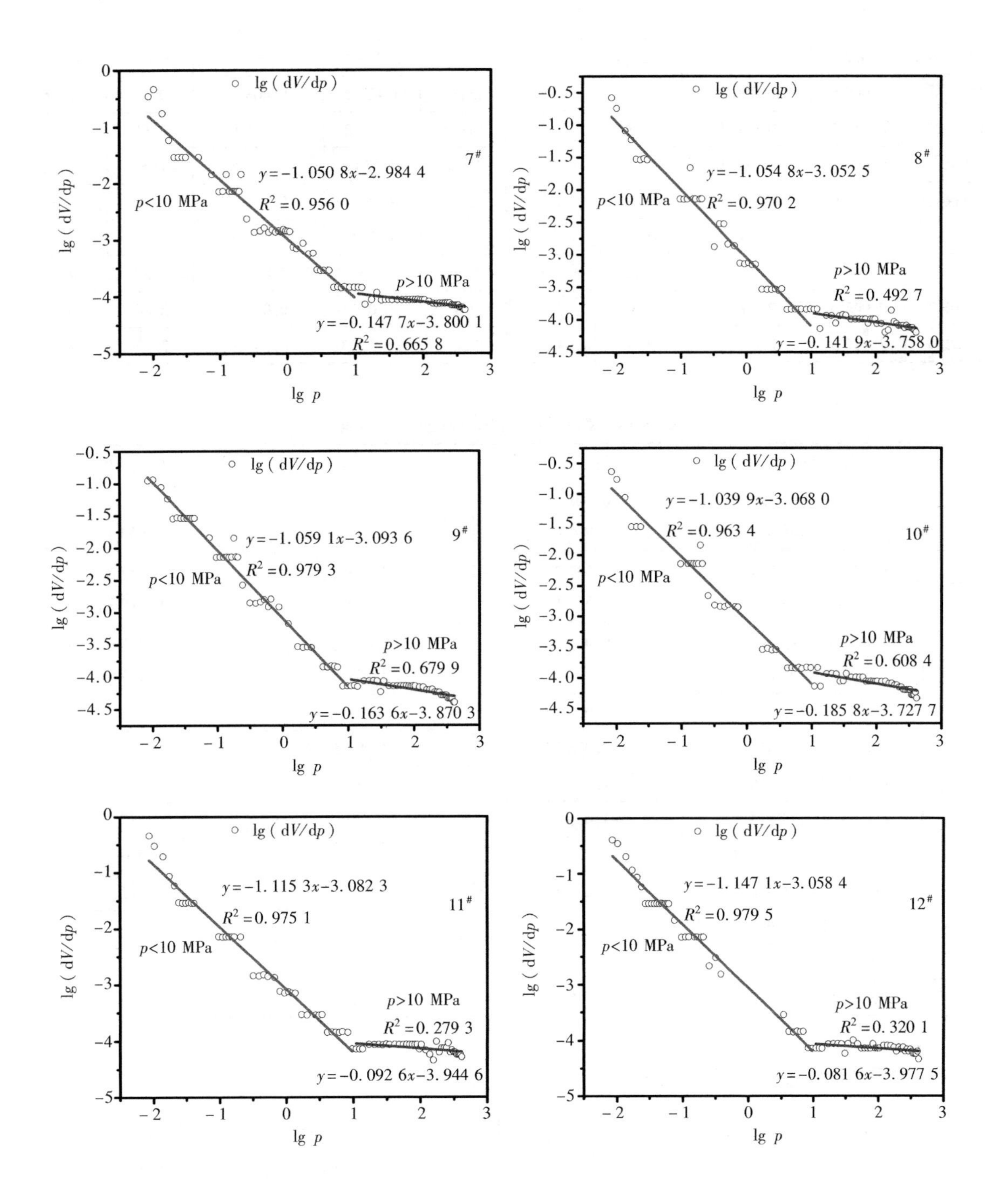

图 3-12　压汞数据的拟合曲线(2)

表 3-13　1#煤样的压汞实验计算数据(部分)

孔径/nm	压力/MPa	孔比体积增量/(mL/g)	lg *p*	lg(d*V*/d*p*)	孔径/nm	压力/MPa	孔比体积增量/(mL/g)	lg *p*	lg(d*V*/d*p*)
175 916.7	0.007 1	0	-2.15		405	3.079 3	0.004 5	0.49	-1.90
145 416.5	0.008 5	0.000 2	-2.07	-0.86	364.8	3.417 9	0.003 7	0.53	-1.96
121 607.3	0.010 3	0.000 1	-1.99	-1.24	303.2	4.112 8	0.005 5	0.61	-2.10
12 957.6	0.096 3	0.000 1	-1.02	-2.14	18.2	68.674 6	0.001 5	1.84	-3.66
10 061.6	0.124 0	0.000 1	-0.91	-2.15	15.1	82.393 5	0.001 3	1.92	-3.72
3 251	0.383 6	0.000 2	-0.42	-2.51	6.0	206.754 2	0.002 2	2.32	-3.89
731.5	1.704 7	0.001 6	0.23	-2.34	3.3	378.842 0	0.001 3	2.58	-4.12
610.7	2.042 0	0.003 0	0.31	-2.05	3.1	396.081 4	0.001 2	2.60	-4.16
522.5	2.386 5	0.004 4	0.38	-1.89	3.0	413.310 0	0.001 1	2.62	-4.19

表 3-14　煤样体积分形维数的计算结果

煤样	孔径范围/nm	斜率 *K*	分形维数 *D*	拟合度 R^2
1#	1 332≤*d*≤175 916.7	-0.908 2	3.091 8	0.920 1
	3≤*d*≤133 2	-0.950 8	3.049 2	0.969 1
2#	1 332≤*d*≤175 916.7	-0.926 2	3.073 6	0.842 8
	3≤*d*≤133 2	-0.524 8	3.475 2	0.819 2
3#	1 332≤*d*≤175 916.7	-0.932 9	3.067 1	0.918 0
	3≤*d*≤133 2	-0.470 8	3.529 2	0.883 9
4#	129.7≤*d*≤175 916.7	-1.071 9	2.928 1	0.948 2
5#	129.7≤*d*≤175 916.7	-1.006 5	2.993 5	0.975 3
6#	129.7≤*d*≤175 916.7	-1.084 3	2.915 7	0.942 3
7#	129.7≤*d*≤175 916.7	-1.050 8	2.949 2	0.956 0
8#	129.7≤*d*≤175 916.7	-1.054 8	2.945 2	0.970 2
9#	129.7≤*d*≤175 916.7	-1.059 1	2.940 9	0.979 3
10#	129.7≤*d*≤175 916.7	-1.039 9	2.960 1	0.963 4
11#	129.7≤*d*≤175 916.7	-1.115 3	2.884 7	0.975 1
12#	129.7≤*d*≤175 916.7	-1.147 1	2.852 9	0.979 5

3.5.2　体积分形维数与孔隙率的关系

由上述讨论可知,体积分形维数反映了大孔和中孔的分形特征,且受煤样孔隙率的影响。根据分形理论的构造模型,可以得到体积分形维数与孔隙率的关系,常用的模型是门格(Menger)海绵模型,具体过程如下:

假设有一边长为 R 的立方体作为初始元,将 R 分成 m 等份,得到 m^3 个立方体,边长为 R/m,随机去掉其中的 n 个小立方体,则剩余的立方体个数为 (m^3-n)。按照此方法迭代下去,经过 i 次构造,小立方体的边长为 $r=R/m^i$,立方体个数为 $(m^3-n)^i$,样本中剩余的体积 V_s 为:

$$V_s = (m^3 - n)^i\left(\frac{R}{m^i}\right)^3 \tag{3-15}$$

孔隙体积 V_p 为：

$$V_p = R^3\left[1 - (m^3 - n)^i\left(\frac{1}{m^i}\right)^3\right] = R^3\left[1 - \left(\frac{m^3 - n}{m^3}\right)^i\right] \tag{3-16}$$

则孔隙率 φ 为：

$$\varphi = \frac{V_p}{V} = 1 - \left(\frac{m^3 - n}{m^3}\right)^i \tag{3-17}$$

根据分形的定义可以得出体积分形维数 D：

$$D = \frac{\lg(m^3 - n)}{\lg m} \tag{3-18}$$

由式(3-17)和式(3-18)可以得到，孔隙率和体积分形维数的关系为：

$$\varphi = 1 - (m^{D-3})^i = 1 - (r/R)^{3-D} \tag{3-19}$$

从式(3-19)可以得到，当 $r=0$ 时，$\varphi=1$，说明整个空间充满孔；当 $r=R$ 或 $D=3$ 时，$\varphi=0$，意味着固体中没有孔隙；当 $r\neq0$ 且 $r\neq R$ 时，孔隙率 φ 随着体积分形维数 D 的增大而减小。

通过以上分析可知，理论上，孔隙率随着体积分形维数的增大而减小，中高阶煤的孔隙率变化符合此规律，但低阶煤由于其较大的可压缩性，孔隙率的变化不符合此规律。

3.5.3　液氮吸附法研究煤的分形特征

通过压汞实验得到的分形维数可以反映煤中大孔的分形特征，而气体吸附实验可以用来计算煤中吸附孔的分形特征，其中最常用的是液氮吸附法。吸附孔分形维数的计算采用 FHH 方程：

$$\ln V = A\left\{\ln\left[\ln\left(\frac{p_0}{p}\right)\right]\right\} + B \tag{3-20}$$

式中　V——在平衡压力 p 下的气体吸附量；

p_0——气体的饱和蒸气压；

p——气体吸附的平衡压力；

A——拟合直线的斜率，与分形维数 D 呈线性关系；

B——常数。

在计算分形维数 D 时，通常有两种计算公式：$A=D-3$ 和 $A=(D-3)/3$。为了选择合适的分形维数计算公式，采用两种方法分别计算 D，根据计算结果选择合适的计算方法。

在根据液氮吸附脱附曲线进行分形维数的计算时，采用脱附曲线数据进行计算，因为在脱附等温线的相对压力下，对应的吸附状态更稳定。由于液氮曲线在相对压力较小($p/p_0<0.5$)时，吸附曲线和脱附曲线重合，而在相对压力较大($p/p_0>0.5$)时，出现吸附滞后现象，说明在不同压力阶段煤样对气体的吸附作用机制不同。在低压段，气体吸附主要发生在微孔，气体分子和煤样间的作用力主要是范德华(van der Waals)力，而在高压段，气体分子的吸附主要依靠毛细凝聚作用。因此，液氮吸附脱附曲线在不同压力段反映了煤样的不同特性，在用液氮数据计算分形维数时，就需要分段进行，分别计算低压段和高压段的分形维数，来表征煤样的不同特性。

在计算分形维数时，低压段和高压段分别进行拟合计算，得到两个分形维数 D_1 和 D_2。拟合计算过程如图 3-13 所示，分形维数的计算结果见表 3-15。

根据经典的分形概念，分形维数值的范围一般为 2.0～3.0。由表 3-15 的计算结果可知，采用公式 $D=3+A$ 求得的数值更符合经典理论，因此，本节的计算结果采用前者。

从图 3-13 可以看出，在两个压力段的数据拟合度都很好，说明在不同压力段的分形特征不同，分别反映了煤中吸附孔的不同特性。在低压段的吸附作用力主要是范德华力，吸附作用的大小与煤样

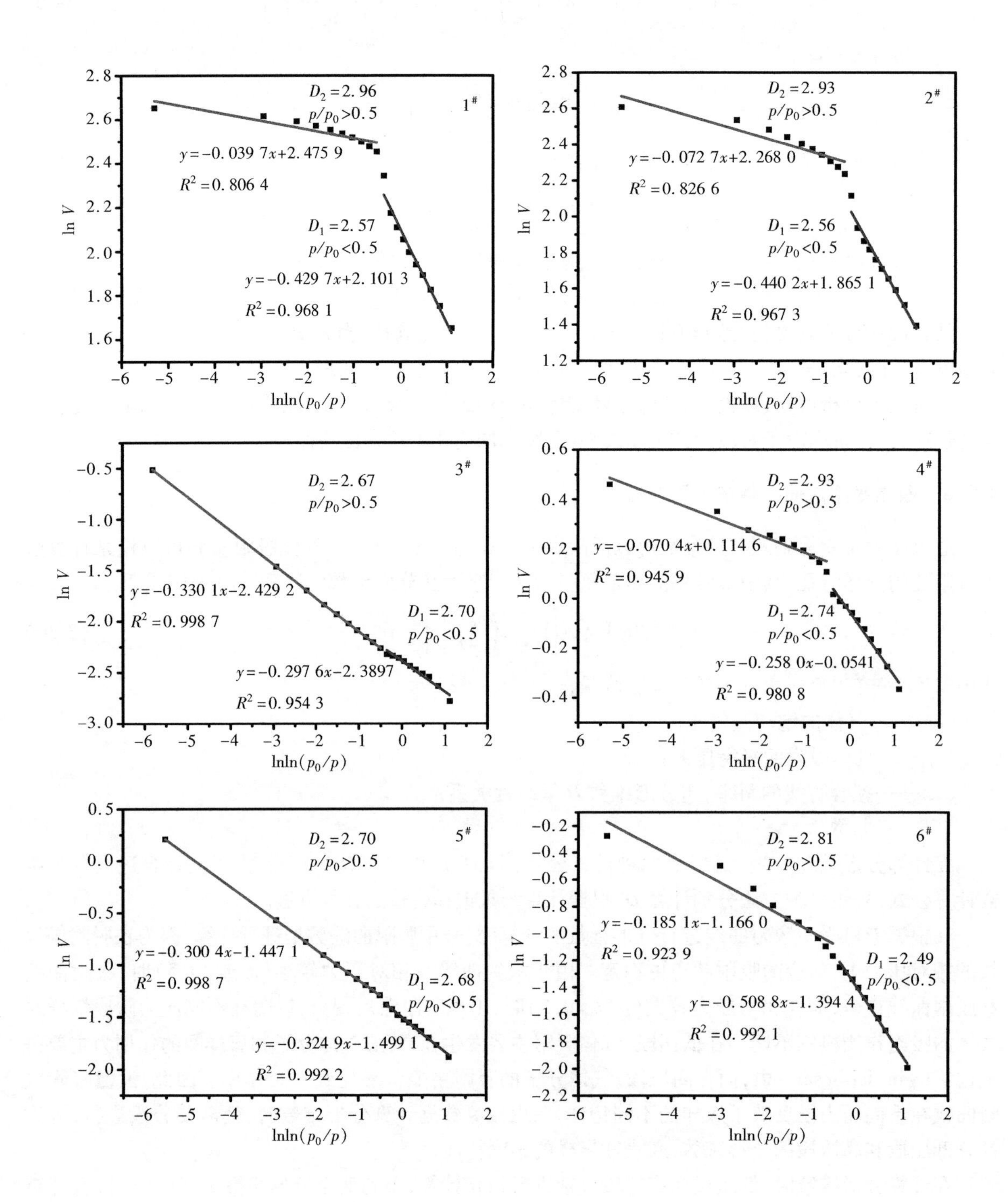

图 3-13　液氮脱附曲线分形计算结果(1)

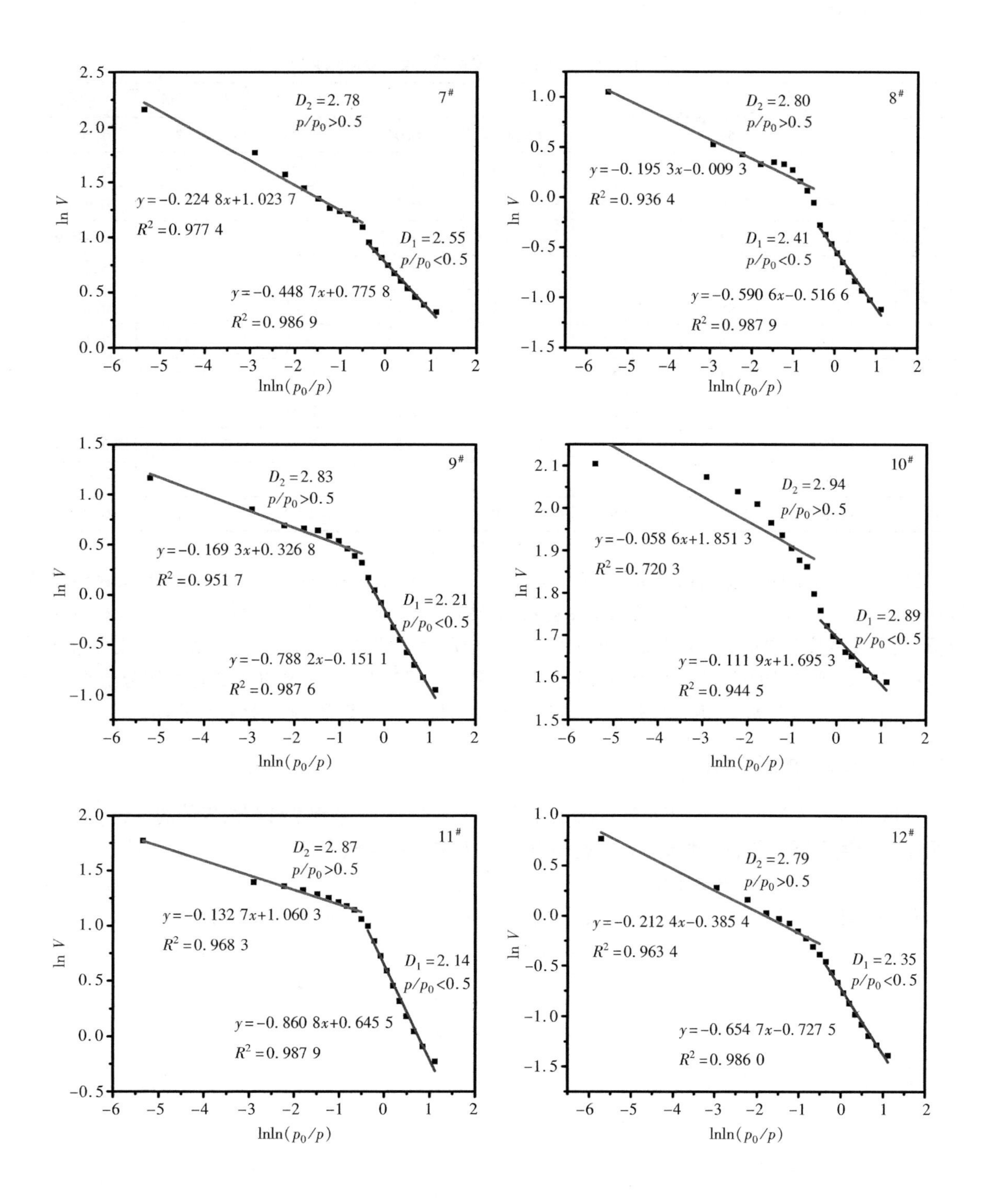

图 3-13　液氮脱附曲线分形计算结果(2)

的表面粗糙程度有关；在高压段的吸附主要依靠毛细凝聚作用，吸附作用的大小与孔结构有关。因此，分形维数 D_1 代表材料的表面分形维数，而 D_2 代表材料孔结构分形维数。

表 3-15　分形维数的计算结果(液氮吸附法)

煤样	A_1	$D_1=3+A_1$	$D_1=3+3A_1$	拟合度 R^2	A_2	$D_2=3+A_2$	$D_2=3+3A_2$	拟合度 R^2
1#	-0.43	2.57	1.71	0.968 1	-0.04	2.96	2.88	0.806 4
2#	-0.44	2.56	1.68	0.967 3	-0.07	2.93	2.79	0.826 6
3#	-0.30	2.70	2.10	0.954 3	-0.33	2.67	2.01	0.998 7
4#	-0.26	2.74	2.22	0.980 8	-0.07	2.93	2.79	0.945 9
5#	-0.32	2.68	2.04	0.992 2	-0.30	2.70	2.10	0.998 7
6#	-0.51	2.49	1.47	0.992 1	-0.19	2.81	2.43	0.923 9
7#	-0.45	2.55	1.65	0.986 9	-0.22	2.78	2.34	0.977 4
8#	-0.59	2.41	1.23	0.987 9	-0.20	2.80	2.40	0.936 4
9#	-0.79	2.21	0.63	0.987 6	-0.17	2.83	2.49	0.951 7
10#	-0.11	2.89	2.67	0.944 5	-0.06	2.94	2.82	0.720 3
11#	-0.86	2.14	0.42	0.987 9	-0.13	2.87	2.61	0.968 3
12#	-0.65	2.35	1.05	0.986 0	-0.21	2.79	2.37	0.963 4

低阶煤表面分形维数 D_1 的变化范围为 2.49～2.74，中高阶煤表面分形维数 D_1 的变化范围为 2.14～2.89，说明低阶煤的表面粗糙程度相对较大，随着变质程度的增加，煤样的表面粗糙程度逐渐降低，当变质程度较高时，煤样表面的粗糙程度重新开始增加，煤样的表面分形维数 D_1 呈现先减小后增大的趋势。低阶煤的孔结构分形维数 D_2 变化范围为 2.67～2.96，中高阶煤的孔结构分形维数 D_2 变化范围为 2.78～2.94，说明低阶煤和中高阶煤的孔结构都比较复杂，尤其是中高阶煤。

3.5.4　分形维数的影响特征

从液氮吸附实验求得的分形维数反映了煤的表面和结构的复杂程度，因此，煤体的组成成分会对分形维数产生重要的影响。本节主要讨论煤中水分、灰分和固定碳含量对分形维数的影响。

3.5.4.1　水分对分形维数的影响

根据工业分析实验结果，得到煤中水分含量与分形维数的关系如图 3-14 所示。

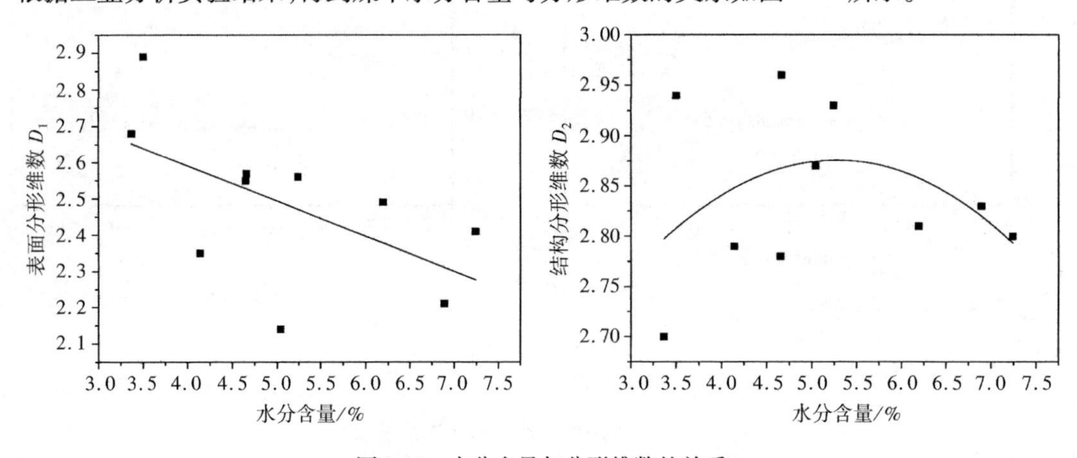

图 3-14　水分含量与分形维数的关系

图 3-14 中略去了 3[#]和 4[#]褐煤的水分含量,因为褐煤的水分含量显著高于其它煤样,明显偏离了变化趋势。从图中可以看出,随着水分含量的增加,表面分形维数 D_1逐渐减小,结构分形维数 D_2呈现先增大后减小的趋势。这主要是因为随着煤中水分含量的增加,越来越多的水分子占据煤体表面,导致煤体表面更加均一,粗糙程度降低,表面分形维数 D_1减小。而随着水分含量的增加,水分子的加入使得孔结构更加复杂,结构分形维数 D_2增大,当水分含量进一步增大,超过 5% 时,孔结构的复杂程度开始降低,结构分形维数 D_2减小。

3.5.4.2　灰分对分形维数的影响

根据工业分析实验结果,得到灰分含量与分形维数之间的关系如图 3-15 所示。

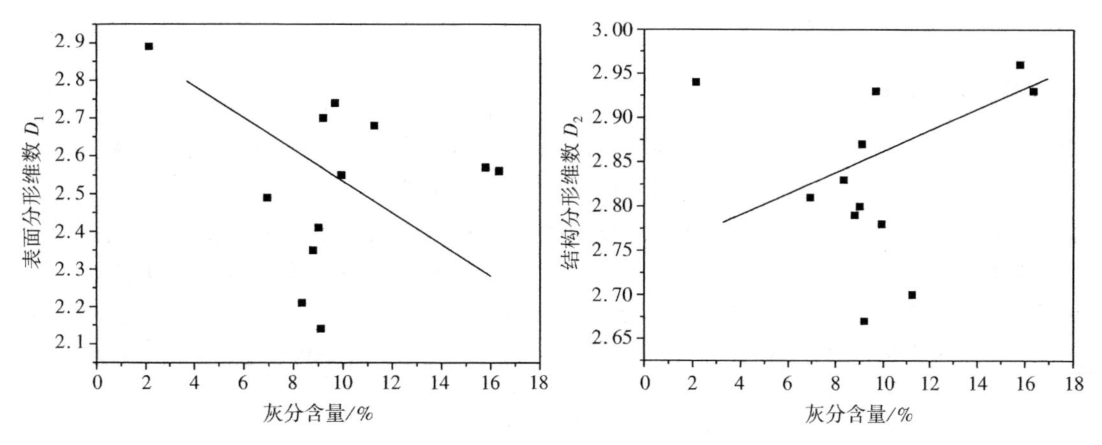

图 3-15　灰分含量与分形维数的关系

从图 3-15 可以看出,随着灰分含量的增加,表面分形维数 D_1呈逐渐减小的趋势,而结构分形维数 D_2呈逐渐增大的趋势。这主要是因为灰分可以填充在煤的表面和孔中,使煤体的表面趋于均一,孔结构更加复杂。

3.5.4.3　固定碳对分形维数的影响

根据工业分析实验结果,得到固定碳含量与分形维数之间的关系如图 3-16 所示。

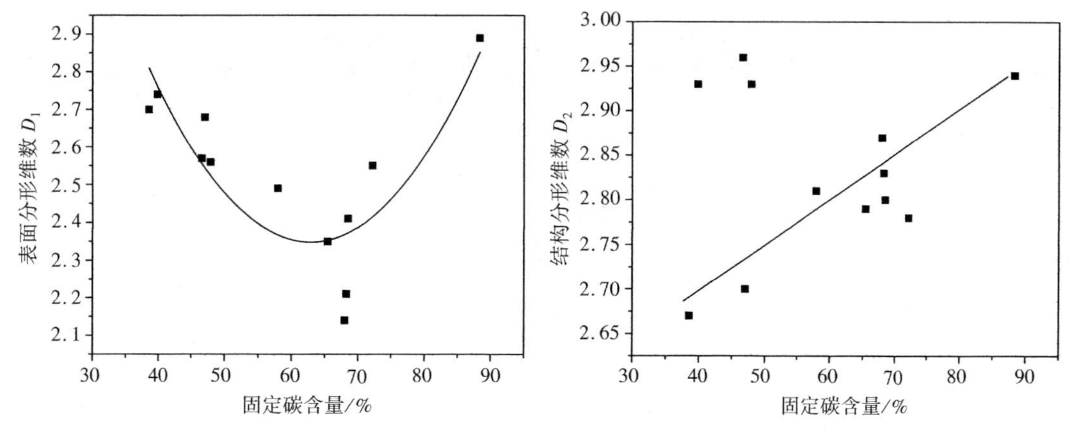

图 3-16　固定碳含量与分形维数的关系

从图 3-16 可以看出,随着固定碳含量的增加,表面分形维数 D_1呈现先减小后增大的趋势,这主要是因为随着固定碳含量的增加,煤中孔隙逐渐减少,使得煤表面粗糙程度降低,随着固定碳含量的进一步增高,煤中微孔更加发育,表面粗糙程度逐渐增加。结构分形维数 D_2随着固定碳含量的增加逐渐增大,因为微孔所占的比例逐渐增大,导致孔结构更加复杂。

3.6 煤的破坏特征及重构

上述几节主要从微观尺度上阐明了煤的孔隙结构特征,本节主要从宏—细观尺度上对煤的破坏特征进行表述。此外,突出煤的强度一般较低,表现出松软的特征。因此,采用突出原煤进行物理实验是比较困难的。通过重构方法使实验煤样力学性质逼近原煤力学性质是可行的手段之一。鉴于本书后续章节水力压裂和水力割缝增透机制的阐明涉及煤的物理重构,本节仅以数值重构为例阐述煤重构方法。

3.6.1 煤的破坏特征

由地质学观点可知,我国大部分煤形成于石炭纪—二叠纪。期间,煤经历了强烈的构造运动,其原生结构遭到破坏,导致我国大部分煤层质地松软、结构复杂、强度低。由于非人为因素而造成原生完整性破坏的煤称作破坏煤,而原生完整性未遭破坏的煤称完整煤。非人为因素主要包括构造运动、沉积岩差异压实、黏土岩遇水膨胀、岩浆侵入等引起的局部应力。其中,由于构造运动造成破坏的煤称作构造煤。朱兴珊等[87]对煤的宏观破坏类型及其显微特征进行研究,总结了煤的宏细观破坏特征,如表3-16所列和图3-17所示。由此可见,随着煤破坏程度的增大,煤的层理紊乱,呈颗粒状。

表3-16 煤的宏细观破坏特征[87]

类	型	种	光泽	结构构造	节理	裂隙密度	破碎程度	显微类型
完整煤	Ⅰ		新鲜断面取决于煤岩类型,节理面光泽暗淡	原生线理状或条带状,结构清晰,原生层状构造,保存完好	发育2~5组节理,节理面平直,有擦痕或无,擦痕粗糙,方向单一	内生裂隙明显,构造裂隙密度3~10条/10 cm	坚硬,不易捏碎	原生结构煤
破坏煤	Ⅱ	Ⅱ—1	新鲜断面取决于煤岩类型,节理面半暗—半亮	原生线理状或条带状结构可见,原生层状结构保存较好	发育2~5组节理,节理面平直,擦痕和镜面发育,擦痕方向杂乱	内生裂隙明显,裂隙密度10~25条/10 cm	捏成3~5 cm的碎块,棱角状	原生结构煤、微裂隙煤
		Ⅱ—2	新鲜断面暗淡,节理面半亮—光亮	原生结构隐约可见,发育透镜状结构	发育3组以上节理,节理面弯曲,镜面发育擦痕,大多较细,方向杂乱	不见内生裂隙,裂隙密度25~50条/10 cm	捏成1~3 cm的碎块,多为扁平状、透镜状,少数棱角状	微裂隙煤
	Ⅲ	Ⅲ—1	断口暗淡,节理面光亮	原生结构消失,透镜状结构发育	发育多组滑面,滑面弯曲,有擦痕或光滑	大于50条/10 cm	捏成0.5~1 cm的透镜状或棱角状碎块	微裂隙煤、碎裂煤
		Ⅲ—2	断口暗淡,节理面光亮	原生结构消失,透镜状结构发育	发育多组滑面,大致平行,将煤切成透镜状、鳞片状或粒状		捏成1~5 cm的片状或粒状碎块	糜棱煤、碎裂煤、微角砾煤
	Ⅳ	Ⅳ—1	断口暗淡,节理面光亮	原生结构消失,揉皱构造和鳞片状构造发育	滑面极发育,弯曲,将煤切成鳞片状或粒状		捏成0.5~1 mm颗粒或小薄片	糜棱煤、碎裂煤、微角砾煤、微鳞片煤
		Ⅳ—2	断口暗淡,节理面光亮	原生结构消失,揉皱构造和鳞片状构造发育	滑面极发育,弯曲,将煤切成鳞片状或粒状		捏成粉末	糜棱煤、碎裂煤、微角砾煤、微鳞片煤

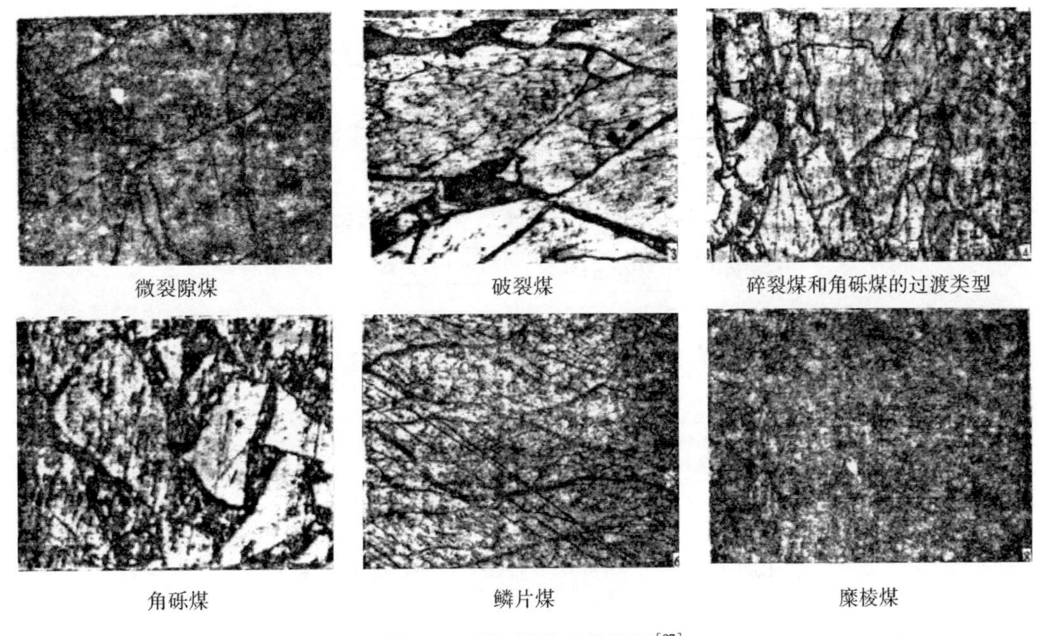

图 3-17　破坏煤的显微特征[87]

不同破坏类型的煤反映了不同的应力环境和变形机制，变形强烈的碎裂煤、鳞片煤和糜棱煤反映一种强烈挤压、剪切的应力环境，其发育部位通常出现于构造应力集中地带，易发生煤与瓦斯突出动力灾害[88]。因此，对破坏煤的力学性质进行研究对于煤与瓦斯突出动力灾害的防治具有重要意义。

3.6.2　煤的数值重构

数值方法是研究岩石力学的一种重要方法。它能更系统和深入地捕捉到外界扰动作用下煤岩的细微行为。而数值分析结果能否反映实际情况很大程度上取决于数值模型参数与实际物理参数的匹配上。此外，破坏煤呈现出较为明显的颗粒状特征，因此，本小节首先介绍一种煤重构方法，然后以颗粒流离散元软件为例对煤的数值重构进行详细阐述。

3.6.2.1　GT-RSM-MD 多参数多目标匹配方法

为了获得影响因素与研究目标的关联性，通过有目的地改变系统的可控输入因素来观察相应的输出变化情况是一种有效的途径。实验设计（Design of Experiment，简称 DoE）[89-90]是一种通过统筹安排实验过程，统计分析实验结果，最终确定最优的可控输入因素组合，以显著降低实验误差，减少实验工作量和生产费用的科学研究方法。实验设计的目的主要包括确定主控因素（即筛选实验）和确定使响应最接近希望值的主控因素水平（即优化实验）。综合考虑灰色田口（GT）、响应面法（RSM）和马氏距离（MD）等方法的优缺点[91-93]，笔者提出一种 GT-RSM-MD 多参数多目标匹配方法，该方法适用于参数优选及优化匹配问题，具体流程如图 3-18 所示。

由图 3-18 可知，该方法主要包括 3 个模块：因素筛选、模型建立和优化匹配。一般地，对于一个预匹配系统，明确匹配目标和影响目标的因素是首要任务，这将直接决定着分析结果的全面性和导向性。确定影响因素和匹配目标后，要根据实际情况选择是否要进行因素筛选。如果影响因素的数目在 5 个以下，可以不进行因素筛选。而对于因素筛选，结果可能存在多个（大于 5 个）显著影响因素，此时则需要根据显著等级和具体情况进行进一步的筛选。对于模型建立模块，通常情况下，可以通过博克斯—本肯设计（Box-Behnken design，简称 BBD）或中心复合设计（central composite design，简称 CCD）建立主控因素与优化目标之间的响应面模型，但会出现不满足响应面模型的情况，此时应对目

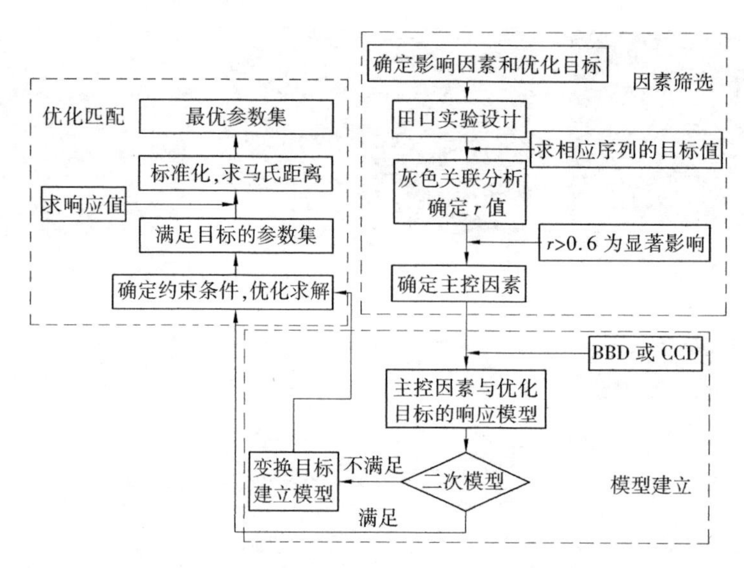

图 3-18　GT-RSM-MD 多参数多目标匹配方法流程

标函数做一定的变换(指数变换、对数变换、反函数变换等)来建立模型。模型建立后,根据实际情况确定约束条件,进行优化求解。最后结合马氏距离得到最优的参数集。

3.6.2.2　煤宏观力学性质的细观主控参数

一般地,煤岩可以看作一种细观上非连续和各向异性的晶体介质。因此,现有的连续型方法从本质上难以表征煤岩的细观力学机制。颗粒流程序[94](particle flow codes,简称 PFC)是一种广泛使用的离散元软件。它的基本思想是把煤岩看作一个黏结在一起的颗粒集,这些颗粒符合运动定律,通过微裂纹的形成和相互作用反映煤岩的宏观行为。PFC 定义了两种黏结模型:平行黏结模型和接触黏结模型。平行黏结模型中,颗粒间的作用发生在接触点的矩形或者圆形断面内,平行黏结可以传递力和力矩。而接触黏结模型中,颗粒间的作用仅发生在接触点的很小范围内,仅仅能传递力。因此,平行黏结模型更适合描述煤岩破裂特征,并探究其细观机制。一般地,定义平行黏结模型需要的细观参数有[95]:颗粒密度 ρ、颗粒接触模量 E_c、颗粒刚度比 k_n/k_s、黏结半径乘数 λ、平行黏结模量 $\bar{E}_c$、平行黏结刚度比 $\bar{k}_n/\bar{k}_s$、颗粒摩擦因数 μ、法向黏结强度 $\sigma_{b,m}$、法向黏结强度偏差 $\sigma_{b,std}$、切向黏结强度 $\tau_{b,m}$、切向黏结强度偏差 $\tau_{b,std}$、颗粒半径比 R_{max}/R_{min} 和最小颗粒半径 R_{min}。为了确定控制宏观参数(这里考虑弹性模量、泊松比和抗压强度)变化的主要细观参数,本节采用灰色田口的方法对上述细观参数进行筛选。值得说明的是,PFC 中颗粒默认生成规则是按照均匀分布随机产生颗粒,当颗粒半径比 R_{max}/R_{min} 为固定值,改变最小颗粒半径 R_{min} 就可以得到不同的颗粒尺寸分布。因此本节取颗粒半径比 R_{max}/R_{min} 为固定值 1.66。灰色田口分析的首要任务是确定各参量的取值范围或者说因素水平,综合前人的研究成果[96-97],确定了各个细观参数的取值范围,如表 3-17 所列。

表 3-17　平行黏结模型参数及其取值范围

参数	颗粒密度 ρ/(kg/m^3)	颗粒接触模量 E_c/GPa	颗粒刚度比 k_n/k_s	黏结半径乘数 λ	平行黏结模量 $\bar{E}_c$/GPa	平行黏结刚度比 $\bar{k}_n/\bar{k}_s$
取值	1 000～2 000	0.1～2.5	1～6	1～2	0.1～2.5	1～6
参数	颗粒摩擦因数 μ	法向黏结强度 $\sigma_{b,m}$/MPa	法向黏结强度偏差 $\sigma_{b,std}$/MPa	切向黏结强度 $\tau_{b,m}$/MPa	切向黏结强度偏差 $\tau_{b,std}$/MPa	最小颗粒半径 R_{min}/mm
取值	0.1～0.9	2～20	0.2～2	2～20	1～6	1～6

确定各因素的取值范围后，需要进行筛选实验设计。采用 $L_{27}(3^{12})$ 的正交实验设计方案，如表 3-18 所列。这里的 27 代表 27 次实验，12 代表 12 个因素，3 代表 3 个水平。按照表中的实验号分别进行单轴压缩实验。实验结果分析的定量参数包括弹性模量、泊松比和抗压强度。由表 3-18 可知，数值方法得到的弹性模量、泊松比和抗压强度范围分别为 0.12 ~ 5.07 GPa、0.02 ~ 1.44 和 0.48 ~ 55.21 MPa。煤的力学参数属于数值方法得到的区间，因此，细观参数选择的取值范围是合理的。为了定量评价各个细观参数对宏观参数的影响程度，采用灰色关联分析的方法计算了各细观参数与宏观参数的关联度 r（图 3-19）。

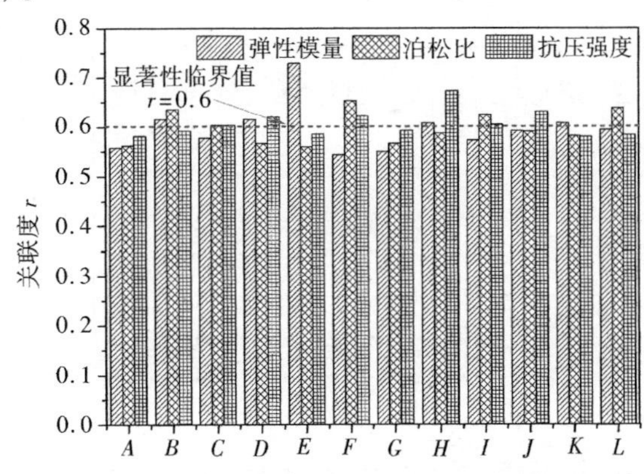

图 3-19 各细观参数与宏观参数的关联度

A——颗粒密度；B——颗粒接触模量；C——颗粒刚度比；D—黏结半径乘数；E——平行黏结模量；F——平行黏结刚度比；G——颗粒摩擦因数；H——法向黏结强度；I——法向黏结强度偏差；J——切向黏结模量；K——切向黏结强度偏差；L——最小颗粒半径

由图 3-19 可以得到如下结论（主控参数的判定标准：关联度 r 大于 0.6）：

① 弹性模量的主控细观参数：平行黏结模量 $E(r=0.729\ 4)$、颗粒接触模量 $B(r=0.615\ 3)$、半径乘数 $D(r=0.615\ 3)$、法向黏结强度 $H(r=0.608\ 1)$ 和切向黏结强度偏差 $K(r=0.607\ 8)$。

② 泊松比的主控细观参数：平行黏结刚度比 $F(r=0.653\ 7)$、颗粒接触模量 $B(r=0.636\ 1)$、最小颗粒半径 $L(r=0.638\ 6)$、法向黏结强度偏差 $I(r=0.624\ 4)$ 和颗粒刚度比 $C(r=0.603\ 6)$。

③ 抗压强度的主控细观参数：法向黏结强度 $H(r=0.673\ 3)$、切向黏结强度 $J(r=0.631\ 6)$、平行黏结刚度比 $F(r=0.622\ 7)$、半径乘数 $D(r=0.620\ 5)$、法向黏结强度偏差 $I(r=0.604\ 4)$ 和颗粒刚度比 $C(r=0.603\ 2)$。

④ 各目标的主控细观参数存在交叉。

3.6.2.3 煤的宏—细观参数模型

为了定量地和连续地对煤的宏观参数进行细观参数上的匹配，首先应该建立煤的宏—细观参数模型。响应面法是一种构建研究目标与主控因素之间模型有效的手段。响应面分析包括 3 个步骤：确定研究目标及其主控因素、实验设计和方差分析及模型建立。据此，煤的宏—细观参数模型建立过程可总结为：

① 确定研究目标及其主控因素：根据关联度分析结果可知，弹性模量和泊松比均存在 5 个主控参数，而抗压强度均存在 6 个主控参数。响应面法设计的实验次数随设计参数的增大而显著增大。考虑到实验工作量和主控参数显著性，舍去关联度在 0.61 以下的主控参数。处理后弹性模量的主控参数包括：平行黏结模量 M、颗粒接触模量 B 和半径乘数 D。处理后的泊松比的主控参数包括：平行黏结刚度比 F、颗粒接触模量 B、最小颗粒半径 L 和法向黏结强度偏差 I。处理后的抗压强度的主控细观参数包括：法向黏结强度 H、切向黏结强度 J、平行黏结刚度比 F 和半径乘数 D。

表 3-18　实验设计方案及结果

No.	ρ	E_c	k_n/k_s	λ	$\bar{E}_c$	$\bar{k}_n/\bar{k}_s$	M	$\sigma_{b,m}$	$\sigma_{b,std}$	$\tau_{b,m}$	$\tau_{b,std}$	R_{min}	E	ν	σ_c
1	1 000	0.10	1.00	1.00	0.10	1.00	0.10	2.00	0.20	2.00	0.20	0.12	0.17	0.19	2.64
2	1 000	0.10	1.00	1.00	1.30	3.50	0.50	11.0	1.10	11.0	1.10	0.18	0.98	0.28	13.80
3	1 000	0.10	1.00	1.00	2.50	6.00	0.90	20.0	2.00	20.0	2.00	0.25	1.57	0.35	24.80
4	1 000	1.30	3.50	1.50	0.10	1.00	0.10	11.0	1.10	11.0	2.00	0.25	0.65	0.93	21.29
5	1 000	1.30	3.50	1.50	1.30	3.50	0.50	20.0	2.00	20.0	0.20	0.12	1.87	0.43	39.33
6	1 000	1.30	3.50	1.50	2.50	6.00	0.90	2.00	0.20	2.00	1.10	0.18	2.52	0.38	1.89
7	1 000	2.50	6.00	2.00	0.10	1.00	0.10	20.0	2.00	20.0	1.10	0.18	1.03	1.06	55.21
8	1 000	2.50	6.00	2.00	1.30	3.50	0.50	2.00	0.20	2.00	2.00	0.25	2.65	0.42	3.62
9	1 000	2.50	6.00	2.00	2.50	6.00	0.90	11.0	1.10	11.0	0.20	0.12	3.67	0.47	26.34
10	1 500	0.10	3.50	2.00	0.10	3.50	0.90	2.00	1.10	20.0	0.20	0.18	0.19	0.37	5.72
11	1 500	0.10	3.50	2.00	1.30	6.00	0.10	11.0	2.00	2.00	1.10	0.25	1.60	0.35	5.04
12	1 500	0.10	3.50	2.00	2.50	1.00	0.50	20.0	0.20	11.0	2.00	0.12	5.07	0.02	20.97
13	1 500	1.30	6.00	1.00	0.10	3.50	0.90	11.0	2.00	2.00	2.00	0.12	0.24	1.30	3.85
14	1 500	1.30	6.00	1.00	1.30	6.00	0.10	20.0	0.20	11.0	0.20	0.18	1.16	0.54	17.03
15	1 500	1.30	6.00	1.00	2.50	1.00	0.50	2.00	1.10	20.0	1.10	0.25	4.76	1.15	0.48
16	1 500	2.50	1.00	1.50	0.10	3.50	0.90	20.0	0.20	11.0	1.10	0.25	0.48	1.28	25.11
17	1 500	2.50	1.00	1.50	1.30	6.00	0.10	2.00	1.10	20.0	2.00	0.12	1.82	0.57	2.70
18	1 500	2.50	1.00	1.50	2.50	1.00	0.50	11.0	2.00	2.00	0.20	0.18	4.96	0.14	4.07
19	2 000	0.10	6.00	1.50	0.10	6.00	0.50	2.00	2.00	11.0	0.20	0.25	0.12	0.65	3.08
20	2 000	0.10	6.00	1.50	1.30	1.00	0.90	11.0	0.20	20.0	1.10	0.12	2.02	0.03	30.27
21	2 000	0.10	6.00	1.50	2.50	3.50	0.10	20.0	1.10	2.00	2.00	0.18	2.42	0.25	3.53
22	2 000	1.30	1.00	2.00	0.10	6.00	0.50	11.0	0.20	20.0	2.00	0.18	0.40	0.99	20.05
23	2 000	1.30	1.00	2.00	1.30	1.00	0.90	20.0	1.10	2.00	0.20	0.25	3.30	0.11	5.49
24	2 000	1.30	1.00	2.00	2.50	3.50	0.10	2.00	2.00	11.0	1.10	0.12	3.51	0.35	5.33
25	2 000	2.50	3.50	1.00	0.10	6.00	0.50	20.0	1.10	2.00	1.10	0.12	0.19	1.44	4.87
26	2 000	2.50	3.50	1.00	1.30	1.00	0.90	2.00	2.00	11.0	2.00	0.18	2.11	0.32	1.89
27	2 000	2.50	3.50	1.00	2.50	3.50	0.10	11.0	0.20	20.0	0.20	0.25	2.19	0.37	14.16

② 实验设计:进行响应面实验安排时,两种最常用的方法是 BBD 和 CCD。BBD 包括 17 个实验点:12 个因子点和 5 个中心点。CCD 包括 19 个实验点:8 个因子点、6 个星点和 5 个中心点。其中,因子点和星点用来析因。BBD 比 CCD 的实验次数少,而 CCD 设计了星点,可更精确地预测水平外的目标响应,因此,应根据具体情况选择实验方案。为了减少实验次数,选择 BBD 进行实验设计。具体实验设计如表 3-19 ~ 表 3-21 所列。

③ 方差分析及模型系数显著性校验:采用方差分析进行模型及其系数的显著性校验。根据上述实验设计,进行单轴压缩的数值实验,得到相应的弹性模量、泊松比和抗压强度,如表 3-19 ~ 表 3-21 所列。

表 3-19　弹性模量与细观参数的 BBD 设计及实验结果

实验号	平行黏结模量 E/GPa	颗粒接触模量 B/GPa	半径乘数 D	弹性模量/GPa
1	2.50	2.50	1.50	3.71
2	1.30	1.30	1.50	1.98
3	1.30	1.30	1.50	1.98
4	2.50	1.30	1.00	1.82
5	1.30	1.30	1.50	1.97
6	1.30	1.30	1.50	1.97
7	0.10	1.30	1.00	0.32
8	2.50	1.30	2.00	4.14
9	1.30	1.30	1.50	1.98
10	0.10	0.10	1.50	0.17
11	0.10	1.30	2.00	0.52
12	1.30	2.50	1.00	1.82
13	1.30	0.10	1.00	1.04
14	0.10	2.50	1.50	0.50
15	1.30	2.50	2.00	2.91
16	1.30	0.10	2.00	2.04
17	2.50	0.10	1.50	2.92

表 3-20　泊松比与细观参数的 BBD 设计及实验结果

实验号	平行黏结刚度比 F	最小颗粒半径 L/mm	颗粒接触模量 B/GPa	法向黏结强度偏差 I/MPa	泊松比
1	1	0.19	1.3	2	0.14
2	3.5	0.19	1.3	1.1	0.38
3	3.5	0.19	1.3	1.1	0.38
4	3.5	0.12	0.1	1.1	0.27
5	3.5	0.19	2.5	0.2	0.12
6	3.5	0.19	1.3	1.1	0.39
7	1	0.25	1.3	1.1	0.15
8	6	0.19	1.3	2	0.46
9	1	0.19	0.1	1.1	0.04

续表 3-20

实验号	平行黏结刚度比 F	最小颗粒半径 L/mm	颗粒接触模量 B/GPa	法向黏结强度偏差 I/MPa	泊松比
10	6	0.19	1.3	0.2	0.46
11	6	0.12	1.3	1.1	0.52
12	3.5	0.19	1.3	1.1	0.38
13	3.5	0.19	0.1	0.2	0.27
14	3.5	0.25	1.3	2	0.44
15	3.5	0.19	2.5	2	0.23
16	3.5	0.25	1.3	0.2	0.44
17	3.5	0.19	1.3	1.1	0.38
18	3.5	0.25	2.5	1.1	0.56
19	6	0.25	1.3	1.1	0.53
20	1	0.12	1.3	1.1	0.15
21	1	0.19	2.5	1.1	0.23
22	6	0.19	2.5	1.1	0.58
23	6	0.19	0.1	1.1	0.35
24	3.5	0.12	1.3	2	0.42
25	3.5	0.19	0.1	2	0.27
26	1	0.19	1.3	0.2	0.14
27	3.5	0.25	0.1	1.1	0.28
28	3.5	0.12	2.5	1.1	0.51
29	3.5	0.12	1.3	0.2	0.42

表 3-21 抗压强度与细观参数的 BBD 设计及实验结果

实验号	法向黏结强度 H/MPa	切向黏结强度 J/MPa	平行黏结刚度比 F	半径乘数 D	抗压强度/MPa
1	11	2	1	1.5	3.47
2	11	11	1	1	12.90
3	11	11	3.5	1.5	20.50
4	11	2	3.5	1	3.11
5	11	20	3.5	1	14.20
6	20	11	3.5	2	30.80
7	11	2	6	1.5	4.92
8	11	20	3.5	2	38.50
9	2	11	1	1.5	2.25
10	2	20	3.5	1.5	2.22
11	11	11	3.5	1.5	20.50
12	20	11	6	1.5	21.90
13	11	11	6	1	12.20
14	20	2	3.5	1.5	4.45

续表 3-21

实验号	法向黏结强度 H/MPa	切向黏结强度 J/MPa	平行黏结刚度比 F	半径乘数 D	抗压强度/MPa
15	2	2	3.5	1.5	1.76
16	11	11	3.5	1.5	20.50
17	11	11	1	2	24.40
18	11	20	6	1.5	22.00
19	20	11	3.5	1	16.30
20	20	11	1	1.5	20.80
21	11	11	6	2	26.80
22	11	2	3.5	2	5.68
23	2	11	6	1.5	2.25
24	11	11	3.5	1.5	20.50
25	2	11	3.5	1	0.91
26	11	11	3.5	1.5	20.50
27	11	20	1	1.5	31.00
28	20	20	3.5	1.5	38.00
29	2	11	3.5	2	4.07

值得注意的是由灰色关联分析得到的部分因素的显著性在0.62左右，这就可能造成在后续的响应面分析中出现差异。因此，经过方差分析→调整因素→再次方差分析得到最终的方差分析结果，如表3-22～表3-24所列。同时得到弹性模量、泊松比和抗压强度的模型残差、预测性能检验和各自变量间的交互作用，如图3-20～图3-22所示。

表 3-22　弹性模量响应面模型方差分析

方差来源	平方和	自由度	均方和	F值	p值
模　型	20.23	5	4.05	193.10	$<0.000\,1$
平行黏结模量 E	15.30	1	15.30	730.44	$<0.000\,1$
颗粒接触模量 B	0.96	1	0.96	45.80	$<0.000\,1$
半径乘数 D	2.68	1	2.68	127.79	$<0.000\,1$
ED	1.11	1	1.11	53.16	$<0.000\,1$
EE	0.17	1	0.17	8.31	0.014 9

表 3-23　泊松比响应面模型方差分析

方差来源	平方和	自由度	均方和	F值	p值
模型	53.85	2	26.92	25.37	$<0.000\,1$
平行黏结刚度比 F	41.77	1	41.77	39.37	$<0.000\,1$
颗粒接触模量 B	12.07	1	12.07	11.38	0.002 3

表 3-24　抗压强度响应面模型方差分析

方差来源	平方和	自由度	均方和	F值	p值
模型	3 552.95	8	444.12	82.06	<0.000 1
法向黏结强度 H	1 175.98	1	1 175.98	217.29	<0.000 1
切向黏结强度 J	1 251.13	1	1 251.13	231.17	<0.000 1
半径乘数 D	415.75	1	415.75	76.82	<0.000 1
HJ	273.74	1	273.74	50.58	<0.000 1
HD	32.13	1	32.13	5.94	0.024 3
JD	118.05	1	118.05	21.81	0.000 1
HH	250.61	1	250.61	46.30	<0.000 1
JJ	65.28	1	65.28	12.06	0.002 4

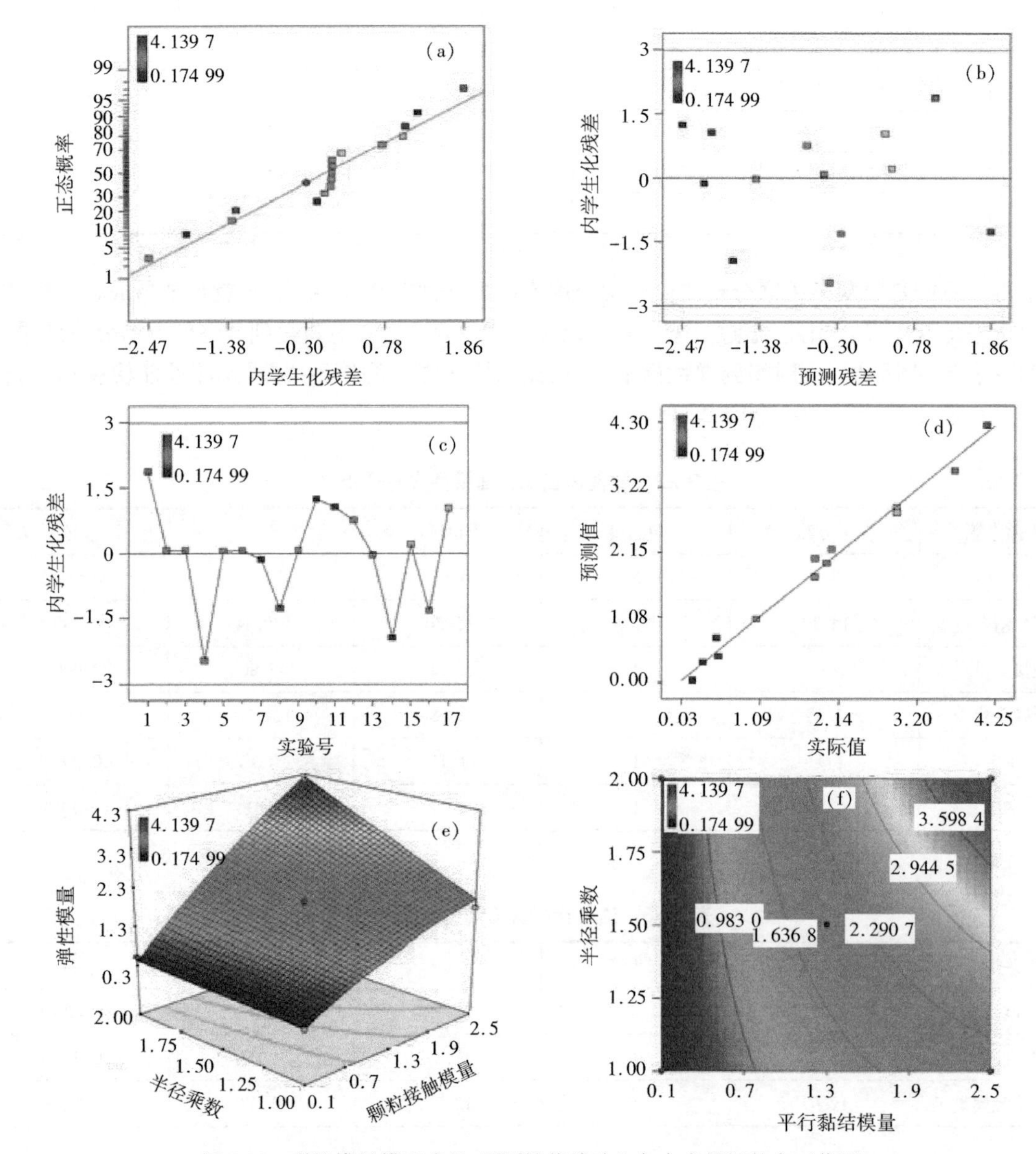

图 3-20　弹性模量模型残差、预测性能检验和各自变量间的交互作用

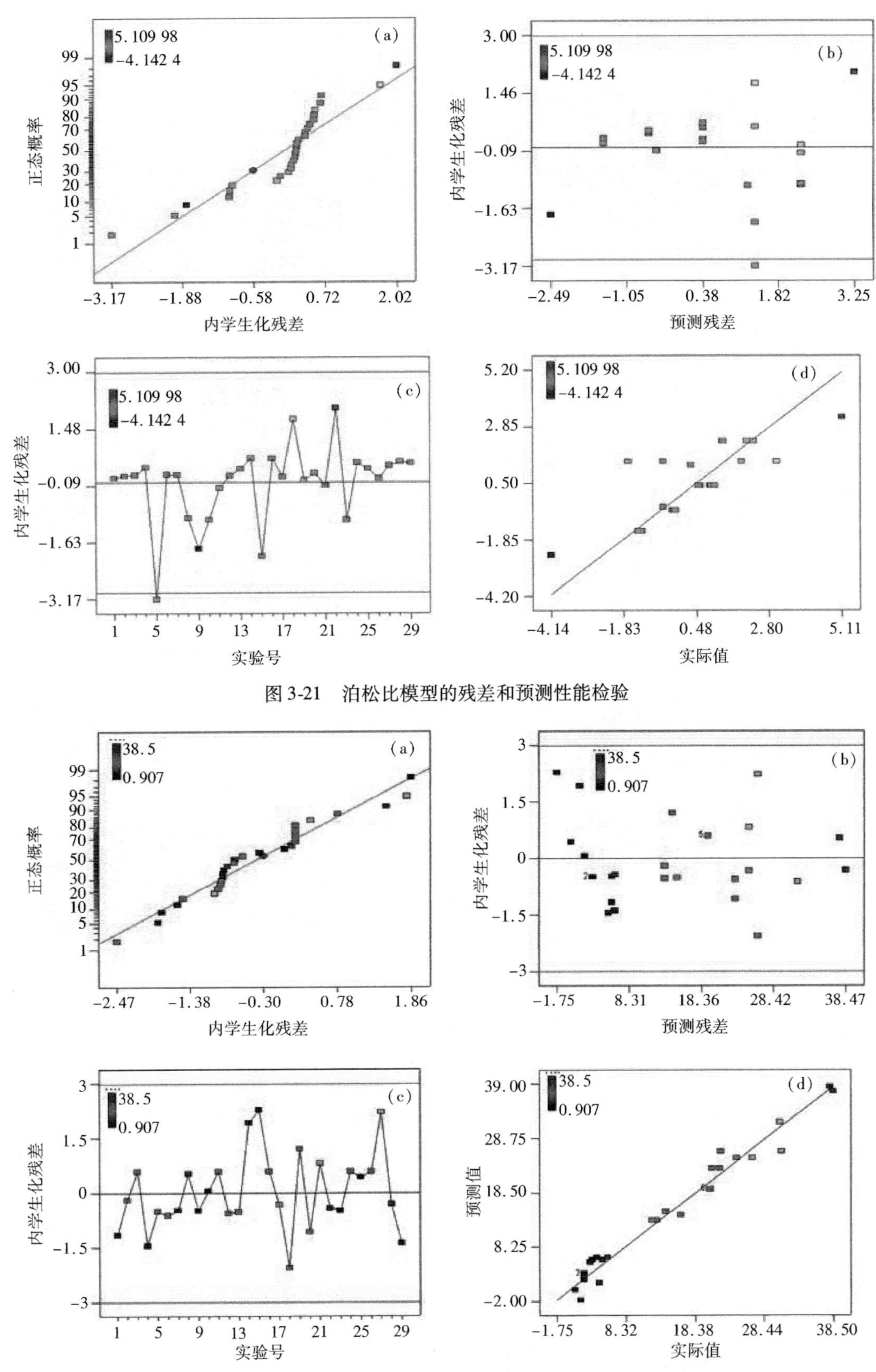

图 3-21　泊松比模型的残差和预测性能检验

图 3-22　抗压强度模型残差、预测性能检验和各自变量间的交互作用(1)

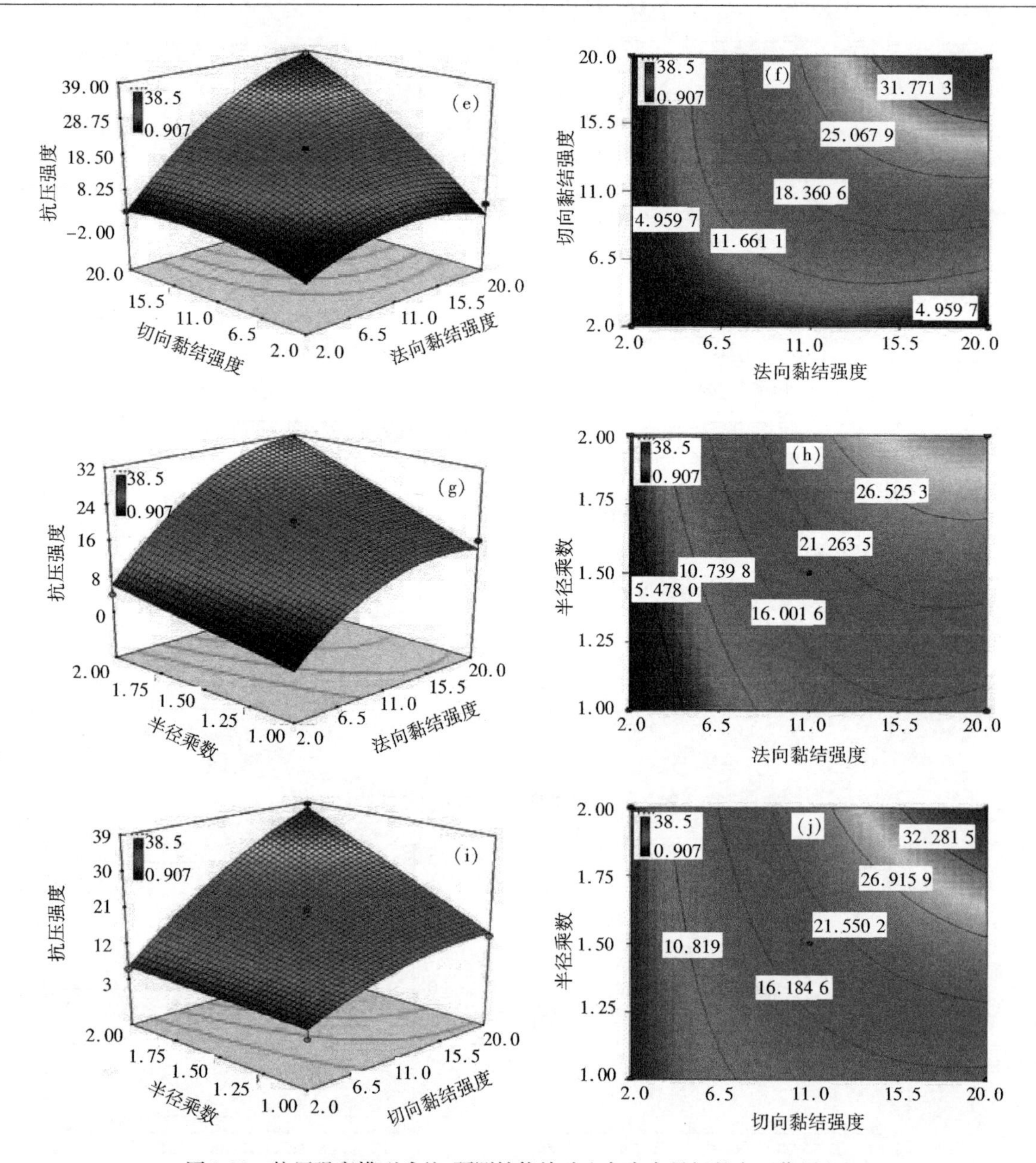

图 3-22 抗压强度模型残差、预测性能检验和各自变量间的交互作用(2)

由表 3-22 ~ 表 3-24 和图 3-20 ~ 图 3-22 可以得到如下结论:

① 由弹性模量的方差分析表 3-22 和图 3-20 可知:模型的 p 值小于 0.000 1,达到极显著水平。同时,模型的内学生化残差与正态概率呈线性相关,预测残差与内学生化残差呈分散分布,不同实验号下内学生化残差上下波动,预测值与实际值呈线性相关,因此模型成立。平行黏结模量 E、颗粒接触模量 B、半径乘数 D、ED 和 EE 的 p 值均小于 0.05,达到显著水平。同时平行黏结模量 E 和半径乘数 D 之间存在较强的交互作用。在实验研究的范围内,弹性模量随颗粒接触模量 B 和半径乘数 D 的增大而增大。因此,可以建立弹性模量与平行黏结模量 E、颗粒接触模量 B 和半径乘数 D 之间的宏—细观模型:

$$E_1 = -0.166\ 3 + 0.199\ 4E + 0.288\ 6B + 0.013\ 7D + 0.879\ 4EB - 0.140\ 8EE \tag{3-21}$$

② 由泊松比的方差分析表 3-23 和图 3-21 可知:与弹性模量类似,通过检验可知模型成立,平行

黏结刚度比 F 和颗粒接触模量 B 均达到显著水平。因此,可以建立泊松比与平行黏结刚度比 F 和颗粒接触模量 B 之间的宏—细观模型:

$$\ln\frac{\mu-0.03}{0.58-\mu}=-3.317+0.7463F+0.8359B \tag{3-22}$$

③ 由抗压强度的方差分析表 3-24 和图 3-22 可知:与弹性模量类似,通过检验可知模型成立,法向黏结强度 H、切向黏结强度 J、半径乘数 D、HD、HJ 和 JD 均达到显著水平。因此,可以建立抗压强度与法向黏结强度 H、切向黏结强度 J 和半径乘数 D 之间的宏—细观模型:

$$\sigma=6.0293+0.6684H-0.9644J-8.4354D+0.1021HJ+0.6298HD+1.2072JD-0.0744HH-0.038JJ \tag{3-23}$$

弹性模量、泊松比和抗压强度宏—细观模型建立的意义在于:① 建立宏—细观间的联系,有利于揭示宏观现象背后的细观机制;② 为快速匹配研究对象(原煤)的相关参数提供一种可行的方法。

3.6.2.4 原煤细观参数匹配

采用杨柳煤矿煤的基本力学参数作为匹配目标,进行细观参数的匹配。目标函数可以表示为:

$$E_1=1.105,\mu=0.34,\sigma=14.07 \tag{3-24}$$

观察表 3-18 可以发现,第 2 组得到的力学参数与目标值较为接近。一般地,模型细观参数中的切向黏结强度要大于法向黏结强度。因此,约束条件可表示为:9≤法向黏结强度≤11;12≤切向黏结强度≤14;1≤半径乘数≤1.1。根据上述条件,得到 15 组细观参数解。从中筛选剔除相近的参数解,最终得到 5 组细观参数解,部分细观参数如表 3-25 所列。同时采用这 5 组细观参数解进行实验,得到的应力—应变曲线如图 3-23 所示。由图 3-23 可知,各细观参数解得到的应力—应变曲线峰前接近,峰后出现差异。根据应力—应变曲线得到各组解的力学参数如表 3-26 所列。

表 3-25　5 组细观参数解

细观参数	法向黏结强度/MPa	切向黏结强度/MPa	黏结半径乘数
2-k-1	9.61	13.40	1.09
2-k-2	10.30	12.97	1.04
2-k-3	9.99	13.53	1.06
2-k-4	10.61	13.13	1.01
2-k-5	10.40	13.83	1.02

表 3-26　5 组细观参数解的基本力学参数

基本力学参数	弹性模量/GPa	泊松比	抗压强度/MPa
2-k-1	1.111 2	0.252 9	15.60
2-k-2	1.022 6	0.277 2	14.90
2-k-3	1.040 5	0.274 5	14.90
2-k-4	1.028 5	0.257 5	15.00
2-k-5	1.020 9	0.268 2	15.00

根据表 3-26,结合马氏距离的计算原理,得到 5 组参数与原煤参数的马氏距离,如图 3-24 所示。由图 3-24 可知细观参数集 2-k-3 的马氏距离最小。因此细观参数集 2-k-3 是与原煤的最优匹配。但观察参数集 2-k-3 与原煤的参数集相差较为明显。对细观参数集 2-k-3 的颗粒接触模量作微小调整,将颗粒接触模量调整为 0.5 GPa,得到微调后的力学参数:弹性模量 1.145 GPa、抗压强度 14.8 MPa

和泊松比0.34,此参数与原煤的力学参数很接近。因此,可将此参数应用于煤宏观破裂特性的细观机制探究中。

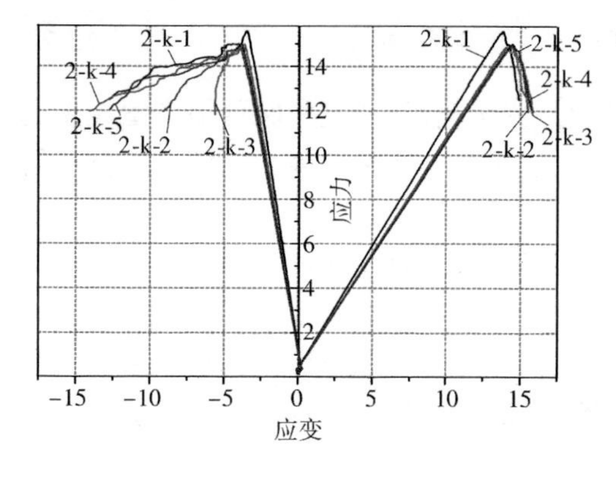

图3-23　5组细观参数解的应力—应变曲线

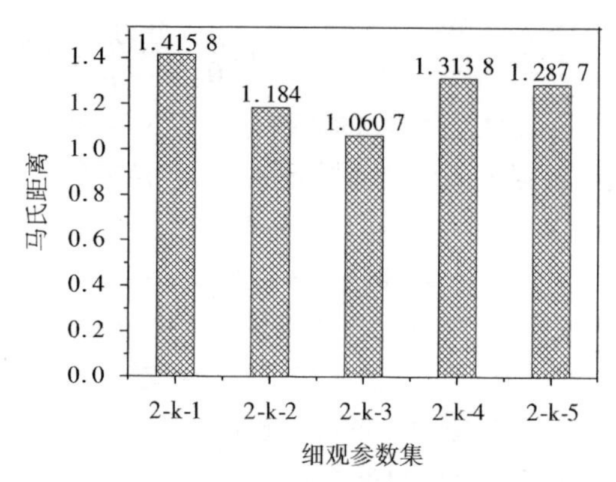

图3-24　各参数集的马氏距离

3.7　本章小结

本章选取不同变质程度煤样进行对比分析,采用实验手段研究了煤的孔隙结构特征并进行了分形计算,建立了分形维数与孔隙率的关系,研究了煤的破坏特征并在此基础上进行了煤的数值重构,可以得到以下结论:

(1) 低阶煤的镜质组含量相对较低,一般小于惰质组含量,而中高阶煤的镜质组含量较高;低阶煤中的矿物质主要为碳酸盐矿物,中高阶煤中则主要为黏土类矿物和硫化物。

(2) 低阶煤中褐煤的水分含量明显高于其它煤样;低阶煤灰分含量一般大于10%,属于中灰煤,而中高阶煤样一般为低灰煤;低阶煤的挥发分含量一般大于30%且随着变质程度的增加逐渐降低,固定碳含量的变化规律则相反。

(3) 低阶煤的孔隙更加发育,其孔隙率和渗透率显著高于中高阶煤,且其中含有大量的开放性孔隙,各阶段孔隙均具有开放性,尤其是中孔和过渡孔占有较大的比例,孔隙间的连通性较好,有利于瓦斯抽采;而中高阶煤中含有大量的半开放性过渡孔和微孔,孔隙之间的连通性较差,不利于瓦斯抽采。

(4) 低阶煤煤样中含有大量的墨水瓶形孔和楔形孔,而中高阶煤样中微孔所占的比例较大,孔隙类型多为圆筒形孔和狭缝形孔;随着变质程度的增加,煤样中微孔所占的比例逐渐增大,大孔所占的比例逐渐减小。

(5) 煤样的体积分形维数主要反映了煤中大孔和中孔的分形特征,低阶煤的孔隙率大,煤体可压缩性强,体积分形维数较大,甚至大于3,中高阶煤样的体积分形维数相对较小;理论上,孔隙率随着体积分形维数的增大而减小。

(6) 煤样在不同压力段的吸附作用机制不同,低压段($p/p_0<0.5$)的分形维数被称为表面分形维数,高压段($p/p_0>0.5$)的分形维数被称为结构分形维数;表面分形维数随变质程度呈先减小后增大的趋势,低阶煤的表面分形维数较大;煤样孔结构复杂,结构分形维数较大,尤其是中高阶煤。

(7) 煤样组分中的水分、灰分和固定碳含量都会造成煤体表面和孔结构的不均一性,对分形维数产生影响;分形维数可以看作煤体组分复杂程度的综合体现。

(8) 随着煤破坏程度的增大,煤的层理紊乱,呈颗粒状。不同破坏类型的煤反映了不同的应力环境和变形机制,变形强烈的碎裂煤、鳞片煤和糜棱煤反映一种强烈挤压、剪切的应力环境,其发育部位通常出现位于构造应力集中地带,易发生煤与瓦斯突出动力灾害。因此,对破坏煤的力学性质进行研究对于煤与瓦斯突出动力灾害的防治具有重要意义。通过灰色田口—响应面法—马氏距离多参数多目标匹配方法可以实现从细观角度重构煤,这有利于揭示宏观现象背后的细观机制。

参考文献

[1] 俞启香,程远平. 矿井瓦斯防治[M]. 徐州:中国矿业大学出版社,2012.

[2] 冯增朝. 低渗透煤层瓦斯强化抽采理论及应用[M]. 北京:科学出版社,2008.

[3] ZHANG XIAODONG, DU ZHIGANG, LI PENGPENG. Physical characteristics of high-rank coal reservoirs in different coal-body structures and the mechanism of coalbed methane production [J]. Science China—Earth Sciences, 2017, 60(2): 246-255.

[4] MENDHE V A, BANNERJEE M, VARMA A K, et al. Fractal and pore dispositions of coal seams with significance to coalbed methane plays of East Bokaro, Jharkhand, India [J]. Journal of Natural Gas Science and Engineering, 2017, 38: 412-433.

[5] FU H J, TANG D Z, XU T, et al. Characteristics of pore structure and fractal dimension of low-rank coal: A case study of Lower Jurassic Xishanyao coal in the southern Junggar Basin, NW China[J]. Fuel, 2017, 193: 254-264.

[6] CLOSE J C. Natural fracture in coal[C]. //Law B E, Rice D D. Hydrocarbons from coal. The American Association of Petroleum Geologists, 1993: 119-132.

[7] CLOSE J C. Natural fractures in bituminous coal gas reservoir[R]. Gas Research Institute Topical Report No. GRI91/0337, 1991.

[8] GAMSON P D, BEAMISH B B, JOHNSON D P. Effect of coal microstructure and secondary mineralization on methane recovery. Geological Society London Special Publications, 1996, 109(1): 165-179.

[9] 霍永忠,张爱云. 煤层气储层的显微孔隙成因分类及其应用[J]. 煤田地质与勘探,1998,26(6): 28-32.

[10] 王生维,陈钟惠. 煤储层孔隙、裂隙系统研究进展[J]. 地质科技情报,1995,14(1):53-59.

[11] 傅雪海,秦勇,李贵中. 现代构造应力场中煤储层孔裂隙应力分析与渗透率研究 [C]. //第四届全国青年地质工作者学术讨论会论文集. 地球学报,1999,20(增刊):623 ~ 627.

[12] 于不凡. 煤和瓦斯突出机理[M]. 北京:煤炭工业出版社,1985.

[13] 中国矿业学院瓦斯组. 煤和瓦斯突出的防治[M]. 北京:煤炭工业出版社,1979.

[14] GAN H, NANDI S P, WALKER P L. Nature of porosity in American coals [J]. Fuel, 1972, 51(4): 272-277.

[15] 吴俊. 中国煤成烃基本理论与实践[M]. 北京:煤炭工业出版社,1994.

[16] 郝琦. 煤的显微孔隙形态特征及其成因探讨[J]. 煤炭学报,1987(4):51-54.

[17] 李强,欧成华,徐乐,等. 我国煤岩储层孔—孔隙结构研究进展[J]. 煤,2008,17(7):1-3.

[18] 张慧,王晓刚. 煤的显微构造及其储集性能[J]. 煤田地质与勘探,1998,26(6):33-36.

[19] 霍多特 B B. 煤与瓦斯突出[M]. 宋士钊,王佑安,译. 北京:中国工业出版社,1966.

[20] 吴俊,金奎励,童有德,等. 煤孔隙理论及在瓦斯突出和抽放评价中的应用[J]. 煤炭学报,1991,16(3):86-95.

[21] 琚宜文,姜波,王桂梁,等. 构造煤结构及储层物性[M]. 徐州:中国矿业大学出版社,2005.

[22] 杨思敬,杨福蓉,高照祥. 煤的孔隙系统和突出煤的空隙特征[C]. //第二届国际采矿科学技术讨论会论文集. 徐州:中国矿业大学,1991:770-777.

[23] 秦勇.中国高煤级煤的显微岩石学特征及结构演化[M].徐州:中国矿业大学出版社,1994.
[24] 琚宜文,姜波,侯泉林,等.华北南部构造煤纳米级孔隙结构演化特征及作用机理[J].地质学报,2005,79(2):269-285.
[25] 乔军伟.低阶煤孔隙特征与解吸规律研究[D].西安:西安科技大学,2009.
[26] 傅小康.中国西部低阶煤储层特征及其勘探潜力分析[D].北京:中国地质大学(北京),2006.
[27] 杨高峰.不同煤阶煤储层物性特征研究[D].淮南:安徽理工大学,2013.
[28] 刘高峰.高温高压三相介质煤吸附瓦斯机理与吸附模型[D].焦作:河南理工大学,2011.
[29] 中华人民共和国国家质量监督检验检疫总局,中国国家标准化管理委员会.气体吸附 BET 法测定固态物质比表面积:GB/T 19587-2004[S].北京:中国标准出版社,2004.
[30] LIPPENS B C,DE BOER J H. Studies on pore systems in catalysts:V. The t method[J]. Journal of Catalysis,1965,4(3):319-323.
[31] 戚灵灵,王兆丰,杨宏民,等.基于低温氮吸附法和压汞法的煤样孔隙研究[J].煤炭科学技术,2012,40(8):36-39,87.
[32] 李旭.不同变质程度煤比表面积与吸附特征关系的研究[D].北京:煤炭科学研究总院,2007.
[33] 程庆迎.低透煤层水力致裂增透与驱赶瓦斯效应研究[D].徐州:中国矿业大学,2012.
[34] OKOLO G N,EVERSON R C,NEOMAGUS H W J P,et al. Comparing the porosity and surface areas of coal as measured by gas adsorption,mercury intrusion and SAXS techniques[J]. Fuel,2015,141(141):293-304.
[35] AKBARZADEH H,CHALATURNYK R J. Structural changes in coal at elevated temperature pertinent to underground coal gasification:A review[J]. International Journal of Coal Geology,2014,131:126-46.
[36] LI W,ZHU Y M,CHEN S B,et al. Research on the structural characteristics of vitrinite in different coal ranks[J]. Fuel,2013,107(9):647-52.
[37] CLARKSON C R,BUSTIN R M. Variation in micropore capacity and size distribution with composition in bituminous coal of the Western Canadian Sedimentary Basin:Implications for coalbed methane potential[J]. Fuel,1996,75(13):1483-98.
[38] CAI YIDONG,LIU DAMENG,PAN ZHEJUN,et al. Pore structure and its impact on CH4 adsorption capacity and flow capability of bituminous and subbituminous coals from Northeast China[J]. Fuel,2013,103:258-268.
[39] BUDAEVA A D,ZOLTOEV E V. Porous structure and sorption properties of nitrogen-containing activated carbon[J]. Fuel,2010,89(9):2623-2627.
[40] ZHAO HUILING,BAI ZONGQING,BAI JIN,et al. Effect of coal particle size on distribution and thermal behavior of pyrite during pyrolysis[J]. Fuel,2015,148:145-151.
[41] TAKAGI H,MARUYAMA K,YOSHIZAWA N,et al. XRD analysis of carbon stacking structure in coal during heat treatment[J]. Fuel,2004,83(17/18):2427-2433.
[42] BORAL P,VARMA A K,MAITY S. X-ray diffraction studies of some structurally modified Indian coals and their correlation with petrographic parameters[J]. Current Science,2015,108(3):384-394.
[43] TENG LIHUA;TANG TIANDI. IR study on surface chemical properties of catalytic grown carbon nanotubes and nanofibers[J]. Journal of Zhejiang University (Science A),2008,9(5):720-726.
[44] FLORES D,SUARÉZ-RUIZ I,IGLESIAS M J,et al. FTIR study of Rio Maior lignites (Portugal):

Organic matter composition in functional groups[C].//Li B Q,Liu Z Y. Prospects for coal science in the 21st century. Taiyuan:Shanxi Science & Technology Press,1999:247-250.

[45] MUIRHEAD D K, PARNELL J, TAYLOR C, et al. A kinetic model for the thermal evolution of sedimentary and meteoritic organic carbon using Raman spectroscopy[J]. Journal of Analytical and Applied Pyrolysis,2012,96(12):153-61.

[46] GUEDES A,VALENTIM B,PRIETO A C,et al. Raman spectroscopy of coal macerals and fluidized bed char morphotypes[J]. Fuel,2012,97(7):443-449.

[47] ZHOU B,ZHOU H,WANG J,et al. Effect of temperature on the sintering behavior of Zhundong coal ash in oxy-fuel combustion atmosphere[J]. Fuel,2015,150:526-537.

[48] LIU L,CAO Y,LIU Q. Kinetics studies and structure characteristics of coal char under pressurized CO^2 gasification conditions[J]. Fuel,2015,146:103-110.

[49] LEE G J,PYUN S I,RHEE C K. Characterisation of geometric and structural properties of pore surfaces of reactivated microporous carbons based upon image analysis and gas adsorption[J]. Microporous and Mesoporous Materials,2006,93(1/3):217-225.

[50] RADLINSKI A P,MASTALERZ M,HINDE A L,et al. Application of SAXS and SANS in evaluation of porosity,pore size distribution and surface area of coal[J]. International Journal of Coal Geology, 2004,59(3):245-271.

[51] ZHAO Y,LIU S,ELSWORTH D,et al. Pore Structure Characterization of Coal by Synchrotron Small-Angle X-ray Scattering and Transmission Electron Microscopy[J]. Energy & Fuels,2014,28(6): 3704-3711.

[52] KARACAN C O,OKANDAN E. Adsorption and gas transport in coal microstructure:investigation and evaluation by quantitative X-ray CT imaging[J]. Fuel,2001,80(4):509-520.

[53] JU Y W,JIANG B,HOU Q L,et al. ^{13}C NMR spectra of tectonic coals and the effects of stress on structural components[J]. Science in China (Earth Sciences),2005,48(9):1418-1437.

[54] MATHEWS J P,FERNANDEZ-ALSO V,JONES A D,et al. Determining the molecular weight distribution of Pocahontas No. 3 low-volatile bituminous coal utilizing HRTEM and laser desorption ionization mass spectra data[J]. Fuel,2010,89(7):1461-1469.

[55] SOLUM M S,SAROFIM A F,PUGMIRE R J,et al. ^{13}C NMR analysis of soot produced from model compounds and a coal[J]. Energy & Fuels,2001,15(4):961-971.

[56] JIAO T,LI C,ZHUANG X,et al. The new liquid-liquid extraction method for separation of phenolic compounds from coal tar[J]. Chemical Engineering Journal,2015,266:148-155.

[57] KIRSTIN T. An investigation into the pore size distribution of coal using mercury porosimetry and the effect that stress has on this distribution[Z]. Queensland:The University of Queensland,2000.

[58] 袁静. 松辽盆地东南隆起区上侏罗统孔隙特征及影响因素[J]. 煤田地质与勘探,2004,32(2):7-10.

[59] 张素新,肖红艳. 煤储层中微孔隙和微裂隙的扫描电镜研究[J]. 电子显微学报,2000,19(4):531-532.

[60] 刘先贵,刘建军. 降压开采对低渗储层渗透性的影响[J]. 重庆大学学报(自然科学版),2000,23(增刊1):93-96.

[61] ORTIZ M. A constitutive theory for the inelastic behavior of concrete[J]. Mechanics of Materials, 1985,4(1):67-93.

[62] 卢平,沈兆武,朱贵旺,等.岩样应力应变全程中的渗透性表征与试验研究[J].中国科学技术大学学报,2002,32(6):45-51.

[63] 李祥春,郭勇义,吴世跃.煤吸附膨胀变形与孔隙率、渗透率关系的分析[J].太原理工大学学报,2005,36(3):264-266.

[64] CLARKSON C R,BUSTIN R M. Binary gas adsorption/desorption isotherms: effect of moisture and coal composition upon carbon dioxide selectivity over methane[J]. International Journal of Coal Geology,2000,42(4):241-271.

[65] 马玉林.煤与瓦斯突出逾渗机理与演化规律研究[D].阜新:辽宁工程技术大学,2012.

[66] 朱兴珊.煤层孔隙特征对抽放煤层气影响[J].中国煤层气,1996,(1):37-39.

[67] 张占存.煤的吸附特征及煤中孔隙的分布规律[J].煤矿安全,2006,37(9):1-3.

[68] 孟宪明.煤孔隙结构和煤对气体吸附特性研究[D].青岛:山东科技大学,2007.

[69] 王聪,江成发,储伟.煤的分形维数及其影响因素分析[J].中国矿业大学学报,2013,42(6):1009-1014.

[70] PYUN S I,RHEE C K. An investigation of fractal characteristics of mesoporous carbon electrodes with various pore structures[J]. Electrochimica Acta,2004,49(24):4171-4180.

[71] JI HUAIJUN,LI ZENGHUA;YANG YONGLIANG,et al. Effects of Organic Micromolecules in coal on its Pore Structure and Gas Diffusion Characteristics[J]. Transport in Porous Media,2015,107(2):419-433.

[72] CHEN XUDONG,ZHOU JIKAI,DING NING. Fractal characterization of pore system evolution in cementitious materials[J]. KSCE Journal of Civil Engineering,2015,19(3):719-724.

[73] KANDAS A W,SENEL I G,LEVENDIS Y,et al. Soot surface area evolution during air oxidation as evaluated by small angle X-ray scattering and CO_2 adsorption[J]. Carbon,2005,43(2):241-251.

[74] YAO YANBIN,LIU DAMENG,TANG DAZHEN,et al. Fractal characterization of adsorption-pores of coals from North China: An investigation on CH_4 adsorption capacity of coals[J]. International Journal of Coal Geology,2008,73(1):27-42.

[75] EL SHAFEI G M,PHILIP C A,MOUSSA N A. Fractal analysis of hydroxyapatite from nitrogen isotherms[J]. Journal of Colloid and Interface Science,2004,277(2):410-416.

[76] KANEKO K,SATO M,SUZUKI T,et al. Surface fractal dimension of microporous carbon fibres by nitrogen adsorption[J]. Journal of the Chemical Society (Faraday Transactions),1991,87:179-184.

[77] RUDZINSKI W,LEE S-L,PANCZYK T,et al. A fractal approach to adsorption on heterogeneous solids surfaces. 2. Thermodynamic analysis of experimental adsorption data[J]. The Journal of Physical Chemistry B,2001,105(44):10857-10866.

[78] QI H,MA J,WONG P Z. Adsorption isotherms of fractal surfaces[J]. Colloids and Surfaces A: Physicochemical and Engineering Aspects,2002,206(1/3):401-407.

[79] KHALILI NR,PAN M,SANDÍ G. Determination of fractal dimensions of solid carbons from gas and liquid phase adsorption isotherms[J]. Carbon,2000,38(4):573-588.

[80] XU L,ZHANG D,XIAN X. Fractal Dimensions of Coals and Cokes[J]. Journal of Colloid and Interface Science,1997,190(2):357-359.

[81] 傅雪海,秦勇,薛秀谦,等.煤储层孔、裂隙系统分形研究[J].中国矿业大学学报,2001,30(3):225-228.

[82] 傅雪海,秦勇,张万红,等.基于煤层气运移的煤孔隙分形分类及自然分类研究[J].科学通报,

2005,50(增刊 1):51-55.

[83] 王文峰,徐磊,傅雪海. 应用分形理论研究煤孔隙结构[J]. 中国煤田地质,2002,14(2):26-27,33.

[84] 江丙友,林柏泉,吴海进,等. 煤岩超微孔隙结构特征及其分形规律研究[J]. 湖南科技大学学报(自然科学版),2010,25(3):15-28,28.

[85] 邓英尔,黄润秋. 岩石的渗透率与孔隙体积及迂曲度分形分析[C].//中国岩石力学与工程学会. 第八次全国岩石力学与工程学术大会论文集. 北京:科学出版社,2004.

[86] 韦江雄,余其俊,曾小星,等. 混凝土中孔结构的分形维数研究[J]. 华南理工大学学报(自然科学版),2007,35(2):121-4.

[87] 朱兴珊,徐凤银,肖文江. 破坏煤分类及宏观和微观特征[J]. 焦作矿业学院学报,1995,14(1):38-44.

[88] 胡广青,姜波,陈飞,等. 不同类型构造煤特性及其对瓦斯突出的控制研究[J]. 煤炭科学技术,2012,40(2):111-115.

[89] HATAMI M,CUIJPERS M C M,BOOT M D. Experimental optimization of the vanes geometry for a variable geometry turbocharger (VGT) using a Design of Experiment (DoE) approach[J]. Energy Conversion and Management,2015,106:1057-1070.

[90] MONTGOMERY DOUGLAS C. 实验设计与分析[M]. 傅珏生,张健,王振羽,等,译. 北京:人民邮电出版社,2009.

[91] RAZA Z A,AHMAD N,KAMAL S. Multi-response optimization of rhamnolipid production using grey rational analysis in Taguchi method[J]. Biotechnology Reports,2014,3:86-94.

[92] SOLTANI M,MOGHADDAM T B,KARIM M R,et al. Analysis of fatigue properties of unmodified and polyethylene terephthalate modified asphalt mixtures using response surface methodology [J]. Engineering Failure Analysis,2015,58:238-248.

[93] PATIL N,DAS D,PECHT M. Anomaly detection for IGBTs using Mahalanobis distance[J]. Microelectronics Reliability,2015,55(7):1054-1059.

[94] POTYONDY D O,CUNDALL P A. A bonded-particle model for rock[J]. International Journal of Rock Mechanics and Mining Sciences,2004,41(8):1329-1364.

[95] 赵国彦,戴兵,马驰. 平行黏结模型中细观参数对宏观特性影响研究[J]. 岩石力学与工程学报,2012,31(7):1491-1498.

[96] 牛林新,辛酉阳. 基于正交设计的颗粒流模型宏细观参数相关分析——以岩石单轴压缩数值试验为例[J]. 人民长江,2015(16):53-57,71.

[97] SUN MJ,TANG HM,HU XL,et al. Microparameter prediction for a triaxial compression PFC3D model of rock using full factorial designs and artificial neural networks[J]. Geotechnical and Geological Engineering,2013,31(4):1249-1259.

第四章　煤层瓦斯吸附解吸及流动

4.1　引言

煤矿井下钻孔瓦斯抽采是目前防治瓦斯动力灾害的主要手段。钻孔瓦斯抽采涉及瓦斯在煤层中复杂的运移过程:在抽采负压作用下,煤体中的游离瓦斯通过煤体裂隙流入钻孔内,这一过程通常被认为满足压差驱动的达西渗流;随着瓦斯的流出,煤体裂隙内压力逐渐降低,从而在煤基质与裂隙间形成压差,导致基质中本已达到平衡的吸附瓦斯受到扰动而发生解吸,并在基质与裂隙间发生质量交换。通常认为基质与裂隙间的质量交换满足浓度驱动的菲克扩散定律。因此,井下钻孔瓦斯抽采的过程就是煤层内瓦斯发生解吸、扩散和渗流的过程[1]。对该过程的准确认识是实现煤矿瓦斯精准抽采以及瓦斯动力灾害科学防治的理论基础。

煤体瓦斯的吸附、解吸受多种因素的影响,如煤的孔隙结构、煤的变质程度、煤的组分、气温、气压等。这些因素中的任意一个发生变化都可能会打破原始的平衡状态,引起瓦斯的吸附或解吸,改变煤体孔隙—裂隙结构,从而影响瓦斯在煤层内的流动。瓦斯的解吸导致孔隙内瓦斯浓度的升高,在浓度差的驱动下,孔隙内的瓦斯与煤体裂隙之间发生质量交换,这一过程是影响后期瓦斯抽采效果的关键一步。扩散进入裂隙内的瓦斯在裂隙系统内渗流,这一过程中各因素如瓦斯压力、外部应力、温度等的变化都会对瓦斯在裂隙内的运移速度产生影响,从而影响瓦斯抽采效果。因此,掌握影响煤体内瓦斯吸附、解吸、扩散以及渗流特性对于瓦斯抽采有着重要意义。

本章基于第三章煤体孔隙结构的研究成果,采用实验室试验、数学建模以及数值模拟等手段研究煤层瓦斯抽采过程中瓦斯的吸附解吸特性、扩散特性、煤体渗流特性以及各物理场的时空演化规律,为煤矿瓦斯动力灾害防治提供理论支撑。

4.2　煤层瓦斯吸附与解吸特性

煤体瓦斯主要以吸附态的形式存在于煤基质孔隙中,瓦斯的吸附、解吸会引起基质膨胀与收缩,改变煤体孔隙—裂隙结构,从而影响瓦斯在煤体中的运移过程。因此,研究瓦斯在煤体中的吸附解吸过程对于理解瓦斯运移有重要意义。本节基于对煤体孔隙结构的研究,从瓦斯在煤体中的吸附、解吸原理出发,研究影响瓦斯吸附解吸的影响因素及其作用机理,为瓦斯抽采过程中的多场耦合渗流研究提供理论基础。

4.2.1　瓦斯吸附解吸的基本原理

4.2.1.1　瓦斯吸附的基本原理

固体对气体的吸附从本质上说是由固体表面的原子或离子与气体分子之间的相互作用力引起的,最终表现为固体表面分子与气体分子间电引力的作用。根据分子热力学和表面物理化学的知识,这些作用力分为两大类:物理作用力和化学作用力,分别引起物理吸附和化学吸附[2]。

煤内表面上分子的力场是不饱和的,因此它具有吸附甲烷气体的能力,这就是煤对甲烷分子的吸附作用[3]。普遍认为甲烷气体在煤内表面的吸附主要是物理吸附,其本质是煤表面分子和甲烷气体分子之间相互吸引的结果,是煤分子和甲烷气体分子之间的作用力使甲烷气体分子在煤表面上的停留。

聂百胜等[4]人在前人研究的基础上,应用煤大分子结构研究的最新进展及分子热力学和表面物理化学理论,在微观领域探讨了煤吸附瓦斯的本质,认为煤分子和瓦斯气体分子之间的作用力是由范德华力(包括静电作用力、德拜力、伦敦色散力)和库仑作用力组成,形成吸引势,即吸附势垒,认为吸附势垒是由煤大分子结构和瓦斯气体的性质决定的。

甲烷分子在吸附势的作用下,由自由状态分子转变为吸附态分子,逐渐在煤表面沉积下来(如图4-1所示)。

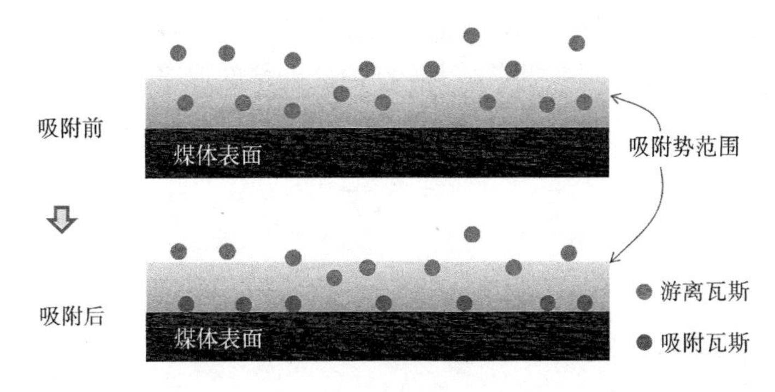

图4-1　煤吸附瓦斯过程简图

瓦斯分子的吸附势垒越深,脱附时需要的能量越大,煤吸附瓦斯量的大小主要取决于瓦斯气体在煤表面的吸附势垒和煤瓦斯体系的温度。

自由气体分子必须损失部分所具有的能量才能停留在煤的孔隙表面,因此吸附是放热的;处于吸附状态的甲烷气体分子只有获得能量 E_a 才能越出吸附势阱而成为自由气体分子,因此解吸是吸热的。甲烷气体分子的热运动越剧烈,其动能越高,吸附甲烷分子获得能量发生解吸的可能性越大。当甲烷压力增大时,气体分子撞击煤体孔隙表面的概率增加,吸附速度加快,甲烷气体分子在煤孔隙表面上排列的密度增加[2]。

煤是孔隙裂隙发育的多孔介质结构,从宏观上看,煤对甲烷吸附的主要影响因素为煤的变质程度、压力、煤中的水分、显微组分等;从微观上看煤吸附甲烷主要是煤的大分子结构和甲烷气体分子之间相互作用的结果[5]。在微观方面,国内外研究的相对较少,陈昌国等[6]曾用从头计算的量子化学方法研究了煤表面与甲烷的作用关系;聂百胜等[7]根据分子运动论从微观上讨论了压强和温度对甲烷分子平均自由程的影响规律,并解释了升高压强和温度增强甲烷气体在煤层微孔隙中扩散能力的机理;降文萍[8,9]利用量子化学计算方法,发现煤中含氧官能团会降低煤结构与甲烷的吸附作用,从而降低了煤对甲烷的吸附能力,而煤中脂肪侧链则会增大煤结构与甲烷的吸附作用,从而提高煤对甲烷的吸附能力,综合分析了煤吸附甲烷的朗缪尔(Langmuir)体积随煤阶的变化规律,并从微观的角度很好地解释了煤吸附能力随煤阶的增加而变化的实验现象;张世杰等[10]采用分子力学模拟的方法研究了煤表面分子片段模型与瓦斯气的吸附作用,主要研究了煤表面分子的苯环和侧链对 CH_4、CO_2、N_2 和 O_2 的吸附作用,得到了吸附能,计算出了在不同位置吸附的概率。

目前煤吸附甲烷的理论模型主要包括:单分子层吸附理论、多分子层吸附理论 BET 方程、微孔充填模型、多相气体吸附模型、波兰尼(Polanyi)吸附势理论、弗伦德利希(Freundlich)方程等[11,12]。

(1) 煤层气单分子层吸附——朗缪尔吸附模型

朗缪尔在1916年就首先提出了固体对气体的吸附理论,他认为气体分子碰撞在固体表面时有两种可能:一种是弹性碰撞,即碰撞后又立即返回气相;另一种是非弹性碰撞,即碰撞后由于范德华引力的作用,固体表面分子将气体的一部分吸引在固体表面上形成相对的凝聚现象,称为气体在固体中的吸附。当单位时间碰撞到固体上并被吸附的气体分子数与由表面上逸出的气体分子数相等时,吸附达到平衡。推导吸附方程时,朗缪尔提出以下三点假设[13]:

① 只有碰撞到空白表面的气体分子才可能被吸附,而碰撞到已被吸附的气体分子上时,则是弹性碰撞,即只发生单分子层吸附。

② 被吸附的气体分子离开表面回到气相的概率相等,不受邻近有无吸附分子的影响,即吸附分子间无相互作用。

③ 气体分子被吸附在固体表面的任何位置,所放出的吸附热都相同,即固体表面是均匀的。

朗缪尔吸附理论模型是动力学中最早的、迄今仍在广泛应用的理论。该理论认为被吸附气体和吸附剂之间的平衡是动态的,即分子在吸附剂表面空白区凝结的速率等于分子从已占领区域重新蒸发的速率,其表达式为:

$$V = \frac{V_a bp}{1 + bp} \tag{4-1}$$

式中 V——吸附体积;

p——压力;

V_a——单分子层吸附量;

b——朗缪尔吸附常数。

如果将其改写成线性方程:

$$\frac{p}{V} = \frac{1}{V_a b} + \frac{p}{V_a} \tag{4-2}$$

V_a与固体的比表面积有关:

$$V_a = \frac{\Sigma V_0}{N_0 \sigma_0} \tag{4-3}$$

其中 σ_0——一个吸附位的面积,cm^2;

V_0——标准状态下气体分子体积,cm^3;

N_0——阿伏伽德罗常数;

Σ——比表面积,cm^2/g。

朗缪尔理论适合物理吸附和化学吸附,是目前广泛用于煤层气吸附的状态方程。更为简单的表达式为:

$$V = \frac{V_L p}{p_L + b} \tag{4-4}$$

式中 p_L, V_L——朗缪尔常数。

朗缪尔方程是依据朗缪尔单分子层吸附模型,在敞开的非孔固体表面吸附,而且吸附的气体以只有一个分子层的厚度为基础建立起来的。虽然煤吸附甲烷不符合朗缪尔方程所要求的条件,但是国内外研究者都使用朗缪尔模型来计算吸附量。这是因为煤吸附甲烷的等温线显示出第Ⅰ类吸附等温线的特征,而单分子层吸附等温线也具有第Ⅰ类吸附等温线的形式,两者的吸附等温线形式相同。单分子层吸附可以用朗缪尔方程来描述,这就意味着煤吸附甲烷也可以用朗缪尔方程来描述[14]。所以用朗缪尔方程来计算吸附量是可行的。

(2) 煤层气的多分子层吸附理论——BET 方程

动力学理论中另一分支是多分子层吸附理论,是朗缪尔单分子层吸附理论的扩展。将单分子层吸附的动态平衡状态用于不连续的分子层,假设第一层中的吸附是靠固体(吸附体)分子与气体分子(吸附质)间的范德华力,而第二层以上的吸附是靠气体分子间的范德华力。吸附是多层的,但不是第一层吸附铺满时再进行第二层吸附,而是每一层都可能有空吸附位,层是不连续的,称为 BET 吸附,由 BET 方程描述[15]。

在较高的压力下,多分子层吸附存在的可能性更大。

$$\frac{V}{V_m}=\frac{cx}{(1-x)[1+(c-1)x]} \tag{4-5}$$

式中　$x=p/p_0$;

p——气体压力;

p_0——饱和气体压力;

c——与气体吸附热和凝结有关的常数。

对于煤来说,多层吸附受孔径的限制,设定其吸附为 n 层,则:

$$V=\frac{V_m cx}{1-x}\cdot\frac{1-(n+1)x^n+nx^{n+1}}{1+(c-1)x-cx^{n+1}} \tag{4-6}$$

(3) 微孔充填模型

微孔填充理论认为对有些微孔介质(如煤、活性炭等),其孔径尺寸与被吸附分子的大小相当,吸附则可能发生在吸附剂的内部空间,即吸附是对微孔容积的填充而不是表面覆盖。根据微孔填充理论,在吸附膜上任意点的吸附力可用吸附势函数 A 来衡量。A 为一个分子从气相到达吸附膜上那一点做的功,它是吸附量 Q 的函数,并可由气液平衡状态求得。其数学表达式 D-A(Dubinin-Astakhov,杜比宁—阿斯塔霍夫)方程:

$$Q=Q_{max}\exp[-(A/E)^n] \tag{4-7}$$

$$A=RT\ln(p_s/p) \tag{4-8}$$

式中　Q_{max}——饱和吸附容量(相当于微孔容积);

E——吸附特征能;

n——吸附失去的自由度;

p_s——饱和蒸气压。

前人的研究中,大多数学者认为煤层中甲烷主要是单分子层吸附,可以用朗缪尔方程来表征。但随着研究的深入和实验方法的改进,该模型的适用性有了疑义。陈昌国等人用微孔填充理论研究了无烟煤与活性炭的吸附特性,通过与朗缪尔等温式和弗伦德利希等温式对比,认为微孔填充理论更为适用[16-18]。

(4) 吸附势理论

吸附势理论认为,吸附是由势能引起的。固体表面附近存在的势能场,称为吸附势。距固体表面越近,吸附势能越高,吸附质浓度也越高,反之则低。波兰尼曾对吸附势进行了定量描述,故这种理论也被称为波兰尼吸附势理论。吸附势模型可描述Ⅱ类吸附等温线,适合于孔径较小的物质(一般孔径 0.6~0.7 nm),并且不易发生多层吸附或毛细凝结现象[2]。

在吸附势理论中,采用 D-R(Dubinin-Radushkevich,杜比宁—拉杜什维奇)方程来定量描述微孔吸附剂的等温吸附行为,即:

$$V=V_0\exp\left[-K\left(\frac{RT}{\beta}\ln\frac{p_0}{p}\right)^2\right] \tag{4-9}$$

式中　V_0——微孔体积;

β——吸附质的亲和系数;

K——吸附质的饱和蒸气压力；

p_0——实验温度下吸附质的饱和蒸气压力。

(5) 经验公式方法与模型

此类方法是根据吸附数据拟合分析得到的，如弗伦德利希方程，可将吸附等温式表示为含有两个常数的指数方程，由于其形式简单，得到了广泛应用，该方程后来证明也能从热力学的方法推导出来。

4.2.1.2　瓦斯解吸的基本原理

解吸是甲烷—煤基吸附体系因为影响吸附—解吸平衡的条件发生变化，吸附气体转化为游离态而脱离吸附体系，吸附—解吸动态平衡体系中吸附量减少的过程。这个过程相当于气体在煤内运移的3个阶段：首先受压力梯度的影响，气体在煤基质外足够大的裂隙中自由流动(达西流)；其后，气体在浓度梯度作用下并通过微孔结构向较大的孔隙扩散[努森(Knudsen)扩散]；最终导致气体从煤的内表面解吸出来。

瓦斯抽采是一个"降压—解吸—采气"的过程。瓦斯抽采过程中，解吸作用主要通过压力降低来实现，当煤储层压力降至临界解吸压力以下时，瓦斯即开始解吸，由吸附态转化为游离态。煤层微孔隙表面上的气体开始解吸时的压力称为临界解吸压力。

实际上，煤储层压力和含气饱和度与抽采瓦斯量大小也有直接关系。煤的含气饱和度越大，其对应含气量在吸附曲线上越对应接近实测储层压力，其临界解吸压力也就越大，当压力降低，则越有利于瓦斯解吸，使得抽采瓦斯量也将越大。煤储层压力也受煤层埋藏深度的影响，一般来讲，煤层埋藏越深，煤储层压力越大，其含气饱和度越大，临界解吸压力也越大。

从实验角度，瓦斯解吸研究不应局限于等温吸附曲线及制约瓦斯解吸的温度、压力等影响因素几个方面，而应将研究的范畴拓展到瓦斯解吸的动力学机制、解吸作用条件、解吸作用过程、解吸作用类型等诸多领域。根据不同的瓦斯解吸条件和解吸特征，瓦斯物理解吸可分为降压解吸、升温解吸、置换解吸和扩散解吸四个亚类。

(1) 降压解吸

降压解吸是煤层气开采过程中最主要的一种解吸作用。降压解吸的基本特征是被吸附在煤基质孔隙内表面的煤层气分子由于"外界压力"的降低而变得更为活跃，从而摆脱了范德华力的束缚，由吸附态变为游离态。根据目前对降压解吸的基本认识，其解吸行为基本服从朗缪尔方程。

(2) 升温解吸

现代物理化学研究表明，吸附剂对吸附质的吸附量是吸附质、吸附剂的性质及其相互作用、吸附平衡时的压力和温度的函数。温度与吸附量呈负相关，与解吸量呈正相关。温度升高，加速了气体分子的热运动，使其具有更高的能力可以逃逸范德华力的束缚而被解吸。一般将温度对解吸速率和解吸量的影响归于影响因素，实际上，温度与压力一样，都是引起解吸的一种动力，应将其定为一种解吸类型。这一类型在瓦斯含量测定实验中早已得到证实。可以发现，在瓦斯含量测定过程中，当解吸罐放入恒温水箱时，即使解吸罐内的压力在升高，瓦斯解吸也会加速。

(3) 置换解吸

置换解吸的本质是未被吸附的其它气体分子或水分子为达到动态平衡而置换了处于吸附态的甲烷分子的位置，从而使原本呈吸附态的甲烷分子变为游离态，其实质是一种"竞争吸附"的过程。事实上，置换解吸是"优胜劣汰的自然法则"的具体体现。一方面，未被吸附的其它气体分子和水分子，在普遍存在于各种原子、分子之间的范德华力作用下在不停地争取被吸附的机会，以力图达到动态平衡状态；另一方面，气体分子的热力学性质决定了这些被吸附的气体分子在不停地挣脱范德华力束缚，变吸附态为游离态。

(4) 扩散解吸

根据分子扩散理论，只要有浓度差存在，就有分子扩散运动，这是由气体分子热力学性质所决定的。甲烷气体分子在煤孔隙内表面得以高度富集，这就与孔隙、裂隙内的流体构成了高梯度的浓度差，这种浓度差迫使甲烷分子扩散，从而形成解吸。基于扩散的普遍存在性，扩散解吸也是瓦斯抽采过程中瓦斯解吸的一种重要类型。鉴于扩散解吸的实质是由于浓度差造成扩散而导致的“解吸”，因此这种扩散本身是存在于“解吸作用”之中的，是解吸作用与扩散作用的耦合。从解吸的角度，称之为“扩散解吸”。

(5) 有关解吸的经验公式

解吸是吸附的逆过程，在解吸量计算方面，国内外学者提出了一系列瓦斯解吸规律的经验公式，包括巴雷尔式、文特式、乌斯基诺夫式、博特式、孙重旭式、艾黎式、渡边伊温式、大牟田秀文式、杨其銮式、王佑安式、指数式等，现将部分经验公式总结如下。

① 巴雷尔式

英国剑桥大学巴雷尔基于天然沸石对各种气体的吸附过程实验，认为吸附和解吸是可逆过程，在定压系统下，气体累计吸附量和解吸量与时间的平方根成正比：

$$\frac{Q_t}{Q_\infty} = \frac{2S}{V}\sqrt{\frac{Dt}{\pi}} \tag{4-10}$$

式中　Q_t——t 时的累计吸附或解吸气体量，cm^3/g；

Q_∞——极限吸附或解吸气体量，cm^3/g；

S——试样的外比表面积，cm^2/g；

V——单位质量试样的体积，cm^3/g；

t——吸附或解吸时间，min；

D——扩散系数，cm^2/min。

② 文特(和雅纳斯)式

文特和雅纳斯实验结果表明，从瓦斯吸附平衡煤中解吸出来的瓦斯量取决于煤的瓦斯含量、吸附平衡压力、时间、温度和粒度等因素，并提出解吸速度随时间变化可用幂函数表示：

$$\frac{v_t}{v_a} = \left(\frac{t}{t_a}\right)^{-K_t} \tag{4-11}$$

式中　v_t，v_a——分别为时间 t 及 t_a 时的瓦斯解吸速度，$cm^3/(g \cdot min)$；

K_t——支配瓦斯涌出量随时间变化的指数。

解吸瓦斯量随时间的变化可用幂函数表示：

$$Q_t = \frac{v_1}{1 - K_t} t^{1-K_t} \tag{4-12}$$

式中　Q_t——从开始到时间 t 时的累计瓦斯解吸量，cm^3/g；

v_1——$t=1$ s 时的瓦斯解吸速度，$cm^3/(g \cdot min)$。

在瓦斯解吸的初始阶段，计算值与实测值较为一致，但时间 t 较长时，计算值与实测值之间的误差有增大的趋势。

③ 乌斯基诺夫式

苏联学者乌斯基诺夫认为煤的瓦斯解吸过程按达西定律计算得到的数据与实测数据有较大出入，但未在理论上对此进行深入研究，根据实测数据的统计分析得到了与实测值较吻合的计算用经验公式：

$$Q_t = v_0 \cdot \frac{(1 + t)^{1-n} - 1}{1 - n} \tag{4-13}$$

式中 Q_t——从开始时刻到时间 t 时的累计瓦斯解吸量,cm^3/g;

v_0——$t=0$ 时的瓦斯解吸速度,$cm^3/(g\cdot min)$;

n——取决于煤质等因素的系数。

我国研究人员通过对阳泉、焦作、淮南等矿区的煤样瓦斯解吸规律实验验证了式(4-13)的合理性。

④ 艾黎式

英国学者艾黎在研究煤层瓦斯涌出时,将煤体看作是由分离的包含有裂隙的"块体"的集合体,每个块体尺寸不同,在此基础上,建立了以达西定律为基础的煤的瓦斯涌出理论,并提出了如式(4-14)的煤中瓦斯解吸量与时间的经验公式:

$$Q_t = Q_\infty [1 - e^{-(\frac{t}{t_0})^n}] \tag{4-14}$$

式中 Q_t——从开始时刻到时间 t 时的累计瓦斯解吸量,cm^3/g;

Q_∞——极限瓦斯解吸量,cm^3/g;

t_0——时间常数;

n——与煤中裂隙发育程度有关的常数。

⑤ 杨其銮式

杨其銮[19,20]根据煤屑瓦斯扩散方程,经模拟计算,其近似解可用均方根式表示:

$$\frac{Q_t}{Q_\infty} = \sqrt{1 - e^{-KBt}} \tag{4-15}$$

式中 $B=4\pi^2 D/d^2$;

K——校正系数,在 B 值为 $6.579\,7\times10^{-3}\sim6.579\,7\times10^{-8}$ 范围内,K 值取 0.96。

⑥ 王佑安式

王佑安等[21]利用质量法对煤样瓦斯解吸速度大量实验研究后,认为煤屑瓦斯解吸量随时间的变化符合朗缪尔型方程:

$$Q_t = \frac{ABt}{1 + Bt} \tag{4-16}$$

式中 A——从开始到时间 t 时的累计瓦斯解吸量,cm^3/g;

B——解吸常数。

我国现行的《煤层瓦斯含量井下直接测定方法》(GB/T 23250—2009)国家标准推算瓦斯损失量时,选用巴雷尔式和乌斯基诺夫式,《钻屑瓦斯解吸指标测定方法》(AQ/T 1065—2008)选用的也是巴雷尔式,但当被测煤层破坏强烈时,计算得到的漏失瓦斯量与实际值误差较大[22,23]。

4.2.2 瓦斯吸附解吸测试系统与方法

4.2.2.1 瓦斯吸附解吸测试系统

基于瓦斯吸附解吸测试的基本原理及方法,我们自主设计加工了瓦斯吸附解吸实验系统。该实验系统的优点在于:装置简单易操作,性能稳定;系统内管路之间接口相对较少,保证了实验系统的气密性;利用该实验系统可以进行连续压力点的吸附解吸测试,实验过程模拟瓦斯储存及抽采的真实过程,更接近实际情况,可信度较高。实验系统的结构如图 4-2 所示。

整个系统可以划分为 4 个部分,分别为高压供气部分,包含甲烷气瓶和氦气气瓶;压力采集显示部分,包括整合在实验台内的管路和压力表;恒温水浴系统,包括恒温水浴锅、参比罐、样品罐;真空排气部分,除真空泵外还有和大气接通的阀门(3),用来进行排气降压。各部分主要部件的规格如表4-1所列。

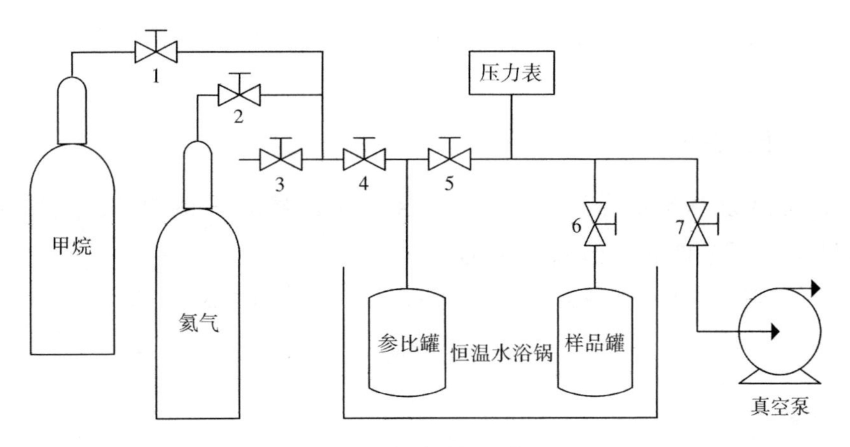

图 4-2　实验系统示意图

表 4-1　试验系统主要部件及规格

主要部件	规　　格
高纯度甲烷气瓶	压力为 15 MPa,甲烷浓度为 99.99%
高纯度氦气气瓶	压力为 15 MPa,氦气浓度为 99.99%
压力表	压力测量范围为 0～10 MPa,测量精度可以达到 0.0001 MPa
阀门	工作压力为 16 MPa,耐压强度为 25 MPa,密封处耐压 4 MPa
恒温水浴锅	控温范围为 5～100 ℃,精度为±1 ℃
参比罐	容积为 100 mL,耐压强度为 25 MPa
样品罐	容积为 50 mL,工作压力为 0～8 MPa,耐压强度为 25 MPa
真空泵	抽真空时真空度能够达到 0.099 MPa

4.2.2.2　瓦斯吸附解吸测试方法

(1) 方法和原理

静态容量吸附法是测定吸附量的常用方法之一,该方法是将一定量的煤样置于高压吸附罐中,在某一恒定温度下,向吸附罐内充入不同压力的甲烷气体,根据甲烷气体在平衡前后的压力变化,测算出每一平衡压力下煤样的气体吸附量,换算成单位质量的吸附量后,即可得到该实验温度下的吸附等温线。

(2) 瓦斯吸附实验

① 设定水浴温度到预定值,对实验系统充入一定量甲烷并记录压力表示数;

② 连通吸附罐和参比罐,使甲烷膨胀到吸附罐中,记录吸附平衡压力;

③ 提高甲烷注入压力,进行第二次充气,记录吸附平衡压力;

④ 逐渐提高瓦斯压力,直至达到实验要求压力,分别记录平衡前后压力数据。

(3) 瓦斯解吸实验

瓦斯吸附实验完成后,开始瓦斯解吸实验,瓦斯解吸实验实际上是吸附过程的逆过程。

① 首先释放吸附罐内的高压游离瓦斯,并记录压力表显示数据;

② 连通吸附罐和参比罐,保持 6～8 h,平衡后记录此时压力表示数;

③ 逐次降低实验压力至吸附实验时的初始压力,记录平衡前后压力数据。

(4) 数据处理

根据气体状态方程，由平衡前后压力计算甲烷气体吸附量，得到每一个平衡压力下对应的甲烷吸附量。

4.2.3 瓦斯吸附解吸的主控因素

基于上述的实验系统及方法，分别测试了车集煤矿、庞山煤矿、平煤四矿己$_{15}$、平煤四矿戊$_8$以及平煤四矿丁$_{56}$煤样在不同条件下的吸附解吸特性。

为了计算煤样吸附解吸的特征参数，采用朗缪尔方程对吸附曲线进行拟合：

$$V = \frac{abp}{1 + bp} \tag{4-17}$$

式中 V——吸附量；

p——吸附平衡压力；

a——朗缪尔体积常数，反映煤样的最大吸附量；

b——朗缪尔压力常数，反映煤样吸附瓦斯的速度。

采用修正的朗缪尔方程拟合解吸曲线（本书称为修正朗缪尔解吸模型）：

$$V = \frac{a'b'p}{1 + b'p} + c \tag{4-18}$$

式中 a'——朗缪尔体积常数，反映煤样的最大解吸量；

b'——朗缪尔压力常数，反映煤样解吸瓦斯的速度；

c——残余瓦斯量。

4.2.3.1 煤质对吸附解吸特性的影响

为了分析煤质对瓦斯吸附解吸特性的影响，首先对不同煤样进行了工业分析，测试结果如表4-2所列。

表4-2 煤质工业分析结果

煤 样	水分 M_{ad}/%	灰分 A_{ad}/%	挥发分 V_{ad}/%	固定碳$(FC)_{ad}$/%	煤 阶
车集煤矿煤样	0.63	7.42	8.13	83.82	无烟煤
庞山煤矿煤样	0.74	38.88	12.76	47.62	贫煤
平煤四矿己$_{15}$煤样	0.72	5.64	21.33	72.31	瘦煤
平煤四矿戊$_8$煤样	1.41	18.56	26.30	53.73	焦煤
平煤四矿丁$_{56}$煤样	2.01	14.54	28.70	54.75	肥煤

煤样的煤阶可以根据煤质工业分析实验中测得的煤中挥发分含量来划分，参考苏联马克耶夫煤炭安全研究院提出的煤阶划分标准：无烟煤（2%～9%）、贫煤（10%～17%）、瘦煤（18%～22%）、焦煤（23%～27%）、肥煤（28%～34%）、气煤（35%～40%）、长焰煤（43%～46%），可以看出：车集煤样为无烟煤、庞山煤样为贫煤、平煤四矿己$_{15}$煤样为瘦煤、平煤四矿戊$_8$煤样为焦煤、平煤四矿丁$_{56}$煤样为肥煤。

从煤质工业分析结果可以看出，煤中的水分和挥发分随着煤变质程度的提高呈现规律性变化，大致存在一个降低的趋势。煤中的灰分是指煤中的矿物质，灰分含量的多少对煤吸附解吸瓦斯的能力有一定影响，煤中的灰分通常以颗粒状分布于煤基质中或者以夹矸的形式出现，可能会充填于煤中层面、孔隙、裂隙当中，严重阻碍瓦斯渗流，不利于瓦斯的解吸。

以上煤样的吸附解吸测试结果如图4-3所示。

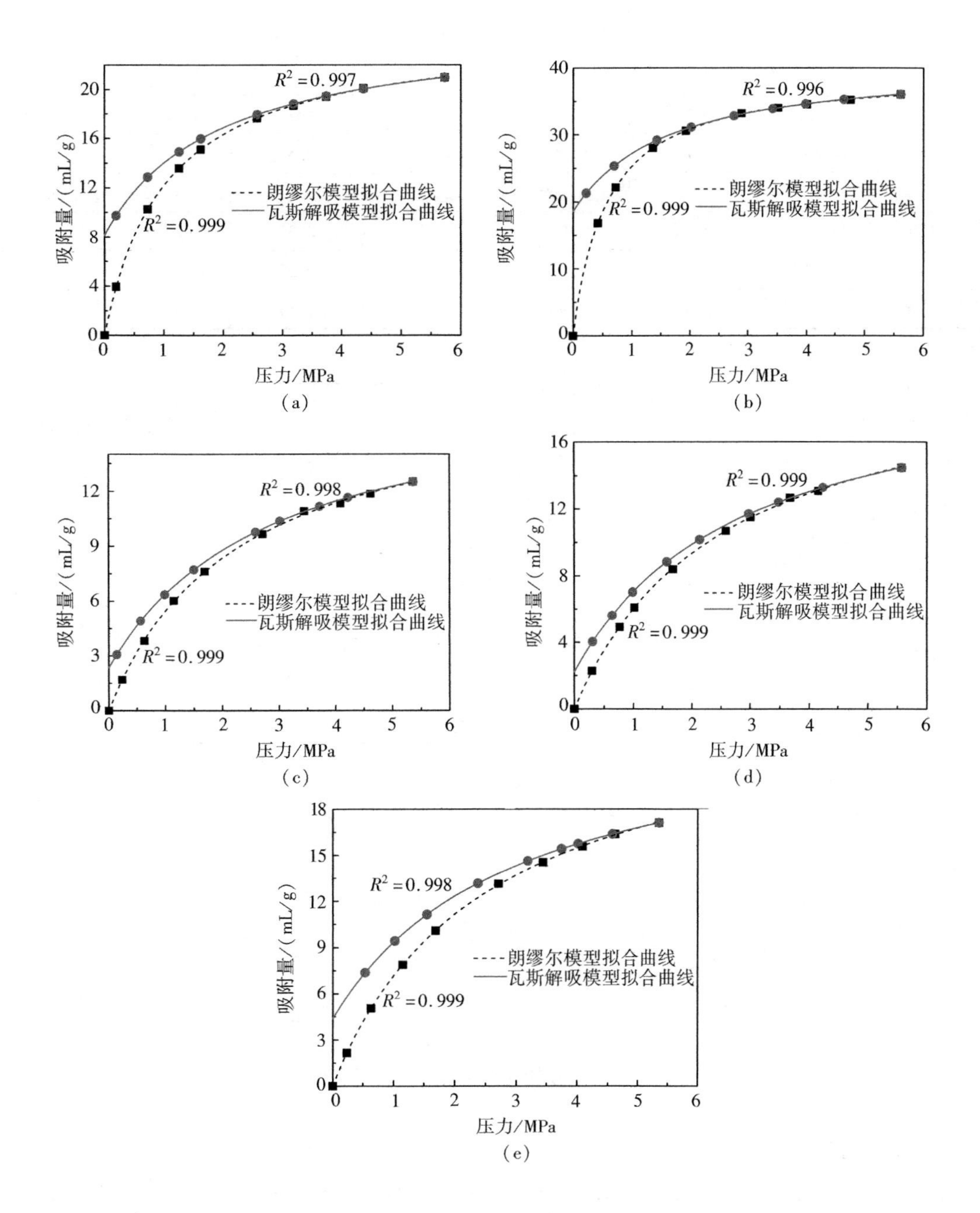

图 4-3　不同类型煤样瓦斯吸附解吸实验结果

(a) 车集煤矿煤样；(b) 庞山煤矿煤样；(c) 平煤四矿己$_{15}$煤层煤样；

(d) 平煤四矿戊$_8$ 煤层煤样；(e) 平煤四矿丁$_{56}$煤层煤样

采用式(4-17)和式(4-18)对上述结果进行拟合得到了不同煤样吸附解吸特征参数如表 4-3 所列。

将表 4-3 的拟合结果与工业分析结果进行关联，得到图 4-4 的结果。分析发现：煤样的水分、灰分以及挥发分含量对煤样吸附解吸特性的影响不明显，而各特征参数随固定碳含量的增加总体上表现出先减小后增加的趋势。这一规律与煤的变质程度对煤样吸附能力的影响相似。

表 4-3　不同煤阶煤瓦斯吸附解吸拟合参数汇总表

煤　样	朗缪尔吸附模型拟合参数			修正朗缪尔解吸模型拟合参数			
	a/(mL/g)	b/MPa^{-1}	R^2	a'/(mL/g)	b'/MPa^{-1}	c/(mL/g)	R^2
车集煤样	24.83	0.96	0.999	17.15	0.52	8.15	0.997
庞山煤样	39.52	1.77	0.999	22.47	0.62	18.62	0.996
平煤己$_{15}$煤样	17.74	0.44	0.999	15.59	0.35	2.35	0.998
平煤戊$_8$煤样	21.02	0.40	0.999	18.36	0.36	2.23	0.999
平煤丁$_{56}$煤样	25.23	0.40	0.999	19.78	0.34	4.37	0.998

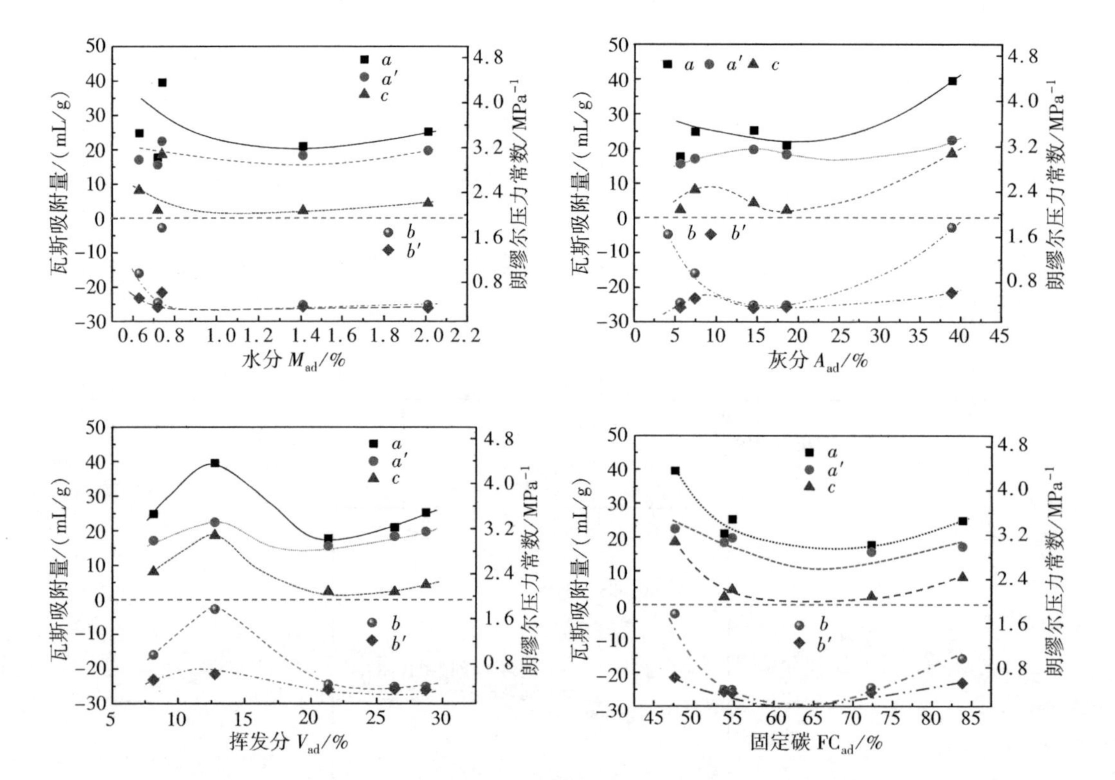

图 4-4　吸附解吸特性与工业分析结果的关系

4.2.3.2　孔隙结构对吸附解吸特性的影响

为了分析煤样的孔隙结构对其吸附解吸特性的影响，我们对以上煤样进行了液氮吸附和压汞实验，实验结果如表 4-4 所列。

表 4-4　孔隙结构参数汇总表

煤　样	孔隙率/%	微孔孔容比/%	比表面积/(m^2/g)
车集煤样	3.527 8	60.424 0	3.114
庞山煤样	4.803 8	42.480 2	3.979
平煤四矿己$_{15}$煤样	4.301 6	53.735 6	2.777
平煤四矿戊$_8$煤样	3.659 3	48.813 6	2.264
平煤四矿丁$_{56}$煤样	3.179 5	37.071 7	2.103

将孔隙结构特征参数与表4-3中的吸附解吸特征参数进行关联分析，得出图4-5的分析结果。

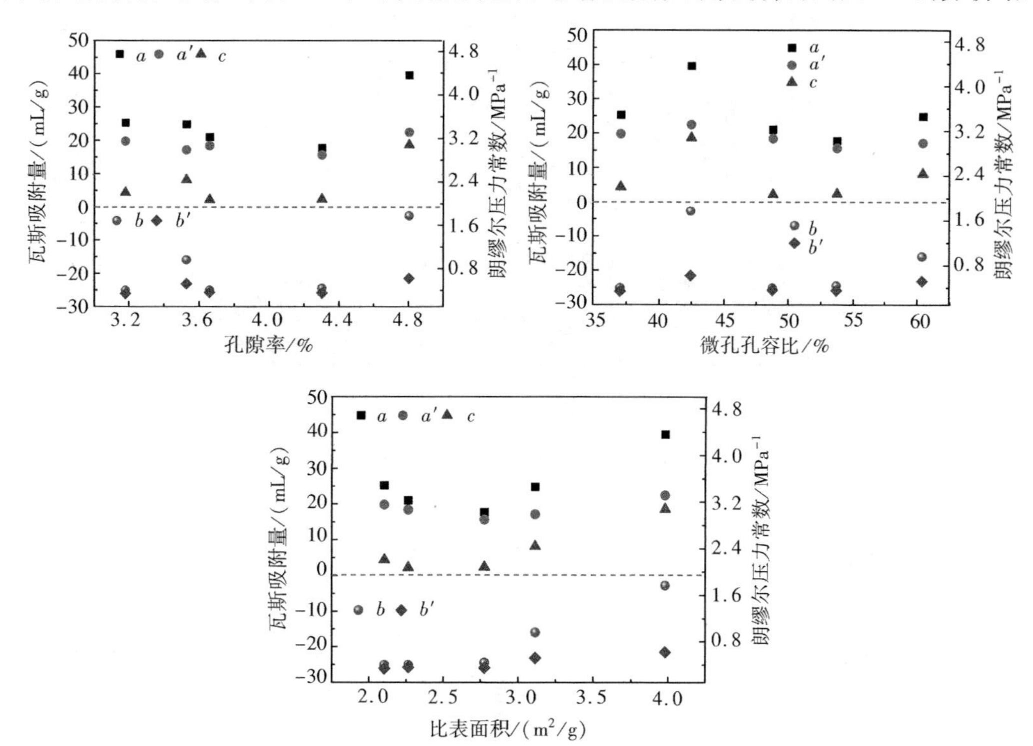

图4-5　煤的孔隙结构对吸附解吸的影响

从图中看出，孔隙率和微孔孔容对吸附解吸影响较小，两者之间没有明显的相关性。随着煤样比表面积的增加，瓦斯最大吸附量 a、瓦斯最大解吸量 a' 以及残余瓦斯量 c 均呈增大趋势。这是因为随着比表面积的增加，煤样孔隙表面的吸附位增加，甲烷分子更容易吸附在煤表面，导致吸附量增加。解吸量的增加主要是由吸附量的增加导致的。残余瓦斯量的增加是因为比表面积大说明煤里主要以微孔隙为主，而微孔隙内吸附势更强，甲烷分子解吸更困难，从而导致滞留在煤里的瓦斯量增加。此外，可以看出随着比表面积的增加，朗缪尔压力常数 b、解吸压力常数 b' 均逐渐升高，说明比表面积增加，煤体更容易吸附瓦斯，而瓦斯从煤体内解吸更加困难。

4.2.3.3　温度对吸附解吸特性的影响

为了研究温度对煤样吸附解吸特性的影响，我们测试了庞山煤矿干燥煤样在不同温度下的吸附解吸规律，如图4-6所示。

采用式(4-17)和式(4-18)对上述结果进行拟合得到不同煤样吸附解吸特征参数如表4-5所列。

表4-5　不同温度时瓦斯吸附解吸拟合参数汇总表

温度/℃	朗缪尔吸附模型拟合参数			修正朗缪尔解吸模型拟合参数			
	a/(mL/g)	b/MPa^{-1}	R^2	a'/(mL/g)	b'/MPa^{-1}	c/(mL/g)	R^2
15	42.80	3.39	0.994	19.49	0.90	25.44	0.999
20	41.42	2.69	0.998	20.16	0.78	23.36	0.997
25	39.52	1.77	0.999	22.47	0.62	18.62	0.996
30	36.09	1.36	0.998	22.56	0.95	12.55	0.998
35	25.60	1.14	0.995	21.70	1.38	3.02	0.993

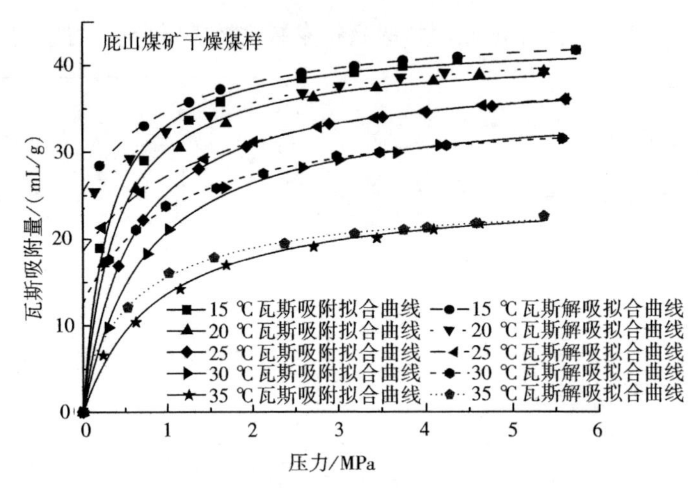

图 4-6　不同温度下煤样吸附解吸曲线

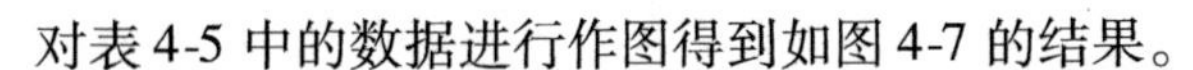
对表 4-5 中的数据进行作图得到如图 4-7 的结果。

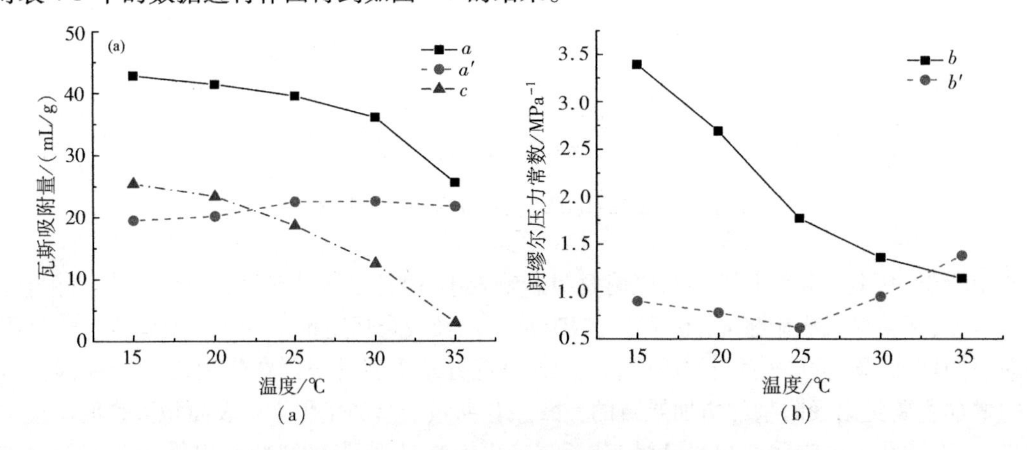

(a)　　(b)

图 4-7　温度对吸附解吸特性的影响

从图中可以看出，随着温度的升高，煤样的最大吸附能力 a 逐渐降低。这是因为：随着温度的升高，甲烷分子的动能增大，甲烷分子运动越剧烈，在吸附过程中不容易被煤体吸附。a'反映的是煤的最大瓦斯解吸量，随着温度的升高，a'整体上呈增大趋势。这是因为温度的升高导致甲烷分子热运动加剧，更容易从煤体表面解吸，同时，瓦斯解吸是吸热过程，温度的升高，打破了吸附解吸之间的平衡，促使平衡向促进解吸的方向发展。残余吸附量 c 随着温度的升高逐渐降低。这是因为随着温度的升高，加剧了分子热运动，使原本不容易解吸的甲烷分子从煤体表面解吸，导致残余吸附量降低。

图 4-7(b)中 b 和 b'反映了煤体瓦斯吸附和解吸的快慢。b 越大说明瓦斯吸附越快，而 b'越小说明瓦斯解吸越快。从图中看出，随着温度的升高，由于甲烷分子动能增加，在煤体表面不容易吸附，从而导致吸附速度降低，即 b 随着温度的升高而降低。而随着温度的升高，b'整体上呈升高的趋势，这是因为温度的升高提高甲烷分子的动能，促进吸附态的甲烷从煤体表面解吸。

4.2.3.4　含水率对吸附解吸特性的影响

为了研究含水率对煤样吸附解吸特性的影响，我们测试了庞山煤矿煤样在温度为 25 ℃时的吸附解吸规律，结果如图 4-8 所示。

采用式(4-17)和式(4-18)对上述结果进行拟合得到不同煤样吸附解吸特征参数如表 4-6 所列。

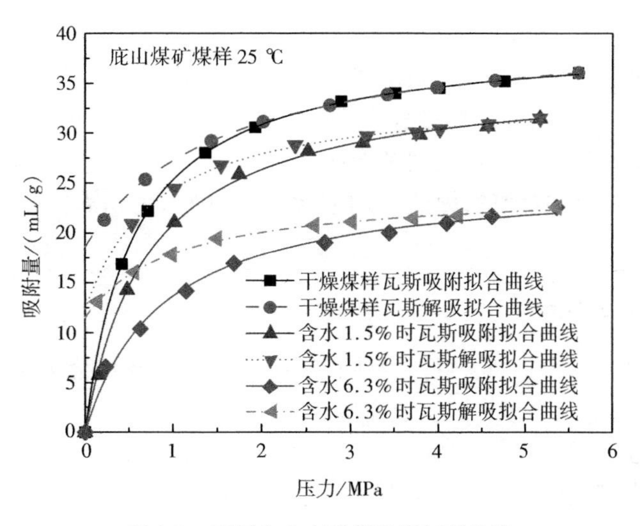

图 4-8　不同含水率煤样吸附解吸曲线

表 4-6　不同含水率时瓦斯吸附解吸拟合参数汇总表

含水率/%	朗缪尔吸附模型拟合参数			修正朗缪尔解吸模型拟合参数			
	a/(mL/g)	b/MPa^{-1}	R^2	a'/(mL/g)	b'/MPa^{-1}	c/(mL/g)	R^2
0	39.52	1.77	0.999	22.47	0.62	18.62	0.996
1.5	35.87	1.38	0.999	22.34	1.30	11.77	0.997
6.3	25.60	1.14	0.995	12.89	0.99	11.51	0.997

对表 4-6 中的数据进行作图得到如图 4-9 的结果。

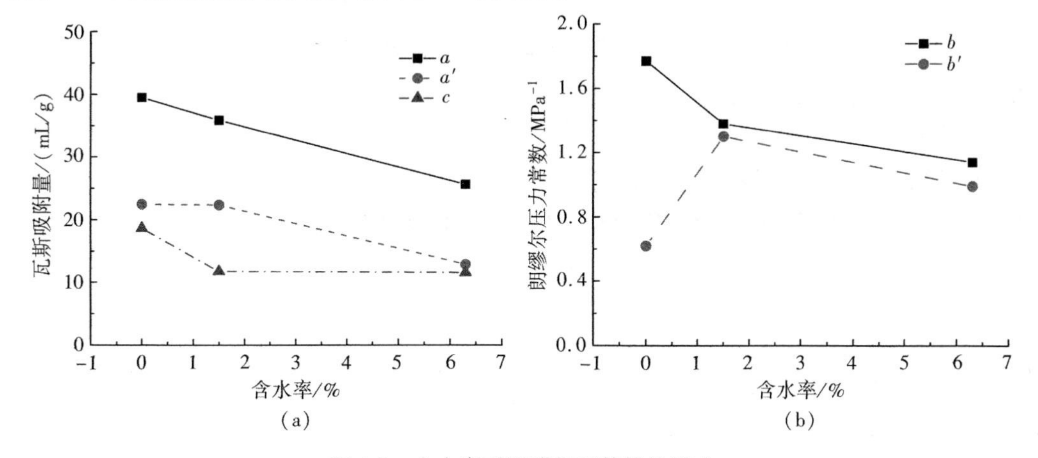

图 4-9　含水率对吸附解吸特性的影响

从图中可以看出，随着含水率的增加，煤样瓦斯最大吸附量 a 逐渐降低，这是由于含水率的升高导致煤体内的孔隙被水分子占据，甲烷分子无法接触煤体表面，导致吸附量降低。瓦斯最大解吸量 a' 随着含水率的升高而降低是因为：含水率的增加导致煤体中的许多孔隙被水堵塞，甲烷分子难以解吸出来。理想状态下，如果不同含水率情况下煤体吸附相等量的甲烷，随着含水率的升高，应当有更多的吸附气被封堵在煤体内难以解吸出来，即残余吸附量在该情况下会随着含水率的升高而增加。但是，随着含水率的增加，煤体吸附的甲烷量也会降低，因而会出现残余吸附量随含水率增加而降低的情况。

图 4-9(b)中随着含水率的增加,朗缪尔压力常数 b 逐渐降低,这是因为含水率增加导致煤体孔隙堵塞,瓦斯吸附阻力增大,从而导致吸附速率降低。理论上随着含水率的增加,煤体中孔隙被堵塞,导致甲烷很难解吸,因而解吸常数 b'应当逐渐增加,但图中 b'在后期出现降低的现象,这可能是由于煤样内部孔隙结构的非均质性导致的,因此,为了弄清这一规律,后期需要做更多的实验以获取更多的实验数据。

4.2.4 瓦斯解吸动力学过程分析

根据对煤粒孔隙结构认识的不同,目前煤体瓦斯扩散模型主要可分为单孔扩散模型(又称经典扩散模型)、双孔扩散模型以及多级孔隙扩散模型。

4.2.4.1 单孔扩散模型

一般认为,瓦斯在煤基质中的运移过程满足菲克扩散定律。经典的单孔扩散模型在菲克定律的基础上作如下假设:

① 煤粒为规则的球体颗粒;

② 煤粒为均匀的各向同性体;

③ 瓦斯在煤粒中的扩散过程满足质量守恒定律和连续性原理。

基于以上基本假设,并忽略浓度及扩散时间对扩散系数的影响,可以得到球坐标下的扩散第二定律[24]:

$$\begin{cases} \dfrac{\partial C}{\partial t} = D\left(\dfrac{\partial^2 C}{\partial r^2} + \dfrac{2}{r}\dfrac{\partial C}{\partial r}\right) \\ \left.\dfrac{\partial C}{\partial r}\right|_{r=0} = 0,(r=0,t \geqslant 0) \\ C|_{r=r_0} = C_a,(r=r_0,t>0) \\ C|_{t=0} = C_0,(t=0_0,0 \leqslant r \leqslant r_0) \end{cases} \tag{4-19}$$

式中 C——煤粒内的瓦斯浓度;

t——时间;

r——煤粒内任一点离球心的距离。

采用分离变量法,并结合初始及边界条件,可求得以上模型的解析解:

$$\frac{Q_t}{Q_\infty} = 1 - \frac{6}{\pi^2}\sum_{n=1}^{\infty}\frac{1}{n^2}\exp\left(-\frac{n^2\pi^2 D}{r_0^2}t\right) \tag{4-20}$$

式中 Q_t——t 时刻的累计扩散量,mL/g;

Q_∞——极限扩散量,mL/g;

Q_t/Q_∞——t 时刻的累计扩散率;

D——扩散系数,m^2/s;

r_0——煤粒半径,m。

为了便于计算,相关学者对(4-20)式取 $n=1$,并对两边取对数得[25]:

$$\ln\left(1 - \frac{Q_t}{Q_\infty}\right) = -\frac{\pi^2 D}{r_0^2}t + \ln\frac{\pi^2}{6} \tag{4-21}$$

采用式(4-21)对实验结果进行拟合就可计算出煤样的扩散系数。该情况下计算的煤体扩散系数为一常数。图 4-10 为采用该方法拟合的新疆长焰煤和赵固二矿煤样的扩散系数[26]。假设煤样的平均半径为 1.875 mm,则可计算出新疆长焰煤和赵固二矿的煤样的扩散系数分别为 7.009×10^{-11} m^2/s

和 $10.664\times10^{-11}\ m^2/s$。

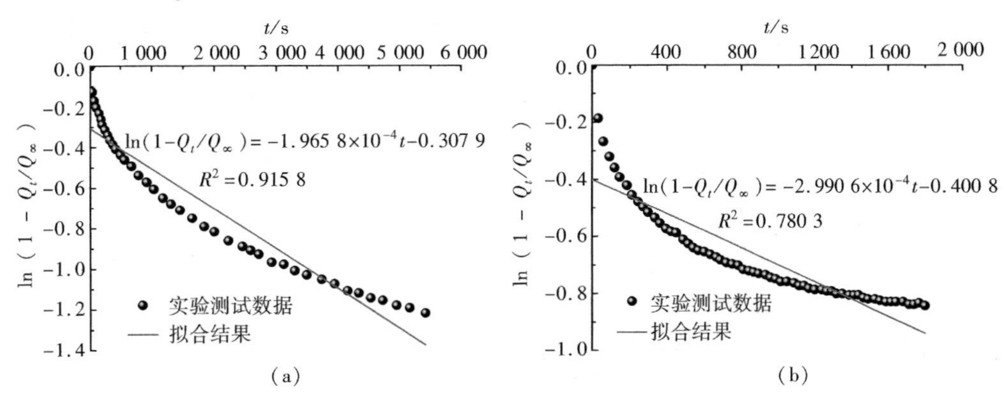

图 4-10　不同煤样扩散系数拟合

(a) 新疆长焰煤;(b) 赵固二矿煤样

单一扩散模型在描述气体在煤层中的扩散过程时,常常把扩散系数假设为微孔的扩散系数,也没有清楚地说明扩散路径长度参数是否应该等于煤颗粒半径。此外,该模型还将扩散体系用单一的扩散系数去描述,这些与实际情况并不完全一致[5]。

4.2.4.2　双孔扩散模型[27]

1971 年,鲁肯斯坦(Ruckenstein)等首次提出了由小球形颗粒组成的多孔介质系统的双孔扩散数学模型。1984 年,史密斯(Smith)和威廉姆斯(Williams)根据煤具有双重孔隙分布的假设,成功地将双孔扩散模型运用于煤层气在煤中的扩散。该模型的假设条件为:

① 煤基质具有双重孔隙结构;

② 吸附剂颗粒为包括球形微颗粒的等半径微孔介质,微颗粒之间由大孔隙构成,如图 4-11 所示;

③ 大孔隙和微孔隙均存在线性等温吸附;

④ 边界浓度为阶梯状的变化。

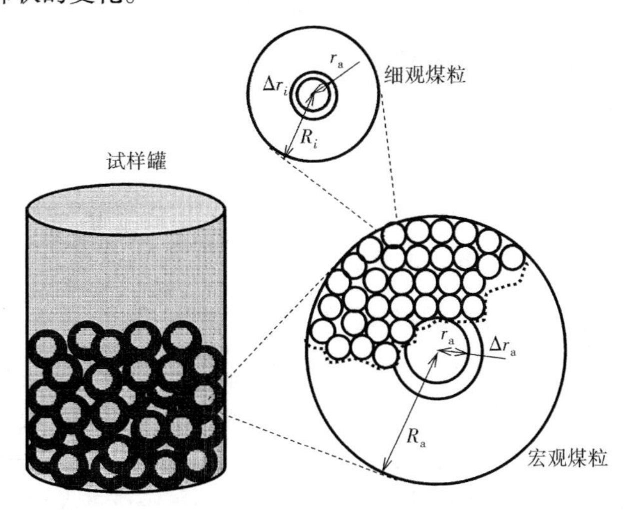

图 4-11　双孔扩散孔隙结构概念模型[27]

这种扩散行为为气体首先从包含微孔隙的球体向外流出,接着气体在微孔隙球体之间的空间流动,直到气体到达大孔隙球体,这就是双孔扩散模型的扩散和气体脱附过程。

在给定的边界和初始条件下，通过定义相应的无因次参数和变量，双孔扩散模型可简化为：

$$\frac{Q}{Q_t}=\frac{\left\{1-\frac{6}{\pi}\sum_{n=1}^{\infty}\frac{1}{n^2}\exp(-n^2\pi^2\tau)+\frac{1}{3}\cdot\frac{\beta}{\alpha}\left[1-\frac{6}{\pi^2}\sum_{n=1}^{\infty}\frac{1}{n^2}\exp(-n^2\pi^2\alpha\tau)\right]\right\}}{1+\frac{1}{3}\cdot\frac{\beta}{\alpha}} \tag{4-22}$$

式中　α——无因次参量，$\alpha=\frac{\frac{D_i}{r_i^2}}{\frac{D_p}{r_p^2}}$；

β——无因次参量，$\beta=\frac{3(1-\varphi_p)\varphi_i}{\varphi_p}\cdot\frac{r_p^2 D_i}{r_i^2 D_p}$；

τ——无因次时间。

当 $\alpha<10^{-3}$ 时，瓦斯在大孔隙中的扩散过程很快结束，此时小孔隙中的扩散占优势；当 $10^{-3}<\alpha<10^{2}$ 时，瓦斯同时在大孔隙和小孔隙内扩散；当 $\alpha>10^{2}$ 时，瓦斯在大孔隙中的扩散占据优势。此外，当扩散过程达到平衡状态时，反映大孔隙球体和小孔隙球体扩散比率的参数 β/α 很小时，可以忽略瓦斯在小孔隙中的扩散过程，反之，则可以忽略瓦斯在大孔隙中的扩散过程。

4.2.4.3　多孔扩散模型

潘(Pan Z. J.)等[28]认为在双孔扩散模型中，瓦斯的扩散过程可分为在大孔隙中的扩散和小孔隙中的扩散两个阶段。其中在大孔中的扩散量可表示为：

$$\frac{M_a}{M_{a\infty}}=1-\frac{6}{\pi^2}\sum_{n=1}^{\infty}\frac{1}{n^2}\exp\left(-\frac{D_a n^2\pi^2 t}{R_a^2}\right) \tag{4-23}$$

式中　M_a——t 时刻煤样宏观孔隙中的总的解吸量；

R_a——宏观煤粒的半径；

D_a——宏观孔隙的有效扩散系数。

对于瓦斯在小孔隙中的扩散，其扩散量可表示为：

$$\frac{M_i}{M_{i\infty}}=1-\frac{6}{\pi^2}\sum_{n=1}^{\infty}\frac{1}{n^2}\exp\left(-\frac{D_i n^2\pi^2 t}{R_i^2}\right) \tag{4-24}$$

式中　M_i——t 时刻煤样宏观孔隙中的总的解吸量；

R_i——细观煤粒的半径；

D_i——微观孔隙的有效扩散系数。

则煤粒总的瓦斯解吸量为：

$$\frac{M_t}{M_{t\infty}}=\frac{M_a+M_i}{M_{a\infty}+M_{i\infty}}=\beta\frac{M_a}{M_{a\infty}}+(1-\beta)\frac{M_i}{M_{i\infty}} \tag{4-25}$$

式中　β——宏观孔的解吸量与煤粒总的解吸量的比值，$\beta=\frac{M_{a\infty}}{M_{a\infty}+M_{i\infty}}$。

尽管上述的双孔扩散模型和鲁肯斯坦等的模型不完全一致，但两者基于同样的假设，即煤粒内包含大孔和小孔两级孔隙。但是由于煤体孔隙结构非常复杂，不可能简单地划分为大孔和小孔两级孔隙。由于煤体内孔隙分布范围非常广泛，从数纳米到数百微米不等，因此，我们认为将煤体孔隙视为多级是合理的。这样，基于式(4-25)的思想，煤粒的总的瓦斯解吸量可表示为[29]：

$$\frac{M_t}{M_\infty}=\frac{\sum_{i=1}^{\infty}M_i}{\sum_{n=1}^{\infty}M_{i\infty}}=\sum_{n=1}^{\infty}\gamma_i\frac{M_i}{M_{i\infty}}=$$

$$\gamma_1 \frac{M_1}{M_{1\infty}} + \gamma_2 \frac{M_2}{M_{2\infty}} + \cdots + (1 - \gamma_1 - \gamma_2 - \cdots - \gamma_{n-1}) \frac{M_n}{M_{n\infty}} \tag{4-26}$$

式中　γ_i——第 i 级孔隙解吸瓦斯量占煤粒总的解吸瓦斯量的比例。

图 4-12 为采用双孔扩散模型与多级孔隙扩散模型对实验数据的拟合结果，可以看出采用多级孔隙模型拟合的结果要优于双孔模型的拟合结果，证明了该模型的优越性。

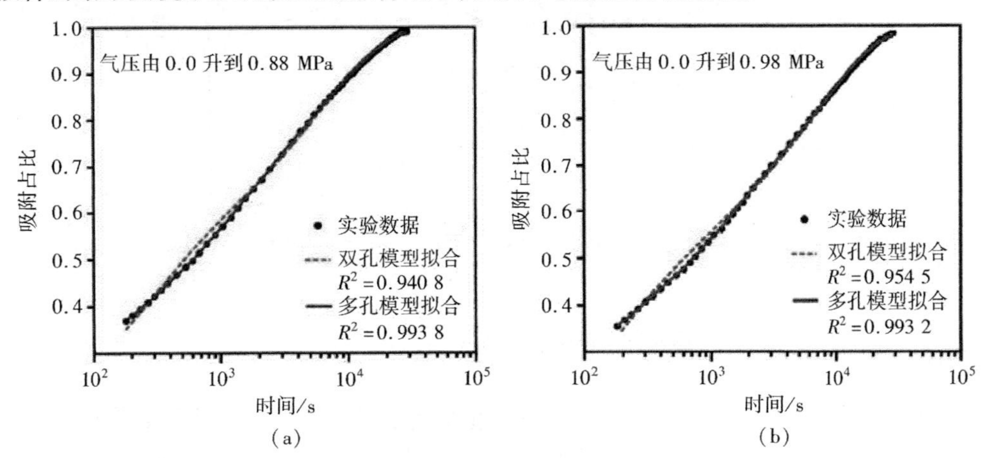

图 4-12　实验数据与模型拟合结果[29]
(a) TA 干燥煤样；(b) WT 干燥煤样

4.3　煤层渗透率动态演化特性

煤层渗透性是指流体在压力差作用下通过煤层的难易程度。渗透性采用渗透率定量表示，是评价煤层气或煤层瓦斯可采性的重要指标之一。进入深部以后，受多重因素的影响，煤层渗透率显著降低，导致瓦斯抽采更加困难。此外，抽采过程中，受基质收缩及有效应力变化的影响，煤层渗透率不断变化，对瓦斯抽采效果产生重要影响。因此，为了优化钻孔瓦斯抽采效果，有必要对煤层渗透率的影响因素及其动态演化规律进行深入研究。

4.3.1　煤层瓦斯渗流的主控因素

随着浅部煤炭资源的逐渐枯竭，我国煤炭开采逐步向深部延伸。进入深部以后，煤层渗透率大幅降低（相比于浅部煤层降幅可达 3～4 个数量级），导致煤层瓦斯抽采更加困难，瓦斯动力灾害发生频次及强度加大。图 4-13 中统计了鄂尔多斯及沁水盆地产煤区煤层渗透率随储层埋深的变化规律[30,31]。可以看出，整体上随着煤储层埋深的增加，煤层渗透率逐渐降低。当埋深从 400 m 增加到 1 200 m 时，煤储层渗透率最大降幅达 3～4 个数量级。埋深的增加只是渗透率降低的间接因素，找出影响煤储层渗透率变化的根本原因对于我们进一步认识煤层渗透率的变化机制、实现煤储层的改造增透有着重要意义。

为此，本节分别统计了不同矿区煤层地应力、煤储层温度、储层压力以及煤体的力学性质随埋深的变化规律，以期初步确定影响煤层渗透率的主要影响因素，为后续煤体渗透率的建模提供基础。

4.3.1.1　地应力与储层埋深的关系

图 4-14 统计了包括晋城矿区[32]、黔西地区[33]、沁南—夏店区块[34]、新汶矿区[35]、万福矿区[36]、寺河矿区[37]以及新集一矿[38]的地应力测试结果。其中 σ_v 表示垂直主应力，σ_H 表示最大水平主应

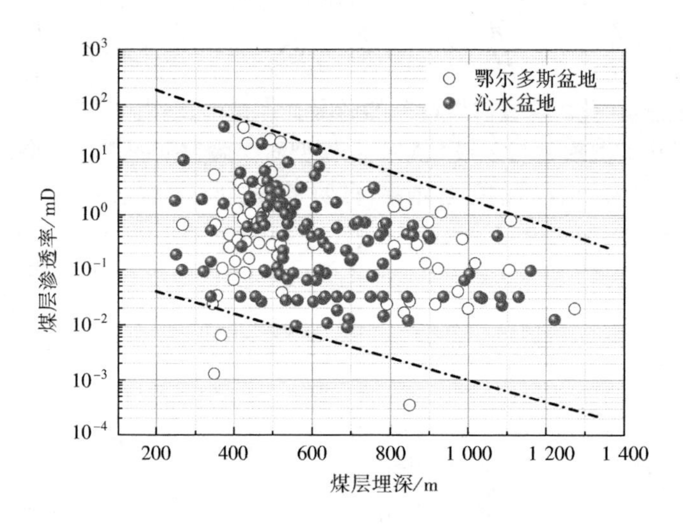

图 4-13　煤层渗透率随埋深的变化规律

力，σ_h 表示最小水平主应力。可以看出不论是垂直主应力还是水平主应力均随着煤层埋深的增加而呈增大趋势。由前面的分析我们知道：煤层渗透率随着储层埋深的增加而逐渐降低。综合以上分析，我们可以推测煤层渗透率与地应力呈负相关关系。但是关于两者之间具体满足怎样的负相关关系还需做进一步更加详细的测试研究与理论分析。此外，煤储层受三向应力的约束，各应力分量对煤体渗透率的控制机制及其导致的储层渗透率的各向异性还需做更多的测试分析与探讨。

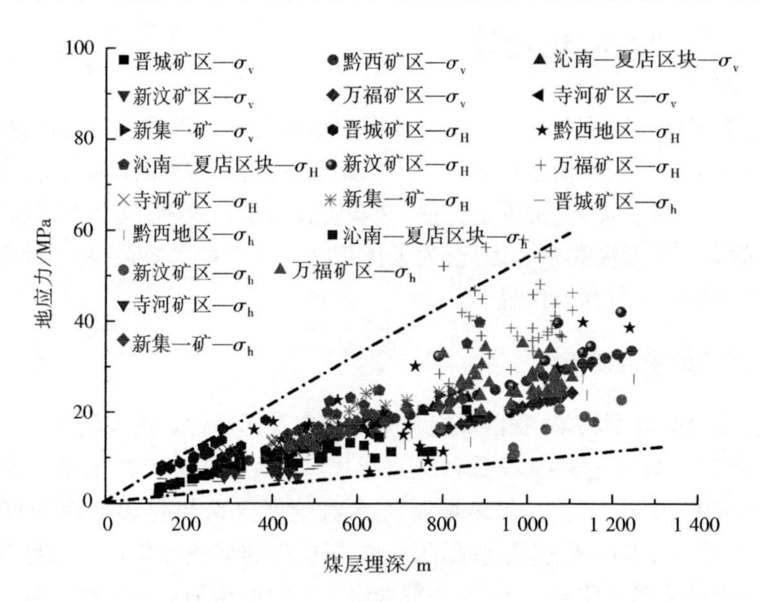

图 4-14　煤层渗透率随埋深的变化规律

4.3.1.2　地层温度与储层埋深的关系

图 4-15 统计了沁水盆地、涡阳矿区以及安徽丁集矿区煤储层温度随煤层埋深的变化规律[39,40]。可以看出，随着储层埋深的增加，地层温度逐渐升高。当埋深从 400 m 上升到 1 200 m 时，地层温度升高约 40 ℃。由图 4-13 可知储层渗透率与埋深呈负相关关系，因此，我们可以推测在真实地层条件下，温度的升高会导致煤体渗透率的降低。但是，关于温度与煤体渗透率间的定量关系以及温度对渗

透率的影响机制还需做进一步的试验研究和理论分析。

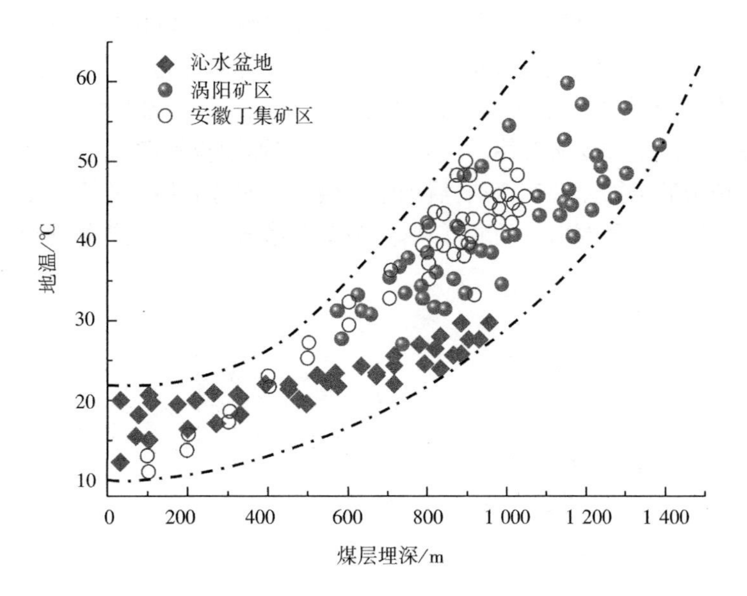

图 4-15　煤层渗透率随埋深的变化规律

4.3.1.3　储层瓦斯压力与储层埋深的关系

作为煤层内瓦斯运移的驱动力,煤储层瓦斯压力必然对储层渗透率有着重要影响。为此,我们统计了山西柳林、黔西地区、内蒙古鄂尔多斯、安徽丁集等 8 个矿区煤层瓦斯压力随埋深的变化规律[33,34,40-42],如图 4-16 所示。可以看出随着储层埋深的增加,储层瓦斯压力呈显著增大的趋势。当埋深由 400 m 增加到 1 200 m 时,煤层瓦斯压力最大增加约 10 MPa。结合图 4-13,我们可以推测煤层瓦斯压力与储层渗透率之间存在一定的相关性。两者间具体的定量关系及影响机制还需开展进一步的试验研究及理论分析。

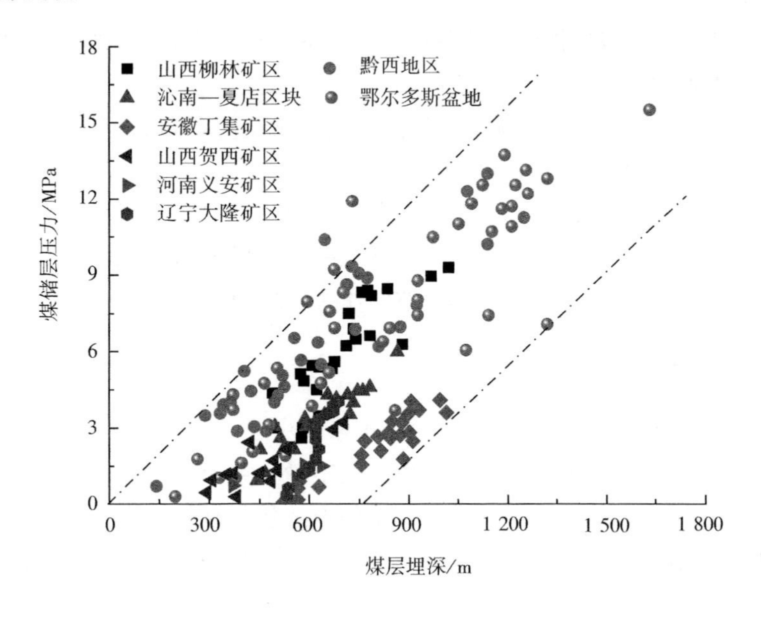

图 4-16　煤储层压力随埋深的变化规律

4.3.1.4 煤岩体力学性质与储层埋深的关系

煤层渗透率的变化主要是由于煤体发生了变形，导致裂隙的开度发生了变化。因此，研究煤体的力学参数，尤其是控制煤体变形的参数，如弹性模量、泊松比等对于进一步了解煤体渗透率的变化机理有着重要意义。为此，本节统计了煤岩体的弹性模量随储层埋深的变化规律，如图 4-17 所示。图中包括岩石和煤体弹性模量的变化规律。可以看出岩石的弹性模量随着埋深的增加逐渐增大，而煤体的弹性模量随着埋深的增加先快速增加，后趋于平缓。掌握煤岩体弹性模量随深度的变化规律，我们就能进一步掌握煤体进入深部以后的变形规律，为掌握渗透率的变化规律奠定基础。

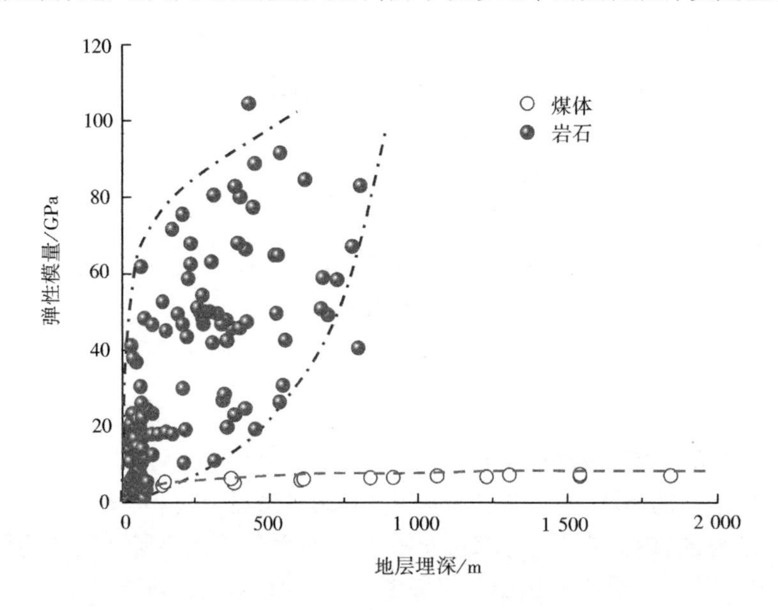

图 4-17 煤体弹性模量随地层埋深的变化规律[43,44]

此外，泊松比与地层应力呈负相关关系，地层应力越高，煤岩体的泊松比越小[44]。由前面的分析我们知道，煤岩体的地应力与煤岩体的埋深呈正相关关系，因而，我们可以推测出泊松比与地层埋深呈负相关关系，即埋深越大，煤岩体的泊松比越小。

然而，关于煤岩体的力学特性对煤体渗透率的影响机制及两者间的定量关系还需做进一步的研究探讨，相关的实验测试及理论分析必不可少。

除了以上分析的可能影响煤体渗透率的因素外，煤体对气体的吸附能力、流体介质的种类（如 CH_4、N_2、CO_2等）、煤体的含水量以及煤体自身的孔隙—裂隙结构等都可能会影响煤体渗透率的变化。具体的影响规律及定量关系将在后续的章节中作进一步的探讨。

4.3.2 煤体瓦斯渗流测试及基本原理

前文基于现场测试数据的统计结果，初步分析了影响煤层渗透率的主要因素，并推测了其可能的影响规律。但是关于这些影响因素与煤体渗透率间的定量关系尚不清楚，需要进一步开展相关的测试工作。研究渗透率与其各影响因素间的定量关系的方法包括现场测试及实验室测试两种。但是，由于现场测试工程量大、成本高，且测试结果离散性大，目前较少采用。因此，实验室测试煤体渗透率与各影响因素间的定量关系成为目前开展相关研究的主要手段。

实验室测试煤体渗透率主要包括瞬态法和稳态法两种。以下将重点介绍这两种测试方法的基本原理、实验设备及实验过程。

4.3.2.1　瞬态渗透率测试法

瞬态法是实验室测试煤岩体渗透率的常用方法之一。该方法由布雷斯(Brace)等[45]于1968年提出,其被广泛应用于非常规气藏岩石,尤其是低渗透煤岩(渗透率低于1 mD)的渗透率测试。

图4-18给出了瞬态法测试煤岩体渗透率的设备基本原理。该设备包括上下游两个罐体、三轴夹持器以及夹持器与罐体之间的压力传感器三部分[46]。

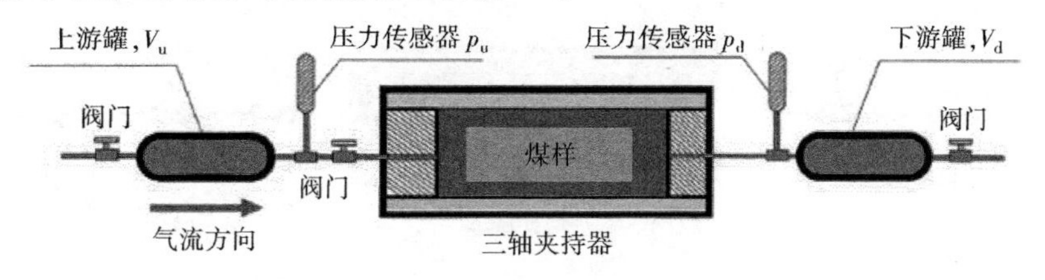

图4-18　瞬态法基本原理

实验时,首先为上游罐体充气,然后打开上游罐体与夹持器之间的阀门,使上游罐体内的气体通过煤样进入下游罐体内,记录上下游罐体内的压力变化,待上下游罐体内的压力差降低到指定值以下时停止实验。上下游罐体内压力随时间变化的曲线可通过式(4-27)进行拟合[47]:

$$p_u - p_d = e^{-\alpha t}(p_{u0} - p_{d0}) \tag{4-27}$$

式中　p_u,p_d——分别为t时刻上下游罐体内的气体压力;

p_{u0},p_{u0}——分别为初始时刻上下游罐体内的气体压力;

α——拟合系数,可由式(4-28)计算:

$$\alpha = \frac{kA}{\mu\beta L}\left(\frac{1}{V_d} + \frac{1}{V_d}\right) \tag{4-28}$$

式中　k——煤体渗透率;

μ——气体动力黏度;

β——气体的等温可压缩系数;

A,L——分别为煤样的截面积和高度;

V_u,V_d——分别为上下游罐体的体积。

图4-19为采用瞬态法测试页岩渗透率时得到的上下游罐体压力—时间曲线,采用式(4-27)对其进行拟合可以得到拟合系数α,然后将得到的α代入式(4-28)即可计算出该条件下介质的渗透率。

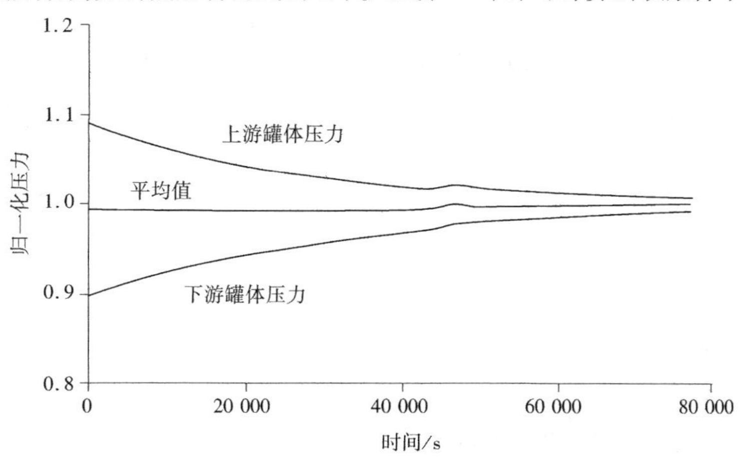

图4-19　瞬态法测试结果[48]

4.3.2.2 稳态渗透率测试法

稳态法是目前实验室测试煤体渗透率最常用的方法。图 4-20 给出了该方法测试煤体渗透率的基本原理及渗透率测试系统实物图。测试系统主要包括安设在进气口和出气口的压力传感器、三轴夹持器以及安设在出气口的流量计。

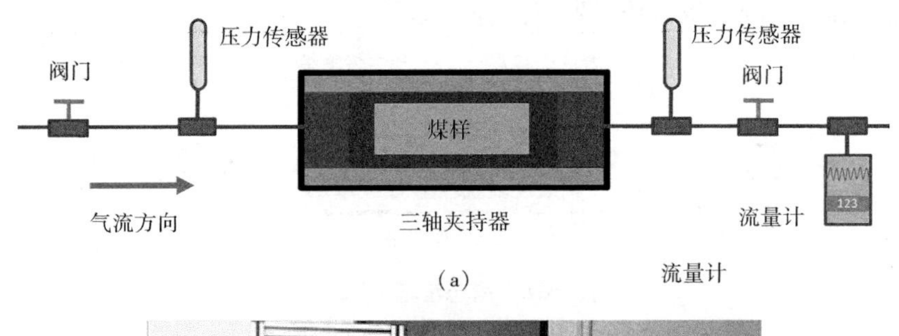

(a)

流量计

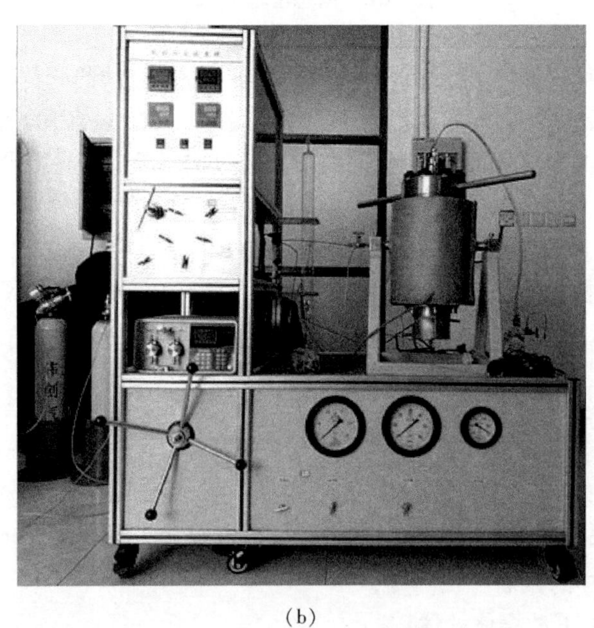

(b)

图 4-20 稳态法基本原理及实物图

(a) 稳态法基本原理;(b) 稳态法渗透率测试设备

首先,打开进气口阀门,向夹持器内充气,待煤样吸附饱和后,打开出气口阀门,待出气口流量稳定后读取流量,并记录此时进气口和出气口的压力传感器示数。则该条件下煤样的渗透率可由式(4-29)或式(4-30)计算得到[49-51]:

$$k = \frac{\mu QL}{A(p_{\text{in}} - p_{\text{out}})} \tag{4-29}$$

$$k = \frac{2\mu QLp_{\text{out}}}{A(p_{\text{in}}^2 - p_{\text{out}}^2)} \tag{4-30}$$

式中 k——煤体渗透率;

μ——气体动力黏度;

A,L——分别为煤样的截面积和高度;

p_{in},p_{out}——分别为进气口和出气口压力。

对比式(4-29)和式(4-30)可以发现:由于进气口压力总是大于出气口压力,因此采用式(4-29)计算的煤体渗透率一般高于式(4-30)的计算结果。通常式(4-30)在相关文献中更为常见。

4.3.3　不同因素对煤体渗透率影响规律

在4.3.1节中,初步分析了影响煤层渗透率的可能因素,并得出了各影响因素与渗透率间初步的关系。但是,关于这些影响因素与煤体渗透率间的定量关系及其对渗透率的影响机制尚不清晰。本节计划通过实验室测试,并结合相关的理论分析对其做进一步的研究,以期建立渗透率与各影响因素间的定量关系,理清渗透率变化的内在机制。本节中所有的测试结果均由稳态法获得,渗透率计算采用式(4-30)。为了系统研究各因素对煤体渗透率的影响规律,此处将影响因素分为三大类:

① 煤体所处的外界环境,主要包括所处的应力环境、孔隙压力、温度等;

② 煤体自身的物理力学及结构特性,主要包括煤体对气体的吸附能力、煤体的力学变形能力、煤体的孔隙—裂隙结构等;

③ 测试所采用的流体介质。

以下将对各因素对渗透率的影响规律作进一步的分析。

4.3.3.1　围压对渗透率的影响

冯增朝等[52]试验研究了山西晋城的无烟煤在不同孔隙压力下煤体渗透率随围压的变化规律。实验采用氮气为流体介质,分别研究了孔隙压力在1 MPa,2 MPa,3 MPa和4 MPa条件下煤体的渗透率随围压的变化,实验结果如图4-21所示。可以看出,在恒定孔隙压力条件下,煤体的渗透率随围压的升高呈指数降低的趋势。

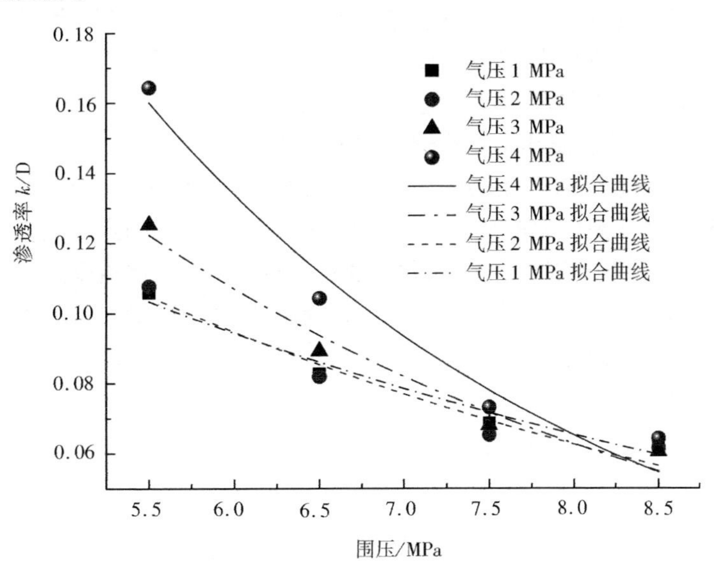

图4-21　煤体渗透率随围压的变化规律

袁梅[53]认为在恒定孔隙压力下,煤体的渗透率与围压之间满足以下关系:

$$k = a\mathrm{e}^{-b(\sigma - p_0)} \tag{4-31}$$

式中　a,b——拟合系数;

σ——地应力;

p_0——初始瓦斯压力。

采用上述公式对图4-21的实验数据进行拟合,发现两者能够较好地匹配,拟合系数均在0.9以上。

尽管式(4-31)能够较好地拟合实验测试结果,但其毕竟为经验公式,其本质机理还需进一步探讨。

煤体的渗透率主要与裂隙的开度有关,而裂隙开度又是垂直于裂隙面的应力的函数。根据刘(Liu H. H.)等[54]的研究结果,煤体裂隙开度与其所受应力间存在如下关系:

$$b = b_r + b_f \exp(-C_f \sigma_f) \tag{4-32}$$

式中 b_r, b_f——分别为残余裂隙开度和应力敏感裂隙开度;

C_f——裂隙压缩系数;

σ_f——垂直于裂隙面的应力。

基于式(4-32)及立方定律,不同应力水平下的煤体渗透率可表示为:

$$\frac{k}{k_0} = \left(\frac{\frac{b_r}{b_f} + e^{-C_f \sigma}}{\frac{b_r}{b_f} + e^{-C_f \sigma_0}} \right)^3 \tag{4-33}$$

假设煤体残余裂隙开度为0,则上式可简化为:

$$k = k_0 e^{-3C_f(\sigma - \sigma_0)} \tag{4-34}$$

比较式(4-31)和式(4-34),发现两者在形式上是一致的,说明以上经验公式是合适的。

4.3.3.2 孔隙压力对渗透率的影响

煤体为典型的多孔介质,其对特定的气体,如CO_2、CH_4、N_2等具有吸附性。吸附气体后,煤体会产生膨胀变形,从而改变煤体内的裂隙开度及渗透率。而煤体膨胀变形的大小与吸附平衡时的孔隙压力有着密切的关系。相关研究成果表明,煤体吸附膨胀变形量与孔隙压力间满足朗缪尔形式的方程[55,56]。此外,煤层气排采现场经验表明,随着排采的进行(储层压力逐渐降低),煤体的渗透率发生显著变化。为此,有必要研究孔隙压力对渗透率的影响规律。

许江等[57]采用自主研发的含瓦斯煤热流固耦合三轴伺服渗流装置研究了赵庄矿3#煤层煤样在恒定有效围压下渗透率随孔隙压力的变化规律。结果如图4-22(a)所示,整体上随着孔隙压力的增加,煤体渗透率逐渐降低。基于该实验结果,他们通过分析得出导致渗透率随孔隙压力降低的主要原因是:压力的升高导致煤体的孔隙压力敏感性系数逐渐降低,从而改变了煤体渗透率。文章通过拟合得出:孔隙压力敏感性系数与孔隙压力间满足幂函数关系,将该结论代入渗透率方程中得到了孔隙压力与渗透率间的经验公式:

$$k = k_0 \left[1 - \frac{m}{1-n} (p^{1-n} - p_0^{1-n}) \right] \tag{4-35}$$

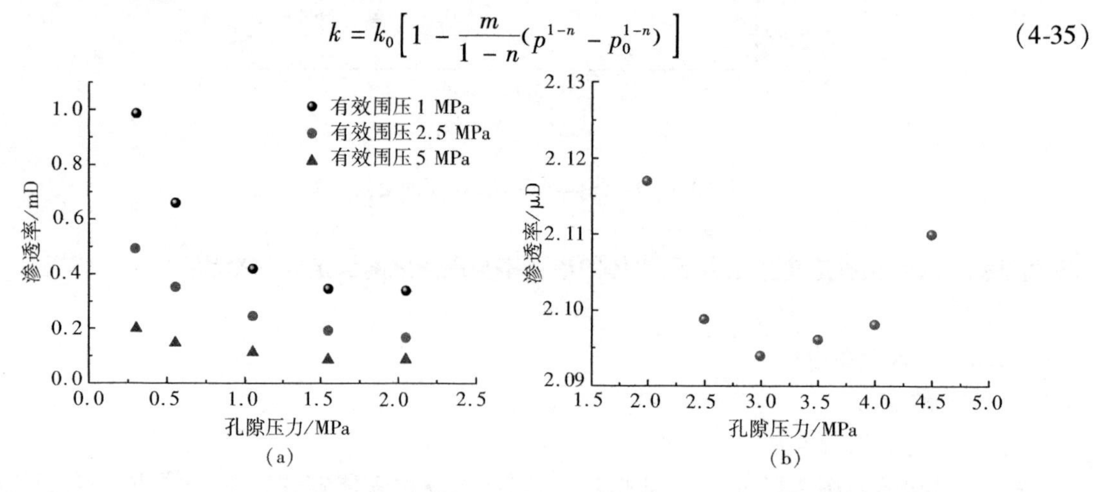

图4-22 渗透率随孔隙压力的变化规律

式中　m,n——拟合系数。

采用上述公式对实验数据进行拟合发现两者具有很好的匹配关系，说明在该实验条件下，以上公式具有合理性。

然而，对于图4-22(b)中的实验数据，该公式就无法进行合理的匹配[58]。这是因为，在低压条件下，随着孔隙压力的增加渗透率逐渐降低，上述公式能合理反映这一变化规律。但随着孔隙压力的进一步增大，渗透率出现增加的现象，此时，式(4-35)无法反映这一规律。

相关的研究成果表明，煤体渗透率的变化主要受有效应力及吸附膨胀变形两个相互竞争的因素的控制[58,59]。形成图4-22(b)中变化规律的原因是，在低压阶段，随着孔隙压力的增加，煤体吸附瓦斯量逐渐升高，导致膨胀变形增加，降低了煤体内裂隙的开度，从而导致渗透率逐渐降低；进入高压阶段以后，煤体的吸附膨胀变形量随孔隙压力的增加不再有明显的增加，但此时孔隙压力的增加会导致有效应力的显著降低，从而导致煤体渗透率的反弹。

4.3.3.3　温度对渗透率的影响

煤体受热会产生膨胀变形，在围压约束下，部分热膨胀用于改变煤体体积，其余膨胀变形用于改变煤体裂隙开度，从而影响煤体渗透率。此外，煤体温度升高会降低瓦斯的吸附量，减小煤体的吸附膨胀变形，从而改变煤体渗透率。综合上述观点，我们认为温度对煤体渗透率有着一定程度的影响。

袁梅[53]研究恒定有效应力条件下煤体渗透率随温度的变化规律，研究结果如图4-23所示。可以看出随着温度的升高，煤体渗透率逐渐降低。基于对实验结果的分析，认为煤体渗透率与温度之间存在如下幂函数关系：

$$k = \omega T^{-\zeta} \tag{4-36}$$

式中　ω,ζ——拟合系数；

T——煤体温度。

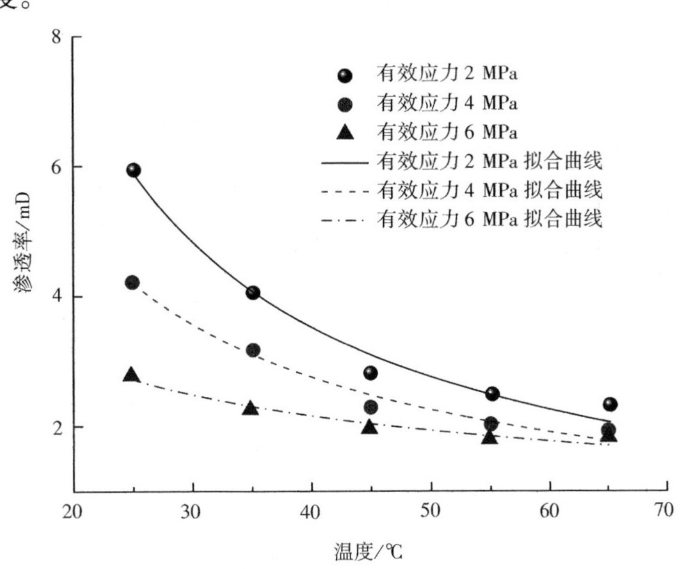

图4-23　渗透率随温度的变化规律

采用该式对实验结果进行拟合发现两者吻合度较高，说明该条件下采用式(4-36)描述渗透率与温度之间的关系具有一定的合理性。但是，该式毕竟是基于唯象理论提出的，无法解释温度对渗透率的影响机制。

为了揭示温度对渗透率影响的本质，需从温度对煤体物理力学性质影响的角度建立两者的关系模型。在建立模型时应当同时考虑以下两个方面：

① 温度的变化会改变煤体对气体的吸附量,从而改变煤体的膨胀变形。关于温度对吸附膨胀变形的影响可由以下公式表示[60]:

$$\Delta\varepsilon_{m}^{s} = \varepsilon_{L}\left(\frac{p_{m}}{p_{L} + p_{m}} - \frac{p_{m0}}{p_{L} + p_{m0}}\right) e^{-\frac{d_2}{1+d_1 p_m}(T-T_0)} \tag{4-37}$$

式中 $\Delta\varepsilon_{m}^{s}$——吸附膨胀应变;

ε_{L}——最大吸附膨胀应变;

p_{L}——朗缪尔压力常数;

d_1, d_2——拟合系数。

② 煤体受热发生的膨胀变形,这部分的变形量可由式(4-38)计算[61]:

$$\Delta\varepsilon_{m}^{T} = \alpha_{T}(T - T_{0}) \tag{4-38}$$

式中 α_T——热膨胀系数。

将上述两个因温度变化而引起的煤体变形耦合到孔隙率方程中,结合立方定律即可建立渗透率与温度间的定量关系。

4.3.3.4 含水率对渗透率的影响

排水降压法是煤层气开采最常用的方法之一。通过排出煤层中的水,实现储层压力的降低,促进煤层中甲烷气体的流动[62]。此外,煤矿井下实施煤层注水、水力压裂、水力割缝等水力化措施后,通常会存在"水锁效应",阻碍瓦斯流动[63]。因此,有必要研究煤层的含水率对其渗透率的影响规律。

魏建平等[64]以平煤集团方山矿二$_1$煤层的煤样为研究对象,获得了恒定围压下煤体渗透率随含水率的变化规律,结果如图4-24所示。可以看出:随着含水率的增加,煤体渗透率逐渐降低。基于实验现象,作者对所得数据进行了拟合,得出煤体渗透率与含水率间满足以下负指数关系:

$$k = a\mathrm{e}^{-bw} \tag{4-39}$$

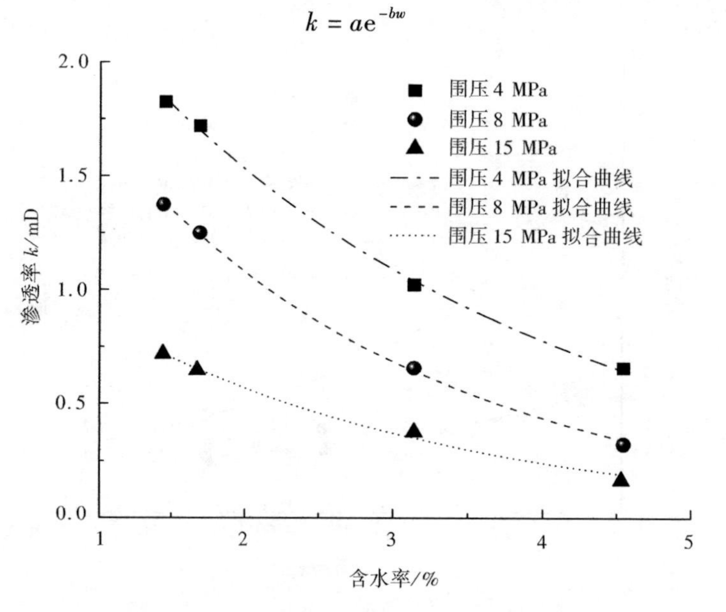

图4-24 渗透率随含水率的变化规律

认为渗透率之所以随着水分的增加而逐渐降低是因为:煤对水的吸附性要强于对甲烷的吸附性,随着煤中含水率的增加,煤体孔隙优先被水分子占据,导致甲烷在煤中的有效渗流通道变窄甚至完全闭合,从而导致渗透率的降低。

上述原因诚然会导致煤体渗透率的降低,但通常,煤体的渗透率主要取决于裂隙开度的大小,孔隙对渗透率的贡献相对较小。认为导致煤体渗透率随含水率逐渐降低的原因有两个：

① 随着含水率的增加水分逐渐占据了裂隙表面，导致裂隙开度相对减小，瓦斯运移阻力增加，渗透率降低；

② 煤体吸附水分子后同样会发生膨胀变形，且含水率越高，煤体吸附的水量越大，则煤体的膨胀变形也就越大，从而导致煤体裂隙开度减小，降低煤体的渗透率，该情况下水分增加对煤体渗透率的影响与孔隙压力增加的影响具有相似性。

4.3.3.5 孔隙—裂隙结构对渗透率的影响

煤储层为典型的双重孔隙介质，其渗透率的大小受孔隙—裂隙结构参数的控制。但目前关于孔隙—裂隙参数对渗透率的影响规律尚不清晰。

刘永茜等[65]测试了神华乌海能源公司平沟煤矿、天地科技公司王坡煤矿和晋煤集团寺河煤矿原煤样渗透率随有效应力的变化规律。测试结果如图 4-25 所示，可以看出随着有效应力的增加，渗透率整体上呈降低趋势，并且不同煤样其渗透率大小存在明显差异。

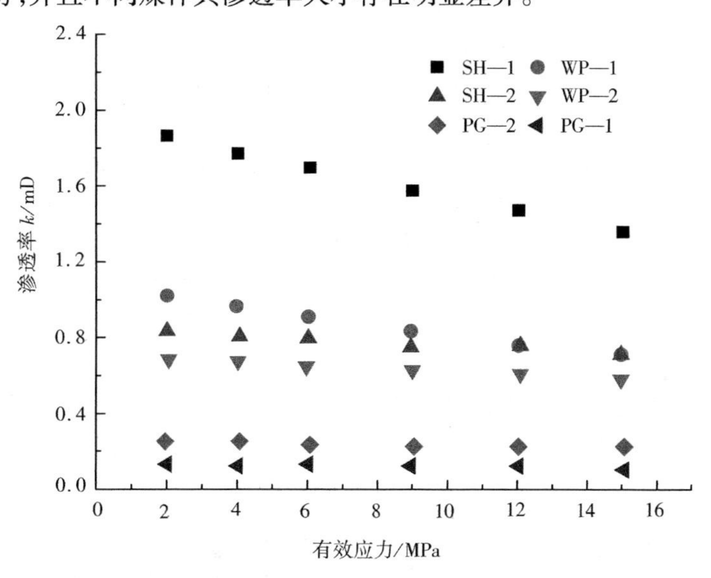

4-25　不同煤体渗透率随有效应力的变化

为了分析煤样结构对渗透率的控制机制，文献[65]对每个煤样的裂隙产状进行了统计，统计结果如表 4-7 所列。其中Ⅰ型裂隙指长度 $L>1\ 000\ \mu m$，开度 $w>1\ \mu m$ 的裂隙；Ⅱ型裂隙指 $100\ \mu m \leqslant L \leqslant 1\ 000\ \mu m, w>1\ \mu m$ 或 $L>1\ 000\ \mu m, w\leqslant 1\ \mu m$ 的裂隙；Ⅲ型裂隙指 $L<1\ 000\ \mu m, w\leqslant 1\ \mu m$ 的裂隙。

表 4-7　不同煤体孔隙—裂隙统计参数

煤样编号	裂隙密度 m/(条/9 cm^2)				均长/μm	孔隙率/%
	Ⅰ	Ⅱ	Ⅲ	合计		
PG—1	28	45	56	129	282.48	3.26
PG—2	32	46	49	127	362.36	4.73
WP—1	42	78	77	197	926.91	5.67
WP—2	39	37	66	142	695.89	4.32
SH—1	65	63	48	176	1 013.39	7.55
SH—2	47	35	53	135	889.58	4.54

采用文献[65]中的统计数据及实验测试结果,我们尝试对不同煤体的孔隙—裂隙参数与煤体的渗透率进行关联分析,试图找出各参数与渗透率间的相关关系,分析结果如图4-26所示。

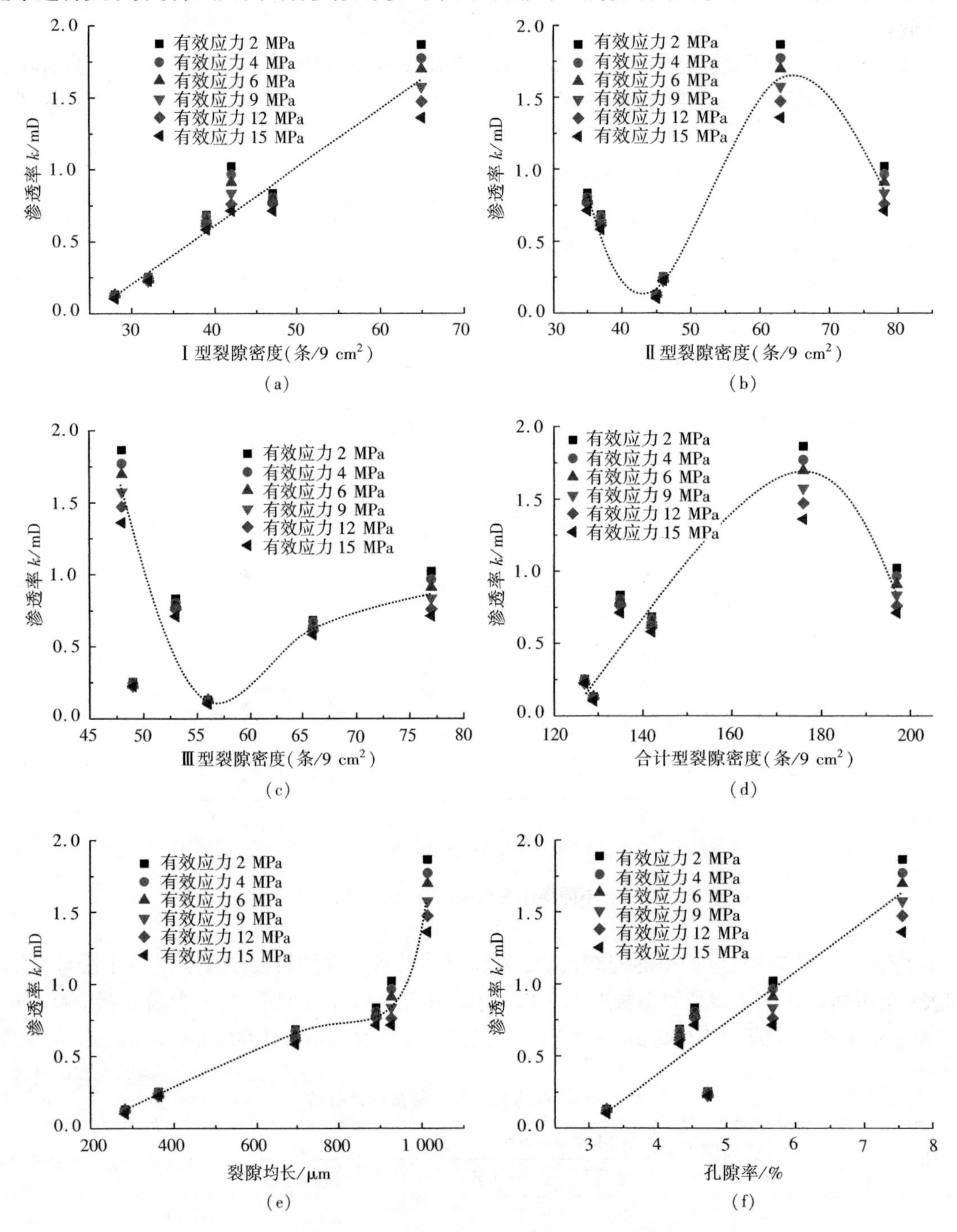

图4-26 孔隙—裂隙结构对渗透率的影响

从图中可以看出煤体渗透率与Ⅰ型裂隙密度呈正相关关系,而与Ⅱ型、Ⅲ型裂隙密度间的关系不是很明确,这说明裂隙的长度越长,开度越大,其对裂隙的渗透率影响越显著。

总体上看,随着裂隙总密度的增加,煤体渗透率先升高后降低。分析认为:初期阶段,随着裂隙总密度的增加,煤体内流体运移的通道增加,导致煤体渗透率升高;后期当煤体内的裂隙密度达到一定程度时，煤体在围压作用下很容易被压实，导致渗透率出现降低的现象。

图 4-26(e)为煤体裂隙的平均长度与渗透率的关系，可以看出两者呈正相关关系，即随着裂隙平均长度的增加，煤体渗透率逐渐升高。这是因为煤体内的平均裂隙长度越长，说明煤体含有相对较多的贯通裂隙，其对渗透率的贡献较大；此外，平均裂隙长度大说明该煤体内部裂隙连通性好，因而渗透率高。

图 4-26(f)为煤体孔隙率与渗透率间的关联关系。可以看出，随着煤体孔隙率的增加煤体渗透率也逐渐升高。这是因为，煤体孔隙率高，说明其内部含有更多的流体运移通道，流体运移阻力低，渗透率高。

4.3.3.6　流体介质对渗透率的影响

为了研究不同流体介质对煤体渗透率的影响，袁梅[53]开展流体介质为 He、CH_4以及 CO_2时煤体渗透率随孔隙压力的变化规律，测试结果如图 4-27 所示。可以看出随着孔隙压力的增高，渗透率逐渐降低，这与图 4-22(a)的测试结果一致。此外，在相同条件下，流体介质为 He 时煤体的渗透率最高，CH_4次之，CO_2最低。

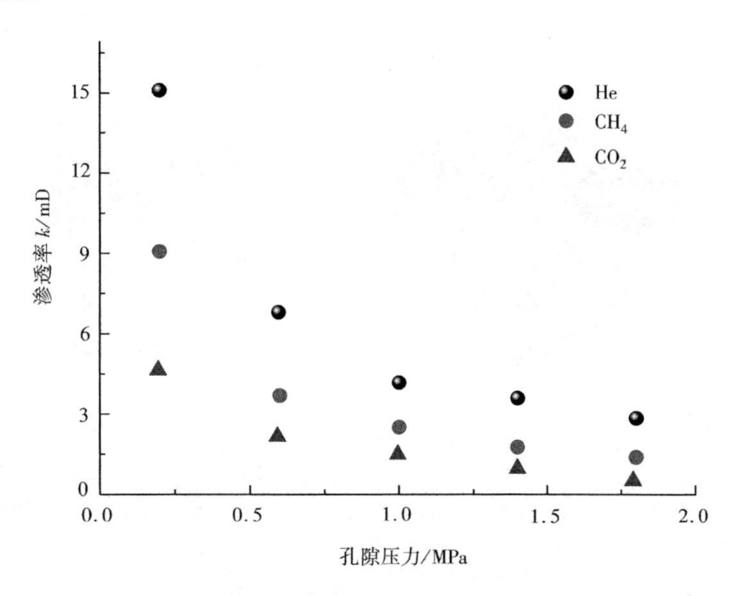

图 4-27　不同流体介质下渗透率随孔隙压力的变化规律

在相同条件下，煤体对 CO_2的吸附量最高，CH_4次之，对 He 几乎不吸附，从而我们可以得出：造成上述实验现象的原因是同样条件下，煤体对 CO_2的吸附量最高，导致煤体吸附膨胀变形量最大，则裂隙开度降低也最大，从而导致渗透率最低；甲烷同理；对于 He，煤体对其几乎不吸附，因此充气后，煤体裂隙开度不会因为吸附而降低，因而其渗透率最高。

4.4　煤层瓦斯渗透率模型及构建

渗透率建模是定量描述瓦斯抽采过程中煤体渗透率动态演化过程的重要手段。目前的研究普遍认为煤体渗透率主要受吸附膨胀及有效应力两个关键因素的控制。瓦斯抽采过程中，随着压力的降低，煤体有效应力升高、基质收缩，导致渗透率在抽采过程中不断变化，影响瓦斯抽采效果。因此，为了定量表征抽采过程中渗透率的动态演化过程，需对其进行数学建模。

4.4.1 渗透率模型概述

煤层渗透率是定量评估煤层开采以及煤层瓦斯抽采的关键参数之一。定量研究煤层渗透率对于煤层气开采过程中的产能预测、瓦斯抽采钻孔的优化布置以及瓦斯动力灾害预测等具有重要意义[66,67]。构建煤体渗透率模型的首要关键问题是建立煤体的物理结构模型[68]。通常认为煤体为双重孔隙介质,由煤基质及基质间的裂隙组成,其中,煤基质又包含基质孔隙和煤体骨架。煤体的裂隙系统包括面割理、端割理和层理。面割理的延伸长度大,连通性好,表面平整,且彼此之间接近平行,是煤层内流体流动的主要通道;端割理的表面也很平整但是连通性比面割理差,所以端割理的渗透率往往比面割理小;层理受垂直方向地应力的压缩,渗透率通常远低于面割理和端割理[51]。为了简化建模过程,相关学者将煤体的物理结构简化为以下四种模型:球形模型、毛细管模型、火柴杆模型以及立方模型(如图4-28所示)。球形模型假设煤体由球形的基质块体以及基质之间的孔隙组成,流体通过球形基质之间的孔隙流动。毛细管模型假设煤体由毛细管簇及管壁的煤体骨架组成,流体在毛细管内运移。火柴杆模型认为煤体由矩形的基质块体以及基质块之间的两组正交裂隙组成,基质块内包含基质孔隙以及煤体骨架,该模型中游离瓦斯主要存储在煤体裂隙中,吸附瓦斯主要存在于基质孔隙内。火柴杆模型和立方模型是目前在研究渗透率模型过程中最常用的两个煤体物理结构模型[69]。

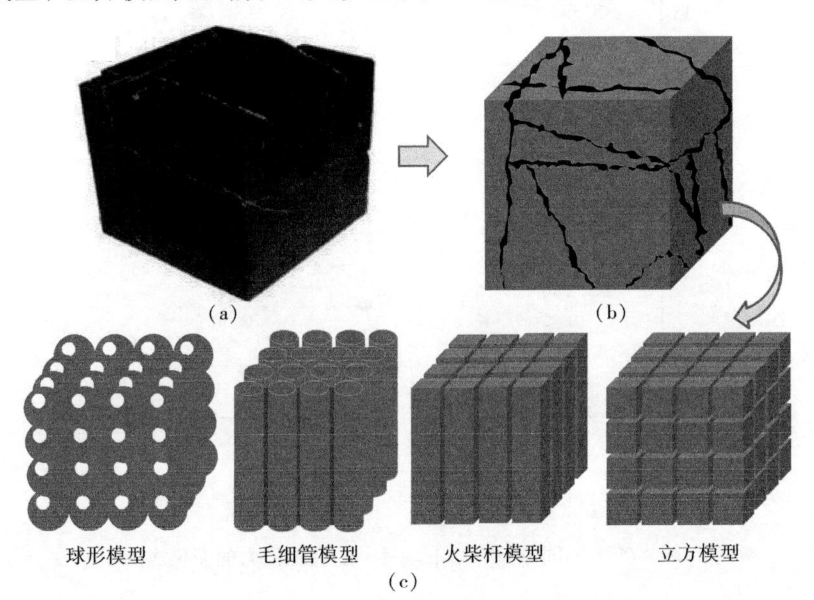

图4-28　煤体结构模型[68,70]

(a) 真实煤体结构;(b) 抽象煤体结构;(c) 简化煤体结构

基于以上的煤体物理结构模型,相关学者建立了大量的渗透率模型。不同模型所考虑的主要影响因素不同,针对的边界条件也有所差异。

20世纪60年代,周世宁从渗流力学角度出发,认为瓦斯的流动基本符合达西(Darcy)定律,在我国首次提出了瓦斯渗流理论[71]。此后,又通过对扩散渗流模型的一维扩散方程与渗流方程联立求得的近似解和单纯一维渗流方程的求解结果进行比较,认为以线性达西定律为基础的煤层瓦斯运移机理是可行的;同时认为裂隙系统对煤层瓦斯流动起控制作用,扩散可忽略不计[72]。这些研究成果为我国煤层瓦斯渗流奠定了重要的研究基础[73,74]。

20世纪80年代以来,众多学者对该瓦斯流动理论模型进行了修正和完善[74]。

1984年,郭勇义等[75]结合相似理论,研究了一维瓦斯流动方程的完全解,并采用朗缪尔方程来描述瓦斯的等温吸附，提出了修正的瓦斯流动方程。

1987 年，孙培德[76]根据幂定律的推广形式，在均质煤层和非均质煤层条件下，建立了可压缩性瓦斯非线性瓦斯渗流模型，并提出幂定律更符合煤层内的瓦斯流动。1993 年，孙培德[77]在总结前人研究成果的基础上，进一步修正和完善了均质煤层的瓦斯流动数学模型，并发展了非均质煤层的瓦斯流动数学模型。

1989 年，余楚新等[78]认为煤层气中只是可解吸的部分瓦斯参与渗流，在假设煤体瓦斯吸附解吸完全可逆的情况下，建立了瓦斯渗流控制方程。

林柏泉[66,82]试验研究了含瓦斯煤体在围压不变时，孔隙压力与渗透率和吸附变形之间的关系，得出孔隙压力和渗透率以及煤样变形间基本上服从指数方程。

鲜学福、周军平和姜永东等学者[79-81]共同探讨了煤样渗透率与地应力、孔隙压力、温度等的关系，建立了相关的理论模型。

赵阳升、胡耀青等[83,84]实验揭示了气体吸附作用和变形作用对渗流的影响，并得出煤样渗透率随孔隙压力呈抛物线型变化。

秦勇和傅雪海等[85,86]分别测试了有效应力不变或孔隙压力不变时，煤样渗透率随围压的变化规律，并分别建立了煤体渗透率随裂隙面密度、裂隙产状和裂隙宽度演化的预测数学模型。

随着对煤层瓦斯渗流规律认识的进一步加深，许多学者认识到瓦斯在煤层中的流动过程受多种因素的影响，且各因素间相互耦合，共同影响煤层内的瓦斯流动。为此，相关学者开展了多场耦合条件下的煤体渗流模型研究。

刘保县等[87]首先研究了含瓦斯煤层所处的各地球物理场对瓦斯吸附特性的影响。

易俊等[88]进行了应力场和温度场作用下瓦斯的渗流特性实验研究，发现：轴向压力对煤样渗透的影响比围压要小；温度增加煤样的渗透率增加；渗透率与轴向有效应力、有效围压、平均有效应力成负指数关系。

王宏图等[89-91]根据地应力场、地温场以及地电场中瓦斯的渗流特性，建立了地球物理场中煤层瓦斯渗流方程，该渗流方程为分析研究地球物理场作用下瓦斯的运移规律提供了一定的理论基础。

目前，国外在建立渗透率模型时主要有两种思路或出发点：

(1) 从应力角度出发，建立应力依赖的渗透率模型，称为应力型渗透率模型，该模型的最初形态为[92]：

$$\frac{k}{k_0} = e^{-3C_{\text{cleat}}(\sigma-\sigma_0)} \tag{4-40}$$

式中　C_{cleat}——裂隙压缩系数。

(2) 从应变角度出发，考虑煤体变形对孔隙率的影响，然后基于孔隙率与渗透率间的关系建立应变依赖的渗透率模型，称为应变型渗透率模型，该模型的初始形态为[93]：

$$\frac{k}{k_0} = \left(\frac{\varphi}{\varphi_0}\right)^3 \tag{4-41}$$

以下为目前已有的典型渗透率模型的简要概述(表 4-8)[94]：

瑞斯(Reiss)于 1980 年将煤储层简化为火柴杆模型，建立了煤体渗透率与裂隙开度以及煤体裂隙率间的定量关系。进一步的推导可以得出渗透率与储藏水平应力间的关系模型，该模型即为应力型渗透率模型的原型。

格雷(Gray)认为煤体裂隙渗透率的变化主要受作用于裂隙面的水平主应力的控制。基于单轴应变的假设，其于 1987 年首次将基质收缩效应耦合到煤体渗透率模型中，建立了应力控制的煤体渗透率模型。

塞德尔(Seidle)和休伊特(Huitt)认为煤体的吸附应变与吸附量成正比,得出煤体吸附变形与孔隙压力间同样满足朗缪尔形式的方程,并于1995年建立了仅考虑吸附变形对渗透率影响的应变主导型煤体渗透率模型。

表4-8 国外代表性煤体渗透率模型概述[51,94]

模型名称	发表时间	模型作者	边界条件	所属类型
Reiss 模型	1980	Reiss L. H.	单轴应变	应力型
Gray 模型	1987	Gray I.	单轴应变	应力型
S&H 模型	1995	Seidle J. R. ,Huitt L. G.	单轴应变	应变型
Levine 模型	1996	Levine J. R.	/	应变型
P&M 模型	1998	Palmer I. ,Mansoori J.	单轴应变	应变型
ARI 模型	2002	Pekot L. J. ,Reeves S. R.	/	应变型
S&D 模型	2004	Shi J. Q. ,Durucan S.	单轴应变	应力型
C&B 模型	2005	Cui X. J. ,Bustin R. M.	无特定边界	应力型/应变型
R&C 模型	2006	Robertson E. P. ,Christiansen R. L.	恒定围压	应力型
Z&L&E 模型	2008	Zhang H. B. ,Liu J. S. ,Elsworth D.	无特定边界	应变型
C&L&P 模型	2010	Connell L. D. ,Lu M. ,Pan Z. J.	无特定边界	应变型
L&R 模型	2010	Liu H. H. ,Rutqvist J.	单轴应变/恒定围压	应力型
Izadi 模型	2011	Izadi G. ,Wang S. ,Elsworth D. ,Liu J. ,Wu Y. ,Pone D.	恒定体积	应变型
M&H&L 模型	2011	Ma Q. ,Harpalani S. ,Liu S.	恒定体积	应变型

莱文(Levine)于1996年建立了应变控制型的渗透率模型。该模型首次通过实验验证了吸附膨胀变形满足朗缪尔型方程,因此,该模型在渗透率建模方面有着重要影响。

基于弹性变形及单轴应变的假设,帕尔默(Palmer)和曼苏里(Mansoori)于1998年建立P&M渗透率模型。该模型同时考虑了有效应力及基质收缩的影响。由于与现场数据存在较大偏差,帕尔默等[95]于2009年通过引入节理方向性系数对该模型进行了修正,修正后的模型能够更好地匹配现场数据。

佩科特(Pekot)和里夫斯(Reeves)于2002年建立了ARI煤体渗透率模型。该模型假设煤体的吸附膨胀应变与煤体吸附的气体浓度成正比,比例系数为基质压缩系数。该模型与P&M模型的比较结果表明:当煤体处于饱和状态时,两个模型是等价的。由于该模型没有给出明确的边界条件和推导过程,严格来讲其属于应变控制型的半经验渗透率模型。

基于单轴应变的假设,史(Shi J. Q.)和杜鲁詹(Durucan)于2004年建立了应力依赖型的S&D渗流模型,该模型假设煤体渗透率的变化主要受垂直于裂隙面的有效水平主应力的控制。在单轴应变条件下有效水平主应力的变化为孔隙压力的函数[93]。

崔(Cui X. J.)和巴斯廷(Bustin)于2005年建立了应力依赖型的C&B渗透率模型。该模型与S&D模型的区别在于:S&D模型中的应力为有效水平应力,而C&B模型中采用有效平均应力。将该模型的平均应力换成水平应力,则两模型等效[55]。

由于裂隙表面粗糙不平以及大量矿物的存在,裂隙并没有将煤基质完全分隔开,而是存在部分接触,刘(Liu H. H.)和鲁特奎斯特(Rutqvist)将该部分接触抽象为基质岩桥,提出了改进的立方模型。基于该模型建立了考虑基质—裂隙相互作用的煤体渗透率模型,该模型中采用内膨胀系数来表征基质与裂隙间的相互作用关系。该模型的提出为解决恒定围压条件下煤体渗透率变化的建模问题提出了新思路[54]。

伊扎迪(Izadi)等将煤体抽象为含有一系列相互孤立的裂隙的弹性膨胀材料,该模型中裂隙能够发生膨胀并导致裂隙开度的减小,从而导致煤体渗透率的降低。该模型是在恒定体积假设的基础上建立起来的,属于应变控制型渗透率模型[96]。

马(Ma)等采用恒定体积理论,建立了基于煤体、煤骨架以及煤体孔隙三者体积平衡的煤体渗透率模型。该模型与以往模型的不同点在于该模型重点考虑煤体骨架以及裂隙体积的变化,而以前的模型则着重强调孔隙体积或裂隙的可压缩性[97]。

以上研究成果为进一步认识瓦斯或煤层在开采过程中渗透率的动态演化以及钻井(孔)的优化布置做出了重要贡献。

4.4.2　不同渗透率模型比较

4.4.2.1　经典渗透率模型

煤层渗透率是表征煤储层内流体流动的关键参数之一,其大小直接决定了煤层瓦斯抽采效果及煤层气的产量。因此,定量研究煤层渗透率的动态演化规律是预测煤层瓦斯抽采效果及煤层气产量的首要工作。基于不同的假设及对相关实验结果的分析,相关学者建立了大量的渗透率模型,其中较为典型的渗透率模型有 P&M(Palmer and Mansoori)模型、S&D(Shi and Durucan)模型、C&B(Cui and Bustin)模型。

(1) P&M 模型[51]

P&M 模型于 1998 年提出。该模型是目前最常用的储层渗透率模型之一。模型假设煤储层为单轴应变边界条件,同时将煤体的吸附膨胀变形类比为介质的热膨胀变形,得出了煤储层孔隙率随孔隙压力的变化关系。该模型中煤体的孔隙率与渗透率主要受煤体所受的有效应力以及吸附膨胀变形的控制。式(4-42)和式(4-43)分别给出了煤储层孔隙率与渗透率的控制方程。

$$\frac{\varphi}{\varphi_0}=1+\frac{1}{M\varphi_0}(p-p_0)+\frac{\varepsilon_L}{3\varphi_0}\left(\frac{K}{M}-1\right)\left(\frac{p}{p_L+p}-\frac{p_0}{p_L+p_0}\right) \tag{4-42}$$

$$\frac{k}{k_0}=\left[1+\frac{1}{M\varphi_0}(p-p_0)+\frac{\varepsilon_L}{3\varphi_0}\left(\frac{K}{M}-1\right)\left(\frac{p}{p_L+p}-\frac{p_0}{p_L+p_0}\right)\right]^3 \tag{4-43}$$

式中　M——约束轴向模量;

K——体积模量。

通过与现场测试数据匹配发现,该模型与测试数据存在一定的偏差。为此,Palmer 等[95]于 2009 年通过引入节理方向性系数 $g(0<g<1)$ 对现有的 P&M 模型进行了修正,修正后的模型如式(4-44)所示:

$$\frac{k}{k_0}=\left[1+\frac{g}{M\varphi_0}(p-p_0)+\frac{\varepsilon_L}{3\varphi_0}\left(\frac{K}{M}-1\right)\left(\frac{p}{p_L+p}-\frac{p_0}{p_L+p_0}\right)\right]^3 \tag{4-44}$$

式中　$g=0$ 表示所有节理都是垂直方向,$g=0.1$ 表示有 10% 的节理是水平方向,余下的节理是垂直方向。Palmer 等人还假设若煤储层是水平的,则 $g<0.2$[50]。

与原有的 P&M 模型相比,引入节理方向性系数 g 以后,修正的 P&M 模型弱化了力学作用对渗透率的影响,进而强化了吸附作用的影响。

(2) S&D 模型[93]

S&D 模型于 2004 年提出。该模型假设煤储层为单轴应变边界条件,同时假设煤体的裂隙渗透率受有效水平应力的控制,建立了应力依赖型渗透率模型,其孔隙率和渗透率的控制方程如式(4-45)和式(4-46)所示:

$$\frac{\varphi}{\varphi_0}=\exp\left\{c_f\left[\frac{\nu}{1-\nu}(p-p_0)+\frac{\varepsilon_L}{3}\cdot\frac{E}{1-\nu}\left(\frac{p_0}{p_L+p}-\frac{p}{p_L+p}\right)\right]\right\} \tag{4-45}$$

$$\frac{k}{k_0}=\exp\left\{3c_f\left[\frac{\nu}{1-\nu}(p-p_0)+\frac{\varepsilon_L}{3}\cdot\frac{E}{1-\nu}\left(\frac{p_0}{p_L+p}-\frac{p}{p_L+p}\right)\right]\right\} \tag{4-46}$$

式中 ν——泊松比;

E——弹性模量。

通过对煤体吸附膨胀变形各向异性进行研究,潘(Pan)和康奈尔(Connell)[51]建立了考虑各向异性的煤体吸附膨胀变形模型,将该吸附膨胀变形模型引入到S&D模型中,得到了修正的S&D渗透率模型。

(3) C&B模型[55]

C&B模型于2005年提出。该模型同样假设煤储层为单轴应变条件。该模型包括应力型渗透率模型和孔隙率型渗透率模型。其中应力控制型渗透率模型可表示为:

$$\frac{k}{k_0}=\exp\left\{-3c_{\text{cleat}}\left[-\frac{1+\nu}{3(1-\nu)}(p-p_0)+\frac{2E\varepsilon_L}{9(1-\nu)}\left(\frac{p}{p_L+p}-\frac{p_0}{p_L+p_0}\right)\right]\right\} \tag{4-47}$$

孔隙率型渗透率模型的表达式为:

$$\frac{k}{k_0}=\left\{1+\frac{1}{\varphi_0}\left[\frac{(1-2\nu)(1+\nu)}{E(1-\nu)}(p-p_0)-\frac{2(1-2\nu)\varepsilon_L}{3(1-\nu)}\left(\frac{p}{p_L+p}-\frac{p_0}{p_L+p_0}\right)\right]\right\} \tag{4-48}$$

刘(Liu)和哈帕拉尼(Harpalani)通过假设煤的吸附膨胀应变与煤骨架表面能的下降成正比,推导了用于模拟煤吸附膨胀变形的理论模型。将该模型应用于C&B模型得到了修正的C&B模型[98]。

4.4.2.2 经典渗透率模型比较

从上述所列出的经典渗透率模型可以看出,煤体的渗透率主要受两个主要因素的控制即煤体所受的有效应力以及煤体的吸附膨胀变形。尽管各经典模型均考虑了这两个主要因素对渗透率的影响,但是各模型中有效应力以及吸附膨胀变形对渗透率的贡献率不同,导致在相同条件下各模型随孔隙压力的变化规律不同。本节将着重研究P&M模型、修正的P&M模型、S&D模型以及C&B模型在相同工况下变化规律的差异性以及导致这些差异的主要原因。

图4-29给出了各模型在煤层气排采过程中的渗透率演化规律,此处所用参数来自表4-9,其中煤层初始裂隙孔隙率取0.1%,裂隙可压缩系数取0.1392 MPa^{-1}。

表4-9 煤储层基本参数

弹性模量 E	泊松比 ν	朗缪尔压力 p_L	最大吸附应变 ε_L
2.902 GPa	0.35	4.3 MPa	0.0126 6

假设初始时刻煤储层的孔隙压力为10 MPa,随着煤层气排采的进行,P&M模型、C&B模型的渗透率随孔隙压力的下降先降低后逐渐反弹,并且P&M模型的下降幅度明显大于C&B模型,这是因为P&M模型高估了煤基质的压缩系数,导致有效应力对煤体渗透率的负效应被放大,从而导致煤基质的吸附膨胀变形对渗透率的正效应被弱化。为此,帕尔默(Palmer)等[95]通过引入用于表征煤层节理方向的系数来修正煤基质的可压缩系数,从而弱化有效应力的影响。从图中可以看出,当$g=0.1$和0.5时,煤层渗透率随着孔隙压力的降低逐渐升高,且$g=0.1$时的渗透率明显高于$g=0.5$时的渗透率。这说明有效应力的负效应被弱化,而基质收缩的正效应被显著强化,且g越小,有效应力对渗透率的贡献越小,而吸附膨胀变形的贡献越大。此外,从图4-29还可以看出,S&D模型和修正后的P&M模型($g=0.1,0.5$)预测的渗透率随孔隙压力的降低而逐渐升高,这说明在这两个模型里,随着

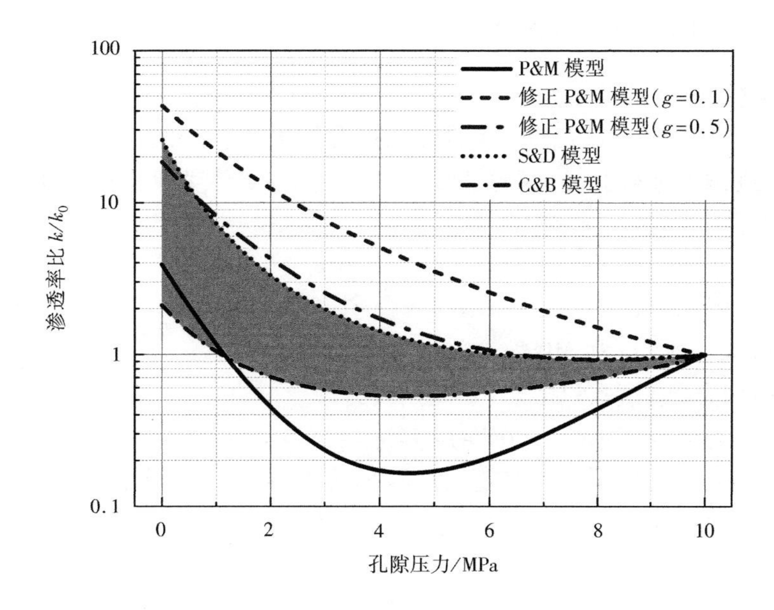

图 4-29　经典渗透率模型对比

排采的进行瓦斯解吸导致的基质收缩对渗透率的贡献占据主导地位。从图 4-29 我们还可以看出,在相同工况条件下 S&D 模型预测的渗透率总是高于 C&B 模型。为了分析这一现象,将两个模型转化为相同形式:

$$\begin{cases} \dfrac{k}{k_0} = \exp\left\{3c_{\mathrm{f}}\left[\dfrac{\nu}{1-\nu}(p-p_0) - \dfrac{\varepsilon_{\mathrm{L}}}{3}\cdot\dfrac{E}{1-\nu}\left(\dfrac{p}{p_{\mathrm{L}}+p} - \dfrac{p_0}{p_{\mathrm{L}}+p_0}\right)\right]\right\} & \text{S\&D 模型} \\ \dfrac{k}{k_0} = \exp\left\{3c_{\mathrm{f}}\left[\dfrac{1+\nu}{3(1-\nu)}(p-p_0) - \dfrac{2E\varepsilon_{\mathrm{L}}}{9(1-\nu)}\left(\dfrac{p}{p_{\mathrm{L}}+p} - \dfrac{p_0}{p_{\mathrm{L}}+p_0}\right)\right]\right\} & \text{C\&B 模型} \end{cases} \tag{4-49}$$

从式(4-49)可以看出,煤体渗透率主要受两个相互竞争因素的控制,及随着煤层气排采而逐渐增加的有效应力以及随着排采而逐渐被强化的基质收缩。我们将前一项称为应力项,将后一项称为应变项。可以看出:在 S&D 模型中,应力项的系数为$\dfrac{\nu}{1-\nu}$,在 C&B 模型中,其为$\dfrac{1+\nu}{3(1-\nu)}$。对于煤岩体,泊松比 ν 通常小于 0.5,从而可以得到$\dfrac{1+\nu}{3(1-\nu)}>\dfrac{\nu}{1-\nu}$,即 C&B 模型中应力项对渗透率的贡献要大于 S&D 模型中应力项的贡献。在 S&D 模型中,应变项的系数为$\dfrac{1}{3(1-\nu)}$,在 C&B 模型中,其为$\dfrac{2}{9(1-\nu)}$,可知 C&B 模型中应变项对渗透率的贡献要小于 S&D 模型中应变项的贡献。由于有效应力对渗透率的贡献为负效应,而基质收缩对渗透率的贡献为正效应,因而,我们可以得出通过 S&D 模型计算的渗透率总是大于通过 C&B 模型计算的渗透率[98]。

造成各模型预测渗透率变化趋势差异较大的原因是:不同模型中有效应力的负效应与基质收缩的负效应对渗透率的贡献比例不同,如 P&M 模型高估了有效应力的影响,导致排采初期,煤层渗透率预测值大幅降低,因此,需引入修正系数来弱化有效应力的影响而强化基质收缩的作用。而在 S&D 模型中基质收缩作用对渗透率的影响被高估,导致排采后渗透率快速升高。基于以上分析,我们知道定量表征有效应力以及基质收缩对煤层渗透率的贡献比是建立合理的渗透率模型的关键,因此,在今后的工作中,需引入合理的参数用于研究这一关键科学问题。

4.4.3 含瓦斯煤孔隙率和渗透率动态演化

4.4.3.1 模型构建

煤体作为双重孔隙裂隙介质,已有的单重孔隙介质有效应力原理已不再适用。本节在引入双重孔隙介质有效应力原理的基础上[99],考虑了吸附膨胀应力对煤体骨架有效应力的影响,建立了含瓦斯煤体有效应力方程:

$$\sigma_{ij}^{e} = \sigma_{ij} - (\alpha_f p_f + \alpha_p p_p + \sigma_a)\delta_{ij} \tag{4-50}$$

式中 σ_{ij}^{e}——有效应力,MPa;

σ_{ij}——煤体所受外部应力,MPa;

p_f, p_p——分别为煤体裂隙和孔隙中的瓦斯压力;

δ_{ij}——克罗内克函数(Kronecker delta);

α_f, α_p——分别为裂隙与孔隙的有效应力系数,可由(4-51)式表示;

σ_a——吸附膨胀应力,MPa,可由(4-52)式得到[100]。

$$\begin{cases} \alpha_f = 1 - \dfrac{E}{E_p} \\ \alpha_p = \dfrac{E}{E_p} \cdot \dfrac{3\varphi_p(1-\nu)}{2(1-2\nu)} \end{cases} \tag{4-51}$$

式中 E——煤的弹性模量,MPa;

E_p——煤粒的弹性模量,MPa;

φ_p——煤基质孔隙率,%;

ν——煤的泊松比。

$$\sigma_a = \frac{a\rho_s RT\ln(1 + bp_p)}{V_m} \tag{4-52}$$

式中 a——极限吸附量,cm^3/g;

ρ_s——煤的真密度,kg/m^3;

R——气体常数,取值 8.3143 J/(mol·K);

T——温度,K;

b——吸附平衡常数,MPa^{-1};

V_m——气体摩尔体积,取值 22.4 L/mol。

基于单轴应变假设,在同时考虑压缩效应与基质收缩效应的基础上,帕尔默(I. Palmer)和曼索里(J. Mansoori)给出了基于单重孔隙—孔弹性理论的孔隙率动态演化模型[101]:

$$-\mathrm{d}\varphi_f = \left[\frac{1}{M} - (1-\varphi_f)\beta\gamma\right](\mathrm{d}\sigma - \mathrm{d}p) + \left[\frac{K}{M} - (1-\varphi_f)\right]\gamma\mathrm{d}p - \left[\frac{K}{M} - (1-\varphi_f)\right]\xi_t\mathrm{d}T \tag{4-53}$$

式中 φ_f——裂隙孔隙率,%;

β——比例系数,取值为 0~1;

γ——煤体骨架压缩系数,Pa^{-1};

σ——煤体所受外部应力,MPa;

p——煤体瓦斯压力,MPa;

ξ_t——煤体骨架热膨胀系数,$℃^{-1}$;

M, K——分别为约束轴向模量和体积模量,MPa,可由式(4-54)计算得到:

$$\begin{cases}\dfrac{M}{E}=\dfrac{1-\nu}{(1+\nu)(1-2\nu)}\\ \dfrac{K}{E}=\dfrac{1}{3(1-2\nu)}\end{cases}\tag{4-54}$$

在裂隙性孔隙介质中,裂隙渗透率远大于孔隙的渗透率,导致同一单元体中裂隙流体压力一般低于孔隙流体压力,需区别对待[99]。本节基于含瓦斯煤有效应力方程(4-50),对式(4-53)加以修正:

$$-\mathrm{d}\varphi_{\mathrm{f}}=\left[\frac{1}{M}-(1-\varphi_{\mathrm{f}})\beta\gamma\right](\mathrm{d}\sigma-\alpha_{\mathrm{f}}\mathrm{d}p_{\mathrm{f}}-\alpha_{\mathrm{p}}\mathrm{d}p_{\mathrm{p}}-\mathrm{d}\sigma_{\mathrm{a}})+$$
$$\left[\frac{K}{M}-(1-\varphi_{\mathrm{f}})\right]\gamma(\alpha_{\mathrm{f}}\mathrm{d}p_{\mathrm{f}}+\alpha_{\mathrm{p}}\mathrm{d}p_{\mathrm{p}})-\left[\frac{K}{M}-(1-\varphi_{\mathrm{f}})\right]\xi_{\mathrm{t}}\mathrm{d}T\tag{4-55}$$

由于储藏处于单轴应变状态下,且外部应力不变,因此有 $\mathrm{d}\sigma=0$,假设煤基质不可压缩,因此 $\gamma=0$,则式(4-55)可简化为:

$$-\mathrm{d}\varphi_{\mathrm{f}}=-\frac{1}{M}(\alpha_{\mathrm{f}}\mathrm{d}p_{\mathrm{f}}+\alpha_{\mathrm{p}}\mathrm{d}p_{\mathrm{p}}+\mathrm{d}\sigma_{\mathrm{a}})-\left(\frac{K}{M}-1\right)\xi_{\mathrm{t}}\mathrm{d}T\tag{4-56}$$

$\mathrm{d}T$ 为热膨胀项,可类比为吸附膨胀变形:

$$\left(\frac{K}{M}-1\right)\xi_{\mathrm{t}}\mathrm{d}T=\left(\frac{K}{M}-1\right)\frac{\mathrm{d}\varepsilon_{\mathrm{a}}}{\mathrm{d}p_{\mathrm{p}}}\mathrm{d}p_{\mathrm{p}}\tag{4-57}$$

$$\varepsilon_{\mathrm{a}}=\frac{\sigma_{\mathrm{a}}}{E_{\mathrm{p}}}=\frac{a\rho_{\mathrm{s}}RT\ln(1+bp_{\mathrm{p}})}{V_{\mathrm{m}}E_{\mathrm{p}}}\tag{4-58}$$

式中　ε_{a}——吸附膨胀应变。

将式(4-57)和式(4-58)代入式(4-56)可得:

$$-\mathrm{d}\varphi_{\mathrm{f}}=-\frac{1}{M}(\alpha_{\mathrm{f}}\mathrm{d}p_{\mathrm{f}}+\alpha_{\mathrm{p}}\mathrm{d}p_{\mathrm{p}}+\mathrm{d}\sigma_{\mathrm{a}})-\left(\frac{K}{M}-1\right)\frac{\mathrm{d}}{\mathrm{d}p_{\mathrm{p}}}\left[\frac{a\rho_{\mathrm{s}}RT\ln(1+bp_{\mathrm{p}})}{V_{\mathrm{m}}E_{\mathrm{p}}}\right]\mathrm{d}p_{\mathrm{p}}\tag{4-59}$$

整理并积分可得:

$$\varphi_{\mathrm{f}}=\varphi_{\mathrm{f0}}+\frac{\alpha_{\mathrm{f}}}{M}(p_{\mathrm{f}}-p_{\mathrm{f0}})+\frac{\alpha_{\mathrm{p}}}{M}(p_{\mathrm{p}}-p_{\mathrm{p0}})+\frac{a\rho_{\mathrm{s}}RT(E_{\mathrm{p}}+K-M)}{MV_{\mathrm{m}}E_{\mathrm{p}}}\ln\frac{1+bp_{\mathrm{p0}}}{1+bp_{\mathrm{p}}}\tag{4-60}$$

通过对式(4-60)求导可以得到裂隙孔隙率随时间变化关系函数:

$$\frac{\partial\varphi_{\mathrm{f}}}{\partial t}=\frac{\alpha_{\mathrm{f}}}{M}\cdot\frac{\partial p_{\mathrm{f}}}{\partial t}+\left[\frac{\alpha_{\mathrm{p}}}{M}+\frac{ab\rho_{\mathrm{s}}RT(E_{\mathrm{p}}+K-M)}{MV_{\mathrm{m}}E_{\mathrm{p}}(1+bp_{\mathrm{p}})}\right]\cdot\frac{\partial p_{\mathrm{p}}}{\partial t}\tag{4-61}$$

根据科泽尼—卡尔曼(Kozeny-Carman)方程可知煤体渗透率与孔隙率间存在三次方关系,如果忽略煤体体积应变的影响则有:

$$\frac{k}{k_0}=\left(\frac{\varphi_{\mathrm{f}}}{\varphi_{\mathrm{f0}}}\right)^3=\left\{1+\frac{\alpha_{\mathrm{f}}}{M\varphi_{\mathrm{f0}}}(p_{\mathrm{f}}-p_{\mathrm{f0}})+\frac{\alpha_{\mathrm{p}}}{M\varphi_{\mathrm{f0}}}(p_{\mathrm{p}}-p_{\mathrm{p0}})+\frac{a\rho_{\mathrm{s}}RT(E_{\mathrm{p}}+K-M)}{MV_{\mathrm{m}}E_{\mathrm{p}}\varphi_{\mathrm{f0}}}\ln\frac{1+bp_{\mathrm{p0}}}{1+bp_{\mathrm{p}}}\right\}^3\tag{4-62}$$

通过对式(4-62)求导可以得到渗透率随时间的动态演化函数:

$$\frac{\partial k}{\partial t}=\frac{3k_0}{\varphi_{\mathrm{f0}}}\left\{1+\frac{\alpha_{\mathrm{f}}}{M\varphi_{\mathrm{f0}}}(p_{\mathrm{f}}-p_{\mathrm{f0}})+\frac{\alpha_{\mathrm{p}}}{M\varphi_{\mathrm{f0}}}(p_{\mathrm{p}}-p_{\mathrm{p0}})+\frac{a\rho_{\mathrm{s}}RT(E_{\mathrm{p}}+K-M)}{MV_{\mathrm{m}}E_{\mathrm{p}}\varphi_{\mathrm{f0}}}\ln\frac{1+bp_{\mathrm{p0}}}{1+bp_{\mathrm{p}}}\right\}^2\frac{\partial\varphi_{\mathrm{f}}}{\partial t}\tag{4-63}$$

对于深部煤层,其渗透率一般都较低,瓦斯在煤体中的流动具有明显的克林肯伯格(Klinkenberg)效应,有效渗透率与瓦斯压力之间存在如下关系:

$$k_{\mathrm{e}}=k\left(1+\frac{c}{p_{\mathrm{f}}}\right)\tag{4-64}$$

式中　c——克林肯伯格系数。

琼斯(Jones)和欧文斯(Owens)通过研究渗透率处于 0.000 1 ~1 mD(我国煤层渗透率普遍处于 0.000 1 ~0.001 mD 之间)之间的低渗透岩芯,提出了克林肯伯格系数的计算式 $c=0.95k-0.33$[1]。

将式(4-64)代入式(4-63)可得考虑克林肯伯格效应的渗透率模型为:

$$k_e = k_0\left\{1 + \frac{\alpha_f}{M\varphi_{f0}}(p_f - p_{f0}) + \frac{\alpha_p}{M\varphi_{f0}}(p_p - p_{p0}) + \frac{a\rho_s RT(E_p + K - M)}{MV_m E_p \varphi_{f0}}\ln\frac{1 + bp_{p0}}{1 + bp_p}\right\}^3\left(1 + \frac{c}{p_f}\right) \tag{4-65}$$

4.4.3.2 模型验证

假设瓦斯在煤体中的流动为准静态过程,煤基质与煤体裂隙间的瓦斯压力差可以忽略不计,即此时煤基质瓦斯压力等于裂隙瓦斯压力,则(4-62)式可转换为:

$$\frac{k}{k_0} = \left(\frac{\varphi_f}{\varphi_{f0}}\right)^3 = \left\{1 + \frac{\alpha_f + \alpha_p}{M\varphi_{f0}}(p_p - p_{p0}) + \frac{a\rho_s RT}{MV_m\varphi_{f0}}\ln\frac{1 + bp_{p0}}{1 + bp_p}\right\}^3 \tag{4-66}$$

为了验证该模型的可行性,将式(4-66)与美国圣胡安盆地煤层气井的现场测试结果进行匹配[102]。表 4-10 列出了煤层的基本参数。图 4-30 为渗透率模型与现场测试数据的匹配结果,可以看出两者吻合度较高,说明该模型能够用于模拟现场煤层气排采过程中储层渗透率的演化规律。

表 4-10　圣胡安盆地煤层基本参数[93]

弹性模量 E/GPa	泊松比 ν	朗缪尔压力 p_L/MPa	朗缪尔应变常数 ε_L
2.902	0.35	4.3	0.0126 6

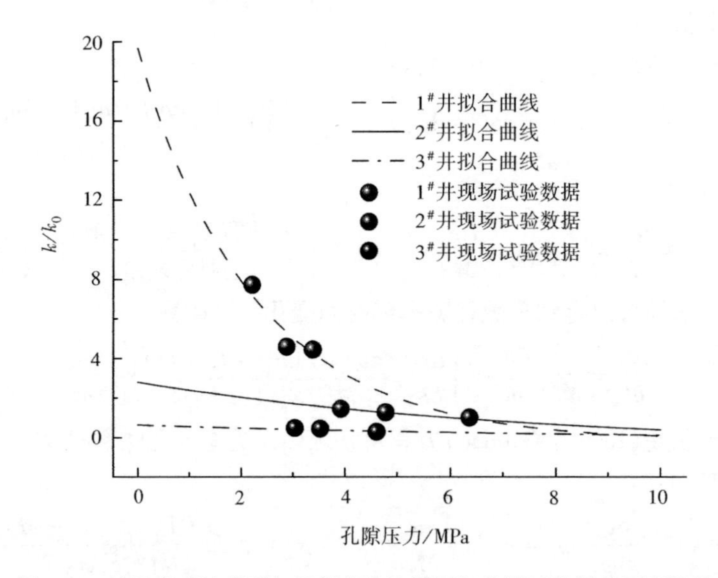

图 4-30　渗透率理论模型与圣胡安盆地煤层气井测试数据的匹配结果

4.5 煤层瓦斯流动多场耦合特性

一般认为,煤层瓦斯抽采过程中气体的运移可分为三个阶段,包括解吸、扩散和渗流(如图 4-31 所示)。这三个阶段中,气体运移主要受煤体孔隙—裂隙结构的控制。煤体为典型的双重孔隙介质,由煤基质及裂隙组成,其中煤基质又包括煤体骨架以及基质孔隙。在瓦斯抽采过程中,气体解吸引起的基质收缩以及有效应力的变化都会对煤体孔隙—裂隙结构造成影响,从而改变气体的运移规律。

为此,需要研究瓦斯抽采过程中各物理场的演化规律及其对瓦斯抽采的影响。

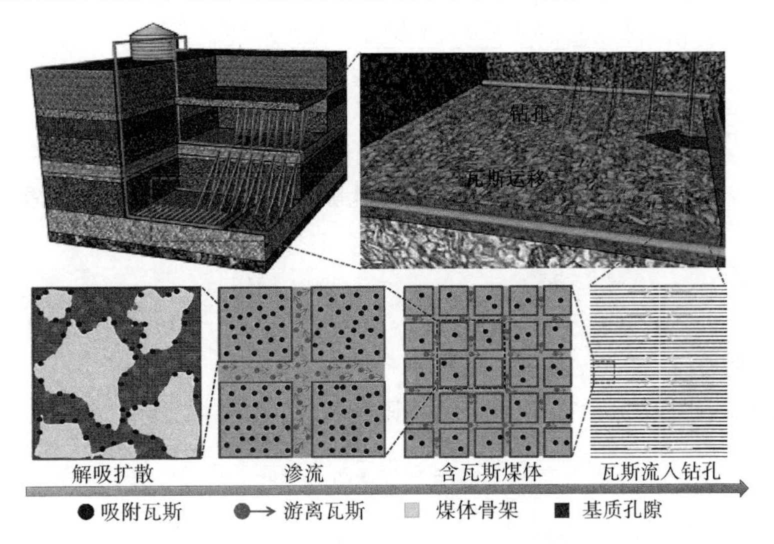

图 4-31　煤体瓦斯运移过程示意图

4.5.1　瓦斯在煤体中的扩散方程

瓦斯抽采过程中的气体运移过程可分为:裂隙瓦斯通过渗流进入钻孔以及基质瓦斯解吸并通过扩散进入裂隙两个阶段。煤体中基质与裂隙间的质量交换可由(4-67)式表示[101]:

$$Q_{\mathrm{m}} = D_0 \chi \frac{M_{\mathrm{C}}}{RT}(p_{\mathrm{p}} - p_{\mathrm{f}}) \tag{4-67}$$

式中　Q_{m}——煤体孔隙与裂隙间的质量交换律,kg/(m^3·s);

χ——基质形状因子,$\chi=\frac{3\pi^2}{L^2}$;

L——裂隙间距,m;

M_{C}——甲烷摩尔质量,kg/mol;

R——气体常数,J/(mol·K);

D_0——瓦斯初始扩散系数,m^2/s,通常的研究一般视其为常数,而李志强等的研究表明扩散系数随时间逐渐衰减,并提出了动态扩散系数模型[26]:

$$D_t = D_0 \mathrm{e}^{-\lambda t} \tag{4-68}$$

式中　λ——衰减系数,s^{-1}。

单位体积煤基质中的瓦斯含量可由朗缪尔方程计算得到[58]:

$$m_{\mathrm{p}} = \frac{abp_{\mathrm{p}}\rho_{\mathrm{c}}M_{\mathrm{C}}}{(1+bp_{\mathrm{p}})V_{\mathrm{m}}} + \varphi_{\mathrm{p}}\frac{M_{\mathrm{C}}p_{\mathrm{p}}}{RT} \tag{4-69}$$

式中　m_{p}——单位质量煤基质的瓦斯含量,kg/m^3;

ρ_{c}——煤体视密度,kg/m^3;

φ_{p}——基质孔隙率,%。

由质量守恒可知单位时间内基质瓦斯含量的变化量即为孔隙向裂隙中扩散的瓦斯量:

$$\frac{\partial m_{\mathrm{p}}}{\partial t} = -Q_{\mathrm{m}} \tag{4-70}$$

将式(4-67)、式(4-68)和式(4-69)代入式(4-70)可得基质孔隙的瓦斯压力变化控制方程:

$$\frac{\partial p_p}{\partial t} = -\frac{3\pi^2 V_m(1+bp_p)^2(p_p-p_f)D_0 e^{-\lambda t}}{L^2[ab\rho_c RT+\varphi_p V_m(1+bp_p)^2]} \tag{4-71}$$

4.5.2 瓦斯在煤体中的渗流方程

根据质量守恒定律,裂隙内瓦斯质量的变化等于孔隙扩散进入裂隙的瓦斯减去裂隙流入钻孔的瓦斯:

$$\frac{M_C}{RT}\cdot\frac{\partial \varphi_f p_f}{\partial t} = Q_m(1-\varphi_f) - \nabla\left(\frac{M_C}{RT}p_f v_f\right) \tag{4-72}$$

式中 v_f——裂隙中瓦斯流动速度,m/s。

假设瓦斯在煤体裂隙中的流动符合达西定律,则有:

$$v_f = -\frac{k}{\mu}\nabla p_f \tag{4-73}$$

式中 μ——瓦斯的动力黏度,Pa·s。

将式(4-67)、式(4-68)和式(4-73)代入式(4-72)可得裂隙瓦斯压力随时间的动态演化函数:

$$\varphi_f\frac{\partial p_f}{\partial t} + p_f\frac{\partial \varphi_f}{\partial t} = \frac{3\pi^2 D_0(1-\varphi_f)e^{-\lambda t}}{L^2}(p_p-p_f) + \nabla\left[\frac{k}{\mu}p_f\nabla p_f\right] \tag{4-74}$$

4.5.3 含瓦斯煤体变形方程

含瓦斯煤的变形场方程由应力平衡方程、几何方程以及本构方程三部分组成。

4.5.3.1 平衡方程

根据均质各向同性介质动量守恒定律,含瓦斯煤的表征单元处于应力平衡状态,可得其平衡方程为:

$$\sigma_{ij,j} + F_i = 0 \tag{4-75}$$

式中 F_i——体积力,MPa。

4.5.3.2 几何方程

因为含瓦斯煤体骨架发生的变形为小变形,因此其几何方程可表示为:

$$\varepsilon_{ij} = \frac{1}{2}(u_{i,j} + u_{j,i}) \tag{4-76}$$

式中 ε_{ij}——应变分量;

$u_{i,j}$,$u_{j,i}$——位移分量,$i,j=1,2,3$。

4.5.3.3 本构方程

假设含瓦斯煤体为各向同性的线弹性材料,则其变形服从广义胡克定律:

$$\sigma_{ij} = 2G\varepsilon_{ij} + \frac{2G\nu}{1-2\nu}\varepsilon_V - \alpha_f p_f - \alpha_p p_p - \sigma_a \tag{4-77}$$

式中 G——含瓦斯煤的剪切模量,MPa;

ν——泊松比;

ε_V——体积应变,$\varepsilon_V=\varepsilon_{11}+\varepsilon_{22}+\varepsilon_{33}$。

则含瓦斯煤体的变形方程可用位移表示为:

$$Gu_{i,jj} + \frac{2G\nu}{1-2\nu}\varepsilon_V - \alpha_f p_f - \alpha_p p_p - \sigma_a + F_i = 0 \tag{4-78}$$

4.5.4　模型验证

对于无限大、均质水平地层的煤层气井，如果只考虑径向流动，且将气井简化为线性气源，则气体注入井周围时气体压力分布可由式(4-79)的分析解表示[103]：

$$p_{\mathrm{b}}^{2}(r,t)=p_{\mathrm{b0}}^{2}-\frac{\mu Q_{\mathrm{m}}}{2\pi k_{0}h\beta}Ei\left(-\frac{r^{2}}{4\alpha t}\right) \tag{4-79}$$

式中　$p_{\mathrm{b}}(r,t)$——t 时刻距离注入井 r 的点的气体压力；

p_{b0}——储层的初始气体压力；

Q_{m}——单位时间内注入气体的质量；

k_0——地层渗透率；

h——底层厚度；

β——压缩因子；

r——与注入井间的距离；

α——扩散系数；

t——注入时间。

方程(4-79)是基于以下假设推导出来的：

(1) 在距离注入井无限远处，气体压力保持不变，即 $p(\infty,t)=p_0$；

(2) 气体注入井的边界条件可表示为：$\lim\limits_{r\to r_{\mathrm{w}}}\frac{2\pi k_0 hr\beta(p+b)}{\mu}\frac{\partial p}{\partial r}=Q_{\mathrm{m}}$。

为了检验以上多物理场耦合模型的可行性，建立了垂直气体注入井的物理模型，如图 4-32 所示。

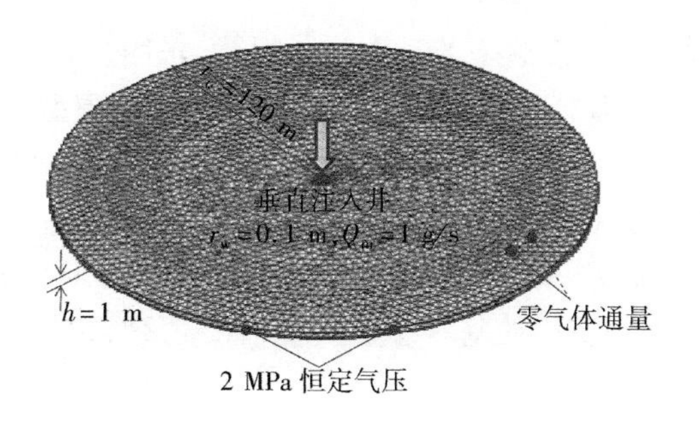

图 4-32　垂直气体注入井的几何模型

该物理模型的半径为 120 m，厚度为 1 m。此外，在地层中心位置设置了半径为 0.1 m 的气体注入井。该模型计算过程所用的参数如表 4-11 所列。基于该模型我们分别模拟了考虑和不考虑克林肯伯格效应的情况下气体注入井周围气体压力的分布规律。同时，将模拟结果与式(4-79)的分析解进行了比较，结果如图 4-33 所示。

表 4-11　模型输入的基本参数

参　数	数　值	参　数	数　值
渗透率，k_0	1.0×10^{-15} m^2	气体注入的质量速率，Q_{m}	1×10^{-3} kg/s
克林肯伯格系数，b	4.75×10^{4} Pa	压缩因子，β	84.3 kg/(MPa · m^3)

从图 4-33 可以看出,不管是否考虑克林肯伯格效应的影响,数值模拟结果均能很好地匹配分析解,说明该多场耦合模型具有较强的实用性。

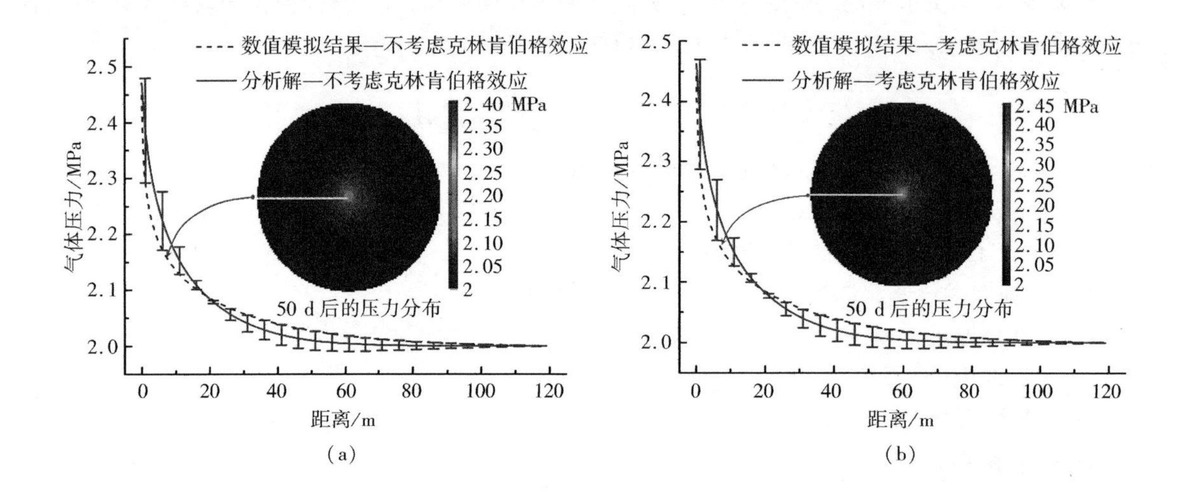

图 4-33 分析解与数值模拟的注入井周围气压分布的比较

4.5.4 抽采条件下储层瓦斯渗流分析

4.5.4.1 几何模型及定解条件

(1) 几何模型

为了揭示瓦斯抽采过程中煤层渗透率的动态演化规律,采用多物理场耦合(Comsol Multiphysics)数值模拟软件,通过其内置的 PDE 模块实现了上述多场耦合渗流模型的数值解算。

图 4-34 为数值模型示意图。模型长 50 m,高 16 m,其中煤层厚度为 4 m。在煤层中部开挖三个半径为 0.25 m 的钻孔(模拟水力冲孔或水力割缝等效钻孔),相邻钻孔间距为 6 m。为方便后期数据获取,在煤层中部沿走向方向布置一条测线 AB,在距 1#钻孔 1 m,3 m,5 m,7 m,9 m 和 11 m 的位置处设置 6 个测点($C_1 \sim C_6$)。模型中所用的基本参数如表 4-12 所列,模拟结果如图 4-35 所示。

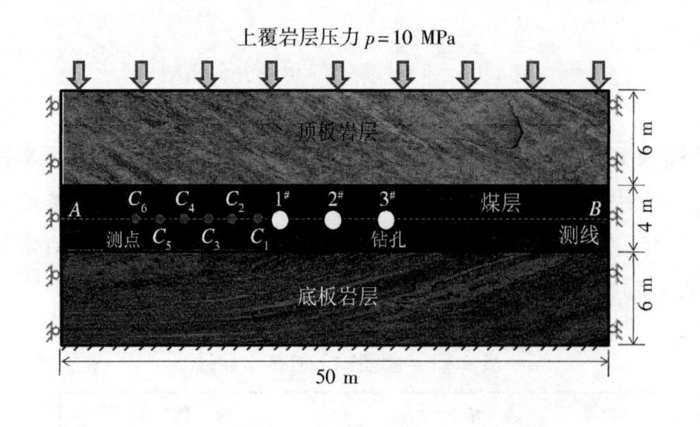

图 4-34 几何模型示意图

表 4-12　模型基本参数

参　数	取　值	参　数	取　值
吸附常数 $a/(m^3/t)$	15	煤体裂隙初始孔隙率	0.025
吸附常数 b/MPa^{-1}	1	煤体基质初始孔隙率	0.06
煤的真密度/(kg/m^3)	1600	岩石初始孔隙率	0.001
温度/K	293.14	煤体裂隙初始瓦斯压力/MPa	2
煤的弹性模量/GPa	0.35	煤体孔隙初始瓦斯压力/MPa	2
煤粒的弹性模量/GPa	4.5	岩石裂隙初始瓦斯压力/MPa	0.2
煤的泊松比	0.35	煤体初始渗透率/m^2	5×10^{-17}
岩石弹性模量/GPa	15	岩石初始渗透率/m^2	3×10^{-21}
岩石基质弹性模量/GPa	30	煤体初始瓦斯扩散系数/(m^2/s)	5.48×10^{-12}
岩石泊松比	0.3	煤体裂隙间距/m	0.005

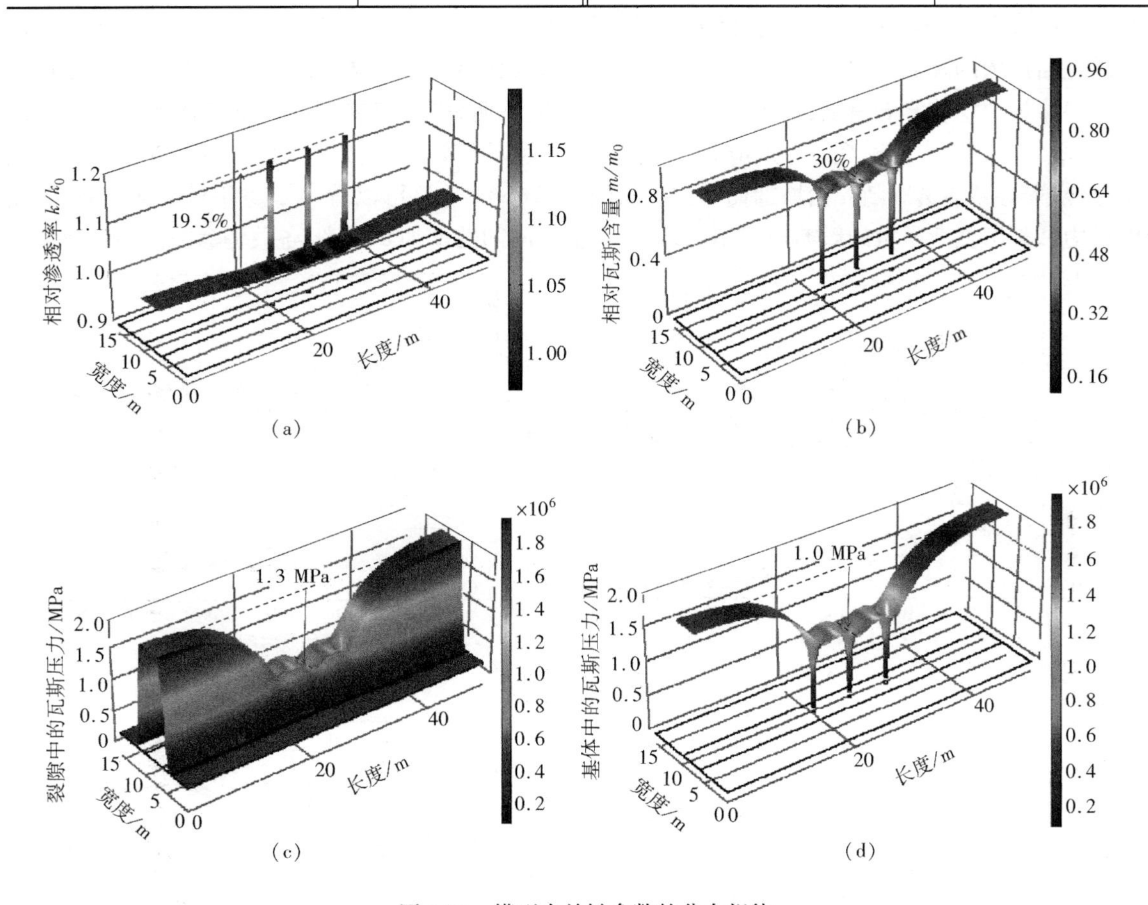

图 4-35　模型中关键参数的分布规律

(2) 定解条件

上述模型的求解还需指定边界条件和初始条件。

边界条件：模型上部边界为压力边界，承受上覆岩层压力 10 MPa；底部边界为固定约束边界；左右两侧边界为辊支承边界，其法线方向不发生位移。瓦斯可同时在煤层和岩层内发生渗流，但仅在煤层内发生扩散。因此，对于渗流场，模型的四条边界为零流量边界，而对于扩散场，煤层的四条边界为零流量边界。钻孔边界为狄氏边界，指定其孔隙压力与裂隙压力均为 85 kPa。

初始条件:煤层内初始孔隙压力和裂隙压力均为 2 MPa,岩层内初始瓦斯压力为 0.2 MPa。

4.5.4.2 模型参数敏感性分析

一般情况下,煤体的物理性质对瓦斯抽采过程中的流场演化有着重要的影响。本节中,将重点讨论煤体的吸附、扩散和渗流特性对模型中关键参数的分布和演化的影响,这对于现场瓦斯抽采过程中钻孔的合理布置有着重要意义。

(1) 吸附常数 a 的影响

为了研究吸附常数 a 对模型关键参数的影响,将其余参数设定为常数:$b=1\ \mathrm{MPa}^{-1}$,$k_0=5\times10^{-17}\ \mathrm{m}^2$,$D_0=5.48\times10^{-12}\ \mathrm{m}^2/\mathrm{s}$,$\lambda=1\times10^{-7}$。

图 4-36 为不同 a 值下,模型中相对渗透率、相对瓦斯含量、裂隙瓦斯压力和基质瓦斯压力等四个关键参数的演化规律。从图 4-36(a)可以看出,相对渗透率随着 a 的增加而增加,但随抽采时间的增加表现出不同的变化规律。当 $a\leqslant0.008\ \mathrm{m}^3/\mathrm{kg}$ 时,相对渗透率随抽采时间的增加而降低,并且 a 越小,相对渗透率的降低幅度越大;当 $0.011\ \mathrm{m}^3/\mathrm{kg}\leqslant a\leqslant0.015\ \mathrm{m}^3/\mathrm{kg}$ 时,相对渗透率随抽采时间先降低而后升高;而当 $a\geqslant0.02\ \mathrm{m}^3/\mathrm{kg}$ 时,随着抽采时间的增加,相对渗透率持续升高。a 越小,随着裂隙和基质瓦斯压力的降低,基质收缩对渗透率产生的正效应比有效应力增加而产生的负效应小,从而导致渗透率降低。随着 a 的增加,初始时刻基质收缩效应不明显,随着时间的增加基质压力进一步降低,基质收缩的正效应逐渐超过有效应力的负效应,从而导致渗透率升高,并且 a 越大基质收缩效应越明显,从而导致渗透率随 a 的增加而增加。从图 4-36(b)~(d)可以看出 a 对相对瓦斯含量、基质孔隙压力和裂隙瓦斯压力的影响规律相似,即随着抽采时间的增加 a 越小,各关键参数的降低速度越

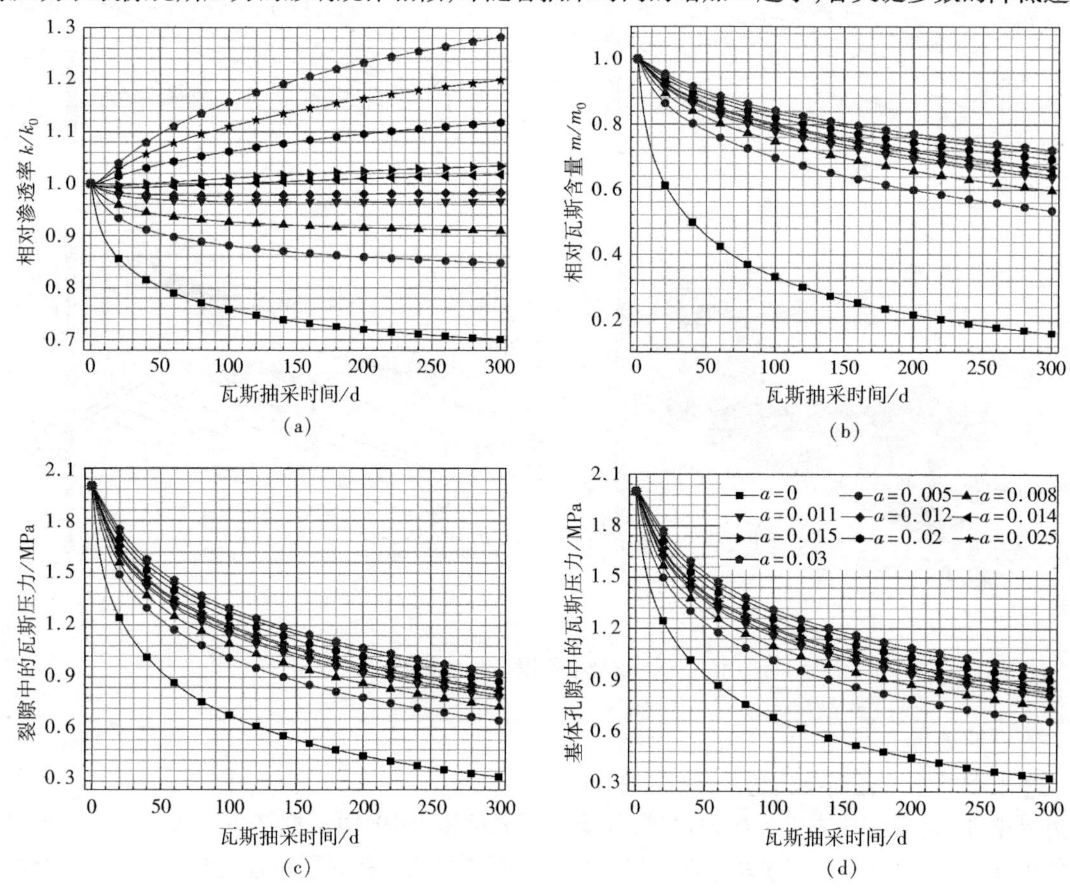

图 4-36 吸附常数 a 对模型关键参数的影响

快,降幅越大。如抽采 300 d 后,$a=0\ m^3/kg$ 时,相对瓦斯含量、基质以及裂隙瓦斯压力降幅超过 80%,而当 $a=0.03\ m^3/kg$ 时,相对瓦斯含量降幅小于 30%,基质和裂隙瓦斯压力降低约 55%。

(2) 吸附常数 b 的影响

为了研究吸附常数 b 对模型关键参数的影响,我们将其余参数设定为常数:$a=0.015\ m^3/kg$,$k_0=5\times10^{-17}\ m^2$,$D_0=5.48\times10^{-12}\ m^2/s$,$\lambda=1\times10^{-7}$。

图 4-37 为吸附常数 b 对模型关键参数的影响规律。从图 4-37(a)可以看出,吸附常数 b 对相对渗透率的影响与 a 相似,即随着 b 的增大,相对渗透率逐渐增加,并随抽采时间表现出不同的变化规律。当 $b\leqslant0.6\ MPa^{-1}$ 时,相对渗透率随着抽采时间的增加逐渐降低;当 $0.8\ MPa^{-1}\leqslant b\leqslant1.4\ MPa^{-1}$ 时,相对渗透率随时间先降低后升高;当 $b\geqslant1.6\ MPa^{-1}$ 时,相对渗透率随抽采时间的增加逐渐升高。上述现象形成的原因与 a 的类似,此处不再赘述。从图 4-37(c)和(d)可以看出,基质瓦斯压力随 b 的增加而降低,b 越大,基质压力的降幅越大。例如,$b=0.1\ MPa^{-1}$ 时,抽采 300 d 后,基质压力降低约 56.7%,而当 $b=2\ MPa^{-1}$ 时,其降幅达 60.8%。裂隙瓦斯压力的变化趋势与基质瓦斯压力表现出相反的变化规律。基质瓦斯压力变化率与 b 呈负相关关系,b 增加导致基质与裂隙间的质量交换减少,即裂隙系统获得的来自基质系统的补给减少,从而导致裂隙瓦斯压力快速降低。图 4-37(b)为不同 b 值下相对瓦斯含量随抽采时间的变化规律。b 越大,相对瓦斯含量越高,降幅越小。相对瓦斯含量的变化是基质瓦斯压力与裂隙瓦斯压力综合作用的结果。

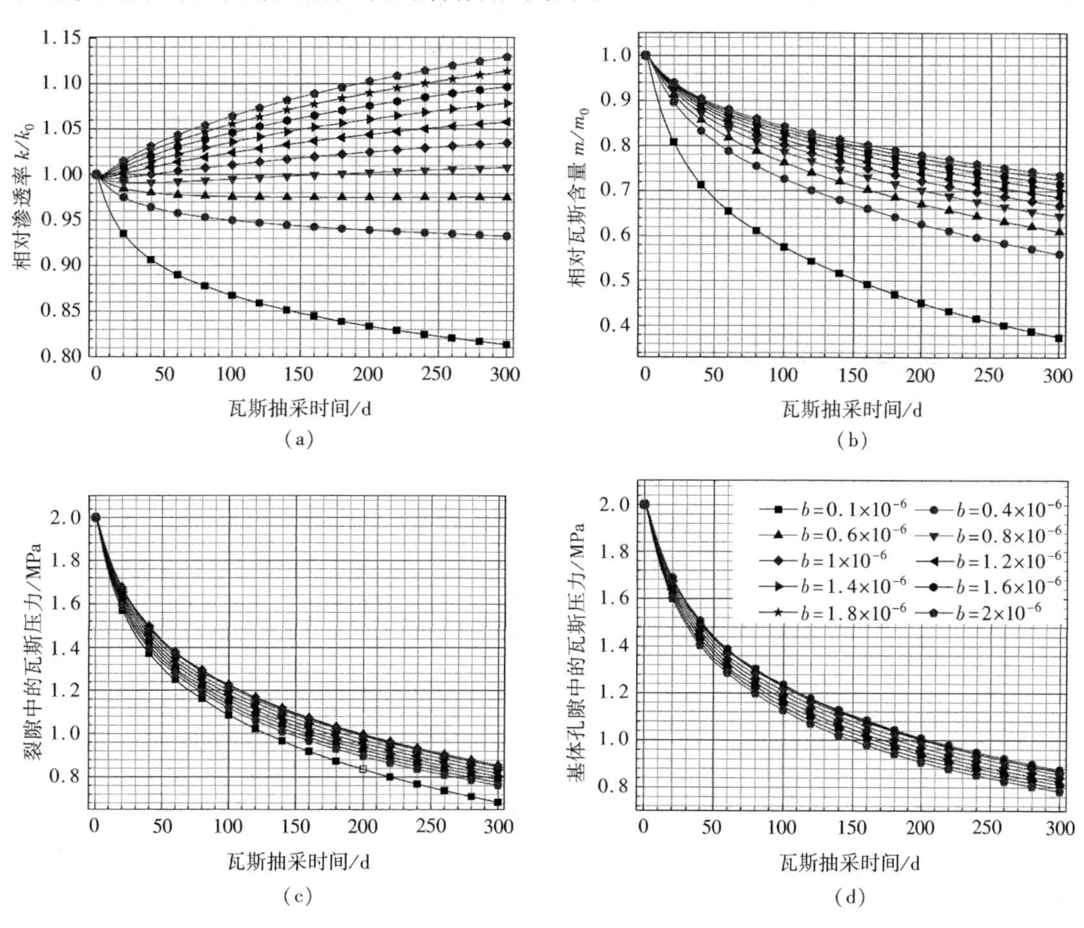

图 4-37　吸附常数 b 对模型关键参数的影响

（3）初始渗透率 k_0的影响

为了研究初始渗透率 k_0对模型关键参数的影响，我们将其余参数设定为常数：$a=0.015\ m^3/kg$，$b=1\ MPa^{-1}$，$D_0=5.48\times10^{-12} m^2/s$，$\lambda=1\times10^{-7}$。

图 4-38 为不同初始渗透率下模型各关键参数随抽采时间的变化规律。可以看出，对于不同的初始渗透率，煤层相对渗透率随时间的变化规律不同。当 $k_0\leqslant1\times10^{-18} m^2$时，相对渗透率随抽采时间逐渐降低，且 k_0越大，其降低速率越高，降低幅度越大。例如，$k_0=1\times10^{-19}\ m^2$时，抽采 300 d 后相对渗透率仅降低了 0.008%；而当 $k_0=1\times10^{-18}\ m^2$时，相对渗透率降低 0.2%。当 $k_0\geqslant4\times10^{-18} m^2$时，相对渗透率先降低而后反弹。$k_0$越大，其对应的降幅越大，反弹越高，反弹点出现的时间越短。例如，当初始渗透率 $k_0=1\times10^{-17} m^2$ 时，抽采 300 d 后其降幅、反弹幅度以及反弹点出现的时间分别为 0.245%，100.36% 和 66 d；而当 $k_0=1\times10^{-16}\ m^2$时，其分别为 0.679%，105.95% 和 6 d。图 4-38(b)～(d)为相对瓦斯含量、裂隙和基质瓦斯压力随抽采时间的变化规律。随着 k_0的增加，这些参数表现出相似的变化规律，即降速和降幅均逐渐增加。这是因为，初始渗透率越高，气体越容易从裂隙内流出，导致裂隙瓦斯压力迅速降低，从而加快了基质与裂隙间的质量交换。基于瓦斯压力的变化，我们可以得出渗透率变化的原因：当 k_0较小时，基质瓦斯压力降低缓慢，基质收缩效应不明显，因此渗透率在有效应力作用下逐渐降低。而当 k_0较大时，在初始时刻，基质瓦斯压力降低较小，基质收缩效应比有效应力效应弱，因而渗透率降低。随着基质压力的进一步降低，基质收缩效应逐渐占据主导，导致渗透率逐渐升高。

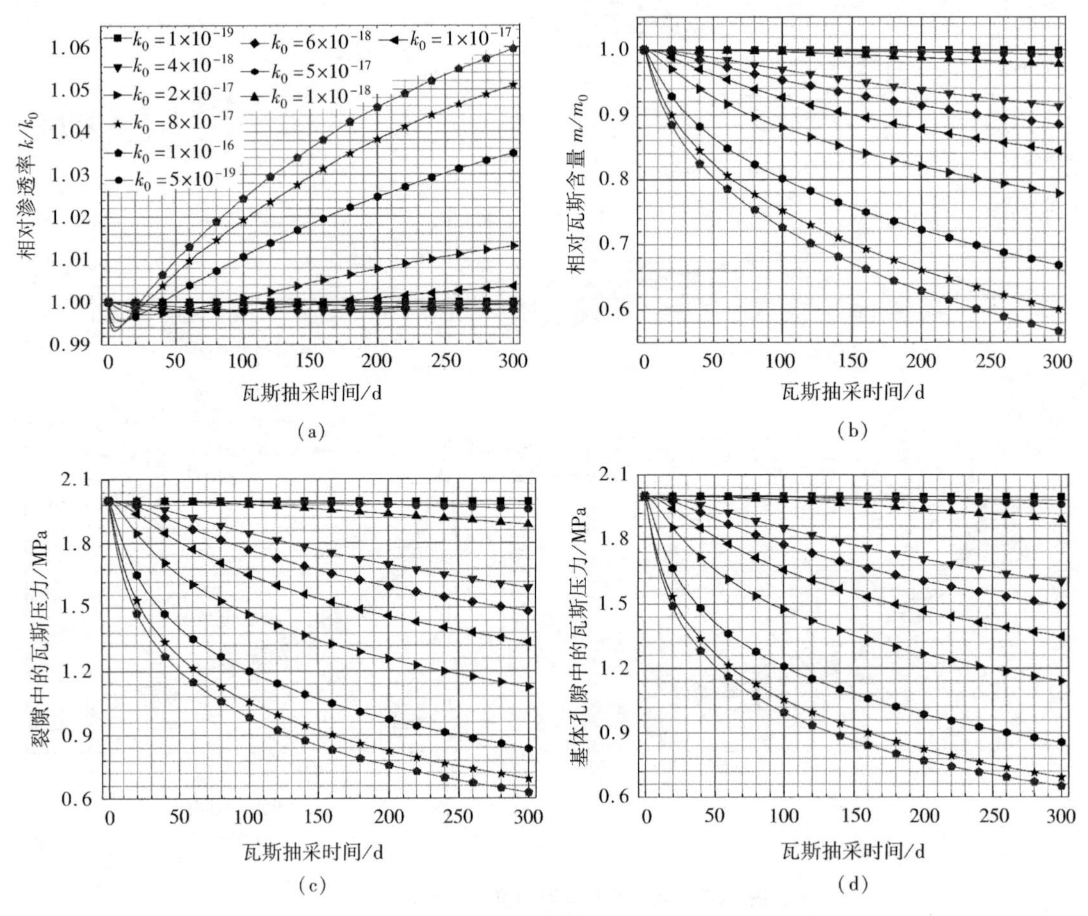

图 4-38　初始渗透率 k_0对模型关键参数的影响

（4）初始扩散系数 D_0 的影响

为了研究初始扩散系数 D_0 对模型关键参数的影响，我们将其余参数设定为常数：$a=0.015\ \mathrm{m^3/kg}$，$b=1\ \mathrm{MPa^{-1}}$，$k_0=5\times10^{-17}\ \mathrm{m^2}$，$\lambda=1\times10^{-7}$。

图 4-39 为不同扩散系数下关键参数随抽采时间的变化规律。从图 4-39（a）可以看出，相对渗透率随初始扩散系数逐渐升高，且随时间表现出不同的变化规律。当 $D_0\leqslant1.48\times10^{-14}\ \mathrm{m^2/s}$ 时，相对渗透率随时间逐渐降低，且 D_0 越小，相对渗透率降幅越大；当 $5.48\times10^{-14}\ \mathrm{m^2/s}\leqslant D_0\leqslant6.48\times10^{-13}\ \mathrm{m^2/s}$ 时，渗透率表现出先降低后升高然后再降低的变化规律；当 $D_0\geqslant1.48\times10^{-12}\ \mathrm{m^2/s}$ 时，渗透率先降低后升高。从图 4-39（b）～（d）可以看出，相对瓦斯含量和基质压力随 D_0 的增加而降低，而裂隙瓦斯压力表现出相反的变化趋势。这是因为 D_0 越大，基质内的瓦斯越容易扩散进入裂隙内，导致基质内的瓦斯压力迅速降低；由于有来自基质瓦斯源的补充，裂隙系统内的瓦斯压力降低缓慢。基于孔隙压力的变化规律，我们对渗透率的演化规律作如下解释：当 D_0 较小时，基质压力缓慢降低，基质收缩不显著，而由于裂隙压力的降低导致有效应力快速升高，从而引起相对渗透率的降低。随着 D_0 的增加，初始时刻，由于裂隙压力的快速降低，导致有小应力增加，从而引起渗透率的降低。随着抽采的进行，裂隙瓦斯压力降低趋缓，基质收缩逐渐占据主导地位；抽采后期，基质瓦斯压力趋于稳定，而裂隙压力持续降低，从而引起渗透率的再次降低。当 D_0 增加到较大值时，由于裂隙压力的快速降低导致初始时刻渗透率略微降低，后期裂隙压率降低变缓，而基质压力持续降低，从而导致有效应力的负效应被弱化，而基质收缩的正效应得到强化，导致渗透率的增加。

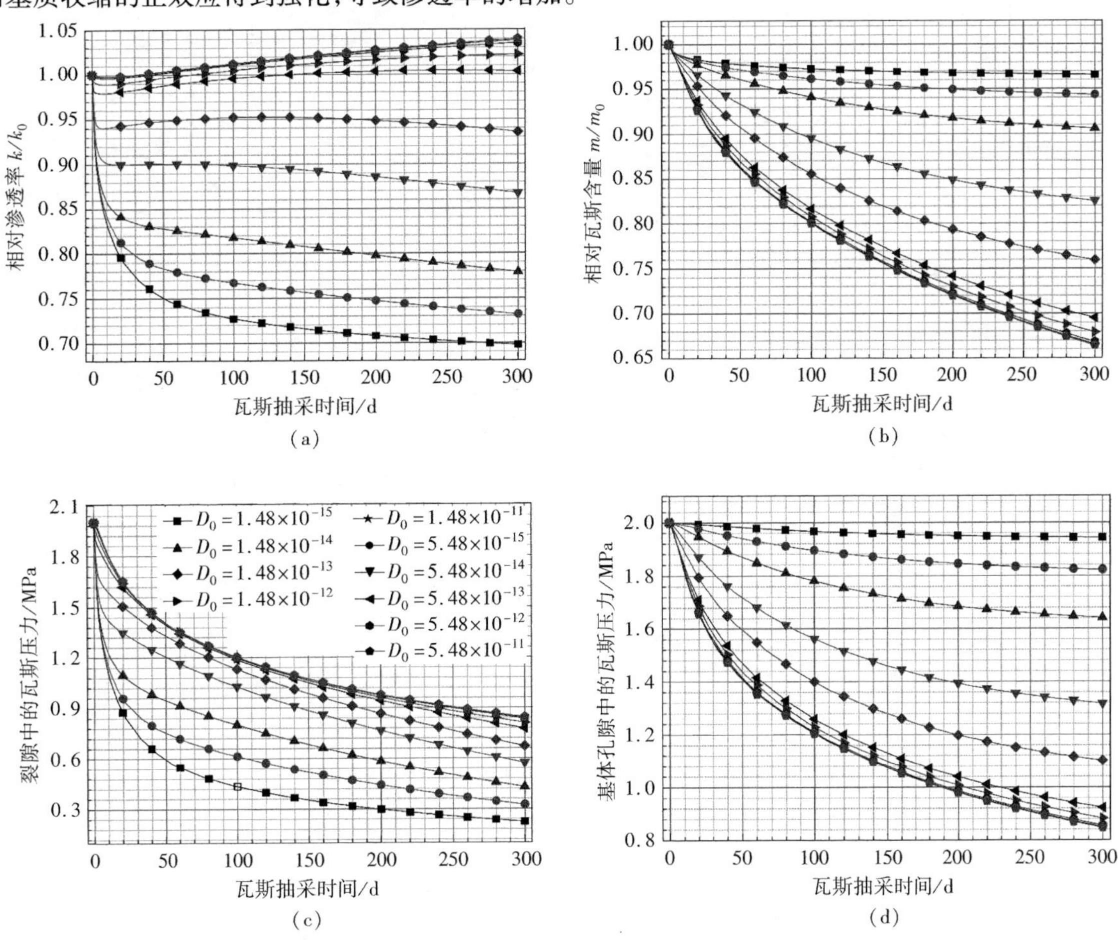

图 4-39　初始扩散系数 D_0 对模型关键参数的影响

（5）扩散系数的衰减系数 λ 的影响

为了研究衰减系数 λ 对模型关键参数的影响，我们将其余参数设定为常数：$a=0.015\ m^3/kg$，$b=1\ MPa^{-1}$，$k_0=5\times10^{-17}m^2$，$D_0=5.48\times10^{-12}m^2/s$。

图 4-40 为不同衰减系数下模型关键参数随时间的变化规律。图 4-40（a）为不同衰减系数下煤层相对渗透率随时间的变化规律。整体上随着衰减系数的增大，相对渗透率逐渐降低，且不同的衰减系数导致不同的变化规律。当 $\lambda\leqslant1\times10^{-7}$ 时，相对渗透率先降低，而后升高；当 $2\times10^{-7}\leqslant\lambda\leqslant4\times10^{-7}$ 时，相对渗透率先降低后升高，而后再降低；当 $\lambda\geqslant5\times10^{-7}$ 时，相对渗透率随时间逐渐降低。从图 4-40（b）～（d）可以看出相对瓦斯含量和基质瓦斯压力随 λ 的增加而增加，而裂隙瓦斯压力表现出相反的变化趋势。这是因为 λ 的增加加速了扩散系数的衰减，抽采后期，基质内的瓦斯很难进入裂隙内，导致基质瓦斯压力相对偏高，而裂隙瓦斯压力由于缺乏补给而快速降低。基于瓦斯压力的变化，我们可以解释渗透率的变化机理：当 λ 较小时，由于裂隙瓦斯压力的快速降低，导致煤体有效应力快速升高，从而导致渗透率的降低，随着基质瓦斯压力的降低，基质收缩逐渐占据主导，导致渗透率反弹。随着 λ 的增大，到抽采后期时，由于基质压力变化很小，而裂隙瓦斯压力快速降低导致有效应力升高，而基质收缩不明显，从而造成渗透率的降低。

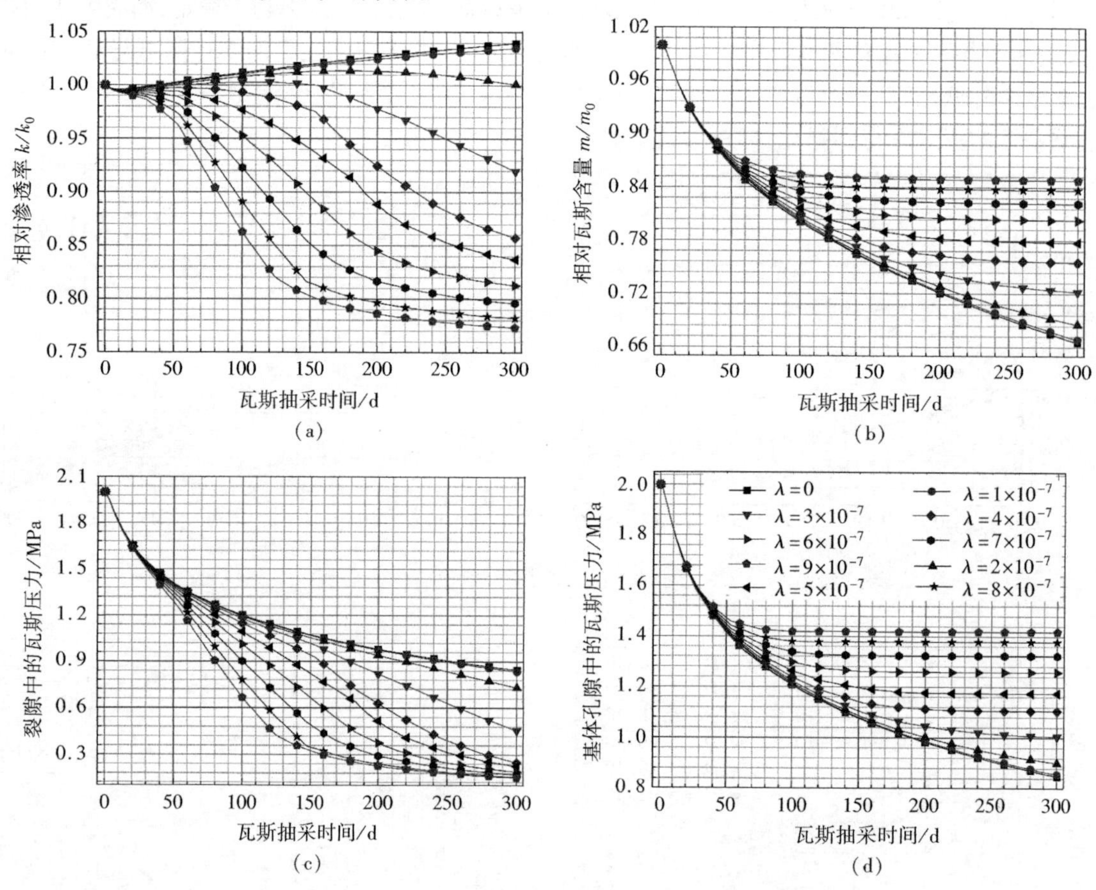

图 4-40　扩散系数的衰减系数对模型关键参数的影响

4.5.3　钻孔周围瓦斯流场演化

本节重点研究扩散系数不同衰减情况（不同衰减系数，如图 4-41 所示）下渗透率的时空演化规律以及煤层孔隙—裂隙内瓦斯压力的分布特征。

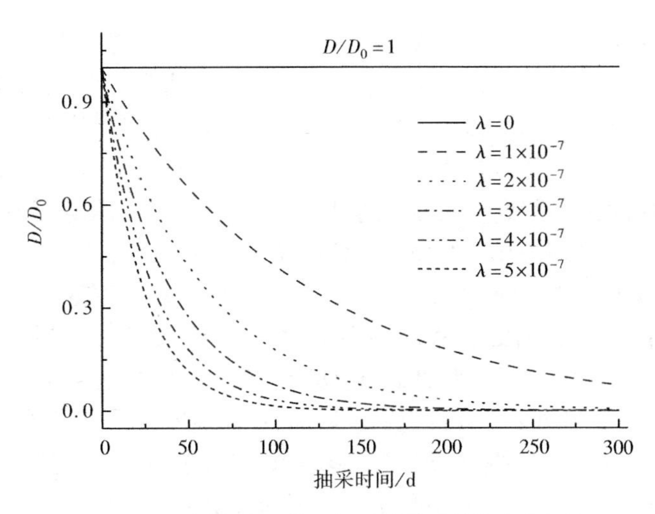

图 4-41 不同衰减系数下相对扩散系数的变化规律

4.5.3.1 渗透率时空演化特性

图 4-42 为相对渗透率沿煤层走向的分布规律。整体上随着与钻孔间距离的减小，煤层渗透率先减小后增大。这是因为随着瓦斯逐渐流入钻孔，裂隙内瓦斯压力降低，煤体有效应力增加，导致煤体

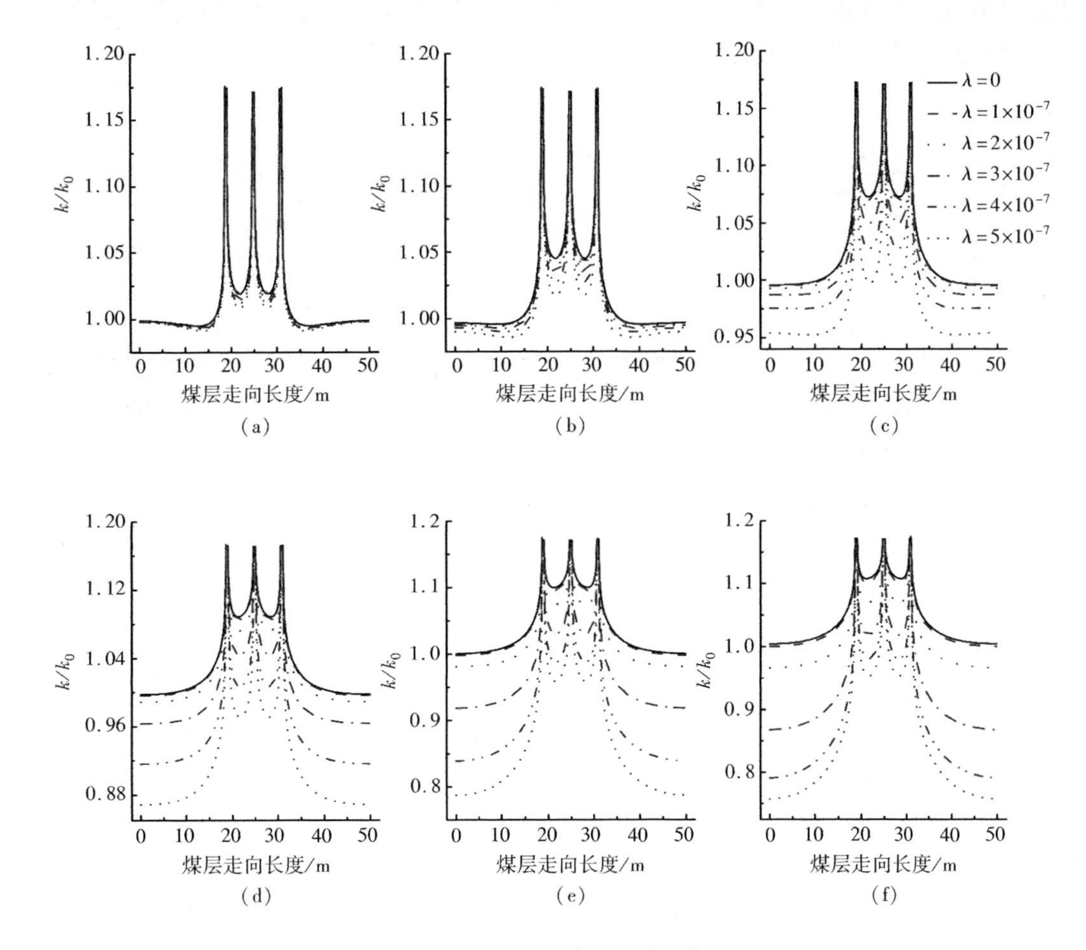

图 4-42 相对渗透率空间分布特征

(a) t=30 d;(b) t=60 d;(c) t=120 d;(d) t=180 d;(e) t=240 d;(f) t=300 d

渗透率降低,说明此时有效应力为煤体渗透率的主控因素。随着距离的进一步减小,瓦斯解吸引起的基质收缩效应逐渐占据主导地位,导致煤层渗透率逐渐增加。抽采初期,衰减系数对煤体渗透率的分布影响不显著,但随着抽采时间的增加,不同衰减系数下渗透率分布曲线之间的差异越来越明显,且衰减系数越大,渗透率的降低趋势越显著。这是因为衰减系数越大,煤体的扩散系数衰减越快,瓦斯从孔隙中扩散进入裂隙的阻力增加,从孔隙中通过扩散进入裂隙内的瓦斯量越来越小,导致裂隙内的瓦斯压力快速降低,煤体有效应力显著增加,从而导致渗透率降低。

从图 4-42 中可以看出,不同位置处及不同衰减系数下煤体渗透率随抽采时间表现出不同的变化规律。图 4-43 给出了各测点相对渗透率随时间的演化规律。测点 1(距 1#钻孔 1 m),在抽采的初期阶段,渗透率表现出先降低后升高的趋势,因为初期阶段有效应力为主控因素,随着瓦斯的解吸,基质收缩逐渐占据主导地位。随着抽采时间的进一步增加,不同衰减系数下渗透率表现出不同的变化规律。衰减系数 $\lambda \leqslant 1\times10^{-7}$ 时,渗透率持续增加;$\lambda \geqslant 2\times10^{-7}$ 时,渗透率增大到一定值后开始降低,且衰减系数越大,其峰值越低。测点 2(距 1#钻孔 3 m)渗透率变化规律与测点 1 类似。测点 3 处(距 1#钻孔 5 m),当 $\lambda \geqslant 4\times10^{-7}$ 时,随着时间增加渗透率一直降低,导致这一变化趋势的原因是衰减系数较大,煤体扩散系数随时间迅速衰减,从孔隙扩散进入裂隙的瓦斯量小,基质收缩效应不明显,且裂隙内瓦斯几乎失去源项,压力一直降低,有效应力不断增加导致渗透率随时间一直降低。测点 4、5、6 的变化规律与测点 3 类似。从总体上看,$\lambda \leqslant 1\times10^{-7}$ 时,不同测点处的渗透率均表现出先降低后升高的趋势,且随着距离的减小这种趋势越来越显著。当 $\lambda \geqslant 2\times10^{-7}$ 时,随着时间的增加,渗透率逐渐由先降低,再升高,然后再降低的变化趋势转为一直降低。

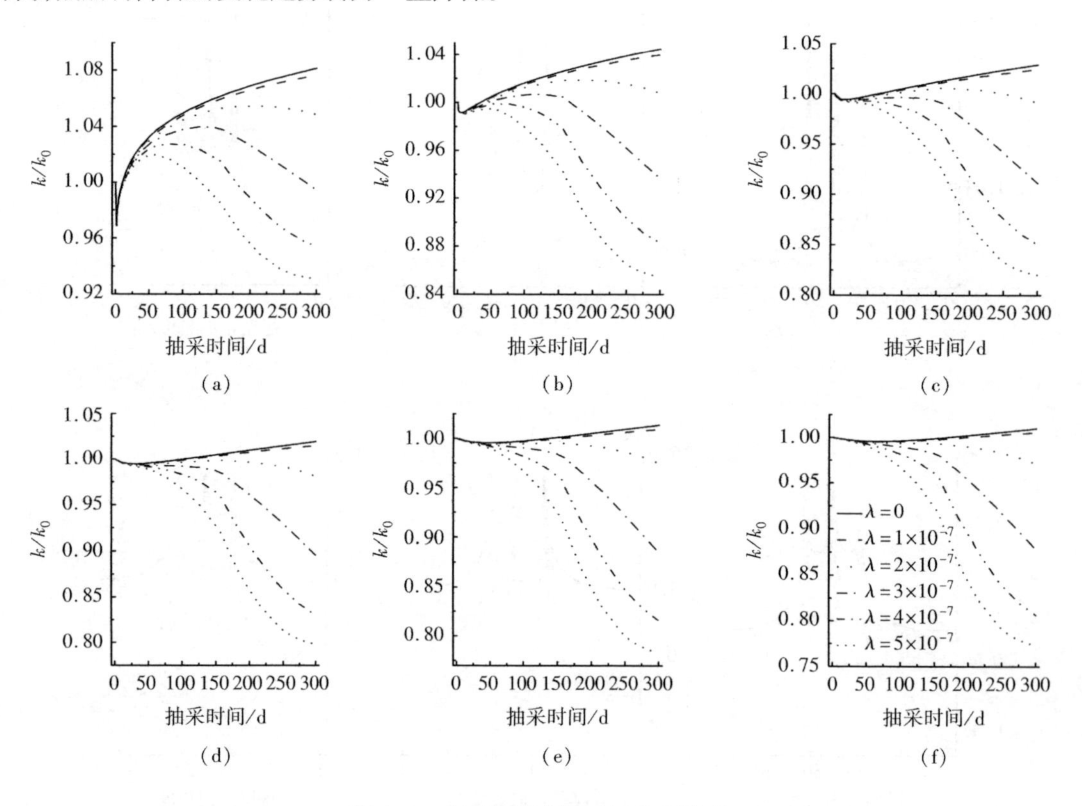

图 4-43 相对渗透率随时间分布特征

(a) 1#测点;(b) 2#测点;(c) 3#测点;(d) 4#测点;(e) 5#测点;(f) 6#测点

4.5.3.2　瓦斯压力分布

（1）基质瓦斯压力分布

图4-44为基质瓦斯压力沿煤层走向分布情况。总体上离钻孔越近、抽采时间越长，孔隙压力越低。抽采初期阶段（如抽采低于60 d），不同衰减系数下的孔隙压力分布差异不显著；随着抽采时间的增加，孔隙瓦斯压力均发生较大幅度降低；随着时间的进一步增加，衰减系数较小的煤体孔隙压力降低较快，而衰减系数较大的煤体孔隙压力衰减越来越慢，导致不同衰减系数下煤体孔隙瓦斯压力分布产生明显差异。相同抽采时间下，衰减系数越大，煤体孔隙中的瓦斯压力越高。这是因为衰减系数越大，煤体瓦斯扩散系数衰减越快，导致孔隙内瓦斯扩散阻力增加，孔隙内的瓦斯很难通过扩散进入裂隙内，瓦斯在孔隙内积聚，从而导致了较高的孔隙压力。

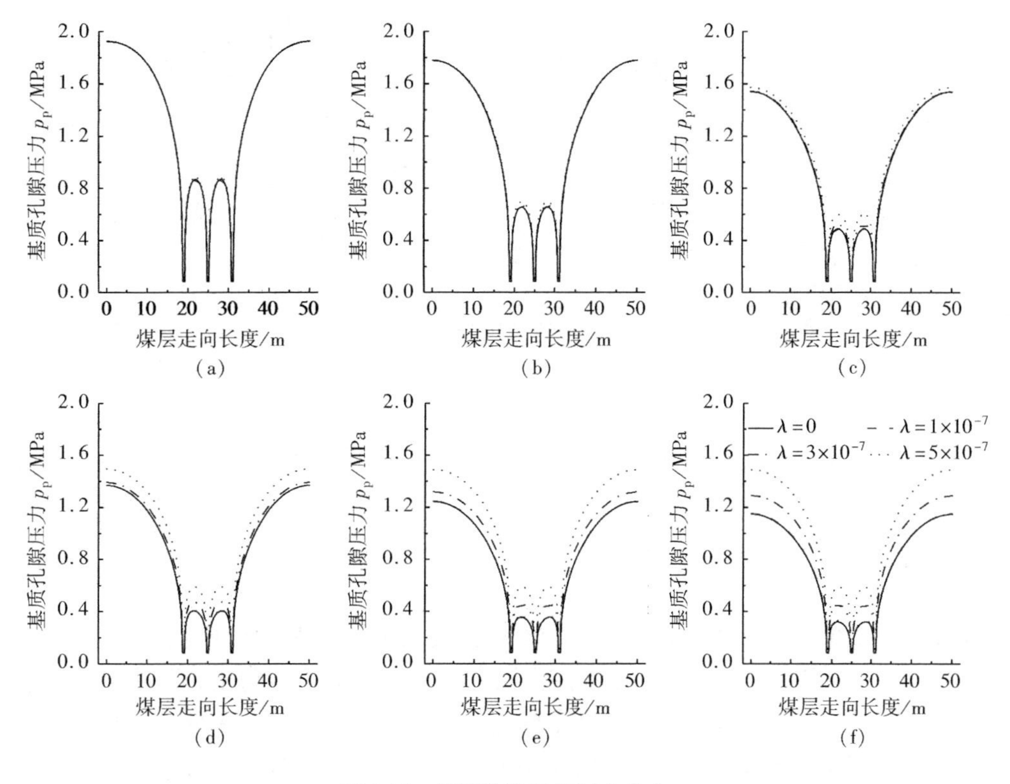

图4-44　基质孔隙瓦斯压力分布

(a) t=30 d;(b) t=60 d;(c) t=120 d;(d) t=180 d;(e) t=240 d;(f) t=300 d

（2）裂隙瓦斯压力分布

图4-45为裂隙瓦斯压力沿煤层走向分布情况。总体上离钻孔越近、抽采时间越长，煤体裂隙内的瓦斯压力越低。初期阶段，煤体裂隙瓦斯压力随抽采时间显著降低，但不同衰减系数煤体裂隙内瓦斯压力差异不明显。随着抽采时间的进一步增加，不同衰减系数煤体裂隙瓦斯压力衰减幅度随时间表现出不同程度的降低：衰减系数越小，裂隙瓦斯压力随时间降低越来越不明显；而衰减系数较大的煤体内，裂隙瓦斯压力仍表现出较大幅度的降低，即衰减系数越大，裂隙内瓦斯压力衰减越快，这一变化趋势与孔隙内瓦斯压力变化恰好相反。这是由于衰减系数越小，相同时间内扩散进入裂隙内的瓦斯量越大，补充了裂隙内渗流损失的瓦斯量，因此，裂隙内瓦斯压力降低不明显；对于衰减系数较高的煤体，基质内的瓦斯很难通过扩散进入裂隙内，裂隙内的瓦斯没有瓦斯源，导致裂隙内瓦斯压力显著降低。

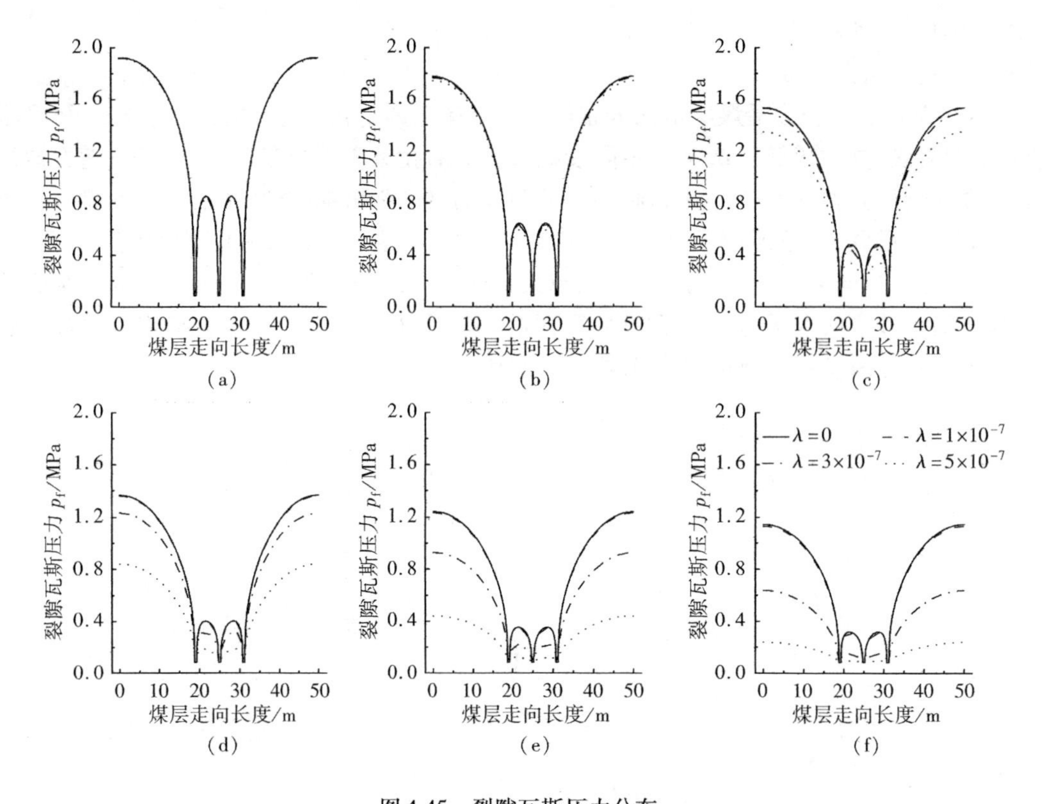

图 4-45　裂隙瓦斯压力分布

(a) t=30 d;(b) t=60 d;(c) t=120 d;(d) t=180 d;(e) t=240 d;(f) t=300 d

4.6　本章小结

本章主要研究了煤层瓦斯吸附解吸的动力学行为、瓦斯抽采过程中的煤体渗透率的动态演化规律以及多场耦合下钻孔周围瓦斯流场的动态演化规律等相关内容,可以得出如下结论:

(1) 目前关于瓦斯吸附解吸的理论模型主要有:单分子层吸附理论、多分子层吸附理论 BET 方程、微孔充填模型、多相气体吸附模型、波兰尼(Polanyi)吸附势理论、弗伦德利希(Freundlich)方程等吸附模型以及巴雷尔式、文特式、乌斯基诺夫式、博特式、孙重旭式、艾黎式、渡边伊温、大牟田秀文式、王佑安式、指数式等瓦斯解吸经验模型。

(2) 煤体内的固定碳含量对吸附解吸有一定的影响,各参数随着固定碳含量的增加整体上表现出先降低后升高的趋势;孔隙率和微孔孔容对吸附解吸影响较小,两者之间没有明显的相关性。随着煤样比表面积的增加,瓦斯最大吸附量 a、瓦斯最大解吸量 a'以及残余瓦斯量 c 均呈增大趋势。随着温度的升高,煤样的最大吸附量 a 逐渐降低,a'整体上呈增大趋势。残余吸附量 c 随着温度的升高逐渐降低。

(3) 基于对煤基质孔隙结构认识的不同,目前瓦斯解吸动力学模型可分为单孔扩散模型、双孔扩散模型以及多重孔隙结构扩散模型。由于煤体的孔隙结构非常复杂,孔径分布广泛,因此认为多级孔隙结构扩散模型更适合描述煤体瓦斯解吸动力学过程。

(4) 统计分析了煤储层渗透率、煤层瓦斯压力、地层温度、煤体力学特性以及地应力等随煤层埋深的变化规律,初步分析了煤层渗透率的影响因素。基于此,通过实验室实验定量研究了这些影响因素的煤体渗透率的影响规律及控制机制。

（5）综述了渗透率模型的发展过程，并简要介绍了各模型的基本特点，得出渗透率主要受有效应力及煤体吸附变形的控制。对比分析了经典的P&M模型、S&D模型以及C&B模型的变化规律，得出各模型间的差异性主要是由于在不同的模型中有效应力及基质收缩效应的贡献率不同导致的。基于对前人模型的分析，修正了现有的有效应力模型，建立了修正的煤体渗透率模型。

（6）建立了含瓦斯煤体变形方程、瓦斯在煤基质中的动态扩散方程、瓦斯在煤体裂隙中的渗流方程。结合前面建立的煤体渗透率模型，形成了多场耦合渗流模型。并采用现场测试数据及分析解对该模型进行了验证。基于验证后的数学模型，模拟了钻孔瓦斯抽采过程中煤层各关键参数随抽采时间的演化规律，得出了抽采过程中煤层渗透率、瓦斯流场等的分布和演化规律。

参考文献

[1] LIU T, LIN B, YANG W, et al. Dynamic diffusion-based multifield coupling model for gas drainage[J]. Journal of Natural Gas Science and Engineering, 2017, 44: 233-249.

[2] 庞源. 瓦斯解吸滞后效应影响因素及其机理实验研究[D]. 徐州：中国矿业大学，2015.

[3] 王鹏刚. 不同温度下煤层气吸附/解吸特征的实验研究[D]. 西安：西安科技大学，2010.

[4] 聂百胜，段三明. 煤吸附瓦斯的本质[J]. 太原理工大学学报，1998，29(4)：417-421.

[5] 孙丽娟. 不同煤阶软硬煤的吸附—解吸规律及应用[D]. 北京：中国矿业大学(北京)，2013.

[6] 陈昌国，魏锡文，鲜学福. 用从头计算研究煤表面与甲烷分子相互作用[J]. 重庆大学学报(自然科学版)，2000，23(3)：77-79.

[7] 聂百胜，何学秋，王恩元. 煤的表面自由能及应用探讨[J]. 太原理工大学学报，2000，31(4)：346-348.

[8] 降文萍，崔永君，张群，等. 不同变质程度煤表面与甲烷相互作用的量子化学研究[J]. 煤炭学报，2007，32(3)：292-295.

[9] 降文萍. 煤阶对煤吸附能力影响的微观机理研究[J]. 中国煤层气，2009，6(2)：19-22.

[10] 张世杰，李成武，丁翠，等. 煤表面分子片段模型与瓦斯吸附分子力学模拟[J]. 矿业研究与开发，2010，30(1)：88-91.

[11] 张力，何学秋，王恩元，等. 煤吸附特性的研究[J]. 太原理工大学学报，2001，32(5)：449-451.

[12] 于洪观，范维唐，孙茂远，等. 煤中甲烷等温吸附模型的研究[J]. 煤炭学报，2004，29(4)：463-467.

[13] DREISBACH F, STAUDT R, KELLER J U. High Pressure Adsorption Data of Methane, Nitrogen, Carbon Dioxide and their Binary and Ternary Mixtures on Activated Carbon[J]. Adsorption—journal of the International Adsorption Society, 1999, 5(3): 215-227.

[14] AHMADPOUR A, WANG K, DO D D. Comparison of models on the prediction of binary equilibrium data of activated carbons[J]. American Institute Of Chemical Engineers, 1998, 44(3): 740-752.

[15] 顾惕人. BET多分子层吸附理论在混合气体吸附中的推广[J]. 化学通报，1984(9)：1-7.

[16] 尹帅，丁文龙，刘建军，等. 基于微孔充填模型的页岩储层吸附动力学特征分析[J]. 高校地质学报，2014(4)：635-641.

[17] 谢自立，郭坤敏. 微孔容积填充吸附理论的研究[J]. 化工学报，1995，46(4)：452-457.

[18] 陈昌国，鲜晓红，张代钧，等. 微孔填充理论研究无烟煤和炭对甲烷的吸附特性[J]. 重庆大学学报(自然科学版)，1998，21(2)：75-79.

[19] 杨其銮，王佑安. 煤屑瓦斯扩散理论及其应用[J]. 煤炭学报，1986(3)：87-94.

[20] 杨其銮.煤屑瓦斯放散随时间变化规律的初步探讨[J].煤矿安全,1986(4):3-11.
[21] 王佑安,杨思敬.煤和瓦斯突出危险煤层的某些特征[J].煤炭学报,1980(1):47-53.
[22] 缑发现,贾翠芝,杨昌光.用直接法测定煤层瓦斯含量来推算损失量的方法[J].煤矿安全,1997,28(7):9-11.
[23] 杨其銮,王佑安.瓦斯球向流动的数学模拟[J].中国矿业学院学报,1988(3):58-64.
[24] WANG Y,XUE S,XIE J. A general solution and approximation for the diffusion of gas in a spherical coal sample[J]. International Journal of Mining Science and Technology,2014,24(3):345-348.
[25] 聂百胜,王恩元,郭勇义,等.煤粒瓦斯扩散的数学物理模型[J].辽宁工程技术大学学报(自然科学版),1999(6):582-585.
[26] 李志强,刘勇,许彦鹏,等.煤粒多尺度孔隙中瓦斯扩散机理及动扩散系数新模型[J].煤炭学报,2016(3):633-643.
[27] 易俊.声震法提高煤层气抽采率的机理及技术原理研究[D].重庆:重庆大学,2007.
[28] PAN Z J,CONNELL L,CAMILLERI M,et al. Effects of matrix moisture on gas diffusion and flow in coal[J]. Fuel,2010,89(11):3207-3217.
[29] LI Z,LIU D,CAI Y,et al. Investigation of methane diffusion in low-rank coals by a multiporous diffusion model[J]. Journal of Natural Gas Science and Engineering,2016,33:97-107.
[30] 范超军,李胜,罗明坤,等.基于流—固—热耦合的深部煤层气抽采数值模拟[J].煤炭学报,2016,41(12):3076-3085.
[31] 申建,秦勇,傅雪海,等.深部煤层气成藏条件特殊性及其临界深度探讨[J].天然气地球科学,2014,25(9):1470-1476.
[32] 康红普,姜铁明,张晓,等.晋城矿区地应力场研究及应用[J].岩石力学与工程学报,2009,28(1):1-8.
[33] 徐宏杰,桑树勋,易同生,等.黔西地区煤层埋深与地应力对其渗透性控制机制[J].地球科学(中国地质大学学报),2014(11):1507-1516.
[34] 杨延辉,孟召平,陈彦君,等.沁南—夏店区块煤储层地应力条件及其对渗透性的影响[J].石油学报,2015,36(增刊1):91-96.
[35] 康红普,林健,张晓.深部矿井地应力测量方法研究与应用[J].岩石力学与工程学报,2007,26(5):929-933.
[36] 张延新,宋常胜,蔡美峰,等.深孔水压致裂地应力测量及应力场反演分析[J].岩石力学与工程学报,2010,29(4):778-786.
[37] 徐玉胜.寺河矿地应力测试与分布规律[J].煤矿安全,2010,41(5):128-131.
[38] 张蕊,鞠远江,彭华,等.新集一矿地应力测试及应用分析[J].煤炭科学技术,2010(8):15-17.
[39] 王康.丁集矿地温分布规律及其异常带成因研究[D].淮南:安徽理工大学,2015.
[40] 叶建平,张守仁,凌标灿,等.煤层气物性参数随埋深变化规律研究[J].煤炭科学技术,2014,42(6):35-39.
[41] 任鹏飞,汤达祯,许浩,等.柳林地区煤储层埋深和地应力对其渗透率的控制机理[J].科技通报,2016,32(7):25-29.
[42] 秦勇,申建,王宝文,等.深部煤层气成藏效应及其耦合关系[J].石油学报,2012,33(1):48-54.
[43] 景锋,盛谦,余美万.地应力与岩石弹性模量随埋深变化及相互影响[C].//岩石力学与工程的创新和实践:第十一次全国岩石力学与工程学术大会论文集.武汉:[出版者不详],2010:6.
[44] BRACE W F,WALSH J B,FRANGOS W T. Permeability of Granite under High Pressure[J]. Journal

of Geophysical Research,1968,73(6):2225-2236.

[45] FENG R,LIU J,HARPALANI S. Optimized pressure pulse-decay method for laboratory estimation of gas permeability of sorptive reservoirs:Part 1—Background and numerical analysis[J]. Fuel,2017,191:555-564.

[46] FENG R,HARPALANI S,PANDEY R. Evaluation of Various Pulse-Decay Laboratory Permeability Measurement Techniques for Highly Stressed Coals[J]. Rock Mechanics and Rock Engineering,2017,50(2):297-308.

[47] LIU HUIHAI,LAI BITAO,CHEN JINHONG,et al. Pressure pulse-decay tests in a dual-continuum medium:Late-time behavior[J]. Journal of Petroleum Science and Engineering,2016,147:292-301.

[48] 邓博知,康向涛,李星,等. 不同层理方向对原煤变形及渗流特性的影响[J]. 煤炭学报,2015,40(4):888-894.

[49] 康向涛,尹光志,黄滚,等. 低透气性原煤瓦斯渗流各向异性试验研究[J]. 工程科学学报,2015(8):971-975.

[50] 臧杰. 煤渗透率改进模型及煤中气体流动三维数值模拟研究[D]. 北京:中国矿业大学(北京),2015.

[51] 冯增朝,郭红强,李桂波,等. 煤中吸附气体的渗流规律研究[J]. 岩石力学与工程学报,2014,33(增刊2):3601-3605.

[52] 袁梅. 含瓦斯煤渗透特性影响因素与煤层瓦斯抽采模拟研究[D]. 重庆:重庆大学,2014.

[53] LIU H H,RUTQVIST J. A New Coal-Permeability Model:Internal Swelling Stress and Fracture-Matrix Interaction[J]. Transport in Porous Media,2010,82(1):157-171.

[54] CUI X J,BUSTIN R M. Volumetric strain associated with methane desorption and its impact on coalbed gas production from deep coal seams[J]. American Association of Petroleum Geologists Bulletin,2005,89(9):1181-1202.

[55] ZHU W C,WEI C H,LIU J,et al. Impact of Gas Adsorption Induced Coal Matrix Damage on the Evolution of Coal Permeability[J]. Rock Mechanics and Rock Engineering,2013,46(6):1353-1366.

[56] 许江,曹偈,李波波,等. 煤岩渗透率对孔隙压力变化响应规律的试验研究[J]. 岩石力学与工程学报,2013,32(2):225-230.

[57] 魏建平,秦恒洁,王登科,等. 含瓦斯煤渗透率动态演化模型[J]. 煤炭学报,2015,40(7):1555-1561.

[58] CONNELL L D,MAZUMDER S,SANDER R,et al. Laboratory characterisation of coal matrix shrinkage,cleat compressibility and the geomechanical properties determining reservoir permeability[J]. Fuel,2016,165:499-512.

[59] XIA T,ZHOU F,GAO F,et al. Simulation of coal self-heating processes in underground methane-rich coal seams[J]. International Journal of Coal Geology,2015,141/142:1-12.

[60] 张凤婕,吴宇,茅献彪,等. 煤层气注热开采的热—流—固耦合作用分析[J]. 采矿与安全工程学报,2012,29(4):505-510.

[61] ZHANG J,FENG Q,ZHANG X,et al. Relative Permeability of Coal:A Review[J]. Transport in Porous Media,2015,106(3):563-594.

[62] NI G,LIN B,ZHAI C,et al. Kinetic characteristics of coal gas desorption based on the pulsating injection[J]. International Journal of Mining Science and Technology,2014,24(5):631-636.

[63] 魏建平,位乐,王登科. 含水率对含瓦斯煤的渗流特性影响试验研究[J]. 煤炭学报,2014,

39(1):97-103.
[64] 刘永茜,侯金玲,张浪,等.孔隙结构控制下的煤体渗透实验研究[J].煤炭学报,2016,41(增刊2):434-440.
[65] 林柏泉.含瓦斯煤体渗透率的探讨[J].煤矿安全,1988(12):15-20.
[66] 林柏泉,周世宁,张仁贵.煤巷卸压带及其在煤和瓦斯突出危险性预测中的应用[J].中国矿业大学学报,1993,22(4):44-52.
[67] LU S,CHENG Y,LI W. Model development and analysis of the evolution of coal permeability under different boundary conditions[J]. Journal of Natural Gas Science and Engineering, 2016, 31: 129-138.
[68] 程伟.储层微观结构的随机模型及其渗流规律的数值模拟[D].武汉:武汉工业学院,2012.
[69] 鞠杨,谢和平,郑泽民,等.基于3D打印技术的岩体复杂结构与应力场的可视化方法[J].科学通报,2014,59(32):3109-3119.
[70] 周世宁,孙辑正.煤层瓦斯流动理论及其应用[J].煤炭学报,1965(1):24-37.
[71] 周世宁.瓦斯在煤层中流动的机理[J].煤炭学报,1990(1):15-24.
[72] 孙可明.低渗透煤层气开采与注气增产流固耦合理论及其应用[D].阜新:辽宁工程技术大学,2004.
[73] 张丽萍.低渗透煤层气开采的热—流—固耦合作用机理及应用研究[D].徐州:中国矿业大学,2011.
[74] 郭勇义,周世宁.煤层瓦斯一维流场流动规律的完全解[J].中国矿业学院学报,1984(2):22-31.
[75] 孙培德.煤层瓦斯流场流动规律的研究[J].煤炭学报,1987(4):74-82.
[76] 孙培德.煤层瓦斯流动方程补正[J].煤田地质与勘探,1993(5):34-35.
[77] 余楚新,鲜学福,谭学术.煤层瓦斯流动理论及渗流控制方程的研究[J].重庆大学学报(自然科学版),1989,12(5):1-10.
[78] 姜永东,阳兴洋,鲜学福,等.应力场、温度场、声场作用下煤层气的渗流方程[J].煤炭学报,2010(3):434-438.
[79] 李志强,鲜学福,隆晴明.不同温度应力条件下煤体渗透率实验研究[J].中国矿业大学学报,2009,38(4):523-527.
[80] 周军平,鲜学福,姜永东,等.考虑有效应力和煤基质收缩效应的渗透率模型[J].西南石油大学学报(自然科学版),2009,31(1):4-8.
[81] 林柏泉,周世宁.煤样瓦斯渗透率的实验研究[J].中国矿业学院学报,1987(1):24-31.
[82] 胡耀青,赵阳升,魏锦平.三维应力作用下煤体瓦斯渗透规律实验研究[J].西安矿业学院学报,1996,16(4):308-311.
[83] 赵阳升,胡耀青,杨栋,等.三维应力下吸附作用对煤岩体气体渗流规律影响的实验研究[J].岩石力学与工程学报,1999(6):651-653.
[84] 傅雪海,秦勇,姜波,等.山西沁水盆地中—南部煤储层渗透率物理模拟与数值模拟[J].地质科学,2003,38(2):221-229.
[85] 陈金刚,秦勇,傅雪海.高煤级煤储层渗透率在煤层气排采中的动态变化数值模拟[J].中国矿业大学学报,2006,35(1):49-53.
[86] 刘保县,鲜学福,徐龙君,等.地球物理场对煤吸附瓦斯特性的影响[J].重庆大学学报(自然科学版),2000(5):78-81.
[87] 易俊,姜永东,鲜学福.应力场、温度场瓦斯渗流特性实验研究[J].中国矿业,2007,16(5):

113-116.

[88] 王宏图,李晓红,鲜学福,等.地电场作用下煤中甲烷气体渗流性质的实验研究[J].岩石力学与工程学报,2004,23(2):303-306.

[89] 王宏图,杜云贵,鲜学福,等.地球物理场中的煤层瓦斯渗流方程[J].岩石力学与工程学报,2002,21(5):644-646.

[90] 王宏图,杜云贵,鲜学福,等.受地应力、地温和地电效应影响的煤层瓦斯渗流方程[J].重庆大学学报(自然科学版),2000,23(增刊1):47-49.

[91] PAN Z,CONNELL L D. Modelling permeability for coal reservoirs:A review of analytical models and testing data[J]. International Journal of Coal Geology,2012,92:1-44.

[92] SHI J Q,DURUCAN S. A Model for Changes in Coalbed Permeability During Primary and Enhanced Methane Recovery[J]. Spe Reservoir Evaluation & Engineering,2005,8(4):291-299.

[93] LIU J,CHEN Z,ELSWORTH D,et al. Interactions of multiple processes during CBM extraction:A critical review[J]. International Journal of Coal Geology,2011,87(3/4):175-189.

[94] PALMER I. Permeability changes in coal: Analytical modeling[J]. International Journal of Coal Geology,2009,77(1/2):119-126.

[95] IZADI G,WANG S,ELSWORTH D,et al. Permeability evolution of fluid-infiltrated coal containing discrete fractures[J]. International Journal of Coal Geology,2011,85(2):202-211.

[96] MA Q,HARPALANI S,LIU S. A simplified permeability model for coalbed methane reservoirs based on matchstick strain and constant volume theory[J]. International Journal of Coal Geology,2011,85(1):43-48.

[97] LIU S,HARPALANI S. Permeability prediction of coalbed methane reservoirs during primary depletion[J]. International Journal of Coal Geology,2013,113:1-10.

[98] 陈勉,陈至达.多重孔隙介质的有效应力定律[J].应用数学和力学,1999,20(11):1121-1127.

[99] 郭平,曹树刚,张遵国,等.煤体吸附膨胀变形模型理论研究[J].岩土力学,2014,35(12):3467-3472.

[100] LIU Q,CHENG Y,HAIFENG W,et al. Numerical assessment of the effect of equilibration time on coal permeability evolution characteristics[J]. Fuel,2015,140:81-89.

[101] WU Y,LIU J,ELSWORTH D,et al. Development of anisotropic permeability during coalbed methane production[J]. Journal of Natural Gas Science and Engineering,2010,2(4):197-210.

[102] WU Y,PRUESS K,PERSOFF P. Gas Flow in Porous Media With Klinkenberg Effects[J]. Transport in Porous Media,1998,32(1):117-137.

第五章 含水煤体力学与瓦斯运移性能

5.1 引言

面对我国普遍存在的煤层低透气性的特点，煤层高效安全卸压增透成为了煤矿高效安全生产的重要保证。《防治煤与瓦斯突出规定》规定了煤矿区域防突措施包括开采保护层和预抽煤层瓦斯两类。对于有保护层开采的层间卸压增透措施基本趋于成熟，可以通过保护层开采的推广应用；但是对于不具有保护层开采条件的单一煤层的层内卸压增透，常规的瓦斯抽采方法在局部或多或少都起到了一定的效果，尚没有从根本上解决区域性整体卸压增透的问题、实现大面积整体提高煤层瓦斯抽采率的目的[1]。

随着煤层瓦斯治理工作的深入开展，学者们提出水力化技术是未来煤层瓦斯治理，特别是深部煤层瓦斯治理的发展方向[2]，即可通过水力压裂、煤层注水、水力割缝、水力冲孔等水力化技术促进煤层的卸压增透，提高煤层渗透率，强化预抽煤层瓦斯。这些水力化措施的优势在于：

(1) 水压促进煤层内裂隙扩展，在煤体内形成新的瓦斯流动通道；

(2) 水对煤的吸附势能要高于甲烷，压力水对煤体瓦斯起到置换、驱替作用，促进瓦斯抽采；

(3) 水分可以起到煤层降尘、降温和防灭火的作用。

近年来，各种水力化技术在治理矿井瓦斯和防治煤与瓦斯突出领域越来越得到煤矿企业和学者的重视，在国内许多矿井的应用也取得了较好的效果。现场实践表明，煤层水力化技术不仅促进煤体宏观裂隙结构的发育，而且影响煤层内瓦斯的运移特性[3,4]。同时，由于采掘工作必须在突出煤层消突后进行，应用水力化技术的地点往往因采取有效防突措施而已经或基本消突，此时矛盾的主要方面是保持煤体的稳定性。因此，理清水力化技术影响煤体力学、煤体稳定性与瓦斯运移性能，对于确定水力化技术影响煤层突出危险性和增透效果具有重要意义[5,6]。

本章在研究煤体含水率影响因素的基础上，从含水和瓦斯煤体强度变化、弹塑性变形及声发射响应角度，研究含水和瓦斯煤体力学特征及煤体稳定性变化、水分影响煤体瓦斯运移特征，在分析前人对瓦斯吸附、解吸扩散的多方面研究的基础上，分析水分影响瓦斯吸附—解吸—扩散的运移特性，从“煤—瓦斯—水”物理化学作用的角度揭示水分影响瓦斯运移机理，分析含水煤体水锁效应机理并提出基于表面活性剂的水锁效应解除方法。

5.2 煤体含水率的影响因素

水力化技术作为煤层增透技术措施，在煤矿生产中已被广泛应用。实施水力化技术后，煤体含水量增加，影响煤体力学与瓦斯运移性能，进而起到防治煤岩动力灾害及瓦斯的目的。因此，理清煤体含水率的影响因素显得尤为重要，其主要体现在注水压力、围压和浸泡时间三个方面[7]。

5.2.1 注水压力对煤体含水率的影响

图 5-1 为王庄煤矿 3 号煤层、忻州窑矿 11 号煤层、古书院矿 3 号煤层煤样在不同围压下，注水含

水量 Q 随注水压力 p 的变化曲线。结果表明增加注水压力 p,可使煤体内孔隙增大,沟通微孔隙通道,增加煤体贮水空间及含水量。但若 p 过大,将使煤体致裂,破坏煤体的贮水空间,又使含水量降低。因此,随着注水压力的增加,煤体含水量存在临界值,当水压达到临界值后,煤体含水量不再随水压增加而增加。这一临界值因煤体特性和围压不同而异。例如王庄煤矿 3 号煤层在围压为 1 MPa 时,p 临界值为 1.5 MPa;在围压为 1.5 MPa 时,p 临界值为 2.5 MPa;当围压为 2.0 MPa 以上时,p 临界值为 3.5 MPa。古书院矿 3 号煤层在实验的围压范围内,p 临界值为 3.0 MPa,随围压升高,这一临界值还会升高。

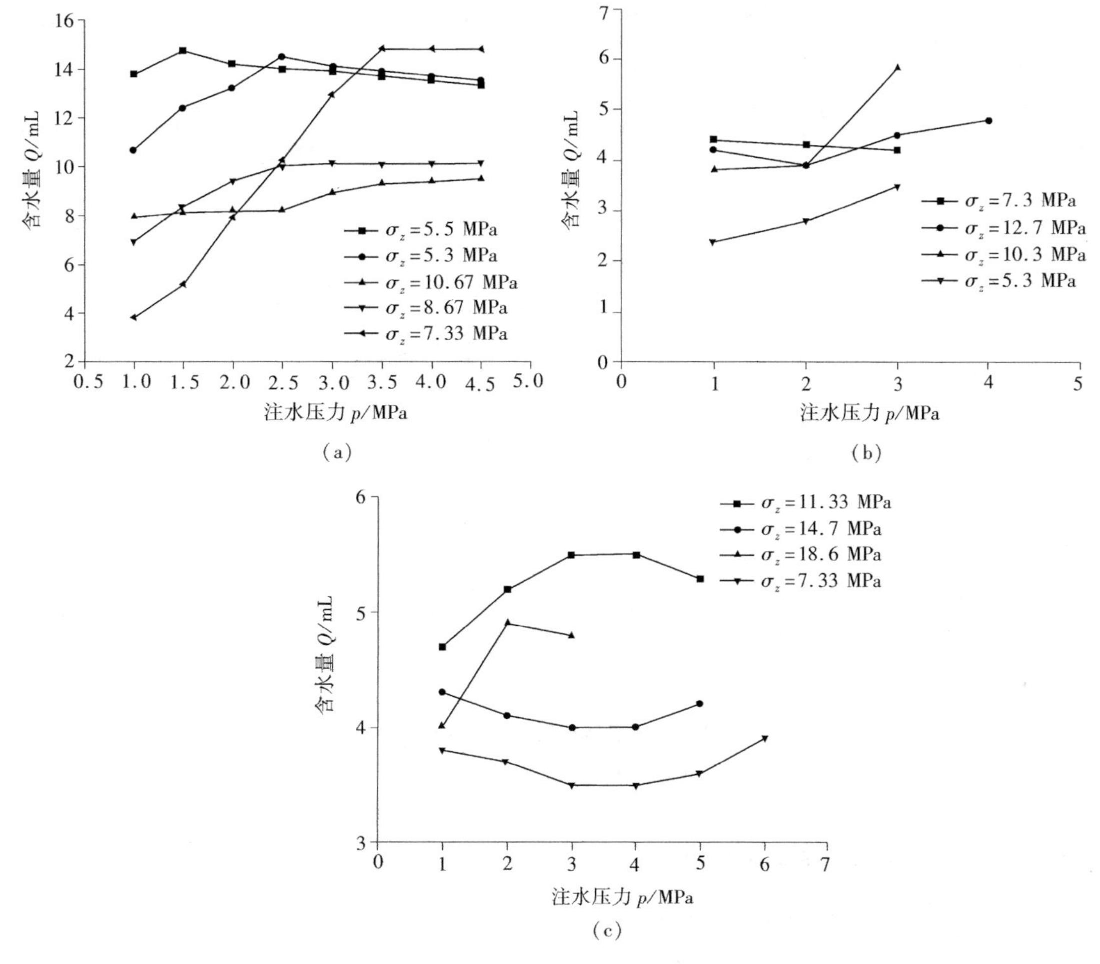

图 5-1　含水率随注水压力变化曲线

(a) 王庄矿;(b) 古书院矿;(c) 忻州窑矿

5.2.2　围压对煤体含水率的影响

图 5-2 为王庄煤矿 3 号煤层、忻州窑矿 11 号煤层、古书院矿 3 号煤层煤样在相同注水压力作用下,煤样含水量 Q 随围压的变化曲线。其中王庄矿 3 号煤层为中硬煤,随着围压的增加,煤样含水量呈明显减少的趋势;古书院矿 3 号煤层和忻州窑矿 11 号煤层为坚硬煤层,随着围压的增加,煤样含水量先呈增加趋势,这是因为在增加围压的过程中,注水时间和注入水量不断增加的缘故。但是随着围压继续增加,例如忻州窑矿 11 号煤层煤样在围压增加到大于 12 MPa,古书院矿 3 号煤层煤样在围压增加到大于 7.5 MPa 时,煤样含水率呈下降趋势,下降的速率取决于煤样基质骨架的力学性质。若煤

样基质骨架的强度较大，则下降的速率较小；若煤样骨架的强度较小，则下降速率较大。

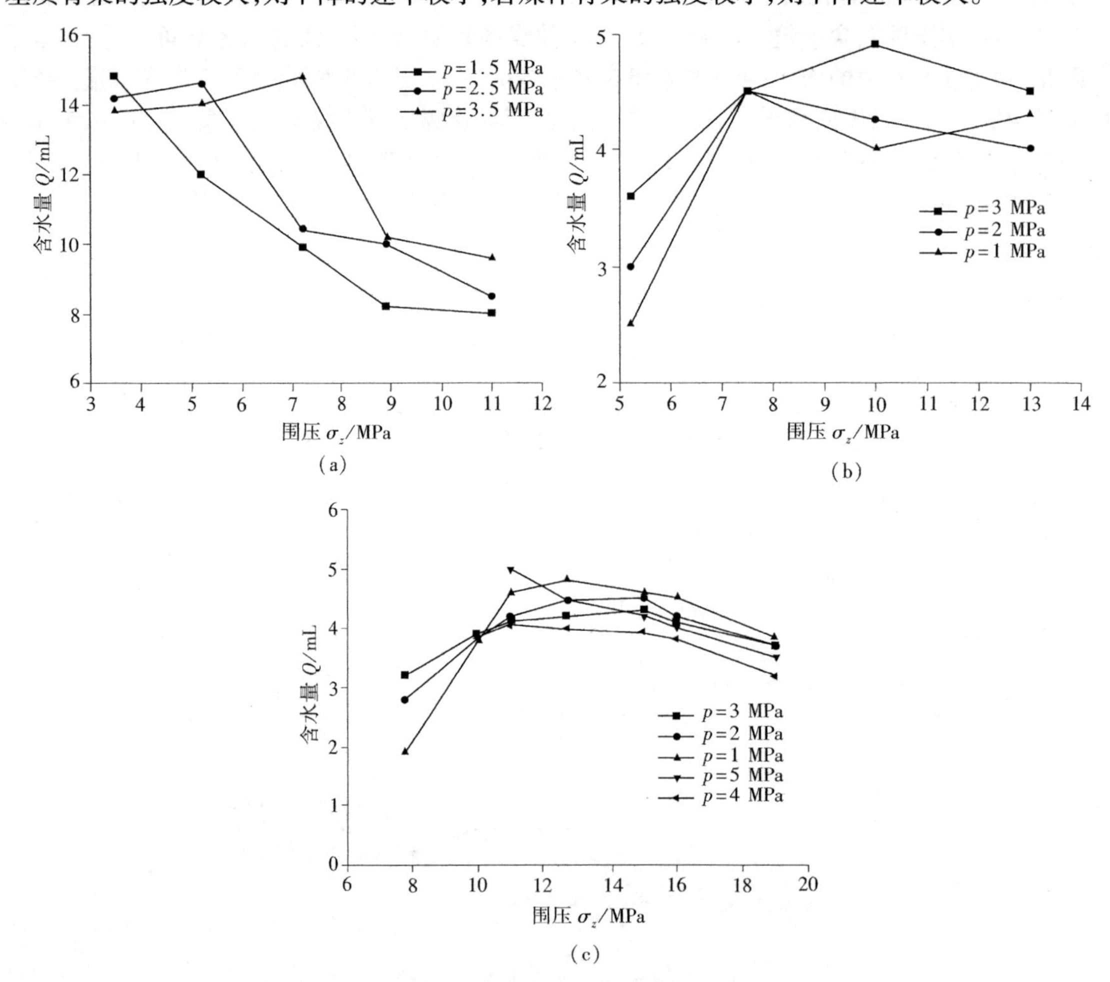

图 5-2　含水率随围压变化曲线

(a) 王庄矿；(b) 古书院矿；(c) 忻州窑矿

5.2.3　浸泡时间对煤体含水率的影响

图 5-3 为王庄矿 3 号煤层注水后含水率随注水浸泡时间的变化规律。注水浸泡 10 d 后，含水率有明显增大的趋势，这是煤样孔隙吸水作用的结果；浸泡 17 d 后，含水率的增长又趋于缓慢，这是煤样含水率趋于饱和的原因。随着煤样尺寸的增大，浸泡含水趋于饱和的时间将会延长。

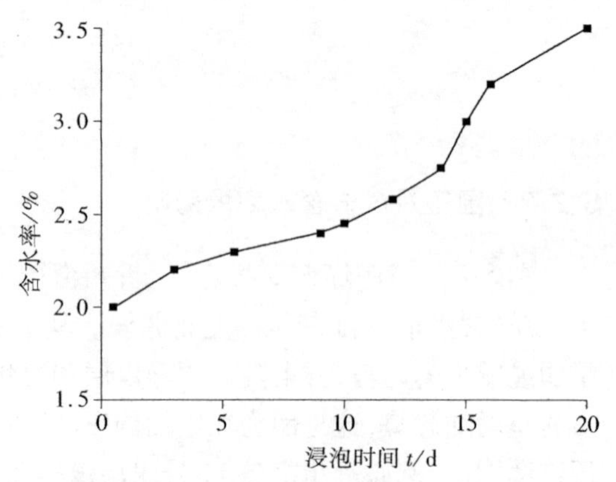

图 5-3　含水率随浸泡时间变化曲线

综上所述，注水可使煤的空隙增大，裂隙张开，沟通微孔隙之间的通道，从而增加煤体的贮水空间，使含水率随水压的增大而增大；但含水率随水压的增大呈非线性关系，当水压达到一定值之后，含水率不再增大，甚至略有减少，这是因水压致裂煤体、水分流失的缘故。作用在煤体上的围压与水压的影响相反。在水压相同的情况下，含水率随围压的增加呈非线性减小,但这一规律与煤体在该围压下所处的变形阶段相关。一般来说,处于线弹性阶段的煤体,含水率随围压增加有增大的趋势。围压与水压共同作用下的煤层,存在一个最佳含水率的范围,此时的围压与水压为煤层注水的合理参数。

5.3　含水煤体力学特征

由煤与瓦斯突出综合作用假设可知,煤与瓦斯突出动力灾害发生的三方面主要因素包括:煤的物理力学性质、地应力和瓦斯压力。水力化措施能够有效地降低控制区域的地应力水平和瓦斯压力,改变煤体的物理力学性质,是突出动力灾害治理的有效途径。在外界水压的驱动下,水会沿裂隙侵入煤体,从而改变煤体的含水率。因此,探究含水煤体力学特性对揭示水力化措施治理煤与瓦斯突出灾害机理具有重要的理论意义。本节先从含水煤体的强度及变形特征和能耗特征等两个方面阐明含水煤体的力学特性,然后探讨含水煤体突出强度特征。

5.3.1　含水煤体强度及变形特征

单轴压缩实验和三轴压缩实验是测试煤岩基本力学性质的有效手段。相关学者[8,9]通过开展不同含水率煤体的单轴压缩实验和三轴压缩实验得到了含水煤体单轴和三轴应力—应变曲线,如图5-4和图5-5所示。由图5-4和图5-5可知:无论是单轴应力—应变曲线还是三轴应力—应变曲线,随着煤体含水率的增大,煤体的应力—应变峰值明显降低。对于不同含水率煤体的应力—应变曲线,煤体的单轴应力—应变曲线存在相似性,都可划分为四个阶段,即压密段、弹性段、失稳段和峰后段,且随着煤体含水率的增大,峰值应变明显增大,峰后跌落高度逐渐降低。而煤体的三轴应力—应变曲线亦存在四个阶段,即弹性段、屈服段、破坏段和残余段。

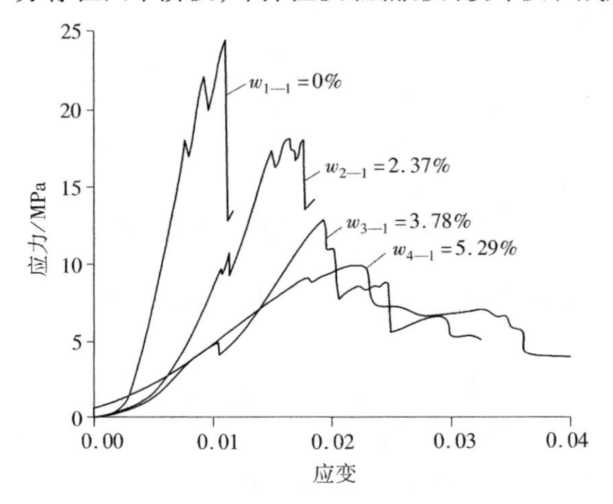

图5-4　含水煤体单轴应力—应变曲线[8]

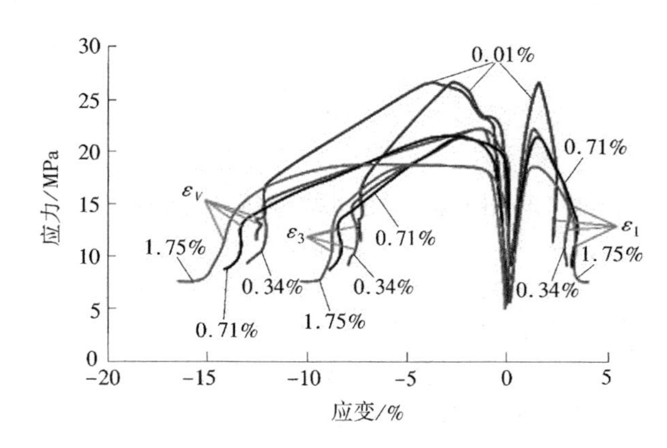

图5-5　含水煤体三轴应力—应变曲线[9]

ε_1——轴向应变;ε_3——侧向应变;ε_V——体积应变

对图5-4和图5-5的应力峰值及残余应力值进行统计得到含水煤体的单轴抗压强度和三轴抗压强度及残余强度的变化曲线,如图5-6和图5-7所示,随着煤体含水率的增大,煤体的单轴和三轴抗压强度及残余强度均近似线性降低,呈现明显的强度弱化现象。由于含水煤体单轴和三轴强度数据来自不同的文献,故出现三轴抗压强度略大于单轴抗压强度的情况。

单轴荷载下和三轴荷载下含水煤体的变形特征如图5-8和图5-9所示[8,9]。单轴压缩条件下,随着煤体含水率的增大,煤体的峰值应变近似线性增大。而在三轴压缩条件下,随着煤体含水率的增

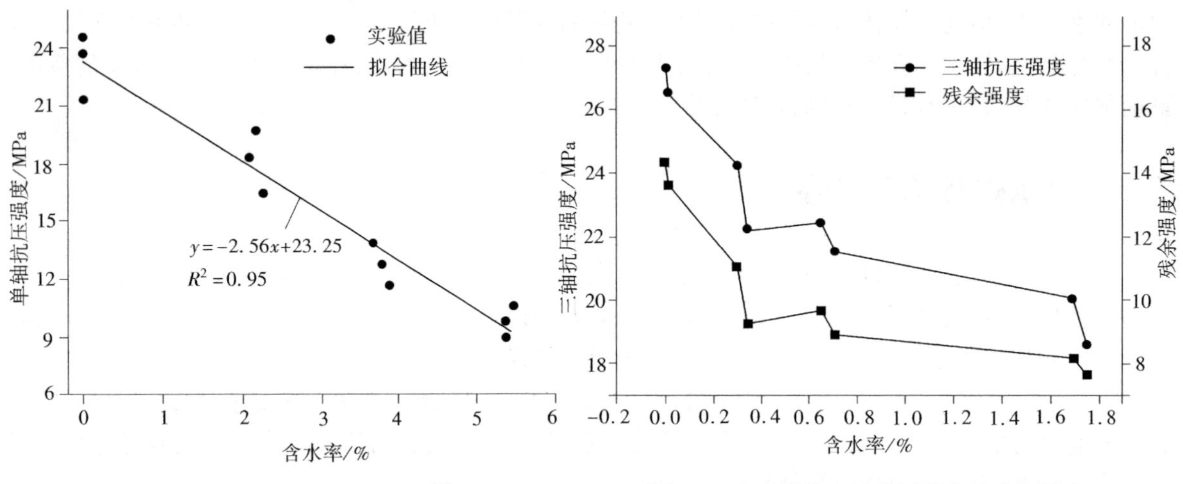

图 5-6　含水煤体单轴抗压强度[8]

图 5-7　含水煤体三轴抗压强度及残余强度

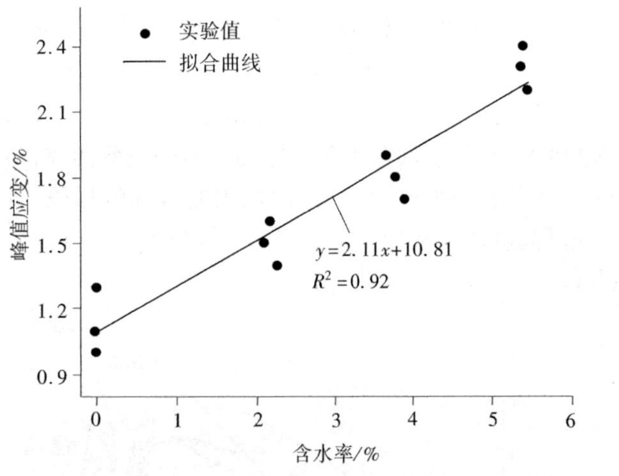

图 5-8　含水煤体单轴压缩下峰值应变变化特征

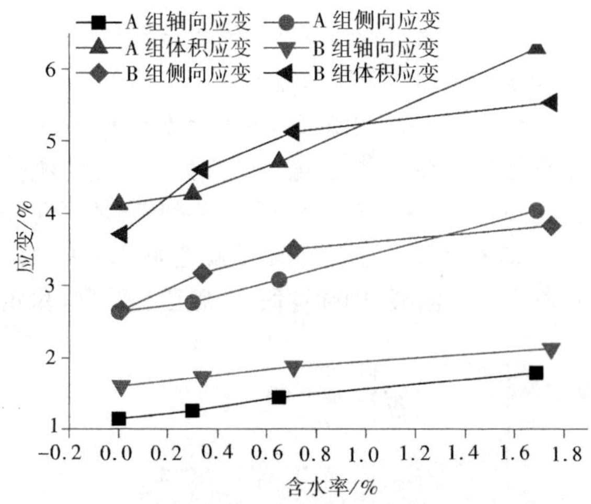

图 5-9　含水煤体三轴压缩下应变变化特征

大,煤体轴向应变、侧向应变和体积应变均显著增大。因此,外界荷载作用下的含水煤体更容易发生变形,究其原因[10,11]:

（1）水的润滑作用,煤体内存在胶体矿物、可溶盐等,当水侵入煤体时,可溶盐溶解,胶体矿物水解,使原来的联结变成水胶联结,导致颗粒间联结力减弱,摩擦力降低,即水起到了润滑作用,使得煤样强度明显降低,同时水的润滑作用使煤样受力更易发生变形,相同应力下变形量增大。

（2）水的楔裂作用,水进入煤岩裂隙孔隙后,在外界荷载的作用下,来不及被排出,煤体孔隙裂隙中将产生很高的孔隙压力,形成应力集中效应。水分含量越高,受压后水分对裂隙孔隙的楔裂作用越大,应力对煤的破坏程度也就越大。所以煤岩的水分越多,煤岩的强度越低,变形越大,破坏程度越大。

5.3.2　含水煤体能耗及声发射响应特征

能量是反映物质破坏过程的重要指标。煤的变形与破坏过程是能量释放与耗散的过程,而能量耗散是岩石破坏的本质属性[12]。煤样的应力—应变曲线蕴含着丰富的能量信息。如图 5-10 所示,假定煤的破坏过程中与外界没有热交换,则外力对煤体做的总功 U_0 可以划分为煤体的耗散能 U_d 和

可释放应变能 U_e，其中总能量 U_0 可通过应力—应变曲线与横坐标围成的面积得到。

根据图 5-10 的定义，对图 5-5 中的应力—应变曲线进行推演，得到煤样破坏过程中煤体总能量、耗散能和可释放弹性能的演化曲线，如图 5-11 所示。由图 5-11 可知，水分对煤的能量吸收、转化和传递具有显著的影响。随着煤样含水率的增加，总能量和耗散能都呈增加趋势，而弹性应变能呈相反的变化趋势。因此，煤样含水量增大，其塑性变形增加，达到破坏的变形量增大，外力在煤样上作用的距离加长，能量的释放速率减缓，这在一定程度上抑制了突出动力灾害的发生。

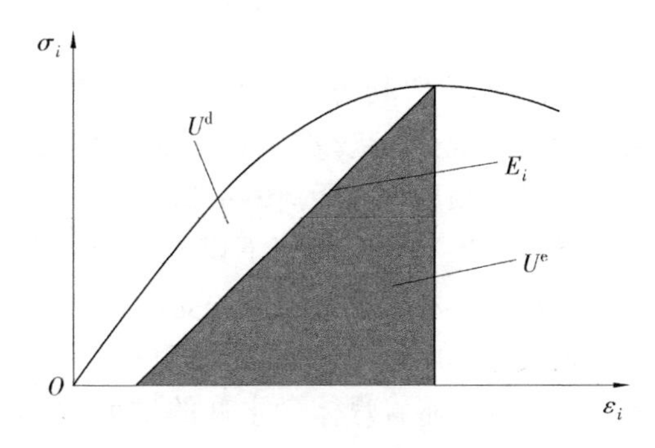

图 5-10　煤体耗散能和可释放弹性应变能示意

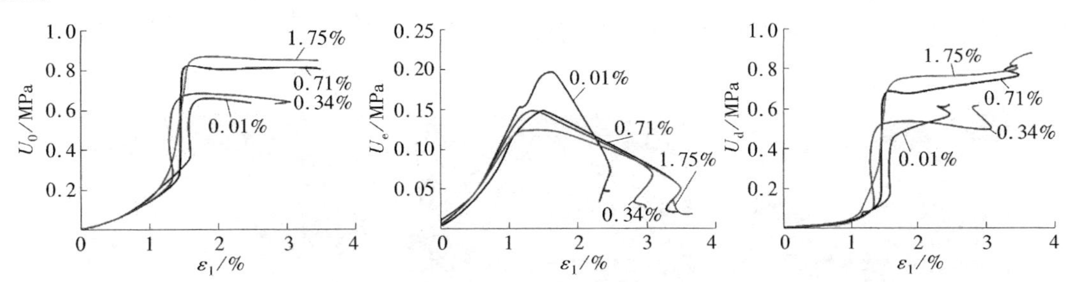

图 5-11　含水煤体能耗特征[9]

声发射是指材料中局域源快速释放能量产生瞬态弹性波的现象，声发射振铃计数是声发射检测技术的重要参数之一，它能充分地从能量的角度反映出煤体在荷载下的行为特征。图 5-12 为单轴荷载下煤体累计振铃计数的时程变化规律。由图 5-12 可知，在荷载作用的初期，不同含水率煤体的累计声发射振铃计数均近似为零，即处于平静期；随后，累计声发射振铃计数先急速增大后保持不变。随着煤体含水率的增大，累计声发射振铃计数显著减小，表明随着煤体水分含量的增大，能量的释放量显著降低，这不利于突出动力灾害的发生。

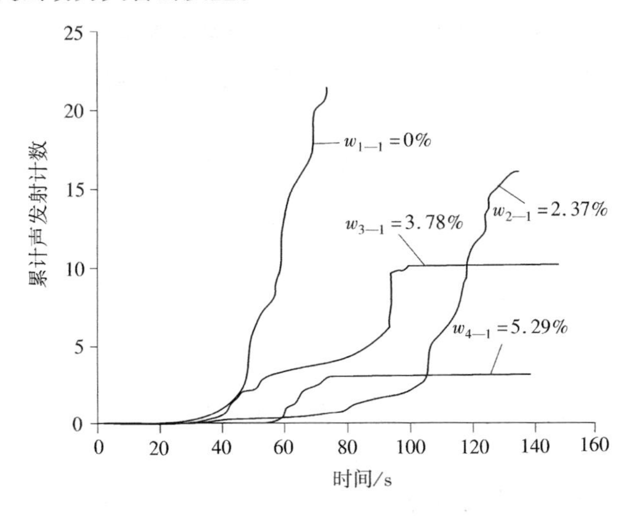

图 5-12　含水煤体累计声发射计数变化规律

5.3.3 含水煤突出强度特征

韦纯福等[13]利用自主研发的大型煤岩瓦斯动力灾害模拟试验系统，探究了不同含水率煤体的煤与瓦斯突出规律，定义突出相对强度 Q 为突出煤粒的总质量与喷射最远距离的乘积。

通过开展不同含水率下煤与瓦斯突出实验，得到了含水煤体相对突出强度的变化曲线和突出孔洞形态及裂隙影响区域，如图 5-13 和图 5-14 所示。由图 5-13 可知，随着煤体含水率的增大，突出强度呈二次函数衰减的变化趋势。由图 5-14 可知，随着煤体含水率的增大，突出孔洞显著减小。因此，通过增大煤体含水量来治理煤与瓦斯突出动力灾害是有效可行的。

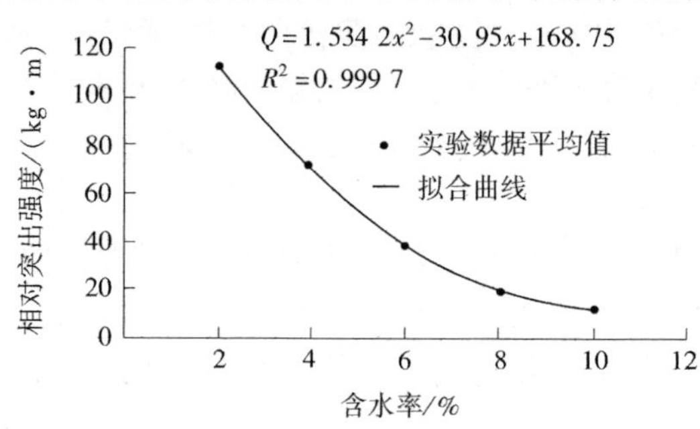

图 5-13 含水煤体相对突出强度[13]

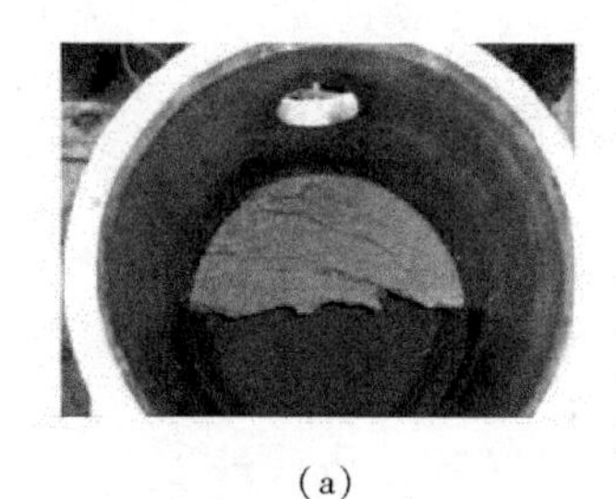

(a)

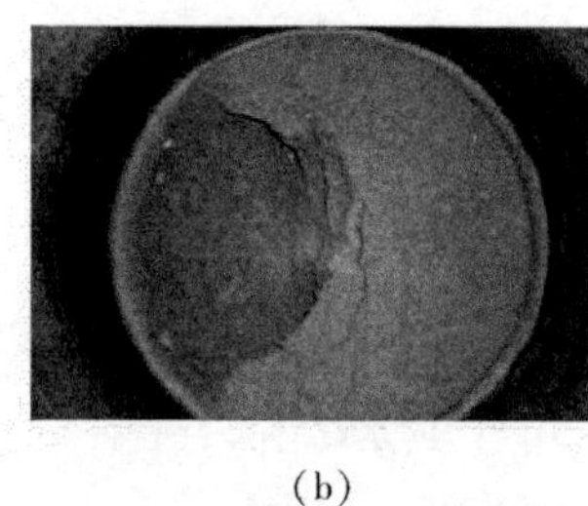

(b)

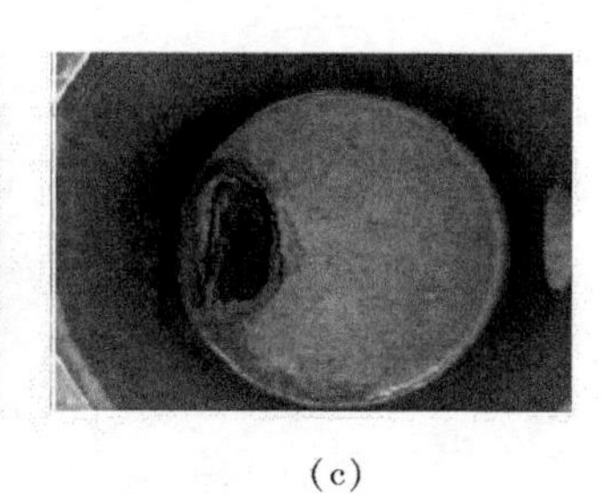

(c)

图 5-14 含水煤体突出孔洞形态和裂隙影响区域[13]

(a) 含水率 2%；(b) 含水率 6%；(c) 含水率 10%

5.4 含瓦斯煤体的力学特征

煤岩系统的失稳破坏是突出矿井发生瓦斯动力灾害的先决条件。而失稳破坏是否发生则取决于外部施加的应力是否超过含瓦斯煤体的力学强度及其相应的力学响应。煤体是一种典型的多孔介质，其内部发育了大量的孔隙裂隙，这些孔隙裂隙的存在为瓦斯在煤体表面的吸附提供了大量的空间。因此，研究煤岩瓦斯动力灾害的关键是要研究含瓦斯煤体的力学特性，这是含瓦斯煤体力学破坏以及本构关系的基础[14]。此外，煤矿井下采掘过程中外部应力场的变化会引起瓦斯的解吸、扩散与渗流，导致煤体内部原有的平衡被打破，改变内部流场分布，导致含瓦斯煤体的有效应力发生变化，从而影响煤体的强度特性和变形特性[15]。

5.4.1 多孔介质有效应力原理

有效应力定律对于描述含有孔隙流体的多孔介质的力学效应具有重要作用。有效应力作为一种等效力，其提出主要是为了计算结构复杂介质的力学响应规律[16]。煤体作为一种典型的多孔介质，其内部结构非常复杂，因而需通过有效应力来计算其力学响应规律。目前，根据对多孔性介质孔隙结构划分的不同，将有效应力原理分为单孔介质有效应力原理、双孔介质有效应力原理以及多重孔隙介质有效应力原理。

(1) 单孔介质有效应力原理

太沙基(K. Terzaghi)于 1932 年首次提出有效应力的概念,并提出了有名的太沙基有效应力定律[17]:

$$\sigma_e = \sigma - p \tag{5-1}$$

式中　σ_e——有效应力;

σ——外加应力;

p——孔隙流体压力。

该理论的提出主要基于以下认识[18]:

① 当外加应力与介质内的孔隙流体压力增加相同的值时,多孔介质的体积不发生变化;

② 多孔介质的剪切强度随外加方向应力的增加而显著增加,但如果方向应力与孔隙流体压力增加相同的数值时,剪切强度几乎不变。

太沙基有效应力将多孔介质的有效应力简单地视为外部应力与内部孔隙压力的差值,这导致其在后续的工程应用中存在一定的偏差。为了消除太沙基有效应力在工程应用中导致的偏差,许多学者都对该模型进行了修正。其中以毕渥(M. A. Biot)于 1941 年提出的修正模型应用作为广泛,该模型亦称为毕渥有效应力:

$$\sigma_e = \sigma - \alpha p \tag{5-2}$$

式中　α——毕渥系数。

吉尔茨马(Geertsma,1975)和斯凯普顿(Skempton,1961)指出毕渥系数 α 可由式(5-3)进行计算[18]:

$$\alpha = 1 - \frac{K}{K_s} \tag{5-3}$$

式中　K——不含流体压力的干燥多孔介质的体积模量;

K_s——不含孔隙的介质体积模量。

无论是太沙基有效应力原理还是修正的毕渥有效应力原理,其都是基于同样的假设提出的,即介质为单孔介质,仅由骨架与孔隙组成,如图 5-15(a)所示。但是这样一种形式的有效应力并不适用于裂隙性多孔介质,如图 5-15(b),如煤、岩石等。这是因为在裂隙性多孔介质中,裂隙与孔隙的导流能力差别很大,这导致通常情况下两者内的流体压力并不相等,需区别对待。

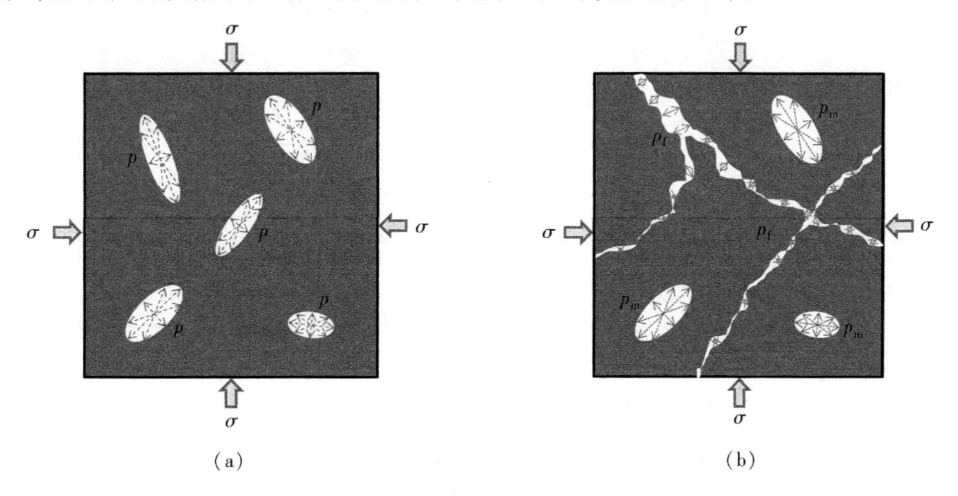

图 5-15　多孔介质示意图

(a) 单孔介质;(b) 双孔介质

（2）双孔介质有效应力原理[18]

图5-15(b)中给出了双重孔隙介质的结构组成，其主要包括固体骨架(Ω_s)、裂隙(Ω_f)以及空隙(Ω_m)三部分构成。

当在双重孔隙介质上同时施加外部应力 σ_{ij}、裂隙压力 p_f 以及孔隙压力 p_m 时，我们可以将这种应力状态等效成三种不同应力状态的叠加(如图5-16所示)：

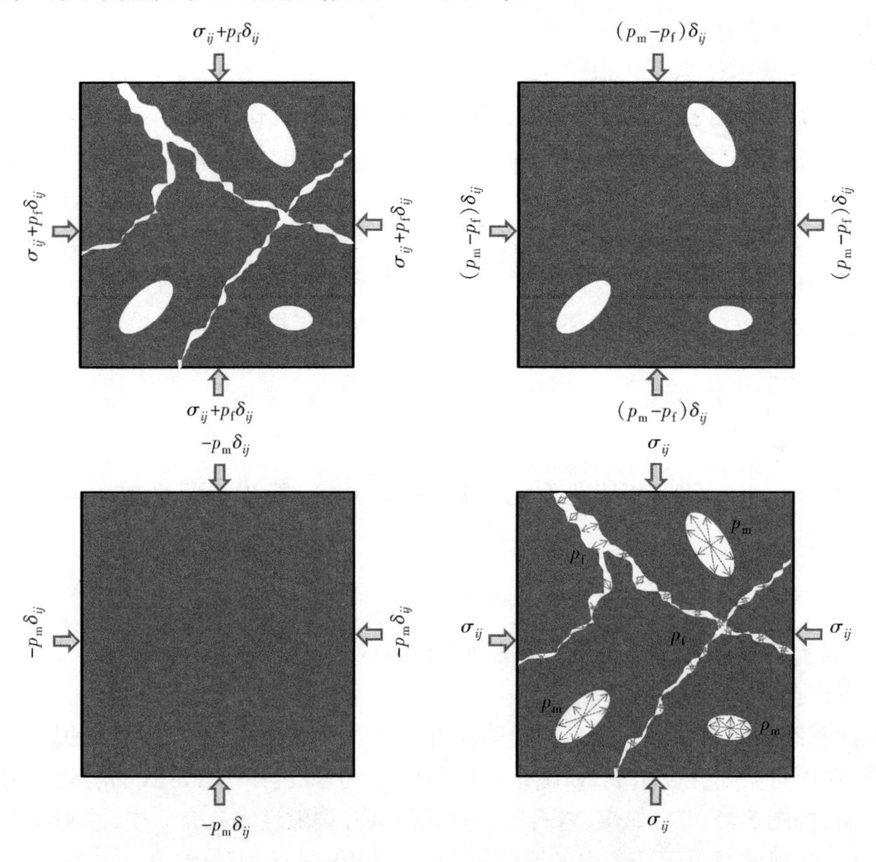

图5-16　双孔介质有效应力分解过程示意图

① 考虑裂隙孔隙介质($\Omega_s+\Omega_f+\Omega_m$)，并施加应力 $\sigma_{ij}+pf\delta_{ij}$，可以得到其应变为：

$$\varepsilon_{ij}^{(1)} = \frac{1}{E_{smf}}[(1+\nu_{smf})\sigma_{ij}+\nu_{smf}\Theta\delta_{ij}] + \frac{1-2\nu_{smf}}{E_{smf}}p_f\delta_{ij} \tag{5-4}$$

式中　E_{smf}，ν_{smf}——分别为裂隙孔隙介质的弹性模量和泊松比；

Θ——应力第一不变量。

② 考虑孔隙固体介质($\Omega_s+\Omega_m$)，并施加应力$(p_m-p_f)\delta_{ij}$，可以得到其应变为：

$$\varepsilon_{ij}^{(2)} = \frac{1-2\nu_{sm}}{E_{sm}}(p_m-p_f)\delta_{ij} \tag{5-5}$$

式中　E_{sm}，ν_{sm}——分别为孔隙固体介质的弹性模量和泊松比。

③ 考虑固体介质(Ω_s)，并施加应力$-p_m\delta_{ij}$，可以得到其应变为：

$$\varepsilon_{ij}^{(3)} = \frac{1-2\nu_s}{E_s}p_m\delta_{ij} \tag{5-6}$$

式中　E_s，ν_s——分别为固体介质的弹性模量和泊松比。

将以上三种应力状态叠加，相当于在裂隙孔隙介质外边界施加应力 σ_{ij}、在裂隙边界施加压力 p_f

以及在孔隙边界施加压力 p_{m}。

$$\varepsilon_{ij}=\varepsilon_{ij}^{(1)}+\varepsilon_{ij}^{(2)}+\varepsilon_{ij}^{(3)}=$$

$$\frac{1}{E_{\mathrm{smf}}}[(1+\nu_{\mathrm{smf}})\sigma_{ij}+\nu_{\mathrm{smf}}\Theta\delta_{ij}]+\frac{1-2\nu_{\mathrm{smf}}}{E_{\mathrm{smf}}}p_{\mathrm{f}}\delta_{ij}+\frac{1-2\nu_{\mathrm{sm}}}{E_{\mathrm{sm}}}(p_{\mathrm{m}}-p_{\mathrm{f}})\delta_{ij}+\frac{1-2\nu_{\mathrm{s}}}{E_{\mathrm{s}}}p_{\mathrm{m}}\delta_{ij}=$$

$$\frac{1}{E_{\mathrm{smf}}}[(1+\nu_{\mathrm{smf}})\hat{\sigma}_{ij}+\nu_{\mathrm{smf}}\Theta\delta_{ij}] \tag{5-7}$$

式中，

$$\hat{\sigma}_{ij}=\sigma_{ij}-\alpha p_{\mathrm{m}}-\beta p_{\mathrm{f}} \tag{5-8}$$

式(5-8)即为双重孔隙介质的有效应力原理，其中的有效应力系数 α 和 β 可表示为：

$$\begin{cases}\alpha=\dfrac{K_{\mathrm{smf}}}{K_{\mathrm{sm}}}-\dfrac{K_{\mathrm{smf}}}{K_{\mathrm{s}}}\\ \beta=1-\dfrac{K_{\mathrm{smf}}}{K_{\mathrm{sm}}}\end{cases} \tag{5-9}$$

(3) 多重孔隙介质有效应力原理[18]

对于多重孔隙介质，假设其具有 n 重孔隙结构，分别占据 n 个空间区域。通常情况下，多重孔隙介质除了受到外部应力 σ_{ij} 以外，在各重孔隙内还受到孔隙流体压力 $p_1,p_2,p_3,\cdots,p_n$ 的作用。

采用与推导双重孔隙介质有效应力相似的办法，我们同样可以得到 n 重孔隙介质的有效应力原理：

$$\hat{\sigma}_{ij}=\sigma_{ij}+(\gamma_1p_1+\gamma_2p_2+\gamma_3p_3+\cdots+\gamma_np_n)\delta_{ij} \tag{5-10}$$

式(5-10)中的 $\gamma_1,\gamma_2,\gamma_3,\cdots,\gamma_n$ 为有效应力系数，可表示为：

$$\begin{cases}\gamma_1=\dfrac{K_{\mathrm{s},1,\cdots,n}}{K_{\mathrm{s},1}}-\dfrac{K_{\mathrm{s},1,\cdots,n}}{K_{\mathrm{s}}}\\ \gamma_2=\dfrac{K_{\mathrm{s},1,\cdots,n}}{K_{\mathrm{s},1,2}}-\dfrac{K_{\mathrm{s},1,\cdots,n}}{K_{\mathrm{s},1}}\\ \vdots\\ \gamma_{n-1}=\dfrac{K_{\mathrm{s},1,\cdots,n}}{K_{\mathrm{s},1,\cdots,n-1}}-\dfrac{K_{\mathrm{s},1,\cdots,n}}{K_{\mathrm{s},1,\cdots,n-2}}\\ \gamma_n=1-\dfrac{K_{\mathrm{s},1,\cdots,n}}{K_{\mathrm{s},1,\cdots,n-1}}\end{cases} \tag{5-11}$$

式(5-11)中的 $K_{\mathrm{s}},K_{\mathrm{s},1},\cdots,K_{\mathrm{s},1,\cdots,n-1},K_{\mathrm{s},1,\cdots,n}$ 为体积模量，可表示为：

$$\begin{cases}K_{\mathrm{s}}=\dfrac{1-2\nu_{\mathrm{s}}}{E_{\mathrm{s}}}\\ K_{\mathrm{s},1}=\dfrac{1-2\nu_{\mathrm{s},1}}{E_{\mathrm{s},1}}\\ \vdots\\ K_{\mathrm{s},1,\cdots,n-1}=\dfrac{1-2\nu_{\mathrm{s},1,\cdots,n-1}}{E_{\mathrm{s},1,\cdots,n-1}}\\ K_{\mathrm{s},1,\cdots,n}=\dfrac{1-2\nu_{\mathrm{s},1,\cdots,n}}{E_{\mathrm{s},1,\cdots,n}}\end{cases} \tag{5-12}$$

(4) 吸附性双重孔隙介质有效应力原理

一般认为，煤体为典型的多孔介质，且具有双重孔隙结构，内部包括基质孔隙和基质间裂隙。因此,很多时候学者们采用公式(5-6)来计算和研究煤体的有效应力及其引起的煤体强度及变形的变化规律。

但是我们知道,煤体为吸附性多孔介质,其对特定的气体如 CO_2、CH_4、N_2 等具有吸附性。当煤体吸附气体以后会产生吸附膨胀变形,这一变形主要是由煤体内部产生的吸附膨胀应力导致的。而目前建立的含瓦斯煤体的有效应力模型几乎不考虑吸附膨胀应力的影响。

吴世跃等[19]基于表面物理化学和弹性力学理论推导了煤体吸附瓦斯后的膨胀变形:

$$\varepsilon_a = \frac{2a\rho RT\ln(1+bp)}{9VK} \tag{5-13}$$

假设含瓦斯煤体为各向同性的线弹性介质,煤体变形满足胡克定律,则:

$$\sigma_a = \frac{2a\rho RT(1-2\nu)\ln(1+bp)}{3V} \tag{5-14}$$

式中 a——最大吸附量;

b——吸附压力常数;

ρ——煤体密度;

ν——泊松比;

p——吸附平衡压力;

V——摩尔体积。

将式(5-14)耦合到式(5-8)中可以得到含瓦斯煤体的有效应力方程:

$$\hat{\sigma}_{ij} = \sigma_{ij} - \alpha p_m - \beta p_f - \frac{2a\rho RT(1-2\nu)\ln(1+bp_m)}{3V} \tag{5-15}$$

假设煤体内的流体处于准静态条件下,裂隙瓦斯压力等于基质孔隙压力,则式(5-15)可以简化为:

$$\hat{\sigma}_{ij} = \sigma_{ij} - \lambda p_m \tag{5-16}$$

式中 λ——含瓦斯煤体的有效应力系数,可由式(5-17)计算。

$$\lambda = \alpha + \beta + \frac{2a\rho RT(1-2\nu)\ln(1+bp_m)}{3Vp_m} = 1 - \frac{K_{smf}}{K_s} + \frac{2a\rho RT(1-2\nu)\ln(1+bp_m)}{3Vp_m} \tag{5-17}$$

5.4.2 瓦斯对煤体弹塑性变形的作用

煤体的变形能力对煤中气体流动、煤与瓦斯突出都有着重要影响,本节将针对含瓦斯煤体的力学变形特性做系统研究。煤体的变形参数主要包括煤体受载过程中的应变、弹性模量和泊松比。以下将重点研究这三个参数随孔隙瓦斯压力的变化规律。

5.4.2.1 峰值变形

煤体的峰值变形是煤体力学特性的一个重要参数,其大小反映了煤体变形能力。其中峰值变形又包括轴向峰值变形、径向峰值变形和体积峰值变形。此处将研究这三个参数随瓦斯压力的变化规律。

刘凯德[20]研究了淮南矿区谢一矿-780 m 标高 B10 煤层原煤的力学特性随瓦斯压力的变化规律。此处根据原文中的原始数据提取各煤样的峰值变形数据,分析其随瓦斯压力的变化规律,如图 5-17 所示。从图中可以看出,随着瓦斯压力的升高,轴向应变(ε_{11})和体积应变(ε_v)总体上呈增大趋势,围压为 10 MPa 和 20 MPa 时,气压升高到 5 MPa 时轴向应变和体积应变略微降低,这可能是由原煤的结构差异大导致的。径向应变 ε_{33} 为负值,随着瓦斯压力的升高逐渐降低。

总的来说,随着瓦斯压力的增大,含瓦斯煤体总体上表现出小应力诱发大变形的力学特性。

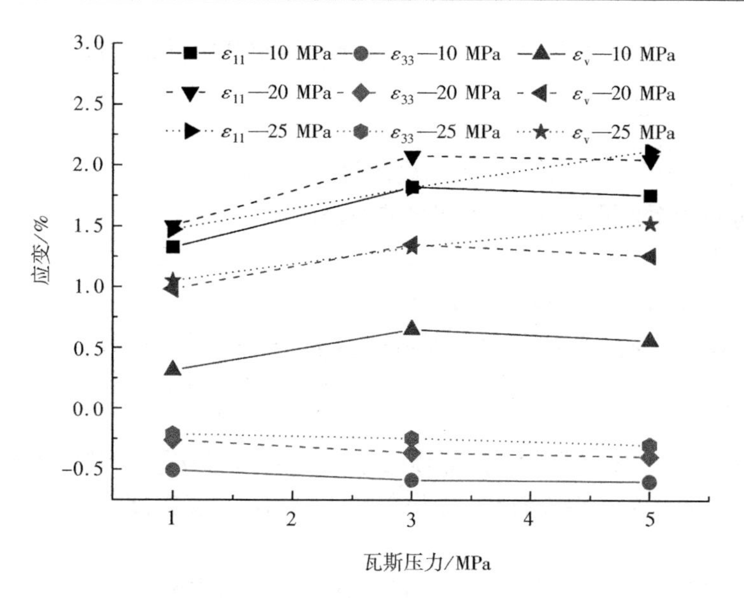

图 5-17　煤体峰值变形随瓦斯压力的变化规律

5.4.2.2　弹性模量

刘凯德[20]在围压 10 MPa 时研究了淮南谢一矿含瓦斯煤体的力学特性,宋良等[21]研究了单轴压缩下山东兖矿集团煤样的力学性能,孟磊等[22]在围压 5 MPa 的条件下研究了开滦赵各庄矿煤样的力学行为,尹光志等[23]研究了重庆打通一矿煤样在围压 6 MPa 下的力学特性。采用以上实验数据,本节分析了含瓦斯煤体弹性模量随孔隙压力的变化规律,结果如图 5-18 所示。可以看出随着孔隙压力的升高,煤体弹性模量逐渐降低。

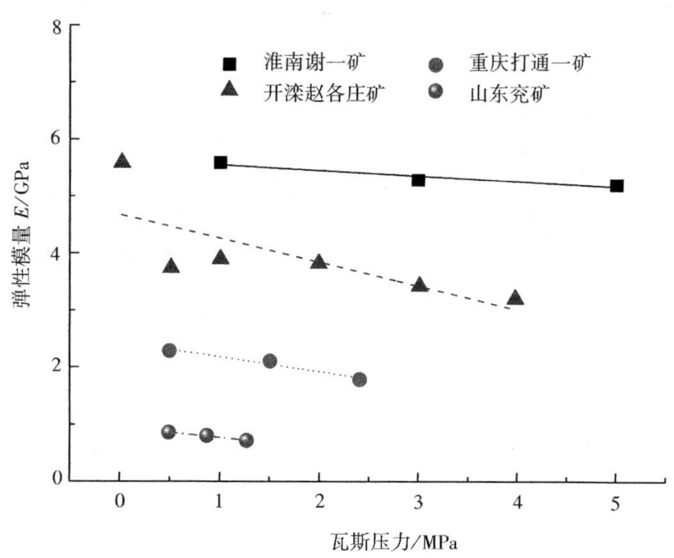

图 5-18　煤体弹性模量随瓦斯压力的变化规律

徐佑林等[15]基于岩石力学的基本原理,考虑煤体中仅含有单个椭圆形空洞的条件下,推导了孔隙压力对煤体弹性模量的影响模型:

$$\frac{1-\nu_1^2}{E_1}\left(\sigma_{\theta 1}-\frac{\nu_1}{1-\nu_1}\sigma_{r1}\right)=\frac{1-\nu_2^2}{E_2}\left(\sigma_{\theta 2}-\frac{\nu_2}{1-\nu_2}\sigma_{r2}\right) \tag{5-18}$$

文中假设实际煤体中的裂隙为长轴远大于短轴的椭圆形孔洞,最终得出:

$$E_2 = \left[\frac{1 - \nu_2^2}{1 - \nu_1^2} + \frac{(1 - \nu_2)(2\nu_2 - 1)}{1 - \nu_1^2} \cdot \frac{p}{\sigma_3 - \sigma_1}\right] E_1 \tag{5-19}$$

式中 E_1, E_2——分别表示不含瓦斯和含瓦斯煤体的弹性模量;

ν_1, ν_2——分别为不含瓦斯和含瓦斯煤体的泊松比;

p——孔隙瓦斯压力;

σ_1, σ_3——分别为垂直方向和水平方向的载荷。

假设瓦斯的存在不改变煤体的泊松比,即 $\nu_1 = \nu_2$,则有:

$$E_2 = \left[1 + \frac{2\nu_1 - 1}{(1 + \nu_1)\sigma_3 - \sigma_1} p\right] E_1 \tag{5-20}$$

可见,在给定地应力的条件下,含瓦斯煤体的弹性模量与瓦斯压力呈线性关系。采用式(5-20)拟合图 5-18 的数据发现这两者拟合度较高,说明式(5-20)具有一定的合理性。

5.4.2.3 泊松比

刘凯德[20]研究了淮南矿区含瓦斯煤体在围压约束下的力学特性,并计算了不同围压下煤体泊松比随孔隙瓦斯压力的变化规律,结果如图 5-19 所示。可以看出,随着孔隙压力的增加泊松比总体上呈增大的趋势。

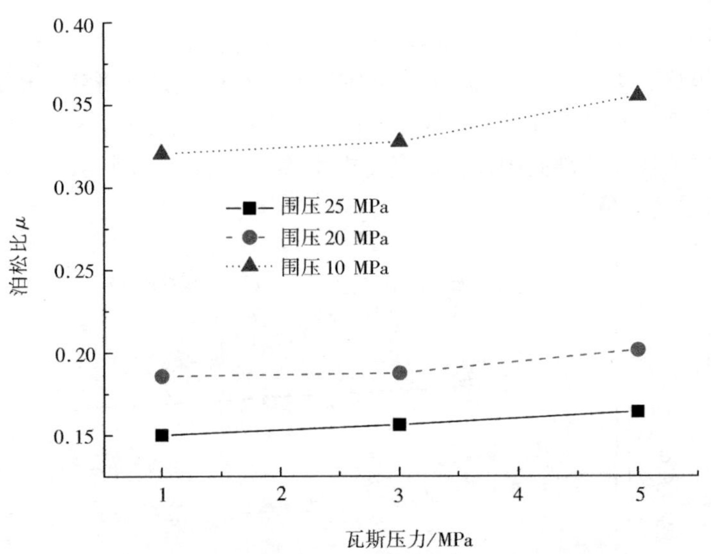

图 5-19 煤体泊松比随瓦斯压力的变化规律

泊松比反映的是煤体在弹性阶段径向应变与轴向应变的比值。泊松比增大说明随着孔隙压力的升高,煤体径向变形增大。原因分析如下:

瓦斯在煤体中的赋存形式主要有两种:一种是游离瓦斯,这部分瓦斯主要存在于煤体裂隙中;另一种为吸附瓦斯,这部分瓦斯主要以吸附态的形式存在煤体孔隙内。随着瓦斯压力的升高,煤体裂隙内的游离瓦斯压力增大,促进裂隙开度增大,同时,压力的升高导致煤体内的裂隙进一步扩展,这两种因素都会导致煤体发生膨胀变形,增大煤体轴向应变。另外,煤体吸附瓦斯后煤基质发生吸附膨胀变形,从而引发煤体膨胀,增加径向应变。再者,煤体吸附瓦斯后,导致煤体表面能降低,煤体表面分子对内部分子的引力降低,导致煤体发生膨胀变形。上述几种因素的综合作用导致煤体径向应变增大,从而导致泊松比随孔隙压力的升高而增大。

5.4.3　瓦斯对煤体强度的影响

煤与瓦斯突出是煤矿生产过程中最严重的瓦斯动力灾害之一。它的发生取决于煤层所处的应力状态、煤层内瓦斯压力以及煤岩体的物理力学特性。因此，研究煤与瓦斯突出的核心是研究含瓦斯煤的力学特性。含瓦斯煤的力学强度作为其力学特性的一个重要组成部分，在一定程度上反映了煤岩体抵抗煤与瓦斯突出的能力。为此，研究含瓦斯煤力学强度随瓦斯压力的变化规律对于掌握煤与瓦斯突出机理有着重要意义[25]。

5.4.3.1　瓦斯对煤体强度影响的实验研究

宋良等[21]利用特制的加压装置及电子万能压力机等研究了不同高径比煤样其单轴抗压强度随瓦斯压力的变化规律。试验所用煤样取自山东兖矿集团的原煤，加工成直径 50 mm 的圆柱，试样高分别取直径的 1、1.5、2 和 2.5 倍，实验结果如图 5-20 所示。可以看出，不论煤样的高径比为多少，其单轴抗压强度随着瓦斯压力的增大均表现出下降的趋势。并且高径比越小，抗压强度对瓦斯的敏感性越强。如对于高径比为 1 的煤样，当瓦斯压力从 0.5 MPa 升高到 1.3 MPa 时，其单轴抗压强度从 14.68 MPa 降低到 12 MPa，降低了 18.26%；而对于高径比为 2.5 的煤样，当当瓦斯压力从 0.5 MPa 升高到 1.3 MPa 时，其单轴抗压强度从 6.98 MPa 降低到 6.39 MPa，降低了 8.45%。

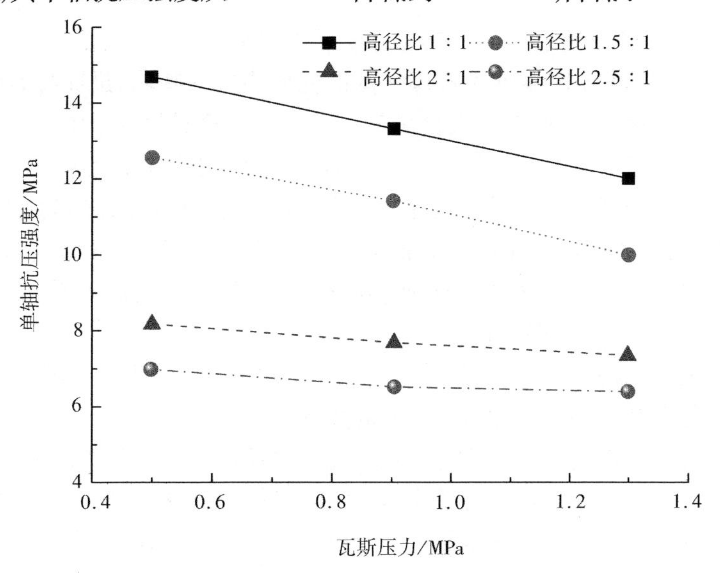

图 5-20　原煤煤样单轴抗压强度与瓦斯压力的关系

尹光志等[23]研究了含瓦斯原煤和型煤在围压约束条件下其抗压强度随孔隙瓦斯压力的变化规律，此处重点介绍型煤的实验结果。试验煤样取自重庆松藻矿区打通一号矿 8 号煤层。将取好的块状煤研磨成粒径在 40 ~ 80 目之间的颗粒煤，通过添加少量水和均匀后，在 100 MPa 的压力下压制成直径 50 mm、高 100 mm 的型煤煤样。试验分别研究了在围压分别为 4 MPa、5 MPa 和 6 MPa 条件下型煤煤样的抗压强度随孔隙瓦斯压力的变化规律，测试结果如图 5-21 所示。可以看出，不论围压为多大，总体上随着瓦斯压力的增大，煤样的抗压强度均呈逐渐降低的趋势。并且围压越低，抗压强度对瓦斯压力的敏感性越强。另外，根据文章的研究结果，相同条件下，型煤煤样的力学强度明显低于原煤煤样。尽管两种煤样在力学强度的数值上存在差异，但其随瓦斯压力变化的规律具有共性。

此外，根据刘凯德[20]的研究结果，在初始预定瓦斯压力分别同为 1 MPa、3 MPa 和 5 MPa 时，含瓦斯原煤的黏聚力依次增大，分别为 11.89 MP、13.08 MPa、和 16.26 MPa；而内摩擦角依次减小，分别为 28.06°、25.096°和 23.796°。这说明：煤体中的初始瓦斯压力越高，在一定围压下含瓦斯原煤的黏聚

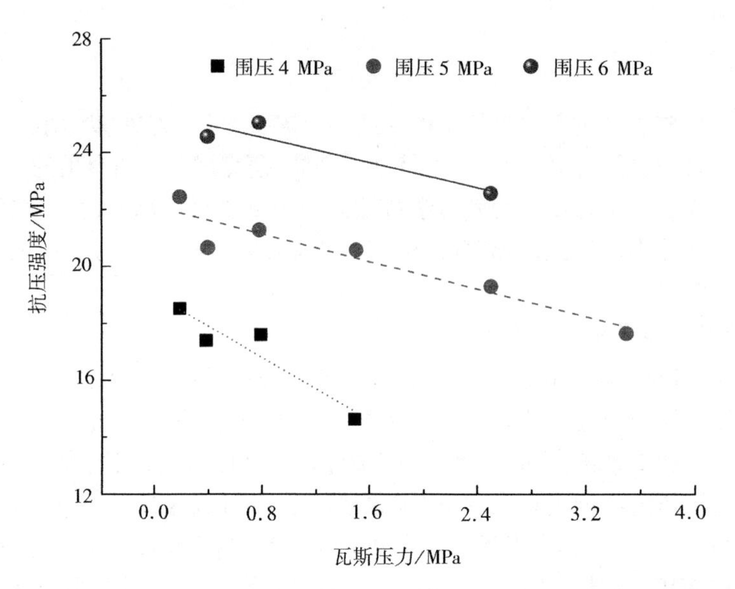

图 5-21　型煤煤样三轴抗压强度与瓦斯压力的关系

力越高，内摩擦角越小。原因在于，一方面，初始瓦斯压力越大，在吸附平衡阶段，即引起煤体吸附瓦斯量的增加，使煤体表面张力减小，从而引起煤体抵抗变形能力的减弱，进而导致恒定压力下原煤更易被压密；另一方面，根据试验设计，在本次含瓦斯原煤三轴压缩试验过程中，不向外排气（整个注气管路系统气阀关闭），也即煤体和煤中瓦斯为一个整体。于是，初始预定瓦斯压力越大，轴向加载时，孔隙压力将上升得越快，有效围压将下降得越快，也即煤体虽将因吸附膨胀和裂隙空间的缩小进一步遭压密，但因煤颗粒间的嵌入和联锁作用产生的咬合力，即表面摩擦力越来越小，煤体抵抗变形、破坏的能力将越来越差。故而呈现出黏聚力增加，而内摩擦角却降低的“密而不紧”的强度特征。

5.4.3.2　瓦斯对煤体力学强度的影响机理

以上的研究结果表明，煤样的力学强度随着孔隙瓦斯压力的升高而逐渐降低。此处将从力学机理上解释为什么瓦斯的存在会导致煤体力学强度的降低。

瓦斯对煤体峰值强度的影响主要包括游离瓦斯和吸附瓦斯两个方面的作用：

（1）游离瓦斯的存在降低了煤体的有效应力，从而降低了其抵抗瓦斯压力的能力；

（2）吸附瓦斯的存在降低了煤体的表面能，导致煤体内部分子间的引力降低，从而降低了煤体的黏聚力，弱化了煤体的抗压强度。

根据莫尔—库仑定律，煤体所承受的剪应力与正应力之间的关系可由式(5-21)表示：

$$\begin{cases}\left(\sigma - \dfrac{\sigma_1 + \sigma_3}{2}\right)^2 + \tau^2 = \left(\dfrac{\sigma_1 - \sigma_3}{2}\right)^2 \\ \tau = C + \sigma\tan\varphi\end{cases} \tag{5-21}$$

式中　σ——正应力；

σ_1——最大主应力；

σ_3——最小主应力；

τ——剪应力；

C——黏聚力；

φ——内摩擦角。

此时，若以正应力为横轴，剪应力为纵轴，则可以得到以$\left(\dfrac{\sigma_1+\sigma_3}{2},0\right)$为圆心，$\dfrac{\sigma_1-\sigma_3}{2}$为半径的圆。

如图 5-22 中的实线圆和直线分别为不含瓦斯煤的应力圆和强度包络线。

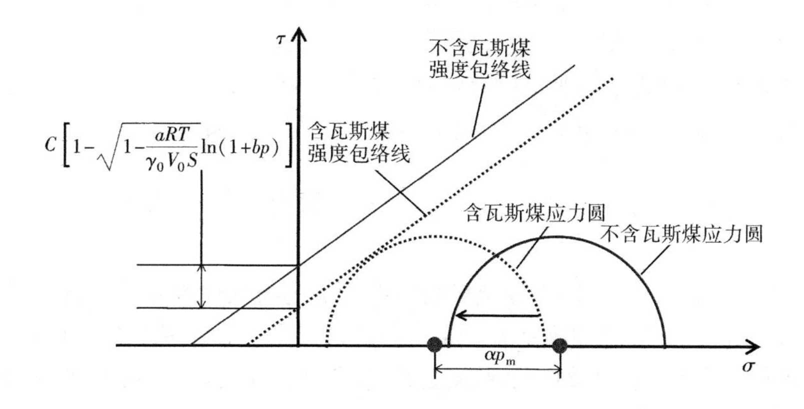

图 5-22　含瓦斯煤与不含瓦斯煤剪应力与正应力的关系[26]

根据式(5-16)给出的有效应力原理，当只考虑游离瓦斯的影响时，含瓦斯煤的最大、最小主应力可表示为：

$$\begin{cases}\sigma_1^e = \sigma_1 - \alpha p_m \\ \sigma_3^e = \sigma_3 - \alpha p_m\end{cases} \tag{5-22}$$

此外，相关的研究表明，吸附瓦斯后煤体的黏聚力与未吸附瓦斯煤体黏聚力之间存在如下关系[26]：

$$C_a = C\sqrt{1 - \frac{\Delta\gamma}{\gamma_0}} \tag{5-23}$$

根据表面物理化学的基本原理，我们知道煤体表面能的变化量与煤体吸附瓦斯的平衡压力之间存在如下关系[27]：

$$\Delta\gamma = \frac{RT}{V_0 S}\int_0^p \frac{V}{p}\mathrm{d}p \tag{5-24}$$

一般认为煤体对瓦斯的吸附量与孔隙压力之间满足 Langmuir 方程，即：

$$V = \frac{abp}{1 + bp} \tag{5-25}$$

将式(5-25)代入式(5-24)可以得到

$$\Delta\gamma = \frac{aRT}{V_0 S}\ln(1 + bp) \tag{5-26}$$

将式(5-26)代入式(5-23)可以得到吸附瓦斯煤体的黏聚力与瓦斯压力之间的关系：

$$C_a = C\sqrt{1 - \frac{aRT}{\gamma_0 V_0 S}\ln(1 + bp)} \tag{5-27}$$

将式(5-22)和式(5-27)代入式(5-21)可以得到含瓦斯煤体的莫尔—库伦定律表达式：

$$\begin{cases}\left[\sigma - \left(\frac{\sigma_1 + \sigma_3}{2} - \alpha p_m\right)\right]^2 + \tau^2 = \left(\frac{\sigma_1 - \sigma_3}{2}\right)^2 \\ \tau = C\sqrt{1 - \frac{aRT}{\gamma_0 V_0 S}\ln(1 + bp)} + \sigma\tan\varphi\end{cases} \tag{5-28}$$

同样在图 5-22 中绘制出含瓦斯煤体的应力圆和强度包络线(图中虚线所示)。可以看出由于游离瓦斯的存在，煤体的应力圆向左偏移量为 αp_m，含瓦斯煤的应力圆更加趋近于强度包络线，煤体更容易破坏。而吸附瓦斯产生的非力学的作用主要是改变煤体内部的结构，使其内部力学参数降低，进而降低煤体的破坏包络线，使包络线向莫尔应力圆靠近从而促进煤体的破坏。

从式(5-28)及图 5-22 可以总结瓦斯对煤岩动力灾害的影响机制：

(1) 随着煤体瓦斯压力的升高，莫尔应力圆向左偏移程度增大，煤体更容易发生破坏，触发煤与瓦斯突出；

(2) 煤体瓦斯压力越高，则煤体的强度包络线向下偏移量越大，则煤体就更容易发生破坏，诱发突出。

(3) 此外，从图中还可以看出，煤体强度包络线的偏移量还与煤体本身的黏聚力、煤体对瓦斯的吸附特性、煤体温度以及煤体孔隙结构等有关。煤体黏聚力越大，则包络线偏移量越大，煤体越容易发生破坏(突出)；煤体对瓦斯的吸附量越大，吸附速度越快，则煤体越容易发生破坏(突出)；煤层温度越高，煤体越容易发生破坏(突出)。

5.5 水分影响煤体瓦斯运移特征

煤层瓦斯解吸规律在一定程度上能够反映瓦斯压力和煤层突出危险性的大小。研究煤的瓦斯解吸规律对于确定煤层瓦斯压力和煤层突出危险性具有重要意义。现场实践表明，煤层水力化技术不仅影响煤的力学性能，而且影响煤层内瓦斯的运移特性。同时，瓦斯运移规律在一定程度上能够反映煤层突出危险性和瓦斯压力的大小。然而，现阶段对于水分影响瓦斯运移特征还存在很多分歧，有学者认为由于水分子极性作用置换瓦斯，促进了瓦斯解吸；还有学者认为水分封堵瓦斯流动通道，抑制瓦斯解吸。为了理清水分影响煤体瓦斯运移特征，本节通过分析前人对瓦斯吸附、解吸、扩散的多方面研究的基础上，分析水分影响瓦斯吸附—解吸—扩散的运移特性，从“煤—瓦斯—水”物理化学作用的角度揭示水分影响瓦斯运移机理。

5.5.1 水分对瓦斯吸附的影响

自然状态下几乎所有的煤层都含有水。美国材料与实验协会(ASTM)规定，煤层含水量是指温度在 104 ~ 110 ℃时煤层水以水分子形式释放出来的数量。水在煤层中以自由水、束缚水和水化合物形式存在。自由水存在于裂隙和大孔隙内，束缚水和含氧官能团通过氢键结合，水化合物属无机物，如石膏和黏土。

澳大利亚和美国的研究表明，甲烷的吸附能力随水分的增加而降低；每一种煤都存在一个水分上限，超过这个界限，吸附能力将不再降低。这个水分上限是特定煤吸附水分的最大能力[28-31]。据克洛斯(Krooss)等[32]研究，煤中不到 1% 的水分就可降低 25% 的吸附能力；5% 的水分会导致 65% 的吸附能力丧失；饱和水的匹茨堡(Pittsburgh)煤层，吸附的甲烷量只有干燥基的一半；波卡洪塔斯(Pocahontas)煤层平衡水与干燥基煤样吸附量之比为 0.7。朱伯特(Joubert)等[28,31]发现，煤中的收到基水分与氧含量之间存在良好的对应关系，认为煤表面吸附的水分子与氧化物之间可能存在强烈的相互作用，从而导致了煤表面吸附能力的降低。另有学者认为[33]，由于水的吸附作用和煤的膨胀作用降低了基质孔隙的尺寸，平衡水煤样比干燥煤的孔隙体积少得多，因此，水分降低了煤的吸附能力是很自然的事。水分是煤表面吸附位置的竞争者，并可堵塞气体进出的微孔系统[34]。

液态水在外力作用下注入煤孔隙时，水克服界面张力使煤基质孔隙内表面被润湿，煤基质和水分子间存在强的葛生(Keeson)力(-15.25 kJ/mol)和氢键作用，形成连续的水分子吸附层，干燥煤基质转变成润湿煤基质。煤基质被水分润湿后降低了表面的极性，相对地对甲烷分子的色散作用力有所降低,这从润湿煤基质对甲烷分子的长程色散力(-10.2×10^{-3} kJ/mol)与干燥煤基质对甲烷分子的长程色散力(-11.6×10^{-3} kJ/mol)的对比结果也能看出,虽然这种降低是微弱的。润湿煤基质表面的连续单分子水膜层上形成的吸附位可供甲烷分子吸附,由于甲烷分子无极性,润湿煤基质对气体分子的吸附力主要为色散作用力,但水分子和甲烷分子间的短程作用力(-5.5 kJ/mol)比干燥煤基质对甲烷分子的作用力(-262.2 kJ/mol)小两个数量级,所以水膜对甲烷的作用力是很小的,因而整体上润湿煤基质对甲烷的作用力小于干燥煤基质对甲烷的作用力,但由于连续的水膜提供了较多的吸附位,因而吸附量较平衡水煤样增加[35]。

另外,一些学者通过比较平衡水煤样和干燥煤样的吸附量时,发现在中低变质煤阶段,煤化作用越低平衡水煤样吸附量越小,认为其中原因之一是水分占据了煤中孔隙,降低了 CH_4 的吸附量,而中高变质程度的煤受水分的影响吸附量虽减少,但减少幅度低于中低变质煤样。

5.5.2　水分对瓦斯解吸扩散的影响

煤的瓦斯解吸规律在一定程度上能够反映瓦斯压力和煤层突出危险性的大小。因此,研究煤的瓦斯解吸规律对于确定煤层瓦斯压力和煤层突出危险性具有重要意义。

实施各种水力化措施后,煤层中的水分得到不同程度的增加,煤层水分增加将对煤体瓦斯解吸产生影响。因此,在各种水力化措施得到应用的同时,水分对煤体瓦斯解吸特性也得到学者们的关注。苏联学者 H. K. 佐尔维格基 1930 年就提出通过向煤体注水的方法挤出煤层瓦斯;另一学者 H. M. 别楚克实验验证了煤体经过水浸泡后瓦斯涌出量降低的事实,他认为水分封堵了瓦斯运移的通道,从而降低了瓦斯涌出量[36]。

程庆迎等[37]通过考察水力致裂后发现,在注水结束 15 min 以内,注水孔附近的瓦斯浓度由水力致裂前的 0.095% 升至 0.115%,注水结束 115 min 后,巷道内瓦斯浓度开始逐渐升高至 0.135%,且持续时间长达 40 min(如图 5-23 所示),文章认为这是水对煤体瓦斯的驱赶作用,且水分增加后煤体中瓦斯运移、解吸过程具有时间效应。

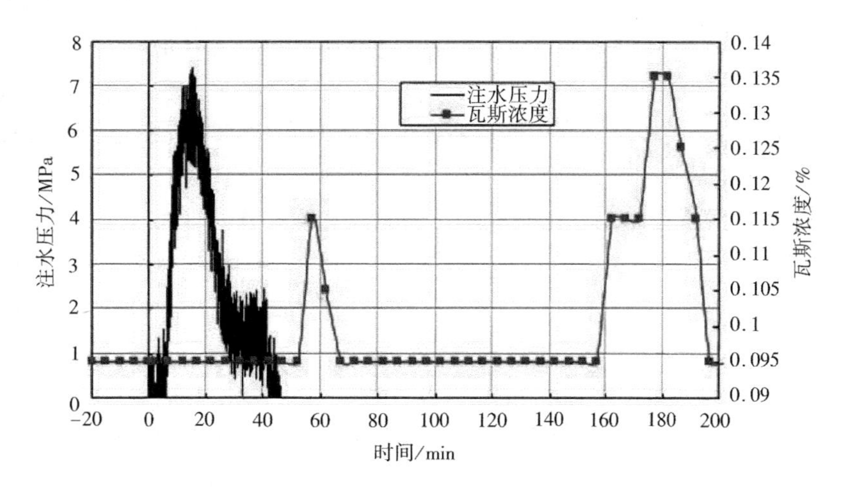

图 5-23　注水压力、巷道瓦斯浓度与时间关系曲线

由于煤层的节理裂隙及孔隙较为发育,滤失大,注水泵注水 13 min 后,水力致裂水压力达到最大值 7.4 MPa,即破裂水压力为 7.4 MPa,钻孔破裂形成水压裂缝。随后水压力逐渐降低,注水至 28 min 时,由于水压裂缝的大范围扩展,导致单位时间的滤失水量进一步加大,水压力降至平均 1.5 MPa 左右,巷帮煤层开始渗水,在钻孔附近的煤壁出现掉碴现象。28 ~ 40 min 之间的水压力整体上不变,说

明水压裂缝已基本扩展至巷道煤帮表面。在注水过程中,能多次听到煤壁发出"噼啪"的声响,注水致裂效果比较明显。在 40 min 左右听见巷道围岩发出较大的"噼啪"声响,通知停泵,孔口水压力迅速降低,至 42 min 时,孔口水压力接近 0 MPa。

断开注水管路并将钻孔内的水排出后,用便携式瓦斯检测仪(测量上限为 4.5%)检测孔口瓦斯浓度,检测仪立即发出报警声,瓦斯浓度超其测量上限。用手掌靠近孔口,能明显感觉到瓦斯在往外喷出,表明水力致裂后由于钻孔水压的突然降低,导致钻孔以外煤体的孔隙水压力由逐渐减小急剧转变为相对增大,形成较大的孔隙水压力梯度,从而使得钻孔涌出大量高浓度的瓦斯。煤层中瓦斯在瓦斯压力梯度的作用下,渐渐运移、扩散至巷道空间中。在注水结束 15 min 之内,钻孔附近巷道风流中的瓦斯浓度由水力致裂前的 0.095% 升至 0.115%,巷道内瓦斯浓度最大能提高 0.02%,表明煤层水力致裂(注水)对瓦斯具有驱赶效应。注水结束 115 min 后,巷道内瓦斯浓度开始逐渐升高,瓦斯浓度最大能提高 0.040%,持续时间 40 min,说明瓦斯驱赶现象明显,且瓦斯运移、解吸过程具有时间效应。

魏国营等[38]在焦作矿区实施中高压注水时发现,注水前钻孔瓦斯抽采量为 0.013 1 ~ 0.070 6 m^3/min,注水期间钻孔瓦斯抽采量为 0.017 3 ~ 0.076 2 m^3/min,钻孔抽采量增加了 21.4% 以上,如图 5-24 所示。文章指出,较高的水压压裂破坏煤体,增加了煤层的透气性,从而提高了瓦斯抽采量,同时水分子具有明显的极性,水和煤分子间的相互作用大于甲烷和煤分子间的相互作用,煤吸水后减少了煤吸附的瓦斯量,增大了瓦斯解吸量。

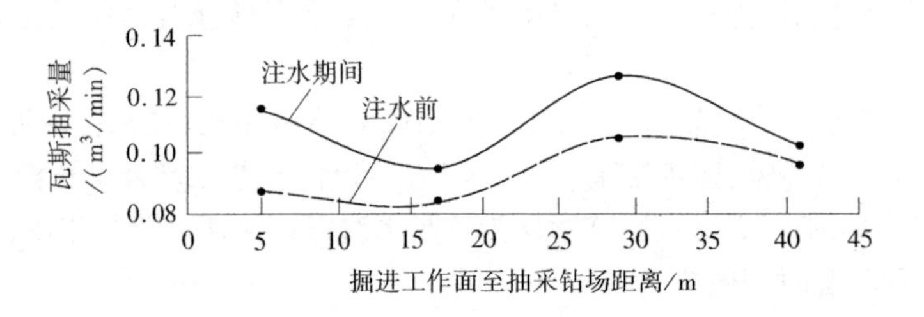

图 5-24 中高压注水防突边掘边抽钻孔抽采量变化

秦长江等[39]通过对水力压裂过程中的瓦斯涌出数据测试,将水力压裂过程中的相邻自由孔瓦斯涌出分为三个阶段。

如图 5-25 所示,孔间煤体压裂对孔间煤体瓦斯驱离和置换作用非常明显。在压裂过程中,相邻

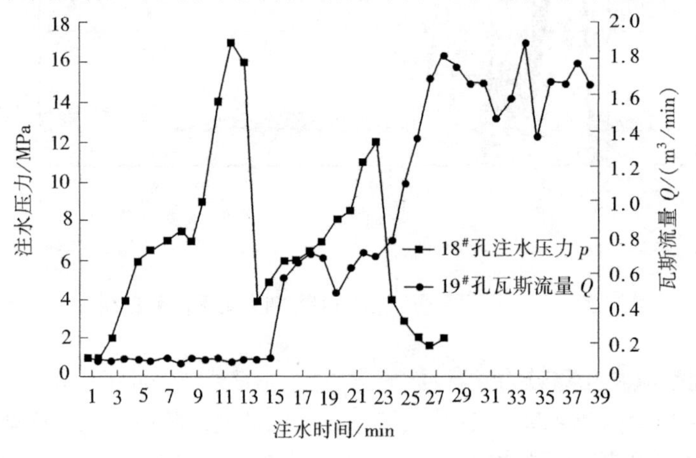

图 5-25 注水压力与瓦斯流量关系曲线

的自由孔瓦斯涌出基本可以分为三个阶段：第一阶段，压裂孔处于低压湿润阶段，自由孔的瓦斯流量基本不受影响，与压裂前钻孔的瓦斯流量基本一致；第二阶段，注水压力达到开裂峰值以后，相邻自由孔的瓦斯流量上升到 0.5 m^3/min 以上；第三阶段，煤体被压裂挤出后，相邻自由孔瓦斯流量骤增到 1.5 m^3/min以上，如此的高瓦斯流量基本上可以维持 50 ~ 72 h，一周以后恢复到 0.5 ~ 1.0 m^3/min 的稳定流量。需要指出的是，瓦斯流量数据的变化滞后压力变化 2 ~ 3 min，原因是瓦斯流量变化本身就有滞后性，而所测量的注水参数有一定的超前性，且瓦斯流量的变化反映到测量地点也需要一定的时间。在注水压裂之前，煤与瓦斯属于固—气耦合状态，注水压裂以后，由于高压水的作用，形成了固—液—气形式的三相耦合状态。由于水分子和煤分子的极性，水对煤比瓦斯对煤有更大的亲和力，使微孔或超微孔隙中的水首先与煤分子结合；这样，高压水的加入，打破了煤与瓦斯的固有平衡，水分子与煤结合，必然要置换出瓦斯，使一部分吸附瓦斯解吸，游离瓦斯排出，如图 5-26 所示。

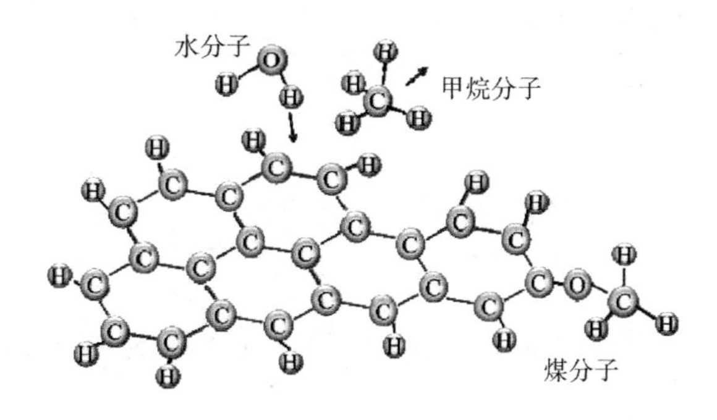

图 5-26　水分子在煤表面置换甲烷分子示意图

赵东等[40]对不同煤种同等吸附压力下、相同煤种不同吸附压力下的块状原煤进行自然解吸和不同压力下的高压注水解吸试验，结果表明水对含瓦斯煤体的解吸特性影响较大，等压注水后的煤体的瓦斯解吸率只有自然解吸时的 50% ~70%，随着注水压力倍数的增加，瓦斯解吸率如图 5-27 所示。

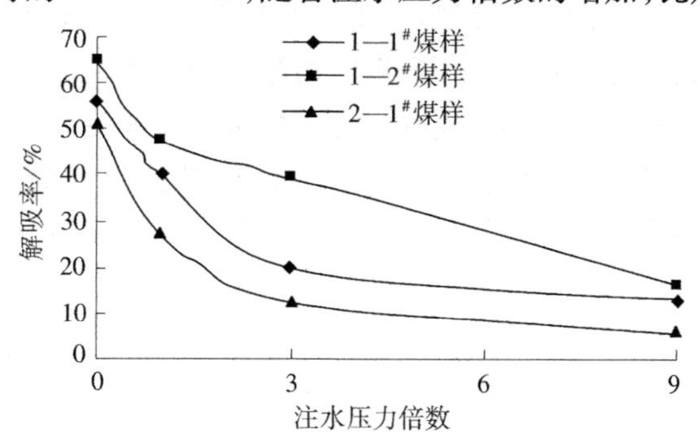

图 5-27　煤样的最终解吸率与注水压力的关系曲线

解吸率指试验条件下煤样瓦斯的解吸量与吸附总量的比值。由图 5-27 可以得出，1—1#煤样在自然解吸至 3 倍压力注水解吸阶段，解吸率与注水压力的变化几乎呈线性衰减；而在此后更高注水压力下的解吸，解吸率随注水压力的变化规律总体下降趋势。1—2#煤样在自然解吸向等压注水解吸过渡阶段，解吸率随注水压力的增加衰减最快；等压注水之后的阶段，解吸率的衰减呈线性变化，且 3 倍注水压力时，解吸率受水压的影响较小。2—1#煤样在自然解吸至 3 倍压力注水解吸时，解吸率随注水压力的变化较明显；自然解吸向等压注水过渡时，解吸受水的影响最大；此后随着水压的增大，解吸率受水的影响逐渐变小，直至趋于平衡。

张国华等[41]分别开展了四组无水侵入和有水侵入后水对含瓦斯煤中瓦斯解吸影响的对比试验

(如图5-28所示),结果表明:水的后置侵入不仅会使瓦斯解吸量大大减少,而且还会使瓦斯解吸的终止时间提前。因此,在评价高压注水对提高瓦斯抽采效果时,不仅要考虑高压水对煤层的增透作用以及对瓦斯的驱动作用,还应综合考虑水对瓦斯解吸的损害影响。

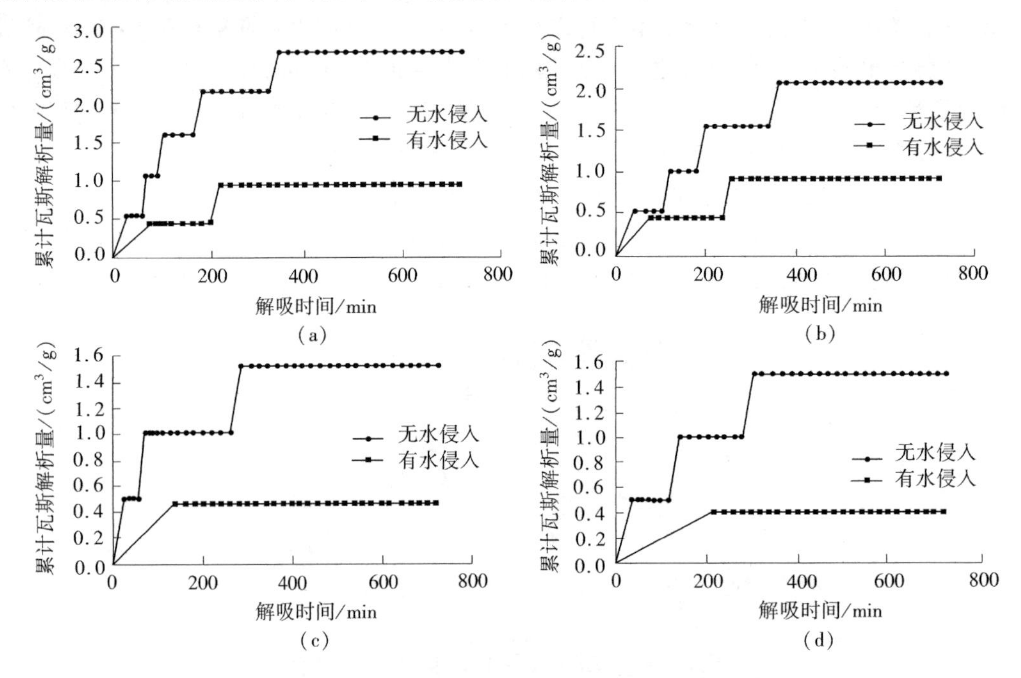

图5-28　不同压力水平时瓦斯解吸量对比曲线

(a) 第1组对比实验的实验曲线;(b) 第2组对比实验的实验曲线;
(c) 第3组对比实验的实验曲线;(d) 第4组对比实验的实验曲线

肖知国等[42]采用实验室试验、数值模拟和现场试验相结合的方法,对煤层注水抑制瓦斯解吸效应进行了重点研究,发现注入水分对吸附瓦斯的解吸有阻碍作用,注水煤样等温解吸过程中的吸附量和残存瓦斯含量均大于干燥煤样,且随着水分的增加,初始解吸速度降低,衰减速度减慢;覆压作用下,初始解吸速度增大,衰减速度加快,但注入水分后,初始解吸速度降低,衰减速度变慢。

可见,水分对煤体瓦斯解吸扩散运移特性的影响现已形成两种观点,一部分学者认为水分促进了瓦斯解吸;另一部分学者认为水分降低了煤体内瓦斯的解吸速度,对瓦斯解吸有封堵效应,避免了大量瓦斯的快速解吸。结合以上研究成果进行对比分析,本书认为水力化技术影响瓦斯运移过程既存在置换、驱替等促进瓦斯微观运移过程,同时存在封堵、抑制瓦斯解吸过程,这主要取决水力化技术本身参数配置、煤层地质特征、瓦斯抽采时间空间等条件的变化。

5.5.3　水分影响煤体瓦斯放散特征

煤的瓦斯放散初速度 Δp 值表示煤体放散瓦斯能力的大小,许多学者研究了水分对瓦斯放散初速度的影响规律[43]。林海飞等[44]认为水分与瓦斯放散初速度呈线性关系;史吉胜等[45]认为水分含量与瓦斯放散初速度呈反比例关系,水分含量增大,瓦斯放散初速度随之减小;陈向军等[46]研究了水分对不同变质程度的煤的瓦斯放散初速度的影响,得出了水分对无烟煤的瓦斯放散初速度影响最大,对焦煤的影响最小,对长焰煤的影响处于中间位置的结论;牟俊慧等[47]研究了注水对瓦斯放散性的影响,得出了当煤的含水量为2% ~7%时,对瓦斯放散初速度的影响最大,当煤层含水量超过10%时,对瓦斯放散初速度的影响相对较小。张九零和范酒源在前人对瓦斯放散初速度研究的基础上,分析煤样不同含水量对瓦斯放散初速度的影响[48]。

在 WT—1 型瓦斯扩散速度测定仪上对不同含水煤样进行测试,得出不同水分含量时瓦斯放散初速度的数据见表 5-1;利用原点绘图软件(Origin 8.6)做出的瓦斯放散初速度随水分含量变化曲线图如图 5-29 所示。

表 5-1　不同含水量时瓦斯放散初速度的数据

水分含量/%	Δp/(mL/s)					
	煤样 1	煤样 2	煤样 3	煤样 4	煤样 5	煤样 6
0	5.1	5.0	4.8	4.9	5.3	5.4
1.4	4.3	4.4	4.2	4.1	4.4	4.7
2.8	3.8	3.9	3.7	3.4	3.5	4.1
4.1	3.4	3.5	3.3	2.9	2.9	3.8
5.4	3.1	3.2	2.9	2.5	2.6	3.5
6.7	2.9	3.0	2.7	2.2	2.4	3.3
7.9	2.8	2.9	2.6	2.1	2.3	3.1
9.1	2.7	2.8	2.5	2.0	2.2	3.0

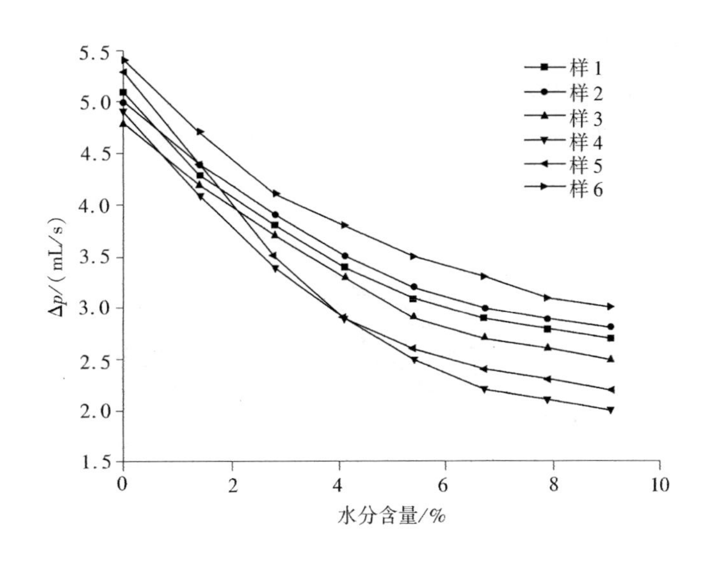

图 5-29　瓦斯放散初速度随水分含量变化曲线

由表 5-1 可知,当水分含量为 0 ~9.1% 时,瓦斯放散初速度的变化区间为 2 ~5.4 mL/s。由图 5-29 可知,瓦斯放散初速度随着煤中含水量的增加,呈现逐渐降低到趋于平缓的趋势。当煤样中含水量在 1.4% ~7.9% 时,瓦斯放散初速度变化范围最大,随着煤中水分含量的增加,当煤样中含水量大于 7.9% 时,瓦斯放散初速度随水分含量的变化逐渐变得平缓。结果表明,注水对煤层瓦斯放散初速度起到了明显的抑制效应。

对 6 个煤样的瓦斯放散初速度随水分含量的变化规律进行数值拟合,拟合结果如表 5-2 所列。

表 5-2　瓦斯放散初速度和水分含量的关系式

煤样序号	关系式	拟合度 R^2
1	$y=4.646\ 58-0.899\ 94\ln x$	0.990 822
2	$y=4.737\ 74-0.889\ 43\ln x$	0.991 81
3	$y=4.593-0.968\ln x$	0.982 59
4	$y=4.53-1.175\ 6\ln x$	0.990 75
5	$y=4.070\ 25-0.909\ 03\ln x$	0.990 40
6	$y=5.038\ 41-0.918\ 06\ln x$	0.996 10

由表 5-2 可知，瓦斯放散初速度和水分含量符合对数函数关系，其关系式所示如下：

$$y = a + b\ln x \tag{5-29}$$

式中　a,b——待定系数；

x——煤样的水分含量，%；

y——瓦斯放散初速度，mL/s。

对拟合函数进行一阶函数求导，得出瓦斯放散初速度变化率与水分含量的关系式(5-30)。然后，绘制放散初速度变化率与水分含量图，如图 5-30 所示。

$$y' = -c \cdot \frac{1}{x} \tag{5-30}$$

式中　c——待定系数；

x——煤样的水分含量，%；

y'——瓦斯放散初速度变化率。

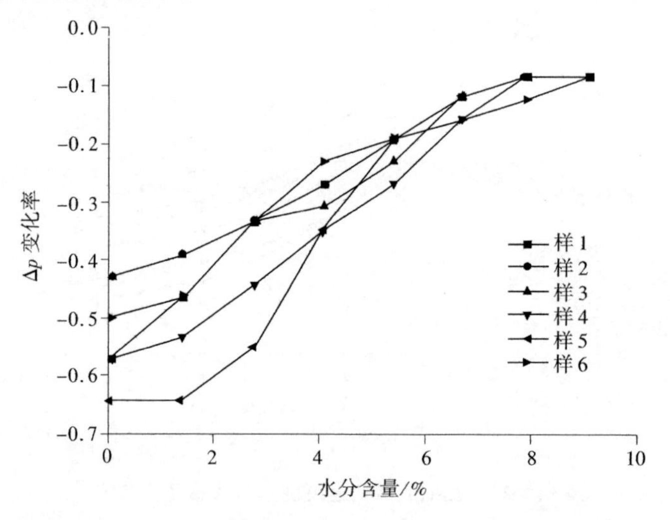

图 5-30　瓦斯放散初速度变化率与水分含量的关系

由图 5-30 可知，瓦斯放散初速度变化率随煤中水分含量的增加呈现先增加后趋于平衡的趋势。说明煤中水分含量越高，瓦斯放散初速度的变化率越小。煤中水分含量在 1.4% ~7.9% 之间时，瓦斯放散初速度的变化率呈现增加趋势，煤中水分含量大于 7.9% 时，瓦斯放散初速度的变化率趋于平缓。

5.5.4　煤—瓦斯—水的物理化学作用

煤—瓦斯—水三者的相互作用主要是指三者彼此之间的接触面产生的相互作用,此相互作用的力称为表面力。从微观层面显示,表面力的产生是由于不同物质接触的两个分子相互碰撞产生的分子力,从而形成的表面力。

5.5.4.1　分子间作用力

煤大分子和甲烷气体分子之间的相互作用属于物理吸附[49],其中范德华力是其相互作用的主导作用力,由于甲烷分子是非极性分子,所以其作用力主要是范德华力中的德拜诱导力和伦敦色散力,由此而形成吸附势。甲烷分子在吸附势的作用下,由自由状态分子转变为吸附态分子,在煤表面沉积下来,自由气体分子必须损失部分能量才能停留在煤的孔隙表面,因此吸附是放热的;处于吸附状态的甲烷气体分子只有获得能量才能越出吸附势阱而成为自由气体分子,因此解吸是吸热的。甲烷气体分子的热运动越剧烈,其动能越高(表现为温度高),吸附甲烷分子获得能量发生解吸可能性越大。当甲烷压力增大时,气体分子撞击煤体孔隙表面的概率增加,吸附速度加快,甲烷气体分子在煤孔隙表面上排列的密度增加,图5-31为煤吸附甲烷分子示意图。

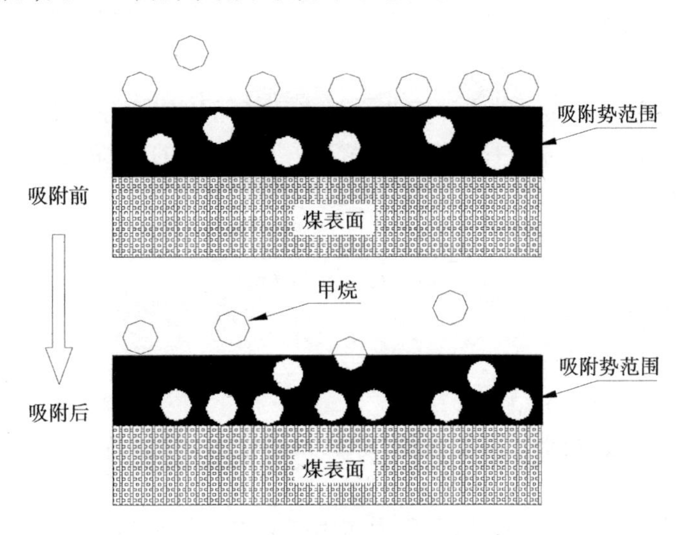

图5-31　煤吸附甲烷分子示意图

水在煤表面的吸附方式大致可以分为三类:水分子平行于煤表面、水分子的氢原子接近煤结构、水分子的氧原子接近煤结构。根据分子热力学和表面物理化学理论可以估算煤分子、甲烷分子和水分子相互作用的范德华力。

(1)静电作用力

水分子属于极性分子,其自身具有永久偶极矩,与煤表面相互作用产生静电力,其相互作用力表达式为[50]:

$$E_k = -\frac{2u_c^2 u_h^2}{3r^6 kT(4\pi\varepsilon_0\varepsilon)^2} \tag{5-31}$$

式中　E_k——煤大分子与气体分子之间的静电作用力;

u_c——煤大分子的永久偶极矩;

u_h——水分子的永久偶极矩;

r——气体分子与煤大分子之间的距离;

T——绝对温度；

k——玻尔兹曼(Boltzmann)常数,$k=1.380\ 648\times10^{-23}$ J/K；

ε_0——真空或自由空间的电容率,$\varepsilon_0=8.854\times10^{-12}$ F/m；

ε——介质的相对电容率或介电常数,真空的 $\varepsilon=1$,水的 $\varepsilon=80$。

(2) 德拜诱导力

煤储层内部瓦斯的主要组成成分是 CH_4,CH_4属于非极性分子,因而不存在永久偶极矩;但是H_2O属于极性分子,内部是存在永久偶极矩的。煤内部存在着大量的交联键,周边存在着许多极性基团。煤结构在受到破坏后,薄弱的交联键会断开,断面上会形成一些悬键并带有电性。所以煤的大分子是具有极性的,诱导作用可使水和甲烷分子能形成诱导偶极矩,它们彼此之间存在德拜诱导力,计算德拜诱导力 E_D 的公式为:

$$E_D=-\frac{\alpha_c u_h^2+\alpha_h u_c^2}{r^6(4\pi\varepsilon_0\varepsilon)^2} \tag{5-32}$$

式中 α_c——煤大分子的极化率;

α_h——气体分子的极化率;

其余符号含义同式(5-31)。

(3) 伦敦色散力

伦敦色散力是由伦敦(London)首先计算两个孤立原子间的色散力作用能得到[51]。色散力是任何分子间都存在的作用力,它是诱导偶极矩之间相互作用而产生的,是靠相邻分子的电子密度的涨落而引起的,计算位能 E_L为:

$$E_L=\frac{3\alpha_c\alpha_h I_c I_h}{2r^6(I_c+I_h)(4\pi\varepsilon_0\varepsilon)^2} \tag{5-33}$$

式中 I_c——煤分子的电离势;

I_h——气体分子的电离势;

其余符号含义同式(5-31)和式(5-32)。

煤大分子与煤介质中的气体分子的范德华力 $E(r)$可以简化表达为:

$$E(r)=E_k+E_D+E_L \tag{5-34}$$

范德华力一般没有方向性和饱和性,且引力作用范围约有零点几纳米。

(4) 氢键

氢键是一种非常弱的化学键,因而氢键也可视为一种分子间的力。氢键从结构上来说,可以算作是与共价键类似的化学键。据了解,水分子之间形成的氢键键能为 $E_H=18.8$ kJ/mol[52]。在煤的表面存在许多极性的不饱和键,这些键能够和水分子形成氢键,由于绝大多数氢键具有方向性和饱和性,所以煤表面分子的氢键作用对第一层水具有较大的影响,而对于第一层以外的水影响较小。因为煤表面对水分子的取向、诱导和色散作用具有叠加性,煤表面会对第一层以外的水分子产生长程力的作用,所以煤对水的吸收是多层吸附。

5.5.4.2 真空状态下煤—瓦斯—水分子耦合作用力分析

由于目前对于三个分子之间相互作用力的实测数据无法准确获得,在参照众多相关文献的基础上对煤分子、瓦斯分子、水分子之间相互作用的力进行估算,对于进一步了解煤—瓦斯—水的相互作用机理具有重要的现实意义。其中煤中甲烷与水的分子参数如表 5-3 所列。

在采用现在的科学技术并不能实际测定的情况下,对分子力的计算是采用之前的经验数据进行定量计算,查阅前人研究[53-55]的各种数据成果得到了煤中吸附介质的直径、沸点和分子自由程,以及水分子、甲烷分子、煤大分子的物理参数表如表 5-4 所列。

表 5-3　煤中吸附介质分子参数(20 ℃,0.101 325 MPa)

物理化学参数	甲　烷	水
沸点/℃	-164	100
临界温度/K	87	289
临界压力/MPa	4.064	22.12
液态密度/(g/cm^3)	0.425	0.998
有效直径/nm	0.414	0.406
相对吸附能力	小	大

表 5-4　水分子、甲烷分子、煤分子的物理参数表

物理参数	水	甲烷	煤
偶极矩 μ/D*	1.84	0	1
极化率 α_e/(10^{-40}C^2 m^{2}J^{-1})	1.61	2.89	100
电离势 I/eV	12.6	13	10
哈梅克(Hamaker)常数/(10^{-20} J)	3.7(4.0)	4.5	6.07
分子半径/(10^{-10}m)	1.35	2	—

注:1 D=3.335 64×10^{-30} C·m

结合上述分子之间力的计算公式以及表 5-4 所给出的分子的物理参数,将各数据分别代入相关公式,计算在真空状态下,煤储层内部分子间的相互作用力,其中在计算过程中假设水分子与煤表面的距离为0.3 nm,甲烷分子与煤表面的距离同样是0.3 nm,计算温度为293 K。经过计算得到数值如表 5-5 所列。

表 5-5　真空下煤储层分子间力的计算结果

相互作用	E_K/(kJ/mol)	E_D/(kJ/mol)	E_L/(kJ/mol)	$E(r)$/(kJ/mol)
煤大分子与水分子	-4.612	-25.26	-143.96	-173.832
水分子与甲烷分子	0	-0.73	-4.77	-5.5
煤大分子与甲烷分子	0	-0.21	-261.99	-262.2
水分子之间	-15.61	-0.809	-2.619	-19.038
甲烷分子之间	0	0	-8.707	-8.707

根据在真空条件下分子之间力的相互作用计算表中的数据,可以得到煤大分子与水分子之间的范德华力为-173.724 kJ/mol,其中伦敦色散力的贡献最大,占到总力大小的82.87%,其次是德拜诱导力,贡献率最小的是静电作用力。在煤大分子与甲烷分子之间的相互作用力的分析计算中得出其范德华力为-262.2 kJ/mol,同样是伦敦色散力的贡献最大,占总力大小的99.92%,近乎达到1。煤大分子与甲烷分子之间作用力主要是范德华力,而范德华力中的主要提供者是伦敦色散力,在表 5-5 中可以看到范德华力中的静电作用力不对煤大分子与甲烷分子之间的作用力起作用,其数值为0 kJ/mol。

根据真空条件下分子力计算的数值以及上面的分析结果可以很容易地得出:煤大分子对甲烷分子的范德华力要大于对水分子的范德华力。但是在前面我们也提及,水分子作为极性分子,与煤表面存在一种特殊的键叫作氢键,氢键键能的大小介于共价键与范德华力之间[56],其强度是范德华力的

5～10 倍，其键能要大于范德华力而小于共价键。氢键的存在使得煤大分子与水分子之间的作用力在一定情况下会大于煤大分子与甲烷分子之间的作用力，在一般情况下由于氢键的存在水分子比甲烷分子在煤表面的竞争吸附中更具优势[57]。图 5-32 为真空介质中煤吸附甲烷分子和水分子的模式图。

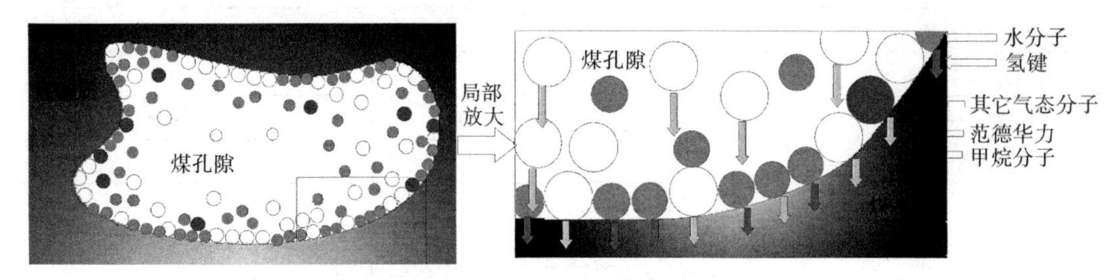

图 5-32 真空介质中煤吸附分子模型

5.6 含水煤水锁效应及解除

水锁效应源于油气藏开发领域，其含义是指由于外来水相流体渗入储层内部孔道，产生毛细管阻力和流体摩擦阻力，如果产层的能量不足以克服这一阻力，就会导致渗流通道堵塞，致使预采流体相对无外液侵入条件下的固体储层渗透率降低，从而导致预采流体回采率降低的现象。

5.6.1 水锁效应机理

5.6.1.1 水锁效应产生原因

(1) 毛细管力作用

当煤层进行水力压裂时，水沿着煤孔隙结构进入低渗透性煤层内部，由于水在煤表面的润湿作用，水很容易进入煤孔隙中。当水—瓦斯界面达到平衡时，会形成一个弯向水相的弯液面，弯液面两侧存在压力差，其中一侧是水的侵入动力，另一个是煤层孔隙瓦斯压力，这种压差称为毛细管力，毛细管力的大小可根据拉普拉斯方程计算[58]：

$$p_c = \frac{2\sigma\cos\theta}{r} \tag{5-35}$$

式中 p_c——毛细管力，Pa；

σ——压裂液表面张力，mN/m；

θ——接触角，(°)；

r——孔隙半径，nm。

由式(5-35)可知，毛细管力与压裂液表面张力成正比，压裂液表面张力越大，毛细管力越大；毛细管力与煤的孔径成反比，孔径越小对应的毛细管力就越大。同时，当接触角 θ 越接近 90°时，毛细管力越小；偏离 90°程度越大，毛细管力越大。

(2) 黏度滞后效应

压裂液在煤体孔隙中的滞留堵塞了瓦斯运移的通道，造成瓦斯抽采困难。压裂液的黏度大导致压裂液滞后排出，加剧了水锁效应的伤害。瓦斯抽采过程中，一方面抽采煤层中的瓦斯，另一方面应最大限度的排出煤孔隙中滞留的水分。根据泊肃叶(Poiseuille)公式，毛细管排出压裂液的体积为[59]：

$$Q = \frac{\pi r^4\left(p_d - \dfrac{2\sigma\cos\theta}{r}\right)}{8\mu L} \tag{5-36}$$

式中　L——压裂液侵入孔隙深度,m;

p_d——驱动压力,此处为孔隙内瓦斯压力和抽采负压的总和,Pa;

μ——压裂液黏度,Pa·s。

若体积量除以截面积,则得到线速度,即有:

$$\frac{dL}{dt}=\frac{r^2\left(p_d-\frac{2\sigma\cos\theta}{r}\right)}{8\mu L} \tag{5-37}$$

式(5-37)两边移项并积分,得到在驱动压力p_d作用下从孔径为r的毛细管中排出长为L的压裂液所需时间t为:

$$t=\frac{4\mu L^2}{p_d r^2-2r\sigma\cos\theta} \tag{5-38}$$

由式(5-38)可以发现,压裂液黏度越大,排液时间越长;毛细管半径越小,排液时间越长;压裂液表面张力越大,排液时间越长。水力压裂后,侵入煤层的压裂液若不及时排除,会影响瓦斯运移特性,且压裂液黏度大,产生黏度滞后效应,增加了水锁效应时间。

5.6.1.2　影响水锁效应因素

由水锁效应产生的原因可以得出,影响水锁效应的因素主要有:煤层物理性质(主要包括孔隙结构、渗透率、原始含水饱和度等)、流体表面张力、接触角、流体侵入深度等。

(1) 煤层物理性质

煤层的孔隙结构、渗透率、原始含水饱和度等对水锁效应均有影响。煤的孔径越小,所产生的毛细管力越大,瓦斯抽采也就越缓慢乃至困难,水锁效应也就越严重。低渗透性煤层的微孔发育、孔隙半径小,这决定了低渗透性煤层的毛细管力很大。另外,低渗透性煤层的渗透率很低,渗透率越低,水锁伤害越大,两者具有很强的负相关性。煤层的原始含水饱和度同样对水锁效应影响显著,两者呈负相关关系,原始含水饱和度越大,水锁伤害越微弱。

(2) 流体表面张力

当压裂液进入煤层后,若其表面张力越大,则毛细管力越大,抽采瓦斯的阻力也越大。因此,在煤层地质条件同等前提下,压裂液表面张力越大,水锁效应伤害程度越强。张振华[60]等利用灰色理论研究发现,在煤样渗透率、煤层原始含水饱和度以及流体界面张力这三个因素中,流体的表面张力对水锁效应的影响最为明显。

(3) 接触角

压裂液对煤体的润湿性对毛细管力影响很大。当接触角θ越接近90°,毛细管力越小;偏离90°程度越大,毛细管力越大。由于接触角的变化,使得毛细管力变化,造成水锁伤害。

(4) 压裂液黏度

由式(5-38)可以发现,压裂液黏度影响液体水锁效应,影响压裂液排出煤体时间,压裂液黏度越小,排液时间越短。

(5) 侵入煤体深度

由式(5-38)可知,压裂液侵入煤体深度影响水锁效应,影响煤体排出液体的能力。侵入深度越大,液体水锁效应越明显,进而导致水锁伤害越严重。

综上所述,影响水锁效应的五个因素中,煤层物理性质是煤层固有属性;压裂液黏度大、侵入煤体深度大会从时间上减缓压裂液的排出,但不会产生永久性水锁效应;而压裂液的表面张力和接触角不仅影响着液体的排出时间,而且决定着毛细管力的大小。由式(5-36)可以看出,只有当驱动压力大于毛细管力时,液体才能排出,因此,水的表面张力和接触角是水锁效应能否解除的决定因素。

5.6.2 解除水锁效应方法的选择

毛细管力是造成水锁效应的决定性原因,减小毛细管力可以降低水锁伤害。由式(5-35)可以看出,减小毛细管力有三个基本途径:

① 降低液体的表面张力;

② 增大液体在煤表面的接触角;

③ 增大煤层的孔径,提高孔隙、裂隙发育程度。

由以上分析可以得出,除水力作用增大煤层的孔径,提高孔隙、裂隙发育程度外,对于解除水锁效应的方法,还能从液体的角度进行考虑。根据物理化学知识,表面活性剂能够改变水的表面张力及与煤的接触角。表面活性剂一方面起到降低溶液表面张力的作用,另一方面会使溶液在固体表面形成的接触角变小。由式(5-35)可知,综合考虑表面活性剂的选择应使 $\sigma\cos\theta$ 越小越好。同时,黏度滞后效应也是水锁效应产生的重要原因,因此在降低毛细管力的同时,应该尽量降低或不增加压裂液的黏度,缩短压裂液的排液时间。以下对基于表面活性剂的清洁压裂液解除水锁效应进行实验研究,寻求在水力压裂后期一定侵入深度时的水锁效应解除方法。

5.6.3 基于表面活性剂的水锁效应解除实验

5.6.3.1 表面活性剂试剂及溶液配比

采用阴离子、非离子、阳离子 3 类 8 种表面活性剂,考察其溶液表面张力、黏度和动态接触角的变化规律。实验所用表面活性剂种类如表 5-6 所列。

表 5-6 实验用表面活性剂种类

表面活性剂名称	简称	类型
十二烷基硫酸钠	SDS	阴离子
十二烷基苯硫酸钠	SDBS	阴离子
单烷基磷酸酯钾盐	MAP	阴离子
OP 乳化剂	OP	非离子
聚氧乙烯醚	JFC	非离子
聚丙二醇	PPG	非离子
十二烷基二甲基苄基氯化铵	1227	阳离子
阳离子纤维素	JR	阳离子

将 8 种表面活性剂分别配备成浓度为 0.005%、0.01%、0.02%、0.04%、0.06%、0.08%、0.1%、0.12% 及 0.14% 的 9 种不同浓度条件下的表面活性剂溶液。

5.6.3.2 临界胶束浓度的确定

把表面活性剂在溶液中开始形成胶束的浓度称为临界胶束浓度,是表面活性剂性质随浓度变化的突变点。此时溶液的表面张力称为临界表面张力,通常用 σ_c 表示。临界胶束浓度的大小可以表征表面活性剂降低溶液表面张力的效率,临界胶束浓度越小,表明该表面活性剂降低溶液表面张力的效率越高;σ_c 的大小可以表征表面活性剂降低溶液表面张力的效能,σ_c 越小,表明该表面活性剂降低溶液表面张力的效能越好。

利用表面张力法测定表面活性剂的临界胶束浓度。通过 DSA 型光学法液滴形态分析系统,利用悬滴法测得 8 种表面活性剂溶液在 9 种浓度下的表面张力如图 5-33 所示。

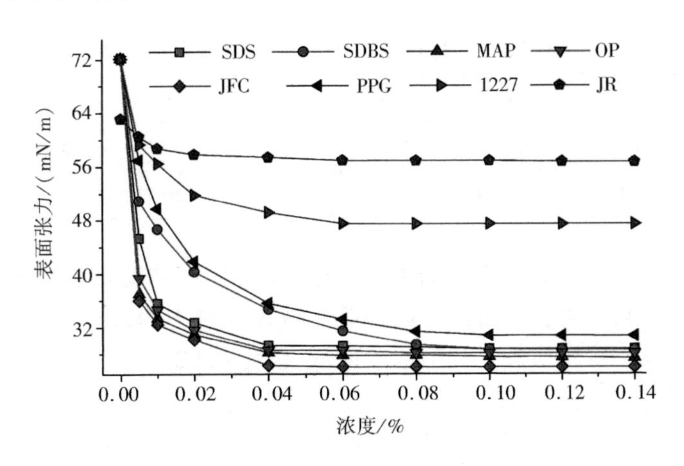

图 5-33　溶液表面张力随浓度的变化情况

由图 5-33 可以得出，阴离子表面活性剂 SDS、SDBS、MAP，非离子表面活性剂 OP、JFC、PPG，阳离子表面活性剂 1227、JR 均可以降低水的表面张力，而且，溶液的表面张力均随着表面活性剂浓度的增加呈下降趋势。浓度较小时，表面张力下降幅度较大，当浓度超过某一值时，表面张力几乎不再发生明显变化。

根据塔法雷尔（Taffarel）利用天然沸石吸收十二烷基苯磺酸钠溶液一文中的表面张力求临界胶束浓度方法[61]，利用表面活性剂溶液浓度与其对应的表面张力作图，进而在图中作两条直线，一条直线经过表面张力下降区，另一条经过表面张力平缓区，两直线有一交点，此交点对应的浓度即是溶液的临界胶束浓度。根据这种方法，以 SDS 和 OP 溶液为例进行说明，作图 5-34 和图 5-35。

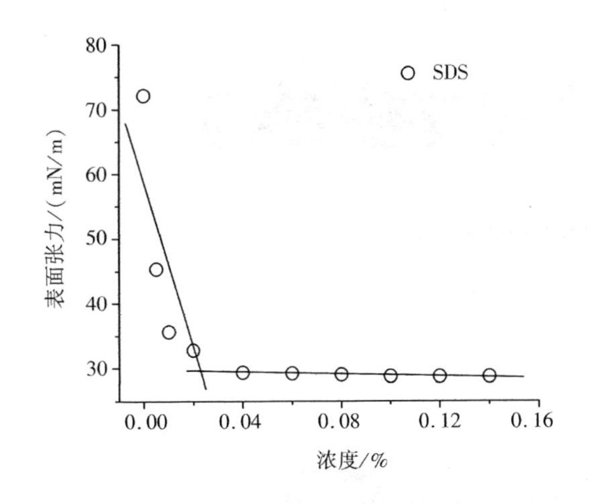

图 5-34　不同浓度下 SDS 溶液表面张力

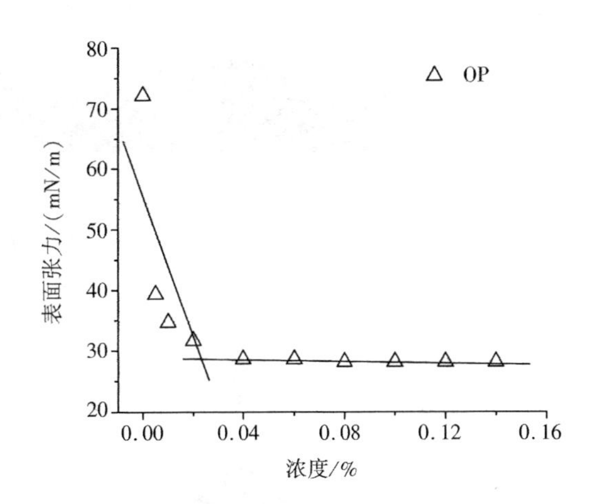

图 5-35　不同浓度下 OP 溶液表面张力

由图 5-34 和图 5-35 的利用表面张力法测定表面活性剂溶液的临界胶束浓度，求得阴离子表面活性剂 SDS 溶液的临界胶束浓度为 0.022%，非离子表面活性剂 OP 溶液的临界胶束浓度为 0.024%。然后，分别配置浓度为 0.022% 和 0.024% 的 SDS 和 OP 表面活性剂溶液，测得其临界表面张力 σ_c 分别为 29.56 mN/m 和 28.93 mN/m。

利用相同的方法，得到 8 种阴离子、非离子及阳离子表面活性剂溶液的临界胶束浓度和临界表面张力如表5-7所列。

表5-7 不同表面活性剂溶液的临界胶束浓度及临界表面张力

表面活性剂	SDS	SDBS	MAP	OP	JFC	PPG	1227	JR
临界胶束浓度/%	0.022	0.036	0.025	0.024	0.029	0.039	0.045	0.041
σ_c/(mN/m)	29.56	34.79	29.03	28.93	26.71	36.58	48.72	57.32

由表5-7可知，阴离子和非离子表面活性剂溶液的临界胶束浓度均小于阳离子表面活性剂的临界胶束浓度，表明阴离子和非离子表面活性剂降低溶液表面张力的效率要高于阳离子表面活性剂。其中，阴离子表面活性剂SDS溶液临界胶束浓度最低，仅为0.022%，表明所选表面活性剂中该表面活性剂降低溶液表面张力的效率最高。

相同测试条件下，表面活性剂溶液达到临界胶束浓度时，其对应的临界表面张力σ_c均小于水的表面张力。而且，阴离子和非离子表面活性剂溶液的临界表面张力σ_c均小于阳离子表面活性剂的σ_c，表明阴离子和非离子表面活性剂降低溶液表面张力的效能要强于阳离子表面活性剂。

5.6.3.3 不同煤种的动态接触角特性

选择阴离子、阳离子、非离子3类8种表面活性剂在各自临界胶束浓度的表面活性剂溶液与古汉山矿、杨柳矿和松树矿三种不同变质程度煤的动态接触角进行测定，水作为对比试剂进行对比测试分析。

以纯水和8种表面活性剂溶液在古汉山矿煤样表面的动态接触角为例，截取部分时间（1 s、10 s、20 s）的图片如图5-36～图5-44所示。

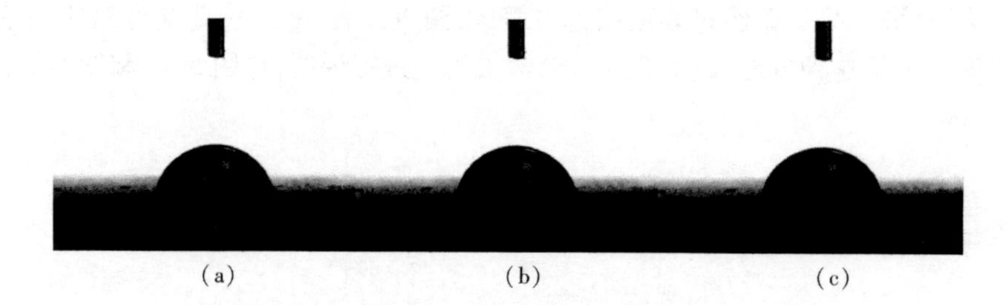

图5-36 纯水在古汉山矿煤样表面的动态接触角
(a) 1 s;(b) 10 s;(c) 20 s

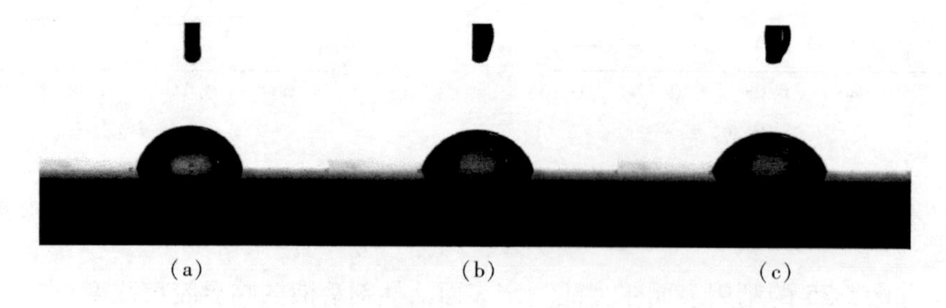

图5-37 SDS溶液在古汉山矿煤样表面的动态接触角
(a) 1 s;(b) 10 s;(c) 20 s

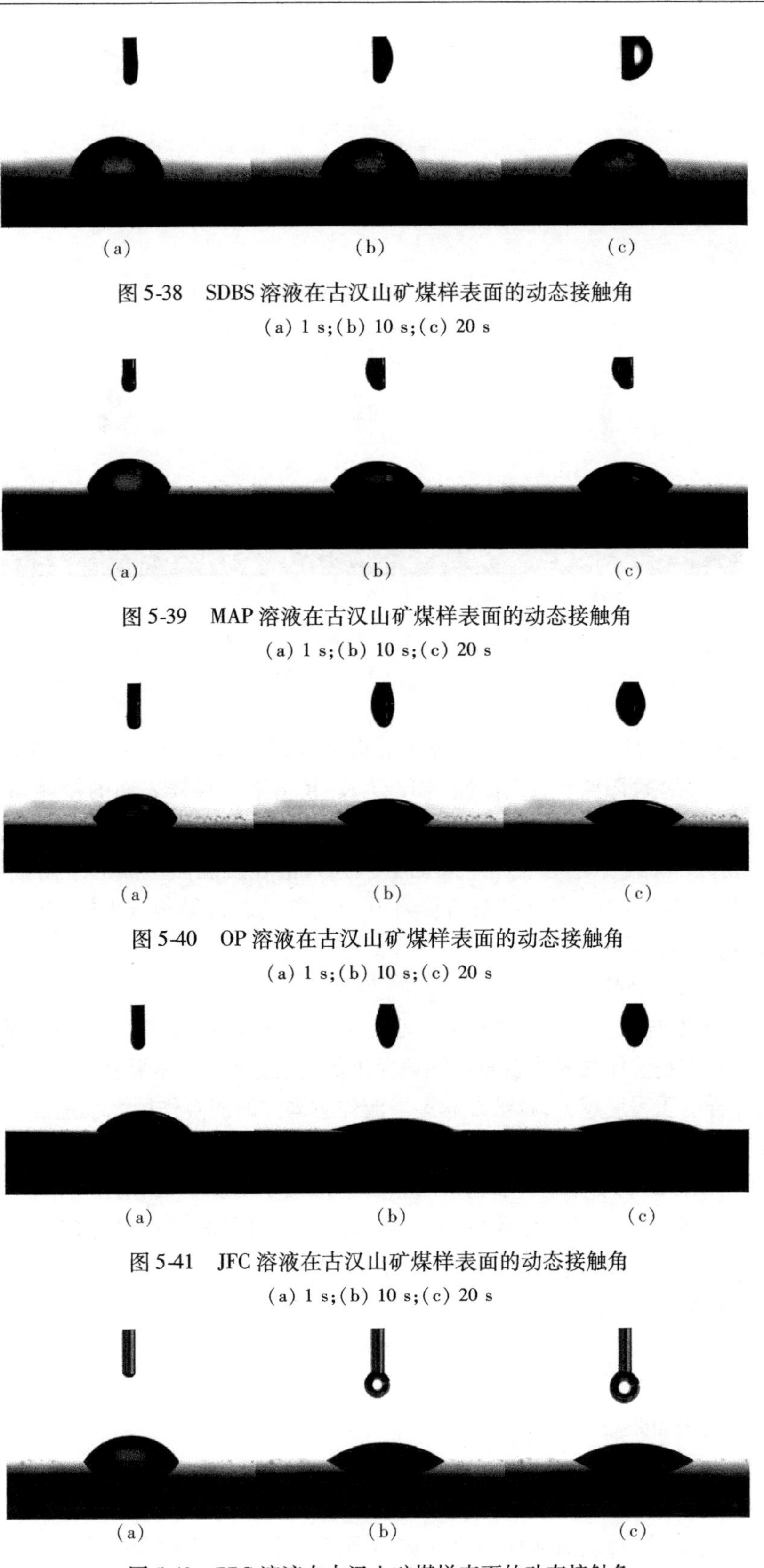

图 5-38　SDBS 溶液在古汉山矿煤样表面的动态接触角
(a) 1 s;(b) 10 s;(c) 20 s

图 5-39　MAP 溶液在古汉山矿煤样表面的动态接触角
(a) 1 s;(b) 10 s;(c) 20 s

图 5-40　OP 溶液在古汉山矿煤样表面的动态接触角
(a) 1 s;(b) 10 s;(c) 20 s

图 5-41　JFC 溶液在古汉山矿煤样表面的动态接触角
(a) 1 s;(b) 10 s;(c) 20 s

图 5-42　PPG 溶液在古汉山矿煤样表面的动态接触角
(a) 1 s;(b) 10 s;(c) 20 s

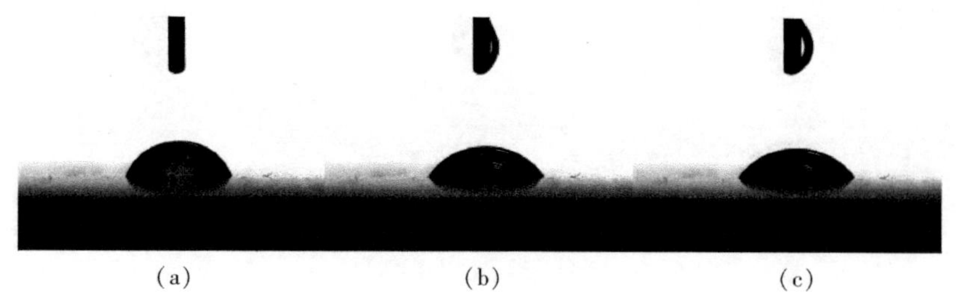

图 5-43　1227 溶液在古汉山矿煤样表面的动态接触角
(a) 1 s;(b) 10 s;(c) 20 s

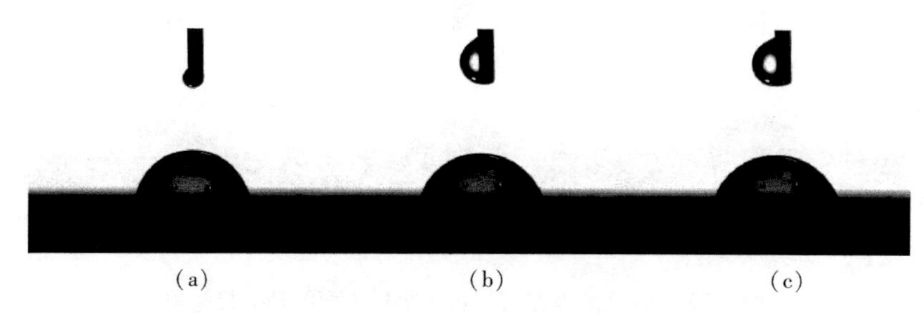

图 5-44　JR 溶液在古汉山矿煤样表面的动态接触角
(a) 1 s;(b) 10 s;(c) 20 s

由图 5-36 ~ 图 5-44 可以看出,纯水,阴离子表面活性剂 SDS、SDBS 及 MAP 溶液,非离子表面活性剂 OP、JFC 及 PPG 溶液,阳离子表面活性剂 1227 及 JR 溶液在煤样表面的接触角均随着时间的延长而减小。其中,纯水在煤表面形成的接触角最大,起始接触角为 66.5°,在 20 s 后,平衡接触角为 66.0°,动态接触角减小幅度最小。非离子表面活性剂溶液在煤表面形成的平衡接触角最小,其中,JFC 溶液在古汉山矿煤样表面的平衡接触角仅为 16.1°,其动态接触角减小幅度明显大于纯水、阴离子及阳离子表面活性剂溶液。

5.6.3.4　煤样表面黏附功性能

表面活性剂溶液在煤表面形成接触角的大小与溶液的润湿特性相关。润湿是固体表面上的气体被液体取代的过程,即是液体在固体表面接触角变小的动态过程,液体平衡接触角越小,则越容易润湿。可以得出,煤样变质程度越大,越难以润湿。液体对固体的润湿作用大小主要取决于固体—液体和液体—液体的分子吸引力大小,当液体—固体分子吸引力大于液体本身分子间吸引力时,便会产生润湿现象。液体对固体的润湿作用一般也可用黏附功的大小来表示,黏附功可以理解为将某一界面分离为两个表面所需要的可逆功。由此可知,液体对固体的分子相互吸引力越大,黏附功也越大,润湿性能越好,液体在固体表面的平衡接触角就越小。

表面活性剂溶液在煤样表面的黏附功大小可以通过式(5-39)计算得出[62]:

$$W = \sigma(\cos\theta + 1) \tag{5-39}$$

式中　W—黏附功,J;

σ——液体的表面张力,mN/m;

θ——接触角,(°)。

利用式(5-39)计算得到不同表面活性剂溶液在不同变质程度煤表面的黏附功,如表 5-8 所列。

由表 5-8 可以看出,同种表面活性剂溶液在不同变质程度煤表面的黏附功大小不同。随着变质程度的增加,表面活性剂溶液在煤表面的黏附功减少,这主要是由于随着变质程度的增加,煤大结构分子中的羟基、羧基等亲水基侧键脱落,使得表面活性剂溶液中水分子与煤大结构分子作用力减弱,导致表面活性剂溶液与煤表面的黏附功减弱,则将表面活性剂溶液与煤表面分离所需要的可逆功随着煤变质程度的增加而降低。同时可以看出,在纯水、阴离子、阳离子和非离子表面活性剂溶液与煤表面的黏附功大小方面,纯水>阳离子>非离子>阴离子,其中阴离子表面活性剂SDS溶液在煤表面形成的黏附功最小,分别为41.14 mN/m、41.97 mN/m和42.52 mN/m,说明阴离子表面活性剂溶液与煤表面分离所需要的可逆功最小。

表5-8　不同表面活性剂溶液在煤表面的黏附功(mN/m)

取样地点	SDS	SDBS	MAP	OP	JFC	PPG	1227	JR	纯水
古汉山矿	41.14	48.18	46.2	51.4	51.16	60.7	76.35	82.02	101.46
杨柳矿	41.97	48.65	47.85	54.16	51.89	62.41	77.58	83.09	103.64
松树矿	42.52	50.03	48.64	55.21	52.08	63.46	80.19	85.78	103.98

5.6.3.5　表面活性剂溶液黏度变化

压裂液黏度影响液体水锁效应,影响压裂液排出煤体时间,压裂液黏度越小,排液时间越短。因此,采用NDJ—8S数显旋转黏度计对表面活性剂溶液达到临界胶束浓度时的黏度进行了测定,如表5-9所列。

表5-9　表面活性剂溶液达到临界胶束浓度时的黏度

表面活性剂	SDS	SDBS	MAP	OP	JFC	PPG	1227	JR	纯水
黏度/(mPa·s)	1.1	1.2	1.1	1.1	1.1	1.2	1.1	2.3	1.1

由表5-9可以看出,表面活性剂溶液达到临界胶束浓度时,除阳离子表面活性剂JR溶液的黏度增加到2.3 mPa·s外,其余表面活性剂溶液的黏度和纯水的黏度相差不大,均为1.1 mPa·s左右。

5.6.3.6　表面活性剂的选择

根据实验结果,统计各自临界胶束浓度下的表面活性剂溶液的表面张力σ、接触角θ及$\sigma\cos\theta$数据,见表5-10所列。

表5-10　表面活性剂表面张力σ、接触角θ及$\sigma\cos\theta$数据统计

表面活性剂	古汉山矿			杨柳矿			松树矿		
	σ	θ	$\sigma\cos\theta$	σ	θ	$\sigma\cos\theta$	σ	θ	$\sigma\cos\theta$
纯水	72.13	66.0	29.34	72.13	64.7	30.83	72.13	63.8	31.85
SDS	29.21	65.9	11.92	29.21	64.1	12.75	29.21	62.9	13.30
SDBS	30.48	54.5	17.70	30.48	53.4	18.17	30.48	50.1	19.55
MAP	27.79	48.5	18.41	27.79	43.8	20.06	27.79	41.4	20.85
OP	28.56	36.9	22.84	28.56	26.3	25.60	28.56	21.1	26.64
JFC	26.09	16.1	25.06	26.09	8.5	25.80	26.09	5.1	25.99
PPG	33.19	30.8	28.51	33.19	28.3	29.22	33.19	24.2	30.27
1227	47.46	52.5	28.89	47.46	50.6	30.12	47.46	46.4	32.70
JR	56.90	63.8	25.12	56.90	62.6	26.19	56.90	59.5	28.88

由表 5-10 可以得出，随着煤样变质程度的增加，$\sigma\cos\theta$ 呈现下降趋势，即在溶液侵入煤样孔径大小相同的情况下，溶液在孔隙中的毛细管力随着煤样变质程度的增加而降低。阴离子、阳离子和非离子表面活性剂均可以降低毛细管力。总体来看，阴离子表面活性剂降低毛细管力幅度最大，即其降低水锁效应程度最大。

5.6.4 解除水锁效应评价分析

基于核磁共振设备测得煤样在饱和纯水、JR、JFC、SDS 溶液时及离心后的 T_2 分布曲线，如图 5-45 所示。

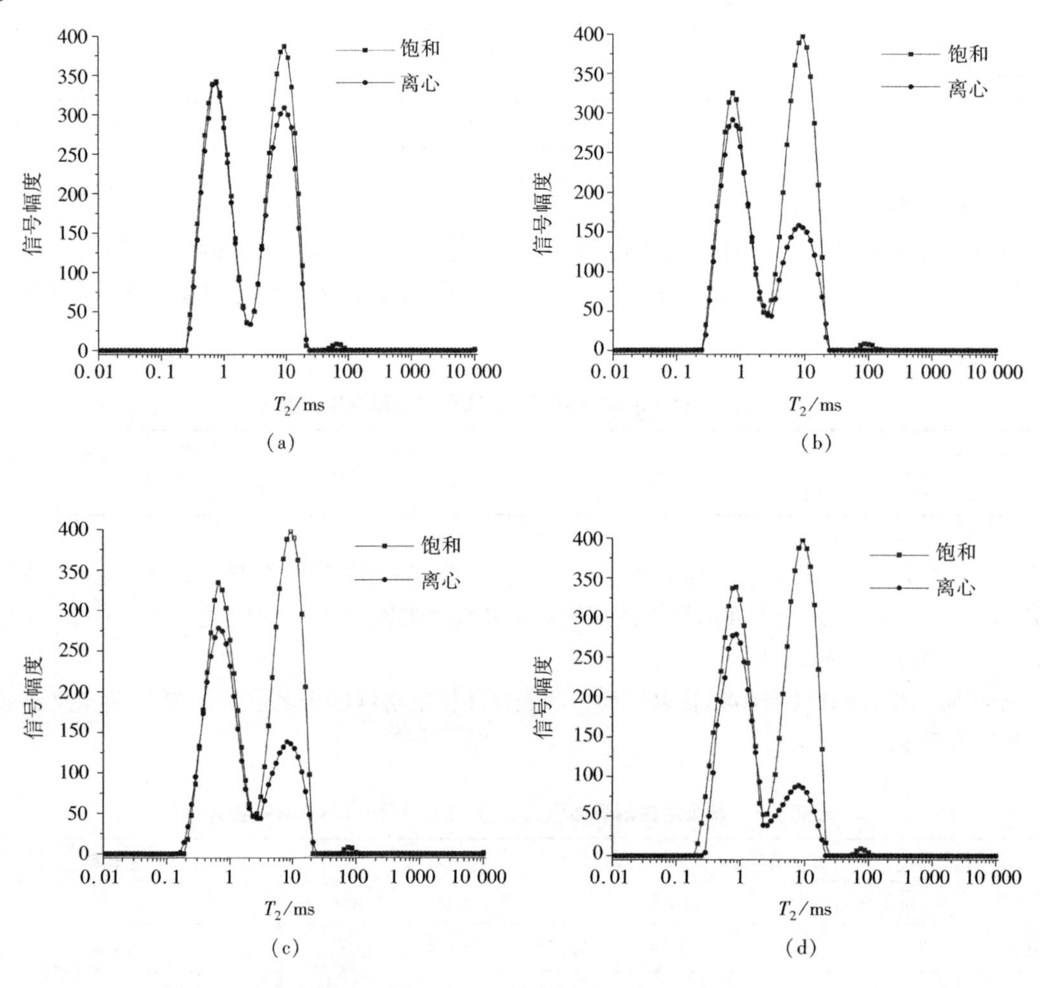

图 5-45　饱和及离心后的煤样 T_2 分布曲线

(a) 纯水；(b) JR 溶液；(c) JFC 溶液；(d) SDS 溶液

由图 5-45 可以看出，横向弛豫时间 T_2 在分布范围内存在三个弛豫峰，三个弛豫峰的位置区间为：第 1 弛豫峰 0.2～2 ms；第 2 弛豫峰 2～20 ms；第 3 弛豫峰 60～100 ms。T_2 与多孔介质的比表面积相关，孔径越小，T_2 就越短。因此，第 1 弛豫峰对应的孔径要小于第 2 弛豫峰和第 3 弛豫峰，第 3 弛豫峰对应的孔径最大。煤样离心后，饱和四种溶液的煤样 T_2 分布的第 3 弛豫峰均消失，峰面积变为 0。饱和纯水的煤样第 2 弛豫峰降低，峰面积减少，第 1 弛豫峰值基本无变化；饱和 JR、JFC 及 SDS 溶液的煤样第 1 弛豫峰和第 2 弛豫峰均降低，峰面积均减少。可以得出，煤样在离心 20 min 后，四种煤样第 3 弛豫峰对应孔隙中的溶液均能排出，饱和纯水的煤样第 2 弛豫峰对应孔隙内的水分有少量排出，第 1

弛豫峰对应孔隙中的水分基本无法排出，水分在第 1 弛豫峰对应孔隙内的水锁效应不能解除。饱和 JR、JFC 及 SDS 溶液的煤样，第 1 弛豫峰和第 2 弛豫峰对应孔隙中的水分均可以排出煤体，第 1 弛豫峰对应孔隙内的水分在排出过程中部分滞留在第 2 弛豫峰对应孔隙内，导致第 2 弛豫峰值无法完全消失。

T_2分布的弛豫峰面积代表了煤样孔隙内水分的含量，因此，以弛豫峰面积作为评价指标，对饱和各种溶液的煤样在离心前后的第 1 弛豫峰、第 2 弛豫峰、第 3 弛豫峰面积进行统计，定量评价各表面活性剂溶液解除水锁效应情况，见表 5-11 所列。

表 5-11　煤样在离心前后 T_2分布中峰面积统计

饱和溶液	煤样状态	峰面积			
		第 1 弛豫峰	第 2 弛豫峰	第 3 弛豫峰	总面积
纯水	离心前	3233.49	3428.66	17.95	6680.10
	离心后	3231.21	3089.43	0	6320.64
	解除率	0.07%	9.9%	100%	5.4%
JR	离心前	3143.56	3443.75	18.85	6606.16
	离心后	2990.16	1639.46	0	4629.62
	解除率	4.9%	52.4%	100%	29.9%
JFC	离心前	3233.49	3421.42	17.13	6672.04
	离心后	2947.32	1410.15	0	4357.47
	解除率	8.9%	58.8%	100%	34.7%
SDS	离心前	3233.49	3428.66	17.76	6672.67
	离心后	2319.76	875.34	0	3195.10
	解除率	28.3%	74.5%	100%	52.1%

注：解除率 = $(S_{离心前}-S_{离心后})/S_{离心前}$

由表 5-11 可以得出，煤样经过离心后，在孔隙范围内，第 3 弛豫峰对应的大孔内液相水锁解除率最高，均达到 100%；第 1 弛豫峰对应的孔隙内水锁效应解除率最低，其中，饱和纯水煤样的解除率基本为 0，饱和阴离子表面活性剂 SDS 溶液的煤样微孔内水锁解除率最高，为 28.3%。这主要是因为在一定的离心力条件下，煤样孔径越小，溶液的 $\sigma\cos\theta$ 值越大，则煤样孔隙与溶液之间的毛细管力越大，使溶液排出需要克服的可逆功越大。就煤体内水锁效应的总体解除效果而言，阳离子、非离子、阴离子表面活性剂均可以解除水锁效应，其中，阴离子表面活性剂解除水锁效率高于阳离子和非离子表面活性剂，在离心机转速为 12 000 r/min 条件下离心 20 min 后，阴离子表面活性剂 SDS 的水锁效应解除率达到 52.1%。

值得指出的是，本实验中离心机产生的离心力与煤矿现场提供的抽采负压作用效果相同，均是对煤孔隙内产生一种孔隙负压，使煤层内的水分能够排出煤体。因此，在煤矿现场，可以选择阴离子表面活性剂作为清洁压裂液的表面活性剂添加剂，能够提高煤体液相水锁效应解除率。

5.7　本章小结

本章从含水和瓦斯煤体强度变化、弹塑性变形及声发射响应角度，研究了含水和瓦斯煤体力学特征及煤体稳定性变化，水分影响煤体瓦斯运移特征，水分影响瓦斯吸附—解吸—扩散的运移特性，揭

示了水分影响瓦斯运移机理,分析了含水煤体水锁效应机理并提出基于表面活性剂的水锁效应解除方法,主要成果与结论如下:

(1) 注水可使煤的孔隙增大,裂隙张开,沟通微孔隙之间的通道,从而增加煤体的贮水空间,使含水率随水压的增加而增大;但含水率随水压的增加呈非线性关系,当水压达到一定值之后,含水率不再增大,甚至略有减少,这是因水压致裂煤体,水分流失的缘故。作用在煤体上的围压与水压的影响相反。在水压相同的情况下,含水率随围压的增加呈非线性减少,但这一规律与煤体在该围压下所处的变形阶段相关。一般来说,处于线弹性阶段的煤体,含水率随围压增加有增大的趋势。

(2) 通过对含水煤体的强度特征、能耗特征和突出强度特征的阐述可知:水分能够显著改变煤体的物理力学特性,表现在煤体强度的显著弱化效应。从能量的观点可知,水分能够增强煤体的塑性,延长外力在煤样上的作用距离,从一定程度上抑制突出动力灾害的发生。此外,随着煤体含水率的增大,突出相对强度显著降低,影响范围明显缩小,通过增大煤体含水量来治理煤与瓦斯突出动力灾害是有效可行的。

(3) 随着瓦斯压力的增大,含瓦斯煤体总体上表现出小应力诱发大变形的力学特性。随着孔隙压力的升高,煤体弹性模量逐渐降低,泊松比总体上呈增大的趋势。相同条件下,型煤煤样的力学强度明显低于原煤煤样。尽管两种煤样在力学强度的数值上存在差异,但其随瓦斯压力变化的规律具有共性。

(4) 水分对煤体瓦斯解吸扩散运移特性的影响现已形成两种观点,一部分学者认为水分促进了瓦斯解吸,另一部分学者认为水分降低了煤体内瓦斯的解吸速度,对瓦斯解吸有封堵效应,避免了大量瓦斯的快速解吸。结合以上研究成果进行对比分析,笔者认为水力化技术影响瓦斯运移过程既存在置换、驱替等促进瓦斯微观运移过程,同时存在封堵、抑制瓦斯解吸过程,这主要取决水力化技术本身参数配置、煤层地质特征、瓦斯抽采时间空间等条件的变化。

(5) 瓦斯放散初速度与煤中水分含量符合对数函数关系,当煤中含水量在1.4% ~7.9%之间时,对瓦斯放散初速度的影响较大,随着煤中水分含量的增加,瓦斯放散初速度最终趋于平衡。煤层注水时,煤层中的水分含量大于7.9%时,瓦斯放散初速度的值和变化率处于稳定的范围。增加煤中水分含量抑制煤瓦斯放散初速度,使煤释放瓦斯的含量越来越小,最后达到一个稳定的值。

(6) 毛细管力和黏度滞后效应是压裂液水锁效应的两大原因,煤孔隙特性、侵入深度、黏度、接触角及表面张力是水锁效应的五大因素。其中,压裂液的表面张力和接触角是水锁效应能否解除的决定因素,阴离子、阳离子和非离子表面活性剂均可以降低毛细管力,总体来看,阴离子表面活性剂降低毛细管力幅度最大,即其降低水锁效应程度最大。

参考文献

[1] 林柏泉,等.矿井瓦斯防治理论与技术[M].徐州:中国矿业大学出版社,2010.

[2] 王省身.矿井灾害防治理论与技术[M].徐州:中国矿业大学出版社,1986:12-34.

[3] PIGGOTT A R. Static and dynamic calculation of formation fluid displacement induced by hydraulic fracturing[J]. Applied Mathematical Modelling,1996,20(10):714-718.

[4] RAHM D. Regulating hydraulic fracturing in shale gas plays:The case of Texas[J]. Energy Policy, 2011,39(5):2974-2981.

[5] KRZESIńSKA M,PUSZ S,SMDOWSKI . Characterization of the porous structure of cokes produced from the blends of three Polish bituminous coking coals[J]. International Journal of Coal Geology, 2009,78(2):169-176.

[6] LV Y,TANG D,XU H,et al. Production characteristics and the key factors in high-rank coalbed methane fields:A case study on the Fanzhuang Block,Southern Qinshui Basin,China[J]. International Journal of Coal Geology,2012,96/97:93-108.

[7] 高鲁,康天合,鲁伟. 水压、围压、浸泡时间对煤体含水率影响的试验研究[J]. 山西煤炭,2010,30(3):43-45.

[8] YAO Q L,CHEN T,JU M H,et al. Effects of water intrusion on mechanical properties of and crack propagation in coal [J]. Rock Mechanic and Rock Engineering,2016,49(12):4699-4709.

[9] 蒋长宝,段敏克,尹光志,等. 不同含水状态下含瓦斯原煤加卸载试验研究[J]. 煤炭学报,2016,41(9):2230-2237.

[10] HUANG B X,CHENG Q Y,CHEN S L. Phenomenon of methane driven caused by hydraulic fracturing in methane-bearing coal seams [J]. International Journal of Mining Science and Technology,2016,26(5):919-927.

[11] WANG P,MAO X B,LIN J B,et al. Study of the borehole hydraulic fracturing and the principle of gas seepage in the coal seam[J]. Procedia Earth and Planetary Science,2009,1(1):1561-1573.

[12] 谢和平,彭瑞东,鞠杨. 岩石变形破坏过程中的能量耗散分析[J]. 岩石力学与工程学报,2004,23(21):3565-3570.

[13] 韦纯福,李化敏,袁瑞甫. 含水率对煤与瓦斯突出强度影响的试验研究[J]. 煤炭科学技术,2014,42(6):118-121.

[14] 尹光志,王振,张东明. 有效围压为零条件下瓦斯对煤体力学性质影响的实验[J]. 重庆大学学报,2010(11):129-133.

[15] 徐佑林,康红普,张辉,等. 卸荷条件下含瓦斯煤力学特性试验研究[J]. 岩石力学与工程学报,2014,33(增刊2):第3476-3488页.

[16] 李传亮. 有效应力概念的误用[J]. 天然气工业,2008,28(10):130-132.

[17] 李传亮. 关于双重有效应力——回应洪亮博士[J]. 新疆石油地质,2015,36(2):238-243.

[18] 陈勉,陈至达. 多重孔隙介质的有效应力定律[J]. 应用数学和力学,1999,20(11):1121-1127.

[19] 吴世跃,赵文. 含吸附煤层气煤的有效应力分析[J]. 岩石力学与工程学报,2005,24(10):1674-1678.

[20] 刘恺德. 高应力下含瓦斯原煤三轴压缩力学特性研究[J]. 岩石力学与工程学报,2017,36(2):380-393.

[21] 宋良,刘卫群,靳翠军,等. 含瓦斯煤单轴压缩的尺度效应实验研究[J]. 实验力学,2009,24(2):127-132.

[22] 孟磊,王宏伟,李学华,等. 含瓦斯煤破裂过程中声发射行为特性的研究[J]. 煤炭学报,2014,39(2):377-383.

[23] 尹光志,王登科,张东明,等. 两种含瓦斯煤样变形特性与抗压强度的实验分析[J]. 岩石力学与工程学报,2009,28(2):410-417.

[24] 卢平,沈兆武,朱贵旺,等. 含瓦斯煤的有效应力与力学变形破坏特性[J]. 中国科学技术大学学报,2001,31(6):686-693.

[25] 卢守青. 基于等效基质尺度的煤体力学失稳及渗透性演化机制与应用[D]. 徐州:中国矿业大学,2016.

[26] LIU X,WANG X,WANG E,et al. Effects of gas pressure on bursting liability of coal under uniaxial conditions[J]. Journal of Natural Gas Science and Engineering,2017,39:90-100.

[27] JOUBERT J I, GREIN C T, BIENSTOCK D. Sorption by coal of methane at high pressures[J]. Fuel, 1955, 34: 449-462.
[28] LEVY J H, DAY S J, KILLINGLEY J S. Methane capacities of Bowen Basin coals related to coal properties [J]. Fuel, 1997, 76(9): 813-819.
[29] BUSTIN R M, CLARKSON C R. Geological controls on coal bed methane reservoir capacity and gas content [J]. International Journal of Coal Geology, 1998, 38(1/2): 3-26.
[30] JOUBERT J I, GREIN C T, BIENSTOCK D. Effect of moisture on the methane capacity of American coals [J]. Fuel, 1974, 53(3): 186-191.
[31] KROOSS B M, BERGEN F, GENSTERBLUM Y, et al. High-pressure methane and carbon dioxide adsorption on dry and moisture-equilibrated Pennsylvanian coals [J]. International Journal of Coal Geology, 2002, 51(2): 69-92.
[32] 马东明. 煤储层的吸附特征实验综合分析[J]. 北京科技大学学报, 2003, 25(4): 291-294.
[33] 钟玲文. 煤的吸附性能及影响因素[J]. 地球科学(中国地质大学学报), 2004, 29(3): 327-368.
[34] 张时音. 煤储层固—液—气相间作用机理研究[D]. 徐州: 中国矿业大学, 2009.
[35] 切尔诺夫, 罗赞采夫. 瓦斯突出危险煤层井田的准备[M]. 宋世钊, 于不凡, 译. 北京: 煤炭工业出版社, 1980.
[36] 程庆迎, 黄炳香, 李增华, 等. 利用顶板冒落规律抽放采空区瓦斯的研究[J]. 矿业安全与环保, 2006, 33(6): 54-57.
[37] 魏国营, 辛新平, 李学臣. 中高压注水措施防治掘进工作面突出研究与实践[C]. //张玉台. 科技工程与经济社会协调发展: 中国科协第五届青年学术年会文集. 北京: 中国科学技术出版社, 2004.
[38] 秦长江, 赵云胜, 李长松. 孔间煤体水力压裂技术现场试验研究[J]. 安全与环境工程, 2013, 20(5): 126-129.
[39] 赵东, 赵阳升, 冯增朝. 结合孔隙结构分析注水对煤体瓦斯解吸的影响[J]. 岩石力学与工程学报, 2011, 30(4): 686-692.
[40] 张国华, 刘先新, 毕业武, 等. 高压注水中水对瓦斯解吸影响试验研究[J]. 中国安全科学学报, 2011(3): 101-105.
[41] 肖知国, 王兆丰. 煤层注水防治煤与瓦斯突出机理的研究现状与进展[J]. 中国安全科学学报, 2009, 19(10): 150-158.
[42] 尚显光. 瓦斯放散初速度影响因素实验研究[D]. 焦作: 河南理工大学, 2011.
[43] 林海飞, 赵鹏翔, 李树刚, 等. 水分对瓦斯吸附常数及放散初速度影响的实验研究[J]. 矿业安全与环保, 2014(2): 16-19.
[44] 史吉胜, 蒋承林, 李晓伟, 等. 煤样水分对煤与瓦斯突出预测参数测定的影响[J]. 煤矿安全, 2014, 45(5): 138-140.
[45] 陈向军, 程远平, 王林. 水分对不同煤阶煤瓦斯放散初速度的影响[J]. 煤炭科学技术, 2012, 40(12): 62-65.
[46] 牟俊惠, 程远平, 刘辉辉. 注水煤瓦斯放散特性的研究[J]. 采矿与安全工程学报, 2012, 29(5): 746-749.
[47] 张九零, 范酒源. 含水量对瓦斯放散初速度影响规律的实验研究[J]. 煤矿开采, 2017, 22(2): 100-101.
[48] BIGBY M, SMITH E B, WAKEHAM W A, et al. The Forces Between Molecules [M]. Oxford:

Clarendon Press,1986.

[49] 德鲁·迈尔斯.表面、界面和胶体-原理及应用[M].吴大诚,朱谱新,王罗新,等,译.北京:化学工业出版社,2005.

[50] 聂百胜,何学秋,王恩元,等.煤吸附水的微观机理[J],中国矿业大学学报,2007,33(4):379-383.

[51] 吴俊.煤表面能的吸附法计算及研究意义[J].煤田地质与勘探,1994,22(2):18-23.

[52] PRAUSNITZ J M,LICHENTHALER R N,AZEVEDO G.流体相平衡的分子热力学:第2版[M].骆赞椿,吕瑞东,刘国杰,等,译.北京:化学工业出版社,1990.

[53] 邱冠周,胡岳华,王淀佐.颗粒间相互作用与细粒浮选[M].长沙:中南工业大学出版社,1993.

[54] 孙培德.煤与甲烷气体相互作用机理的研究[J].煤,2000,9(1):18-21.

[55] 周公度,段联运.结构化学基础:第3版[M].北京:北京大学出版社,2002.

[56] 林光荣,邵创国,徐振锋,等.低渗气藏水锁伤害及解除方法研究[J].石油勘探与开发,2003,30(6):117-118.

[57] 贺承祖,华明琪.水锁机理的定量研究[J].钻井液与完井液,2000,17(3):1-4.

[58] 张振华,鄢捷年.用灰关联分析法预测低渗砂岩储层的水锁损害[J].钻井液与完井液,2002,19(2):1-5.

[59] JEHNG J Y,SPRAGUE D T,HALPERIN W P. Pore structure of hydrating cement paste by magnetic resonance relaxation analysis and freezing [J]. Magnetic Resonance Imaging, 1996, 14 (7/8): 785-791.

[60] 滕新荣.表面物理化学[M].北京:化学工业出版社,2009:50-61.

第六章　煤矿瓦斯动力灾害的地应力作用机制

6.1　引言

煤矿瓦斯动力灾害是地应力、瓦斯压力及煤的物理力学性质三者综合作用的结果，其中地应力在动力灾害的酝酿阶段和发动阶段发挥着关键性的作用。在采掘过程中，深入了解地应力究竟如何酝酿并激发动力灾害的发生，是动力灾害预测和防治的关键问题之一。

国内外学者就地应力对煤矿瓦斯动力灾害的影响开展了广泛而深入的研究。苏联学者霍多特用弹性力学的方法分析了突出过程，给出了突出的能量方程；巴普洛夫通过现场观测的方法提出了应力分布不均匀的瓦斯动力灾害假说；尹光志教授采用试验的方法系统研究了地应力场中含瓦斯煤岩变形破坏过程中瓦斯渗透特性，并解释其对瓦斯动力灾害发生的影响；潘一山教授从突出与冲击矿压的共同特性方面进行了研究，指出突出是一种处于非稳态平衡下的煤体受扰动后的动力失稳过程，提出了突出、冲击地压统一失稳理论；周世宁院士、何学秋教授则从煤体蠕变特性出发研究突出过程，提出了突出流变假说；蒋承林教授认为突出是“地应力破坏煤体—瓦斯撕裂并抛出煤体”的循环过程，并提出了球壳失稳理论；林柏泉教授等通过分析突出过程中地应力、瓦斯压力、煤体强度等因素，提出了卸压带作用防突机理，认为当掘进巷道前方存在大于5 m的卸压带时则无突出危险性，当卸压带变小时则突出危险性增大。

煤层内某一处的瓦斯压力为各向同性的，但是地应力却具有显著的方向性。此外，煤矿井下采掘作业也同样有方向性，地应力方向性和采掘作业方向性之间的相互关系会使得煤岩动力灾害的发动过程更为复杂。煤层力学参数的差异也会使得采掘工作面前方产生复杂的地应力变化，如软分层增厚、断层面附近煤体粉碎程度的不同、石门揭煤等。

本章主要总结分析地应力的方向性对采掘工作面附近应力场的影响规律，研究应力方向、采掘方向、煤体强度突变等因素对巷道超前应力分布及演化特征的影响，进一步深入认识地应力对煤矿瓦斯动力灾害发动的作用机制，为防治煤岩动力灾害的发生提供理论指导。

6.2　地应力的一般规律

6.2.1　地应力概述

应力有方向性，三向应力的差异会对瓦斯三维流动、采掘瓦斯动力灾害危险性造成显著影响，传统的防治煤与瓦斯突出技术一般都忽略应力方向的作用。保护层开采将改变原岩应力场的平衡状态，在采场不同空间位置处三向应力分布存在较大差异，瓦斯三维流动和瓦斯动力灾害危险性也不同。为了能从应力的角度研究薄上保护层采场的这种差异，本章将先研究原岩应力的分布规律，进而研究三向应力差异（特别是最大应力方向）对煤巷掘进瓦斯动力灾害危险性的影响，以便能从力学角度研究保护层采场不同位置处的瓦斯三维流动规律，并判断瓦斯动力灾害危险性。

原岩应力指未受工程扰动的地壳中岩石受到周围岩体对它的天然挤压力[1]，主要受地壳岩石自重、地壳运动、地热、地球自转、气候等多方面因素影响，一般同一位置的地应力可以用三个地应力分量来表示，即：一个沿纵向的垂直应力、两个沿水平方向的水平应力，这三向应力相互垂直，由于受到多种因素的共同作用而存在差异。地质力学认为，地应力是克服地壳阻力，并导致褶皱、断层、地壳运动的主要力量。中国的大地构造理论认为，中国由超过100个大小不一的板块构成。这些板块之间的相互碰撞，导致了地应力沿不同方向差异非常大[2,3]，康（Kang）等人采用水力压裂技术对中国煤矿地应力进行测试，指出最大应力和纵向应力比一般为2倍左右[5]。

地应力是导致瓦斯动力灾害的最主要因素之一，煤矿采掘活动是在原始煤岩层内开展的，将对原始地应力场产生扰动，并会在采掘工作面周围形成新的应力平衡，即扰动应力平衡。以巷道掘进为例，在巷道掘进头前方会出现卸压带、应力集中带和原始应力带：卸压带越长，应力集中峰值距离工作面越远，发动瓦斯动力灾害的危险性就越小；反之卸压带越短，应力集中峰值越大、距离工作面越近，就越容易发动瓦斯动力灾害。原岩应力场对扰动应力场的分布特征会产生极大的影响，因此，研究采掘作业需要在原岩应力场的基础上开展，研究的条件越接近原始应力场条件，研究的结果才会越精确。

国内外学者针对掘进巷道围岩受力研究较多。纳齐姆科（Nazimko）等人采用钻孔现场实测了巷道周围的应力分布规律[6]，康托吉亚尼（Kontogianni）等人采用大地测量技术测试了巷道变形[7]，伊斯兰（Islam）等人采用数值模拟的方法研究了掘进巷道周围岩体的应力分布和巷道变形[8]。张华磊等人采用FLAC^{3D}软件分析了最大应力和巷道轴向夹角分别为0°、30°、45°、60°和90°条件下巷道的最大应力和位移分布规律[9]。黄润秋等论述了地应力分布状态对巷道发生岩爆和巷道破坏的影响[10-21]。何思为等认为，高应力区的最大应力与最小应力的差值抑制岩石的径向位移，并使岩石积聚能量，最终导致岩爆发生，并在加拿大麦格雷迪（McGreedy）得到验证[22]。吕庆等通过地应力的现场测试和岩石力学实验，并结合三维数值模拟技术，在宏观地质调查的基础上从隧道围岩的岩体特征和隧道区初始应力场两方面对隧道周围应力场进行综合分析评价，并进行判断预测岩爆[23]。高峰运用地质力学基本理论建立区域地应力场计算模型，并采用不同边界条件进行弹性力学分析，得到了应力分量的表示式，并分析了最大应力和巷道轴向夹角的变化对巷道顶底板和两帮应力、位移及塑性区范围的影响，研究结果认为最大应力对巷道围岩稳定性影响显著，当夹角大于45°时巷道破坏幅度将突然增大[24]。大量研究表明，地应力方向和岩爆发生有着密切关系，但是从地应力方向来防治瓦斯动力灾害却少有报道。

煤巷掘进突出主要发生在掘进头，掘进头应力分布规律受到原岩应力状态和采掘活动方式等的多重影响。为消除瓦斯动力灾害，2009年国家安全生产监督管理总局提出了通过开采保护层和区域预抽煤层瓦斯的方式实现区域瓦斯治理[25]，其中开采保护层技术为煤层群条件下优选措施，但是开采保护层之后的三向应力场的分布和演化规律不清楚，同时原岩应力和采掘速度对应力场分布等的多重影响也没有考虑，国内外也缺少类似的研究。本章通过数值模拟研究原岩应力分布对巷道掘进头前方应力分布的影响规律以及不同循环进尺条件下巷道掘进头前方的应力演化规律，以期明确三向应力差异对瓦斯动力灾害危险性的影响，为研究保护层开采之后不同位置处瓦斯三维流动和瓦斯动力灾害危险性奠定基础。

6.2.2　原始地应力分布特征

6.2.2.1　数据来源

在公开发表的文献中可以搜集到国内外学者对原岩应力的现场测试数据，到目前为止已经积累了大量的现场地应力实测资料。本节搜集了中国部分矿区实测得到的地应力数据，共31组，如表6-1所列[26-28]，以便分析地应力的分布规律。

表6-1　中国部分矿区地应力分布

编号	测点位置	测点深度/m	最大应力 σ_1			中间应力 σ_2			最小应力 σ_3			最大应力/最小应力
			量值/MPa	方位角/(°)	倾角/(°)	量值/MPa	方位角/(°)	倾角/(°)	量值/MPa	方位角/(°)	倾角/(°)	
1	淮南谢一矿	549	23.06	167.20	5.7	13.21	−72.6	78.8	12.18	256.2	9.6	1.89
2		543	17.14	235.4	3	15.15	83.20	86.6	10.98	145.5	1.6	1.56
3		673	25.2	244	3	17.78	−11.2	78.3	12.89	153.4	11.3	1.96
4		793	31.2	247.8	6.3	21.37	−35.2	63.8	17.89	160.8	25.3	1.74
5	平顶山六矿	657	28.6	268	9	15.51	−43	76	10.14	180	28.6	2.82
6		547	25.74	240	1	14.11	−2	87	10.05	150	25.74	2.56
7	鹤壁六矿	450	22	254.2	8.5	10.6	−27.6	53.7	5.6	170.2	35	3.93
8		485	26.07	255.1	9	12.31	−27.5	53.9	6.06	171.4	34.6	4.30
9	阜新五龙矿	773	29.45	102.3	15.3	18.03	−19	62.2	11.69	198.9	22.6	2.52
10		774	31.89	100.3	21	20.57	−42.7	64.3	17.79	195.9	14.1	1.79
11	鹤岗兴安矿	535	29.70	195.7	5.07	11.7	81	78.1	8.7	106.6	10.7	3.41
12		550	25.11	259.4	8.1	14.82	7.9	65.9	12.58	166	22.5	2.00
13	南票三家子矿	850	29.75	108.64	6.47	22.22	29.01	57.8	8.27	194.67	31.39	3.60
14		850	33.93	98.81	2.65	21.45	11.58	46.19	14.42	186.27	43.69	2.35
15	兖州矿区	450	18.2	97	1	11.8	192	82	6.9	6	8	2.64
16		560	17.9	92	12	12.9	296	68	10.4	187	16	1.72
17		616	20.1	96	21.8	14.9	241	64	5.8	181	13.7	3.47
18		592	19.5	91	17	11.7	286	56	9.1	179	14	2.14
19		556	18.7	97	21	14.6	187	49	10.2	182	18	1.83
20		462	10.3	92	5.7	8.2	339	75	4.1	183	13.5	2.51
21		467	11.9	91	5	7.8	281	85	4	182	1	2.98
22	霍州矿区	604	29.92	132.25	5.27	15.62	32.39	61.87	13.93	225.01	27.53	2.15
23		579	26.86	162.5	3.21	14.40	29.35	85.27	12.59	253.68	3.38	2.13
24		369	15.48	146.02	5.99	8.69	55.37	84.73	7.39	236.02	5.26	2.09
25		485	16.22	156.95	5.52	12.63	56.19	62.59	7.48	249.74	26.75	2.17
26		410	15.25	155.51	29.56	9.6	25.15	48.78	8.38	261.5	25.89	1.82
27		320	11.87	143.18	8.81	7.62	38.48	58.59	5.27	238.29	29.87	2.25
28		191	6.03	152.94	24.79	4.17	23.19	54.15	3.10	254.87	24.12	1.95
29		201	6.39	141.31	16.81	4.54	78.97	56.92	3.89	222.24	27.55	1.64
30		350	15.02	146.73	0	8.18	56.76	73.71	7.17	236.73	16.28	2.09
31		149	4.51	151.74	15.61	2.57	89.93	59.38	2.19	234.04	25.61	2.06
平均值					8.9			67			19.8	2.4

6.2.2.2　地应力值随埋深变化规律

应力大小随埋深的变化关系如图 6-1 所示。

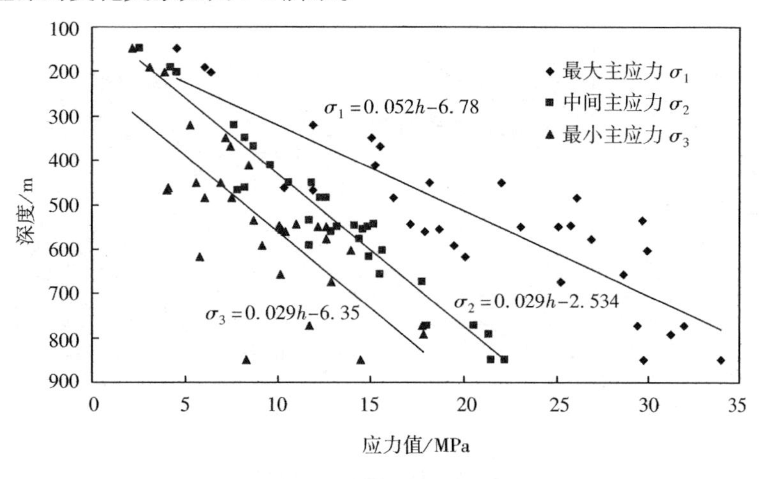

图 6-1　应力随埋深变化

从图 6-1 可见，三向应力差异较大，并随深度增加都增大，最大应力 σ_1 随深度增大的速度最快。最大应力 σ_1 和最小应力 σ_3 的比值如图 6-2 所示。

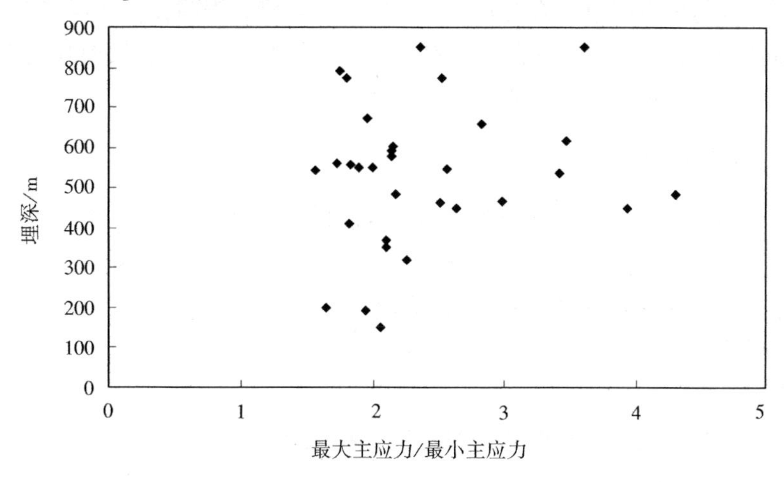

图 6-2　最大应力和最小应力比值

从图 6-2 中可见和根据统计的数据发现，原岩应力值在不同方向上存在显著的差异，最大应力平均为最小应力的 2.4 倍。中国科学院景锋博士在其博士论文中通过搜集中国 450 多组地应力实测数据详细分析了中国 5 500 m 深度范围之内的地应力分布规律，其研究结果和本章结论相似[29,30]。

6.2.2.3　地应力方向分布规律

从表 6-1 中统计可得，最大应力、中间应力和最小应力倾向夹角的平均值分别为 9. 8°、67° 和 19. 8°，表明总体上来看最大应力和最小应力更趋向于沿水平方向，特别是最大应力倾角不到 10°，而中间应力更趋向于沿竖直方向。此外，从地应力方位角可以看出，在不同矿区地应力的方位角变化差异较大，但在同一矿区，最大应力方位角虽然也有稍许变化，但总体指向同一方向，如兖州矿区内最大应力方位角在 91° ~97°之间，而霍州矿区最大应力方位角在 132. 25° ~ 156. 95°之间，统计分析地应力测试数据较多的霍州矿区的地应力分布特征如图 6-3 所示。

图 6-3 表明霍州矿区的主应力呈现显著的方向性，σ_1、σ_2 和 σ_3 的方位角平均值分别为 148. 9°、

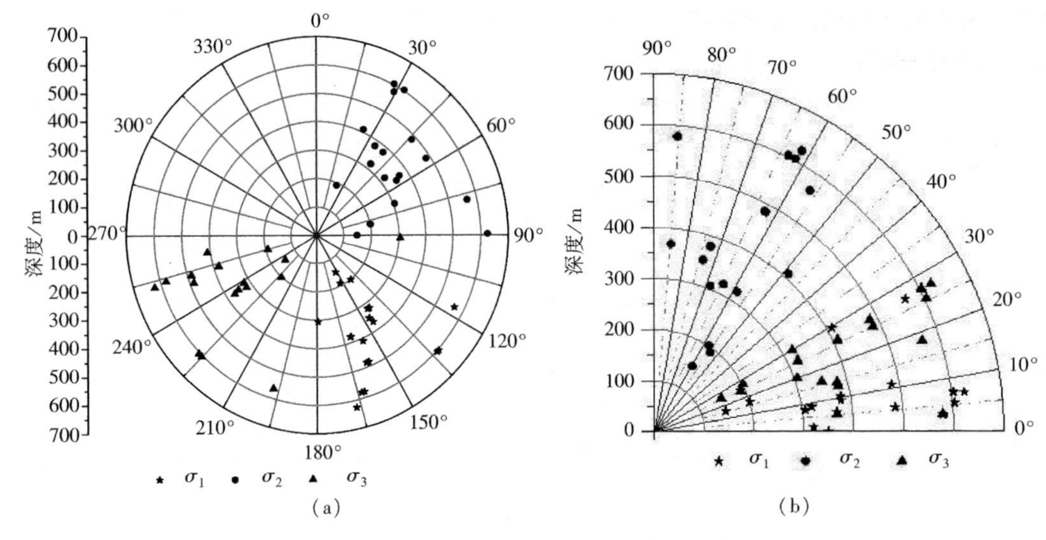

图 6-3 霍州矿区地应力分布特征

(a) 主应力方位角;(b) 主应力倾角

48.5°和 241.2°,倾角的平均值分别为 11.6°、64.5°和 21.2°。地应力实测数据的方位角和倾角离散性较小,表明霍州矿区的最大主应力方向基本上是固定的。研究表明在实测深度 3 000 m 之内,原岩应力场是相对稳定的非稳定场:在较大区域范围内应力方向存在较大差异,但在局部小范围之内地应力方向分布相对比较稳定,最大应力一般趋向于沿同一方向。

6.2.3 “地应力—渗透率”关系

瓦斯压力虽然没有方向性,但瓦斯的流动却有方向性。保护层开采之后采场不同空间位置处三维渗透率决定了瓦斯沿不同方向流动的难易程度。研究表明三维渗透率和三向应力有着显著的相关性,该章节将建立三维渗透率和三向应力的本构模型,以便可以通过研究三向应力的分布规律来研究瓦斯的三维流动规律。

6.2.3.1 研究现状

地应力和渗透率关系一直以来是研究的热点,林柏泉教授通过煤体三轴压缩试验[31],得出在加载阶段煤体的渗透率可以用指数方程表示:

$$K = a\mathrm{e}^{-b\sigma} \tag{6-1}$$

在卸载阶段,可以用幂函数方程来表示:

$$K = K_0\sigma^{-c} \tag{6-2}$$

式中 a,b,c,K_0都为大于 0 的回归常数。

唐春安等人通过引入损伤变量[32,33],采用数值模拟技术实现了透气性系数的定量描述。当煤岩体细观单元的应力状态或者应变状态满足某个给定的阈值时,单元开始损伤破坏,单元在拉伸和压缩条件下损伤本构模型如图 6-4 所示。

尹光志利用典型瓦斯动力灾害矿井的原煤制备型煤试件,并利用三轴瓦斯渗流装置研究了试件的全应力—应变过程中瓦斯渗透特性的变化特征,如图 6-5 所示[34,35],得出在恒定瓦斯压力和恒定围压下,煤样在破坏峰值之前沿轴向的渗透率随轴向压力的增大逐渐减小,达到峰值压力之后,渗透率增大,同时还得出最大流量随着围岩压力的增大而减小。

阿里瑞莎·巴班纳(Alireza Baghbanan)等人的研究表明,应力的不对称分布将更容易使岩石产

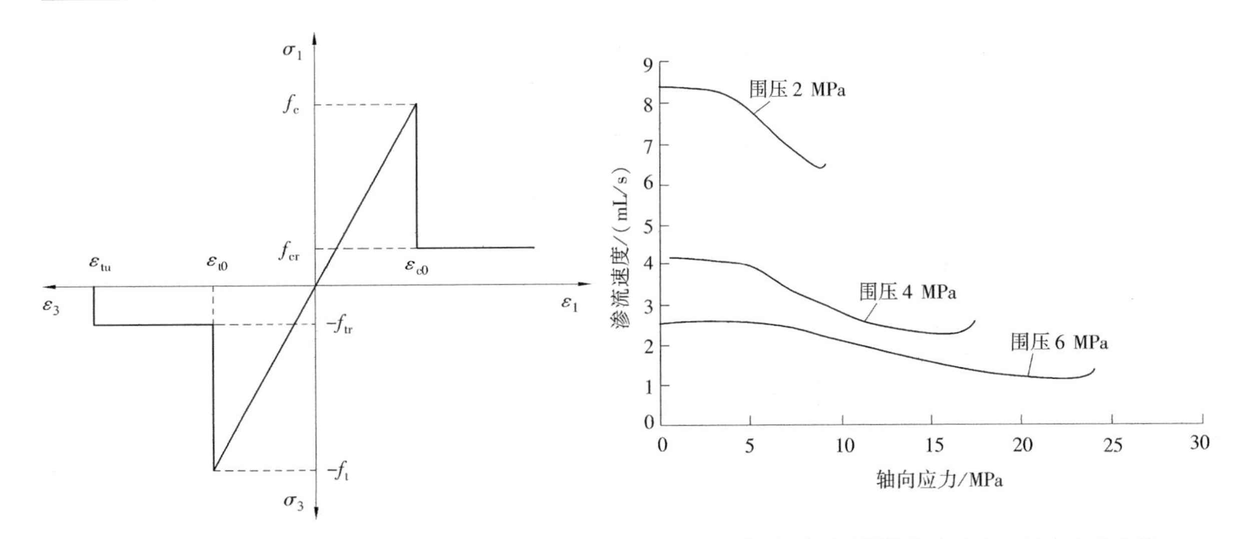

图 6-4　单轴加载细观单元损伤本构模型

f_c——极限抗压强度；f_{cr}——残余抗压强度；

f_t——极限抗拉强度；f_{tr}——残余抗拉强度；

ε——由实验给出

图 6-5　恒定围压下煤样渗流速度与轴向应力曲线

生剪切破坏[36]。敏(Min)等人研究了在不对称压力条件下岩体裂隙演化规律[37]，如图 6-6 所示，发现峰前阶段，岩体裂隙随着轴向应力增大裂隙减少，但是在峰后阶段，岩体三维受力越不对称，岩体内产生的裂隙越多，且产生的裂隙主要沿较大应力的方向发育扩展。

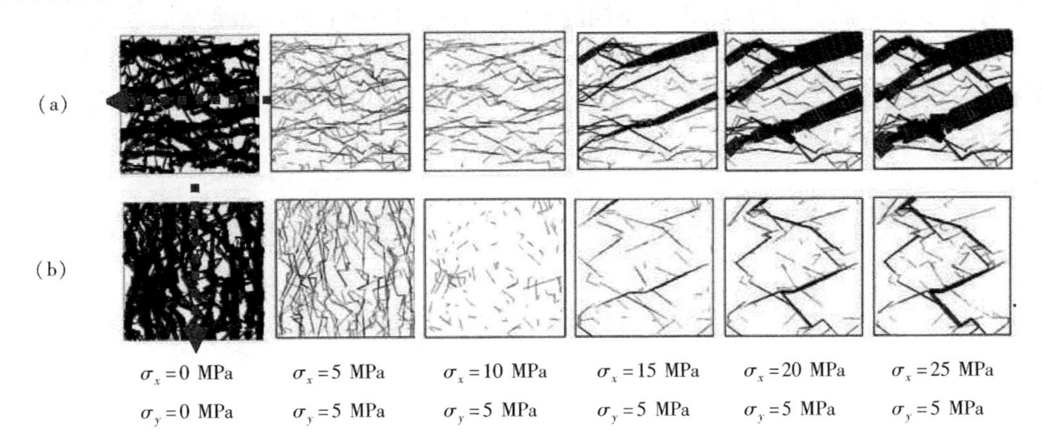

图 6-6　岩体裂隙随不对称应力演化规律[37]

注：图中线条的粗细程度表征裂隙大小

(a) 沿 x 向裂隙；(b) 沿 y 向裂隙

缪协兴等指出煤矿采动围岩大多处于峰后应力状态或破碎状态，其渗流一般不符合达西定律，为非达西渗流系统，峰后岩石非达西渗流系统的失稳和分岔是煤矿突水和瓦斯动力灾害发生的根源[38]。

孙培德等通过变化的围压和孔隙压力的作用，进行含瓦斯煤三轴压缩的试验，系统地研究了含瓦斯煤在变形过程中渗透率的变化规律，并根据大量的实验数据，拟合得到含瓦斯煤的渗透率随围压和孔隙压力变化的经验方程[39-42]。

目前国内外针对岩石应力和渗透率之间的关系进行了诸多研究，但是归纳起来，根据岩体内裂隙的发育过程，可以将岩石在应力作用下的破裂分为裂隙闭合和裂隙扩张两个阶段，如图 6-7 所示[43]。

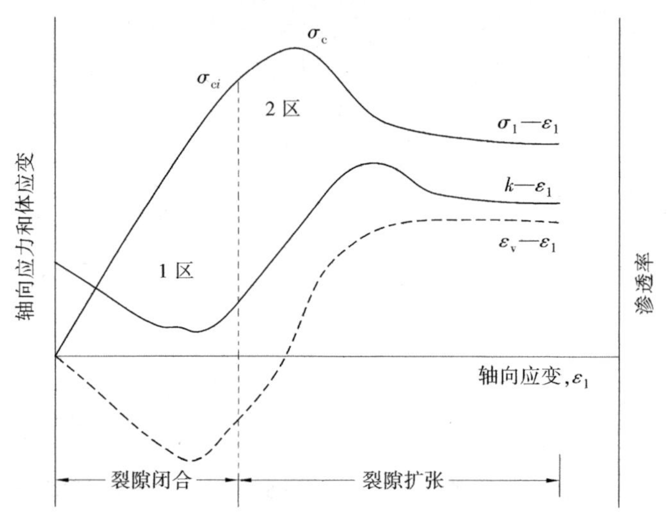

图 6-7　轴向应力、应变、渗透率关系

第一阶段为裂隙闭合阶段，在这一阶段内，煤岩体内没有产生太多新裂隙，原生裂隙在正向压应力的作用下逐渐闭合，同时煤岩体的体积收缩、渗透率降低；第二阶段为裂隙扩展阶段，此时所施加的应力破坏了岩体，迫使其内部裂隙扩张并衍生出新的裂隙，同时岩体开始发生扩容膨胀，透气性也随之显著增大。

岩石力学三轴压缩试验研究表明，在不同围岩压力的作用下岩石的破坏规律不尽相同，在低围压状态下，岩石主要表现出脆性特征；但是随着围岩压力的逐渐增大，岩石的抗压强度、变形、弹性极限都显著增大，岩石的性质发生了质的改变，由弹脆性→弹塑性→应变硬化，图 6-8 为大理岩在不同围岩下的应力—应变曲线[44]。

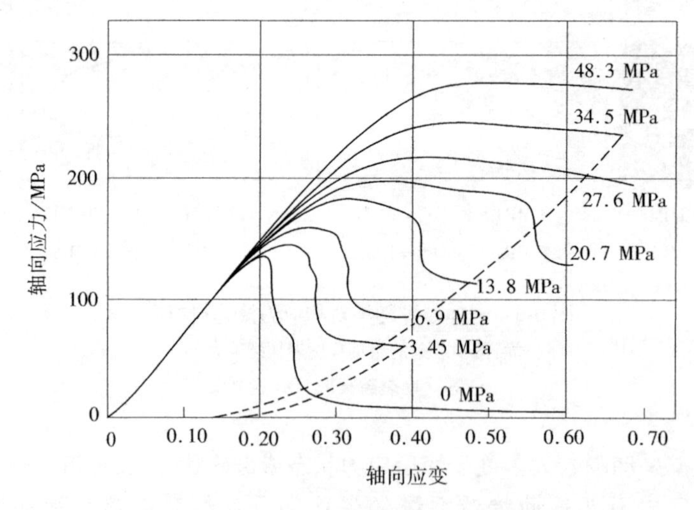

图 6-8　大理岩在不同围压下应力—应变曲线

理论分析和工程实践表明，处于单轴压缩的煤岩体比较容易破碎，但是在三轴受力条件下较难破碎。采矿工程虽然导致地应力重新分布，但除了在靠近采面、掘进头等自由面位置附近的煤岩体不为三向受力状态之外，其余区域基本上都为三向受力状态。这表明仅仅在采掘位置附近暴露的煤岩可能会表现出应力—应变峰后破坏的特性，进入裂隙演化的第二阶段，而在远离采掘活动位置的其余大部分区域煤岩体并不会出现峰后破坏现象，特别是底板煤岩变形量较小的区域，一般处于第一阶段，即裂隙的闭合和扩张都和正向应力呈现正相关关系。因此在理论计算保护层开采所导致的透气性改变时不需要考虑煤岩体峰后特性。接下来建立处于第一阶段（即峰前阶段）的“地应力—裂隙—渗透率”本构模型。

6.2.3.2 “地应力—裂隙—渗透率”本构模型

煤岩体内含有大量原生裂隙，采场中的这些裂隙在地应力的作用下发生收缩或者膨胀变形[45]。当应力增大时，垂直于应力方向的裂隙收缩变形；相反，当应力减小时，垂直于应力方向的裂隙膨胀变形，如图 6-9 所示。

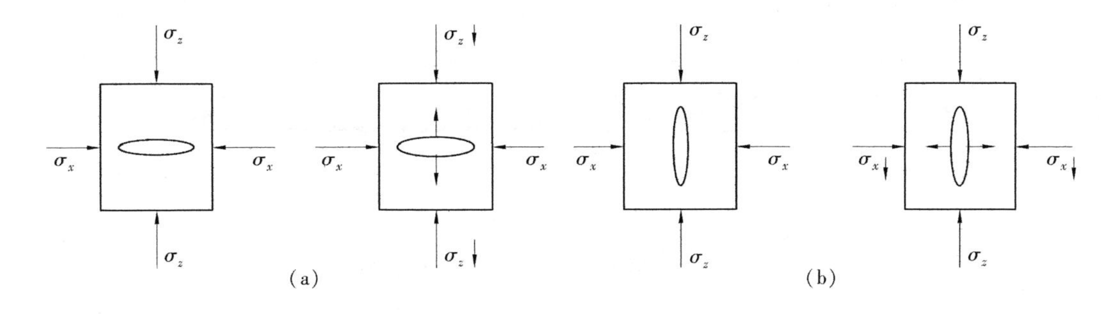

图 6-9　裂隙随正向应力变形机制

(a) 水平裂隙；(b) 竖直裂隙

煤岩体内裂隙的闭合或扩张决定了煤岩渗透率的改变，进而对卸压瓦斯流动起到决定性作用。班德斯（Bandis）、古德曼（Goodman）等人的研究表明，裂隙的闭合或扩张受到正向应力影响很显著，可以表述如下[36,37,46-50]：

$$\sigma_n = \frac{k_{n0}\delta}{1-(\delta/\delta_m)} = \frac{k_{n0}\delta_m\delta}{\delta_m-\delta} \tag{6-3}$$

式中　σ_n——正应力；

k_{n0}——裂隙初始刚度；

δ——裂隙闭合尺寸；

δ_m——裂隙最大闭合尺寸。

在正应力作用下，裂隙闭合尺寸可以表示为：

$$\delta = \frac{\sigma_n}{\sigma_n + k_{n0}\delta_m}\cdot\delta_m \tag{6-4}$$

马赛厄斯（Mathias）等认为单个裂隙渗透率可以表述为[43,51]：

$$k = \frac{b^2}{12} \tag{6-5}$$

式中　$b=b_0-\delta$，当裂隙能完全闭合时 $b_0=\delta_m$，则 $b=\delta_m-\delta$。

将式（6-4）代入式（6-5）得：

$$k_f = \frac{12k}{\delta_m^2} = \left(1-\frac{\sigma_n}{\sigma_n+k_{n0}\delta_m}\right)^2 = \left(1-\frac{\sigma_n/\sigma_{n0}}{\sigma_n/\sigma_{n0}+1}\right)^2 = \left(\frac{1}{\sigma_n/\sigma_{n0}+1}\right)^2 \tag{6-6}$$

式中　σ_{n0}——初始正向应力，$\sigma_{n0}=k_{n0}\delta_m$；

k_f——无量纲渗透率。

根据式（6-6），可得渗透率和正向应力之间的关系如图 6-10 所示。可见，煤岩体正向应力和渗透率关系密切,渗透率随正向应力的增大而减小[52-57],因此可以通过研究煤岩应力的分布规律来分析围岩渗透率的改变,进而应用于指导卸压瓦斯治理。

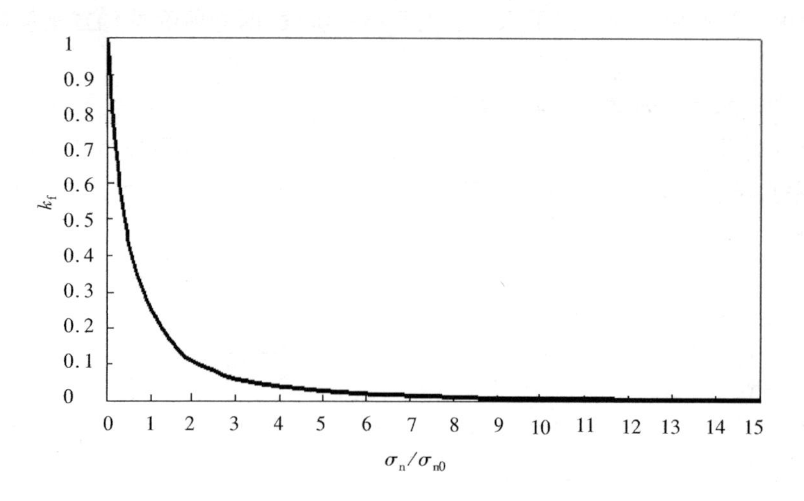

图 6-10　无量纲渗透率随正向应力演化规律

在三向应力状态下,正应力 σ_n 可以看作为两个相互垂直应力的平均值[37,58-60],则渗透率的表述可以如式(6-7)所示:

$$\begin{cases} k_x = \left(\dfrac{1}{\dfrac{\sigma_y + \sigma_z}{\sigma_{y0} + \sigma_{z0}} + 1} \right)^2 \\ k_y = \left(\dfrac{1}{\dfrac{\sigma_z + \sigma_x}{\sigma_{z0} + \sigma_{x0}} + 1} \right)^2 \\ k_z = \left(\dfrac{1}{\dfrac{\sigma_x + \sigma_y}{\sigma_{x0} + \sigma_{y0}} + 1} \right)^2 \end{cases} \tag{6-7}$$

其中　k_x,k_y,k_z——分别为沿 x,y,z 方向的无量纲渗透率;

$\sigma_x,\sigma_y,\sigma_z$——分别为沿 x,y,z 方向的地应力;

$\sigma_{x0},\sigma_{y0},\sigma_{z0}$——分别为初始状态下沿 x,y,z 三向地应力,如当原始应力各向均等都为 10 MPa 时,$\sigma_{x0}=\sigma_{y0}=\sigma_{z0}=10$ MPa。

渗透率受到应力场的影响,由于应力场有方向性,因此渗透率也有方向性,且渗透率主要受到垂直于流动方向的应力的影响。由于采场大部分煤岩体处于峰前阶段,通过理论分析保护层开采过程中采场围岩三向应力的分布及演化规律,可以计算三向渗透率的分布演化规律,进而为研究卸压瓦斯沿不同方向的流动规律提供理论指导。

保护层开采过程中,围岩应力、渗透率现场测试非常困难,但是为了研究其演化和分布规律,必须要进行大量测试,这基本不可能完成。随着数值计算的发展,可以借助该技术完成保护层开采过程中地应力场的演化规律分析,并通过应力和渗透率之间的关系研究瓦斯在不同方向的渗流规律。为了保证计算的真实性,可以通过现场实测数据修正模型,以便为现场工程提供理论指导。

6.3　应力方向对巷道掘进头的影响

掘进头的应力和位移的分布状态将会直接影响巷道掘进的瓦斯动力灾害危险性，通过分析不同原岩应力条件下巷道掘进过程中的应力、位移、破坏区等的分布规律，进而判断煤矿瓦斯动力灾害危险性。

6.3.1　研究方法

FLAC3D(Fast Lagrangian Analysis of ontinuain 3 Dimensions)为显式有限差分程序，是目前三维空间岩土力学计算中重要数值方法之一，能求解三维岩土工程中非线性大变形问题，在采矿工程、岩土工程、隧道工程等多个领域中得到广泛应用[61]。本节采用该软件研究巷道在不同三向应力场、不同采掘速度条件下掘进过程中的应力分布及演化规律，并通过现场测试进行试验验证。虽然地应力在不同区域差异较大，但是一般在同一地质单元内基本稳定，因此为了分析地应力和位移在巷道掘进过程中的演化规律，认为在巷道周围的原岩应力相同。

建立的数值计算模型和网格方式以及掘进过程如图 6-11 所示。

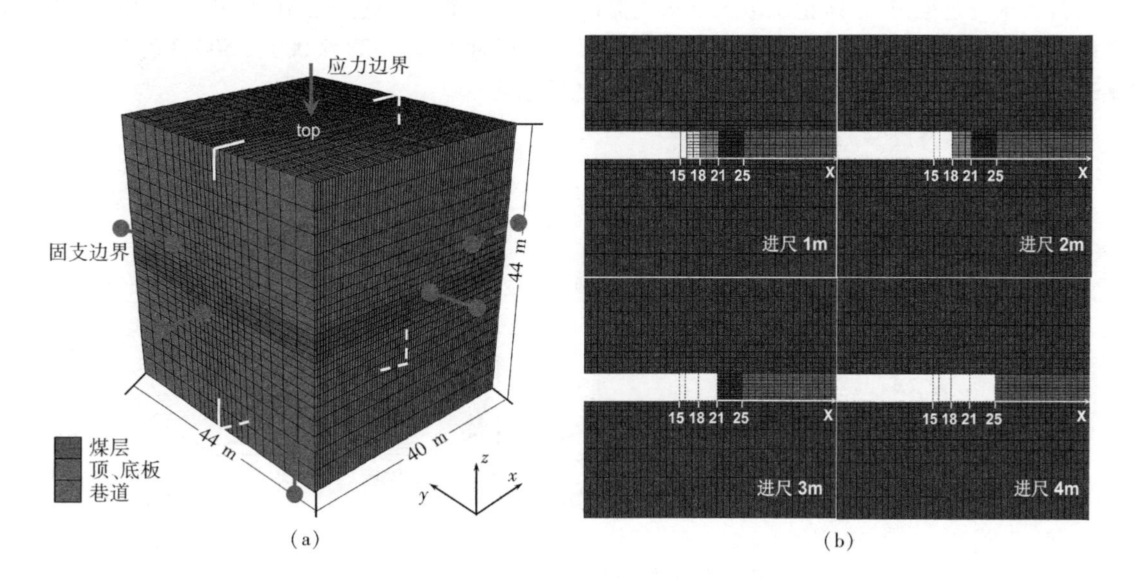

图 6-11　模型和巷道掘进过程

(a) 模型网格方式及边界条件；(b) 巷道掘进过程

模型长宽高分别为 44 m、40 m、44 m，掘进的巷道为 4 m 宽、4 m 高的方形。模型的四个侧面和底面为滚支边界，节点可以在平面上作滑移运动但是不能沿垂直于平面方向运动。模型的顶部为压力边界，压力和原岩应力相同。煤岩强度参数如表 6-2 所列，同时假设煤岩为弹塑性，并服从莫尔—库伦破坏准则。

表 6-2　数值模拟参数

参　数	体积模量/GPa	剪切模量/GPa	摩擦角/(°)	黏聚力/MPa	抗拉强度/MPa	密度/(kg/m^3)
煤　层	1	0.3	28	0.8	0.8	1 300
顶、底板	2	0.6	33	1	1	2 000

为了研究不同原岩应力和不同循环进尺对巷道掘进头前方应力分布和演化规律的影响，共分析了四种不同原岩应力和四种不同循环进尺条件下巷道掘进头前方的应力分布及演化规律，共进行了16次计算分析，研究方案如表6-3所列。四种原岩应力分别为：① 三向应力都为10 MPa；② x 向应力为20 MPa且平行于掘进巷道，y 和 z 向应力都为10 MPa；③ y 向应力为20 MPa且垂直于掘进巷道，x 和 z 向应力都为10 MPa；④ z 向应力为20 MPa且垂直于掘进巷道，x 和 y 向应力都为10 MPa。在上述四种原岩应力条件下，巷道循环进尺分别为1 m，2 m，3 m，4 m，共计16种方案。

表6-3 研究方案和原岩应力参数

巷道循环进尺/m	1			2			3			4		
原岩应力方向	x	y	z	x	y	z	x	y	z	x	y	z
原岩应力值/MPa	10	10	10	10	10	10	10	10	10	10	10	10
	20	10	10	20	10	10	20	10	10	20	10	10
	10	20	10	10	20	10	10	20	10	10	20	10
	10	10	20	10	10	20	10	10	20	10	10	20

在巷道掘进过程中，连续记录最大不平衡力以便确定模型是否达到平衡，当最大不平衡力达到了一个稳定的较小值，就表明计算模型达到了平衡状态。在时步为1 500、2 000、2 500、3 000时，巷道依次掘进1 m、2 m、3 m、4 m，最大不平衡力如图6-12所示。

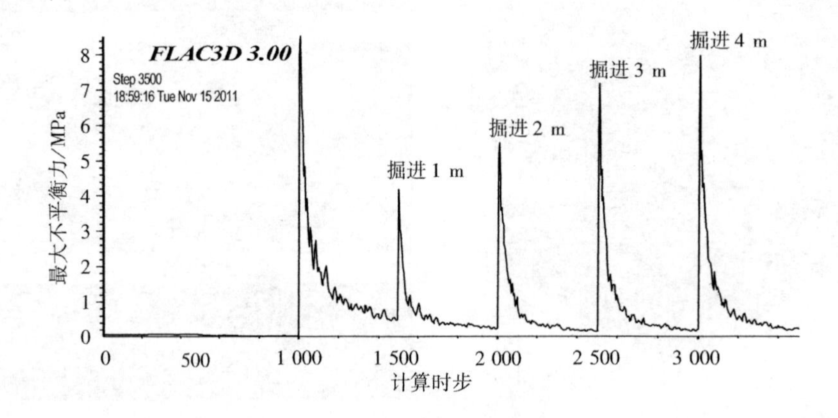

图6-12 最大不平衡力随巷道掘进过程的演化

最大不平衡力在每次巷道掘进之后迅速降低，并迅速稳定，每次巷道掘进都是在上次掘进基本平衡之后进行，表明模型计算过程正确。

6.3.2 应力分布

巷道掘进将会破坏应力平衡状态，最终导致围岩应力重新分布，并产生应力集中和卸压区，对瓦斯动力灾害和巷道支护都产生显著影响，当最大原岩应力垂直或平行于巷道时，在巷道掘进头前方和周围产生的应力分布有显著差异，如图6-13所示，图中单位为Pa。

瓦斯动力灾害大多发生在巷道掘进头，因此巷道掘进头前方应力分布对瓦斯动力灾害影响最显著。从图中应力分布可以看出，当最大应力垂直于巷道轴向时，巷道掘进头前方三向都产生了显著的应力集中；而当最大应力平行于巷道轴向时，巷道掘进头前方三向全部处于卸压状态，仅在巷道周围产生轻微的应力集中。

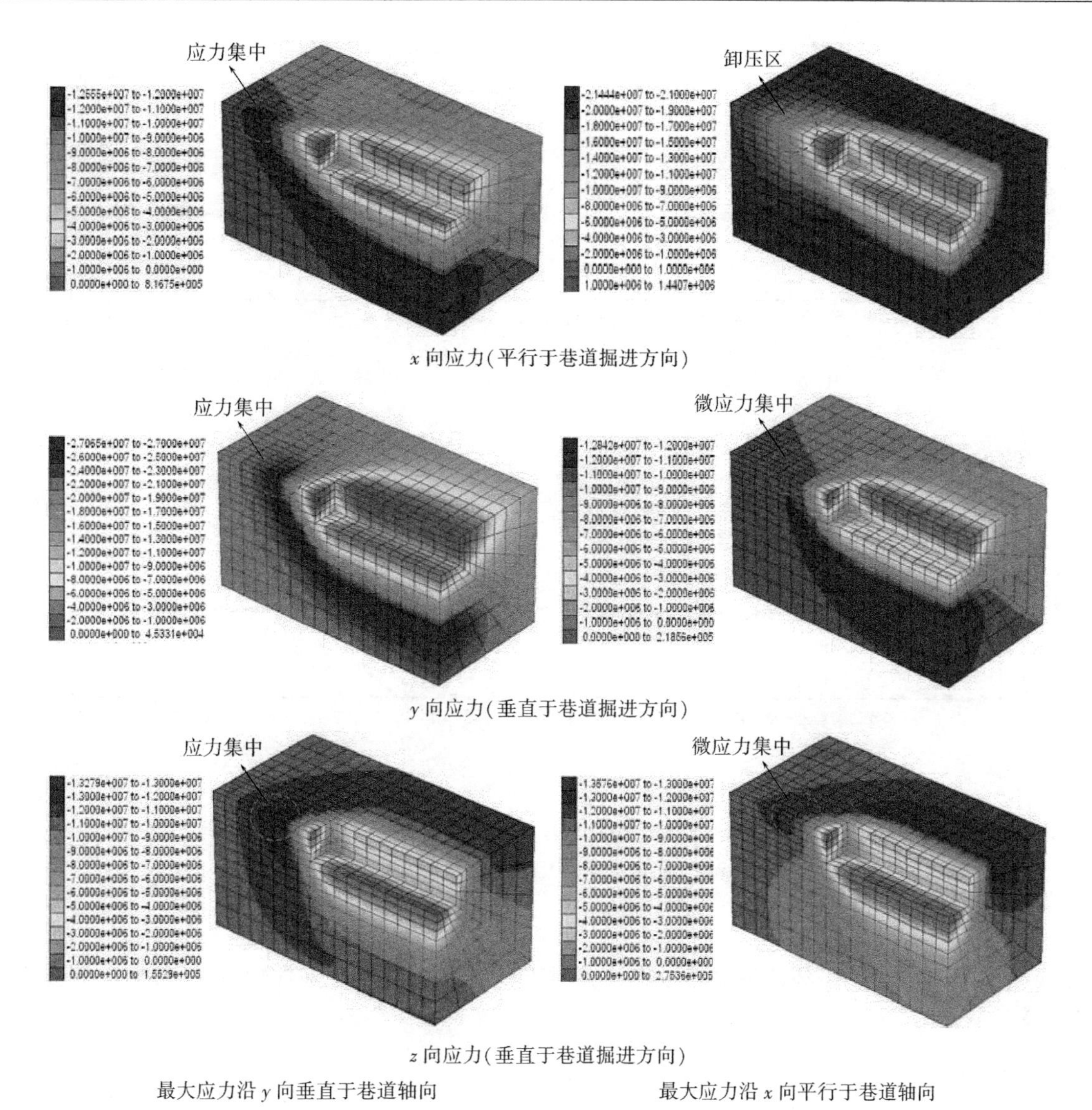

图6-13　不同原岩应力分布条件下围岩应力分布

图6-14 中给出了在 x、y 和 z 三向原岩应力比分别为 1∶1∶1,2∶1∶1,1∶2∶1 和 1∶1∶2 条件下巷道掘进头前方三向应力分布规律。可见,在同一应力场下巷道沿不同方向掘进时,在掘进头前方应力分布差异显著,有的产生了显著的应力集中,而有的无应力集中。

当原岩三向应力为 10 MPa 时,如图 6-14(a)所示,巷道前方 1.5 ~2 m 处沿 y 和 z 向应力集中到约 13 MPa,应力集中系数约 1.3;当最大应力沿 y 方向垂直于巷道时,如图 6-14(c)所示,在巷道前方 2.5 ~3 m 处 y 向产生应力集中到约 25 MPa,应力集中系数约 1.25;当最大应力沿 z 方向垂直于巷道时,如图 6-14(d)所示,在巷道前方 2.5 ~3 m 处沿 z 向产生应力集中到约 26 MPa,应力集中系数约 1.3;当最大应力沿 x 方向平行于巷道轴向时,如图 6-14(b)所示,在巷道前方基本上不产生应力集中,在巷道掘进头前方 2.5 m 以内,x 向应力小于垂直于巷道轴向的 y 和 z 方向应力,并随着远离巷道,应力逐渐趋于原始状态。

总之,当巷道平行于最大应力方向时,巷道掘进头前方无应力集中,且应力梯度较小;当最大应力方向垂直于巷道时,应力在短距离内迅速增大,在巷道前方约 2.5 ~3 m 产生显著应力集中,应力梯度

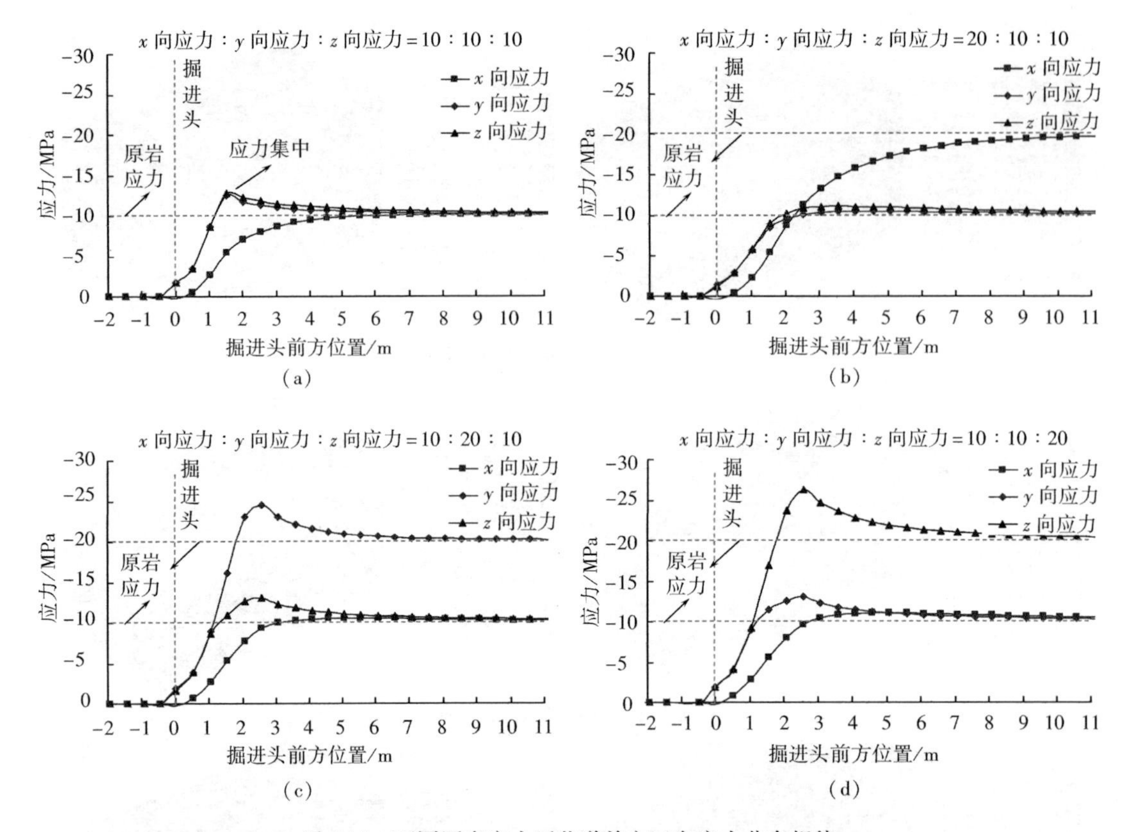

图 6-14　不同原岩应力下巷道前方三向应力分布规律

(a) 各向应力相等;(b) 最大应力沿 x 方向平行于巷道;

(c) 最大应力沿 y 方向垂直于巷道;(d) 最大应力沿 z 方向垂直于巷道

较大,对煤岩体的位移和破坏产生显著影响,其潜藏的瓦斯动力灾害危险性较最大应力平行于巷道时要大许多。

6.3.3　位移分布

巷道沿不同方向掘进时,掘进头前方应力分布的差异将影响煤岩体的运移,掘进头前方不同位置处沿巷道轴向位移如图 6-15 所示。

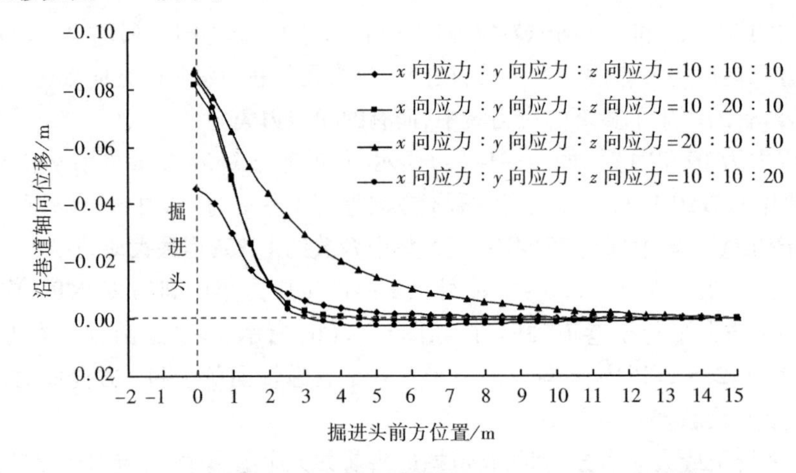

图 6-15　不同原岩应力下巷道掘进头前方不同位置处煤岩位移

从图6-15中可见，当最大应力垂直于巷道轴向时，掘进面上最大位移达到约8.5 cm，在掘进头前方3 m之内煤岩体迅速位移，而3 m之外位移量迅速降低。这是因为3 m之内的应力梯度较大，迫使煤岩体沿巷道轴向运移，而巷道掘进头前方2.5～3 m处的应力集中阻止了3 m之外煤岩体向外运移。而当最大应力沿巷道轴向时，由于巷道掘进头前方无应力集中，掘进头前方10 m以内的煤岩体都较均匀地沿巷道轴向位移，掘进面上最大位移达到了约9 cm；而当三向应力相等且较小时，产生的应力集中也较小，不能显著阻止深处煤岩体运移，巷道前方约5 m内的煤岩体都沿巷道轴向运移，最大位移达到约5 cm。此外，当最大应力垂直于巷道并产生应力集中时，2 m以内煤岩的位移梯度非常大，平均位移梯度达约4 cm/m，而当最大应力沿巷道轴向时，3 m以内的平均位移梯度为约2 cm/m，当三向应力相等时，3 m内的平均位移梯度为约1.3 cm/m。

当最大应力垂直于巷道时，在巷道掘进头2.5～3 m之内的应力集中阻碍了深部煤岩体的运移，但却迫使掘进头近处煤岩体迅速位移。在这种情况下掘进巷道时，每次进尺后都会产生较大且较强烈的扰动，对防突极为不利。而当最大应力平行于巷道时，掘进头较远范围内的煤岩体都产生了较为均匀的运移，在巷道掘进的瞬间扰动不强烈，有利于防治突出。

6.3.4 透气性分布

研究表明，三向应力的改变会致使三向渗透率改变，根据式(6-7)所示的应力与透气性关系，得到巷道掘进头前方透气性分布规律如图6-16所示。

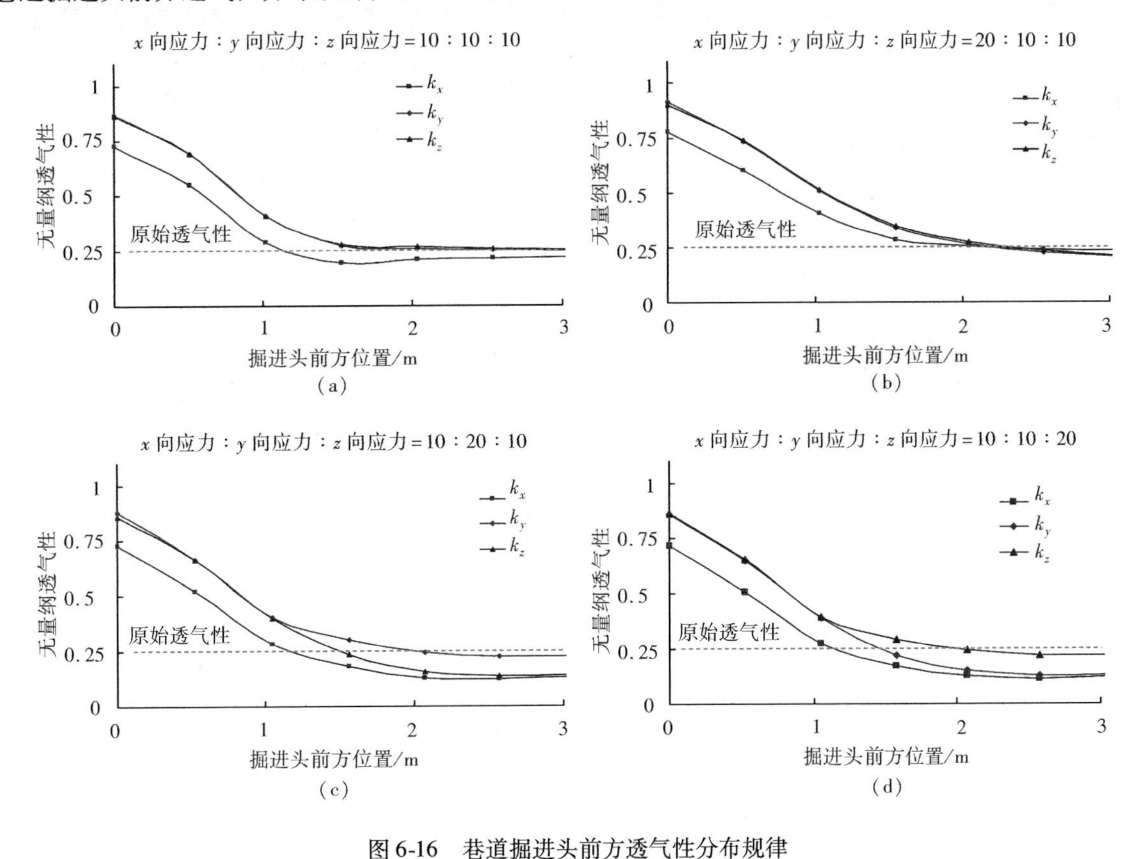

图6-16 巷道掘进头前方透气性分布规律

(a) 各向应力相等；(b) 最大应力沿x方向平行于巷道；

(c) 最大应力沿y方向垂直于巷道；(d) 最大应力沿z方向垂直于巷道

由于煤层中瓦斯主要沿巷道轴向（x 向）流入采掘空间，沿巷道轴向透气性将显著影响瓦斯释放速度。从图 6-16（c，d）中可见，当最大应力垂直于巷道轴向时，沿巷道轴向透气性 k_x 比 k_y 和 k_z 都小，这不利于瓦斯沿巷道轴向流动。同时从图 6-17 可见，当最大应力平行于巷道轴向时，沿巷道轴向透气性 k_x 较大，有利于瓦斯释放。

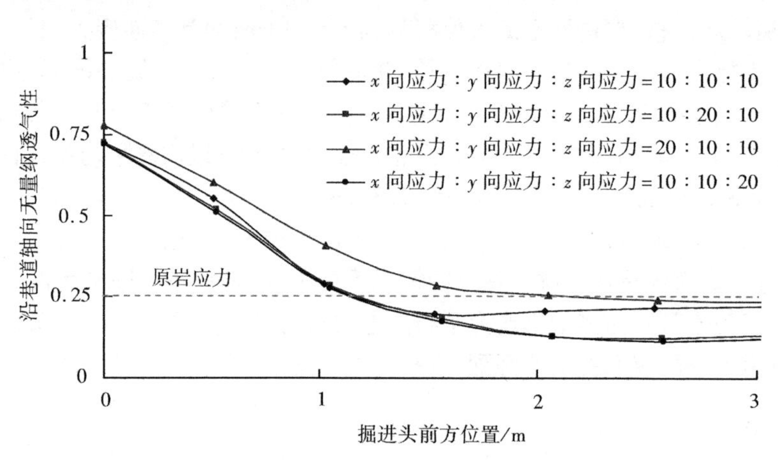

图 6-17　不同应力状态下沿巷道轴向透气性分布规律

沿巷道轴向透气性降低将阻碍瓦斯向掘进头流动，可以在巷道掘进头前方较近位置保持较高的瓦斯压力和瓦斯含量。前人研究表明，当巷道掘进头前方瓦斯压力或含量梯度较大时，瓦斯压力和含量会迅速增大并趋于原始状态，动力灾害危险性较大，如图 6-18 所示[62,63]，当掘进头前方瓦斯压力和含量梯度越小，动力灾害危险性也越小。

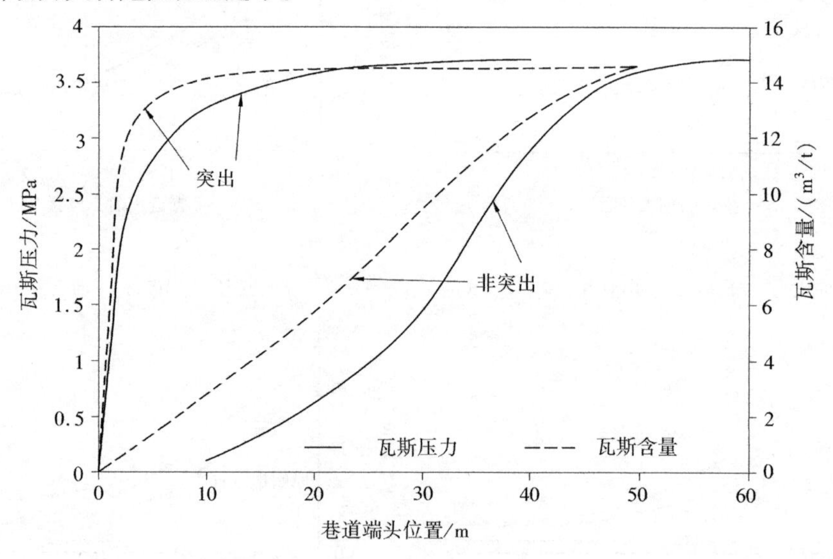

图 6-18　突出与非突出条件下巷道掘进头前方瓦斯压力、含量分布

当最大应力垂直于巷道时，在掘进头前方沿垂直于巷道产生应力集中，使得掘进头煤岩体内瓦斯压力、含量和其梯度都较大，动力灾害危险性仍然较大。

6.4　循环进尺对瓦斯动力灾害的影响

巷道掘进过程中，掘进头应力和位移的演化规律将影响动力灾害危险性。一般认为，应力降低速度越快能量释放越快，煤岩体运移越迅速，动力灾害危险性也就越大。

巷道掘进头前方应力和位移在掘进过程中的演化规律除了受到原岩应力状态的影响之外，还将受到巷道布置及循环进尺长度等的影响。为了研究原岩应力和循环进尺长度对煤巷掘进动力灾害危险性的影响，本节研究在上述四种应力分布状况下，并在不同循环进尺长度（巷道一次掘进不同深度）时，掘进头前方煤岩体内应力和位移的演化规律，如图 6-19 所示。在 1 500，2 000，2 500，3 000 时步时循环进尺长度分别为 1 m，2 m，3 m，4 m，并记录掘进后巷道掘进头前方 0.5 m 位置处的地应力和位移的演化规律。

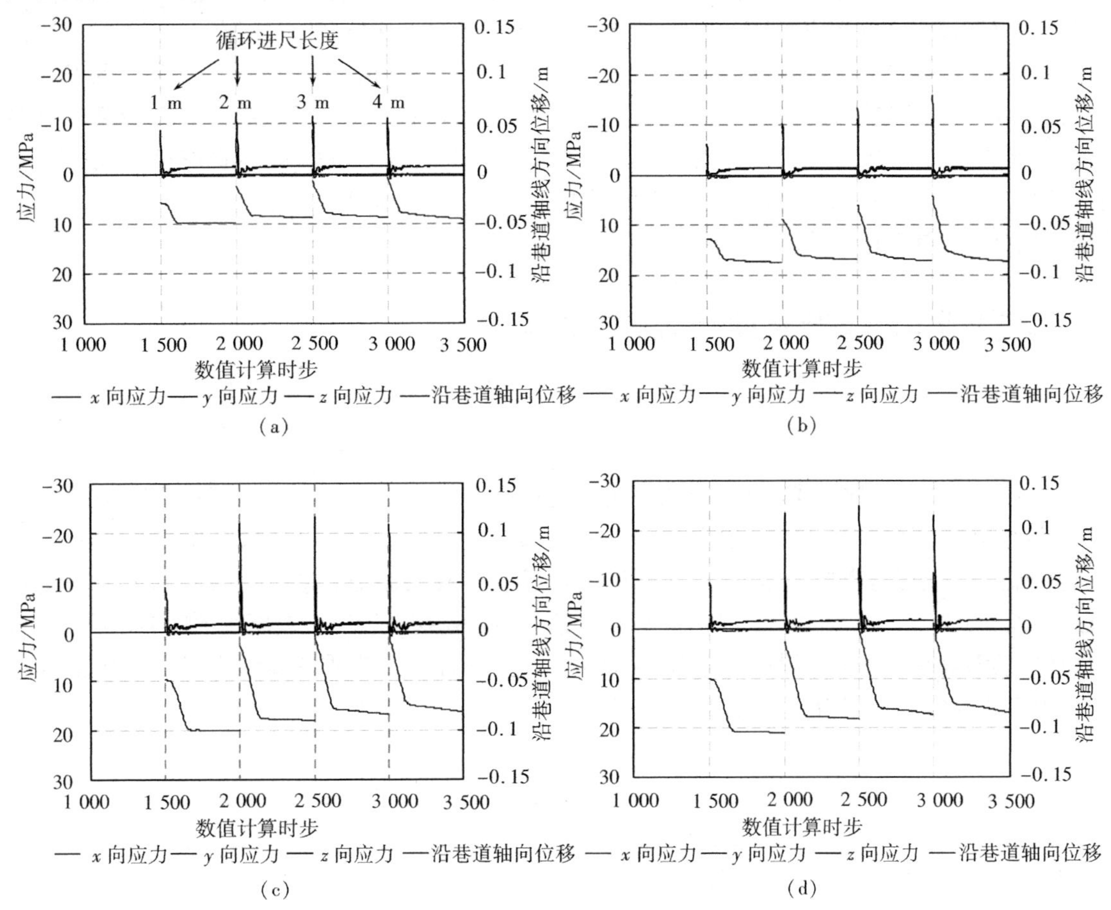

图 6-19　不同原岩应力不同进尺下巷道掘进头前方应力和位移演化规律

(a) 各向均等应力；(b) 最大应力沿 x 方向平行于巷道；
(c) 最大应力沿 y 方向垂直于巷道；(d) 最大应力沿 z 方向垂直于巷道

图 6-19 中可见，巷道每次进尺之后，掘进头前方应力都会迅速降低，并且迅速位移，这表明巷道每次掘进都会导致巷道掘进头前方能量的释放，这将产生冲击，形成裂隙，破坏煤岩体，并可能诱导瓦斯动力灾害，冲击能量越大诱导动力灾害的可能性就越大。

如图 6-19(c，d)所示，当各向应力不等，且最大应力方向垂直于巷道轴向、循环进尺为 3 m 时，新暴露的煤壁恰好处于未掘进时应力集中峰值位置，此时巷道掘进头前方煤岩体的应力降低迅速，从接近 25 MPa 迅速降低到约 3 MPa，在应力突变的过程中，煤岩体呈现峰后破坏状态，原本处于煤岩体内的弹性潜能和瓦斯膨胀能都迅速释放，形成冲击并破坏煤岩体，与此同时煤岩体迅速向巷道自由空间内运移，很容易诱导动力灾害。当巷道循环进尺终点位置远离应力集中峰值时，应力变化量减小，冲击也减小，巷道一次掘进 1 m 时应力变化最小。当各向应力相等时，如图 6-19(a)所示，由于最大应力集中发生在巷道掘进头前方 2 m 位置，所以当一次掘进 2 m 时，应力变化最大。由图 6-19(b)可知，当最大应力平行于巷道轴向时，在巷道前方将不产生应力集中，最大应力在巷道掘进头前方梯度较小，并随着远离巷道而缓慢趋于原始状态，巷道一次循环进尺之后巷道掘进头前方煤岩体应力降低速度较慢，而且位移比较缓慢，因此释放能量较小，动力灾害危险性也较小。

通过上述分析总结得出，当最大应力垂直于巷道时，在掘进头前方产生显著的应力集中，巷道进尺之后巷道掘进头前方煤岩体的应力、位移变化显著，当循环进尺一次掘进到应力集中峰值位置时，应力降低速度最快，煤岩体运移最快，造成的冲击也最大，容易诱导动力灾害。而当最大应力沿巷道轴向时，巷道掘进头前方无应力集中，掘进后应力突变较慢，动力灾害危险性较小。

此外，当巷道掘进一次进尺长度小于掘进头距离应力集中峰值的长度时，即循环进尺长度小于 2.5 m，循环进尺长度越小，应力突变越小，煤岩体运移速度也越慢，能量释放越少，动力灾害危险性也越小。因此，在强动力灾害危险性区域掘进巷道时，循环进尺长度要减小，降低掘进速度，以便减小掘进后产生的能量冲击；在动力灾害危险性不大或者无动力灾害危险性区域掘进巷道时，循环进尺长度可以适当增减，提高掘进速度。

6.5 煤层倾角对煤巷瓦斯动力灾害的影响

6.5.1 研究方法

应用 FLAC3D 模拟软件建立煤矿井下巷道掘进过程中的煤岩层数值模拟模型，按照煤层倾角不同，一共建立 7 个模型，煤层倾角分别为 0°、5°、10°、15°、20°、25°、30°。模型尺寸统一为 80 m×80 m×80 m，分成三层，上层为煤层顶部岩层，中间为煤层，下层为煤层底部岩层。煤层厚 4.2 m，于煤层中部掘进巷道，巷道宽 5 m，巷道中间部分高 3.2 m，顶面直接挖掘至岩层。在模型顶部的岩层顶面设置应力边界，模型其余 5 个面设置位移边界，模型如图 6-20 所示。根据矿井实测地应力数值，设定模型的地应力为 20MP，煤岩层力学参数如表 6-4 所列。

表 6-4　煤岩层力学参数表

分类	弹性模量/GPa	泊松比	内摩擦角/(°)	黏聚力/MPa	密度/(kg/m^3)
煤层	2	0.35	20	0.3	1 350
岩层	10	0.3	25	2	2 500

本模拟中，模型长度 80 m，巷道在煤层中掘进 40 m。其中前 25 m 位于模型的边缘部分，存在边界效应，不适合用来进行细致的分析，故采取快速掘进，只进行 3 次演算。之后的 15 m 处于模型中部，且网格密度大，精准度高，每掘进一米进行一次演算。于巷道掘进 40 m 处，沿垂直于巷道的方向，在煤层中布置 61 个测点，相邻测点间间隔 1 m，记录煤层中应力与位移的变化，如图 6-21 所示。

6.5.2 掘进头应力分析

巷道掘进过程中往往会产生应力集中区，应力集中区是巷道周围应力值较大的点的集合，应力集

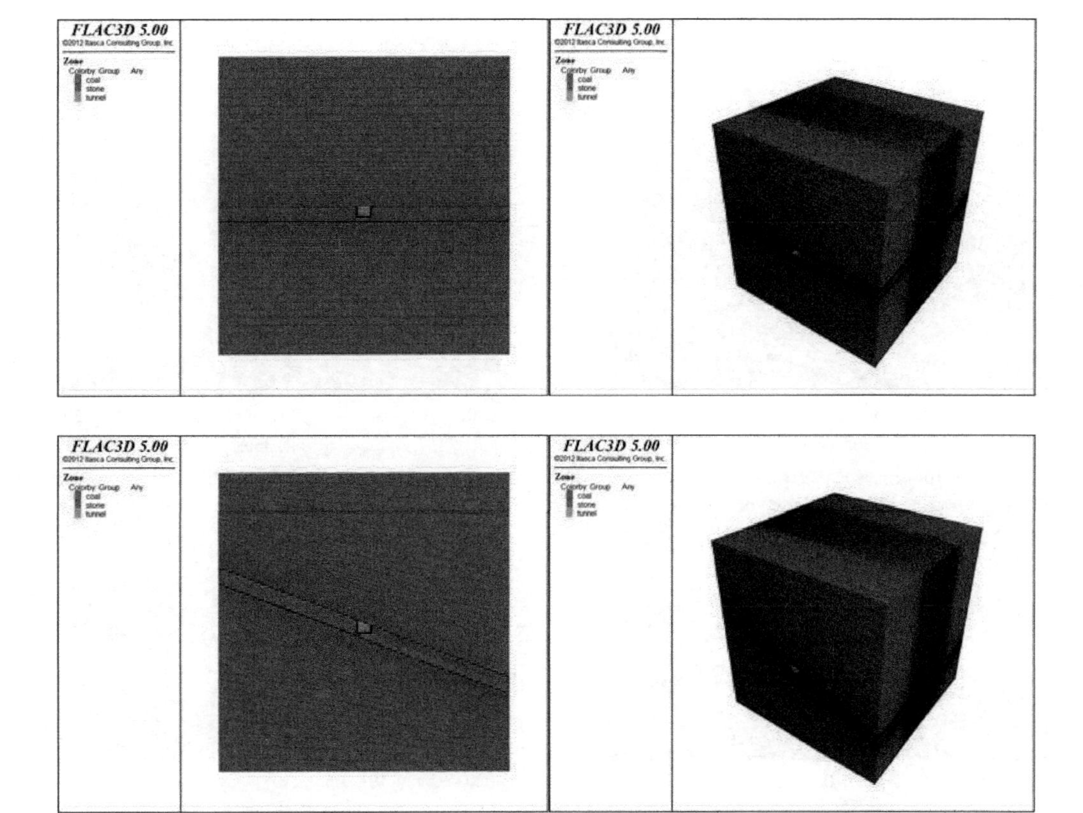

图 6-20　倾角煤层为 0°与 20°的煤巷掘进数值模拟模型示例图

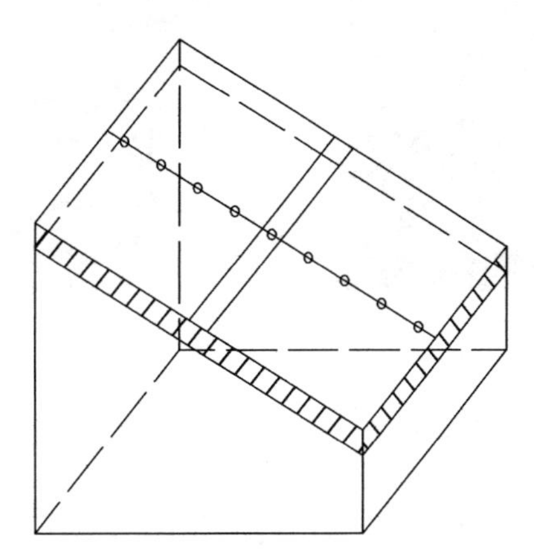

图 6-21　煤层测点布置示意图

中区的面积大小、位置以及最大应力值的高低可以反映突出发生的概率以及突出可能发生的位置。通过对不同煤层倾角下最大应力的大小、应力集中区域的面积以及位置变化的对比分析，便能够了解不同煤层倾角下煤巷周围发生突出危险的可能性大小以及可能发生突出事故的位置，进而可以研究煤层倾角对于突出事故的影响效果。

6.5.2.1　掘进头剖面应力分布状态分析

通过软件导出掘进头剖面上的应力云图，并制作应力三维图，如图 6-22 与图 6-23 所示。对单独一张应力图进行分析，可以发现掘进头剖面的应力分布呈现双峰配深谷的分布规律。掘进巷道部分由于煤被挖掘移走，所以这一区域的应力值为 0，在应力三维图上形成一个深谷。向掘进巷道两边的

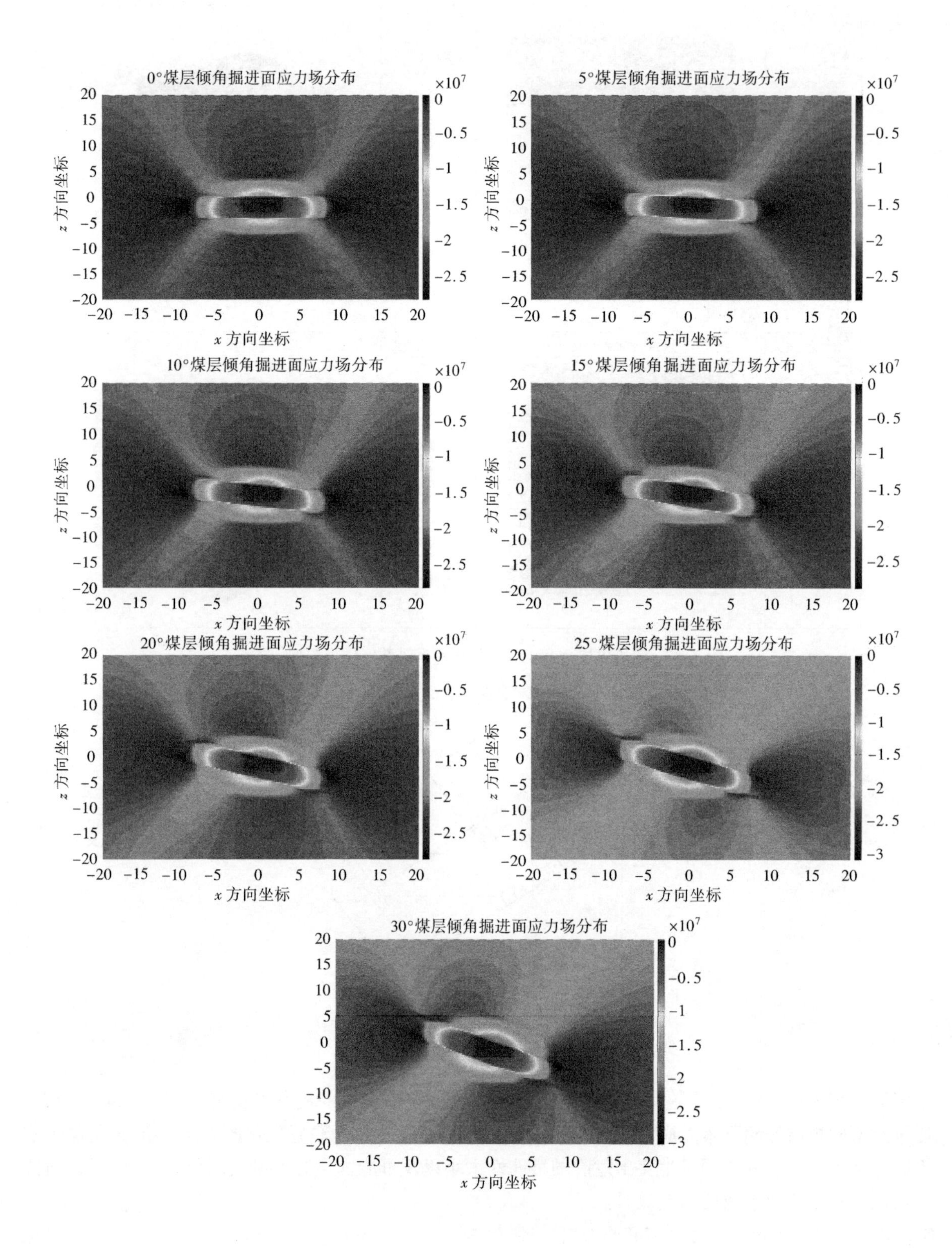

图6-22　各煤层倾角下巷道掘进头剖面应力平面云图

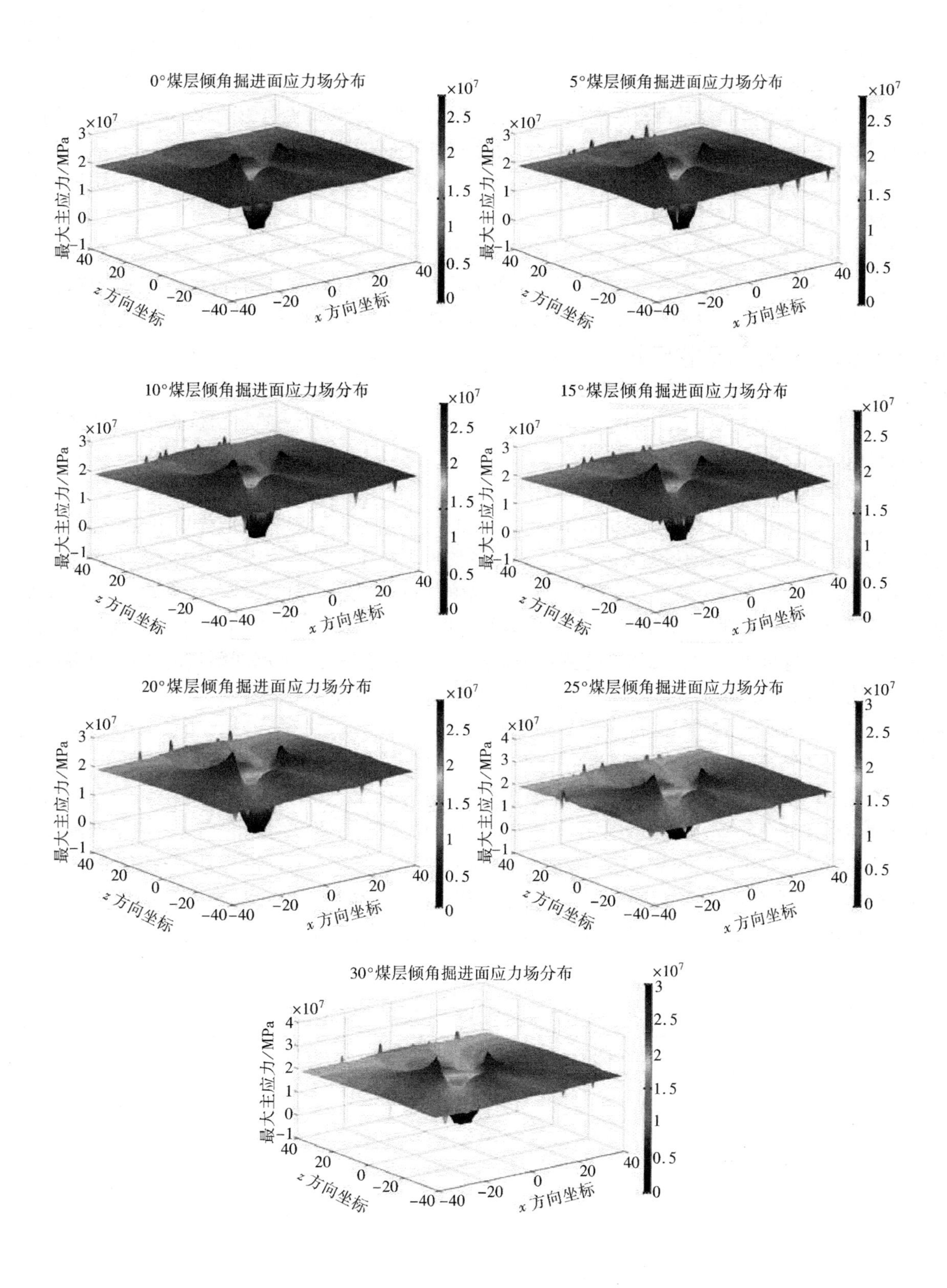

图 6-23　各煤层倾角下巷道掘进头剖面应力三维图

煤层观察,随着距离掘进巷道距离的增大,煤层应力逐渐增大,并在距离掘进巷道一定距离的区域达到最大值,在应力三维图上形成两个高耸的山峰,这是由于掘进破坏了煤层的原始应力平衡,使得巷道周围的应力逐渐聚集。而当距离掘进巷道的距离超过应力峰值的位置之后,煤层应力就逐渐下降直至达到一个稳定的值。这是由于距离掘进巷道距离远的煤层受巷道掘进影响较小。观察巷道周围的岩层区域可以发现,除了靠近掘进巷道的区域由于受巷道挖空影响使得应力值较小以外,岩层的应力值普遍维持在一个较为稳定的区域,在应力三维图上表现为一片平原状态,这是由于岩层硬度较大,应力状态不易受巷道掘进影响。

对不同煤层倾角下的应力图进行对比分析可以发现,即使煤层倾角逐渐增加,掘进头剖面的应力分布还是呈现相似的分布特点,依然呈双峰配深谷的状态,只是整体以掘进巷道为中心进行旋转,双峰总是处于煤层之中。这说明不管煤层倾角如何变化,巷道周围的突出还是主要发生于煤层之中,巷道周围的岩层发生突出的危险较小。

6.5.2.2 掘进头剖面应力集中区位置分析

由于从应力云图以及应力三维图上不能直观地测量出应力集中区域的精确位置,因此需要其它的手段对应力集中区域的位置进行定位。

将巷道掘进过程中的各测点记录的最大应力 smin 曲线(由于记录的应力为负值,故 smin 为最大应力)绘制于同一坐标系,其中 smin 曲线取得最大值的测点即是应力集中点,应力集中点总是位于应力集中区域的中间部位,因此根据应力集中点对应的测点坐标便能够定位应力集中区域的位置。由于巷道上下帮各存在着一个应力集中区,故对上下帮的 smin 曲线分开进行统计。图 6-24 与图 6-25 分别为各煤层倾角下巷道上、下帮测点 smin 曲线统计图。在曲线的末段,图中有若干测点的应力值大幅度下降甚至降低为 0,这是因为这些测点是布置于巷道掘进路线上或路线附近的,当巷道掘进到这些测点附近时,测点的应力受掘进影响便突然下降。而当掘进通过测点时,测点的应力便降低为 0。

统计各煤层倾角下应力集中区域距离掘进巷道壁的距离,将其绘制成表 6-5。从表中可以看出,随着煤层倾角的增大,掘进巷道上帮的应力集中区域与巷道壁的水平距离一直保持在 6.5 m 左右,不过由于随着煤层倾角的增大,应力集中点与巷道的标高差距拉大,所以两者的直线距离是渐渐变大的。而下帮的应力集中区域的变化则比较明显,无论水平距离还是直线距离都是不断缩小的。总的而言,随着煤层倾角的增加,巷道周围煤层中的应力集中区域整体呈现沿着煤层往巷道上帮迁移的趋势。这说明随着煤层倾角的增加,巷道周围突出发生的可能区域逐渐往巷道上帮的煤层中迁移。

表 6-5 各煤层倾角应力集中区与掘进巷道壁的距离表

煤层倾角/(°)	巷道上帮应力集中点距离/m		巷道下帮应力集中点距离/m	
	水平距离	直线距离	水平距离	直线距离
0	6.5	6.50	7	7.00
5	6.5	6.52	7	7.03
10	6.5	6.60	6.5	6.60
15	7	7.25	6	6.21
20	6.5	6.92	6	6.39
25	7	7.72	5.5	6.07
30	6.5	7.51	5	5.77

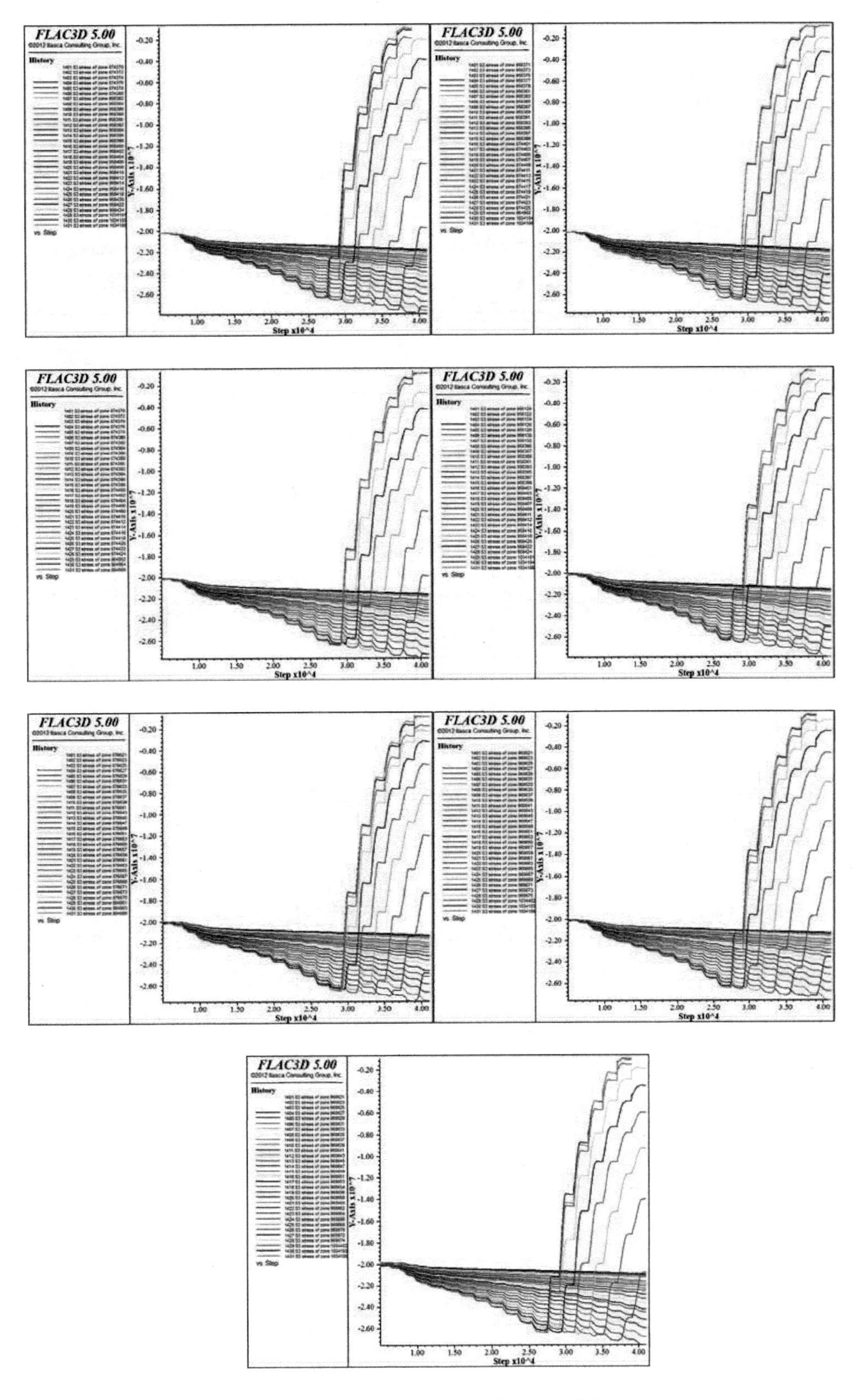

图 6-24　各煤层倾角下巷道上帮测点 smin 曲线统计图

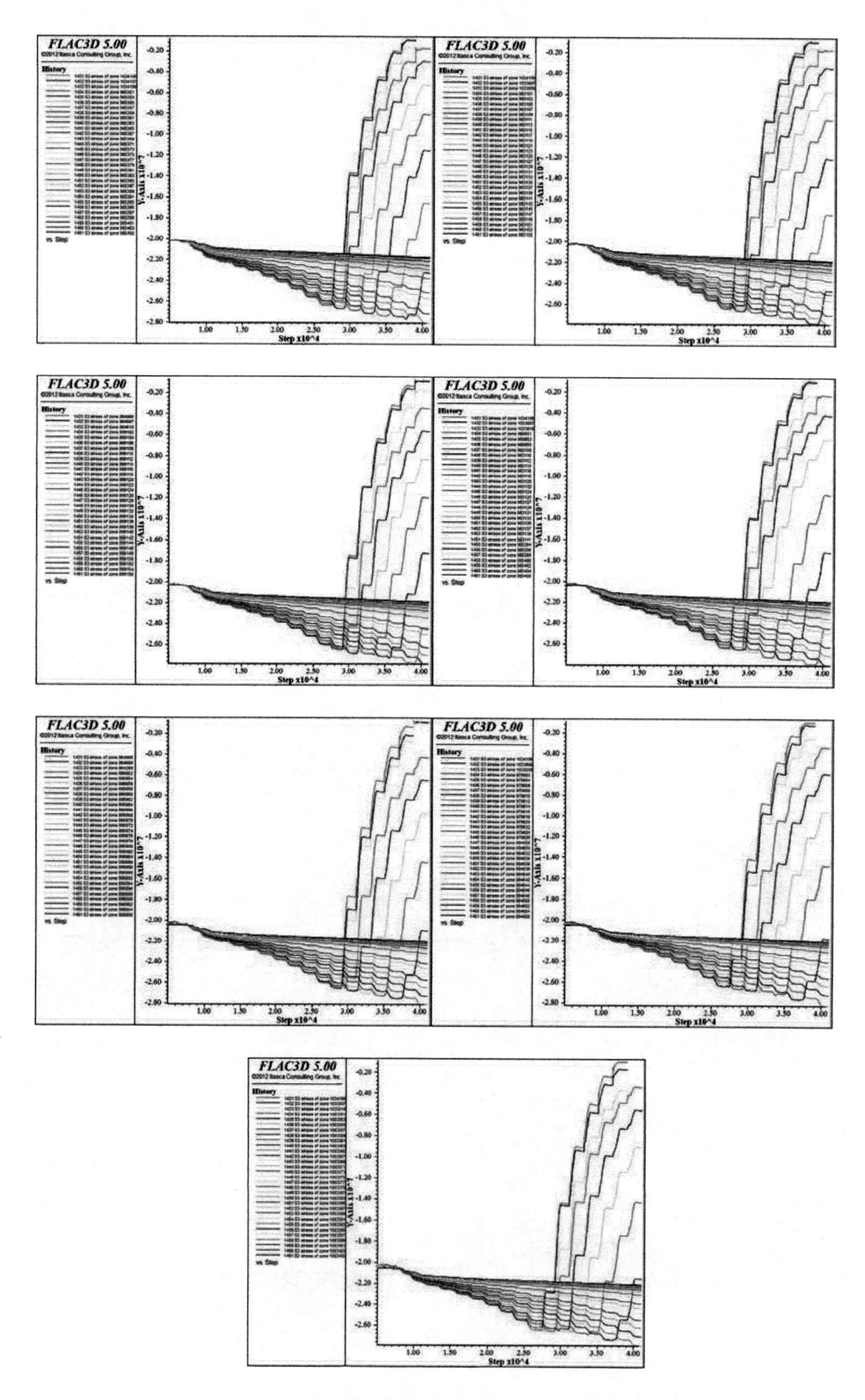

图 6-25　各煤层倾角下巷道下帮测点 smin 曲线统计图

6.5.2.3　掘进头剖面最大应力值分析

在煤巷掘进过程中,应力集中点并不一定就是突出发生的位置,但是最大应力值的大小能在一定程度上反映突出发生的可能性的大小,因此对不同煤层倾角下的巷道周围的最大应力值进行分析可以判断煤层倾角对巷道周围突出事故发生可能性的影响效果。

通过 FLAC3D 导出的各煤层倾角下巷道掘进头剖面应力云图,记录了各煤层倾角下掘进头剖面周围的应力值。观察其中的最大应力值,可以发现,随着煤层倾角的增大,掘进头剖面上的最大应力从$-2.986\ 5\times10^{7}$到$-3.126\ 5\times10^{7}$逐渐增加,增加量约为 4.7%,平均煤层倾角每增加 1°,最大应力值便增加 0.16%。因此从最大应力这一方面进行考虑,随着煤层倾角的增大,巷道周围的突出危险性有所增加。

综合掘进头应力分布、应力集中区域、最大应力值等方面的分析可以得出以下三条结论:

① 不论煤层倾角如何变化,煤巷掘进过程中巷道周围突出危险主要发生于煤层中,岩层中突出发生危险较小。

② 随着煤层倾角的增大,掘进头周围发生突出的概率有所上升。

③ 随着煤层倾角的增大,巷道周围突出发生可能性较大的区域逐渐往巷道上帮的煤层中聚集。

6.5.3　掘进头位移分析

6.5.3.1　掘进头剖面大位移区域分布分析

巷道掘进过程中,由于煤岩层的原始应力状态遭到破坏,煤岩层往往会产生一定程度的位移。如果一个部位的位移量过大,便有发生突出的危险性,所以分析掘进头周围的位移量也是判断突出危险性的一个有效方法。

在掘进头处作垂直于巷道的剖面,并导出剖面上的位移云图,如图 6-26 所示。从图 6-26 中可以发现,巷道周围的大位移区域主要集中在巷道的底板与左右壁,且主要分布于煤层中,岩层中的位移都很小。从总体上观察,随着煤层倾角的增大,巷道周围的大位移区域总面积是逐渐扩大的,且巷道上帮与底板附近产生大位移的范围越来越大,而巷道下帮附近产生大位移的范围逐渐缩小。

在煤层倾角为 0°时,由于煤岩层是左右对称的形状,所以巷道周围的位移量区域也是对称的,大位移区域均匀地分布在巷道的上下帮与底板附近。但是随着煤层倾角的增大,巷道周围的大位移量区域逐渐向上帮迁移,这使得巷道上帮的突出危险性逐渐增大,下帮的突出危险性则逐渐缩小。而从大位移区域的范围上观察可以发现,不管煤层倾角如何变化,上帮的大位移区域总是从上帮巷道壁高度的 1/4 处开始,至巷道壁高度的 5/8 处结束。而巷道底板的大位移区域总是位于底板长度的1/4 ~ 3/4 这一区域。

通过对巷道周围大位移量区域的分析可以得出:随着煤层倾角的增大,巷道周围的突出危险区域逐渐往巷道上帮方向聚集,而巷道壁与底板突出发生可能性最大的区域比例保持不变。

6.5.3.2　掘进头剖面最大位移量分析

大位移区域的范围能够反映突出事故可能发生的位置,而最大位移量的大小则可以反映突出事故发生的概率大小。通过观察不同煤层倾角下的位移云图,比较其最大位移量可以发现:随着煤层倾角的增大,最大位移的大小也逐渐增大。但是位移的增量并不明显,从 0°时的 15.084 cm 到 30°时的 15.254 cm,只增加了 0.17 cm。也就是说煤层倾角的变化对巷道周围最大位移量有一些影响,但是并不明显。

6.5.3.3　掘进头剖面位移量、位移量增量分析

由于最大位移量的变化不明显,因此继续对掘进头周围煤层的位移量以及位移量增量进行分析。由之前的分析可知,位移量较大的区域主要集中于巷道上帮,因此导出巷道上帮距离掘进头较近的 7

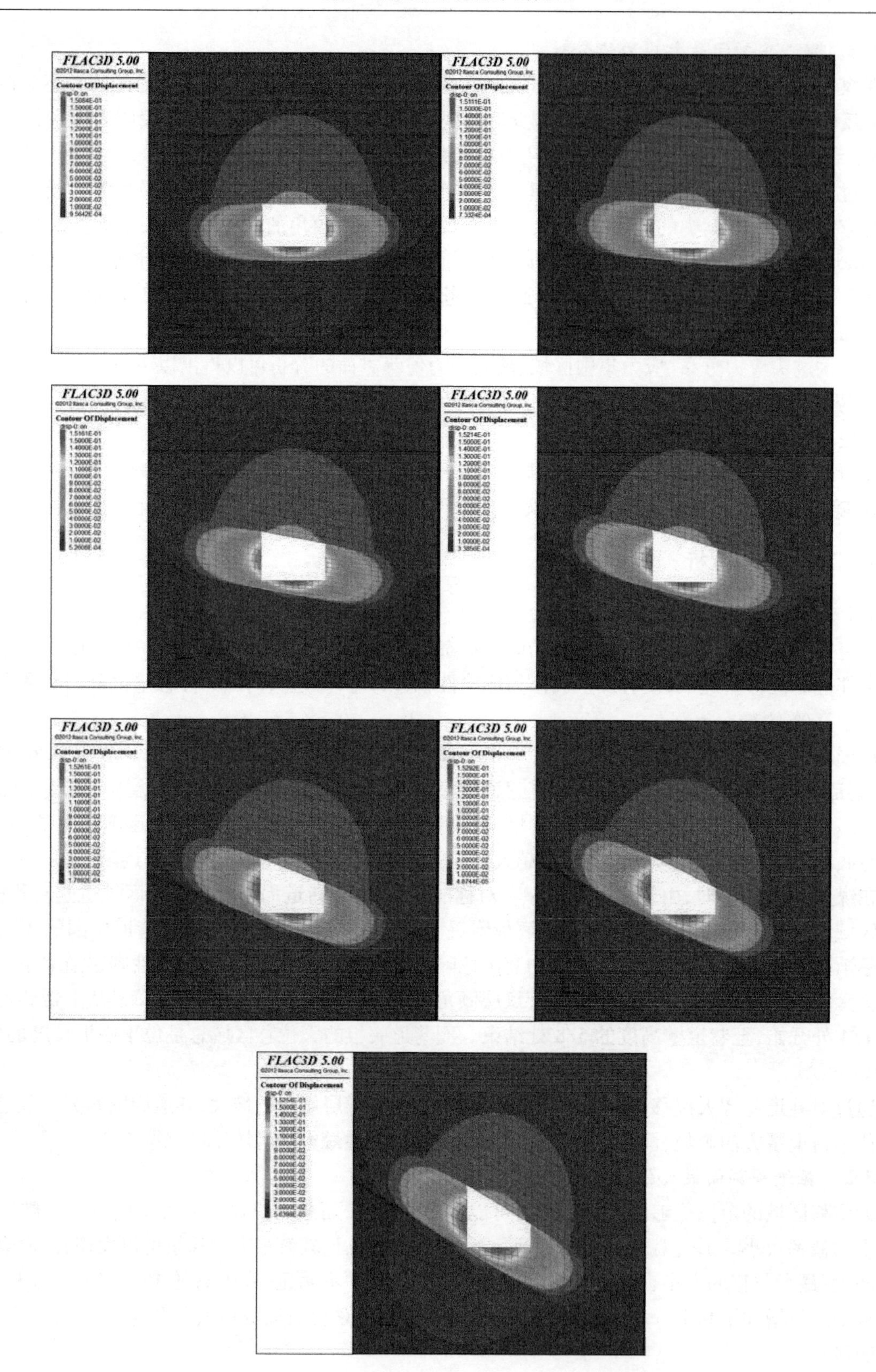

图 6-26　各煤层倾角下掘进头剖面位移云图

组测点的位移量数据并绘制成曲线图,如图 6-27 所示。接着计算各测点相对于下一个测点的位移量增量并绘制成曲线图,如图 6-28 所示。

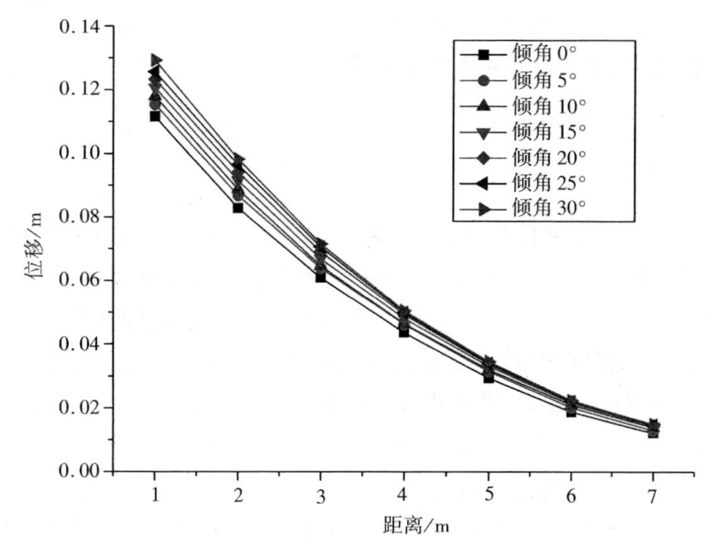

图 6-27　掘进头剖面巷道上帮临近测点位移量曲线图

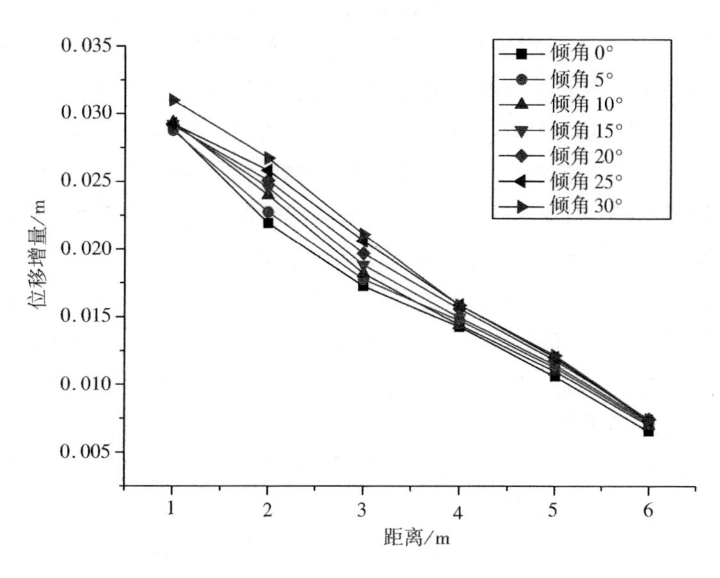

图 6-28　掘进头剖面巷道上帮临近测点位移量增量曲线图

图 6-27 与图 6-28 的横坐标为各测点距离上帮巷道壁的距离,纵坐标为位移量以及位移量增量。首先通过对单一曲线的观察可以发现:随着距离巷道壁距离的增大,煤层位移量呈现逐渐下降的趋势,而且其下降的幅度随着距离掘进头距离的增大而逐渐减小。在距离掘进头一定距离之后,位移量基本保持稳定。这是由于巷道掘进主要对巷道周围的煤层影响较大,所以巷道壁附近的煤层的位移量总是大于其它区域。随着距离巷道距离的逐渐增大,掘进的影响降低,位移量便趋于稳定。

通过对各煤层倾角下的位移曲线进行对比分析可以发现:随着煤层倾角的逐渐增大,煤层的位移量曲线呈现逐渐往上抬升的趋势,也就是说随着煤层倾角的增大,煤层中的位移量得到了普遍的增加,而且位移量增量曲线也是表现出相似的特征,这说明煤层倾角的增大也使得煤层中各点的位移量增量逐渐增大。

综合位移量区域分布与最大位移量、测点位移量、位移量增量分析可知,随着煤层倾角的增大,煤层位移量普遍得到增加,说明突出发生的概率得到一定幅度的上升。大位移量区域逐渐向巷道上帮迁移,突出危险区域从巷道周围均匀分布向煤巷上帮、底板聚集,使得煤巷上帮、底板范围的突出危险性有所上升。所以总体来说,通过对掘进头剖面位移的分析,可以得出与掘进头应力分析相同的三条结论(见 6.5.2.3 节)。

6.5.4 掘进头塑性区分析

大多数的材料都存在着一个弹性极限,在材料所受应力小于弹性极限时,材料处于弹性变形状态。这种状态下的材料虽然可以产生变形,但是一旦撤销应力,便会恢复原形。当材料所受的应力超过弹性极限时,材料便处于塑性状态,材料在塑性状态下发生的变形,即使撤销应力也不能全部恢复。

与一般材料相同,煤体也存在着弹性极限与塑性状态。将处于塑性状态的煤体区域称作塑性区,那么塑性区便是煤体中所受应力较大、变形严重、更容易发生突出的区域。因此,对煤巷周围的塑性区进行统计分析,也是预测煤巷突出事故发生地点与概率的有效手段。

利用 FLAC3D 模拟软件导出掘进头剖面的塑性区云图并进行分析,如图 6-29 所示。从图中可以观察到,煤岩层的状态主要分成三类。第一类,蓝色区域是非塑性区,也就是应力未能超过弹性极限的弹性区域。这一类主要位于距离巷道距离较远的煤层与岩层之中,属于所受应力小、变形小、突出危险小的安全区域。第二类绿色区域是原塑性区,也就是曾经处于塑性状态,之后应力撤销恢复成弹性状态的区域。这种现象的产生是因为在巷道掘进初期,巷道周围的煤岩层应力平衡突然遭到破坏,产生了大量的应力集中,使得巷道周围的煤岩层应力迅速达到弹性极限,进入塑性状态。接着应力促使煤岩层产生形变,形变的同时应力被分解转移。煤岩层再次达到应力平衡时,大部分的煤岩区域所受应力值大幅下降,从塑性状态恢复成弹性状态。这一类区域较为均匀地分布在巷道周围的煤岩层中,不过煤层中分布的范围略大于岩层。这一类区域虽然暂时所受应力较小,但是由于材料进入过塑性区域之后的弹性极限有所降低,所以这一区域更容易重新进入塑性状态,属于需要注意的警戒区域。第三类红色区域是塑性区,是巷道掘进之后,煤岩应力经过平衡被破坏再平衡之后还处于塑性状态的区域。这一区域主要分布于巷道周围的煤层中,在岩层中几乎没有。塑性区是巷道周围应力集中、变形量大、突出危险性高的危险区域。除了这三种之外,煤岩层中还有三种稀少的塑性状态,但是由于其所占比例极低,在此不予分析。

通过分析不同煤层倾角下的塑性区域图可以发现,随着煤层倾角的增加,非塑性区与原塑性区范围几乎不发生变化,但是塑性区则受到了显著的影响。首先从面积上看,在煤层倾角为 0°时,塑性区只在巷道周围零散地分布着,煤层中塑性区的面积不到原塑性区与塑性区总和的 5%。而随着煤层倾角的不断增加,原塑性区逐渐转化为塑性区,煤层倾角增加至 25°时,煤层中塑性区的面积几乎为原塑性区与塑性区总和的 50%。接着从塑性区的位置上观察,在煤层倾角为 0°时,塑性区分散地分布于巷道周围。随着煤层倾角的增加,塑性区逐渐往巷道上帮以及底板聚集,煤层倾角为 25°时,巷道上帮煤层的上半部分以及巷道底板区域已经全部处于塑性状态。

综合这两个方面的分析可以得出,随着煤层倾角的增大,巷道周围塑性区的范围不断增加且向煤巷上帮以及底板附近聚集。从中可以得出三条结论:

① 不论煤层倾角如何变化,煤巷掘进过程中,巷道周围突出危险主要发生于煤层中,岩层中突出发生危险较小。

② 随着煤层倾角的增大,掘进头周围发生突出的概率有所上升。

③ 随着煤层倾角的增大,巷道周围突出发生可能性较大的区域逐渐往巷道上帮的煤层中聚集。

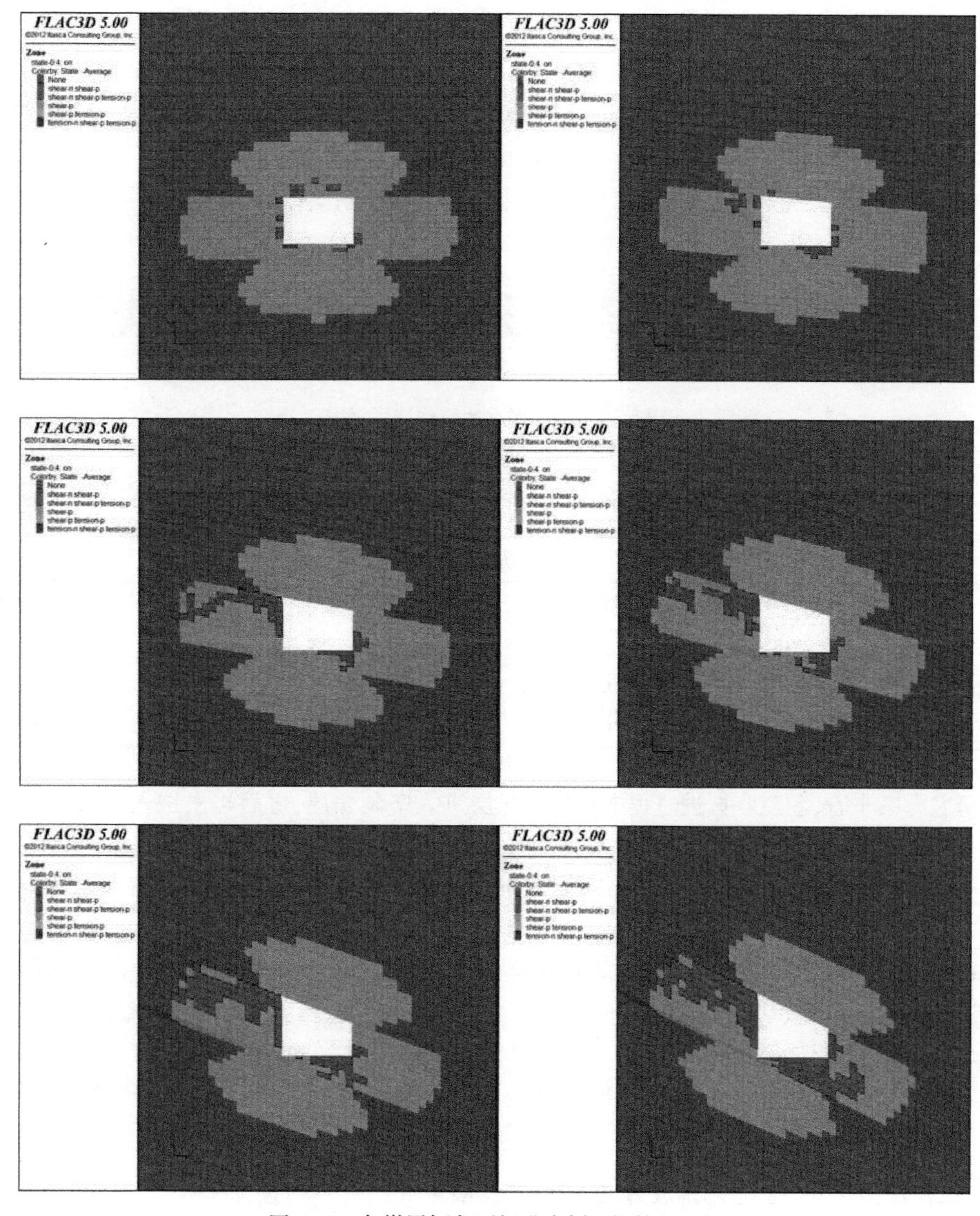

图 6-29　各煤层倾角下掘进头剖面塑性区云图

6.6　煤层力学参数突变对瓦斯动力灾害的影响

通常煤岩强度不同,动力灾害危险性也不同:煤层力学参数越大动力灾害危险性越小,煤层越松软动力灾害危险性越大。也有经验表明,煤岩体一般为非均质,煤层中由于含有夹矸等现象,或者煤体硬度变化较大,呈现软硬不均分布,同一煤层硬度变化较大时,巷道掘进过程中将会反复出现从硬煤进入软煤或者从软煤进入硬煤的过程,通常情况下这会对掘进头应力场产生很大影响,会形成局部应力集中,从而增大瓦斯动力灾害危险性。下面从理论上研究在煤岩体软硬不均条件下掘进巷道时掘进头应力、位移分布演化规律,进而分析不同状态下的瓦斯动力灾害危险性,以便对瓦斯动力灾害的防治有所裨益。

6.6.1 研究方法

仍然采用数值模拟计算模型进行分析，但是在煤层内沿 x 方向（即巷道掘进的方向）的 21 ~ 27 m 之间增大煤体的强度，使得巷道在非均一的煤层中掘进，如图 6-30 所示。

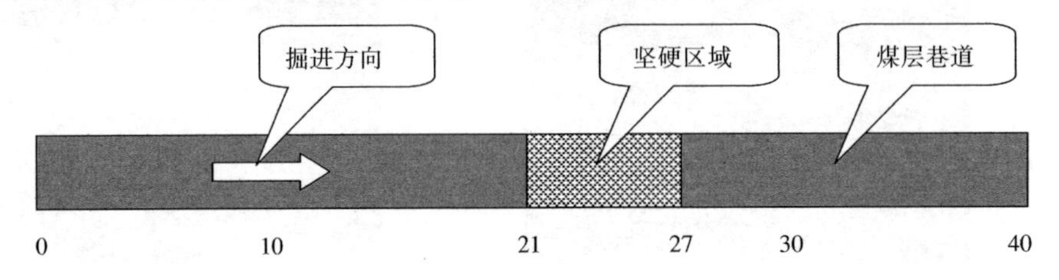

图 6-30 巷道掘进地质构造示意图

煤岩强度参数如表 6-6 所列。

表 6-6 煤岩强度参数

类　别	体积模量/GPa	剪切模量/GPa	摩擦角/(°)	黏聚力/MPa	抗拉强度 MPa
顶底板	10	3	33	1	1
煤　层	1	0.3	28	0.8	0.8
坚硬段煤层	3	0.9	28	0.8	0.8

从研究方案来看，巷道在掘进过程中从松软煤层进入坚硬煤层，之后再次进入软煤中，共有三个阶段：

第一阶段：巷道前方有硬煤，巷道掘进从软煤进入硬煤阶段，此时巷道掘进头在小于 21 m 范围之内。

第二阶段：巷道前方有软煤，巷道掘进从硬煤进入软煤阶段，此时巷道掘进头在 21 ~ 27 m 范围内，这种情况类似石门揭开煤层过程。

第三阶段：巷道在均质煤岩内掘进，此时巷道掘进头在大于 27 m 范围之内。

本节着重研究巷道掘进头从 15 m 到 29 m 的整个过程中，在如上的三个阶段中巷道掘进头前方应力的分布及演化规律，系统分析煤体硬度变化对煤巷掘进动力灾害危险性的影响。

6.6.2 三向应力均等时巷道超前应力、位移分布及演化

在各向应力均等且都为 10 MPa 的条件下，巷道在上述三个阶段中掘进到不同位置时巷道掘进头前方三向应力和沿巷道轴向位移分布规律如图 6-31 所示，三向应力分布呈现很大差异。

在第一阶段，掘进头在图中横坐标小于 21 m 范围之内，当巷道从软煤逐渐接近硬煤时，从图 6-31(a)可见，掘进头前方 x 向（沿巷道轴向）应力值变化虽然不太显著，但是 x 向应力梯度逐渐增大，这将使得掘进头前方应力在较短的距离之内趋近与最大值。从图 6-31(b,c)可见，掘进头前方 y 向（沿水平方向垂直于巷道）应力和 z 向（沿竖直方向垂直于巷道）应力发生了显著的变化：当巷道掘进头位于 19 m 位置之前，y 向和 z 向应力在巷道掘进头前方出现了两次应力集中，一次在掘进头近处 3 m 范围之内，应力集中峰值约 13 MPa，为原始应力的 1.3 倍，另一次应力集中出现在硬煤段。处于掘进头近处 3 m 范围内的应力峰值随着巷道掘进变化不大，但是处于硬煤段的应力集中却随着巷道掘进逐渐接近硬煤段而逐渐增大。当巷道掘进到 19 m 位置之后巷道掘进头前方只有一次应力集中，并且处于硬煤段中。总体来开，巷道位于坚硬煤层内产生的应力集中大于松软煤层内产生的应力集中。

从图 6-31(d)可见,巷道掘进头距离硬煤段 3 m 位置之前(图中巷道掘进头小于 18 m 位置处),巷道掘进头前方位移最大值和位移分布曲线基本相似,而当掘进头距离硬煤段距离小于 3 m 时,如图中掘进头在 18 ~21 m 之间,巷道掘进头前方最大位移量迅速减少。

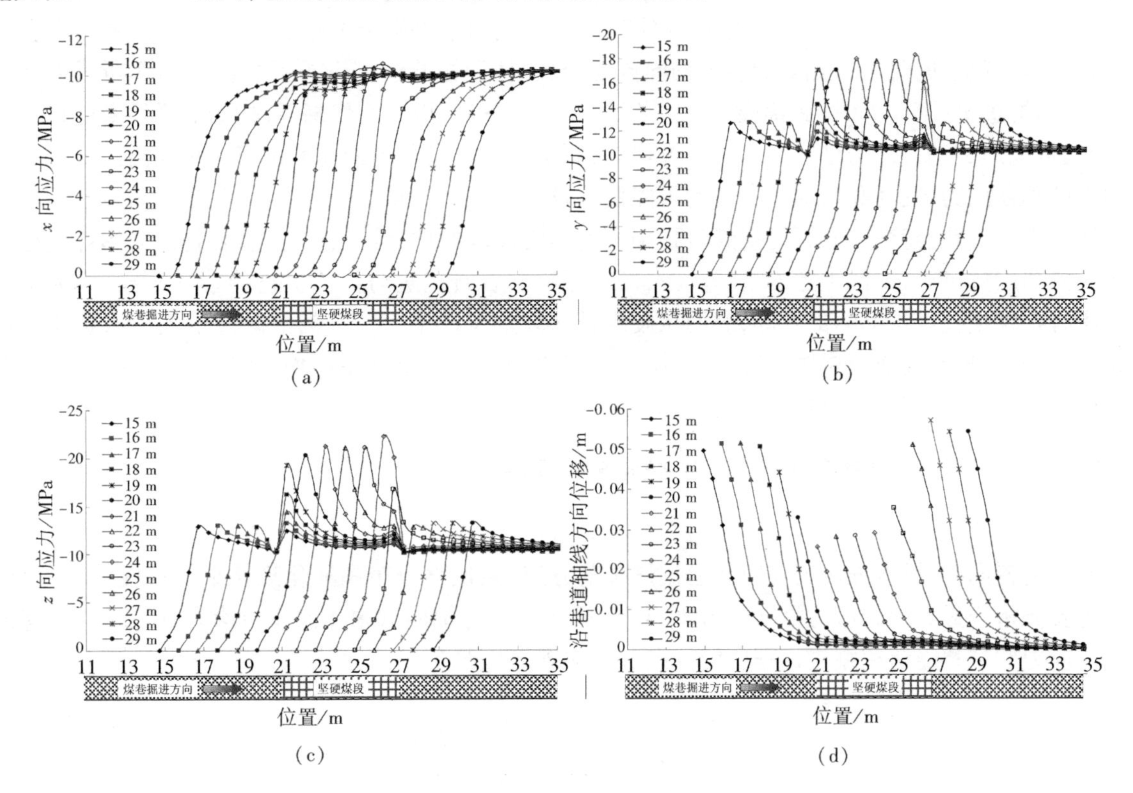

图 6-31　各向应力均等巷道掘进头前方应力位移分布

(a) x 向应力(沿巷道轴向);(b) y 向应力;(c) z 向应力;(d) 沿巷道轴向位移

在第二阶段,掘进头在 21 ~27 m 之间,巷道在硬煤段内掘进,并从硬煤逐渐接近软煤。从图 6-31(a)可见,在此阶段内巷道掘进头前方 x 向(沿巷道轴向)应力增大梯度较大,迅速趋于原始应力,并在硬软煤岩结合部产生轻微的应力集中,而当掘进头距离软煤 2 m 位置时,图中掘进头在 25 m 位置,巷道掘进头前方 x 向应力增大梯度逐渐放缓,并逐渐过渡到均质软煤内掘进的应力分布曲线。从图 6-31(b,c)可见,在巷道掘进头从硬煤逐渐接近软煤的过程中,巷道掘进头前方 y 向和 z 向都产生了显著的应力集中,并都随着掘进头从硬煤段不断接近软煤时,应力集中峰值逐渐增大,当掘进头距离硬软煤层分界面 3 m 时,应力集中达到了最大值,其中 z 向应力集中峰值达到了 20 MPa 左右,为原始应力的 2 倍。但是当巷道从距离硬软煤层界面 3 m 到 1 m 的过程中,掘进头应力峰值从 20 MPa 左右迅速降低到约 13 MPa,在巷道掘进的短距离之内应力场发生了非常剧烈的变化,这个过程中将伴随大量的弹性潜能释放,极有可能产生猛烈冲击而诱发动力灾害。从图 6-31(d)可见,在硬煤段内掘进过程中,巷道掘进头前方位移量较小,并随着掘进头逐渐接近软煤段,巷道掘进头前方位移逐渐增大。

在第三阶段,掘进头在大于 27 m 范围之内,此时为在均质煤层内掘进。从图 6-31 可见,巷道掘进头前方三向应力变化都比较平缓,y 向和 z 向应力集中峰值较低;由图 6-31(d)可见,巷道掘进头前方沿巷道轴向位移同样较大,且分布平缓。

在上述的三个阶段中,在第一阶段巷道从软煤逐渐接近硬煤的整个过程中,虽然掘进头前方应力分布及演化比较复杂,应力集中会逐渐增大,并会使得掘进头前方保持逐渐积聚的弹性潜能,但是掘进头应力在巷道掘进过程中不会骤然下降,其蕴藏的弹性潜能也不会突然释放,不会对巷道掘进头的煤岩体产生突然破坏,发动动力灾害的危险性相对较小。当巷道处于第二阶段时,巷道前方应力分布同样比较紊乱,且应力集中峰值更大,当巷道从硬煤距离软煤较近时,巷道掘进头 y 向和 z 向(垂直于巷道)应力迅速降低,这一过程中会释放大量的弹性潜能,破坏煤岩体,并会产生冲击而诱发动力灾害。如巷道在第 24 m 时(距离硬软煤分界面 3 m),掘进头应力集中最大,此时高应力集中将闭合裂隙,阻止瓦斯解吸,同时阻碍瓦斯沿巷道轴向流动释放,从而在巷道掘进头保持较高的瓦斯压力和含量;当巷道掘进至第 26 m 时(距离硬软煤分界面 3 m),掘进头应力突然降低,积聚的弹性潜能迅速释放,而很可能形成动力冲击破坏掘进头前方煤体,原本积聚在煤层内的瓦斯也将在短期内迅速释放形成强大的瓦斯压力,发动瓦斯动力灾害的可能性比较大。

同时工程实践经验表明,石门揭煤过程中发动动力灾害的危险性较大,这主要是因为揭煤过程中从岩石向煤层掘进时,类似上述的第二阶段,而从煤层向岩石掘进时类似上述的第一阶段,而大多数动力灾害都发生在煤层揭露的瞬间,表明从硬煤进入软煤发动动力灾害的危险性最大。当煤层中由于含有夹矸、层理紊乱或煤层厚度变化、煤层硬度变化等因素导致软硬不均,必然会导致掘进巷道掘进头前方应力分布紊乱,从而更容易发动动力灾害。

6.6.3 三向地应力不均时巷道超前应力、位移分布及演化

原岩应力往往各向不等,且最大应力和最小应力往往沿水平方向,当最大应力垂直于巷道轴向或平行于巷道轴向时,煤岩强度突变时巷道掘进头前方应力、位移分布和演化规律也将存在较大差异。本节主要分析当最大原岩应力沿 y 向为 20 MPa,垂直于巷道轴向,x 和 z 向应力均为 10 MPa 时,巷道掘进头应力和位移随巷道掘进过程中的分布和演化规律如图 6-32 所示。

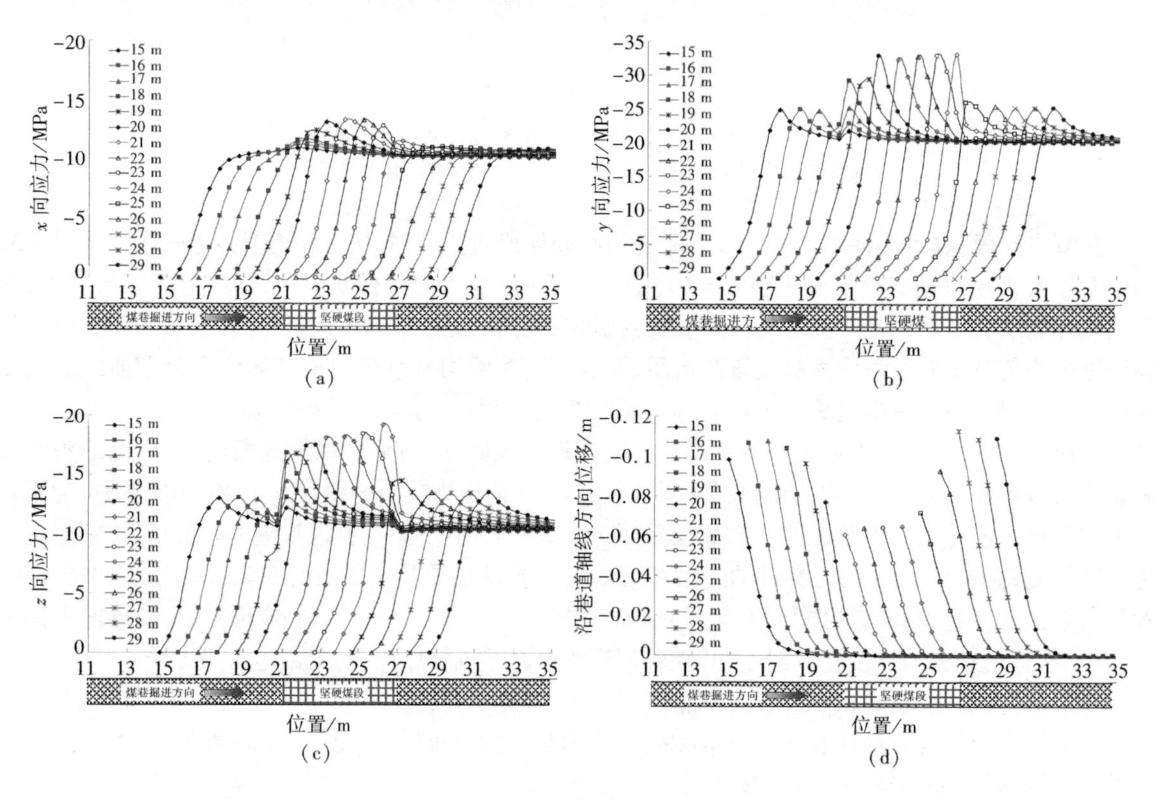

图 6-32　最大应力沿 y 向垂直于巷道轴向时掘进头前方应力、位移分布

(a) x 向应力(沿巷道轴向);(b) y 向应力;(c) z 向应力;(d) 沿巷道轴向位移

从图 6-32 可见，当最大应力垂直于巷道轴向时，巷道掘进头前方应力和位移分布规律与各向应力均等时的曲线变化特征整体相似。其最大不同点在于：巷道掘进头前方 x 向（沿巷道轴向）应力在经过坚硬煤层时也出现应力集中；由于沿 y 向原岩应力的增大，使得沿 y 向应力集中峰值总体增大，而沿 z 向和 x 向应力相对较小。由于巷道掘进头前方三向应力分布的不均衡状态显著，会更有利于破坏煤岩体，同时较高的应力集中峰值使得巷道掘进头前方近处煤岩体紧密压实，阻碍了煤岩体沿巷道轴向的整体位移，阻碍瓦斯释放和流动，这更有利于在掘进头前方保持强大的瓦斯压力，有利于发动瓦斯动力灾害。

当最大应力沿 x 方向为 20 MPa，平行于巷道轴向，而其余方向应力为 10 MPa 时，巷道掘进头前方应力和位移在巷道掘进过程中的分布和演化规律如图 6-33 所示。

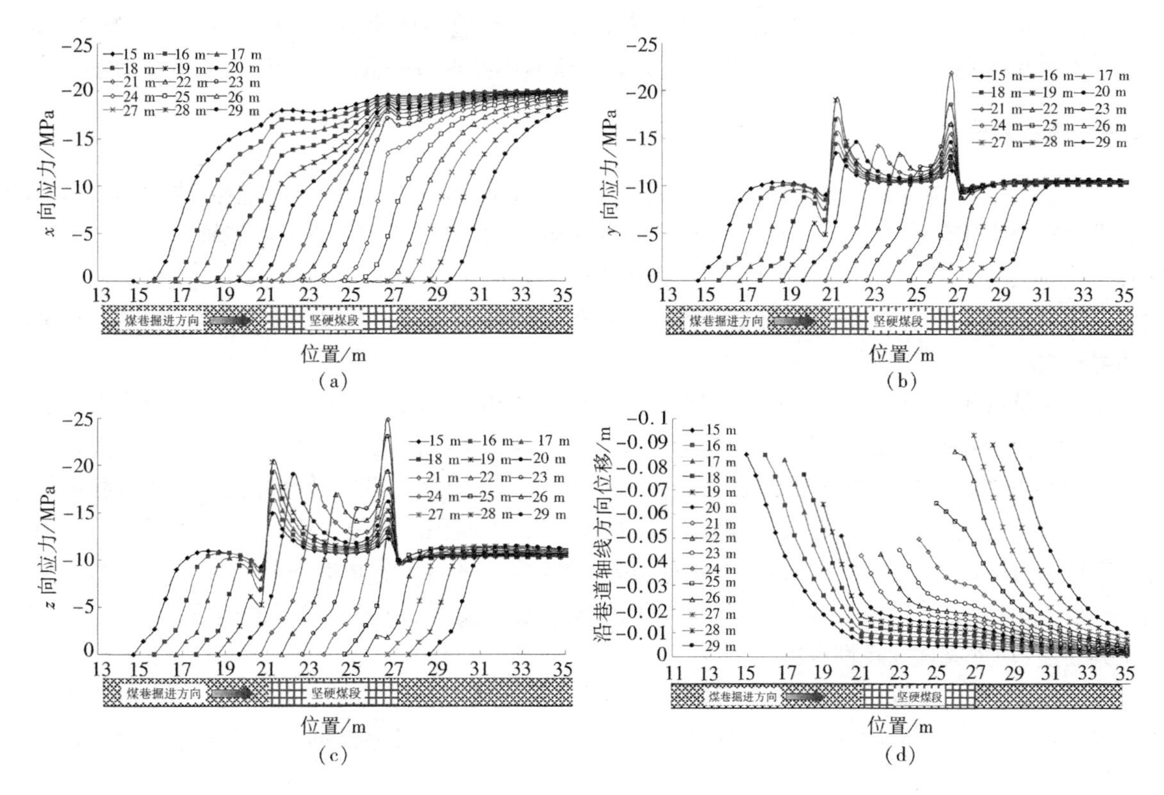

图 6-33　最大应力沿 x 向平行于巷道时掘进头前方应力、位移分布

(a) x 向应力（沿巷道轴向）；(b) y 向应力；(c) z 向应力；(d) 沿巷道轴向位移

当最大应力沿巷道轴向时，从图 6-33（a）中可见，巷道掘进头前方沿 x 向应力不出现应力集中，地应力整体低于原岩应力。

从图 6-33（b，c）可见，沿 y 向和 z 向应力曲线变化差异较大。

在第一阶段，当巷道从软煤接近硬煤时，巷道掘进头前方 y 向应力和 z 向应力在软硬煤岩结合部位附近出现骤降和骤升现象：应力在软硬煤结合部位的软煤侧降低，而在硬煤侧迅速增高。同时掘进头在接近软硬煤结合部位的过程中，软煤侧的应力总体逐渐降低而硬煤段内的应力集中峰值越来越高，软硬煤结合部位两侧的应力差值也越来越大，这会使得掘进头前方应力梯度越来越大，当应力梯度达到一定程度时将能迅速破坏煤岩体并产生强烈扰动，容易诱发动力灾害。但是幸运的是在这一过程中掘进头应力梯度虽然逐渐增大，但是应力值不会在短时间内迅速降低，不会猛烈释放大量弹性潜能，同时由于掘进头前方为硬煤，也可以阻碍动力灾害的发生。总的来看，当巷道从软煤逐渐接近硬煤过程中，最大应力沿巷道轴向时的动力灾害危险性要显著大于最大应力垂直于巷道轴向。

在第二阶段，当巷道在硬煤内掘进时，掘进头前方产生两次应力集中，第一次应力集中在掘进头前方2 m左右位置，第二次应力集中峰值在巷道掘进头前方硬软煤结合部位的硬煤区内。巷道掘进从硬煤逐渐接近软煤的过程中，第一次应力集中峰值逐渐减小，第二次应力集中峰值逐渐增大，并当巷道掘进头处于24 m位置时(距离硬软煤结合部3 m)，巷道掘进头前方只产生一次应力集中，而且应力峰值达到了最大，这必然会闭合煤层内裂隙，阻碍瓦斯向巷道方向流动，容易在掘进头前方近处保留较高的瓦斯压力和瓦斯含量。此外，地应力骤增或骤降很可能会对煤岩体产生揉搓变形，破坏煤岩体，并降低其强度，为发动瓦斯动力灾害创造条件。当巷道掘进头前方距离硬软煤层结合部位2 m位置时，掘进头前方应力峰值迅速降低，并接近原始应力，这表明，在巷道从距离硬软煤结合部3 m位置掘进到2 m位置时，巷道掘进头前方垂直于巷道轴向的地应力迅速降低，这会释放大量弹性潜能，造成冲击而更容易发动动力灾害。同时经过破碎的煤岩体在掘进头前方瓦斯压力下更容易被抛出。

6.6.4 综合分析

上述研究表明，原岩应力方向的改变可以改变巷道掘进头前方应力的分布规律，进而显著影响巷道掘进的动力灾害危险性：在同一均匀的煤层内掘进巷道时，最大应力垂直于巷道轴向时的动力灾害危险性比最大应力平行于巷道轴向时的大；但是在煤层硬度突变的不均质煤层中掘进巷道时，不论最大应力平行或是垂直于巷道轴线，在巷道掘进到接近软硬煤结合部时都将产生应力集中，动力灾害危险性都较大。

在煤层软硬不均的条件下掘进巷道时，掘进头应力场和位移场有显著差异：当最大应力垂直于巷道时，由于巷道从硬煤接近软煤过程中掘进头应力会出现骤然降低现象，致使该过程的动力灾害危险性相对于巷道从软煤接近硬煤时更大；当最大应力平行于巷道时，当巷道从硬煤接近软煤过程中掘进头应力同样会骤然降低，从而会大量释放之前由于应力集中而积聚的弹性潜能，发生瓦斯动力灾害的危险性更大；此外，在巷道从软煤接近硬煤过程中，最大应力平行于巷道时在软硬煤层结合部位附近应力梯度逐渐增大，并较最大应力垂直于巷道时的应力梯度更大，应力梯度越高越容易破碎煤岩体，降低其强度，动力灾害危险性也更大。

总之，在巷道由硬煤向软煤掘进的过程中，不论最大应力垂直于巷道还是平行于巷道，其动力灾害危险性都很大；当巷道由软煤向硬煤掘进过程中，最大应力平行于巷道时的动力灾害危险性较垂直于巷道时更大。

在巷道掘进过程中，当发现巷道掘进头前方煤层硬度变化较大，或者煤层层理紊乱、含有夹矸、煤层厚度发生突变等状况时，都将导致巷道掘进头前方应力分布发生紊乱而不均一，可能会产生局部应力集中，从而容易发生瓦斯动力灾害。在这种情况下必须加强动力灾害危险性预测，同时通过观察钻孔过程中的现象，如排煤屑、钻孔施工难易程度等来判断煤岩的软硬，以便判断巷道掘进头前方煤岩软硬状况，进而为防治瓦斯动力灾害提供指导。

石门揭煤的过程就可以看作是在非均一的煤岩体内掘进巷道，由于煤层和岩层强度差异很大，因此可能会产生较高的应力梯度和局部应力集中，其动力灾害危险性较一般的煤巷掘进更大。

当巷道三向应力不对称时，最大应力相对巷道的方向将对巷道掘进头前方煤岩体内的应力、位移分布以及对煤岩体的破坏、渗透率都产生显著影响。当最大应力垂直于巷道轴向时，将在巷道掘进头前方约3 m位置产生应力集中，集中系数达1.4左右，致使3 m以内的煤岩体向巷道轴向迅速位移，并产生显著破坏，但是却阻碍了3 m之外煤岩体的位移和破坏，渗透率较低。由于此种情况下巷道掘进头前方的应力和位移的梯度比较大，煤岩体受力极不平衡，潜藏着强大的动力灾害动力，容易诱发动力灾害。

当巷道迅速进尺之后，巷道掘进头前方较远处煤岩体三向应力都较大，处于峰前状态，很难被破坏；但巷道掘进头较近范围之内煤岩体三向应力差异较大，且垂直于巷道方向应力显著大于平行于巷道方向应力，煤岩体可能处于峰后破坏状态，大量纵向裂隙扩张，显著降低煤岩体强度，同时煤层内的瓦斯在短时间内释放，煤岩体更容易被解吸的高压瓦斯撕裂而发动动力灾害。

研究表明，煤岩体具有扩容特性：当三向应力差值达到极限强度一半时，岩体内部将产生破坏裂隙，并轻微膨胀[64]。巷道掘进头前方煤岩体在原岩应力和采动超前支承压力的影响下，三向受力不均衡，当巷道突然进尺之后，煤壁突然暴露，巷道掘进头前方应力不均衡程度达到最大，煤岩体处于峰后破坏，最容易发生扩容变形而被破坏[65-67]，如图 6-34 所示。

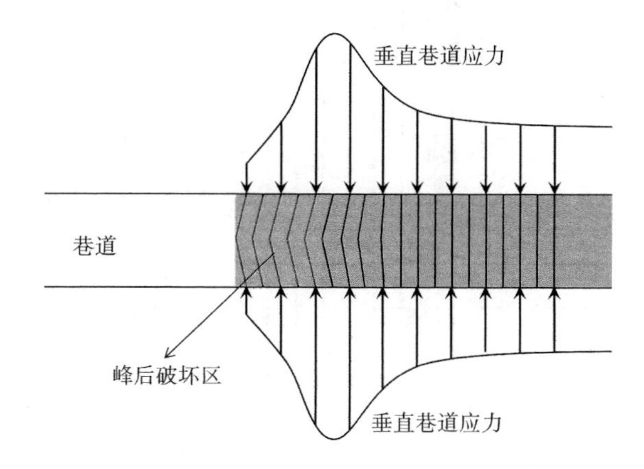

图 6-34　巷道掘进头煤岩体扩容变形示意图

巷道掘进瞬间在新暴露的巷道面上煤岩体的应力状态瞬间发生了变化，垂直于巷道轴向的应力保持不变，而平行于巷道轴向的地应力在瞬间降低到 0 MPa，最大应力差值等于垂直于巷道轴向的应力，因此导致瓦斯动力灾害突出的应力主要为垂直于巷道轴向的应力；但是由于瓦斯具有吸附特征，新暴露的煤层内游离瓦斯释放之后又将有吸附瓦斯不断解吸来补充，因此巷道掘进瞬间瓦斯压力变化较小。巷道突然掘进之后，由于端头煤岩体三向应力差值达到了最大，最容易发生微破坏和扩容，扩容后只能沿巷道轴向向自由空间内移动，煤岩体发生扩容膨胀变形后，强度降低，裂隙迅速发展，形成更多的受力面，在瓦斯不断释放的过程中，当残余煤体强度不足以抵抗瓦斯压力时则可发动动力灾害。

在煤层力学参数均一条件下，当最大应力平行于巷道轴向时，巷道掘进头前方基本不产生应力集中，而当最大应力垂直于巷道轴向时，在巷道掘进头前方产生较高的应力集中，因此当最大应力垂直于巷道轴向时更容易发生动力灾害；当最大应力方向沿巷道轴向时，在巷道掘进头前方应力和位移变化比较缓慢，不产生应力集中，煤岩被破坏的范围也最小。因此，从最大应力分布方向分析，当巷道轴向沿最大应力分布方向掘进时最不容易诱导动力灾害。

当煤层力学参数变化较大时，不论最大应力垂直还是平行于巷道，都将在煤岩结合部位产生较高的应力集中，其动力灾害危险性都较大。

6.7　地应力方向对瓦斯动力灾害影响的验证

6.7.1　工作面地质及动力现象

6.7.1.1　工作面地质状况

韩城矿业有限公司将 2#薄煤层作为保护层开采，采高 1.1～1.2 m。理论分析表明，当 2#煤层和 3#煤层间距小于 20 m 时为近距离煤层群，3#煤层卸压充分；当层间距大于 20 m 时为远距离煤层群，3#煤层卸压不充分，动力灾害危险性可能仍然存在。21306 工作面 3#煤层和 2#煤层间距超过 20 m，开采保护层之后由于卸压不充分，发生了瓦斯动力灾害事故。

21306 工作面为下峪口矿二水平 2—1 采区上山中部，位于 2#薄煤层 21206 工作面采空区下部，2#煤层和 3#煤层间距 18～25 m，工作面布置和综合柱状图如图 6-35 和图 6-36 所示。地表地貌为山地、

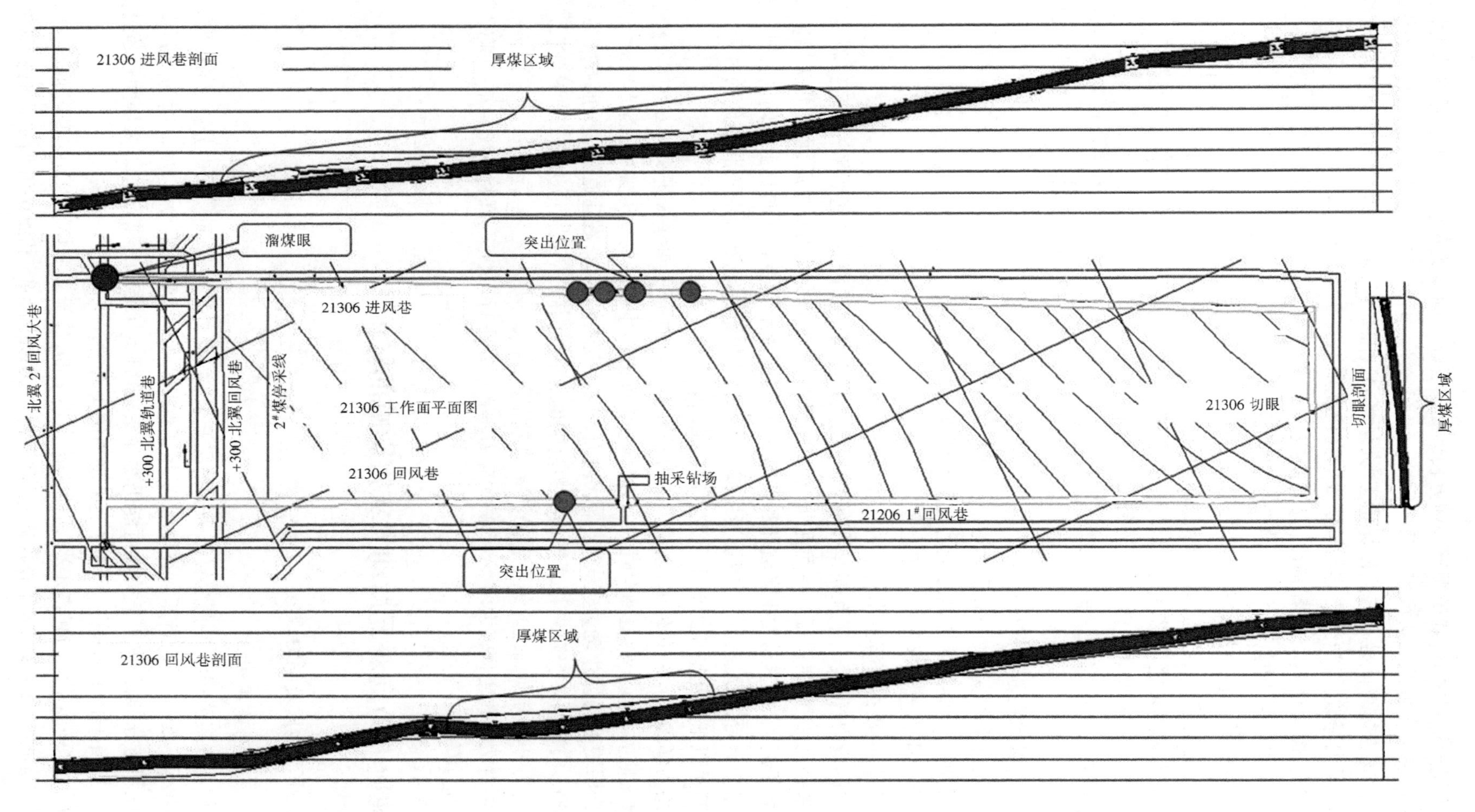

图 6-35　21306 工作面写实图

沟谷,工作面地面标高 895 ~ 716 m,3#煤底板标高 323 ~ 372 m,盖山厚度 345 ~ 565 m。

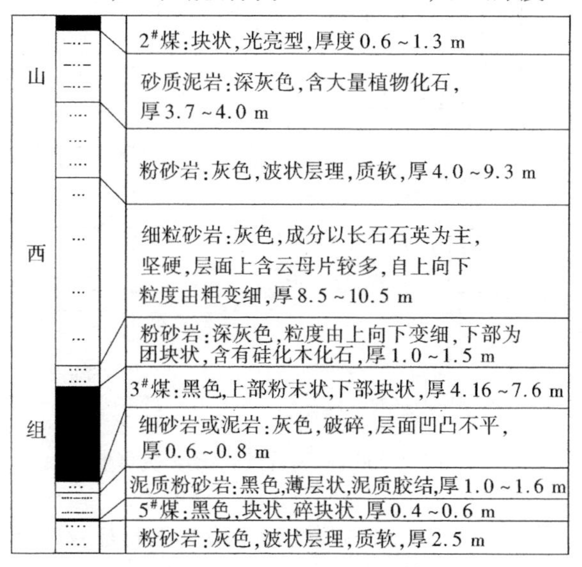

图 6-36　21306 工作面综合柱状图

工作面倾斜条带布置,进风巷 700 m、回风巷 702 m、切眼 113 ~ 130 m,工作面位于北山子向斜北翼,倾角 2° ~ 7°,一般为 4°,近水平煤层。

3#煤煤层赋存较为稳定,局部含有 0.05 ~ 0.15 m 泥岩夹矸,煤厚 4.16 ~ 7.6 m,平均厚度 4.5 m,局部煤质较软,煤层透气性差,底部煤层呈块状,光亮度好。

伪顶为泥岩,厚 0 ~ 0.4 m;直接顶为粉砂岩,深灰色、致密,厚约 1.0 m,局部夹有约 0.05 m 厚的煤线;老顶为中粒砂岩或细砂岩,厚度 10 m 以上;底板为泥岩或粉砂质泥岩,厚 2.2 ~ 4.5 m,之下为 5#煤,煤厚约 0.5 m。

位于 2#煤层内的 21206 工作面和位于 3#煤层内的 21306 工作面的层间距较大。21306 工作面进、回风巷掘进初期采用钻屑量 S 值和瓦斯解吸指标 Δh_2 进行瓦斯动力灾害危险性预测,在验证无瓦斯动力灾害危险性的情况下,不再采取防突措施并继续掘进。

6.7.1.2　工作面动力现象概述

21306 工作面进、回风巷道和切眼掘进过程中,在进风巷道内连续发生 4 次动力现象,在回风巷道内发生 1 次动力现象,而在切眼巷道内没有发生,具体情况如下。

回风巷道动力现象 1 次:

2011 年 3 月 17 日,21306 回风巷掘进工作面由于冒顶诱发瓦斯动力现象,造成北总回风巷瓦斯超限 0.92%。

进风巷道动力现象 4 次:

第一次动力现象:2011 年 3 月 21 日,21306 进风巷施工到 J11 点前 21 架(13 m)处发生瓦斯动力现象,造成瓦斯浓度达到 4%,煤量 60 t。

第二次动力现象:2011 年 3 月 26 日,21306 进风巷施工到 J11 点前 51 架(30 m)处再次发生突出,工作面 4 架棚被煤埋住,煤量 54 t。

第三次动力现象:2011 年 4 月 1 日,21306 进风巷施工到 J11 点前 79 架(48 m)处由于漏顶造成瓦斯动力现象,煤量 24.3 t。

第四次动力现象:2011 年 4 月 12 日,21306 进风巷施工到 J11 点前 142 架(93 m)处由于漏顶造成瓦斯动力现象,煤量 21 t,瓦斯量 600 m³,北总回风巷瓦斯最大值 1.88%,突出卡片如图 6-37 所示。

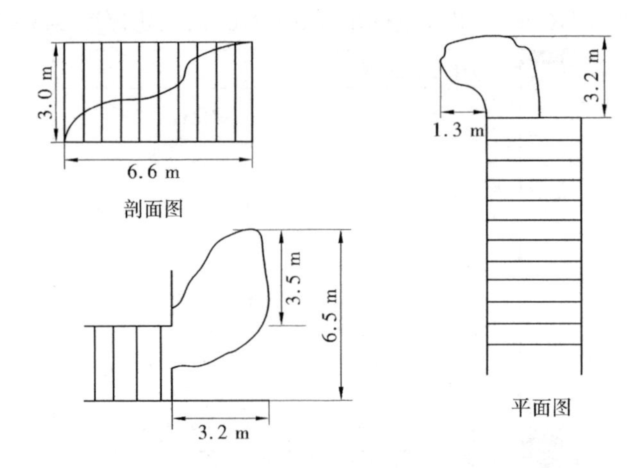

图 6-37　21306 进风巷道瓦斯动力灾害卡片

21306 工作面进风巷道内连续发生的 4 次动力现象有如下特征：21306 工作面开采之前其上覆 2# 煤层内的 21206 工作面已经作为保护层开采；4 次动力现象发生的位置比较集中，都发生在进风巷道局部区域，而在其余巷道未发生动力现象。研究结果表明，薄煤层（采高 1.1 m）开采之后，当下伏的被保护层层间距超过 20 m 之后卸压保护效果不好，瓦斯动力灾害危险性可能仍然存在，接下来重点从残余应力方向以及层间距两方面分析这几起突出事故。

6.7.2　工作面最大应力方向判断

对原岩应力场的研究表明，最大应力和最小应力一般倾向于沿水平方向，当最大应力平行于巷道时，瓦斯动力灾害危险性较小，当最大应力垂直于巷道时，瓦斯动力灾害危险性较大。

目前主要有 4 种应力方向测定方法：

① 空芯包体、水力压裂等原位测试；

② 根据地质构造形态，并借助大地变形、地震波等测试；

③ 数值模拟技术反演；

④ 根据巷道片帮情况进行地应力分布规律判断[68]。

其中，第 4 种方法认为，如果最大应力方向沿水平方向垂直于巷道，则巷道顶部及肩部易破坏片帮；如果最大应力沿水平方向平行于巷道，则巷道肩部不容易破坏片帮。

由于 21306 开采之前其上覆 2#煤层内的 21206 工作面已经作为保护层开采，21306 地应力一定程度上降低，根据研究结果可知，当层间距大于 20 m 之后，21306 内水平方向应力仍然较高。21306 进风巷道掘进过程中的瓦斯动力灾害动力强度较低，主要表现为压出，其瓦斯动力灾害危险性得到了一定程度的防治，但是由于层间距较大，煤矿瓦斯动力灾害危险性并没有从根本上消除。

分析来看，4 次动力现象都是在巷道上方肩部发生冒顶之后诱发，同时根据研究得到的巷道冒顶和最大应力分布方向的关系，可以判断最大应力倾向于垂直于巷道。由于在进、回风巷道内发生冒顶而导致的瓦斯动力灾害各 4 次和 1 次，而在切眼内没有发生突出，可见最大应力方向更倾向于垂直于进、回风巷道。

上述分析可见，21306 工作面在设计过程中使得进、回风巷道垂直于最大水平应力方向，导致进、回风巷道掘进头前方产生应力集中而发生突出，因此可以认定 21306 工作面的设计布置比较不合理，下面通过现场测试煤层巷道掘进过程中瓦斯动力灾害危险性预测指标，进一步通过现场实验的方式验证最大应力方向对煤层巷道瓦斯动力灾害危险性的影响。

6.7.3 试验方案与结果分析

6.7.3.1 现场试验方案

实践表明，瓦斯动力灾害危险性预测指标 Δh_2 能很好地反映煤矿瓦斯动力灾害危险性。现场试验使用 MD—2 瓦斯解吸仪进行测试，要求测定的钻屑为干煤屑；解吸指标临界值为 200 Pa：$\Delta h_2 \geq$ 200 Pa，有瓦斯动力灾害危险性；Δh_2<200 Pa，无瓦斯动力灾害危险性。

预测钻孔孔径 42 mm，孔深投影 8 m，在局部地质破坏严重地带，孔深投影 10 m，预测钻孔 3 个，中间孔位于巷道中间位置并与掘进方向一致，左右两孔距巷帮 0.3 m 开孔，终孔点位于巷道轮廓线以外 2 ~4 m 处，钻孔尽量布置于软分层中，测试钻孔布置如图 6-38 所示，其中左侧 1# 和右侧 3# 测试孔测试巷道前方 3 m、5 m、7 m 和 8 m 位置 Δh_2，中间 2# 孔测试巷道前方 2 m、4 m、6 m 和 8 m 位置 Δh_2。

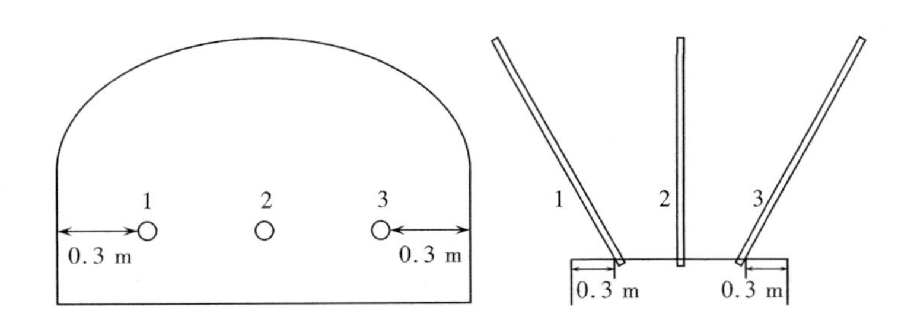

图 6-38　瓦斯动力灾害危险性预测钻孔布置示意图

21306 工作面进风巷、回风巷和切眼巷道掘进过程中在不同位置进行了突出危险性预测指标 Δh_2 的测试，测试位置如图 6-39 所示。

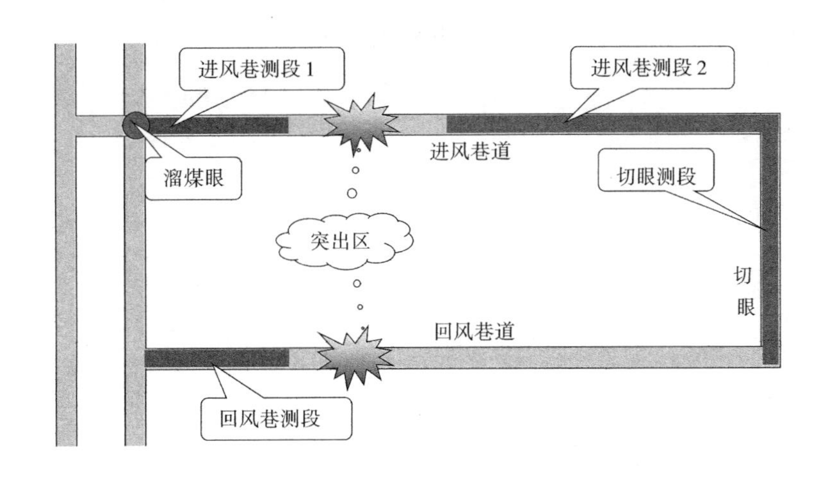

图 6-39　21306 工作面掘进期间预测区域分布图

21306 进风巷道和回风巷道同时掘进，由于掘进之前已经开采了保护层，所以 21306 进、回风巷道主要按照无瓦斯动力灾害危险性掘进头管理，但是在巷道掘进的初期都进行了瓦斯动力灾害危险性预测，如图 6-39 所示进风巷测段 1 和回风巷测段；当进风巷道掘进过程中连续发生 4 次动力现象，认识到进风巷道的瓦斯动力灾害危险性并未完全消除，因此之后再次进行瓦斯动力灾害危险性预测，如图6-39 所示进风巷测段2;开切眼巷道掘进过程中也同样进行了瓦斯动力灾害危险性预测,如图6-39 所示的切眼测段。

从图6-35 的底板等高线可见,工作面内没有较大褶曲断层等地质构造,根据研究的地应力分布规律,在此区域内原岩应力场基本稳定,最大应力分布方向和应力值应该基本一致,倾向于垂直进、回风巷道,而平行于切眼。如果进风巷道和回风巷道与 2[#]煤层间距相同,这两条巷道瓦斯动力灾害危险性预测结果也应该类似,而进、回风巷测段和切眼测段的瓦斯动力灾害危险性预测结果应该差异较大。

6.7.3.2 瓦斯动力灾害危险性现场预测结果

在21306 进、回风巷道和切眼巷道掘进过程中分别测试了如图6-39 所示的四段区域内的瓦斯动力灾害危险性,其中回风巷测段、进风巷测段1、进风巷测段2 和切眼测段的中间 2[#]钻孔在巷道掘进头前方2 m、4 m、6 m 和8 m 位置处测试得到的瓦斯动力灾害危险性预测指标 Δh_2 随掘进时间的变化趋势如图6-40 ~ 图6-43 所示。

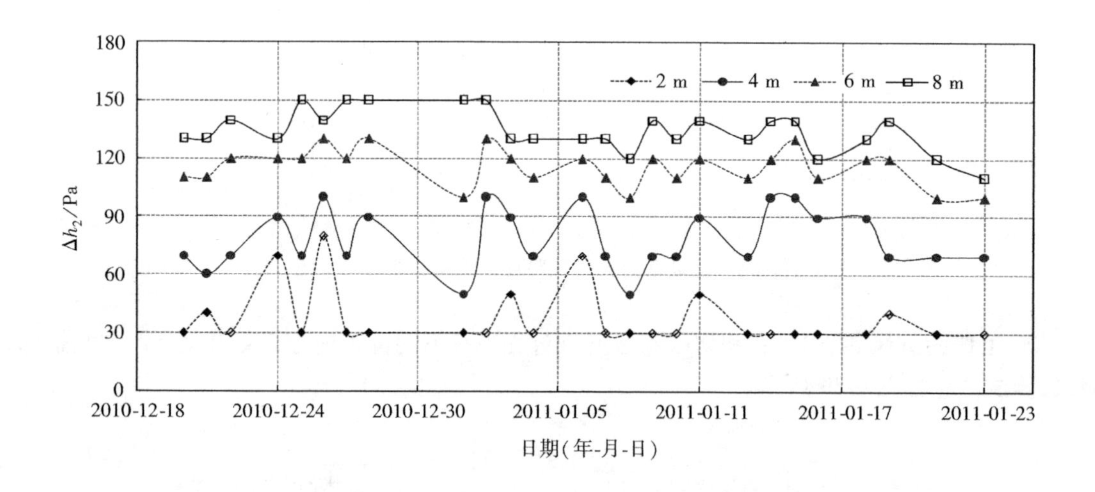

图6-40　回风巷测段内瓦斯动力灾害危险性预测结果

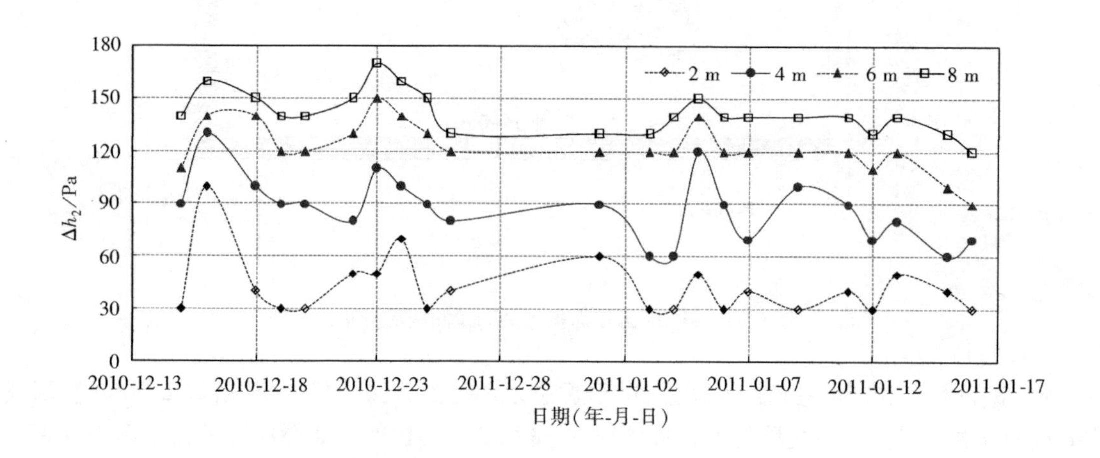

图6-41　进风巷测段1 内瓦斯动力灾害危险性预测结果

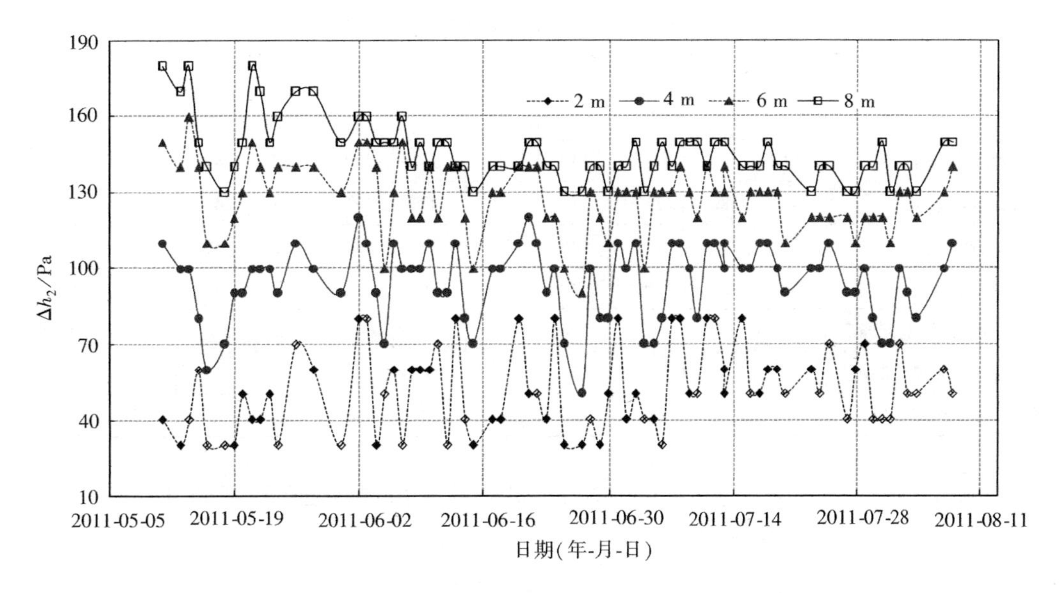

图 6-42 进风巷测段 2 内瓦斯动力灾害危险性预测结果

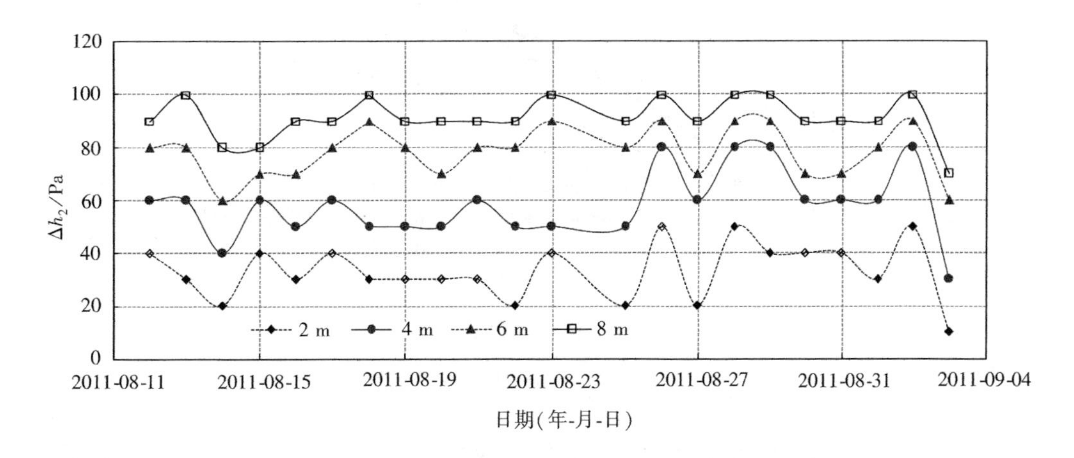

图 6-43 切眼内瓦斯动力灾害危险性预测结果

从图 6-40 ~ 图 6-43 中各段巷道的预测结果来看,距离巷道掘进头越远瓦斯动力灾害危险性预测值越大。如掘进头前方 8 m 处瓦斯动力灾害危险性预测指标值最大,2 m 处瓦斯动力灾害危险性预测指标值最小。这是因为掘进头前方一定距离内煤岩体地应力降低,瓦斯压力降低,其瓦斯动力灾害危险性也较低,但是随着距离掘进头越远,地应力越高,瓦斯释放效果越差,瓦斯保留量则越多,其瓦斯动力灾害危险性也越大,瓦斯动力灾害危险性预测指标值也越大。从图 6-40 ~ 图 6-43 还可发现在巷道掘进头前方相同位置处瓦斯动力灾害危险性预测指标值差异不大,如巷道掘进头前方 2 m、4 m、6 m和 8 m 处的预测指标值分别都在一相对稳定值附近波动,表明在相对稳定的同一地质单元内同一条巷道的瓦斯动力灾害危险性基本相当。

为了更直观对比不同巷道掘进头前方预测值的差异,统计分析了巷道掘进头前方 3 个预测钻孔的瓦斯动力灾害危险性,预测结果如表 6-7 所列。表中给出了在不同巷道测段内左侧 1#预测孔和右侧 3#预测孔在掘进头前方 3 m、5 m、7 m 和 8 m 位置处的 Δh_2 预测平均值,和中间 2#预测孔在掘进头前方 2 m、4 m、6 m 和 8 m 位置处的 Δh_2 预测平均值。

表 6-7　瓦斯动力灾害危险性预测指标 Δh_2 预测结果/Pa

测孔编号	1#钻孔				2#钻孔				3#钻孔			
距离巷道掘进头前方位置/m	3	5	7	8	2	4	6	8	3	5	7	8
进风巷测段 1	43	82	115	131	42	87	123	142	42	76	114	127
进风巷测段 2	42	80	117	135	42	90	125	144	41	78	113	129
回风巷测段	37	78	110	126	37	78	116	135	38	73	107	123
切眼测段	38	59	76	89	33	58	79	92	33	52	67	79
进风巷测段 1—进风巷测段 2	1	2	−1	−4	0	−3	−2	−2	1	−2	0	−2
进风巷测段 1—回风巷测段	6	4	6	5	5	9	7	7	4	3	7	3
进风测段 2—切眼测段	4	21	41	46	9	32	46	52	8	26	46	50

进风巷测段 1、进风巷测段 2、回风巷测段和切眼测段 2#预测钻孔在巷道掘进头前方 2 m、4 m、6 m和 8 m 处预测平均值如图 6-44 所示。

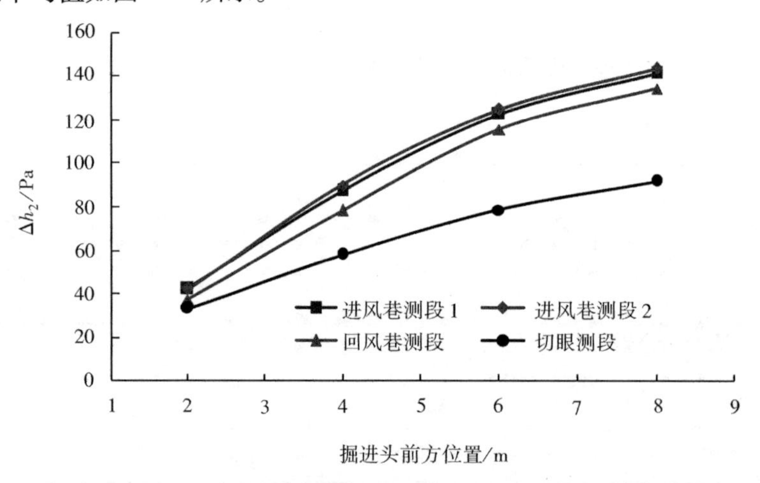

图 6-44　不同测段瓦斯动力灾害危险性对比

从图 6-44 中可见，进风巷测段 1 和进风巷测段 2 的瓦斯动力灾害危险性预测指标差异很小，但是都较回风巷测段稍大，进、回风巷道瓦斯动力灾害危险性预测值和增长梯度都显著大于切眼测段预测值。

进风巷测段 1 和测段 2 为同一巷道的两个不同位置，和最大应力方向夹角相同，瓦斯动力灾害危险性差异也较小，这两个测段的 2#预测孔的测试值平均差异 0 ~ −3 Pa，考虑到测试误差，可以认为两个测段的瓦斯动力灾害危险性基本相当。

进风巷和回风巷相互平行，最大应力方向和这两条巷道夹角也相似，巷道周围采动应力分布状态也应该基本相似，瓦斯动力灾害危险性同样应该相当，2#预测钻孔的测试值平均差异 5 ~ 9 Pa，这里进风巷道的瓦斯动力灾害危险性预测值稍微大于回风巷道相应位置的测试值，这主要受到层间距影响，在后面的章节中具体阐述。

进、回风巷道和切眼都相互垂直，进、回风巷和切眼与最大应力方向夹角差异较大，而前述分析表明 21306 工作面的进、回风巷道更倾向于垂直于最大应力，而切眼巷道倾向于平行于最大应力，从而致使进、回风巷道掘进头前方的应力集中峰值显著高于切眼巷道掘进头前方应力集中峰值，进、回风巷道的瓦斯动力灾害危险性也更大。从表 6-7 中可见，2#预测钻孔的预测指标 Δh_2 进、回风巷道的预测值较切眼预测值平均高 9 ~ 52 Pa，特别是距离掘进头前方 8 m 位置的预测值相差达到 52 Pa，进、回风巷道的瓦斯动力灾害危险性显著高于切眼巷道。

从图6-44中还可以发现，进、回风巷道瓦斯动力灾害危险性预测指标随着远离巷道掘进头，瓦斯动力灾害危险性预测值增大的梯度显著大于切眼巷道。这主要因为最大应力垂直于进、回风巷道，在巷道掘进头前方产生了显著的应力集中，阻碍瓦斯流动释放，保留了较高的瓦斯含量、压力；而最大应力平行于切眼，在切眼巷道掘进头前方应力稳步增大、位移比较均匀，在较远范围内瓦斯释放相对比较充分，残余瓦斯压力和含量较低。

上述的试验表明，在同一地质单元内地应力分布状态大致相似，邻近的相互平行的巷道瓦斯动力灾害危险性差异较小，而相互垂直巷道的瓦斯动力灾害危险性差异较大。最大应力方向显著影响巷道掘进头前方应力的分布状态，进而影响其瓦斯动力灾害危险性：最大应力平行于巷道时瓦斯动力灾害危险性较小，最大应力垂直于巷道时瓦斯动力灾害危险性较大。

21306工作面进风巷和回风巷倾向于垂直于最大应力，使得这两条巷道的瓦斯动力灾害危险性显著大于切眼，因此在进、回风巷道内发生了瓦斯动力灾害事故，而在切眼内没有发生。但是为什么在进风巷内发生了4次突出，而在回风巷内仅发生了1次？这主要受到层间距的影响。

6.8　应力集中规避技术

突出矿井安全高效开采为世界性难题，不同矿井煤层赋存特点各异，瓦斯动力灾害危险性也各不相同。目前，一般将矿井的强瓦斯动力灾害危险性盲目地归结于煤层赋存条件特殊、地应力大等客观原因，而没有阐述采掘巷道布置对煤层瓦斯动力灾害危险性的影响，也很少考虑能否通过优化采区巷道布置方式来降低瓦斯动力灾害危险性。

研究表明，在同一应力场下，巷道沿不同方向掘进时，在掘进头前方可能产生显著的应力集中，也可能不产生应力集中，瓦斯动力灾害危险性截然不同。受到地质构造等影响，地应力的大小和方向虽然变化较大，但在一定区域范围内最大应力分布差异不大[5]。虽然煤层的客观赋存条件难以改变，但是如果能通过优化采区巷道的布置，避免最大水平应力垂直于主要煤层巷道，避免掘进头前方产生应力集中，将能从总体上降低煤巷掘进的瓦斯动力灾害危险性，这可以作为除开采保护层和区域瓦斯预抽之外的第三种区域瓦斯治理措施。

因此，在矿井采区设计之前，可以先测试或者根据地质构造等估算采区最大应力分布规律，确定最大应力的分布方向；之后通过设计调整矿井采掘巷道布置，使得主要煤层巷道，特别是工作面的进风巷道和回风巷道尽量沿平行于最大应力方向布置，改善巷道掘进头前方应力分布，使得掘进头前方以卸压为主，避免产生应力集中和较高的应力梯度，使得巷道掘进头前方煤层瓦斯能够顺利释放，降低煤巷掘进瓦斯动力灾害危险性。

由于采区内工作面布置一般沿走向或者倾向，如图6-45所示，当最大应力方向与煤层走向的夹角小于45°时，工作面进风巷道和回风巷道沿走向掘进，使工作面沿走向回采；当最大应力方向与煤层走向的夹角大于45°时，工作面进风巷道和回风巷道沿倾向掘进，使工作面沿倾向回采。这种设计可以使进、回风巷道更倾向于平行于最大应力方向，降低煤巷和工作面前方应力集中，从而从整体上降低煤矿瓦斯动力灾害危险性，起到区域防突的作用。

对于待开采的矿井，采区划分应该根据主要地质构造如大的褶曲、断层等来进行划分，尽量使得同一采区内的煤层赋存基本稳定，并通过地应力测试技术来测试采区内地应力的分布规律，特别是最大水平地应力的分布方向。目前的地应力测试技术已经能够比较准确地测试地应力的分布，如空心包体应力解除法测试地应力。此后，尽量使得巷道的采掘方向沿最大水平应力方向，以此来降低瓦斯动力灾害危险性。该种方法可以看作为除开采保护层和煤层瓦斯区域预抽之外的第三种适用性更普

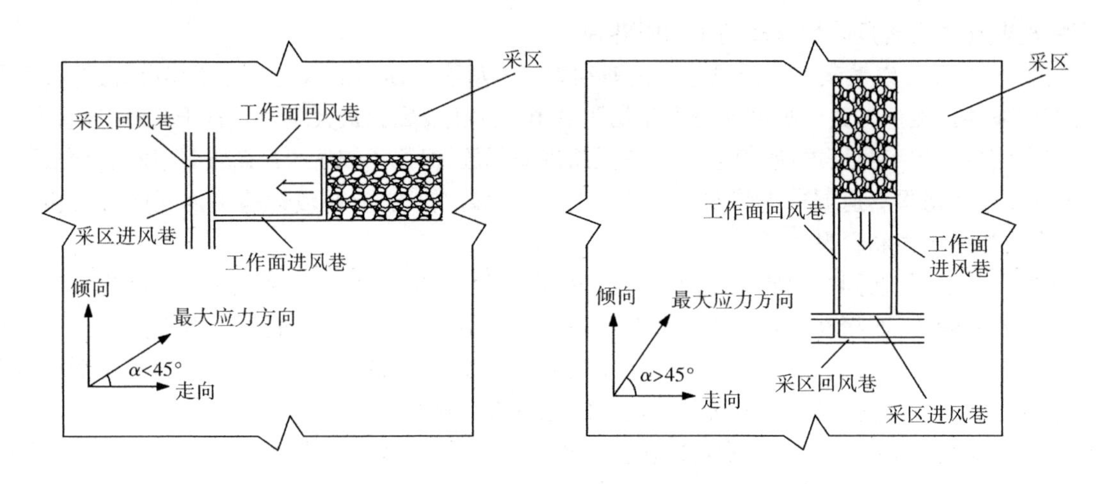

图 6-45　基于最大应力方向的区域防突设计

遍的区域综合防突措施。

6.9　本章小结

本章主要分析了地应力的方向性对采掘工作面附近应力场的影响规律，研究了三向应力在煤巷掘进过程中的行为特征，建立了适用于峰前阶段的“应力—裂隙—渗透率”本构模型，提出了应力集中规避技术等，可以得出如下主要结论：

（1）总结分析了原岩应力的分布特征：三向应力都随着深度的增加而增大，最大应力和最小应力趋向于沿水平方向，中间应力趋向于沿纵向。

（2）总结分析岩体在不同应力状态下的破坏规律，得出采矿作业会导致自由面附近的煤岩体出现峰后破坏，而在远离作业地点的三维受力空间内，煤岩体主要呈现塑性变形，一般处于峰前阶段。通过分析采场围岩破坏特征，建立适用于峰前阶段的“应力—裂隙—渗透率”本构模型，可以用于分析采场三向应力作用下三维渗透率变化特征。

（3）研究了三向应力在煤巷掘进过程中的行为特征，分析其对瓦斯动力灾害危险性的影响：当最大应力垂直于巷道时，在掘进头前方产生较高的应力集中，瓦斯动力灾害危险性较大；当最大应力沿巷道时，掘进头前方不产生应力集中，瓦斯动力灾害危险性较小。循环进尺越大，瞬间释放能量越多，瓦斯动力灾害危险性越大，循环进尺越小，危险性越小。

（4）研究煤层力学参数突变条件下掘进头前方应力分布及演化规律，发现煤层力学参数突变是导致局部应力集中的主要因素，当巷道从一种强度煤体进入另外一种强度煤体时，不论巷道沿何种方向掘进，都会在掘进头产生显著的应力集中和应力梯度，瓦斯动力灾害危险性较大。

（5）研究了煤层倾角对掘进头应力分布特征的影响，发现不论煤层倾角如何变化，煤巷掘进过程中，应力集中主要集中于在煤层之中，岩层中应力集中反而相对较小；随着煤层倾角的增加，掘进头周围发生突出的概率有所上升，巷道周围突出发生可能性较大的区域逐渐往巷道上帮的煤层中聚集，但是巷道壁与底板发生突出可能性最大的区域比例保持不变。

（6）提出了应力集中规避技术，通过现场测试地应力分布特征，并将巷道沿最大主应力方向掘进，能显著降低巷道超前应力集中，降低瓦斯动力灾害危险性。

参考文献

[1] 百度百科. 地应力[EB/OL]. [2010-06-25]. http://baike. baidu. com/view/43631. htm.

[2] 张篷,蒋校. 中国大地构造理论研究的进程及现状[J]. 吉林地质,2010,29(1):18-20.

[3] 王启志,赵云龙. 中国大地构造理论的进程及现状[J]. 科技创新导报,2011(14):221.

[4] 钱鸣高,石平五. 矿山压力与岩层控制[M]. 徐州:中国矿业大学出版社,2004.

[5] KANG H,ZHANG X,SI L,et al. In-situ stress measurements and stress distribution characteristics in underground coal mines in China[J]. Engineering Geology,2010,116(3/4):333-345.

[6] NAZIMKO V V,PENG S S,LAPTEEV A,et al. Damage mechanics around a tunnel due to incremental ground pressure[J]. International Journal of Rock Mechanics and Mining Sciences,1997,34(3/4):222. e1 - 222. e14.

[7] KONTOGIANNI V A, STIROS S C. Induced deformation during tunnel excavation: Evidence from geodetic monitoring[J]. Engineering Geology,2005,79(1/2):115-126.

[8] ISLAM M R,SHINJO R. Numerical simulation of stress distributions and displacements around an entry roadway with igneous intrusion and potential sources of seam gas emission of the Barapukuria coal mine,NW Bangladesh[J]. International Journal of Coal Geology,2009,78(4):249-262.

[9] ZHANG H L,WANG L G,GAO F,et al. Numerical simulation study on the influence of the ground stress field on the stability of roadways[J]. Mining Science and Technology,2010,20(5):707-711.

[10] 黄润秋,王贤能,唐胜传,等. 深埋长隧道工程开挖的主要地质灾害问题研究[J]. 地质灾害与环境保护,1997,8(1):50-68.

[11] 李攀峰,张倬元,刘宏,等. 某水电站地下厂房硐室群岩爆预测与防治研究[J]. 中国地质灾害与防治学报,2004,15(2):39-43.

[12] 谷明成,何发亮,陈成宗. 秦岭隧道岩爆的研究[J]. 岩石力学与工程学报,2002,21(9):1324-1329.

[13] 李树森,聂德新,任光明. 岩芯饼裂机制及其对工程地质特性影响的分析[J]. 地球科学进展,2004,19(增刊1):376-379.

[14] 缪晓军,吴继敏,李景波. 圆形洞室岩爆成因分析及其地质灾害研究[J]. 河海大学学报(自然科学版),2002,30(5):37-40.

[15] 刘允芳,肖本职. 西部地区地震活动与地应力研究[J]. 岩石力学与工程学报,2005,24(24):4502-4508.

[16] 徐林生,唐伯明,慕长春 ,等. 高地应力与岩爆有关问题的研究现状[J]. 公路交通技术,2002(4):48-51.

[17] 赵自强,王学潮,随裕红. 南水北调西线工程深埋隧洞岩爆与地应力研究[J]. 华北水利水电学院学报,2002,23(1):48-50.

[18] 徐则民,黄润秋,陈颖辉,等. 河谷应力集中及岩体响应[J]. 工程勘察,2003,31(1):4-7.

[19] 王广德,石豫川,葛华,等. 岩爆与围岩分类[J]. 工程地质学报,2006,14(1):83-89.

[20] 许东俊,谭国焕. 岩爆应力状态研究[J]. 岩石力学与工程学报,2000,19(2):169-172.

[21] 汪波,何川,吴德兴,等. 基于岩爆破坏形迹修正隧道区地应力及岩爆预测的研究[J]. 岩石力学与工程学报,2007,26(4):811-817.

[22] 何思为,向贤礼,卢世杰. 高应力区应力与岩爆的关系[J]. 广东工业大学学报,2002,19(3):1-6.

[23] 吕庆,孙红月,尚岳全,等.深埋特长公路隧道岩爆预测综合研究[J].岩石力学与工程学报,2005,24(16):2982-2988.

[24] 高峰.地应力分布规律及其对巷道围岩稳定性影响研究[D].徐州:中国矿业大学,2009.

[25] 国家煤矿安全监察局.《防治煤与瓦斯突出规定》读本[M].北京:煤炭工业出版社,2009.

[26] 孙守增.煤矿开采中的地应力特点及其应用研究[D].青岛:山东科技大学,2003.

[27] 石永生,张宏伟,郭守泉.空芯包体测量方法的应用及巷道稳定性分析[J].煤炭科学技术,2006,34(2):90-92.

[28] 王连国,陆银龙,杨新华,等.霍州矿区地应力分布规律实测研究[J].岩石力学与工程学报,2010,29(增刊1):2768-2774.

[29] 景锋.岩质高边坡稳定性研究[D].武汉:武汉大学 ,2004.

[30] 景锋.中国大陆浅层地壳地应力场分布规律及工程扰动特征研究[D].武汉:中国科学院大学(中国科学院武汉岩土力学研究所),2009.

[31] 林柏泉,周世宁.煤样瓦斯渗透率的试验研究[J].中国矿业大学学报,1987,16(1):21-28.

[32] 唐春安,刘红元.石门揭煤突出过程的数值模拟研究[J].岩石力学与工程学报,2002,21(10):1467-1472.

[33] 卫修君,林柏泉.煤岩瓦斯动力灾害发生机理及综合治理技术[M].北京:科学出版社,2009.

[34] 尹光志,黄启翔,张东明,等.地应力场中含瓦斯煤岩变形破坏过程中瓦斯渗透特性的试验研究[J].岩石力学与工程学报,2010,29(2):336-343.

[35] 尹光志,李晓泉,赵洪宝,等.地应力对突出煤瓦斯渗流影响试验研究[J].岩石力学与工程学报,2008,27(12) :2557-2561.

[36] BAGHBANAN A, JING L. Stress effects on permeability in a fractured rock mass with correlated fracture length and aperture[J]. International Journal of Rock Mechanics and Mining Sciences,2008,45(8):1320-1334.

[37] KI BOK M,RUTQVIST J,TSANG C F,et al. Stress-dependent permeability of fractured rock masses: A numerical study[J]. International Journal of Rock Mechanics and Mining Sciences,2004,41(7):1191-1210.

[38] 缪协兴,陈占清,茅献彪,等.峰后岩石非 Darcy 渗流的分岔行为研究[J].力学学报,2003,35(6):660-667.

[39] 孙培德.煤层气越流的固气耦合理论及其计算机模拟研究[D].重庆:重庆大学,1998.

[40] 孙培德,鲜学福.煤层瓦斯渗流力学的研究进展[J].焦作工学院学报(自然科学版),2001,20(3):161-167.

[41] PEIDE S. A new method to calculate coal-seam gas permeability[J]. Mining Science and Technology,1990,11(1):101-105.

[42] PEIDE S. A new method for calculating the gas permeability of a coal seam[J]. International Journal of Rock Mechanics and Mining Sciences & Geomechanics Abstracts,1990,27(4):325-327.

[43] ZHANG J,STANDIFIRD W B,ROEGIERS J C,et al. Stress-Dependent Fluid Flow and Permeability in Fractured Media: from Lab Experiments to Engineering Applications[J]. Rock Mechanics and Rock Engineering,2007,40(1):3-21.

[44] CAI M,KAISER P K,TASAKA Y,et al. Determination of residual strength parameters of jointed rock masses using the GSI system[J]. International Journal of Rock Mechanics and Mining Sciences,2007,44(2):247-265.

[45] 杨威,林柏泉,屈永安,等.煤层采动应力场空间分布的数值模拟研究:2010(沈阳)国际安全科学与技术学术研讨会论文集[C].沈阳:[出版者不详],2010.

[46] BANDIS S, LUMSDEN A C, BARTON N R. Experimental studies of scale effects on the shear behaviour of rock joints[J]. International Journal of Rock Mechanics and Mining Sciences,1981,18(1):1-21.

[47] BANDIS S C. Experimental studies of scale effects on shear strength and deformation of rock joints[D]. Leeds:University of Leeds,1980.

[48] GOODMAN R E,KARACA M,HATZOR Y. Rock structure in relation to concrete dams on granite: Geotechnical Special Publication[C]. Raleigh,NC,USA,1993.

[49] GOODMAN R E. Methods of geological engineering in discontinues rocks[M]. New York: West Publication,1976.

[50] VILKS P, MILLER N H, JENSEN M. In-situ diffusion experiment in sparsely fractured granite: Materials Research Society Symposium Proceedings[C]. San Francisco,CA,United states,2004.

[51] MATHIAS S A,TSANG C F,VAN REEUWIJK M. Investigation of hydromechanical processes during cyclic extraction recovery testing of a deformable rock fracture[J]. International Journal of Rock Mechanics and Mining Sciences,2010,47(3):517-522.

[52] 郭文兵,邓喀中,邹友峰.条带开采下沉系数计算与优化设计的神经网络模型[J].中国安全科学学报,2006,16(6):40-45.

[53] 郭文兵,邓喀中,邹友峰.条带煤柱的突变破坏失稳理论研究[J].中国矿业大学学报,2005,34(1):77-81.

[54] 郭文兵,邓喀中,邹友峰.岩层与地表移动控制技术的研究现状及展望[J].中国安全科学学报,2005,15(1):6-10.

[55] 郭文兵,邓喀中,邹友峰.概率积分法预计参数选取的神经网络模型[J].中国矿业大学学报,2004,33(3):322-326.

[56] 郭文兵,吴财芳,邓喀中.开采影响下建筑物损害程度的人工神经网络预测模型[J].岩石力学与工程学报,2004,23(4):583-587.

[57] 郭文兵,邹友峰,邓喀中.煤层底板采动导水破坏深度计算的神经网络方法[J].中国安全科学学报,2003,13(3):34-37.

[58] LIU J, ELSWORTH D, BRADY B H. Linking stress-dependent effective porosity and hydraulic conductivity fields to RMR[J]. International Journal of Rock Mechanics and Mining Sciences,1999,36(5):581-596.

[59] ZHANG J C,ROEGIERS J C,SPETZLER H A. Influence of stress on permeability around a borehole in fractured porous media[J]. International Journal of Rock Mechanics and Mining Sciences,2004,41(3):454.

[60] ITASCA CONSULTING GROUP INC. FLAC3D User's Guide[Z].[s. n.],2005.

[61] FLORES R M. Coalbed methane:from hazard to resource[J]. International Journal of Coal Geology,1998,35(1/4):3-26.

[62] YANG W,LIN B Q,QU Y A,et al. Coal Bed Methane Resources: Hazard and Exploitation[J]. Advanced Materials Research,2011,225/226:315-318.

[63] 缪启龙.地球科学概论[M].北京:气象出版社,2001.

[64] 刘金海,冯涛,谢东海,等.煤与瓦斯突出预测的距离判别分析方法[J].煤田地质与勘探,2009,

37(1):26-28.
[65] 王超,宋大钊,杜学胜,等.煤与瓦斯突出预测的距离判别分析法及应用[J].采矿与安全工程学报,2009,26(4):470-474.
[66] WANG C,WANG E Y,XU J K,et al. Bayesian discriminant analysis for prediction of coal and gas outbursts and application[J]. Mining Science and Technology,2010,20(4):520-523.
[67] 张宜虎,卢轶然,周火明,等.围岩破坏特征与地应力方向关系研究[J].岩石力学与工程学报,2010,29(增刊2):3526-3535.

第七章　煤矿井下水射流割缝卸压增透技术

7.1　引言

前文在煤矿瓦斯动力灾害特征、煤的孔隙结构与渗流特征以及瓦斯动力灾害发生机制等基础理论方面开展了研究，是瓦斯动力灾害防控与治理的科学前提，更为开发有效的防控治理技术奠定重要基础。

水射流是一种能量较为集中的流体运动现象，现已被广泛应用于工业切割与清洗、能源开发等领域，美国等发达国家20世纪初就已将水射流技术应用于石油开发。水射流技术在中国煤矿瓦斯灾害防治中的应用始于20世纪五六十年代，通过水射流破碎并清洗原始煤层，在煤层内部形成不规则的类似槽、缝、洞、穴等自由空间，改善原始煤体应力与瓦斯解吸渗流条件，实现煤层瓦斯高效抽采并消除瓦斯动力灾害危险。中国矿业大学、重庆大学、河南理工大学、太原理工大学和中国煤炭科工集团等多家研究机构在该领域开展了广泛研究，开发了水射流割缝、水力掏槽、水力冲孔等多种技术方法，形成了贯穿缝槽割缝、径向圆盘割缝、三维螺旋式割缝、高压磨料割缝等多种割缝工艺，在国内多个矿井进行了现场试验和应用，取得了显著效果。

本章将从技术基础理论、技术方法与工艺、技术装备以及现场应用方面，系统地介绍煤矿井下水射流割缝卸压增透技术。重点论述水射流冲击动力学特性、水射流割缝卸压增透机理、水射流割缝钻孔群裂隙网络增透技术及工程应用案例；分析水射流冲击破煤岩与成孔特性，阐述水射流增透钻孔与割缝煤岩裂纹扩展、卸压扰动与增透机制；以河南古汉山煤矿为例，介绍技术在穿层煤巷条带瓦斯预抽防突中的应用，为水射流割缝增透技术在瓦斯动力灾害防控中的科学合理应用提供理论支撑与示范借鉴。

7.2　水射流冲击动力学特性

水射流冲击动力学特性分析是水射流割缝技术研究的基础。本节通过实验室实验测定、分析水射流冲击过程中的流态特征与力学演化机制，数值模拟分析冲击破岩成孔中的流场、压力场与流体侵入等动力学特性，实验研究水射流冲击破煤岩特征与射流参数响应特性。

7.2.1　圆形紊动水射流特征

水射流以一定速度从喷嘴射出后，与周围的空气形成速度不连续的间断面，在射流边界发展成涡旋并引起紊动，气体不断被卷吸到射流中，使得射流不断扩大。煤矿采用的水射流多数是从圆形喷嘴中射出，由于流速较大，雷诺数较高(>2 300)，因而矿用水射流属于典型的圆形紊动射流。

7.2.1.1　水射流结构特点

水射流的结构复杂，根据紊动射流的流动特征，将其分为初始段和基本段(图7-1)[1]。射流与周围流体的紊动混掺影响由边界发展至射流中心的区域称为初始段，射流在全断面上发展为紊动混掺区的部分称为基本段。初始段中的核心区未受紊动的影响，水射流保持初始流速；随着到出口距离的增加,水射流的核心区逐渐减小,直至一定距离后消失;此后,水射流在全断面都为紊流状态。

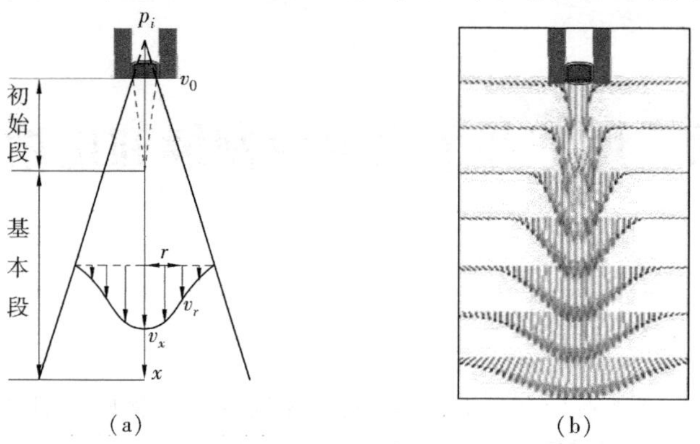

图 7-1 水射流形态结构和速度分布

(a) 水射流形态结构;(b) 水射流断面速度分布

射流初始段内的核心区是能量高度聚集的区域,初始段的长度反映了射流的收敛性,目前的研究多以无量纲初始段长度(初始段长度与喷嘴直径的比)进行分析。

采用高速摄像机可以捕捉到水射流喷出瞬间的形态特征,直观地分析水射流的结构特点。图 7-2 是采用高速摄像机拍摄的不同射流压力下的水射流形态,从图中可以看出,水射流从喷嘴喷出后,射流轮廓不断扩张,断面直径逐渐增大,射流的外边界呈线性扩展。从图 7-2 中还可以看出,在射流压力较小时,水射流的形态受压力影响显著,随着射流压力的增加,水射流的扩散角逐渐增大,在压力大于 8 MPa 后,射流形态逐渐稳定,不再受射流压力变化影响。

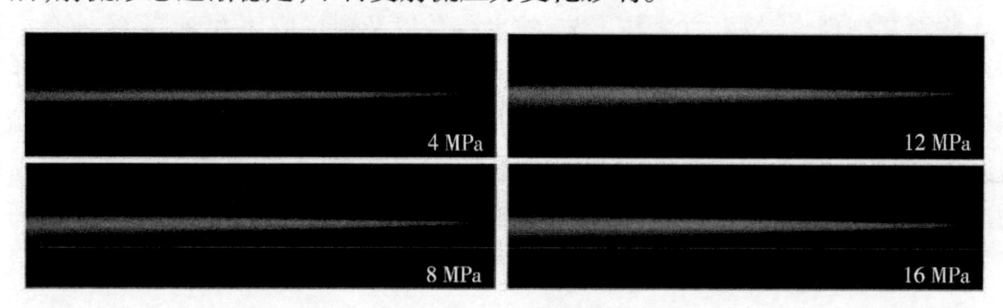

图 7-2 水射流形态

7.2.1.2 水射流速度分布

水射流的水力参数主要包括射流压力 p_0,喷嘴直径 D,出口流速 v_0,射流流量 Q。其中,出口速度和射流流量可以通过式(7-1)、式(7-2)求得。

$$v_0 = \varphi\sqrt{\frac{2p_0}{\rho_w}} \tag{7-1}$$

$$Q = \frac{1}{4}\pi\varphi D^2\sqrt{\frac{2p_0}{\rho_w}} \tag{7-2}$$

式中 ρ_w——水的密度,kg/m^3;

φ——速度系数,取 0.98 ~ 1。

当喷嘴直径一定时,通过调节射流压力,可以控制射流的出口速度和流量,现场应用时水射流的调节多采用此方法。

实验与理论研究表明,圆形紊动射流在断面的流速分布呈现为在轴线上流速最大、距轴线越远流速越小,各个断面的流速分布相似,具有自模性。以沿射流轴线方向为 x 轴,以垂直于射流轴线方向为 y 轴建立坐标系,设在距离原点 x 处,轴线上的速度为 v_x,垂直轴线距离为 y 处的速度为 v_y,则射流断面的流速分布符合高斯分布形态[2]:

$$\frac{v_y}{v_x} = \exp\left[-\left(\frac{y}{b}\right)^2\right] \tag{7-3}$$

式中　b——射流圆形断面的半径,m。

忽略重力及摩擦阻力的影响,则水射流在各截面的动量守恒:

$$\int_A \rho v^2 \mathrm{d}A = \frac{1}{4}\rho v_0^2 \pi D^2 \tag{7-4}$$

将式(7-3)代入式(7-4),并忽略流体密度的变化,得:

$$\int_0^1 \frac{v_y^2}{v_x^2} \cdot \frac{y}{b} \mathrm{d}\frac{y}{b} = \frac{1}{8} \cdot \frac{v_0^2}{v_x^2} \cdot \frac{D^2}{b^2} \tag{7-5}$$

由于射流外边界呈线性扩展,因而有:

$$b = Cx \tag{7-6}$$

式中　C——常数,$C=\tan\theta$;

θ——水射流的扩散角,(°)。

将式(7-6)代入式(7-5)得:

$$\frac{v_x}{v_0} = \frac{\mathrm{e}}{C\sqrt{2(\mathrm{e}^2-1)}} \cdot \frac{D}{x} \approx 0.760\,4\,\frac{D}{Cx} \tag{7-7}$$

令 $v_x=v_0$,则射流初始段长度 S 为:

$$S = \frac{\mathrm{e}D}{C\sqrt{2(\mathrm{e}^2-1)}} \approx 0.760\,4\,\frac{D}{x} \tag{7-8}$$

采用 2 mm 圆形喷嘴,在射流压力大于 8 MPa 后,射流初始段长度 S 为 30.44 mm。

考虑核心区内轴线速度不变,则射流在轴线上的速度分布可以表示为:

$$\begin{cases} v_x = v_0 & x \leqslant S \\ v_x = v_0 \dfrac{\mathrm{e}}{C\sqrt{2(\mathrm{e}^2-1)}} \cdot \dfrac{D}{x} & x > S \end{cases} \tag{7-9}$$

7.2.3　水射流冲击钻孔的流态及力学演化

7.2.3.1　水射流冲击钻孔的流态演化

水射流冲击煤岩体表面的瞬间,会在液固接触面产生紊流、漩涡和反射现象,导致射流的几何结构、速度分布和应力分布发生改变,这些变化是研究水射流冲击破煤岩机理的关键。然而,由于射流冲击具有瞬时性和紊动性[3],冲击煤岩的瞬态过程难以进行观测,严重制约了水射流冲击煤岩的瞬态动力学研究。高速摄像是近年来研究射流形态和结构的有效工具,本节采用高速摄像试验系统,分别对水射流冲击钻孔表面和冲击平面的流体特性进行研究。

(1) 试验系统及方案

水射流冲击高速摄像试验系统主要包括高压水发生与调节装置、水射流发生装置、高速摄像系统、试验平台等,系统示意图及实物如图 7-3 所示。

① 高压水发生与调节装置

水射流发生及调节装置包括乳化液柱塞泵站、水箱、压力调节阀、流量调节阀、智能涡街流量计等。其中,乳化液柱塞泵为卧式五柱塞泵站,由卧式四级防爆电机驱动,可以将水箱中的常压水转换

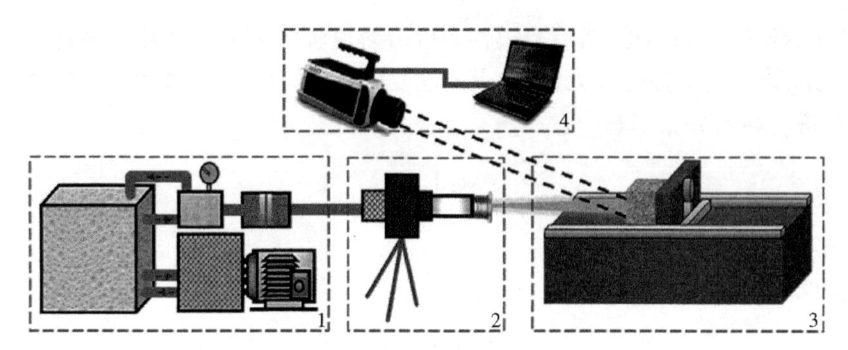

图 7-3 水射流冲击高速摄像试验系统示意图

1——高压水发生与调节装置;2——水射流发生装置;3——试验平台;4——高速摄像系统

成高压水,其额定压力为 31.5 MPa,额定流量为 200 L/min;压力调节阀可以对乳化液柱塞泵的出水压力进行调节和监测;流量调节阀和智能涡街流量计可以对乳化液柱塞泵的出水流量进行调节和监测。

② 水射流发生装置与试验平台

水射流发生装置是由射流器、支撑架、水辫和耐高压水管组成。射流器前端装有直径为 2 mm 的喷嘴。试验平台具有导轨和挡板,可按需要调整试件位置并进行固定。

③ 高速摄像系统

高速摄像机采用美国 VRI 公司生产的 Phantom® 系列高速数字摄像机,最大分辨率为 1 024 像素 ×1 024 像素,最高拍摄速度可达 140 000 帧/s。高速摄像机可以通过网线与计算机连接,并将数据信息即时传输给计算机,采集到的图像信息可通过幻影相机控制应用(phantom camera control application)软件进行剪辑处理,并转换成视频或图片格式。

④ 试验方案

本试验的核心思路为对比水射流冲击平面和冲击钻孔表面时的流体形态和结构特征,分析水射流在钻孔内的作用特点。试验方案为固定冲击靶距为 200 mm,喷嘴直径 2 mm,分别调节水射流压力进行水射流冲击平面和冲击模拟钻孔表面试验,通过高速摄像机记录水射流冲击接触面的过程。

(2) 水射流冲击平面的流态

图 7-4 和图 7-5 分别为不同压力水射流冲击平面的瞬间流态和在 200 ms 时的稳定流态。从图中可以看出,水射流冲击平面时的流动可以分为三个区域:

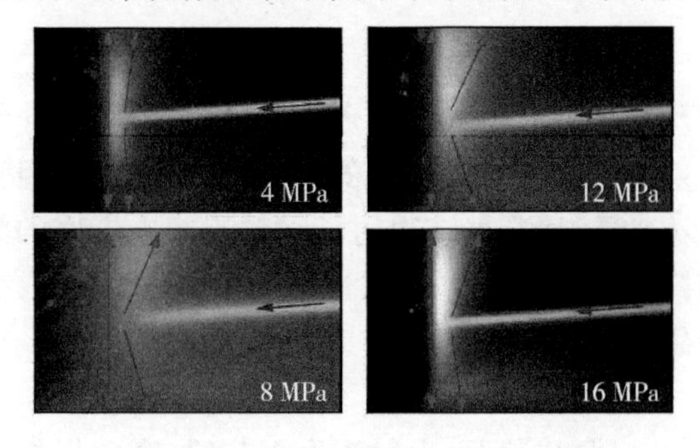

图 7-4 水射流冲击平面瞬间的流态

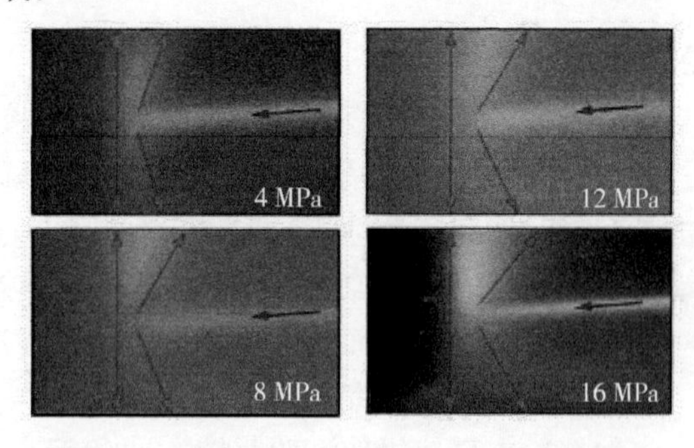

图 7-5 水射流冲击平面 200 ms 时的流态

① 在冲击平面靶体前,水射流的流动特性与自由射流相同;

② 在冲击接触面时,水射流发生了明显的弯曲,流动方向由垂直于接触面转变为平行于接触面,由此产生了较大的压力梯度;

③ 在冲击平面之后，水射流以一定速度沿接触面流动，流动特性与壁面射流相同。

从图7-4中可以发现，不同压力水射流冲击平面瞬间的流体形态相似，随着射流压力的增加，水射流冲击后沿接触面反射的角度不断增大；在射流压力大于8 MPa后，水射流的形态变得稳定，但冲击后流体反射的角度仍不断增加，说明水射流在接触面反射角度与射流的速度和流量有关。

在水射流冲击平面200 ms时，流体形态已经较为稳定。对比图7-4和图7-5可以看出，稳定流态的水射流在接触点上方形成了一个较厚的“水垫”，这是由射流冲击平面后的反射流体与后方的自由射流撞击产生，“水垫”的存在使得流体沿接触面反射的角度较冲击瞬间增加。

将不同压力水射流冲击平面瞬间和冲击200 ms时的高速摄像照片数字化，并提取出反射流体的角度，得到如图7-6所示的不同压力水射流反射角度分布图。从图中可以看出，水射流冲击瞬间，随着射流压力的增加，反射流体覆盖的面积增大，流体反射角度从90°~99.8°逐渐增加到90°~118.8°；水射流冲击200 ms时，随着水射流压力的增加，反射流体覆盖的面积增大，流体反射角度从90°~108.5°逐渐增加到90°~130.8°；水射流在稳态时的反射角度平均较瞬态时大10°。对上图中反射流体边界的散点图进行拟合，得到水射流冲击平面的反射角分布函数：

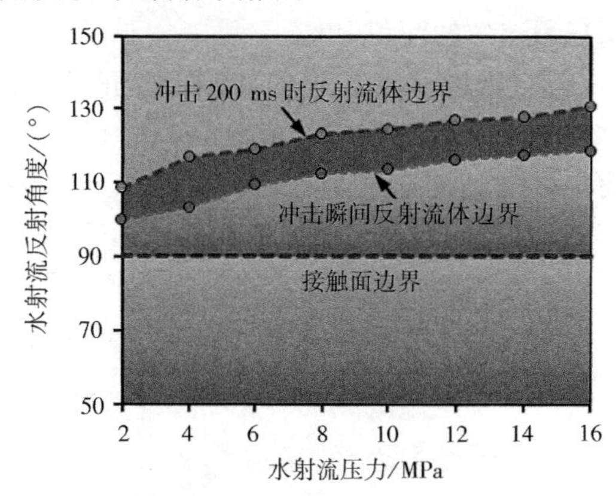

图7-6 水射流反射角度分布

$$\begin{cases} \alpha = 9.58\ln p_0 + 92 & R^2 = 0.9801 \quad \text{瞬态} \\ \alpha = 10.16\ln p_0 + 101 & R^2 = 0.9896 \quad \text{稳态} \end{cases} \tag{7-10}$$

式中 α——水射流冲击平面后的反射角，(°)；

p_0——水射流压力，MPa。

该公式的拟合方差 $R^2 \geqslant 0.98$，表明其具有较高的可信度。

(3) 水射流冲击钻孔的流态

为了分析水射流冲击钻孔表面的流体形态和结构特征，制作了半圆形弧面试件，模拟水射流冲击钻孔的过程。图7-7和图7-8分别为不同压力水射流冲击钻孔表面的瞬间流态和在200 ms时的稳定流态。

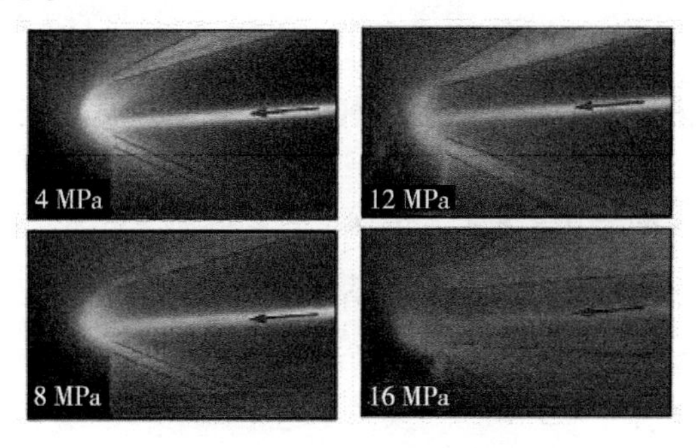

图7-7 冲击钻孔表面瞬间的流态

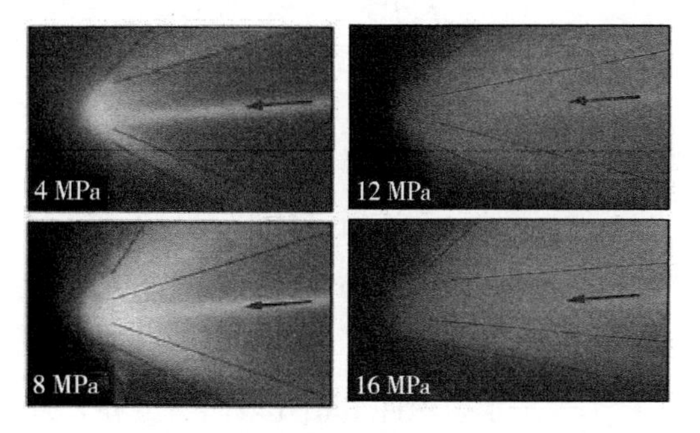

图7-8 冲击钻孔表面200 ms时的流态

从图中可以看出，水射流冲击钻孔表面时的流态可以分为四个区域：

① 在冲击钻孔靶体前，水射流的流动特性与自由射流相同；

② 在冲击钻孔内接触面时，水射流发生了显著的弯曲，流动方向由垂直于接触面转变为沿钻孔

表面运动，由此产生了较大的压力梯度；

③ 在冲击钻孔内接触面之后，水射流以一定速度沿钻孔流动；

④ 在钻孔边界处，水射流以一定角度射出，反射流体的外部边界为边界 1，内部边界为边界 2。

从图中可以发现，不同压力水射流冲击钻孔表面瞬间的流体形态相似，受钻孔几何形状影响，水射流的反射角度明显大于冲击平面的反射角；随着射流压力的增加，水射流的反射角度不断增大，反射流体的面积也增大。在水射流冲击钻孔表面 200 ms 时，水射流的形态已经稳定。对比两图可以发现，在水射流冲击瞬间即在接触点产生一个"水垫"，冲击稳定后，接触面上方的"水垫"厚度增加，使得反射流体的面积增大。

将不同压力水射流冲击钻孔表面瞬间和冲击 200 ms 时的高速摄像照片数字化，并提取出反射流体两条边界的角度，得到如图 7-9 和图 7-10 所示不同压力条件下的水射流反射角度分布图。从图中可以看出，水射流冲击瞬间，随着射流压力的增加，反射流体覆盖的面积逐渐增大，流体反射角度从 144.9°～156.2°逐渐增加到 148.1°～174.2°；而水射流冲击 200 ms 时，随着水射流压力的增加，流体反射角度逐渐增大，但反射流体覆盖的面积变化不大。对比两图可以发现，水射流冲击钻孔表面达到稳态时，反射流体边界 1 的角度较瞬态时减小，而边界 2 的角度基本不变。

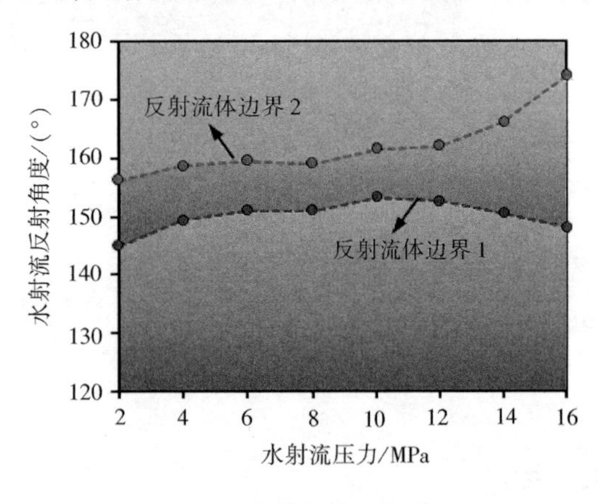

图 7-9　冲击瞬间反射角度分布

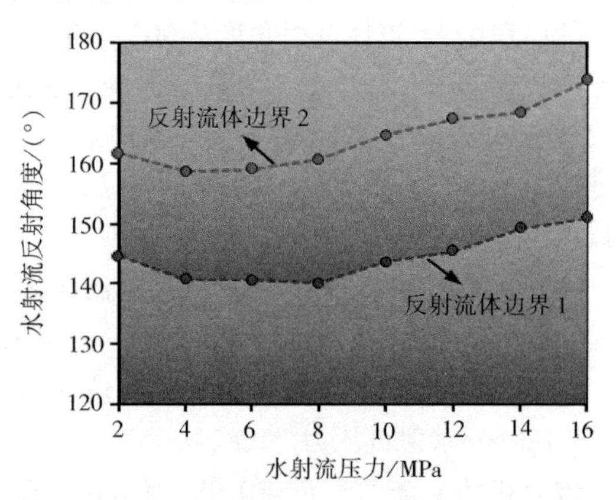

图 7-10　冲击 200 ms 时反射角度分布

对图 7-9 中反射流体边界的散点图进行拟合，得到水射流冲击钻孔表面的瞬态反射角分布函数：

$$\begin{cases} \alpha_1 = -0.53p_0^2 - 5.21p_0 + 140 & R^2 = 0.939\,2 \quad \text{边界 1} \\ \alpha_2 = 0.46p_0^2 - 2.09p_0 + 160 & R^2 = 0.923\,4 \quad \text{边界 2} \end{cases} \tag{7-11}$$

对图 7-10 中反射流体边界的散点图进行拟合，得到水射流冲击钻孔表面的稳态反射角分布函数：

$$\begin{cases} \alpha_1 = 0.49p_0^2 - 3.15p_0 + 146 & R^2 = 0.924\,4 \quad \text{边界 1} \\ \alpha_2 = 0.43p_0^2 - 1.91p_0 + 162 & R^2 = 0.951\,9 \quad \text{边界 2} \end{cases} \tag{7-12}$$

式中　α_1——水射流冲击钻孔表面后边界 1 处的反射角，(°)；

α_2——水射流冲击钻孔表面后边界 2 处的反射角，(°)；

p_0——水射流压力，MPa。

该公式的拟合方差 $R^2 \geqslant 0.92$，表明其具有较高的可信度[4]。

7.2.3.2　水射流冲击钻孔的力学演化

水射流冲击煤岩表面产生的压力可以分为两类：水锤压力和滞止压力[5]。高速运动的水射流在冲击接触面瞬间会产生冲击波，冲击波以不同的速度向水射流和煤岩体内部传播，不断压缩水介质和接触面,伴随着水射流的持续撞击,新的冲击波不断产生,直至水射流前端完全与煤岩体接触,由于这一过程中冲击波的速度大于水射流的速度,冲击作用会在水射流中心产生水锤压力。大量实验表明,水锤压力的作用时间较短,在水射流冲击稳定后,水射流的动压将在接触面形成伯努利滞止压力。为了求解水射流对接触面的作用力,本章进行了如下简化:

① 水射流为形状规则的圆柱体;

② 水射流冲击接触面瞬间,射流前端均匀增大;

③ 忽略重力和摩擦阻力的影响。

假设水射流以速度 v 冲击煤岩体表面,经过时间 Δt 后,物体表面会产生微小的形变,位于接触面的水射流和煤岩体的绝对速度分别变为$(v+v_w)$和 v_s,由于接触面上固、液绝对速度相等,故而:

$$v + v_w = v_s \tag{7-13}$$

根据动量守恒定律,可以得到[6]:

$$\begin{cases} F_w \cdot \Delta t = -\rho_w A \Delta t c_w v_w \\ F_s \cdot \Delta t = \rho_s A \Delta t c_s v_s \end{cases} \tag{7-14}$$

式中　F_w,F_s——接触面上水和固体受到的作用力,MPa;

ρ_w,ρ_s——水和固体的密度,kg/m^3;

A——水射流和煤岩体接触面的面积,m^2;

c_w,c_s——冲击波在水介质和煤岩体中的传播速度,m/s。

由于接触面上液体和固体受到的作用力相等,即 $F_w = F_s$,故而有:

$$-\rho_w c_w v_w = \rho_s c_s v_s \tag{7-15}$$

将式(7-13)、式(7-15)代入式(7-14),得:

$$F_s = \frac{\rho_w c_w \rho_s c_s A v}{\rho_w c_w + \rho_s c_s} \tag{7-16}$$

因而水锤压力 p_a 可以表示为:

$$p_a = \frac{\rho_w c_w \rho_s c_s v}{\rho_w c_w + \rho_s c_s} \tag{7-17}$$

其中,冲击波在介质中的传播速度可以用下式计算:

$$c = C_a + \varphi v \tag{7-18}$$

式中　c——冲击波在介质中的传播速度,m/s;

C_a——介质中的声速,m/s;

φ——介质参数,水介质在速度小于 1 000 m/s 时 $\varphi = 2$,岩石材料 $\varphi = 11.61/C_a^{0.239}$[7]。

水射流冲击平面时,当射流中心的扰动以冲击波的形式传播到边界后,水锤压力就会消失。因此,水射流的断面半径 b 即为水锤作用的区域长度,水锤压力持续的时间可以用下式计算:

$$t_p = \frac{b}{C_w + 2v} \tag{7-19}$$

式中　t_p——水射流冲击平面时的水锤压力持续时间,s;

b——水射流圆形断面的半径,m;

C_w——水中的声速,m/s。

当水锤压力消失后,水射流对平面形成稳定的冲击作用,在冲击中心处的压力为其轴心动压,即滞止压力 p_b 为:

$$p_b = \frac{\rho_w v^2}{2} \tag{7-20}$$

水射流冲击钻孔表面时，由于接触面为弧形，水射流与钻孔表面的第一个接触点不在射流中心，而在射流边界。为了便于分析，以钻孔圆心为原点，以水射流的流动方向为 y 轴正向，以垂直于水射流向右的方向为 x 轴正向建立直角坐标系，如图 7-11 所示。图中，O 为坐标原点，钻孔的半径为 R，水射流断面半径为 b。水射流边界首先与钻孔表面的 A 点接触，由于水射流的冲击作用，接触瞬间会产生一个冲击波，并以 A 点为圆心向射流内部传播。随着水射流不断运动，由射流边界向射流中心逐渐出现新的接触点，同时产生一系列新的冲击波，这些冲击波将以各自的接触点为圆心向射流内部传播。

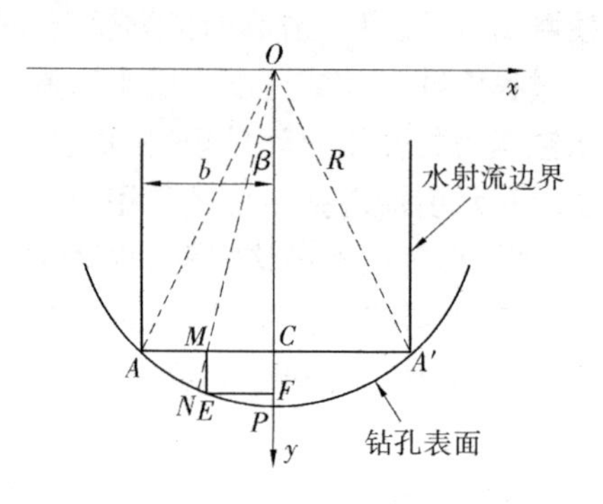

图 7-11　水射流冲击钻孔表面示意图

假设在 A 点产生的冲击波经过时间 Δt 后传播到 M 点，同时 M 点刚好接触到钻孔表面 E 点，那么根据图中关系可得：

$$AM = AC - MC = b - \sqrt{R^2 - b^2} \cdot \tan\beta = c_w \cdot \Delta t \tag{7-21}$$

从 E 点作 y 轴垂线，交点为 F 点，则：

$$\begin{cases} ME = CF = v \cdot \Delta t \\ EF = MC = \sqrt{R^2 - b^2} \cdot \tan\beta \end{cases} \tag{7-22}$$

在△EOF 中：

$$OF = \sqrt{OE^2 - EF^2} = \sqrt{R^2 - (R^2 - b^2)\tan^2\beta} \tag{7-23}$$

所以有：

$$CF = OF - OC = \sqrt{R^2 - (R^2 - b^2)\tan^2\beta} - \sqrt{R^2 - b^2} \tag{7-24}$$

由于冲击波在 AM 段的传播时间与水射流经过 ME 段的时间相等，因而有：

$$\frac{AM}{c_w} = \frac{ME}{v} \tag{7-25}$$

将式(7-21)、式(7-22)和式(7-24)代入上式，得：

$$\begin{cases} \tan\beta = \dfrac{2c_w v}{c_w^2 + v^2} - \dfrac{b(c_w^2 - v^2)}{(c_w^2 + v^2)\sqrt{R^2 - b^2}} & \dfrac{v}{c_w} \leqslant \dfrac{b}{\sqrt{R^2 - b^2}} \\ \tan\beta = \dfrac{b}{\sqrt{R^2 - b^2}} & \dfrac{v}{c_w} > \dfrac{b}{\sqrt{R^2 - b^2}} \end{cases} \tag{7-26}$$

因此，线段 AM 的长度为：

$$\begin{cases} AM = \dfrac{2bc_w^2 - 2c_w v\sqrt{R^2 - b^2}}{c_w^2 + v^2} & \dfrac{v}{c_w} \leqslant \dfrac{b}{\sqrt{R^2 - b^2}} \\ AM = 0 & \dfrac{v}{c_w} > \dfrac{b}{\sqrt{R^2 - b^2}} \end{cases} \tag{7-27}$$

式(7-27)即为水射流冲击钻孔表面时水锤作用的区域长度。当$\frac{v}{c_w} \leqslant \frac{b}{\sqrt{R^2-b^2}}$时，此区域内水射流端头表面上的任意一点都在冲击波到达之前与钻孔表面接触，因此，这一部分水射流在冲击钻孔表面时没有受到冲击波的影响，水射流不会扩散开来，使得水介质一直处于高度压缩状态，继而对接触面产生了持续的水锤压力。当$\frac{v}{c_w} > \frac{b}{\sqrt{R^2-b^2}}$时，水射流在首个接触点产生的冲击波会在射流端头任意点冲击钻孔表面之前通过，对水介质产生的扰动导致水射流内部难以形成高压状态，因而此时的水射流不能在钻孔表面产生持续的水锤压力。

当水射流冲击钻孔表面时的水锤作用区域可以覆盖整个射流断面时，$AM=b$，将其代入式(7-27)得：

$$b(c_{\mathrm{w}}^2-v^2)-2c_{\mathrm{w}}v\sqrt{R^2-b^2}=0,\ \frac{v}{c_{\mathrm{w}}}\leqslant\frac{b}{\sqrt{R^2-b^2}} \tag{7-28}$$

对上式求解，得：

$$\frac{v}{c_{\mathrm{w}}}=\frac{R-\sqrt{R^2-b^2}}{b} \tag{7-29}$$

所以，在水射流冲击钻孔表面时，只有当射流速度 v 满足$\frac{v}{c_{\mathrm{w}}}\leqslant\frac{b}{\sqrt{R^2-b^2}}$的条件，水射流才能在某一区域长度 AM 内产生水锤压力 p_{a}，p_{a}的大小可按式(7-17)计算，其作用时间为：

$$t_{\mathrm{h}}=\frac{2bc_{\mathrm{w}}-2v\sqrt{R^2-b^2}}{c_{\mathrm{w}}^2+v^2} \tag{7-30}$$

当水锤压力消失后，水射流对钻孔形成稳定的冲击作用，在冲击中心处产生的压力为伯努利滞止压力 p_{b}。由于忽略了水射流在冲击后的流动过程，滞止压力只能描述局部点的受力状态，为了分析水射流对靶体整体的作用力，从动量的角度进行分析。

从整体上看，水射流在冲击物体表面时，其流动方向发生改变，在原来方向上会损失一部分动量，并且以作用力的形式传递到物体表面。根据上文中水射流冲击靶体时稳定流态的高速摄像照片，对水射流冲击平面和钻孔表面的过程进行简化，如图 7-12 所示。

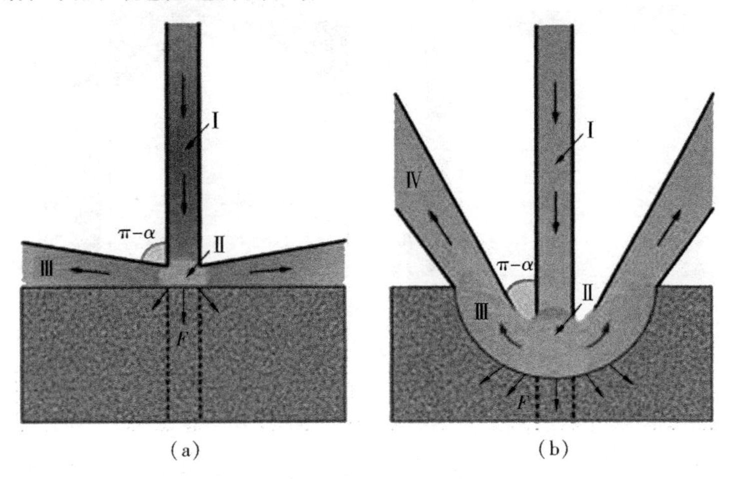

图 7-12　水射流冲击靶体形态

(a) 冲击平面；(b) 冲击钻孔表面

从图中可以看出，水射流冲击平面和钻孔表面前的动量均为 $v\rho_{\mathrm{w}}Q\Delta t$，冲击物体表面后的动量为 $v\rho_{\mathrm{w}}Q\Delta t\cos\alpha$，根据动量守恒定律，可以得到水射流冲击物体过程中对物体的作用力：

$$F=v\rho_{\mathrm{w}}Q(1-\cos\alpha) \tag{7-31}$$

式中　F——水射流对物体的作用力，N；

Q——水射流的流量，$\mathrm{m^3/s}$；

α——水射流冲击物体后的反射角度，(°)。

可以看出，水射流对物体的作用力不仅与射流的密度、速度、流量有关，还与冲击后的反射角度密切相关。结合前文的分析,对式(7-10)和式(7-12)中稳态时的反射角度取平均值,并与式(7-1)、式(7-2)一同代入上式,可以得到水射流冲击平面和冲击钻孔表面时对物体的作用力计算模型:

$$\begin{cases} F = \dfrac{1}{2}\pi\varphi^2 D^2 p_0[1 - \cos(95.5 + 5.08\ln p_0)] & \text{冲击平面} \\ F = \dfrac{1}{2}\pi\varphi^2 D^2 p_0[1 - \cos(0.46p_0^2 - 2.53p_0 + 154)] & \text{冲击钻孔} \end{cases} \tag{7-32}$$

由于水射流冲击钻孔后的平均反射角度较大,因而射流冲击钻孔表面时对物体产生的作用力 F 较冲击平面时大。但是在相同水射流条件下,F 在钻孔表面的作用面积大于平面,这就使得钻孔表面受到的冲击压力往往小于平面。

7.2.4 水射流冲击钻孔的动力学模拟

7.2.4.1 水射流冲击钻孔的流场特性

建立 100 mm×150 mm 的 2 个矩形模型,上部为煤体材料,下部为自由空间,喷嘴直径为 2 mm,喷嘴到煤体的距离为 100 mm,接触面分别为平面和半圆面。以喷嘴直径 2 mm、水射流速度 250 m/s 为例,研究水射流冲击钻孔的流场特性。图 7-13 为水射流分别冲击平面与钻孔表面时的速度矢量图,由图中可以看出流体的运动特性受接触面的几何形状影响显著,钻孔对水射流在撞击后的流动起到明显的引导作用。由图中的矢量密度可以看出,在接触点上方存在一个密度较小的区域,且流体速度较小,这与前文所述的“水垫”区域相对应。

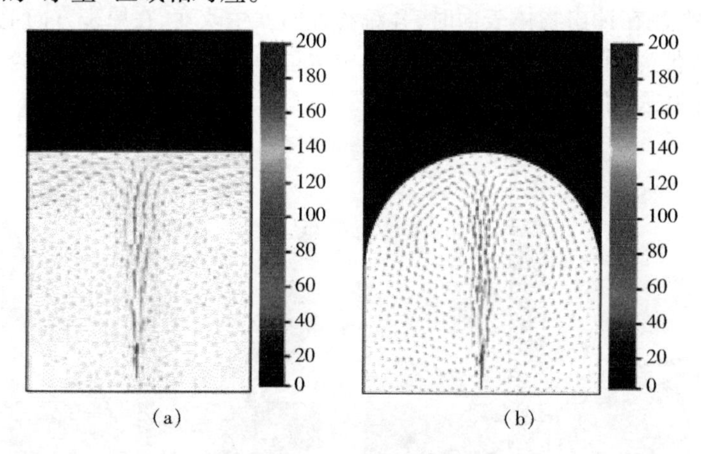

图 7-13　水射流冲击时的速度矢量图(单位 m/s)
(a) 冲击平面;(b) 冲击钻孔表面

图 7-14 为水射流冲击平面和钻孔表面时在接触面和射流轴线上的速度分布,对比两图可以发现水射流在冲击靶体后速度明显降低。从图 7-14(a)中可以看出,水射流在冲击钻孔表面时,射流轴线上的速度较冲击平面时小;冲击平面时射流出口附近存在核心区,而冲击钻孔表面时核心区不明显。从图 7-14(b)中可以看出,射流冲击后接触面上的速度分布呈现出“M”形的分布特征,在两峰值之间水射流发生弯曲和变形,这一区域是射流冲击作用的主要区域;水射流在冲击钻孔表面时,接触面上的峰值速度较冲击平面时低,但射流在钻孔表面的作用范围更大。

图 7-15 为不同出口速度水射流在冲击平面时的速度云图。从图中可以看出,水射流在冲击平面后以一定角度沿平面流出,射流的形态与上文中拍摄到的高速摄像照片相近;随着出口速度的增加,反射流体边界的角度逐渐增大,这也与前文的研究结果相一致。从图中还可以看出,水射流在接触点上方形成了明显的“水垫”区域,随着出口速度的增加,“水垫”区域逐渐变小。

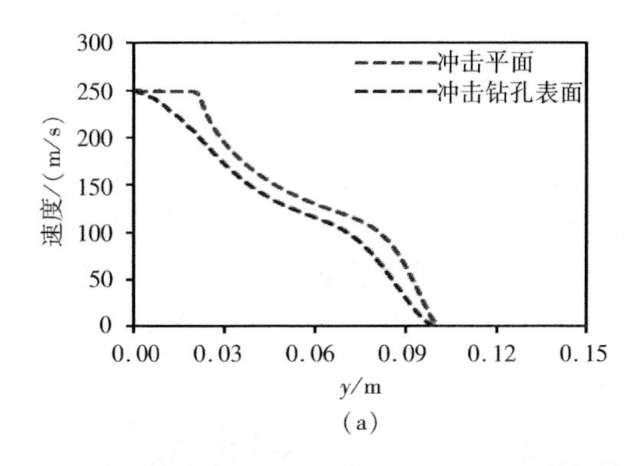

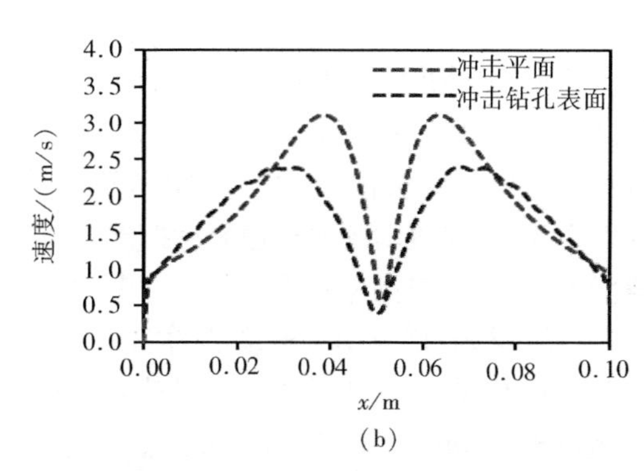

图 7-14　接触面和射流轴线速度分布

(a) 射流轴线;(b) 接触面

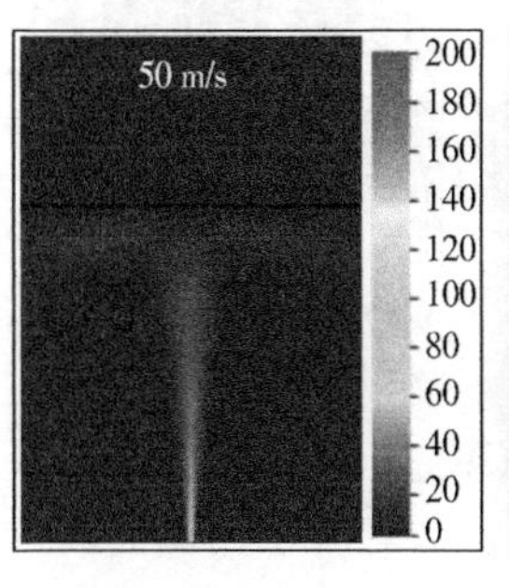

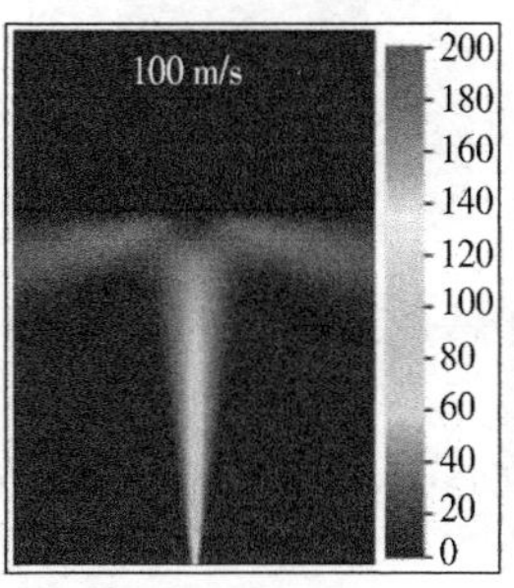

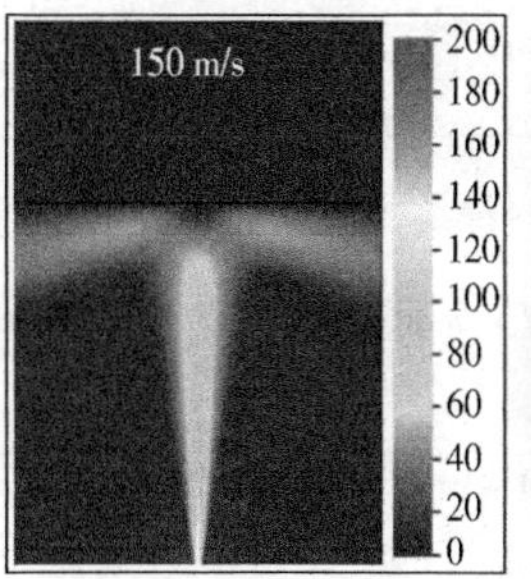

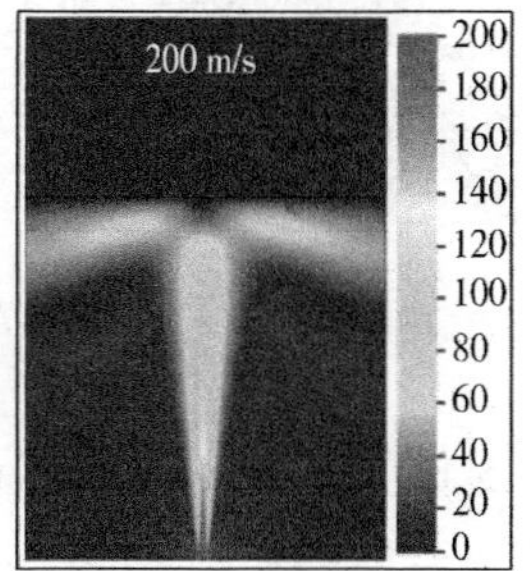

图 7-15　不同出口速度水射流冲击平面的速度云图(单位 m/s)

从图 7-15 中提取不同出口速度水射流在射流轴线和接触面的速度数据,得到不同速度射流在轴线和接触面的速度分布曲线图,如图 7-16 所示。从图 7-16(a)中可以看出,水射流的出口速度越大,射流在轴线上的流动速度越快,且轴线上的速度分布具有相似性;不同出口速度水射流均在出口段存在核心区,其内射流速度与出口速度相等,各核心区的长度也相等;随着水射流继续流动,在通过核心区之后,射流速度逐渐降低;在射流冲击平面前,轴线上的速度急剧减小。

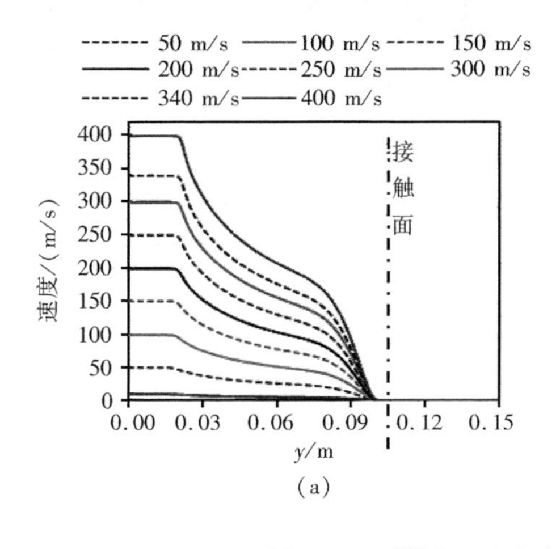

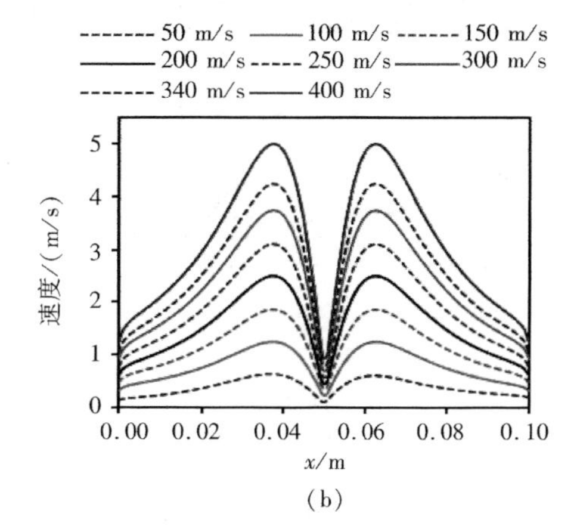

图 7-16　不同出口速度水射流冲击平面的速度分布曲线

(a) 射流轴线;(b) 接触面

从图 7-16(b)中可以看出,不同出口速度水射流在接触面的速度分布具有相似性,均呈现出"M"形的分布特征,其速度峰值为出口速度的 1.2% 左右;随着出口速度的增加,水射流在接触面的流动速度逐渐增大,峰值位置基本不变。

从不同出口速度水射流在冲击钻孔表面时的速度云图(图 7-17)可以看出,水射流在冲击钻孔后沿钻孔表面流动,在流动到钻孔边界后射出,射流的形态与前文中拍摄到的高速摄像照片类似;随着出口速度的增加,反射流体边界的角度逐渐增大,反射流体的面积也逐渐增大。水射流在接触点上方形成了"水垫"区域,随着出口速度的增加,"水垫"区域逐渐变小;与相同出口速度的水射流在冲击平面时的"水垫"区域相比,射流冲击钻孔表面时的"水垫"区域更大。

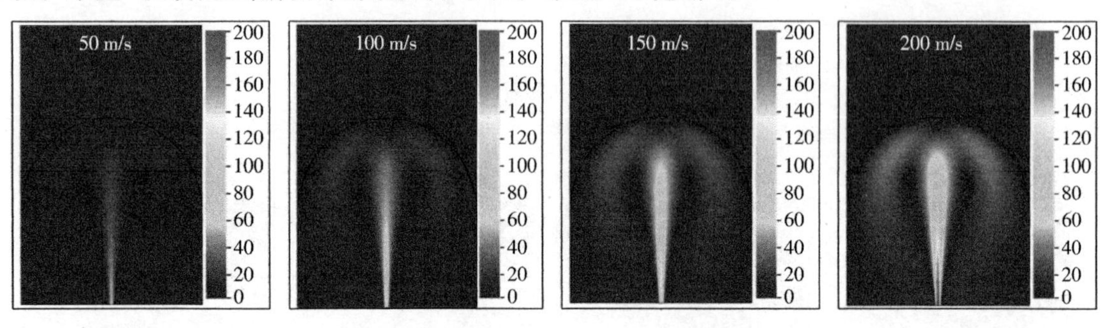

图 7-17　不同出口速度水射流冲击钻孔表面的速度云图(单位 m/s)

从图 7-17 中提取不同出口速度水射流在射流轴线和接触面的速度数据,得到不同速度射流在轴线和接触面的速度分布曲线图,如图 7-18 所示。从图 7-18(a)中可以看出,水射流在轴线上的速度分布具有相似性,出口速度越大,轴线上的流速越快;沿射流轴线方向,水射流的速度逐渐降低;在射流冲击钻孔表面前,轴线上的速度急剧减小。从图 7-18(b)中可以看出,水射流冲击钻孔时,不同出口速度水射流在钻孔表面的速度分布均呈现出"M"形的分布特征,其速度峰值为出口速度的 0.9% ~ 1.0%;随着出口速度的增加,水射流在钻孔表面的流动速度逐渐增大,但峰值位置基本不变。

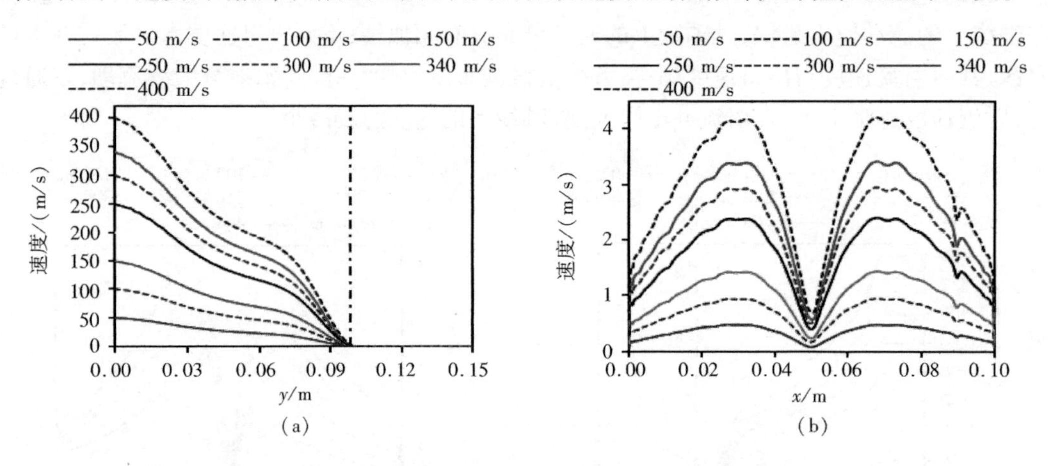

图 7-18　不同出口速度水射流冲击钻孔表面的速度分布曲线

(a) 射流轴线;(b) 接触面

7.2.4.2　水射流冲击钻孔的压力特性

图 7-19 和图 7-20 分别为不同出口速度水射流冲击平面和冲击钻孔表面的压力云图。从图中可以看出,水射流在冲击靶体处产生了明显的应力集中,这是由于射流在此区域内发生弯曲、变形所致;随着水射流向两侧反射,应力集中迅速减小。水射流出口速度相同时,冲击钻孔表面产生的应力集中

范围较冲击平面时大；随着水射流出口速度不断增加，冲击产生的应力集中不断增大。

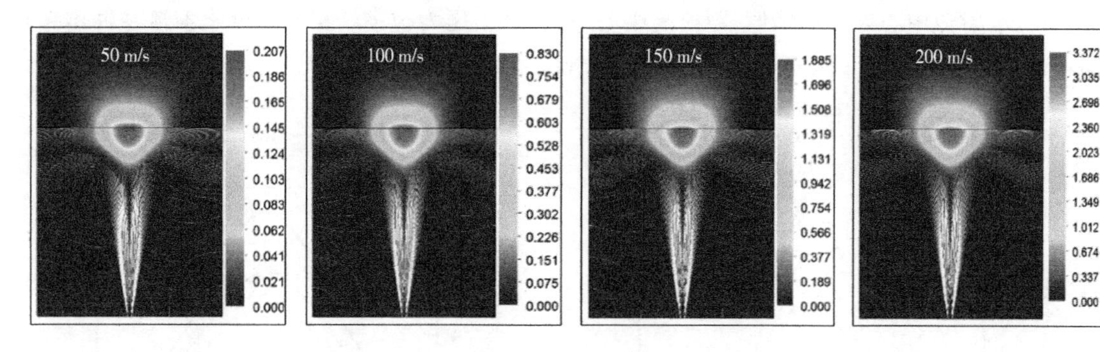

图 7-19　不同出口速度水射流冲击平面的压力云图(单位 MPa)

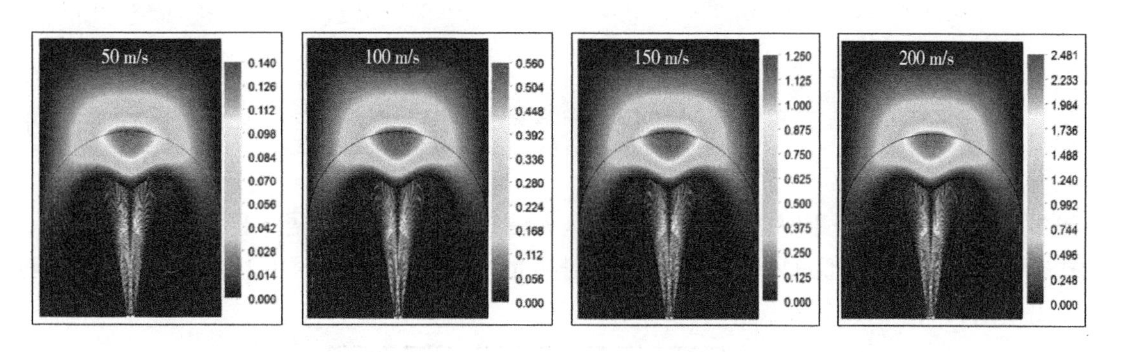

图 7-20　不同出口速度水射流冲击钻孔表面的压力云图(单位 MPa)

从压力云图中分别提取不同出口速度水射流在射流轴线和接触面的压力数据，得到不同速度射流在轴线和接触面的压力分布曲线图，如图 7-21 和图 7-22 所示。图 7-21 为不同出口速度水射流冲击平面和钻孔表面时在射流轴线上的压力分布曲线，从图中可以发现二者的分布具有相似性。压力曲线在射流轴线方向存在压力集中区域，压力在接触面达到最大，在物体内部迅速降低；随着水射流的出口速度增加，轴线上的压力峰值增大。

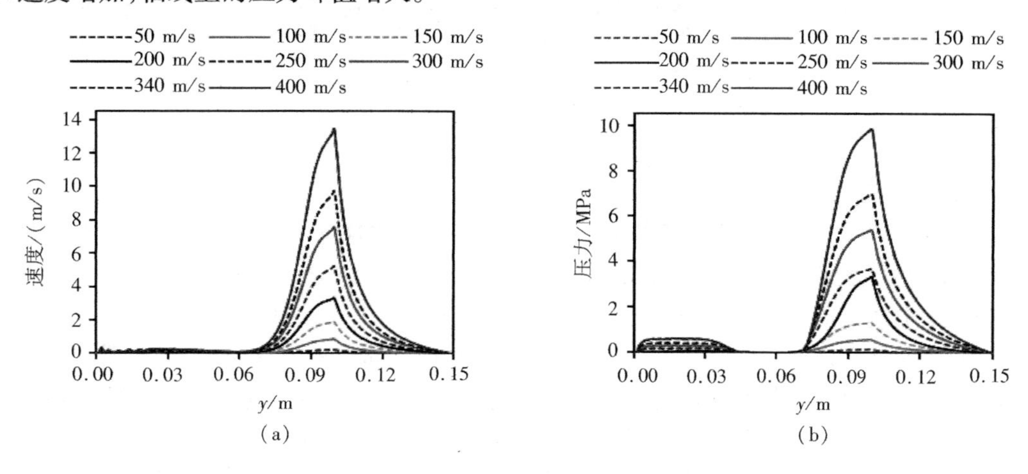

图 7-21　不同水射流在轴线的压力分布曲线图

(a) 冲击平面；(b) 冲击钻孔表面

图 7-22 为不同出口速度水射流冲击平面和钻孔表面时在接触面上的压力分布曲线，从图中可以发现压力在水射流中心处出现峰值，距射流中心越远，冲击压力越小。相同速度水射流在冲击钻孔表面时形成的压力峰值较小，但冲击压力的作用范围较大。

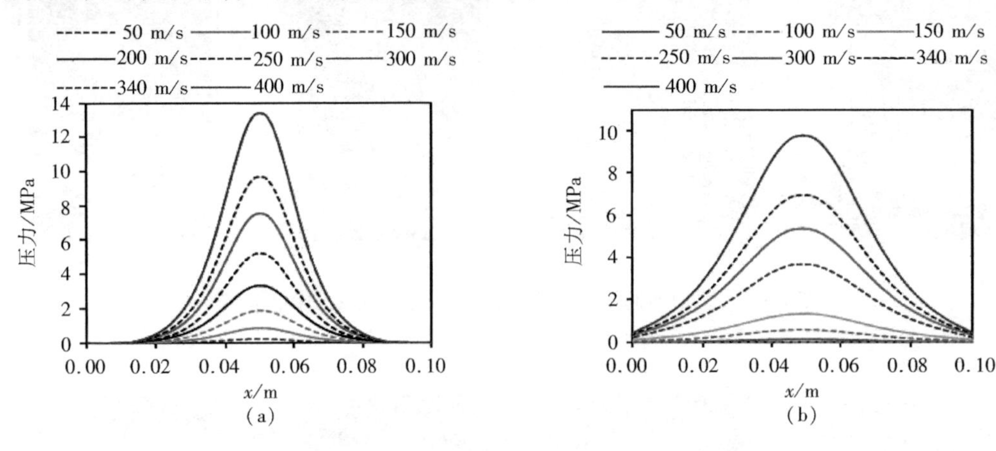

图 7-22　不同水射流在接触面的压力分布曲线

(a) 冲击平面；(b) 冲击钻孔表面

图 7-23 为水射流冲击平面和钻孔表面时的压力峰值，从图中可以看出，出口速度相同时，水射流对钻孔表面的冲击压力峰值较小；随着射流出口速度的增加，冲击产生的压力峰值逐渐增大，且压力峰值与出口速度成二次函数关系。

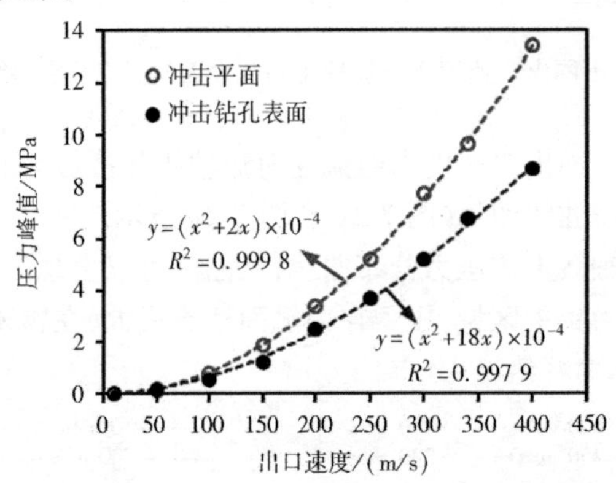

图 7-23　水射流冲击平面和钻孔表面时的压力峰值

7.2.4.3　水射流冲击钻孔的侵入特性

煤是一种多孔介质，水射流在冲击煤体时，水介质会侵入煤体内部。在水射流冲击平面和冲击钻孔表面的模型内，分别沿射流轴线方向，在煤体内部设置距离接触面为 5 mm、10 mm、15 mm、20 mm 的四个监测点，监测水射流冲击过程中的水介质的侵入速度和侵入压力。

图 7-24 是不同出口速度水射流冲击平面和钻孔表面时的水介质侵入速度，可以看出随着出口速度的增加，水射流在煤体内的侵入速度逐渐增大；接触面上水介质的侵入速度最大，距离接触面越远，侵入速度越小；相同出口速度条件下，水射流侵入钻孔表面的速度较侵入平面的速度小。水射流冲击钻孔表面时，水介质在侵入煤体后速度迅速降低，在侵入 5 mm 后速度下降较为缓慢。

图 7-25 是不同出口速度水射流冲击平面和钻孔表面时的水介质侵入压力，可以看出随着出口速度的增加，水射流在煤体内的侵入压力逐渐增大；相同出口速度条件下，水射流侵入钻孔内部的压力

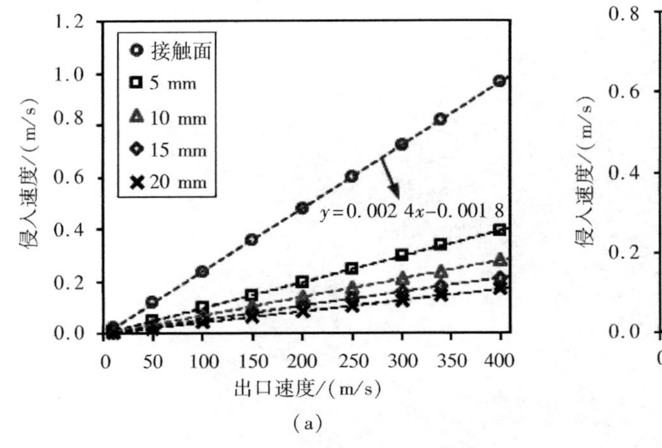

(a)

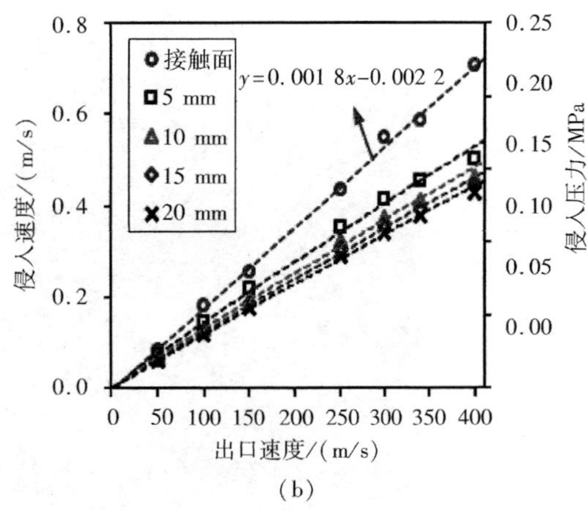

(b)

图7-24　不同出口速度水射流的侵入速度

(a) 冲击平面;(b) 冲击钻孔表面

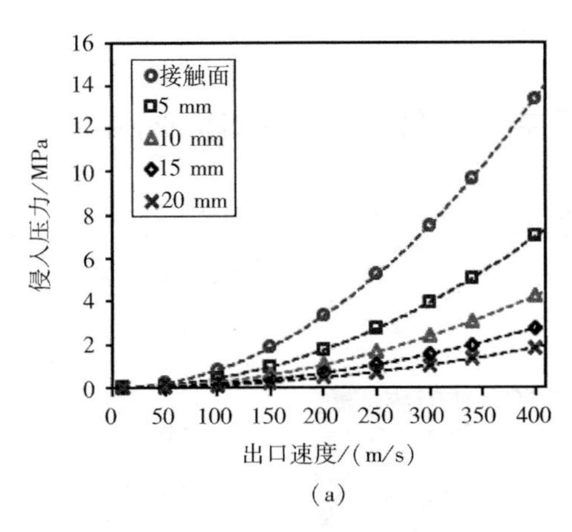

(a)

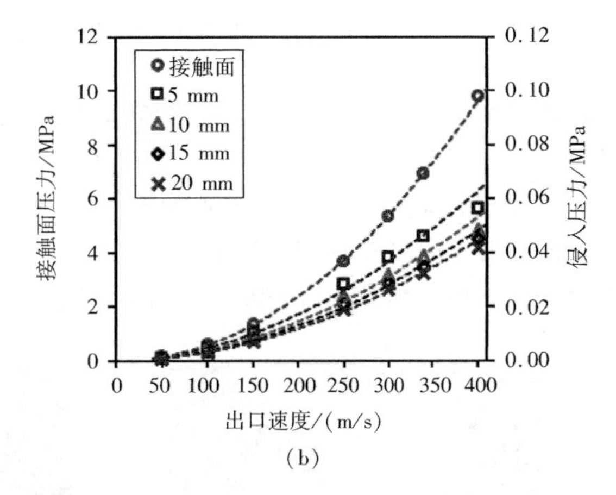

(b)

图7-25　不同出口速度水射流的侵入压力

(a) 冲击平面;(b) 冲击钻孔表面

较侵入平面内部的压力小。在水射流冲击平面时,接触面上的侵入压力最大,随着到接触面距离的增加,侵入压力逐渐减小;而在水射流冲击钻孔表面时,水介质在侵入煤体后压力迅速降低,且侵入压力在煤体内的下降较为缓慢。综上所述,水射流在冲击钻孔表面时,侵入煤体水介质的速度和压力下降较为缓慢,对煤体具有更长的破坏作用时间。

7.2.5　水射流冲击破煤岩特性

7.2.5.1　水射流破岩试验系统及设计

(1) 试验系统

研究冲击破岩特征与水射流参数间的关系,是分析射流破岩机理和选择合理切割参数、优化切割工艺的重要依据。水射流冲击破岩试验系统主要包括水射流发生动力装置,水射流形成、监测和控制装置,试样固定装置以及试样变形破坏监测装置,系统实物图如图7-26所示。

试验中水射流形成的动力装置为卧式五柱塞乳化液泵站,高压水流经射流器的锥直型喷嘴形成高压水射流,喷嘴位于射流器正前端中轴线上,出口直径分别为1.6 mm、2.0 mm和2.5 mm;水压控制器调节射流出口水压范围为0~40.0 MPa,瞬时流量计量程为0~200 L/min;在出流管路上安装

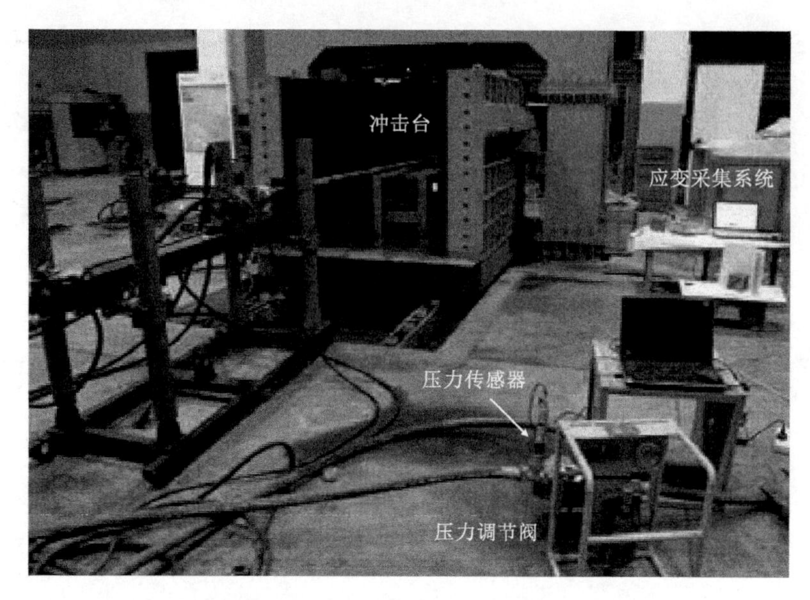

图 7-26　水射流冲击破岩试验系统实物图

CY200 高精度数字压力传感器监测出流水压,水压传感器的采样频率为 0 ~ 100 Hz,量程为 0 ~ 40.0 MPa。

采用动静态应变仪、应变计测试射流冲击过程中试样表面变形和破坏,动静态应变仪选用江苏东华测试技术有限公司的 DH3817 动静态应变测试系统,由数据采集箱、微型计算机及测试软件组成,应变计选用中航电测 BQ120—80AA 型电阻式应变计,如图 7-27 所示。

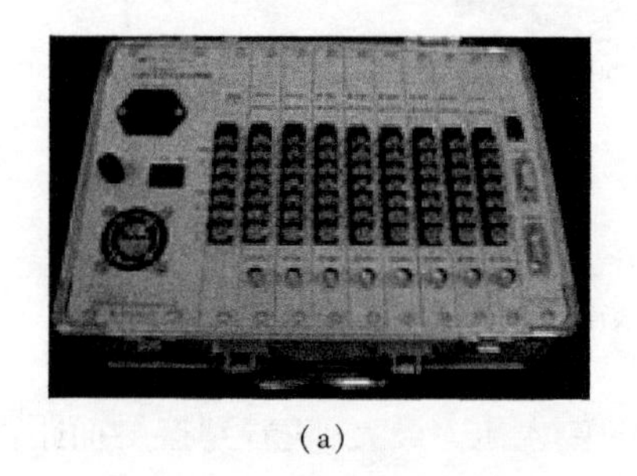
(a)

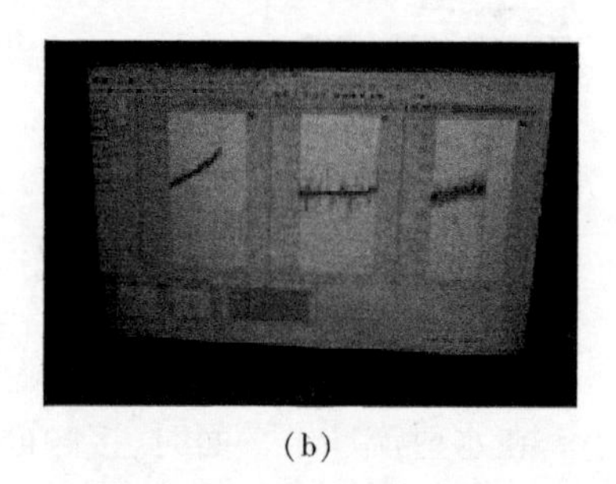
(b)

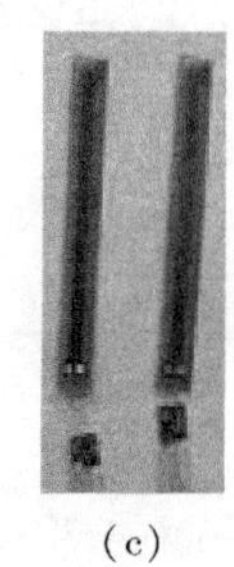
(c)

图 7-27　冲击试样破坏监测装置实物图
(a) 动静态应变仪;(b) 测试软件界面;(c) 应变计

(2) 试样制备

试验中相似材料配制的原煤样力学参数如表 7-1 所列。该煤样是从河南能化焦煤集团古汉山矿 1063 工作面现场选取大块的原煤,在实验室处理成标准试件后,再行测试参数值。

表 7-1　古汉山矿 1603 工作面二$_1$ 煤样力学参数测试结果

样　品	抗压强度 σ_c/MPa		弹性模量 E/GPa		抗拉强度 σ_t/MPa	抗剪强度/MPa
1603 工作面 煤　样	5.43	5.59	0.90	0.79	0.72	3.03
	6.35		0.97			
	5.01		0.48			

本试验设计相似材料的骨料为煤粉，胶结料为水泥和石膏粉，其中煤粉粒径为0.2～1.0 mm，试样形状为边长100 mm立方体标样。试样的制备过程分为原料拌和、装模、成型和养护等工序：首先将准备好的煤粉、水泥、石膏粉、水按质量比1∶1∶0.5∶0.8混合搅拌均匀后装入塑料试模；然后将试模放置于振动台振动5 min，晾干24 h后拆除试模；拆模后，移送恒温（24°）、恒湿（>99%）养护室养护28 d成型。实验室测试的试样力学参数如表7-2所列，与原煤参数相近，能够满足相似试验的需要。

表7-2　试样力学参数测试结果

样　品	抗压强度σ_c/MPa		弹性模量E/GPa		抗拉强度σ_t/MPa		抗剪强度/MPa		
相似试样	4.69	6.24	0.89	0.95	1.88	1.91	8.42	10.69	10.86
	2.63		0.25		1.20		19.04	13.60	
	11.39		1.73		2.64		7.49	5.91	

（3）试验方案设计及方法

试验采用正交试验法，在不同的喷嘴出口直径D、射流水压p条件下，测试冲击破坏特征，考察破坏特征的目标参数包括冲击坑洞直径d、坑洞深度h，破坏发生时间t和破碎裂纹分布等。冲击方式为无外力加载条件下的水平冲击，并使喷嘴正对试样面中心位置，试样的上面、侧面和后面分别布置应变计，应变计与水平方向夹角为45°，如图7-28所示。由于应变仪对水很敏感，为了防止水对应变计和焊接处的影响，应变计粘贴后，在应变计和焊接面涂上玻璃胶，使其与外界隔绝，如图7-29所示。

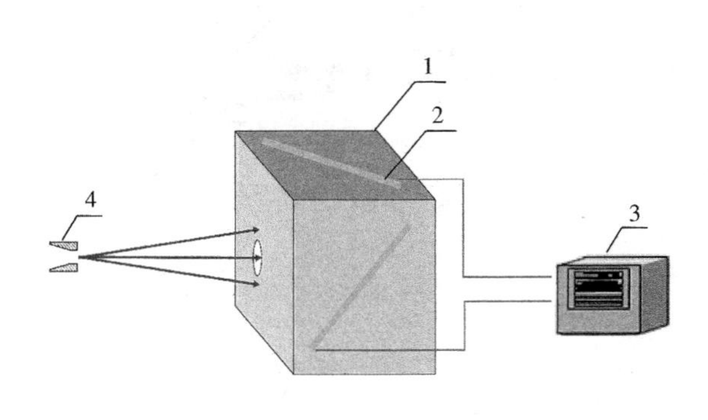

图7-28　射流冲击方式及应变计布置示意图
1——试样；2——应变片；3——动静态应变仪；4——射流喷嘴

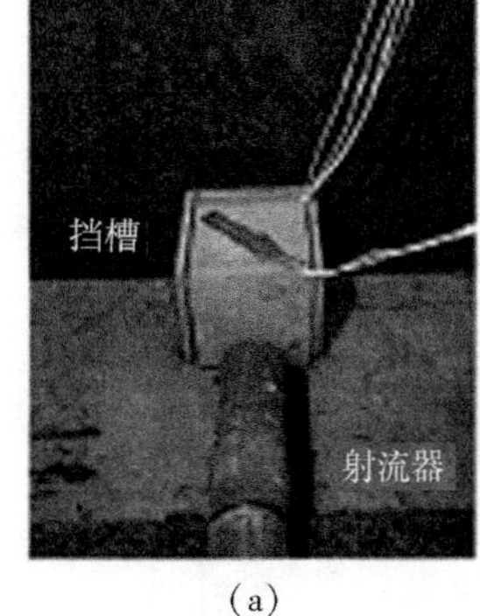

(a)

(b)

图7-29　射流冲击及应变计粘贴实物图
（a）冲击方式实物；（b）应变计粘贴试样实物

冲击破岩的方案及操作方法为：固定冲击靶距S=35 mm，在喷嘴直径分别为1.6 mm、2.0 mm和2.5 mm时，调节射流冲击压力连续冲击试样至破坏。试验开始时，启动乳化液泵站，同时开启动静态应变仪和压力传感器采集器，然后调节水压控制器冲击试样；试样被冲击破坏后，停止数据采集并关闭泵站。

7.2.5.2　冲击破坏的喷嘴直径影响

（1）表面应变特征

根据试验方案（1），喷嘴直径D=1.6 mm时，出口水压p、试样表面应变量随时间变化如图7-30所示。水压为5～10 MPa时冲击时间300 s，试样没有开裂，如图（a）所示，试样上面和侧面的张拉应变随冲击时间的延长而不断增大，且增速不断增大，应变突变前上面的应变量最大达350×10^{-6}；其余条件下的试样均破坏，破坏瞬间破坏面应变量突变，且均为张拉应变，水压越大，应变突变率越大。水压 10 ~ 15 MPa 冲击的试样，应变曲线出现了异常，如图(b)所示，分析认为是试样模型存在非均一性，即试样内部缺陷造成了其快速破坏，在整个破坏过程中，观察到了冲击对面的波动性应变特征，也说明了冲击破坏过程是非均匀的。

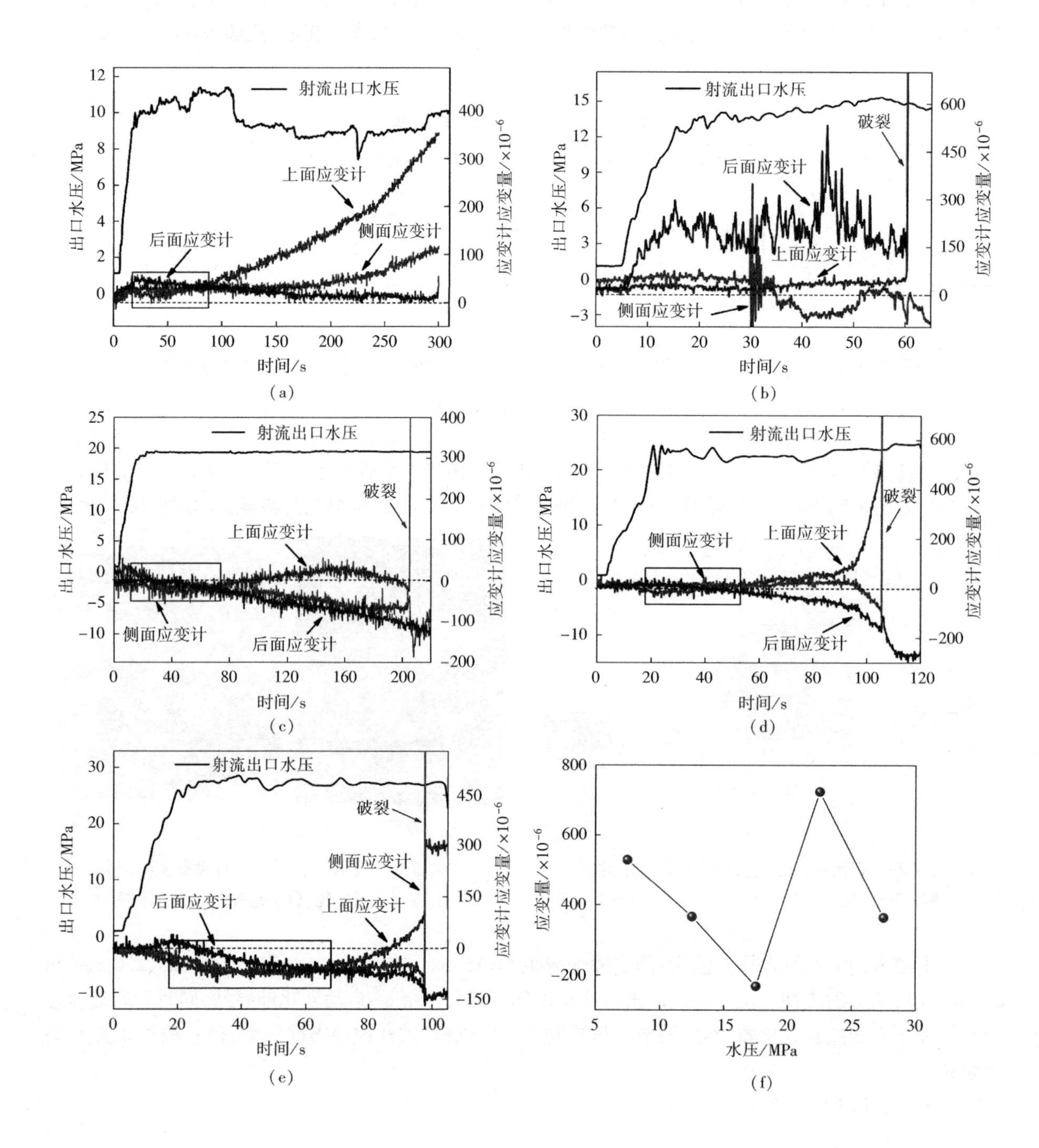

图 7-30 射流冲击过程中的水压及表面应变量变化($D=1.6$ mm)

(a) $p=5\sim10$ MPa; (b) $p=10\sim15$ MPa; (c) $p=15\sim20$ MPa;

(d) $p=20\sim25$ MPa; (e) $p=25\sim30$ MPa; (f) 破坏时各面应变量累计

喷嘴直径 $D=2.0$ mm 时,水压 p、试样表面应变量随时间变化如图 7-31 所示,所有试样均出现了应变量突变。图(a)、(b)中应变量随着冲击的进行逐渐增大,突变前煤体裂纹扩展较慢,应变突变前上面应变量最大分别达 $1\ 100\times10^{-6}$ 和 830×10^{-6};而图(c)、(d)、(e)中的应变量在突变前变化量较小,开始时三面的应变量差不多,然后出现了应变量差值,随后应变量差值增大,最后发生应变的突变,说明随着冲击水压的增大,煤体裂纹扩展的速度变快。试验中,射流冲击破裂的时间差距显著,分析原因是图(a)、(b)两试样模型的养护时间为 30 d,而图(c)、(d)、(e)试样养护了 19 d,试样的硬度和强度均较低,造成了试样的断裂门槛值降低。

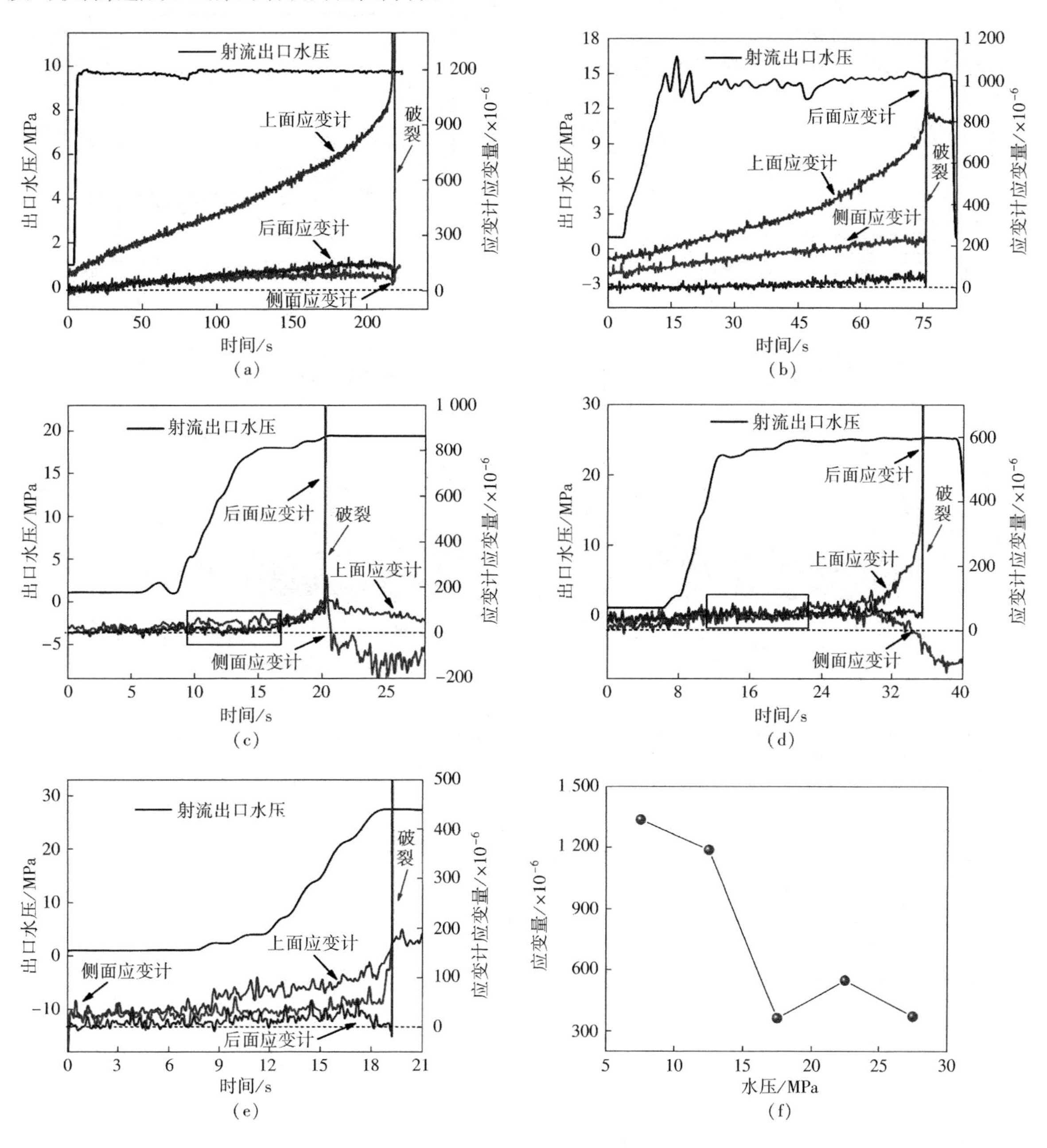

图 7-31　射流冲击过程中的水压及表面应变量变化($D=2.0$ mm)

(a) $p=5\sim10$ MPa;(b) $p=10\sim15$ MPa;(c) $p=15\sim20$ MPa;

(d) $p=20\sim25$ MPa;(e) $p=25\sim30$ MPa;(f) 破坏时各面应变量累计

喷嘴直径 $D=2.5$ mm 时，出口水压 p、试样表面应变量随时间变化如图 7-32 所示，应变量曲线与直径 1.6 mm 和 2.0 mm 喷嘴冲击时类似。$p=5\sim10$ MPa 和 $p=10\sim15$ MPa 冲击的时间较长，应变曲线有明显的稳定增长段，突变前最大应变量达 400×10^{-6}；而 $p=15\sim30$ MPa 时，应变曲线在破坏突变前相对较平缓，突变前的应变量较小且时间长，说明裂纹萌生、贯通较困难，而破裂前的裂纹扩展非常迅速；当射流水压远大于岩体破坏的门槛值时，裂纹扩展变得更快。

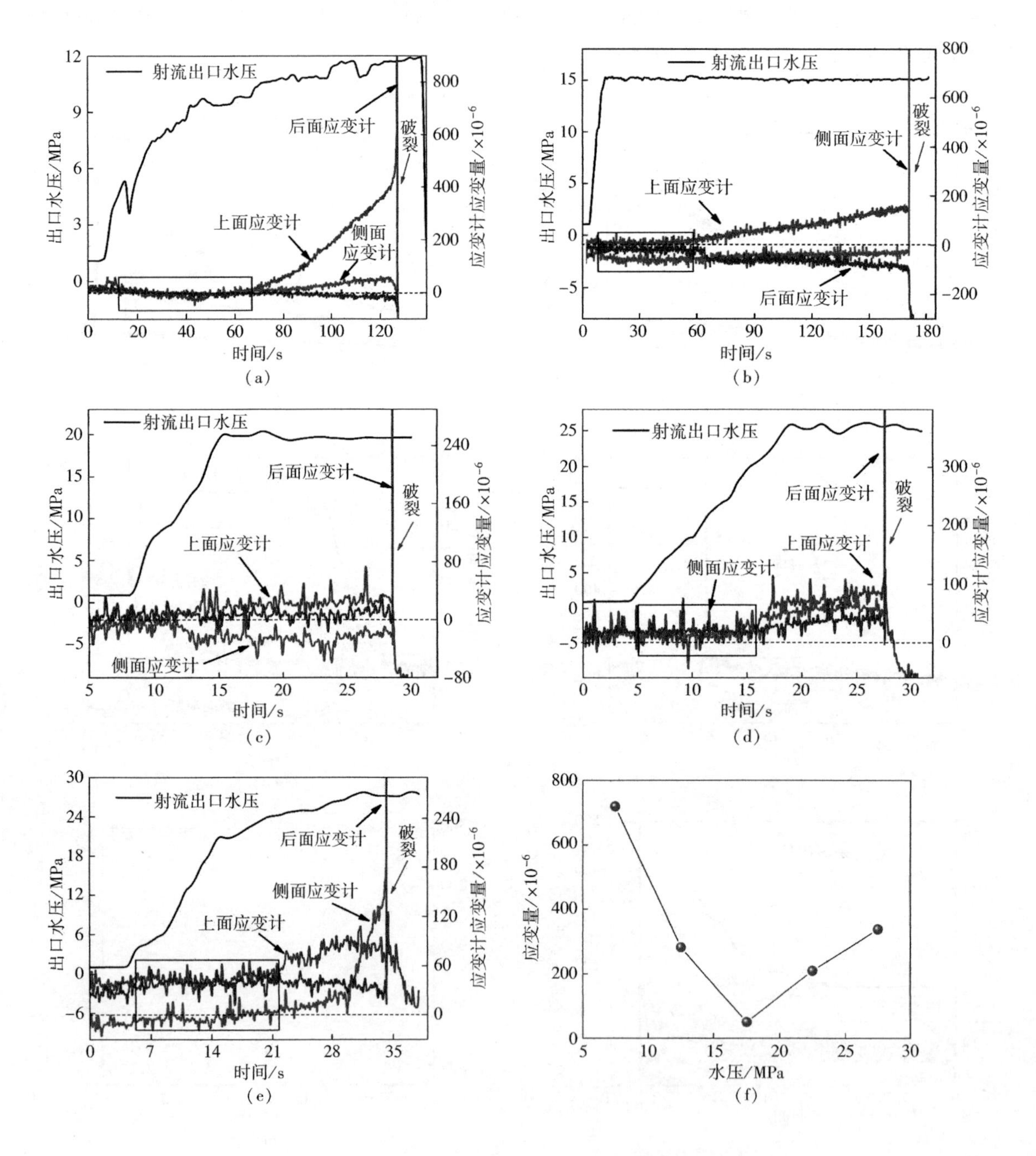

图 7-32 射流冲击过程中的水压及试样表面应变量变化($D=2.5$ mm)

(a) $p=5\sim10$ MPa; (b) $p=10\sim15$ MPa; (c) $p=15\sim20$ MPa;

(d) $p=20\sim25$ MPa; (e) $p=25\sim30$ MPa; (f) 破坏时各面应变量累计

由以上试验结果发现，试样冲击破坏过程可分为三个阶段：初期响应阶段、稳定破坏阶段和断裂突变阶段。在初期响应阶段：随着冲击水压的快速升高，水射流对试样施加冲量，试样的应变量通常会发生较明显的突变响应，初期响应阶段很短暂。在稳定破坏阶段：射流冲量连续而稳定，试样应变量进入稳定变化阶段，冲击的对面、上方和侧面通常应变量都会增大，应变量变化较一致，差值不明显，由于试样体本身结构的影响和冲击位置的误差，也会出现应变量变化不一致的现象。在断裂突变阶段：各面的应变量变化剧烈，出现明显的增大或减小，在冲击破坏瞬间，破裂面的应变量突变达到极限值，试样体破裂时表面应变计表现出两面张拉变形，而一面为压缩变形的特征。随着射流压力和喷嘴直径的增大，表面应变出现明显的高频波纹，反映了试样内裂纹贯通、扩展的动态变化[8]。

（2）试样表面破裂特征

对冲击破坏过的试样、断裂面进行图像采集。如图7-33为喷嘴直径$D=1.6$ mm的射流冲击破坏特征。水压5～10 MPa时试样没有破坏，冲击坑表面完整；试样断裂主要以纵向、横向的主裂纹破坏为主，随着冲击压力的增大，试样从贯穿整体的大破裂变为局部断裂的小破坏，试样破坏裂纹增多；当冲击水压高于15 MPa时，主裂纹的贯通长度减小，试样的破碎度增大。断裂面内的冲击坑洞可清晰分辨，坑洞内表面光滑平整；断裂面为明显的张拉断裂特征，冲击坑轮廓清晰区域断裂面较平整，说明受力较均匀，因此该区域可视为水射流压裂区，而冲击坑轮廓不明显处，断裂面弯曲且凹凸不平，不均匀刚性张拉破坏特征显著，说明该区域为非水力压裂区，为裂纹扩展断裂区。

图7-33　受冲击试样破裂形态（$D=1.6$ mm）

（a）$p=5\sim10$ MPa；（b）$p=10\sim15$ MPa；（c）$p=15\sim20$ MPa；（d）$p=20\sim25$ MPa；（e）$p=25\sim30$ MPa

喷嘴直径$D=2.0$ mm的射流冲击条件下，试样破坏特征如图7-34所示。试样体在各个水压冲击条件下均破裂，冲击坑直径较大，冲击坑表面周围破碎；试样破坏以纵向主裂纹为主，次级裂纹较发育。随着冲击水压的提高，试样断裂面平滑度增大，水力压裂区变小，裂纹扩展断裂区增大，断裂完整度增大，主裂纹由水平（0°）和竖直（90°）方向转变为倾斜（45°）方向。

喷嘴直径$D=2.5$ mm的射流冲击条件下，试样破坏特征如图7-35所示。试样在各个水压冲击条件下均破裂，冲击坑直径较大，冲击坑表面周围破碎；试样破坏以横向主裂纹为主，次级裂纹不发育。随着冲击水压的提高，射流水力压裂区范围减小，裂纹扩展断裂区范围增大，试样断裂面凹凸不平，断裂完整度增大，主裂纹由竖直向（90°）转变为水平向（0°）。

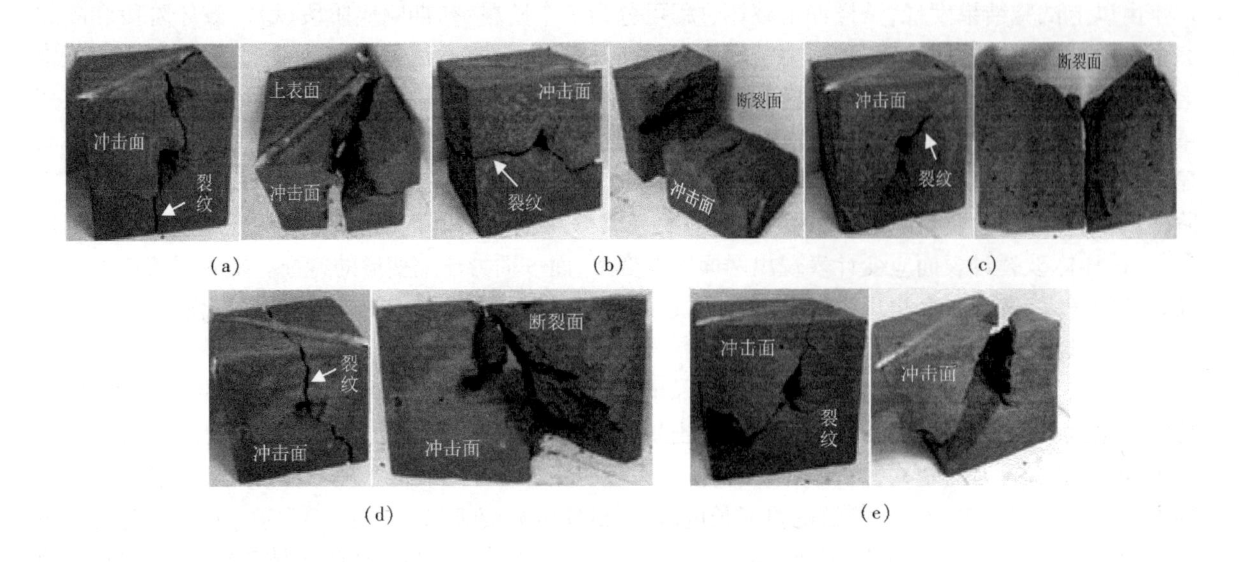

图 7-34　受冲击试样破裂形态(D=2.0 mm)

(a) p=5～10 MPa;(b) p=10～15 MPa;(c) p=15～20 MPa;(d) p=20～25 MPa;(e) p=25～30 MPa

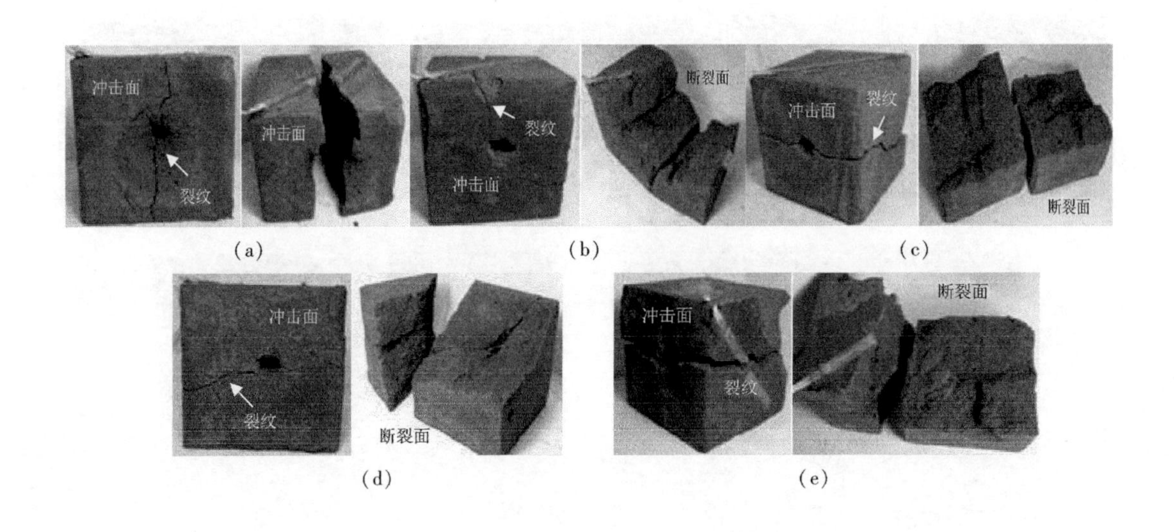

图 7-35　受冲击试样破裂形态(D=2.5 mm)

(a) p=5～10 MPa;(b) p=10～15 MPa;(c) p=15～20 MPa;(d) p=20～25 MPa;(e) p=25～30 MPa

试样断裂面特征表明:水射流冲击破裂面存在水力压裂区和裂纹扩展断裂区,水力压裂区域冲击坑轮廓清晰,以渗流水压扩展破坏为主,断裂面较平整;裂纹扩展断裂区冲击坑轮廓模糊,以弹性张拉破坏为主,断裂面凹凸不平。随着喷嘴直径和水压的增大,水力压裂区范围缩小,裂纹扩展断裂区范围增大。

对各个条件下试样破坏的特征参数进行统计,主要包括冲击坑的直径为 d,破裂处深度 h,裂纹数量 n 和长度 s 等,统计如表 7-3 所列。

表 7-3 试样冲击破裂参数统计表

喷嘴 D/mm	水压 p/MPa	冲击坑 d/mm	破裂深度 h/mm	主裂纹数 n/条		裂纹长度 s/mm	
				横纹	纵纹	横纹	纵纹
1.6	10	7.73	0	0	0	0	0
	15	9.0	69.9	0	2	0	49.0,43.6
	20	9.55	30.7	2	0	46.6,42.5	0
	25	10.05	34.9	1	2	40.6	45.5,42.1
	30	8.85	49.7	0	2	0	45.0,53.6
2.0	10	12.4	75.0	2	2	42.6,37.5	51.6,42.8
	15	12.0	66.8	2	0	46.3,52.2	0
	20	11.9	63.8	2(斜)	1	53.4,50.7	47.2
	25	13.3	51.3	1(斜)	1	38.6	55.8
	30	11.5	36.4	2	1	46.0,61.2	40.4
2.5	10	9.98	69.0	0	2	0	48,41
	15	11.75	57.2	1	1	52.5	37.4
	20	16.1	49.7	2	0	37.2,44.6	0
	25	12.9	42.8	2	0	35.4,51.0	0
	30	11.4	39.8	2	0	50.7,38.8	0

表面冲击坑直径随水压分布如图 7-36 所示，在水压 10～30 MPa 之间，冲击坑直径随水压增大先增大后减小，随着喷嘴直径的增大，冲击坑直径通常增大，且达到最大值所需的水射流压力降低。

试样体在冲击过程中会发生瞬间破裂，破裂时的冲击深度 h 是分析射流冲击和破裂的重要参数，通过分析断裂口表征和冲击坑收缩角可以确定破裂发展的位置，冲击破裂处深度统计如图 7-37 所示，相同喷嘴直径情况下，随着冲击水压增大，冲击破裂处深度降低；相同水压条件下，喷嘴直径增大，通常破裂处深度降低；喷嘴直径 1.6 mm 时，冲击破坏随机性增大。

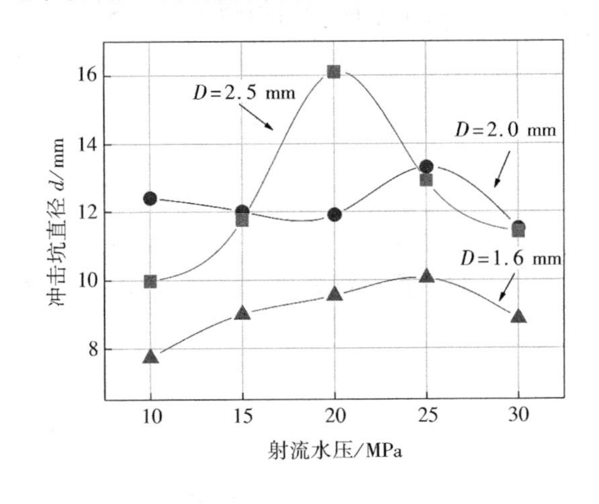

图 7-36 水射流冲击坑直径分布

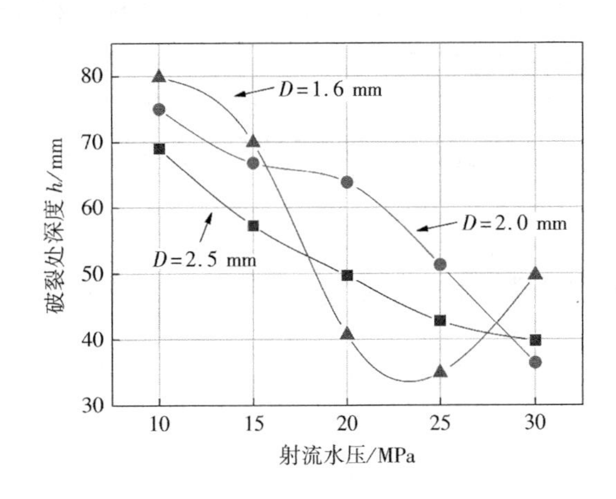

图 7-37 冲击破裂处深度统计

破坏试样主裂纹数统计如图 7-38 所示，试样破坏以两条主裂纹为主，随着喷嘴直径的增大，主裂纹数量呈减少的趋势，其中喷嘴直径 2.0 mm 时，主裂纹数最多。

(3) 冲击破坏时间特征

冲击断裂时间指从水射流冲击开始到试样破坏的时间,冲击破坏时间与喷嘴直径和射流水压的关系如图7-39所示,随着射流水压的增大,冲击断裂时间先快速减小,然后趋于平稳,相同射流压力时,喷嘴直径越大,冲击断裂时间越短。喷嘴直径为1.6 mm且冲击水压低于10 MPa时,随着冲击时间的延长,试样不发生断裂,当水压超过25 MPa时,冲击断裂时间相近;当喷嘴直径为2.0 mm和2.5 mm且水压超过20 MPa时,冲击断裂时间相近,喷嘴直径2.5 mm时,冲击断裂时间有升高趋势。

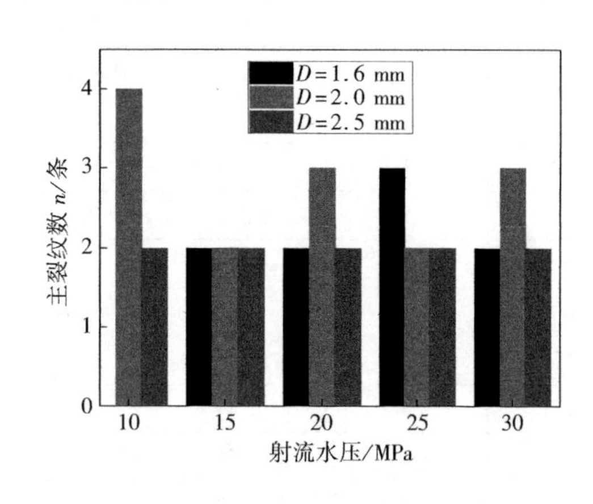

图7-38 主裂纹数量统计

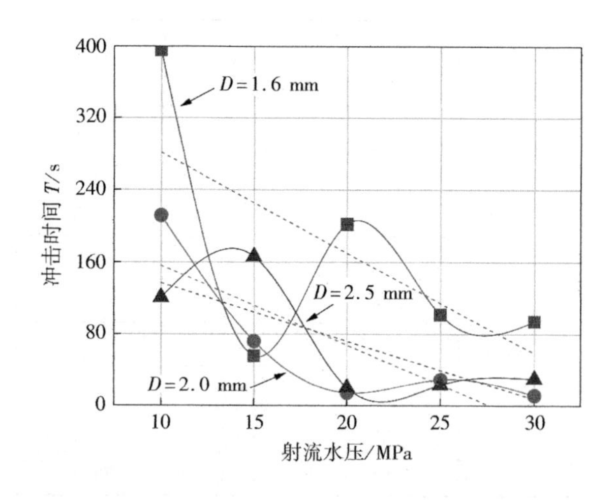

图7-39 冲击断裂时间与水压分布图

冲击断裂时间特征反映了岩体损伤断裂的门槛值的存在,当载荷低于断裂强度时,岩体不破裂,与受载时间没有关系,当载荷远大于断裂强度时,裂纹会快速扩展形成断裂。根据图中水射流出口流速与水压和喷嘴直径关系可知,喷嘴直径越小,水压越小,射流出口流速越小,射流冲击力就会越小,此时若冲击力达不到试样断裂强度,试样就无法破裂;反之,随着喷嘴直径和射流水压增大,射流出口流速增大,射流冲击力也增大,当冲击力达到断裂强度时,裂纹将发生扩展,当冲击力远大于断裂强度时,裂纹迅速扩展[9]。

7.3 割缝煤岩裂隙扩展与力学特性

本节主要通过实验室试验与数值模拟的方法,从割缝煤岩体力学行为特性角度,研究水射流割缝作用下煤岩体应力、损伤演化特性,探讨不同缝槽参数、不同缝槽布置对煤岩体应力—损伤及力学性能的影响。

7.3.1 受载割缝煤体裂纹扩展规律

7.3.1.1 数值模型建立

在PFC^{2D}中根据试验模型建立尺寸为100 mm×100 mm的正方形模型,在正方形模型边界内随机生成颗粒,模型基本参数如表7-4所列,颗粒与颗粒之间采用平行黏结,相关参数如表7-5所列。

模型建成后,在试件上开挖不同的缝槽,进行加载试验。加载前,通过设置布尔开关et2_ucs=1,可关闭侧墙的伺服控制,然后按0.05 m/s的速度进行单轴加载试验,计算中记录微裂纹、接触粒变化。

表 7-4　模型基本参数

参数名称及符号	参数取值
颗粒最小粒径 et2_rlo/mm	0.30
颗粒粒径比 et2_radius_ratio	1.66
颗粒密度 md_dens/(kg/m³)	1 450.00
球—球接触模量 md_Ec/GPa	0.80
颗粒刚度比 md_knoverks	1.00
颗粒间摩擦因数 md_fric	0.50

表 7-5　平行黏结参数

参数名称及符号	参数取值
md_add_pbonds	1.00
平行黏结半径乘数 pb_radmult	1.00
平行黏结模量 pb_Ec/GPa	0.80
平行黏结法向应力均值 pb_sn_mean/MPa	4.00
平行黏结法向应力标准偏差 pb_sn_sdev/MPa	0.01
平行黏结切向应力均值 pb_ss_mean/MPa	4.00
平行黏结切向应力标准偏差 pb_ss_sdev/MPa	0.01

7.3.1.2　无割缝煤体裂纹扩展分析

单轴加载条件下，无缝槽煤体裂纹分布和应力、裂纹及摩擦能随应变变化如图 7-40 所示。煤体的峰值应力为 5.9 MPa，初始压实和弹性变形阶段，煤体内裂纹萌生量很小，在 83% 峰值应力处裂纹数目快速增多，峰值应力后裂纹显著增多，煤体主裂纹扩展沿对角线分布，试样中间裂纹分布较密集。

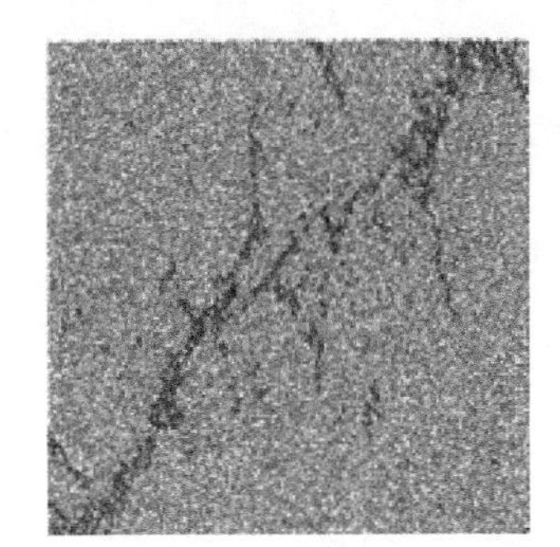

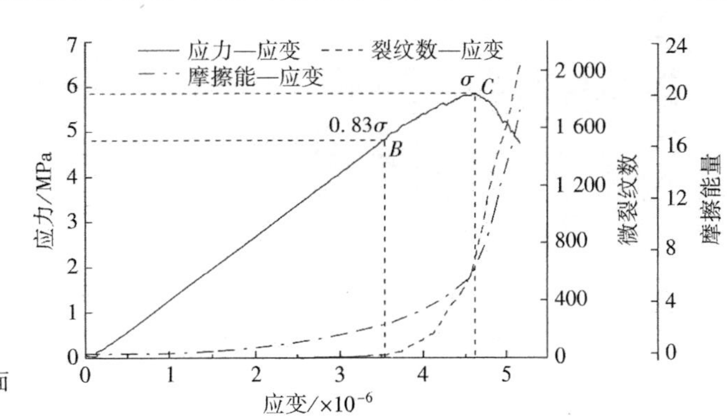

图 7-40　单轴条件下无缝槽煤体裂纹扩展特征

7.3.1.3　单割缝煤体裂纹扩展分析

单轴加载条件下，单缝槽煤体裂纹分布和应力、裂纹及摩擦能随应变变化如图 7-41 所示。裂纹扩展基本是从缝槽两端发生，并与边界贯通形成宏观破坏；破裂主要以压剪破坏为主，裂纹贯通（扩展）方向与轴向应力一致；随着缝槽角度的增大，峰值应力增大；裂纹数目在 60% ~80% 峰值应力开始明显增多，峰值应力后，裂纹数量快速增多；摩擦能开始时缓慢增大，峰值应力时快速增大，与裂纹数量变化趋势类似。45°缝槽在 67% 峰值应力时，裂纹数量明显增多，0°缝槽为 75% 峰值应力，而 90°缝槽最大，达到了 82%，说明缝槽与水平面夹角为 45°时最容易发生裂纹的扩展。

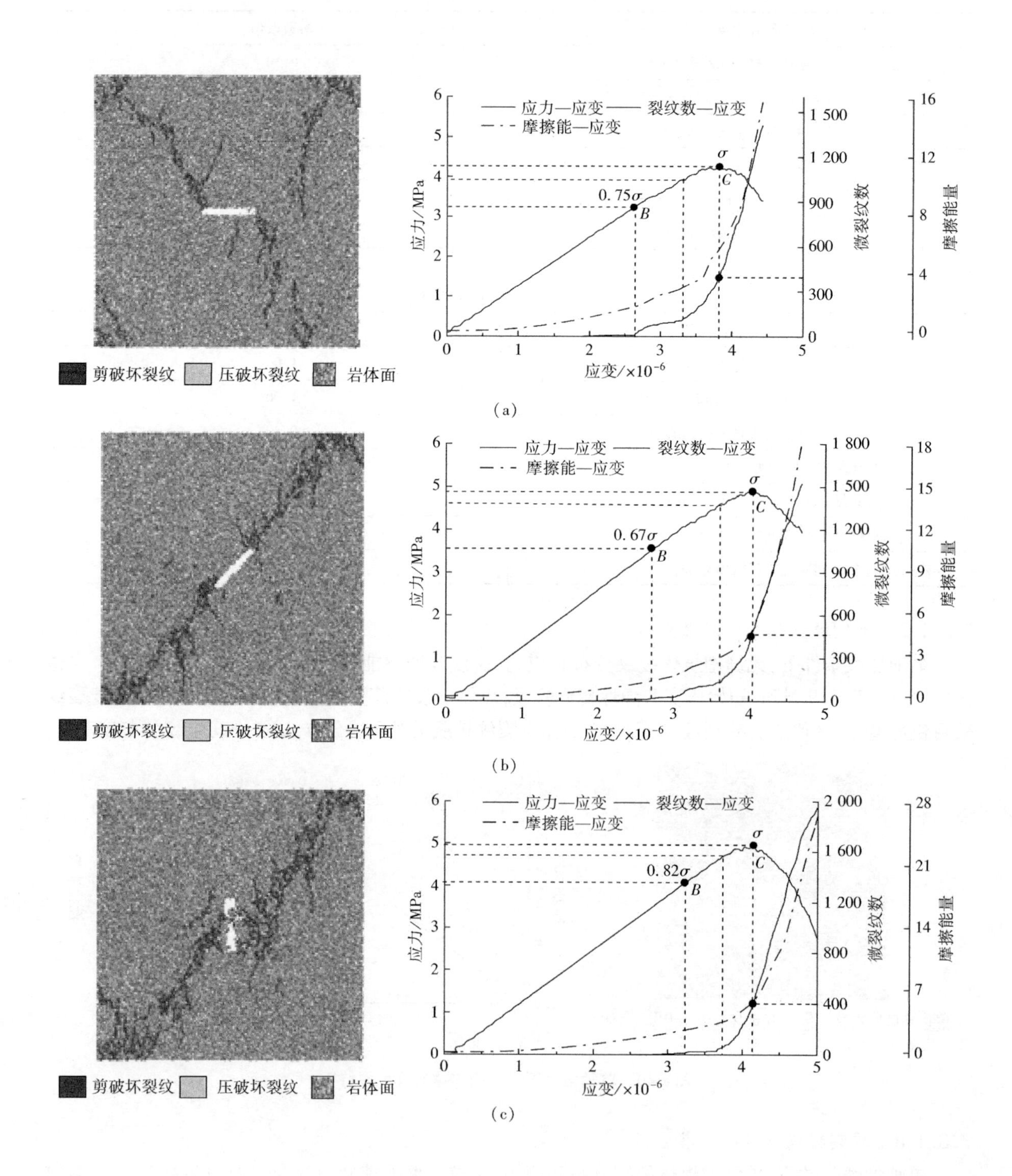

图 7-41　单轴条件下单缝槽煤体裂纹扩展特征

(a) 0°缝槽裂纹扩展;(b) 45°缝槽裂纹扩展;(c) 90°缝槽裂纹扩展

单缝槽煤体的裂纹扩展和应力、能量变化的数值模拟结果与实验室试验结果较一致。从对比分析可知:缝槽可以弱化煤体强度,最大主应力的方向与缝槽面夹角越小,煤体的抗压强度越大,缝槽面与最大主应力夹角为45°时,有利于裂纹的萌生和扩展,90°缝槽煤体裂纹扩展特征与无缝槽煤体相近。因此,缝槽能够弱化煤体强度,但要避免缝槽面与轴向应力平行,当缝槽面与轴向应力的夹角$45°<\theta<90°$时,随着角度的减小,煤体的塑性特征显著,裂纹更容易萌生和扩展;当夹角$0°<\theta<45°$时,随着角度的增大,煤体的弹性特征显著,裂纹较难萌生和扩展。

7.3.1.4 双割缝煤体裂纹扩展分析

单轴加载条件下,0°双缝槽煤体裂纹分布和应力、裂纹及摩擦能随应变变化如图7-42所示,模拟结果及变化规律与实验室试验较一致。当煤体缝槽内错角α在0°和90°时,峰值应力较大,尤其是内错角为90°时,抗压强度最大(4.3 MPa);在一定的缝槽间距条件下,相邻缝槽两端之间裂纹会贯通;与无缝槽煤体和0°单缝槽煤体相比,双缝槽煤体的抗压强度降低,缝槽间形成岩桥,裂纹沿岩桥分布密集,缝槽间内错角为锐角可以导向裂纹的扩展。

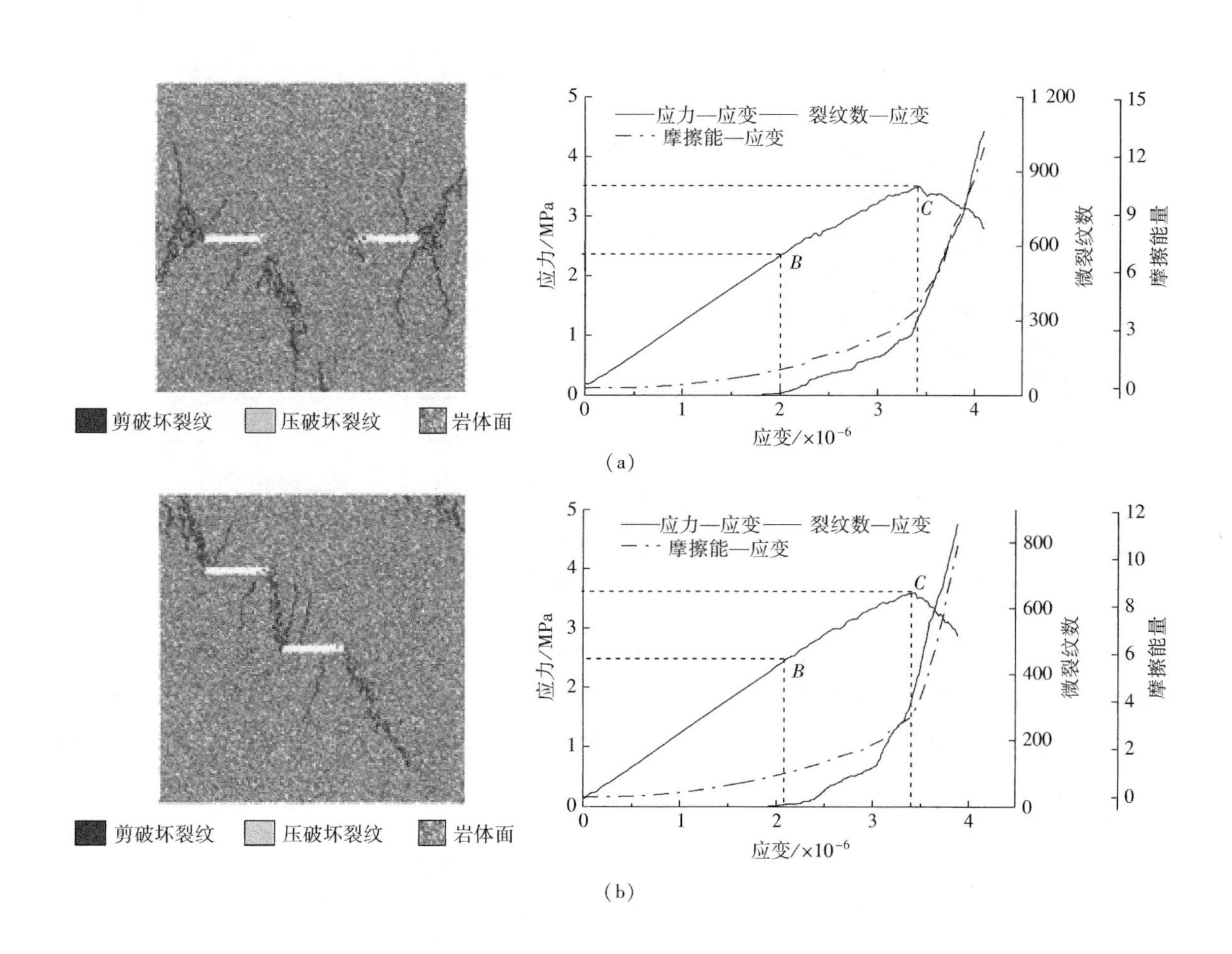

图7-42 0°夹角双缝槽煤体裂纹扩展特征

(a) 缝槽位于同水平($\alpha=0°$)煤体裂纹扩展;(b) 缝槽位于不同水平($0°<\alpha<90°$)煤体裂纹扩展

单轴加载条件下，45°双缝槽煤体裂纹分布和应力、裂纹及摩擦能随应变变化如图 7-43 所示。当缝槽间内错角 $\alpha=0°$时，缝槽裂纹基本沿缝槽两端分布，煤体内裂纹分布范围较大，煤体缝槽内错角 $\alpha=90°$时的抗压强度大于 $\alpha=0°$，且缝槽端裂纹贯通。45°双缝槽煤体的抗压强度基本都大于 0°夹角双缝槽煤体，但小于 45°夹角的单缝槽煤体；煤体内裂纹沿缝槽端扩展，由于相邻缝槽的影响，在相邻缝槽间距满足时，会形成岩桥，引导煤体内裂纹定向发育和扩展。

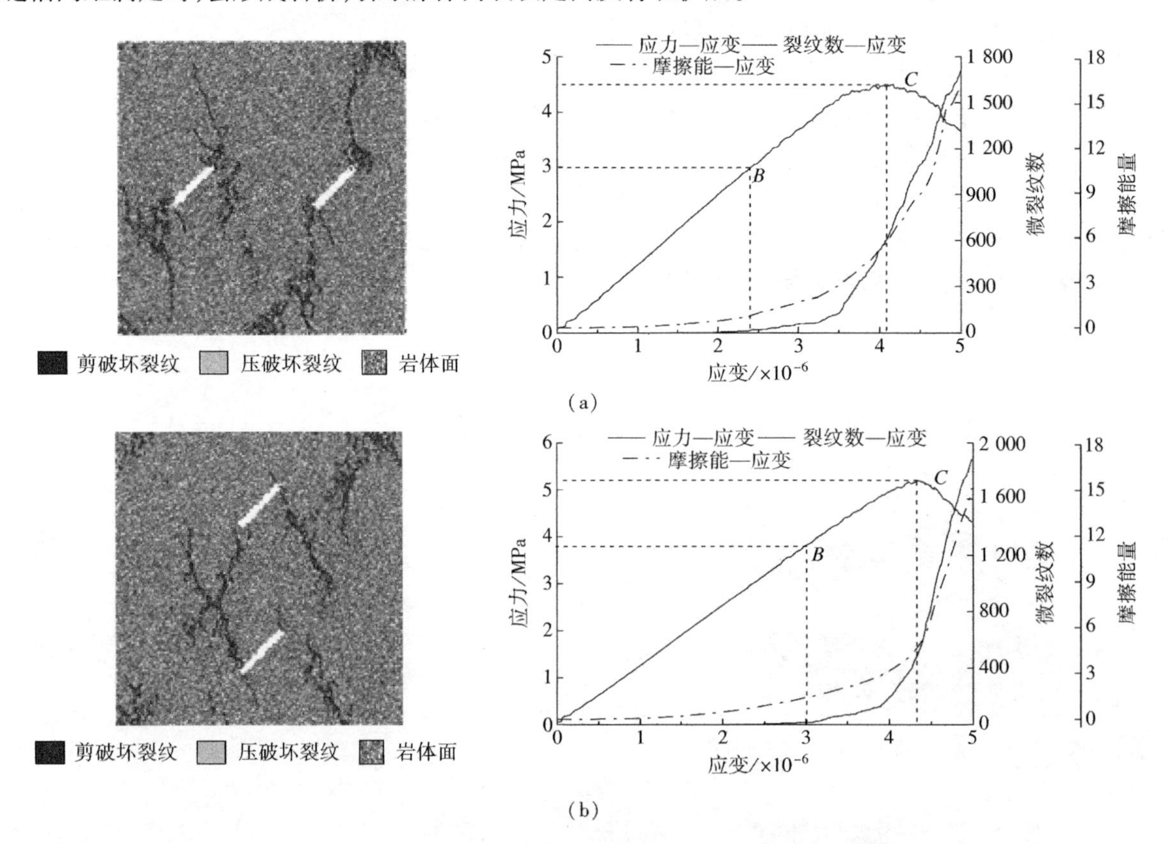

图 7-43　45°夹角双缝槽煤体裂纹扩展特征

(a) 缝槽位于同一水平($\alpha=0°$)煤体裂纹扩展；(b) 缝槽位于不同水平($\alpha=90°$)煤体裂纹扩展

从分析可知，双缝槽煤体的抗压强度较单缝槽和无缝槽煤体低，尤其是缝槽间的内错角在 0°～90°之间时，内错角为 90°时，缝槽抗压强度较内错角为锐角时增大，不利于煤体内部裂纹的扩展和破坏；缝槽之间会形成岩桥贯通两缝槽，使缝槽之间形成裂隙通道，因此，可以通过缝槽位置设计，形成定向贯通裂隙。

7.3.1.5　多割缝煤体裂纹扩展

单轴加载条件下，0°三缝槽煤体裂纹分布和应力、裂纹及摩擦能随应变变化如图 7-44 所示。三缝槽煤体的峰值应力基本都低于无缝槽、单缝槽和双缝槽煤体，当缝槽内错角为 0°时，相邻缝槽端面间裂纹发育并沿纵向扩展，由于缝槽与边界和相邻缝槽间距较小，煤体强度很低，煤体应力—应变曲线在塑性区内变化不稳定，这是由于缝槽相距太近造成的；当缝槽内错角为 90°时，裂纹沿缝槽端扩展，煤体内主裂纹沿对角线分布，缝槽强度显著增大，试样内萌生裂纹时的最小主应力较大，不利于裂纹的萌生和扩展；当缝槽内错角 $0°<\alpha<90°$时，缝槽间裂纹容易贯通形成岩桥，尤其是缝槽多水平布置时[如图 7-44(c)]，岩桥和缝槽端面裂纹的萌生和扩展使裂纹贯穿煤体并均匀分布，使煤体内部损伤和破裂得更均匀。

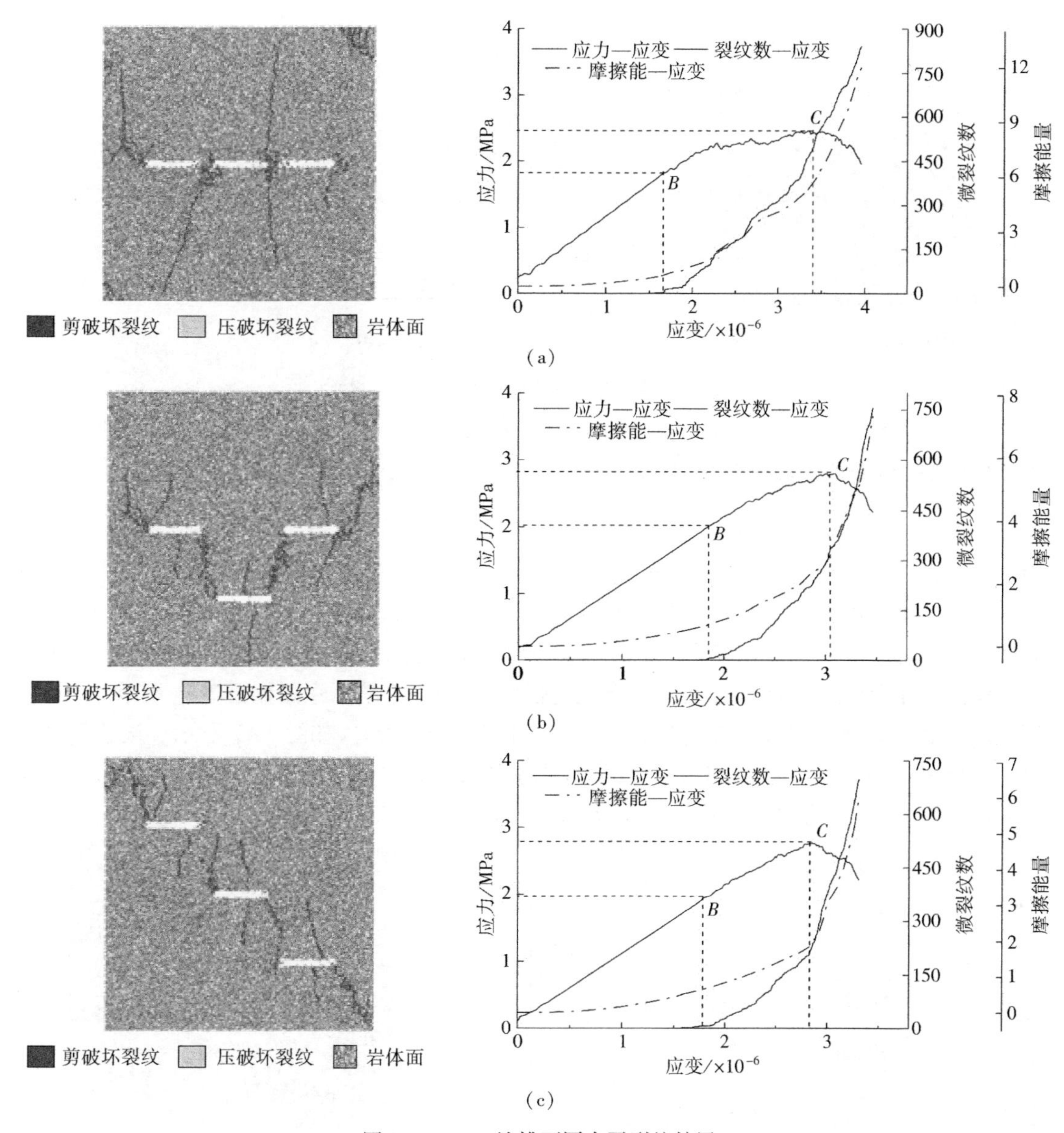

图 7-44　0°三缝槽不同水平裂纹扩展

(a) 缝槽位于同一水平($\alpha=0°$)煤体裂纹扩展;(b) 缝槽位于两水平($0°<\alpha<90°$)煤体裂纹扩展;(c) 缝槽位于三水平($0°<\alpha<90°$)煤体平裂纹扩展

单轴加载条件下,90°三缝槽煤体裂纹分布和应力、裂纹及摩擦能随应变变化如图 7-45 所示,峰值应力虽然低于无缝槽煤体,但大于单缝槽煤体,塑性变形很不显著,裂纹分布与 90°单缝槽和无缝槽煤体相似。说明缝槽夹角和缝槽间的内错角对煤体强度影响较大,当缝槽夹角和内错角均为 90°时,缝槽数量的增多反而会增大煤体的抗压强度,煤体裂纹不容易萌生扩展。

综上分析可知:煤体内割缝后,会弱化煤体的强度,有利于煤体内部裂纹扩展,通常情况下,煤体的强度随缝槽数量的增多而降低;缝槽煤体的裂纹扩展与缝槽数量、缝槽与最大主应力夹角和缝槽布置有关,在缝槽面与最大主应力夹角处于 0° ~45°时,煤体抗压强度较低,有利于裂纹扩展,而在 45° ~90°时,煤体抗压强度较高,不利于裂纹扩展;缝槽内错角 0°和 90°时均不利于裂纹扩展,尤其是内错角为 90°时,会增大煤体的抗压强度,不利于煤体裂纹扩展;多缝槽间会形成岩桥,引导裂纹的发育和扩展,使缝槽之间被裂隙贯通,多缝槽的内错角和间距对岩桥的形成影响显著。

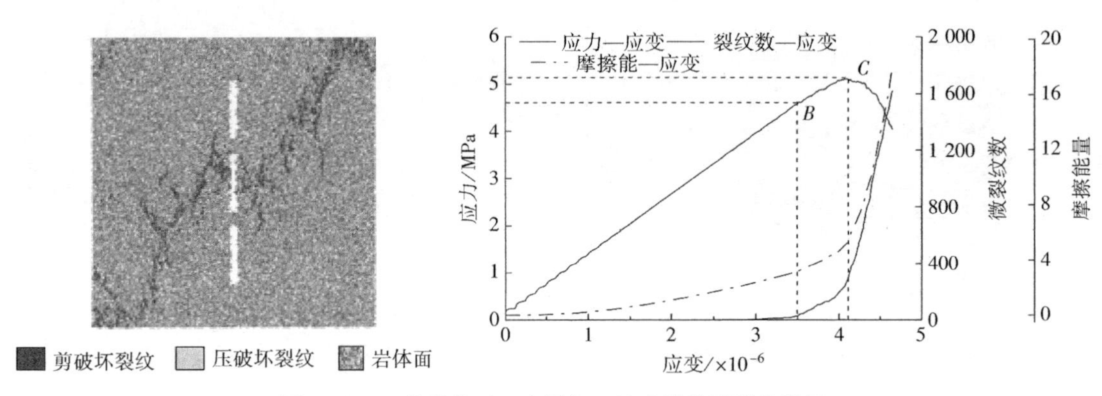

图 7-45　90°缝槽位于三水平（α=90°）煤体平裂纹扩展

7.3.2　割缝煤体力学性能弱化及其细观机制

7.3.2.1　受割缝煤体力学性能试验设计

（1）试验系统

单轴加载下的岩体的力学行为是岩石力学研究的重要手段，是分析岩体破坏特征的主要方法。本试验研究单轴加载条件下割缝煤体的应力—应变和声发射特征，分析煤体的力学性能和裂纹扩展规律。试验系统主要包括 MTS 伺服机、AE 声发射仪和摄像机，系统示意图如图 7-46 所示。

试验加载装置为 MTS 微机控制电液伺服万能试验机（C64.106），如图 7-47 所示。该装置采用可靠的 MTS 伺服控制液压作动系统和高速、数字闭环控制器，从 300 kN 到 1 000 kN 可实现力、位移或应变控制的试验，额定载荷为 1 000 kN，位移分辨率 0.2 μm。

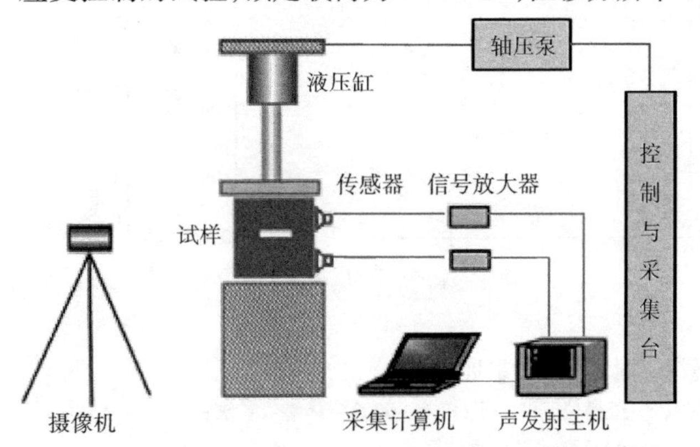

图 7-46　试验系统示意图

图 7-47　系统实物图

材料中区域源快速释放能量产生瞬态弹性波的现象称为声发射（AE），用仪器探测、记录、分析声发射信号和利用声发射信号推断声发射源的技术称为声发射技术。试验中声发射为美国物理声学公司（PAC）生产的 8 通道 Micro—Ⅱ声发射系统和 AEWin 处理软件，如图 7-47 所示。声发射探头采用单分量检波器，中心谐振频率为 120 kHz，前置放大器增益为 40 dB，主放大器增益为 40 dB，调整阈值电压为 1.0 V。

（2）割缝煤体试样的制备

采用相似材料法制备边长 100 mm 的预制缝槽型煤立方试样，试样的相似材料、配比和养护方法与 7.2.5 节中试样制备相同。预制缝槽试样有三种类型：单缝槽、双缝槽和三缝槽，分别如图 7-48(a)、(b)、(c)所示，缝槽角度分别为 0°、45°和 90°，双缝槽和三缝槽又分为缝槽在同一水平和非同一水平。试样中的缝槽贯穿试样体(长 100 mm),缝槽宽 20 mm,厚 2.5 mm,在制样时通过预埋定制的金属条,晾干 24 h 成型后拔出金属条成缝,然后送养护室养护 38 d 最终成型。

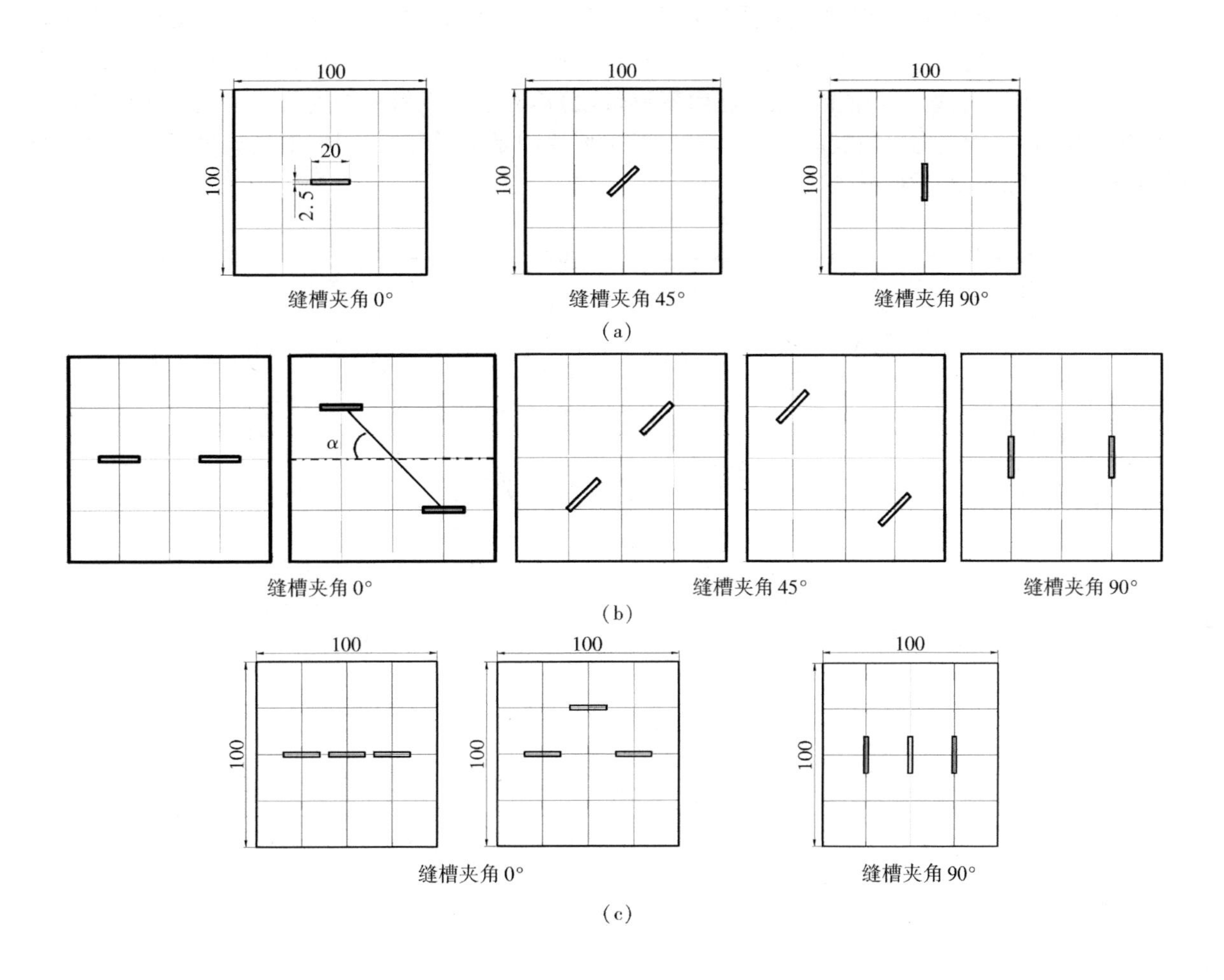

图 7-48　缝槽分布示意图

(a) 单缝槽试样剖面图;(b) 双缝槽试样剖面图;(c) 三缝槽试样剖面图

(3) 试验方案设计

试验中所有试样均采用单轴加载,试样加载过程中利用声发射系统监测试样内部损伤和断裂,同时,采用摄像机记录试样表面破裂变化,每种类型的试样均重复试验 3 次,以减小相似材料的不均一性和试验误差的影响。试验装置参数及条件设计如下:

① 伺服机加载选择应力加载模式,应力加载速度为 1.0 kN/s,试样峰值破坏后停止加载;

② 声发射的 8 个传感器探头均匀安放在试样除受载面外的另外 4 个自由面上,每个自由面上安设 2 个;

③ 摄像机镜头水平正对缝槽贯通面,调整焦距,试样受载过程中全程拍摄记录。

7.3.2.2　割缝煤体力学性能

(1) 割缝煤体全应力—应变特征

岩体的全应力—应变是其力学性能的重要描述,煤岩体在单轴加载条件下的全应力—应变过程主要分为 4 个阶段[10]:初始压密阶段、弹性变形阶段、塑性变形阶段、屈服变形阶段。煤岩体内预制裂隙的研究表明,宏观裂隙和损伤会导致煤岩体导致岩体的力学性能(如弹性模量)下降。水射流割缝是在煤岩体内切割形成宏观大裂隙和损伤,因此,割缝煤岩体的力学性能也将改变。

单缝煤体的全应力—应变曲线如图 7-49 所示,符合单轴加载下的岩体全应力—应变的 4 个阶段变化规律,随着缝槽夹角的增大,煤岩体全应力—应变曲线斜率增大,二次应力增长现象消失,缝槽夹角 90°时的峰值应力最大,峰值破坏后(屈服变形阶段)应力—应变斜率趋近负无穷大。同种缝槽夹角的试验中,试样的应力—应变曲线出现错位,其主要原因是试样配制原料、工艺差异而产生的系统误差,导致试样的非均质性显著。

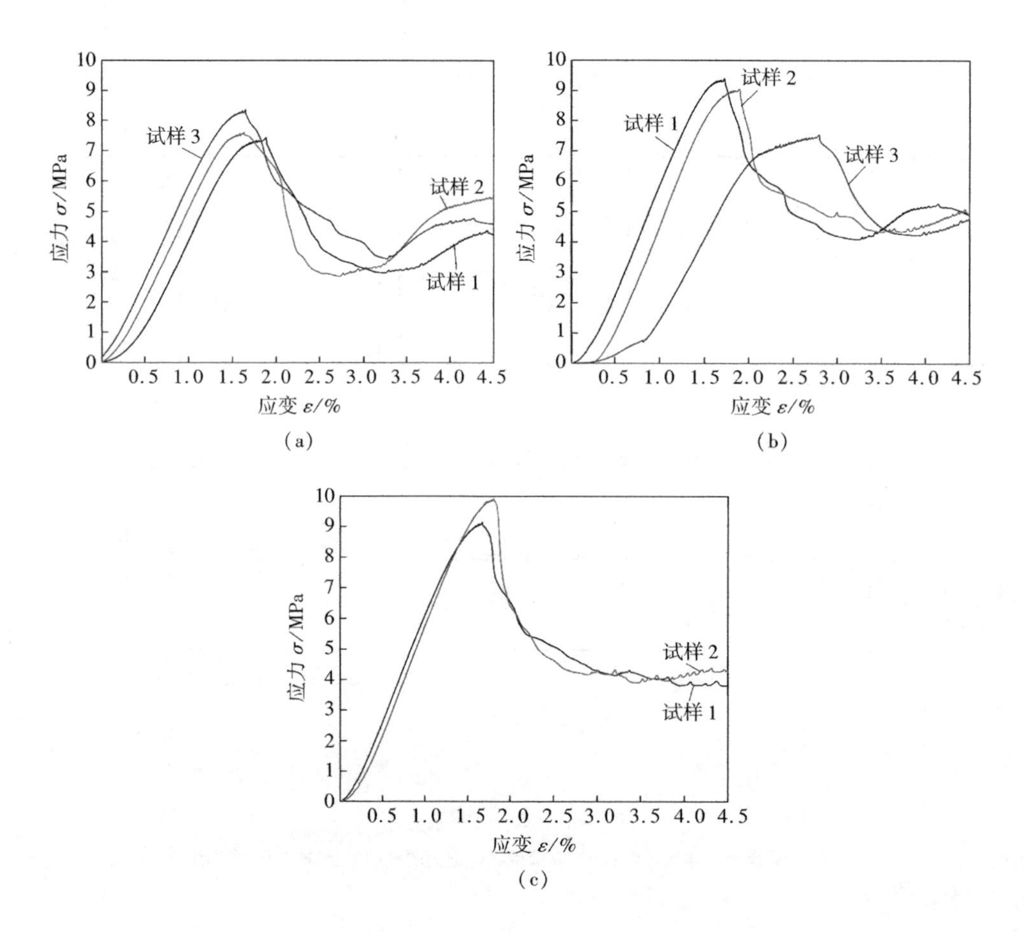

图 7-49　单缝槽试样全应力—应变曲线

(a) 0°缝槽试样;(b) 45°缝槽试样;(c) 90°缝槽试样

双缝煤体的全应力—应变曲线如图 7-50 所示,随着缝槽夹角的增大,煤体峰值应力增大,全应力—应变曲线斜率增大,且二次应力增长现象消失。缝槽夹角相同时,缝槽不同水平分布的试样在塑性阶段的范围更大,且峰值应力后,应力快速减小,说明试样内裂纹更容易萌生和贯通。缝槽 45°夹角不同水平分布试样曲线出现了较大的错位,主要由于缝槽成型中的不同步导致。

三缝煤体的全应力—应变曲线如图 7-51 所示,随着缝槽夹角的增大,煤体峰值应力显著增大。当缝槽夹角 90°时,峰值应力显著增大;0°缝槽的不同水平分布试样的峰值应力对比发现,缝槽分布越不均匀,塑性变形越显著,峰值应力后应力降低速度越大,因此,缝槽不同水平分布的试样,裂纹扩展贯通了缝槽,而缝槽同水平分布的试样,裂纹贯通后不会发生大位移。

无缝槽煤体的全应力—应变曲线如图 7-52 所示,煤体峰值应力较大,塑性变形向屈服变形过渡

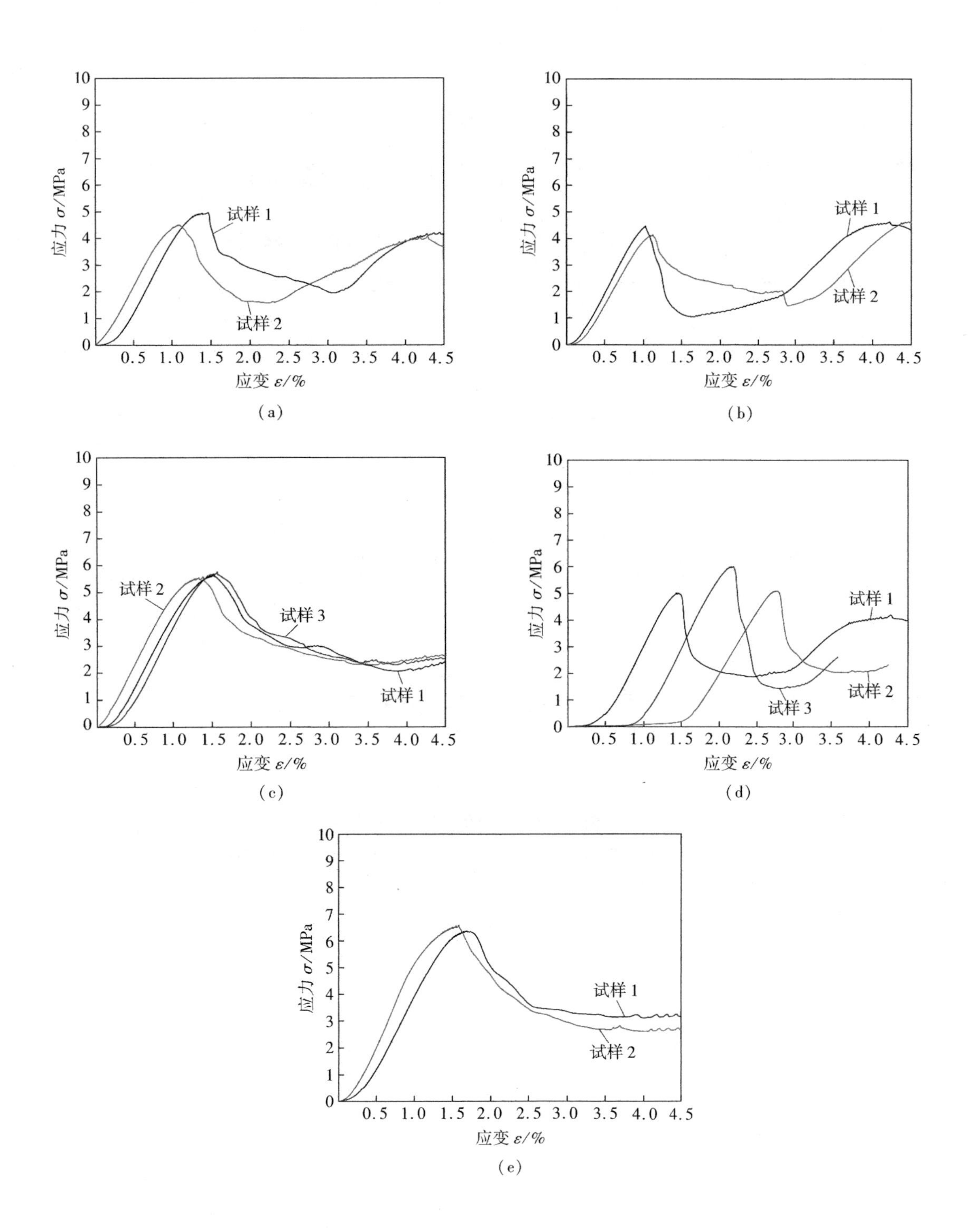

图 7-50　双缝槽试样全应力—应变图

(a) 0°缝槽同一水平试样;(b) 0°缝槽不同水平试样;(c) 45°缝槽同一水平试样;
(d) 45°缝槽不同水平试样;(e) 90°缝槽不同水平试样

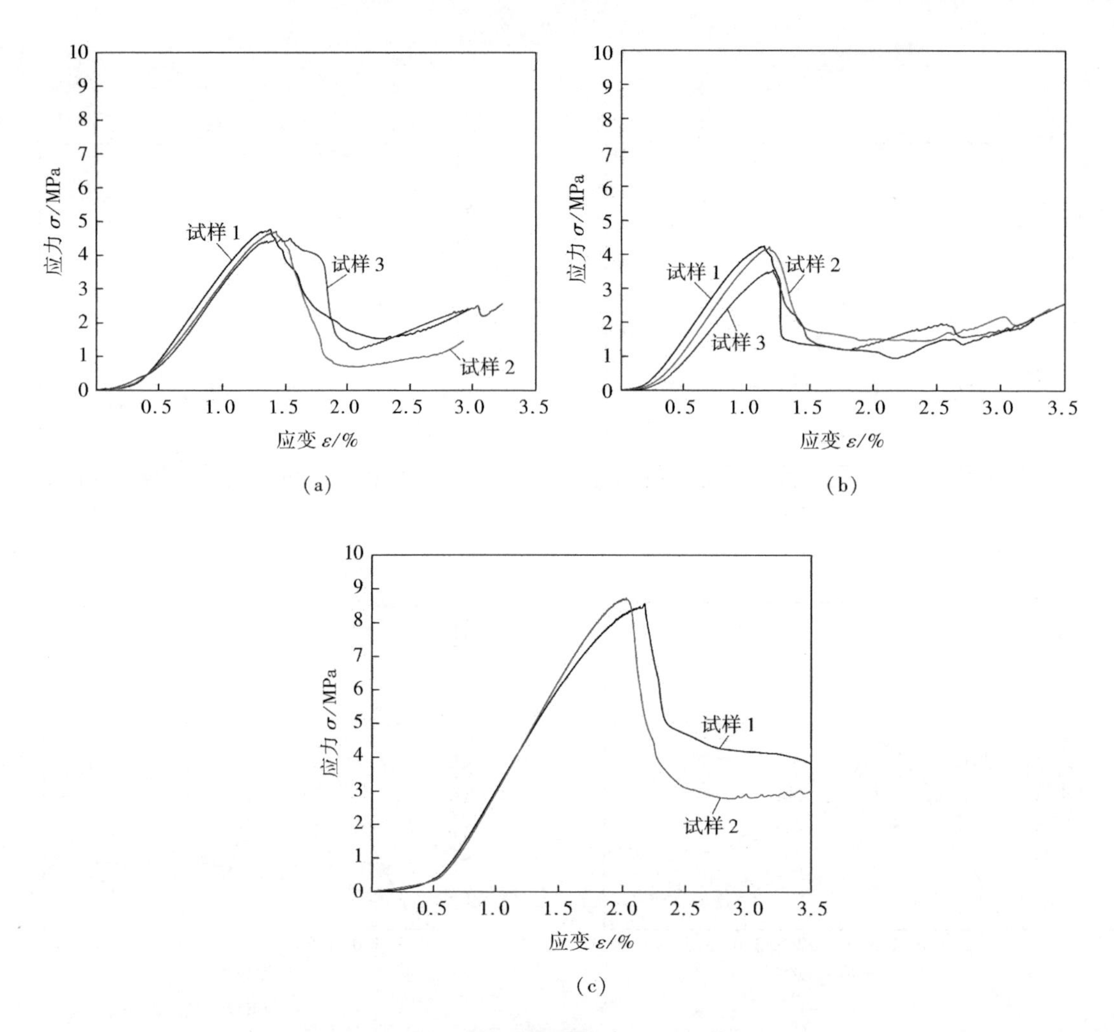

图 7-51 三缝槽试样全应力—应变图
(a) 0°缝槽同一水平试样;(b) 0°缝槽两个水平试样;(c) 90°缝槽试样

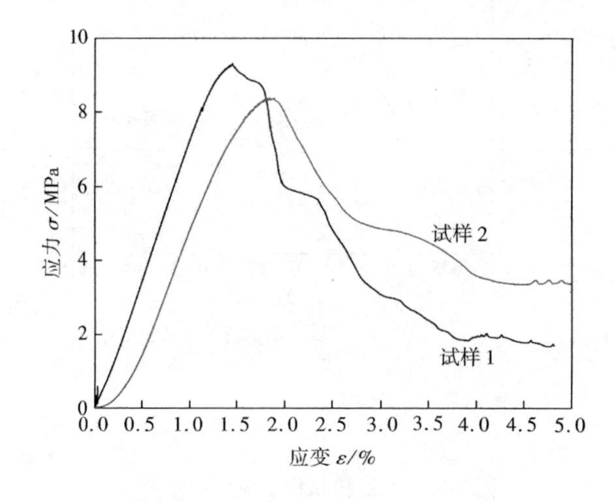

图 7-52 无缝槽试样全应力—应变图

不明显，峰值应力后应力降低很缓慢。说明无缝槽煤体的裂纹扩展缓慢，峰值应力后裂纹贯通较难。

(2) 缝槽分布对峰值应力的影响

对不同夹角、不同缝槽数试样的峰值应力统计如图 7-53 所示。同一水平分布的缝槽如图(a)，单缝槽试样的峰值应力最大，随着缝槽夹角增大，峰值应力增大，尤其是缝槽夹角 0°～45°时，峰值应力增大明显；缝槽数量增多，峰值应力降低，与单缝槽试样相比，双缝槽和三缝槽试样的峰值应力降低了 30%～50%，双缝槽与三缝槽试样的峰值应力差异不大。不同水平分布的缝槽如图(b)，相同缝槽夹角的试样，缝槽水平越多，试样的峰值应力越低，因此，各缝槽中心连线与水平线间的夹角(内错角)α 在 0°～90°之间时，试样更容易破裂，即主裂纹更容易贯通；同时，在缝槽不同水平分布时，缝槽角度对峰值应力还是有影响的。

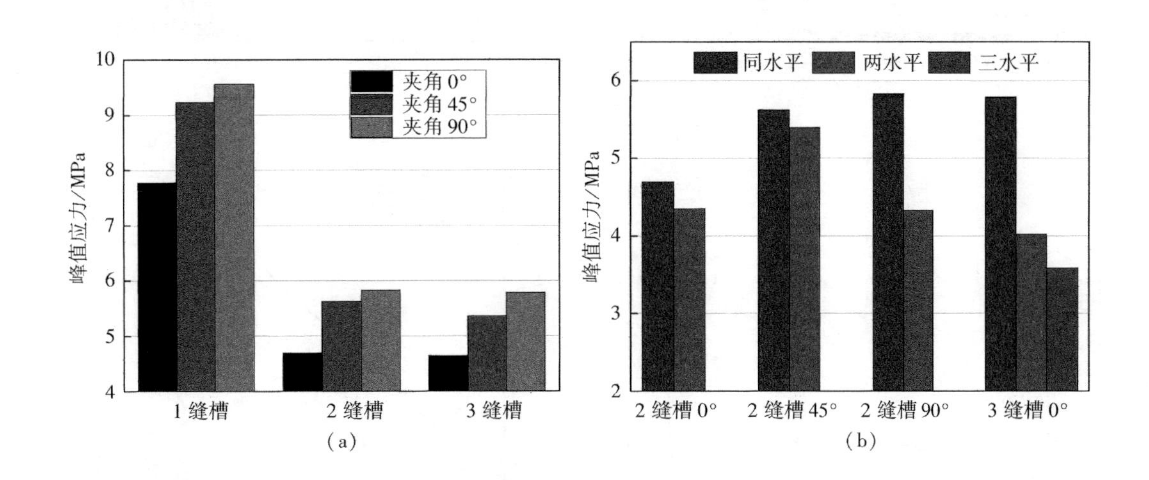

图 7-53　不同缝槽分布时的试样峰值应力

(a) 缝槽同一水平分布；(b) 缝槽不同水平分布

综上分析发现，割缝后煤体的力学性能发生改变，通常缝槽数量增多煤体的抗压强度减小，当缝槽数达到一定数量时，缝槽数增多对煤岩体力学性能影响减小；单缝槽时，缝槽面与最大主应力垂直时，试样更容易破裂；多缝槽时，缝槽方位水平越多，试样越容易破裂。因此，使缝槽面垂直于最大主应力，增多缝槽数量和使缝槽多方位分布都是降低煤岩体力学性能的有效方法[11]。

7.3.2.3　割缝煤体损伤声发射特征

单缝槽试样单轴加载过程中声发射事件累计、能量累计和撞击率如图 7-54 所示。声发射能量累计和撞击率在初始压密阶段、弹性变形阶段很小，在塑性变形阶段逐渐增大，在屈服应变阶段前者显著增大而后者缓慢减小。事件累计在初始压密阶段有小幅的激增，在弹性变形阶段事件率很小，在塑性变形阶段缓慢增大，在塑性变形后期快速增大，峰值应力时增长率达到最大值，在屈服应变阶段几乎不增大。在峰值应力时，缝槽夹角 45°试样声发射事件累计、能量累计都较大；缝槽夹角 45°和 0°试样，能量率和撞击率峰值大于缝槽夹角 90°试样，说明 45°和 0°缝槽试样在破坏时产生的损伤量和裂纹量更大。

对双缝槽试样单轴加载过程中声发射事件累计、能量累计和撞击率进行监测，如图 7-55(缝槽夹角 0°)，图 7-56(缝槽夹角 45°)和图 7-57(缝槽夹角 90°)所示。所有试样均在峰值应力时或者峰值应力后声发射能量累计、撞击率和事件累计达到第一次峰值，在同一角度时，缝槽处于不同水平时的能量累计和撞击率低于同一水平试样，但峰值应力后的事件累计却高于同一水平试样，说明缝槽不同水

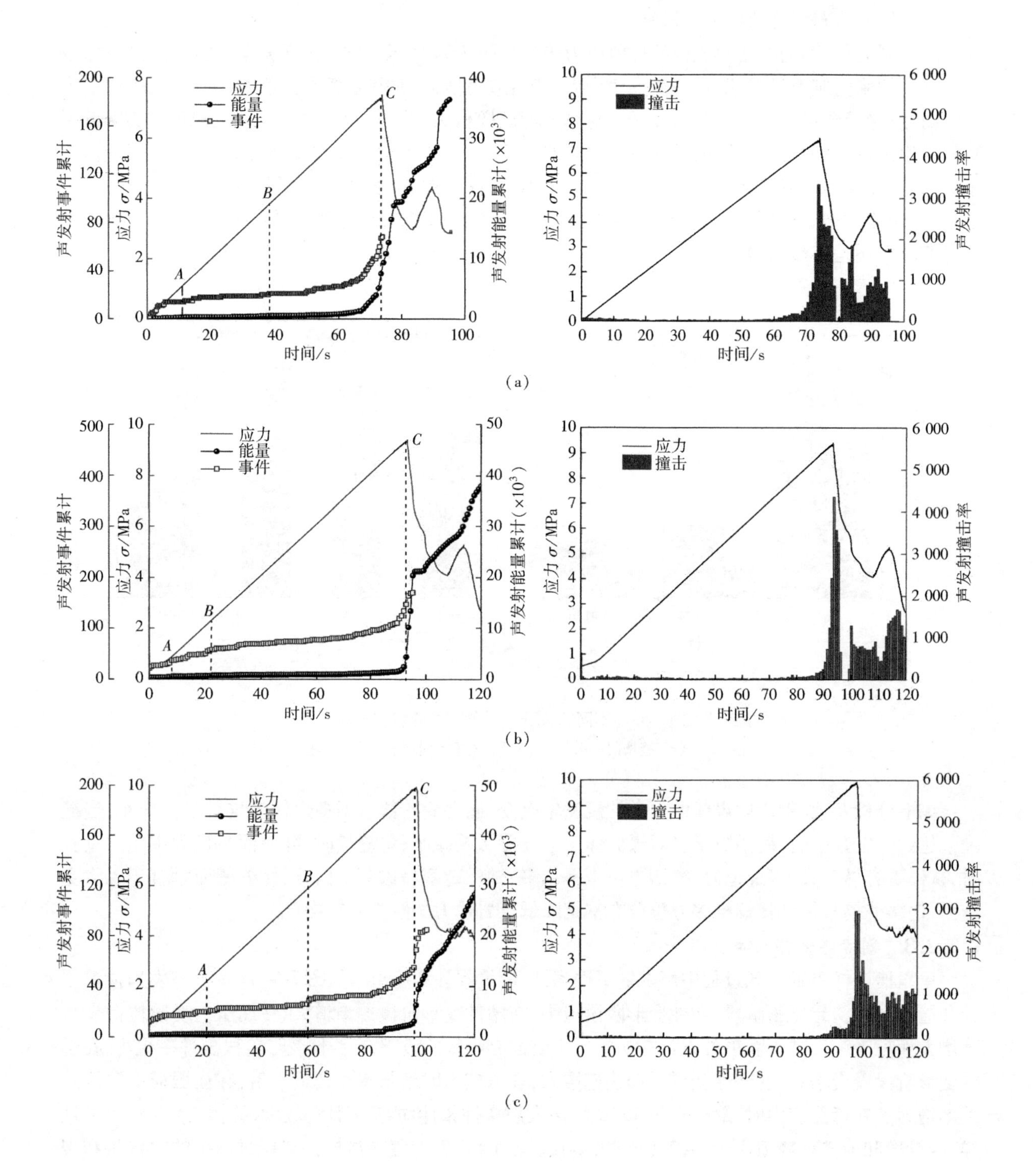

图 7-54 单缝槽试样声发射参数变化图

(a) 单缝槽 0°声发射参数变化图;(b) 单缝槽 45°声发射参数变化图;(c) 单缝槽 90°声发射参数变化图

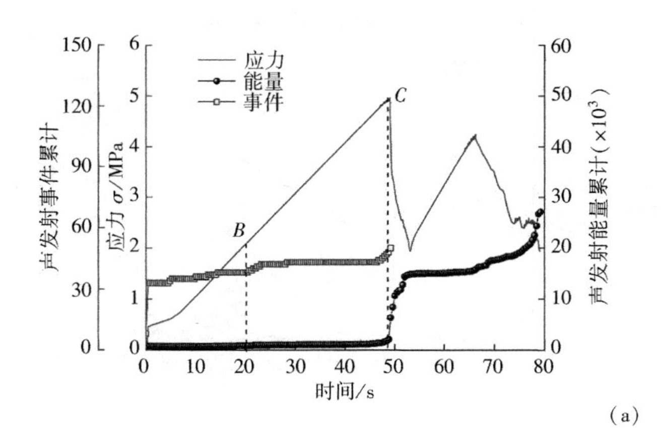

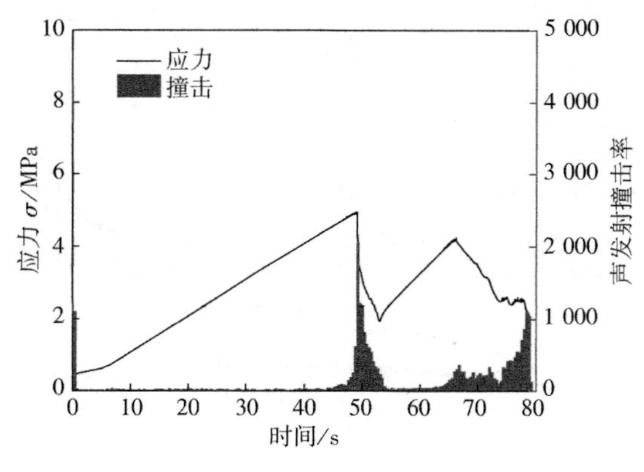

(a)

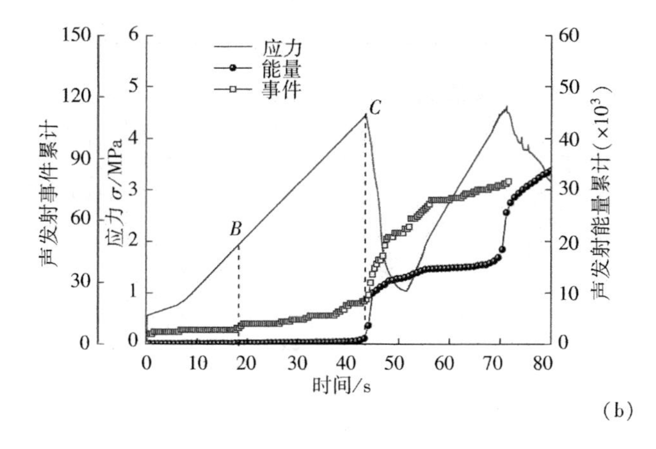

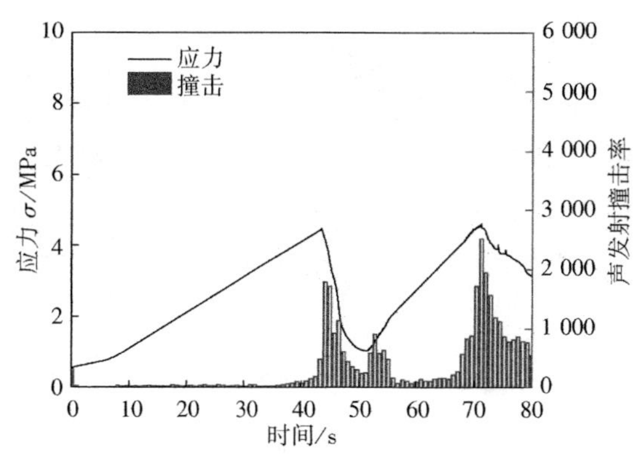

(b)

图 7-55　双缝槽 0°声发射参数变化图

(a) 双缝槽 0°(同水平);(b) 双缝槽 0°(不同水平)

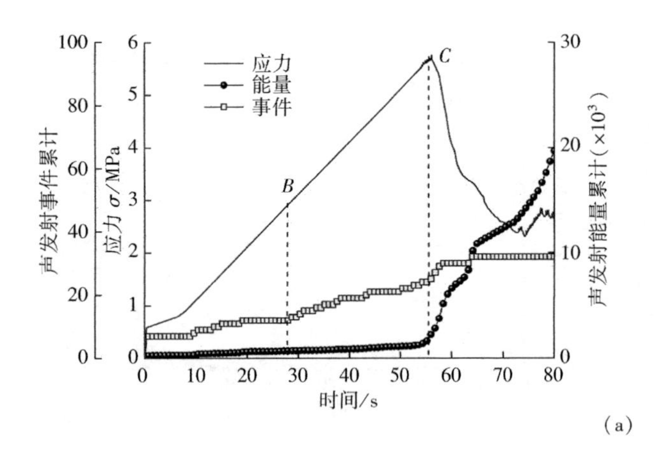

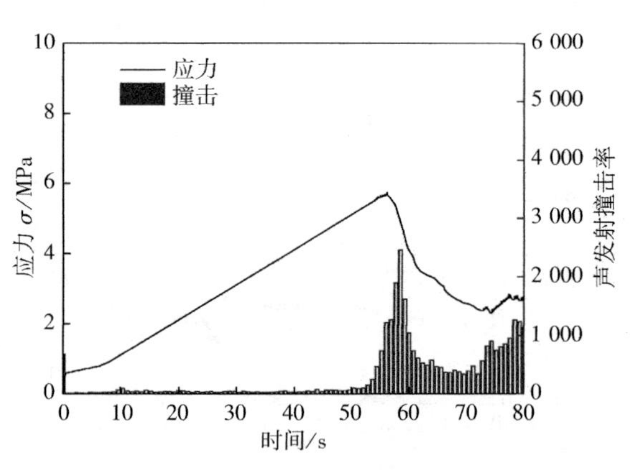

(a)

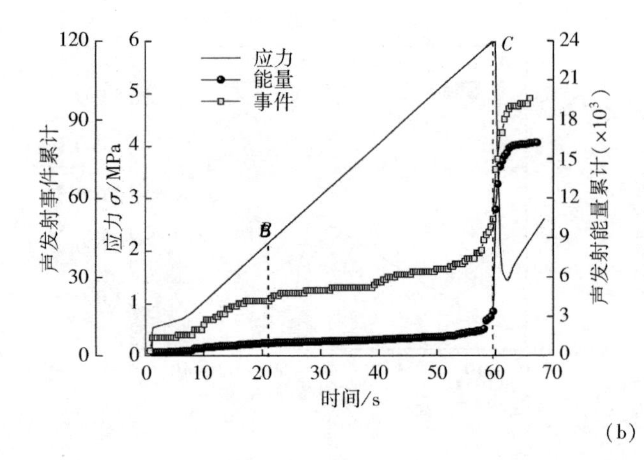

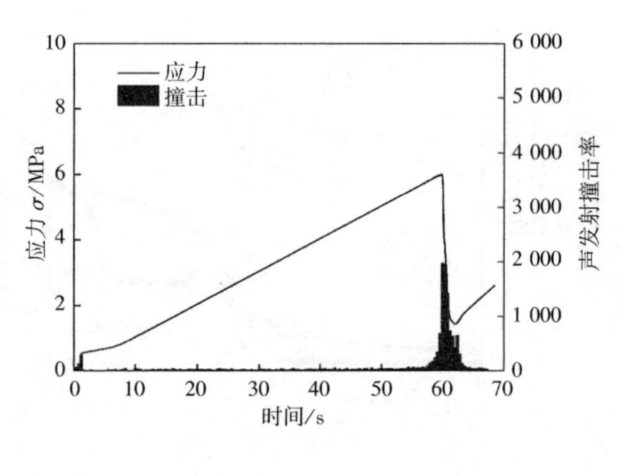

(b)

图 7-56 双缝槽 45°声发射参数变化图

(a) 双缝槽 45°(同水平);(b) 双缝槽 45°(不同水平)

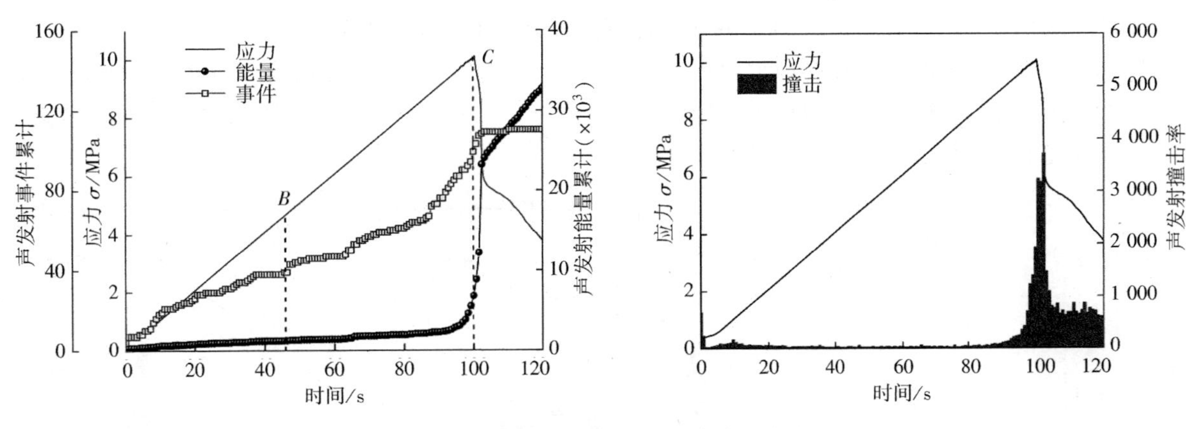

图 7-57　双缝槽 90°同水平声发射参数变化图

平分布试样裂纹萌生、扩展和贯通的过程中的能量较小，裂纹扩展更集中，而同水平缝槽煤体峰值应力后的损伤较小。90°缝槽试样在峰值应力时，事件累计和能量累计都较高，说明试样破坏难度大，试样内损伤破坏以峰值应力前为主。

对三缝槽试样单轴加载的监测如图 7-58（缝槽夹角 0°）和图 7-59（缝槽夹角 90°）所示。声发射参数在应力—应变的 4 个阶段变化与单、双缝槽试样类似。峰值应力时，0°缝槽的试样的事件累计、

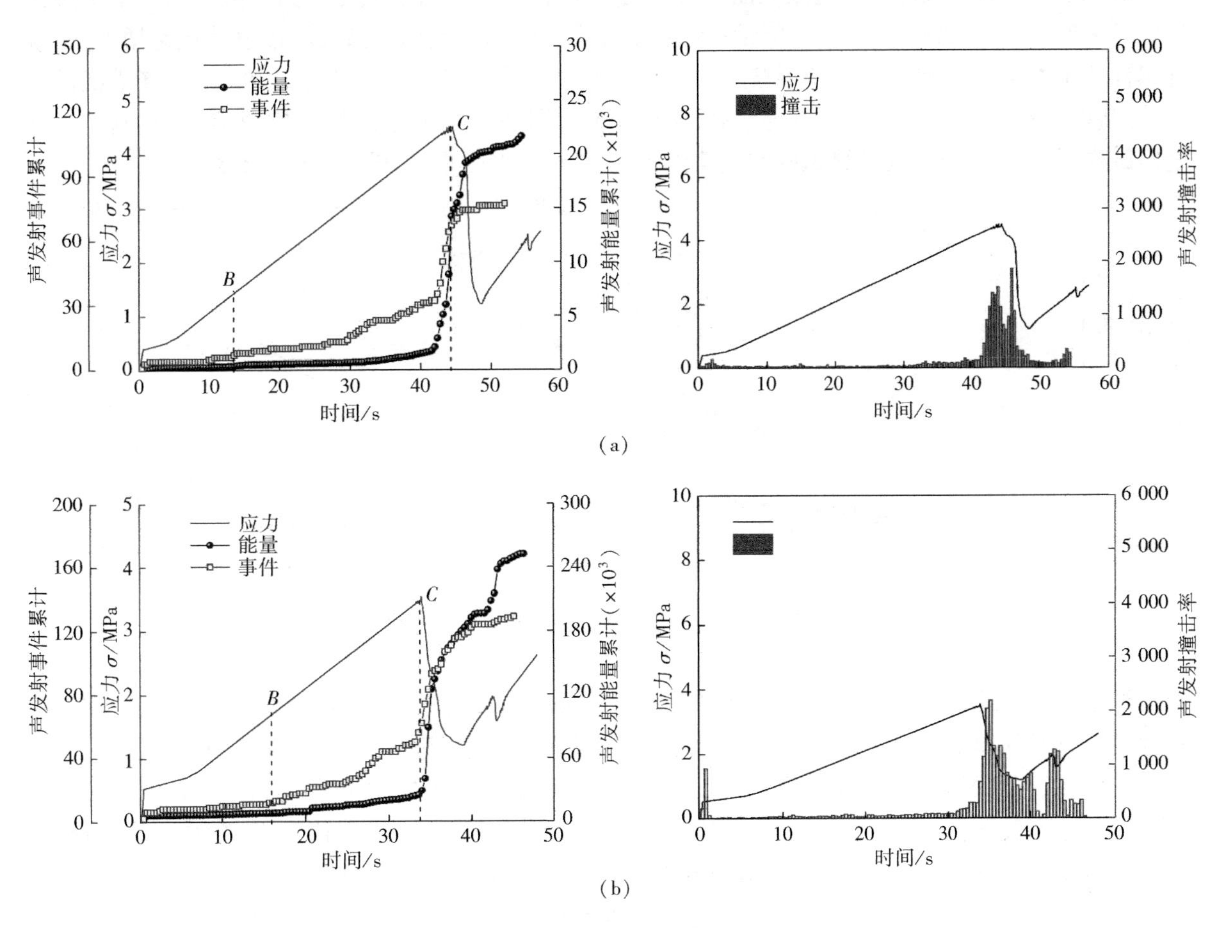

图 7-58　三缝槽 0°声发射参数变化图

(a) 三缝槽 0°(同水平)；(b) 三缝槽 0°(两水平)

能量累计均低于90°缝槽试样，说明0°缝槽试样割缝容易产生裂纹萌生和扩展，而90°缝槽试样更难。0°缝槽不同水平试样声发射参数对比发现，随着缝槽分布不均一性增大，峰值应力时的事件累计降低，但峰后应力的事件累计继续增大，说明随着缝槽分布不均匀，试样抗压强度降低先发生屈服变形，峰后试样裂纹扩展量增大。

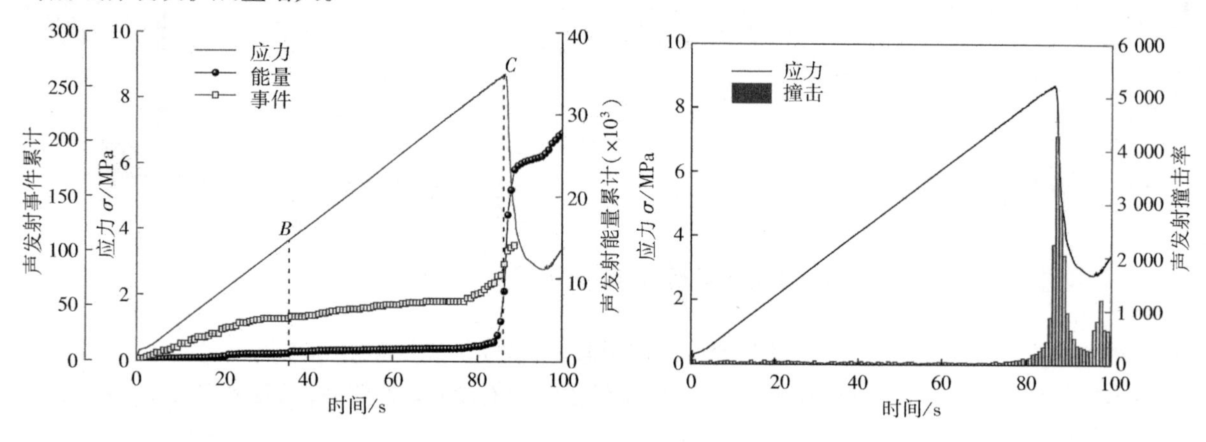

图 7-59　三缝槽 90°声发射参数变化图

对无缝槽试样单轴加载的监测如图 7-60 所示。试样的声发射参数在应力—应变的 4 个阶段具有较显著的特征，但试样的撞击率、能量累计和事件累计较低，峰值应力后，能量累计快速增大，而事件累计几乎不增大，说明峰值应力后煤体新裂纹扩展不发育。事件累计变化趋势与 90°缝槽试样类似，即塑性变形初期，事件累计会明显升高，塑性变形后期，事件累计会继续升高，但不显著，这与其它缝槽试样明显不同，说明无缝槽试样裂纹萌生较晚，裂纹扩展困难，试样破坏后新裂纹不发育。

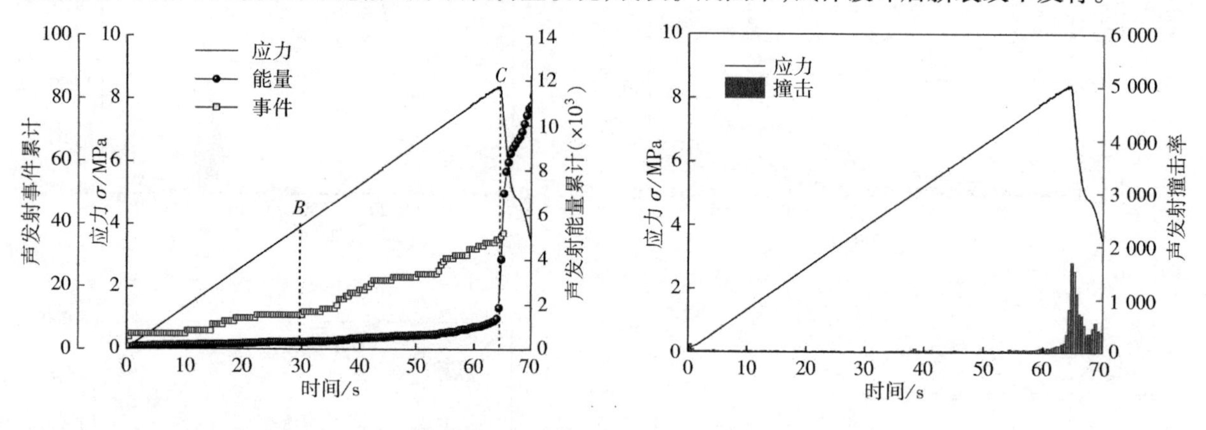

图 7-60　无缝槽试样声发射参数变化图

综上分析发现，缝槽煤体在初始压密和弹性变形阶段，声发射能量、撞击率很小甚至几乎没有；在塑性变形阶段的弹塑性阶段，声发射信号开始增强，试样裂纹开始萌生、扩展并贯通，在达到裂纹损伤临界值后，裂纹扩展进入完全塑性变形阶段，宏观裂纹贯通，在峰值应力裂纹不稳定扩展加速，此时声发射信号达到最强；随后进入屈服变形即软化阶段，裂纹快速扩展，声发射能量率和撞击率较峰值应力时有所降低，但仍然处于高水平，事件率降低，甚至消失。随着缝槽数量增多，试样在破裂过程中累积撞击和能量率有降低趋势，缝槽分布越不均匀，在峰值应力后仍然有事件分布，缝槽数增多，峰后事件累计增大越显著，试样裂纹扩展导向性增强；随着缝槽角度增大，声发射能量率、撞击率增大，45°缝槽试样事件累计较高，试样内部损伤、裂纹较发育。因此，除了 90°缝槽煤体外，缝槽煤体裂纹萌生和发育较容易，缝槽之间会导向裂纹的扩展，峰值应力后，煤体内裂纹会继续扩展。

7.3.2.4　割缝煤体细观损伤特性

声发射事件定位能够对裂纹初始及扩展过程进行准确定位，对裂纹非稳定扩展趋势进行判断。0°单缝槽试样加载过程不同应力阶段声发射事件定位如图 7-61 所示，在峰值应力的 20% 时，缝槽上下有裂纹萌生，主要分布在缝槽上下方，成单条对角线状；应力增大至峰值应力的 40% 时，萌生区裂纹数量增多变密集，裂纹扩展并开始向另一条对角线蔓延；在峰值应力的 60% 时，事件数明显增多，裂纹呈"X"状两翼分布，裂纹扩展、萌生速度增加；在峰值应力的 80% 时，"X"状裂纹分布清晰，两翼裂纹更密集，裂纹扩展并贯通形成主裂纹；在峰值应力的 90% 时，主裂纹周围次生裂纹萌生；在峰值应力时，裂纹数明显增多，裂纹扩展进入快速不稳定阶段，缝槽上下方次生裂纹大量生成。试样表面和内部宏观裂纹分布如图 7-62 所示，缝槽两端主裂纹呈两翼"X"形分布，缝槽面上下方以竖向裂纹为主，缝槽周围裂纹发育。

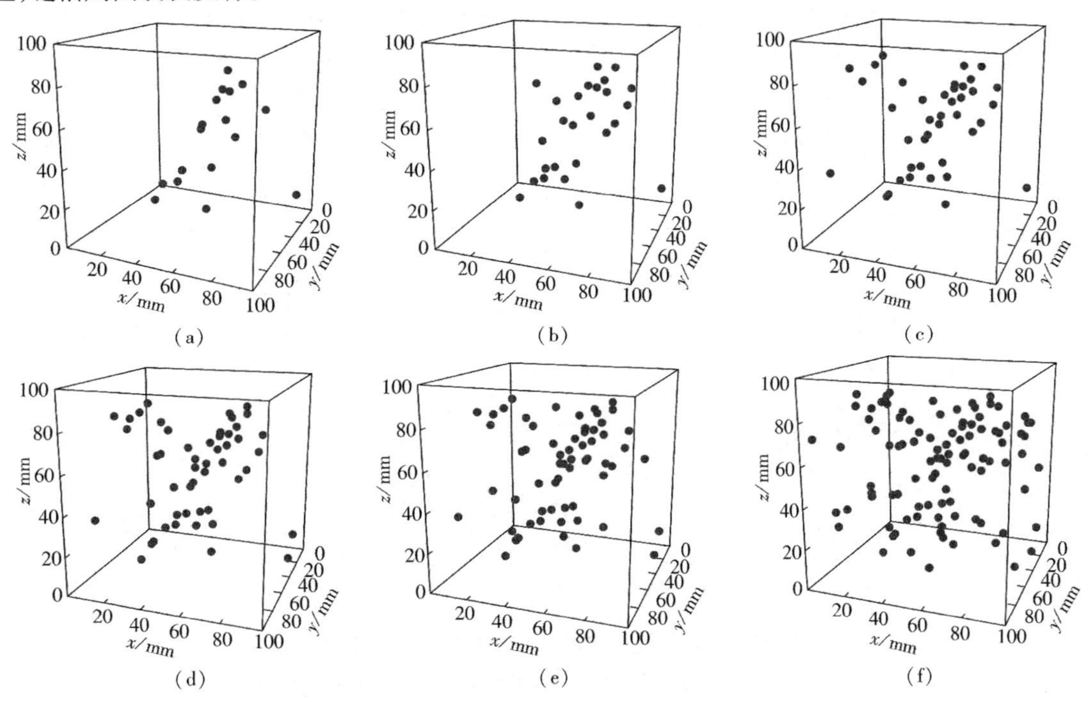

图 7-61　单缝槽 0°试样声发射事件定位过程

(a) 0% ~20% 峰值应力；(b) 20% ~40% 峰值应力；(c) 40% ~60% 峰值应力；
(d) 60% ~80% 峰值应力；(e) 80% ~90% 峰值应力；(f) 峰值应力时

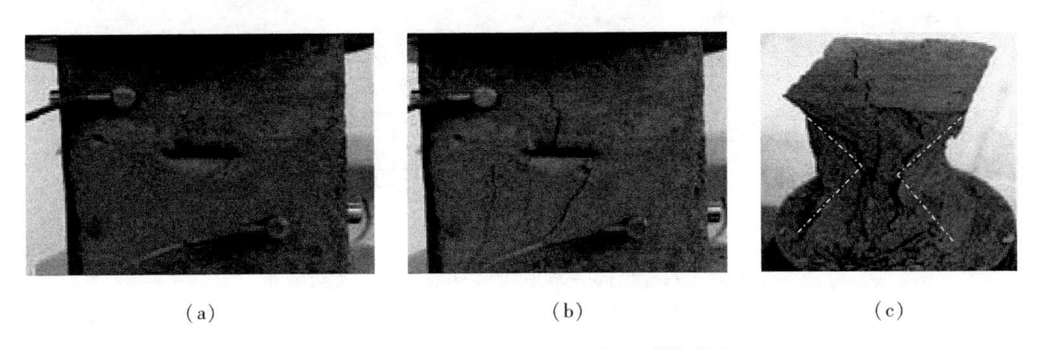

图 7-62　单缝槽 0°试样破裂宏观裂纹分布

(a) 加载前表面；(b) 破裂时裂纹；(c) 破裂后性状

缝槽夹角 45°、90°的单缝槽试样加载结果表明，随着应力的增加，裂纹数增多，主要分布于缝槽两端和缝槽面左右，缝槽两端裂纹扩展呈“Y”形，当应力超过峰值应力的 60% 时，裂纹萌生、扩展明显，对角线分布较集中，峰值应力时裂纹迅速扩展贯通，裂纹快速不稳定扩展，裂纹发育主要分布在缝槽周围。

夹角为 0°且在同一水平的双缝槽试样加载过程中声发射事件定位如图 7-63 所示，缝槽面下部裂纹较早发育，当应力超过峰值应力的 60% 时，裂纹萌生、扩展明显，裂纹主要分布在缝槽面上下方，缝槽两端裂纹呈翼型扩展，峰值应力时裂纹分布范围较大。宏观裂纹分布如图 7-64 所示，缝槽面周围裂纹扩展，与缝槽呈羽状分布，相邻的缝槽两端裂纹沿纵斜向扩展，裂纹相互贯通，缝槽间没有水平贯通裂纹，试样内部裂纹集中且分布范围大。

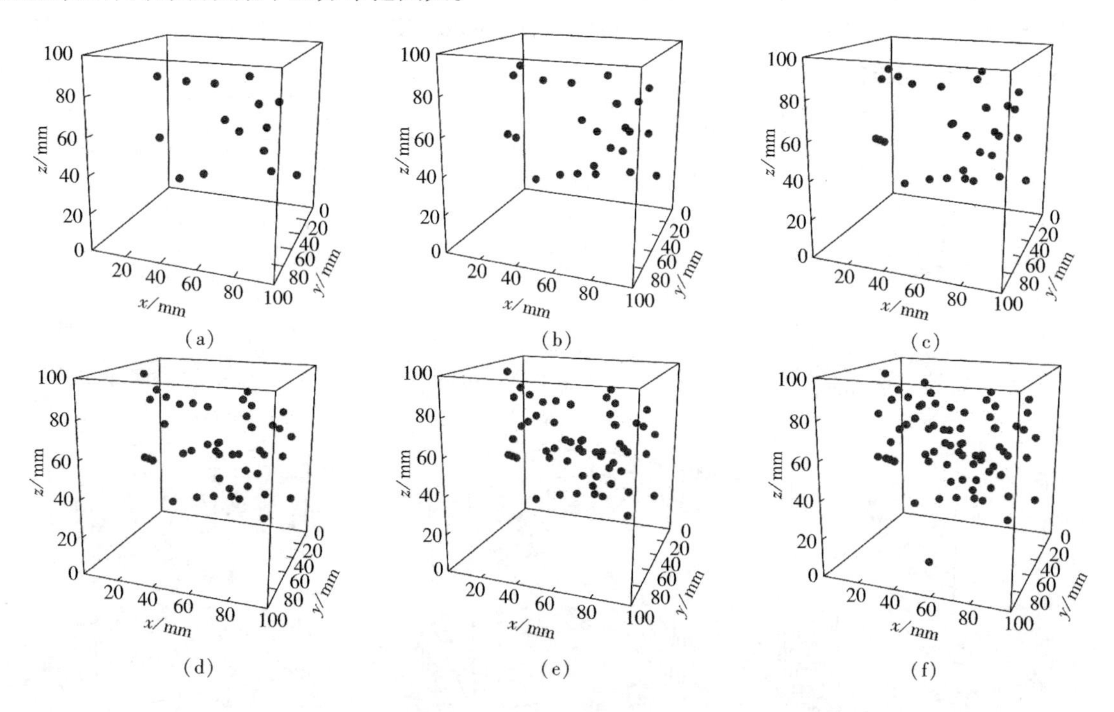

图 7-63　双缝槽同一水平 0°试样声发射事件定位过程

(a) 0% ~20% 峰值应力；(b) 20% ~40% 峰值应力；(c) 40% ~60% 峰值应力；
(d) 60% ~80% 峰值应力；(e) 80% ~90% 峰值应力的；(f) 峰值应力时

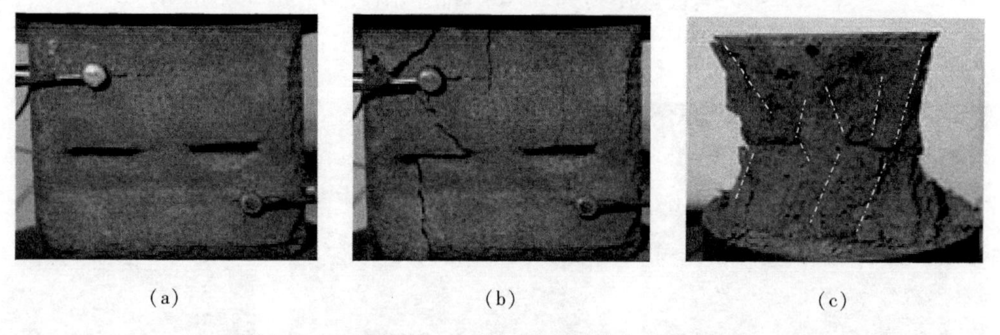

图 7-64　双缝槽同一水平 0°试样破裂宏观裂纹分布

(a) 加载前表面；(b) 破裂时裂纹；(c) 破裂后性状

夹角为0°不同水平双缝槽试样加载过程中声发射事件定位如图7-65所示,裂纹先在缝槽周围萌生,缝槽两端裂纹沿纵斜向扩展,超过峰值应力的60%时,两缝槽面之间区域裂纹密集并贯通,峰值应力时试样内裂纹大幅增多,缝槽面之间的区域裂纹集中,整体上试样内裂纹分布较均匀。宏观裂纹分布如图7-66所示,缝槽两端裂纹沿翼型扩展,缝槽间纵向裂纹贯通,与缝槽呈阶梯状,出现岩桥现象,引导了裂纹扩展。

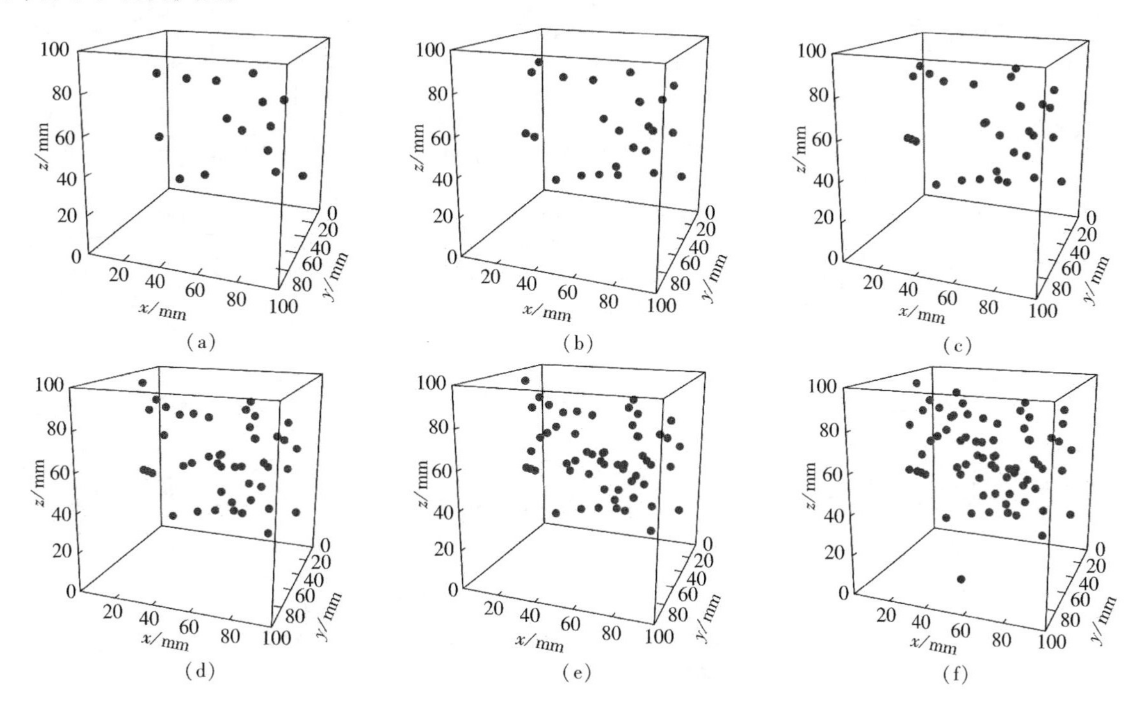

图7-65　双缝槽0°位于不同水平试样声发射事件定位过程

(a) 0%~20%峰值应力;(b) 20%~40%峰值应力;(c) 40%~60%峰值应力;
(d) 60%~80%峰值应力;(e) 峰值应力80%~90%;(f) 峰值应力时

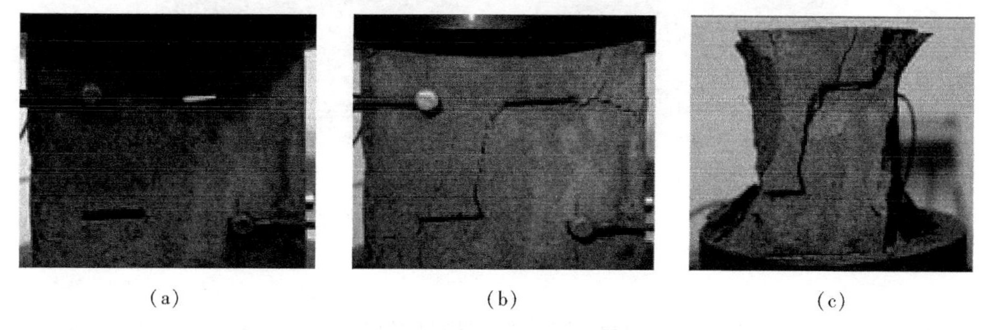

图7-66　双缝槽不同水平0°试样破裂宏观裂纹分布

(a) 加载前表面;(b) 破裂时裂纹;(c) 破裂后性状

缝槽夹角45°、90°的双缝槽试样加载结果表明,开始时裂纹萌生较少,缝槽两端裂纹扩展,试样内主裂纹呈对角线扩展,超过峰值应力的60%时,两缝槽面间裂纹大量萌生并快速扩展,峰值应力时,缝槽面间裂纹大量发育,裂纹分布较集中。

夹角为0°同水平三缝槽试样加载过程中声发射事件定位如图7-67所示,缝槽面上下方裂纹萌生,纵斜向扩展;超过峰值应力的60%时,裂纹快速萌生,裂纹从缝槽向边界不断扩展,峰值应力时裂纹大量萌生，主要集中于缝槽面区域，裂纹分布范围广，试样内部损伤较均匀。宏观裂纹分布如图7-68所示，裂纹延缝槽两端扩展，相邻缝槽两端破坏显现，试样破碎度高。

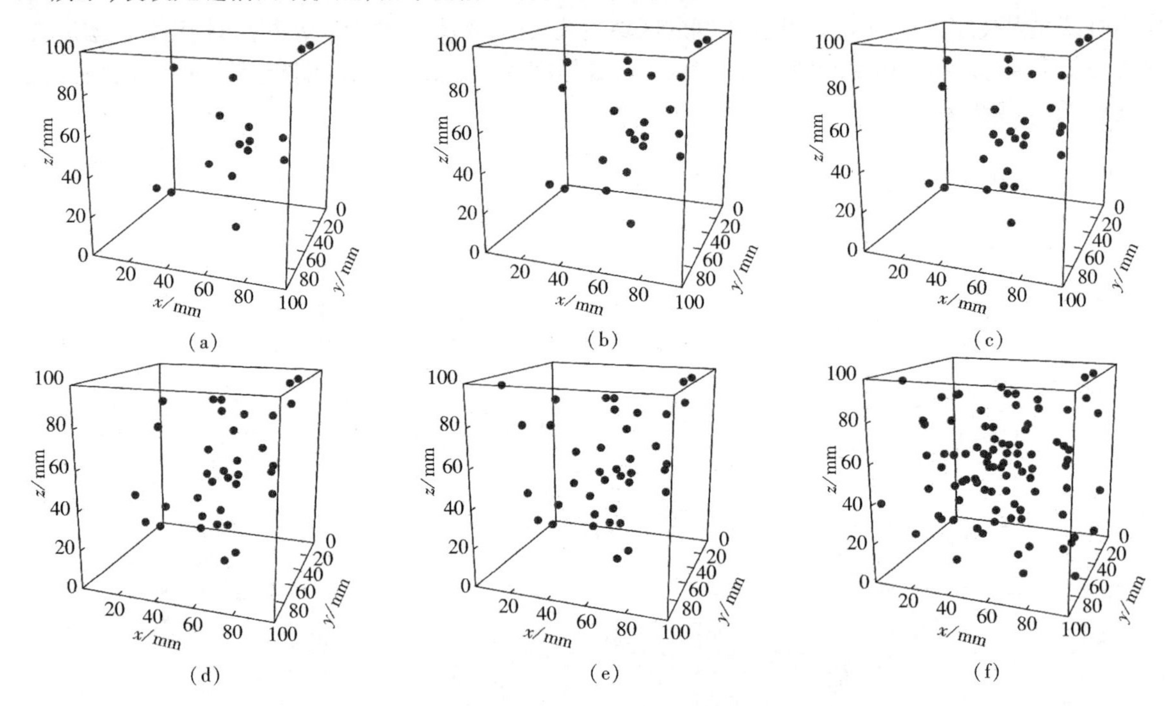

图7-67　三缝槽0°位于同一水平试样声发射事件定位过程

(a) 0%～20%峰值应力；(b) 20%～40%峰值应力；(c) 40%～60%峰值应力；(d) 60%～80%峰值应力；(e) 80%～90%峰值应力；(f) 峰值应力时

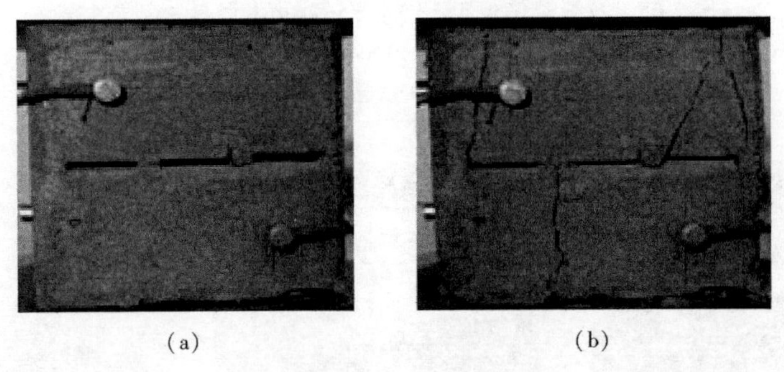

图7-68　三缝槽同水平0°试样破裂宏观裂纹分布

(a) 加载前表面；(b) 破裂时裂纹

夹角0°两水平三缝槽试样、夹角为90°三缝槽试样加载结果表明，缝槽面周围区域裂纹先萌生，随应力增大裂纹在缝槽面间大量萌生并扩展，峰值应力的60%时，缝槽间裂纹分布已较为集中，同时缝槽周围的裂纹向边界扩展，超过峰值应力后，裂纹大量萌生，缝槽间裂纹更加密集。

无缝槽试样加载过程中声发射事件定位如图7-69所示，裂纹从试样中间萌生向边界扩展，超过峰值应力的60%时，裂纹大量萌生，裂纹分布不均匀，主要集中在式样的中下部区域，峰值应力时，试样内部裂纹没有明显增多，裂纹主要集中在试样的中间区域，边界扩展不显著。宏观裂纹分布如图7-70所示，试样表面破坏较完整，裂纹不发育，试样边界以"X"形剪破坏为主，底部裂纹较发育，上部少见裂纹，断裂表粗糙，试样内部微裂纹不发育，完整度较高。

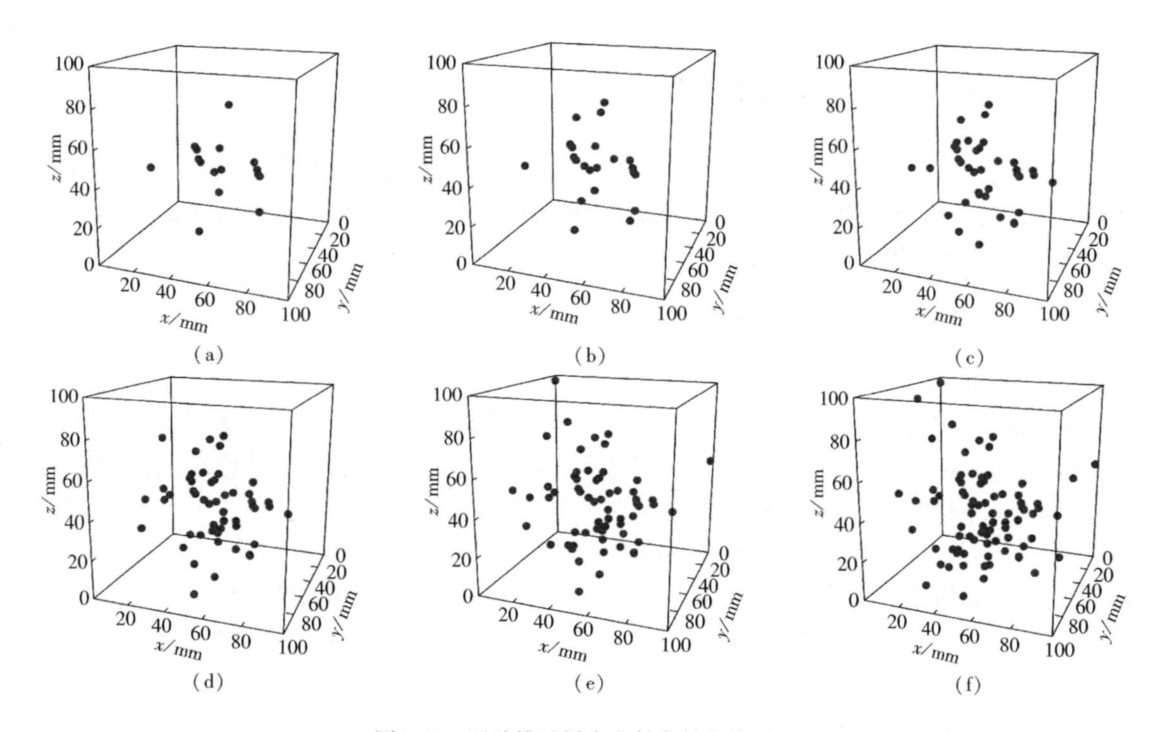

图 7-69　无缝槽试样声发射事件定位过程

(a) 0% ~20% 峰值应力;(b) 20% ~40% 峰值应力;(c) 40% ~60% 峰值应力;
(d) 60% ~80% 峰值应力;(e) 80% ~90% 峰值应力;(f) 峰值应力时

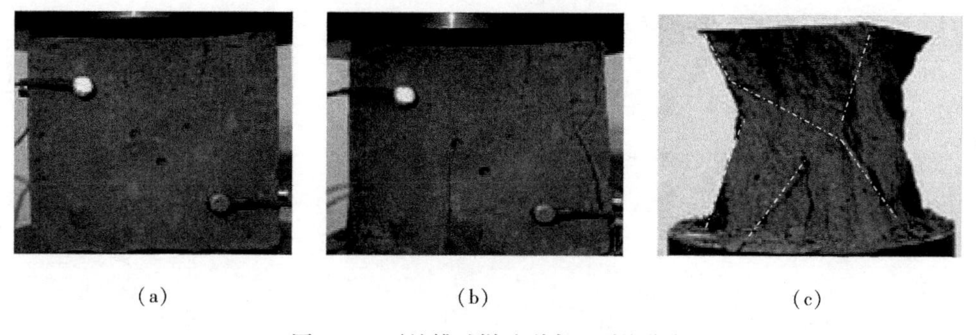

图 7-70　无缝槽试样破裂宏观裂纹分布

(a) 加载前表面;(b) 破裂时裂纹;(c) 破裂后性状

综上分析发现,无缝槽试样裂纹萌生和扩展主要是从试样内部向边界延伸,超过峰值应力的60%后,裂纹扩展加速,试样破坏主要以内部剪切破坏为主,试样内部裂纹分布集中,试样完整度较高。割缝试样的裂纹萌生和扩展是从缝槽的两端开始的,单缝槽时,缝槽面与最大主应力垂直时,缝槽两端裂纹快速扩展,形成"X"形破裂;缝槽面与最大主应力呈 45°夹角时,裂纹分布广泛,主裂纹沿缝槽对角线贯通;缝槽面与最大主应力垂直时,以裂纹两端扩展的纵斜向裂纹为主,试样完整度较高。多缝槽试样裂纹扩展也是从缝槽两端开始,初期的裂纹扩展沿着形成岩桥方向,使缝槽与缝槽贯通,后期试样内缝槽面区域裂纹大量萌生和扩展,缝槽数增多,裂纹量增大,试样内裂纹分布越均匀且试样破碎度增大,缝槽分布存在方位差(内错角为锐角)时较容易形成岩桥。因此,多缝槽分布可以导向裂纹扩展,使缝槽与裂纹连通形成裂隙网络,增大煤岩体的破裂度,缝槽面与最大主应力夹角在0° ~45°时,试样更容易破裂,有利于裂隙生成和扩展。

7.4 水射流割缝卸压增透机理

水射流割缝卸压增透机理复杂,综合应力场、裂隙场与渗流场的多场耦合作用。本节主要通过颗粒流数值模拟的方法,研究围压条件下多缝槽煤岩体裂隙—渗透率演化特征,探讨割缝裂隙网增透模型,阐述钻孔内缝槽裂隙网增透机制。

7.4.1 多缝槽煤体裂隙演化数值模拟

7.4.1.1 模型建立

以河南能化焦煤集团古汉山矿 1063 工作面二$_1$ 煤层的实际赋存条件为依据,使用与实际比例 1∶10的尺寸建立长宽为 1 400 mm×900 mm 的矩形模型,模型分为三层,分别为顶板岩层(200 mm)、煤层(500 mm)和底板岩层(200 mm),顶底板岩层的参数设置相同,其黏结强度设为煤层的 5 倍。为了模拟围压限制条件,在模型的四面设置了限制墙,数值计算中,四面墙均会对煤岩体施加载荷。模型设置完成后,在煤体中按照不同的布置方式开挖缝槽,并进行模型初始平衡;平衡完成后进行模拟运算,计算中采用双轴加载,模型侧墙采用伺服控制,保持一恒定围压,竖直方向上按一恒定速度进行加载。

7.4.1.2 数值模拟方案设计

缝槽的尺寸和布置方式是影响煤体裂隙扩展和分布的重要因素,数值模拟中设计了四种方案(如图 7-71 所示):在多水平分布的情况下,不同缝槽尺寸(缝槽的厚度)和布置方式的模型如图(a)、(b)和(c)所示,以及相同缝槽空间(即割缝出煤量)情况下,多水平分布和单水平分布模型如图(a)、(b)和(d)所示,模型图中的度量单位为 cm。

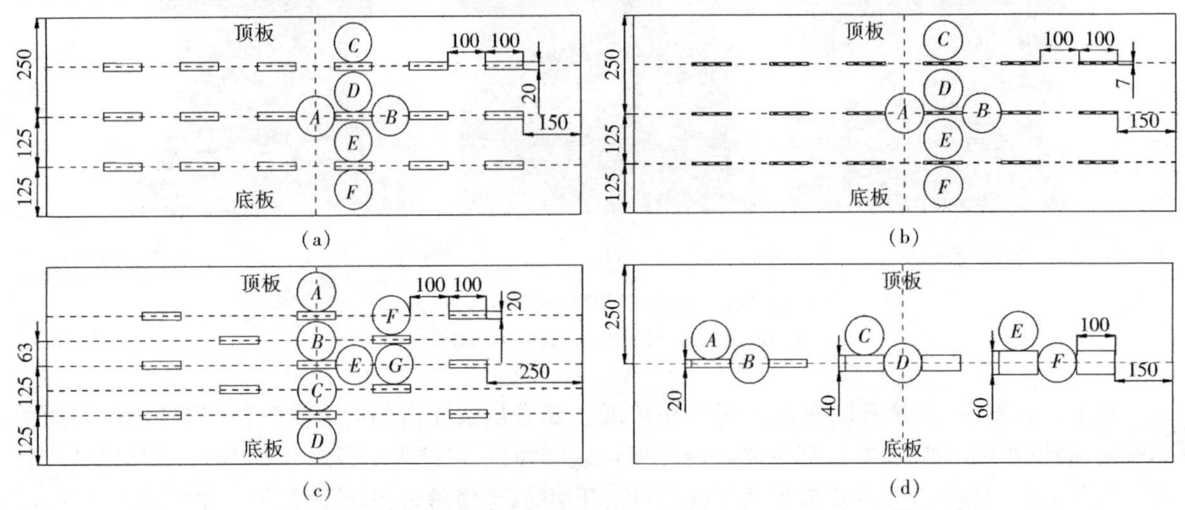

图 7-71　模型缝槽设计及参数测试区分布

(a) 大缝槽多水平分布模型;(b) 小缝槽多水平分布模型;(c)大缝槽叉花式布置模型;(d) 多缝槽单水平布置

方案一:大缝槽多水平分布模型如图 7-71(a)所示,二维空间内,缝槽沿平行于煤层顶底板方向均匀布置三排,排间距为 1.25 m,相邻两列的缝槽端相距 1.0 m,缝槽距左右边界最短距离为 1.5 m,缝槽厚度为 0.2 m,长度为 1.0 m;以半径 0.5 m 作圆,并将每个圆内的粒子视为一个单元体,对单元体的参数变化进行记录,并对个别缝槽周围的煤体参数变化进行考察。

方案二:小缝槽多水平模型的设计与方案一类似,只是缝槽的厚度变为 0.07 m,如图 7-71(b)

所示。

方案三：叉花式布置是指相邻缝槽不是平行分布，而是等间距的错位分布，如图 7-71(c)所示，相邻缝槽端的水平距离仍然为 1.0 m，竖直方向上内错 0.63 m，同一列相邻缝槽相距仍然为 1.25 m，单个缝槽的长度为 1.0 m，厚度为 0.2 m，缝槽距离左右边界的最短距离为 2.5 m。

方案四：单缝槽单水平布置如图 7-71(d)所示，缝槽单列沿平行于煤层顶底板方向布置，所有缝槽的中心均在煤层的中线上，共设计三种缝槽，每种缝槽各两个，缝槽的长度均为 1.0 m，厚度分别为 0.6 m(与方案一中的一列三个缝槽空间之和相同)、0.4 m 和 0.2 m(与方案二中一列三个缝槽空间之和相同)，缝槽距离左右边界的最短距离为 1.5 m。

数值计算中，所有模型的粒子参数、边界加载条件等均相同，计算步长均为 15 万步，对 8 万步、12 万步和 15 万步的模型结构、模型粒子接触力、裂纹分布进行记录，并对每个单元体内的参数进行记录。

7.4.1.3　大缝槽多水平分布模型的裂隙演化

随着加载步长的增大，模型中缝槽破裂，其周围粒子运移并填充缝槽(如图 7-72 所示)，煤层中的应力主要以压应力为主，主要集中于每列缝槽之间，缝槽面之间应力较小；当缝槽破坏后，缝槽周围的应力显著降低，边界区域应力很大；煤层中的微裂纹从缝槽两端开始扩展，初期主要以剪破裂为主，随着应力的加载，缝槽两端裂纹开始贯通，煤体受载破坏后，缝槽面之间张拉破裂显著，每列缝槽间以压剪破裂为主，缝槽间的煤体内裂纹大量萌生，使缝槽被裂隙贯通形成整体裂隙面；煤层顶底板区域裂纹分布较少，煤体边界裂纹大量萌生，破坏较严重。

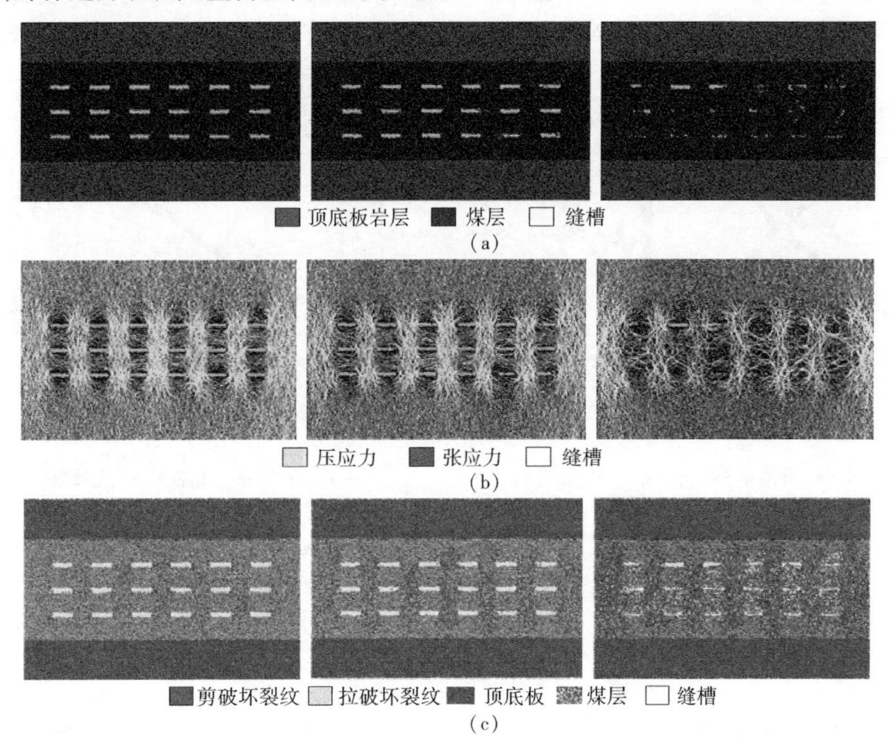

图 7-72　大缝槽煤体受载裂隙演化图

(a) 模型颗粒结构图；(b) 应力分布图；(c) 裂纹分布图

在水平方向上，缝槽两端 A、B 单位圆内的应力、孔隙率、配位数及粒子瞬时运移如图 7-73 所示。缝槽两端位置煤体参数变化类似，随着加载步长的增大，煤体应力先增大直至峰值应力(10 MPa 左右),在这个过程中,粒子瞬时运移量很小,煤体的孔隙率持续降低,配位数缓慢增大;当应力达到峰值应力后,应力较快速降低,粒子的瞬时运移量增大,甚至发生突变,孔隙率迅速增大,并超过开始加载时的孔隙率(原始孔隙率),粒子的配位数显著降低;在应力降低的阶段,孔隙率一直升高,同时配位数一直降低;当应力缓慢再增大时,孔隙率会缓慢回落,粒子配位数会缓慢回升。

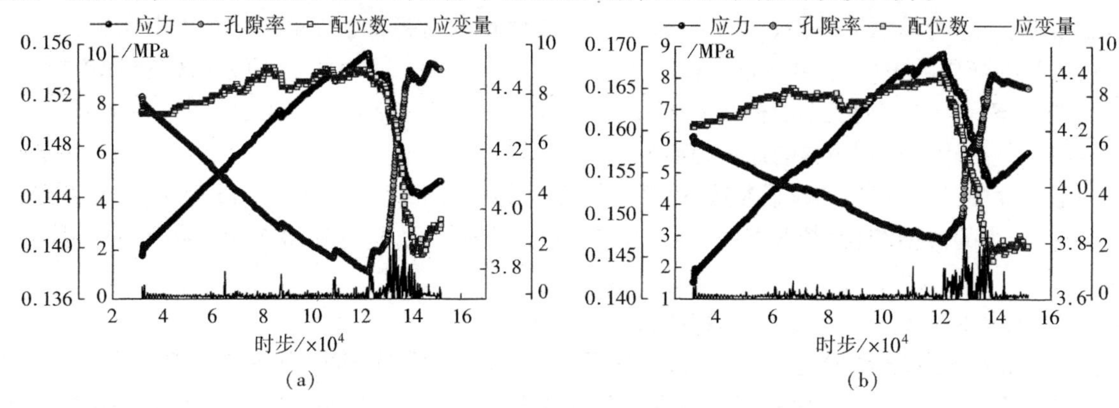

图 7-73　水平方向上缝槽两端参数变化图

(a) A 位置;(b) B 位置

缝槽面上下方的 C、D、E、F 单位圆内的应力、孔隙率、配位数及粒子瞬时运移如图 7-74 所示。单位圆内的峰值应力均较低(4.0 MPa 左右),两缝槽面之间的煤体(D、E 位置)的参数变化与煤层顶板与底板附近(C、F 位置)明显不同:C、F 位置随着应力的增大,孔隙率显著降低,当达到峰值应力后,

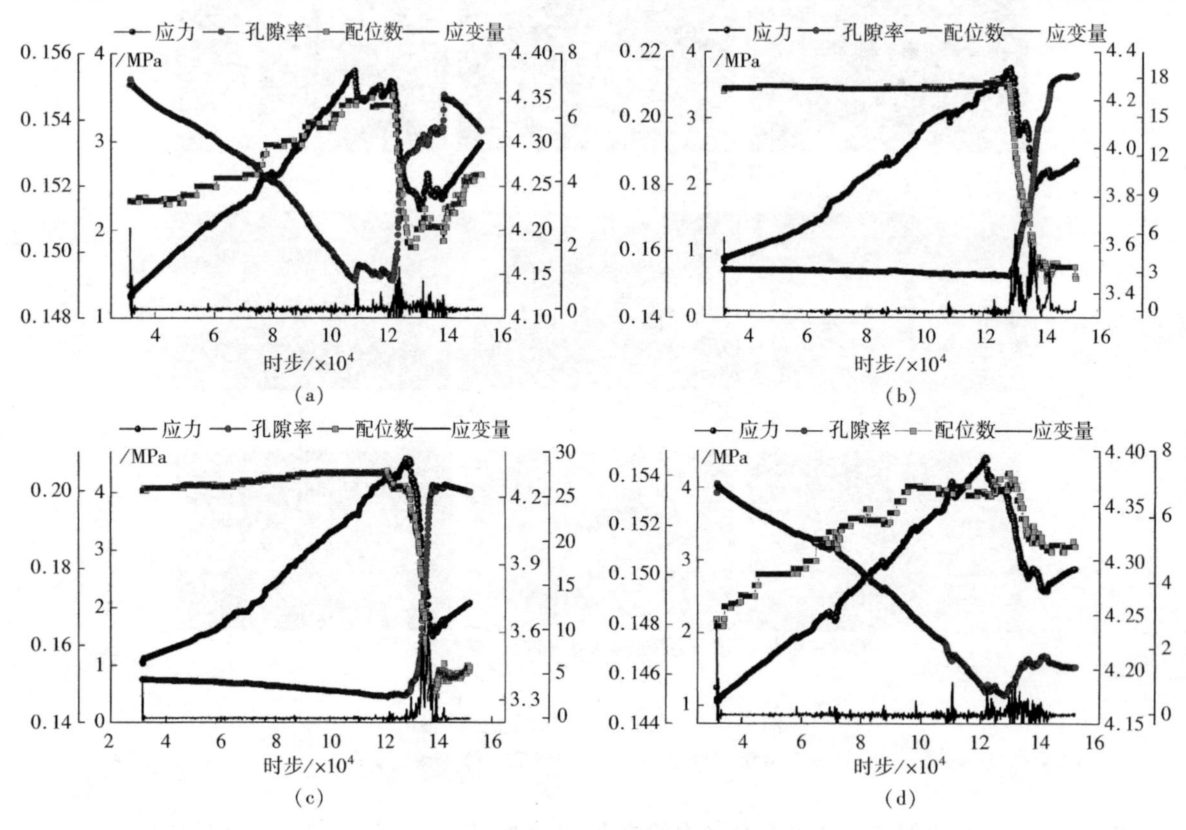

图 7-74　缝槽面上下方参数变化图

(a) C 位置;(b) D 位置;(c) E 位置;(d) F 位置

孔隙率回升且配位数下降，但幅度较小，峰值应力后孔隙率低于初始值，在整个过程中，粒子瞬时运移量很小，*F* 位置的孔隙率明显低于 *C* 位置；在 *D*、*E* 位置，当应力达到峰值应力后，孔隙率快速增大，配位数快速降低，同时粒子瞬时运移量显著增大，*D*、*E* 位置的最大孔隙率和最大运移量分别是 *C*、*F* 位置 1.5 倍和 5 ~ 10 倍。

由以上分析可知，煤体的应力、孔隙率、配位数和粒子瞬时运移量的变化是同步的。缝槽两端产生应力集中，峰值应力后煤体破坏，孔隙率有显著增大，通常会略大于原始孔隙率；而缝槽面上下方应力较低，尤其是两缝槽面之间区域，峰值应力后，煤体的孔隙率显著增大，并远大于初始孔隙率，配位数明显降低，煤体粒子发生较大的运移；煤层顶板和底板位置的煤体孔隙率变化较小，尤其是底板位置，峰值应力后煤体孔隙率较小，远小于原始煤体孔隙率，煤体粒子运移量很小。缝槽边界煤体损伤严重，巷道掘进时应加强支护，避免片帮现象发生。

7.4.1.4　小缝槽多水平分布模型的裂隙演化

随着加载步长的增大，模型不断被压实，模型中缝槽变形较小，如图 7-75(a) 所示；煤层中的应力主要以压应力为主，主要集中于每列缝槽之间，并且不断增大，如图 7-75(b) 所示；缝槽两端裂纹萌生并扩展，随着应力的增大，缝槽两端裂纹数增多且呈链条状，并向煤层顶底板扩展，尤其是顶板区域，裂纹较发育，缝槽面之间裂纹较少，裂纹分布呈条状集中于相邻缝槽间，缝槽边界处煤体裂纹发育。

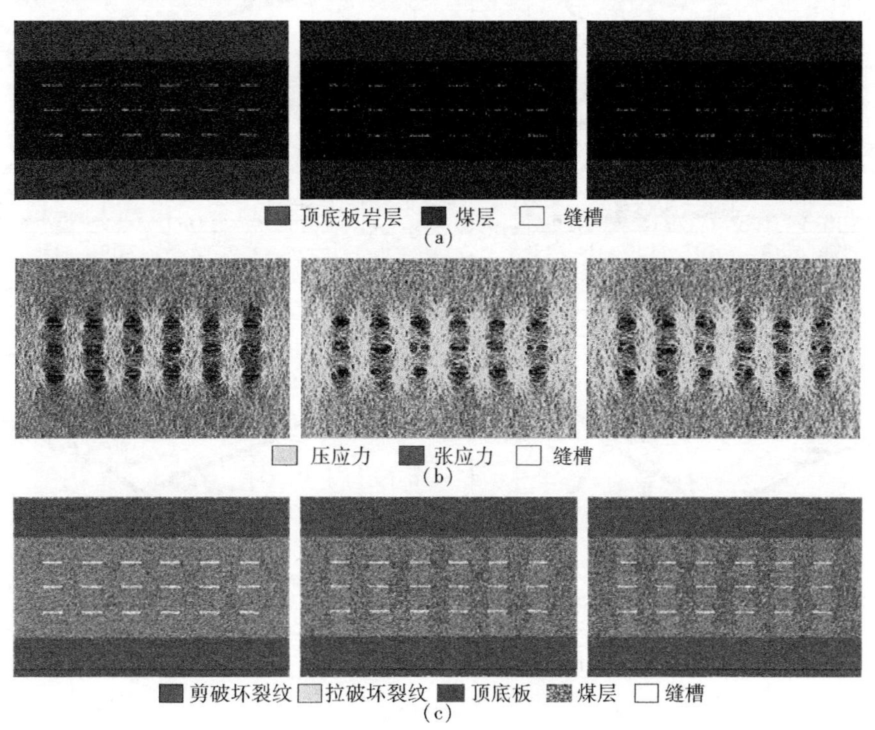

图 7-75　小缝槽煤体受载裂隙演化图

(a) 模型颗粒结构图；(b) 应力分布图；(c) 裂隙分布图

缝槽两端 *A*、*B* 单位圆内的应力、孔隙率、配位数及粒子瞬时运移如图 7-76 所示。随着加载步长的增大，*A* 位置煤体应力始终增大至 13 MPa 左右，孔隙率不断地降低至 0.13，配位数增大；*B* 位置出现了应力较小的回落，同时，孔隙率回升和配位数降低，但变化范围很小，没有影响孔隙率总体下降的趋势和配位数的数量；在整个过程中，粒子瞬时运移量很小，在应力突变时会较明显波动。

缝槽面上下方的 *C*、*D*、*E*、*F* 单位圆内的应力、孔隙率、配位数及粒子瞬时运移如图 7-77 所示，总

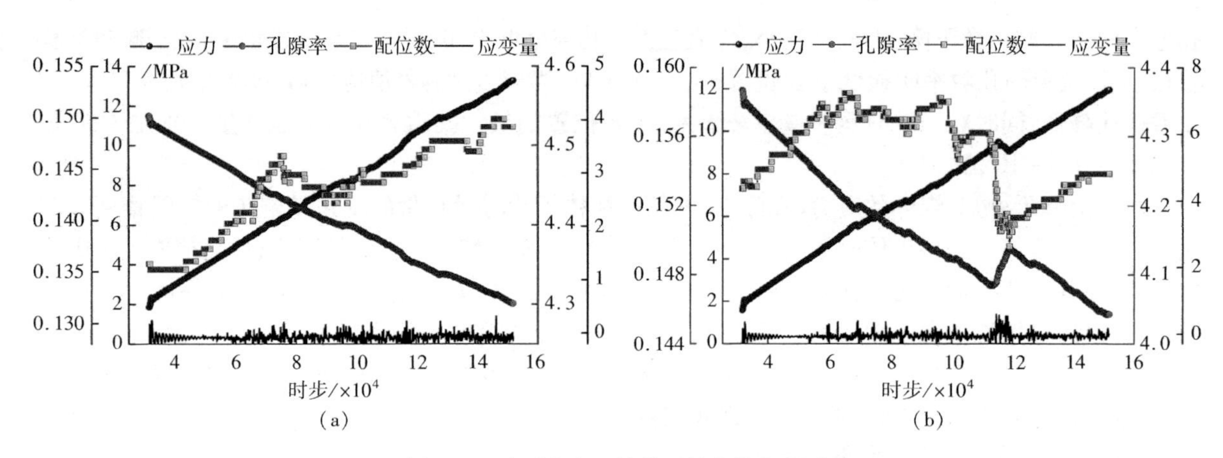

图 7-76 水平方向上缝槽两端参数变化图

(a) A 位置;(b) B 位置

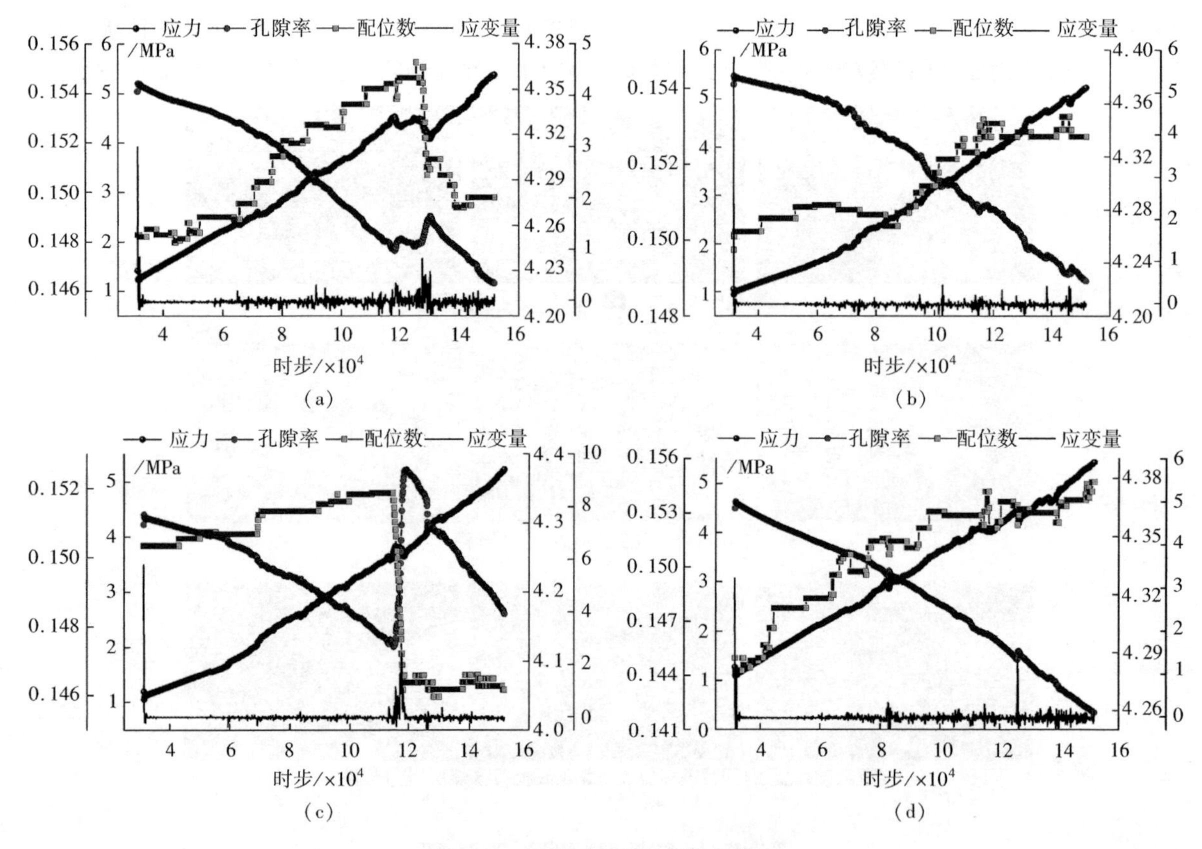

图 7-77 缝槽面上下方参数变化图

(a) C 位置;(b) D 位置;(c) E 位置;(d) F 位置

体上煤体的应力在不断地增大(至 5.5 MPa 左右),孔隙率基本上都在不断地降低,配位数主要表现为增大的趋势,粒子瞬时运移量没有显著变化。C、F 位置煤体的孔隙率降低,尤其是 F 位置应力一直在增大,孔隙率不断地降低;E 位置的孔隙率出现较大的升高,但升高后又快速回落,总体上孔隙率增大较小,在这个过程中配位数发生较明显降低。

由以上分析可知,小缝槽模型的抗压强度大,受载过程中应力不断增大,孔隙率不断减小,缝槽面上下区域的煤体的应力明显小于缝槽两端区域，并且孔隙率较大，煤层底板区域应力较大，孔隙率较低；破坏主要以压剪破裂为主，裂纹分布于缝槽两端呈链条状，缝槽面之间裂纹不发育，煤层顶板区域裂纹较发育。因此，缝槽厚度的增大，有利于煤体裂纹的萌生和扩展，更有利于煤体变形破坏，当缝槽厚度较小时，会诱导煤层顶板和边界损伤增大。

7.4.1.5　缝槽叉花式分布煤体的裂隙演化

随着加载步长的增大，模型不断被压实，模型结构、应力和裂隙分布如图 7-78 所示。叉花布置位置处的缝槽缩小变形，缝槽周围粒子移动错位，如图 7-78(a)所示；煤层中的应力主要集中于每列缝槽之间，先增大后减小，而边界处的应力不断增大，如图 7-78(b)所示；缝槽两端裂纹萌生并扩展，相邻列缝槽间裂纹呈“Z”形分布，缝槽面间张拉破裂显著，最终形成裂纹面，煤层顶底板裂纹不发育，煤体边界有裂纹分布，但较大缝槽平行分布模型较少。

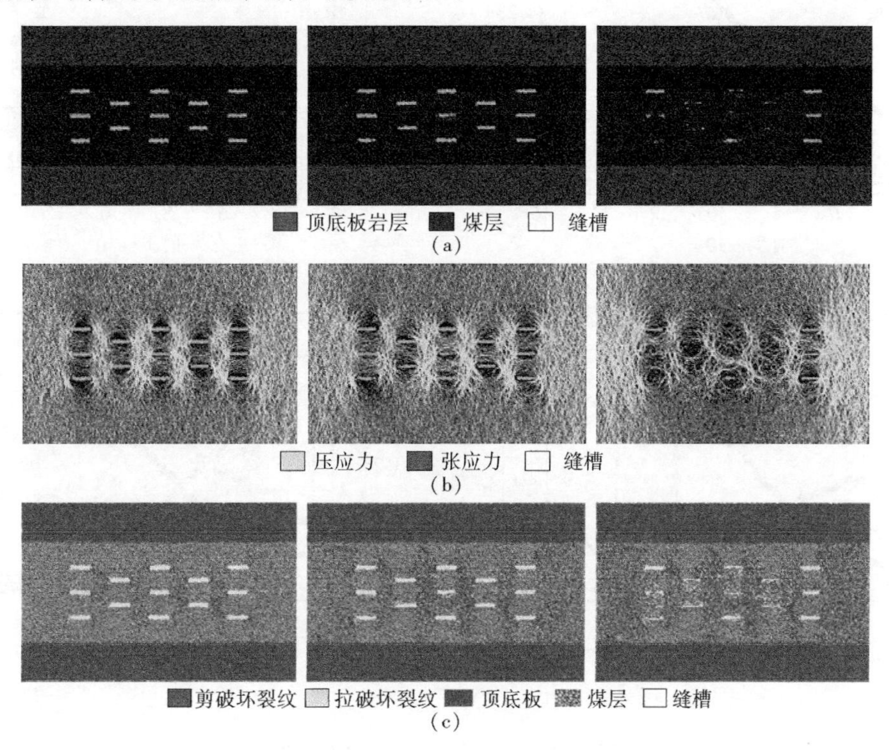

图 7-78　缝槽交叉分布煤体受载裂隙演化图

(a) 模型颗粒结构图；(b) 应力分布图；(c) 裂隙分布图

缝槽两端 E 单位圆内的应力、孔隙率、配位数及粒子瞬时运移如图 7-79 所示。随着加载步长的增大，煤体应力增大至 10 MPa 左右后降低，孔隙率先不断降低至峰值应力后，孔隙率快速回升，回升后孔隙率明显大于初始孔隙率，配位数在峰值应力后快速降低，粒子瞬时运移量在峰值应力时增大显著。

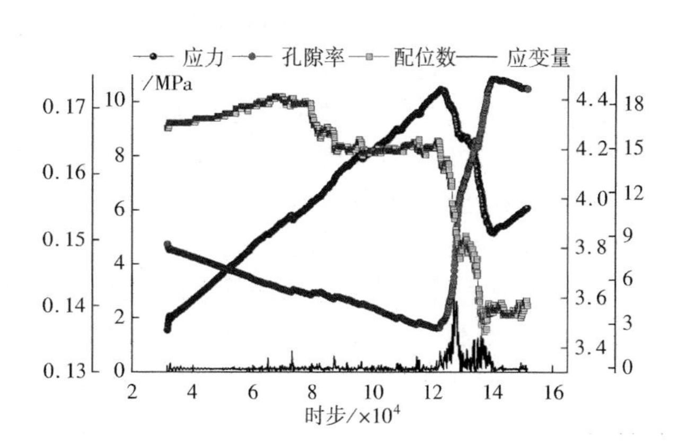

图 7-79　水平方向上缝槽两端(E 位置)参数变化图

缝槽面上下方位的 A、B、C、D 单位圆内的应力、孔隙率、配位数及粒子瞬时运移如图 7-80 所示。A 位置应力先增大至峰值应力后再降低，降低约 1 MPa 后又增大，而孔隙率呈一直降低的趋势，配位数则一直增大；B 位置应力增大至约 5 MPa 后然后快速降低，孔隙率和粒子瞬时运移量在峰值应力时快速增大，孔隙率增大至初始孔隙率的 1.5 倍，配位数则在峰值应力时快速降低；C 位置的参数变化差异比较大，主要表现在孔隙率变化的不同步性，孔隙率在应力上升但未达到峰值应力时便快速增大，在峰值应力后随着应力降低而降低，而配位数和粒子瞬时运移量均在峰值应力时发生显著改变，孔隙率回升后明显大于原始孔隙率；D 位置处的孔隙率回升与 C 位置类似，回升后的孔隙率与原始孔隙率差不多，但要远大 A 位置的孔隙率。

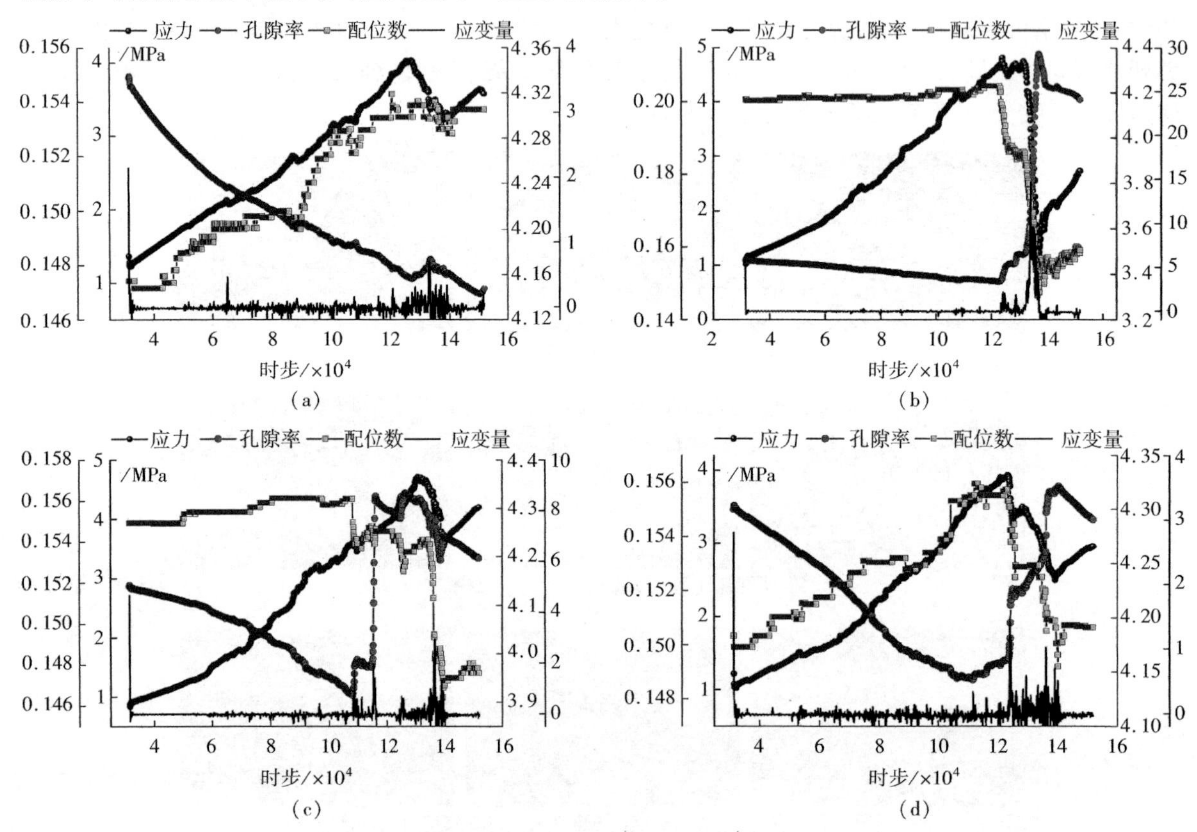

图 7-80　缝槽面上下方参数变化图

(a) A 位置；(b) B 位置；(c) C 位置；(d) D 位置

叉花缝槽面上下的 F、G 单位圆内的应力、孔隙率、配位数及粒子瞬时运移如图 7-81 所示。F 位置应力先增大至峰值应力后再降低，降低约 0.5 MPa 后又增大，孔隙率一直降低，但降低幅度较小；G 位置变化与 B 位置类似，但该位置的峰值应力较低，变化后的孔隙率显著大于原始孔隙率。

由以上分析可知，叉花式布置时，煤层底板处孔隙率和破坏要明显大于顶板位置，这与平行式布置刚好相反；缝槽面之间的煤体变形破裂显著，煤体孔隙率也有显著的增大，出现了孔隙率变化超前于其它参数的情况；煤体以剪破裂为主，缝槽面间张拉破裂显著，缝槽叉花布置使相邻缝槽形成内错锐角，岩桥效应下，裂纹分布较集中且贯通，有效地控制了裂纹向煤层顶板和边界的扩展。因此，叉花式缝槽布置更有利于弱化煤体强度和导向裂纹扩展，煤体内裂纹分布较集中，减弱了缝槽对煤层顶板和边界的损伤破坏，同时，煤体内应力分布更均匀，应力梯度小，不容易诱发动力灾害，更适合现场工程应用。

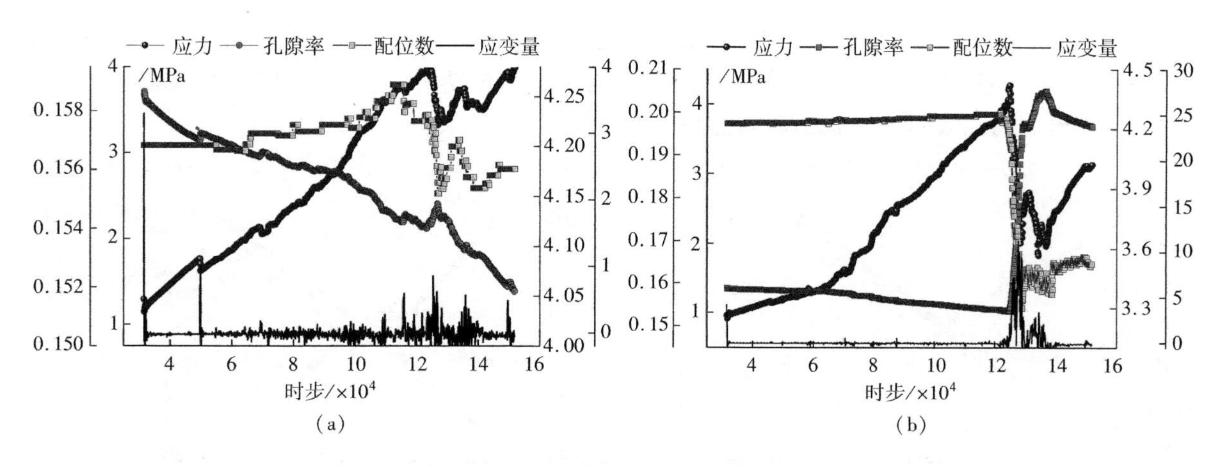

图 7-81　叉花缝槽面上下方参数变化图

(a) F 位置;(b) G 位置

7.4.1.6　缝槽单水平分布煤体的裂隙演化

模型结构、应力和裂隙分布如图 7-82 所示。随着加载步长的增大,大缝槽周围先发生变形位移,大缝槽和中等缝槽中有粒子填充;模型中小缝槽和中等缝槽区域应力显现,相邻缝槽间应力集中显著,随着计算步长增大,大缝槽和中等缝槽区域应力降低,而小缝槽区域应力集中一直很显著;缝槽两端裂纹扩展,集中分布于相邻缝槽间,应力加载初期,大缝槽和中等缝槽区域裂纹发育;随着应力的增加,大缝槽周围裂纹扩展不显著,张破裂增多,中等缝槽周围裂纹增多,以剪破裂为主,小缝槽周围裂纹增多并向顶底板扩展,缝槽边界煤体裂纹发育。

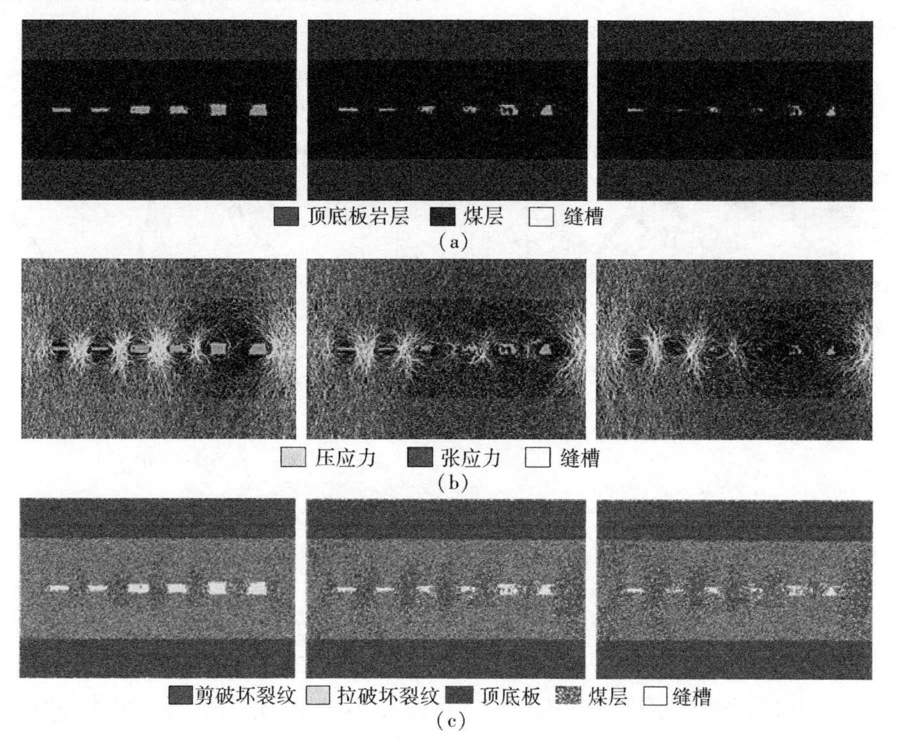

图 7-82　缝槽单水平分布煤体受载裂隙演化图

(a) 模型颗粒结构图;(b) 应力分布图;(c) 裂隙分布图

小缝槽周围的 A、B 单位圆内的应力、孔隙率、配位数及粒子瞬时运移如图 7-83 所示。A 位置应力呈持续增大趋势,孔隙率降低,配位数增大;B 位置处应力波动增大至约 12 MPa,孔隙率先降低后增大,但回升后的孔隙率小于原始煤体孔隙率,配位数降低。

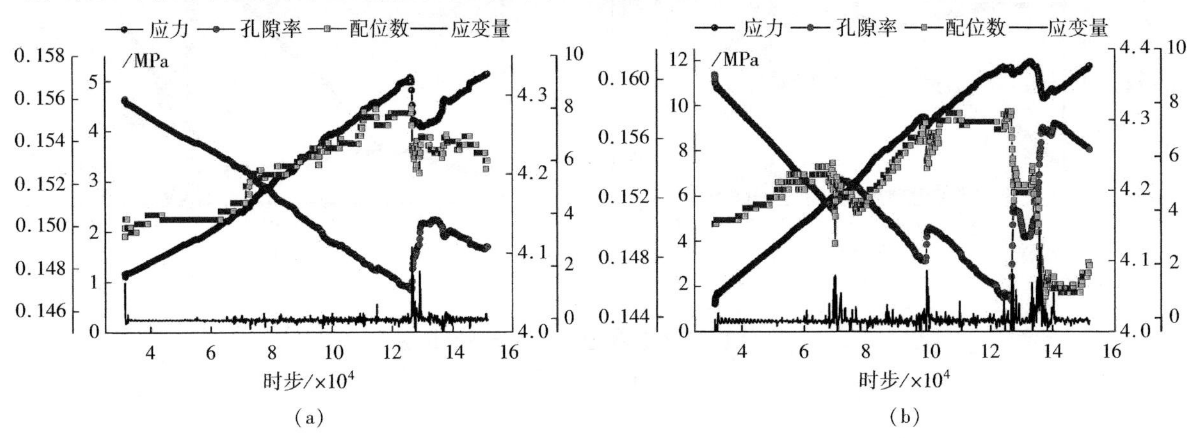

图 7-83 小缝槽周围参数变化图

(a) A 位置;(b) B 位置

中等缝槽周围的 C、D 单位圆内的应力、孔隙率、配位数及粒子瞬时运移如图 7-84 所示。C 位置应力波动性缓慢增大,孔隙率随应力波动性变化,应力与孔隙率变化相反,孔隙率增大没有超过原始孔隙率,总体上呈下降趋势;D 位置处应力先增大至 10 MPa 左右,然后降低至 2 MPa 左右,然后再增大;孔隙率在应力第一次波峰时显著增大,并远大于原始孔隙率,之后随应力增大而缓慢降低,降低的过程中孔隙率均大于原始孔隙率。

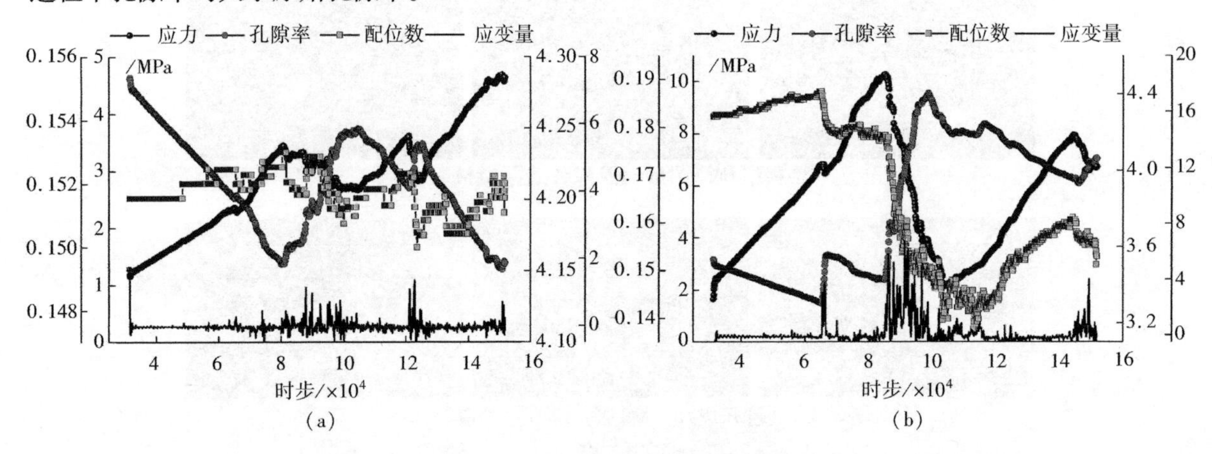

图 7-84 中等缝槽周围参数变化图

(a) C 位置;(b) D 位置

大缝槽周围的 E、F 单位圆内的应力、孔隙率、配位数及粒子瞬时运移如图 7-85 所示。E 位置应力缓慢波动性增大,应力最大值低于小缝槽和中等缝槽,孔隙率先降低,然后再增大,孔隙率增大后与原始孔隙率相近,配位数和粒子瞬时应变量变化不明显;F 位置应力变化很不规律,波动性显著,但总体上应力呈先增大后降低趋势,孔隙率先降低,在应力第一个峰值时,孔隙率快速增大,然后再缓慢增大,随应力变化而波动变化,总体上应力显著增大,增大后的孔隙率约是原始值的 1.5 倍。

由以上分析可知,缝槽厚度越大,缝槽周围煤体峰值应力越低,煤体越容易破裂,由于应力较低,

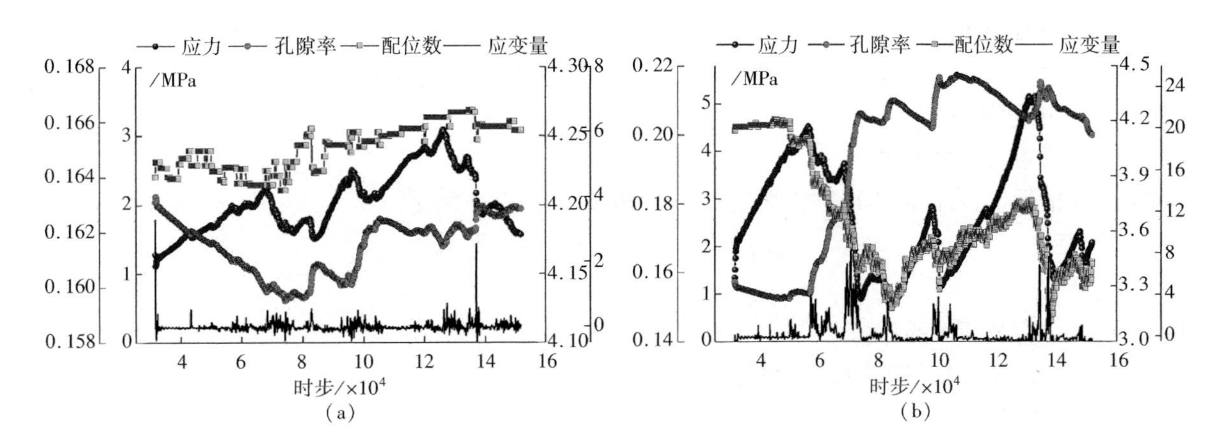

图 7-85 大缝槽周围参数变化图

(a) E 位置;(b) F 位置

相邻缝槽间的煤体变形破裂后,孔隙率显著增大,而缝槽面上部区域孔隙率也增大至原始孔隙率;裂纹分布主要集中于缝槽之间区域,裂纹数量较少。与多水平缝槽分布相比,裂纹分布集中而不均匀;相同的缝槽空间代表相同的割缝出煤量,在割缝出煤量相同时,单缝槽布置煤体容易向缝槽内运移,缝槽周围较容易萌生裂纹,但煤体裂纹分布主要集中于缝槽两端,煤体边界应力集中,裂纹发育,煤体的裂隙场和应力场的不均一性显著,在巷道掘进中,容易发生动力现象如煤壁片帮现象。因此,相同出煤量时,煤层内的多缝槽分布要优于单缝槽分布[12]。

7.4.2 煤体割缝裂隙网增透机理

7.4.2.1 煤体割缝裂隙网模型

(1) 基本假设与模型建立

煤是双孔介质,包括微观和宏观体系,煤的渗透率大小主要取决于煤的宏观孔隙,包括割理、外生裂隙和继承性裂隙[13],但瓦斯气体大部分赋存于微观孔隙内。割缝裂隙网模型为概念模型,为了简化分析,本书对割缝煤体作如下假设:

① 原始煤体孔隙结构均匀分布,满足连续介质和弹塑性损伤力学方程;

② 忽略煤基质吸附/解吸的膨胀/收缩的影响,即不考虑瓦斯气体的作用;

③ 假设煤体的渗透率是各向同性的;④ 缝槽在煤体内均匀分布,缝槽面与最大主应力垂直。

将实际煤体中多缝槽转化为模型如图 7-86 所示,缝槽在煤层中均匀布置,煤体单元 M 由 n 个力

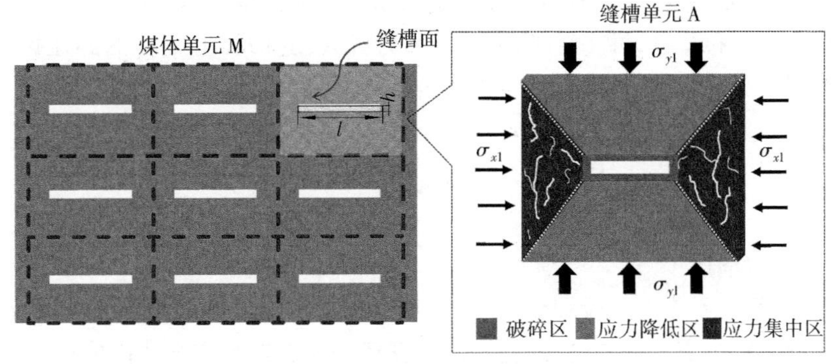

图 7-86 缝槽分布及缝槽单元三区分布示意图

学特征和缝槽效应相同缝槽单元 A 组成,初始缝槽面的长、宽分别为 l、h。初始条件下,煤体单元 M 受到竖直方向应力 σ_{y0}(主应力)和水平方向应力 σ_{x0} 作用;缝槽开挖并加载应力后,缝槽单元 A 受力为竖直向 σ_{y1} 和水平向 σ_{x1}。

(2) 缝槽单元应力描述

割缝开槽后,煤岩体内将产生二次应力场 σ' 和应变场 ε',σ' 满足:

$$\begin{cases} \sigma'_{ij,j} = 0 & x \in V_{\mathrm{m}} \\ (\sigma'_{ij} + \sigma^0_{ij}) n_j = 0 & x \in S_{\mathrm{k}} \end{cases} \tag{7-33}$$

其中 V_{m}——煤体所占的体积;

S_{k}——边界面 S 中裂隙所占面积。

则 V_{L} 煤体内体平均应力为:

$$\bar{\sigma}_{ij} = \frac{1}{V_{\mathrm{L}}}\int_S (\sigma^0_{ik} + \sigma'_{ik}) n_k x_j \mathrm{d}S \tag{7-34}$$

根据以往对割缝煤体应力演化的数值模拟研究[14-16],多孔槽开挖后煤体应力向远离孔槽中心方向转移,孔槽间应力会增大形成应力集中区。采用 FLAC3D 渗流分析模块建立钻孔内水射流割缝模型的煤体单元 M,模型网格图及缝槽分布如图 7-87 所示。设定煤岩力学参数、边界条件和开挖方式,计算并记录应力分布。

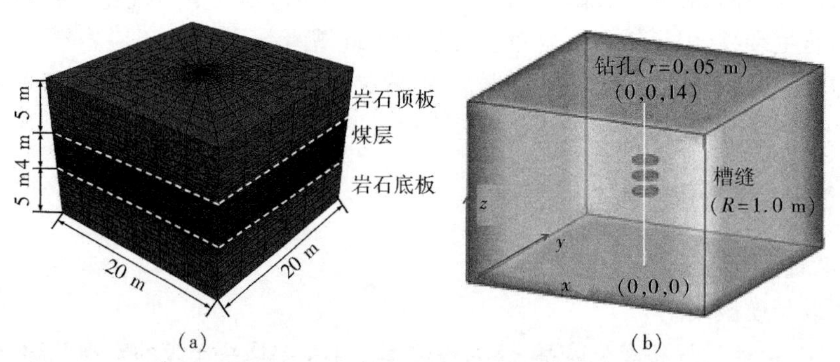

图 7-87 模型的建立

(a) 模型网格图;(b) 缝槽分布图

缝槽面上下方位上(即竖直方位)和缝槽面左右(即水平方位)应力的分布如图 7-88 所示。在竖直方位上,缝槽单元 A 周围应力显著降低,缝槽间 1.2 m 长度区域应力充分卸载,不存在应力集中,形成缝槽单元 A 的应力降低区;在水平方位上,缝槽单元 A 周围应力也降低,但煤体单元 M 边界出现了明显的应力集中,这种现象在水平方向有多个缝槽单元的煤体单元内更明显[17]。

因此,根据应力的分布特征,可将缝槽单元 A 分为三区:缝槽面上下方的卸压区,缝槽面两侧的应力集中区,缝槽周围小范围的破碎区,缝槽面周围应力关系为:

$$\begin{cases} \sigma_{x1} < \sigma_{x0}, \sigma_{y1} < \sigma_{y0} & \text{应力降低区} \\ \sigma_{x1} > \sigma_{x0}, \sigma_{y1} > \sigma_{y0} & \text{应力集中区} \\ \sigma_{x1}, \sigma_{y0} = 0 & \text{破碎区} \end{cases} \tag{7-35}$$

(3) 缝槽单元裂隙描述

岩体中的裂隙网可以看作裂隙段和交叉点的组成,理想的裂隙网络[18]如图 7-89(a)所示。裂隙段和交叉点均匀分布,每个交叉点与同等裂隙连接,任何一段裂隙与在岩体内的任一其它裂隙均可以相通。非均匀裂隙网如图 7-89(b)所示,每个交叉点与所连接的裂隙数不同,但是任何一段裂隙可与

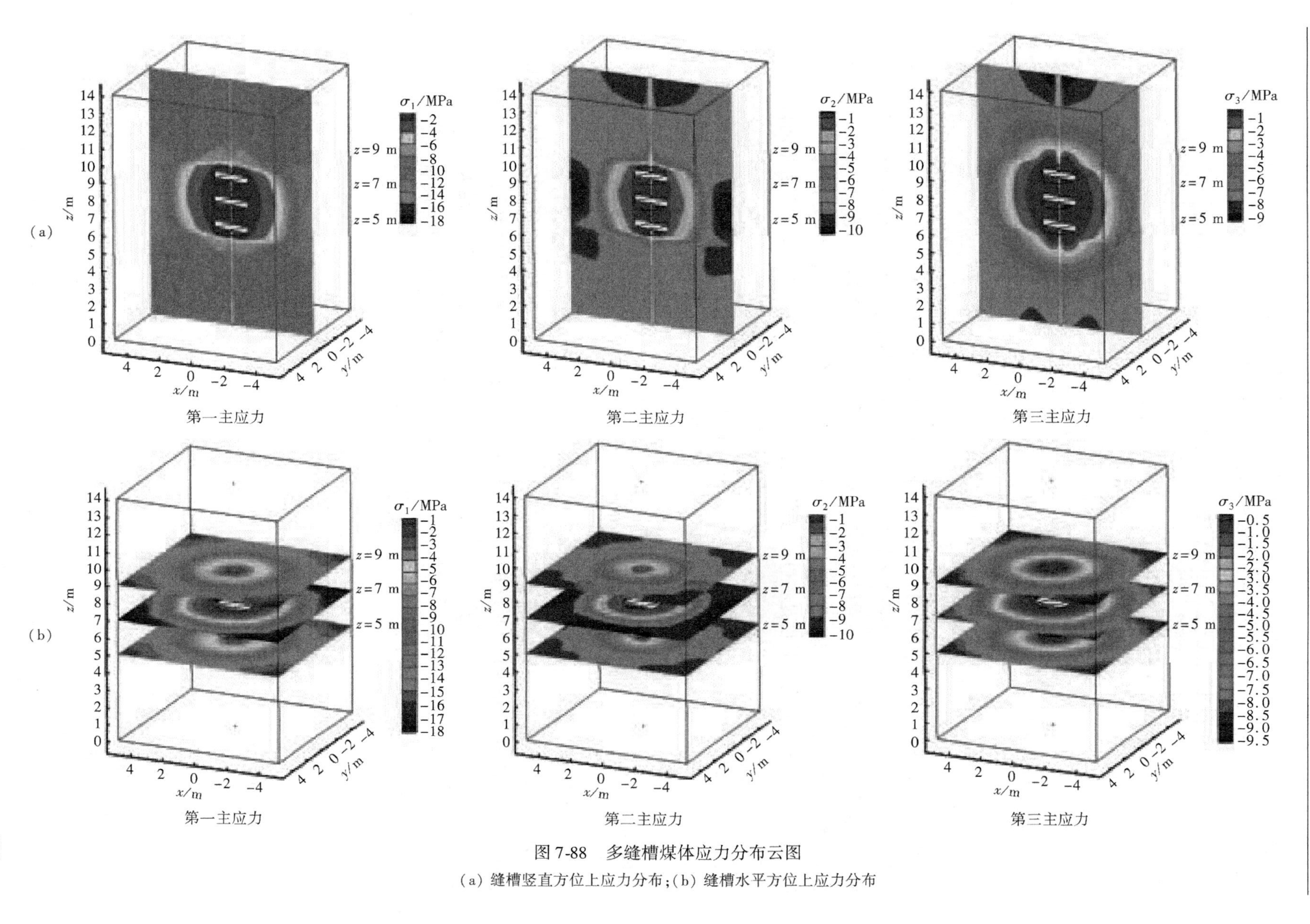

图 7-88　多缝槽煤体应力分布云图

(a) 缝槽竖直方位上应力分布;(b) 缝槽水平方位上应力分布

任一其它裂隙沟通,因此,仍然可以形成贯通网络。非完全贯通裂隙岩体如图 7-89(c)所示,裂隙分布很不均匀,交叉点与裂隙段连接复杂,裂隙与裂隙间不是完全贯通。

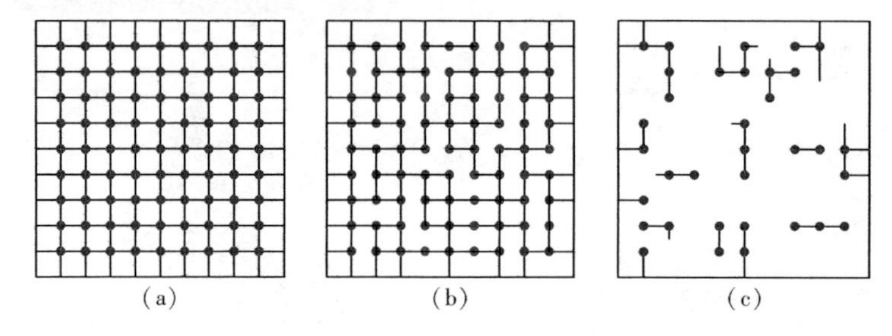

图 7-89 裂隙网模型示意图

(a) 理想均匀裂隙网;(b) 非均匀裂隙网;(c) 非完全贯通裂隙

根据数值模拟可知,缝槽面两侧应力集中区生成大量的压剪裂纹,裂纹分布贯通相邻两缝槽,形成以缝槽为宏观大节点的非均匀煤体裂隙网;缝槽两端裂隙数量显著。根据分形几何学的基本思想和方法,康天合[19]总结出一种定量表征煤体中裂隙数目随尺度变化规律的分形测量方法:在磨光的煤样表面上,定出边长为 L_0 的一个正方形方格,称 L_0 为初始分形尺度,统计该方格内的贯通裂隙条数,记为 $n(L_0)$;第二次分形尺度是将边长为 L_0 的方格划分成边长为 $L_1=L_0/2$ 的正方形网格,统计贯通每个方格的裂隙条数,并累加作为 L_1 尺度下的视条数 $n(L_1)$,如此类推;在 $\ln n(L)-\ln L$ 双对数平面作图,图中的直线斜率即为反应裂隙尺度—条数分布的分形维数 D'。在此基础上,推算了任意工程范围内 $L_E \times L_E$ 表面贯通裂隙数目 $n(L_E)$ 随尺度 L_E 变化的近似关系为:

$$n(L_E) = m_0 a_0 L_E^{-D'} \tag{7-36}$$

式中 a_0——比例系数;

$m_0=(L_E/L_0)^2$。

D'值越大,说明微小断续裂隙相对发育;D'值越小,说明大的贯通裂隙相对发育。

裂隙数目随尺度变化的分形测试方法可以描述缝槽裂隙网分布。对于缝槽单元 A 两侧的煤体,假设煤体尺寸不变,根据模拟结果可知,缝槽开挖后,煤体裂隙数量 n 明显增大,在 m_0,a_0 参数不变时,分形维数 D'减小,可认为大的贯通裂隙发育,即裂隙度增大,煤体内裂隙体积增大。

综上分析,缝槽面上下方应力卸载区域内,应力大幅降低,裂纹的发育以张拉破裂为主,孔隙率远大于原始孔隙率;缝槽面两侧煤体应力大幅增大,压剪裂纹大量发育,裂隙贯通,孔隙率大于原始孔隙率。

7.4.2.2 割缝煤体渗透率特征

(1) 应力—渗透率

割缝后煤体的应力场和裂隙场均发生改变,煤体渗透率随之改变,多缝槽的影响更为复杂,根据缝槽煤体裂隙网模型,分区域对缝槽单元内煤体渗透率进行分析。

哈帕拉尼(Harpalani)和麦克弗森(McPherson)实验研究了应力对渗透率的影响,建立了渗透率与应力的关系式:

$$K = \alpha e^{\beta\sigma} \tag{7-37}$$

式中 σ——静水压力;

K——渗透率;

α,β——常数,α 代表了在应力为零时的渗透率,β 代表了渗透率随着应力变化而发生的指数变化率;在这个式子中,β 值为负值,这表明了渗透率随着应力的增大而降低。

赛德勒(Seidle[20])以马蒂斯泰克(Matehstiek)模型为基础,实验得出应力与渗透率的关系式:

$$\frac{k_{f2}}{k_{f1}} = \exp[-3c_f(\sigma_{h2} - \sigma_{h1})] \tag{7-38}$$

式中　k_{f1},k_{f2}——孔隙的渗透率;

c_f——孔隙压缩系数;

σ_h——静水压力。

根据很多的试验研究及经验公式,应力对煤体渗透率影响表示为:

$$\frac{k}{k_0} = \alpha e^{-\beta\sigma'} \tag{7-39}$$

式中　k,k_0——分别是煤体的渗透率和初始渗透率;

σ'——有效应力,$\sigma'=\sigma-p$,其中 p 为孔隙压力;

α,β——材料参数。

根据史(Shi)和杜鲁詹(Durucan)[21]有效应力—渗透率方程,煤体卸压区渗透率沿 x 向和 y 向表示为:

$$\begin{cases} \dfrac{k_x}{k_{x0}} = e^{-3c_f(\sigma_{y1}-\sigma_{y0})} \\ \dfrac{k_y}{k_{y0}} = e^{-3c_f(\sigma_{x1}-\sigma_{x0})} \end{cases} \tag{7-40}$$

从上式可知,当应力降低时,渗透率会增大;应力增大时,渗透率降低。缝槽单元体内的缝槽面上下方区域,煤体应力显著降低,区域内煤体渗透率将增大。

(2) 裂纹—渗透率

裂隙区内的煤体渗流十分复杂,煤体内发生了裂纹扩展,同时产生了应力集中。国内学者对煤体在加载损伤中的渗流特征做了大量的研究,其中杨永杰等[22]试验研究了在围压条件下,煤体全应力—应变过程中的渗透率变化(如图7-90所示),发现在全应力—应变过程中,煤体的渗透率先降低,然后快速增大至峰值应力后再降低,因此,在未达到峰值应力前,煤体裂纹扩展或裂隙越发育,煤体渗透率越大;峰前和峰后相同应力条件下,峰后煤体渗透率显著增大。

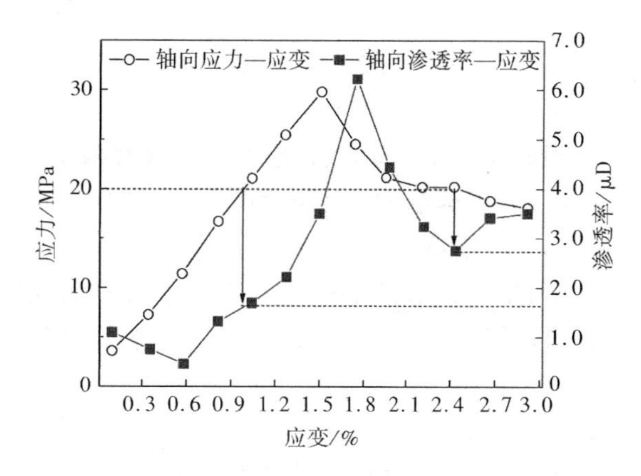

图7-90　煤样全应力—应变过程的渗透率曲线

缝槽单元A内两端的应力集中区内,裂隙大量萌生,在该区域内,设峰前某应力下的微元内的煤体渗透率为 k_0,峰后同样应力条件下的渗透率为 k,根据泊肃叶(Poiseuille)方程,流量 q 为:

$$q = \frac{mb^3 l}{12\mu} \cdot \frac{\Delta p}{L} \tag{7-41}$$

式中　m——微元内含裂纹数目;

lb——截面积;

L——长度。

由达西定律可知:

$$q = \frac{Ak}{\mu} \cdot \frac{\Delta p}{L} \tag{7-42}$$

因此,煤层渗透率 k_0 为:

$$k_0 = \frac{m_0 b^3 l}{12A} \tag{7-43}$$

假设裂纹的尺寸参数不变,渗透率之比 k/k_0 为:

$$\frac{k}{k_0} = \frac{m}{m_0} \tag{7-44}$$

由数值模拟计算可知,缝槽两端在峰值应力后,裂纹数量显著增多,即 $m>m_0$,所以,缝槽单元 A 内两端的应力集中区内煤体渗透率是增大的。

(3) 孔隙率—渗透率

为了简化割缝煤体渗透率分析,假设科泽尼—卡尔曼(Kozeny-Carman)方程有效[23],那么煤体渗透率可表示为:

$$\frac{k}{k_0} = \left(\frac{n}{n_0}\right)^3 \left(\frac{1 - n_0}{1 - n}\right)^2 \tag{7-45}$$

假设缝槽单元 A 的体积为 V,原始孔隙体积为 V_0,缝槽的体积为 V_f,割缝后煤体的孔体积为 V_0',则煤体的渗透率之比为:

$$\frac{k}{k_0} = \left(\frac{V_0' + V_f}{V_0}\right)^3 \left(\frac{V - V_0}{V - V_0' - V_f}\right)^2 \tag{7-46}$$

数值模拟可知,缝槽单元 A 内,通常 $V_0'>V_0$,所以,

$$\begin{cases} \dfrac{V_0' + V_f}{V_0} > 1 \\ \dfrac{V - V_0}{V - V_0' - V_f} > 1 \end{cases} \tag{7-47}$$

因此,$k/k_0>1$,当 V_f 越大时,$k/k_0>1$ 值越大,即缝槽尺寸越大,越有利于提高煤体的渗透率。

7.4.2.3 割缝裂隙网增透作用机制

(1) 缝槽诱导致裂作用

若将煤体单元 M 缩小并假设为微元体后,缝槽可以视为煤体内的节理裂隙,根据第 3 节的研究结论,缝槽的增加会降低煤体的抗压强度,节理裂隙尖端容易发生裂纹扩展,本章数值模拟中不同模型的峰值应力也证明了该结论的正确性,因此,煤层内多缝槽的开挖弱化了煤体强度,缝槽空间引导煤体变形和破坏,使煤体在原始的应力条件下裂隙大量萌生并贯通。

原始煤体的应力场和裂隙场分布如图 7-91 所示,煤层应力主要为压剪力,并产生剪破裂,煤层内应力和微裂隙均匀分布,无卸压空间的高应力状态下,煤体主要以颗粒的压变形和损伤为主,煤体孔隙率很低。对比缝槽煤体的应力场和裂隙场可以发现,原始煤体的应力场、裂隙场与缝槽煤体明显不

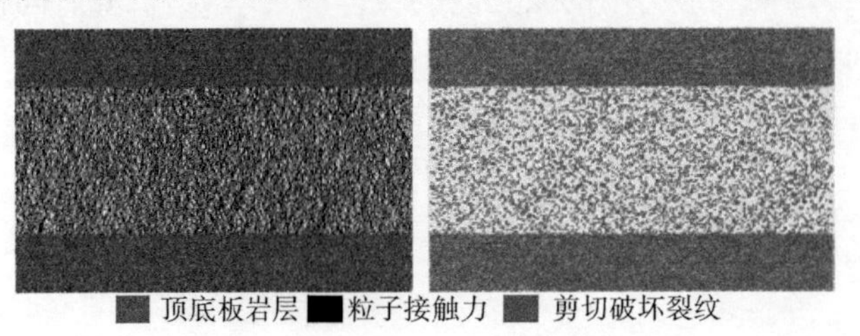

图 7-91　原始煤体应力场与裂隙场分布

同,煤体内开挖缝槽后,由整体的高应力场变为局部的低应力场,裂纹分布局部更集中,缝槽为煤体的运移提供了空间和导向,煤体张破裂增多,煤体孔隙率显著改变。

因此,缝槽改变了原始煤体的应力场,从而改变了煤体的裂隙场,缝槽的分布诱导了裂隙的萌生和扩展,从而构建了缝槽煤体裂隙网。

(2) 裂隙网增透作用

缝槽开挖后,在二次应力场作用下,煤体内形成了以缝槽为宏观大节点的非均匀裂隙网(如图7-92所示),主要表现为:缝槽两端之间的煤体裂隙发育、贯通,但应力高(应力集中区);缝槽面之间区域裂隙较少,但应力很低(卸压区)。

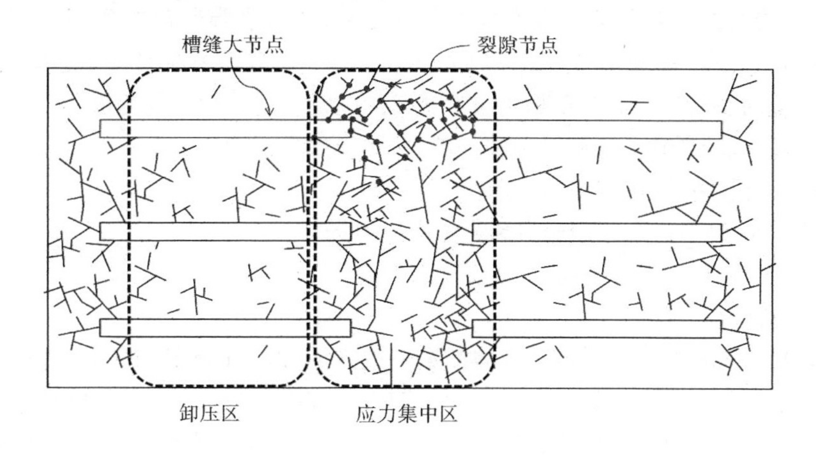

图 7-92　缝槽煤体裂隙网分布示意图

根据数值模拟分析,应力集中区内裂隙显著增大,粒子配位数降低明显,煤体结构发生改变,孔隙率明显增大;应力降低区,粒子配位数降低,孔隙率远大于原始煤体孔隙率。割缝煤体的渗透率是有效应力和裂隙量的函数,可以表示为:

$$\frac{k}{k_0}=f(\sigma,m)=\mathrm{e}^{-3c_f(\sigma-\sigma_0)}+\frac{m}{m_0} \tag{7-48}$$

式中　σ,σ_0——煤体有效应力和原始有效应力;

m,m_0——煤体裂纹数和原始裂纹数。

因此,缝槽开挖后,卸压区和应力集中区渗透率均增大。

根据威特基(Wittke)和路易斯(Louis)提出的岩体裂隙网络模型中的线性模型[24],它把平面问题中裂隙交叉点作为节点,将节点间的裂隙视为线单元,在线单元中采用单个裂隙渗流的立方定理,根据节点处流量守恒建立渗流控制方程:

$$\boldsymbol{ATA}^{\mathrm{T}}\boldsymbol{H}+\boldsymbol{Q}=\boldsymbol{0} \tag{7-49}$$

式中　$\boldsymbol{A}$——节点与线单元的关系衔接矩阵;

$\boldsymbol{H}$——所有节点的水头向量;

$\boldsymbol{T}$——裂隙几何矩阵;

$\boldsymbol{Q}$——源汇向量。

当裂隙数量增大时,节点数增多,裂隙几何矩阵增大,由于煤体的瓦斯以吸附状态赋存于煤体内,假设节点处的流量值相等,那么汇入缝槽节点的流量值将增大,因此,钻孔内的瓦斯流量将增大。

7.5 水射流割缝钻孔群裂隙网络增透技术

基于水射流割缝卸压增透机理,本节提出了水射流割缝钻孔群裂隙网络增透技术,研究了割缝钻孔群裂隙网分布特征与布置特点,介绍了水射流割缝技术装备、技术效果考察方法与现场应用中的安全防护措施。

7.5.1 水射流割缝钻孔增透模型

对于我国的低透气性的高突煤层,煤体结构破碎松散,节理裂隙非常发育,上述模型不具有适用性。由于松软煤体的结构特征更接近于由颗粒构成的型煤[25],裂隙系统对其渗透率的非均质性影响较弱,因而应力环境的各向异性成为影响煤层渗透率的关键。为了简化问题以便于分析计算,将煤层中复杂而密集的裂隙系统弱化为孔隙结构的一部分,并作如下假设:

① 穿层钻孔为圆形钻孔,且与煤层垂直;

② 煤层处于单轴应变条件,原始应力场为静水应力场;

③ 煤层沿层理方向为均质各向同性;

④ 忽略重力的影响。

基于这些假设,穿层钻孔施工后周围煤体的水平应力成轴对称分布。由于在钻孔周围产生的集中应力大于煤体强度,使得在穿层钻孔周围出现了塑性区和弹性区[26,27]。假设塑性区内的煤体处于极限平衡状态,即应力圆与莫尔—库伦包络线相切,因而钻孔施工后周围煤体的应力分布如下[28]:

$$\sigma_r=\begin{cases}C\cot\varphi\left[\left(\dfrac{2x}{R_0}+1\right)^{\frac{2\sin\varphi}{1-\sin\varphi}}-1\right], x\leqslant H\\ \sigma_0\left[1-\dfrac{4H^2}{(2x+R_0)^2}\right]+\dfrac{4H^2}{(2x+R_0)^2}C\cot\varphi\left[\left(\dfrac{2H}{R_0}\right)^{\frac{2\sin\varphi}{1-\sin\varphi}}-1\right], x>H\end{cases} \tag{7-50}$$

$$\sigma_t=\begin{cases}C\cot\varphi\left[\left(\dfrac{1+\sin\varphi}{1-\sin\varphi}\right)\cdot\left(\dfrac{2x}{R_0}+1\right)^{\frac{2\sin\varphi}{1-\sin\varphi}}-1\right], x\leqslant H\\ \sigma_0\left[1+\dfrac{4H^2}{(2x+R_0)^2}\right]-\dfrac{4H^2}{(2x+R_0)^2}C\cot\varphi\left[\left(\dfrac{2H}{R_0}\right)^{\frac{2\sin\varphi}{1-\sin\varphi}}-1\right], x>H\end{cases} \tag{7-51}$$

$$H=\frac{R_0}{2}\cdot\left\{\left[\frac{(1-\sin\varphi)\sigma_0}{C\cot\varphi}+1\right]^{\frac{1-\sin\varphi}{2\sin\varphi}}-1\right\} \tag{7-52}$$

式中 σ_0——煤层原始状态下水平方向的地应力,MPa;

σ_r——钻孔周围煤体的径向应力 MPa;

σ_t——钻孔周围煤体的切向应力,MPa;

R_0——钻孔直径,m;

C——煤体的黏聚力,MPa;

φ——煤体的内摩擦角,(°);

x——沿钻孔径向到钻孔壁的距离,m;

H——沿钻孔径向从弹性区边界到钻孔壁的距离,m。

当 $x\leqslant H$ 时,煤体处于塑性区;当 $x>H$ 时,煤体处于弹性区。

钻孔开挖使其周围煤体的应力重新分布,由于弹性区与塑性区边界处应力较大,因而这一位置处煤体的渗透率小于初始渗透率[29],如图 7-93 所示。

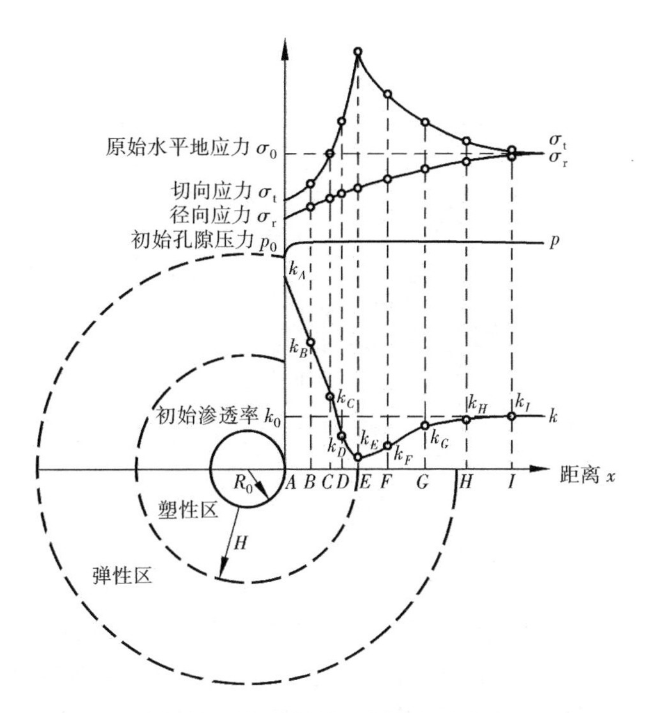

图 7-93　钻孔周围应力和渗透率分布

在通过穿层钻孔抽采瓦斯时，煤体内的瓦斯分子在抽采负压作用下沿钻孔径向流向钻孔，因而沿钻孔径向的渗透性对瓦斯抽采影响显著。大量研究表明，指数型渗透率公式可以准确描述煤体有效应力变化对渗透率的影响，并在瓦斯抽采领域得到了广泛应用，其表达式如下：

$$k = k_0 \exp\left\{-\frac{3}{K_p}[(\sigma - \sigma_0) - (p - p_0)]\right\} \tag{7-53}$$

式中　k——煤体渗透率，mD；

k_0——煤体初始渗透率，mD；

p——孔隙压力，MPa；

p_0——初始孔隙压力，MPa；

K_p——煤的孔隙体积模量，MPa。

根据上述公式，煤体的渗透率随着有效应力的减小而增大，许多学者也通过实验证实原煤和型煤的渗透率均随着应力卸载而逐渐增加。由式(7-53)可知，穿层钻孔施工后周围煤体沿径向发生卸载，这就使得煤体沿钻孔径向的渗透率增大。因此，本书将钻孔施工后周围煤体的渗透率按方向分解为径向渗透率 k_r 和切向渗透率 k_t，如图 7-94 所示。

由于穿层钻孔施工期间周围煤体内的瓦斯涌出量较少，我们认为抽采前煤体内孔隙压力不发生变化，即 $p-p_0=0$，简化为：

$$k = k_0 \exp\left[-\frac{3}{K_p}(\sigma - \sigma_0)\right] \tag{7-54}$$

将式(7-50)代入(7-54)式，得到穿层钻孔周围煤体的径向渗透率分布：

$$k_r = \begin{cases} k_0 \exp\left\{-\frac{3}{K_p}\left[C\cot\varphi\left[\left(\frac{2x}{R_0}+1\right)^{\frac{2\sin\varphi}{1-\sin\varphi}} - 1\right] - \sigma_0\right]\right\}, x \leqslant H \\ k_0 \exp\left\{\frac{3}{K_p} \cdot \frac{R^2 \sin\varphi}{(2x+R_0)^2} \cdot \left[\frac{(1-\sin\varphi)\sigma_0}{C\cot\varphi} + 1\right]^{\frac{1-\sin\varphi}{\sin\varphi}}\right\}, x > H \end{cases} \tag{7-55}$$

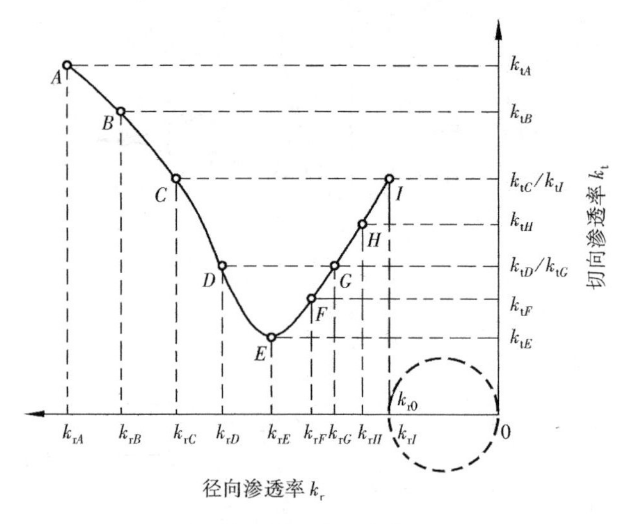

图 7-94 钻孔周围渗透率分解示意图

从式(7-55)可以看出,在煤体初始渗透率 k_0 一定时,钻孔周围煤体的径向渗透率 k_r 随着孔隙体积模量 K_p 的增加或者黏聚力 C 的减小而增大;沿钻孔径向到钻孔壁的距离 x 越大,煤体的径向渗透率 k_r 越小。同时,较高的煤层原始应力 σ_0 可以使钻孔施工后的径向渗透率 k_r 更大。值得注意的是,提高钻孔直径 R_0 也可以使径向渗透率 k_r 增加。

穿层钻孔施工后周围应力分布不均,造成距离钻孔不同位置处的煤体渗透率存在差异,因而对于通过钻孔抽采煤层瓦斯的过程(尤其是采用卸压增透措施的钻孔),应采用径向渗透率作为初始渗透率进行计算,如下式所示[30]。

$$k = k_r \exp\left\{ -\frac{3}{K_p}[(\sigma - \sigma_0) - (p - p_0)] \right\} \tag{7-56}$$

7.5.2 割缝孔群裂隙网模拟

7.5.2.1 数值模型及方案

建立 15 m×15 m 的正方形煤体模型,在模型边界内随机生成颗粒,颗粒之间采用平行黏结,且粒径服从均匀分布。模型中的微观参数采用河南平顶山矿区的标准煤样通过多次标定得到,如表 7-6 所列。

表 7-6 模型参数

颗粒参数				平行黏结参数				
密度 /(kg/m³)	法向刚度 /(N/m)	切向刚度 /(N/m)	摩擦因数	黏结半径	法向强度 /MPa	切向强度 /MPa	法向刚度 /(N/m)	切向刚度 /(N/m)
1 450	5×10^9	5×10^9	0.4	1	4	4	2×10^9	2×10^9

为了分析钻孔开挖后煤层内的裂隙演化规律,设计了三种数值模拟方案:

① 单孔模型。在模型中心处开挖单一钻孔,分析钻孔直径不同时煤体的裂隙演化特性。

② 双孔模型。在模型中心开挖两个相同钻孔,分析钻孔直径和间距对孔间煤体裂隙演化的影响。

③ 多孔模型。在模型中均匀开挖 9 个相同钻孔,模拟区域煤体施工钻孔后的裂隙演化特征。

7.5.2.2 单孔裂隙演化特性

随着钻孔开挖引起的系统能量变化，煤体内部颗粒间的联结发生破坏，钻孔周围出现裂隙并不断发育[31]。图7-95反映了不同直径单一钻孔开挖后周围煤体的裂隙演化过程，图中的四个阶段（Ⅰ、Ⅱ、Ⅲ、Ⅳ）与动能的四个变化阶段对应。在钻孔开挖后（Ⅰ），周围煤体的能量快速释放，钻孔壁首先破裂并产生裂隙；随着煤体内能量的不断转化（Ⅱ、Ⅲ），钻孔周围的裂隙不断产生并向钻孔内部延伸；在能量达到稳定状态后（Ⅳ），煤体不再破裂，裂隙系统逐渐稳定。从不同直径钻孔的裂隙演化过程可以看出，钻孔直径是影响裂隙发育的关键因素，钻孔直径越大，周围煤体在各阶段的裂隙越发育，且裂隙的数量和分布范围都会增加。

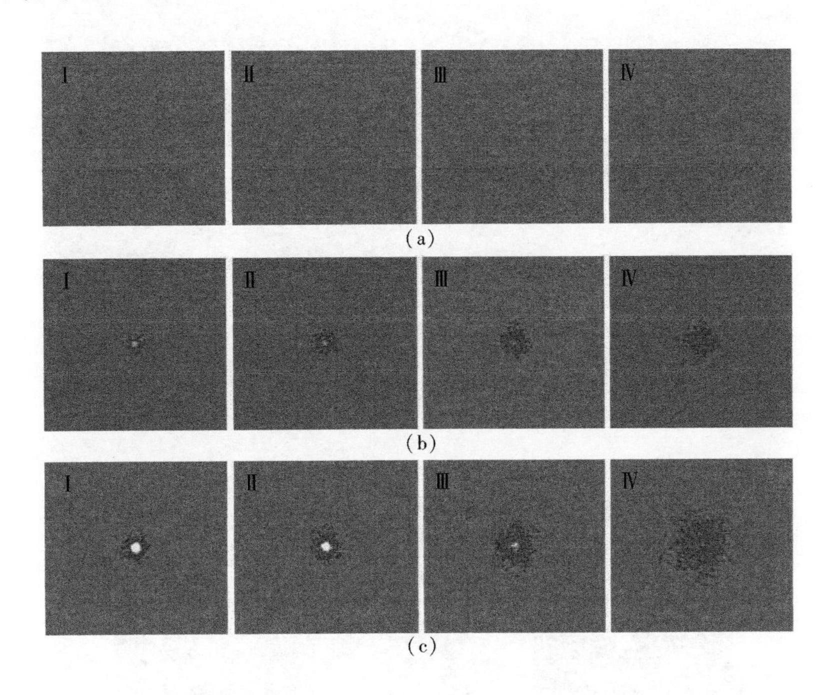

图7-95　不同直径钻孔开挖后的裂隙演化过程

(a) 直径0.2 m；(b) 直径0.6 m；(c) 直径1.0 m

煤体颗粒的接触力可以反映煤体发生破裂的趋势，可以表征煤体破坏后裂隙的方位及形态。不同直径单一钻孔开挖后周围煤体的接触力分布如图7-96所示。从图中可以看出，煤层内的接触力主要以压应力和张应力为主，压应力的分布较为广泛，张应力在钻孔周围较为集中。研究表明，当煤体内的张应力超过颗粒间的联结强度时，煤体颗粒间的联结被破坏，导致该区域出现裂隙。在钻孔施工后，张应力集中在钻孔周围，使得这一区域煤体发生破坏；随着煤体能量的不断释放，钻孔周围裂隙数量不断增加，张应力逐渐向煤体内部转移，同时其强度逐渐降低；在张应力不足以破坏颗粒间的连接时，钻孔周围的裂隙不再发育，煤体达到稳定状态。对比不同直径钻孔的接触力变化特征可以发现，钻孔周围接触力的分布范围随钻孔直径的增加而增大，同时张应力所占的比例和强度不断提高，因而大直径水射流钻孔周围的裂隙更加发育。

图7-97是不同直径单一钻孔在开挖达到稳定状态后，沿钻孔轴向剖面的裂隙分布特征，图中①是模型的颗粒结构，②是钻孔周围的接触力分布，③是钻孔周围的裂隙分布。从图中可以看出，钻孔周围的接触力以张应力为主，表明煤体内的裂隙多为张拉破坏造成；随着到钻孔距离的增加，张应力所占的比例逐渐减少，压应力所占的比例增大，且二者应力值均降低；在煤体裂隙边界处，张拉应力达临界值，煤体颗粒连接不再破坏，因而裂隙不再发育。随着煤体内钻孔直径的增加，张应力达到临界

值的距离增大,钻孔周围的裂隙数量和范围都不断提高。因此,在煤层中施工大直径水射流钻孔,有利于煤体裂隙的发育和扩展,有助于煤体渗透率的增加,可以提高煤层的瓦斯抽采效果。

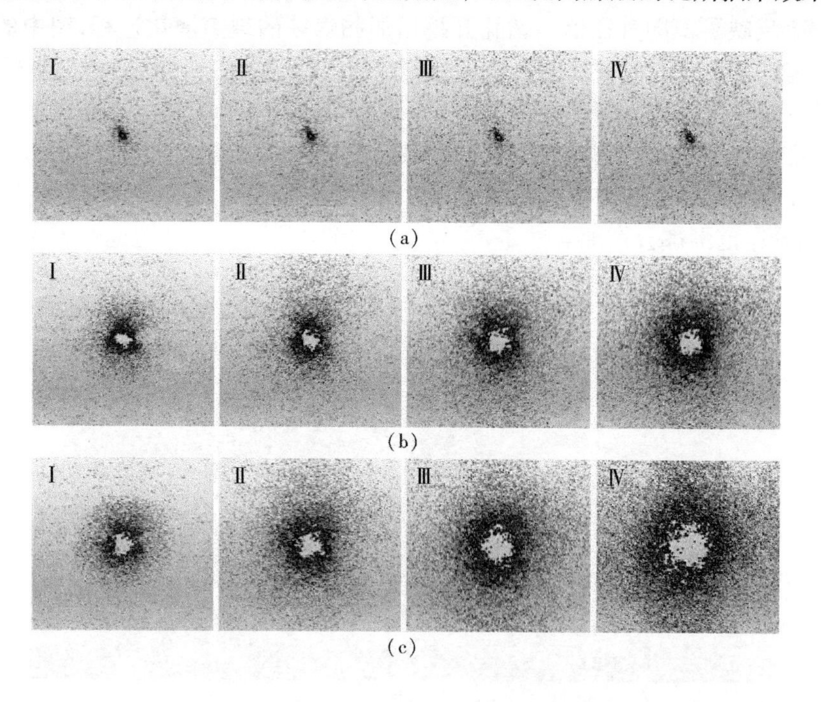

图 7-96　不同直径钻孔开挖后的接触力分布

(a) 直径 0.2 m;(b) 直径 0.6 m;(c) 直径 1.0 m

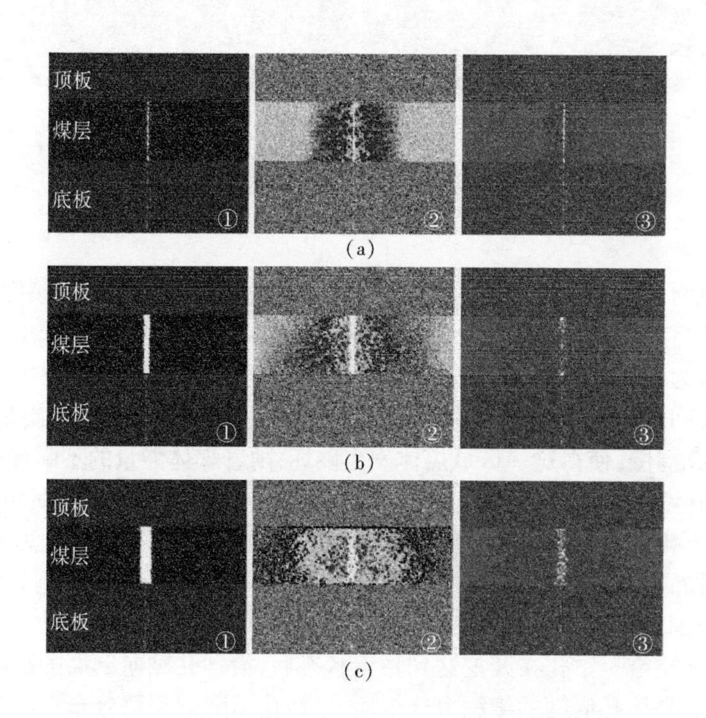

图 7-97　不同直径钻孔轴向剖面的裂隙分布特征

(a) 直径 0.2 m;(b) 直径 0.6 m;(c) 直径 1.0 m

7.5.2.3　孔间裂隙演化特性

为了分析相邻钻孔对裂隙扩展的影响,在煤体模型中开挖不同直径、不同间距的两个圆形钻孔,鉴于篇幅所限,选择其中部分结果进行分析。

(1) 钻孔间距的影响

固定钻孔直径为0.6 m,间距不同的两个钻孔开挖后周围煤体的裂隙演化过程如图7-98所示,图中的四个阶段与动能的四个变化阶段对应。

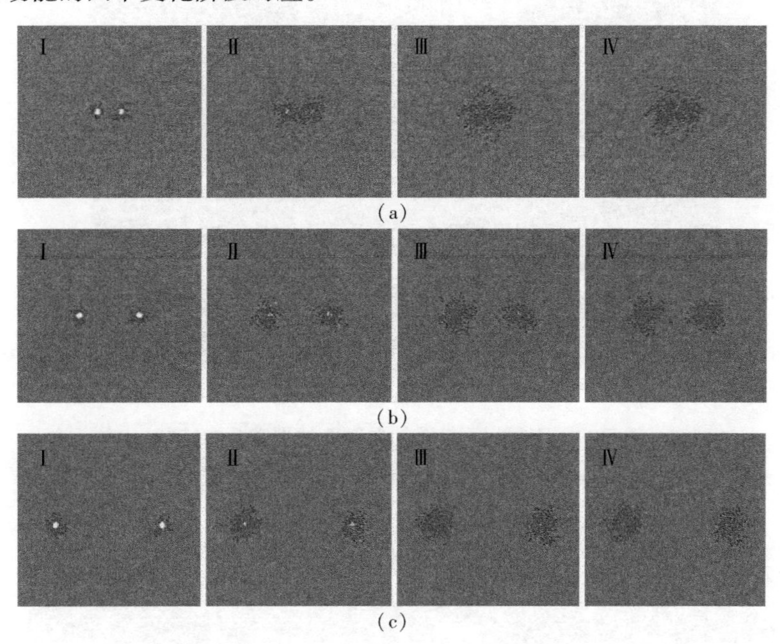

图7-98　不同间距钻孔开挖后的裂隙演化过程

(a) 间距2 m;(b) 间距5 m;(c) 间距9 m

从图7-98中可以看出,在钻孔开挖后(Ⅰ),周围煤体的能量快速释放,钻孔破裂并产生裂隙;随着煤体能量的不断释放(Ⅱ、Ⅲ),钻孔周围的裂隙大量萌生,并向相邻钻孔发展;在系统达到稳定状态后(Ⅳ),煤体颗粒间不再断裂,钻孔周围的裂隙分布趋于稳定。从不同间距条件下的裂隙演化过程可以看出,钻孔间距较小时,钻孔间的相互影响显著,煤体内的裂隙数量和分布范围都较大,孔间区域的裂隙充分发育、连通;随着钻孔间距的增加,两孔间的相互作用减弱,孔间煤体的裂隙数量逐渐减少;在钻孔间距大于5 m后,相邻钻孔对煤体裂隙的影响较弱,孔间区域裂隙较少且不连通,单一钻孔周围裂隙的分布较为独立。

图7-99是不同间距钻孔在开挖达到稳定状态后沿钻孔轴向剖面的裂隙分布特征,其中钻孔直径均为0.6 m。图中,①是模型的颗粒结构,②是钻孔周围的接触力分布,③是钻孔周围的裂隙分布。从图中可以看出,钻孔周围的接触力以张应力为主,因而煤体裂隙多为张拉破坏造成;随着钻孔间距的增加,钻孔之间煤体的张应力逐渐减弱,裂隙数量逐渐减少;在钻孔间距大于5 m后,钻孔之间的影响减弱,孔间的张应力不足以破坏煤体颗粒的连接,因而裂隙数量较少。因此,对于某一直径的抽采钻孔,为了保证孔间区域的瓦斯抽采效果,两孔之间必然存在一个最佳间距,使得孔间煤体内的裂隙大量发育并相互贯通,同时具有最大的裂隙分布范围。

(2) 钻孔直径的影响

图7-100是固定钻孔间距为5 m时,不同直径钻孔开挖后周围煤体的裂隙演化过程,图中的四个阶段(Ⅰ、Ⅱ、Ⅲ、Ⅳ)与动能的四个变化阶段对应。从图7-100中可以看出,随着煤体能量不断释放,

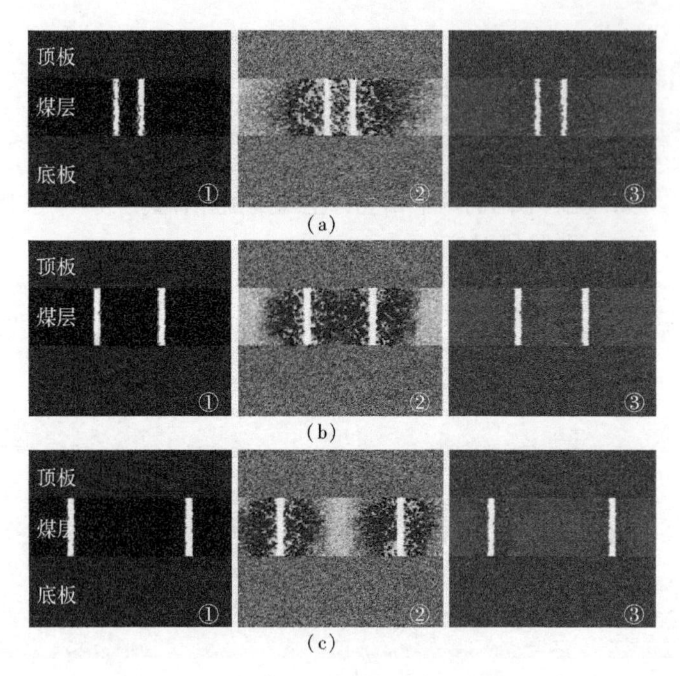

图 7-99　不同间距钻孔轴向剖面的裂隙分布特征

(a) 间距 2 m;(b) 间距 5 m;(c) 间距 9 m

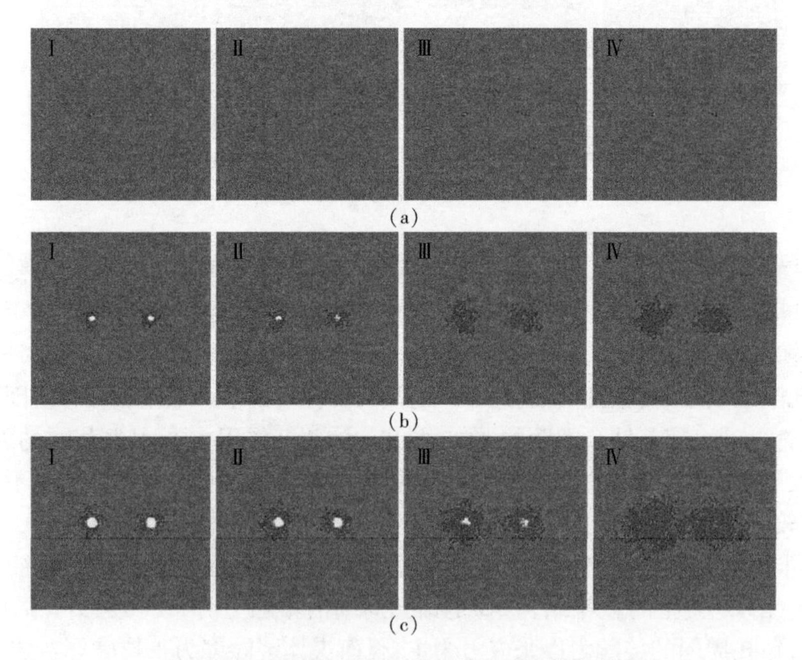

图 7-100　不同直径钻孔开挖后的裂隙演化过程

(a) 直径 0.2 m;(b) 直径 0.6 m;(c) 直径 1.0 m

由钻孔向煤体内部逐渐萌生大量裂隙,在系统进入稳定状态后,裂隙数量不再发生变化。从不同孔径条件下的裂隙演化过程可以看出,钻孔直径是影响相邻钻孔之间煤体裂隙发育的另一主要因素:钻孔直径较小时,相邻钻孔间的相互作用较弱,单一钻孔周围裂隙的分布较为独立,如图中(a)所示;随着钻孔直径的增加,钻孔之间相互作用增强,裂隙开始向孔间煤体萌生,如图中(b)所示;随着钻孔直径进一步增加,孔间煤体受到的影响加剧,两孔之间出现大量连通裂隙,如图中(c)所示。

图7-101是不同直径钻孔在开挖达到稳定状态后沿钻孔轴向剖面的裂隙分布特征，其中钻孔间距为5 m。从图中可以看出，双孔模型受到张应力和压应力的共同作用，钻孔周围以张应力为主，距钻孔较远处的煤体以压应力为主。孔间煤体受到张应力的影响显著，随着钻孔直径的增加，孔间张应力不断增大，同时裂隙数量逐渐增多；在直径为0.6 m时，孔间张应力达到最大，孔间煤体内的裂隙开始贯通；随着钻孔直径进一步增加，孔间煤体不断破坏，裂隙大量出现并形成裂隙网络，同时张应力的分布范围减小。因此，对于固定间距的抽采钻孔，通过提高钻孔直径，可以增强钻孔间的相互作用，增大钻孔的影响范围，使得孔间煤体产生大量连通裂隙，增加煤体渗透率，提高瓦斯抽采效果。

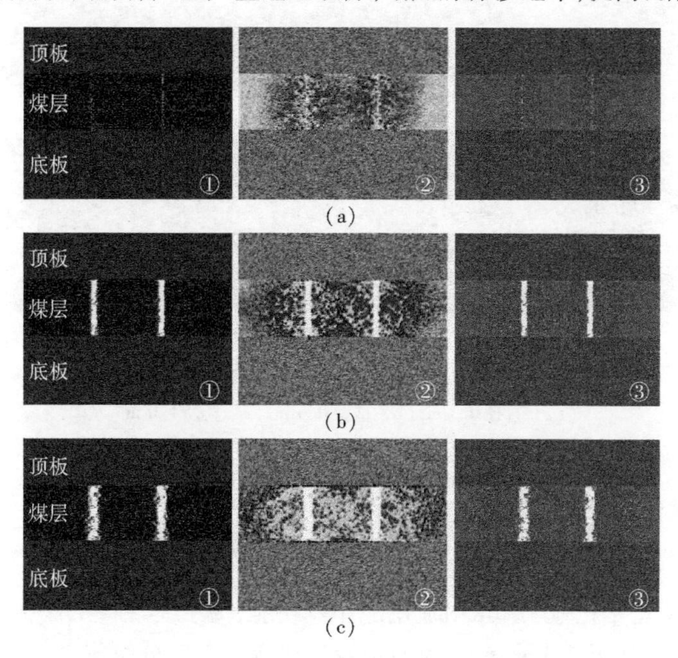

图7-101　不同直径钻孔轴向剖面的裂隙分布特征

(a) 直径0.2 m；(b) 直径0.6 m；(c) 直径1.0 m

①——模型颗粒结构；②——接触力分布；③——裂隙分布

7.5.2.4　孔群裂隙演化特性

瓦斯抽采钻孔的布置具有区域化、均匀化的特点。为了分析多个钻孔之间的裂隙扩展特征，在煤体模型中开挖均匀分布的9个相同钻孔，分别在钻孔直径为0.2 m、0.6 m和1.0 m的条件下进行数值模拟，钻孔开挖后的裂隙演化过程图7-102所示。从图中可以看出，钻孔周围的接触力以张应力为主，煤体受到张拉作用发生破坏，并在钻孔周围产生裂隙。区域煤体裂隙的演化过程分为四个阶段（Ⅰ、Ⅱ、Ⅲ、Ⅳ），分别与开挖后动能的变化过程相对应：在钻孔施工完成后（Ⅰ），周围煤体迅速破坏并产生裂隙；随着煤体能量不断释放（Ⅱ、Ⅲ），张应力的作用范围逐渐扩大，煤体内的裂隙不断萌生，同时由于受到相邻钻孔的影响，裂隙向相邻钻孔方向扩展；在煤体能量达到平衡状态后（Ⅳ），张应力所占的比例和强度均减小，裂隙数量不再变化，系统进入稳定状态。

对比不同孔径条件下的裂隙演化过程，可以发现，在钻孔直径较小时，相邻钻孔的影响较弱，区域煤体内裂隙数量较少；随着钻孔直径增加，钻孔周围张应力增大，裂隙数量不断增多，并在孔与孔之间逐渐贯通；在能量平衡阶段（Ⅳ）裂隙数量达到最大，此时区域煤体内存在裂隙不发育的“空白区”，且“空白区”随钻孔直径的增加而逐渐减小。因此，通过增大抽采钻孔直径，可以增大钻孔之间的相互影响，使区域煤体产生连通的裂隙网络，为瓦斯流动提供大量通道，继而增加区域煤体的渗透率，提高原始煤层的瓦斯抽采效果。

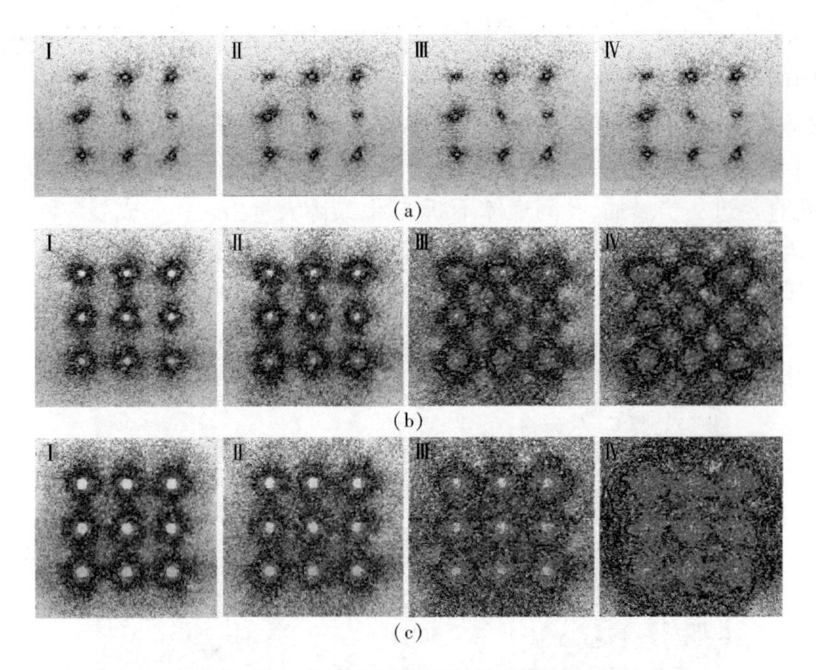

图 7-102　多个钻孔开挖后的裂隙演化过程

(a) 直径 0.2 m;(b) 直径 0.6 m;(c) 直径 1.0 m

7.5.3　水射流割缝装备系统

7.5.3.1　设备系统

水射流割缝装备具备钻孔施工和水射流割缝作业功能,为了实现将机械钻孔和射流割缝相结合的主体功能,设备主要由高压乳化液泵站、钻具以及钻机等三大部分组成[32,33],三者之间以高压管路相连。整套系统示意图如图 7-103 所示,系统装配实物图如 7-104 所示。

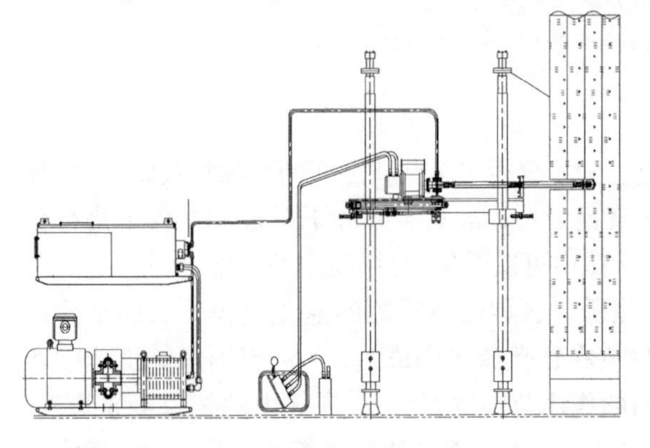

图 7-103　钻割系统示意图

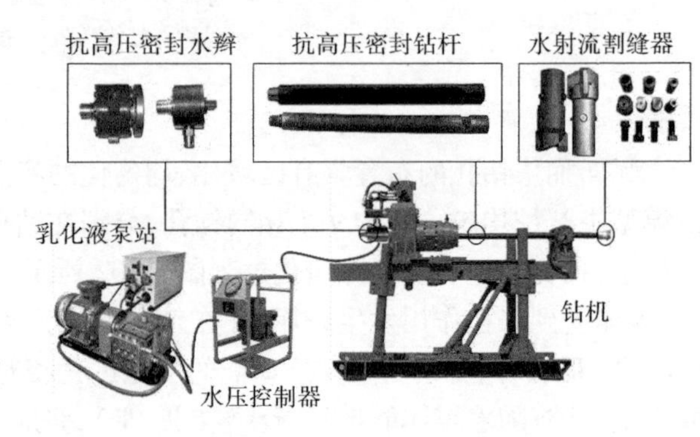

图 7-104　系统组成实物图

7.5.3.2　设备系统构成

(1) 高压泵站

本设备使用的高压泵站由 BRW200/35 乳化液泵与 XRXT 系列乳化液箱组成的乳化液泵站。

(2) 钻机系统

钻机系统是射流割缝的执行机构,主要包括钻机、钻杆和钻头。配套钻机可以根据需要进行选择。

(3) 高压水辫的设计

通常矿用的水辫全部是常压密封,压力在5 MPa以下,不能满足高压水流的密封要求。现场作业中,要求对煤体的割缝作业在旋转退钻的过程中实现。为解决高压动态旋转的密封问题,需要对水辫内部密封构件进行重新设计,选用组合密封达到了密封效果。

(4) 高压钻杆的设计

在钻杆的密封方式上,采用了O形圈配合金属垫的密封方式。钻杆的连接通过杆端的螺纹实现,钻杆上设计O形密封圈沟槽,沟槽内设计O形密封圈,用以防密封圈遭挤出而产生损坏。

(5) 压控钻割一体化钻头

通过在钻头前端安装单向压力控制阀实现,即钻进时采用低压水,此时前端压力控制阀是开启的,前方出水主要为大孔径孔,提供足够的水量满足排粉和对钻头降温;在退钻准备割缝时,泵站水压力升高,通过单向阀的作用,将钻头前端大直径出水口关闭,而由钻头边侧的喷嘴出水,实现高压射流割缝功能。

7.5.3.3 射流喷嘴结构参数优化

(1) 数值模型的建立

锥直型喷嘴射出的射流流动特性和动力特性均较好,且成本适中,适用于井下切割煤体。其主要的结构参数包括:喷嘴出口直径 d、收缩角 α、出口圆柱段长度 S、锥形直线段长度 L 等[34]。其物理模型如图7-105所示。

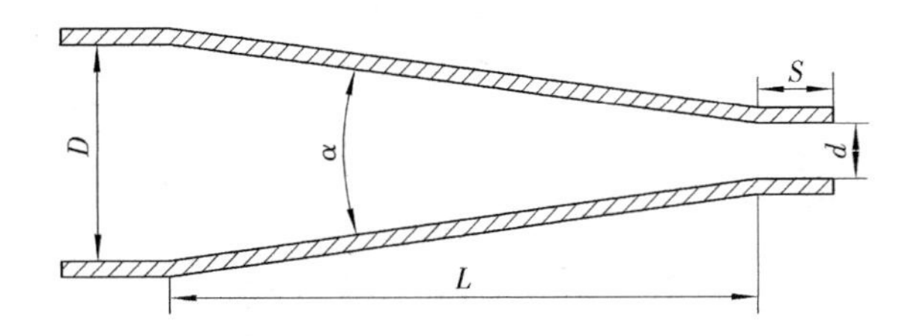

图7-105　锥直型喷嘴物理模型

采用ANSYS中的FLOTRAN CFD模块对高压水射流喷嘴的内部二维流场进行数值模拟。高压作用下,射流在锥直型喷嘴内部的流动状态为复杂的湍流运动,故采用轴对称柱坐标下的紊流 $K—\varepsilon$ 二方程模型封闭的方程组作为控制方程,其统一形式为:

$$\frac{1}{r}\left[\frac{\partial}{\partial x}(r\rho u\Phi)+\frac{\partial}{\partial r}(r\rho v\Phi)\right]=\frac{1}{r}\left[\frac{\partial}{\partial x}\left(r\Gamma_{\Phi}\frac{\partial\Phi}{\partial x}\right)+\frac{\partial}{\partial r}\left(r\Gamma_{\Phi}\frac{\partial\Phi}{\partial r}\right)\right]+S_{\Phi} \tag{7-57}$$

式中　Φ——代表变量 u,v,K,ε;

S_{Φ}——Φ 方程的源项。

方程(7-57)中各项表达式如表7-7所列。

表7-7　控制方程中各项具体表达式

控制方程	Φ	Γ_{Φ}	S_{Φ}
连续性方程	l	0	0
x 动量方程	u	$\mu+\mu_{\mathrm{r}}$	$-\frac{\partial p}{\partial x}+\frac{\partial}{\partial x}\left[(\mu+\mu_{\mathrm{r}})\frac{\partial u}{\partial x}\right]+\frac{1}{r}\frac{\partial}{\partial r}\left[(\mu+\mu_{\mathrm{r}})\frac{\partial u}{\partial x}\right]$
r 动量方程	v	$\mu+\mu_{\mathrm{r}}$	$-\frac{\partial p}{\partial x}+\frac{\partial}{\partial x}\left[(\mu+\mu_{\mathrm{r}})\frac{\partial u}{\partial x}\right]+\frac{1}{r}\frac{\partial}{\partial r}\left[(\mu+\mu_{\mathrm{r}})\frac{\partial u}{\partial x}\right]-2(\mu+\mu_{\mathrm{r}})\frac{v}{r^2}$
K 方程	K	$\mu+\frac{\mu_{\mathrm{r}}}{\sigma_K}$	$G-\rho\varepsilon$
ε 方程	ε	$\mu+\frac{\mu_{\mathrm{r}}}{\sigma_{\varepsilon}}$	$\frac{C_1\varepsilon}{K}G-C_2\frac{\rho\varepsilon^2}{K}$

其中:K 为单位质量流体的紊动动能,其黏性耗损率为 ε;u 为轴向速度;v 为径向速度;ρ 为流体密度;α 为动力黏性系数;μ_{r} 为紊流黏性系数;μ_K 为 K 的紊流 Prandtl 数,$\sigma_K=1.0$;σ_{ε} 为 ε 的紊流普朗特(Prandtl)数,$\sigma_{\varepsilon}=1.3$;常数 $C_1=1.505$,$C_2=1.92$;G 为紊动能生成项。

各模型边界条件相同:喷嘴入口施加 30 MPa,出口施加 0 MPa 的压力条件,在所有壁面处加两个方向速度都为 0 的速度条件。混合介质的密度为 1 200 kg/m^3,黏性系数为 0.01。设置迭代次数为 50 次。其它参数值为默认。根据单因素数值实验结果,选择合适的各因素水平,采用中心复合实验设计(CCD)进行实验设计和实验设计[Design Expert (Version7.1)]软件进行数据处理和回归分析,优化喷嘴结构参数。

(2) 喷嘴结构参数优化实验

单因素实验结果如图 7-106 所示。由图可知:随着喷嘴出口直径的增大,其出口轴心速度显著降低,水射流的切割能力减弱,但喷嘴的出口流量增大。实验可见,锥形直线段长度对出口轴心速度的影响不显著。由于钻头大小的限制,喷嘴不宜过长,为配合钻头,取其值为 30 mm。

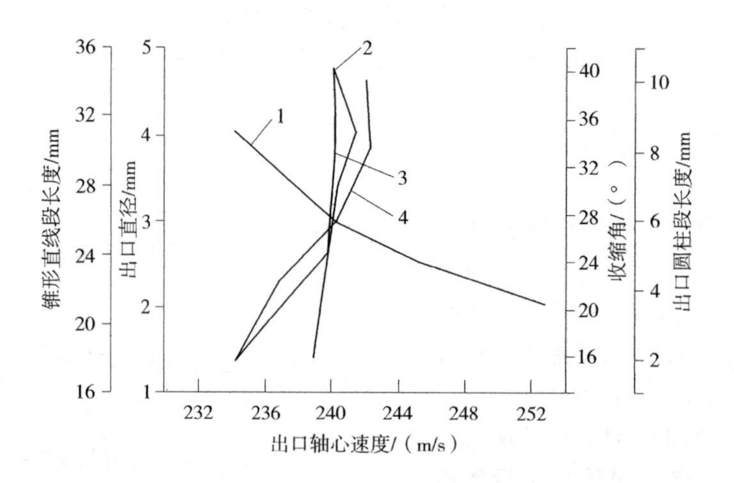

图 7-106 喷嘴各结构参数对出口轴心速度的影响

1——出口直径;2——收缩角;3——出口圆柱段长度;4——锥形直线段长度

据单因素实验结果及响应面法设计原理,采用 CCD 研究各结构参数及其交互作用对出口轴心速度的影响规律。设定 x_1,x_2,x_3 分别代表喷嘴出口直径、收缩角、出口圆柱段长度,并以-1、0、1 代表三因素的水平,由单因素法实验结果设定各显著因素的取值范围,并按方程 $X_i=(x_i-x_0)/\Delta x$ 对自变量进行编码。其中 X_i 为自变量的实际值,x_0 为实验中心点处自变量的真实值,Δx 为变量的变化步长,自变量的编码及水平如表 7-8 所列。

表 7-8 CCD 编码及水平

因素	水平			
	编码	-1	0	1
出口直径/mm	X_1	3.0	3.5	4.0
收缩角/(°)	X_2	25.0	30.0	35.0
出口圆柱段长度/mm	X_3	6.0	8.0	10.0

优化实验共有 19 个试验点:14 个析因点和 5 个零点(用来估计实验误差)。利用 Design Expert 软件进行二次多元回归拟合,得到回归方程模型的方差分析。由于回归系数估计值的 95% 置信区间均不包括 0,表明系数估计值均可接受,其具体数值如表 7-9 所列。回归模型方差分析和系数显著性检验分别见表 7-10 和表 7-11 所列。

表 7-9　中心复合实验设计及响应值表

实验号	自变量编码值			出口轴心速度/(m/s)		实验号	自变量编码值			出口轴心速度/(m/s)	
	X_1	X_2	X_3	实验值	预测值		X_1	X_2	X_3	实验值	预测值
1	−1	−1	−1	239.5	239.7	11	0	−1.682	0	237.2	237.3
2	1	−1	−1	235.2	234.9	12	0	1.682	0	239.8	240.1
3	−1	1	−1	241.2	241.1	13	0	0	−1.682	237.7	237.8
4	1	1	−1	237.9	237.7	14	0	0	1.682	239	239.3
5	−1	−1	1	241.4	241.1	15	0	0	0	239.7	239.8
6	1	−1	1	236	236.2	16	0	0	0	240	239.8
7	−1	1	1	241.8	241.6	17	0	0	0	239.6	239.8
8	1	1	1	238.3	238.1	18	0	0	0	239.8	239.8
9	−1.682	0	0	241.7	241.8	19	0	0	0	239.7	239.8
10	1.682	0	0	235.6	235.8	—	—	—	—	—	—

表 7-10　回归模型方差分析

方差来源	平方和	自由度	均方误差	F 值	Prob>F
模型	77.43	8	9.680	132.23	<0.000 1
残差	0.81	11	0.073	-	-
失拟	0.49	6	0.082	4.48	0.062 6
纯误差	0.11	5	0.022	-	-
总和	78.24	19	-	-	-
相关系数 R^2	0.989 7				

由表 7-10 方差分析结果可知：模型 Model $P<0.000\ 1$，相关系数>90%，模型达到极显著水平，实验误差小，相关性很好。失拟 Lack of Fit $P=0.062\ 6>0.05$ 不显著，说明残差均由随机误差引起，因此二次模型成立，应用此模型可以预测喷嘴出口轴心速度。

表 7-11　回归模型系数显著性检验

系数项	系数估计值	自由度	标准误差	95%置信度的置信区间		P 值
				下限	上限	
截距	239.77	1	0.110	239.53	240.02	<0.000 1
X_1	−2.08	1	0.073	−2.24	−1.92	<0.000 1
X_2	0.84	1	0.073	0.68	0.98	0.000 1
X_3	0.43	1	0.073	0.27	0.59	0.000 3
X_1X_2	0.36	1	0.096	0.15	0.57	0.003 0
X_2X_3	−0.21	1	0.096	−0.42	-1.963×10^{-3}	0.048 2
X_1X_1	−0.16	1	0.071	−0.31	-8.825×10^{-4}	0.048 9
X_2X_2	−0.39	1	0.071	−0.54	−0.23	0.000 2
X_2X_3	−0.44	1	0.071	−0.60	−0.28	<0.000 1

由表 7-11 回归系数显著性检验可知：X_1，X_2，X_3，X_1X_2，X_2X_2，X_1X_2，X_3X_3 的 P 值均小于 0.01，说明各项对出口轴心速度的影响极显著，X_2X_3，X_1X_1 的 P 值均小于 0.05，说明各项对出口轴心速度的影响显著。其中 X_1 的影响最大，且与收缩角之间存在交互作用。收缩角与出口圆柱段长度之间存在较强的交互作用。由于 P 值越小，表明该因素对考查指标的影响越显著，则可得各因素的显著性：$X_1>X_2>X_3$，即出口直径>收缩角>出口圆柱段长度。回归系数估计值的95%置信区间均不包括0，表明系数估计值均可接受，因此可得喷嘴优化二次多元回归模型：

$$
\begin{aligned}
Y = & 239.77 - 2.08X_1 + 0.84X_2 + 0.43X_3 + 0.36X_1X_2 - \\
& 0.21X_2X_3 - 0.16X_1^2 - 0.39X_2^2 - 0.44X_3^2 \quad (R^2 = 0.9897)
\end{aligned} \tag{7-58}
$$

（3）最优化分析

为了得到最佳的喷嘴结构参数组合，根据式(7-58)，以喷嘴出口速度最大化为优化目标，以各组合参数最大值为约束条件，运用 Design Expert 软件中的 Optimization 进行最优化求解。优化前后喷嘴结构参数如表 7-12 所列。

表 7-12　优化前后喷嘴结构参数

项目	出口直径/mm	收缩角/(°)	出口圆柱段长度/mm	锥形直线段长度/mm
优化前	2	14	4.5	15.5
优化后	3	32.5	8.7	30.0

按优化后的参数组合进行喷嘴流量系数和冲蚀能力测定，实验结果表明：相同条件下，喷嘴流量系数提高了 1.26%，冲蚀体积明显增加，破岩能力及效果增强。

7.5.4　割缝增透效果考察方法

7.5.4.1　钻孔瓦斯排放与抽采效果

试验中通过考察单个钻孔的自然排放量、抽采流量与浓度以及每组钻孔的抽采流量与浓度，分析增透试验前后煤层瓦斯抽采与排放性能变化。其中，为了更准确地实时监测单个钻孔瓦斯排放量与抽采量，通过在钻孔的孔口端安装煤气表实现[35]，煤气表现场安设连接示意图如图 7-107 所示。当煤气表的排气孔与抽出管路连接时，即直接排空时，监测的流量视为钻孔的瓦斯自然排放量，所排放的瓦斯视为纯瓦斯量；当煤气表的排气孔与抽采管路连接时，通过光感仪测定的孔内瓦斯浓度换算瓦斯抽采纯量。

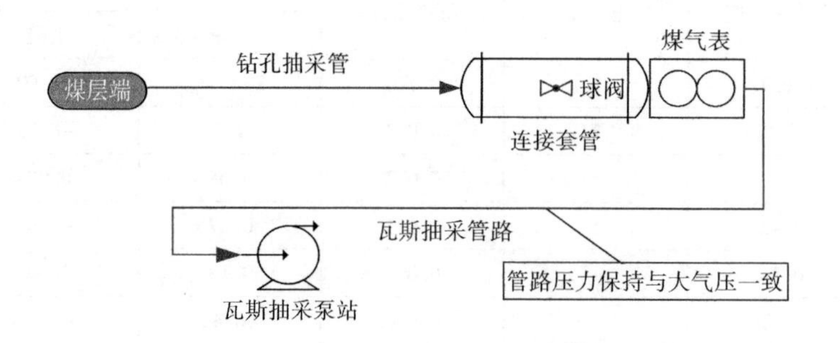

图 7-107　煤层透气性现场测试连接示意图

现场常选用 J4 型煤气表，监测的最大瞬时流量为 6 m³/h，最小瞬时流量为 0.04 m³/h，最大工作压力 30 kPa，误差范围小于 1.5%，量程为 0～100 000 m³，使用寿命达到 2 000 h 以上。为了保证了井下使用的安全与密闭要求，煤气表的出气、进气口均采用铜接头，为了使煤气表的接口与瓦斯抽采管相连接，现场制备了变径接头。

7.5.4.2　煤层透气性系数

实验室测定煤样的渗透性不能代表地下煤层的透气性能，因为在制备实验室的煤样过程中，煤的大裂隙多半不存在了；同时煤层埋藏于地下深处，有地应力、煤层水分和在应力作用下煤中裂隙的闭合程度等诸因素的影响，其与试验煤样的透气性能差异甚大。因此，我国煤矿均在井下实测煤层透气性的大小，其中以中国矿业大学的测定方法应用广泛。该方法是基于煤层瓦斯向钻孔的流动状态为径向不稳定流动之基础上建立的。其计算公式如表 7-13 所列。

表 7-13　径向不稳定流动参数计算公式

流量准数 Y	时间准数 $F_0=B\lambda$	系数 a	指数 b	煤层透气性系数 λ	常数 A	常数 B
$Y=\alpha F_0^b=\frac{A}{\lambda}$	$10^{-2}\sim1$	1	−0.38	$\lambda=A^{1.161}B^{\frac{1}{1.64}}$	$A=\frac{qr_1}{p_0^2-p_1^2}$	$B=\frac{4tp_0^{1.5}}{\alpha r_1^2}$
	$1\sim10$	1	−0.28	$\lambda=A^{1.39}B^{\frac{1}{2.56}}$		
	$10\sim10^2$	0.93	−0.20	$\lambda=1.1A^{1.25}B^{\frac{1}{4}}$		
	$10^2\sim10^3$	0.588 8	−0.12	$\lambda=1.83A^{1.14}B^{\frac{1}{7.3}}$		
	$10^3\sim10^5$	0.512	−0.10	$\lambda=2.1A^{1.11}B^{\frac{1}{9}}$		
	$10^5\sim10^7$	0.344	−0.065	$\lambda=3.14A^{1.07}B^{\frac{1}{14.4}}$		

结合现场测试经验，利用煤气表测试统计钻孔施工完后 10 ~ 30 d 钻孔自然瓦斯排放量，根据表 7-13 中的公式进行换算对比。

7.5.4.3　增透影响范围

为了考察水射流切槽增透影响范围，采用压力法和含量法共同测试分析。如图 7-108 所示，以水射流切槽钻孔为中心，分别以半径 2 m、3 m、4 m、5 m、6 m、7 m 为考察半径，在同心圆直径线上设计瓦斯含量钻孔和瓦斯压力钻孔。

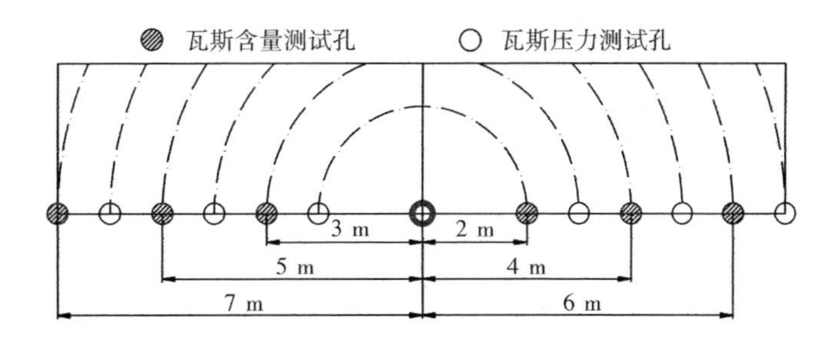

图 7-108　切槽增透影响半径考察钻孔设计示意图

测试过程中，首先根据测试方法施工瓦斯压力测试孔，打钻施工见煤后采集煤样现场解吸测试煤体瓦斯含量，然后封堵钻孔测试煤层瓦斯压力；待瓦斯压力升高至不变时，对设计的切槽钻孔进行水射流切割作业，成孔完工后进行钻孔封孔抽采，切槽及瓦斯抽采过程中记录瓦斯压力观测孔的压力变化；在抽采 3 ~5 个月后，施工瓦斯含量测试孔，现场采集煤样并解吸测试煤体瓦斯含量值，对比分析瓦斯抽采量、抽采时间与煤体瓦斯含量、压力的关系，进而分析煤层增透影响范围。现场受施工钻机移动困难及工程进度紧张等因素影响，切槽影响半径考察的测压孔没能严格按照同心圆两侧布置。

7.5.5 水射流割缝安全防护措施

7.5.5.1 喷孔防护装置

由于煤层条件和施工工艺等多方面因素的影响，水射流割缝过程中时常发生煤或瓦斯喷出的现象（简称“喷孔”），因此，水射流割缝卸压增透技术实施过程中需对喷孔进行防护[36]。针对水射流割缝过程钻孔喷孔特点，研发了一种新型高效放水排渣、抽排瓦斯、孔口除尘防喷出装置，防喷孔装置设计及实物如图7-109和图7-110所示。该装置主要包括带有拐角α的气渣分离筒，气渣分离筒的上方设有T形套管，两者之间设有柔性骨架风筒，气渣分离筒的拐角α斜段筒体上设置和抽气管相连的半球形集气室，气渣分离箱设在气渣分离筒的下部，气渣分离箱底部设有导料板，顶部设有与抽气管相连的出气口，侧面上部设有透视窗口，下部设有排渣门，抽气管的另一端经中转净化箱与瓦斯抽采管路相连，抽取瓦斯的胶皮管与各接头的连接处均用喉箍箍紧，以保证负压抽取瓦斯过程中整套装置的气密性，减小对抽采系统的影响。

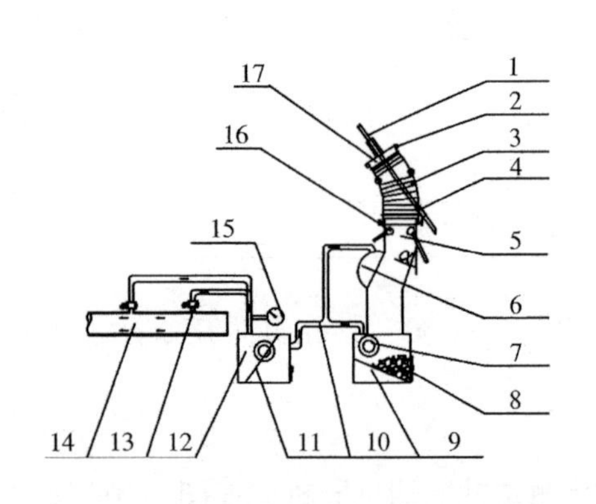

图7-109 防喷出装置设计图

1——钻杆；2——挂耳；3——柔性骨架风筒；4——关节轴承；
5——气渣分离筒；6——半球形集气室；7——透视窗口；
8——排渣门；9——气渣分离箱；10——抽气管；
11——滤网挡板；12——中转净化箱；13——球阀；
14——瓦斯抽采管路；15——流量表；
16——降尘水雾喷头；17——T形套管

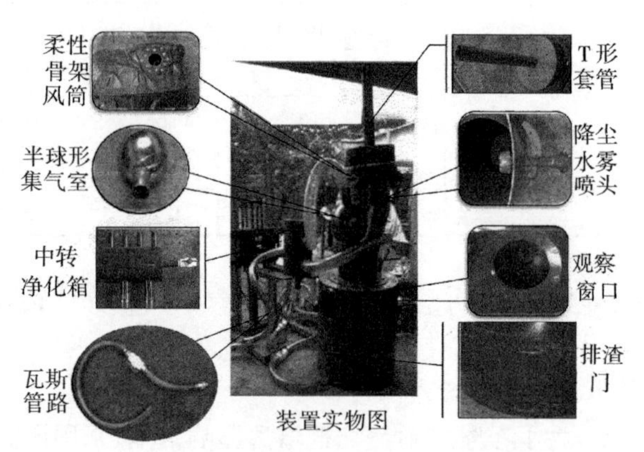

图7-110 防喷出装置实物图

该装置主要由四部分组成：

① 接收部分，包括插入钻孔内部的套管和可伸缩骨架风筒等，将钻孔喷出物收集到防喷出装置中。

② 抽排瓦斯部分，主要包括半球形集气室、气渣分离箱、瓦斯抽采接头及软管、中转净化箱等，喷出瓦斯通过套管和骨架风筒进入装置内，而后通过半球形集气室和气渣分离箱两处的抽采接口进入抽采软管中，接着被抽至中转净化箱，在箱中经过落水降尘得以净化，浓度、纯度更高的瓦斯继续通过软管，最后被吸入瓦斯抽采管路中。

③ 放水排渣部分，主要作用为收集并有控制地排放煤浆液、煤渣等喷出物，它们首先经由接收部分落入最下端的气渣分离箱中，气渣分离箱上设有透视窗口和排渣门，当观察到该箱充满喷出物时，则拉开排渣门，实现可控性放水排渣。

④ 除尘部分，作用为有效消除干式钻进时产生的煤、岩尘，提供一个安全、健康的作业环境，通过装置内部的两个降尘水雾喷头实现。

7.5.5.2　安全防护措施

① 成立试验领导小组,明确各单位及负责人的职责,并根据本矿试验地点实际情况编制安全技术措施。

② 水射流割缝地点通风系统必须稳定可靠,风量充足。

③ 要保证安全监控系统断电灵敏可靠,做好巷道内电器防爆管理,杜绝失爆现象。

④ 每班割缝之前应对乳化泵、水箱、阀件、管路及各个连接处进行检查,保证完好。

⑤ 开工前应对工作面的瓦斯浓度和通风情况进行检查,若发现瓦斯浓度超限或通风条件不符合安全规程规定,应及时汇报调度室;尽快撤离人员并采取相应措施使工作面环境恢复正常。

⑥ 安装钻机前,必须将施钻位置清理平整,方便钻机的安设。

⑦ 根据设计要求安装好钻机机架,并固定钻机,坚决杜绝钻机安放不平稳导致钻孔、割缝或割缝中钻机跑偏情况发生。

⑧ 乳化泵开启之前必须检查各高压管连接情况,必须做到配件完好、连接牢固;开启乳化泵后必须观察各连接头的泄漏情况,尤其在升至高压之前人员不能正对有可能泄漏的各处连接头,防止高压水泄漏伤人。

⑨ 高压管接头处需与其它固定物牢固地固定在一起,防止脱落摆动伤人。

⑩ 操钻人员必须严格按钻机操作规程要求操作钻机,在推进过程中,接、卸钻杆人员不得站于钻机正后方,不得正对钻孔位置,必须保证自身安全。

⑪ 在施钻点进、回风侧 5 m 位置各安设 1 个瓦斯监测传感器,当瓦斯浓度超过 1.0% 时,能自动切断钻机和乳化泵的电源。

⑫ 施钻过程中操作钻机人员必须注意观察钻机状况、观察钻孔动力现象及瓦斯情况,发现异常时要立即停止作业,瓦斯异常时必须立即切断电源,人员撤至安全地点。

⑬ 割缝时要逐渐加压,起始水压应为 8 MPa。割缝时必须保证水、电的连续供应和足够的水量,以防止钻机停钻或水量不够时煤渣沉淀而造成丢失钻杆;若遇突发情况,停水时间较长(预计 10 min 以上时)或前方遇地质构造或其它原因无反水时,应尽快撤出全部钻杆。

⑭ 割缝过程中,钻机操作工必须随时观察钻孔内返水情况和钻进反应,如出现返水量变小或有堵钻现象时,必须停止钻进,但不能停止旋转,检查原因,处理好后才能继续钻进。

⑮ 割缝过程中,安排专职电工现场值班。减少无故停电等情况影响施工时间,防止停电造成停水时间太长而抱钻。

⑯ 割缝期间,在钻机操作台前设好防喷挡板,保证喷孔时不伤及操作人员,并接好临时瓦斯抽放管。

⑰ 钻机操作人员每班必须携带便携式瓦斯报警仪,必须悬挂于距施钻点 3 m 的回风流中,当巷道瓦斯浓度超过规定要求时(最大不超过 1%),立即停止作业,将人员撤至进风巷中的安全地点。

⑱ 水射流割缝期间,回风侧严禁平行作业,并应在相关的通道口设置安全警戒。试验地点反向风门外的警戒点安装直通调度室的电话,泵站及警戒点处安装足够数量的压风自救器。

⑲ 高压泵站及其计量器具必须安装在新鲜风侧,泵站设置断电值为 0.5% 的瓦斯传感器。

⑳ 液压泵站要安排专职司机操作,司机必须经过培训,持证上岗,掌握设备性能及安全措施,且操作熟练、责任心强,严格按照《泵站司机操作规程》操作,密切关注液压泵泵箱水位,防止排空,如供水不及时或出现紧急情况时,必须立即停泵。

㉑ 所有入井人员必须配戴隔离式自救器,发生紧急情况时,现场人员及可能波及的人员要迅速打开自救器佩戴好,按避灾路线撤离危险现场,进入安全地带,不能够及时撤离现场的人员要迅速打开压风管路阀门,钻入自救袋中。

7.6 工程应用案例

7.6.1 矿井工作面概况

工程应用案例选择在河南古汉山煤矿。该矿位于焦作市东北，矿井设计能力为120万t/a，核定能力为140万t/a，为煤与瓦斯突出矿井。矿井主采煤层为山西组二$_1$煤，煤层位于山西组下部，为黑色块状，接近底板处常有一层0.25～1.0 m的粉状片状夹小块煤带发育。二$_1$煤属中灰、低硫无烟块煤，厚度分布稳定（1.88～7.57 m，均厚5.0 m），煤层硬度f=0.1～1.2；煤层结构简单，一般含夹矸1～2层（厚0.02～1.47 m）。煤层瓦斯含量为3.21～28.8 m^3/t，煤层瓦斯压力为0.1～2.42 MPa；煤层透气性系数为0.023 89～3.018 6 m^2/MPa^2·d。

矿井1603工作面的1603(2$^\#$)底抽巷巷道剖面图如图7-111所示，1603工作面内的二$_1$煤层分布稳定，倾角15°，构造简单，储量丰富，不含夹矸，无煤尘爆炸和煤层自燃发火现象。煤层瓦斯压力（表压）为1.94 MPa，煤层瓦斯含量为22.43～25.32 m^3/t。

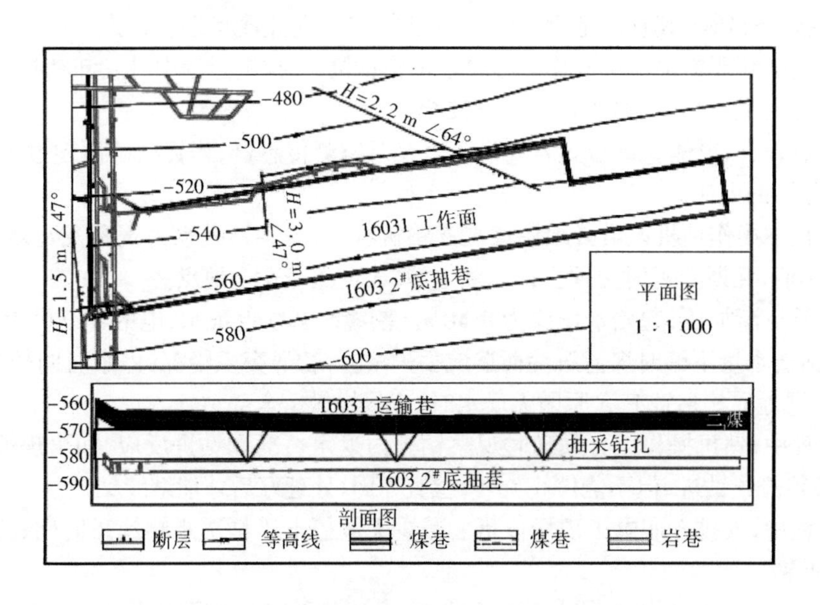

图7-111 1603工作面示意图

7.6.2 方案与参数设计

7.6.2.1 割缝钻孔设计

在1603(2$^\#$)底抽巷钻场内施工上向穿层钻孔、预抽煤层瓦斯为实现掩护16031运输巷安全掘进的目的。通过在穿层钻孔内多缝槽切割，改变钻孔周围应力场，形成缝槽裂隙网，扩大钻孔扰动和抽采影响范围，提高钻孔瓦斯的排放能力。

试验方案设计包括水射流割缝钻孔，煤层位移测定钻孔和地应力测定钻孔，所有钻孔的角度与巷道面垂直，从煤层底板岩石巷道向煤层施工，相邻钻孔的顶板间距约为5.2 m，底板间距约为3.0 m。钻孔设计为叉花式布置（如图7-112所示），每组钻孔分为两列共13个，两列钻孔根据编号不同分为奇数列和偶数列，钻孔控制巷道两帮各30 m，钻孔参数如表7-14所列。

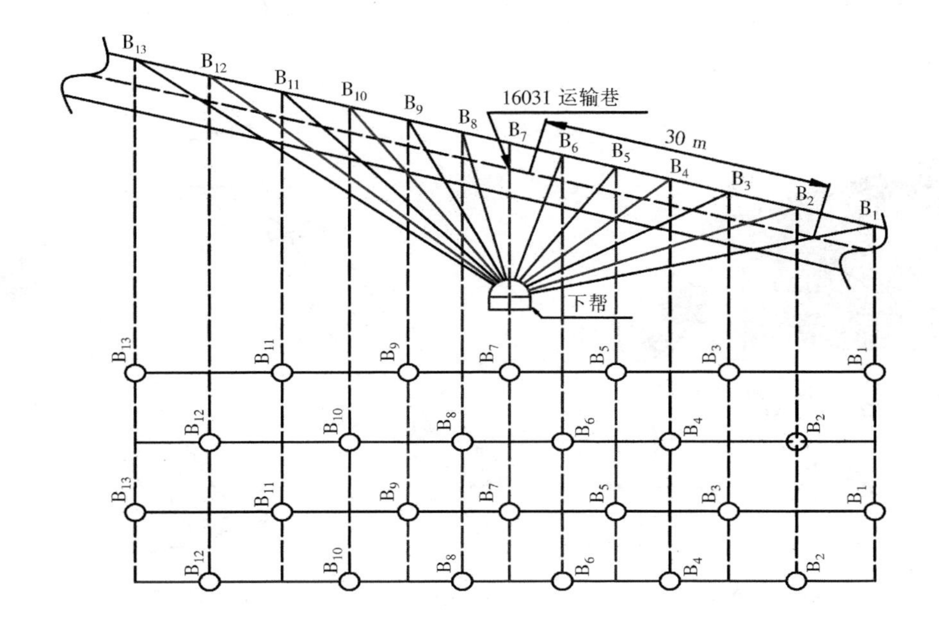

图 7-112　现场试验钻孔设计图

表 7-14　钻孔参数表

孔号	倾角/(°)	方向	钻孔长度/m	
			岩段/m	煤段/m
B_1	15	与巷道中线垂直	21.5	12.0
B_2	22	与巷道中线垂直	17.0	10.0
B_3	32	与巷道中线垂直	14.0	8.0
B_4	44	与巷道中线垂直	11.5	7.0
B_5	59	与巷道中线垂直	10.0	6.0
B_6	75	与巷道中线垂直	9.5	6.0
B_7	88	与巷道中线垂直	10.0	6.0
B_8	104	与巷道中线垂直	11.5	7.0
B_9	117	与巷道中线垂直	13.5	8.0
B_{10}	126	与巷道中线垂直	16.0	9.5
B_{11}	134	与巷道中线垂直	20.0	10.5
B_{12}	139	与巷道中线垂直	24.0	14.0
B_{13}	143	与巷道中线垂直	29.0	16.0

7.6.2.2　考察孔设计和传感器安装

通过钻孔内安装应力计和位移计对割缝钻孔周围应力和位移变化进行考察，考察孔的设计如图 7-113 和图 7-114 所示。为了安装及考察的方便，选择底抽巷正上方区域的短钻孔作为考察钻孔，考察钻孔的参数如表 7-15 所列。

考察孔的钻孔应力计、位移计参数如表 7-16 所列，其中用 G4S 型膜式燃气表监测钻孔瓦斯排放量变化。试验首先施工并安装位移和应力传感器如图 7-114 所示，通常传感器稳定需要 20～40 d 左右，传感器的探头要与煤壁间隙尽可能小；传感器工作稳定后施工割缝钻孔，割缝孔施工完毕后便封孔并连接流量表监测。

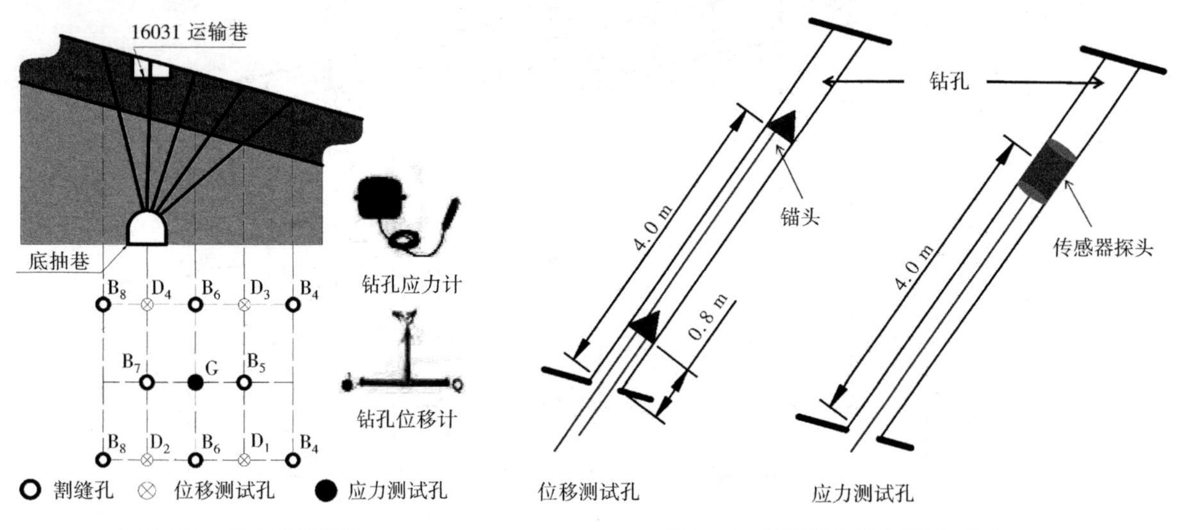

图 7-113　考察孔设计图

图 7-114　传感器安装位置示意图

表 7-15　考察孔参数表

孔　号	倾角/(°)	钻孔直径/mm	方　向	钻孔长度/m	
				岩段/m	煤段/m
D_1	59	22	与巷道中线垂直	10.0	6.0
D_2	88	22	与巷道中线垂直	10.0	6.0
G	75	60	与巷道中线垂直	9.5	6.0

表 7-16　流量计及传感器的参数表

名　称	型　号	精　度	最大量程	原　理
钻孔应力计	Z—30	0.10 MPa	30.00 MPa	数字显示
钻孔位移计	U—2	1.00 mm	200.00 mm	机械式
钻孔瓦斯流量计	G4S	0.04～6.00 m^3/h	100 000.00 m^3	机械式

7.6.2.3　孔内缝槽设计及切割工艺

在钻孔内的煤层段，间隔 1～2 m 以钻孔轴线为中心旋转切割 2～3 条缝槽，缝槽布置示意图如图 7-115 所示，缝槽的尺寸通过射流水压和切割出煤量控制，水压越大且出煤量越多，缝槽的半径和厚度越大。

钻孔施工完成后，将射流割缝器送入设计位置进行旋转切割。通过水压控制器调节射流水压，试验中水射流出口水压为 14～26 MPa，射流喷嘴直径为 2.0～3.0 mm，试验中采用后退式切割方法，即上部缝槽切割完成后再切割下部缝槽。由于煤层瓦斯含量高、压力大，水射流切割时会诱发孔内瓦斯大量喷涌，试验中安设孔口防护装置。

本次试验施工钻孔 10 组（约 130 个钻孔），其中 2 组为常规钻孔，其余 8 组为多缝槽钻孔，施工巷道长度约 60 m，总共排出煤渣量约 190 t（约 200 矿车），平均单孔出煤量约 1.3 t。

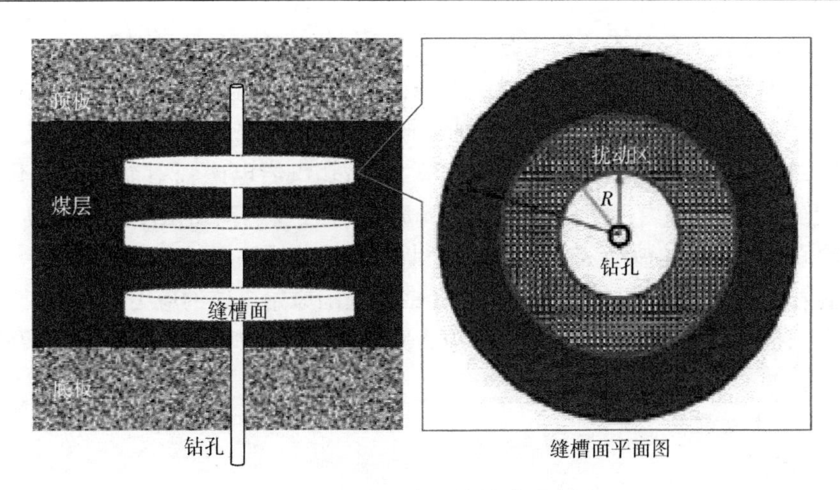

图 7-115　煤层内缝槽设计示意图

7.6.3　割缝效果

7.6.3.1　割缝区域突出危险性

煤岩体受载破坏和对外做功的是一种能量变化的过程，会产生应力的变化，造成煤岩体的变形和破裂，煤岩体破裂、变形会伴随着电磁辐射（EMR）等效应[37]，监测和分析煤岩体的电磁辐射能量变化可预测煤层瓦斯动力灾害。采用 KBD5 电磁辐射监测仪[38]监测割缝的扰动影响，如图 7-116 所示。

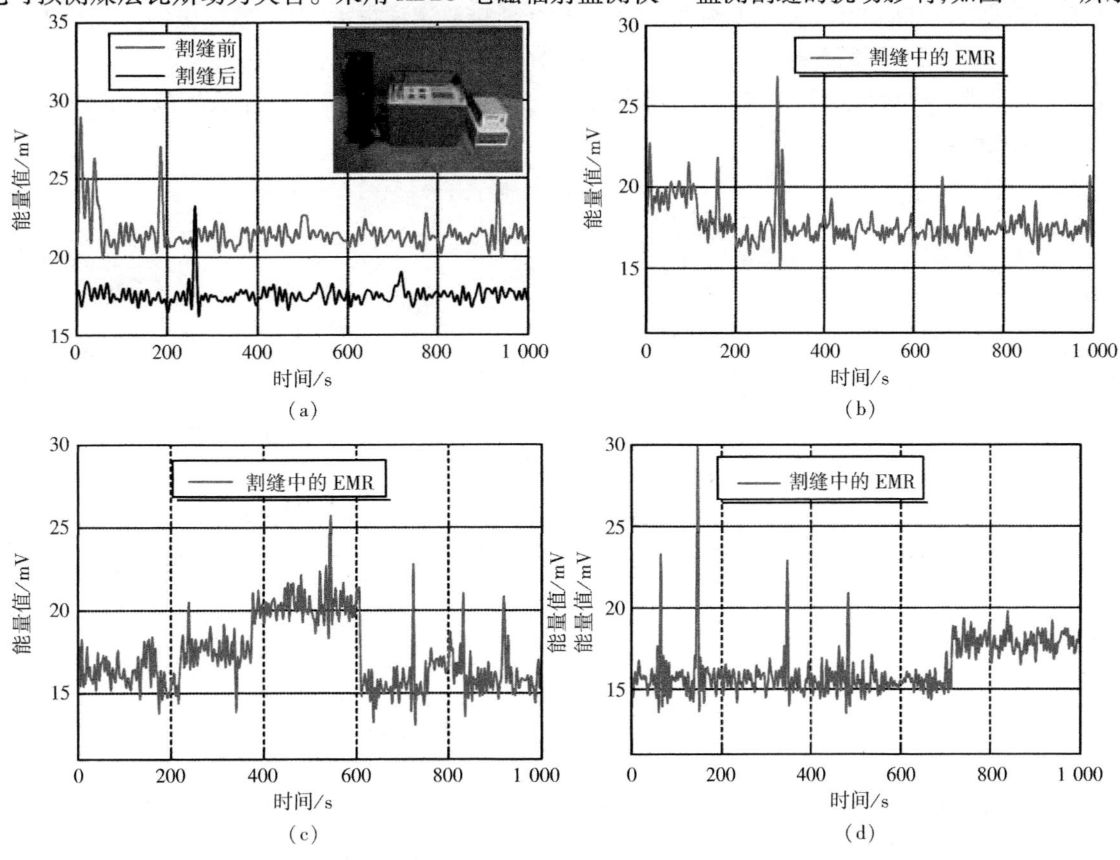

图 7-116　割缝过程中煤岩电磁辐射值监测

(a) 割缝前后电磁辐射强度对比；(b) 割缝前期；(c) 割缝中期；(d) 割缝后期

钻孔周围煤岩电磁辐射能量平均值由割缝前的 21 mV,降低到割缝后的 17 mV,如图 7-116(a),可以推断,割缝后煤体内能降低,切割区域地应力降低,说明钻孔周围的应力向远离钻孔中心转移,同时可以认为,煤与瓦斯突出危险性降低。钻孔割缝前期电磁辐射强度值较稳定,如图 7-116(b);随着割缝时间的增长,电磁辐射强度值波动和强度值增大,钻孔煤岩电磁辐射能量值变化显著[如图 7-116(c)],能量突变频率高,孔内伴随响煤炮和瓦斯喷涌,并且巷道瓦斯浓度不断升高;在割缝的中后期电磁辐射能量值出现明显的波动变化,且巷道瓦斯浓度快速升高,如图 7-116(d)。

钻孔电磁辐射能量变化说明,割缝扰动会改变钻孔周围原始煤体的应力场和瓦斯压力场,诱导煤体内能对外释放;割缝完成后,钻孔周围能量和应力降低,因此,割缝后原始煤层煤与瓦斯突出危险性降低。

7.6.3.2 钻孔瓦斯排放效果

(1) 现场数据统计

对常规钻孔和多缝槽切割钻孔的瓦斯排放进行了监测统计,打钻或割缝施工完毕后便开始观测,开始时每隔 8 h 记录一次,3 ~ 7 d 后每隔 24 ~ 48 h 记录一次。试验中考察了 8 个常规钻孔和 20 个割缝钻孔。

常规钻孔在刚钻进成孔时,钻孔瓦斯排放量较大,一般 7 ~ 10 d 后,瓦斯排放量会降低到 1 L/min 以下;钻孔割缝后瓦斯涌出量很大,7 ~ 10 d 后,瓦斯排放量仍在 30 L/min 以上。

(2) 钻孔瓦斯排放瞬时流量

对常规钻孔和割缝出煤量为 3.0 t、2.0 t 钻孔瓦斯排放瞬时流量进行了统计,前 2 d 的瓦斯排放瞬时流量如图 7-117(a)所示,在施工刚完成时,钻孔瓦斯排放速度很大,但衰减也很快,一般 12 h 后衰减为初始值的 0.3 ~ 0.5;割缝出煤量越多,初始瓦斯排放速度越大,当割缝出煤量为 3.0 t 时,钻孔瓦斯最大瞬时排放流量约为 300 L/min,是常规钻孔的 2 倍;瓦斯排放瞬时流量衰减拟合曲线满足指数函数变化规律。

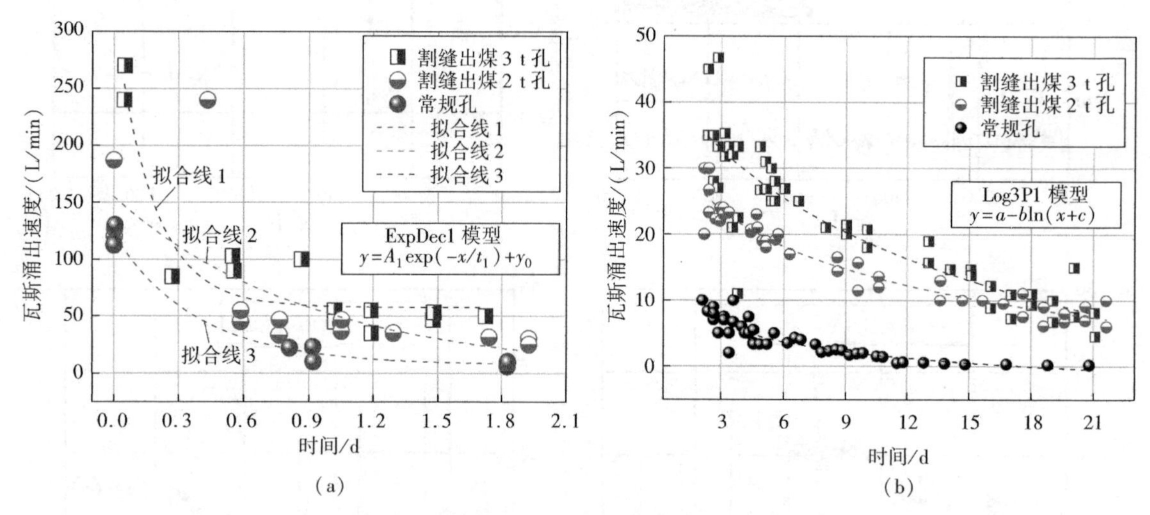

图 7-117 钻孔瓦斯排放瞬时流量变化图

(a) 前 2 d 瓦斯快速涌出统计;(b) 后 20 d 瓦斯排放瞬时流量统计

后 20 d 的瓦斯排放瞬时流量如图 7-117(b)所示,瓦斯衰减速度较慢,排放 10 d 后,常规钻孔瓦斯排放瞬时流量基本为 0;排放 20 d 后,割缝钻孔瓦斯排放瞬时流量仍然在 8 L/min,割缝出煤量3 t 孔的瓦斯瞬时流量大于 2 t 孔的流量,随着排放时间的延长,瞬时流量值越接近;割缝钻孔与常规钻孔的瓦斯排放瞬时流量衰减拟合曲线均满足对数函数变化规律。

因此，孔内割缝后，煤体瓦斯排放涌出速度明显大于常规钻孔，钻孔瓦斯涌出的衰减周期显著增大；割缝出煤量越大，钻孔瓦斯排放瞬时速度越大，但不满足线性变化规律；无论是割缝孔还是常规孔，瓦斯排放趋势较一致。

（3）瓦斯累计排放量分析

割缝孔瓦斯累计排放量如图 7-118 所示，钻孔累计瓦斯排放量随时间基本呈指数函数变化。通常情况下，割缝出煤量越多，瓦斯排放量越大。统计发现，6#、3#钻孔的出煤量较大，瓦斯排放量也较大；而 4#、5#钻孔出煤量较少，瓦斯排放量也明显较少，是 6#和 3#钻孔的约 1/2。由于该区域煤层赋存稳定，地质构造不发育，可近似认为煤层是均匀赋存的，那么可以推测是地应力的影响，钻孔角度的不同，导致缝槽面与最大主应力夹角不同，根据 7.3 节的研究分析，可以推测，4#、5#钻孔的缝槽面与最大主应力接近平行。

常规钻孔瓦斯累计排放量如图 7-119 所示，瓦斯排放 10～15 d 后基本上增量变得很小，割缝钻孔的 20 d 累计瓦斯排放量是常规钻孔的 5～10 倍，割缝后钻孔瓦斯的排放能力显著增强。

对 80 d 内割缝钻孔累计瓦斯排放量统计如图 7-120 所示，3#、6#孔瓦斯排放量明显大于 4#、5#钻孔，其中 3—3 钻孔瓦斯排放量最大达 2 046 m^3。

假设每个钻孔所控制的范围为半径为 3 m 且厚度为 5 m 的圆柱体，煤层原始瓦斯含量为 20 m^3/t，煤体密度为 1.6 t/m^3，那么考察的割缝钻孔平均瓦斯排放率为：

$$\eta = \frac{\frac{1}{n}\sum Q_n}{Q_0} = \frac{Q_1 + Q_2 + \cdots + Q_n}{n\rho V q_0} = 27.1\%$$

割缝钻孔 3—3 瓦斯的排放率达到 45.25%，因此，割缝后钻孔瓦斯排放能力显著增强，有效地提高了钻孔瓦斯抽采效率。

7.6.3.3　割缝煤体透气性系数

根据煤矿井下实测煤层透气性的测定方法、现场实测钻孔瓦斯累计抽采流量和煤层的基本参数，计算割缝后钻孔瓦斯排放 30 d 内煤层透气性系数，如图 7-121 所示，割缝煤体的透气性系数显著大于未割缝煤体，割缝钻孔实测的煤体透气性系数均值为 0.658 $m^2/(MPa^2 \cdot d)$，常规施工钻孔煤体透气性系数为 0.089 $m^2/(MPa^2 \cdot d)$，因此，在 30 d 内，割缝后煤体的透气性增大了 6.3 倍；3#、6#割缝钻孔区域煤体透气性系数大于 4#、5#割缝钻孔区域。

7.6.3.4　割缝煤体应力和位移变化

试验中共埋设了 4 个钻孔应力计，由于原始应力很难通过此方法测试，试验中只测试应力变化量。试验中有 2 个应力计测试失败，另外两个在割缝后的 70 d 内数值变化如图 7-122 所示。应力计 A 周围割缝钻孔先施工，初始时钻孔的应力值约为 0.2 MPa，并且比较稳定，在割缝完成后约 20 d 时，钻孔应力计数值开始变化，应力计 A 数值变化较大（应力最大值约 1.6 MPa），而应力计 B 缓慢增大，最大值约 1.0 MPa。说明割缝后煤层应力场会发生改变，钻孔周围地应力会增加。

试验中共安设了 20 个位移计，其中位于钻孔 3—6 下面的位移计发生了显著变化，如图 7-123 所示。3—6 钻孔割缝刚完成时，其下方便发生了很大的位移，位移量为 60 mm，之后 60 d 内没有发生位移变化。位移计变化前后的现场对比照片如图 7-124 所示，割缝前和割缝进行时，位移计都没有发生改变，当割缝完成后，位移计瞬间发生了显著改变，煤体运移后钻孔瓦斯涌出量突然增大，孔口有青蓝色的烟雾出现。

钻孔应力计和位移计的变化表明，煤体割缝会改变原始应力场，钻孔周围应力会增大，同时割缝中应力场改变及煤体的破坏会诱发孔内的动力现象。

7.6.3.5　割缝影响范围

矿井瞬变电磁法是利用不接地回线向采掘空间周围的煤岩体中发射一次场，通过在发射间歇测

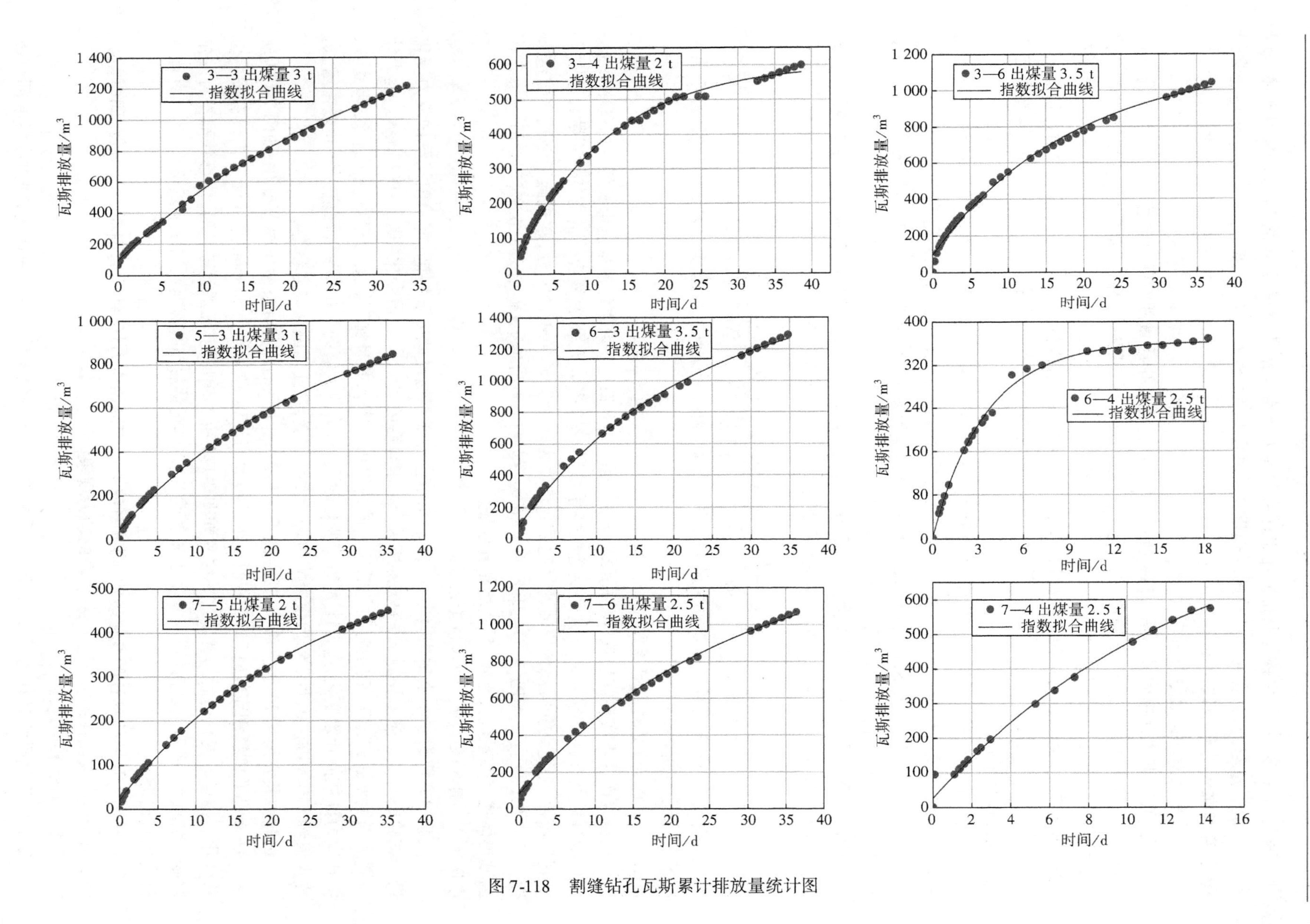

图 7-118　割缝钻孔瓦斯累计排放量统计图

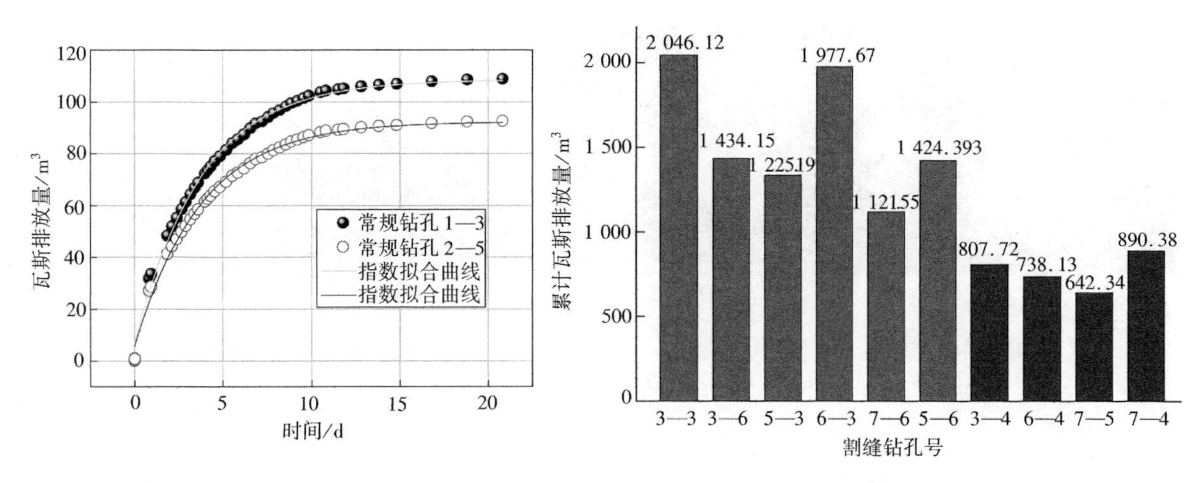

图 7-119　常规钻孔累计瓦斯排放量

图 7-120　割缝钻孔 80 d 内累计瓦斯排放量

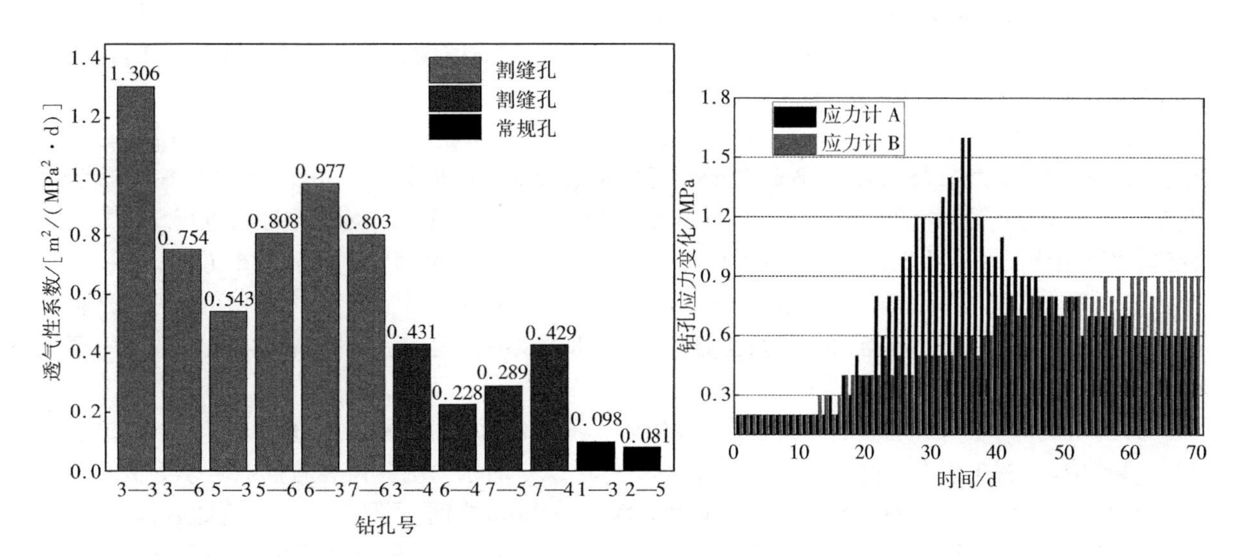

图 7-121　现场实测煤体透气性系数对比图

图 7-122　割缝煤体应力变化

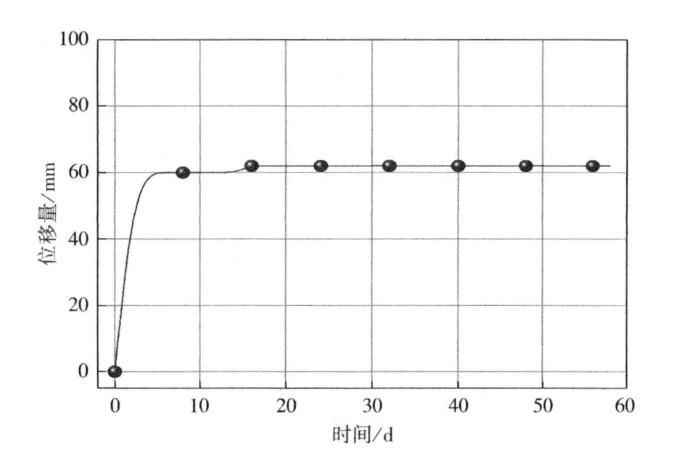

图 7-123　割缝后煤体位移变化

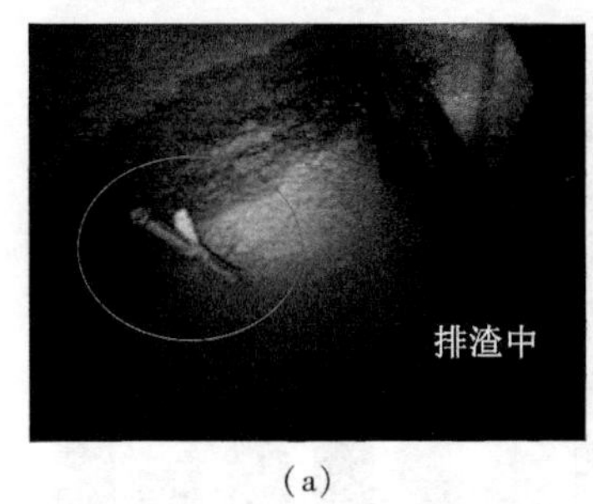

(a)

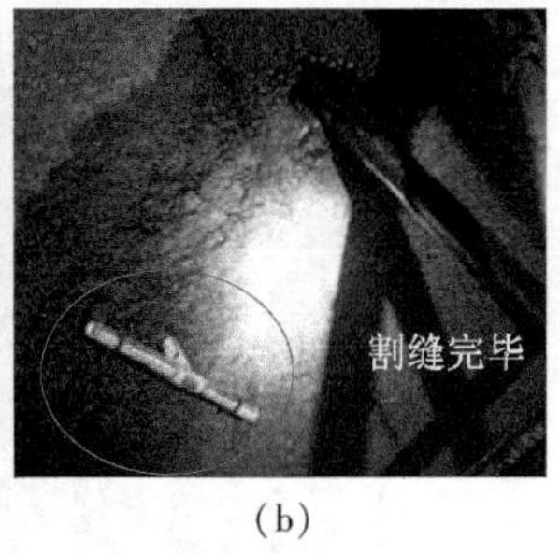

(b)

图 7-124　现场钻孔位移计变化图

(a) 现场作业中的位移计；(b) 割缝完成后的位移计

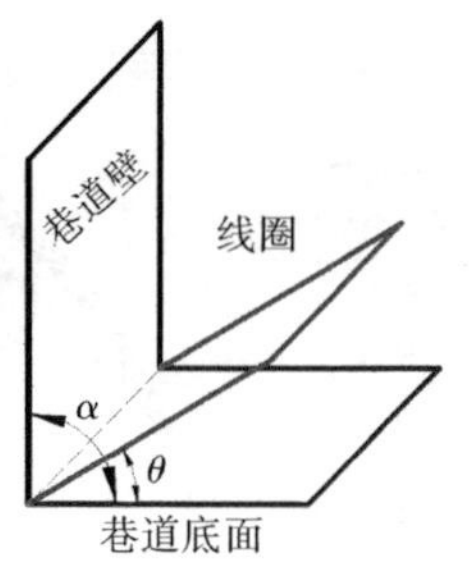

图 7-125　TerraTEM 型瞬变电磁仪及测试设计图

量煤岩体中电性不均匀体感应产生的二次场随时间的变化，来达到查明各种地质目标体的非接触式探测技术[39]。割缝过程中煤体破坏及水射流对煤体的浸润作用，将导致钻孔周围煤体含水率改变，致使煤体电阻率降低。用矿井瞬变电磁法探测对割缝试验前后的煤层视电阻率值进行对比，检验割缝影响范围。

测试采用澳大利亚生产的 TerraTEM 型瞬变电磁仪，采样时间为 100 ms，叠加次数 64 次，时间采用标准时间序列，发射线框为边长 2 m×2 m×20 匝，接收线框为边长 2 m×2 m×60 匝的重叠回线装置。共布置 17 个测点，测点间距为 1 m，共计 16 m，每个测点分别对综采工作面煤层顶板进行 3 个方向的探测，探测角度 α 依次为探测线圈法线方向与水射流割缝方向夹角+5°，0°，-5°三个方向，共采集 51 个数据。TerraTEM 型瞬变电磁仪及测试设计如图 7-125 所示，采用中国矿业大学（矿井/隧道）瞬变电磁法数据处理与解释系统软件进行数据处理，得到水力割缝试验前后矿井瞬变电磁法视电阻率等值线拟断面图如图 7-126 所示。

分析图 7-126 中同一地点割缝试验前后视电阻率值变化情况：割缝试验前横坐标 3 ~ 9 m，纵坐标 20 ~ 30 m 之间，视电阻率等值线值变化范围在 12 ~ 20 Ω · m；水力割缝试验后视电阻率等值线值变化范围在 10 ~ 15 Ω · m。探测钻孔割缝位置在孔深 27 ~ 23 m 之间，可见经水射流割缝后，煤层含水率增加，致使煤层的视电阻率值变小，从视电阻率的等直线分布可发现，水射流割缝后水分布半径达 2 ~ 4 m。

综上所述，水射流割缝钻孔使瓦斯排放量显著提高，通常割缝出煤量越多，钻孔瓦斯排放能力越强。现场试验中，割缝出煤量为 3.0 t 的钻孔，瓦斯排放最大瞬时流量为 300 L/min，是常规钻孔的 2 倍；割缝钻孔瓦斯排放 20 d 后仍能维持 10 L/min，而常规钻孔排放 10 d 后瓦斯排放瞬时流量接近为零，且瓦斯排放不连续；割缝钻孔 80 d 瓦斯排放总量最大为 2 046 m^3，周围煤体瓦斯排放率约为 30%，远大于常规钻孔；而不同角度的割缝钻孔瓦斯排放差别较显著，也验证了应力与缝槽面夹角对煤体裂纹扩展的影响。此外，水射流在钻孔内割缝后，煤体应力发生改变，钻孔周围煤体发生位移。现场试验中，割缝后钻孔之间煤体应力会明显增大，在测试的 70 d 内，最大应力增量达到 1.3 MPa；缝槽煤体应力的改变会诱发煤体变形和位移，试验观测到了割缝后钻孔周围煤体突然变形位移现象，最大位移量达 60 mm。另外，钻孔内水射流割缝会对煤体产生显著扰动影响，扩展钻孔卸压区和破裂区范围。现场试验中，割缝过程电磁辐射测试表明，钻孔周围电磁辐射能量值随着割缝时间的增长会发生剧烈波动变化，能量突变频率会增大，煤体内部能量大量释放，割缝后钻孔周围电磁辐射能量值会降低；割缝钻孔周围水分布的瞬变电磁测试表明，割缝后钻孔周围视电阻率降低，水含量明显增大，水分布范围达到 2 ~ 4 m；割缝煤体的地质雷达探测表明，割缝后钻孔周围煤体会成形成较明显的缺陷，这也验证了缝槽破坏影响的存在。

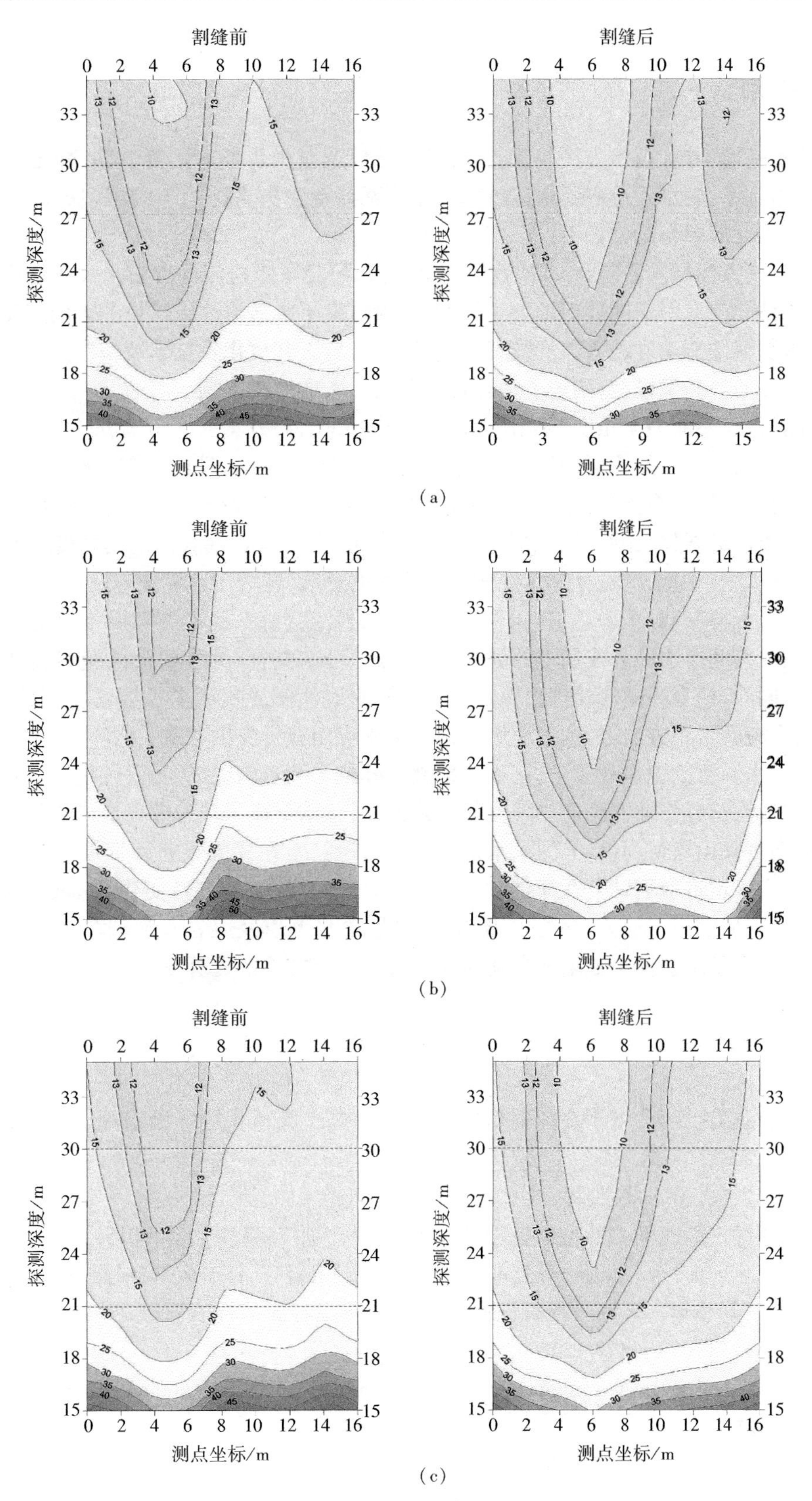

图 7-126 割缝前后矿井瞬变电磁法探测视电阻率等值线拟断面图(单位:Ω·m)

(a) 钻孔方向+5°探测;(b) 钻孔方向探测;(c) 钻孔方向-5°探测

7.7 本章小结

本章从技术基础理论、技术方法与工艺、技术装备以及技术现场应用等方面,介绍了煤矿井下射流割缝卸压增透技术,为水射流割缝增透技术在煤矿瓦斯动力灾害防控与治理中的应用提供基础理论支撑与指导,主要成果与结论如下:

(1) 采用高速摄像试验系统和 CFD 数值计算方法,研究了水射流冲击钻孔表面的流体形态和结构特征,揭示了钻孔内水射流的冲击动力学特性;实验研究了水射流冲击试块的表面应变特性和破裂特征,分析了水射流冲击动静载荷破岩机制,为水射流割缝工艺优化及技术装备参数匹配奠定重要基础;建立了钻孔径向渗透率模型,阐述了钻孔直径对径向增透率的影响。

(2) 从煤岩损伤渗流力学角度,采用离散元颗粒流 PFC、声发射技术等方法,分析水射流钻孔煤体、割缝煤体损伤及裂纹扩展特性,发现了割缝损伤对煤岩体力学特性的影响;通过研究分析多缝槽分布煤岩体应力—损伤—渗流"三场"时空演化特性,发现多缝槽损伤会将显著降低煤岩体原始应力分布,扩展煤岩损伤场裂化,进而显著增大煤岩渗透特性,从"三场"耦合作用的角度全面阐述了水射流割缝卸压增透机理;并基于煤岩应力、损伤对渗透率的影响,建立了割缝裂隙网增透物理模型。

(3) 基于水射流割缝卸压增透机理研究,提出了水射流割缝钻孔群裂隙网络增透思想与技术工艺;探讨了导向式割缝增透工艺作用下的煤岩应力、损伤分布特征,为水射流割缝增透技术工程应用奠定重要基础;同时,结合瓦斯流动理论,从瓦斯抽采、水射流割缝扰动半径等角度,总结了水射流割缝增透技术效果考察常用方法,为水射流增透技术工程应用分析提供考量手段。

(4) 介绍了水射流割缝系列装备,基于水射流割缝技术装备的组成,实验优化了水射流切割喷嘴参数,研究了水射流割缝作业安全防护装置与工艺方法,总结形成了装备现场操作流程指南。

(5) 以河南古汉山煤矿为例,介绍了水射流割缝增透技术在穿层煤巷条带预抽防突中的应用示范,现场跟踪考察了增透前后钻孔瓦斯排放、煤层瓦斯压力及煤层透气性变化等基础参数,探索性监测了增透前后钻孔周围煤岩应力、煤岩电磁辐射、煤层含水率以及煤岩宏观破坏等卸压扰动效果参数,充分检验并验证了水射流割缝增透在瓦斯动力灾害防控方面的显著效果。

参考文献

[1] 林柏泉,高亚斌,沈春明.基于高压射流割缝技术的单一低透煤层瓦斯治理[J].煤炭科学技术,2013,41(9):53-57.
[2] 董志勇.冲击射流[M].北京:海洋出版社,1997.
[3] 黄飞.水射流冲击瞬态动力特性及破岩机理研究[D].重庆:重庆大学,2015.
[4] 高亚斌.钻孔水射流冲击动力破煤岩增透机制及其应用研究[D].徐州:中国矿业大学,2016.
[5] 黄飞,卢义玉,刘小川,等.高压水射流冲击作用下横观各向同性岩石破碎机制[J].岩石力学与工程学报,2014,33(7):1329-1335.
[6] COOK S S. Erosion by water-hammer[J]. Proceedings of the Royal of London: Series A, 1928, 119(783):418-488.
[7] CHERMENSKY G P, DAVIDYANTS G F. Pulsed water jet pressures in rock breaking: Proceedings of the Fifth International Symposium on Jet Cutting Technology[C]. Cranfield, BHRA: [s. n.], 1980: 155-163.
[8] 沈春明,汪东,张浪,等.水射流切槽诱导高瓦斯煤体失稳喷出机制与应用[J].煤炭学报,2015,

40(9):2097-2104.

[9] 沈春明.水射流割缝煤岩裂纹扩展与增透理论及在瓦斯抽采中的应用研究[D].徐州:中国矿业大学,2014.

[10] 张茹,谢和平,刘建锋,等.单轴多级加载岩石破坏声发射特性试验研究[J].岩石力学与工程学报,2006,25(12):2584-2588.

[11] LIN B,SHEN C. Coal permeability-improving mechanism ofmultilevel slotting by water jet and application in coal mine gas extraction[J]. Environmental Earth Sciences,2015,73(10):5975-5986.

[12] 沈春明.围压下切槽煤体卸压增透应力损伤演化模拟分析[J].煤炭科学技术,2015,43(12):51-56,50.

[13] 李新平,朱维申.多裂隙岩体的损伤断裂模型及模型试验[J].岩土力学,1991(2):5-14.

[14] 林柏泉,杨威,吴海进,等.影响割缝钻孔卸压效果因素的数值分析[J].中国矿业大学学报,2010,39(2):153-157.

[15] 吴海进,林柏泉,杨威,等.初始应力对缝槽卸压效果影响的数值分析[J].采矿与安全工程学报,2009,26(2):194-197.

[16] 沈春明,林柏泉,吴海进.高压水射流割缝及其对煤体透气性的影响[J].煤炭学报,2011,36(12):2058-2063.

[17] SHEN C,LIN B,SUN C,et al. Analysis of the stress-permeability coupling property in water jet slotting coal and its impact on methane drainage[J]. Journal of Petroleum Science and Engineering,2015,126:231-241.

[18] 于贺,李守巨,满林涛,等.岩体分形裂隙网络系统中水流动研究进展[J].哈尔滨工业大学学报,2011,43(增刊1):94-99.

[19] 康天合.煤层注水渗透特性及其分类研究[J].岩石力学与工程学报,1995,14(3):260-268.

[20] SEIDLE J P,JEANSONNE M W,ERICKSON D J. Application of Matchstick Geometry to Stress Dependent Permeability in Coals: SPE Rocky Mountain Regional Meeting [C]. Casper,Wyoming,1992.

[21] SHI J,DURUCAN S. Exponential growth in San Juan Basin Fruitland coalbed permeability with reservoir drawdown: model match and new insights[J]. SPE Reservoir Evaluation & Engineering,2010,13(6):914-925.

[22] 杨永杰,楚俊,郇冬至,等.煤岩固液耦合应变—渗透率试验[J].煤炭学报,2008,33(7):760-764.

[23] SHEN C,BAI Q,MENG F,et al. Application of pressure relief and permeability increased by slotting a coal seam with a rotary type cutter working across rock layers[J]. International Journal of Mining Science and Technology,2012,22(4):533-536.

[24] 王洪涛,李永祥.三维随机裂隙网络非稳定渗流模型[J].水利水运科学研究,1997(2):139-141.

[25] 郝富昌,支光辉,孙丽娟.考虑流变特性的抽放钻孔应力分布和移动变形规律研究[J].采矿与安全工程学报,2013,30(3):449-455.

[26] 钱鸣高,石平五,许家林.矿山压力与岩层控制:第2版[M].徐州:中国矿业大学出版社,2010.

[27] 林柏泉,张其智,沈春明,等.钻孔割缝网络化增透机制及其在底板穿层钻孔瓦斯抽采中的应用[J].煤炭学报,2012,37(9):1425-1430.

[28] CONNELL L D,LU M,PAN Z. An analytical coal permeability model for tri-axial strain and stress conditions[J]. International Journal of Coal Geology,2010,84(2):103-114.

[29] 林柏泉,邹全乐,沈春明,等. 双动力协同钻进高效卸压特性研究及应用[J]. 煤炭学报,2013,38(6):911-917.

[30] GAO Y, LIN B, YANG W, et al. Drilling large diameter cross-measure boreholes to improve gas drainage in highly gassy soft coal seams[J]. Journal of Natural Gas Science and Engineering,2015,26:193-204.

[31] 林柏泉,刘厅,邹全乐,等. 割缝扰动区裂纹扩展模式及能量演化规律[J]. 煤炭学报,2015,40(4):719-727.

[32] YAN F, LIN B, ZHU C, et al. A novel ECBM extraction technology based on the integration of hydraulic slotting and hydraulic fracturing[J]. Journal of Natural Gas Science and Engineering,2015,22:571-579.

[33] LIN B, ZHANG J, SHEN C, et al. Technology and application of pressure relief and permeability increase by jointly drilling and slotting coal [J]. International Journal of Mining Science and Technology,2012,22(4):545-551.

[34] 邹全乐,林柏泉,郑春山,等. 基于响应面法的钻割一体化喷嘴稳健性优化[J]. 中国矿业大学学报,2013,42(6):905-910.

[35] 高亚斌,林柏泉,杨威,等. 高突煤层穿层钻孔"钻—冲—割"耦合卸压技术及应用[J]. 采矿与安全工程学报,2017,34(1):177-184.

[36] 郑春山,林柏泉,杨威,等. 水力割缝钻孔喷孔机制及割缝方式的影响[J]. 煤矿安全,2014,45(1):5-12.

[37] 王恩元,何学秋. 煤岩变形破裂电磁辐射的实验研究[J]. 地球物理学报,2000,43(1):131-137.

[38] 王恩元,何学秋,刘贞堂,等. 煤岩动力灾害电磁辐射监测仪及其应用[J]. 煤炭学报,2003,28(4):366-369.

[39] 于景邨,刘志新,刘树才,等. 深部采场突水构造矿井瞬变电磁法探查理论及应用[J]. 煤炭学报,2007,32(8):818-821.

[40] 彭苏萍,杨峰,苏红旗. 高效采集地质雷达的研制及应用[J]. 地质与勘探,2002,38(5):63-66.

第八章　煤矿井下脉动压裂增透技术

8.1　引言

上一章中提到的煤矿井下射流割缝卸压增透技术属于卸压松弛型的技术措施，为煤层卸压增透，尤其是松软煤层，取得了良好的效果。而在煤层卸压增透及瓦斯动力灾害防治方面，水力压裂也是一项重要的技术。相对于射流割缝，水力压裂属于增压驱动型技术，通过高压水的驱动作用，迫使煤层裂隙起裂、延伸直至贯通，形成瓦斯流动通道，为煤体瓦斯解吸流动创造条件。

水力压裂是利用高压力、大流量的注水泵组将压裂液压入到目标煤层，用较高液体压力（通常25 MPa以上）破裂煤体。该技术自1947年第一次试验成功后，作为有效的增产措施，已广泛用于石油、天然气、地热能、煤层气、煤矿井下瓦斯治理等领域[1-7]。我国于20世纪80年代先后在阳泉一矿、白沙红卫矿、抚顺北龙凤矿及焦作中马矿等进行了井下水力压裂试验，并且取得了一些效果。工业性试验初步显示出水力压裂具有增大煤层透气性、降低地应力及卸压范围大的特点，为高瓦斯低透气性煤层瓦斯治理，提供了新的途径。然而，其不足之处也比较明显，如由于泵组流量要400 L/min以上，体积庞大，结构复杂；裂隙形态较为单一，卸压范围有限；压力起压速度快，压力高，易在某处瞬间形成应力集中；由于注水压力高，对钻孔封孔要求也高，通常压裂孔封孔耐压要求40 MPa以上，封孔成功率低，等等。近几年出现了多种水力压裂方法，如结合了液氮的水力压裂方法[8]，可以借助在孔底工作面区冻结已压开的主裂隙网；井下点式水力压裂增透工艺[9]，用低流量水流达到增透效果，减小了压裂设备体积、质量；再如分段点式水力压裂[10]、孔间煤体水力压裂技术[11]等。通过改变压裂工艺、钻孔布置等方式，增大了裂隙贯通效率，为瓦斯的流动提供足够的空间和通道，在一定程度上提高了水力压裂的适用性和应用效果。

脉动水力压裂是一种新型水力压裂技术，该技术主要利用脉动载荷形式将具有一定频率的压裂液压入煤体中，使得煤体裂隙膨胀—收缩—膨胀，造成煤体的破坏，得到分布较为均匀的裂隙网。工程试验表明，脉动压裂后瓦斯抽采效果明显提高[12-14]。同时，针对脉动压裂增透机制，也开展了相关基础研究，如脉动压力在裂隙中的传播机理[12]、脉动水作用下煤体的疲劳损伤[13]、脉动应力波的传播[14]、脉动参数的设计[15,16]等。以上研究为脉动水力压裂技术的发展做出了有益探索。

本章主要介绍脉动载荷作用下煤体裂隙演化机制、脉动压裂增透机理、脉动压裂裂隙演化的数值模拟、脉动压裂作用下煤体瓦斯动力学特征、脉动压裂强化瓦斯抽采关键技术、井下脉动水力压裂卸压增透技术体系等方面的研究成果，以期为矿井瓦斯动力灾害防治提供技术支撑。

8.2　脉动载荷作用下煤体裂隙演化机制

脉动水力压裂技术中，水压力作用形式由稳定的静压载荷变为脉动载荷，压裂过程中受载煤岩体应力环境发生变化，有必要对脉动载荷下煤岩体裂隙的演化开展研究，掌握裂隙起裂、延伸及其贯通机制，优化脉动水力压裂技术。

8.2.1 脉动载荷作用下煤体力学特征

8.2.1.1 脉动载荷下裂隙的形式

促进裂隙的起裂和扩展是水力压裂实施的主要目的，其裂隙形式尚没有明确的分类，目前认可度较高的定义主要有两种：

① 按照裂隙形成的时空关系，可分为主裂隙和分支裂隙（或翼裂隙）。

② 按照裂隙最终形态，可分为单一裂隙和裂隙网络。

水力压裂是借助流体水在煤层各种弱面内对弱面两壁面的支撑作用，使弱面发生张开、扩展和延伸，从而对煤层形成内部分割。由于煤体孔隙—裂隙系统的存在，以及它们所在平面与原岩应力场中主应力方向之间的空间位置关系不同，导致水在侵入煤体顺序和其运动状态上的不同。在顺序上表现为先从张开度大、联结能力弱的大型裂隙开始，然后到二级的裂隙，最后到原生微裂隙和孔隙中。水在煤层内的运动状态具有渗流、毛细浸润和水分子扩散三种状态，且在渗透过程中伴随有毛细浸润和水分子扩散过程；水的压裂分解作用是通过水在裂隙弱面内对壁面产生内压作用，导致裂隙发生扩展、延伸以至相互之间发生连接贯通过程来完成的，该过程是建立在原始各级弱面基础上的变化过程。

随着水力压裂工程实践的增加和研究的深入，对水力压裂的认识也发生了变化，尤其是在赋存复杂的岩层，裂隙不再是规则单一的对称性裂隙，而是由不同长、宽、高裂隙组成的复杂裂隙形态[17]，其中混合着直裂隙、弯曲裂隙、转向裂隙等。水力压裂裂隙和岩层中原始裂隙进一步交叉发育，形成更加复杂的裂隙网络，如图 8-1 所示。

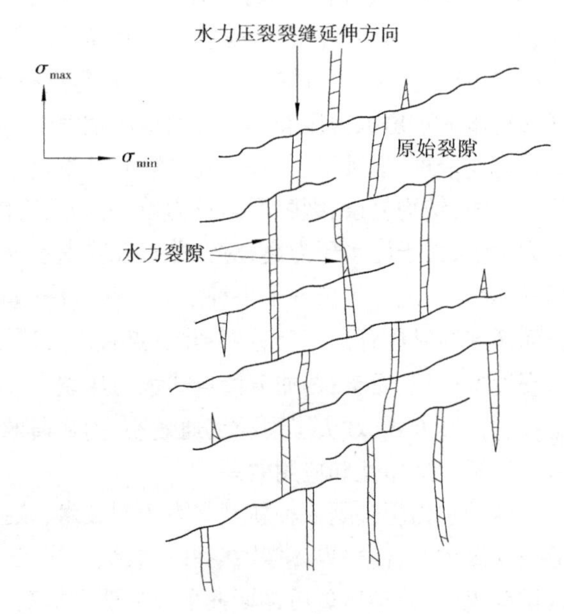

图 8-1 裂隙延伸网络构想图[18]

8.2.1.2 脉动载荷下煤体力学特征的实验研究

在复杂孔隙—裂隙特征基础上，水力压裂时煤体内部形成裂隙网络的概率大大增加。为了进一步促进裂隙网络的形成，提出脉动载荷加载方式，考察该方式下煤体裂隙起裂、延伸等特征。为此，制作力学特征一致的标准煤样，进行静压载荷和脉动载荷作用下的煤体力学特征分析，对比得出两种载荷下煤体内部变化的异同，探索脉动载荷下煤体裂隙演化特征，为脉动水力压裂煤体的机理研究提供基础。

首先对两种载荷形式进行定义。静压载荷是指载荷压力变化平稳，试件所承受的外力不随时间而变化，其自身状态也不随时间而改变，也就是说，试件各质点没有加速度。与之相对的是变压载荷，即载荷大小或方向随时间变化。脉动载荷是变压载荷的一种，其主要特征是外界载荷的循环变化。

（1）实验概况

煤样选自山西潞安集团余吾煤业公司。为了减少煤体不均质带来的误差影响，对煤样的选择严格把关。首先，优先选择同一煤层、同一区域的大型煤块进行取样，保证试件在变质程度、地应力环境等方面的一致性。其次，对所制试件严格筛选，剔除制样过程中掉块、残缺、易断的试件，保证每个试件的完整性。试件按照国家标准《煤和岩石物理力学性质测定方法》开展[19]。试件尺寸为 50 mm×

100 mm,断面平整度误差小于0.02 mm。原煤及所制试件如图8-2所示。

图8-2　原煤样及试件

本实验主要是在煤炭资源与安全开采国家重点实验室的MTS Landmark 370.50动静载疲劳试验机上进行的。实验系统如图8-3所示。

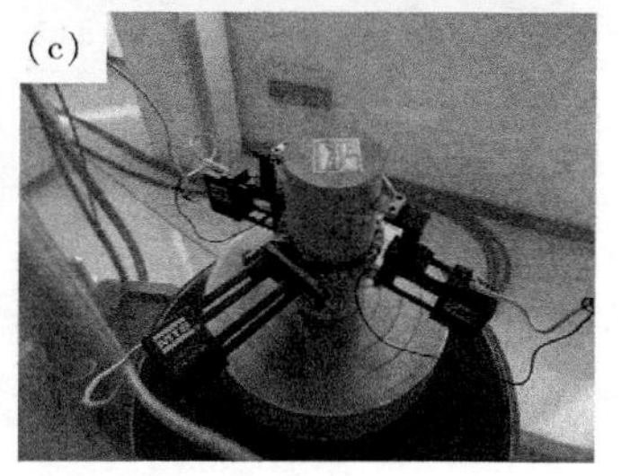

图8-3　MTS Landmark 370.50动静载疲劳试验机

(a) 设备整体;(b) 加载;(c) 引伸计

(2) 实验设计

影响试件破坏效果的因素主要可以分为两个方面:

① 试件结构,主要是指加工完成试件的组成及构造。对于原煤试件,原始损伤程度、裂隙数量及尺寸、试件尺寸等对试件力学性能具有关键的影响。为此,在制备试件时,应保持试件结构的一致性,减少裂隙、尺寸等的影响。本实验选择标准试件(50 mm×100 mm)。

② 加载工艺,主要是指加载方式(静载荷和动载荷)、加载速率、控制方式(力控制和位移控制)等。对于脉动载荷,其影响因素还包括应力水平、加载频率、加载波形、加载速率等。

应力水平是影响脉动载荷破坏的主要因素之一,其中应力上限和应力幅值的作用更为明显。应力上限的选择主要依据单轴压缩的峰值强度。应力上限越高,煤岩疲劳寿命越短,应力上限越低,煤岩疲劳寿命越长,当低到某一值——“门槛值”时,煤岩的损伤演化不明显[20]。和静压载荷一样,脉动载荷的加载速率对结果也有影响。研究表明[21],随着加载频率的增加,煤岩弹性模量、破坏速度也增大,泊松比、波速比略有下降趋势。加载波形是脉动载荷的主要特征参数之一。脉动载荷的加载过程中,载荷随时间的变化曲线就是加载波形,按照数学关系,曲线某一点的斜率就是实时加载速率。常用的加载波形有:正弦波、三角波、方波、半三角波、梯形波等。

为了完成静压载荷和脉动载荷的对比分析,共设计两大组实验:静压单轴压缩实验和脉动载荷破坏实验。所用煤样分别来自两个煤层(文中标号分别为 1#、2#)。首先,对 1#煤层 3 个标准试件进行静压单轴压缩实验,得到试件相关参数(如峰值强度),为脉动载荷破坏试验提供参考。其次,对 1#煤层另外 3 个标准试件进行脉动载荷破坏试验。对于 2#煤层 6 个试件进行相同步骤的静压单轴压缩实验和脉动载荷破坏实验。具体信息如表 8-1 所列。

表 8-1　实验设计

<table>
<tr><th>试件规格</th><th>煤层</th><th>加载形式</th><th>编号</th><th>控制方式</th><th>加载速率(频率)</th><th>加载波形</th><th>应变控制</th></tr>
<tr><td rowspan="12">50 mm×100 mm
标准试件</td><td rowspan="6">1#</td><td>静压</td><td>SL1—1</td><td rowspan="3">位移</td><td rowspan="3">0.001 kN/s</td><td rowspan="3">—</td><td rowspan="3">轴向及环向</td></tr>
<tr><td>单轴</td><td>SL1—2</td></tr>
<tr><td>压缩</td><td>SL1—3</td></tr>
<tr><td>脉动</td><td>FL1—1</td><td rowspan="3">轴向力</td><td rowspan="3">0.001 kN/s
(0.5 Hz)</td><td rowspan="3">正弦</td><td rowspan="3">轴向</td></tr>
<tr><td>载荷</td><td>FL1—2</td></tr>
<tr><td>破坏</td><td>FL1—3</td></tr>
<tr><td rowspan="6">2#</td><td>静压</td><td>SL2—1</td><td rowspan="3">位移</td><td rowspan="3">0.001 kN/s</td><td rowspan="3">—</td><td rowspan="3">轴向及环向</td></tr>
<tr><td>单轴</td><td>SL2—2</td></tr>
<tr><td>压缩</td><td>SL2—3</td></tr>
<tr><td>脉动</td><td>FL2—1</td><td rowspan="3">轴向力</td><td rowspan="3">0.001 kN/s
(0.5 Hz)</td><td rowspan="3">正弦</td><td rowspan="3">轴向</td></tr>
<tr><td>载荷</td><td>FL2—2</td></tr>
<tr><td>破坏</td><td>FL2—3</td></tr>
</table>

(3) 结果分析

首先对两种来源的试件进行静压载荷单轴压缩实验,实验结果如表 8-2 所列,其应力—应变曲线图 8-4 所示。

表 8-2　静载单轴压缩破坏后试件力学特征

试件编号	峰值载荷/kN	峰值应力/MPa	弹性模量/GPa	峰值应变/%
SL1—1	31.266	15.9	2.04	0.345
SL1—2	30.154	15.4	2.20	0.452
SL1—3	30.282	15.4	1.96	0.732
均值	30.567	15.5	2.07	0.510
SL2—1	25.155	12.8	3.02	0.512
SL2—2	22.833	11.6	2.70	0.602
SL2—3	22.719	11.6	2.18	0.807
均值	23.569	12.0	2.64	0.640

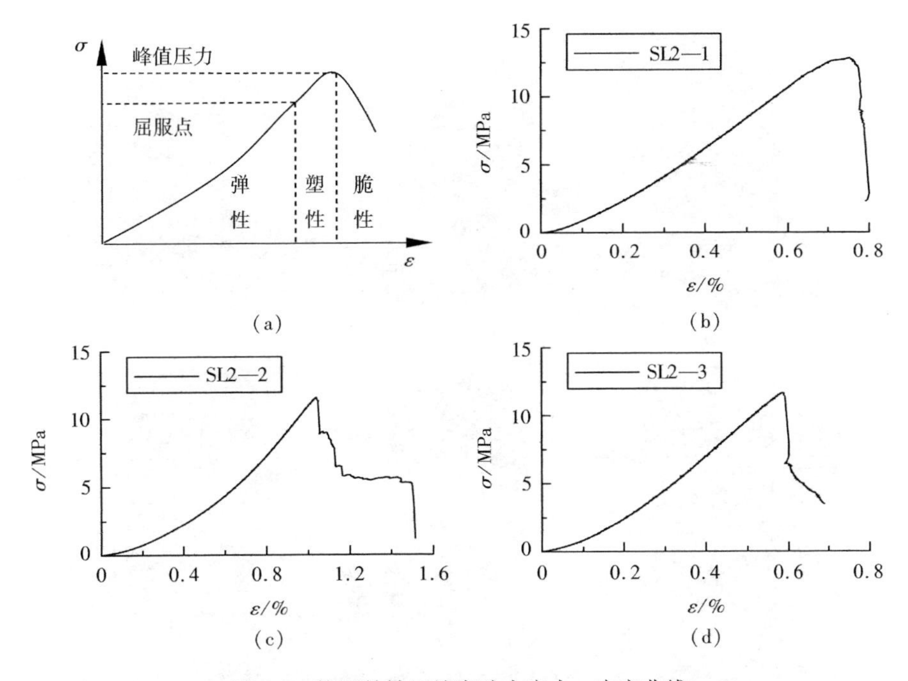

图 8-4　静压单轴压缩实验中应力—应变曲线

图 8-4(a)中对典型岩石全应力—应变过程进行了阶段划分。整个过程划分成三个区:弹性区、塑性区、脆性区和两个关键点:屈服点、应力峰值点[22]。其中,在弹性区,应力卸载后,试件能够恢复到最初状态;在塑性区,试件将产生永久变形但仍具有承受载荷的能力;在脆性区,由于试件变形加剧,逐渐无法承受应力。应力达到屈服点后试件将开始产生永久变形,之后,峰值点即为试件单轴抗压强度。由图 8-4 可知,实验所选的试件弹性和脆性特征比较明显,基本没有明显的塑性区。从试件表面可以看出,原始裂隙存在于试件中。这些裂隙对试件的弹性特性有较大的影响,在应力—应变图中表现为非线性。随着应力增加,试件的弹性模量斜率增加,这表明,裂隙在应力作用下开始闭合,试件应变增加。

从表 8-2 可以看出,1#煤层试件较 2#煤层试件硬度大。1#煤层试件平均峰值强度为 23.569 kN,峰值应力为 12 MPa;2#煤层试件平均峰值强度为 30 kN,峰值应力为 15.3 MPa。这一结果是脉动加载试验的设计基础。

加载速率是影响试件宏观裂隙扩展的重要影响因素。本次单轴压缩实验采用统一的加载速率,即 0.5 mm/min。6 个试件破坏后的宏观现象如图 8-5 所示。由图可以看出,大部分的试件表现出明显的裂隙扩展,尤其是 SL1—2、SL1—3、SL2—2 等几个试件。这表明在单轴压缩下裂隙扩展的宏观形式较为单一,其规律为自上而下垂直扩展。实验现象与单轴劈裂现象类似[23,24]。

实验前,利用静载实验得到的峰值载荷,对脉动载荷进行确定。分别取 80%、82%、85%、88% 进行尝试加载,发现前两种均没有致裂试件。因此,确定使用静载峰值载荷的 85% 进行脉动载荷实验,主要参数如表 8-3 所列。

实验过程如下:

① 试件端部接触压力机压头,应力开始上升,至斜坡顶端(斜坡是疲劳试验中初始循环载荷,本书斜坡载荷和载荷下限一致);

② 在设定的载荷上下限之间开始循环受载,随着循环次数的增加,试件表面开始出现微小裂隙,并能听见微小裂隙扩展的声音;

图 8-5　静载单轴压缩破坏后试件的宏观裂隙扩展

(a) SL1—1;(b) SL1—2;(c) SL1—3;(d) SL2—1;(e) SL2—2;(f) SL2—3

③ 微小裂隙的逐渐扩展沟通,试件表皮开始逐渐脱落,之后新的裂隙产生、延伸,小试块逐渐脱落,最终试件破碎,如图 8-6 所示。

表 8-3　脉动载荷下试件主要参数

编号	斜坡载荷	载荷上限	载荷下限	循环次数	实验结果
FL1—1	10 kN	25.5 kN	10 kN	450	至破坏
FL1—2				300	
FL1—3				800	
FL2—1	6 kN	20 kN	6 kN	750	
FL2—2				564	
FL2—3				430	

图 8-7 是试件 FL2—1、FL2—2、FL2—3 的应力—应变曲线。结合前文的过程描述,由图 8-7 可以看出,脉动载荷作用下,随着试件微小裂隙的不断扩展沟通,小试块开始自试件脱落,试件的强度逐渐降低,这也是应力—应变的斜率不断减小的原因。这表明,随着脉动载荷冲击次数的增加,弹性模量不断降低。而从细观和能量吸收方面分析,试件的微小裂隙由原始的裂隙应力集中处开始起裂,其扩展降低了试件组构传递载荷的能力和比例,使试件的强度性能逐渐下降。

为了进一步分析脉动载荷作用下煤体力学特征变化,将 FL2—3 中初始($N=1$)和末期($N=421$)的应力—应变作对比分析,如图 8-8 所示。

由图 8-8 可以看出,到达加载末期,弹性模量明显减小,而从依据图 8-4(a)定义的力学特征可知,脉动载荷作用时,出现了一定程度上的塑性区。也就是说,脉动载荷的疲劳作用是塑性变形逐渐积累

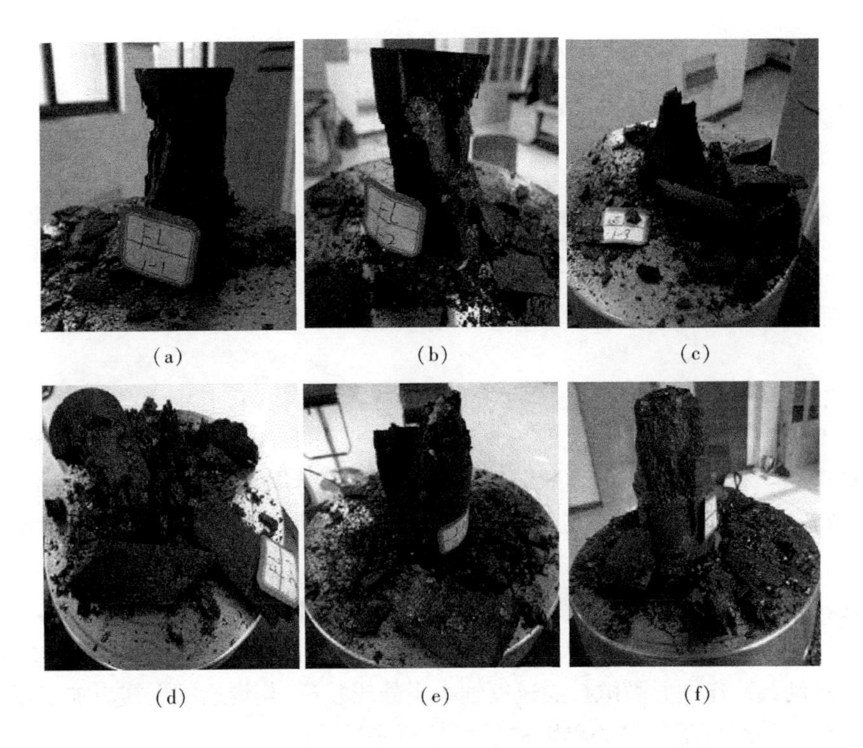

图 8-6　脉动载荷破坏后试件的宏观形态
(a) SL1—1;(b) SL1—2;(c) SL1—3;(d) SL2—1;(e) SL2—2;(f) SL2—3

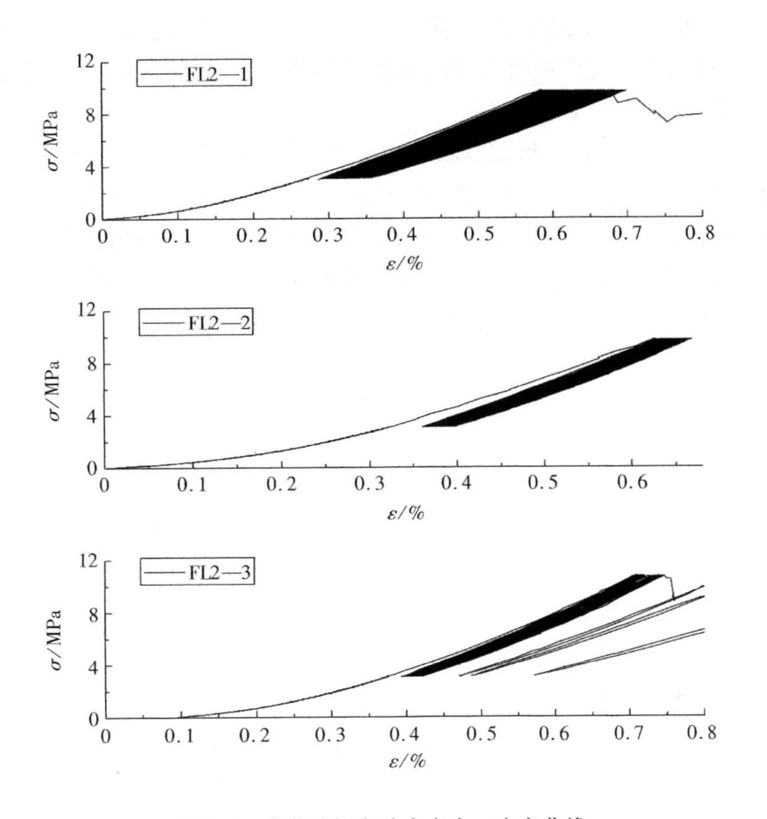

图 8-7　疲劳破坏实验中应力—应变曲线

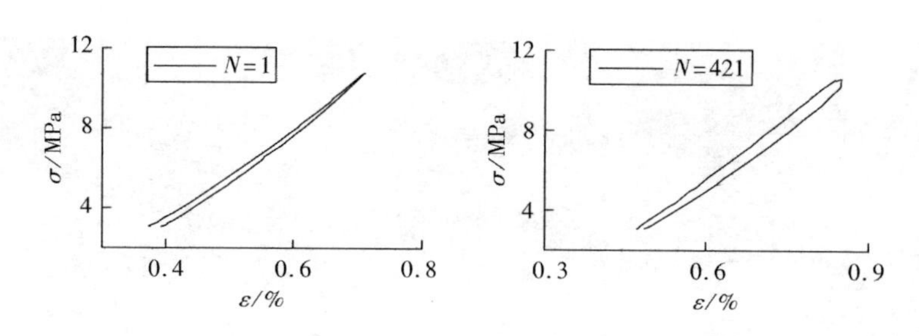

图 8-8　FL2—3 初始与末端脉动载荷应力—应变对比

的过程。为了便于对比，计算得到两个时期的最大及最小应力比值，分别为 3.53 和 3.43。而从滞回环上看，$N=421$ 时，滞回环面积明显增大。以上特征均能说明，随着脉动载荷的作用，塑性变形逐渐出现，耗散到裂隙萌生和扩展的能量逐渐增多。这是脉动载荷作用形成复杂的裂隙演化的主要原因。

通过单轴静压载荷和脉动载荷的实验对比分析可知，脉动载荷作用下煤体裂隙演化过程发生了变化。两种载荷形式的异同之处在于：

① 试件破裂过程。煤岩在单向受压条件下（无论是静压载荷还是脉动载荷），其变形至破坏经历了裂隙闭合—线性变形—裂隙稳定扩展的非线性变形—裂隙加速扩展至破裂四个过程。然而，从过程中观测可知，脉动载荷作用时裂隙扩展速度远小于静压载荷，其沟通的形式更加丰富，最明显的是，脉动载荷下试件被“层层剥落”，这和单轴的“劈裂”有明显不同。

② 试件的力学特征。脉动载荷作用过程中，弹性模量逐渐减小，应力—应变滞回环面积逐渐增大，而最大应力和最小应力的比值逐渐减小。这些变化在静压载荷中不会出现，而且在脉动载荷作用时出现塑性应变。另外，根据脉动载荷的峰值载荷的确定方法可知，本节所选用的脉动峰值载荷为静载的 85%。因此，脉动载荷的疲劳损伤作用的实质是塑性应变的累积作用[25]，使试件力学强度逐渐降低，使其能够在较低的峰值载荷下破坏。

③ 试件宏观特征。对两种载荷形式作用后的试件进行裂隙素描，如图 8-9 所示。试件均发生失稳破坏，但从最终宏观形态观察，静压载荷作用下裂隙扩展形态较为单一，裂隙以大型劈裂裂隙为主，呈现典型的压剪破坏形态，破坏面表面较为平滑，且破裂块较大。而脉动载荷作用下微小裂隙得到充分扩展和沟通，许多细观裂隙参与破裂过程，形成多个破裂面，裂隙分布均匀，因而在试件内部形成较好的裂隙网络，破坏面粗糙。这一结论与文献[26]所得结论相似。

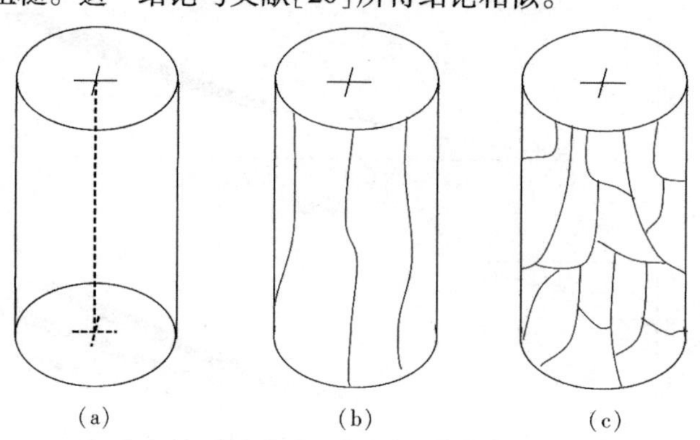

图 8-9　单轴压缩及脉动载荷下裂隙演化素描

(a) 原始状态；(b) 单轴破坏；(c) 脉动载荷

通过实验现象分析认为，脉动载荷作用下原煤试件疲劳损伤破坏是试件力学性能劣化、裂隙尖端应力集中的复杂过程,同时也是脉动载荷在试件上产生扰动的过程。由于原煤试件中存在大量的原生裂隙缺陷,随着脉动载荷次数的增加,裂隙不断扩展、延伸,导致互相独立的裂隙之间连接、贯通并逐步形成几条主裂隙和宏观破坏。脉动载荷作用下试件裂隙无论是数量、形态、尺寸等方面均与静压载荷有不同之处。脉动载荷作用下裂隙扩展演化更加复杂。

8.2.1.3　脉动载荷下煤体裂隙演化机制分析

瓦斯在煤层中的流动必须具备两个基本条件:流动通道和压力梯度。流动通道即煤体需要一定的透气性,而压力梯度由瓦斯压力场提供。

前文对煤体的孔隙—裂隙系统进行分析和研究,孔隙—裂隙系统为瓦斯气体在煤体中的赋存提供了物理空间。瓦斯在煤体内主要以吸附态存在煤基质表面,在一定压力作用下在煤体内部达到动态平衡,从吸附态到产出,主要经历解吸、扩散、渗流三个阶段,即首先从煤体孔隙表面解吸出来,通过微孔隙扩散到裂隙中去,在裂隙中以达西流形式流向钻孔。瓦斯在孔隙结构中的流动主要是扩散,符合菲克定律,在煤层裂隙系统的流动属于渗透,符合达西定律。煤层瓦斯的流动决定于裂隙系统的特性,而不决定于孔隙结构[27]。但是,裂隙形态在煤层中具有很大随机性,有的通道可贯穿于整个煤层,如规模较大的断层,有的与其它裂隙无联系,成为“死”端通道,这样的裂隙就不能成为瓦斯渗流通道。同时,每条裂隙自身亦由于充填或外部应力等因素而存在局部不连通的现象,影响瓦斯渗流。以上问题涉及了裂隙的有效性,或者说裂隙间的连通性。因此,煤层的渗透性取决于裂隙的连通性。基于此,人为对煤体的卸压增透的主要途径就是促进裂隙的发育、扩展及连通。具有良好连通性的裂隙网络系统对于瓦斯渗流具有重要意义[28]。

随着水力压裂技术在煤矿井下的应用及发展,不少学者已经注意到了压裂产生的裂隙存在着复杂的形态。而这一点在石油和页岩气开采领域逐渐被指出,如沃宾斯基(Warpinski)等通过实验发现了水力压裂时主裂隙和分支裂隙的延伸状态[29],布兰顿(Blanton)通过实验也发现了裂隙在通过天然裂隙时可能发生穿过、转向等状态[30],马勒(Mahrer)、比格尔迪克(Beugelsdijk)认为具有天然裂隙的地层通过压裂会形成裂隙网络[31],如图 8-10 所示。体积压裂(stimulated reservoir volume)、缝网压裂等概念逐渐得到认可[32],储层中形成最大化的裂隙网络才能够实现产量的最大化。

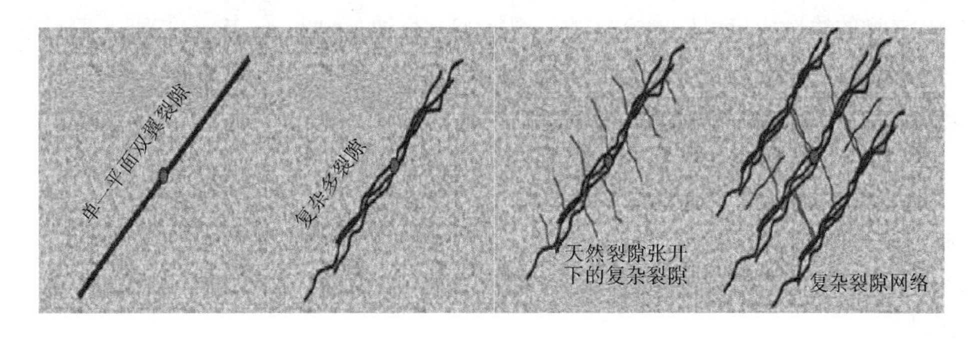

图 8-10　复杂裂隙场的形成[33]

煤层与常规砂岩储层不同,煤层抗压强度低,易破碎变形,水力压裂时形成的水力裂缝系统也相对复杂。煤层常规水力压裂时常出现一些垂直裂缝与水平裂缝共存,或多条垂直(水平)裂缝存在的现象,形成所谓的复杂裂缝系统[34]。结合上节分析,在煤层中形成具有良好连通性的裂隙网络系统也是实现瓦斯抽采量最大化的主要途径,尤其是在低透气性煤层中,裂隙易闭合,单个裂隙影响范围极其有限。

结合本节对煤体孔隙—裂隙系统的研究,认为煤体复杂裂隙网络的形成具有良好的客观条件:

① 物理基础。煤岩与其它岩石如砂岩、页岩不同之处在于,煤岩抗压强度低,易于破坏,因此,一

般岩石中的单一裂隙较难在煤岩中出现。

② 赋存特征。根据前文的裂隙分类,研究表明在煤岩中时常存在垂直裂隙与水平裂隙共存、多条垂直或者水平裂隙共存等现象。

而通过脉动载荷和静压载荷作用下煤体裂隙的演化实验可知,脉动载荷使煤体发生疲劳破坏,力学性能产生劣化,并且脉动载荷对煤体原地应力场产生强烈扰动,使得水力压裂裂隙的扩展演化进一步复杂化,产生多级、多类裂隙的可能性大大增加。因此,可以利用脉动水力压裂方法,促使煤体裂隙起裂、延伸、扩展及贯通,通过技术工艺控制和优化,控制水力压裂主裂隙和分析裂隙有效范围,在煤层中形成由天然裂隙、水力压裂张拉裂隙、剪切裂隙等组成复杂裂隙网络,提高裂隙连通性,保证煤层瓦斯的高效抽采。

8.2.2 脉动载荷下煤体疲劳破坏机制

脉动载荷作用于煤岩时,煤岩体的疲劳损伤是其破坏的关键。而疲劳损伤理论中,频率是关键参数之一。结合岩石力学、疲劳损伤力学等知识,理论分析脉动载荷作用下煤岩疲劳损伤破坏机理,开展脉动频率在裂隙演化中作用的实验室实验,分析脉动频率与裂隙演化之间的相关性,并基于脉动频率控制提出煤体裂隙网络形成方法,为脉动水力压裂技术在工程应用中的参数设计及优化提供指导。

8.2.2.1 脉动载荷作用下煤岩疲劳损伤破坏分析

受钻孔施工及初始孔隙—裂隙的影响,煤体具有初始损伤,而脉动载荷的破坏作用,正是在初始损伤的基础上损伤累积的过程。这属于疲劳损伤破坏的范畴。

疲劳损伤破坏中,应力水平和疲劳寿命是两个重要概念,分别用 σ 和 n 表示。其中,疲劳寿命是指试件经受载荷作用至破坏所用的时间,应力是指载荷的强度。根据应力和寿命的关系可以得到材料的疲劳寿命曲线,σ—n 曲线。当材料受到不同应力水平时,则需要借助疲劳累积损伤理论来解释。目前,常用的疲劳累积损伤理论可分为两大类:线性疲劳累积损伤理论和非线性疲劳累积损伤理论。

(1) 线性疲劳累积损伤理论

常见的线性疲劳累积损伤理论有伦德伯格(Lundberg)理论、香利(Shanleg)理论、格罗弗(Grover)理论等,其中,典型的线性疲劳损伤理论是帕尔姆格雷—曼纳(Palmgren-Miner)理论,简称曼纳(Miner)理论,其核心思想是在循环载荷作用下,疲劳损伤可以线性累加,各应力水平之间互不相关。当损伤达到一定程度,试件破坏。其基本假设为:

① 每次循环加载中,载荷应力水平对称,即平均应力为0;

② 任一应力水平下,累积损伤速度为常数;

③ 加载顺序不影响试件寿命。

假设试件在破坏时吸收的净功为 W,在应力水平 $\sigma_i(i=1,2,3,\cdots)$ 下对应的疲劳寿命为 n_i,吸收的净功为 W_i,则:

$$\frac{W_i}{W}=\frac{n_i}{N_i} \tag{8-1}$$

试件破坏时,有:

$$W=\sum_{i=1}^{n}W_i \tag{8-2}$$

两边同时除以 W,得:

$$1=\sum_{i=1}^{n}\frac{W_i}{W} \tag{8-3}$$

代入式(8-1),得:

$$\sum_{i=1}^{n}\frac{n_i}{N_i}=1 \tag{8-4}$$

式(8-4)为曼纳损伤理论基本模型。

(2) 非线性疲劳累积损伤模型

线性疲劳理论模型简单方便,但理论值与实验值差别较大,主要原因是没有考虑加载次序的影响。有学者在线性疲劳模型的基础上,提出了非线性疲劳累积损伤理论,其中典型的是柯特—多兰(Corten-Dolan)模型[35]。其基本假设包括:

① 裂隙成核期短,裂隙核数随应力增加而增多;

② 每周期的损伤量随应力增加而增大;

③ 总损伤量不依赖于历史;

④ 低于疲劳极限的应力水平亦可以使裂隙扩展。其核心思想认为,试件表面初始具有多处损伤,损伤核数与应力水平相关。假定等幅(即应力上限与应力下限的差值保持恒定)载荷下,n 次作用后,损伤为:

$$D=mrn^{a} \tag{8-5}$$

式中　m——损伤核数目;

r——裂隙扩展系数,与应力水平正相关;

a——常数。

如果试件分别承受不同应力水平 σ_1、σ_2作用,疲劳寿命分别为 n_1、n_2,试件均被破坏,此时的总损伤均为 D_t,则有:

$$D_t=m_1r_1n_1^{a}=m_2r_2n_2^{a} \tag{8-6}$$

如果应力水平 σ_1、σ_2(假定 $\sigma_1>\sigma_2$)交替作用在试件上,认定损伤核数目 $m_1=m_2$,且 a 保持统一常数。基于以上假设,若两个应力水平的总循环数为 N_f,σ_1、σ_2在整个过程中所占比例分别为 λ_1、$(1-\lambda_1)$,则有:

$$\frac{N_f}{n_1}=\frac{1}{\lambda_1+\left(\frac{r_1}{r_2}\right)^{\frac{1}{a}}(1-\lambda_1)} \tag{8-7}$$

式中　$\left(\frac{r_1}{r_2}\right)^{1/a}$与应力比相关,即:

$$\left(\frac{r_1}{r_2}\right)^{\frac{1}{a}}=\left(\frac{\sigma_2}{\sigma_1}\right)^{d} \tag{8-8}$$

式中　d——常数,可由实验得到。

化简公式,得到:

$$\frac{N_f}{n_1}=\frac{1}{\lambda_1+\left(\frac{\sigma_2}{\sigma_1}\right)^{d}(1-\lambda_1)} \tag{8-9}$$

上式即为两种应力水平下试件的疲劳累积损伤模型,推广到多级载荷作用的柯特—多兰模型[36]为:

$$\frac{N_f}{n_1}=\sum_{i=1}^{k}\frac{1}{\lambda_1\left(\frac{\sigma_2}{\sigma_1}\right)^{d}} \tag{8-10}$$

该公式以最大应力水平的疲劳累积破坏为基础,分析多级损伤中应力水平与疲劳寿命的关系,可用来指导多级载荷作用下试件累积疲劳损伤规律。

由于煤体内部存在大量孔隙、裂隙结构，在受外界载荷作用时，局部位置出现高应力集中，发生塑性屈服，产生损伤。

勒迈特(Lemaitre)根据材料破坏过程，提出了连续损伤力学的概念。对于一维问题，基于应变等效性假说的本构方程为：

$$\sigma = E(1 - D)\varepsilon \tag{8-11}$$

式中 σ,ε,E——分别为无损材料所受的应力、该应力下产生的应变和弹性模量；

D——损伤变量，其值大小反映了材料内部的损伤程度，$D=0$ 相当于无损伤的完整材料，$D=1$ 相当于体积元的破坏；

$1-D$——有效承载面积占总面积的比例。

上式用弹性模量法表示有：

$$D = 1 - \frac{E'}{E} \tag{8-12}$$

式中 E'——损伤后材料弹性模量。

谢和平等考虑到弹塑性和黏性材料损伤特性，对弹性模量法进行改进，提出了一维条件下不可逆塑性变形影响的弹塑性材料损伤定义：

$$D = 1 - \frac{\varepsilon - \varepsilon'}{\varepsilon}\frac{E'}{E} \tag{8-13}$$

式中 E'——弹塑性损伤材料的卸载弹性模量；

ε'——卸载后的残余塑性变形。

疲劳损伤是指在循环加载下，发生在材料某点处局部的、永久性的损伤递增过程。经足够的应力或应变循环后，损伤累积可使材料产生裂隙，或是裂隙进一步扩展至完全断裂。因此煤体发生疲劳损伤必须满足以下条件：

① 承受交变的循环(扰动)应力或应变作用；

② 疲劳破坏起源于高应力或高应变的局部；

③ 疲劳损伤是一个损伤积累的发展过程；

④ 疲劳损伤是在足够多次的扰动荷载作用之后，形成裂隙或破坏。

在煤层脉动水力压裂过程中，作用在煤体上的是波形符合正弦规律的循环载荷 σ_0，其表达式是随时间变化的周期函数：

$$\sigma_0 = A\sin(2\pi ft) + B = \sigma_0(t) \tag{8-14}$$

式中 f——循环载荷频率；

t——时间；

A,B——常数。

当载荷作用在煤体上时，内部裂纹尖端出现高应力集中，发生位移变形，裂纹扩展延伸，产生一定的能量消耗，导致不可逆变形量增加，此时煤体弹性模量降低，产生一定量的损伤。经过一定的循环次数，损伤累积达到一定程度，煤体内部裂隙逐渐沟通贯穿，损伤量迅速增加，最终发生断裂，形成宏观裂隙。在该过程中 E' 是随时间递减的函数，残余塑性变形量 ε' 是随时间递增的函数。因此，循环载荷从 t_0 时刻作用 n 个周期 T 后存在如下关系式：

$$\sigma_0(t_0 + nT) = \sigma_0(t_0) \tag{8-15}$$

$$E'(t_0 + nT) < E'(t_0) \tag{8-16}$$

$$\varepsilon'(t_0 + nT) > \varepsilon'(t_0) \tag{8-17}$$

综上可知，在脉动载荷的反复作用下，煤体局部位置发生损伤变形，导致煤体强度降低，损伤逐渐累积到一定程度时，煤体力学性能下降最终导致完全断裂破坏。

8.2.2.2　脉动频率对裂隙演化作用机制的实验研究

(1) 实验设计

为了研究脉动频率在裂隙演化过程中的作用，设计不同脉动频率下的脉动水力压裂实验，研究不同频率混凝土相似试件的疲劳损伤及裂隙扩展，从多个角度探讨脉动频率对混凝土相似试件起裂压力、压裂效率、裂隙扩展等方面的影响，从而找到脉动频率的作用机制。

另外，根据疲劳累积损伤理论，如果同一次压裂过程中使用不同频率，利用脉动频率的调节和组合，能不能增强脉动水力压裂效果，弥补单一频率脉动水力压裂的局限呢？对此，也开展了分级脉动水力压裂实验，提出变频式的脉动水力压裂，即在同一压裂过程中利用脉动频率的高低频转换，提高试件裂隙扩展演化效果。

根据实验目的，共设计两种类型实验：① 固定频率脉动压裂实验；② 变频脉动压裂实验。实验全部采用混凝土相似试件(图 8-11)，压裂用水中添加红色颜料以便后期观测试件破裂范围。为考察脉动频率的作用特性，在实验进行过程中应尽量减少注水流量、脉动压力等因素的影响。另外，本实验不考察地应力对裂隙演化的影响，因此，设定统一的地应力条件($\sigma_1=5$ MPa，$\sigma_2=3$ MPa，$\sigma_3=0$ MPa)。两种类型实验流程如下：

① 固定频率的脉动水力压裂实验

共分 3 组实验，脉动频率分别选定 6 Hz、10 Hz、15 Hz，分别应用于试件 1、2、3。

首先，溢流阀开至最大保持试件内无压力，开启脉动注水泵，稳定调节频率至 6 Hz。

其次，稳定调节溢流阀，升高压力，直至压力突然降低或试件破裂出水。

记录过程中的最大压裂压力，即试件起裂压力 p_{max} 及压裂时间 T。按照相同方法，开展 10 Hz、15 Hz 的脉动压裂实验。

图 8-11　试件装入三轴加载室

② 变频脉动压裂实验

共分 2 组。定义 6 Hz 为较低脉动频率(以下简称“低频”)，15 Hz 为较高脉动频率(以下简称“高频”)，两组实验变频方式分别为：15 Hz～6 Hz 和 6 Hz～15 Hz，分别应用于试件 4、5。

首先，溢流阀开至最大保持试件内部无压力。开启脉动注水泵，频率调至 6 Hz，稳定调节溢流阀至某一固定压力保持(选择依据：保证试件不破裂。本实验取 4 MPa)，维持一段时间。

其次，调节脉动频率至 15 Hz，按照相同的调节速率保持压力上升，直至压力突然降低或试件破裂出水。

按照相同方法，进行 15 Hz～6 Hz 的变频脉动压裂实验。记录过程中最大压裂压力，即试件起裂压力 p_{max} 及压裂时间 t。

(3) 实验结果分析

压裂过程中，试件 1、2、3 均出现压力骤减或试件表面出水的现象。压裂结束后，卸载围压，拆除声发射探头，如图 8-12 所示。观察试件 1、2、3 表面，可以看到明显裂隙及裂隙走向，沿着裂隙将试件分成两部分，可以看到破裂面上红色区域的分布。

图 8-12(a)～(c)描述了试件表面裂隙走向，可以看出，三块试件裂隙基本沿垂直于压裂管的方

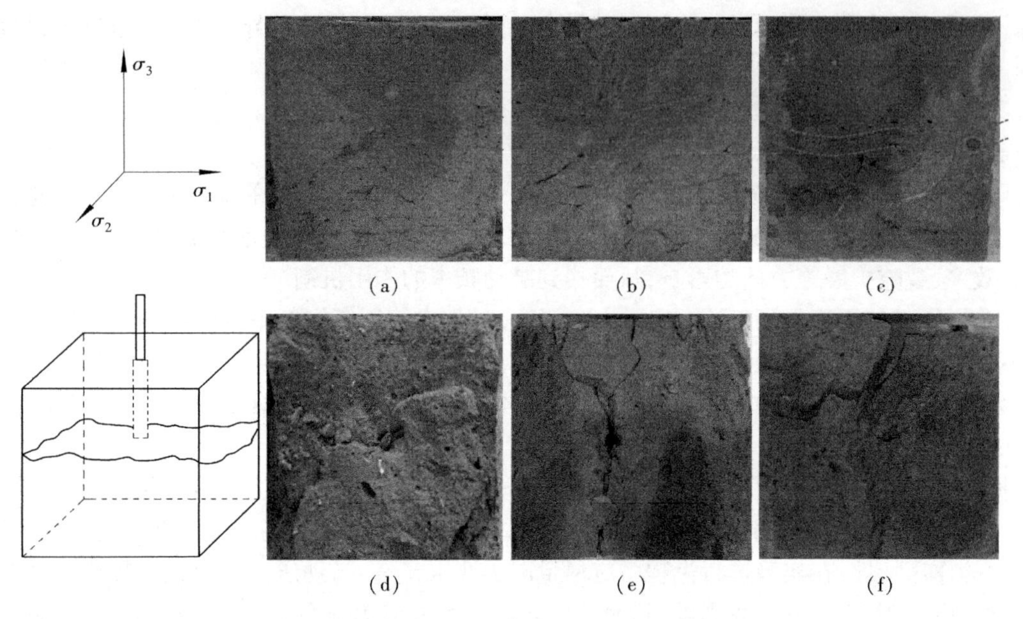

图 8-12　试件表面裂隙走向及压裂影响范围

向分布。在注水加压过程中,裂隙破裂面的形成基本垂直于压裂管方向,这符合裂隙总是沿着垂直于最小主应力方向起裂和延伸的岩石破裂准则[37]。试件 1 上部裂隙发生偏斜,本节认为这与试件本身的原因较大。

沿着裂隙走向打开试件,可以看到裂隙面上红色区域的分布,如图 8-12(d)～(f)所示。红色区域代表压力水到达的区域,可以说明压裂的影响范围。同为单一频率,频率为 6 Hz 时红色区域占满整个裂隙面,频率为 10 Hz 时红色区域布满整个裂隙面,但其分布不均匀。而频率 15 Hz 时红色区域主要分布在压裂管一侧,约占裂隙面总面积的 1/2。由红色区域的分布可以看出,频率不同时,压裂的影响范围也不尽相同,其中频率较低时(f=6 Hz),红色区域不连续,成片分布,这说明压力水不是在同一裂隙面上渗透,裂隙的扩展并非沿单一方向扩展。因此,从影响区域分布可以看出,脉动频率越低,裂隙的起裂延伸越复杂。

三种频率下脉动水力压裂过程中压力和声发射随时间的变化如图 8-13 所示。

为方便分析,按照压力大小的变化,将实验过程中压力分为上升期、持续期、下降期(图中分别以 R、P、D 表示)三个时期。其中,上升期主要指开始阶段到压力达到最大值之前,下降期主要指试件破裂之后压力突然下降并趋于稳定的时期,而持续期是指在最大压力值之后至明显下降期前的时间内。按照以上定义,三个试件均有上述三个时期,但具有各自的特点。6 Hz 时具有明显三时期特征,在压力持续期时,压力达到第一个峰值 7.49 MPa 之后并无明显下降,而是以接近峰值的压力值进入持续期,并持续约 10 s 后开始进入下降期;10 Hz 时,三时期特征仍较明显,与 6 Hz 不同的是,达到第一个峰值 7.73 MPa 后压力持续下降,即以低于峰值的压力进入持续期,大约 6 s 后出现明显下降,进入下降期;15 Hz 时,三时期特征较为模糊,整个阶段总体以压力上升趋势为主,达到峰值 8.12 MPa 后,压力开始下降,直接进入下降期,即压力持续期很短,持续期和下降期无明显分界。由此可以看出,频率不同时压力三时期的分布及变化不同,且最大不同体现在压力持续期。

声发射能量率是单位时间内 AE 能量释放的相对累计值,是煤岩破坏速度和强度的标志之一。能量率值大意味着破裂强度大,当裂隙没有破裂或者稳定扩展时能量率的值较小。图 8-14 给出了各种频率下声发射能量率的监测结果。6 Hz 时,第一次明显的 AE 能量率变化发生在 20～22 s,此时压力逐渐开始上升,至 24 s 压力开始明显上升时 AE 能量率也明显增加,待压力达到峰值时 AE 能量率

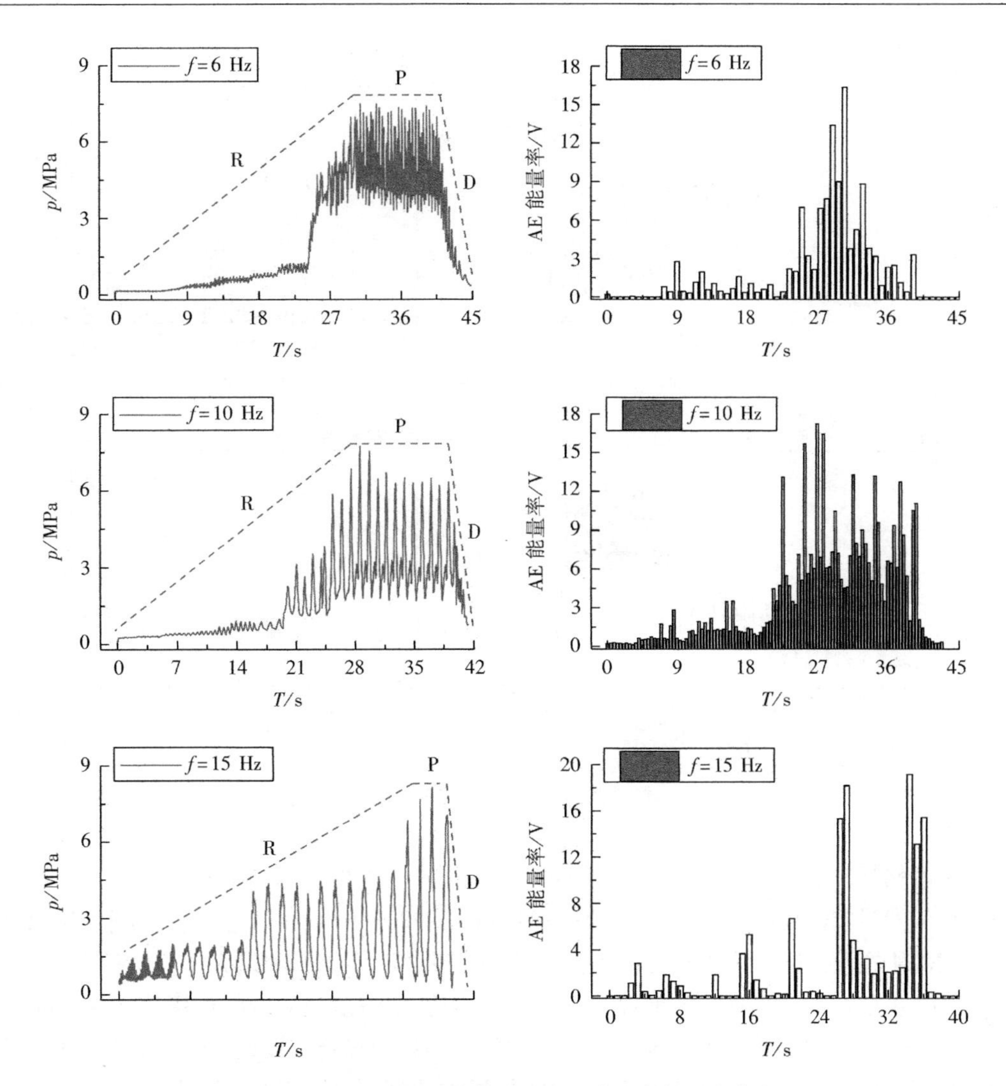

图 8-13　压裂过程中脉动压力及声发射能量变化

愈加明显，直至压力开始下降；10 Hz 时，AE 能量率变化与 6 Hz 时相似，但第一次明显的变化发生的时间较早，后期在压力达到峰值前后，AE 能量率最明显；15 Hz 时，AE 能量率的数量有所降低，但强度略微增大。由此可以判断，三种频率下开始阶段均有少量的裂隙破裂，之后开始扩展，而随着压力上升，破裂增多，强度变大。对比后半段，6 Hz 时 AE 能量率在峰值之后持续的破裂次数较多，而 15 Hz时随着能量率数量的减少，破裂的数量相应减少，但强度大。

文献[38]利用 $RFPA^{2D}$—FLOW 的声发射将裂隙的形态变化分为 5 个阶段：应力积累阶段、微裂纹稳定扩展阶段、局部破坏带形成阶段、局部破坏带贯通阶段及失稳破裂阶段。将压力变化的 3 时期与裂隙形态变化的 5 阶段进行对应，压力上升期时裂隙应处于应力积累阶段和微裂隙稳定扩展阶段，当压力进入下降期，裂隙失稳扩展，宏观表现为试件破裂，而在持续期，裂隙在形态上经历了局部破坏带形成和局部破坏带贯通阶段。这种对应关系通过声发射和压力的变化能够得到验证。

试件 4、试件 5 分别进行了低频—高频(6 Hz ~ 15 Hz)、高频—低频(15 Hz ~ 6 Hz)的分阶段脉动水力压裂实验。两个阶段的压力及 AE 能量率如图 8-14 所示。

试件 4 属于低频—高频切换。由图看出，在第一阶段，试件 4 的压力沿着与试件 1 相似的变化趋势增加至 4 MPa，有明显的上升期和持续期，声发射能量率的变化比较平稳，主要集中在压力上升阶

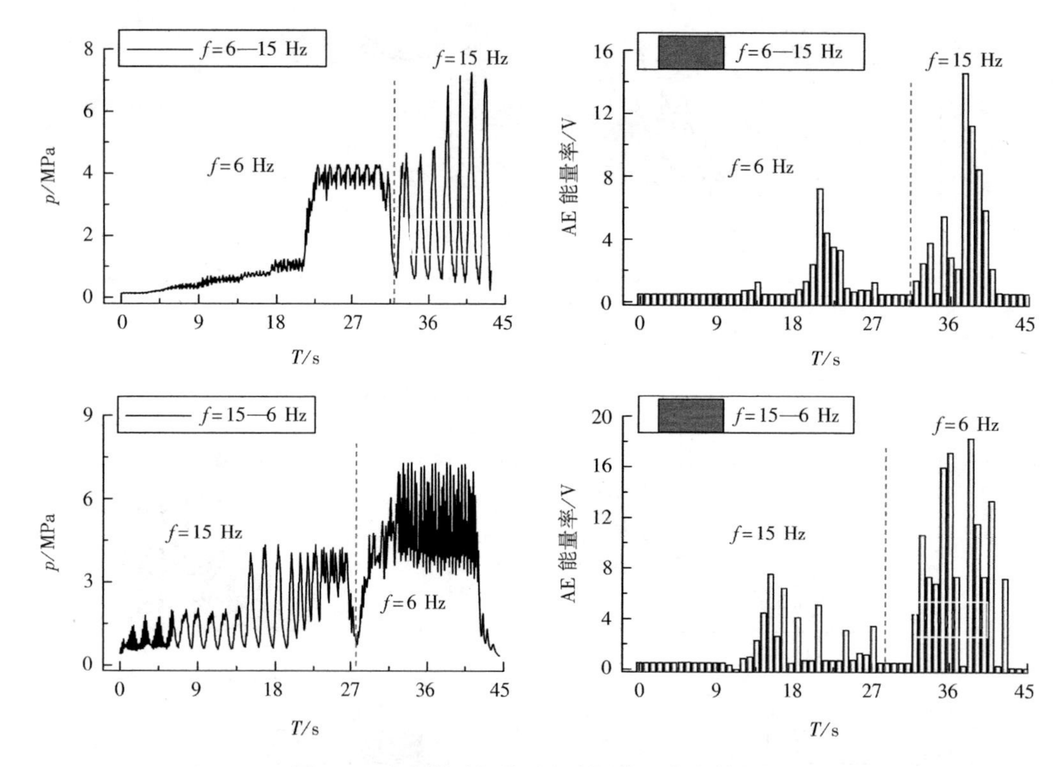

图 8-14　变频脉动加载过程中压力及声发射变化

段,表明此时虽然是较低的压力,试件内部裂隙仍有破裂扩展现象。第二阶段,频率切换后,压力一直处于上升期,依然没有出现明显持续期,达到 7.31 MPa 后迅速下降,试件破裂。同频率为 15 Hz 的试件 3 对比,试件 4 在第二阶段表现出的区别主要体现在整体时间缩短和最大压力降低方面。AE 能量率也有所变化,主要体现在强度降低但数量增加。这表明,第一阶段的低频作用使试件内部裂隙的变化更加复杂,第一阶段的裂隙由于低频作用有足够的时间处于稳定扩展或局部破坏带形成的阶段,而切换至 15 Hz 后,压力迅速上升,加快了试件裂隙扩展的速度,使得裂隙局部破坏带贯通导致试件失稳破裂。

试件 5 属于高频—低频切换。与同为 15 Hz 的试件 3 不同,通过压力控制,试件 5 也实现了一定时间内的压力持续。同试件 4 相比,试件 5 用更短的时间达到 4 MPa,这再次表明频率越高,压力上升的速度越快。第二阶段,压力变化趋势与试件 1 相似,都有明显的持续期。这在一定程度上使得最大压力由 7.49 MPa 降到了 7.27 MPa。对于 AE 能量率的变化,在第一阶段多次发生变化,这表明,虽有破裂,但数量较少。在第二阶段,AE 能量率的变化与试件 1 差别不大。

8.2.2.3　脉动频率控制与裂隙演化相关性分析

疲劳破坏的研究可以分析的参数包括应力幅值、应力上限、作用时长等[36,39]。本节将应力替换为压力,利用压力的相关参数对试件 1、试件 2、试件 3 三个实验中各个试件的压力变化进一步分析。

(1) 压力变化原因分析

对试件内部压力的来源进行分析。由脉动注水泵泵入试件的流量可以分为裂隙含有量和试件漏失量[40,41],在进行压裂的某一时刻,根据质量守恒定律,有:

$$\int_V \rho_f \mathrm{d}V + \int_{\partial V} \rho_f \boldsymbol{v}_D \cdot \boldsymbol{n} \mathrm{d}A = \dot{M}_{in} \tag{8-18}$$

式中　V——试件内部有效裂隙体积;

∂V——裂隙表面积；

v_D——裂隙外试件中流体达西流量；

$\boldsymbol{n}$——垂直于裂隙表面的法向向量；

$\dot{M}_{in}$——泵注流量。

根据式(8-18)分析，如果泵入流量完全被试件内部裂隙包含，或者漏失，压力为零，当泵入的流量超过裂隙含有量以及漏失量的时候，流量累积，压力开始上升，而当裂隙形态变化(体积或者表面积增加)时，泵入流量得到缓冲，压力停止上升或者瞬间压力下降[42]。因此可以说，在一定范围内，流量决定压力，而压力反映裂隙形态变化。

(2) 压力幅值、起裂压力及作用时长分析

图8-15给出了试件1、试件2、试件3脉动水力压裂过程中压力幅值 Δp 的对比。在压力持续期和下降期，3个试件的压力幅值 Δp 的值分别是3.91 MPa、6.04 MPa、7.63 MPa，其大小关系是 $\Delta p_6<\Delta p_{10}<\Delta p_{15}$，即频率 f 越大，压力幅值 Δp 越大。频率为6 Hz时，Δp 值较小，压力变化不大，压力变化曲线较为平滑，由公式可知，泵入流量 $\dot{M}_{in}$ 基本与裂隙含有量和漏失量持平，即裂隙形态(体积或表面积)在扩大，而声发射现象表明这一阶段裂隙破裂强度不大但数量很多，因此可以判断，频率为6 Hz时，裂隙以相对均匀的方式进行扩展，主要以局部的破裂、扩展为主，并伴随着局部的贯通。频率为15 Hz时，Δp 值较大，压力变化曲线剧烈变化，震荡明显，这表明，裂隙形态(体积或表面积)发生明显变化，引起裂隙含有量和漏失量瞬间明显变化，而声发射现象表明这一阶段裂隙破裂强度大但数量少，因此可以判断，频率为15 Hz时，裂隙形态以相对单一的大体积(表面积)裂隙的破裂或扩展为主。综合两种频率的分析可知，频率低时，以裂隙扩展均匀的多级裂隙为主；频率高时，以裂隙单一的主裂隙扩展为主，这一点前人的研究也有所体现[20,43,44]。

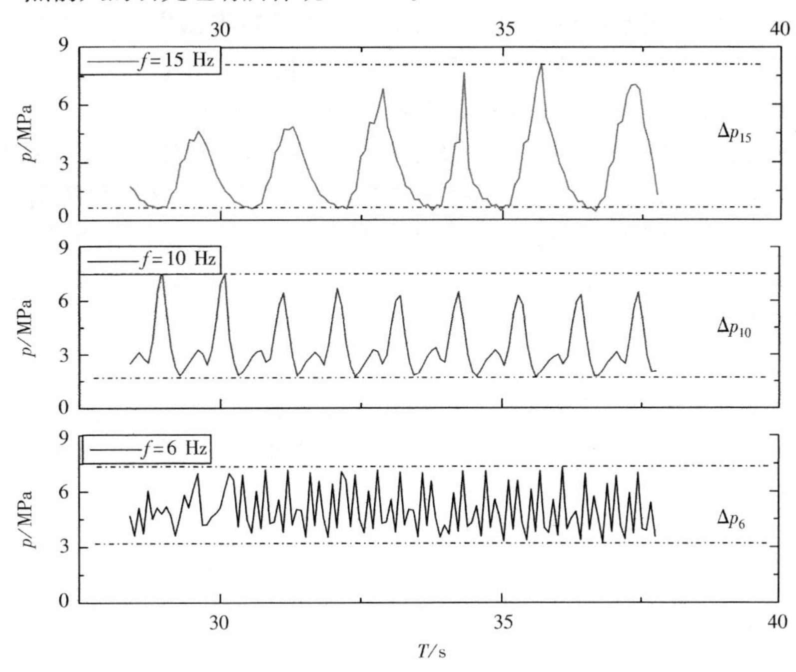

图8-15　不同脉动频率下压力幅值的对比

图8-16给出了各个试件脉动水力压裂过程中的起裂压力 p_{max} 的对比。3个试件的压力上限 p_{max} 分别达到7.15 MPa、7.73 MPa、8.12 MPa，即频率 f 越高，起裂压力 p_{max} 越大。脉动水力压裂试件的过程是一个动态的过程，宏观上是试件变形逐渐累积直至失稳破裂，微观上是裂隙萌生、扩展、贯通的疲

劳过程。在此过程中,试件内部结构逐渐劣化,强度逐渐降低,最终使试件的宏观破裂压力小于常规的静态水力压裂时的破裂压力,这一点在脉动水力压裂的工程应用中都有所体现。与 Δp 不同,p_{max} 表明了疲劳作用对试件寿命的影响,尤其是试件强度[45]。实验结果表明,频率越低,压力持续期越长,试件有较长的时间承受载荷反复作用,加剧了试件的疲劳效应。

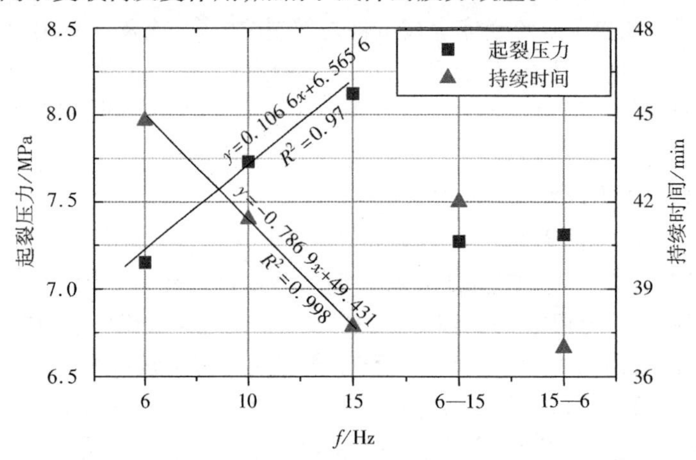

图 8-16　不同脉动频率下试件起裂压力和持续时间

图 8-16 也给出了不同频率的脉动水力压裂的作用时长的对比。3 个试件所用的时间分别是 44.8 s、41.4 s、37.7 s,频率 f 越高,时间 T 越小,因此,不同频率也显示了不同的效率。上文提到,流量决定压力,而流量的大小主要取决于加载速率和加载频率。在加载速率一致的前提下,改变频率的实质是改变了流量。因此,频率越高,流量上升越快,压力升高得越快,最后缩短了试件的疲劳寿命[46]。这在一定程度上说明了高频的优势,即作用时间短,破裂试件效率高。

根据试件 4 和试件 5 的对比表明,高低频加载次序的不同,其效果也不同。图 8-16 给出了试件 4、试件 5 压力上限与作用时间,试件 4 虽然压力上限较低,但作用时间长,试件 5 总体作用时间短,但压力上限高于试件 4。因此高低频之间的选择存在着脉动效果与破裂效率的平衡。另外,可以看出变频脉动水力压裂后压力上限均低于 10 Hz、15 Hz 的压力上限,略高于 6 Hz 的压力上限,而在破裂时间上远小于 6 Hz 的作用时间。由此可以看出,合理的压力—频率组合,可以在保证脉动水力压裂的作用效果的前提下提高作用效率。

(3) 脉动频率对裂隙扩展速率的影响

脉动频率除了对裂隙形态的产生有一定影响,对裂隙扩展速率也有影响。裂隙扩展速率是指在裂隙缓慢扩展过程中每一次应力循环作用(或一段时间内)对应的裂隙延伸长度。它反映了裂隙扩展的快慢。其公式表达为:

$$v = \frac{\Delta a}{\Delta N}, \quad 或 \quad v = \frac{\Delta a}{\Delta t} \tag{8-19}$$

式中　v——裂隙扩展速率;

Δa——距离增量;

ΔN——载荷作用次数;

Δt——单位时间。

极限条件下,微分形式为 $\mathrm{d}a/\mathrm{d}N$,或 $\mathrm{d}a/\mathrm{d}t$。

有学者利用物理实验对裂隙扩展速率与相关参数的关系进行了研究。对于裂隙扩展速率的测定,可以选用三点弯曲试件测定方法、中心裂纹拉伸试件测定方法或者紧凑拉伸试件测定方法。选择典型Ⅰ型裂隙，考察其裂隙扩展，如图8-17(a)所示。

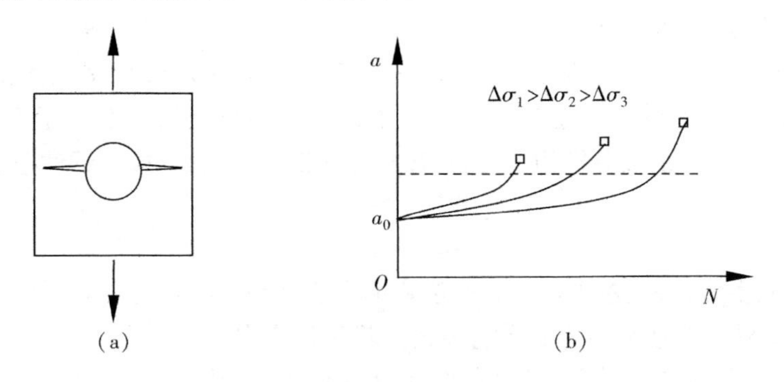

图8-17　裂隙扩展模型及 a—N 曲线

文献[45]采用中心裂纹拉伸试件测定方法，其过程如下：

① 试件切割裂纹一条，初始长度为 a_0；

② 对试件施加交变应力，载荷类型为脉动载荷，即应力比：

$$r=\frac{\sigma_{\min}}{\sigma_{\max}} \tag{8-20}$$

③ 利用显微镜记录长度与循环次数的关系，如 $a_1-N_1, a_2-N_2, a_3-N_3, \cdots$。结果如图8-17(b)所示。

Ⅰ型裂隙尖端应力强度因子为：

$$K_1=Y\sigma\sqrt{\pi a} \tag{8-21}$$

式中　a——裂隙尺寸；

σ——应力水平；

Y——材料常数。

结合图8-17和式(8-21)可知，a 一定时，幅值 $\Delta\sigma$ 越大，即 ΔK 越大，则曲线斜率增大；幅值 $\Delta\sigma$ 一定时，a 越大，即 ΔK 越大，则曲线斜率增大。

结合疲劳损伤理论和实验结果，三个固定频率的脉动实验过程中，压力幅值的区别最为明显。这表明，脉动频率对裂隙扩展速率有一定影响，其中间变量为压力幅值。变化规律为：脉动频率越大，压力幅值越大，而由此引起的裂隙扩展速率越大，裂隙扩展得越快；反之，脉动频率越小，压力幅值变得越小，裂隙扩展趋于稳定。

(4) 变频脉动的实质分析

固定频率的脉动压裂实验表明，频率的不同对于裂隙演化有不同的效果，而通过深入分析可知，不同频率在压裂过程中具有不同的作用。通过对变频脉动压裂的实验分析可知，不同的频率组合，在一定程度上，充分发挥了高频和低频各自的优势。那么变频脉动压裂的内在原理是什么呢？

首先将变频脉动压裂过程中压力参数转变为应力参数，并对压力随时间的变化过程简化，得到应力随试件寿命 N 的变化，如图8-18所示。定义应力上限为 $\sigma_{\max}$，应力下限为 $\sigma_{\min}$，应力幅值为 $\Delta\sigma$。

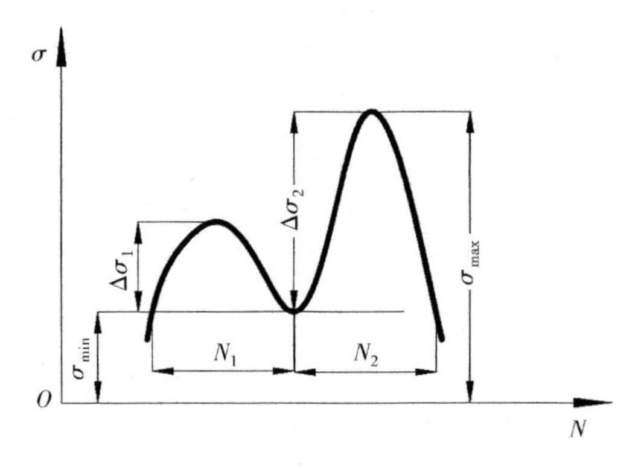

图8-18　脉动加载过程中疲劳参数关系

脉动水力压裂是将一定频率的水注入钻孔内,煤体在脉动水压的反复加载下发生疲劳破坏。基于疲劳累积损伤理论,当煤体承受高于疲劳极限的应力,每次循环都能对煤体产生一定量的损伤,当损伤累积超过临界值时就会发生破坏[47]。前文提到了曼纳(Miner)线性累积损伤理论,结合图8-18分析变频脉动水力压裂破裂试件过程。以应力幅值$\Delta\sigma_1$、$\Delta\sigma_2$加载试件,对应于每个应力幅值的疲劳寿命为N_{f1}、N_{f2},实际的循环次数分别为N_1、N_2,若疲劳损伤累积起来,最终试件破裂,则有:

$$\frac{N_1}{N_{f1}} + \frac{N_2}{N_{f2}} = 1 \tag{8-22}$$

从式(8-22)形式上看,等式左边两项交换位置不影响结果,而实际上国内外针对Miner理论的实验研究表明[36],加载顺序对疲劳寿命的影响很大。若先低应力后高应力,材料会产生低载的"锻炼"效应,使裂隙扩展的时间延长。反之,因为先加高应力时,材料易于形成裂隙,$N_1/N_{f1}+N_2/N_{f2}$可能小于1,致使后期低应力也能使裂隙扩展。由此看来,先施加高应力有利于裂隙发育和扩展。然而,前文提到煤体(试件)具有复杂的孔隙—裂隙结构特性,本身存在初始损伤,并且由于钻孔施工时极易在孔壁附近产生新的裂隙,因此,水力压裂煤体的问题实际上是煤体原生的裂隙临界扩展问题[48]。此观点下,先施加高应力,裂隙迅速扩展,试件整体随之破裂,易出现仅在一个方向的局部产生裂隙面的现象,若后期再施加低应力则难以促使裂隙扩展。而如果更换加载次序,先施加低应力,压裂管周围裂隙在低应力循环载荷下有充足的时间进行扩展,后期施加高应力循环,试件迅速破裂。因此,先低后高的加载顺序,无论是致裂效果还是破裂效率,都优于先高后低。对于变频脉动,频率决定流量,而流量的大小则影响着压力的高低。由此看来,变频脉动宜选择先低频后高频的加载次序。

以上研究对于提高脉动水力压裂技术的应用效果有重要意义。瓦斯流动需要一定的通道,而裂隙则提供了这样的通道。前文提到,水力压裂裂隙可以分成主裂隙和支裂隙,主裂隙有利于煤体破裂,增加压裂影响深度,支裂隙有利于主裂隙周围微小裂隙的贯通,增加压裂影响宽度。为了实现整体的煤体增透,应当在保证压裂深度的同时,提高压裂宽度。引言中提到传统水力压裂在高压力作用下易形成单一的主裂隙,煤体增透范围有限。脉动水力压裂在一定程度上能够避免传统水力压裂的问题。研究表明频率较低时,试件内部有充分的时间进行裂隙扩展、贯通,有利于局部裂隙网的形成,增加压裂宽度;频率较高时,裂隙形态变化迅速,有利于主裂隙的扩展,增加压裂深度。变频脉动水力压裂的实验表明,对高频、低频进行组合,能够在一定程度上发挥各自优势,实现压裂深度和宽度的平衡。该结论可为脉动水力压裂技术的工程应用提供参数优化依据。

8.2.3 脉动压力控制下煤体裂隙演化规律

压力也是脉动载荷的关键参数之一,是工程应用中评价、控制煤体裂隙起裂、扩展的重要参数。本节以研究脉动压力在煤体裂隙网络形成中的作用为中心,通过理论分析、数值模拟以及物理实验等手段,对脉动载荷下煤体裂隙的起裂、扩展规律以及煤体裂隙网络的形成机制进行深入研究,探索脉动载荷作用下裂隙演化及控制机制,为脉动水力压裂在工程中的技术优化提供依据。

8.2.3.1 脉动载荷作用下裂隙起裂规律分析

(1) 对工程地质状况进行评价。借鉴康红普[49]对山西矿区井下地应力场(垂直主应力σ_v、最大水平主应力σ_H、最小水平主应力σ_h)分布规律的实测和分析以及侯赛因(Hossain)[50]、吉尔茨马(Geertsma)[1]等人对正断层、逆断层、平滑断层的定义和裂隙延伸方向的研究,结合山西矿区煤层埋深、地应力状态等对其断层类型以及裂隙预测的延伸方向进行预测,归类以下三个方面:

① 煤层埋深小于250 m时,应力状态以$\sigma_v<\sigma_h<\sigma_H$为主,属于逆断层类型,裂隙扩展延伸以水平方向为主;

② 埋深处于250~500 m之间时,应力状态以$\sigma_h<\sigma_v<\sigma_H$型为主,属于平滑断层类型,裂隙扩展

延伸以垂直方向为主；

③ 埋深较深时，应力状态以 $\sigma_h<\sigma_H<\sigma_v$ 型为主，属于正断层类型，裂隙扩展延伸以垂直方向为主。

煤层在初始地应力下处于平衡状态，钻孔形成后，煤层原始地应力的平衡被打破，应力重新分布。水力压裂作业时，外部载荷作用到煤体上，再次对钻孔周围应力进行扰动，形成新的平衡状态。因此，钻孔周围的应力受到了原始地应力、外部载荷、原始孔隙压力等外因因素和力学特征、钻孔几何尺寸等煤体自身因素的联合影响。各种因素的动态变化，引起了钻孔塌孔、崩塌、裂隙起裂、扩展等失稳行为。

(2) 对水力压裂钻孔的应力状态进行分析。做出以下假设：

① 压裂钻孔布置于与最小水平主应力平行的平面内；

② 假定煤层均匀，为线弹性多孔材料；

③ 钻孔周围处于平面应变状态；

④ 忽略压裂液的重力作用；

⑤ 忽略孔壁滤失；

⑥ 忽略瓦斯压力。

(3) 建立模型。如图 8-19 所示。

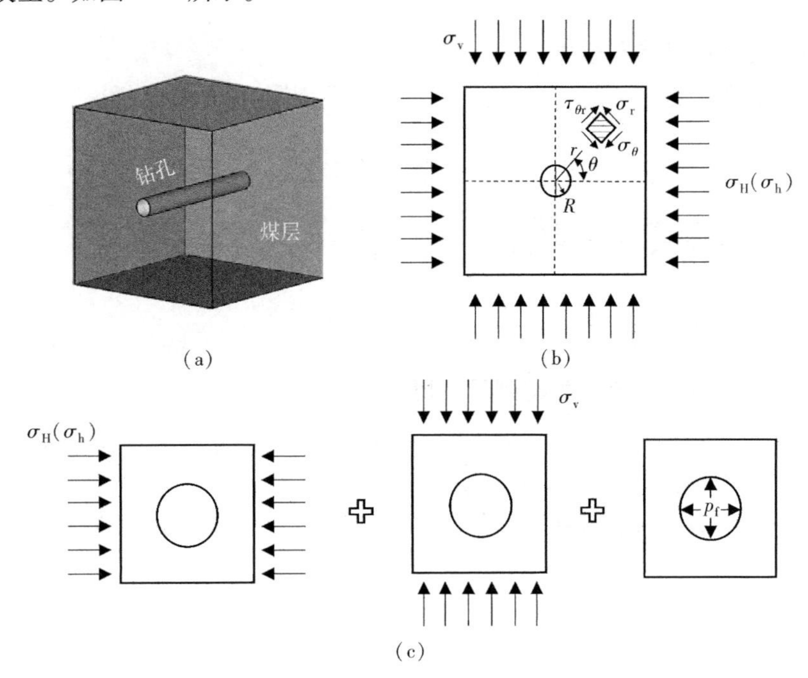

图 8-19　钻孔模型建立及应力状态分析

在无限大的平面上，钻孔周围任一受力单元的应力分布状态如图 8-19(b)所示。钻孔内部受到外部载荷的作用，同时侧向受到水平地应力影响，顶部受到上覆岩层的作用。基于线弹性分析，对应力进行分解，如图 8-19(c)所示。图中，σ_r 为径向正应力，σ_θ 为切向正应力，$\sigma_{\theta r}$为周向应力，p_f为孔内压力，文中主要是脉动载荷施加产生的压力。

① 初始地应力对钻孔周围应力状态的影响

根据弹性力学原理，垂直主应力、最大水平主应力以及最小水平主应力对钻孔周围单元体的影响为：

$$\sigma_r = \frac{\sigma_v + \sigma_H}{2}\left(1 - \frac{R^2}{r^2}\right) + \frac{\sigma_v - \sigma_H}{2}\left(1 + \frac{3R^4}{r^4} - \frac{4R^2}{r^2}\right)\cos 2\theta$$

$$\sigma_\theta = \frac{\sigma_v + \sigma_H}{2}\left(1 + \frac{R^2}{r^2}\right) - \frac{\sigma_v - \sigma_H}{2}\left(1 + \frac{3R^4}{r^4}\right)\cos 2\theta \tag{8-22}$$

$$\tau_{\theta r} = -\frac{\sigma_v - \sigma_H}{2}\left(1 - \frac{3R^4}{r^4} + \frac{2R^2}{r^2}\right)\sin 2\theta$$

钻孔孔壁应力状态较煤体深处不同,即 $r=R$ 时,钻孔应力为:

$$\sigma_r = 0$$

$$\sigma_\theta = \sigma_v + \sigma_H - 2(\sigma_v - \sigma_H)\cos 2\theta \tag{8-23}$$

$$\tau_{\theta r} = 0$$

由此可以看出,钻孔切向正应力随 θ 的变化而变化,当 θ 达到 0°或者 180°时达到最大:

$$\sigma_\theta = 3\sigma_H - \sigma_v \tag{8-24}$$

② 压裂液注入引起的附加应力

假定压裂液注入压力为 p_f,则其对单元体应力状态的影响为:

$$\sigma_r = p_f$$

$$\sigma_\theta = -p_f \tag{8-25}$$

③ 钻孔周围单元体应力状态综合

根据线弹性原理,将上述应力进行叠加,得到压裂钻孔周围应力分布总和:

$$\sigma_r = \frac{\sigma_v + \sigma_H}{2}\left(1 - \frac{R^2}{r^2}\right) + \frac{\sigma_v - \sigma_H}{2}\left(1 + \frac{3R^4}{r^4} - \frac{4R^2}{r^2}\right)\cos 2\theta + p_f$$

$$\sigma_\theta = \frac{\sigma_v + \sigma_H}{2}\left(1 + \frac{R^2}{r^2}\right) - \frac{\sigma_v - \sigma_H}{2}\left(1 + \frac{3R^4}{r^4}\right)\cos 2\theta - p_f \tag{8-26}$$

$$\tau_{\theta r} = -\frac{\sigma_v - \sigma_H}{2}\left(1 - \frac{3R^4}{r^4} + \frac{2R^2}{r^2}\right)\sin 2\theta$$

当 $r=R$ 时,且取 θ 达到 0°或者 180°时,得到最大切向正应力:

$$\sigma_\theta = 3\sigma_H - \sigma_v - p_f$$

$$\sigma_r = p_f \tag{8-27}$$

根据岩石力学拉伸破坏准则,当煤层中存在拉应力且其值达到或者超过煤体的抗拉强度时,煤体将发生拉伸破坏,即:

$$\sigma_\theta = -\sigma_t \tag{8-28}$$

式中 σ_t——煤层抗拉强度。

由式(8-27)可知,随着注水压力 p_f 的升高,σ_θ 逐渐减小,如图 8-20(a)所示。

将式(8-27)代入式(8-28),得到裂隙起裂条件:

$$3\sigma_H - \sigma_v - p_f = -\sigma_t \tag{8-29}$$

或者

$$p_f = \sigma_t + 3\sigma_H - \sigma_v \tag{8-30}$$

随着注水量的增加,钻孔内注水压力变化如图 8-20(b)所示。图中,第一周期内随着压裂液的注入对钻孔孔壁的加载,煤层发生弹性形变,当达到一定程度后开始起裂,之后压力得到释放,陡然下降。第二周期内,由于已有裂隙起裂,煤层抗拉强度为零,裂隙的延伸只需抵抗孔壁周围的应力集中。

以上分析基于理想状态。有学者对具有渗透特征的钻孔的起裂压力也进行了推导,得到了完全

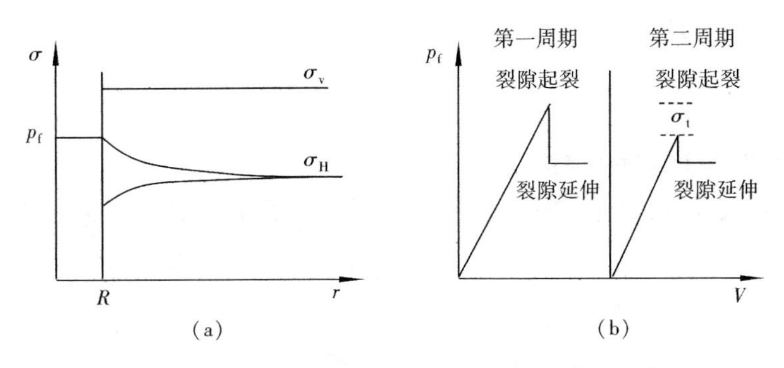

图 8-20　理想状态下注水过程中钻孔应力变化[51]

渗透的钻孔起裂压力[51]：

$$p_{\mathrm{fmax}} = (1 - \nu_{\mathrm{f}})(\sigma_{\mathrm{t}} + 3\sigma_{\mathrm{H}} - \sigma_{\mathrm{v}}) \tag{8-31}$$

式中　ν_{f}——煤层渗透系数，一般取值范围为(0,1)。

式(8-30)和式(8-31)是两种不同状态下的裂隙起裂压力，前者为起裂压力上限，后者为起裂压力下限。前者通常为“快速加压”下的起裂压力，后者为“缓慢加压”情况下的起裂压力[52]。通常情况下，煤层裂隙起裂压力介于二者之间，其原因可能包括：

① 煤体原始损伤，天然裂隙导致抗拉强度的降低或者消失；

② 由于煤体渗透性、泵注速度(排量)等因素的影响，钻孔和煤层之间的压力转换导致的不稳定。

脉动载荷由双柱塞式泵体提供，脉动载荷以脉动压力波的形式在煤体中传播，即：

$$p_{\mathrm{f}} = p(t) = A_0 \sin\left[\omega\left(t - \frac{x}{C}\right) + \varphi\right] \tag{8-32}$$

由上式可以看出，注水压力是随时间变化的函数，这决定了脉动载荷下压力变化的动态效应。钻孔周围煤体的复杂性导致了裂隙起裂的复杂性，即存在多条裂隙同时起裂的可能性，而脉动载荷的动态变化为不同起裂压力的裂隙起裂提供了必要条件。而根据图 8-20(b)的分析，多条裂隙起裂后，势必引起后期裂隙起裂压力的降低。因此，在脉动载荷动态变化下，首先是多裂隙的起裂，降低了煤体抗拉强度，引起了更多裂隙的起裂。这一结论可在下文数值模拟和物理实验中得到验证。

8.2.3.2　脉动载荷下裂隙延伸规律分析

哈伯特(Hubbert)等[53](1957)通过实验和理论计算认为裂隙的延伸方向总是垂直于最小主应力方向。这一规律也得到了随后几十年国内外学者通过不同手段的验证。煤体裂隙的扩展延伸存在以下方面的观点[54]：

① 煤体力学性能，如煤体抗拉强度也是影响裂隙延伸压力的重要因素之一；

② 天然裂隙，致裂破坏的实质是天然裂隙的再次扩展[48]；

③ 加载载荷梯度，如足够的压力梯度是裂隙扩展的直接动力[55]；

④ 地应力，裂隙的扩展方向总是沿着垂直于地应力最小的方向[56]。

当裂隙起裂后，在逐渐远离孔壁的过程中，其方向是否会发生变化，其扩展压力是否会发生变化，脉动载荷对压力及方向的作用机制是怎样？本节对以上问题进行分析和探讨。

(1) 基于断裂力学的煤体裂隙延伸压力分析

煤体具有复杂的裂隙—孔隙结构特征，其内部裂隙多为三种基本裂纹的组合体，Ⅰ型裂隙占主要。本文以Ⅰ型“张开型”裂隙为例(图 8-21)，利用线弹性断裂力学分析脉动载荷作用下裂隙延伸扩展过程，其中，应力强度因子 K_{I} 和断裂韧度 K_{IC} 是表征裂隙断裂的重要参数。

根据格里菲斯(Griffith)断裂准则，当 $K_{\mathrm{I}} = K_{\mathrm{IC}}$ 时，意味着裂隙尖端应力和应变已达到足以使裂隙失稳而扩展的程度。Ⅰ型裂隙应力强度因子为：

$$K_{\mathrm{IC}} = \sqrt{\frac{2E\gamma}{1 - \mu^2}} \tag{8-33}$$

式中　E,γ,μ——分别为煤体弹性模量、表面能、泊松比。

对于图 8-21 中的裂隙，其延伸方向为垂直方向，即垂直于 σ_h，此时应力强度因子 K_{I} 为：

$$K_{\mathrm{I}} = (p - \sigma_2)\sqrt{\pi l} \tag{8-34}$$

联合式(8-33)和式(8-34)得：

$$p = \sigma_2 + \sqrt{\frac{2E\gamma}{\pi l(1 - \mu^2)}} \tag{8-35}$$

由式(8-35)可以看出，裂隙延伸压力不仅与地应力有关系，而且与裂隙尺度、煤体自有属性等有关，其中裂隙延伸压力反比于裂隙尺寸。

(2) 脉动载荷下裂隙延伸规律

根据线弹性力学叠加理论可知，当地应力和脉动载荷同时作用于煤体时，两种载荷在煤体上引起的位移和应力等于其分别作用于煤体上该处的位移和应力分量之和。同理，利用叠加原理，脉动载荷下裂隙尖端的总应力强度因子 K_J^0 是静载强度因子（主要指地应力）K_J^S 和脉动载荷强度因子 K_J^P 之和，其表现形式如式(5-17)和图 8-22 所示。

$$K_J^0 = K_J^S + K_J^P \quad (J = \mathrm{I}, \mathrm{II}, \mathrm{III}) \tag{8-36}$$

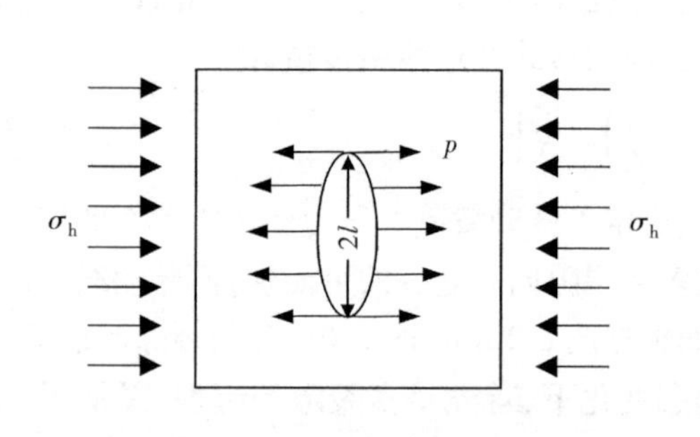

图 8-21　二维平面裂隙扩展

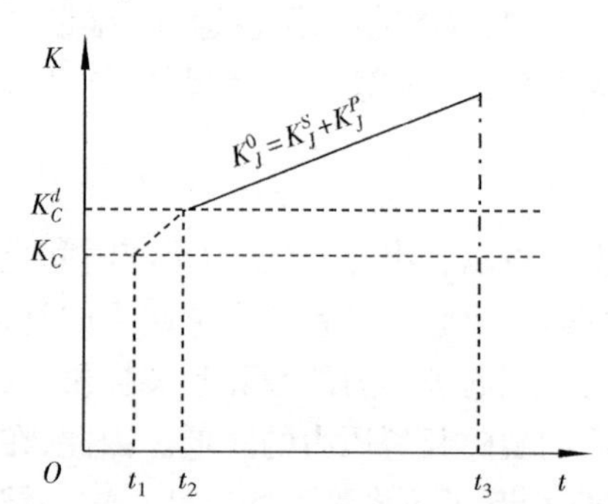

图 8-22　总应力强度因子曲线

脉动载荷下裂隙的动态过程如下：$t=0$ 时，脉动载荷的作用效果没有出现，钻孔仅处于地应力作用下，此时应力强度因子主要为地应力强度因子（图中以 K_C表示静态的临界因子）。当钻孔内充满水之后（$t=0$），脉动载荷开始作用于裂隙（图中以 K_C^d表示此时综合作用下的动态临界强度因子，其数值与 K_C未定）。随着脉动载荷压力的上升（$t_1<t<t_2$），应力强度因子逐渐增大，但仍未达到 K_C^d，不足以克服断裂韧度，裂隙保持稳定，等到 $t=\tau$ 时刻，$K_J^0=K_C^d$，满足起裂条件，裂隙开始起裂。随着脉动载荷的持续加载，脉动压力持续增大（$t_2<t<t_3$），裂隙持续扩展。结合本章对脉动载荷疲劳作用的分析，脉动载荷作用下，煤体损伤不断累积，力学特征不断劣化，裂隙逐渐发生起裂、扩展。整个过程中，其特点表现在：

① 脉动载荷下的应力场为静压应力场 σ_j基础上的动态应力场 σ_d，如图 8-23 所示；

② 脉动载荷作用下，煤体疲劳损伤造成煤体随机破裂，在诱导静态应力场不断变化的同时，也诱导动态应力场的随机变化[14]，两种应力场的综合变化增加了裂隙起裂、扩展等形态变化的随机性。

(3) 裂隙延伸压力分析

持续的注水压力是裂隙扩展延伸的动力。根据压裂液的时空关系及压力的不同作用，将注水压力分解成三部分，即：

① 使裂隙向最小主应力方向扩容；

② 使压裂液通过裂隙；

③ 克服裂隙尖端阻力，形成新的裂隙。

其数值关系可以表示为：

$$p = p(\sigma_h) + p(f) + p(\mathrm{tip}) \tag{8-37}$$

式中　p——注水压力；

$p(f)$——压裂液通过裂隙时产生的摩擦力；

$p(\mathrm{tip})$——克服尖端阻力而需要的压力。

诺尔特（Nolte[57]）在分析压力与裂隙扩展关系时，对压力变化进行了分析。对于闭合裂隙，假定泵注流量一定，压力与压裂时间呈幂次律关系，即：

$$p = t^{\lambda} \tag{8-38}$$

式中　λ——幂指数，在 1/8～1/4 之间。

对式（8-38）取双对数，在图中反映为直线图，如图 8-24 所示。

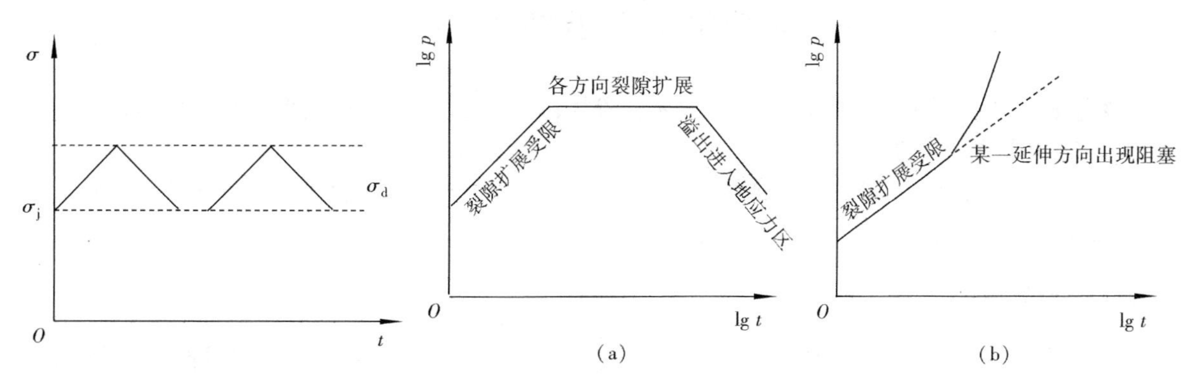

图 8-23　脉动载荷作用下动态应力场

图 8-24　起裂压力与时间的关系图[57]

从图 8-24（a）中可以看出，在初始段，压力与时间呈直线上升。在第二段，压力保持稳定，这表明裂隙在各方向上的延伸，另外，与滤失的逐渐严重也有关系。第三段对应于压力的失控，即裂隙基本形成，裂隙间相互影响应力减小。在 8-24（b）中表达是压力出现异常的状况，在石油工业中的解释多为支撑剂堵塞裂隙或者压裂液黏度过高。由于煤矿井下一般不使用支撑剂，出现此种压力异常的现象的原因可能是压裂液裹挟煤屑造成裂隙的堵塞[58]。

以上分析有助于对工程实践中脉动压力的变化做出科学判断。

8.2.4　脉动压力控制与裂隙演化相关性分析

目前，有关煤岩体裂隙网络的研究主要从地应力、压裂工艺、压裂液黏度等方面进行了探索[59,60]，既有的物理实验和工程考察也初步证明了裂隙延伸形态的复杂性。本章的数值模拟和物理实验研究表明，通过脉动载荷的应用，在一定程度上可以在裂隙数量、裂隙起裂压力等方面提高裂隙演化效果，而通过控制脉动载荷的压力幅值能够进一步地提高裂隙演化效果。本节结合脉动水力压裂的工程应用，分析脉动压力与裂隙演化之间的相关性，探索煤体裂隙网络的形成方式。

基于以上分析，为了促使煤体裂隙充分发育，形成贯通良好的裂隙网络，除了采取变频脉动加载方式，也可以提出基于脉动压力控制的优化方案，强化脉动水力压裂卸压增透效果。

8.2.4.1 合理分配和控制泵注流量

泵注流量直接影响泵压,进而影响煤层压力梯度。煤体结构复杂性及受后期扰动引起的损伤决定了钻孔孔壁裂隙起裂存在多处起裂概率相等的可能,这为多裂隙的起裂提供了基础。控制流量的目的在于,减少由于先期起裂裂隙造成的弱面扩展而引起的起裂盲区,保证多个裂隙的同时起裂或者全部起裂[61]。对于多个带有初始损伤的裂隙而言,压裂液进入钻孔后,每个裂隙分配得到的流量不相同。多裂隙涉及起裂的时空效应问题。由于每个裂隙所处位置的不同,其起裂压力也不尽相同。为此,可借鉴石油工程中提出的流量"限流法"[62,63],通过合理的流量分配,缓慢增加压裂压力,以此保证理想的裂隙起裂次序,即起裂压力低的裂隙优先起裂,起裂压力高的裂隙最后起裂。

8.2.4.2 加强注水压力监测和控制

除了优化流量分配,还可以从脉动压力的准确监测上进行控制。随着煤矿井下压裂装备的逐步完善,精密、精确的控制设备逐渐得到应用,这为井下水力压裂压力控制和监测提供保障。脉动压力控制的基本思想在于压裂前期,降低压力上升速度,保证煤体内部适当压力梯度,以促进多重裂隙的起裂、延伸。

8.3 脉动载荷作用下裂隙演化规律的数值模拟

为了进一步理解脉动载荷下裂隙起裂、延伸等规律,开展基于颗粒流模型的数值模拟研究,通过本节分析,以期在两个方面取得进展:

① 脉动载荷作用下裂隙起裂、延伸的数值模拟过程,并分析相同条件下其与静压载荷的异同;

② 脉动载荷中关键参数对裂隙演化的影响。

8.3.1 颗粒流模型

连续介质方法在处理工程实际问题时是有效的,但是,在进行试件岩石力学分析时,其力学性质与其微观属性也是有一定的关联的,连续介质方法受到一定的局限。为此,出现了多孔介质模型、层状介质模型、裂缝介质模型等非均质模型[64],在给定的条件范围内,非均质模型能够从一定的角度如实反映岩石的性质。

煤是一种由微颗粒构成的沉积矿产,从颗粒粒径上看,煤具有明显非均质性,加上煤的孔隙—裂隙特性,因此一般连续介质力学只能作为常规手段,适于大尺度范围的研究。而由于其组成可看做是小块固体材料的压实作用或者胶结作用,因此,可以利用颗粒填充的颗粒流模型来模拟真实煤体。

颗粒流理论 PFC 的思想在于:在二维或者三维空间里,任意粒度分布的圆形的或球形的颗粒在特定的外加应力作用下,被挤成颗粒集合体,每个圆盘或球体被看作刚体,具有平移和旋转自由度。当两个颗粒接触时,在接触面上产生相对位移(切向和法向),产生力的作用,通过特定接触法则,如赫兹(Hertzian)法则,允许颗粒互相重叠,重叠度通过接触法则控制接触力[65]。针对所研究问题,施加边界条件,改变应力状态,模拟接触力和颗粒的移动,直到达到平衡,不断重复这一过程,直到数值模拟结束。

颗粒流模型的优点在于,和物理实验相比,离散颗粒流模型能够更深入地理解颗粒物质,如煤,它不需要预先假设材料的本构关系,模拟过程中出现的裂隙破碎和发育等内在的复杂行为特征,都是颗粒流模拟的自然结果。颗粒流很好地解决了煤体的典型非均质性和各向异性[66],而且通过相应的控制手段可以得到裂隙自然发育、扩展过程,这对研究水力压裂过程中裂隙演化机制有重要意义[67]。目前已有学者尝试利用此方法开展水力裂隙的扩展[68-71]。本节主要应用颗粒流 PFC2D 流固耦合功能,编写相关代码,开展脉动载荷作用下裂隙的演化特征研究。

如图 8-25 所示(原图为彩色),在 PFC2D 中,流固耦合基于 2 个假定:

① 假定流体的渗流路径由颗粒间接触处的平行板通道组成,该通道称为“管道”,如图中黑色线段所示(图中黄色圆形表示固体颗粒,蓝色线段表示颗粒间的接触);

② 假设模型中存在可以存储压力的单元,该单元称为域,如图中由红色线条围成的一个闭合多边形区域,蓝色圆点表示域的中心,相邻域之间通过管道连接。

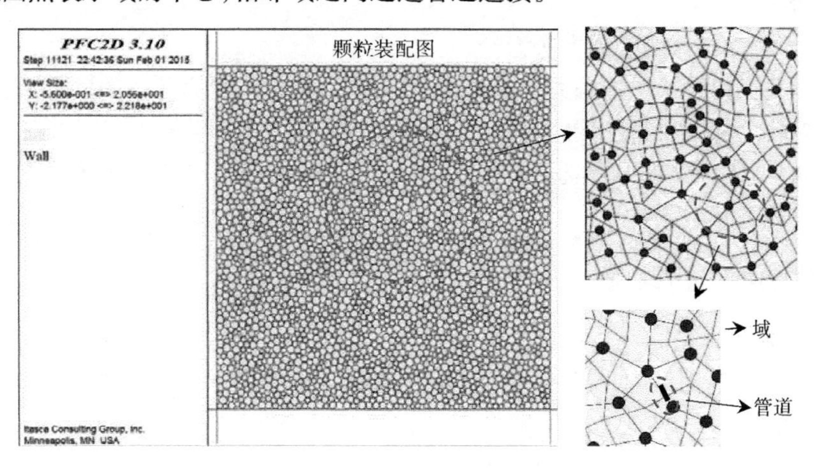

图 8-25　PFC 流固耦合原理图

8.3.1.1　流量

PFC2D 中,假定流体在管道之间发生渗流作用,而管道则简化成长度为 L、宽度为 a 的两块平行板。由平行板均匀流的立方定律可得:

$$q = ka^3 \frac{p_2 - p_1}{L} \tag{8-39}$$

式中　q——管道流量;

k——渗透系数;

$p_2 - p_1$——相邻域之间的压力差。

由上式可以看出,管道宽度对管道流量有一定的影响,即颗粒流模型的渗透性。由颗粒流模型的原理可知,管道宽度的大小与颗粒间的接触力大小有关。于是,假设颗粒间接触力为零时对应的管道孔径为残余孔径 a_0。当法向接触力为拉力时,管道孔径等于残余孔径和两颗粒间表面的法向距离之和,即:

$$a = a_0 + mg \tag{8-40}$$

式中　g——两颗粒表面间的法向距离。

当法向接触力为压力时,管道孔径将随着法向接触力的增大而逐渐减小,此时管道孔径与残余孔径间的关系为:

$$a = \frac{a_0 F_0}{F + F_0} \tag{8-41}$$

式中　F_0——管道孔径 a 减小到 $a_0/2$ 时的法向压力;

F——当前荷载作用下的法向接触力。

8.3.1.2　压力

在 Δt 时间内,流体压力的变化为:

$$\Delta p = \frac{K_f}{V_d}\left(\sum q\Delta t - \Delta V_d\right) \tag{8-42}$$

式中 K_f——流体体积模数；

V_d——域表观体积；

$\sum q$——该域从周围管道中获得的总流量；

ΔV_d——由力引起的域的体积改变量。

8.3.1.3 流固耦合

在 PFC2D 中，流固耦合的实现方法为：

① 通过管道孔径的大小与接触力相关，实现模型渗透特性与受力状态的耦合；

② 作用在颗粒上的力改变了域的体积，从而引起域内压力的变化；

③ 相邻域间的压力差以渗透体积力的方式作用在周围颗粒上，从而考虑了渗流对固体颗粒受力状态的影响。

8.3.2 数值模拟方案

8.3.2.1 参数标定

数值模型建立前，利用双轴和巴西劈裂对颗粒流模型的细观力学参数进行标定(图 8-26)，标定结果如表 8-4 所列。

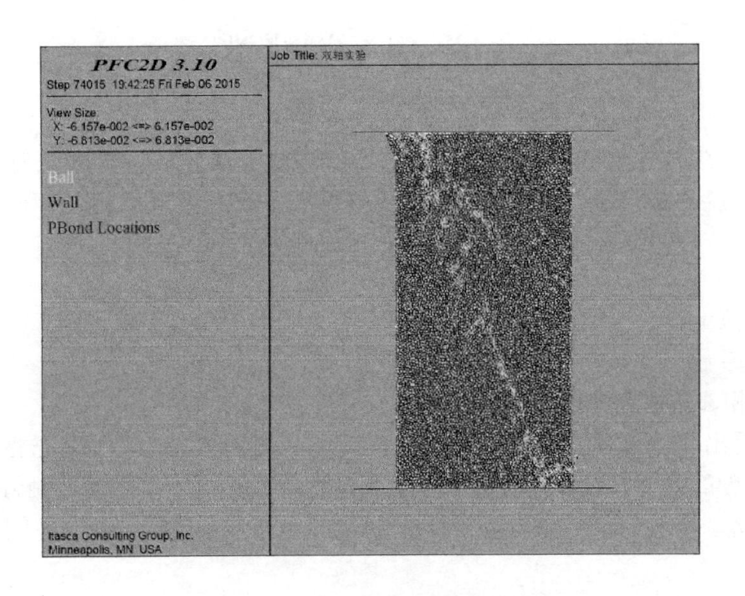

图 8-26 细观力学基本参数标定

表 8-4 基本参数标定结果

平行连接模量	正向连接刚度	切向连接刚度	最小半径	粒径比	孔隙率	摩擦因数	密度
0.9×10^9	6×10^6	6×10^6	0.000 3	1.6	0.15	0.6	2 500

8.3.2.2 模型建立

物理模型如图 8-27(a)所示。利用 PFC2D 模型生成特点，所建模型由颗粒半径 R_{min} 到 R_{max} 之间的 2 000 个颗粒组成，$R_{max}/R_{min}=2$，模型孔隙率 $n=15\%$。模型尺寸为 200×200，数值模型由墙和球组成，如图 8-27(b)所示。模型中心空心为模拟钻孔。模型具体参数如表 8-5 所列。

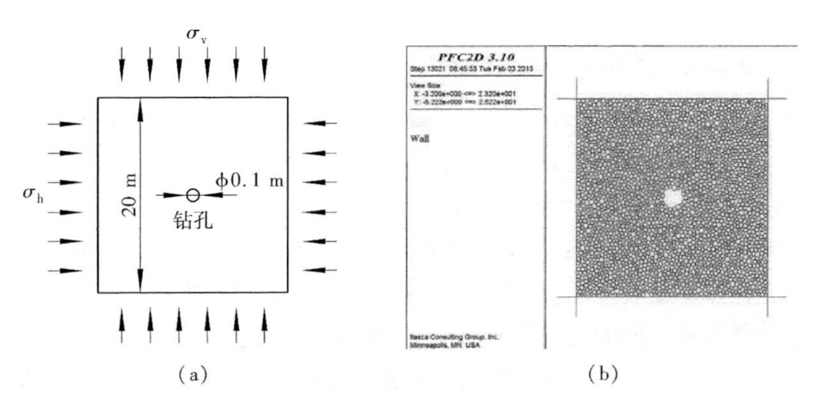

(a)　　　　　　　　　　　　(b)

图 8-27　模型建立

(a) 物理模型;(b) PFC 数值模型

表 8-5　颗粒流模型基本参数

模型宽度	模型高度	颗粒最小半径	粒径比	模型密度	球—球接触模量	颗粒刚度比	颗粒间摩擦因数
0.05	0.1	0.000 3	1.6	2 500	0.9×10^9	1	0.6

断裂峰值倍数	平行连接半径乘数	平行连接模量	平行连接平均法向应力	平行连接法向应力偏移量	平行连接平均切向应力	平行连接切向应力偏移量
0.9	1	0.9×10^9	10×10^6	2×10^6	10×10^6	2×10^6

8.3.2.3　数值模拟方案

前文分析表明,相对静压载荷,在脉动载荷动态作用下煤体裂隙的起裂和延伸出现了一定程度上的不确定性。本节利用数值模拟方法进行验证和深入的分析,考察起裂方向、起裂压力以及裂隙数量等参数。设计的数值模拟方案包括三个方面:① 不同地应力条件下裂隙起裂及延伸特征;② 静压载荷和脉动载荷作用下裂隙演化特征对比;③ 不同压力幅值下,裂隙演化特征分析。

根据数值模拟目的,将模型编号,并对模拟应力、脉动频率、压力幅值、运算步数等参数进行设置,如表 8-6 所列。

表 8-6　数值模拟方案

载荷类型	实验编号	水平应力/MPa	垂向应力/MPa	起裂压力/MPa	脉动频率/Hz	脉动幅值	运算步数
静压载荷	1	5	3	7	—	—	200 000
	2	5	5	12.5	—	—	
	3	5	6	10.5	—	—	
脉动载荷	4	5	3	5.5	5	2	600 000
	5	5	5	10	5	2	
	6	5	6	9	5	2	
	7	5	5	10.1	5	0.1	1 000 000
	8			10.4	5	0.2	
	9			10.8	5	0.3	
	10			10.6	5	0.4	
	11			11	5	0.5	

8.3.3 脉动载荷及静压载荷下裂隙演化规律分析

数值模拟结束后,对脉动载荷及静压载荷下裂隙演化过程、裂隙数量和起裂压力以及裂隙演化过程中模型各向异性和配位数变化进行对比分析。

8.3.3.1 脉动载荷和静压载荷作用下裂隙演化过程

图8-28、图8-29、图8-30分别为5 MPa : 3 MPa、5 MPa : 5 MPa、5 MPa : 6 MPa三种地应力条件下脉动载荷和静压载荷作用下钻孔周围裂隙演化过程。从不同地应力条件下裂隙演化过程可以看出,地应力是影响裂隙最终延伸方向的主要因素,即裂隙始终沿着垂直于最小主应力方向扩展。

为了便于分析,裂隙演化人为分为起裂、延伸和贯通三个阶段,分别取1#测量圆、3#测量圆、5#测量圆作为分界点:

① 从图8-28(a)、图8-29(a)和图8-30(a)看出,在起裂阶段,无论是脉动载荷还是静压载荷,裂隙的起裂方向均有一定的随机性,这与颗粒流模型自身的特点有关,由于颗粒在粒径和数量分布的随机性,造成初始受力方向的随机。该模型很好地再现了煤体的非均质性。

② 延伸阶段是指位于1#测量圆和3#测量圆之间的范围,在起裂阶段起裂的部分裂隙开始扩展,此时裂隙延伸方向基于确定,即沿着最大主应力方向。在此阶段仍有少量裂隙起裂。而由图8-29可以看出,当两个主应力相等时,裂隙延伸方向出现不确定,两种载荷形式均有多个方向上的扩展,尤其是脉动载荷。

③ 贯通阶段是指3#测量圆至模拟结束。由图8-28(c)、图8-29(c)和图8-30(c)可以看出,裂隙延伸方向进一步集中在某一特定方向。和前两个阶段相比,裂隙在这一阶段的起裂数量减少,尤其是静压载荷。

8.3.3.2 脉动载荷和静压载荷作用下各向异性及配位数变化

在PFC2D中,各向异性和配位数表示表征颗粒运移规律的两种重要参数。其中,各向异性又称“非均质性”,是指颗粒随着方向的改变而出现的力学特征变化,而配位数是指单位域中,和中心颗粒连接的颗粒数量,它是用来表征颗粒间断裂发生的参数之一。两种载荷形式下裂隙演化过程中的微观参数如各向异性、配位数等变化如图8-31、图8-32、图8-33所示。

从各向异性的变化来看,在两种载荷形式作用下,颗粒逐渐被压缩,因此,两种载荷形式下各向异性相对初始状态逐渐下降。而从数值对比来看,脉动载荷的各向异性保持高于静压载荷的水平,且出现明显的波动反复。这表明,脉动载荷作用下,颗粒运动的随机性明显加强。同时,这也表明,脉动载荷下应力集中的现象弱于静压载荷。而配位数也验证了这一点。从图中可以看出,脉动载荷下的配位数变化程度高于静压载荷,也就是说,颗粒间的接触较静压载荷均匀,断裂数量较多。但是,当水平应力和垂直应力相等时,脉动载荷和静压载荷的各向异性和配位数没有规律可行。这表明,地应力状态对于裂隙演化的影响不仅在于方向上。

8.3.3.3 脉动载荷和静压载荷作用下裂隙数量及起裂压力分析

从裂隙演化、各向异性、配位数的对比分析来看,脉动载荷和静压载荷下裂隙的特征的确存在不同。裂隙数量和起裂压力则能够更加直接看出其区别。

图8-34所给出的裂隙数量是各个测量圆测得的。由图可以看出,在裂隙起裂阶段,三种地应力条件下两种载荷的裂隙数区别不大,这表明,初始裂隙起裂数量与模型自身关系较大,与载荷形式无关。随着模拟的进行,在延伸阶段,脉动载荷施加在颗粒上,引起颗粒的随机滑动和断裂,脉动载荷的裂隙数量开始慢慢多于静压载荷。在贯通阶段,这一趋势更加明显。虽然此时裂隙延伸成簇,但脉动载荷作用下仍有大量新裂隙产生。

图8-35是两种载荷形式下裂隙的起裂压力对比。由图可以看出,同等应力水平下,脉动载荷的

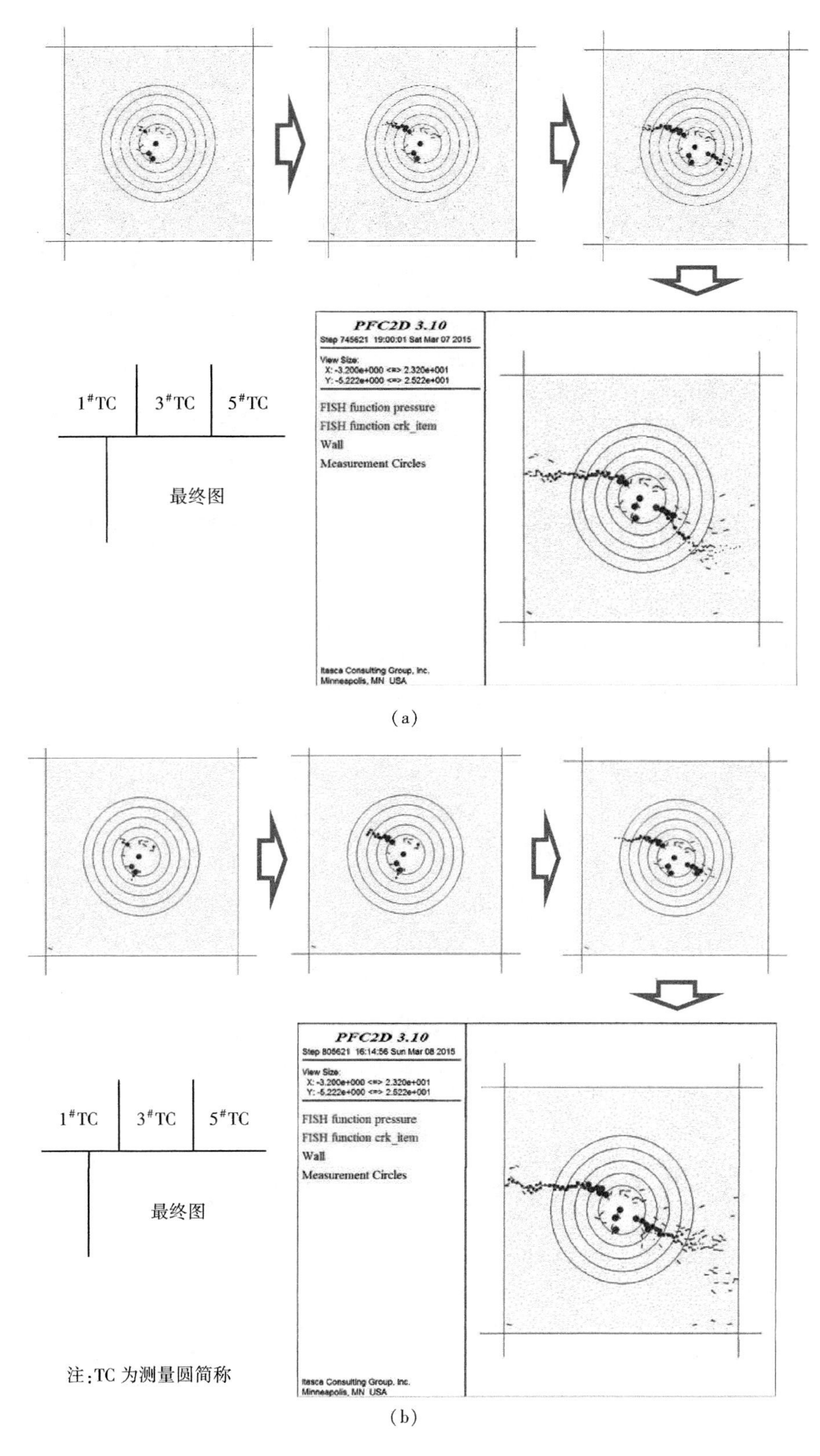

图 8-28　水平应力、垂直应力分别为 5 MPa、3 MPa 时裂隙演化过程

(a) 静压载荷;(b) 脉动载荷

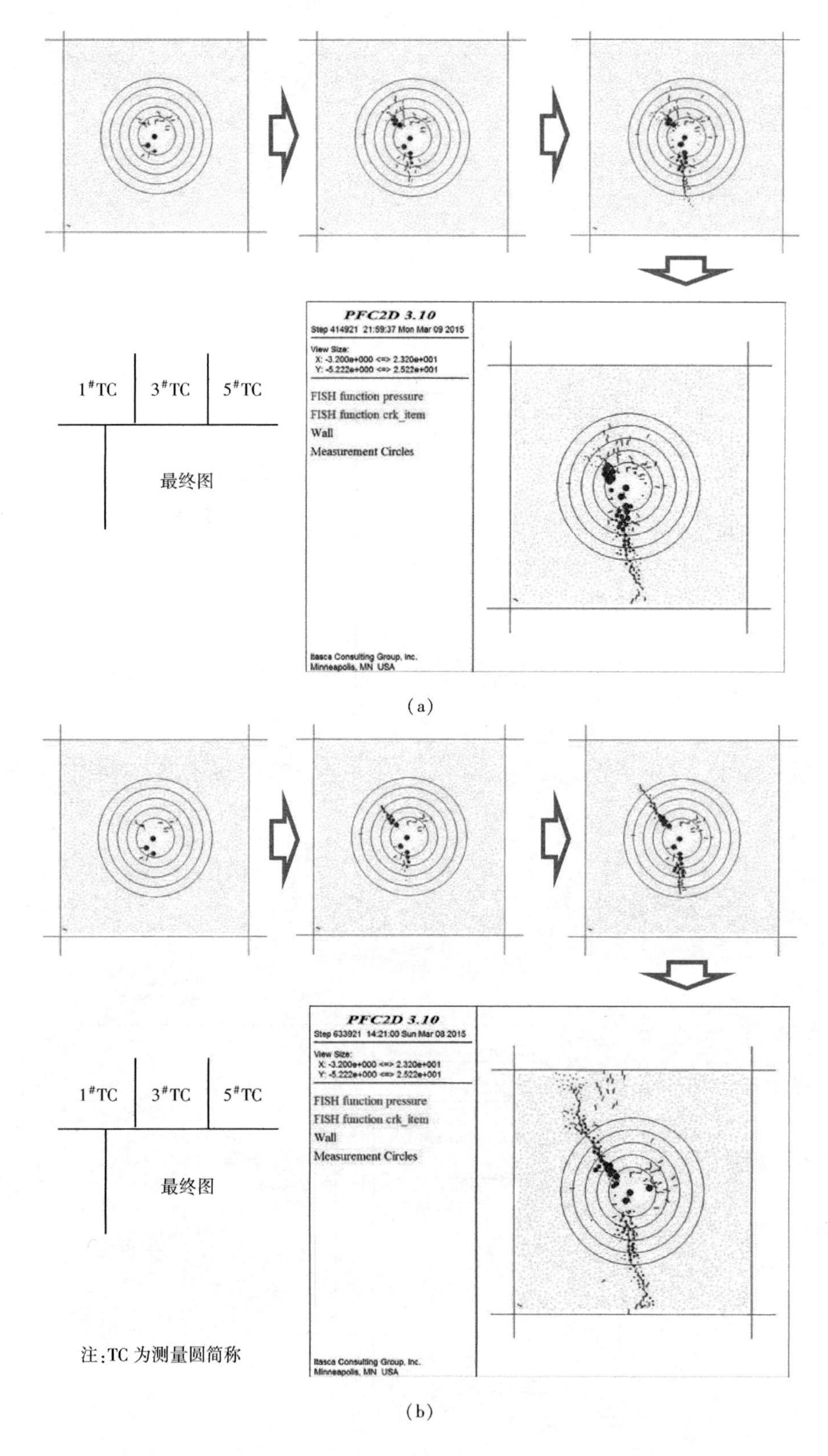

图 8-29　水平应力、垂直应力分别为 5 MPa、5 MPa 时裂隙演化过程

(a) 静压载荷;(b) 脉动载荷

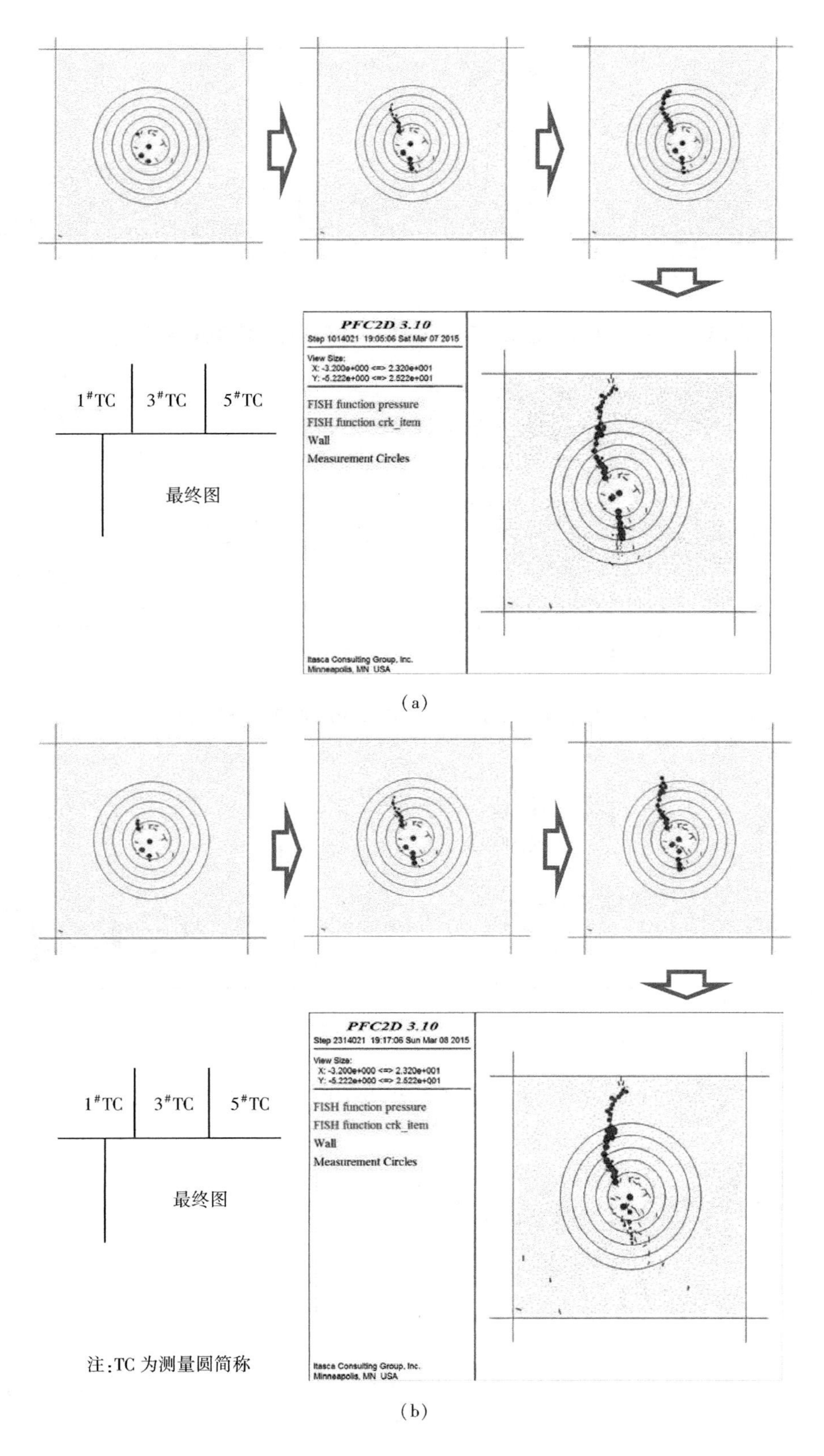

图 8-30　水平应力、垂直应力分别为 5 MPa、6 MPa 时裂隙演化过程

(a) 静压载荷;(b) 脉动载荷

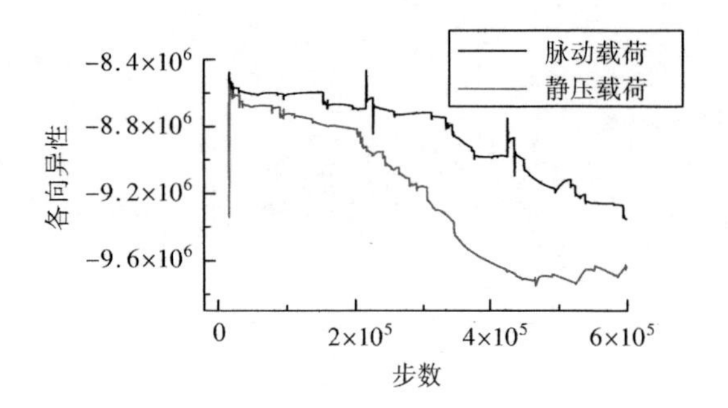

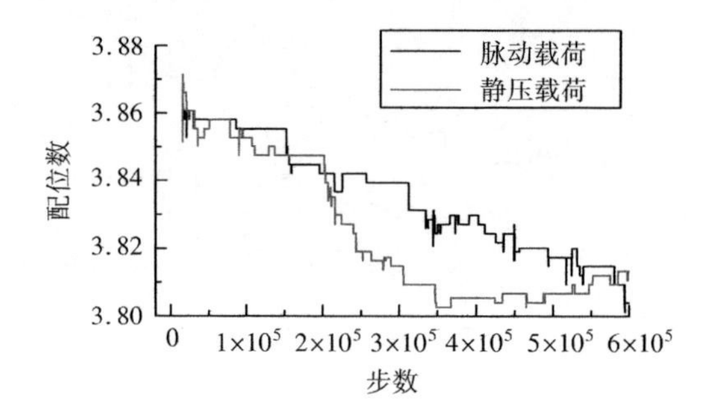

图 8-31　水平应力、垂直应力分别为 5 MPa、3 MPa 时各向异性和配位数变化

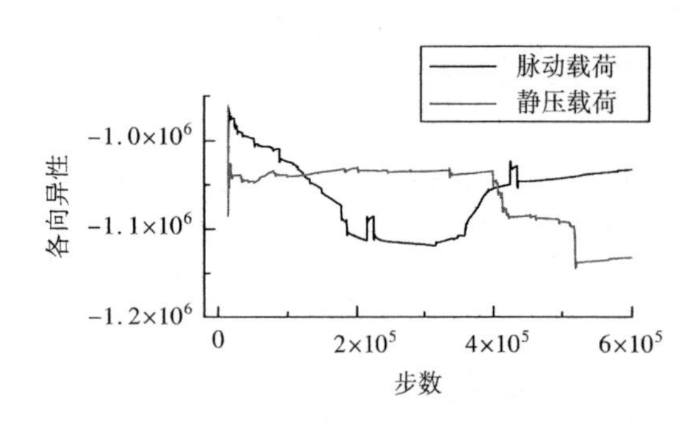

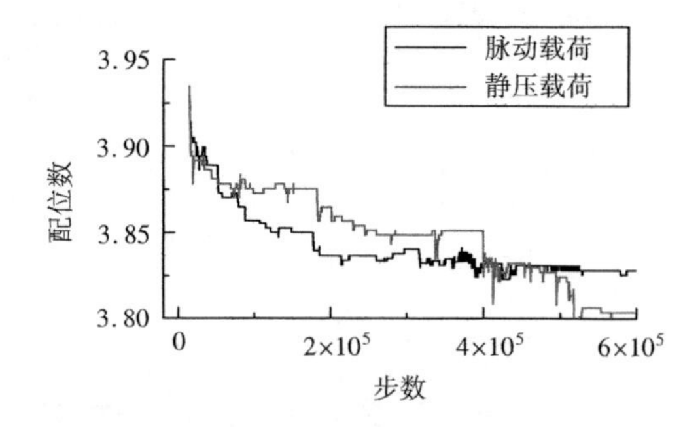

图 8-32　水平应力、垂直应力分别为 5 MPa、5 MPa 时各向异性和配位数变化

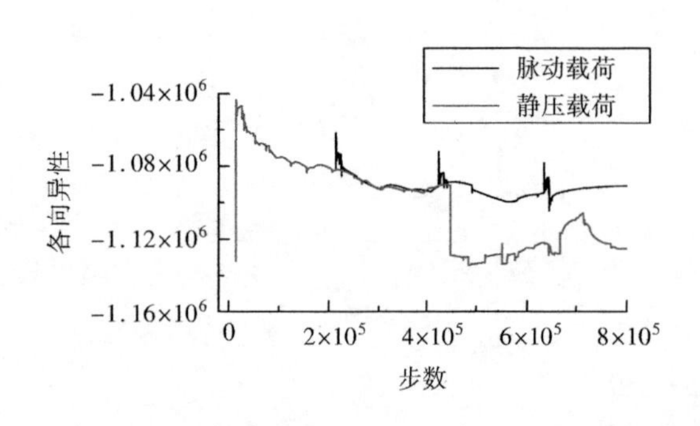

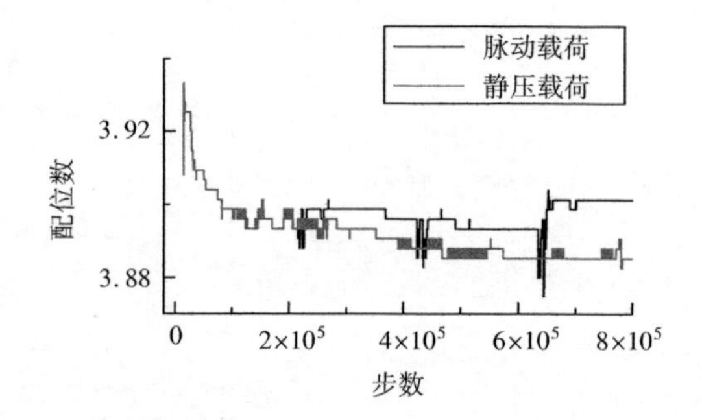

图 8-33　水平应力、垂直应力分别为 5 MPa、6 MPa 时各向异性和配位数变化

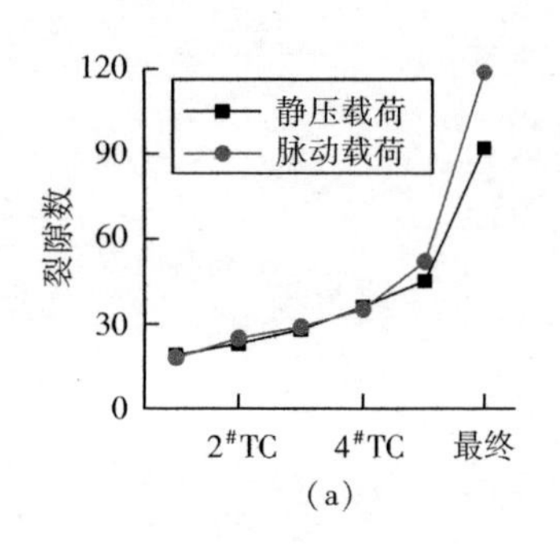

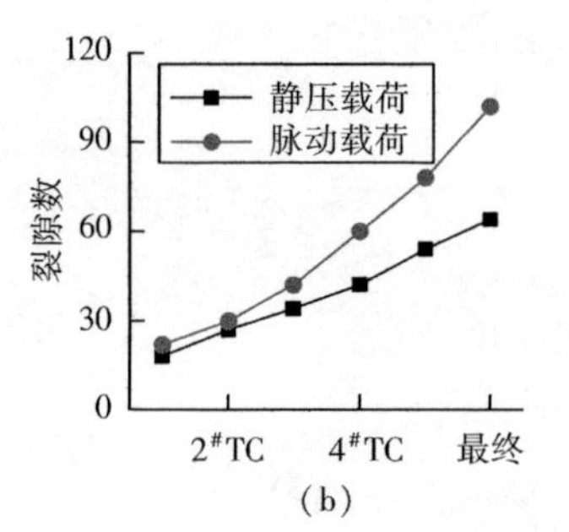

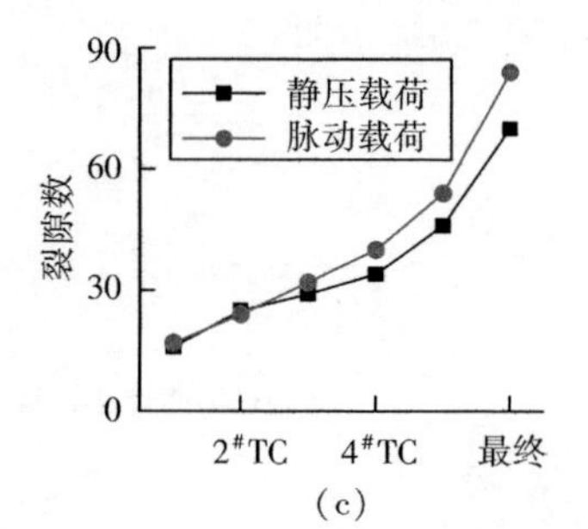

图 8-34　三种地应力水平下静压载荷和脉动载荷的裂隙数量对比

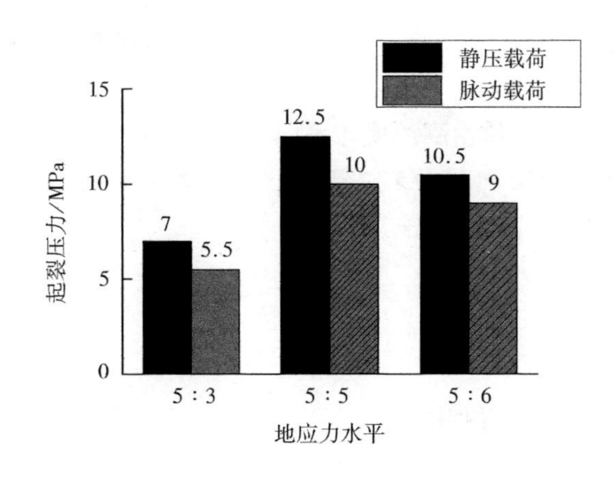

图8-35　三种地应力水平下静压载荷和脉动载荷的起裂压力对比

起裂压力均低于静压载荷，二者之比分别为78%、80%、85%。由于颗粒流模型中并没有引入疲劳累积损伤，但是由于脉动载荷的循环变化，使模型中颗粒之间的相对运动变得复杂，引起更多的颗粒发生断裂。而静压载荷下颗粒的运动方向较为固定。因此，脉动载荷下裂隙起裂压力低于静压载荷。而脉动载荷之间横向对比时，地应力水平为5∶3时，起裂压力最小，这表明起裂压力与地应力有直接关系[72-74]。

综合以上演化过程、微观特征以及裂隙数量、起裂压力等分析，可以看出，通过对脉动载荷和静压载荷的对比分析可以看出，脉动载荷和静压载荷在裂隙演化表现出不同的特征，主要表现在：

① 脉动载荷作用下裂隙起裂和延伸的发生更加随机，应力集中现象减少，试件各向异性得到保持，内部分布均匀。

② 脉动载荷作用下裂隙数量增加了20%以上，裂隙起裂压力降低了85%以上。

8.4　脉动载荷作用下煤体瓦斯动力学特征

脉动水力压裂增透过程伴随着瓦斯的解吸—扩散等动力学运移过程，脉动载荷作用下煤体瓦斯动力学是考察脉动压裂增透效果的又一特征。首先对瓦斯扩散机理进行分析，然后选择合理的瓦斯扩散动力学模型，利用脉动水力压裂后期瓦斯解吸结果对瓦斯扩散动力学特性进行数值拟合分析，研究脉动水力压裂影响瓦斯扩散动力学特性。

8.4.1　瓦斯解吸—扩散机理分析

煤层的瓦斯放散过程多数学者认为是解吸—扩散—渗流的过程[75]，但对于煤粒瓦斯放散过程中是否存在渗流及其对煤粒的瓦斯扩散规律的影响，仍存争议。多数学者认为煤粒瓦斯放散过程只有解吸—扩散过程[76]，适用于菲克（Fick）定律，也有部分学者认为含有渗流过程[77]。瓦斯的渗流是由于在煤样的孔隙、裂隙中存在压力梯度发生的定向运动，一般符合达西定律。在煤层中，煤体内部存在大量的游离瓦斯，在煤层中的孔隙、裂隙中产生较大的瓦斯压力，因此在压力梯度的条件下存在瓦斯渗流。煤粒中是否存在瓦斯的渗流，关键问题在于中孔、大孔中是否存在瓦斯压力梯度。刘彦伟[78]根据其煤粒瓦斯放散规律实验结果，提出瓦斯流在大孔内压力差很小，几乎为零。从理论上分析，不管是扩散或是渗透，瓦斯在大孔和中孔的流动速度比在微孔中扩散速度要快得多，很难在中孔和大孔中形成压力差，因此瓦斯在煤粒中的运动不具备发生渗流的力学条件。本节在进行脉动水力压裂影响瓦斯解吸—扩散实验时，在整个后期放散过程中，认为瓦斯在煤样中的运动过程只存在解吸—扩散过程。

扩散是由于分子自由运动使物质由高浓度体系向低浓度体系运移的浓度平衡过程。煤粒瓦斯的扩散是瓦斯分子在其浓度梯度作用下，由煤粒内部通过各种大小不同的孔隙从高浓度向低浓度方向运移的过程。其扩散规律符合菲克扩散第一定律[79]：

$$J = -D\frac{\partial C}{\partial x} \tag{8-43}$$

式中 J——瓦斯扩散速度，g/(s·cm^2)；

$\frac{\partial C}{\partial x}$——沿扩散方向的瓦斯浓度梯度；

D——扩散系数，cm^2/s；

C——扩散流体浓度，g/cm^3。

负号表示扩散发生在与浓度增加的相反方向。

将菲克扩散第一定律用于三向非稳定流场时，基于质量守恒定律及连续性原理，可得出扩散第二定律：

$$\frac{\partial C}{\partial t} = D\left(\frac{\partial^2 C}{\partial x^2} + \frac{\partial^2 C}{\partial y^2} + \frac{\partial^2 C}{\partial z^2}\right) \tag{8-44}$$

式中 t——瓦斯扩散时间，s。

研究瓦斯解吸—扩散机理，煤粒可以看作为球形颗粒，其扩散场为球向流场[80,81]。在瓦斯开始扩散前，煤粒内部各点的瓦斯始终保持吸附平衡时的浓度。在煤粒暴露瞬间，只是煤粒表面附近的瓦斯开始扩散，煤粒外表面的瓦斯浓度随即降为表面浓度，使得煤粒半径方向上形成浓度差，在浓度梯度条件下驱动瓦斯扩散。在进行脉动水力压裂影响瓦斯解吸—扩散实验时，脉动水力压裂结束后，煤中瓦斯再次达到一种吸附—解吸平衡状态。煤样罐卸压后，煤样表面瓦斯浓度降低，这时在煤样半径方向上形成浓度差，吸附状态的瓦斯再次解吸转化为游离状态，产生瓦斯由煤样中心向表面的扩散运动。

目前的煤粒瓦斯扩散模型主要是依据菲克定律，描述瓦斯扩散过程的模型主要分为单一孔隙扩散模型、双孔隙扩散模型和扩散率模型[82]。单一孔隙扩散模型将整个多孔介质煤假设为单一的孔隙系统，模型简单，但由于与煤粒孔隙结构特征差异较大，适应性较差。双孔隙扩散模型[83,84]将煤孔隙结构处理为具有大孔隙和微孔隙的双重孔隙结构，双重孔隙结构模型又分为并行扩散模型和连续性模型。并行扩散模型[85,86]认为气体分子在微孔和大孔内并行扩散，并在微孔和大孔之间保持平衡。有学者[87]指出该模型存在两个缺点：一是按并行扩散模型的假定，推导出的结果与实际情况相反；二是模型自相矛盾，一方面认为离子在固相中的扩散较慢，另一方面又要求离子在固相和大孔间保持平衡。连续性模型认为[88-90]，煤粒由相同体积的微颗粒组成，微颗粒之间的孔隙为大孔，微颗粒内部含有微孔，瓦斯从微孔经扩散进入大孔，然后从大孔中扩散至煤粒表面，连续性扩散模型的推导基于微元内的质量守恒。该模型得到了很多国内外学者的广泛应用[91-93]，并验证了该模型应用效果比单一孔隙模型更适合描述整个扩散过程。

实际煤粒瓦斯的扩散是非稳态过程，塞芬斯特(Sevenster)于1959年依据菲克第二定律提出了煤粒的均质球形瓦斯扩散数学模型[94]，如式(8-45)所示：

$$\frac{\partial C}{\partial t} = D\left(\frac{\partial^2 C}{\partial r^2} + \frac{2}{r}\cdot\frac{\partial C}{\partial r}\right) \tag{8-45}$$

式中　r——煤粒半径，m。

该模型假设条件为：① 煤粒由球形颗粒组成；② 煤粒为均质、各向同性体；③ 瓦斯流动遵从质量不灭定律和连续性原理。

杨其銮[95]通过数值模拟，认为均质煤粒瓦斯球向扩散理论应用于描述低的破坏类型煤的初期瓦斯放散规律是比较理想的。郭勇义、聂百胜、吴世跃[96-97]等考虑到煤粒表面的瓦斯传质阻力，建立并求解了第三类边界条件下瓦斯扩散物理数学模型，该模型是迄今为止应用最广泛的。

8.4.2　瓦斯解吸—扩散动力学模型及拟合分析

8.4.2.1　瓦斯解吸—扩散动力学模型分析

在分析第三类边界条件下的瓦斯扩散动力学模型的基础上，利用脉动水力压裂后期瓦斯解吸结果对瓦斯解吸—扩散动力学特性进行计算机拟合分析，求出脉动压裂过程中瓦斯解吸—扩散动力学参数，研究脉动水力压裂影响瓦斯解吸—扩散动力学特性。

首先做如下假设：

① 压裂后煤样为球形颗粒煤粒；

② 煤粒为均质、各向同性体；

③ 瓦斯流动遵从质量不灭定律和连续性原理。

在上列条件下，扩散系数和坐标无关，忽略浓度 C 和时间 t 对扩散系数的影响，文献[96]给出了球坐标下煤中瓦斯扩散定解问题的动力学模型为：

$$\begin{cases}\dfrac{\partial C}{\partial t}=D\left(\dfrac{\partial^2 C}{\partial r^2}+\dfrac{2}{r}\cdot\dfrac{\partial C}{\partial r}\right)\\ t=0,0<r<r_0,C=C_0=\dfrac{abp_0}{1+bp_0}\\ t>0,\left.\dfrac{\partial C}{\partial r}\right|_{r=0}=0\\ -D\dfrac{\partial C}{\partial r}=\alpha(C-C_f)\left.\right|_{r=r_0}\end{cases}\tag{8-46}$$

式中　C——甲烷浓度，kg/m³；

D——扩散系数，m²/s；

r——煤粒中某点距离煤粒中心距离，m；

C_0——初始平衡浓度，kg/m³；

r_0——初始煤粒半径，m；

a,b——朗缪尔(langmuir)常数；

p_0——初始平衡压力，Pa；

α——煤粒表面甲烷与游离甲烷的质交换系数，m/s；

C_f——煤粒间裂隙中游离甲烷浓度，kg/m³。

此处，文献[96]中的 $t>0,\left.\dfrac{\partial C}{\partial t}\right|_{r=0}=0$，应为 $t>0,\left.\dfrac{\partial C}{\partial r}\right|_{r=0}=0$，此式的物理意义为：颗粒中心处($r=0$)的浓度梯度在任何时刻均为 0，是浓度 C 对距离 r 的一阶偏导，而不是对时间 t 的一阶偏导。否则，若 $t>0,\left.\dfrac{\partial C}{\partial t}\right|_{r=0}=0$，则表示颗粒中心处的浓度 C 为一常数，即任何时刻浓度为常数而不变化，这不符合瓦斯扩散的实际。结合文献[98]中的球坐标下煤粒瓦斯扩散微分方程，确认 $t>0,\left.\dfrac{\partial C}{\partial t}\right|_{r=0}=0$ 应为 $t>0$，

$\left.\frac{\partial C}{\partial r}\right|_{r=0}=0$。

式(8-46)为二次抛物型方程,可以用分离变量法求解,其解为:

$$\frac{Q_t}{Q_\infty}=1-6\sum_{n=1}^{\infty}\frac{(\beta_n\cos\beta_n-\sin\beta_n)^2}{\beta_n^2(\beta_n^2-\beta_n\sin\beta_n\cos\beta_n)}e^{-\beta_n^2F'_0} \tag{8-47}$$

式中 Q_∞——瓦斯极限解吸量;

Q_t——t 时刻瓦斯累积解吸量;

F'_0——传质傅里叶级数,$F'_0=Dt/r_0^2$;

β_n——超越方程 $\tan\beta=\beta/(1-\alpha r_0/D)=\beta(1-B'_i)$ 系列解的一个解;

B'_i——传质毕欧准数,$B'_i=\alpha r_0/D$。

这是一个级数形式的解,文献[99]表明当 $F'_0>0$ 时,其是一个收敛很快的级数,因此,取第一项即可满足工程精度,则式(8-47)可变为:

$$1-\frac{Q_t}{Q_\infty}=6\frac{(\beta_1\cos\beta_1-\sin\beta_1)^2}{\beta_1^2(\beta_1^2-\beta_1\sin\beta_1\cos\beta_1)}e^{-\beta_1^2F'_0} \tag{8-48}$$

其中,瓦斯极限解吸量 Q_∞ 可以通过方程(8-49)计算得出[100]:

$$Q_t=\frac{Q_\infty t}{t_L+t} \tag{8-49}$$

式中 t_L——解吸常数。

式(8-48)两边取对数,整理得:

$$\ln(1-Q_t/Q_\infty)=-\lambda t+\ln A \tag{8-50}$$

$$A=6\frac{(\beta_1\cos\beta_1-\sin\beta_1)^2}{\beta_1^2(\beta_1^2-\beta_1\sin\beta_1\cos\beta_1)},\lambda=\frac{\beta_1^2}{r_0^2}D \tag{8-51}$$

由传质学可知,传质傅里叶级数 F'_0 越大,扩散能力强,气体在物体内扩散速率就越大,传质速度快,浓度扰动波及范围大,反之则扩散能力弱,扩散速率小,传质速度慢,浓度扰动波及范围小;传质毕欧准数 B'_i 越小,说明物体内部扩散阻力越小,气体在物体内部扩散浓度就越一致,内外扩散浓度差就小,反之物体内部扩散阻力大,内外扩散浓度差就大。

式(8-50)为线性方程,通过瓦斯解吸实验测定 Q_t、Q_∞、t,线性回归可得 λ、A 值,然后利用MATLAB软件编程求出 β_1,从而可以计算得到扩散系数 D、传质毕欧准数 B'_i 等扩散动力学参数的值。

8.4.2.2 压裂煤样瓦斯扩散动力学参数拟合分析

根据古汉山矿煤样脉动水力压裂后期瓦斯解吸量的实验数据,回归分析求得古汉山矿的高变质程度煤样在不同脉动压裂协同控制条件下的瓦斯扩散参数 λ、A 值,以低压 4 MPa、高压 8 MPa 为例,见图 8-36 和图 8-37。

如图 8-36 和图 8-37 所示,由瓦斯解吸量的实验数据计算得到的 $\ln(1-Q_t/Q_\infty)$ 的数据与时间 t 很好地服从式(8-50)的线性关系,拟合系数均在 0.9 以上,甚至接近于 1。因此,可以验证运用第三类边界条件下的瓦斯解吸—扩散动力学模型能够正确地分析脉动水力压裂不同参量协同控制条件下的瓦斯解吸—扩散动力学特性,而且能够得到准确的瓦斯动力学参数 λ、A 值。然后,通过式(8-48)和式(8-51)计算得到 β_1、扩散系数 D、传质毕欧准数 B'_i 等脉动压裂过程中瓦斯动力学参数的值,如表 8-7 和表 8-8 所列。

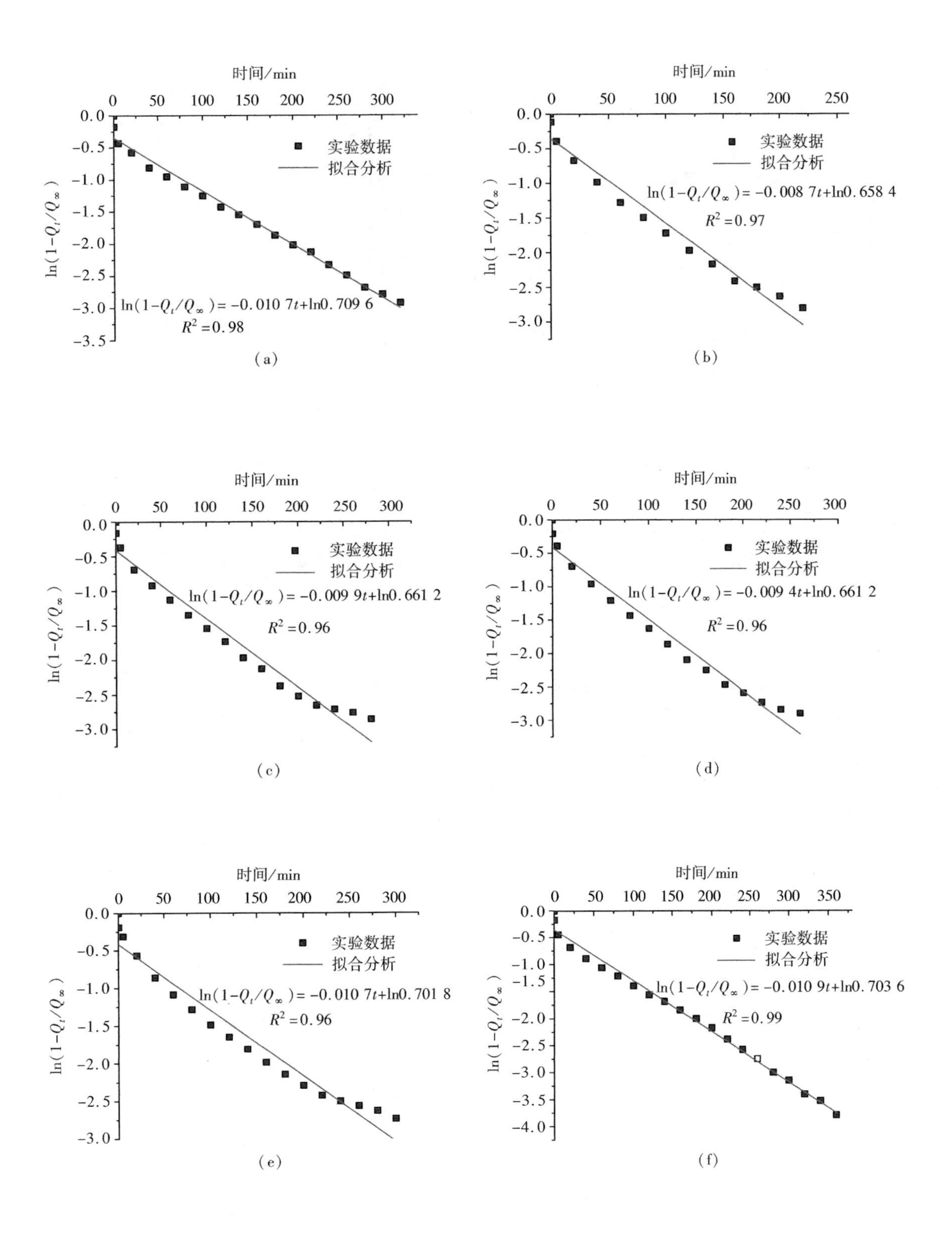

图 8-36　低压 4 MPa 不同频率条件下瓦斯扩散参数拟合分析

(a) 静压 0 Hz;(b) 低频 4 Hz;(c) 低频 8 Hz;(d) 高频 12 Hz;(e) 高频 16 Hz;(f) 高频 20 Hz

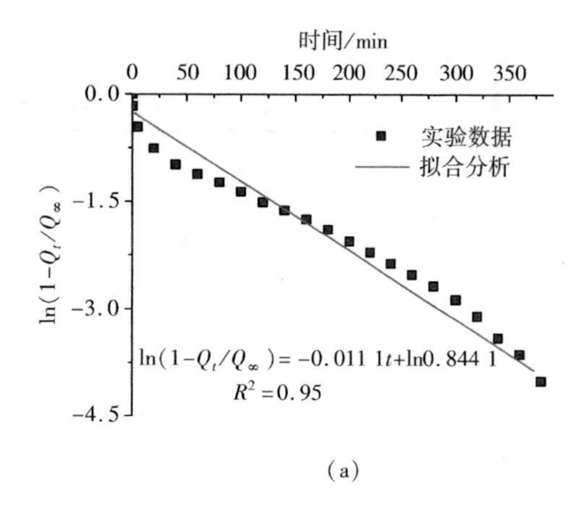

(a)

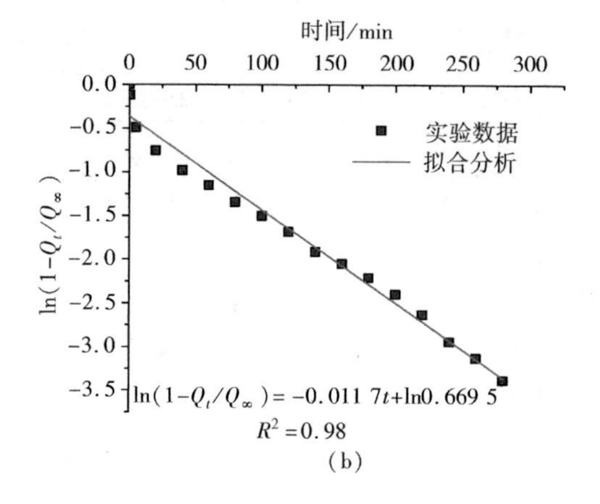

(b)

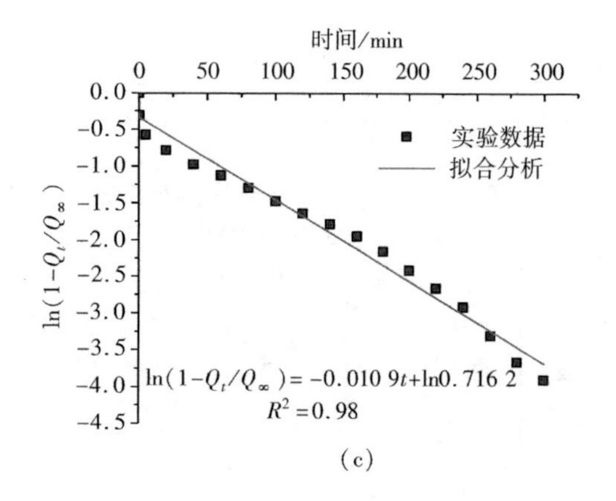

(c)

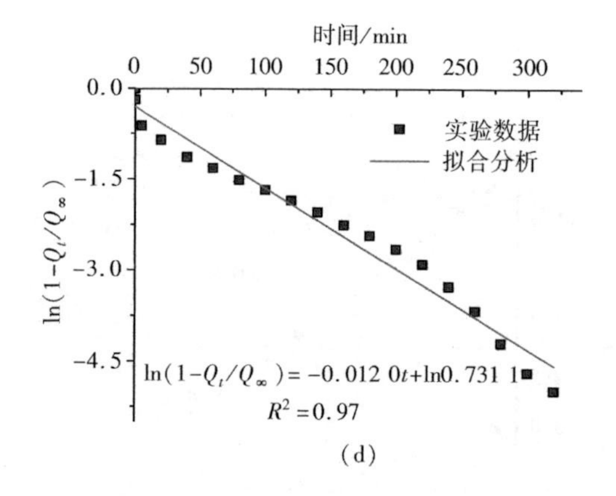

(d)

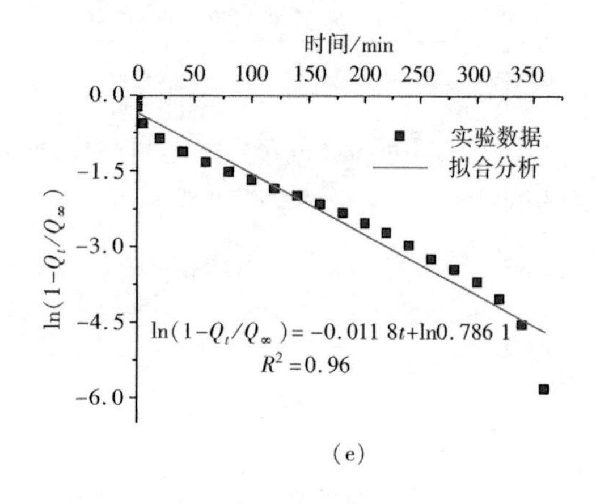

(e)

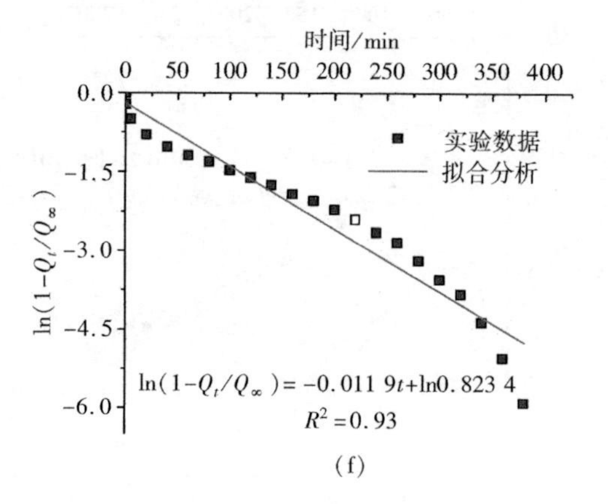

(f)

图 8-37 高压 8 MPa 不同频率条件下瓦斯扩散参数拟合分析

(a) 静压 0 Hz;(b) 低频 4 Hz;(c) 低频 8 Hz;(d) 高频 12 Hz;(e) 高频 16 Hz;(f) 高频 20 Hz

表 8-7　低压 4 MPa 不同频率条件下瓦斯动力学参数

压裂方式	频率/Hz	λ/min^{-1}	A	β_1	$D/(10^{-8}\ m^2/s)$	B'_i
静压	0	0.010 7	0.709 6	2.950 3	5.122 0	16.234 4
低频	4	0.008 7	0.658 4	3.051 2	3.893 7	34.662 9
	8	0.009 9	0.661 2	3.045 9	4.446 2	32.732 8
高频	12	0.009 4	0.661 2	3.045 9	4.221 7	32.732 8
	16	0.010 7	0.701 8	2.966 4	4.966 6	17.758 6
	20	0.010 9	0.703 6	2.962 7	5.041 6	17.384 3

表 8-8　高压 8 MPa 不同频率条件下瓦斯动力学参数

压裂方式	频率/Hz	λ/min^{-1}	A	β_1	$D/(10^{-8}\ m^2/s)$	B'_i
静压	0	0.011 1	0.844 1	2.601 9	6.831 7	6.205 9
低频	4	0.011 7	0.669 5	3.030 2	5.309 2	28.090 2
	8	0.010 9	0.716 2	2.936 4	5.267 3	15.109 1
高频	12	0.012 0	0.731 1	2.904 3	5.927 7	13.008 7
	16	0.011 8	0.786 1	2.707 5	6.707 1	6.840 4
	20	0.011 9	0.823 4	2.668 0	6.965 7	5.343 6

由表 8-7 和表 8-8 可以看出，不同脉动参量协同控制条件下，脉动水力压裂及静压压裂对 β_1、扩散系数 D、传质毕欧准数 B'_i 等煤中瓦斯动力学参数产生较大的影响，从而影响瓦斯解吸扩散动力学特性。

8.4.2.3　干燥煤样扩散动力学参数拟合分析

为了将脉动水力压裂、静压压裂瓦斯动力学特性与原煤瓦斯特性相对比，采用相同的方法对古汉山矿、杨柳矿及松树矿原煤瓦斯动力学参数进行拟合计算，结果见表 8-9。

表 8-9　不同煤种原煤瓦斯动力学参数

取样地点	λ/min^{-1}	A	β_1	$D/(10^{-8}\ m^2/s)$	B'_i
古汉山矿	0.017 9	0.844 3	2.601 2	11.022 8	5.335 5
杨柳矿	0.018 7	0.848 1	2.588 4	11.629 0	5.191 6
松树矿	0.020 5	0.869 2	2.511 6	13.541 7	4.444 7

由表 8-9 可得，不同煤种条件下，瓦斯动力学参数不同。随着变质程度的降低，β_1 及传质毕欧准数 B'_i 降低，扩散系数 D 增加，表明随着变质程度的降低，煤样内部扩散阻力减小，扩散能力增强。瓦斯扩散特性与煤的孔隙特性密不可分，煤样变质程度越低，其大孔和中孔越发育，所以瓦斯扩散的通道就越多，瓦斯扩散阻力越小，扩散能力越强。

8.4.3　脉动载荷作用瓦斯动力学特性

脉动水力压裂对瓦斯动力学特性的影响主要反映在对瓦斯解吸—扩散动力学参数的影响。根据古汉山矿煤样的实验数据的拟合分析结果，对不同脉动参量协同控制条件下瓦斯动力学参数的影响进行分析，探讨脉动水力压裂影响瓦斯动力学特性。

8.4.3.1　传质毕欧准数变化特性

传质毕欧准数 B'_i 的大小表征着煤中瓦斯扩散阻力的大小。如图 8-38 所示，为脉动峰值压力一定的条件下，不同脉动频率影响煤样传质毕欧准数 B'_i 变化特性。

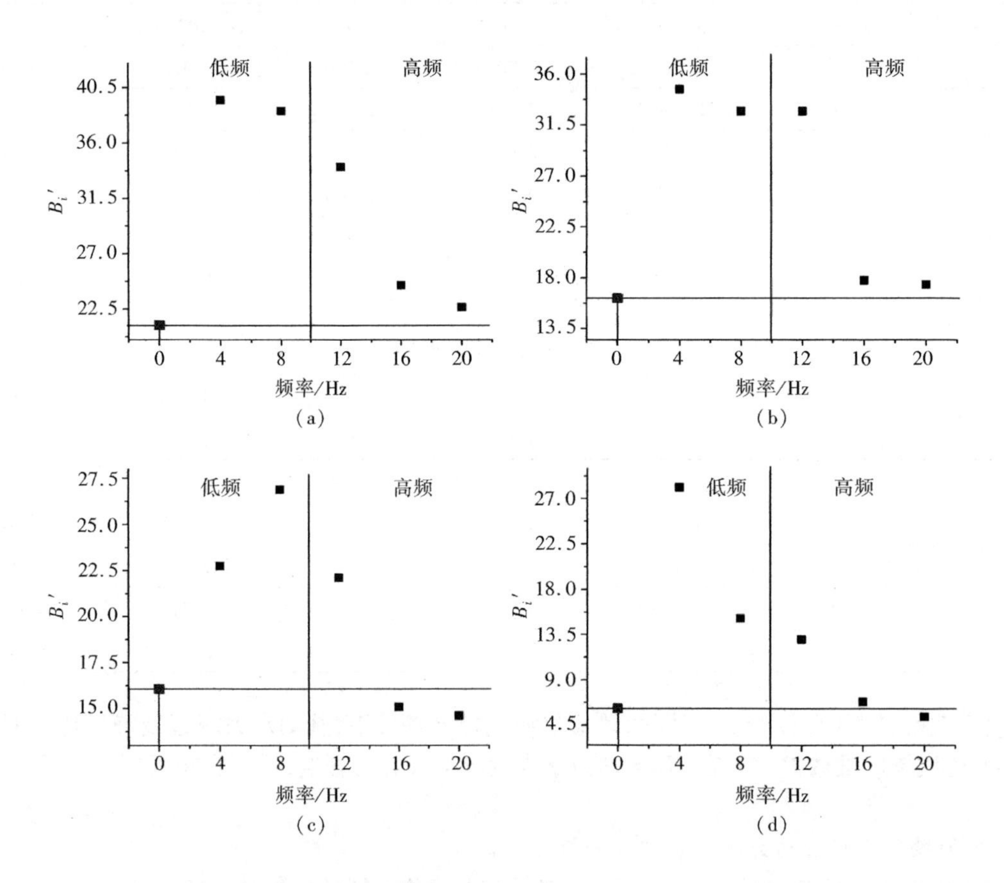

图 8-38　不同脉动频率条件下煤样传质毕欧准数变化特性

(a) 低压 2 MPa;(b) 低压 4 MPa;(c) 高压 6 MPa;(d) 高压 8 MPa

由图 8-38 可得，煤样被压裂后，其传质毕欧准数均大于古汉山矿干燥煤样的传质毕欧准数，说明煤样被压裂后，水分进入煤样内部孔隙，封堵了瓦斯扩散通道，使瓦斯扩散阻力增加。可得，煤样被压裂后，水分的存在会阻碍瓦斯在煤中的扩散。

由图 8-38 可知，脉动压裂条件下的传质毕欧准数均大于静压压裂。同时，高压—高频条件下，脉动压裂后传质毕欧准数逐渐减小，最终小于静压压裂传质毕欧准数。例如，在低压 2 MPa 时，脉动水力压裂的传质毕欧准数从低频 4 Hz 的 40.494 1 减小到高频 20 Hz 的 22.644 7，均大于静压压裂的煤样传质毕欧准数 21.240 1；在高压 8 MPa 时，脉动水力压裂的传质毕欧准数从低频 4 Hz 的 28.090 2 减小到高频 20 Hz 的 5.343 6，此时，脉动压裂传质毕欧准数小于静压压裂的 6.205 9。可以得出，低压—低频、高压—低频和低压—高频时，脉动水力压裂对煤中瓦斯扩散的阻碍作用均要大于静压压裂，同时，随着脉动频率及峰值压力的增加，脉动压裂对瓦斯扩散的阻碍作用逐渐减小，高压—高频条件下，脉动压裂扩散阻力小于静压压裂。

8.4.3.2　瓦斯扩散系数 D 变化特性

瓦斯扩散系数 D 的大小表征着煤中瓦斯扩散能力的大小。图 8-39 所示为脉动峰值压力一定的条件下，不同脉动频率影响瓦斯扩散系数 D 的变化情况。

由图 8-39 可得，静压压裂和不同脉动参量条件下的脉动压裂时，煤中的瓦斯扩散系数 D 均小于干燥煤样的瓦斯扩散系数 D。因此，在静压压裂或脉动压裂后，煤样瓦斯扩散能力要小于干燥煤样瓦

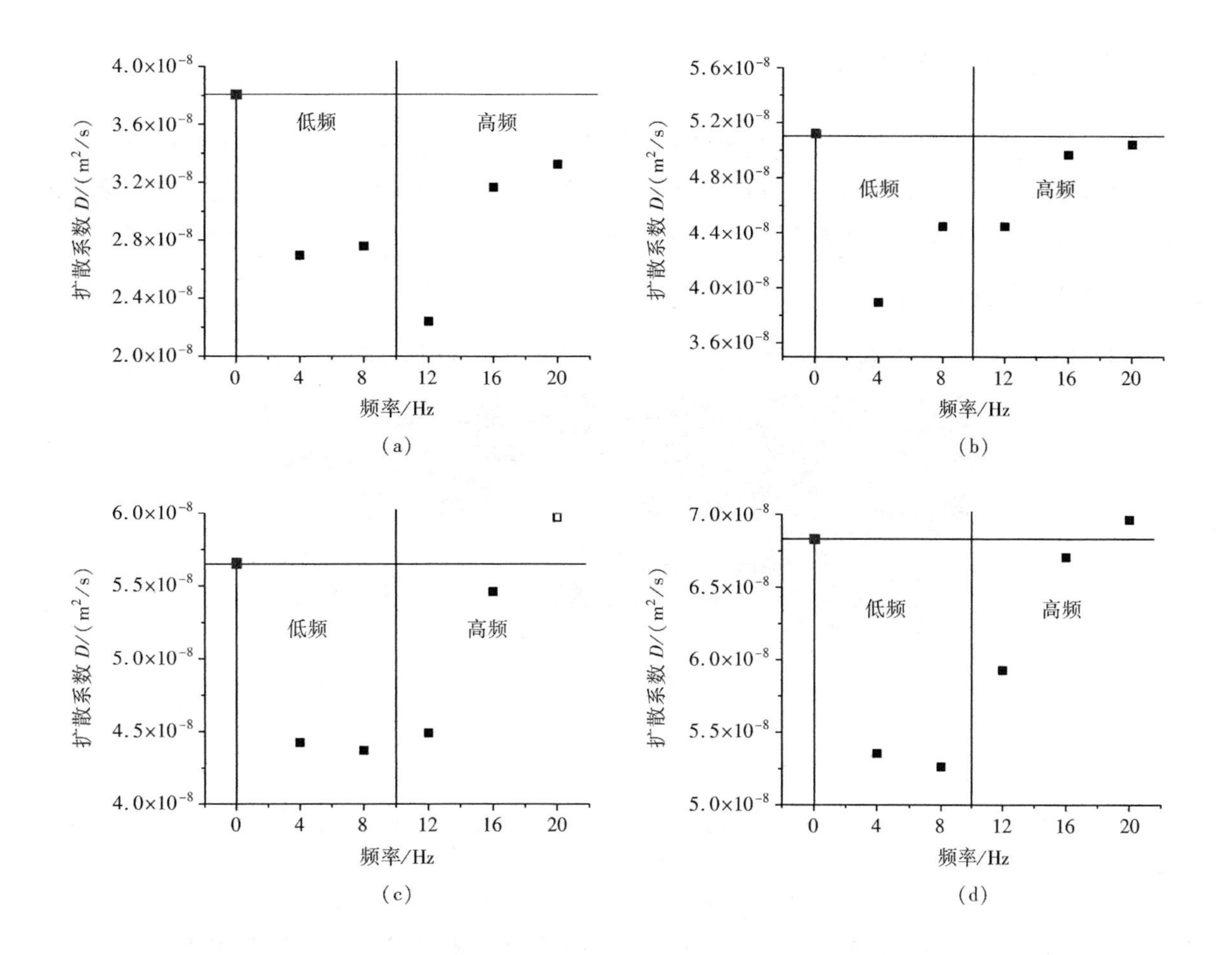

图 8-39　不同脉动频率条件下瓦斯扩散系数 D 变化特性

(a) 低压 2 MPa;(b) 低压 4 MPa;(c) 高压 6 MPa;(d) 高压 8 MPa

斯的扩散能力。同样可以证明,煤样被压裂后,水分的存在会阻碍瓦斯在煤中的扩散。

在低压或低频条件下,静压压裂的瓦斯扩散系数大于脉动压裂条件下的瓦斯扩散系数。随着脉动频率及峰值压力的增加,瓦斯扩散系数增大,高压—高频条件下,脉动压裂后瓦斯扩散系数大于静压压裂瓦斯扩散系数。例如,在低压 2 MPa 时,0 Hz 静压压裂的瓦斯扩散系数为 $3.809\,7\times10^{-8}$ m^2/s,脉动水力压裂的瓦斯扩散系数从 4 Hz 的 $2.694\,8\times10^{-8}$ m^2/s 增加到 20 Hz 的 $3.325\,1\times10^{-8}$ m^2/s;高压 8 MPa 时,0 Hz 静压压裂的瓦斯扩散系数为 $6.831\,7\times10^{-8}$ m^2/s,脉动水力压裂的瓦斯扩散系数从 4 Hz 的 $5.355\,4\times10^{-8}$ m^2/s 增加到 20 Hz 的 $6.965\,7\times10^{-8}$ m^2/s。结合传质学知识可得,在低压或低频条件下,脉动水力压裂的煤中瓦斯扩散能力要小于静压压裂,同时,随着脉动频率及峰值压力的增加,脉动水力压裂后煤中瓦斯扩散能力增加,气体在物体内的扩散速率就增大,传质速度增快,浓度扰动波及范围增大。

需要指出的是,虽然本实验注水条件下,静压压裂和脉动压裂会降低瓦斯在煤中的扩散能力,但是随着脉动参量的增加,瓦斯扩散能力增加。若继续增加脉动参量,应该存在一组临界值使脉动压裂后煤样的瓦斯扩散能力大于原煤样的扩散能力。综上所述,适当优化脉动压裂参量,煤体孔隙特征变化则会向着有利于瓦斯扩散方向变化,从而促进煤体内瓦斯的扩散。

8.5 脉动水力压裂卸压增透技术体系

前文的研究为脉动水力压裂增透技术的开发提供了良好的理论支撑,在此基础上,结合工程实际,开展脉动水力压裂关键技术及装备研究,形成包含关键装备、钻孔设计方法、封孔方法、压裂工艺参数设计、压裂安全措施在内的脉动水力压裂增透技术体系。

8.5.1 脉动压裂主要装备

脉动水力压裂系统主要包括动力装置、控制装置、管路系统等,部分实物图如图 8-40 所示。

图 8-40 主要设备

动力装置主要控制载荷形式,根据脉动载荷的输出要求,选用两柱塞式脉动注水泵,最大压力达到 20 MPa,流量可达 125 L/min。

控制装置主要控制脉动压裂过程中压裂流量变化和频率变化,包括变频器、流量控制器。变频器控制脉动压裂泵电机转速,频率调节范围为 0 ~ 40 Hz;流量控制器通过控制溢流量,可以实现无级调速,通过调节流量控制压力变化。

脉动压裂对管路的抗震及稳定性要求较高,因此,在管路系统中,设备选择严格抗震,如采用抗震压力表、流量计、压力传感器等。

8.5.2 脉动压裂关键技术

8.5.2.1 基于裂隙网格化的钻孔设计

随着在煤矿井下的应用和推广,脉动水力压裂技术各方面工艺逐渐得到完善。然而,作为提高钻孔抽采效果的措施,对于压裂钻孔设计的研究相对较少,压裂钻孔的设计参数如倾角、方位角、孔深等没有统一的规范,参数的选择存在一定的盲目性,尤其是钻孔方位角。

钻孔方位角的设计应充分考虑地应力对裂隙网络形成的影响。钻孔倾斜后,钻孔周围应力状态在垂直方向是不对称的,并且,由于倾斜钻孔周围的剪应力作用,裂隙起裂与扩展不同于垂直钻孔,此情况下,裂隙起裂时与钻孔呈一定角度,旋转扩展后,最终沿着与最小主应力垂直的方向。盲目设计钻孔方位,使得水力压裂增透的效果受到限制。地应力大小及方向对于巷道、钻孔的布置有重要影响[8]。煤体实施水力压裂时,钻孔周围的裂隙在水压下发育、扩展,研究表明,水力压裂裂隙扩展延伸的方向与煤体所受地应力大小和方向有关,即裂隙总是沿着垂直于最小应力的方向扩展。而水力压裂时裂隙扩展的理想方向是沿钻孔与钻孔之间的裂隙发育方向扩展,进而沟通形成裂隙网络,形成区域卸压增透。在充分考虑地应力的大小和方向的前提下,通过选择合适的水力压裂钻孔方位角,使得水力压裂技术能够在预定范围和方向内卸压增透的效果达到最佳,提高瓦斯抽采效果。

为此,根据矿井巷道既有资料,提出了基于地应力大小和方向的压裂钻孔布置方法,如图8-41所示。

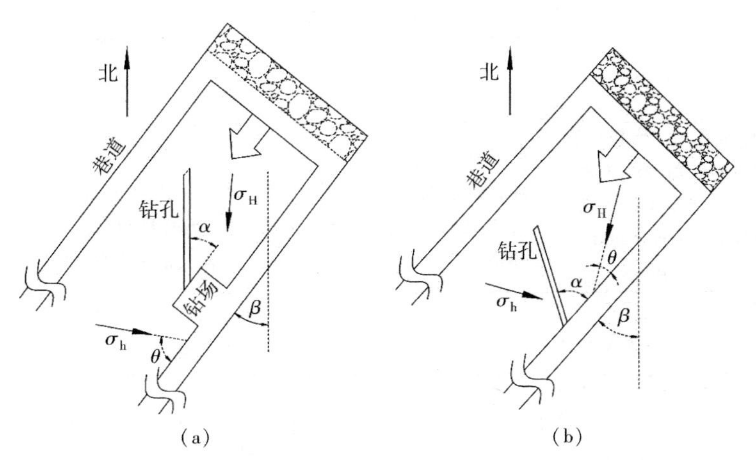

图8-41 钻孔设计方法

其基本思路为:

① 利用测试地应力方法测得水力压裂钻孔所在工作面垂直地应力 σ_v、水平最大地应力 σ_H、水平最小主应力 σ_h 大小;

② 结合煤层地质资料,由巷道方位角 β 和最大主应力的方位角 γ 计算出最大水平主应力 σ_H 与巷道的夹角 $\theta=|\beta-\gamma|$,当 $\theta>90°$ 时,通过角之间的几何方法将 θ 转化成锐角。例如夹角 $\theta=135°$,则通过角之间的几何关系转化成锐角 $\theta=135°-90°=45°$,再如 $\theta=234°$ 则通过角之间的几何关系转化成锐角 $\theta=234°-180°=54°$;

③ 若垂直地应力 σ_v 大于最大水平地应力 σ_H,由于水力压裂钻孔周围裂隙的扩展延伸具有一定的随机性,钻孔垂直于巷帮时钻孔的有效封孔长度最长,所以选择钻孔垂直于巷道施工,即水力压裂钻孔与巷道夹角 α 为 $90°$;

若垂直地应力 σ_v 小于最大水平地应力 σ_H,则根据夹角 θ 的大小确定钻孔与巷道的夹角 α:当最大水平地应力与巷道夹角 $\theta\leqslant45°$,采用巷帮直接打钻方法,钻孔与巷道夹角 α 的可选范围为 $90-\theta\leqslant\alpha\leqslant90+\theta$;当最大水平地应力与巷道夹角为 $45°<\theta\leqslant90°$ 时,采用钻场施工钻孔的方法,钻孔与巷道夹角可选范围为 $\alpha\leqslant90-\theta$。

④ 根据钻孔与巷道的夹角 α 与巷道的方位角 β,确定钻孔方位角为 $\alpha+\beta$。

钻孔直接作用于巷帮施工的优点在于不需要施工钻场,减少了工程量,缺点在于当钻孔与巷道夹角过小时,钻孔封孔的有效长度不能得到保证,如果封孔长度不够,巷帮易漏水卸压。因此,当钻孔与巷道夹角过小时,宜选择在钻场内打钻施工。

8.5.2.2 脉动压裂钻孔封孔技术

脉动水力压裂钻孔封孔的一般要求:

① 耐压性能强。施工过程中钻孔封孔承受的压力能达到30 MPa以上,尤其是在脉动水力压裂技术中,封孔段同样受到疲劳冲击。

② 密封效果好。钻孔孔壁存在原始损伤及打钻引起的扰动,压裂施工过程中要保证水不从周边裂隙渗出,并且在压裂过后,保证钻孔瓦斯抽采时的气密性。

③ 工艺简单,可操作性强。

目前,主要的水力压裂钻孔封孔方法有注浆封孔法和封孔器封孔法,主要原理、适用条件及优缺点如表 8-10 所列。

表 8-10　水力压裂钻孔主要封孔方法

封孔方法	主要材料	主要步骤	优点	不足	适用条件
注浆封孔	钢管水泥	采用钢管作为注水压裂管，注水压裂管周围注入水泥砂浆，利用凝固的水泥砂浆封堵钻孔。压裂结束后，压裂管接入抽采管网	封孔强度大；钢管直径小，强度大，能送入易塌孔钻孔，封孔长度能够保证	成本高、劳动强度高；钢管直径小，限制瓦斯抽采效果；大量钢管滞留煤层中，给后期回采留下安全隐患	使用范围广，适于大部分钻孔，尤其具有一定倾角的钻孔
封孔器封孔	高压胶囊	利用钢管将高压胶囊送入钻孔深部，通过压缩封孔器上的胶圈，引起胶圈的径向膨胀来实现钻孔密封的目的。压裂结束后，取出胶囊，封孔	工艺简单，使用方便；可以反复使用	胶囊直径较大，一般难以送至指定位置；胶囊与煤壁之间留有孔隙，易漏水；压裂完成后，需要考虑含有大量水的钻孔的封孔，增加了封孔难度	孔壁完整的钻孔、岩孔的封孔

针对以上分析，结合注浆封孔和封孔器封孔的优点和不足，开发了一种新型的注浆和封孔器结合的组合式封孔方法。

该方法具有以下优点：

① 封孔效果好，不漏水，耐高压；

② 需要材料少，成本低（胶囊和钢管可以反复使用），劳动强度低；

③ 压裂后直接抽采，工艺简单，效率高，可以实现“封—压—抽”一体；

④ 安全性高，压裂结束后，钻孔内不留任何金属材料；

⑤ PVC 管直接抽采，保证了抽采效果。

组合式脉动压裂钻孔封孔方法原理如图 8-42 所示。使用该方法前应对关键参数进行计算。

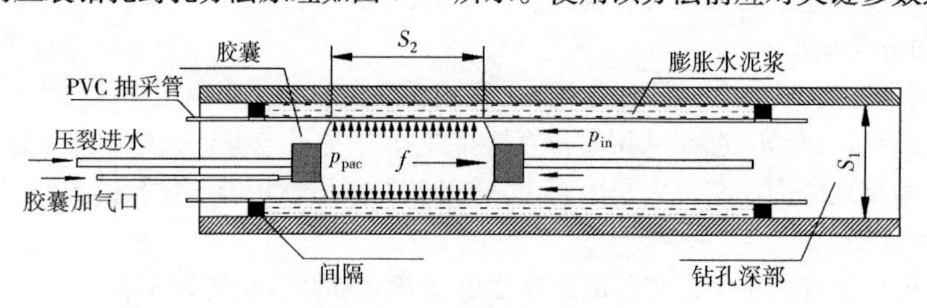

图 8-42　组合式封孔示意图

建立封孔器在压裂过程中的受力模型。如果封孔器在管内不移动，则左右受力相等，即高压水对封孔器的作用力与其所受到管壁摩擦力相等：

$$p_{in} \cdot S_1 = f \tag{8-52}$$

$$f = \lambda(P - p_{pac}) \cdot S_2 \tag{8-53}$$

其中　P——封孔器加压压力，MPa；

p_{in}——注水压力，MPa；

f——管壁与封孔器的摩擦力，N；

S_1——PVC 管内截面积，m^2；

S_2——封孔器完全膨胀后与 PVC 内壁的接触面积，m^2；

p_{pac}——封孔器完全膨胀所需要的压力，MPa。

化简后得到：

$$P = \frac{p_{in} \cdot S_1}{\lambda \cdot S_2} + p \tag{8-54}$$

8.5.2.3　脉动压裂关键参数

脉动水力压裂主要工艺参数包括脉动频率、起裂压力、注水时间、注水量等。在压裂施工之前，应对各项参数进行设计和估算。

(1) 脉动频率

作为脉动压裂主要参量之一，脉动频率的选择直接影响脉动水力压裂效果及效率。其值的选择考虑两个方面：

① 煤体共振频率，脉动频率接近或达到固有频率时煤体产生共振破坏的概率增大；

② 设备可承受频率。赵秋芳[73]认为煤体固有主频为 70～400 Hz，范围较大，而在钻孔施工、内部充水后固有频率变化更为复杂，因此煤体共振频率仅提供参考[74]。

设备方面，目前使用较多的柱塞式脉动泵可提供的频率大约在 0～25 Hz，且受设备限制，多使用单一频率，如 20 Hz[12]、25 Hz[13]。

(2) 压裂压力及压裂时间

压裂过程中注水压力的变化是压裂进行程度的直观反映。除了采用变换脉动频率的方法，根据本章研究成果，也可采用监测及控制压力的方法提高裂隙演化效果。其基本思路为：

① 根据式(8-31)估算煤层起裂压力，根据脉动载荷下起裂压力的换算，大致得到煤层裂隙起裂压力；

② 在已知起裂压力的前提下，利用溢流阀调节注水流量，控制压力幅值，根据压力变化，判断裂隙起裂、扩展。

根据本章的研究成果，通过脉动压裂钻孔方位角设计、脉动频率转换、脉动压力控制以及流量分配等措施，强化煤体裂隙起裂、延伸以及贯通，在复杂煤体结构的基础上极大促进煤体内部裂隙网络的形成(图 8-43)，为瓦斯解吸及流动提供通道，提高瓦斯抽采效果，消除瓦斯灾害。

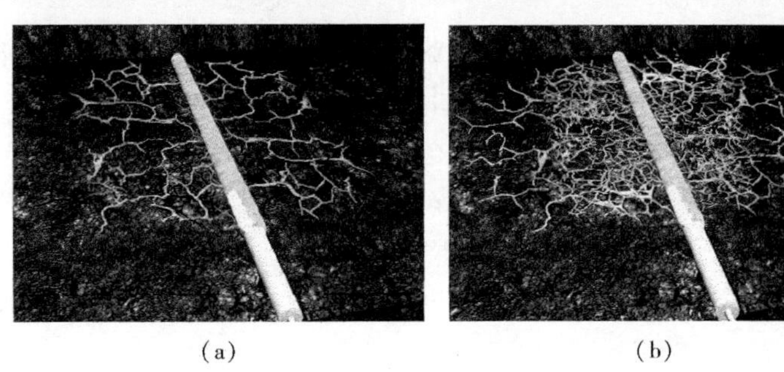

(a)　　　　　　　　(b)

图 8-43　脉动水力压裂中裂隙演化

(a) 脉动压裂初始裂隙状态；(b) 理想的裂隙网络

8.5.3　脉动压裂安全措施

① 压裂设备安装位置必须放置 2 台 8 kg 干粉灭火器和 2 个体积不少于 0.5 m^3 的沙箱，每个沙箱不少于 15 个沙袋。压裂前，必须清除周围所有可燃物。

② 压裂设备的操作人员必须接受专门培训，并且经考试合格取得合格证后才能上岗。

③ 设备和管路安装完毕后，必须进行空转试运行、管路打压试验，只有试验合格后才能正式

运行。

④ 钻孔的施工必须严格按照设计进行，所打钻孔必须有专人组织验收，合格后才能使用。

⑤ 施工钻孔合格后才能封孔，封孔前检查封孔的材料和器具是否合格，封孔深度必须达到设计要求。

⑥ 压裂前必须有专人对所有的观察仪表进行认真的检查和校对，必须检查管路、阀门是否完好，确保设备合格后方可使用。

⑦ 实施压裂时，现场操作人员要集中精力，工程技术人员要注意观测压力和流量的变化，并及时记录压裂过程中的所有数据，整个压裂过程必须严格按设计进行，需要修改方案时，必须经组织领导商议，方能进行调整。

⑧ 压裂过程出现动力现象时，必须立即切断所有电源，所有人员必须立即撤出。

⑨ 压裂结束 40 min 后，首先由 1 名瓦检员和 2 名人员进入压裂地点，检查巷道的支护情况和瓦斯情况，重点检查压裂地点 20 m 范围内的情况，只有当检查范围内的瓦斯浓度小于 1.0%，并且巷道支护良好时，才能解除警戒，恢复工作。

⑩ 所有压裂工作结束后，严禁拆除钻孔的封孔装置和压裂管路，通过泵组远程控制泄压装置，对管道和孔口压力进行泄压，只有待孔口压力降到 0 MPa 后才能拆除相关的装置，并且要及时启动排水设备进行排水工作。

⑪压裂期间泵压最高不得超过 30 MPa，严禁超压压裂。

压裂前，矿方另行编制水力压裂安全技术防护措施；压裂期间，所有施工人员必须严格遵守、执行压裂方案及安全措施。

此外，还应该参照《煤矿安全规程》、《防治煤与瓦斯突出规定》和企业有关规定执行，确保安全。

8.6 工程应用案例

8.6.1 工作面概况

工程应用案例选择在山西潞安集团的余吾煤业公司。余吾煤业公司地处长治市区北部，矿井井田面积为 160.24 km^2，全井田共划分为 6 个采区，北翼 2 个采区，南翼 4 个采区，主采 3$^{\#}$煤层的瓦斯含量为 3.06 ~ 23.69 m^3/t，平均瓦斯含量为 8.51 m^3/t，瓦斯压力为 0.42 ~ 0.87 MPa，煤体普氏系数偏小(0.44 ~ 0.53)，煤层属低透气、强吸附性、难抽采煤层。

如图 8-44，S2107 工作面长 300 m，走向长度 1822 m，可采长度 1 551 m，可采储量 373 万 t(平均煤厚 5.45 m)。采掘之前，进行瓦斯参数测试，测定结果见表 8-11，根据测定，瓦斯含量较高，威胁掘进生产安全。

表 8-11 瓦斯参数测定值

钻孔数量	钻孔位置	瓦斯含量/(m^3/t)	普氏系数	瓦斯放散初速度/mmHg	瓦斯压力/MPa
2	S2107 高位巷	10	0.46	15.0	0.75
3	S2107 回风巷	12	0.45	16.5	0.80

注：1 mmHg = 133.3 Pa

为了降低瓦斯含量，消除掘进过程中的突出危险性，在 S2107 回风巷上方 25 m ~ 35 m 内错10 m 施工高抽巷，自高抽巷施工下行钻孔，进行瓦斯抽采。前期抽采效果表明，由于煤层透气性差，瓦斯难

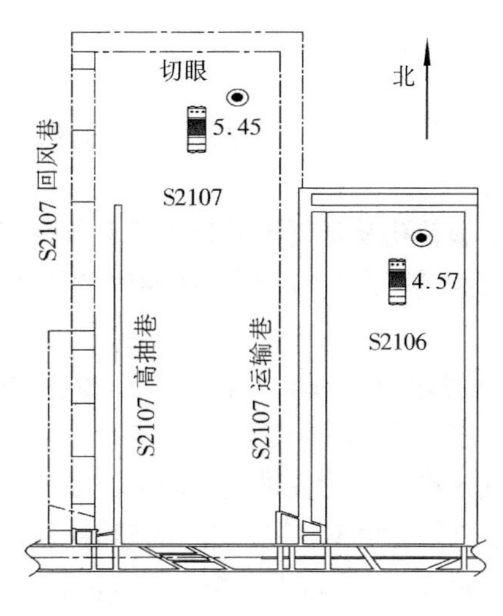

图 8-44　S2107 工作面概况

解吸，瓦斯抽采浓度低，抽采效果不理想。为了增加煤体透气性，提高瓦斯解吸能力，采用脉动水力压裂技术，以提高瓦斯抽采效果。

8.6.2　钻孔参数设计

脉动水力压裂钻孔主要包括压裂孔和导向孔，其中导向孔的作用是引导裂隙扩展方向，控制压裂范围，并且能够释放压力，解除局部应力集中。压裂孔和导向孔以组为单位进行配置，即每个压裂孔两侧各有两个导向孔，所以钻孔覆盖掘进工作面巷道，其中压裂孔终孔落至巷道中线，导向孔终孔落至掘进巷道两帮。根据上述方法确定了钻孔方位角，并根据煤层层位关系设计钻孔倾角、长度等参数。钻孔布置如图 8-45 所示，钻孔参数如表 8-12 所列。

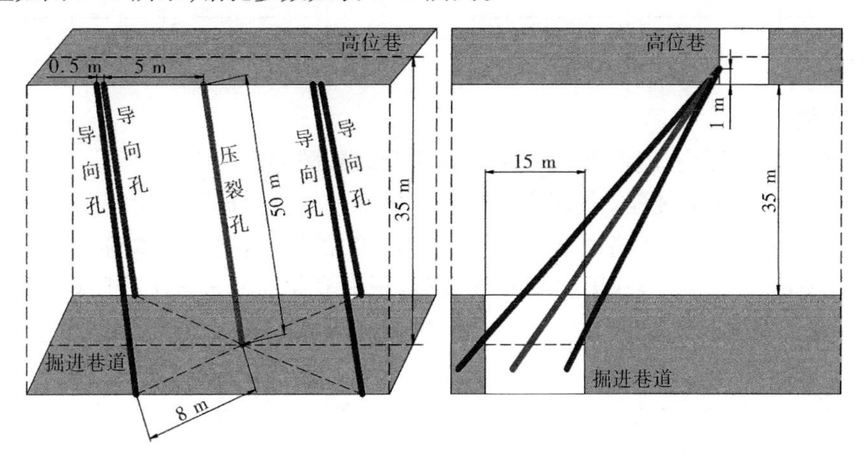

图 8-45　钻孔设计

表 8-12　钻孔参数

钻孔类型	孔径/mm	倾角/(°)	方位角/(°)	孔深/m	终孔位置
压裂孔	113	24	15	50	掘进巷道中线
导向孔	113	28	25	65	掘进巷道巷帮

8.6.3 压裂参数设计

根据脉动压裂装备调节能力，确定采用 15 Hz 和 25 Hz 两种频率，现场实施脉动水力压裂时，按照以下思路进行脉动频率的调节：

① 首先是使用 25 Hz，快速充满钻孔及其周围原始大裂隙，提高压裂效率；

② 压力持续升高时，降低脉动频率至 15 Hz，并保持稳定的压力，使煤体在一定时间内受到疲劳损伤，促进微小裂隙的发育；

③ 压力出现回落时，再次切换频率至 25 Hz，提高压裂压力，在煤体内部迅速形成主裂隙，增加压裂范围的深度；

④ 频率转换为 15 Hz，利用低频作用特性促进主裂隙周围支裂隙的发育，增加压裂范围的宽度；

⑤ 整个过程中在不同阶段改变脉动频率，促进裂隙的起裂、延伸以及贯通。

同时，通过脉动压裂钻孔方位角设计、脉动压力控制以及流量分配等措施，强化煤体裂隙起裂、延伸以及贯通，在复杂煤体结构的基础上极大促进煤体内部裂隙网络的形成，为瓦斯解吸及流动提供通道，提高瓦斯抽采效果，消除瓦斯灾害。

8.6.4 压裂效果分析

8.6.4.1 技术参数分析

表 8-13 为脉动水力压裂应用中的主要技术参数。

表 8-13 脉动水力压裂实施主要数据

<table>
<tr><th>孔号</th><th>封孔长度/m</th><th>导控距离/m</th><th>最大压力/MPa</th><th>频率/Hz</th><th>持续时间/min</th><th>注水量/m³</th><th>压裂半径/m</th></tr>
<tr><td>1</td><td>20</td><td>7</td><td>12</td><td rowspan="3">15～25</td><td>30</td><td>8</td><td>7</td></tr>
<tr><td>2</td><td>18</td><td>7</td><td>13</td><td>50</td><td>9</td><td>3.5</td></tr>
<tr><td>3</td><td>22</td><td>8</td><td>15</td><td>45</td><td>7</td><td>5</td></tr>
</table>

(1) 压力变化

前文提到，在一定范围内，流量决定压力，而压力反映裂隙形态变化。

图 8-46 是脉动水力压裂过程中的压力变化图。将整个过程分成三个阶段：起始、上升、下降（图中分别为 I、R、D）。初始阶段，大量的水被注入钻孔，填充钻孔及煤体原始裂隙和大孔隙，此时，三个钻孔的压力均没有明显上升。当压力大于 3 MPa 后，压力变化曲线进入上升阶段，压力变化幅度明显，尤其是 1#钻孔。根据前文分析，在此阶段，裂隙演化进入关键阶段，此时裂隙发生起裂、延伸以及局部的贯通。随着局部贯通区域进一步发展，逐渐进入整体起裂贯通阶段，此时压力达到最大，并迅速开始下降。根据本章研究成果，在压力上升阶段（R），进行了有效的脉动压力、流量以及脉动频率的控制，以期得到更加复杂的裂隙网络。

(2) 脉动参量的关联分析

脉动水力压裂过程中起裂压力与压裂持续时间、压裂半径以及注水量之间的关系如图 8-47 所示。压裂半径是指最远出水点与压裂孔之间的距离。

由图 8-47 看出，起裂压力与压裂持续时间、注水量呈负相关关系，即起裂压力越大，注水量越少，压裂持续时间越短。然而，起裂压力与压裂半径的关系不明显。这表明，裂隙的扩展受到煤体原始的复杂状态影响，裂隙连通的方向不确定。本实验中，压裂半径分别为 3.5 m、5 m、7 m，这也从侧面反映了裂隙扩展的复杂性。

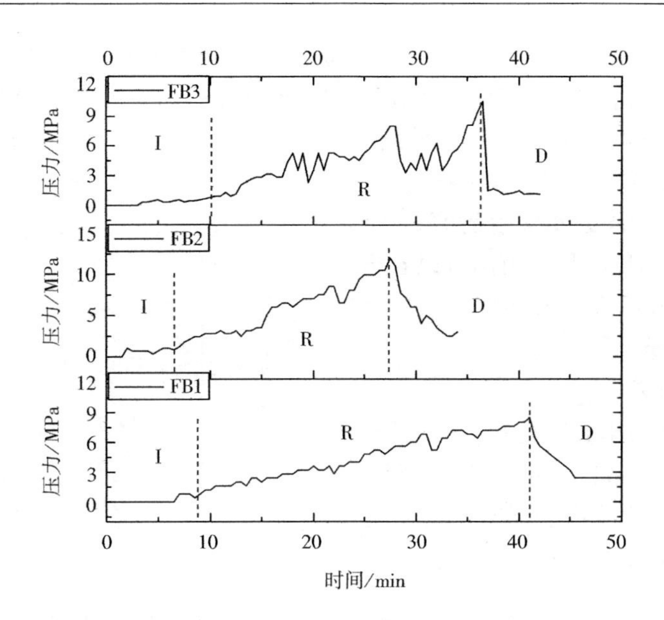

图 8-46　脉动水力压裂过程的压力变化

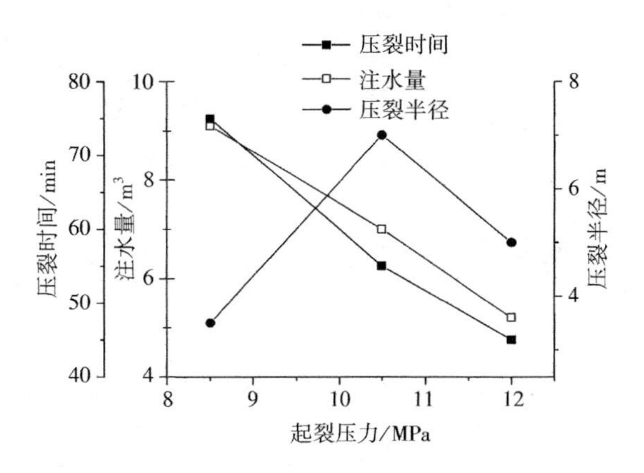

图 8-47　起裂压力与注水量、压裂半径及压裂持续时间之间的关系

8.6.4.2　掘进工作面突出危险性

《防突规定》规定：采用钻屑指标法预测煤巷掘进工作面突出危险性时，在近水平、缓倾斜煤层工作面应向前方煤体至少施工 3 个、在倾斜或急倾斜煤层至少施工 2 个直径 42 mm、孔深 8～10 m 的钻孔，测定钻屑瓦斯解吸指标和钻屑量（参考临界值如表 8-14 所列）。如果实测得到的 S、K_1 或 Δh_2 的所有测定值均小于临界值，并且未发现其它异常情况，则该工作面预测为无突出危险工作面；否则，为突出危险工作面。

表 8-14　钻屑指标法预测参考临界值

钻屑瓦斯解吸指标 Δh_2/Pa	钻屑瓦斯解吸指标 K_1/[mL/(g · min$^{1/2}$)]	钻屑量 S	
		kg/m	L/m
200	0.5	6	5.4

余吾煤业公司规定，采用 K_1 值作为主要突出指标，掘进期间每 50 m 测一次瓦斯含量，每天 4 点班测钻屑瓦斯解吸指标 K_1 值。采取区域措施后的向前掘进过程中，在迎头抽采钻孔有效范围内，若

$K_1 \geqslant 0.5$ 时,则需在工作面正头施工释放孔(释放孔的孔径为 65 mm、孔深 35 m),允许掘进 28 m;若在此期间每天测得 K_1 值仍 $\geqslant 0.5$,在迎头按孔径 42 mm、孔深 15 m 补充 1 个/m^2 释放孔;释放 24 h 后,若测得 $K_1 < 0.5$,则允许掘进 7.2 m(效果检验孔预留 2.8 m 的超前距离);若 K_1 值仍 $\geqslant 0.5$,应继续释放,直到 K_1 值符合要求后,方可允许掘进。

图 8-48 为脉动水力压裂实施前后 S2107 回风巷掘进工作面 K_1 值测试结果。由图可以看出,实施脉动水力压裂措施后 K_1 明显下降,掘进工作面瓦斯危险性大大降低。

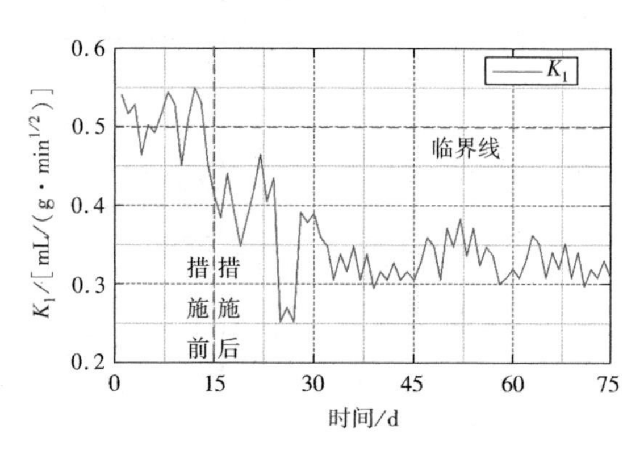

图 8-48　瓦斯解吸指标 K_1 变化图

8.6.4.3　瓦斯抽采效果

压裂结束后,对脉动压裂钻孔和导向孔开始瓦斯抽采,瓦斯抽采效果如图 8-49 和图 8-50 所示。由于是下向钻孔,钻孔内底部有水分存在。为此,抽采前安装排水装置,减少了滞留水对瓦斯抽采的影响。

由图可以看出,尽管在抽采初期,脉动压裂孔及其导向孔、普通孔的瓦斯抽采浓度和流量均

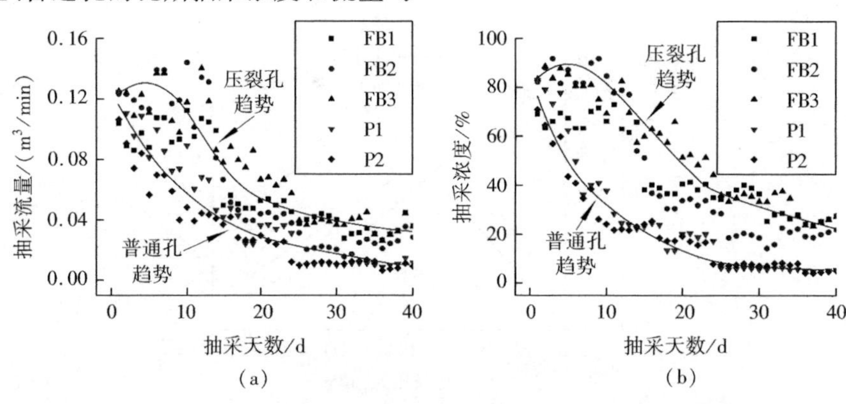

图 8-49　压裂孔瓦斯抽采效果

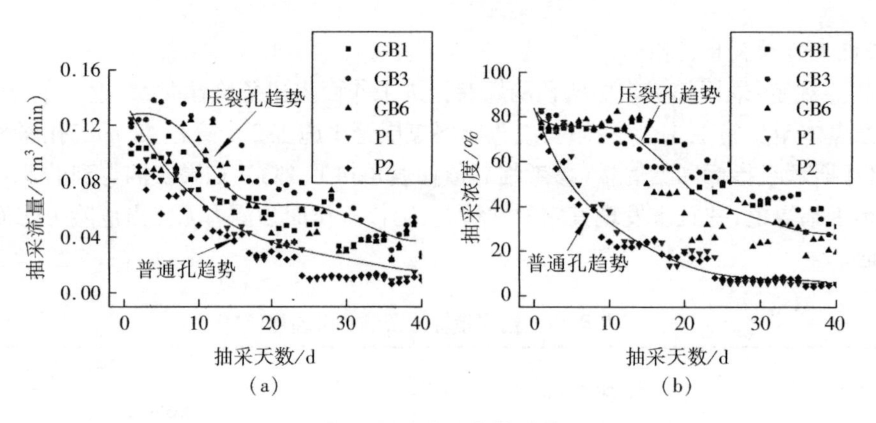

图 8-50　导向孔瓦斯抽采效果

比较高,但总体看来,脉动压裂孔及其导向孔瓦斯抽采效果明显优于普通孔,主要体现在:

① 瓦斯抽采衰减速度,普通孔自钻孔形成开始一般 3 d 后开始出现明显衰减,且迅速降至最低,

如1#普通孔(P2)初始浓度为82%,纯流量为0.122 m^3/min,第三天开始衰减,一周后分别降至20%、0.038 m^3/min;而脉动压裂孔及其导向孔的浓度和流量均保持在75%和0.10 m^3/min以上。

② 脉动压裂孔及其导向孔最终稳定浓度和流量明显高于普通孔。综合计算钻孔抽采浓度和纯流量可得,在40 d的对比时间内,普通孔的平均抽采浓度约为19.83%,平均瓦斯抽采纯流量约为0.031 m^3/min,而脉动压裂孔的平均抽采浓度为52.26%,平均抽采纯流量约为0.069 m^3/min,分别提高了2.63倍、2.22倍,导向孔的平均抽采浓度为57.69%,平均抽采纯流量约为0.073 m^3/min,分别提高了2.9倍、2.35倍。

8.6.4.4　钻孔施工量

S2107高抽巷正常施工瓦斯抽采钻孔,按照间距5 m向2107工作面施工穿层钻孔,每组钻孔按照不同的方位角和倾角施工3个。与高压脉动注水致裂钻孔的布置相比,每14 m范围内,普通需要施工12个,而脉动致裂钻孔只需要5个,因此,实施脉动水力压裂后,钻孔数量减少了约58%。

8.7　本章小结

本章从技术基础理论、技术方法与工艺、技术装备以及技术现场应用等方面,介绍了脉动压裂卸压增透技术,脉动压裂利用具有动态特征的脉动荷载形式,使得煤体裂隙承受脉动荷载的反复作用,发生疲劳破坏,促进微小裂隙最大限度地发育、扩展及贯通,形成丰富的裂隙网络,为煤层瓦斯解吸流动创造了条件。通过本章研究,可以得到以下结论:

(1) 通过脉动载荷下煤体力学特征的变化,可以看出,脉动载荷作用下,试件出现塑性应变,力学强度降低,微小裂隙得到充分扩展和沟通,细观裂隙参与破裂过程,试件内部形成较好的裂隙网络。

(2) 通过对脉动载荷下煤体疲劳破坏机制的研究发现,不同脉动频率,其裂隙演化机制不同,低频时,起裂压力降低,试件内部裂隙有充分时间进行扩展和演化,疲劳损伤效应加剧;高频时,试件起裂压力升高,裂隙扩展速率升高,裂隙尺寸形态较为单一,破裂效率高。变频脉动压裂综合了低频和高频的优势。

(3) 通过对脉动载荷下煤体裂隙演化机制的研究发现,脉动载荷作用后钻孔周围应力场由静态转为动态,裂隙起裂压力变化范围增加,起裂方向随机性增强;脉动载荷作用后煤体疲劳损伤造成煤体随机破裂,应力场的综合变化增加了裂隙演化形态变化的随机性。

(4) 脉动载荷下裂隙演化规律的数值模拟研究认为,脉动载荷作用下裂隙起裂和延伸发生更加随机,应力集中现象减少,试件各向异性得到保持,内部分布均匀,裂隙数量增加了20%以上,裂隙起裂压力降低了85%以上。基于脉动压力控制提出了优化流量分配、合理控制压力幅值的裂隙演化控制方式,促进裂隙网络的形成。

(5) 利用脉动水力压裂后期瓦斯解吸结果对瓦斯扩散动力学特性进行数值拟合分析。低压—低频、高压—低频和低压—高频时,脉动水力压裂对煤中瓦斯扩散的阻碍作用均要大于静压压裂;高压—高频条件下,脉动压裂对瓦斯扩散的阻碍作用逐渐减小,最终小于静压压裂。

(6) 形成了脉动水力压裂中关键技术体系,开发了基于地应力场的钻孔设计方法,设计脉动水力压裂钻孔;开发了"压裂—抽采"组合式封孔新技术,确定了脉动频率,基于脉动频率和脉动压力控制机理,提出了"高频—低频"变频施工工艺。在余吾煤业公司实施脉动水力压裂后,瓦斯抽采浓度提高了2.22倍以上,瓦斯抽采流量提高了2.63倍以上,钻孔施工量减少了58%。压裂区域内,工作面防突指标K_1降至临界值以下,保障了巷道安全掘进。

参考文献

[1] GEERTSMA J, DE KLERK F. A rapid method of predicting width and extent of hydraulically induced fractures[J]. Journal of Petroleum Technology, 1969, 21(12): 1571-1581.

[2] VALKÓ P, ECONOMIDES M J. Propagation of hydraulically induced fractures-a continuum damage mechanics approach[J]. International Journal of Rock Mechanics and Mining Sciences & Geomechanics Abstract, 1994, 31(3): 221-229.

[3] SELVADURAI A P S, NAJARI M. On the interpretation of hydraulic pulse tests on rock specimens[J]. Advances in Water Resources, 2013, 53: 139-149.

[4] AL RBEAWI S, TIAB D. Pressure behaviours and flow regimes of a horizontal well with multiple inclined hydraulic fractures[J]. International Journal of Oil Gas and Coal Technology, 2013, 6(1/2): 207-241.

[5] FALLAHZADEH S H, SHADIZADEH S R. A new model for analyzing hydraulic fracture initiation in perforation tunnels[J]. Energy Sources part A: Recovery Utilization and Environmental Effects, 2013, 35(1): 9-21.

[6] ESHIET K I, SHENG Y, YE J Q. Microscopic modelling of the hydraulic fracturing process[J]. Evironmental Earth Sciences, 2013, 68(4): 1169-1186.

[7] WANGEN M. Finite element modeling of hydraulic fracturing in 3D[J]. Computational Geosciences, 2013, 17(4): 647-659.

[8] 安志雄. 利用液化气体的水力压裂法控制煤层性质和状态[J]. 煤矿安全, 1990, 21(7): 48-51.

[9] 富向. 井下点式水力压裂增透技术研究[J]. 煤炭学报, 2011, 36(8): 1317-1321.

[10] 杨宏伟. 低透气性煤层井下分段点式水力压裂增透[J]. 北京科技大学学报, 2012, 34(11): 1235-1239.

[11] 秦长江, 赵云胜, 李长松. 孔间煤体水力压裂技术现场试验研究[J]. 安全与环境工程, 2013, 20(5): 126-129.

[12] 林柏泉, 李子文, 翟成, 等. 高压脉动水力压裂卸压增透技术及应用[J]. 采矿与安全工程学报, 2011, 28(3): 452-455.

[13] 翟成, 李贤忠, 李全贵. 煤层脉动水力压裂卸压增透技术研究与应用[J]. 煤炭学报, 2011, 36(12): 1996-2001.

[14] 李贤忠, 林柏泉, 翟成, 等. 单一低透煤层脉动水力压裂脉动波破煤岩机理[J]. 煤炭学报, 2013, 38(6): 918-923.

[15] 李全贵, 林柏泉, 翟成, 等. 煤层脉动水力压裂中脉动参量作用特性的实验研究[J]. 煤炭学报, 2013, 38(7): 1185-1190.

[16] LI Q, LIN B, ZHAI C, et al. Variable frequency of pulse hydraulic fracturing for improving permeability in coal seam[J]. International Journal of Mining Science and Technology, 2013, 23(6): 847-853.

[17] WARPINSKI N R, MAYERHOFER M J, VINVENT M C. Stimulation unconventional reservoirs: maximizing network growth while optimizing fracture conductivity[C]. // Society of Petroleum Engineers. SPE Unconventional Reservoirs Conference. Keystone(USA): [s. n.], 2008: 10-12.

[18] WARPINSKI N R, TEUFEL L W. Influence of geologic discontinuities on hydraulic fracture propagation[J]. Journal of Petroleum Technology, 1987, 39(2): 209-220.

[19] 国家质量监督检验检疫总局，中国国家标准化管理委员会. 煤和岩石物理力学性质测定方法：GB/T 23561—2009[S]. 北京：中国标准出版社，2009.
[20] 葛修润，卢应发. 循环荷载作用下岩石疲劳破坏和不可逆变形问题的探讨[J]. 岩土工程学报，1992(3)：56-60.
[21] 席道瑛，刘云平，刘小燕，等. 疲劳载荷对岩石物理力学性质的影响[J]. 岩土工程学报，2001，23(3)：292-295.
[22] 陈勉，金衍，张广清. 石油工程岩石力学[M]. 北京：科学出版社，2008：4.
[23] 李楠，孙珍玉，宋大钊，等. 原煤劈裂和单轴压缩破坏声发射特性实验研究[J]. 煤矿安全，2013，44(10)：45-47.
[24] 余贤斌，谢强，李心一，等. 直接拉伸、劈裂及单轴压缩试验下岩石的声发射特性[J]. 岩石力学与工程学报，2007，26(1)：137-142.
[25] 杨永杰，宋扬，楚俊. 循环荷载作用下煤岩强度及变形特征试验研究[J]. 岩石力学与工程学报，2007，26(1)：201-205.
[26] 许金余，范建设，吕晓聪. 围压条件下岩石的动态力学特性[M]. 西安：西北工业大学出版社，2012：110-115.
[27] 周世宁. 瓦斯在煤层中流动的机理[J]. 煤炭学报，1990，15(1)：15-24.
[28] 吴晓东，席长丰，王国强. 煤层气井复杂水力压裂裂缝模型研究[J]. 天然气工业，2006，26(12)：124-126.
[29] WARPINSKI N R. Hydraulic fracturing in tight，fissured media[J]. Journal of Petroleum Technology，1991，43(2)：146-152.
[30] BLANTON T L. An experimental study of interaction between hydraulically induced and pre-existing fracturing[C]. //Society of Petroleum Engineers. SPE Unconventional Gas Recovery Symposium. Pittsburgh：[s. n.]，1982.
[31] MAHRER K D. A review and perspective on far-field hydraulic fracture geometry studies[J]. Journal of Petroleum Science and Engineering，1999，24(1)：13-28.
[32] CHERTKOV V Y，RAVINA I. Networks originating from the multiple cracking of different scales in rocks and swelling soils[J]. International Journal of Fracture，2004，128(1/4)：263-270.
[33] 胡永全，贾锁刚，赵金洲，等. 缝网压裂控制条件研究[J]. 西南石油大学学报(自然科学版)，2013，35(4)：126-132.
[34] 马耕，苏现波，蔺海晓，等. 围岩—煤储层缝网改造增透抽采瓦斯理论与技术[J]. 天然气工业，2014，34(8)：53-60.
[35] 吴富民. 结构疲劳强度[M]. 西安：西北工业大学出版社，1985.
[36] 肖建清. 循环荷载作用下岩石疲劳特性的理论与实验研究[D]. 长沙：中南大学，2009.
[37] 邓燕，郭建春，赵金洲，等. 重复压裂缝重新定向研究[J]. 石油与化工设备，2010，13(6)：20-22.
[38] 林柏泉，孟杰，宁俊，等. 含瓦斯煤体水力压裂动态变化特征研究[J]. 采矿与安全工程学报，2012，29(1)：106-109.
[39] 左宇军. 动静组合加载下的岩石破坏特性研究[D]. 长沙：中南大学，2005.
[40] WANGEN M. Finite element modeling of hydraulic fracturing on a reservoir scale in 2D[J]. Journal of Petroleum Science and Engineering，2011，77(3/4)：274-285.
[41] 张晓林，张峰，李向阳，等. 水力压裂对速度场及微地震定位的影响[J]. 地球物理学报，2013，56(10)：2552-3560.

[42] OLOVYANNY A G. Mathematical modeling of hydraulic fracturing in coal seams[J]. Journal of Mining Science,2005,41(1):61-67.

[43] JI S H,KOH Y K,KUHLMAN K L,et al. Influence of Pressure Change During Hydraulic Tests on Fracture Aperture[J]. Ground Water,2013,51(2):298-304.

[44] HUANG B X,LIU J W. The effect of loading rate on the behavior of samples composed of coal and rock[J]. International Journal of Rock Mechanics and Mining Sciences,2013,61:23-30.

[45] 伍颖. 断裂与疲劳[M]. 武汉:中国地质大学出版社,2008:135-137.

[46] XIAO J Q,DING D X,JIANG F L,et al. Fatigue damage variable and evolution of rock subjected to cyclic loading[J]. International Journal of Rock Mechanics And Mining Sciences,2010,47(3):461-468.

[47] 纪洪广,王基才,单晓云,等. 混凝土材料声发射过程分形特征及其在断裂分析中的应用[J]. 岩石力学与工程学报,2001,20(6):801-804.

[48] 阿特金森. 岩石断裂力学[M]. 尹祥础,修济刚,等,译. 北京:地震出版社,1992:231-233.

[49] 康红普,林健,颜立新,等. 山西煤矿矿区井下地应力场分布特征研究[J]. 地球物理学报,2009,52(7):1782-1792.

[50] HOSSAIN M M,RAHMAN M K,RAHMAN S S. Hydraulic fracture initiation and propagation:roles of wellbore trajectory,perforation and stress regimes[J]. Journal of Petroleum Science and Engineering,2000,27(3/4):129-149.

[51] 弗杰尔,等. 石油工程岩石力学:第 2 版[M]. 邓金根,蔚宝华,王金凤,译. 北京:石油工业出版社,2012:275-291.

[52] DETOURNAY E,CARBONELL R. Fracture mechanics analysis of the breakdown process in minifrac of leakoff tests[J]. SPE Production & Facilities,1997,12(3):195-199.

[53] HUBBERT M K,WILLIS D G. Mechanics of hydraulic fracturing[J]. American Society of Mining Engineers,1957,210:153-168.

[54] 黄荣樽. 水力压裂裂缝的起裂和扩展[J]. 石油勘探与开发,1981(5):62-74.

[55] 郭恩昌,胡靖邦,郭录林. 压裂注入过程中产生的压力梯度、温度梯度及孔隙压力对地应力的影响[J]. 大庆石油地质与开发,1991(4):59-62.

[56] 蔺海晓,杜春志. 煤岩拟三轴水力压裂实验研究[J]. 煤炭学报,2011,36(11):1801-1805.

[57] NOLTE K G. Principles for fracture design based on pressure analysis[J]. SPE Production Engineering,1988,3(1):22-30.

[58] 姚飞. 水力裂缝延伸过程中的岩石断裂韧性[J]. 岩石力学与工程学报,2004,23(14):2346-2350.

[59] 赵金洲,李勇明,王松,等. 天然裂缝影响下的复杂压裂裂缝网络模拟[J]. 天然气工业,2014,34(1):68-73.

[60] 赵金洲,任岚,胡永全. 页岩储层压裂缝成网延伸的受控因素分析[J]. 西南石油大学学报(自然科学版),2013,35(1):1-9.

[61] 袁灿明,郭建春,陈健,等. 多薄层压裂流量分配判定准则[J]. 断块油气田,2010,17(1):109-111.

[62] 王昌龄. 限流法压裂技术研究[D]. 西安:西安石油大学,2005.

[63] 曹立岩,张永春,董建华. 限流法压裂布孔方法的优化[J]. 大庆石油地质与开发,2001,20(4):47-49.

[64] MAVKO G M, NUR A. The effect of nonelliptical cracks on the compressibility of rocks[J]. Journal Of Geophysical Research (Part B: Solid Earth), 1978, 83(B9): 4459-4468.
[65] CUNDALL P A, STACK O D L. A discrete numerical model for granular assemblies [J]. Géotechnique, 1979, 29(1): 47-65.
[66] 沈春明. 水射流割缝煤岩裂纹扩展与增透理论及其在瓦斯抽采中的应用研究[D]. 徐州：中国矿业大学, 2014.
[67] LIN B, SHEN C. Coal permeability-improving mechanism of multilevel slotting by water jet and application in coal mine gas extraction [J]. Environmental Earth Sciences, 2015, 73 (10): 5975-5986.
[68] 郭广磊. 黏土中压力注浆动态数值模拟研究[D]. 济南：山东大学, 2006.
[69] 孙锋, 张顶立, 陈铁林, 等. 土体劈裂注浆过程的细观模拟研究[J]. 岩土工程学报, 2010, 32(3): 474-480.
[70] 杨艳, 常晓林, 周伟, 等. 裂隙岩体水力劈裂的颗粒离散元数值模拟[J]. 四川大学学报(工程科学版), 2012, 44(5): 78-85.
[71] 杨艳, 周伟, 常晓林, 等. 高心墙堆石坝心墙水力劈裂的颗粒流模拟[J]. 岩土力学, 2012, 33(8): 2513-2520.
[72] 刘勇, 卢义玉, 魏建平, 等. 降低井下煤层压裂起裂压力方法研究[J]. 中国安全科学学报, 2013, 23(9): 96-100.
[73] 赵秋芳. 煤层震波参数测试与研究[D]. 淮南：安徽理工大学, 2005.
[74] 李全贵. 脉动载荷下煤体裂隙演化规律及其在瓦斯抽采中的应用研究 [D]. 徐州：中国矿业大学, 2015.
[75] 周世宁. 瓦斯在煤层中流动的机理[J]. 煤炭学报, 1990, 15(1): 15-24.
[76] 杨其銮, 王佑安. 煤屑瓦斯扩散理论及其应用[J]. 煤炭学报, 1986(3): 87-94.
[77] 王兆丰. 空气、水和泥浆介质中煤的瓦斯解吸规律与应用研究[D]. 徐州: 中国矿业大学, 2001.
[78] 刘彦伟. 煤粒瓦斯放散规律、机理与动力学模型研究[D]. 焦作: 河南理工大学, 2011.
[79] 张飞燕, 韩颖. 煤屑瓦斯扩散规律研究[J]. 煤炭学报, 2013, 38(9): 1589-1596.
[80] 韩颖, 张飞燕, 余伟凡, 等. 煤屑瓦斯全程扩散规律的实验研究[J]. 煤炭学报, 2011, 36(10): 1699-1703.
[81] 易俊, 姜永东, 鲜学福. 煤层微孔中甲烷的简化双扩散数学模型[J]. 煤炭学报, 2009(3): 355-360.
[82] 靳朝辉. 离子交换动力学的研究[D]. 天津: 天津大学, 2004.
[83] 近藤精一, 石川达雄, 安部郁夫. 吸附科学: 第 2 版[M]. 李国希, 译. 北京: 化学工业出版社, 2005.
[84] GRAY P G, DO D D. A graphical method for determining pore and surface diffusivities in adsorption systems [J]. Industrial & Engineering Chemistry Research, 1992, 31(4): 1176-1182.
[85] YOSHIDA H, KATAOKA G, IKEDA S. Intraparticle mass transfer in bidispersed porous ion exchanger part I: Isotopic ion exchange [J]. Canadian Journal of Chemical Engineering, 1985, 63(3): 422-435.
[86] HELFERICH G F. Models and physical reality in ion-exchange kinetics[J]. Reactive Polymers, 1990, 13(1/2): 191-194.
[87] RUCKENSTEIN E, VAIDYANATHAN A S, YOUNGQUIST G R. Sorption by solids with bidisperse

pores tructures[J]. Chemical Engineering Science,1971, 26(9): 1305-1318.
[88] PATELL S, TURNER J C R. Equilibrium and sorption properties of some porous ion-exchangers[J]. Process. Technol. 1979, 1(1): 42-49.
[89] WEATHERLEY L R, TUNRER J C R. Ion Exchange Kinetics—Comparison between a Macroporous and a Gel Resin[J]. Transactions of the Institution of Chemical Engineers,1976, 54(2): 89-94.
[90] SHI J Q, DURUCAN S. A bidisperse pore diffusion model for methane displacement desorption in coal by CO_2 injection[J]. Fuel,2003, 82(10): 1219-1229.
[91] DOUGLAS M S, FRANK L W. Direct method of determining the methane content of coal—a modification [J]. Fuel,1984, 63(3): 425-427.
[92] SHI J Q, DURUCAN S. Methane displacement desorption in coal by CO_2 injection: Numerical modelling of multi-component gas diffusion in coal matrix[C]//Greenhouse Gas Control Technologies—6th International Conference. Kyoto:[s. n.],2003: 539-544.
[93] SEVENSTER P G. Diffusion of Gases through Coal[J]. International Journal of Coal Geology 1959, 38(4): 403-418.
[94] 杨其銮. 关于煤屑瓦斯放散规律的试验研究[J]. 煤矿安全,1987(2): 9-16.
[95] 聂百胜,郭勇义,吴世跃,等. 煤粒瓦斯扩散的理论模型及其解析解[J]. 中国矿业大学学报, 2001,30(1): 21-24.
[96] 聂百胜,王恩元,郭勇义,等. 煤粒瓦斯扩散的数学物理模型[J]. 辽宁工程技术大学学报,1999(6): 582-585.
[97] 郭勇义,吴世跃,王跃明,等. 煤粒瓦斯扩散及扩散系数测定方法的研究[J]. 山西矿业学院学报,1997(1): 17-21.
[98] 高家锐. 动量、质量、热量传输机理[M]. 重庆: 重庆大学出版社, 1987: 329-394.
[99] 陈向军,程远平,何涛,等. 注水对煤的瓦斯扩散特性影响[J]. 采矿与安全工程学报,2013, 30(3): 443-448.

第九章　煤矿瓦斯区域治理技术

9.1　引言

我国煤矿瓦斯治理的指导思想是“区域措施先行，局部措施补充”，区域瓦斯综合治理是重中之重。区域瓦斯治理技术是由安全区域向不安全区域施工瓦斯治理工程，消除煤矿瓦斯动力灾害危险性，使不安全区域转变为安全区域。区域瓦斯动力灾害综合治理的核心主要包括：准确的瓦斯动力灾害危险性预测和有效的区域瓦斯治理技术措施。准确的预测不但可以初步评价瓦斯动力灾害危险性，也可以用于执行区域瓦斯治理之后的效果检验；有效的区域瓦斯治理技术措施是降低瓦斯动力灾害的根本。

煤矿瓦斯动力灾害危险性受到多种因素的综合影响，如开采深度、作业方式、巷道类型等，通过了解煤矿瓦斯动力灾害危险性的主要影响因素，可以预判哪些区域的危险性较大，为采取瓦斯动力灾害防治措施提供指导，使得灾害防治有的放矢。我国的煤矿瓦斯区域治理技术开始于20世纪50年代末，并迅速在全国推广使用。从20世纪70年代以来，中国矿业大学分别与中梁山煤矿、淮南煤业集团、阳泉煤业集团等合作，开展了保护层开采、穿层钻孔大面积预抽煤层瓦斯区域性防治技术研究，实现了煤与瓦斯突出危险性的区域性防治。20世纪90年代以来，中国矿业大学又与淮南矿业集团开展了保护层开采及卸压瓦斯抽采技术研究，通过保护层开采结合被保护层卸压瓦斯强化抽采工作，消除被保护层的煤与瓦斯突出危险性[2]。《煤矿安全规程》[3]第一百九十一条规定：“突出煤层突出危险区必须采取区域防突措施。”第二百零四条规定：“具备开采保护层条件的突出危险区，必须开采保护层。”第二百零八条规定：“开采保护层时，应当同时抽采被保护层和邻近层的瓦斯。”《防突规定》第四十一条规定：“突出危险区的煤层不具备开采保护层条件的，必须采用预抽煤层瓦斯区域防突措施。”

近年来，作者研究团队与平顶山煤业集团、韩城矿业公司、彬长矿业集团等单位开展了区域性瓦斯治理技术研究，采用保护层开采和预抽煤层瓦斯，创新卸压开采方法，形成区域性瓦斯治理技术体系，实现了瓦斯高效抽采[4]。本章主要介绍煤矿瓦斯动力灾害危险性预测、保护层开采的基本原理、保护层开采过程中采场的空间分布以及区域预抽煤层瓦斯，提出了煤矿瓦斯区域时空协同抽采模式及效果评价体系和穿层水压控制爆破技术，实现了单一煤层的高效增透及瓦斯高效抽采，可以为区域瓦斯治理措施的选择和效果考察提供指导。

9.2　煤矿瓦斯动力灾害危险性预测技术

为了有效预测煤矿瓦斯动力灾害危险性，《防突规定》和《煤矿安全规程》等都制定了较为详细的规定，如矿井突出危险性的鉴定方法[5-8]及流程、区域突出危险性预测的方法和流程、工作面突出危险性的预测方法和流程。目前的煤矿瓦斯动力灾害预测指标和技术较多，但是预测的准确性仍然不够，2009年推行区域综合防突和局部综合防突以来，发生过预测指标不超标情况下的煤矿瓦斯动力灾害事故。《防突规定》也鼓励各矿井和研究单位开发新的预测指标、方法等。

9.2.1 钻孔瓦斯涌出初速度结合衰减系数

钻孔瓦斯涌出初速度(q)是重要的煤矿瓦斯动力灾害预测指标[9-11],广泛应用于采掘工作面突出危险性预测,该指标综合反映了煤层的破坏程度、瓦斯压力、瓦斯含量及煤层透气性。当煤层破坏程度、瓦斯压力、瓦斯含量较大时,q 值会较大;但是当测试地点透气性较高时,瓦斯涌出初速度值也能达到较高的数值,这违背实际情况。为此引入瓦斯涌出衰减系数指标,瓦斯涌出衰减系数为第 5 分钟的涌出速度与第 1 分钟的涌出速度(即瓦斯涌出初速度 q_{H})的比值($\alpha=q_5/q_{\text{H}}$),比值越小表明煤层透气性越小,突出危险性高。

钻孔瓦斯涌出初速度 $q=f(t)$ 具有某个极大值(如图 9-1 所示),在大多数情况下极大值位于开始测量后 0.5 ~5 min 时(从打钻结束 t_0 到开始测量时间 t_{H} 通常不超过 2 ~3 min)。瓦斯涌出初速度在初期增加的原因是游离瓦斯不断充填测量室和测量室中残余瓦斯压力增大。

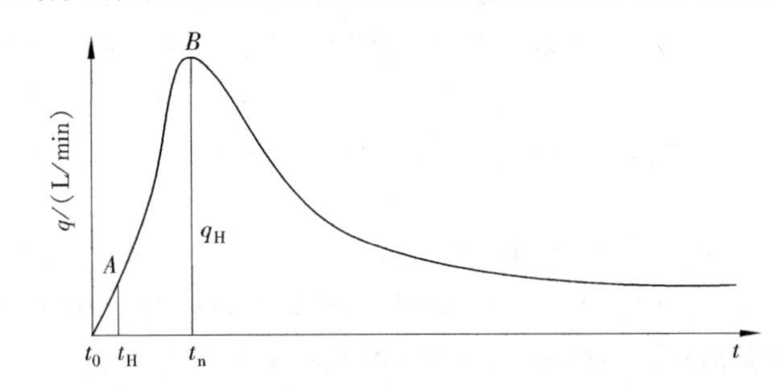

图 9-1 钻孔瓦斯涌出速度 q 与时间 t 的关系

t_0——打钻结束时间;t_{H}——封孔结束并开始测量瓦斯涌出速度的时间;

t_{n}——达到最大瓦斯涌出初速度的时间;q_{H}——瓦斯涌出初速度

在预测钻孔刚密封时,煤层瓦斯压力 p_0 大于测量室内瓦斯压力 p_1,按照达西定律,在压差为 p_0-p_1 的作用下,瓦斯向测量室急剧流动,在测量室中建立起压力 p_2,p_2 可以按照 A. C. 列伊本森公式计算:

$$p_2=\left(\frac{2}{\mu+1}\right)^{\frac{\mu}{\mu-1}p_0} \tag{9-1}$$

式中 μ——绝热指数。

在空气条件下,最大值 $p_2=0.527p_0$。

瓦斯从测量室通过圆孔流量计的毛细管流出的流量 q 按下式计算:

$$q=\frac{4Kn(p_2-p_3)}{\beta(n+1)}d \tag{9-2}$$

式中 K——测量室中瓦斯浓度;

n——多变曲线的指数;

p_2——测量室瓦斯压力;

p_3——毛细管外端的压力;

d——圆孔直径;

β——常数,与测量室体积成反比。

封孔后单位时间内从测量室中涌出的最大瓦斯量,称之为钻孔瓦斯涌出初速度,以 q_{H} 表示。

在不同原始瓦斯压力下，钻孔瓦斯涌出速度随时间变化，且和原始瓦斯压力 p_0 有一定关系，p_0 越大，q_H 越大，如图 9-2 所示。

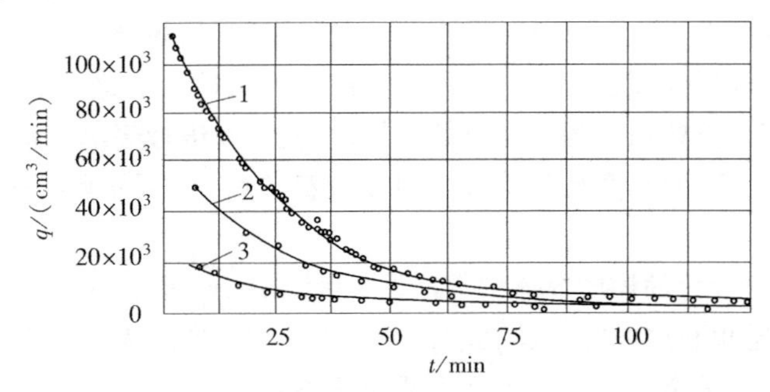

图 9-2　不同原始瓦斯压力下，钻孔瓦斯涌出速度与时间的关系

1——p_0=11 MPa；2——p_0=0.6 MPa；3——p_0=0.3 MPa

当分层间夹层厚度小于 1 m 时，应预测全部分层。

封孔应在打钻结束后马上进行，充气压力为 0.5 MPa，从打钻结束到开始测量的时间不超过 5 min。封孔后测定第 1 分钟的瓦斯涌出初速度 q_H，第 2 分钟测定解吸瓦斯压力，如果 q_H 值超过预定的工作指标，还需测定第 5 分钟的钻孔涌出初速度，以便算出瓦斯涌出衰减系数 $\alpha(\alpha=q_5/q_H)$。

临界值应根据现场实测数据确定，如无实测数据，可按表 9-1 和表 9-2 推断突出危险性。

表 9-1　正常带石门揭煤危险临界值

q_H/(L/min)	p_d/MPa	$\alpha=q_5/q_H$	突出危险性
<5	<0.07	>0.75	无危险
$5\leqslant q_H<20$	⩾0.07		无危险
$5\leqslant q_H<20$	⩾0.07	⩽0.75	有危险
⩾20	⩾0.25		有危险

表 9-2　地质构造带石门揭煤危险临界值

q_H/(L/min)	p_d/MPa	$\alpha=q_5/q_H$	突出危险性
<2	<0.03		无危险
⩾2	⩾0.03		有危险

9.2.2　回风流瓦斯浓度变化特征预测法

9.2.2.1　回风流瓦斯影响因素

(1) 瓦斯地质

瓦斯地质理论和实践证明，瓦斯压力和含量在煤体中的赋存不均匀[12,13]，主要受煤体的非均质性、原生和次生地质构造破坏、埋藏深度以及外来物体侵入等因素影响。这导致瓦斯突出区域的不均匀分布，而突出一般发生在瓦斯富集区(俗称瓦斯包)。如果煤体内瓦斯分布均匀，则存在两种可能：普遍突出，如高瓦斯压力高瓦斯含量煤层；普遍不突出，如低瓦斯含量、低瓦斯压力煤层。但这两种情况均无突出预报的意义。

对于煤巷掘进工作面而言，前方的力学状态是不断循环变化的，随着掘进的进行，前方一般存在着卸压带、应力集中带和正常应力带，应力分布状态在采掘过程中动态周期变化。这种状态一旦受到爆破等作业的冲击或扰动，就会被打破，重新进行应力分布以达到新的状态。瓦斯在这种应力状态的转换中也发生着周而复始的变化，每次进尺时，由于落煤和新煤壁的暴露，瓦斯从煤体中不断解吸出来，解吸的瓦斯量与煤层瓦斯含量、瓦斯压力、瓦斯放散能力、煤层透气性、地质构造等因素等密切相关。当巷道进入到突出危险区时就可能发生突出，而由非突出危险区进入突出危险区时也会出现一些不同寻常的信息，掌握了这些信息的内在特征和规律，就可以进行突出危险性预测。瓦斯涌出特点是煤巷掘进中最常见的信息，它与突出危险性之间存在着必然的联系，所以利用其特点和规律，预测突出是可能的。

在无地质破坏和产状变化的均质煤体中等速推进时，每一掘进循环之后，工作面前方的卸压带、应力集中带和原始应力带也相应向前推移；此时，顶底板的移近速度大体相等，煤体中瓦斯均匀涌出，在这种情况下，工作面处于无突出危险或无突出威胁状态。

当工作面的前方出现某种类型的地质构造破坏带时，随掘进向前推进，有时会出现顶底板移近速度减慢，甚至不移近，这就是所谓的移近停滞现象，也就是应力集中带不前移的应力停滞现象；这种现象产生的前兆信息是：随着工作面的推进，应力集中系数呈增长趋势，卸压带和应力集中带不明显，瓦斯保持较高压力且压力梯度增大，爆破时瓦斯涌出量较大且衰减较快，无作业时瓦斯涌出量较小。出现应力停滞现象后，在工作面前方不远处形成能量积聚，在这种情况下工作面很容易诱发突出。苏联红色国际工会矿捷列卓夫卡煤层，曾 10 次观察到工作面前方出现应力停滞现象，其中 6 次在 2 ~ 6 d 内发生了突出。

此外，煤层由薄变厚或工作面前方存在早已被构造应力高度揉皱的软煤时，往往使人们感到有所谓的“瓦斯包”存在。当工作面接近“瓦斯包”时，集中应力部位的支撑煤柱逐渐缩短，由于地应力和瓦斯压力作用，煤柱处于似稳非稳的状态，煤体裂隙时张时闭，工作面瓦斯涌出量总体呈上升趋势，有时伴有忽大忽小的现象。当支撑煤柱缩短到一定程度时，煤体应力状态发生急剧变化，导致潜能突然释放而发生突出。

（2）采掘作业

采掘作业也对瓦斯涌出现象产生影响，在未受到开采或者爆破作业扰动影响前，含瓦斯煤岩体处于动态平衡，当爆破作业给予煤体震动或冲击时，其动态平衡可能遭到破坏而出现两种突出危险状态，即应力停滞现象和“瓦斯包”现象。这两种现象在瓦斯涌出上的外在表征：前者是爆破时瓦斯涌出量较大且衰减较快，无作业时瓦斯涌出量较小；后者工作面瓦斯涌出量总体呈上升趋势，有时伴有忽大忽小的现象。因此，只要能准确监测到瓦斯涌出的这些外在特征，并用适当的指标对突出危险的大小进行衡量，就可利用瓦斯动态涌出特征实现对煤矿瓦斯动力灾害危险性的预测预报。

作为炮采炮掘工作面，爆破容易诱发瓦斯动力灾害。当工作面未进行爆破作业时，瓦斯涌出均匀且平缓，在瓦斯监测系统的即时涌出曲线上表现为近似直线；当工作面进行爆破作业时，瓦斯涌出表现为陡升陡降，涌出量也大，在涌出曲线上表现为一脉冲信号。因此，对炮采炮掘工作面，要寻求突出前瓦斯涌出变化规律，必须从爆破时的瓦斯涌出量变化规律入手，而瓦斯涌出量的大小主要体现为爆破瞬间峰值大小。

V_{30}法是采用在爆破后 30 min 内每吨煤的可解吸量作为判断煤层突出危险性指标，其临界指标值国外均采用 10 m^3/t。由于计算爆破后 30 min 或 60 min 的瓦斯涌出量比较复杂，且落煤量难以精确计算，人为影响因素多。

9.2.2.2　预测方法和流程

（1）预测方法

控制图是通过对过程特性值进行测定、记录、评估，从而监察过程是否处于控制状态的一种用统计方法设计的图。图上有中心线（CL）、上控制限（UCL）和下控制限（LCL），并有按时间顺序抽取的样本统计量数值的描点序列，UCL、CL 与 LCL 统称为控制线。若控制图中的描点落在 UCL 与 LCL 之外或描点在 UCL 与 LCL 之间的排列不随机，则表明过程异常。控制图有一个很大的优点，即通过将图中的点子与相应的控制界限相比较，可以具体看出过程的动态变化情况。

应用控制图对生产过程进行监控，如出现上升倾向，显然过程有问题，故异常因素刚一露头，即可发现，于是可及时采取措施加以消除，这一点有利于贯彻预防原则，与我国"安全第一，预防为主"安全生产方针相吻合。因此，控制图被广泛应用于安全生产管理。目前，主要应用事故控制图进行伤亡事故管理，事故控制图的特点是可以明确事故管理目标，便于掌握事故发展趋势和对事故进行动态管理。

煤矿安全生产过程中，瓦斯超限就是事故，瓦斯浓度的高低反映了工作面的安全状态。在回采过程中，瓦斯浓度随着工作面的推进是动态变化的。炮掘工作面爆破后瓦斯浓度的变化与工作面前方的应力状态、地质状况、煤层瓦斯赋存状况息息相关。根据工作面一段时期爆破后的瓦斯浓度峰值进行统计，可以做出工作面瓦斯浓度峰值的控制图，通过对控制图进行分析，根据工作面爆破后瓦斯浓度峰值判断工作面是否处于控制状态，一旦出现异常就可以采取相应的瓦斯治理措施进行处理，确保工作面生产安全高效地进行。

(2) 数据获取及分析

根据控制图原理，以三汇三矿 6402 运输巷掘进面 88 次爆破作业后的瓦斯浓度曲线作为样本进行统计分析。炮掘工作面爆破后瓦斯浓度的变化与工作面前方的应力状态、地质状况、煤层瓦斯赋存状况息息相关，因此工作面爆破作业后瓦斯浓度是一个随机变量，同理工作面瓦斯峰值浓度 C_{max}、峰值浓度与正常值之比 B 也是随机变量。两个考察点所取样本均大于 50 个，样本容量足够大，近似符合正态分布。样本基本情况见表 9-3，考察指标包括瓦斯峰值浓度 C_{max}、峰值浓度与正常值之比 B、两次爆破前后峰值浓度之比。

表 9-3　6402 运输巷掘进工作面爆破后瓦斯浓度峰值样本统计表

日　期	正常值 C	峰值 P	$B=P_i/C_i$	$\overline{P}=P_i/P_{i-1}$
01-26	0.43	0.53	1.23	1.21
01-27	0.52	0.71	1.37	0.99
01-28	0.40	0.60	1.50	0.98
01-30	0.39	0.59	1.51	1.02
01-31	0.36	0.60	1.67	1.05
02-01	0.45	1.02	2.27	0.84
02-02	0.40	0.65	1.63	3.22
02-03	0.55	2.09	3.80	0.26
02-04	0.30	0.54	1.80	1.31
02-05	0.23	0.71	3.09	0.77
02-07	0.25	0.49	1.96	1.14
02-08	0.25	0.79	3.16	0.73
02-09	0.21	0.58	2.76	1.40
02-10	0.50	0.81	1.62	0.75
02-11	0.41	0.61	1.49	1.16
02-12	0.27	0.50	1.85	1.30

续表 9-3

日　期	正常值 C	峰值 P	$B=P_i/C_i$	$\bar{P}=P_i/P_{i-1}$
02-13	0.35	0.60	1.71	1.00
02-14	0.29	0.63	2.17	0.92
02-15	0.25	0.52	2.08	1.12
02-16	0.23	0.58	2.52	0.86
02-17	0.20	0.50	2.50	0.78
02-18	0.23	0.30	1.30	1.70
02-19	0.35	0.51	1.46	0.98
02-20	0.26	0.50	1.92	1.18
02-23	0.20	0.36	1.80	1.17
02-24	0.25	0.66	2.64	0.64
02-26	0.21	0.42	2.00	2.10
03-21	0.17	0.88	5.18	0.76
	0.2	0.67	3.35	1.28
	0.18	0.86	4.78	2.31
03-22	0.19	1.99	10.47	0.39
03-24	0.2	0.77	3.85	1.84
	0.33	1.42	4.30	0.64
	0.34	0.91	2.68	0.93
03-25	0.3	0.85	2.83	1.11
03-30	0.33	0.94	2.85	0.53
03-31	0.2	0.5	2.50	1.70
	0.27	0.85	3.15	0.93
04-02	0.25	0.79	3.16	1.25
04-03	0.33	0.99	3.00	0.90
04-05	0.24	1.2	5.00	0.67
04-09	0.25	2.24	8.96	0.33
04-10	0.32	0.62	1.94	1.31
04-12	0.3	0.64	2.13	2.45
04-13	0.34	0.6	1.76	1.68
04-14	0.31	0.92	2.97	1.26
04-16	0.36	1.16	3.22	0.49
04-17	0.15	0.57	3.80	0.91
04-18	0.08	1.09	13.63	0.81
04-20	0.21	0.88	4.19	1.23
04-21	0.27	1.08	4.00	0.54
04-22	0.16	0.86	5.38	0.86
04-24	0.34	1	2.94	1.03
04-26	0.27	0.82	3.04	0.93

考察指标包括瓦斯峰值浓度 P、峰值浓度 P 与正常值 C 之比 B，以及后一次与前一次爆破峰值浓度之比 $\bar{P}=P_i/P_{i-1}$，这两个考察指标均为随机变量，所取样本足够大。因此，可设爆破后瓦斯峰值浓度 P 服从正态分布 $P\sim N(\mu_1,\sigma_1^2)$，峰值浓度与正常值之比 B 服从正态分布 $B\sim N(\mu_2,\sigma_2^2)$，后前相邻两次峰值之比 $\bar{P}\sim N(\mu_3,\sigma_3^2)$。

各考察指标样本平均值：

$$\mu_1=\frac{1}{N}\sum_{i=1}^{N}P_i$$

$$\mu_2=\frac{1}{N}\sum_{i=1}^{N}B_i$$

$$\mu_3=\frac{1}{N}\sum_{i=1}^{N}\bar{P}_i$$

各考察指标样本标准差：

$$\sigma_1\approx s_1=\sqrt{\frac{1}{N}\sum_{i=1}^{N}(P_i^2-\bar{P}^2)}$$

$$\sigma_2\approx s_2=\sqrt{\frac{1}{N}\sum_{i=1}^{N}(B_i^2-\bar{B}^2)}$$

$$\sigma_3\approx s_3=\sqrt{\frac{1}{N}\sum_{i=1}^{N}(\bar{P}_i^2-\bar{\bar{P}}^2)}$$

表 9-4　考察指标参数计算结果表

考察点	参　数	正常值 C	峰值 P	B	$\bar{P}$
6402 掘进面	均　值	0.28	0.77	3.04	1.10
	标准差	0.10	0.34	1.87	0.51

9.2.2.3　指标临界值的确定

（1）突出指标临界值确定理论基础

煤矿瓦斯动力灾害是煤层的瓦斯(x)、地应力(y)、煤的力学性质(z)等诸因素综合作用的结果。因此，从理论上总能把影响突出的因素抽象成一个理想的预测指标 $T=f(x,y,z)$。那么，T 与突出之间是完全确定的关系，完全代表了突出因素的大小，因此必然存在一个理想临界值 g，使突出危险性 P(即突出的概率)与 T 的关系为：

$$P(T)=\begin{cases}0 & (T<g)\\ 0.5 & (T=g)\\ 1 & (T>g)\end{cases}\tag{9-3}$$

但实际应用中指标较小却发生突出的事例时有发生，较大却未突出的现象也屡见不鲜。这与假设有矛盾，即当前实际应用的指标不是理想的指标 T，式(9-3)的关系并不符合目前的实际情况，理想的临界值也并不存在。因此，这里首先分析应用的指标与突出危险性的关系，以便从理论上认识当前突出预测过程中出现的问题及应采取的措施。

通常使用的实用预测指标是由人为定义的，仅在较大程度上反映理想指标 T(等同于突出因素)大小的一种特征量 q，实际预测时应用的又是由一定仪器和操作过程得到的实用指标 q 的测定值 q_c。因此，若测定值 q_c 完全反映了突出因素 T，预测结果才可能完全正确，预测的正确与否主要取决于 q_c 与 T 间误差的大小。实用指标测定值 q_c 与突出因素 T 间的误差有两类：

① 实用指标 q 与突出因素 T 间的概念误差。即实用指标的概念与突出因素之间存在的误差。现有的实用指标在很大程度上反映了突出因素,这是取得现有预测效果的基础。但由于认识和技术的差距,以及预测指标的敏感性差异,使得指标在概念上与突出因素难以做到完全一致。如解吸指标只与瓦斯含量和煤结构有关,与地应力无明显关系,出现了反映遗漏;通常煤层透气性系数的大小并不能反映突出危险性的大小,但却对钻孔瓦斯涌出初速度指标影响很大,因此钻孔瓦斯涌出初速度受到透气性等非突出因素的影响,出现反映冗余。

② 测定误差。实际测定的指标值 q_c 与煤体本身的指标值 q 之间也有误差。首先是测定点在煤层不同位置测定的数值有差别;其次是测定方法和仪器仪表的系统误差及测量操作中出现的偏差;再是因过分粗心出现的粗大误差(包括记录等)。前两种误差是有限的,而粗大误差则往往不着边际。

实用指标的测定值代表了突出因素的基本水平,但有一小部分因素未在测定值上得到反映,而且测定值的大小还受到非突出因素的影响。由于突出因素非常复杂,测定误差也具有很大的随机性,因此,实用指标测定值与突出因素之间的误差基本服从正态分布。

设其均方差为 σ,当指标测定值为 q_c 时,实际煤体的突出因素为 T 的概率密度是:

$$P(T)=\frac{1}{\sigma\sqrt{2\pi}}\mathrm{e}^{-\frac{(T-q_c)^2}{2\sigma^2}} \tag{9-4}$$

该式说明,当测定得到的指标值等于 q_c 时,工作面实际的突出因素理想指标值不一定等于 q_c,但等于 q_c 的可能性最大,而大于或小于该值的可能性相应减小。

由于突出因素 T 的临界值为 g,由式(9-3)可知,如果 $T>g$ 则必然发生突出,否则,必不突出,即工作面发生突出的概率(危险性)P 等于实际煤体的突出因素 $T>g$ 的概率。根据式(9-4),T 的概率密度与指标测定值有关,因此,可得到当指标测定值等于 q_c 时,$T>g$ 的概率,也就是工作面发生突出的概率为:

$$P(q_c)=\frac{1}{\sigma\sqrt{2\pi}}\int_g^{+\infty}\mathrm{e}^{-\frac{(Q-q_c)^2}{2\sigma^2}}\mathrm{d}Q \tag{9-5}$$

这就是实用指标测定值与突出危险性的关系式,参见图 9-3。由式(9-3)可知,突出和不突出的理想指标之间有一个截然的分界点 $T=g$,即是理论意义上的临界值。

而图 9-3 的突出和不突出的实用指标测定值中间没有一个截然分界的临界值,取而代之的是一段临界范围,即"临界域"。当指标测定值在临界域内时,可能突出,也可能不突出,仅仅是发生突出

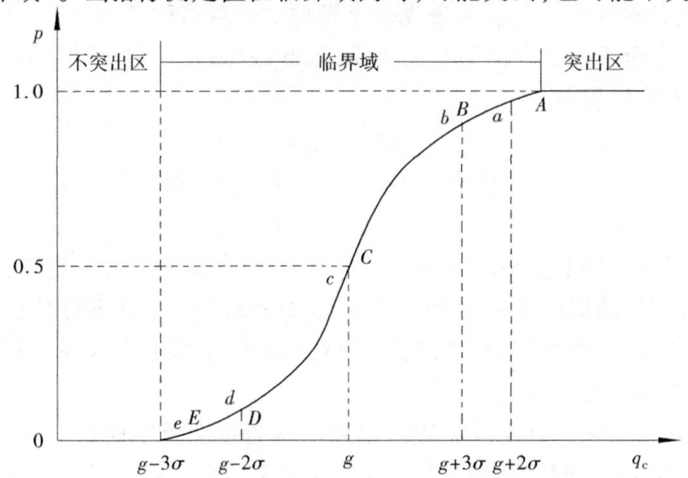

图 9-3 实用指标测定值 q_c 与突出危险性(概率)P 的关系

(或不突出)的概率大小不同而已。正是由于临界域的存在使煤矿瓦斯动力灾害的预测预报工作变得非常复杂。如果一种实用指标的临界域越窄,则这种指标越接近于理想指标,用于突出预测的效果越好。

③ 临界值的选取对突出预测准确率的影响分析。由于临界域的存在,使得实用指标测定值不存在理想的临界值。但煤矿生产要求预测方法简单易用。因而各矿都定出了实用指标的"临界值",当测定值小于该临界值时即认为无突出危险,否则即认为有突出危险。为了在经济允许的条件下最大限度地确保安全,一般临界值选定在临界域内尽量取小。

因此,当测定值低于临界值时尽管发生突出的可能性很小,但仍可能突出,高于临界值时也有可能不突出,这一临界值实际上只是生产中对指标的限定值。所以,有些矿井出现预测为不突出而实际却发生了突出的现象是必然的,不然的话就要把临界值定到图 9-3 的不突出区内。

(2) 瓦斯涌出动态特征突出敏感指标临界值的确定

① 控制限与突出危险性之间的关系

由于突出因素 T 为理想化的能完全反映煤层的瓦斯(x)、地应力(y)、煤的力学性质(z)等诸因素突出危险的理想化指标,实用指标 q 与突出因素 T 间存在概念误差和测定误差,而这一误差在实际应用当中无法精确统计分析。但是在突出指标临界值理论为临界值的确定提供了理论基础。

瓦斯动态涌出特征仅仅是反映了瓦斯和煤的力学性质,但它与突出因素的概念误差和测定误差均存在。适用指标的预测值 q_c 与煤层突出因素 T 之间的误差必定存在,通过分析预测值的分布情况可以借助控制图原理对工作面突出危险的预测值进行统计分析,从而得出分布值的控制上、下限。通过分析控制图控制界限与突出临界值之间的关系即可得出合理的临界域以及临界值。

要确定各考察指标的临界值即要确定出各考察指标的对应控制图上限 UCL 及下限 LCL。控制图的上下限确定一般是依据"3σ"原则进行。假设样本 X 服从 $X \sim N(\mu,\sigma^2)$ 分布,根据统计信息得出统计样本均值和标准差后,确定出控制图的上限为 $\mu+3\sigma$,下限为 $\mu-3\sigma$。且可以计算出下次实验时,X 落在区间($\mu-3\sigma,\mu+3\sigma$)的概率为:

$$P\{|X-\mu|<3\sigma\}=2\Phi(3)-1=2\times 0.9987-1=0.9974 \tag{9-6}$$

$\Phi(X)$ 服从标准正态分布 $\Phi(X)\sim N(0,1)$,$\Phi(X)$ 的值可以查标准正态分布表。

而本次考察瓦斯峰值浓度 P、峰值浓度与正常值之比 B、相邻两次峰值浓度之比 $\bar{P}=P_i/P_{i-1}$ 这三个指标的控制上下限是为了得出突出预测指标的临界值。显然,只要确定出合理的控制上限,以控制上限为临界值即可。超出控制上限即认为有突出危险性,而控制上限以下即可以认为爆破作业处于受控,无突出危险性。

若采用"2σ"和"3σ"原则分别确定出各个指标的控制上下限,则表 9-4 中各指标的控制上下限分布如表 9-5 所列。

表 9-5　考察指标"3σ"原则确定的控制上下限

考察点	参数	正常值 C	峰值 P	B	$\bar{P}$
6402 掘进面	2σUCL	0.48	1.45	6.74	2.12
	2σLCL	0.08	0.09	-0.7	-0.08
	3σUCL	0.57	1.79	8.65	2.63
	3σLCL	-0.02	-0.25	-2.64	-0.43

下次爆破作业后各参考瓦斯涌出特征指标值落在($\mu-3\sigma,\mu+3\sigma$)区间内的概率为 99.74%,而考察指标瓦斯峰值浓度 P、峰值浓度与正常值之比 B、临近两次峰值浓度之比均不可能为负,因此,不可

能超出控制下限。也就意味着下次爆破预测值超过控制上限的概率为0.26%,见表9-6。

表9-6 6402不同考察指标不同突出率对应控制限

突出率/%	不突出率/%	σ 系数 ξ	正常值 C	峰值 P	B	$\bar{P}$
50.00	50.00	0.68	0.35	1.00	4.30	1.44
40.00	60.00	0.85	0.36	1.06	4.62	1.53
31.74	68.26	1.00	0.38	1.11	4.91	1.61
30.00	70.00	1.04	0.38	1.12	4.98	1.63
20.00	80.00	1.29	0.41	1.21	5.44	1.76
10.00	90.00	1.65	0.44	1.33	6.12	1.94
4.46	95.54	2.00	0.48	1.45	6.78	2.12
0.26	99.74	3.00	0.58	1.79	8.65	2.63

目前,普遍采用预测突出率、预测突出准确率和预测不突出准确率来衡量突出预测指标的敏感性。根据目前国内外资料,突出率一般为20%以下,预测突出准确率在目前的技术条件下达到50%即可,而预测不突出准确率应该达到100%。即,若以 $\mu+3\sigma$ 控制上限为突出预测指标的临界值,则理论上预测不突出率可以达到99.74%,预测突出率仅为0.26%,至于预测突出准确率和预测不突出准确率需要在现场考察后才能确定。因此,控制上下限的调整可以确定出合理的预测突出分布率。

② 合理控制上限的确定

要确定合理的临界值即要找出合理的控制上限。根据现场实际可知,如果要提高预测不突出准确率,则必然需要降低突出预测指标临界值。假设合理的控制上限为 $\mu+\xi\sigma$,通过理论计算可以确定出不同预测突出率条件下控制上限的 σ 系数 ξ(计算结果如表9-6所列)。

峰值浓度与正常值比值服从正态分布 $B\sim N(\mu_2,\sigma_2^2)$,已知 $P\{|X-\mu|<\xi\sigma\}=0.8$,

$$\therefore P\{|X-\mu|<\xi\sigma\}=\Phi\left(\frac{(\mu+\xi\sigma)-\mu}{\sigma}\right)-\Phi\left(\frac{(\mu-\xi\sigma)-\mu}{\sigma}\right)=\Phi(\xi)-\Phi(-\xi)=2\Phi(\xi)-1=0.8$$

$\therefore \Phi(\xi)=0.9$,查标准正态分布表可以得出:$\xi=1.29$

同理可以计算出突出率为10%时对应控制上限的 σ 系数 ξ,以及 ξ 为1、2、3时对应的预测突出率。根据"3σ"原则可知:B 超过控制上限 $\mu+3\sigma$ 的概率可以近似为零,一旦出现 B 则说明过程状态出现异常,即发生突出的危险性近似为100%。

根据表9-6中理论计算得出的不同预测突出率对应的控制上限(即预测指标突出预测临界值),可知若预测突出率不超过20%,可以得出各考察指标理论临界域(临界值范围)为:某公司一矿21201综回采工作面运输巷掘进面瓦斯峰值浓度 P 为1.32%~1.94%,峰值浓度与正常值之比 B 为4.71~6.73,相邻两次爆破峰值浓度比值 $\bar{P}$ 为1.79~2.66;某公司三矿6402运输巷掘进面瓦斯峰值浓度 P 为1.21%~1.79%,峰值浓度与正常值之比 B 为5.44~8.65,相邻两次爆破峰值浓度比值 $\bar{P}$ 为1.76~2.63。瓦斯浓度峰值表征爆破后瓦斯浓度的绝对变化情况,而峰值与正常值比值 B、临近两次爆破峰值之比 $\bar{P}$ 表征的是爆破后瓦斯浓度的相对变化情况。

比较三个指标的取值临界域可知,某公司一矿和三矿两个考察地点三个瓦斯浓度指标中瓦斯峰值浓度 P、临近两次爆破峰值之比 $\bar{P}$ 临界域基本一致,峰值与正常值比值 B 差别较大。

9.2.3 多元信息耦合预测法

煤矿瓦斯动力灾害是一种复杂的瓦斯动力现象,是由地应力、瓦斯及煤的物理力学性质综合作用的结果,理想的预测指标应是能够完全反映引发突出的三个因素,而实际上,目前常用的预测指标仅是间接和部分地反映这三个突出预测因素。比如:钻屑量指标一般认为主要反映地应力因素,同时,部分反映煤的强度性质;钻屑瓦斯解吸指标主要反映瓦斯压力、瓦斯解吸速度等因素,而对地应力和煤的强度的反映相对较小;钻孔瓦斯涌出初速度及其衰减指标主要反映瓦斯压力、瓦斯含量、煤的透气性和瓦斯解吸速度等因素,而对煤的强度和地应力因素反映较小。所以,目前常用的预测单项指标本身存在一定的局限性,虽然大部分时候可以准确预测突出危险性,但有时也会产生预测失误。《防突规定》第七十条第一款规定:“在主要采用敏感指标进行工作面预测的同时,可以根据实际条件测定一些辅助指标(如瓦斯含量、工作面瓦斯涌出量动态变化、声发射、电磁辐射、钻屑温度、煤体温度等),采用物探、钻探等手段探测前方地质构造、观察分析工作面的地质构造、采掘工作面及钻孔等发生的各种现象,实现工作面突出危险性的多元信息综合预测和判断。”因此,有必要建立多元信息耦合的预测指标体系。

9.2.3.1　预测指标体系的建立

通过对突出预测指标敏感性分析可知,钻屑解吸指标 K_1 和钻屑量指标较为敏感,在实验室研究和现场考察基础上得出了指标的临界域及临界值。在上述研究的基础上研究了非接触式预测指标,利用瓦斯浓度的连续监测,实现非接触式预测。采用 SPSS 软件分析了钻屑指标预测值及突出预兆耦合的点面结合预测指标体系。接触式与非接触式共涉及如下预测指标:

① 钻屑瓦斯解吸指标 K_1——煤样瓦斯解吸特征系数,其值的大小与煤层瓦斯压力、瓦斯解吸速度及煤的破坏程度等密切相关;瓦斯压力愈大,煤体越破碎,瓦斯解吸速度越快,突出危险性越大。

② 钻屑量 S——打钻时排出钻屑量的多少在某种程度上综合反映了煤层应力状态、煤的力学性质和瓦斯压力三个方面的因素,这三个因素在打钻时以煤体位移、挤出、摩擦、破碎等方式所释放的潜能通过钻屑增量的形式表现出来,钻屑量愈大突出危险性愈大。

③ 突出预兆 D——突出预兆是工作面是否具有突出危险性最表象也是最直接的外在特征。

④ 峰值瓦斯浓度 P 及波峰比 $\bar{P}$——巷道中的瓦斯浓度是煤的破坏类型与瓦斯含量两者混合体的间接指标。巷道中回风流的瓦斯浓度的大小取决于煤层中的瓦斯含量和煤的瓦斯解吸速度,而解吸速度又与煤的破坏类型有关,破坏类型又决定了煤的普氏系数;煤体越破碎,瓦斯含量越高,瓦斯涌出量越大,爆破后瓦斯峰值浓度越大。波峰比即前后两次爆破峰值瓦斯浓度之比,能充分反映出瓦斯含量和煤体剥离后瓦斯解吸的量和解吸速度。因此,峰值浓度越大,波峰比越大,突出危险性也越大。

多元信息耦合预测指标体系示意图如图 9-4 所示。虽然各个指标都能从不同层面上反映出突出危险性,反映出的突出危险性信息也并不完全一致,有些还有重叠。如钻屑解吸指标和峰值浓度都间接与煤的破坏类型以及瓦斯压力有关,但是各个预测指标综合到一起就能反映出突出因素的各个方面。钻屑量侧重反映出应力方面的信息;钻屑解吸指标反映出瓦斯压力和煤体破坏类型;突出预兆从突出危险的外在特征反映出潜在突出风险度;峰值浓度和波峰比反映出瓦斯含量和瓦斯解吸速度,且是反映工作面整个断面的瓦斯涌出变化特征。从单个指标来看,并不完善,存在局限性。若将这四者通过数学处理的方法统一到一起即可以实现对煤矿瓦斯动力灾害三大因素(地应力、瓦斯及煤的物理力学性质)的综合监测,从而更加全面真实地反映出工作面的突出危险性。

各个预测指标与突出危险性之间的关系并不是简单的叠加,通过对各个指标的分析可以采用事故树形式,各指标之间的相互逻辑关系通过与或门表示,各预测指标超出临界值即赋值为 1,否则赋值为 0,这样工作面是否具有突出危险可以采用布尔代数进行计算,当计算结果为 1,说明有突出危险性,否则为无突出危险性。

9.2.3.2　多元回归分析预测及敏感性分析

逻辑(logistic)回归又称逻辑回归分析,是一种广义的线性回归分析模型[15-17],常用于数据挖掘、

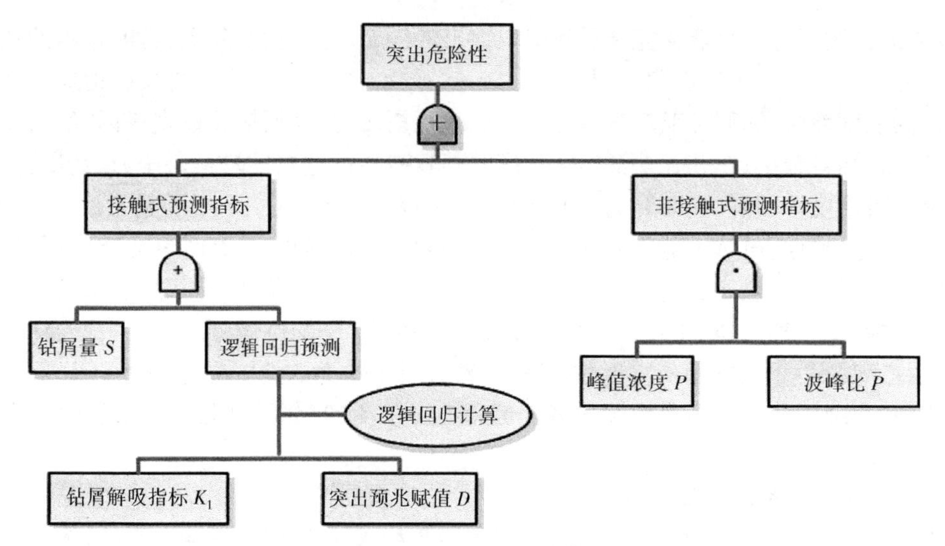

图 9-4　多元信息耦合预测指标体系示意图

疾病自动诊断、经济预测等领域。逻辑回归实质:发生概率除以没有发生概率再取对数。就是这个不太烦琐的变换改变了取值区间的矛盾和因变量自变量间的曲线关系。究其原因,是发生和未发生的概率成为了比值,这个比值就是一个缓冲,将取值范围扩大,再进行对数变换,整个因变量改变。不仅如此,这种变换往往使得因变量和自变量之间呈线性关系,这是根据大量实践而总结出的。所以,逻辑回归从根本上解决因变量要不是连续变量怎么办的问题。还有,逻辑回归应用广泛的原因是许多现实问题跟它的模型吻合。

根据逻辑多元回归预测模型得出的突出预测逻辑多元回归函数,我们可以得出不同突出预兆和突出预测指标时煤矿瓦斯动力灾害发生的概率。这个模型最大的特点是能够将对突出预测具有影响的定性定量因素进行回归,利用定性定量指标进行突出预测,提高突出预测准确率。

9.2.3.3　应用及效果分析

(1) 突出预测现场应用步骤

① 收集前一工作循环爆破过程中瓦斯峰值涌出情况,进行突出危险性判断。

② 在工作面施工超前排放孔,测定每 2 m 钻屑指标值 K_1,钻屑量 S 值,记录施工过程中的动力现象。

③ 输入计算程序判断是否有突出危险性。如无突出危险性进行爆破掘进程序;预测结果为有突出危险性则进入第四步。

④ 排放孔预测有突出危险性,排放一段时间后,施工防突措施效果检验孔,进行突出危险性效检,效检为无突出危险性,进入爆破掘进程序。否则补打排放孔进行排放后继续效检,直至无突出危险性进行爆破掘进。

⑤ 爆破过程中,观察每次爆破作业后,峰值瓦斯涌出情况,并判断突出危险性。如有突出危险性,继续采取防突措施,待消除突出危险性后进行掘进。防止爆破引起的突出危险性。

(2) 现场应用及效果分析

现场预测过程中,排放孔布置方式根据煤层的厚度和巷道尺寸设计。天府矿目前要求是排放孔控制顶板 6 m,底板 4 m,左右各 5 m 范围,煤层厚时设计多排钻孔。某公司一矿 21201 掘进巷道因为煤层均厚为 2.2 m,施工双排钻孔,钻孔排间距为 0.5 m。双排孔实行预测时,上排孔选择奇数孔号进行预测,下排孔选择偶数孔进行预测。

三汇一矿 21201 运输巷掘进面累计考察 12 个作业循环,安全掘进 57.6 m;三汇三矿 6402 运输巷掘进面累计考察12个作业循环,安全掘进65 m。过程中测定的参数值及计算结果见表9-7及表9-8。

表9-7　预测指标体系在一矿21201应用情况表

月-日	预测值	钻屑量	峰值浓度	波峰比	动力现象	回归预测突出概率	预测结果	掘进距离
03-14	1.06	11.4	1.72	2.49	喷孔	99.4	1	0
03-14	0.47	2.6(效检)			无	33.7	0	4.8
03-15	1.14	12.1	2.02	1.7	喷孔卡钻	99.7	1	
03-19	0.46	2.5(效检)			无	31.9	0	4.8
03-20	0.47	12.6	1.43	1.46	无	33.7	0	4.8
03-22	0.47	2.8(效检)			无	33.7	0	4.8
03-24	0.79	11.2	2.12	2.34	喷孔	97.7	1	
03-25	0.52	2.6(效检)			无	43.7	0	4.8
03-30	0.49	2.9(效检)			无	37.6	0	4.8
04-01	0.49	11.6	1.75	1.03	无	37.6	0	4.7
04-02	0.46	12.6	1.13	0.96	无	31.9	0	4.9
04-03	0.49	13.2	1.03	0.96	无	37.6	0	5
04-04	0.62	12.3	2.87	2.73	喷孔	81.1	1	0
04-06	0.6	2.6(效检)			喷孔	78.3	1	0
04-08	0.55	2.3(效检)			无	49.9	0	4.5
04-10	0.95	11.2	1.93	2.22	层理紊乱	97.6	1	
04-12	0.45	2.3(效检)			层理紊乱	38.3	0	4.8
04-13	1.17	12.3	1.61	2.06	喷孔	99.8	1	
04-15	0.48	2.5(效检)			无	35.6	0	4.9

表9-8　预测指标体系在三矿6402应用情况表

月-日	预测值	钻屑量	效检值	波峰比	动力现象	回归预测突出概率	预测结果	掘进距离
03-23	0.37	3.8(效检)			无	18.0	0	4.9
03-29	0.85	12.3	1.63	2.1	喷孔	96.7	1	0
03-30	0.46	3.4(效检)			无	31.9	0	4.8
04-02	0.51	4.2(效检)			无	41.6	0	4.7
04-03	1.4	11.2	1.57	2.33	喷孔	100.0	1	0
04-04	0.65	6.5(效检)			喷孔	84.6	1	0
04-05	0.48	4.5(效检)			无	35.6	0	4
04-06	1.24	11.3			喷孔顶钻	99.9	1	0
04-07	0.74	8.5(效检)	1.43	1.56	喷孔	92.1	1	0
04-08	0.52	3.9(效检)			无	43.7	0	4.7
04-11	1.08	12.7	2.24	2.8	卡钻顶钻	99.5	1	0
04-11	0.65	3.9(效检)			轻微喷孔	78.1	1	0
04-11	0.45	3.8(效检)			无	30.1	0	5
04-14	1.24	11.7	1.64	2.5	喷孔顶钻	99.9	1	0

续表 9-8

月-日	预测值	钻屑量	效检值	波峰比	动力现象	回归预测突出概率	预测结果	掘进距离
04-14	0.98	7.5(效检)			喷孔	98.9	1	0
04-15	0.62	5.7(效检)			轻微喷孔	73.5	1	0
04-16	0.47	3.8(效检)			无	33.7	0	4.9
04-18	0.86	12.5	1.12	1.56	轻微喷孔	95.4	1	0
04-18	0.67	3.5(效检)			顶钻	86.7	1	0
04-20	0.52	3.6(效检)			无	43.7	0	4.3
04-21	0.78	11.8	0.92	1.26	无	87.3	1	
04-22	0.53	5.7(效检)			无	45.7	0	4.5
04-24	0.96	12.9	1.56	2.33	喷孔	98.7	1	
04-25	0.39	4.4(效检)			无	20.6	0	4.3
04-27	0.45	13.8	0.86	1.23	无	30.1	0	4.4
04-29	0.34	3.4(效检)			无	14.6	0	5
05-02	0.37	3.5(效检)			无	18.0	0	4.7

对新预测指标体系在三矿和一矿应用情况进行“三率”统计，得出应用效果基本情况，见表 9-9 和表 9-10。

表 9-9　一矿 21201 掘进工作面各预测指标预测效果对比表

分析项目	单位	单项指标		回归预测	非接触预测	多元耦合预测
		$K_1(0.5)$	S_0			
总计预测(效检)次数	次	19	19	19	10	19
预测有突出危险次数	次	9	0	7	6	7
各指标预测突出率	%	47.4	0	36.8	31.6	36.8
预测有突出危险中确有突出危险次数	次	6	0	6	5	6
各指标预测突出准确率	%	66.7		85.7	83.3	85.7
预测无突出危险中实际不突出次数	次	10	13	12	4	12
各指标预测不突出准确率	%	100	68.4	100	100	100

表 9-10　三矿 6402 掘进工作面各预测指标预测效果对比表

分析项目	单位	单项指标		回归预测	非接触预测	多元耦合预测
		$K_1(0.5)$	S_0			
总计预测(效检)次数	次	27	27	27	9	27
预测有突出危险次数	次	18	3	14	5	14
预测突出率	%	66.7	11.1	51.8	55.6	51.8
预测有突出危险中确有突出危险次数	次	14	3	6	5	6
预测突出准确率	%	77.8	100	92.9	100	92.9
预测无突出危险中实际不突出次数	次	9	14	13	2	13
预测不突出准确率	%	100	58.3	100	100	100

通过表 9-9 可知:非接触式预测指标预测突出准确率达 83.3% 和预测不突出准确率达 100%;采用点面结合的回归预测和多元信息耦合指标体系预测能提高突出预测准确率接近 20%,预测不突出准确率达到 100%,预测不突出率降低了 10.6%。在采用新的预测指标体系前,21201 工作面月进尺只有 40~45 m,而当月月进尺达到了 57.6 m,提高掘进速度接近 30%。

通过表 9-10 可知:非接触式预测指标预测突出准确率达 100% 和预测不突出准确率达 100%;采用点面结合的回归预测和多元信息耦合指标体系预测能提高突出预测准确率 15%,预测不突出准确率达到 100%,预测不突出率降低了 15%。在采用新的预测指标体系前,6402 月均进尺只有 35 m,而本次考察一个半月掘进 60.2 m,月均进尺 40 m,提高掘进速度 14%。

在两个考察地点的现场考察中,可以看出:非接触式预测指标预测突出准确率和预测不突出准确率都很高,发生在一矿和三矿的两次突出实例,更是说明非接触式预测指标可以通过监测瓦斯浓度,实现连续危险性监测,在避免打钻或者爆破引起突出上有其它指标所没有的优势,因此非接触式指标可以作为一个很好的参考指标,实现对工作面突出危险性的连续监测。

综上所述,采用点面结合的回归预测和多元信息耦合指标体系预测能明显提高突出预测准确率,降低预测突出率,从而提高掘进速度并确保安全,取得了良好的社会经济效益。

多元信息耦合预测的核心在于通过搜集采掘过程中的多种能反映煤矿瓦斯动力灾害危险性的信息,并综合分析这些数据和突出危险性之间的定量化关系,并用于预测突出危险性。一般情况下可以搜集的信息有传统预测指标测试结果、新方法测试结果、大直径钻孔测试数据、钻孔动力现象等,这些信息都可以用于耦合预测突出危险性。多元信息耦合预测是煤矿瓦斯动力灾害危险性预测的发展趋势,是大数据条件下矿井动力灾害的必然结果。该技术目前还不够成熟、不够智能,还需进一步发展和完善。

9.2.4　确定敏感指标、临界值的程序

9.2.4.1　指标敏感性

突出危险敏感指标,是针对某矿井某煤层的采掘工作面进行日常预测时,能明显地区分出危险和不危险的预测指标[18-20],即在突出危险工作面和不危险工作面实测的该指标值无相同值或相同值较小;反之,在突出危险工作面与不危险工作面各测定值之间无明显区别的指标,即属于不敏感指标。敏感指标临界值是指因该指标划分突出危险与不危险的临界值:在煤巷工作面预测时,凡实际预测值等于或高于临界值的,属于突出危险工作面;凡实测值低于临界值的,属于不危险工作面。

目前,世界各国使用的煤矿瓦斯动力灾害预测指标多达 100 多种,但是真正具有可靠性并在煤矿中得到应用的只是很少一部分。在我国,使用的煤矿瓦斯动力灾害预测指标主要有钻屑瓦斯解吸指标 $K_1(\Delta h_2)$、钻孔瓦斯涌出初速度指标 q_H、钻屑量指标 S、深孔多点双指标法,另外还有由单项指标组合而成的总和指标 R,其它证实有效的指标主要有钻屑温度、煤体温度、V_{30}特征值等。预测指标在某些区域可能不敏感,即当预测结果很大却没有危险性,或预测结果很小而有危险性,这就需要研究指标对同一区域危险性的敏感程度。

在预测时,可能出现下列五种情况:

① 预测未超过临界值不突出(简称未超限不突出);或虽超过临界值但采取防突措施后不突出(简称超限采取措施后不突出)。从实测资料看,绝大多数属于这种情况,可适当提高指标临界值,反复进行试验,直到发生突出、喷孔或出现突出预兆。

② 未超过《防突规定》规定的临界值发生了突出(简称未超限突出),则应降低指标临界值或选用其它指标。

③ 超过《防突规定》规定的临界值,未采用防突措施不突出(简称超限不突出),则应提高指标临

界值。

④ 超过《防突规定》规定的临界值,未采用防突措施发生了突出(简称超限突出),取最小的实测值即为新的临界值。

⑤ 超过《防突规定》规定的临界值,采用防突措施后发生了突出称超限采取措施后突出,则以效果检验的最小实测值作为临界值。

临界值的确定程序如图 9-5 所示。

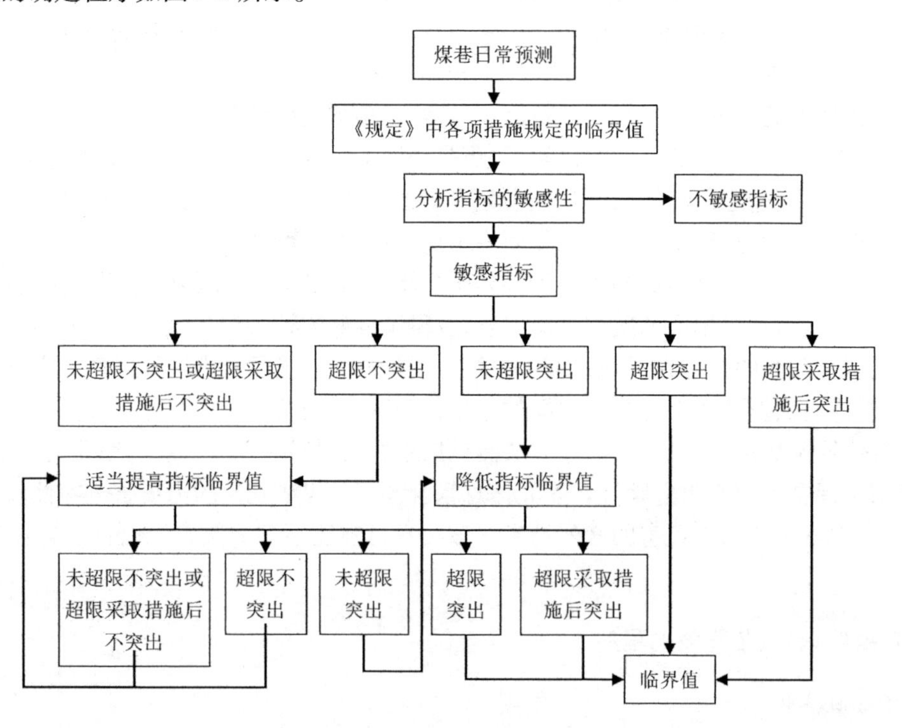

图 9-5　确定敏感指标及临界值程序框图

9.2.4.2　"三率"法分析

为了评价工作面预测的方法是否正确,所选取的敏感指标是否都可靠,通常采用"三率"法对突出预测指标敏感性进行分析[21,22]。"三率"法即根据预测突出率、预测突出准确率和预测不突出准确率对突出预测数据进行分析,从而确定突出敏感指标。防突措施效果检验是在防突措施执行后再一次进行突出危险性预测,故效果检验所用的敏感指标及其临界值与突出预测是相同的。

预测过程中有突出发生的情况下,敏感指标及其临界值应按以下"三率"法来确定。

(1) 预测突出率

$$\eta_1 = 100n_t/N \tag{9-7}$$

式中　η_1——预测突出率,%;

n_t——预测有突出危险次数,次;

N——预测总次数,次。

预测突出率越小,则需要采取局部防治突出措施的范围越小。因此,在保证预测突出率准确的前提下,预测突出率越小越好。

(2) 预测突出准确率

$$\eta_2 = 100n_k/n_t \tag{9-8}$$

式中　η_2——预测突出准确率,%;

n_k——预测有突出危险次数中，真正有突出危险的次数，次。

国内众多学者在划分突出危险性时提出了以下原则：

① 实际发生的突出。

② 预测指标超标较大，预测有危险但采取措施（超前排放钻孔措施、抽采措施、慢速掘进甚至停掘等）后发生突出。

③ 在打钻过程中，有动力现象（喷孔、夹钻、顶钻等现象）。

④ 除了上述情况外，其它情况都不属于突出危险工作面。

（3）预测不突出准确率

$$\eta_3 = 100n_B/n_A \tag{9-9}$$

式中　η_3——预测不突出准确率，%；

n_A——预测无突出危险次数，次；

n_B——预测无突出危险次数中果真无突出危险的次数，次。

预测突出率 η_1 代表着有突出危险区段所占总预测区段的比例的大小，当然 η_1 越小，需采取防突措施的范围就越小。预测不突出准确率 η_3 应达到100%。预测突出准确率 η_2 越高越好，统计表明，目前技术条件下能够达到60%以上。

根据平煤集团十二矿的31010采掘工作面的有关数据，应用“三率”法对采掘工作面的预测结果进行分析，如表9-11所列。

表9-11　平煤集团十二矿采掘工作面预测指标“三率”法分析结果

分析项目	单位	单项指标	
		q_H	S
总计预测（效检）次数	次	118	118
各指标预测有突出危险次数	次	31	10
总计118组预测数据中各指标预测突出率	%	26.3	8.5
预测有突出危险次数中果真有突出危险次数	次	11	5
总计118组预测数据中各指标预测突出准确率	%	35.5	50
预测无突出危险次数中实际不突出次数	次	64	78
总计118组预测数据中各指标预测不突出准确率	%	73.6	72.2

钻孔瓦斯涌出初速度 q_H 指标预测突出率偏高，q_H 指标和 S 指标预测突出准确率和预测不突出准确率有待进一步提高。

9.3　开采保护层区域瓦斯治理

消除或减少相邻煤层的突出危险性而先开采的煤层称为保护层。按保护层与被保护层的相对位置关系可分为上保护层[图9-6(a)]和下保护层[图9-6(b)]两种方式，这两种方式在保护效果、保护作用范围、开采条件上都有较大的差别。

通过煤与瓦斯安全高效共采，即通过“首采煤层”的开采，在煤系地层中产生“卸压增透增流”效应，形成瓦斯“解吸—扩散—渗流”活化流动的条件，并通过合理高效的瓦斯抽采方法和抽采系统，实现瓦斯资源的高效抽采[23]。瓦斯资源的抽采可大幅度地减少“卸压煤层”的瓦斯含量，消除其煤与瓦斯突出危险性，减少卸压煤层开采时的涌出量，从而实现卸压煤层的安全高效开采[24]。

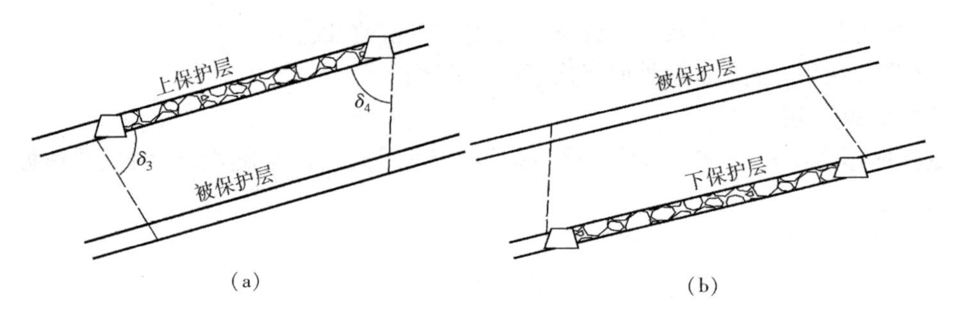

图 9-6　上、下保护层开采方式示意图

(a) 上保护层;(b) 下保护层

通过选择非突出煤层或者弱突出煤层作为首采层(保护层),首采层的超前开采,使上、下地层产生强烈的拉张破坏,原来的挤压应力变成了拉张应力[25];上覆煤岩层垮落、破裂、下沉弯曲或者下伏煤岩层的破裂、上鼓,使得煤岩层的大量裂隙张开,地应力大范围的有效释放,无论是构造对瓦斯的封闭作用,还是地应力对瓦斯的封闭作用都被彻底破坏,瓦斯压力会急剧下降,大量的瓦斯被解吸,煤层透气性系数成千倍地增大。如重庆天府磨心坡矿 2 号煤层(0.5 ~0.6 m)开采后,距其下方 70 ~90 m 处的 9 号煤层的透气性系数增加了 1 500 倍,从而可以大范围有效地抽取煤层卸压瓦斯,使得突出煤层变成非突出煤层,使得高瓦斯煤层变成低瓦斯煤层,为实现矿井的高产高效开采提供了便利条件。

9.3.1　保护层防治瓦斯灾害的原理

9.3.1.1　防突原理

国内外的考察资料证明,保护层开采后,被保护层的顶底板、煤结构和瓦斯动力参数等将发生显著的变化。在时间上卸压作用是最先出现的,有时在保护层工作面前方 10 ~20 m 处开始[26]。一般在工作面后方,膨胀变形速度加快时,瓦斯动力参数才发生变化。因此,参数变化次序可表述为如图 9-7 所示。

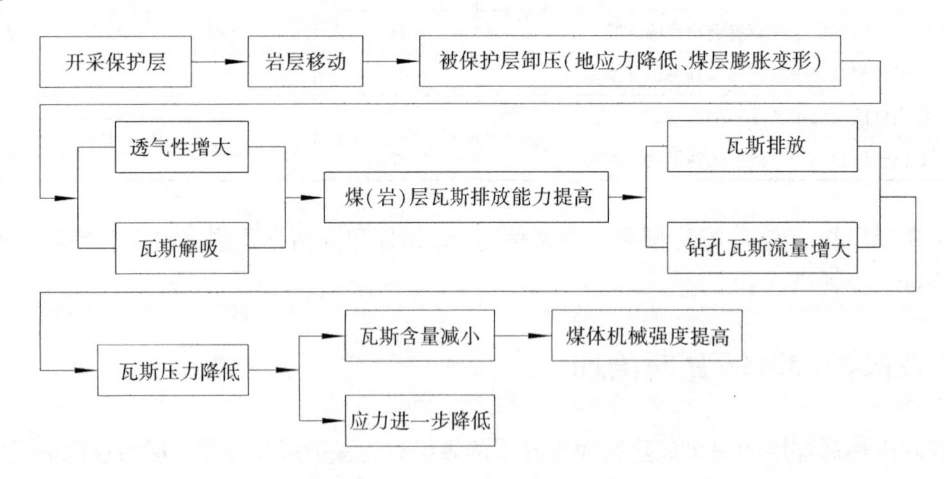

图 9-7　瓦斯动力参数变化次序

其防止煤和瓦斯突出的原理可用图 9-8 表示。

从以上分析表明,尽管保护层的保护作用是卸压和排放瓦斯的综合作用结果,但卸压作用是引起其它因素变化的依据,卸压是首要的、起决定性的[26]。因此,只要突出层受到一定的卸压作用,煤体结构、瓦斯动力参数便发生如上顺序的变化。在层间距离较远(但要在有效层间垂距范围内)、中间

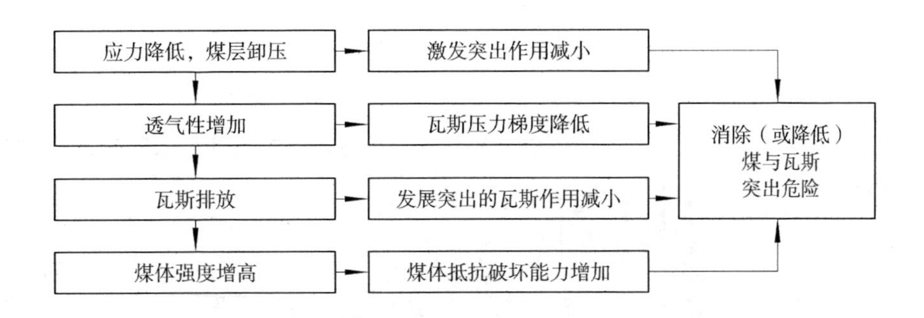

图 9-8　开采保护层防止煤与瓦斯突出原理图

有坚硬岩层的情况下，突出煤层的卸压、煤层及其围岩透气性的增加是无疑的，只是瓦斯排放困难一些，但从前两个因素的变化来讲，都是有利于消除突出危险的，因此即使不能完全消除突出危险性，也会有所降低。

9.3.1.2　瓦斯抽采的作用

在我国的生产实践中，已把开采保护层结合抽采瓦斯作为一项综合性措施来运用。但是在不同的条件下，抽采瓦斯的作用是不相同的。

在层间垂距小于 30 ~ 50 m，层间没有较厚的硬岩层的情况下，突出层卸压后，大量瓦斯将通过层间裂缝涌向保护层的开采空间，从而引起瓦斯超限，在开采近距离保护层时，采区瓦斯涌出量可达 15 m^3/min以上[27]。由于保护层薄，这样大的瓦斯量是难以用现有的通风方法来稀释的，尤其在开采近距离上保护层，还可能发生采空区底板突然鼓起，并伴随大量瓦斯涌出，可见，这时抽采保护层的卸压瓦斯是为了保护层回风巷瓦斯不超限和不发生底板突然鼓起，以保证保护层的安全生产。

层间垂距虽小于 30 ~ 50 m，但层间有较厚的硬岩层，瓦斯自然排放条件差，残余瓦斯压力高，为了加速与扩大保护作用，应配合人工抽采瓦斯。

苏联科学院地下资源综合开发研究所研究证明，对处在第Ⅲ带岩层弯曲带的被保护层，抽采瓦斯有很大的作用。抽采作用与抽采钻孔距离、层间垂距有关[28]；抽采钻孔的距离愈大，抽采作用愈小［见图 9-9（a）］，而在层间垂距增加时，抽采瓦斯对防突作用的效果更加显著［见图 9-9（b）］。

研究结果表明，开采保护层结合抽采瓦斯，不仅可使保护作用影响范围增加 1.4 ~ 1.6 倍，而且可以大大增加被保护层的瓦斯排放程度［图 9-9（b）］[29]。

从理论上讲，保护层开采后，保护层与被保护层之间的部分岩石裂缝是垂直层面的，离保护层一定距离内。这些裂缝能彼此贯通，直至与保护层采空区连通，提供了解吸瓦斯涌向保护层采空区的通道；同时，突出层卸压也为瓦斯解吸和排放创造了条件。因此，提高了瓦斯的排放能力，瓦斯的不断涌出引起瓦斯压力不断下降. 并一直降到残余瓦斯压力值。如果层间垂距小于 10 m 时，瓦斯可得到充分排放，残余瓦斯压力值为 0 ~ 0.2 MPa，其值与层间距离、原始瓦斯压力均无关。如果层间垂距为 10 ~ 50 m 时，瓦斯可通过层间裂缝从保护层采空区涌出，瓦斯压力能很快降到残余瓦斯压力值，这时，残余瓦斯压力只取决于层间垂距，而与原始瓦斯压力值无关。但是，在层间垂距较大，尤其层间有阻挡瓦斯排放的一定厚度的、密闭性好的硬岩石时，残余瓦斯任力值就不是定值，它不仅与层间垂距有关，还与原始瓦斯压力和瓦斯排放条件等有关[30]。

由于卸压作用是引起其它因素变化的依据，因此，在保护作用中，卸压作用是首要的，起决定性的。但在层间垂距较大时，由于卸压强度较小，所以，对瓦斯排放作用应予以考虑。因此，应结合人工抽采瓦断，这样可加速并扩大保护作用。

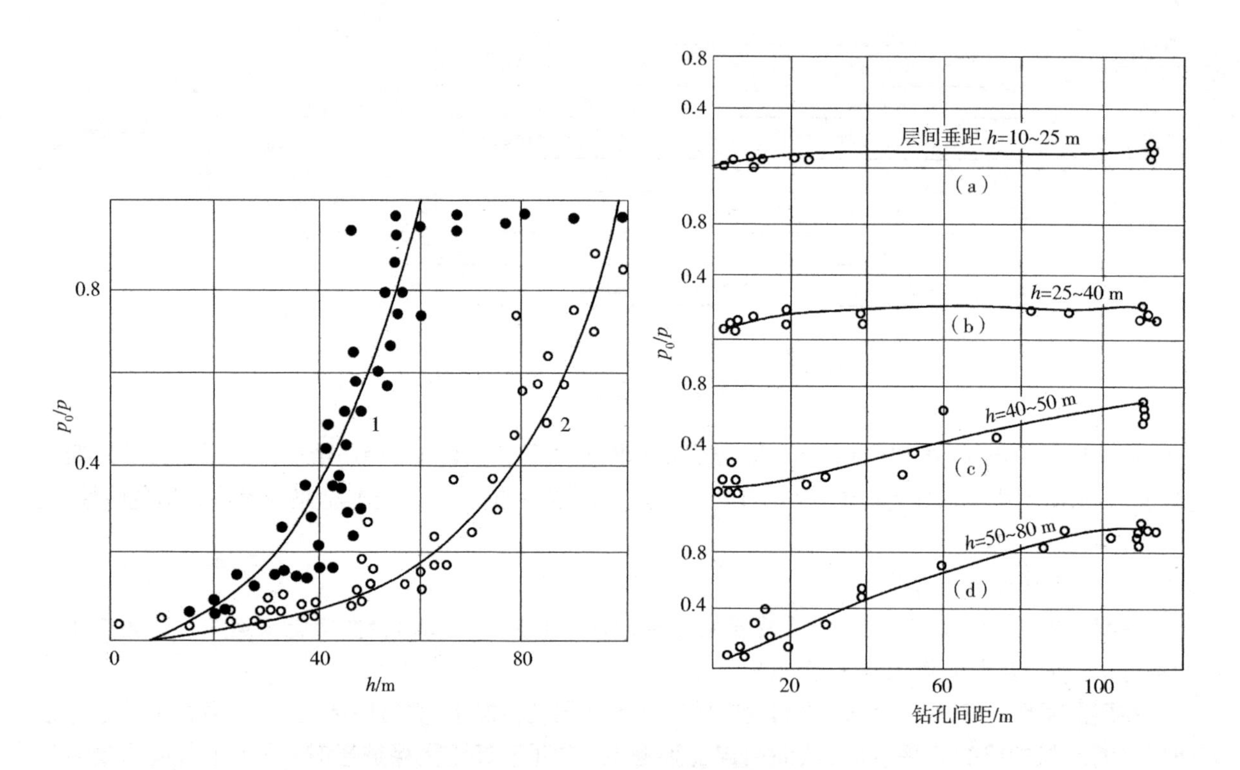

图 9-9 开采上保护层时被保护层的相对瓦斯压力
(a) 与抽采钻孔间距的关系；(b) 与层间距的关系
1—未抽采瓦斯；2—抽采瓦斯

9.3.2 保护层保护范围的确定

9.3.2.1 沿倾斜方向的保护范围

保护层工作面沿倾斜方向的保护范围应根据卸压角 δ 划定，如图 9-10 所示。在没有本矿井实测的卸压角时，可参考表 9-12 的数据。

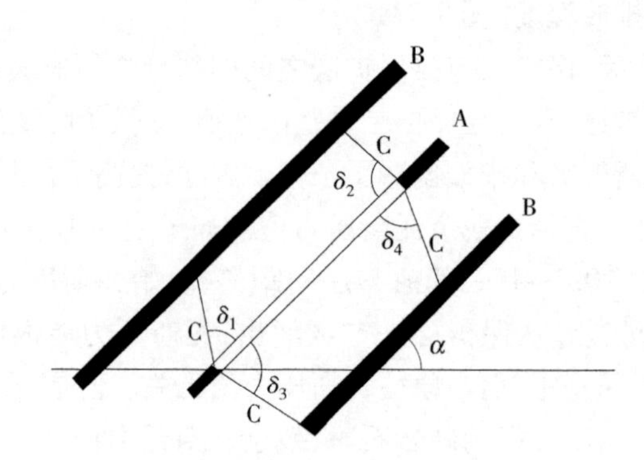

图 9-10 保护层工作面沿倾斜方向的保护范围
A——保护层；B——被保护层；C——保护范围边界线

表 9-12　保护层沿倾斜方向的卸压角

煤层倾角 α/(°)	卸压角 δ/(°)			
	δ_1	δ_2	δ_3	δ_4
0	80	80	75	75
10	77	83	75	75
20	73	87	75	75
30	69	90	77	70
40	65	90	80	70
50	70	90	80	70
60	72	90	80	70
70	72	90	80	72
80	73	90	78	75
90	75	80	75	80

9.3.2.2　沿走向方向的保护范围

若保护层采煤工作面停采时间超过 3 个月且卸压比较充分，则该保护层采煤工作面对被保护层沿走向的保护范围对应于始采线、采止线及所留煤柱边缘位置的边界线可按卸压角 $\delta_5 = 56° \sim 60°$ 划定，如图 9-11 所示。

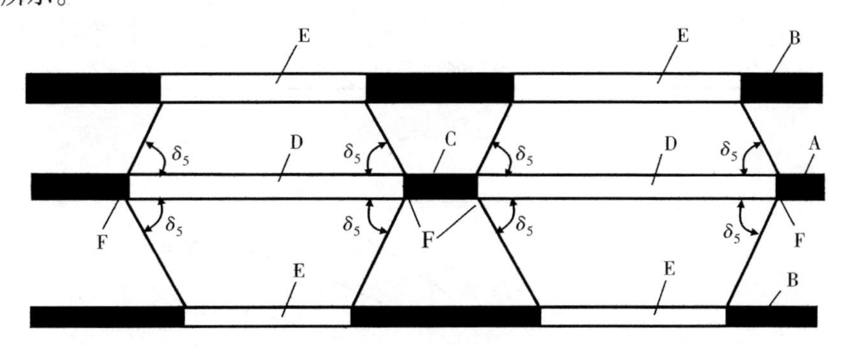

图 9-11　保护层工作面始采线、采止线和煤柱的影响范围

A——保护层；B——被保护层；C——煤柱；D——采空区；E——保护范围；F——始采线、采止线

9.3.2.3　最大保护垂距

保护层与被保护层之间的最大保护垂距可参照表 9-13 选取或用式(9-10)、式(9-11)计算确定。

表 9-13　保护层与被保护层之间的最大保护垂距

煤层类别	最大保护垂距/m	
	上保护层	下保护层
急倾斜煤层	<60	<80
缓倾斜和倾斜煤层	<50	<100

下保护层的最大保护垂距：

$$S_{下} = S_{下}'\beta_1\beta_2 \tag{9-10}$$

上保护层的最大保护垂距：

$$S_{上} = S_{上}'\beta_1\beta_2 \tag{9-11}$$

式中 $S_{下}'$,$S_{上}'$——下保护层和上保护层的理论最大保护垂距,m;它与工作面长度 L 和开采深度 H 有关,可参照表 9-14 取值。当 $L>0.3H$ 时,取 $L=0.3H$,但 L 不得大于 250 m;

β_1——保护层开采的影响系数,当 $M \leqslant M_0$ 时,$\beta_1 = M/M_0$,当 $M>M_0$ 时,$\beta_1 = 1$;

M——保护层的开采厚度,m;

M_0——保护层的最小有效厚度,m。M_0 可参照图 9-12 确定;

β_2——层间硬岩(砂岩、石灰岩)含量系数,以 η 表示在层间岩石中所占的百分比,当 $\eta \geqslant 50\%$ 时,$\beta_2 = 1-0.4\eta/100$,当 $\eta<50\%$ 时,$\beta_2 = 1$。

表 9-14 $S_{上}'$和 $S_{下}'$与开采深度 H 和工作面长度 L 之间的关系

开采深度 H/m	$S_{下}'$/m								$S_{上}'$/m						
	工作面长度 L/m								工作面长度 L/m						
	50	75	100	125	150	175	200	250	50	75	100	125	150	200	250
300	70	100	125	148	172	190	205	220	56	67	76	83	87	90	92
400	58	85	112	134	155	170	182	194	40	50	58	66	71	74	76
500	50	75	100	120	142	154	164	174	29	39	49	56	62	66	68
600	45	67	90	109	126	138	146	155	24	34	43	50	55	59	61
800	33	54	73	90	103	117	127	135	21	29	36	41	45	49	50
1 000	27	41	57	71	88	100	114	122	18	25	32	36	41	44	45
1 200	24	37	50	63	80	92	104	113	16	23	30	32	37	40	41

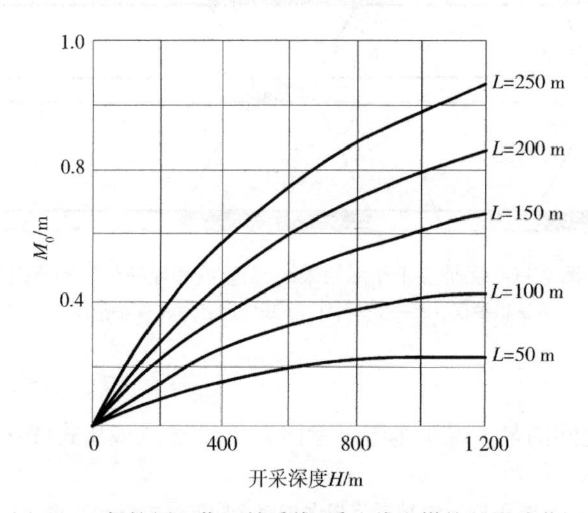

图 9-12 保护层工作面始采线、采止线和煤柱的影响范围

9.3.2.4 开采下保护层的最小层间距

开采下保护层时,不破坏上部被保护层的最小层间距离可参用式(9-12)或式(9-13)确定:

当 $\alpha < 60°$ 时,
$$H = KM\cos\alpha \tag{9-12}$$

当 $\alpha \geqslant 60°$ 时,
$$H = KM\sin(\alpha/2) \tag{9-13}$$

式中 H——允许采用的最小层间距,m;

M——保护层的开采厚度,m;

α——煤层倾角,(°);

K——顶板管理系数。垮落法管理顶板时,K 取 10,充填法管理顶板时,K 取 6。

9.3.3　采场时空演化规律

保护层开采后围岩应力场空间分布规律目前不清楚,卸压瓦斯流动富集规律也不清楚,不同层间距处的被保护层卸压效果及残余突出危险性也不清楚。由于薄煤层采高小,卸压效果和通风能力差,因此,保护层开采过程中的采场时空演化规律对保护层的卸压效果及瓦斯治理具有十分重要的意义。本节将研究三向应力均等条件下薄煤层开采对采场三向应力场的改变,并借助"应力—裂隙—渗透率"的关系以及"应力方向—煤巷突出危险性"的关系等的研究结果来分析裂隙场、瓦斯三维流场分布规律,并判断残余突出危险性[31]。

9.3.3.1　研究方法

应力场时空演化及分布规律现场测试难度大,目前可以采用 FLAC^{3D} 软件进行分析,该软件能分析不同岩性、不同屈服条件下围岩变形规律。由于煤层开采之后,其围岩发生变形,强度随之降低,为弹塑性材料,并呈现破坏后强度软化现象,因此,采用应变—软化模型进行研究。根据韩城矿业公司实测的煤岩强度参数并结合岩块和岩体力学参数差异给模型赋值,如表 9-15 所列。

表 9-15　模型参数取值

参　数	密度/(kg/m^3)	体积模量/GPa	剪切模量/GPa	摩擦角/(°)	黏聚力/MPa	剪胀角/(°)	抗拉强度/MPa
煤	1 450	1	0.8	16	0.5	10	0.5
泥　岩	2 000	2	1.5	22	0.8	10	0.8
中粒砂岩	2 200	2.5	2	25	1.5	10	1.5
细粒砂岩	2 500	4	3	28	2.5	10	2.5
粉砂岩	2 700	3	2.5	30	3	10	3

煤岩在弹性范围之内,应力和弹性应变为线性变化,但过了屈服点之后,煤岩体受到破坏,强度发生软化,应变由弹性应变和塑性应变组成[32],如图 9-13 所示。针对这样的特点,假定摩擦角、黏聚力、剪胀角和抗拉强度随塑性应变软化,为简化问题,很多研究者采取了线性软化模型,但是针对煤岩这种材料,由于发生塑性应变初期的软化较后期快,因此假定软化关系如图 9-14 所示[33]。

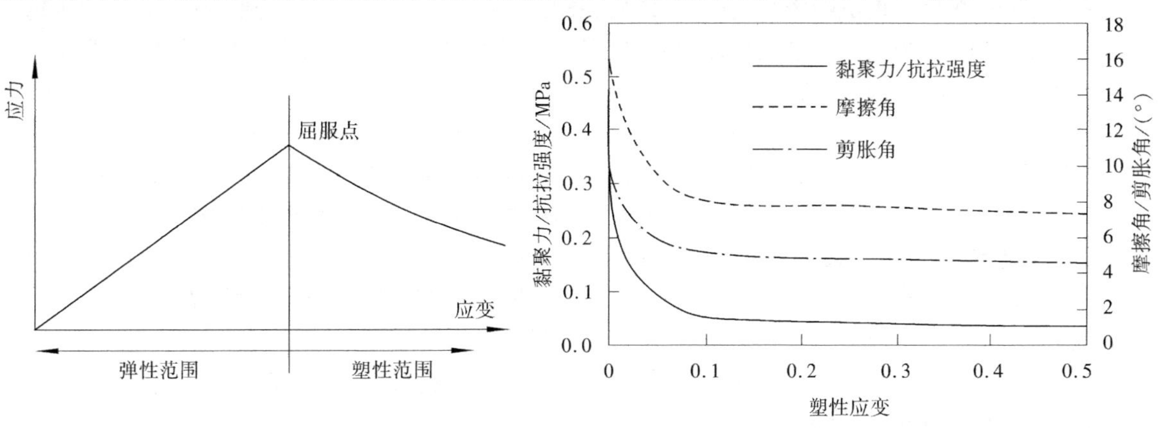

图 9-13　塑性材料应力—应变曲线　　　图 9-14　塑性应变和强度软化关系

根据薄煤层的特点,并结合韩城矿区地质状况建立模型,长×宽×高为 320 m×260 m×120 m,模型单元总计 520 800 个,节点 582 144 个。虽然原岩应力在不同方向上差异较大,但是为了使研究更具有普遍意义,假设三向应力均等,以便能更直接观测到三向应力的变化规律。模型顶部采用 10 MPa 的压力边界,其余面为滚支边界,保护层所在平面原始应力为 12 MPa,煤层倾角为 0°,模型综合柱状图及网格方式如图 9-15 所示,模型原点位于保护层中心位置。为了消除被保护层突出危险性,首先开采上方无突出危险的 1 m 厚的薄保护层(模拟 2#煤层),工作面宽度 96 m,即在 y 方向为 -48 ~48 m 处,并在 x 方向从 -80 m 开始向 80 m 位置开采,每次开采长度为 2 m,并迭代 250 次,运算求解。

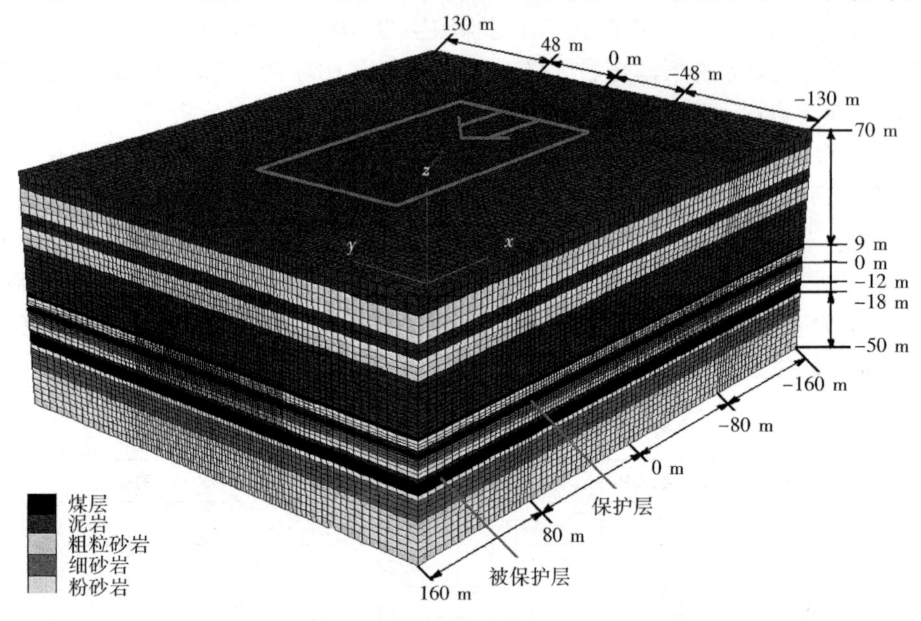

图 9-15　数值计算模型三维视图

本模型通过分析不同工作面宽度 50 m,80 m,96 m,120 m,150 m 和 200 m,发现当工作面宽度达到 80 m 之后,工作面采空区中间部位大范围压实,三向应力分布基本无差异,表明增大工作面的宽度已经没有太大实际意义,为简化计算,将工作面宽度设为 96 m 是合理的。

以下保护层开采时空演化和分布规律主要在此模型下计算得到。

9.3.3.2　采高对卸压范围的影响

保护层开采为围岩提供膨胀空间,采高越大、采出煤岩量越多,采场围岩变形空间越大、卸压越充分;随着采高的降低,采掘煤岩量减少,采场围岩卸压效果也逐渐变差。此外距离保护层越近卸压效果越好,距离保护层越远卸压效果越差。图 9-16 给出了在理想的均质煤岩层条件下,采高分别为 1 m 和 3 m 时沿采空区纵向三向应力分布规律。可见,应力曲线随着远离保护层并非呈线性变化。

当采高为 1 m 时,在保护层下部约 22 m 和上部约 30 m 范围之内的三向应力都小于 8 MPa;当采高为 3 m 时,在保护层下部约 45 m 和上部约 70 m 范围之内的三向应力都小于 8 MPa。

可见采高越大,采出的煤岩量越多,提供的卸压空间越大,卸压效果越好。然而当薄煤层作为保护层开采时,其卸压空间必然较小,在三向应力都降低的区域,卸压比较充分,而随着远离开采层,卸压效果逐渐减弱,突出危险性可能仍然存在。可见薄煤层开采和常规厚煤层开采在卸压空间和卸压效果上存在较大差异。下面针对薄煤层开采过程中采场应力的空间分布和演化规律进行深入研究,为卸压瓦斯治理和补充区域卸压防突提供理论指导。

薄煤层采高小,为围岩提供的膨胀变形空间也较小,卸压范围受到限制。随着层间距的增大,煤层三向应力分布规律不同,根据之前的研究结果可知,会导致沿不同方向的裂隙开闭程度不同,瓦斯沿不同方向的流动难易程度不同,进而影响瓦斯的解吸流动规律。一般情况下,距离薄煤层越近卸压效果越好,渗透率显著增大,赋存在煤层中的瓦斯解吸释放,从而消除煤体的突出危险性;而随着层间

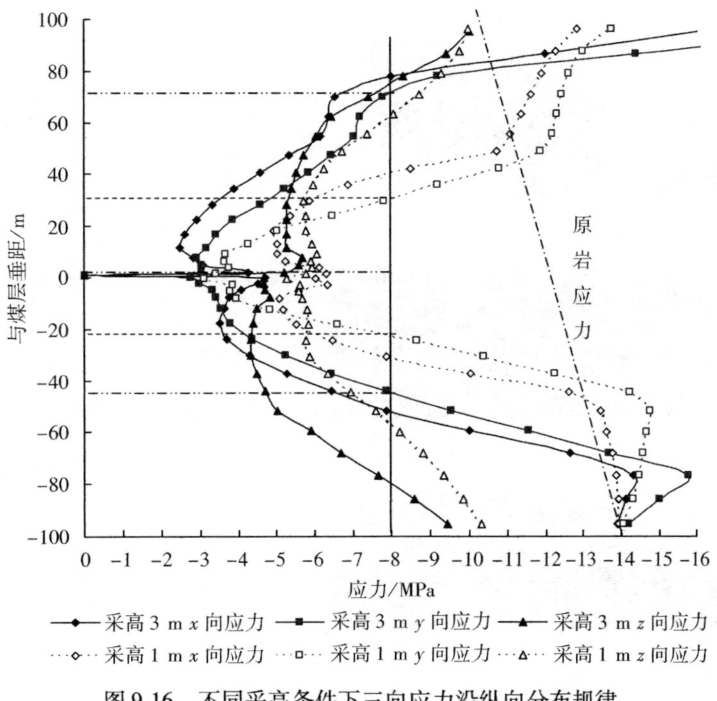

图 9-16　不同采高条件下三向应力沿纵向分布规律

距的增大卸压效果必然逐渐变差,突出危险性可能仍然存在。煤层间距一定程度上决定了被保护层能否处于有效的卸压范围之内,或是处于什么样的卸压范围之内。特别是当煤层间距差异较大时,将会导致有些区域卸压效果较好而有些区域卸压较差,为此必须明确开采薄煤层之后不同层间距处三向应力分布规律,以便判断被保护层卸压效果和瓦斯释放流动规律。

近距离煤层群条件下,被保护层卸压充分,卸压瓦斯大量涌入到薄煤层工作面,由于薄煤层通风空间小,通风能力受到限制,容易导致瓦斯超限。如韩城矿业公司 2#薄煤层作为保护层开采后,当层间距为 10 m 左右时,下伏的主采 3#煤有超过 80% 的瓦斯涌入到 2#煤层工作面,由于 2#薄煤层空间狭小,很容易导致瓦斯超限,而形成新的安全隐患。因此在近距离煤层群条件下,薄煤层作为保护层开采时,被保护层卸压比较充分,如果不能有效治理卸压瓦斯,瓦斯将经常超限,这必然会严重制约薄煤层的高效开采,从而限制整个矿井的采掘进程。

远距离煤层群条件下,被保护层卸压不充分,突出危险性可能仍然存在,不被彻底消除。当层间距增大到一定程度时,突出煤层地应力释放受限,裂隙扩展不充分,瓦斯不能充分释放,将不能得到有效保护。当层间距较远、被保护层卸压不充分时,需要根据残余应力的分布特征提出辅助性区域卸压防突技术措施。

总之,薄煤层作为保护层开采条件下,当层间距较小时,邻近层卸压充分,瓦斯涌出量大,需要根据应力场分布特征防治瓦斯超限;当层间距较大时,邻近层卸压不充分,突出危险性不能充分消除,需要进行辅助性的区域防突。煤层开采为动态过程,本节将结合薄煤层的特点,采用数值模拟和现场试验相结合的方法研究薄煤层开采过程中卸压区的时空演化规律,以便明确采场的卸压效果并为瓦斯区域治理提供理论指导。

9.3.3.3　沿工作面走向应力和破坏区时空演化

煤层开采为动态过程,从初采到最终稳定回采应力场时刻动态变化,首先从总体上研究采场应力随开采过程的时空演化规律。

图 9-17 给出了煤层开采过程中沿开采方向剖面上的应力和破坏状态的演化规律。图中左侧为

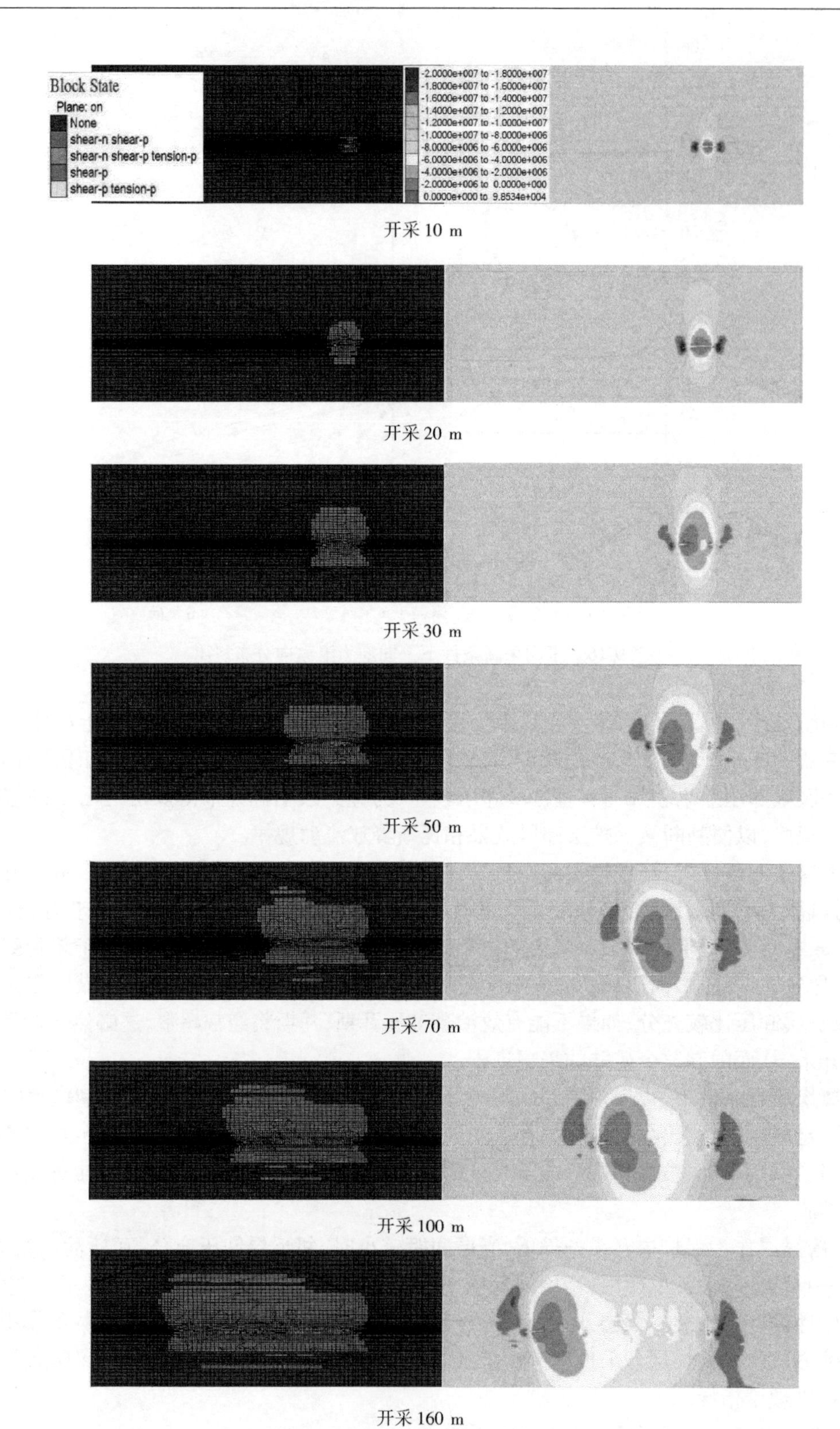

开采 10 m

开采 20 m

开采 30 m

开采 50 m

开采 70 m

开采 100 m

开采 160 m

图 9-17　煤层开采过程中煤岩体破坏及应力演化规律

煤岩体破坏状态演化规律，右侧为煤岩体纵向应力演化规律。

从煤层开采的演化云图中可以看出，开采前30 m煤岩体卸压区和破坏区逐渐扩大；开采30 m之后，在采空区后方出现压实区，卸压区的大小主要随煤层的开采在横向上增大；开采60～70 m时，煤岩破坏区在纵向上扩展缓慢，并逐渐稳定，并随着工作面的推移而移动。因此总体上说，煤层开采的前70 m为初采初放期，随着逐步开采，沿纵向的卸压破碎区逐渐延伸；而在煤层开采70 m之后，在纵向上的卸压破碎区不再扩展，仅随着煤层的开采在水平方向上扩大，为稳定卸压区。在进入稳定卸压区之后，煤岩体的主要卸压区呈现“豌豆”形状，并且随着工作面的推移而移动。在开采工作面处，煤岩体主要处于剪切破碎状态，其应力也处于较低水平，而在工作面后方进入采空区一定距离之后，由于采空区内压实，剪切破坏逐渐趋于停滞，应力缓慢回升。

9.3.3.4　超前支承压力演化

保护层开采时瓦斯主要来源于本煤层和邻近的被保护层。

在采煤工作面前方一段区域内将会出现卸压和应力集中，如图9-18所示，超前支承压力可以压缩并破碎煤岩体，产生裂隙，致使本煤层瓦斯更容易释放，影响工作面的瓦斯流动，研究超前支承压力随工作面开采的动态演化规律，有助于治理本煤层瓦斯。

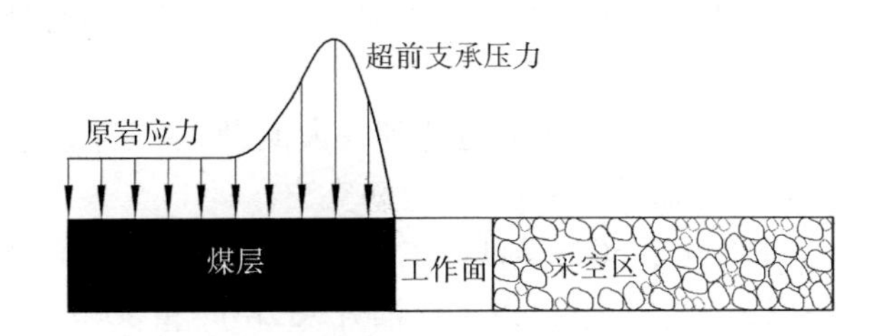

图9-18　工作面前方应力分布

通过分析工作面开采不同长度时超前支承压力分布规律，可以得出其随开采的演化规律，图9-19给出了分别开采10 m，20 m，30 m，…，160 m的16条应力分布曲线。

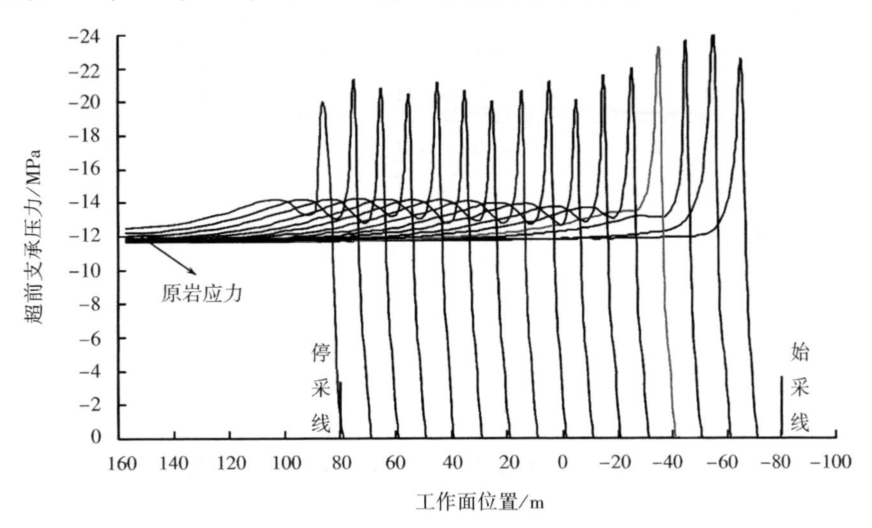

图9-19　超前支承压力随工作面开采分布演化规律

注：图中纵坐标为支承压力（z向应力），负值表示压应力；曲线和横坐标交叉的位置为此时工作面所在位置（自始采线向左分别开采10 m，20 m，30 m，…，160 m）

从图9-19中总体上可以看出，工作面煤壁上应力降低到0 MPa，并在工作面前方5 m左右迅速达到最大，在20～24 MPa之间，为原始应力的1.67～2倍，随着进一步深入煤岩体，在10 m左右位置应力又将迅速降低到接近原始应力。可见，在工作面前方10 m范围之内，应力发生了急剧变化，工作面前方煤岩体先经历应力升高而被压缩，之后又因为应力降低而膨胀。该过程可能会破坏煤岩体，并演化出新的裂隙[34-36]，因此，在工作面前方10 m范围之内瓦斯流动逐渐活跃，大量瓦斯在煤岩体扰动破坏过程中逐渐释放，因此这段可以视为本煤层瓦斯抽采的黄金区域。

进一步观察图9-19，可见工作面初采前20 m之内支承压力峰值逐步增长，并且当工作面推进20～30 m之间达到最大，约24 MPa，为原始应力的2倍，此后支承压力峰值随着工作面推进将持续降低，直到工作面开采60 m时超前支承压力峰值才稳定在21 MPa左右，为原始应力的1.75倍，并在此基础上轻微波动。在工作面开采初期，由于老顶没有垮落，顶板和底板没有接触，煤层开采之后所有压力都由采空区周围的煤岩体承担，随着工作面不断推进，上覆岩层作用在周围煤岩体上的压力也将增大，因此，支承压力必然在工作面开采过程中逐渐增大。此后，当工作面开采近30 m时，采空区顶底板逐渐相互接触而压实，并能承担一部分压力，从而减缓了工作面前方的负担，使得支承压力降低。由于采空区顶底板的压实作用是一个渐进过程，随着压实越来越致密，顶底板在采空区内的支承压力也将越来越大，超前支承压力逐渐降低，在工作面开采60 m后，采空区内有规律地压实，超前支承压力基本稳定。

由于超前支承压力在工作面开采20～30 m时达到最大值，如果开采煤层具有突出危险性，则此时容易发生应力主导型的突出，因此需要加强预测，严防突出。

从图9-19中，还会发现工作面开采50 m前后，工作面前方煤岩体应力分布各不相同，而在工作面开采超过50 m之后，每条曲线都类似，下面以工作面开采20 m和80 m时的应力分布曲线为例说明，如图9-20所示。

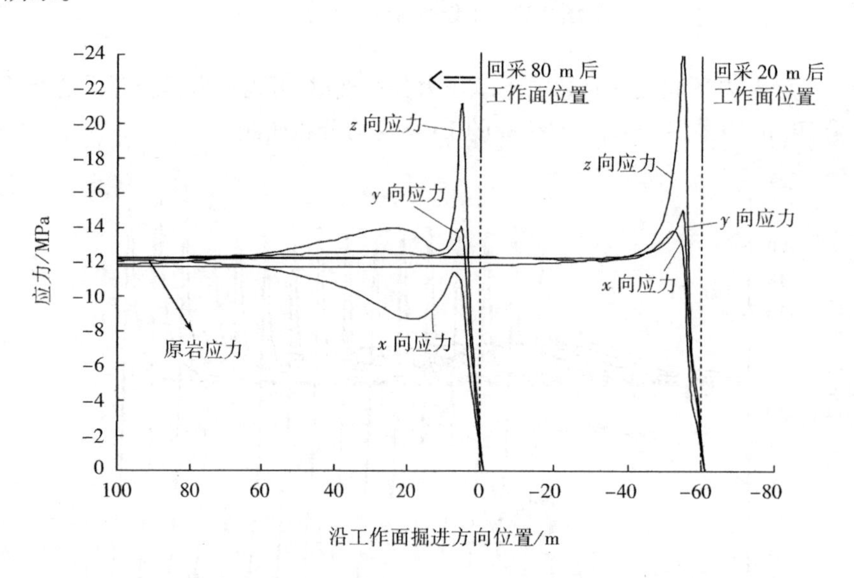

图9-20　开采80 m和20 m时工作面前方应力分布规律

当薄煤层开采推进20 m时，为始采阶段，三向应力在工作面前方5 m左右都出现应力集中，其中z向应力最大，约24 MPa，为原始应力的2倍。

工作面推进80 m稳定开采时，z向应力在工作面前方产生两次应力集中：一次应力集中发生在工作面前方20～30 m间，应力增大到约14 MPa，为原始应力的1.17倍左右；另一次应力集中发生在工作面前方 5 ~ 10 m 位置，应力增大到约 21 MPa，为原始应力的 1.75 倍左右。x 向应力在煤壁上降低到 0 MPa 左右，在工作面前方约 0 ~ 8 m 间迅速增大到约 12 MPa，而在 8 ~ 20 m 之间应力又逐步降低到约 8.5 MPa，并在 20 m 之外缓慢恢复到原始应力。z 向应力和 x 向应力变化趋势明显不同，在工作面前方 10 m 之外，变化趋势相反，这样使得三向应力差异增大。

研究表明，三向应力越不对称破岩能力越强[37]。开采初期，工作面前方 5 m 左右 z 向应力较大，三向应力不对称加剧，破煤显著，瓦斯逐渐活跃，可流入采煤空间。稳定开采阶段，在工作面前方 20 m左右，z 向应力增大而 x 向应力降低，三向应力不对称，可以预裂煤岩。因此，开采初期工作面前方 5 m 以内煤层瓦斯可顺利流入采煤空间，而稳定开采时，工作面前方 20 m 内煤体都将不同程度被扰动，瓦斯可流入采煤空间。当采用钻孔对这些瓦斯进行抽采时，钻孔应当超前工作面至少 20 m，并且钻孔不应该在工作面前方 5 m 之外就停止抽采，钻孔应该在浓度降低到临界值以下停止抽采，此时钻孔距离工作面一般在 3 ~ 5 m 之间。

9.3.3.5　不同层间距处应力分布及"O"形圈演化

煤层开采之后，层间距越近卸压效果越好，层间距越远卸压效果越差。为了细致分析这一差异，取煤层开采 160 m 时，在距离开采层不同层间距平面上的纵向应力分布规律，如图 9-21 所示。

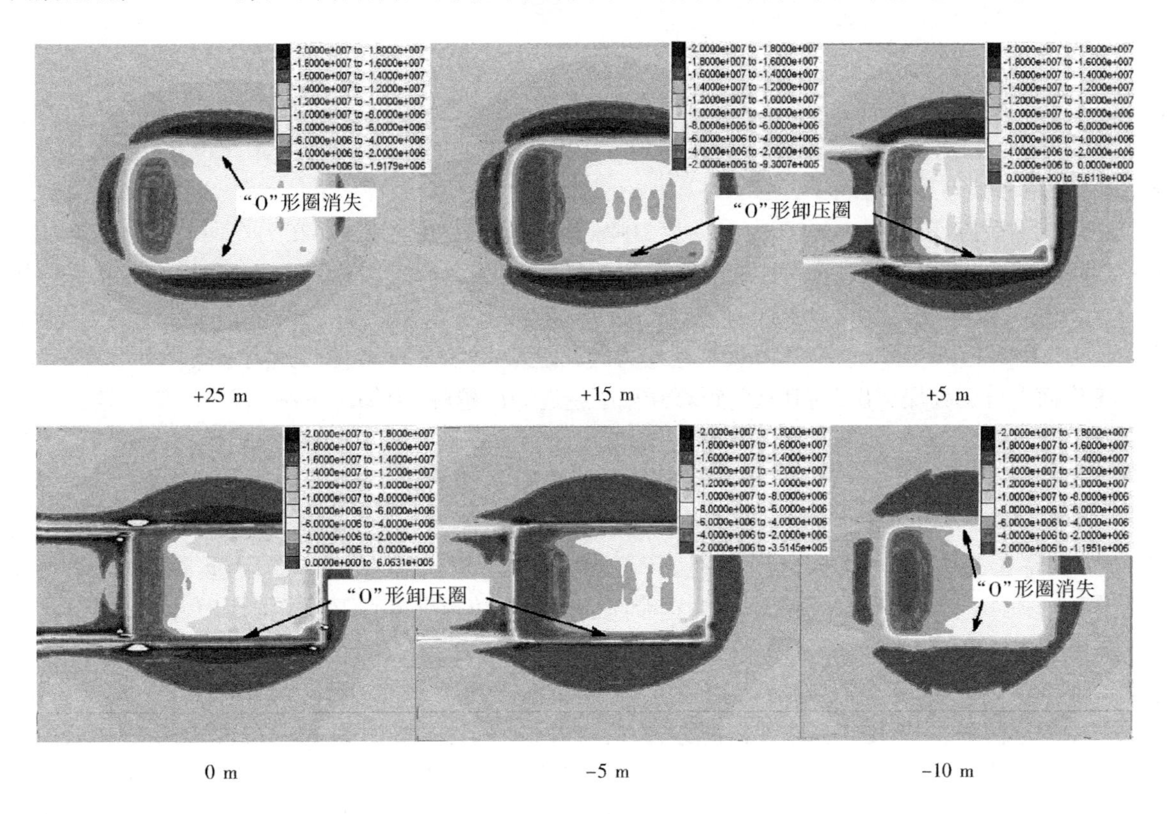

图 9-21　薄煤层开采 160 m 后不同层间距处 z 向应力分布规律

从图中可见，在采空区周围靠近巷道近处应力较低，并环绕采空区周围分布，形成一个环形的卸压区，即"O"形卸压圈。在这一区域内含有大量裂隙，为良好的瓦斯流动储集场所。距离煤层较近处，采空区周围应力低于采空区中间位置，但是随着远离煤层，采空区中部应力低于采空区周边，这表明"O"形卸压圈随着远离煤层而收缩。瓦斯抽采钻孔需要根据这一特点布置，并尽量使得钻孔最大部分处于低应力区域内。同时还可以看出，随着深入采空区，压实作用逐渐显著，透气性逐渐降低，因此抽采瓦斯要充分利用工作面开采之后的一段距离，这段距离在工作面后方约 70 m 之内。

煤层开采过程中，卸压在时间和空间上的差异决定了邻近层瓦斯释放规律，因此有必要分析保护层下方不同距离处的应力演化规律，图9-22给出了保护层下方不同位置处应力分布演化规律。

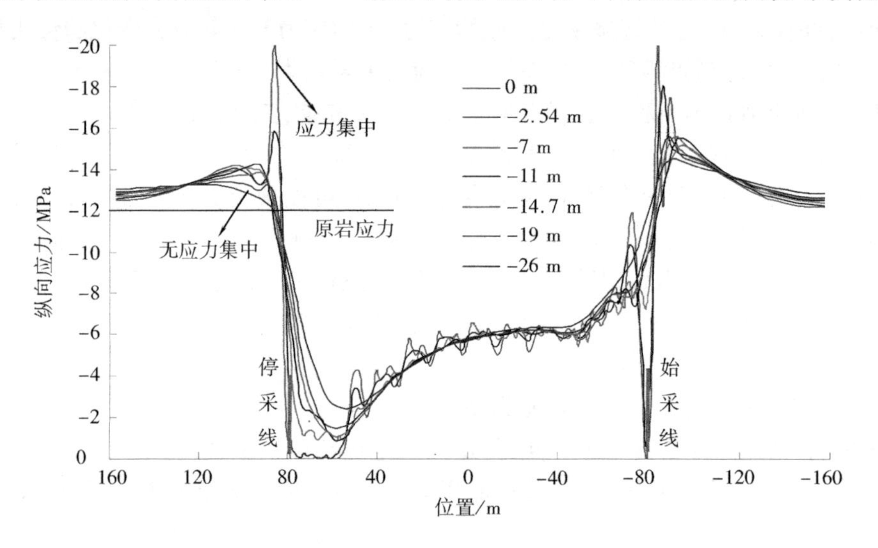

图9-22 薄保护层下不同位置沿开采方向 z 向应力分布

从图9-22可见，应力曲线在工作面前方40 m和后方40 m内（即横坐标120～40 m之间）差异较大，而在其余部位差异相对较小。

在工作面后方，随着远离薄煤层，纵向应力降低到最低值逐渐滞后，即在工作面后方存在卸压滞后效应：薄煤层平面上的应力在工作面煤壁上达到最低，约0 MPa；在下方2.54 m处，在进入采空区2～3 m处达到最低，并稍大于0 MPa；而在下方7 m处，在进入采空区约6 m时达到最低，约为1 MPa；而在下方11 m、14.7 m、19 m和26 m时，地应力约在进入采空区20 m前后达到最低。

工作面前方近处煤岩出现卸压区，距离开采层越近卸压越晚，但卸压迅速（即应力梯度越大），距离保护层越远卸压越早，但卸压缓慢（即应力梯度小），在工作面正下方，近处煤岩体应力一般低于远处煤岩体应力。开采层下方14.7 m处，在工作面前方10 m应力集中到最高，约为14 MPa，并在工作面正下方降低到8 MPa；而开采层下方2.54 m处，在工作面前方5～6 m之间应力集中到最高，约为16 MPa，但是在工作面正下方降低到2～4 MPa之间。由于卸压导致瓦斯释放，因此抽采瓦斯需要超前工作面一段距离，在有效卸压范围之内，这个超前距应当随着煤层间距的增大而增大。

工作面前方由超前支承压力诱发应力集中，随着远离开采层，层间距逐渐增大，应力集中逐渐不显著。开采层下方2.54 m处，超前支承压力在工作面前方约5 m处达到16 MPa；随着远离开采层，应力集中程度降低，应力峰值向工作面前方移动，在开采层下方11 m和14.7 m时只在工作面前方10 m左右产生轻微应力集中，增幅约2 MPa，当距离薄煤层垂直距离大于19 m时，基本不发生应力集中。因此，距离开采层近处煤岩体受到应力集中和卸压的双重扰动，而当距离开采层较远时，不产生应力集中，只有卸压扰动，因此近处变形破裂产生的裂隙要远多于远处煤岩体。

图9-23给出了薄煤层下部不同位置处沿工作面开采方向应力分布规律。

从图中可见，在距离薄煤层下部7 m、11 m和14.7 m等较近处三向应力都降低；而在距离薄煤层较远处，如下方26 m处，只有 z 向应力降低，x 和 y 向水平应力仍然较大。可见，在薄煤层下方近处，三向应力全部降低；而当距离稍远时，仅纵向应力降低，水平向应力仍然较高；当距离足够远时，三向应力都将保持较高状态。因此可以想象，当层间距增大时，卸压提高透气性的能力迅速降低。

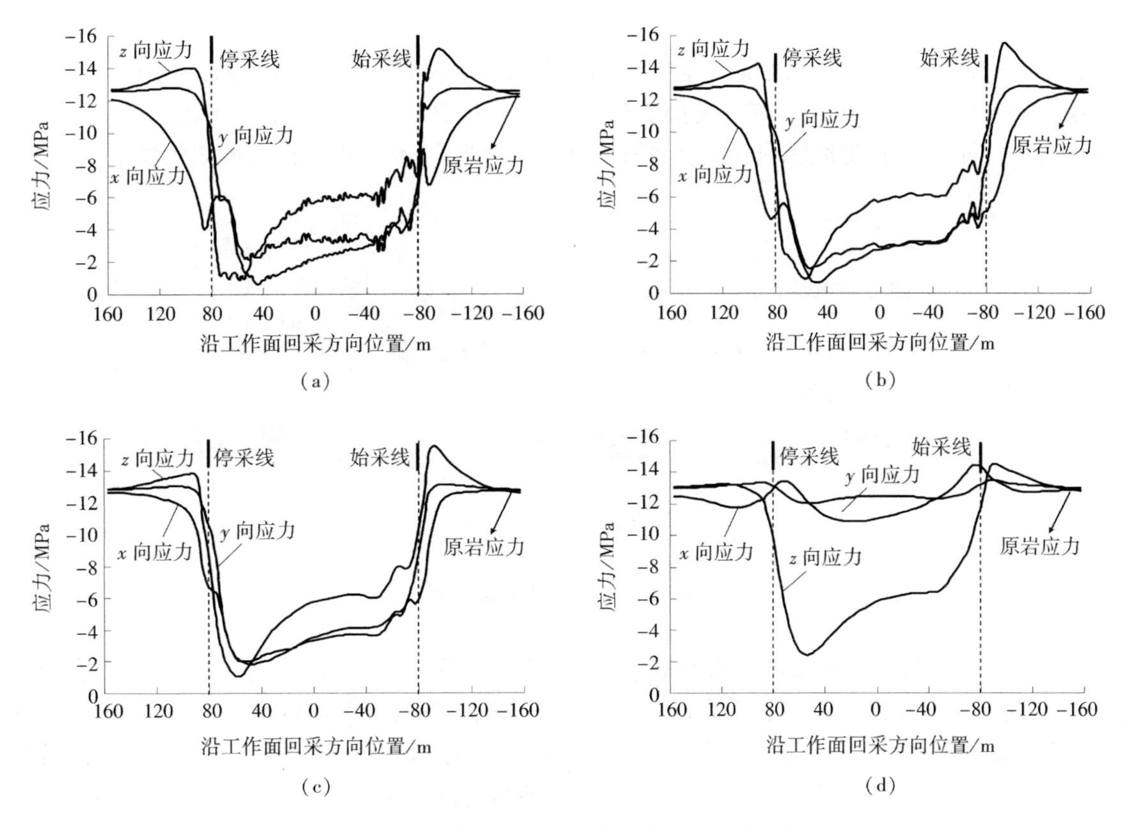

图 9-23　薄煤层下方不同位置处应力演化规律

(a) -7 m;(b) -11 m;(c) -14.7 m;(d) -26 m

9.3.3.6　沿倾向应力分布及卸压角演化规律

卸压角是描述开采保护层卸压效果的主要参数之一,卸压角的示意图如图 9-24 所示,卸压区表示突出危险性消除的区域,卸压角 α 和 β 可以表示为:$\alpha=\arctan\dfrac{a_1}{b_1}$,$\beta=\arctan\dfrac{a_2}{b_2}$,由于煤层倾角为 0°,因此 $\alpha=\beta$。

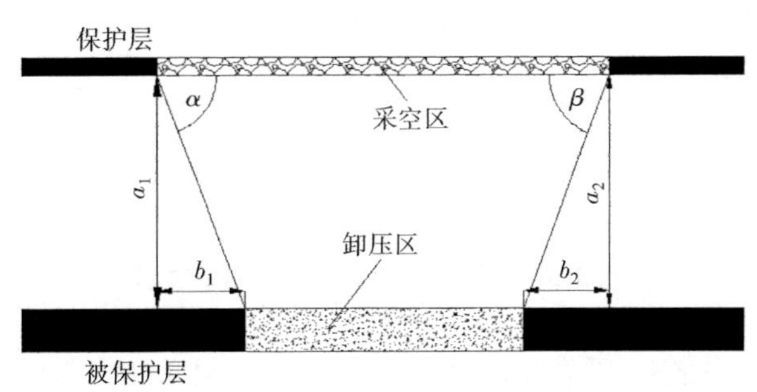

图 9-24　卸压角示意图

卸压角越大卸压区域越大,卸压效果越好。由于煤层开采过程中应力不断演化,卸压角必然也动态演化,进入采空区不同距离和距离薄煤层不同垂距处的卸压角也应不同。当层间距变化较大时,卸压角差异也会较大,因此有必要研究卸压角演化规律,为被保护层工作面布置、瓦斯抽采提供理论指导。

（1）走向卸压角演化

薄煤层开采之后，采空区深处将缓慢压实，应力增高，将导致其卸压效果不同，为了研究薄煤层开采之后在工作面后方不同位置处卸压角的演化规律，分别提取了薄煤层下方层间距 14.7 m 处采空区不同位置处纵向应力值，提取数据位置示如图 9-25 所示，即研究沿走向卸压角的演化规律。

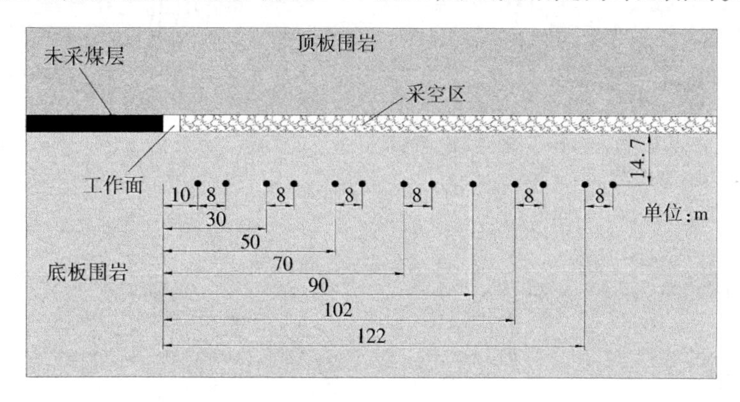

图 9-25　应力数据提取位置

从图 9-26 中很容易看出，z 向应力沿工作面倾向呈现对称分布，从侧面进入采空区，依次为原始应力区、应力升高区和卸压区。还可看出，进入采空区不同位置处应力差异较大：在采空区后方 18 m 处的应力最低，此前，由于采空区没有压实，一直处于卸压膨胀状态，应力逐渐降低。在工作面后方 30 m 处的应力已高于 18 m 处，并随着深入采空区逐渐增大，这表明采空区 30 m 处已经初步压实，并随着继续深入采空区，压实作用更加显著。

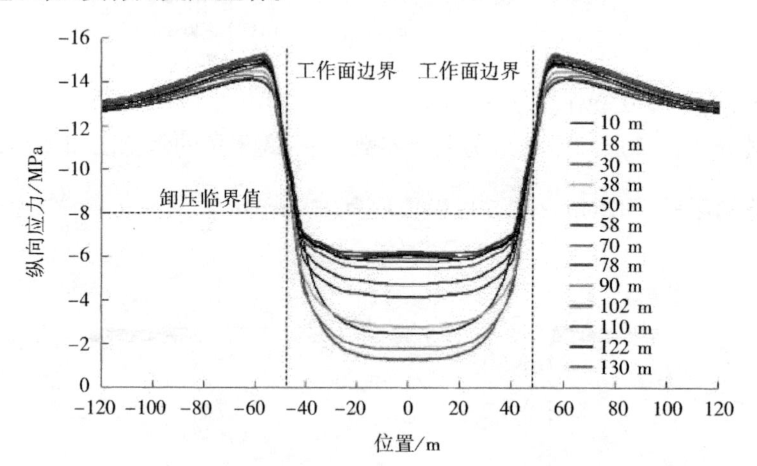

图 9-26　不同位置处 z 向应力分布规律

薄煤层作为保护层开采之后，围岩和被保护层应力降低，可采用应力保护准则进行卸压临界条件的判定[38,39]，即：

$$|\sigma_{zc}| \leqslant (\cos^2\alpha + \lambda\sin^2\alpha)\gamma H \tag{9-14}$$

式中　σ_{zc}——垂直于煤层层理方向应力，当煤层倾角为 0°时，就是 z 向应力，MPa；

α——煤层倾角，(°)；

λ——侧压系数；

γ——煤岩重度，N/m³；

H——始突深度，m。

通过对韩城矿区上覆岩层的综合分析，取 $\gamma=25\ 000\ \mathrm{N/m^3}$，始突深度 $H=320$ m，煤层倾角 $\alpha=0°$，得到 $|\sigma_{zc}|\leqslant 25\ 000\times 320=8$ MPa。因此，当地应力降低到 8 MPa 时，将失去突处危险性，以 8 MPa 为临界值，得到卸压角在采空区不同位置的演化关系如图 9-27 所示。

从图 9-27 中可以发现，薄煤层开采之后卸压角于采空区内不同位置在 70°～81°之内变化。在采空区内部 30 m 位置，卸压角达到最大值 80.54°，此前由于采空区没有明显压实，处于卸压膨胀状态，卸压范围不断扩大；而随着进一步深入采空区，卸压角逐步减小，在 30～78 m 这段区间内，卸压角降低到 71.6°，之后卸压角基本稳定在 71°左右。

（2）不同层间距卸压角演化规律

薄煤层开采之后，距离薄煤层越近卸压效果越好，距离越远卸压效果越差，距离薄煤层不同垂距处围岩的卸压程度不同，下面提取薄煤层开采之后，在压实带内距离薄煤层下方不同距离处的纵向应力，进而研究在距离薄煤层不同层间距处卸压角的演化规律。数据提取位置如图 9-28 所示。

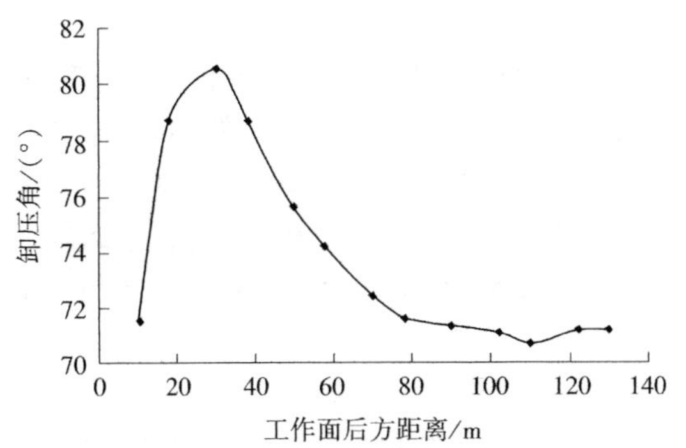

图 9-27　卸压角随进入采空区距离演化规律

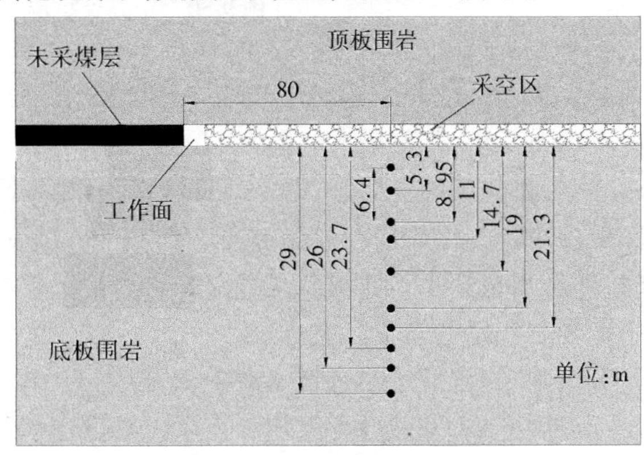

图 9-28　应力数据提取位置

从图 9-29 可以看出，z 向应力沿工作面倾向呈对称分布，从一侧进入采空区分别为原始应力区、应力集中区、卸压区和采空区压实区。边界卸压区在距离保护层 11 m 以内比较清晰，卸压效果较好，但是随着远离保护层，卸压区则逐渐消失。卸压区域内，煤岩体应力较低，在采空区周围形成一个环形区域，为抽采瓦斯的最好区域。

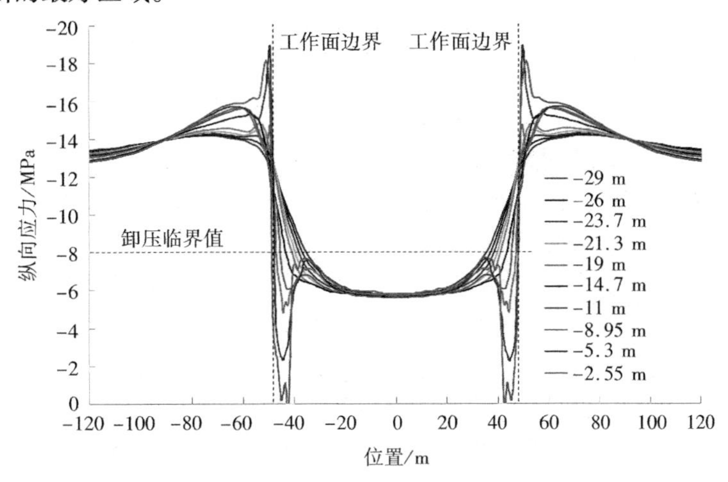

图 9-29　不同位置处纵向应力分布

下面，按照同样的方法采用应力保护准则进行卸压临界条件的判定，得到距离薄煤层不同层间距处卸压角演化规律如图 9-30 所示。

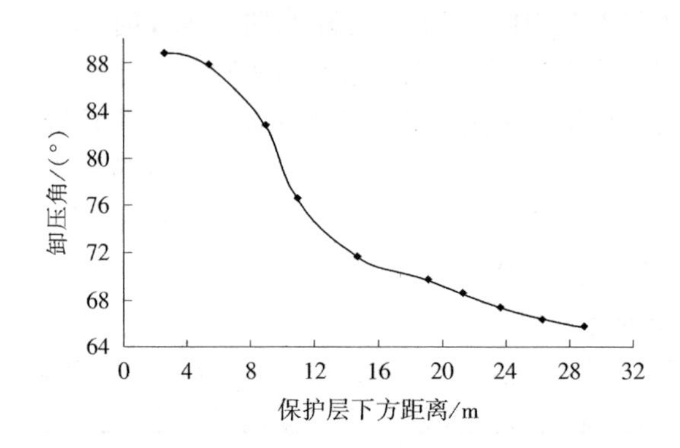

图 9-30　距离保护层不同位置处卸压角演化规律

可见，在薄煤层下伏围岩内，距离薄煤层垂距从 2. 55 ~ 28. 89 m 之内，其卸压角在 88. 88° ~ 65. 77°内变化，区间较大，总体表现为，近处卸压角大于远处：在薄煤层下部 2. 55 m 处，卸压角达到 88. 88°，在薄煤层下部 28. 89 m 处时，卸压角降低到了 65. 77°。因此，当层间距不同时，不能用单一的卸压角来作为保护层和被保护层工作面的布置依据。当层间距较近时，卸压角较大，而在距离较大时，卸压角也变小。韩城矿区的保护层和被保护层间距在 4 ~ 28 m 之间，不能单独采用某一个恒定值来指导工作面的布置。

9.3.3.7　下伏煤层应力随工作面回采演化规律

煤层开采为渐进过程，随着工作面的推进，下伏煤层的卸压范围也动态变化，这一过程可以通过下伏煤层应力演化云图来反映，图 9-31 所示为薄煤层下方 15 m 处应力演化规律云图。

由图 9-31 可见，在薄煤层工作面开采过程中，在初采的前 50 m 卸压区沿纵向逐渐向下延伸，对下伏煤层的影响逐渐增大；当薄煤层开采 50 m 之后，薄煤层采空区压实作用将影响到薄煤层下方 15 m处围岩的应力分布。在采空区内，距离工作面 20 ~ 30 m 位置即出现压实现象，当这种压实作用传递到薄煤层下方 15 m 时，在采空区内部 50 m 位置才压实，可见薄煤层采空区的压实作用传递到下伏围岩在时间上存在卸压滞后效应，层间距越大，滞后距离也越大，在薄煤层下方 15 m 处时滞后约 20 ~ 30 m。

图 9-32 ~ 9-35 给出了薄煤层下方 15 m 处应力和位移在薄煤层开采过程中的分布和演化规律。从图中可见，应力和位移在煤层开采 50 m(工作面在 x 轴-30 m 位置)之前，下伏煤层最低应力值不断降低，向上位移逐渐增大，最低应力值和最大位移大致出现在工作面后方 20 m 处。而在煤层开采 50 m 之后，曲线基本相似，三向应力都降低到最低水平，位移也达到了最大值。随着工作面的继续开采，在工作面后方卸压带随工作面开采而移动。

从三向应力来看，z 向应力最低，在煤层开采前 30 m，对下伏煤层影响较小，仅 z 向应力显著降低，而 x 向和 y 向应力仍然较高，瓦斯开始解吸，但是由于水平应力仍然较高，阻碍了瓦斯自由流向开采层工作面，但此时通过钻孔已经可以抽采到较高浓度的瓦斯。随着薄煤层继续开采，对下伏煤层的影响将逐步增大，三向应力全部降低，卸压带向下延伸，大量裂隙相互沟通，瓦斯不断解吸，并在自身压力梯度的作用下向上流动，进入开采层工作面。此时应该采用钻孔拦截卸压瓦斯，严防保护层瓦斯超限。

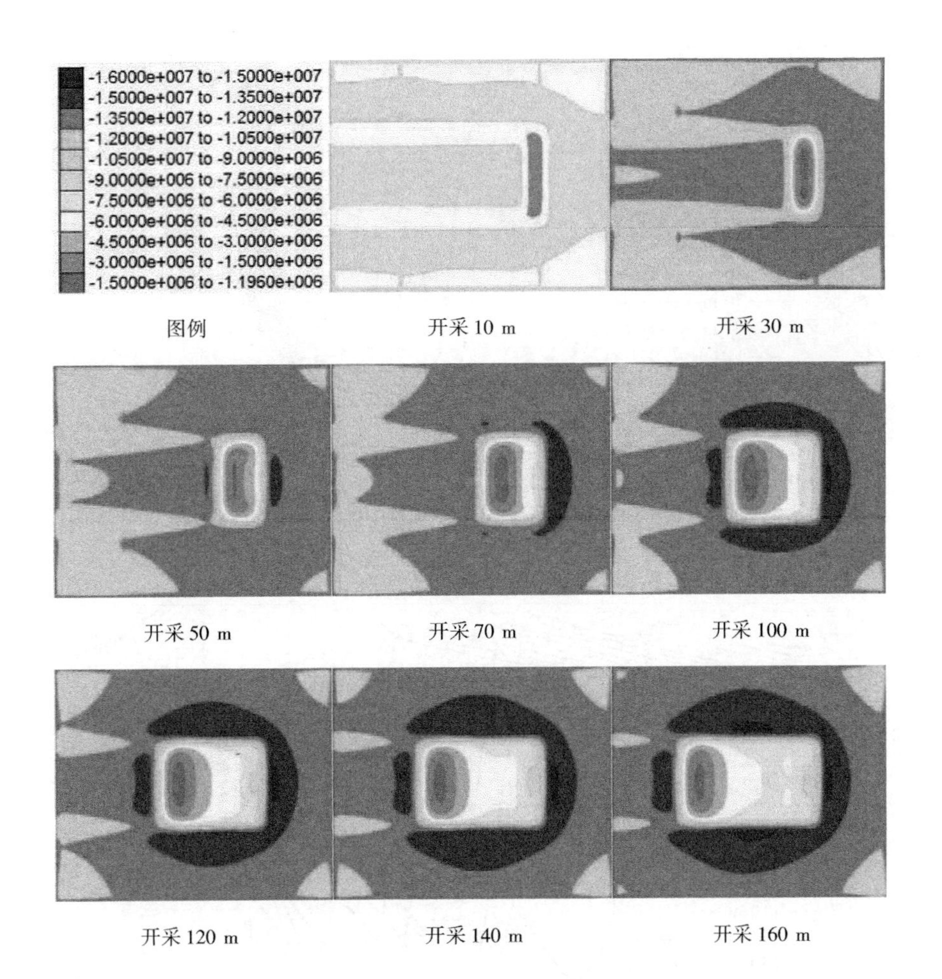

图 9-31　薄煤层下方 15 m 处 z 向应力随薄煤层开采演化规律

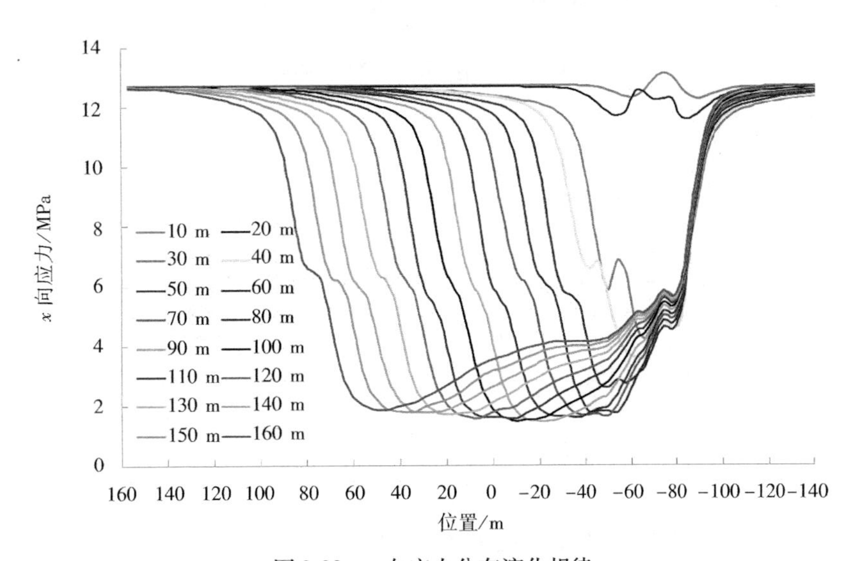

图 9-32　x 向应力分布演化规律

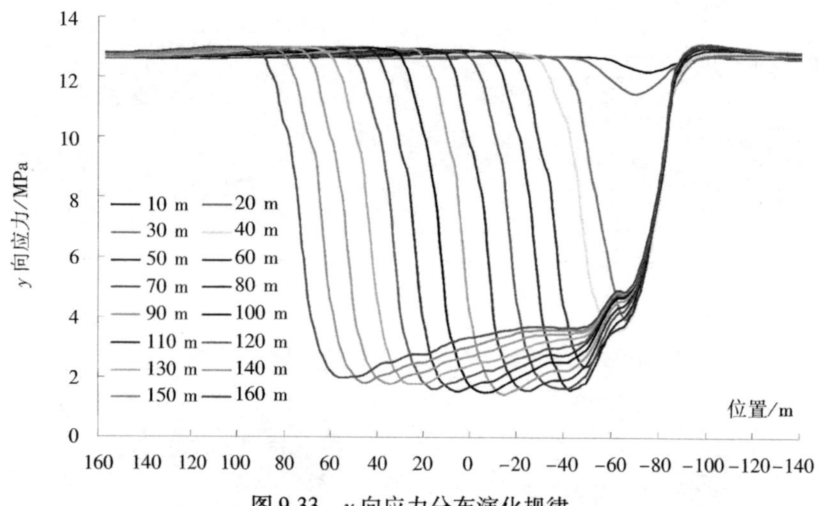

图 9-33　y 向应力分布演化规律

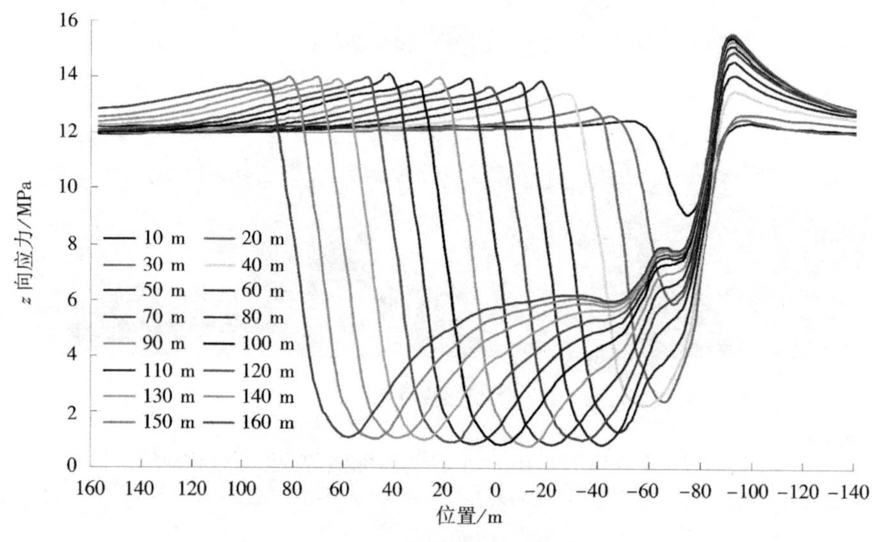

图 9-34　z 向应力分布演化规律

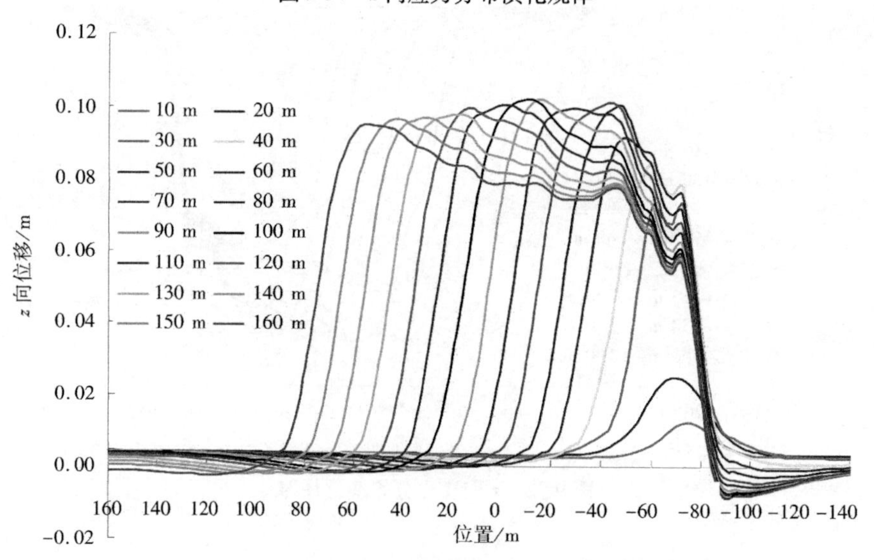

图 9-35　z 向位移分布演化规律

9.3.4 采场应力空间分布规律

将薄煤层作为保护层开采，邻近层卸压释放瓦斯并可以流入薄煤层工作面，为了有效治理瓦斯，采用钻孔对这部分流动着的瓦斯进行截流，阻止其向上流动进入薄煤层工作面。目前，针对采场上覆围岩运移、变形规律研究较多，并提出了多种模型和区带划分，对瓦斯治理起到了重要的指导作用；但由于下伏围岩变形量较小，不易测试，长期以来一直研究较少，也鲜有区带划分方面的研究。本节将从力学角度研究薄煤层采场的空间分布。

9.3.4.1 沿纵向的应力分布

根据薄煤层特点和韩城矿区地质条件建立数值计算模型。薄煤层开采之后，沿垂直于煤层方向的应力分布规律如图 9-36 所示。由图可见，应力分布总体上表现为：距离薄煤层越近三向应力值越小，距离薄煤层越远三向应力值越大。

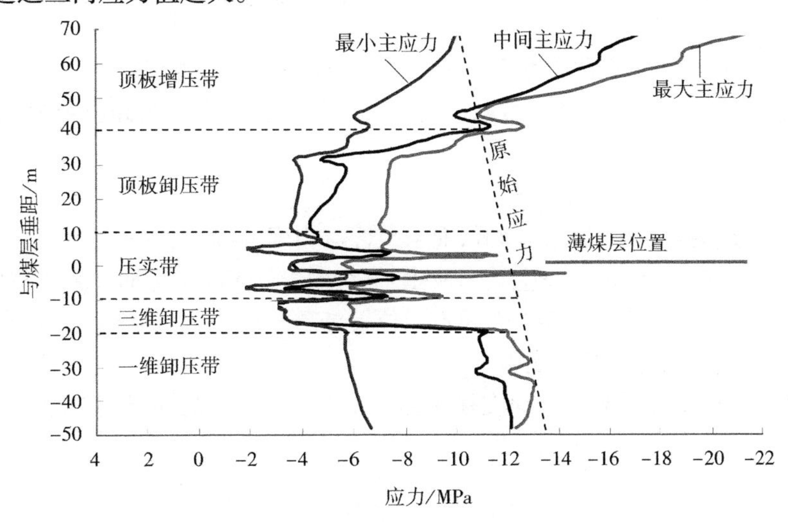

图 9-36　采空区内沿垂直于薄煤层方向的应力分布规律

薄煤层下部 20 m 以内，沿竖直方向的 z 向应力较低，而沿水平方向的 x 向应力和 y 向应力虽然有波动，但是总体应力值较低，即煤岩体三向应力都很低，为三维卸压带。薄煤层开采之后，这个带内 z 向应力迅速降低，煤岩体沿 z 向膨胀比较容易，水平裂隙沿 z 向膨胀变形；由于煤岩体向上移动，致使水平方向压缩减缓，x 向应力和 y 向应力随之降低，煤岩体沿水平方向也开始膨胀，纵向裂隙在水平方向膨胀变形。在三维卸压带，由于各个方向上的裂隙都发生膨胀变形并扩张，致使裂隙之间相互沟通，形成裂隙网，煤岩体透气性最高，瓦斯流通也最容易，能够在自身的压力梯度下从高压瓦斯区向低压瓦斯区流动。

薄煤层下方 20 m 之外，只有 z 向应力较小，而 x 向和 y 向应力仍然较高，为一维卸压带。在这个区域内，由于 z 向应力降低，水平方向裂隙沿纵向膨胀变形，裂隙开度增大，水平方向透气性增大；但是受到上覆煤岩体的影响，纵向膨胀变形受到限制，沿纵向变形量总体较小，这将进一步限制煤岩体沿水平方向的膨胀变形，煤岩体在水平方向上的应力仍然较大，纵向裂隙不发生膨胀变形，纵向透气性基本不变。在该一维卸压带内，由于裂隙沿纵向膨胀，而沿水平方向不易膨胀，因此沿水平方向透气性增大，而沿纵向透气性较小，瓦斯在水平方向上流动较易，而在纵向流动较难。

随着远离开采层，卸压效果逐渐减弱，当足够远时，三向应力都很大，处于原始应力带。在原始应力带内，煤岩体受到的扰动很小，应力不发生变化，裂隙不发生膨胀变形，瓦斯流动比较缓慢。

因此，根据应力分布可将薄煤层下伏围岩分成三个带：三维卸压带，一维卸压带，原始应力带。不同带内三向应力分布差异很大,如图 9-37 和图 9-38 所示。

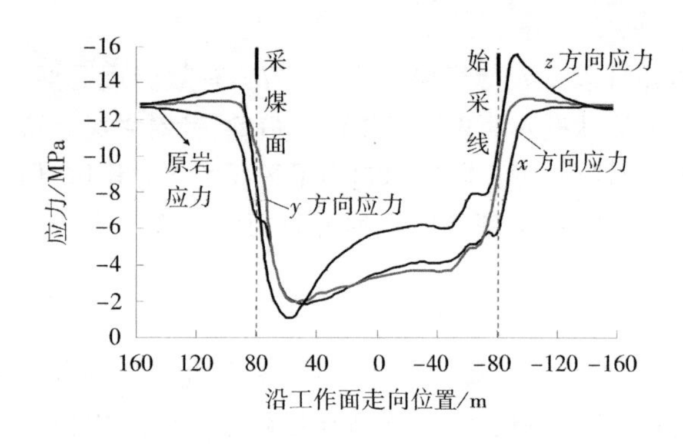

图 9-37 三维卸压带内三向应力分布

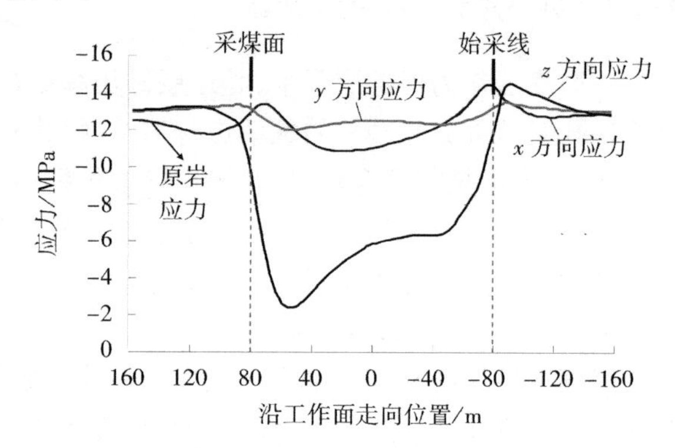

图 9-38 一维卸压带内三向应力分布

图 9-37 为三维卸压带内沿煤层开采方向的应力分布,三向应力值都较低;图 9-38 为一维卸压带内的应力分布,仅纵向应力较低,而水平方向应力仍然较高。瓦斯在三维卸压带内流动最容易,在原始应力带内最难。

9.3.4.2 沿工作面回采方向的应力分布

工作面超前支承压力使煤体透气性降低,而采空区应力降低,透气性又将增高。在工作面开采过程中,采场周围煤岩体在采动影响下发生动态演化,下伏围岩三带在工作面开采过程中将经历不同的受力状态,这将导致在同一带相对采煤工作面不同位置处透气性不同,影响瓦斯抽采,因此有必要研究三带随工作面开采过程的应力演化规律。

图 9-39 为薄煤层开采 160 m(工作面在横坐标 0 m 位置)时下伏围岩应力和位移沿工作面开采方向的分布规律。

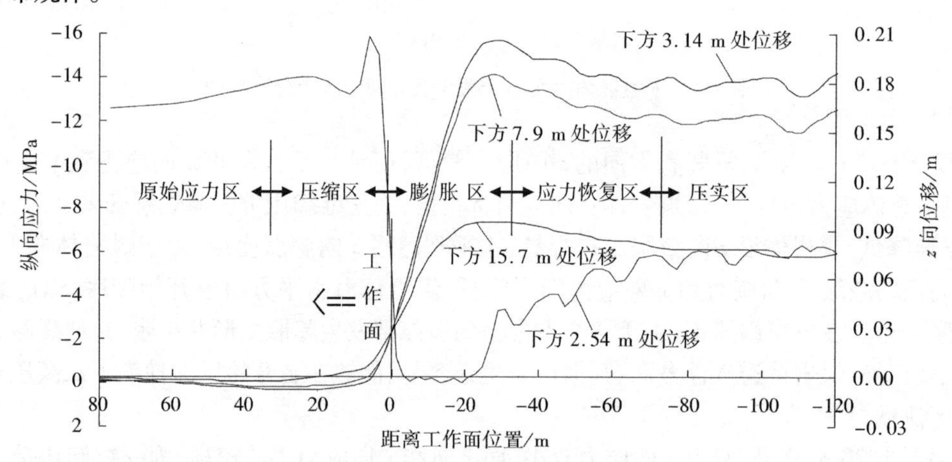

图 9-39 保护层下部不同位置处煤岩体纵向位移及应力分布规律

在工作面前方 5 ~ 40 m 内,受到超前支承压力的作用,煤岩体应力升高,岩体被压缩变形,裂隙收缩闭合,透气性降低,瓦斯抽采困难。距离工作面越近,煤岩体向下位移越大,压缩变形越明显,而随着远离工作面,向下位移减小,受到影响逐渐减小,如图中在煤层下部 3.14 m、7.9 m 和 15.7 m 处的最大向下位移分别为 7.93 mm、6.01 mm 和 2.4 mm。在工作面前方 40 m 以前,基本上为原始应力状态,煤岩体受到采动影响较小。

在工作面前方 0 ~ 5 m 内应力迅速降低,煤岩体向上底鼓变形,但是由于其上覆煤体未被开采,向上位移受到限制，底鼓量较小。在工作面后方极短范围内，煤岩应力迅速降低到接近 0 MPa，直至进入采空区约 30 m 范围之内，由于煤岩被采出，顶底板没有闭合，下伏煤岩地应力极低而迅速膨胀变形。因此在工作面前方 10 m 和工作面后方 30 m 范围之内为膨胀区。

进入采空区约 30 m 处顶底板逐渐接触并缓慢压实，在采空区 30 ~ 70 m 内，随着深入采空区，应力逐渐增大，煤体逐渐被压缩，裂隙又开始收缩，瓦斯抽采效果逐步降低。进入采空区 70 m 之后，煤岩体压缩变形基本稳定，应力和位移基本不再变化，透气性也逐渐稳定。

根据工作面前后煤岩体应力、位移的分布和演化规律，可以将下伏煤岩体沿工作面开采方向分为如下几个区：

① 原始应力区：在保护层工作面前方 40 m 之外，裂隙处于原始状态，煤体不发生变形，瓦斯抽采较难。

② 压缩区：在保护层工作面前方 5 ~ 40 m，受支承压力作用发生压缩变形，原始裂隙进一步闭合，瓦斯抽采更难。

③ 膨胀区：在工作面前方 5 m 至采空区内 30 m 之间，煤岩体卸压后发生膨胀变形，裂隙增多，瓦斯抽采容易。

④ 恢复区：在进入采空区 30 ~ 70 m 之间，由于顶板垮落，和底板被缓慢压实，裂隙逐渐闭合，瓦斯抽采量缓慢降低。

⑤ 压实区：进入采空区 70 m 之外，处于压实状态，部分裂隙收缩变形，当采空区瓦斯较多时，仍可进行瓦斯抽采，但是效果较膨胀区和应力恢复区差。

这些区带划分，可以为卸压瓦斯的治理提供理论上的指导，下面通过现场实验来验证上述区带划分的正确性。

9.3.4.3　实验验证

韩城矿业公司下峪口煤矿为突出矿井，3#煤层具有强突出危险性。为了消除 3#煤层的突出危险性，决定将上覆 2#薄煤层作为保护层开采。21203 工作面为 2#薄煤层工作面，和 3#煤层间距约8.5 m，超前工作面 60 ~ 100 m 从 21203 工作面回风巷向 3#煤层施工下向钻孔抽采卸压瓦斯，并记录工作面开采过程中瓦斯抽采效果变化情况，钻孔布置如图 9-40 所示。

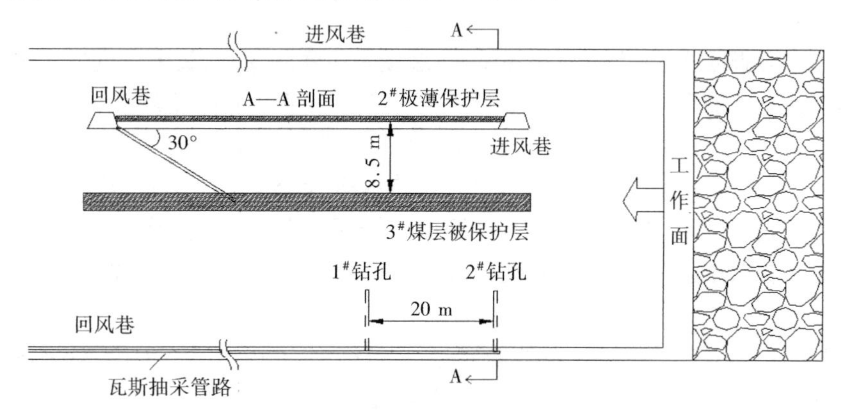

图 9-40　卸压瓦斯抽采钻孔布置示意图

在 21203 保护层工作面开采过程中，连续记录了 1#、2#钻孔瓦斯抽采浓度，当工作面位于不同位置时，将瓦斯抽采浓度、地应力、位移对比如图 9-41 和图 9-42 所示。

从图 9-41 和图 9-42 中可见，在钻孔施工完成初期的短暂时间内抽采浓度较高，但是迅速衰减，直至失去继续抽采的意义，表明煤体原始透气性低，采前预抽效果极差。在工作面前方压缩区内，抽采

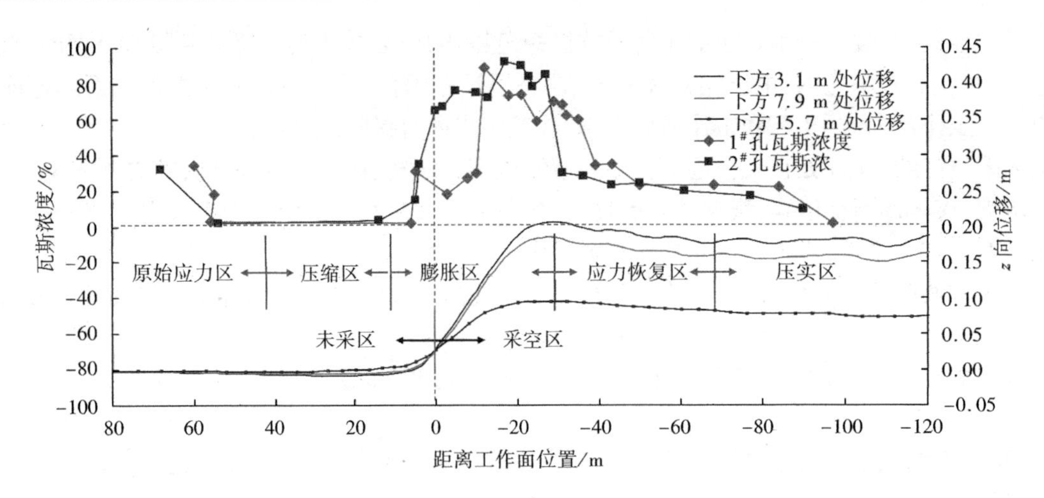

图9-41　瓦斯抽采浓度和煤岩纵向位移对比

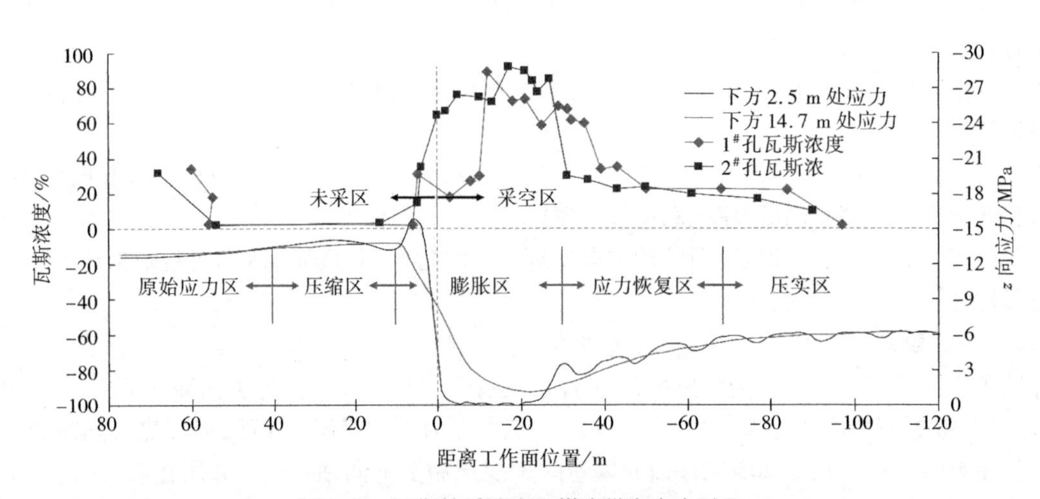

图9-42　瓦斯抽采浓度和煤岩纵向应力对比

浓度一直很低;进入膨胀区之后,由于煤岩体卸压,缓慢发生膨胀变形,裂隙开度增大并衍生出大量新裂隙,煤岩体透气性显著提高,煤体内的吸附瓦斯迅速解吸扩散,并顺着裂隙流动,瓦斯抽采逐渐容易,抽采浓度随之增高。进入应力恢复区之后,由于采空区逐步被压实,应力缓慢增大,一些较大的裂隙开度逐渐减小,透气性缓慢降低,瓦斯流动性变差,抽采浓度缓慢衰减(在20% ~25%之间)。进入压实区之后,应力场逐步稳定,煤岩体变形基本停止,裂隙不再变化,大量次生裂隙部分闭合,透气性略有降低,瓦斯流动较卸压区内困难,同时随着残余瓦斯量的减少,瓦斯抽采难度逐渐增大,浓度逐步衰减。

实验表明,处于工作面前后不同位置处的地应力、位移量的分布规律和瓦斯抽采浓度呈现对应关系,地应力高处瓦斯抽采浓度较低,地应力降低时瓦斯抽采浓度提高,地应力恢复增大时瓦斯抽采浓度逐渐降低。同时表明,上述在横向上的区带划分比较合理,有利于指导瓦斯抽采。

9.3.5　采场空间划分及在瓦斯治理中的应用

9.3.5.1　下伏围岩“三带五区”划分

煤体可以看作多孔介质,每克煤体内裂隙的总表面积一般超过80 m^2,最大可达200 m^2[40-42]。煤体内蕴含大量瓦斯,其中约10%以气态的形式存在于煤层裂隙中,而约90%的瓦斯以吸附态存在裂隙表面和煤体内。在一定的瓦斯压力下煤体内的瓦斯处于吸附与解吸平衡状态:当瓦斯压力增大时瓦斯不断吸附,当瓦斯压力降低时瓦斯不断解吸。

煤层开采之后,地应力重新分布,瓦斯的解吸和吸附平衡遭到破坏:卸压区内透气性增强,瓦斯容易解吸流动而被抽采,相反在应力集中区和原始应力区瓦斯不易解吸,流动困难。因此应该将瓦斯抽采钻孔布置在卸压区内。根据 9.3.4 节中关于保护层开采之后下伏岩体沿纵向和工作面回采方向的应力和位移的演化规律,将煤层下伏岩体分成“三带五区”,如图 9-43 所示。

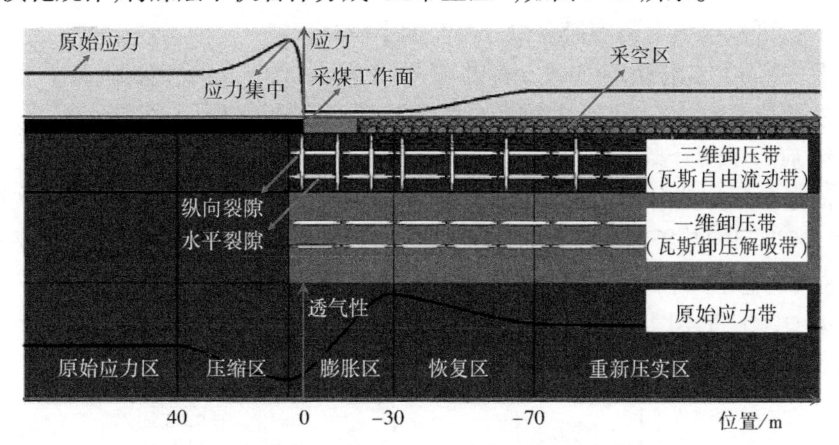

图 9-43 保护层下伏煤岩“三带五区”划分

在“三维卸压带”内,煤岩体内沿各个方向的应力都降低,各个方向裂隙都膨胀、扩展,裂隙相互沟通,形成良好的瓦斯流动通道。裂隙的增多与扩展导致瓦斯压力降低,赋存于煤层内的瓦斯开始解吸,从而达到新的平衡。卸压瓦斯可以经过垂直裂隙流入薄煤层工作面,同时也可以经过水平裂隙流入垂直裂隙,再经垂直裂隙流入工作面。随着煤体内瓦斯不断解吸释放,瓦斯含量逐渐降低,最终消除突出危险性。三维卸压带内的裂隙相互沟通,瓦斯在压力梯度的作用下不需要用钻孔抽采也能自行流入薄煤层工作面,突出危险性被消除。由于“三维卸压带”内裂隙发育,瓦斯流动顺畅,因此也可以称为“导气裂隙带”。

在“一维卸压带”内,由于纵向应力降低,水平方向裂隙比较发育,水平向透气性增大,瓦斯在水平方向上流动容易;由于水平方向应力仍然较大,纵向裂隙不发育,透气性较小,瓦斯在竖直方向上流动比较困难。在该带内,由于水平方向裂隙比较发育,因此瓦斯仍然可以解吸,但是由于在纵向上流动比较困难,因此瓦斯赋存于煤层内不会自行流入到开采层工作面。薄煤层回采之后,采空区逐渐被压实,地应力重新升高,瓦斯将重新吸附于煤体中,突出危险性仍然存在。因此,当下伏煤岩体处于“一维卸压带”内时,必须采用穿层钻孔抽采煤层内的瓦斯,煤层内解吸的瓦斯在水平方向上流动,进入钻孔而被抽采,从而消除其突出危险性。由于“一维卸压带”内的瓦斯仍然可以解吸,却不能自行向上流入薄煤层工作面,因此也可以称为“卸压解吸带”。

在“原始应力带”内,地应力基本处于原始状态,裂隙不发育,透气性仍然较低,瓦斯仍然处于吸附状态而不易解吸,当煤层处于这个带时其突出危险性将不能被消除。

在薄煤层动态开采过程中,同一带在相对工作面不同位置处,应力状态也有很大不同,在横向上可以分成五个区:原始应力区、压缩区、膨胀区、应力恢复区、压实区。其中原始应力区没有受到煤层开采卸压影响,地应力较高,没有新裂隙,透气性较低,瓦斯不易解吸,难以被抽采。膨胀区内,地应力迅速降低到极低水平,煤岩体开始发生膨胀变形,衍生出大量新裂隙,即“三维卸压带”内开始出现相互沟通的横向和纵向裂隙,三向透气性都显著增大,瓦斯可以在自身的压力梯度作用下流入薄煤层工作面;而此时“一维卸压带”内纵向应力也逐步降低,水平方向裂隙开始扩展膨胀,沿水平方向渗透率增大，瓦斯在水平方向上流动相对更顺利，采用穿层钻孔可以在该带内抽采到大量卸压瓦斯。应力恢复区内，采空区顶底板逐渐压实，地应力缓慢回升，在膨胀区内形成的大裂隙逐渐收缩，瓦斯流动逐渐变难；压实区内岩层基本不再发生运移，应力较高并且变化极度缓慢，采空区基本处于压实状态，大量尺度较大的裂隙重新闭合，透气性基本稳定，瓦斯抽采效果相对膨胀区内变差，但是当采空区内瓦斯含量较多时，可以作为稳定抽采阶段。

9.3.5.2 上覆围岩“四层空间”分布模型

通过以上研究，可以得出上覆围岩应力分布有如下特征：

① 在煤层上方约 40 m 附近，应力大于原始应力，为应力集中区，当被保护层处于这个区域时将不能受到保护；在煤层上方 10 ~ 40 m 之间应力都比较低，为顶板卸压区；煤层上方 10 m 之内受到采空区压实的影响，应力逐渐升高，为压实区。

② 沿工作面走向分为五个区：原始应力区、应力集中区、卸压区、应力恢复区、压实区。

③ 通过对“O”形圈的分析可知，“O”形卸压圈随着远离煤层而收缩。同时应力集中区域随着远离煤层从采空区周围也逐渐收缩过渡到采空区中间位置。

图 9-44 为采空区上方不同位置处沿工作面倾向最大应力分布曲线，从采空区外到内依次为原始应力区、应力集中区、卸压区和采空区。

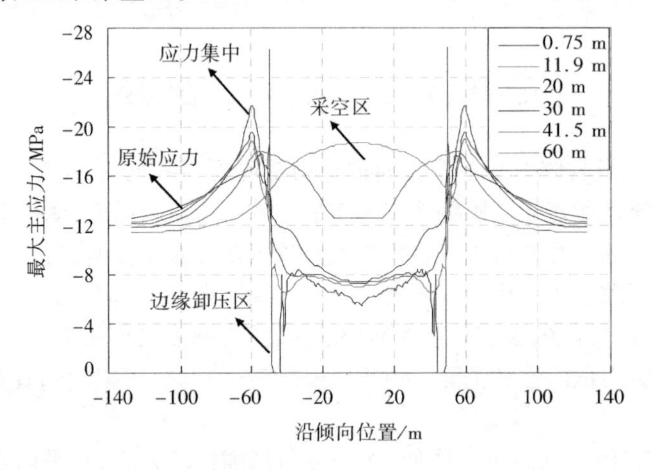

图 9-44 薄煤层上方不同位置处沿工作面倾向最大应力分布规律

通过研究可以发现，薄煤层开采将导致上覆围岩应力也呈现规律性的分布：在开采层上方，不论沿哪个方向由远及近都依次为原始应力区、应力集中区、卸压区、压实区这样的空间分布状态。图 9-45给出了煤层开采后沿走向和倾向剖面的应力分布云图，更直观地反映出应力空间分布状态。

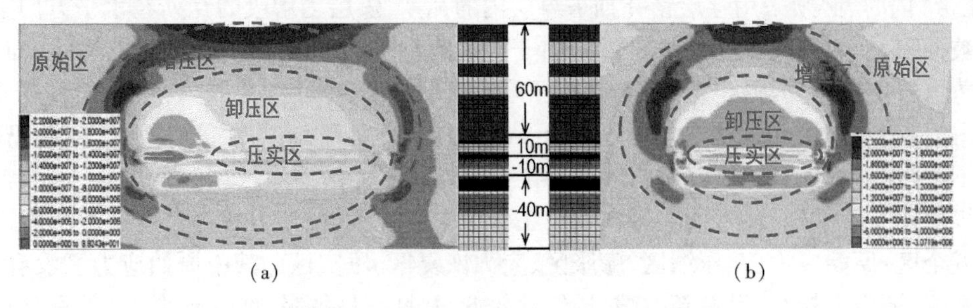

图 9-45 煤层开采后最大应力分布

(a) 沿工作面走向；(b) 沿工作面倾向

将地应力增大到原始值的 1.2 倍和降低到原始应力值的 0.8 倍作为阈值,将薄煤层采场应力划分为增压区、卸压区和原始区,如图 9-46 所示,应力集中区域和卸压区域呈现出显著分层状态。

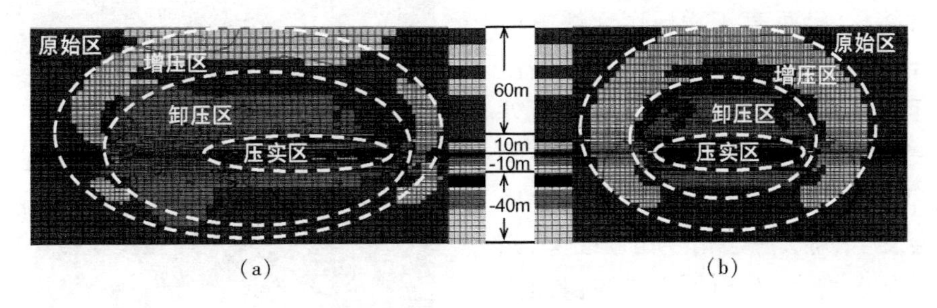

图 9-46　煤层开采后区域划分

(a) 沿工作面走向;(b) 沿工作面倾向

在开采层的上方存在一个显著的应力增大区域,呈半球状盖在开采区域的外围,即"增压区",根据力平衡原理可以知道,增压区内最大应力方向沿着增压区形状的切线方向,起到了拱的作用,抵抗外围岩体变形,使得增压区外围岩体应力处于原始状态。增压区内部的裂隙闭合,特别是垂直于球盖方向的裂隙,瓦斯很难穿透"增压区"流动,处于增压区之外的煤层不但卸压难,而且其赋存的瓦斯也不能穿透增压区向下流动。

谢广祥教授采用数值模拟和试验相结合的方法针对采场上覆围岩应力分布及演化规律进行了深入的研究,认为在上覆岩层弯曲带和工作面周围未被开采的煤岩体内存在着应力集中带,承载上覆围岩的压力,而顶板砌体梁结构的破断都发生在增压区下面的地应力区内,为此提出了"应力壳"模型,并对矿山压力显现、矿震、采场管理等有着重要的理论指导意义[43-46]。

煤层回采之后,在采空区内顶底板之间相互接触咬合,并在工作面后方约 70 m 位置压实,地应力逐渐升高,此前形成的裂隙将逐渐闭合,瓦斯渗流能力减弱,形成"压实区"。在"压实区"和"增压区"之间,地应力仍然较低,并也呈现半球状分布,为"卸压区",在工作面上方 10 ~ 40 m 之间。处于卸压区内的煤岩体膨胀变形显著,裂隙扩张,透气性较高,为良好的瓦斯储集场所。

钱鸣高院士根据顶板岩层变形和应力分布规律,提出了"O"形圈理论[47-49],认为煤层回采之后顶板垮落,底板底鼓,围岩卸压,但随着采空区顶底板相互接触并在自重作用下逐渐压实,在采空区中间位置应力逐渐升高;而在采空区周边位置由于顶板垮落形成三角卸压区,衍生大量裂隙,在采空区周围存在一个"O"形的卸压区。"O"形圈为平面概念,并没有阐述卸压区在空间上如何演化,而本章提出的"卸压区"是"O"形圈的空间化,指出"O"形圈随着远离煤层而逐渐收缩,致使采空区中部应力低于四周,形成半球形罩在开采区上方。

因此,在煤层开采后可以根据地应力的分布规律将上覆围岩划分为原始区、增压区、卸压区和压实区。这四种应力分布区域呈现层层包围的空间状态,因此,可以称为煤层开采后的"四层空间"应力分布模型,这些应力区随着工作面移动而随之移动。由于煤层开采为一个渐进过程,因此采空区的压实和应力分布平衡也为一个渐变过程,沿工作面开采的走向整体表现为:越靠近采煤面卸压区越厚,越远离采煤面卸压区越小,并可能消失。

对采空区上覆围岩的空间划分,将为顶板管理和顶板瓦斯富集储存、流动提供理论指导。

9.3.5.3　空间总体划分及在瓦斯治理中的应用

通过研究煤层采场应力的空间分布及时空演化规律,对下伏围岩进行了"三带五区"划分,提出了上覆围岩"四层空间"应力分布模型,总体来看如图 9-47 所示。

首先分析各个区带内瓦斯流动规律:

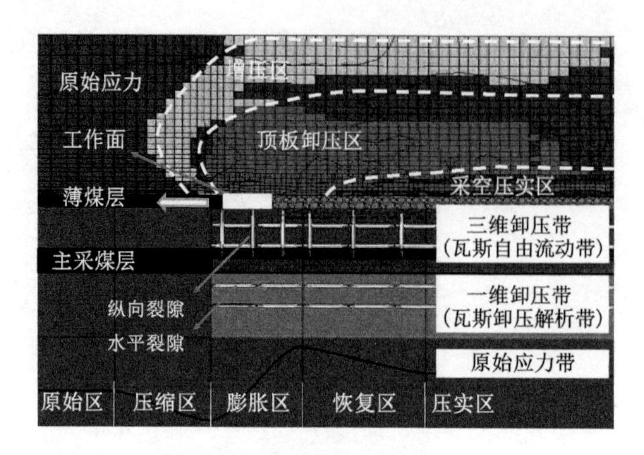

图 9-47　煤层采场空间划分

增压区内由于应力集中,且应力集中方向主要沿着增压区形状的切线方向,因此增压区内部煤岩体被挤压,沿垂直于增压区切线方向的裂隙被闭合,透气性降低,瓦斯很难穿越增压区流动。增压区的自稳作用,阻碍了增压区外围煤岩体的变形,增压区外围的原始区无显著变化。顶板卸压区内三向应力都降低,几乎所有的裂隙都会发生膨胀,并会衍生出新裂隙,该区域内透气性显著增大,瓦斯可以在自身压力梯度作用下自由流动,并会受到工作面通风的影响。采空压实区内由于地应力重新升高,透气性较顶板卸压区差,一般不作为最优的瓦斯抽采区域。底板三维卸压带内三向应力都降低,瓦斯沿各个方向流动都比较容易,可以在自身压力梯度作用下向上穿透岩层流入采空区。底板一维卸压带内仅纵向应力较低,而水平方向应力仍然较高,瓦斯沿水平方向流动较沿纵向流动更容易,卸压瓦斯很难在自身压力梯度作用下向上穿透岩层流入采空区,卸压瓦斯需要通过钻孔进行抽采,未抽采的瓦斯在采空区压实之后可以重新被煤层吸附,突出危险性可能仍然存在。

卸压区内地应力较低,裂隙发育较充分,为最佳的瓦斯抽采区域。从卸压区的分布可以看出,膨胀区内底板岩石一直处于膨胀过程,应力逐渐降低,透气性逐渐提高,瓦斯流动越来越容易。恢复区内受到采空区压实作用的影响,地应力逐渐增大,透气性缓慢降低。膨胀区和恢复区一直处于动态变化过程中,瓦斯都比较容易抽采。

其次分析区带划分对保护层开采卸压效果及瓦斯流动规律判断的指导:

保护层开采之后,当被保护层处于增压区外部,即处于原始区域时,煤层受到采动影响较小,地应力不会降低,瓦斯较难释放,不能受到保护。当被保护层处于顶板增压区内时,煤体应力增大,煤层沿水平方向受到挤压,部分裂隙被闭合,瓦斯抽采效果较差,由于应力增高,突出危险性可能反而会增大。而当被保护层在顶板卸压区内部时,煤体三向应力都降低,膨胀变形较大,透气性较高,受保护效果较好,卸压瓦斯可以在自身压力梯度作用下从高压区向低压区流动,瓦斯容易被抽采,部分瓦斯可以从上向下流入保护层而导致瓦斯超限。当被保护层处于底板三维卸压带内时,卸压瓦斯沿任何方向流动都比较容易,卸压瓦斯将在自身压力梯度和升浮双重作用下向上流动进入保护层采空区;流入采空区的瓦斯在工作面通风的作用下还会向上隅角方向流动,导致上隅角瓦斯超限;部分瓦斯还能进一步向上进入顶板卸压区内储集,这部分瓦斯可以通过高位钻孔抽采。当被保护层处于一维卸压带内时,卸压瓦斯沿水平方向流动相对比较容易,但由于纵向裂隙不发育,瓦斯很难自发向上流入保护层工作面,煤层瓦斯需要通过钻孔进行抽采。

9.3.6　远近距离煤层群划分

上保护层开采之后,层间距较近的煤岩体卸压充分,而随着层间距增大卸压效果越来越差,直至被保护层突出危险性不能得到有效消除,但是根据层间距大小进行远近划分的却少有研究。我国《防突规定》指出"缓倾斜煤层上保护层开采最大卸压高度不大于50 m",但是这50 m范围较大,需要更进一步划分,以便为区域卸压和瓦斯治理提供指导。

我国《保护层开采技术规范》同样没有根据层间距来进行远近距离煤层群类型划分[50],为此,刘洪永构建了当量层间距指标(当量层间距=层间距/保护层采高),将上保护层开采类型划分为2类:

当量层间距小于20为近距离保护层，需要瓦斯抽采；当量层间距大于20但小于50为远距离保护层，需要强化瓦斯抽采。这种划分方法主要根据经验，能起到一定的工程指导意义，但是理论依据并不充分，国内外其他学者对此研究则更少。

理论研究表明，在保护层开采之后，三维卸压带内卸压瓦斯可以在自身压力梯度作用下流入保护层工作面；而一维卸压带内水平方向裂隙稍发育，瓦斯不能沿纵向自行流动。因此，可以根据三向应力分布规律来进行保护层类型判别，可称为"应力准则"：当被保护层处于三维卸压带时，为近距离保护层；当被保护层处于一维卸压带时，为远距离保护层。

通过9.3.3.2节中的数值模拟模型，分别研究采高为0.5 m、1 m、1.5 m、2 m、2.5 m和3 m这六种情况下应力场的分布规律，根据应力准则进行远近距离保护层划分如图9-48所示。

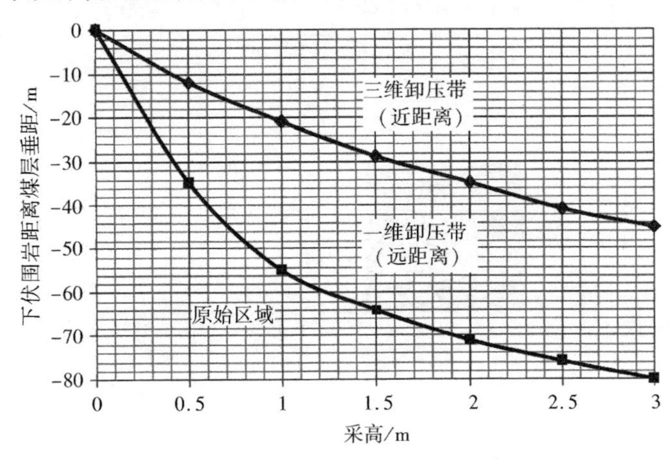

图9-48　基于应力准则的不同采高下伏围岩远近距离煤层群划分

根据应力保护准则，当薄煤层采高为1 m时，下伏煤层20 m以内三向应力都较低，三维裂隙比较发育，为三维卸压带，因此将层间距小于20 m称为近距离保护层；而当层间距大于20 m时，仅纵向应力较低，而水平方向应力较高，因此将层间距大于20 m称为远离保护层。这种划分结果和当量层间距指标划分结果基本一致。但是当采高增大时，应力准则划分结果和当量层间距指标划分结果存在差异：如当采高为3 m时，根据应力保护层准则，将层间距小于45 m的称为近距离保护层，超过45 m的为远距离保护层；而根据当量层间距指标划分，层间距小于60 m的为近距离保护层，超过60 m的为远距离保护层。

9.3.7　三位立体区域瓦斯治理

近距离煤层群间距较小，被保护层处于三维卸压带内，卸压瓦斯可以在自身压力梯度作用下流入保护层工作面，容易导致瓦斯超限。本节以首先测试近距离上保护层开采之后的卸压瓦斯流动富集特征，进一步验证煤层采场空间划分理论模型；之后根据瓦斯流动富集规律提出近距离上保护层卸压瓦斯综合治理技术。

9.3.7.1　试验地点概况

试验地点选择在韩城矿业公司下峪口煤矿，其煤层群主要特征如图9-49所示。2#煤层厚0～2.19 m，平均0.7 m，瓦斯含量3.84～5.7 m^3/t；3#煤层厚1.08～19.17 m，平均厚度6.97 m，瓦斯含量15～26.5 m^3/t，瓦斯压力1.4～2.2 MPa，煤层倾角3°～6°；2#煤层和3#煤层间距在5～28 m之间变化。

9.3.7.2　卸压效果及存在的问题

该矿23311和23307都为3#煤工作面，位于2—3采区；23311工作面未开采保护层，而23307工

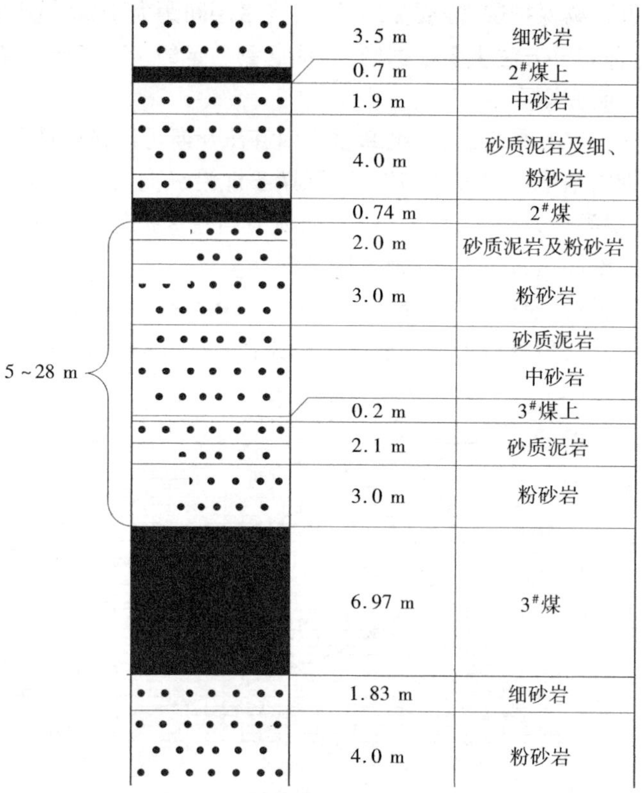

3.5 m
细砂岩
0.7 m
2#煤上
1.9 m
中砂岩
4.0 m
砂质泥岩及细、粉砂岩
0.74 m
2#煤
2.0 m
砂质泥岩及粉砂岩
3.0 m
粉砂岩
砂质泥岩
中砂岩
5～28 m
0.2 m
3#煤上
2.1 m
砂质泥岩
3.0 m
粉砂岩
6.97 m
3#煤
1.83 m
细砂岩
4.0 m
粉砂岩

图 9-49　下峪口煤矿煤层综合柱状图

作面已经开采保护层，2#煤与 3#煤间距 10 m 左右。

23311 工作面进、回风巷掘进期间，掘进 110 m 之后，预测指标连续超限，喷孔、顶钻、夹钻现象频发，突出危险性严重，预测结果如图 9-50 所示，历史 1 a 多，进风巷总进尺 280 m，发生 3 次突出，回风巷总进尺 150 m。

30
25
20
15
10
5
0
次数
进风巷预测次数
进风巷超限次数
回风巷预测次数
回风巷超限次数
持续超限
2003-07
-08
-09
-11
-12
2004-01
-03
-04
-05
-06
-07
日期(年-月)

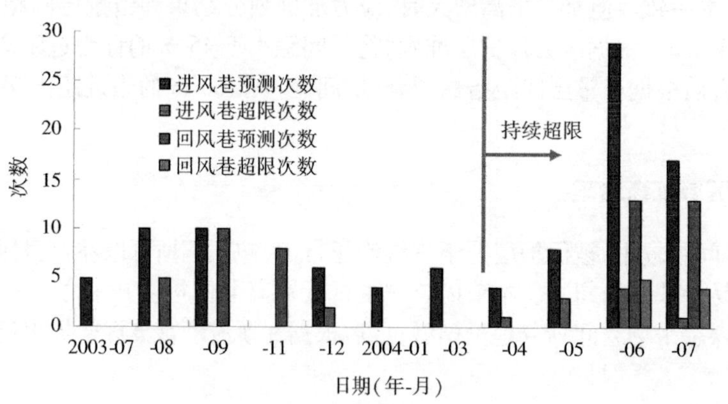

图 9-50　23311 掘进工作面预测结果

23307 进、回风巷道掘进之前其上覆 23207 工作面已作为保护层开采，但在 23207 工作面采空区留设了煤柱，如图 9-51 所示。

23307 工作面开采保护层和 23311 工作面未开采保护层两种条件下，巷道掘进过程中的瓦斯涌出量和突出危险性预测指标对比如图 9-52 和图 9-53 所示。

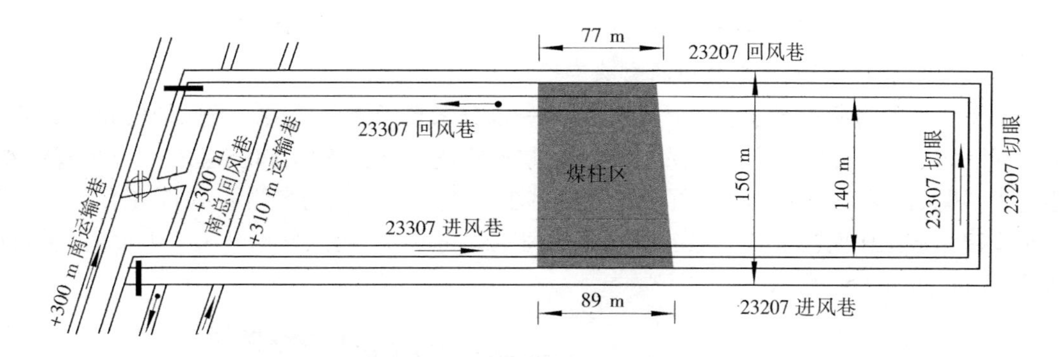

图 9-51　23207 和 23307 工作面布置

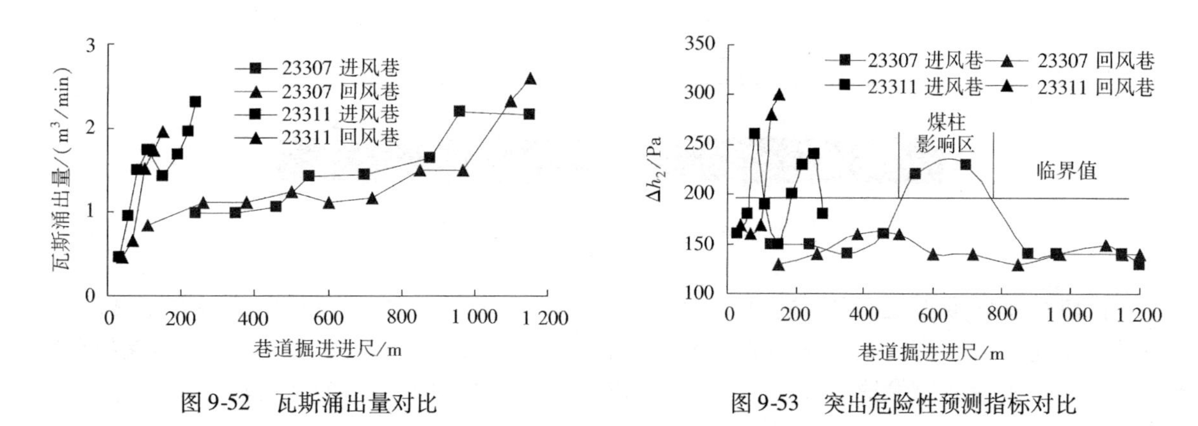

图 9-52　瓦斯涌出量对比　　　　图 9-53　突出危险性预测指标对比

可见,23311 工作面在没有开采保护层条件下,掘进巷道瓦斯涌出量随巷道进尺迅速增大,预测指标持续超限,突出危险性较大;23307 工作面开采保护层之后,掘进巷道瓦斯涌出量随巷道进尺增长缓慢,预测指标基本不超限(两次超限都在煤柱影响区),突出危险性较小。

由此可见,将 2#煤层作为保护层开采可以很好地消除 3#煤层的突出危险性,但 3#煤层大量释放的瓦斯涌入 2#煤层采煤工作面。23307 工作面上覆 23207 工作面开采期间绝对瓦斯涌出量如图 9-54 所示。

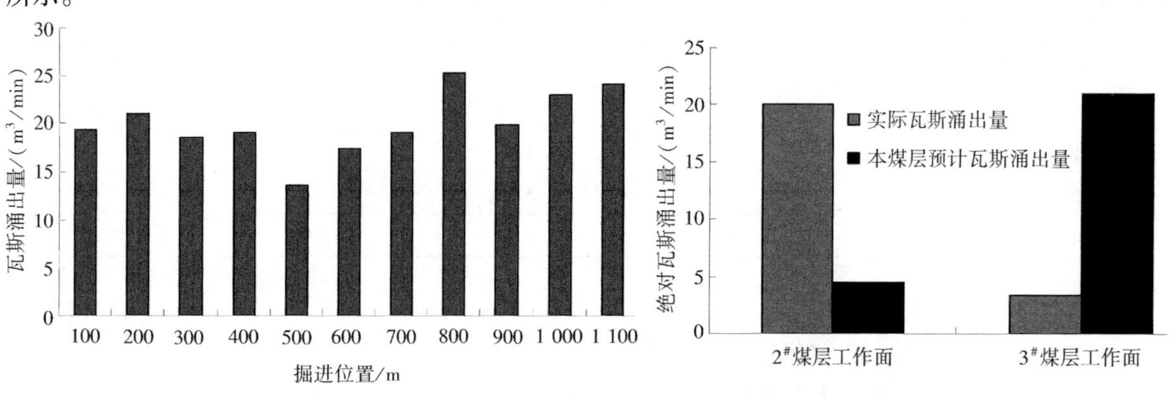

图 9-54　开采保护层期间瓦斯涌出量　　　　图 9-55　瓦斯涌出量对比

2#煤层理论计算本煤层绝对瓦斯涌出量不足 5 m³/min,而实际为 20 m³/min;3#煤层理论计算本煤层绝对瓦斯涌出量为 21 m³/min,而实际为 3.46 m³/min,如图 9-55 所示,3#煤超过 80% 的瓦斯被释放,涌入到 2#煤层工作面。2#薄煤层作为保护层开采对 3#煤层卸压增透消突效果显著,但 3#煤层卸压瓦斯大量涌入到2#薄煤层工作面，容易造成瓦斯超限，形成新的危险，必须进行有效治理。

9.3.7.3 初采期间层间距对瓦斯涌出的影响

保护层工作面的瓦斯一部分来自于本煤层，另一部分来自于被保护层。被保护层卸压瓦斯主要通过纵向相互沟通的裂隙穿透岩层向保护层流动，层间距越小，被保护层卸压越充分，瓦斯释放越多；层间距越大，被保护层卸压越不充分，瓦斯释放得越少[51,52]。本节现场实测了4217工作面初采期间瓦斯涌出规律。该工作面初采时2#煤层和3#煤层间距约为10 m，到工作面开采371 m时，层间距逐渐增大到16 m，如图9-56所示。

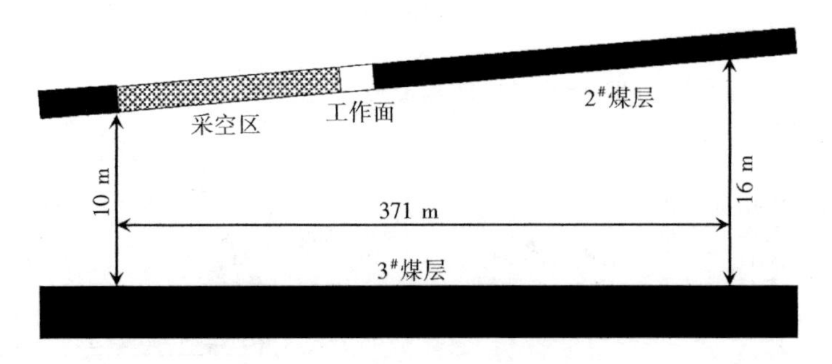

图9-56 4217工作面层间距示意图

理论研究表明，保护层开采初期卸压区域不断向远处延伸，被保护层卸压效果越来越显著。工作面开采初期，被保护层卸压不充分，瓦斯主要来自于本煤层；此后由于被保护层卸压效果越来越充分，卸压瓦斯逐渐解吸并向保护层采空区流动。4217工作面开采371 m内的瓦斯涌出规律见表9-18所列。

表9-18 瓦斯涌出量随工作面推进统计表

开采位置/m	进尺速度/(m/d)	通风量/(m³/min)	风排瓦斯量/(m³/min)	纯抽采量/(m³/min)	合计/(m³/min)
10	3	550	0.8		0.8
16	3.6	550	1.64		1.64
19	3	550	5.69		5.69
34	3	600	5.69	6	11.69
64	3	600	4.18	8	12.48
134	3.6	500	3.86	10	13.86
219	4.2	500	4.0	11.5	15.05
293	3.6	500	3.0	11	14
371	4.2	500	1.8	10	12.8

4217工作面煤层厚度稳定，平均采高1.1 m，风排瓦斯极限能力为5.5 m^3/min，工作面回采前19 m没有采取瓦斯抽采措施，仅依靠通风排放瓦斯。4217工作面推进16 m时，3#煤卸压瓦斯大量涌入；当开采19 m时瓦斯超限，此时单纯依靠通风已经不能解决瓦斯超限问题。此后，施工了瓦斯抽采钻孔抽采瓦斯，瓦斯涌出量变化如图9-57所示。

工作面回采初期，邻近层卸压效果不显著，工作面瓦斯主要来源于本煤层，在开采前10 m内，瓦斯涌出量很小；随着2#煤层工作面的继续开采，对3#煤层的卸压效果越来越显著，瓦斯涌出量也迅速增大。工作面开采34 m之后，瓦斯涌出量较大，但增长缓慢，表明此时3#煤层充分卸压，涌入2#煤层工作面中的瓦斯超过90%来自3#煤层。

4217 工作面开采 219 m 时，瓦斯涌出量达到最高，之后通风量和工作面开采速度变化不大，瓦斯涌出量逐步降低。这是因为 2#煤和 3#煤间距从始采时候的 10 m 逐渐增大到了 16 m，3#煤层的卸压效果逐渐变弱，卸压瓦斯流入 2#煤层路径变长，瓦斯越来越难以流入到 2#煤层工作面，这表明层间距的变化对被保护层的卸压效果和瓦斯流动起到显著的影响：层间距越大被保护层卸压效果越差，瓦斯释放效果越差；层间距越小被保护层卸压效果越好，瓦斯释放效果越好。

保护层初采阶段瓦斯主要来源于本煤层；随着开采距离增大卸压范围逐渐向下延伸，被保护层卸压之后三维裂隙扩张，瓦斯不需要抽采可以自发流动到上保护层工作面，并导致瓦斯超限；同时随着煤层间距的增大，被保护层卸压效果逐渐变差，瓦斯流动路径变长，瓦斯涌出量降低。

9.3.7.4　卸压瓦斯流动富集规律

（1）沿纵向流动规律

近距离煤层群保护层开采之后被保护层处于三维卸压带内。如韩城矿区 2#薄煤层采高约 1 m，和 3#主采煤层层间距小于 20 m，3#煤层处于 2#煤层开采之后的“三维卸压带”内，3#煤层卸压后裂隙发育，瓦斯解吸并可以在自身压力梯度的作用下向上流入 2#煤层工作面。虽然底板内产生大量裂隙，但其裂隙没有顶板垮落过程中产生的宏观裂隙大，工作面正常通风的风流很难进入底板流动，因此底板瓦斯升浮不受到工作面通风流动的影响，瓦斯在底板内流动不会发生较大的横向偏移，主要沿纵向流动进入 2#煤层采空区，如图 9-58 所示。

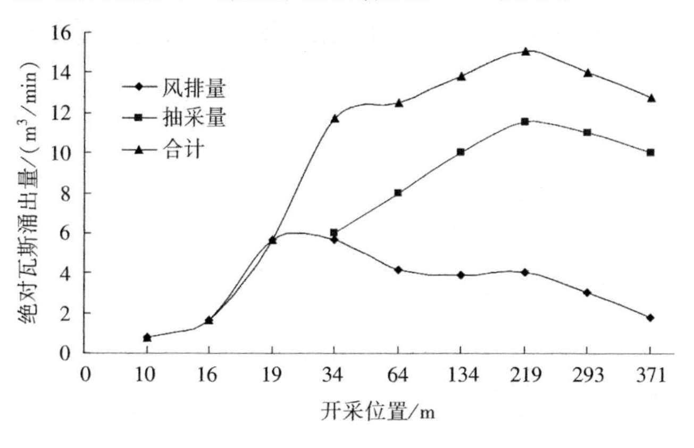

图 9-57　瓦斯涌出量变化

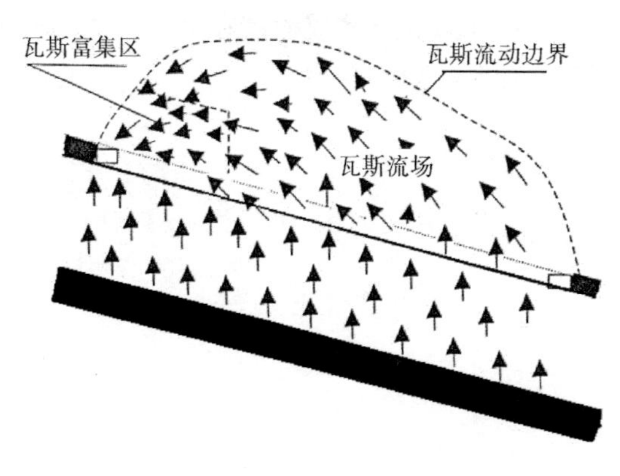

图 9-58　卸压瓦斯纵向流动规律

采空区深部中间位置顶底板压实，地应力升高，部分裂隙收缩，而采空区周围地应力较低（即卸压区），裂隙仍然较多，瓦斯易于流动，因此在抽采采空区瓦斯时，最好将钻孔布置在底板周围卸压区内。

2#煤层采动后顶板垮落，形成大量的垮落裂隙，比较容易漏风，从 3#主采煤层向上流动的瓦斯进入采空区垮落带之后将受到工作面通风风流的影响，瓦斯必然会在风流的带动下从进风巷向回风巷方向偏移流动（如图 9-58 所示），导致靠近回风巷一侧的上隅角瓦斯聚集，浓度容易超限。

但部分瓦斯在自身升浮作用下仍然会继续向上运移，进入顶板裂隙带。根据采场“四层空间”应力分布模型可知，顶板卸压区内应力低、裂隙发育，瓦斯容易流动，而增压区由于应力较高，裂隙闭合，瓦斯难以穿越流动，因此卸压瓦斯主要在卸压区内流动储集，不会穿透增压区，瓦斯向上流动的边界为增压区边界。

（2）沿水平方向流动规律

保护层采空区垮落带内裂隙尺度大，其内的瓦斯将会在工作面通风的影响下沿水平方向流动，图 9-59 为 U 形工作面风流流动规律。

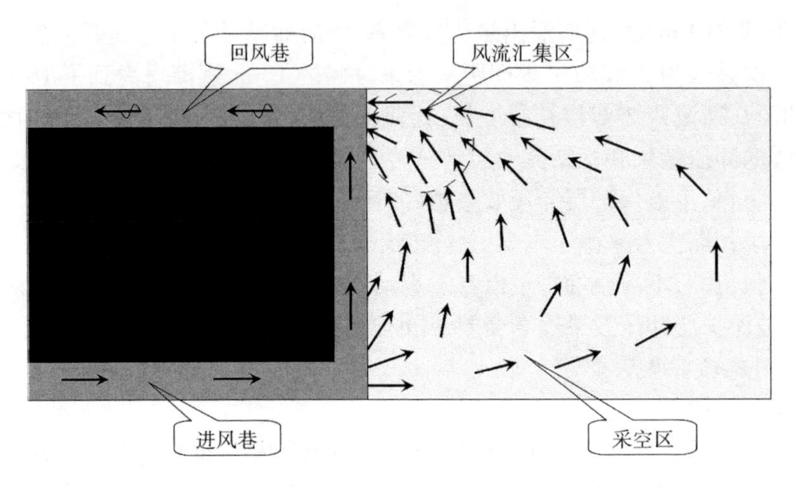

图 9-59　U 形工作面瓦斯在水平方向流动

风流从进风巷进入切眼的过程中需要完成 90°急转弯，部分风流会沿惯性进入采空区垮落带，并和大量高浓度的游离瓦斯混合，一起向回风巷道上隅角运移，这将会在工作面的上隅角位置形成瓦斯汇集区域，容易导致瓦斯超限。

中国矿业大学翟成教授在平煤集团四矿近距离保护层工作面采用单元法（图 9-60），测试了保护层工作面瓦斯分布规律。

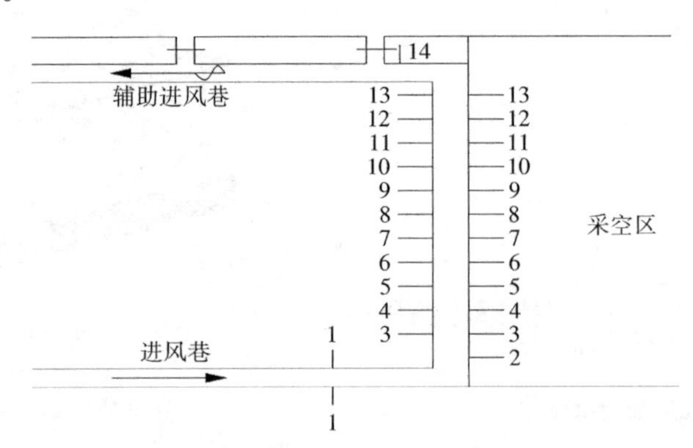

图 9-60　瓦斯涌出量单元划分示意图

U 形工作面风量和瓦斯浓度分布如图 9-61 和图 9-62 所示。

可见，U 形工作面进风巷和回风巷风量相当，在进风巷一侧风流漏入采空区，并从回风巷一侧流出，采空区深部瓦斯被不断带入工作面，上隅角位置瓦斯浓度急剧上升。被保护层瓦斯涌出量越大，流入保护层采空区瓦斯越多，上隅角瓦斯浓度也越容易超限，U 形通风方式不是很理想的通风方式。

9.3.7.5　卸压瓦斯综合治理技术

近距离煤层群上保护层开采之后，下方煤层卸压瓦斯在自身压力梯度和工作面通风的双重作用下形成了三个主要的瓦斯富集区域：

① 底板瓦斯升浮区：下方主采煤层卸压瓦斯向上流动所经过的区域。

② 上隅角位置：工作面漏风将采空区垮落带内部瓦斯携带进入上隅角富集。

③ 顶板裂隙带：瓦斯向上流入顶板裂隙带富集，受到通风影响较小。

针对这三个瓦斯富集区，提出了近距离煤层群开采上保护层“三位立体”分源卸压瓦斯综合治理技术。采场卸压空间、瓦斯流动及治理技术如图 9-63 所示，从回风巷或者邻近巷道向采空区底板施

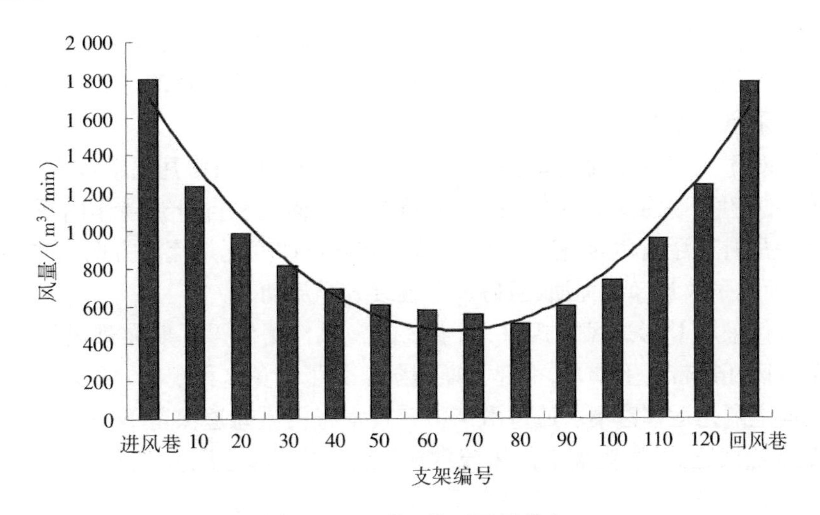

图 9-61　U 形工作面风量分布

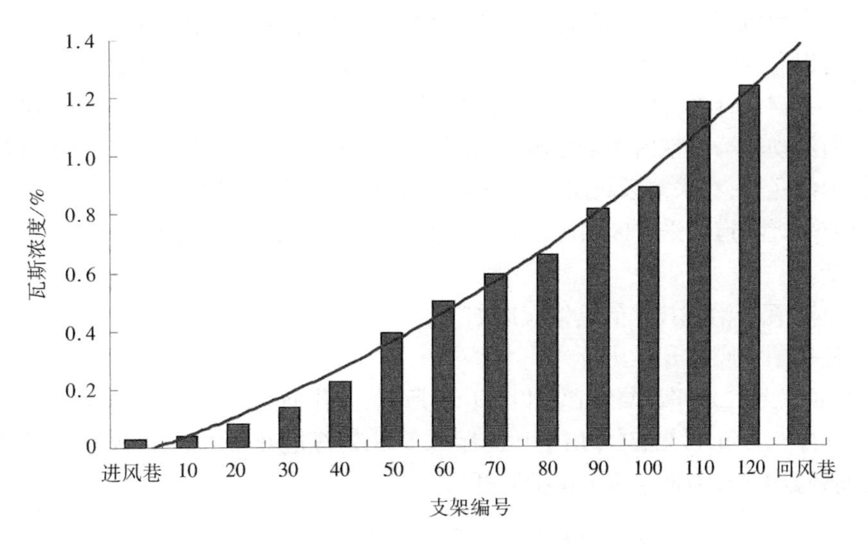

图 9-62　U 形工作面瓦斯浓度分布

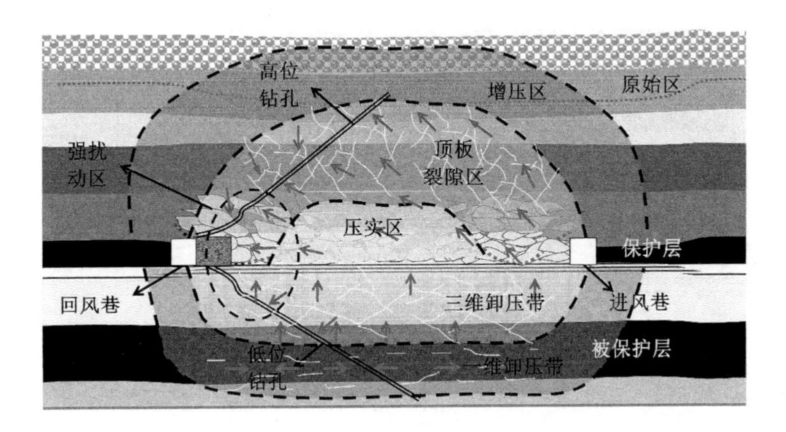

图 9-63　“三位立体”分源卸压瓦斯综合治理技术示意图

工低位钻孔，并穿透底板煤层，钻孔角度根据层间距调整，抽下方主采煤层卸压后沿底板向上的升浮瓦斯；从回风巷道或邻近巷道向上施工采空区高位钻孔，抽采顶板裂隙带瓦斯；采用采空区钻孔或留设尾巷的方法治理采空区上隅角瓦斯。

低位钻孔可以对 3# 主采煤层涌入 2# 保护层的瓦斯有效拦截，阻碍瓦斯继续向上升浮。由于保护层开采之后，3# 煤层产生了大量卸压瓦斯，这些瓦斯在压力梯度和自身升浮作用下向上流动，当把负压钻孔布置在这些瓦斯升浮流动的路途中时，将能一定程度改变瓦斯流动方向，引导卸压瓦斯朝向低位抽采钻孔流动，而抽采大量卸压瓦斯，阻碍瓦斯继续升浮流动。

上述分析当仅仅采用 U 形通风方式时，采空区的漏风作用使得瓦斯在进风侧流入采空区，而在回风侧将大量采空区瓦斯带入上隅角，引起瓦斯超限。为了避免这种现象，可以通过改善通风风流流动方向避免瓦斯向上隅角运移富集。通过沿空留巷技术将回风巷道保留下来作为尾巷回风使用，形成两进一回的 Y 形通风方式，改变采空区风流的流动方向，一部分风流在进入采空区之后将不再流入到采煤工作面，而是顺着采空区直接流入到尾巷中而被排除，防止瓦斯向上隅角方向运移，携带采空区瓦斯流入尾巷，从而避免瓦斯超限。也可以从回风巷道或者邻近巷道向采空区上隅角位置施工大流量抽采管路引导风流向采空区深部流动，避免瓦斯向上隅角运移富集超限。

高位钻孔可以有效抽采储集在采空区上部瓦斯。煤层开采之后，上部岩体出现垮落带和裂隙带，大量卸压瓦斯将会向上升浮，并且储集在裂隙带和垮落带内，形成了一个良好的瓦斯储集区域。而在裂隙带内的瓦斯流动较垮落带内瓦斯更难，工作面通风一般不能改变这部分瓦斯流动方向，更不能排除顶板裂隙带内的瓦斯，在采空区周期来压的时候部分瓦斯可能会被挤入到工作面而导致瓦斯超限。因此从回风巷或邻近巷道向采空区卸压区内施工高位钻孔，并采用负压抽采，能有效抽采储存在高位裂隙带内的瓦斯。

该“三位立体”瓦斯治理技术的具体应用如下。

(1) 低位钻孔抽采底板升浮瓦斯

21203 工作面位于二水平北翼浅部，如图 9-64 所示，工作面切眼长 150 m，为一进两回通风系统，工作面煤层平均厚 0.9 m，2# 煤、3# 煤层平均间距 8.5 m，2# 煤层开采之后，3# 煤层处于三维卸压带内，裂隙发育，瓦斯释放充分，为近距离上保护层开采。

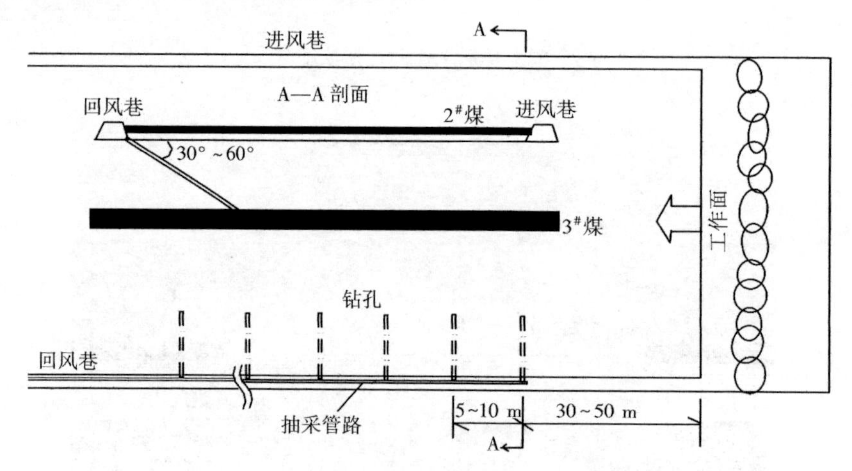

图 9-64　21203 工作面底板钻孔布置示意图

为了阻止 3# 煤层瓦斯卸压后向上流动进入 2# 煤层采空区和工作面，在 2# 煤层回风巷内，超前工作面向下方 3# 煤层施工瓦斯抽采钻孔，钻孔垂直于回风巷施工，俯角 30°～60°，孔深为 26～45 m，钻孔间距 2～24 m，钻孔水平投影距离为 12.2～39.7 m。

1～2号钻孔为第一组，3号、4号钻孔分别为第二、三组，进行抽采，钻孔抽采负压为10～15 kPa，对卸压瓦斯抽采浓度、钻孔距工作面距离等参数进行定期观测，期间，工作面共推进160 m。钻孔位置与抽采浓度关系如图9-65所示。

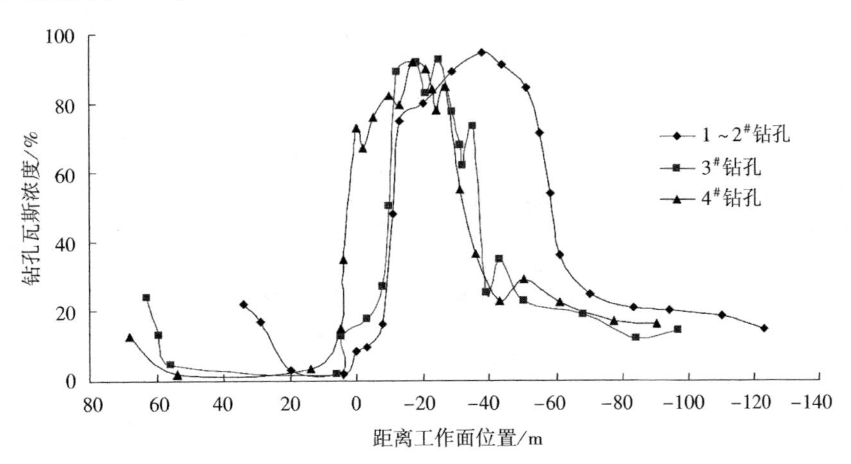

图9-65　21203回采工作面钻孔抽采浓度演化规律

由图9-65可见，卸压瓦斯底板抽采效果与钻孔距回采工作面的位置密切相关，测试结果和之前通过数值模拟分析得到的结果相吻合，卸压瓦斯抽采可以分为三个区。

① 工作面前5 m到工作面后方5 m为初始卸压区，抽采浓度开始上升。

② 工作面后方5 m到70 m范围为充分卸压区，在该范围内，煤岩充分卸压，裂隙发育，抽采浓度高，抽采流量大，高浓度瓦斯抽采时间长，为最佳抽采范围。

③ 工作面后方70～400 m范围为稳定抽采区，吸附瓦斯卸压解吸后被抽采或释放，游离瓦斯逐步减少，抽采浓度开始缓慢下降并趋于稳定。

（2）通风系统优化引流排放瓦斯

保护层开采之后，被保护层卸压瓦斯进入采空区，并在工作面通风影响下，容易导致上隅角位置瓦斯超限。为此，防治上隅角瓦斯超限的最好办法是改变采空区风流方向，将瓦斯引流至安全区域，为此可以通过采空区钻孔抽采采空区瓦斯，也可以通过改变通风系统，避免风流向上隅角方向运移。为此，为了有效解决上隅角瓦斯超限问题，韩城矿业公司先后试验多种通风系统。

“U+L”形通风系统：回风巷采用双巷布置，其中外侧一条作为尾巷，与回风巷之间留设5～15 m煤柱，沿煤柱每隔一定距离掘一联络巷，作为通风联络巷，排放采空区和上隅角瓦斯。“U+L”形通风系统在韩城矿业公司的应用表明，该系统具有较强的排放瓦斯能力，有效解决了回采工作面上隅角瓦斯超限问题。象山矿11505综放工作面“U+L”形通风系统如图9-66所示。该面配风总量1 500 m^3/min，回风巷和尾巷风量分别占2/3和1/3，尾巷瓦斯浓度不超过2%。该系统提高了风排瓦斯能力，上隅角瓦斯浓度稳定在0.6%左右，瓦斯不超限。系统的主要缺点为系统较复杂，尾巷风量、瓦斯浓度观测和调节难度大。

“U+I”形通风系统：在回采工作面顶板岩层中内错回风巷15 m布置一条高位瓦斯巷，巷道位于顶板垮落带和裂隙带的临界位置，回采工作面开采致使顶板垮落带裂隙和瓦斯尾巷沟通，通过大流量对整条高位瓦斯巷道进行抽采，引导工作面采空区瓦斯通过导通裂隙向高位瓦斯巷流动，改变了上隅角瓦斯的流动方向，避免瓦斯超限，如图9-67所示。在部分留巷不方便区域，也可以通过施工长距离大流量高位钻孔替代高位巷道，通过大流量负压抽采，同样可以改变上隅角瓦斯流动的方向，有效遏制瓦斯超限现象。

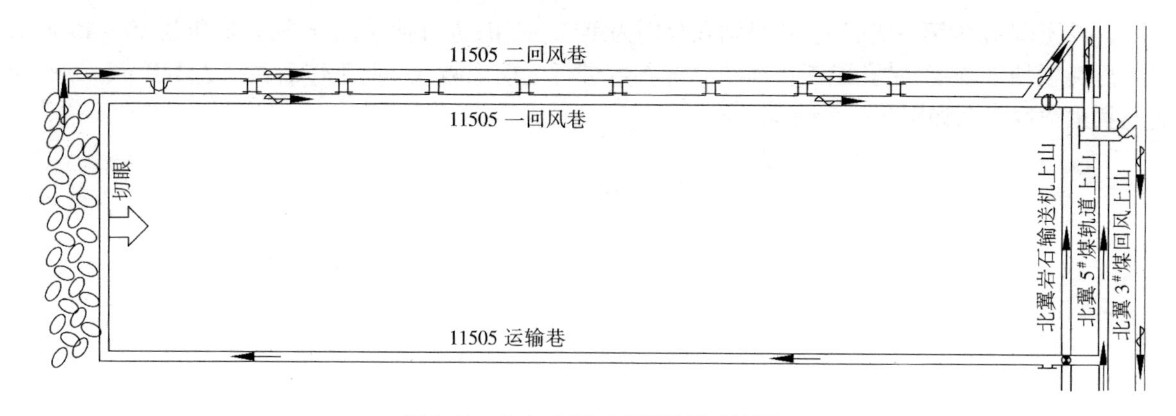

图 9-66　象山矿“U+L”形通风系统图

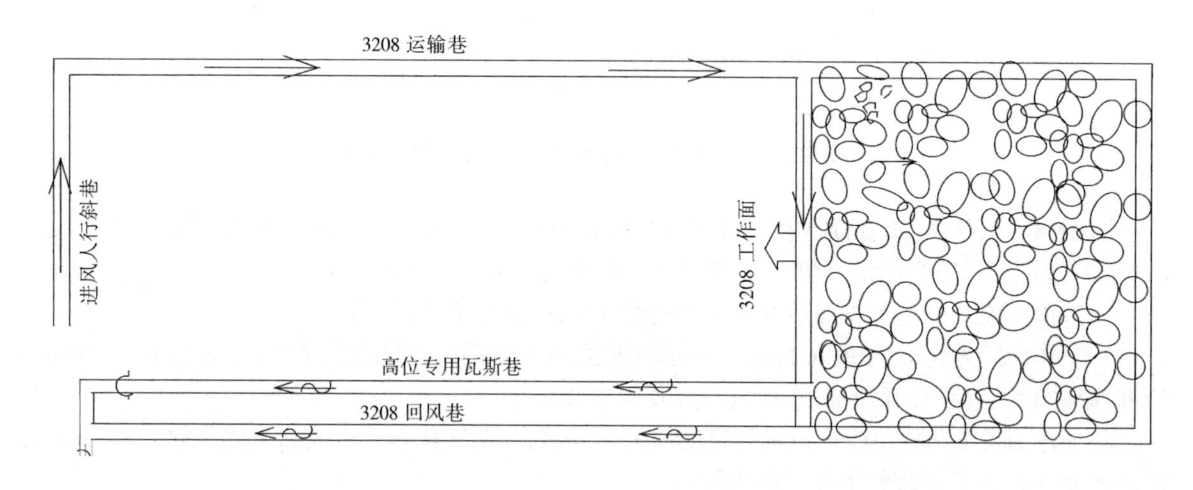

图 9-67　桑树平“U+I”形通风系统图

“Y”形通风系统：采用沿空留巷的方法，将回风巷道保留下来作为回采工作面回风尾巷，同时采用两巷道进风，形成“两进一回”通风方式。通过柔膜封装充填技术实现快速沿空留巷，充填区宽 3 ~ 5 m，每 5 ~ 7 m 留设一横向开口，将采空区和回风巷道相连接，形成通风系统，便于采空区风流从采空区深部流入尾巷，如图 9-68 所示。“Y”形通风系统主要优点：回采工作面所有设备、作业人员均在进风系统，安全性高；该系统还具有较强的瓦斯排放能力，有效解决回采工作面上隅角瓦斯超限难题；相对于“U+L”形、“U+I”形通风系统，“Y”形通风系统巷道掘进工程量少，柔膜封装充填技术有效解决

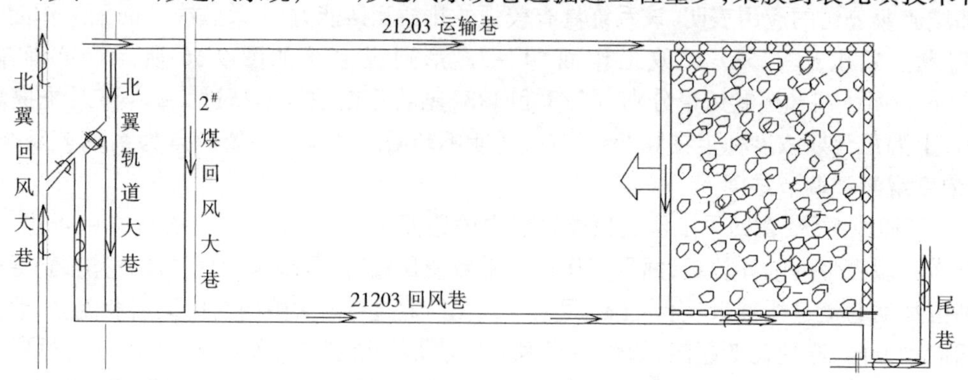

图 9-68　下峪口 21203 工作面“Y”形通风系统图

了留巷的稳定性，目前为最主要的通风系统。

(3) 高位钻孔抽采卸压瓦斯技术

21203 回采工作面共施工了 29 个高位卸压瓦斯抽采钻孔。

工作面开采过程中将 1 ~4 号孔、5 ~8 号孔、9 号孔、10 ~13 号孔分别组合成 4 组进行抽采，钻孔抽采负压为 25 ~30 kPa，在工作面推进 380 m 期间，卸压瓦斯抽采浓度测试如图 9-69 所示。

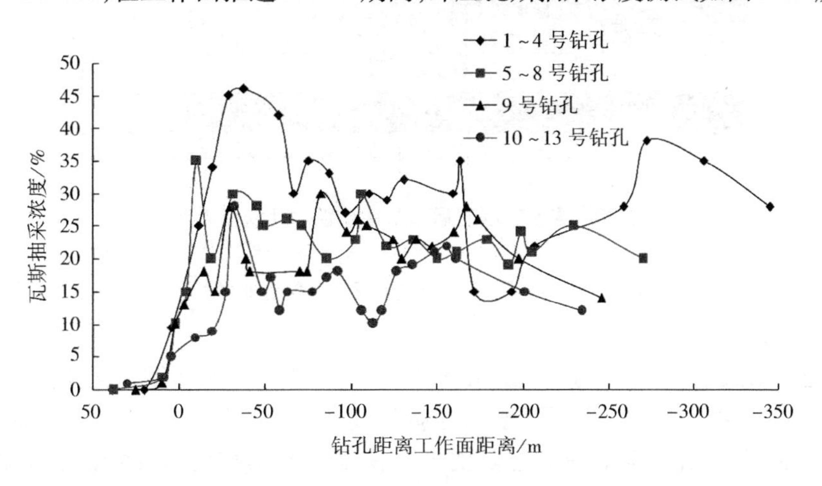

图 9-69　高位钻孔瓦斯抽采浓度演化规律

从图 9-69 中可见，高位钻孔抽采浓度主要规律为：

① 高位钻孔施工之后，在工作面前 5 m 之前基本抽采不到卸压瓦斯，直到工作面距离高位钻孔 2 ~5 m 范围内时才开始能抽采到瓦斯。第一组钻孔位于工作面前 4 m 处，抽采浓度达到 9.6%；第二组和第三组钻孔距工作面 2 m 时，抽采浓度达到 10%；第四组钻孔距工作面 4 m 时，抽采浓度达到 5%。这表明工作面开采期间，下方 3#煤层卸压瓦斯向上进入顶板裂隙带，并可以向工作面前上方裂隙带内运移，当钻孔与工作面距离小于 5 m 时即可以抽采到卸压瓦斯。

② 充分卸压抽采区位于工作面后方 5 ~70 m 范围，为最佳抽采范围。4 组钻孔抽采结果均表明，当钻孔进入工作面后方 5 m 以后，抽采浓度都有较大幅度的提高。其中 1 ~4 号孔抽采浓度由 9.6% 提高到 25%，最大达到 46%；5 ~8 号孔抽采浓度由 10% 提高到 25%，最大达到 35%；9 号孔抽采浓度由 10% 提高到 15%，最大达到 28%；10 ~13 号孔抽采浓度由 5% 抽提高到 9%，最大达到 18%。四组钻孔在工作面后方 5 ~70 m 范围内，抽采浓度高且稳定。在此范围内，顶板裂隙发育，裂隙带稳定，大量瓦斯进入该顶板裂隙带内，并可以被顺利抽采。

③ 工作面后方 70 ~200 m 范围，抽采浓度缓慢下降，并长时间稳定在 10% ~40% 范围，为稳定抽采区。在该区域内，随着瓦斯被大量抽采，残余瓦斯量逐渐减少。

9.3.8　强扰动大剪切条件下钻孔护孔技术

近距离煤层群开采过程中，高位钻孔和低位钻孔是抽采瓦斯的关键，钻孔完整有效是钻孔高效抽采瓦斯的保证。但是高位钻孔和低位钻孔的封孔段都处于工作面开采之后的强扰动区，如图 9-70 所示，该区域内裂隙动态发育，会对已经封孔的钻孔进行破坏，严重影响瓦斯抽采效果，不能有效保护钻孔的完整性就不能高效抽采瓦斯。

高位钻孔和低位钻孔都施工在卸压区内，而且都在工作面之前施工完毕，根据采空区时空演化规律研究得知，煤层开采之后采空区在很长时间内都动态变化，如图 9-70 所示采空区顶底板运移图可以发现：在采空区中部顶板均匀下沉，而底板均匀底鼓，仅仅在纵向上有运移；但是在采空区周围钻孔

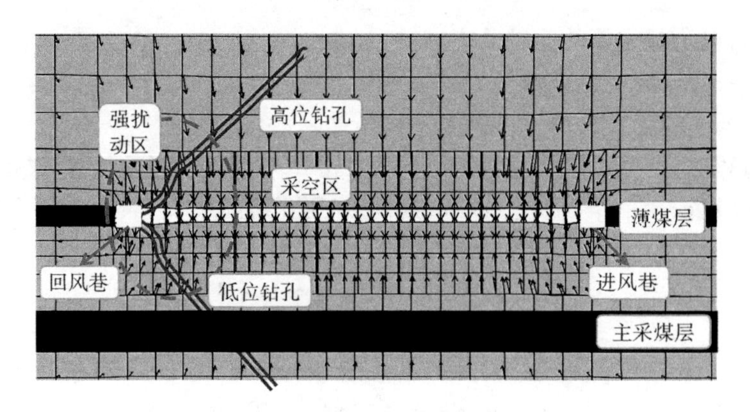

图 9-70　采空区围岩运移及钻孔强扰动变形原理图

施工区域(也即卸压区内)顶底板岩层运移较为复杂,不但有纵向位移也有水平方向运移,这将会对钻孔产生很强扰动,可以扭断钻孔而失去抽采意义。

针对保护层开采致使围岩产生强扰动、大剪切变形,强烈破坏先期施工瓦斯抽采钻孔,瓦斯抽采持续时间短、效果差的技术难题,开发了“套管全钢护孔+二次注浆”下行孔护孔方法,在采动区采用全钢套管护孔技术,提高钻孔韧性,使其能随围岩变形,强化抗剪拉变形破坏能力;并通过二次注浆补充护孔,强化抗压破坏能力,提高钻孔抽采持久性和有效性。

韩城矿业公司下峪口、桑树坪等矿应用表明,钻孔完好率由 30% 提高到 80% 以上,单孔抽采瓦斯浓度提高 50% 以上,瓦斯抽采率达 85% 。

9.4　煤矿瓦斯区域时空协同抽采及效果评价

钻孔预抽是国内外目前抽采开采层瓦斯的主要方式,有地面预抽和井下预抽两种。地面钻孔抽采方式即由地面向开采层打钻抽采瓦斯,有条件的矿区(例如煤层透气性好的矿区)应优先选用此措施,但我国目前对于该种措施的地面井布置等相关技术参数、效果等还缺少必要的实验考察,在一些矿区还不宜作为单独使用的方式。井下预抽煤层瓦斯,由于具有施工简便、成本低、抽采瓦斯浓度较高的优点,在我国煤矿中得到了广泛的应用。井下布孔抽采方式在不同矿井的技术参数、效果特点并不完全相同,基本方式分为穿层钻孔和顺层钻孔两种。

顺层钻孔是在巷道进入煤层后再沿煤层所打钻孔,可以用于石门见煤处、煤巷及采煤工作面,主要是在回采工作面准备好后,于回采工作面上按不同的布孔方式抽采一段时间后再采煤,以减少回采过程中的瓦斯涌出量。平顶山、阳泉、淮南、焦作及淮北等矿区都曾采用,且取得了较好的效果[53]。

9.4.1　穿层钻孔预抽

布置穿层钻孔时,一般将钻场设在底板岩石巷道或邻近煤层巷道中,也有将钻场设在顶板岩层中。由钻场向开采煤层打钻,贯穿煤层全厚。开采层在经过预抽后再进行采掘工作,以解决掘进和采煤过程的瓦斯问题。

采用穿层钻孔布置方式预抽煤层瓦斯,根据首采层赋存特点,岩石巷道可以布置在首采层底板或顶板,在淮南、淮北、抚顺等矿区应用较多。如图 9-71 所示为底板穿层钻孔布置方式,在穿层钻孔预抽本煤层瓦斯中,钻孔直径在煤层透气性较好时一般为 75 ~ 120 mm,煤层透气性较差时,有时为 200 ~ 300 mm。钻孔布置的合理性则主要取决于钻孔抽采瓦斯的有效影响范围。研究表明,不同的煤层条件,其抽采有效影响范围也有所不同,一般随着钻孔抽采时间的延长,可逐渐扩大有效影响范围,但到一定距离后将不再放大。

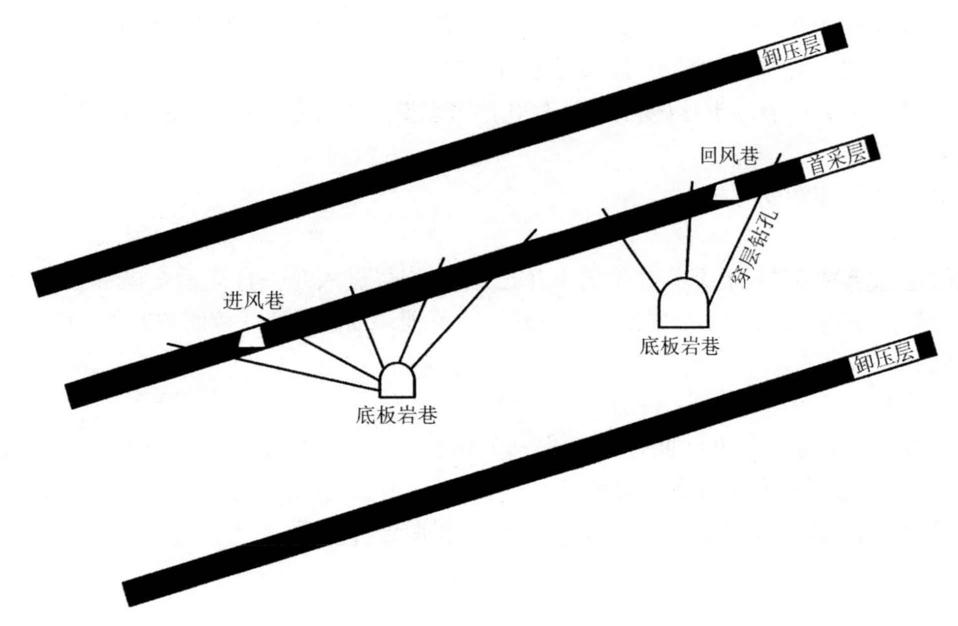

图 9-71　穿层钻孔预抽区段煤层瓦斯示意图

图 9-72 是彬长矿区大佛寺矿 40104 灌浆巷仰角钻孔抽采上邻近层瓦斯示意图。在 40104 灌浆巷内布置钻孔,设计每 9 个钻孔为一组,间距 50 m,每组布置 6 个高位瓦斯抽采钻孔和 3 个中位瓦斯抽采钻孔。高位瓦斯孔终孔孔间距 10 m,呈扇形布置。钻孔布置示意图如图 9-72 所示。

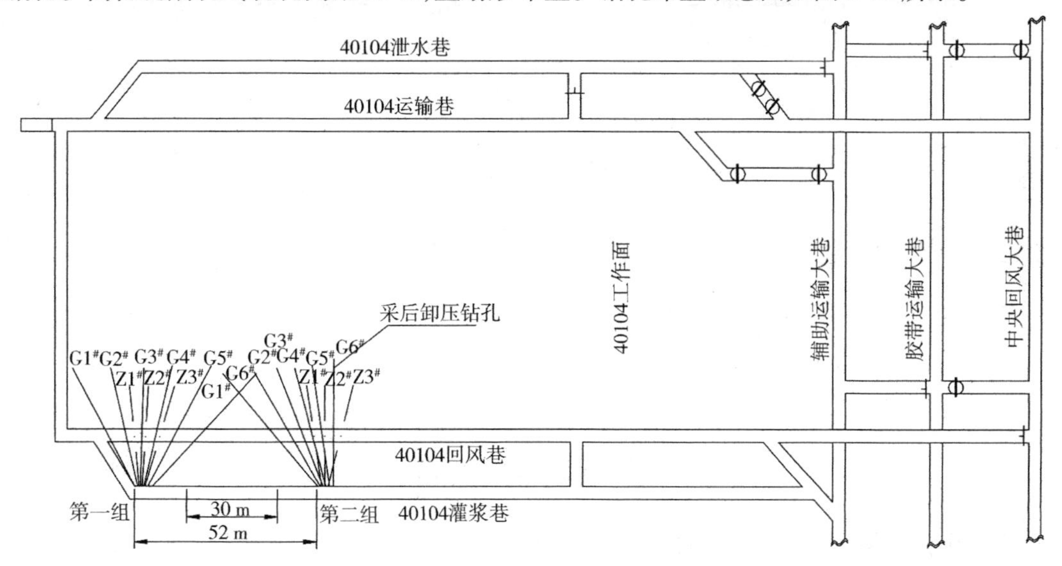

图 9-72　灌浆巷仰角钻孔抽采上邻近层瓦斯示意图

受煤层透气性的影响,在确定抽采钻孔的合理布置时,应根据各个矿井的开拓、开采条件,以及可能安排的预抽时间,确切掌握钻孔预抽煤层瓦斯在时间和空间上的关系,以便获得最佳抽采效果。

9.4.1.1　钻场

钻场是为穿层钻孔抽采瓦斯而设计的专用场室,钻场布置的基本要求如下:

① 钻场间距应满足有效抽采瓦斯的要求。

② 钻场断面、长度应满足布孔和便于钻机施工的要求,同时应满足避免钻场积聚瓦斯的要求。

③ 在满足不同布孔(上向孔、下向孔或不同方位角的水平孔)要求和钻场所处岩层、岩质允许的前提下,钻场断面和长度应力求最小,以降低掘凿费用。

④ 钻场应避开岩层破坏带,以便为钻孔封孔严密创造条件,减少不必要的维护费和实现安全、高质量的抽采瓦斯。

⑤ 钻场的支护应牢固可靠。

9.4.1.2 钻孔

预抽煤层瓦斯的穿层钻孔是指在钻场内开孔、穿过岩层进入并一直穿透全煤层或多个煤层的钻孔。为充分发挥钻场的作用,可根据钻孔的有效影响范围和抽采瓦斯需控制的面积,在一个钻场内布置若干个钻孔。

(1) 钻孔布置

为使开采层瓦斯得到有效的抽采,应根据抽采钻孔的有效影响范围(称有效半径),在煤层中均匀布孔,于煤层的层面上形成网格式的布置。一般在钻场内都采用沿倾斜和走向的扇形布孔方式。钻孔参数可根据下面公式及如图 9-73 ~ 图 9-75 所示图形进行计算。

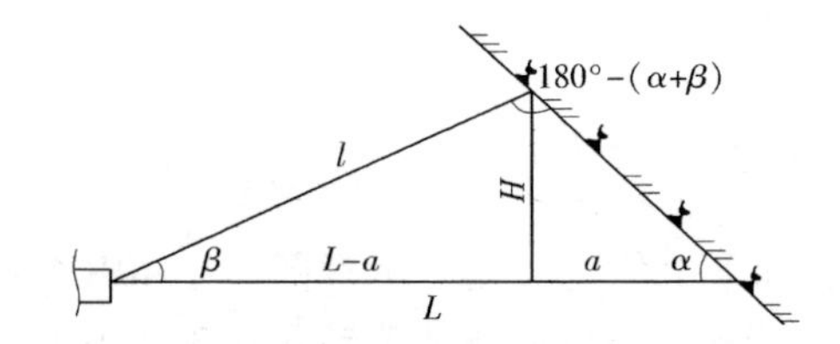

图 9-73 底板钻场的上向孔

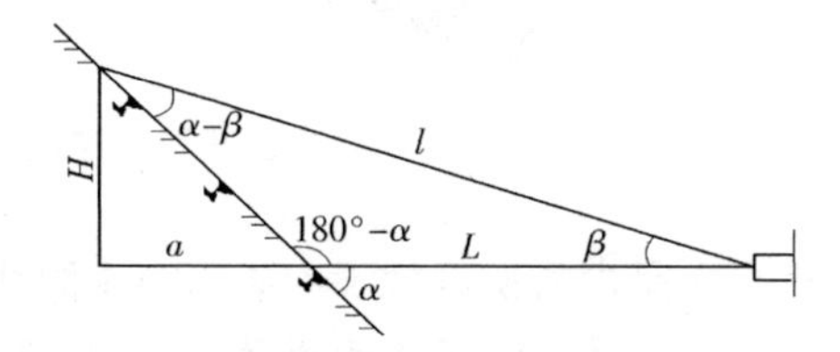

图 9-74 顶板钻场的上向孔

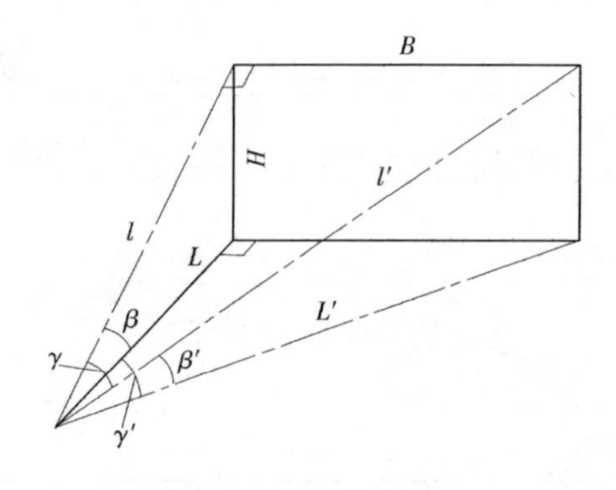

图 9-75 斜交煤层钻孔示意图

① 煤层走向的钻孔的倾角和长度

垂直于煤层走向的抽采瓦斯钻孔倾角 β、长度 l 按下式计算:

$$\beta = \arctan \frac{H}{L \pm \dfrac{H}{\tan \alpha}} \tag{9-15}$$

$$l = L \frac{\sin \alpha}{\sin(\alpha \pm \beta)} \tag{9-16}$$

式中 β——钻孔的倾角,(°);

H——上向孔的上升高度或下向孔的下降深度,m;

L——垂直于煤层走向水平钻孔的长度,m;

α——煤层倾角,(°);

l——钻孔长度,m。

式(9-15)中的"±"按钻场位置和钻孔方向选取:钻场在底板时,上向孔取"-"、下向孔取"+";钻场在顶板时,上向孔取"+"、下向孔取"-"。

式(9-16)中的"±",按钻场位置和钻孔方向选取:钻场在底板时,上向孔取"+"、下向孔取"-";钻场在顶板时,上向孔取"-"、下向孔取"+"。

② 斜交于煤层走向的钻孔夹角 γ、倾角 β'、长度 l' 计算

$$\gamma = \arctan \frac{B}{L} \tag{9-17}$$

$$\beta' = \arcsin(\sin \beta \cos \gamma) \tag{9-18}$$

$$l' = \frac{B}{\sin \gamma} \tag{9-19}$$

式中　γ——钻孔夹角,(°);

B——垂直于煤层走向钻孔的终点与斜交钻孔终点之间的距离,m;

L——垂直于煤层走向水平钻孔的长度,m;

β'——钻孔倾角,(°);

l'——钻孔长度,m。

(2) 钻孔的有效抽采半径

钻孔的有效抽采半径是指在规定的抽采时间内,钻孔抽采瓦斯的有效影响范围,其范围之大小与煤质、瓦斯等因素有关,应从实际抽采中测定。应找出抽采范围与时间的关系,并建立孔中瓦斯压力与流量的关系式,然后根据不同抽采时间的影响距离和钻孔的不同瓦斯压力情况下的瓦斯量,确定抽采钻孔合理间距。

9.4.1.3　钻孔瓦斯流量

进行开采层瓦斯抽采时,一般都进行钻孔瓦斯量的测定和考察,包括自然涌出量和抽采量。实测结果表明,煤层钻孔瓦斯涌出量一般呈现随时间的延长而衰减的变化规律,基本上符合负指数方程:

$$q_t = q_0 e^{-\alpha_d t} \tag{9-20}$$

式中　q_0——钻孔的初始瓦斯流量,m^3/min;

q_t——排放瓦斯时间为 t 时的钻孔瓦斯流量,m^3/min;

α_d——钻孔瓦斯流量衰减系数,d^{-1};

t——排放瓦斯时间,d。

$$\alpha_d = \frac{\ln q_1 - \ln q_2}{t_2 - t_1} \tag{9-21}$$

$$Q = \frac{1\,440 q_0 (1 - e^{-\alpha_d t})}{\alpha_d} \tag{9-22}$$

利用式(9-21)和式(9-22)可以求出衰减系数 α_d、排放瓦斯时间为 t 的累计排放瓦斯量 Q_t 和时间为无穷大时的极限排放瓦斯量 Q。在求 α_d 时,可先测定在排放时间为 t_1、t_2 时的钻孔瓦斯流量,再以式(9-21)求得;或按测得的钻孔瓦斯流量随时间变化曲线用最小二乘法回归求得。

考察中同时也发现一些钻孔瓦斯流量的变化量呈现另外的规律,即初始流量较小。随着时间的延长,逐渐增加至最大值,然后再衰减;上升的速度也有快慢不同。

9.4.1.4　钻孔直径

随着钻孔直径的增大,孔壁煤的暴露亦增大,瓦斯涌出量也会增加。经部分矿井的实测,穿层或

顺层钻孔都有相同的效果。抚顺龙凤矿曾在同一个钻场内打相同倾角、长度的直径为 200 mm 和 108 mm钻孔,在相同负压下抽采,直径 200 mm 的钻孔瓦斯流量为 0.086 m^3/min,直径为108 mm的钻孔瓦斯流量为 0.034 m^3/min,直径增加近 1 倍,瓦斯量增加 1.5 倍多;阳泉矿 3 号层钻孔直径由 75 mm增加到 300 mm,瓦斯量增加了 2.4 倍。扩大钻孔直径对提高抽采瓦斯的效果是明显的,有条件时可采用大直径钻孔抽采瓦斯;但由于随着钻孔直径的增大,容易发生卡钻、塌孔和喷孔等故障,影响钻进效率和降低成孔率,因而在生产实践中并没有推广应用扩大钻孔直径提高瓦斯抽采效果的技术,目前一般采用 75 ~ 108 mm 的钻孔。

9.4.1.5 钻孔长度

实践表明,预抽煤层瓦斯钻孔的抽采量是随着钻孔穿入煤体长度的增大而增加的。因此,穿层钻孔应尽量穿透煤层全厚;对厚煤层或特厚煤层也要尽可能地打长钻孔,以提高抽采瓦斯效果。

9.4.2 顺层钻孔预抽

顺层钻孔是在巷道进入煤层后再沿煤层所打钻孔,可以用于石门见煤处、煤巷及回采工作面。在我国采用较多的是回采工作面,主要是在回采工作面准备好后,于回采工作面上按不同的布孔方式抽采一段时间后再采煤,以减少回采过程中的瓦斯涌出量。平顶山、阳泉、淮南、风城、焦作、六枝及淮北等矿区都曾采用,并取得了较好的效果。

9.4.2.1 抽采方式及钻孔布置

(1) 石门穿煤点抽采

即在采区煤巷尚未掘进之前,利用石门见煤点向两侧及顶部打沿煤层扇形钻孔预抽瓦斯。芦岭煤矿采用的是在溜煤联络眼穿煤点向两帮开钻场打扇形钻孔的布置方式,如图 9-76 所示。

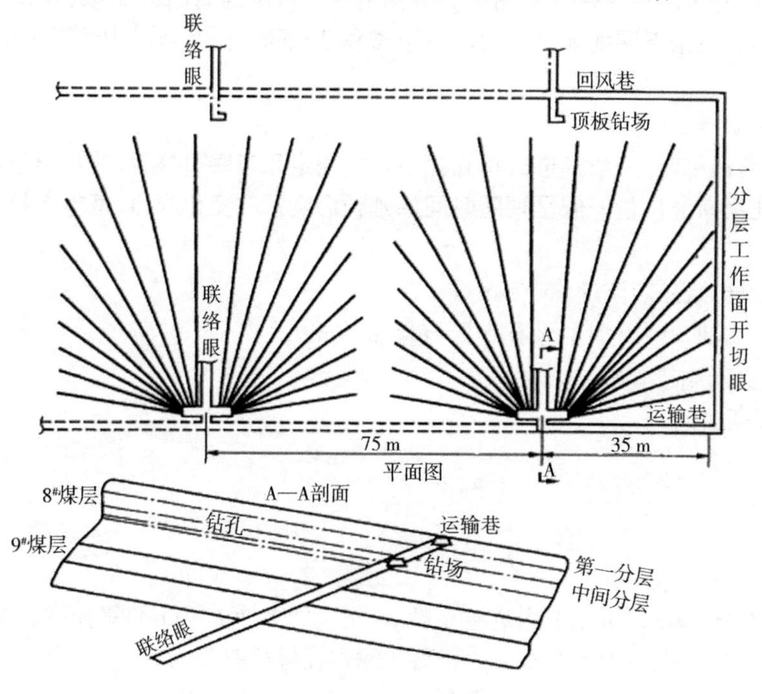

图 9-76 联络眼沿层钻孔布置图

(2) 回采工作面抽采

工作面顺层钻孔预抽时在工作面已有的煤层巷道内,如运输巷、回风巷、切眼等,向煤体施工顺层钻孔,抽采煤体瓦斯,以区域性消除煤体的突出危险性。顺层钻孔的间距与钻孔的抽采半径和抽采时间有关,通常为2~5 m;钻孔长度根据工作面倾向长度设计,且保证钻孔在工作面倾斜中部有不少于10 m的压茬长度。为扩大钻孔与煤层的接触面积,提高抽采效果,也可采用与煤巷斜交的顺层钻孔或扇形顺层钻孔采前抽采。如果煤层厚度较大,在厚度方向上布置一排顺层钻孔不足以充分抽采煤层瓦斯,则可在煤层厚度上布置2~3排钻孔。钻孔设计时应充分考虑布置的均匀性,对因地质构造变化造成的顺层钻孔控制空白带,采取补充措施,切实保障工作面煤层瓦斯能够得到均匀、充分抽采,预抽时间最好在6个月以上,开采时进行随采随抽。彬长矿区大佛寺矿40110工作面采前顺层钻孔布置见图9-77。

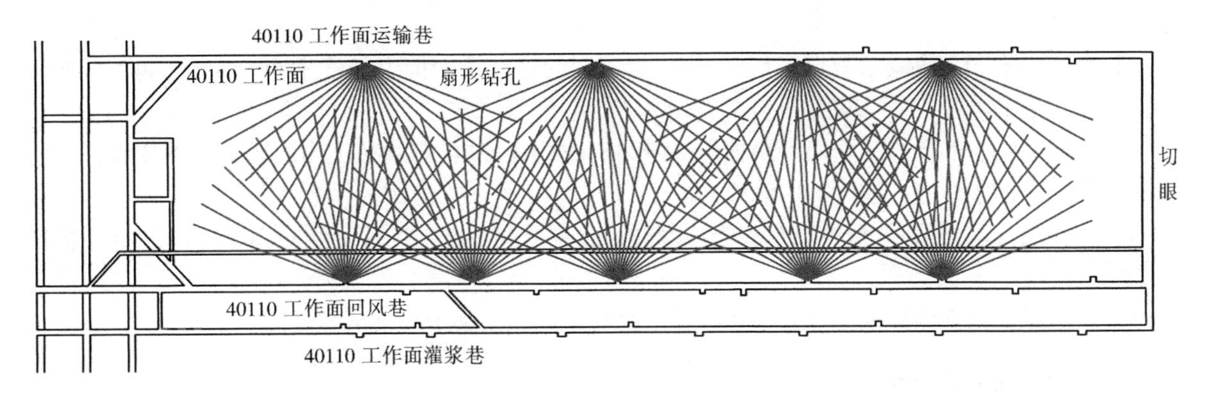

图9-77　工作面采前顺层钻孔布置示意图

除此之外,一些矿井还在切眼、工作面等位置布置不同方式的顺层钻孔,各有其优缺点:

① 切眼内打沿走向的钻孔只能在回采工作面回采之前预抽一段时间,工作面开始回采时抽采瓦斯即要停止;受钻孔深度的限制,难以控制整个回采工作面。

② 平行和斜交工作面的钻孔,不仅可在回采工作面回采前预抽,回采期间仍可继续抽采,抽采钻孔只是随工作面推进逐步报废,并且还可抽采工作面前方的一段卸压瓦斯。

③ 上向孔打钻排粉容易,孔内不积水,抽采效果好;下向孔相应地排粉条件差,易卡钻,钻孔中若有积水,则影响抽采,需采取排水措施。

④ 一个钻场内打一个孔,钻孔在面上分布均匀,钻场数量多。一个钻场内打多个孔,钻场数量虽可减少,但钻孔在面上分布不均匀。

⑤ 在运输巷打下向孔,可提前预抽下阶段的瓦斯,使预抽有充分的时间。

⑥ 交叉钻孔可利用钻孔周围的应力叠加扩大塑性区的范围和连通性,可增加煤体的裂隙和透气性,达到提高预抽瓦斯的效果,方法简单易行。

总的来说,顺层钻孔与穿层钻孔相比,具有钻进速度快、费用低和钻孔抽采瓦斯的有效孔段长等优点;但存在封孔不易严密、深孔施工困难等缺点,特别是在松软煤层中打钻,容易塌孔和卡钻,在目前的施工条件下,顺层钻孔一般平均只能达到50 m左右,有些矿井也可达到80~100 m。

9.4.2.2　钻孔瓦斯流量

对于顺层钻孔的瓦斯流量,由于各个矿井和煤层的条件不同,包括煤层赋存状态、厚度、瓦斯压力、含量以及钻孔布置方式和长度、直径等的不同,也有差异。

9.4.2.3　瓦斯抽采应达到的指标

突出煤层工作面采掘作业前必须将控制范围内的煤层的瓦斯含量降到煤层始突深度的瓦斯含量以下或将瓦斯压力降到煤层始突深度的煤层瓦斯压力以下。若没能考察出煤层始突深度的煤层瓦斯含量或压力,则必须将煤层瓦斯含量降到8 m^3/t以下,或将煤层瓦斯压力降到0.74 MPa(表压)以下，控制范围如下[3]：

① 预抽区段煤层瓦斯的钻孔应当控制区段内的整个回采区域、两侧回采巷道及其外侧如下范围内的煤层：倾斜、急倾斜煤层巷道上帮轮廓线外至少 20 m，下帮至少 10 m；其它煤层为巷道两侧轮廓线外至少各 15 m。以上所述的钻孔控制范围均为沿煤层层面方向（以下同）。

② 穿层钻孔预抽煤巷条带煤层瓦斯区域防突措施的钻孔应当控制整条煤层巷道及其两侧一定范围内的煤层。该范围与①中回采巷道外侧的要求相同。

③ 穿层钻孔预抽井巷（含石门、立井、斜井、平硐）揭煤区域煤层瓦斯时，应当控制井巷及其外侧一定范围内的煤层，并在揭煤工作面距煤层最小法向距离 7 m 以前实施（在构造破坏带应当适当加大距离）。

④ 顺层钻孔预抽煤巷条带煤层瓦斯时，应当控制的煤巷条带前方长度不小于 60 m 和煤层两侧一定范围，该范围与①中回采巷道外侧的要求相同。

⑤ 当煤巷掘进和采煤工作面在预抽防突效果有效的区域内作业时，工作面距未预抽或者预抽防突效果无效范围的前方边界不得小于 20 m。

⑥ 厚煤层分层开采时，预抽钻孔应当控制开采分层及其上部法向距离至少 20 m、下部 10 m 范围内的煤层。

⑦ 应当采取措施确保预抽瓦斯钻孔能够按设计参数控制整个预抽区域。

9.4.3 煤矿瓦斯抽采区域划分

煤层瓦斯开发是一项高投资、高风险、投资回收期长的产业。为了减少投资、降低风险，煤层瓦斯开发需要遵循统筹规划、勘探先行、重点突破、滚动开发的原则，实现井上下协同立体式开发。与纯商业性的煤层瓦斯开发不同，煤层瓦斯开发的目的是在获取资源的同时消除瓦斯事故隐患。因此，煤层瓦斯开发必须与煤炭生产紧密结合，以确保良好的经济效益和安全条件。

以彬长集团所属的 5 对矿井为例，根据煤炭生产时空接替规律，将煤矿瓦斯抽采区域划分为生产区、准备区和规划区[54]（图 9-78）。

规划区一般在 8 a 以后才会进行回采作业，留有充分的煤层瓦斯预抽时间，规划区受煤炭采掘影响较小，以地面抽采为主，根据地质、地形、资源等因素，合理布置地面井进行预抽。

基于目前国内外不同煤层瓦斯开发方式的技术、工艺要求，以及抽采效果和服务年限，确定在不同区域采用不同的煤层瓦斯开发方式（表 9-25）。

表 9-25　煤层瓦斯开发区域划分及开发方式

开发区域	煤层瓦斯抽采方式	与煤炭生产关系
生产区	地面采动区开发、井下瓦斯抽采	受煤炭采掘影响显著
准备区	地面定向井、垂直井煤层瓦斯抽采	受煤炭采掘影响较小
规划区	各种地面煤层瓦斯抽采方式	不受煤炭采掘影响

以瓦斯含量为主要指标为瓦斯抽采区域划分提供依据[55]（图 9-79），综合考虑煤层瓦斯地质特征、瓦斯地质条件、煤炭开采强度和煤矿通风安全措施等因素，建立最高允许含气量 C 的数学模型[56]：

$$C = C_{iC}(1 - R_{j}) + \beta_{c}\varepsilon \frac{M_{c}S_{h}v_{h}}{nP} \tag{9-23}$$

式中　C_{iC}——原始瓦斯含量，m^3/t；

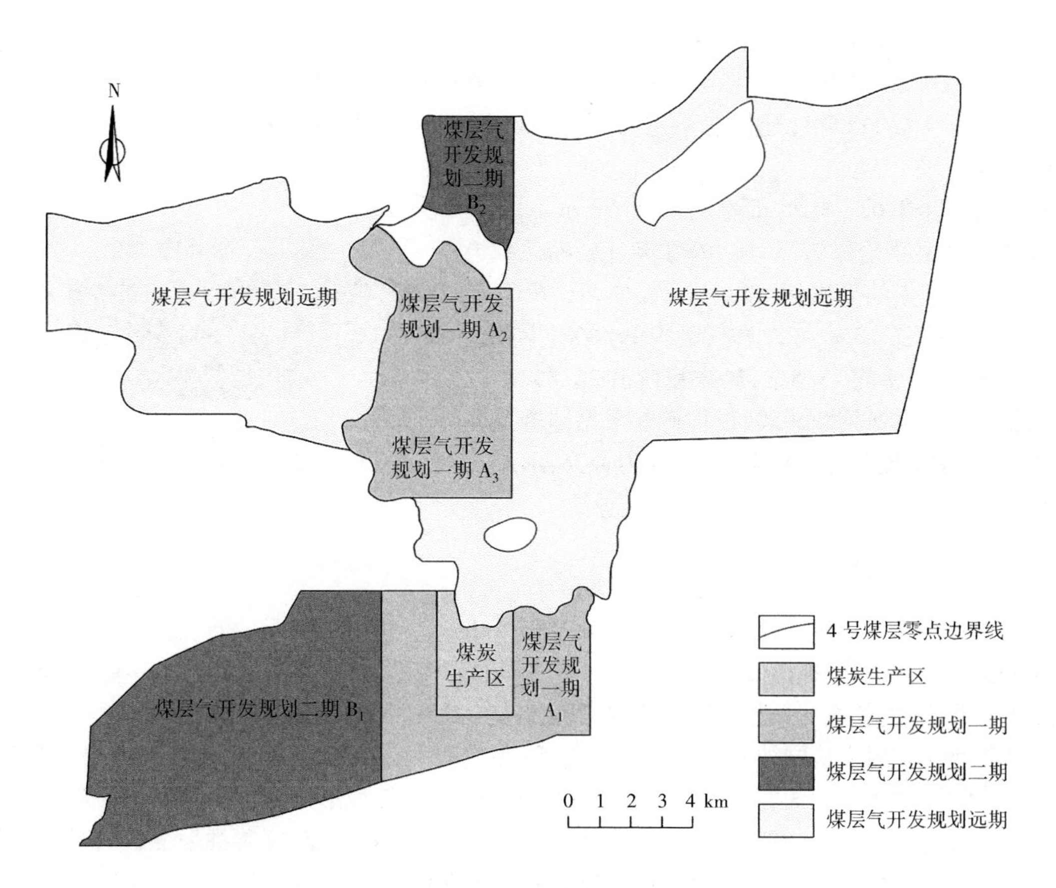

图 9-78　彬长矿区瓦斯抽采区域划分

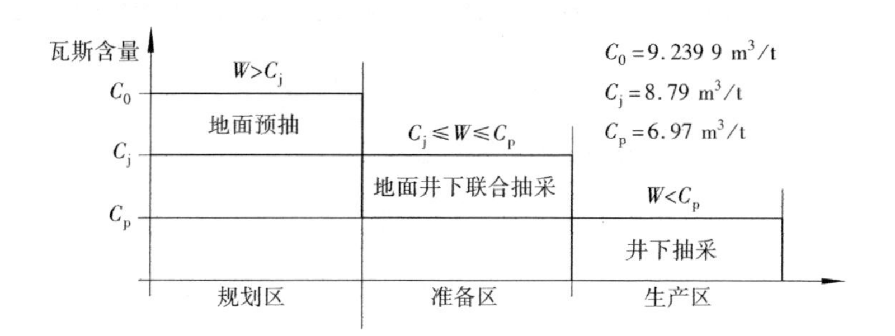

图 9-79　瓦斯抽采区域划分指标及相应抽采模式

W——煤层瓦斯含量；C_j——矿井开拓掘进允许的瓦斯含量；

C_p——工作面回采允许的瓦斯含量

R_j——煤层瓦斯解吸率，%；

β_c——煤炭资源采出率，%；

ε——综合影响因子；

M_c——回风流中瓦斯最高允许体积分数，%；

S_h——回风巷断面积[9]，m^2；

v_h——回风巷最高允许风速，m/s；

n——掘进工作面前方影响距离与工作面推进速度的比值；

P——单位时间煤炭产量,t/s。

根据大佛寺煤矿实测,$C_{iC}=9.2399\ \mathrm{m^3/t}$;$R_j=40.2\%$;$\beta_e=78.67\%$;$\varepsilon=0.95\sim1.05$;$M_e=1.5\%$;$S_h=22\ \mathrm{m^2}$;$v_h=4\ \mathrm{m/s}$;$n=4$;开拓前单位时间煤炭产量 $P_j=0.08$ t/s;回采前单位时间煤炭产量 $P_p=0.18$ t/s。

计算得:$C_j=8.63\sim8.95\ \mathrm{m^3/t}$,平均 $8.79\ \mathrm{m^3/t}$;$C_p=6.9\sim7.04\ \mathrm{m^3/t}$,平均 $6.97\ \mathrm{m^3/t}$。全矿井瓦斯抽采率为73.2%。三区瓦斯抽采比例:规划区3.2%~6.6%,平均4.9%;准备区17.3%~22.3%,平均19.8%;生产区47.8%~49.3%,平均48.5%;风排瓦斯占26.8%。三区瓦斯抽采比例分布见图9-80,根据矿井采掘部署及地质条件,三区抽采比例可以动态调整,互为补充,形成灵活、高效、安全的抽采体系。

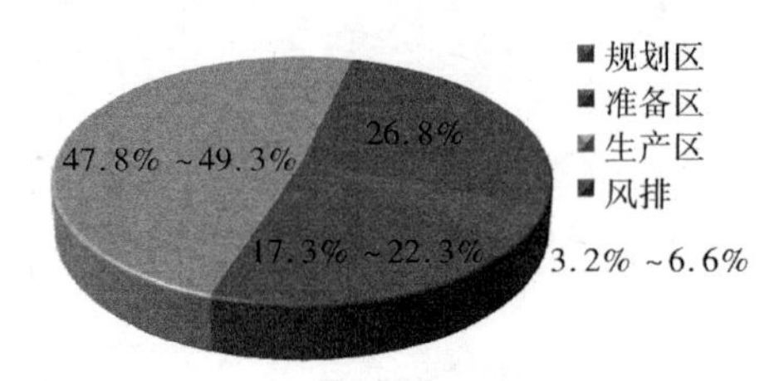

图9-80　三区瓦斯抽采比例分布

9.4.4　煤矿瓦斯区域时空协同抽采模式

基于瓦斯抽采和煤炭开采的时空接替,通过理论研究和彬长矿区工程实践,提出煤矿瓦斯区域时空协同抽采模式,通过地面抽采与井下抽采在时间和空间上的有机结合,为煤炭开采创造安全条件,真正做到"以采气保采煤,以采煤促采气"。

煤矿瓦斯区域时空协同抽采模式的特点包括:在空间上体现为井上下联合,地面抽采服务年限长,覆盖面积广,而由于地面井设计时要考虑村庄、河流、山谷等地形因素和采掘部署因素,难免有覆盖不到的瓦斯富集区域,此时利用井下抽采对地面抽采形成有效补充,完善抽采覆盖面,消除瓦斯富集区,形成整体、均匀抽采;在时间上体现为规划区实施地面预抽,准备区实施井上下联合抽采,生产区实施井下抽采[57];在方式上体现为采动卸压与瓦斯抽采相结合,采前预抽、随采随抽、采后抽采相结合。煤矿瓦斯区域时空协同抽采模式如图9-81所示,抽采方式空间布置如图9-82所示。

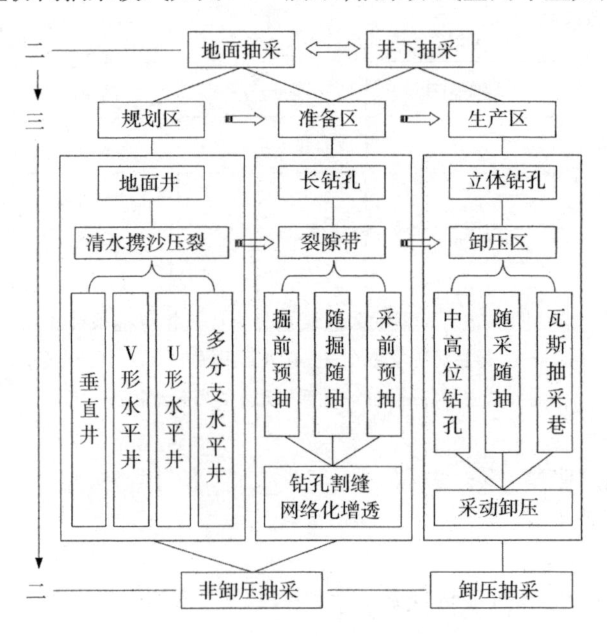

图9-81　煤矿瓦斯区域时空协同抽采模式

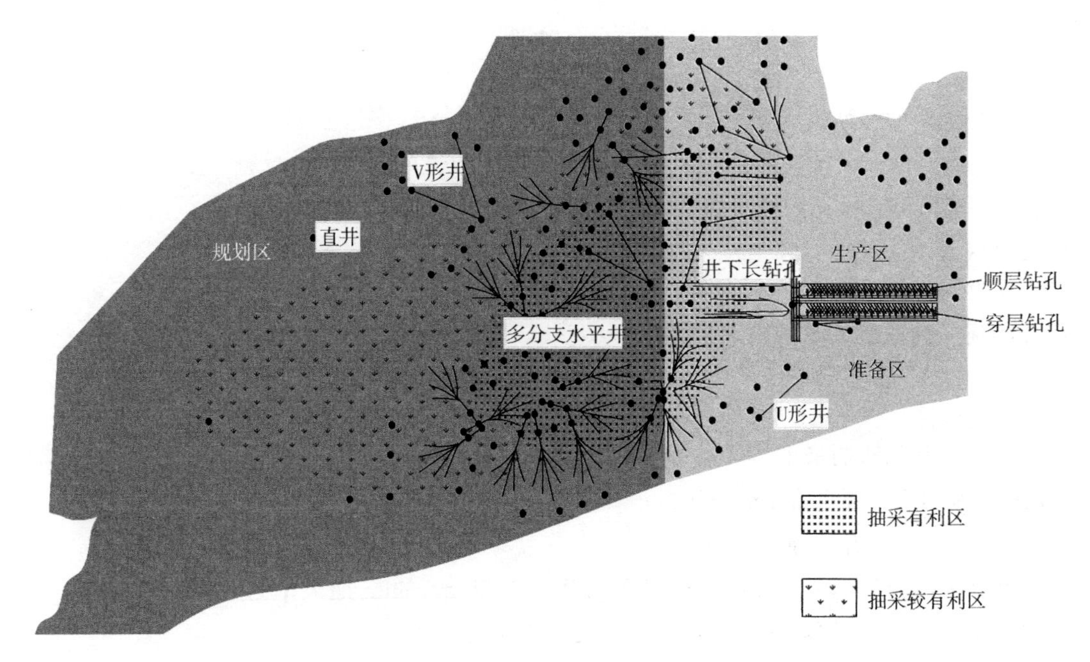

图 9-82　煤矿瓦斯区域协同抽采空间布置

9.4.4.1　规划区——地面多井型引导式高浓度瓦斯抽采技术

规划区实施地面井引导式高浓度抽采,以地面井为引导实施采前预抽。垂直井和水平分支井相结合,在煤层内形成抽采覆盖面,并通过水力压裂强化增流,提高瓦斯抽采效果[58]。规划区受采动影响小,瓦斯浓度高,可以直接利用;地面预抽服务年限长,能实现瓦斯治理与安全生产的良好衔接。远期规划区地面瓦斯预抽的优势是不受空间、时间限制,可以提前 8 ~ 10 a 在地面布置大规模井群,进行大面积抽采,既可提高抽采效果,又可形成产业规模,而且钻孔还可替代地质勘探钻孔,真正实现一井多用。

9.4.4.2　准备区——井下长钻孔立体网络化递进式抽采技术

随着矿井生产接替,规划区转变为准备区时,井下正进行开拓巷道的掘进,这时要及时调整瓦斯抽采方案,在规划区地面预抽的基础上,利用千米钻机施工顺层水平长钻孔,贯通已有的地面井压裂裂隙,构成立体抽采网络。为提高钻孔预抽效果,应改进钻孔布置方式,并优化选择钻孔密度、孔径和孔深等参数[59],防止因钻孔间距过小抽采效应重叠或钻孔间距过大存在抽采空白带。

9.4.4.3　生产区——井下立体钻孔主动递进式卸压瓦斯抽采技术

生产区主要进行井下抽采,采用递进式瓦斯抽采方式,在掘进多条巷道布置的回采工作面时,在外侧巷道内提前向下一个邻近工作面施工长钻孔,其长度能覆盖下一个工作面两侧的巷道条带[60],在掘进本工作面期间就提前对下一个工作面的掘采区域进行抽采,保证下一个工作面有 1 ~ 3 a 的抽采时间;下一个工作面的巷道掘进在已抽采 1 ~ 3 a 的条带内进行,回采工作面瓦斯含量也降到了较低水平,如此递进式向前推进[61],在时间和空间上提前解决回采工作面的瓦斯问题,保证抽、掘、采的正常接替。

9.4.5　煤矿瓦斯区域抽采效果评价体系

9.4.5.1　矿井瓦斯抽采效果分析方法

(1) 工作面瓦斯抽采率

工作面瓦斯抽采率是指工作面瓦斯抽采量占工作面瓦斯总涌出量的百分比,计算公式:

$$\eta_1 = \frac{100q_c}{q_c + q_f} \tag{9-24}$$

式中 η_1——工作面瓦斯抽采率,%;

q_c——工作面瓦斯抽采量,m^3/min;

q_f——工作面风排瓦斯量,m^3/min。

根据上式,计算工作面瓦斯抽采率为73.2%。

(2) 矿井瓦斯抽采率

矿井的瓦斯抽采率计算公式:

$$\eta_2 = \frac{100q_c}{q_c + q_f} \tag{9-25}$$

式中 η_2——矿井瓦斯抽采率,%;

q_c——矿井瓦斯抽采量,m^3/min;

q_f——矿井风排瓦斯量,m^3/min。

矿井瓦斯涌出量为169.03 m^3/min,抽采量为103.88 m^3/min,抽采率为61%。工作面及矿井瓦斯抽采率均符合瓦斯抽采基本指标的要求,达到了预期的目标。

(3) 瓦斯抽采率分析

以40110工作面为例,对煤矿瓦斯区域时空协同抽采模式瓦斯抽采率进行分析。40110工作面可采储量为355万t,原始瓦斯含量为9.2 m^3/t,瓦斯总量为3 266万 m^3。

① 规划区:地面井中,DFS—01井覆盖40110工作面回采区域,DFS—01井于2009年7月4日开始排采,由于该井处于40110工作面区域,40108工作面的掘进与回采影响了该井的产水产气,导致不出水不出气,于2011年3月12日结束排采,排采时间共计617 d,期间累计产气41.64万 m^3,最高日产气量为1756.15 m^3,最低日产气量为39.48 m^3。

② 准备区:准备区瓦斯抽采包括40110运输巷、回风巷、灌浆巷等巷道的随掘随抽,40110运输巷、回风巷中顺层钻孔采前预抽。根据统计,准备区瓦斯抽采总量为807.47万 m^3。

③ 生产区:生产区瓦斯抽采包括40110运输巷、回风巷中顺层钻孔随采随抽,灌浆巷高位、中位钻孔抽采以及高抽巷穿层钻孔抽采。根据统计,准备区瓦斯抽采总量为1 723.96万 m^3。

采用煤矿瓦斯区域时空协同抽采模式的40110工作面的瓦斯抽采率为:

$$\frac{41.64 + 807.47 + 1\ 723.96}{3\ 266} \times 100\% = 78.78\%$$

图9-83给出了三区瓦斯抽采比例,对比图9-80可知,规划区瓦斯抽采比例(1.6%)低于理论值(3.2%~6.6%),导致准备区和生产区需要抽采更多瓦斯,准备区抽采比例(24.4%)和生产区抽采比例(52.8%)稍高于理论值,地面抽采的不足给井下采掘作业带来压力,应延长地面井抽采时间或增加地面井数量以达到瓦斯高效抽采。

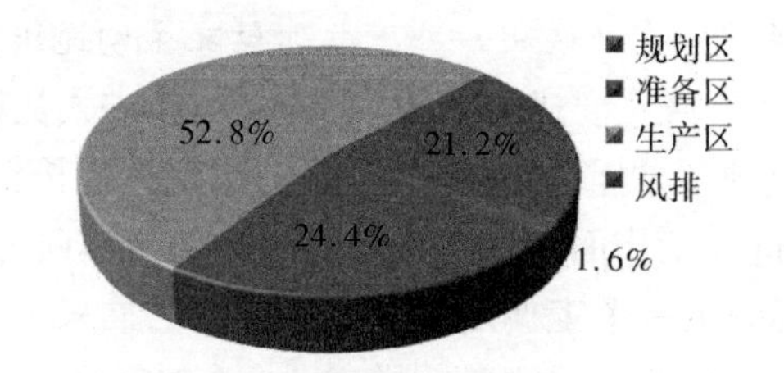

图9-83 40110工作面三区瓦斯抽采比例

再对DFS—02—V井抽采情况进行考察。截至2013年8月30日,累计产气841.63万 m^3,DFS—02—V井覆盖区域煤量为1 201万t,原始瓦斯含量按9.2 m^3/t计算,瓦斯总量为11 049.2万 m^3。抽采率按73.2%计算,则规划区地面井瓦斯抽采比例为10.4%,大于理论值(4.3%~9%),因此,此区域规划区抽采已经达标，可以进入准备区作业；同时，由于规划区瓦斯抽采比例较高，准备区和生产区的抽采比例可以适当调低，减少钻孔数、缩短抽采时间以达到高效抽采。

（4）三区抽采瓦斯浓度分布规律

由于三区处于不同的生产阶段，抽采方式与煤层卸压情况大不相同，因而抽采浓度差异较大。规划区地面井抽采浓度普遍较高，平均浓度为67.39%；准备区和生产区抽采浓度均低于30%，图9-84、图9-85和图9-86分别给出规划区、准备区和生产区的瓦斯抽采浓度分布，准备区瓦斯抽采平均浓度为8.26%，生产区瓦斯抽采平均浓度为7.61%。

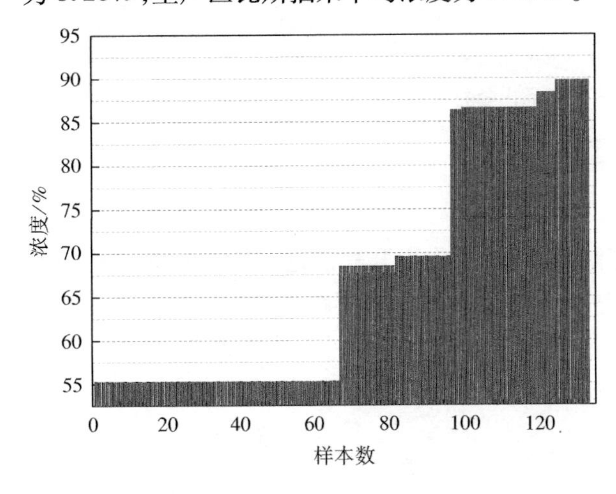

图9-84　规划区抽采瓦斯浓度分布

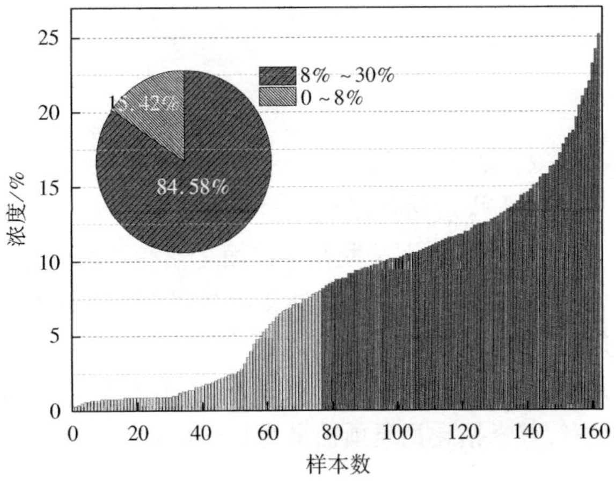

图9-85　准备区抽采瓦斯浓度分布

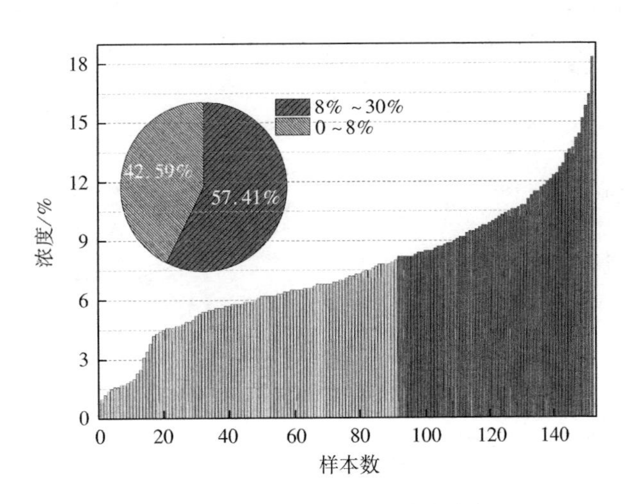

图9-86　生产区抽采瓦斯浓度分布

9.4.5.2　本煤层钻孔瓦斯抽采效果分析

（1）钻孔自然瓦斯涌出特征

表征钻孔自然瓦斯涌出特征的参数有钻孔自然初始瓦斯涌出强度（q_0）和钻孔自然瓦斯流量衰减系数（a）。图9-87为40104工作面预抽试验考察钻孔自然瓦斯涌出特征曲线。由图可以得出以下结论：

① 钻孔自然瓦斯涌出量较大，表明煤层透气性较好，瓦斯预抽较容易。

② 在自然排放瓦斯的条件下，如果排放时间足够长（$t\rightarrow\infty$），煤层百米钻孔（ϕ75 mm）的极限瓦斯涌出量可达到10 160 m^3。

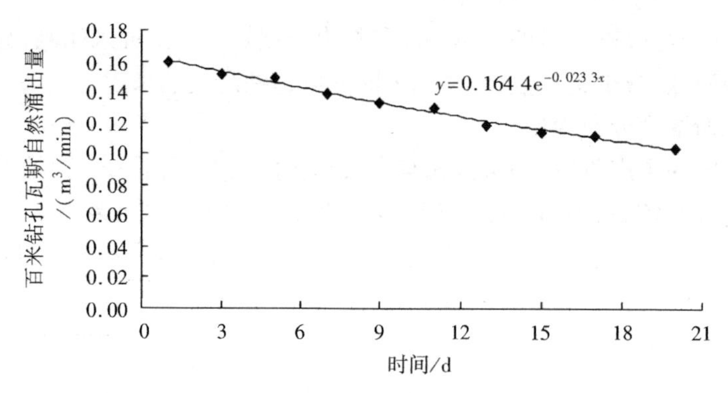

图 9-87 预抽钻孔自然瓦斯涌出特征曲线

(2) 钻孔瓦斯抽采特征

① 本煤层钻孔瓦斯预抽量

40104 工作面采取在工作面运输巷及回风巷打倾斜钻孔,工作面开采前进行煤层瓦斯预抽的方法,预抽考察钻孔抽采瓦斯量随时间变化曲线如图 9-88 所示。通过对 3 个预抽钻孔为期 1 个月的考察发现,回风巷 87 号孔的抽采量明显高于其它钻孔,钻孔瓦斯预抽量的大小与钻孔孔径、孔深等参数有关。钻孔瓦斯预抽量为 0.001 8 ~ 0.075 8 m^3/min,平均为 0.038 8 m^3/min,钻孔平均深度为 126 m 左右,百米钻孔瓦斯预抽量为 0.030 8 m^3/min。

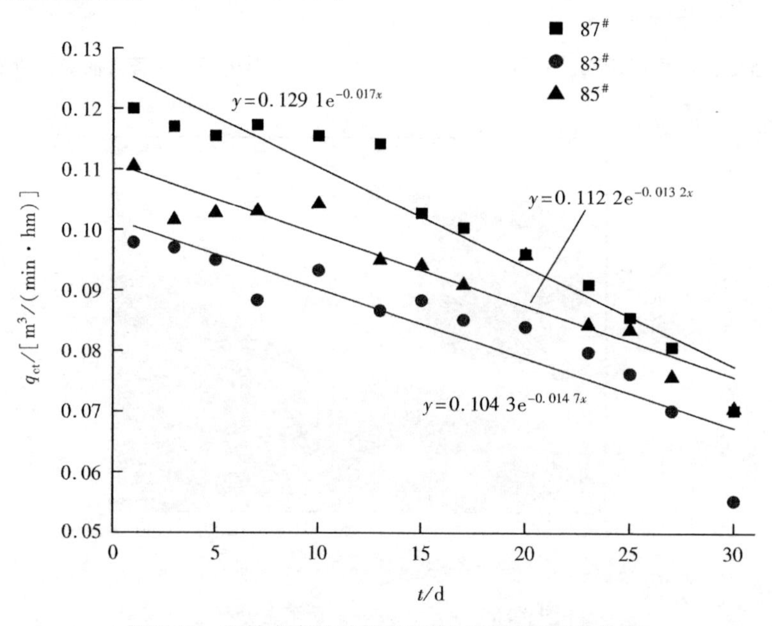

图 9-88 预抽考察钻孔抽采瓦斯量随时间变化曲线

随着钻孔长度的增加,煤层暴露面积及钻孔控制范围逐渐增大,瓦斯抽采量随之增加。而钻孔直径对瓦斯抽采量及抽采效果影响更大,由于大孔径钻孔煤层暴露面积较大,有利于瓦斯的释放;另外,大孔径钻孔容易坍塌并致裂,改善煤层透气性,有利于瓦斯抽采。因此,小孔径的钻孔与大孔径相比,其抽采效果要差一些。煤层瓦斯流动理论及瓦斯抽采实践表明,孔径增大 10 倍,钻孔瓦斯流量增加 2 倍。所以,在避免塌孔堵塞抽采通道的前提下,应尽量扩孔,以提高抽采效果。但是,当钻孔孔径很大时,钻进工艺将有一定困难,特别是从岩层向煤层打钻施工就更为困难。通过效果考察,该矿最佳预抽钻孔施工参数见表 9-26。

表 9-26　预抽钻孔参数表

钻孔类别	钻孔与巷道夹角/(°)	钻孔水平角度/(°)	钻孔直径/m	孔深/m	孔间距/m
40104 回风巷顺层钻孔	工作面前 100 m 为 90°,以后 150°	−1 ~ −4	113	150	5
40104 运输巷顺层钻孔	工作面前 40 m 为 90°,以后 30°	0 ~ 4	113	150	5

② 本煤层钻孔瓦斯随采随抽量

随采随抽钻孔的瓦斯抽采量为 0.032 7 ~ 0.230 9 m^3/min,平均为 0.131 8 m^3/min,钻孔平均深度为 126 m 左右,百米钻孔瓦斯抽采量为 0.105 m^3/min。

从图 9-89 可以看出,随采随抽钻孔的瓦斯抽采量与钻孔孔径及其与工作面巷道的夹角有关。即孔径越大,煤壁暴露面积越大,瓦斯在孔内流动阻力越小,抽采量越大;与工作面巷道夹角越小,钻孔穿过卸压带长度越大,抽采量越大。在打钻过程中,影响瓦斯抽采量的因素较多,如封孔质量、塌孔情况、工作面连续生产情况、钻孔在煤层中的轨迹、泵的运转情况等,这些综合因素都可能对瓦斯抽采量产生影响,所以必须提高打钻质量才能保证瓦斯抽采量的稳定性。

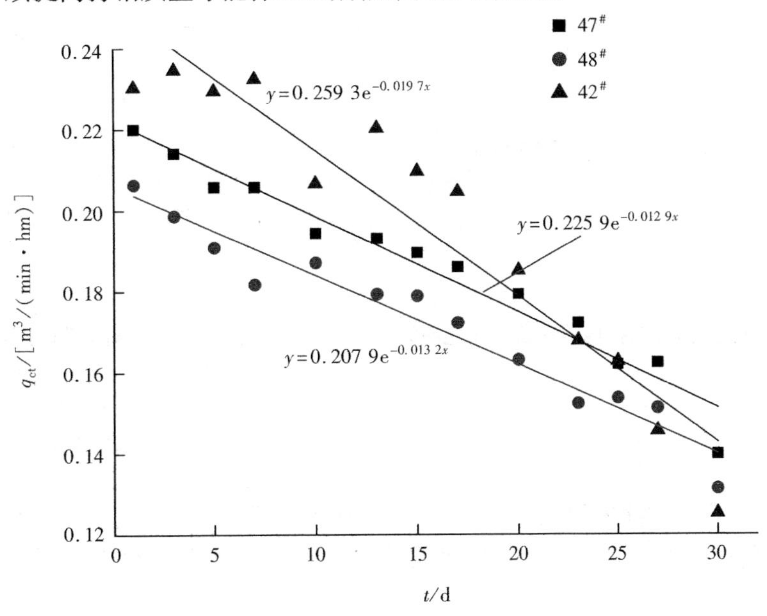

图 9-89　随采随抽考察钻孔抽采瓦斯量随时间变化曲线

另外,从预抽钻孔与随采随抽钻孔瓦斯抽采量的对比可知,随采随抽钻孔瓦斯抽采量约为预抽钻孔抽采量的 2 倍,这是因为随采随抽钻孔可以利用工作面前方卸压效应抽采工作面卸压带内的瓦斯。

从预抽钻孔自然瓦斯涌出与抽采钻孔瓦斯产出的对比可以发现,不同孔径的钻孔都不同程度地存在着钻孔瓦斯抽采量衰减系数低于钻孔自然瓦斯涌出量衰减系数、极限抽出量大于钻孔极限自然瓦斯涌出量的现象。这种现象是抽采的必然结果,因为抽采时钻孔内存在负压,同钻孔自然排放瓦斯时相比,负压的存在加大了钻孔周边煤体与孔壁间的压力梯度,使钻孔周围煤体向孔内涌出瓦斯的范围与程度加大,必然会造成极限抽出量高于极限自然涌出量以及抽出量衰减低于自然涌出量衰减系数。

③ 预抽钻孔封孔长度及钻孔间距的确定

由于大佛寺矿煤层裂隙发育,封孔深度小可能引起漏气,因此需加大封孔深度及封孔段长度,封孔管前端 1 ~ 1.2 m 用聚氨酯封孔,聚氨酯利用两根胶管用压风封孔器注入孔内。封孔深度 6 ~ 10 m,使钻孔封严。本次实验考察了不同封孔深度对预抽钻孔抽采效果的影响,从而确定最佳的封孔深度以提高瓦斯抽采浓度。从图 9-90 可以看出，预抽钻孔的抽出瓦斯量为0.137 6 ~ 0.404 3 m^3/min,平均为0.271 m^3/min。封孔长度 10 m 的 128 号钻孔抽采瓦斯效果最好，其抽采瓦斯量比封孔长度6 m 的 127 号钻孔多了将近 25%，建议大佛寺煤矿尽可能提高钻孔的封孔深度，从而提高瓦斯抽采量。

要想提高瓦斯抽采量，增加抽采钻孔数量无疑是最好的选择。在一定空间内，增加钻孔的数量就是增加钻孔的密度，或者说缩小钻孔间距。合理的钻孔间距，可以起到提高煤层瓦斯抽采量的明显作用，而钻孔数量过少、间距过大，或孔数过多、间距过小，都会影响抽采效果。因为每个钻孔都有自己的瓦斯流动范围，只有在各个钻孔的流动范围互不干扰的条件下，适当的增加钻孔的密度才能经济有效地提高煤层瓦斯抽采效果。从图 9-91 中可以明显看出最佳钻孔间距与钻孔流动影响范围的关系。

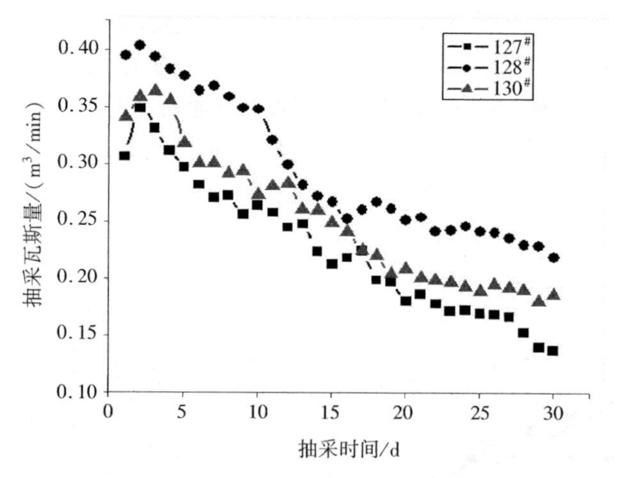

图 9-90 不同封孔深度的预抽钻孔抽采瓦斯量变化曲线

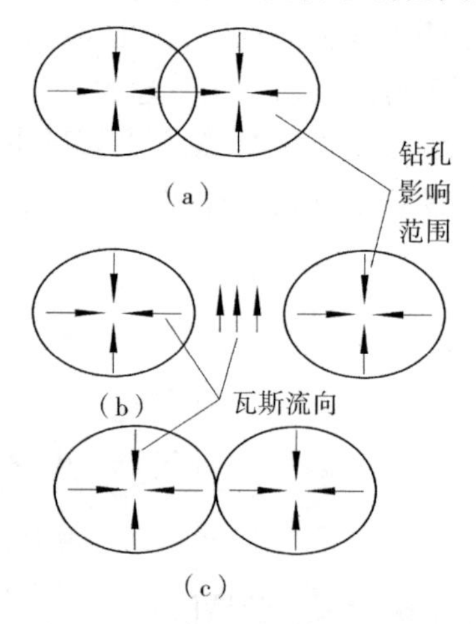

图 9-91 不同钻孔间距抽采效果

(a) 间距太小，相互干扰，抽采量较小；

(b) 间距太大，钻孔影响范围外的瓦斯得不到抽采；

(c) 最佳钻孔间距

为了确定预抽采孔最佳抽采间距，在工作面试验中，设计了 3 m、5 m、8 m 孔间距进行预抽采效果考察。采用“抽采量观测法”考察效果，全部封孔并接入抽采系统，测试钻孔流量。通过考察确定合理间距，见图 9-92。

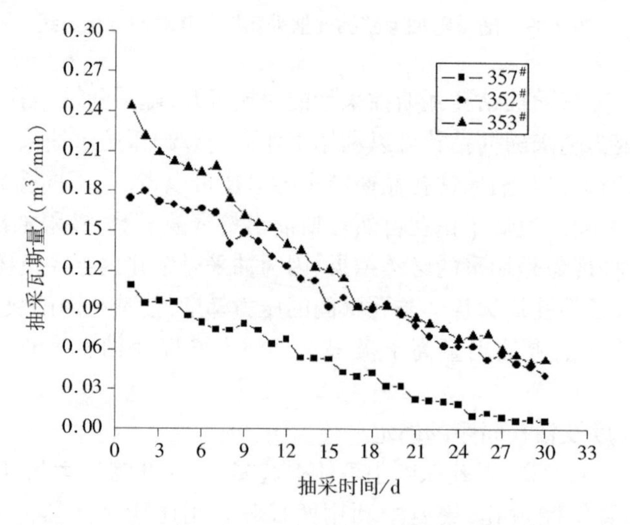

图 9-92 不同孔间距的抽采钻孔瓦斯抽采量变化曲线

从图9-92可以看出,预抽钻孔的抽出瓦斯量为0.006 2 ~0.244 m^3/min,平均为0.125 1 m^3/min。3 m间距的357号钻孔抽采量比5 m间距的353号钻孔瓦斯抽采量少了将近1倍;8 m间距的352号钻孔抽采量比353号钻孔瓦斯抽采量少了大约1/3,所以我们可以确定大佛寺煤矿预抽采孔最佳抽采间距是5 m。

(3) 钻孔控制范围内瓦斯抽出率

在抽采瓦斯期间,工作面推进1 900 m,抽采钻孔控制范围内可解吸瓦斯量为:

$$W_{储} = l_w h_w \sin\alpha m \gamma_{煤}(W_0 - W_c) \tag{9-26}$$

式中　$W_{储}$——煤层瓦斯可解吸量,m^3;

l_w——工作面推进长度,m,取1 900 m;

h_w——抽采钻孔深入工作面平均长度,m,取120 m;

m——煤层厚度,m,取17 m;

$\gamma_{煤}$——煤的容重,t/m^3,取1.32 t/m^3;

W_0——煤的原始瓦斯含量,m^3/t,取6.44 m^3/t;

W_c——煤的残存瓦斯量,m^3/t,取1.85 m^3/t。

由上式可算出 $W_{储}$=1 900×sin 60°×120×17×1.32×4.62=20 470 587.49 m^3,在此区段共抽出瓦斯615.47万m^3,抽采率为30.01%。

9.4.5.3　倾向卸压钻孔瓦斯抽采效果分析

40104工作面在瓦斯抽采巷向垮落带、裂隙带施工倾向卸压钻孔抽采采空区瓦斯,垮落带内钻孔成为中位孔,裂隙带内钻孔成为高位孔。经考察,抽采钻孔距滞后切眼超过50 m钻孔内便检测到CO气体,抽采钻孔距切眼小于30 m则效果不好。最终确定倾向钻孔的抽采范围控制在距切眼30~50 m之内。倾向钻孔示意图见图9-93及图9-94。

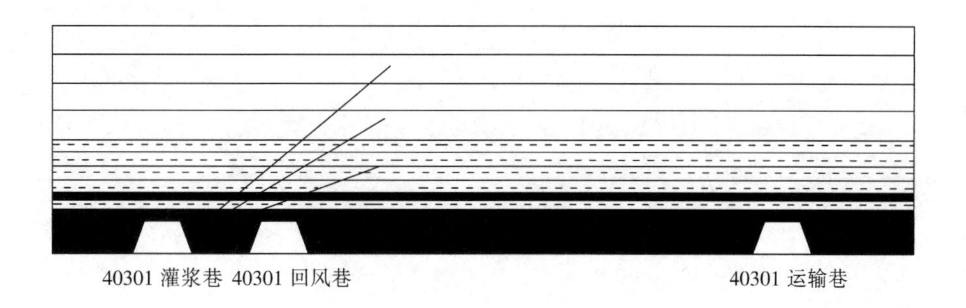

图9-93　灌浆巷钻孔示意图

高位卸压抽采钻孔瓦斯抽采量变化曲线如图9-95所示。由图9-95可知,单孔抽采量为0.009 6 ~0.291 6 m^3/min,平均为0.150 6 m^3/min。通过对高位卸压抽采钻孔的考察,钻孔抽采前几天正处于卸压带内,抽采瓦斯量逐渐增大,当超过卸压带时,钻孔基本上被破坏,抽采瓦斯量开始减小。5号钻孔抽采效果最好,建议其它的钻孔终孔层位尽量与5号钻孔一致。最佳高位卸压抽采施工参数见表9-27。

采后卸压抽采是用1#瓦斯抽采系统进行抽采的,工作面达产时采后卸压抽采瓦斯量最高可抽出28 m^3/min(见图9-96),极大地解决了上邻近层和采空区瓦斯过大的问题,为工作面的正常生产发挥了重要作用。

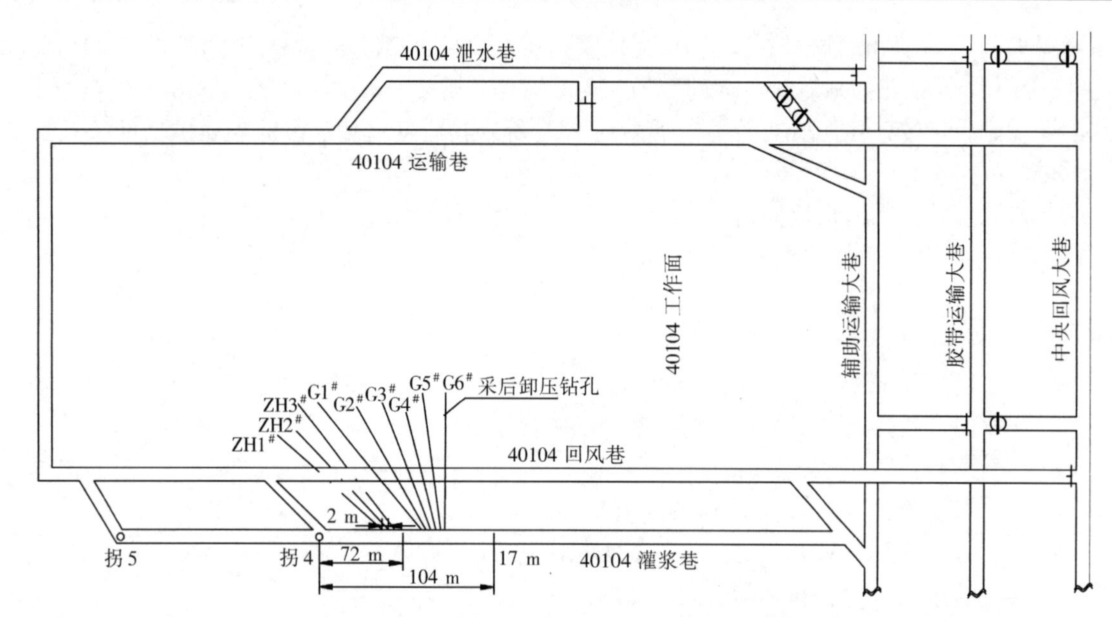

图 9-94　灌浆巷高位卸压钻孔抽采上邻近层瓦斯示意图

表 9-27　卸压钻孔抽采参数表(扇形孔)

孔号	方位角	仰角	孔深/m	孔径/mm	开孔高度/m	孔间距/m
G1#	140°	15°40′	60	153	2.5	2
G2#	147°	17°	55	153	2.5	2
G3#	155°	18°20′	50	153	2.5	2
G4#	162°	19°	48	153	2.5	2
G5#	170°	19°40′	45	153	2.5	2
G6#	180°	20°	45	153	2.5	2
ZH1	135°	10°	40	133	2	2
ZH2	140°	10°	40	133	2	2
ZH3	155°	11°	40	133	2	2

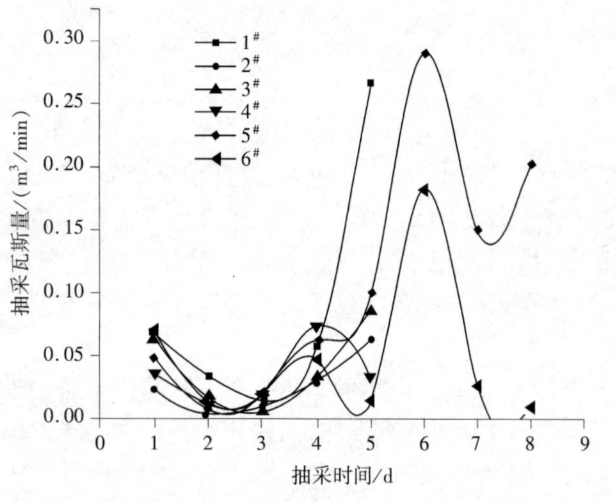

图 9-95　高位卸压抽采钻孔瓦斯抽采量变化曲线

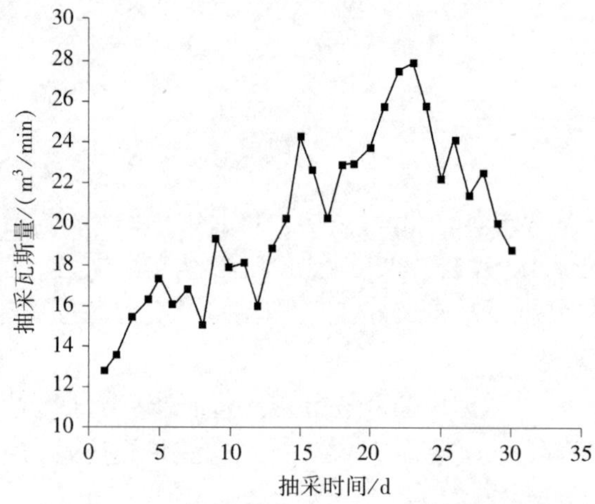

图 9-96　达产时采后卸压抽采瓦斯量变化曲线

9.5　水压控制爆破强化瓦斯抽采理论及技术

水压爆破是将炸药置于受约束的有限水域（如充满水的炮孔、深孔和药室以及容器状构筑物或建筑物）内，当炸药爆炸的时候，利用水作为传能介质来传递炸药爆炸时所产生的能量和压力，以此来破碎周围介质的爆破方法[62]。水压爆破最初是用于城市建筑物的拆除，早在20世纪40年代末期，挪威、瑞典等国就在城市进行过水压爆破拆除建筑物的尝试，并取得了成功。进入50年代，水压爆破技术迅速在世界各国得以推广，成为城市建筑物拆除爆破中一种较安全且先进的爆破技术[63]。我国应用水压爆破技术始于50年代。80年代中期，山东洪山铝土矿为解决爆破后粉矿率过高和资源利用率低的问题，首次在井下房柱法采场中，在直径60 mm和深度小于8 m的中深孔中进行了水压爆破试验，并取得了成功。1984年，中国科技大学采用水压爆破新技术成功地将一幢三层大板楼原地炸塌。2002年水压爆破成功应用于渝怀铁路歌乐山隧道的掘进施工中，取得了明显的优势和经济效益。

9.5.1　水压爆破机理

关于水压爆破机理，许多学者进行过研究，观点各异。对水压爆破机理的分析，有学者认为可以分为两种观点。第一种是冲击波破坏观点，即炸药在水中爆炸后，形成水中冲击波和高压脉动气泡，在破坏介质的过程中，冲击波加载于介质，使介质整体发生位移，位移在介质内部引起应力、应变，当应力、应变超过临界值时，介质就被破坏，并达到一定的破坏程度，高压脉动气泡迅速突入空气，对介质破坏不起作用。第二种观点可称为气波破坏观点，认为炸药在水中爆炸后，形成水中冲击波和高压脉动气泡，在壁体介质破坏过程中，冲击波和高压脉动振荡引起的二次应力波的作用是几乎相当的，介质在冲击波作用下形成初次加载，达到一定的破坏程度，介质在高压脉动气泡振荡引起的二次应力波作用下进一步破坏，残压水水流对碎块有抛掷作用。

水压爆破时，药柱爆轰后产生侧向膨胀，炸药的爆轰波在药卷周围水中形成冲击波。由于水不膨胀以及密度和流动黏度较大，使得水流速低，爆轰后冲击波通过水作用于孔壁，冲击波到达孔壁后迅速产生反射，反射波到达分界面后水体便达到准静态压力状态。水体中的静态压力同空气介质爆破的空气准静态压力相比，具有作用时间长、应力—应变峰值高的特点，这就是水、空气介质爆破机理、爆破效果不同的根本原因。

9.5.1.1　水的缓冲作用

当炸药与介质直接接触爆炸时，炸药爆炸后在高温高压作用下，介质产生塑性流动和过粉碎，消耗大量的能量。这部分介质破碎所需要的能量属于无用功。而水压爆破靠水的传能作用，水中冲击波均匀地作用于介质，介质只发生破裂，而不产生塑性流动和过粉碎，从而提高了能量的利用率。另一方面，由于水的密度远远大于空气密度，因而炸药在水中爆炸后气体的膨胀速度比空气中要小得多。例如，空气冲击波波阵面压力为9.8×10^5 MPa时，波阵面空气质点的速度为772 m/s，而水中冲击波波阵面压力为9.8×10^5 MPa时，波阵面水质点的速度仅为67 m/s。由于水的渗流速度低，同时又阻碍了爆轰气体的渗流，因此可以降低噪声，抑制飞石的产生，起到了缓冲作用。

9.5.1.2　水的等效药柱作用

容器形构筑物水压爆破时，容器介质破坏纯粹是由于水中冲击波作用的结果。与之相比，炮孔水压爆破介质破碎过程要复杂得多。炸药在有水炮孔中爆炸后，冲击波沿炮孔轴线方向迅速传播并作用于孔壁的同时，还形成反射冲击波。由于孔壁处介质在一瞬间压缩变形较小，可认为是刚体。冲击波遇刚体壁面正反射时的压力为入射冲击波压力的2倍，冲击波经孔壁多次反射后，使其沿轴向方向传播的冲击波压力衰减速度降低,波形拉宽,作用时间延长。当炮孔堵塞时,冲击波过后,水还受到爆轰气体膨胀压力的作用,这时水的压力可认为是准静态压力,各方向压力相等。由此,在爆炸一瞬间,沿炮孔轴线作用于孔壁的水压力是均匀的,相当于等效药柱的作用[68]。

9.5.1.3 水的传能作用

众所周知,水的可压缩性很小,当压力增加到 1×10^8 Pa时,水的密度仅增加5%左右。此外,空气冲击波不是等熵的,其传播过程始终存在着因空气绝热压缩而产生的不可逆的能量损耗。水中冲击波压力大于 2.5×10^9 Pa 时为强冲击波,压力在 $(1\sim25)\times10^8$ Pa 时为中等强度冲击波,压力小于 1×10^8 Pa时为弱冲击波。强冲击波熵是变的,中等强度冲击波和弱冲击波可以认为熵是不变的,即冲击波传播过程中没有能量损耗。弱冲击波几乎是以声速传播,因此能够按声学近似计算。根据爆炸相似律的分析,冲击波水流能量密度可按下面经验公式计算:

$$E = mQ^{\frac{1}{3}}\left(\frac{Q^{\frac{1}{3}}}{R}\right)^{r} \tag{9-27}$$

式中 Q——装药量,kg;

R——到爆炸中心的距离,m;

m,r——由实验确定的系数和指数。

以 TNT 为例,当密度为 1.52 g/cm³时,测得 $m=83$,$r=2.05$,即:

$$E = 83Q^{\frac{1}{3}}\left(\frac{Q^{\frac{1}{3}}}{R}\right)^{2.05} \tag{9-28}$$

由上式可以看出,冲击波能量除了因波阵面表面积增大 $A\propto\frac{1}{r^2}$ 而减小外,只有很小的能量损失。

9.5.1.4 "水楔"作用

水压爆破时,冲击波作用于介质后首先在介质上产生裂缝,水和爆轰气体渗流到裂缝中,使裂缝得以扩展和延伸,这种作用可以认为是"水楔"的劈裂作用。根据岩石爆破机理,当爆轰气体渗流到裂缝中,对裂缝有扩展和延伸作用,这种作用称为"气楔"。由于水携带的能量远远高于气体携带的能量,因此,"水楔"的劈裂作用要大于"气楔"的劈裂作用。裂纹初步形成和汇合后,在水射流冲击压力作用下,水射流楔入裂隙,裂隙将产生一定的压力场,在裂隙尖端产生拉应力集中区,它使裂隙迅速发展和扩大,最后使煤岩体破裂,如图9-97所示。

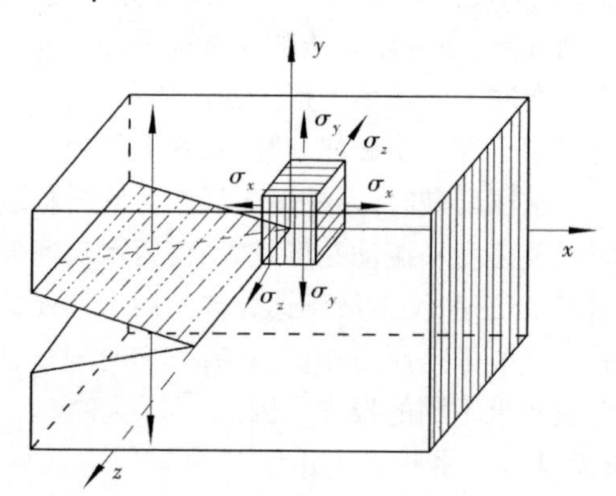

图9-97 裂隙扩展应力示意图

9.5.1.5 水压爆破的准静压破坏作用

(1) 水压爆破准静压破坏机理的基本观点

药包爆炸后,首先在水中激起冲击波,由于爆源距容器壁较远,冲击波传播到此时,能量衰减大,没能造成壁体充分破坏,只产生了一些裂隙,随后爆生气体迅速膨胀压缩水介质,引起其质点的径向移动,密度增大,一方面爆生气体膨胀,体积增大,压力降低;另一方面水被压缩,体积减小,压力升高,忽略容器顶部(无顶盖时)及爆生裂隙处产生的水介质外溅,这样当爆生气体膨胀到其压力等于被压缩后水的压力时,膨胀压缩过程结束,此时达到一种平衡状态,容器内的压力均等,并以准静压的形式作用于容器壁面上,在壁体内产生准静压态应力场,造成壁体破坏。同时,裂隙端部高压水的"水楔"作用也在一定程度上加强了裂隙的扩展,最后破坏的壁体又在高压水的推动下向外运动、坍塌。

（2）准静压力的破坏依据

当壁体内的拉应力大于筒壁材料的极限抗拉强度时，筒壁被拉坏破裂，因此可以作为水压爆破时的破坏依据，即：

$$\sigma_{\theta} \leqslant K_1 K_2 R_t \tag{9-29}$$

式中　R_t——筒壁材料的极限抗拉强度；

K_1——材料的强度提高系数，对于混凝土取 $K_1=1.4$；

K_2——破坏程度系数，据已有资料，破坏程度分为三级，与其对应的系数。K_2 取值为：表层混凝土出现裂缝、剥落时 $K_2=10\sim11$；结构局部破坏时 $K_2=20\sim22$；结构整体破坏时 $K_2=40\sim44$。

9.5.1.6　爆炸应力波的作用[69,70]

在无限介质中，炸药在炮孔内爆炸后，产生强冲击波和大量高温高压爆生气体。由于爆炸压力远远超过介质的动抗压强度，使得炮孔周围一定范围内的介质被强烈压缩、粉碎，形成压缩粉碎区；在该区内有相当一部分爆炸能量消耗在对介质的过度破碎上，然后冲击波透射到介质内部，以应力波形式向煤体内部传播。在应力波作用下，介质质点产生径向位移，在靠近压缩区的介质中产生径向压缩和切向拉伸。当切向拉伸应力超过介质的动抗拉强度时会产生径向裂隙，并随应力波的传播而扩展。当应力波衰减到低于介质抗拉强度时，裂隙便停止扩展。在应力波向前传播的同时，爆生气体紧随其后迅速膨胀，进入由应力波产生的径向裂隙中；由于气体的尖劈作用，裂隙继续扩展。随着裂隙的不断扩展，爆生气体膨胀，气体压力迅速降低；当压力降到一定程度时，积蓄在介质中的弹性能就会释放出来，形成卸载波，并向炮孔中心方向传播，使介质内部产生环向裂隙（通常环向裂隙较少）。径向裂隙和环向裂隙互相交叉而形成的区域称为裂隙区。当应力波进一步向前传播时，已经衰减到不足以使介质产生破坏，而只能使介质质点产生振动，以地震波的形式传播，直至消失，如图 9-98 和图 9-99 所示。

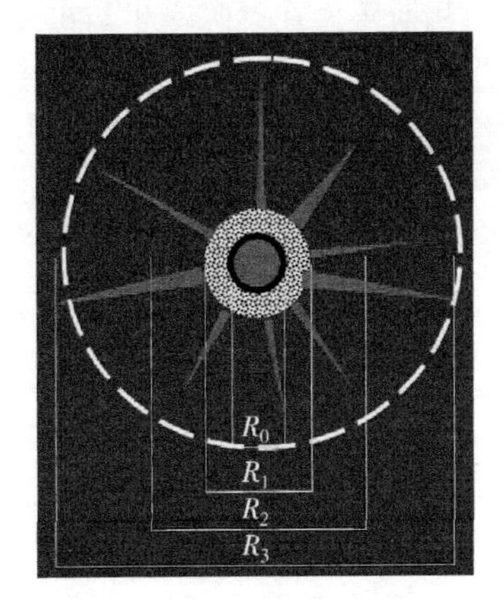

图 9-98　单孔爆破裂隙产生过程图

R_0——钻孔直径；R_1——压碎区直径；R_2——裂隙圈直径；R_3——震动圈直径

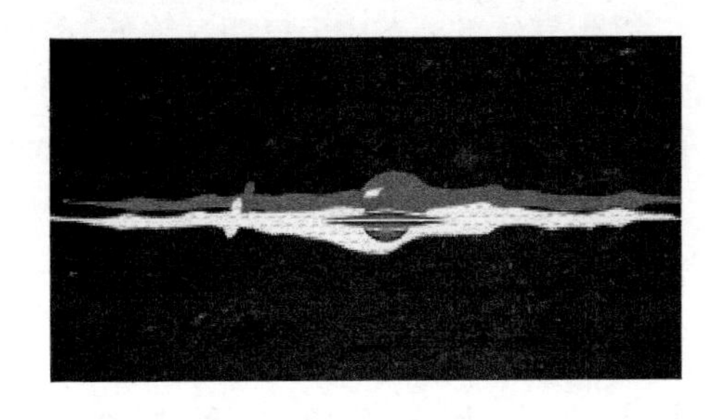

图 9-99　单孔爆破应力云图

9.5.1.7　爆生气体作用及贯通裂隙形成的条件

应力波过后，爆生气体产生准静态应力场，并楔入空腔壁上已张开的裂隙中，在裂隙尖端产生应力集中，使裂隙进一步扩展。在裂隙扩展过程中，爆生气体首先进入张开宽度大、较平直、对气体楔入阻力小的大裂隙中，然后再进入与之沟通的小裂隙中，直到其压力降到不足以使裂隙继续扩展为止。爆生气体在煤体内产生的准静态应力随距炮孔中心距离的增加而衰减，因而在煤体内存在爆生气体应力梯度。在爆生气体压力驱动下,裂隙始终朝着压力(或应力)低的方向扩展,即向着远离炮孔的方向扩展。为简化起见,首先分析炮孔周围裂隙的扩展情况。假设煤体为线弹性体,孔壁承受准静态压力作用,故可用线弹性断裂力学进行描述,其断裂力学模型如图 9-100 所示。

由线性断裂力学可知,在孔内压力作用下,裂隙尖端应力强度因子为:

$$K_{\mathrm{r}} = \sqrt{\pi L}\left[\left(1 - \frac{2}{\pi}\right) p_{\mathrm{m}} - p\right] \tag{9-30}$$

式中 L——裂隙扩展瞬间长度;

p_m——孔壁压力;

p——地应力。

由式(9-30)可看出,随着地应力 p 的增大,应力强度因子 K_{r} 呈线性下降趋势。在距爆破孔中心较远的位置,爆生气体准静态压力已大大降低,同样 K_{r} 也大大减小。当 K_{r} 衰减到一定值时,爆破裂隙便停止扩展。

裂隙失稳扩展条件:

$$K_{\mathrm{r}} \geqslant 1.6K_{\mathrm{rc}} \tag{9-31}$$

式中 K_{rc}——静态断裂韧性。

综合上述分析,可得出孔间形成贯通裂隙的条件是:

$$L \geqslant \frac{0.815K_{\mathrm{rc}}^2}{\left[\left(1 - \frac{2}{\pi}\right) p_{\mathrm{m}} - p\right]^2} \tag{9-32}$$

爆破孔与控制孔间距(L_{k})应满足下列条件:

$$L_{\mathrm{k}} \leqslant L \tag{9-33}$$

9.5.1.8 煤层瓦斯压力作用

深孔水压控制爆破是在煤与瓦斯固流耦合介质中进行的。瓦斯压力在裂隙产生与扩展的整个过程中,都起着重要作用。爆破中区的瓦斯参与裂隙扩展,但与爆生气体压力相比,其作用较小。在爆破远区,爆生气体准静态应力已明显降低,径向裂隙扩展已减缓或停止。此时,爆前处于力学平衡状态下的原生裂隙中的瓦斯,由于爆炸应力场的扰动将作用于已产生的裂隙内,使裂隙进一步扩展。

由瓦斯压力驱动裂隙扩展的断裂力学模型如图 9-101 示。

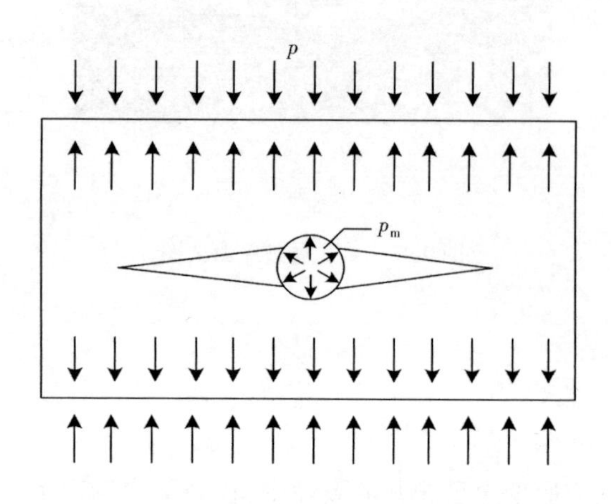

图 9-100 裂隙扩展力学模型图

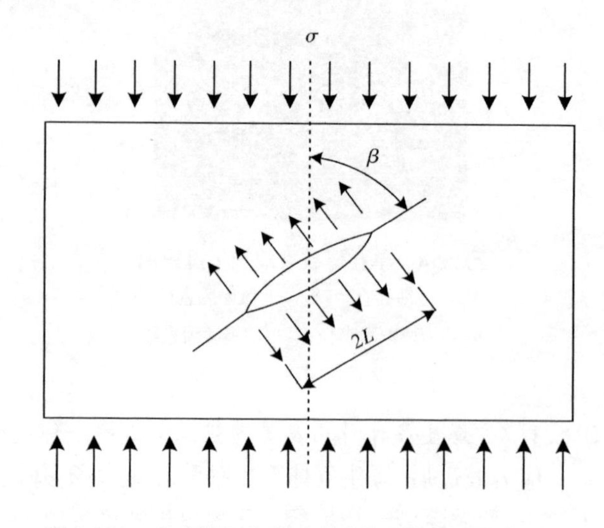

图 9-101 由瓦斯压力驱动裂隙扩展的断裂力学模型

瓦斯压力驱动作用下裂隙尖端应力强度因子为

$$K_r = \sqrt{\pi L}(p_g \sin\beta - \sigma)\sin\beta \tag{9-34}$$

式中　p_g——孔隙内瓦斯压力；

σ——围岩应力与爆生气体准静态应力的合力；

L——裂隙长度；

β——裂隙面与垂直方向夹角。

由于煤体内瓦斯压力通常情况下比地应力小，因此原生裂隙一般不会只因瓦斯压力的作用而失稳扩展。但是，在煤体受到爆炸载荷作用时，在爆破孔孔径方向将会产生压应力，切向方向产生拉应力，它们与围岩应力合成的裂隙尖端应力 σ 小于围岩原始应力。当 σ 小于某一数值时，裂隙面与围岩应力方向垂直的裂隙会失稳扩展。随着 σ 的减小，与围岩应力方向成一定角度的裂隙也将扩展。最后，在正常的径向裂隙区以外，又增加1个次生裂隙区，在该区内靠近正常裂隙区附近的裂隙扩展的结果，使其与径向裂隙连通，而远处的裂隙仅能扩展微小长度。σ 一般不会降得很低，因此次生裂隙区范围有限。但由于瓦斯的作用，煤体中爆破裂隙圈会相应增大。煤体中瓦斯对爆破裂隙的影响主要表现在降低围岩应力上。从式(9-34)可知，随着瓦斯压力 P_g 的增大，K_r 值增大，因而有利于裂隙的扩展。

9.5.1.9　控制孔的作用

根据爆炸动力学和弹性力学的理论可以知道，由爆破孔传播出来的冲击波属于强间断波，而强间断波阵面上的 σ_r 和 σ_θ 都是压应力[71]；当这种冲击波作用于孔壁上时，孔壁及周围介质就承受着很大的动载荷，其强度要高出介质的极限抗压强度的许多倍，所以致使炮孔周围的介质产生过度粉碎，成为微小粉粒，并把原来的药室扩大形成空腔，即产生了压缩粉碎圈，如图9-102所示。

当压缩粉碎圈形成以后，冲击波衰减成为应力波，并以弹性波的形式向介质周围传播。虽然其强度已经低于煤岩体的极限抗压强度，不足以产生压坏，但煤岩体的抗拉强度远远小于其抗压强度。当应力波产生的伴生切向拉应力大于煤岩体的抗拉强度时，则煤岩即被拉断，形成与煤岩破碎区贯通的径向裂隙。随着应力波的继续传播，其强度也继续衰减。因为应力波的传播速度大于裂隙的传播速度，所以当应力波的峰值衰减至小于煤岩的强度时，已经形成的裂隙仍然继续扩展。当应力波传播至控制孔孔壁时，立即发生应力波的反射；由于控制孔反射产生的拉应力波以及强间断波阵面后方的弱间断波造成的拉应力的共同作用，使得在沿着爆破孔与控制孔连心线方向上的控制孔边缘也产生了裂隙，并沿着连心线方向与爆破孔产生的径向裂隙相贯通。因为发生在控制孔方向的裂隙要比其它方向的裂隙要早，所以沿着连心线方向的裂隙限制了其它方向裂隙的产生和扩展，从这个意义上说，控制孔是径向裂隙的向导——沿着爆破孔与控制孔的连心线处产生一贯通裂隙面，如图9-103所示。

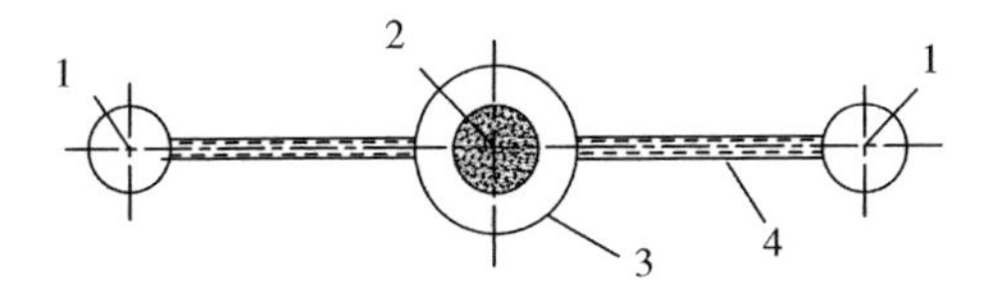

图9-102　深孔控制卸压爆破示意图
1——控制孔；2——爆破孔；
3——压缩粉碎圈；4——径向裂缝

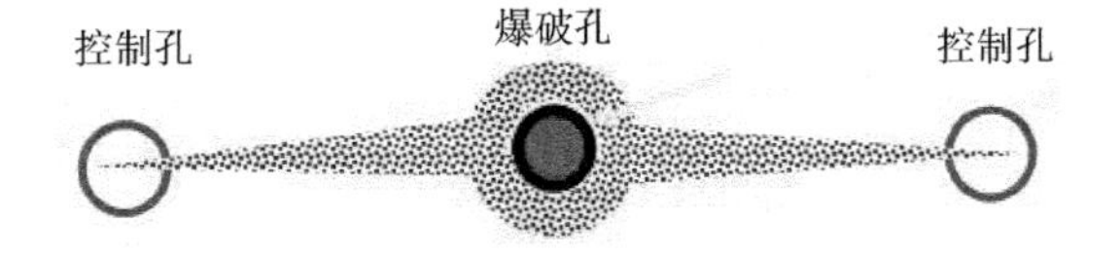

图9-103　控制孔的导向示意图

综合上述，由于有控制孔的控制导向作用，所以深孔水压控制爆破的结果是在介质内部的炮孔周围产生了一个柱状压缩粉碎圈和一个沿着爆破孔与控制孔连心线方向的贯穿爆破裂缝面。

9.5.2 冲击波参数计算

9.5.2.1 水中冲击波的特点

当药包在水中爆炸后,在某点 $R=R_0$处,测得压力时程曲线大体如图 9-104 所示。在冲击波阵面后,压力时程曲线大体按指数衰减规律。在衰减段后面有一个一个的驼峰,且一个比一个弱,这是由于爆炸气体的气团在水中膨胀与收缩所引起的,这种爆炸气体在水中膨胀与收缩称为气泡脉动。爆炸后,首先在水中产生冲击波,同时气泡开始作首次膨胀。由于惯性的原因,当膨胀压力降到周围介质的静压时,水介质的运动并不立刻停止,则气泡作"过度"膨胀,一直到气泡达最大半径,水介质停止,此时气泡内的压力低于周围介质的平衡压力(大气压和静压之和)。与此同时,周围水介质的聚合压力又会使过度膨胀了的气泡收缩,水的惯性会使气泡压力大于外界的环境压力,又造成了二次脉动的条件。第二次脉动所造成的冲击波具有相当的强度,它约为首次冲击波强度的 10% ~20%,作用时间也大于首次冲击波的作用时间,其冲量与首次冲击波冲量可相比拟。在距爆心较远处,驼峰消失,整个曲线接近于指数衰减型,即 $p(t)=p_{\varphi}e^{-t/\tau}$。

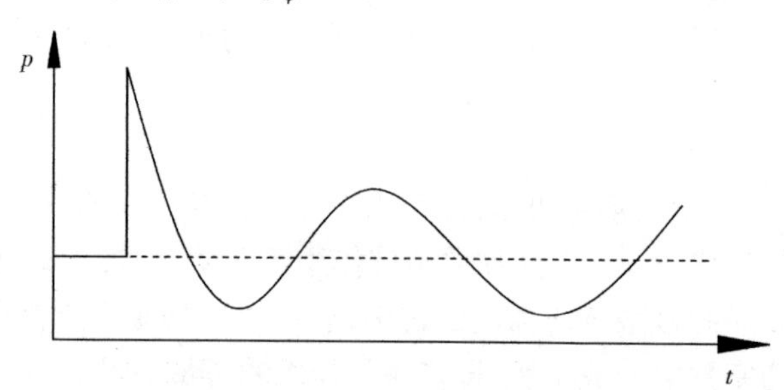

图 9-104 水中冲击波压力传播曲线示意图

9.5.2.2 水中冲击波参数及其基本方程

根据对炸药在水中爆炸产生的水中冲击波压力的测量,得到水中冲击波的参数可由以下经验公式计算[65]。

$$p_m = A\left(\frac{Q^{\frac{1}{3}}}{R_d}\right)^{\alpha} \tag{9-35}$$

$$I = \int p_i dt = BQ^{\frac{1}{3}}\left(\frac{Q^{\frac{1}{3}}}{R_d}\right)^{F} \tag{9-36}$$

$$E = CQ^{\frac{1}{3}}\left(\frac{Q^{\frac{1}{3}}}{R_d}\right)^{G} \tag{9-37}$$

$$p_i = p_m e^{-\frac{t}{\theta}} \tag{9-38}$$

式中 p_m——冲击波波峰值压力,MPa;

p_i——冲击波瞬时压力,MPa;

I——冲击波作用于单位面积上的冲量,kN · s/m²;

Q——药包质量,kg;

R_d——波阵面到药包中心的距离,m;

E——通过垂直于波速方向单位面积上的能量,kJ/m²;

θ——时间常数,$\theta=I/p_m$。

常数 A,B,C,F,G,α 由实验测定,不同的炸药,取值不一样。表 9-28 为梯恩梯和特屈儿炸药的

A,B,C,F,G,α 值。

表 9-28　梯恩梯和特屈儿炸药的 A,B,C,F,G,α 值

炸药	A	B	C	F	G	α	备注
梯恩梯	537	0.058 8	0.842 1	0.89	2.05	1.13	工程单位
	52.6	5.766	82.58	0.89	2.05	1.13	国际单位
特屈儿	522	0.064	1.048 3	0.98	2.10	1.15	工程单位
	51.19	6.276	102.80	0.98	2.10	1.15	国际单位

对于水中爆炸，爆炸波的形成相似于大气中的爆炸，所以，与空气冲击波一样，可以利用质量守恒、动量守恒和能量守恒定律导出水中冲击波的基本方程为：

$$v_1 - v_0 = \sqrt{(p_1 - p_0)\left(\frac{1}{\rho_0} - \frac{1}{\rho_1}\right)} \tag{9-39}$$

$$E_1 - E_0 = \frac{1}{2}(p_1 + p_2)\left(\frac{1}{\rho_0} - \frac{1}{\rho_1}\right) \tag{9-40}$$

$$D - v_0 = \frac{1}{\rho_0}\sqrt{(p_1 - p_0)\left(\frac{1}{\rho_0} - \frac{1}{\rho_1}\right)} \tag{9-41}$$

式中　p_0,ρ_0,E_0,v_0——分别为未经扰动水介质的压力、密度、内能和质点速度；

p_1,ρ_1,E_1,v_1——分别为冲击波阵面通过后瞬间的压力、密度、内能和质点速度；

D——水中冲击波阵面的速度。

三个方程中有 p_1,ρ_1,E_1,v_1 和 D 五个未知量，则需要找出水的状态方程式才能计算。

9.5.2.3　炮孔孔壁初始冲击压力的确定

炸药爆炸后产生的高温高压气体产物迅速向外膨胀，强烈压缩周围水介质并在其中激起冲击波，沿炮孔径向向外传播，同时向爆炸产物中反射稀疏波。径向传播的冲击波传至水与炮孔壁交界面时，由于水和孔壁围岩的波阻抗不同，必将在此界面发生反射与透射。根据弹性波在交界面反射透射理论，可求得透射到孔壁煤岩体上的压力 P_r[66] 为：

$$p_r = \frac{2\rho_m C_p}{\rho_m C_p + \rho_0 D_1} p_1 \tag{9-42}$$

式中　$\rho_m C_p$——岩石的波阻抗；

ρ_m, C_p——分别为岩石的密度和弹性纵波波速；

ρ_0——水的原始密度；

$\rho_0 D_1$——内传播冲击波波速为 D_1 时耦合介质水的波阻抗。

而炮孔耦合装药孔壁初始冲击压力 p_1 为：

$$p_1 = \frac{\rho_e D_e^2}{2} \cdot \frac{\rho_m C_p}{\rho_m C_p + \rho_e D_e} \tag{9-43}$$

9.5.2.4　水压爆破岩石中应力波衰减

受水中冲击波的冲击作用，冲击压力孔壁透射形成岩石中的透射应力波，沿炮孔径向传播，由于不断压缩岩石介质，波速降低，应力峰值衰减，在距炮孔轴心 r 处的峰值应力[67]（包括径向应力和切向应力）为：

$$\sigma_r = p_r\left(\frac{r_b}{r}\right)^a \tag{9-44}$$

$$\sigma_\theta = \lambda\sigma_r = \lambda p_r\left(\frac{r_b}{r}\right)^\alpha \tag{9-45}$$

式中 σ_r, σ_θ——分别为岩体中的径向应力和切向应力峰值,MPa;

α——应力波衰减指数,$\alpha=2\pm\mu/(1-\mu)$(μ 为岩石的泊松比);

λ——侧向应力系数,其值与岩石泊松比和应力波传播距离有关,爆炸近区较大,但随距离增大其值趋于只依赖泊松比的固定值,$\lambda=\mu/(1-\mu)$。

9.5.3 防治瓦斯动力灾害机理

煤巷掘进工作面掘进过程中,工作面前方煤体内存在三个应力带:卸压带、集中应力带和原始应力带。所以掘进过程中要防止突出的发生,必须改变工作面前方煤体应力分布,保持足够长的卸压带,同时尽可能增加煤体透气性[72],使煤层瓦斯得以充分预排。

9.5.3.1 穿层深孔水压控制爆破应力转移及抽采卸压作用

(1) 集中应力向煤体深部转移

炸药的爆炸作用形成的集中应力,主要促使药包周围煤岩体发生屈服变形,产生粉碎性破坏或形成松动裂隙。一方面使集中应力带向煤体深部转移,降低爆破段的地应力梯度,压碎区和破裂(裂隙)区则成为卸压区;另一方面又使处于高应力状态的松动煤体将向非爆破带方向产生一定的“流变”,使煤体内的弹性潜能有充分的释放空间[73];破裂(裂隙)区以外的震动区由于爆轰波的弹性挤压和集中应力向该区转移,促使该区域煤岩发生弹性变形成为集中应力区,从而使工作面前方有足够的卸压区,保证了爆破段的防突作用。所以,若保证突出煤层掘进前方煤体安全消突,就要在实施深孔水压控制爆破后,使掘进前方巷道及两帮附近范围处于破裂区外边缘以内。

(2) 控制孔抽采卸压

深孔水压控制爆破在形成压碎区和破裂区的同时,在压碎区和破裂区产生了大量相通的纵横交错的裂隙,使煤体透气性系数大大增加,大量瓦斯由吸附状态解吸为游离状态。对此卸压瓦斯进行抽采,其抽采量和抽采浓度均会较爆破前大大提高。通过抽采,不仅可达到排放瓦斯的目的,也使前方煤体瓦斯压力降低,瓦斯含量减少,降低煤体瓦斯压缩内能,达到卸压的作用。因此,可把控制孔同时兼做抽采孔,抽采解吸卸压瓦斯,达到释放瓦斯压力的作用。

9.5.3.2 水的防突作用

根据煤与瓦斯突出的综合作用假说,我们认为煤层的突出危险性由四个因素决定:地应力、瓦斯、煤层的物理力学性质和卸压区宽度。其中,地应力和瓦斯是突出的发生、发展的动力,而煤层的物理力学性质和卸压区宽度则对突出的发生、发展起阻碍作用。

从能量的角度看,爆破孔注水可使煤体中储存的弹性潜能和瓦斯内能降低[74]。

① 爆破孔注水后,由于弹性模量降低,泊松系数增大,煤层应力降低,从而煤层的弹性潜能降低,起到降低突出危险性需要的能量,有效防治突出的发生。

② 爆破孔注水后,水深入煤的细小孔隙,使煤体湿润,煤的塑性增加,减少煤的突然脆性破坏,使瓦斯放散速度变缓,降低其释放瓦斯能力,减少了发生突出的瓦斯内能。

③ 爆破后,压力水进入工作面附近的集中应力带,破坏煤体,产生裂隙,引起煤层卸压和瓦斯排放,使集中应力带向煤层深部转移;压力水进入煤层内部的裂隙和缝隙,使原始煤层湿润,改变了煤的力学性质,降低了煤的弹性模量,增加了煤的可塑性,应力分布比较均匀,有利于集中应力带向煤层深部转移,应力集中系数减小,卸压带范围增大,有利于防止煤与瓦斯突出的发生。

9.5.3.3 穿层深孔水压控制爆破卸压、增透作用

结合前面卸压增透机理分析,深孔水压控制爆破后,在掘进工作面上方的煤岩体中产生了压缩粉

碎圈和贯穿导向孔的爆破裂隙面,从而形成一个类似开采保护层的卸压带[5]。压缩粉碎圈和爆破裂隙面的存在,是有效提高煤层透气性、防止煤体和瓦斯突出的关键。

(1) 压缩粉碎圈的作用

爆破孔的周围产生了压缩粉碎圈,它相当于使爆破孔扩孔,即它可以使地应力得到部分释放并且使围岩应力分布状态发生改变,导致围岩应力向巷道两侧转移;此外,压缩粉碎圈的存在,可以使炮孔周围的高压力瓦斯得到释放,降低了瓦斯压力。因此,压缩粉碎圈降低了煤岩体和瓦斯平衡体系所具有的势能。根据断裂力学理论可以知道,势能的降低相当于减小了裂隙扩展力及裂隙扩展力增长率,这样可以使原有裂隙无法扩展或者使正在扩展着的裂隙停止扩展和相互贯通,从而起到了增加煤层透气性和防止煤与瓦斯突出的作用。

(2) 爆破裂隙面的作用

由上述知道,压缩粉碎圈的存在,使得煤岩体内和围岩应力分布发生改变,这势必又导致上覆围岩压力产生突然变化,并诱发出一垂直向下传播的压应力波。当该应力波传播至水平的爆破裂隙面上时,则必然产生应力波的完全反射。根据应力波理论可知,此压应力波经自由面反射后,成为一拉伸应力波。当拉伸应力波产生的拉应力大于煤岩体的极限抗拉强度,必然产生反射拉伸波的霍金逊效应[75],即在爆破裂隙面处产生煤岩体的剥落片及产生新的平行于爆破裂隙面的次生小裂隙面。这些裂隙面把本来为单层的煤岩体分成两层或者多层。如在工作面上方的煤岩体内存在着一些原始裂纹,并且这些裂纹正在扩展,那么,当裂隙扩展至裂隙面时,此裂纹尖端就必然产生钝化现象,导致应力发生松弛。由断裂力学理论可知,这相当于降低裂隙扩展力;此外,该裂纹若要穿过裂隙面继续扩展,则必须获得更多的能量,所以裂隙面的存在,还相当于增加了裂隙扩展阻力。裂隙面的产生,使得煤岩体内原有的一条大裂纹被分割为两条或者多条小裂纹,导致应力松弛,降低了裂隙扩展力。

爆破裂隙面处剥落片的产生,相当于使裂隙面的宽度增加,这样可以使地应力充分释放,引起应力重新均匀分布。另外,裂隙面和导向孔连为一体,可以使工作面上方煤岩体内的高压力瓦斯得到充分排放,而且排放瓦斯后,煤岩体抵抗破坏的强度大大提高,如图 9-105 所示。

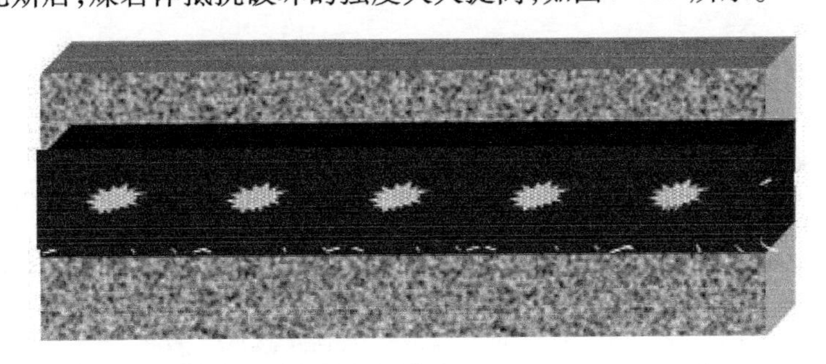

图 9-105　水压控制爆破后裂隙扩展示意图

综合以上内容,可以得出:

① 爆破后压缩粉碎圈和裂隙圈给上覆岩层和围岩带来的卸压作用是提高煤层透气性的关键。

② 爆破后的爆破裂隙面周围裂纹尖端钝化现象造成的应力松弛和裂隙面导致的上覆岩层地应力的充分释放,提高了煤层瓦斯排放的能力。

③ 控制爆破产生的裂隙不仅有利与瓦斯的排放,并且形成一定厚度的卸压带。

9.5.4　水压控制爆破数值模拟

9.5.4.1　模型的建立

ANSYS—LS—DYNA 作为世界上通用显式动力分析程序,能够模拟复杂问题,特别适合求解各种二维、三维非线性结构的高速碰撞、爆炸和金属成型等非线性动力冲击问题,同时可以求解传热、流体及流固耦合问题。

(1) 炸药的状态方程

由于在爆炸场的数值模拟中,炸药的爆轰产物的压力波动范围很大,从几十万大气压到低于一大气压,很难找到一个适合所有范围的状态方程。JWL状态方程能精确描述凝聚炸药圆桶实验过程,且具有明确的物理意义,因而在爆炸数值模拟中得到了广泛应用。对高能炸药的爆轰产物采用JWL状态方程[75],其一般形式为:

$$p = A\left(1 - \frac{\omega}{R_1 V}\right) e^{-R_1 V} + B\left(1 - \frac{\omega}{R_2 V}\right) e^{-R_2 V} + \frac{\omega E}{V} \tag{9-46}$$

其中 A, B, R_1, R_2, ω——炸药特性参数;

p——压力;

V——相对体积;

E——初始内能。

(2) 水的状态方程

水的状态方程采用格林爱森(Gruneisen)状态方程[67]描述:

$$p = \frac{\rho_0 C^2 \mu \left[1 + \left(1 - \frac{\gamma_0}{2}\right)\mu - \frac{\alpha}{2}\mu^2\right]}{\left[1 - (S_1 - 1)\mu + S_2 \frac{\mu^2}{\mu + 1} - S_3 \frac{\mu^3}{(\mu + 1)^2}\right]^2} + (\gamma_0 + \alpha\mu)E \tag{9-47}$$

式中 C——u_s—u_p 曲线的截距;

S_1, S_2, S_3——u_s—u_p 曲线斜率的系数;

γ_0——Grunisen 参数;

α——对 γ_0 的修正;

$\mu = \frac{\rho}{\rho_0} - 1$。

对水的材料取 $C=0.148\ 0, S_1=2.86, S_2=-1.886, S_3=0.247, \gamma=0.50, E=1.0$。

(3) 材料模型(表9-29和表9-30)

表9-29 力学及控制参数表

力学及控制参数	煤层	岩层(顶、底板)	力学及控制参数	煤层	岩层(顶、底板)
均质度	2	10	弹性模量均值 E_0/GPa	5	50
抗压强度均值 σ_0/MPa	130	300	泊松比 μ	0.25	0.20
容重/(10^{-5} N/mm^3)	1.33	2.67	摩擦角/(°)	25	30
强度压拉比	20	10	强度衰减系数 B	0.1	0.3
透气系数 λ/[m^2/(MPa^2·d)]	1/0.1	0.001	瓦斯含量系数 A	1	0.01
孔隙瓦斯压力系数 α	0.3	0.1	耦合系数 β	0.1	0.2

表9-30 炸药参数表

殉爆距离不小于	爆速不小于	爆能不小于	密度
5 cm	4 500 m/s	2 800 J/g	1.0~1.3 g/cm^3

(4) 模型及网格方式

煤体介质模型宽 35 m,高 30 m;药柱模型宽 0.055 m,所研究的煤体受到了上覆岩层自重应力和爆破瞬间炸药冲击力的作用。对无限煤体中的柱形药包爆破进行数值模拟分析,圆柱形药卷底面半径为 5.5 cm,整个计算域为 3 500 cm×3 000 cm,如图 9-106 所示。

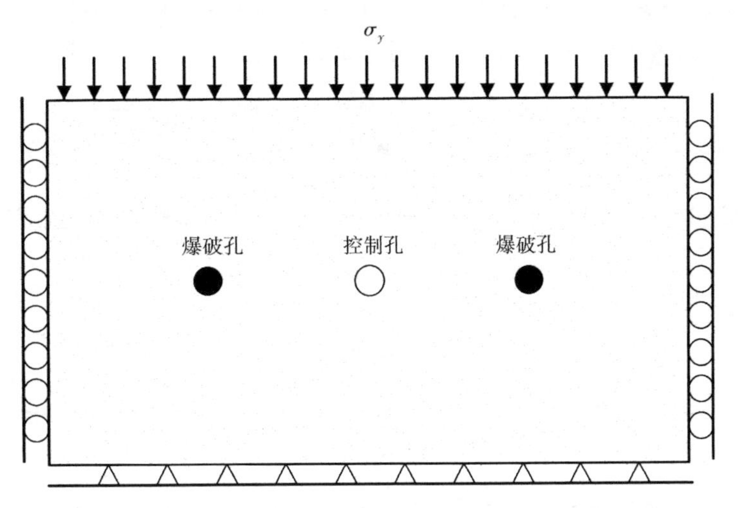

图 9-106　水压控制爆破数值模拟实体模型

穿层深孔水压控制爆破时,为了得到岩石与煤层混爆的过程,建立煤层岩层同时爆破的有限元模型,为了更好地模拟爆破的效果,有限元模型的网格在爆破孔周围进行了加密,在下面的模型中,由于网格的加密,中间呈现黑色,如图 9-107 所示。

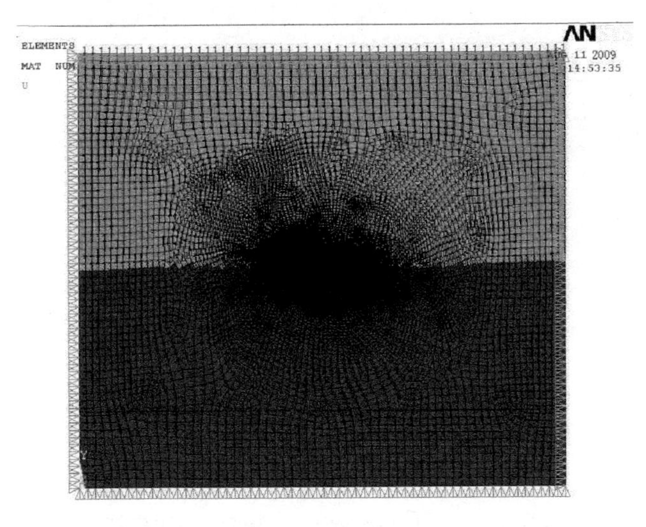

图 9-107　有限单元模型图

9.5.4.2　控制孔间距的模拟

为了现场工业性试验取得更好的卸压增透效果和经济效益,需对控制孔进行参数优化。图 9-108、图 9-109、图 9-110 分别模拟了两控制孔间距为 2 000 mm、2 500 mm、2 900 mm 时的 y 方向应力分布图和应力变化曲线图。

从图 9-108 可以看出拉应力范围向爆破孔附近靠拢,拉应力破坏范围进一步沿水平方向扩大。最后与由于爆破产生的粉碎圈交接,实现裂隙的贯穿,从而达到控制爆破裂隙的延伸方向。随着孔间

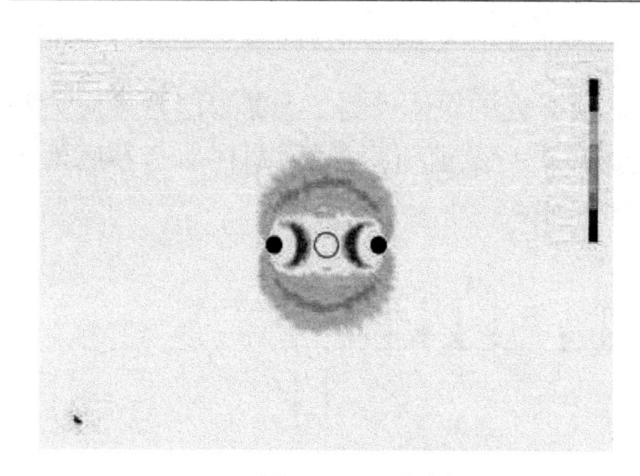

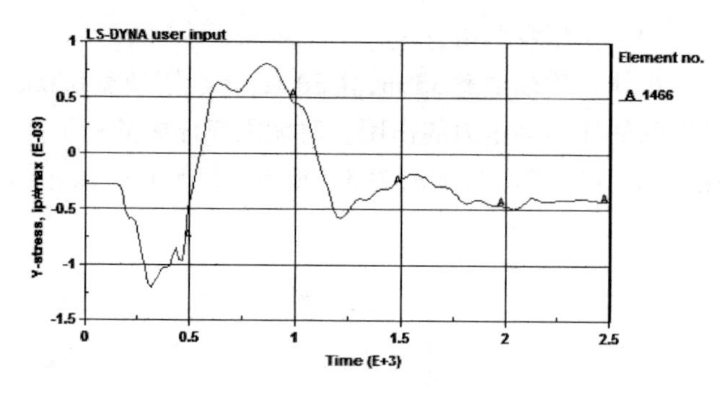

图 9-108　两孔相距 2 000 mm,254 μs 时 y 方向应力分布和应力变化曲线图

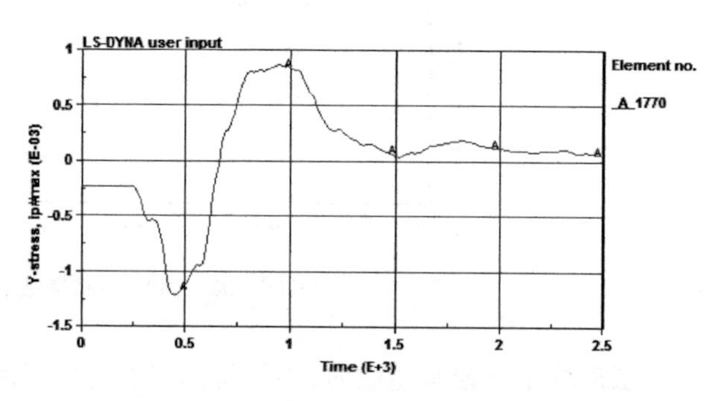

图 9-109　两孔相距 2 500 mm,404 μs 时 y 方向应力分布和应力变化曲线图

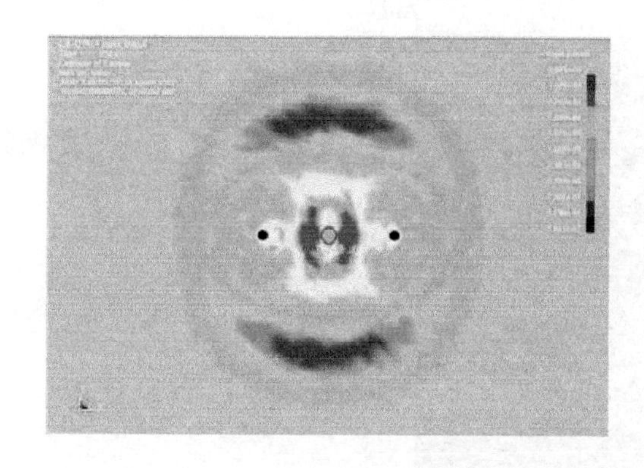

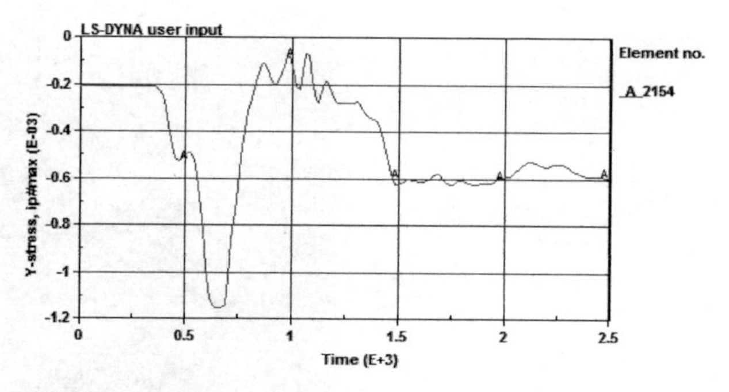

图 9-110　两孔相距 2 900 mm,854 μs 时 y 方向应力分布和应力变化曲线图

距增加,受拉区首先在爆破孔周围由于应力回弹产生。随后在两控制孔壁产生受拉区,最后两孔之间贯穿。当控制孔间距为 2 900 mm 时,主要在爆破孔周围产生较大的拉应力区,而在控制孔周围不再产生大的拉应力,所以这时候控制孔的作用相应减小。

通过应力变化曲线可以看出,控制孔周围当应力波传到控制孔周围时,首先出现一个很大的应力集中,然后开始回弹,从而出现较大的拉应力区,产生拉裂破坏,最后由于地应力作用,逐渐平衡。从图 9-110 时的应力变化曲线图可以看出始终不能出现拉应力,说明在控制孔距离爆破孔距离较远时,爆破孔并不能使得控制孔周围出现拉应力,由于煤体压应力的强度较高,很难使控制孔周围破坏,从而起不到控制爆破方向的目的。通过上面不同间距的比较,为了使控制孔起到定向控制爆破的作用,控制孔间距应尽量在 2 500 mm 左右。

9.5.4.3　水压爆破有效影响半径的模拟

分别模拟了两爆破孔间距离为 8 m、10 m、12 m 时，爆破孔及两爆破孔中点的压力变化情况。取在充分爆破卸压后第 1 108 μs 时压力云图及两爆破孔中点压力历史变化曲线作对比，如图 9-111 所示。

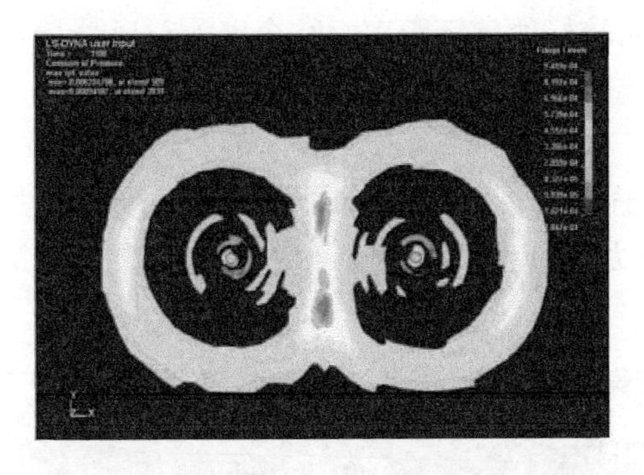

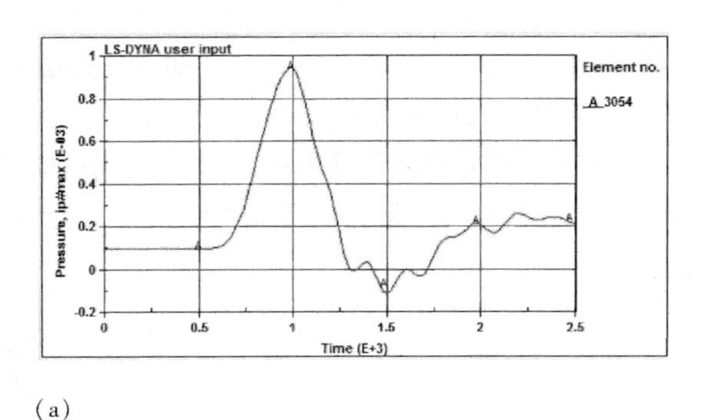

(a)

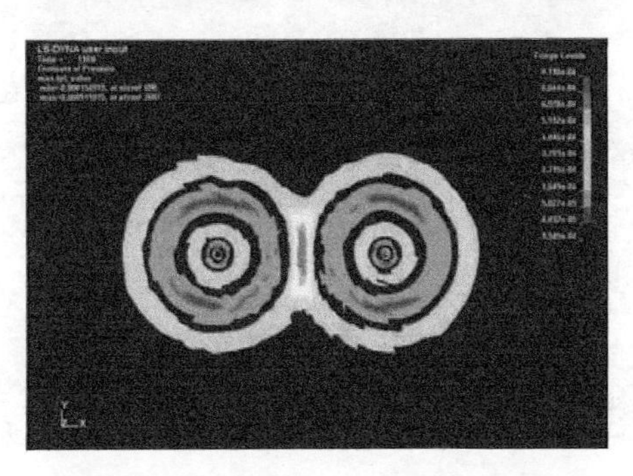

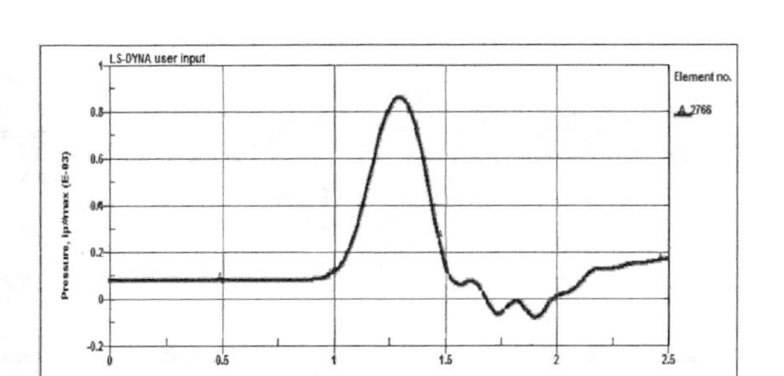

(b)

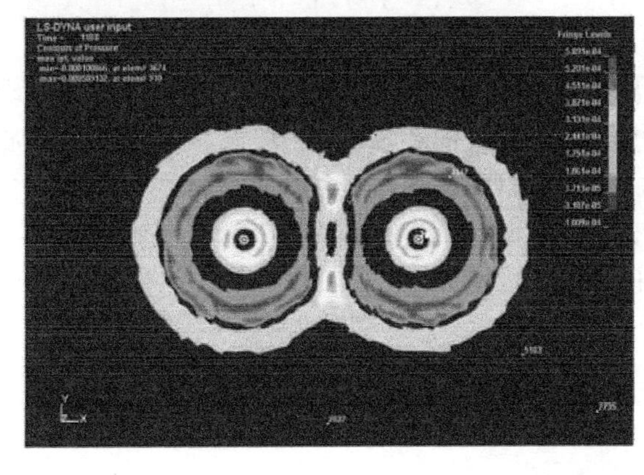

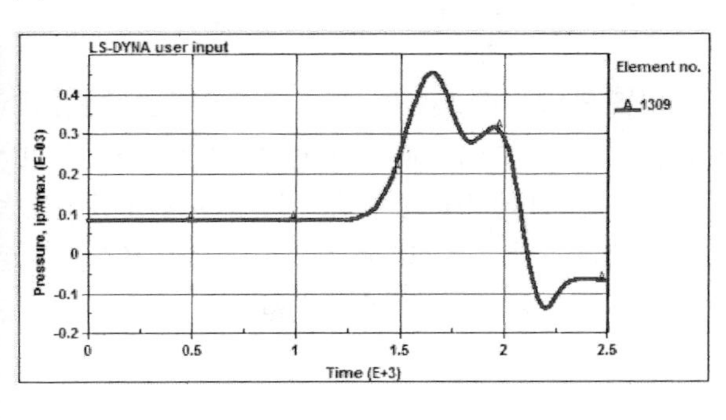

(c)

图 9-111　不同爆破孔间距时压力云图及两爆破孔中点压力历史曲线

(a) 相距 8 m，1 108 μs 时压力云图及两爆破孔中点压力历史曲线；

(b) 相距 10 m，1 108 μs 时压力云图及两爆破孔中点压力历史曲线；

(c) 相距 12 m，1 108 μs 时压力云图及两爆破孔中点压力历史曲线

取同在 1 108 μs 时的压力云图作为对比，此时，该点的压力值在三种不同距离情况下均已开始变小。当云图上出现红色时表明压力最大，青色时表明压力最小。当两爆破孔相距为 8 m 及 10 m 时，该点的压力最大；两爆破孔间距为 12 m 时，该点的压力衰减最快。从爆破孔历史曲线可以看出，在两

孔相距 8 m 和 10 m 时,该点的历史最大压力基本一致,推测当两孔相距为 8 ~ 10 m 时,应该出现一个压力的最大峰值,当两孔相距 12 m 时,该点最大压力仅为相距 8 m 或 10 m 时最大压力的 1/2。

从图 9-112 可知,两爆破孔间距增大到 12 m 时,水平方向破坏影响距离达到 18.9 m,而两爆破孔中间竖直方向影响距离为 4.2 m。

通过上述分析可以看出,水平方向爆破影响距离增加时,而两孔中间竖直方向的爆破影响距离在减小。所以,既要保证水平的破坏距离,又要考虑到竖直方向较好的破坏距离。综合以上对比分析得出,爆破孔间距应保持在 8 ~ 10 m 之间,即水压爆破的影响半径应为 4.5 m 左右。

9.5.4.4 爆破过程中煤岩的压力变化情况

为了详细反映应力波传播的过程,取 1 874μs 应力波的分布云图进行分析,如图 9-113 所示。从云图可以看出,在煤层中最大的压应力要大于岩层中的压应力,所以破坏后的有效塑性应变要比岩层中的大。

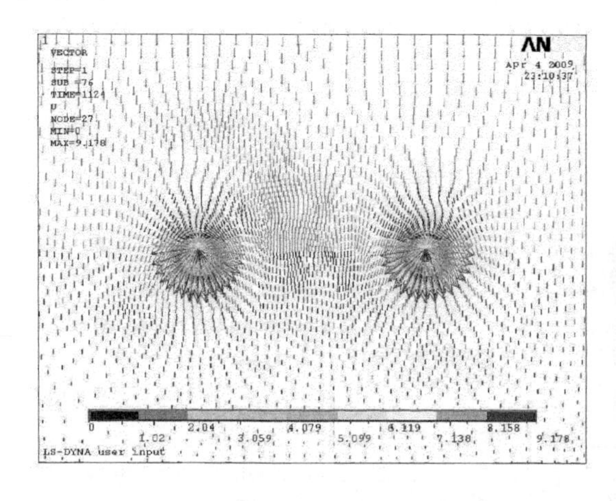

图 9-112　两孔相距 12 m 时,位移变形图

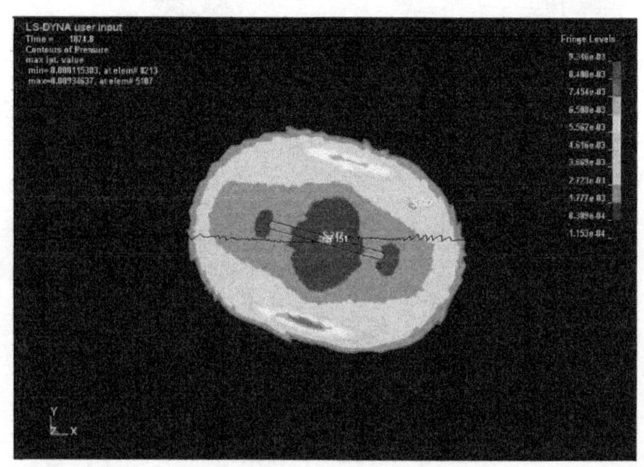

图 9-113　1 874 μs 时压力云图

由图 9-113 可以看出,由于在深部煤层所受的压应力比较大,应力波的传播速度和在岩层中的速度相差不是很明显,从而形状上很是相似。但是,由于煤层更容易破坏,裂隙更容易形成,应力集中程度更加广泛,故应力的数值和岩层中的数值相比较大,明显可以看出煤层中红色的范围要大于岩层中红色的范围。从图 9-114 也可以看出,煤层绿色的范围要大于岩层绿色的范围,因而煤层中的位移要大于岩层的位移,即煤层的破坏范围要大于岩层中的范围。

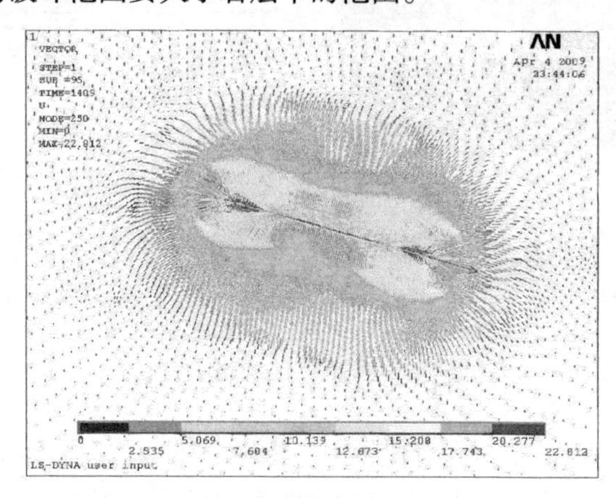

图 9-114　煤层与岩层夹层爆破位移变形图

9.5.5 工程应用案例

9.5.5.1 工作面概况

工程应用选择在平煤股份十二矿己$_{15}$—31010回采工作面，该工作面位于己七三水平采区东翼，是三水平的首回采工作面，设计走向1 126 m，可采走向长970 m，斜采长220 m；煤厚3.35～3.95 m，平均3.50 m；煤层容重1.31 t/m^3；煤层倾角13°～17°，平均13°；回采工作面标高-720～-770 m；瓦斯压力2.85 MPa，瓦斯含量22.5 m^3/t。顶底板均为砂质泥岩，构造简单，可采储量90万t（采高按3.2 m，回采率按95%计算），瓦斯储量2 025万m^3。爆破掘进，回风巷、运输巷断面12.6 m^2，采用锚网梁+锚索支护。运输巷设计长度1 041 m，标高-770 m，回风巷设计长度1 065 m，标高-720 m。根据该矿示范化瓦斯综合治理规划及治理需要，运输巷和回风巷施工前，先施工运输巷和回风的高位瓦斯抽排巷，均沿己14煤层施工，巷道断面均为3.0 m×2.4 m（宽×高）。运输巷高位瓦斯抽排巷与运输巷平距40 m，位于运输巷下面，设计长度1 034 m；回风巷高位瓦斯抽排巷距回风巷平距30 m，位于回风巷下面，设计长度1 118.7 m。

己$_{15}$—31010运输巷工程平面示意图见图9-115，综合柱状图见及其参数见表9-31。

表9-31　综合柱状图及其参数

	层厚/m	累厚/m	柱状图	岩类、岩性描述
综合柱状图	8.0	8.0		砂质泥岩
	0.6	8.6		己$_{14}$煤层
	7.8	16.4		深灰色砂质泥岩
	3.5	19.9		己$_{15}$煤层
	1.5	21.4		灰黑到黑色泥岩
	1.65	23.05		己$_{16-17}$煤层
	2.0	25.05		灰黑色泥岩

9.5.5.2 实施方案及参数

运输巷高位瓦斯抽排巷位于己$_{15}$煤层上部的己$_{14}$煤层中，距运输巷平距40 m，垂距8 m。运输巷高位瓦斯抽排巷拐入正巷后开始施工高位预抽钻孔，运输巷高位瓦斯抽排巷打钻段长988 m。

（1）爆破孔爆破

从己$_{14}$煤层高位巷道设计下行孔，下行孔经过己$_{15}$—31010运输巷上部至己$_{16-17}$煤层底部，进行穿层深孔水压控制爆破。爆破后，在己$_{14}$高位巷与己$_{15}$运输巷之间沿巷道走向形成一个卸压面，对下部己$_{15}$煤层巷道产生卸压保护作用，如图9-116所示。值得注意的是，相邻两个爆破孔的倾角应不同，一个终孔位置在上帮的帮顶交接处，相邻的一个应在下帮的帮顶交接处，依次交换位置。爆破孔成立体状，这样可以全面卸压，避免地应力集中在巷道的一侧，且爆破孔应超前于掘进工作面50 m左右。

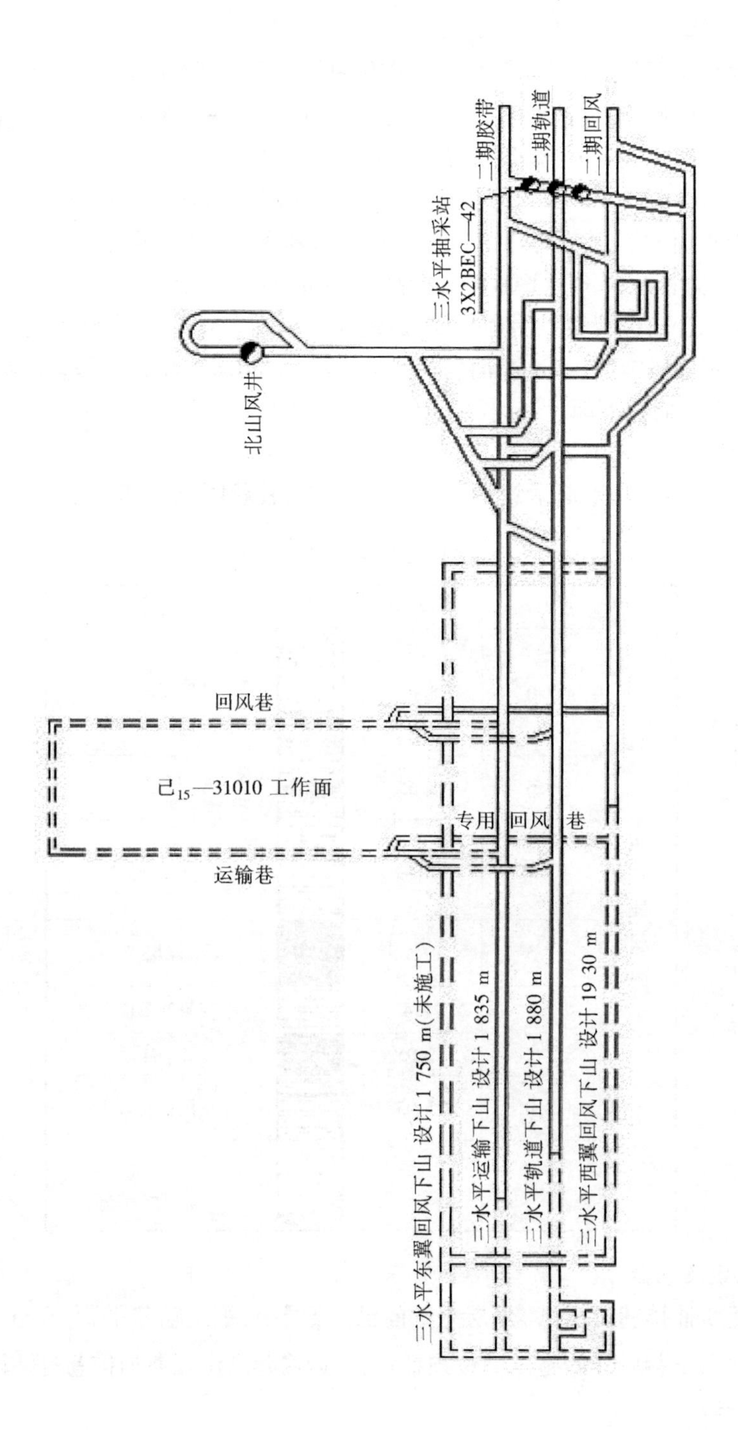

图 9-115　己$_{15}$—31010 运输巷工程平面示意图

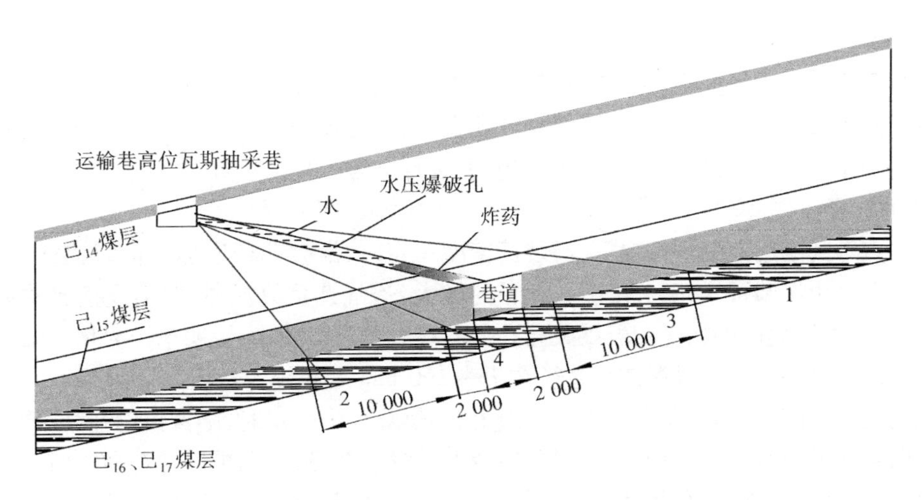

图 9-116　己$_{15}$—31010 运输巷高位巷深孔水压爆破剖面示意图

（2）控制孔导向、抽采

穿层深孔水压控制爆破后，爆破孔与控制孔接入瓦斯抽采系统，对下部煤层瓦斯进行预抽。此时，控制孔起到了一孔多用的作用，既可以作为爆破时的导向孔，又可进行抽采卸压。十二矿己$_{15}$—31010 穿层深孔水压控制爆破时的立体示意图、爆破示意图如图 9-117 和图 9-118 所示。

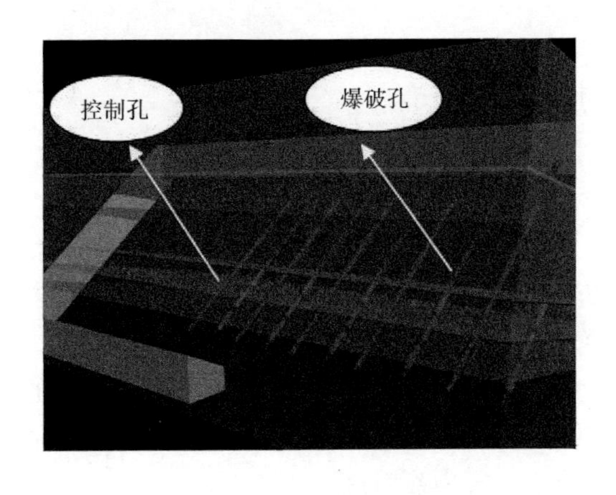

图 9-117　穿层深孔水压控制爆破立体示意图

图 9-118　爆破示意图

（3）药量

根据本矿实际情况，采用乳化炸药，单孔炸药量不小于 1.8 kg，首先使用 1.8 kg 炸药，然后分阶段增加炸药量考察爆破后的对比效果，每步增加炸药量 0.5 kg，单孔最大炸药量不超过 6 kg，通过比较最终确定有效的炸药量，十二矿的现场应用最终采用单孔 4 kg 的炸药量。

（4）注水工艺及参数

采用 5D—2/150 型煤层注水泵向穿层深孔水压控制爆破孔内注水，应不间断注水，并保证水在孔内渗流 1 h 左右后孔内仍能充满水。注水压力为 3 MPa，注水压力在不同煤层、不同区域稍有差异。

根据己$_{15}$—31010 煤层的裂隙和孔隙发育程度及水的静压，采用 DC—4.5/20 型水表，耐压 20 MPa，流量 4.5 m^3/h。注水压力表为 MCD—60 型，选择时考虑一定的富余系数，一般为干管静压的1.5倍。在连接每个钻孔的橡胶管和供水管之间安装水表和截止阀，干管上安装压力表，用以计量注水量及观测注水压力。

(5) 钻孔参数

钻孔的布置应遵循以下原则：Ⅰ.有利于形成破碎圈带和松动圈带；Ⅱ.尽可能使爆破影响范围大；Ⅲ.在保证卸压及防突的效果下，尽可能减少孔数，缩小孔径，增大一次爆破长度。根据以上原则，为达到充分的卸压、产生足够厚的卸压带的目的，要设计合理的技术参数。

① 孔径的选择

在采用多点等间隔起爆装药情况下，当装药密度一定时，爆破孔径增加一倍时，裂隙扩展长度也将增加1倍以上。由经验可知，随着爆破孔孔径的增大，透气性系数提高，但不成正比关系。当孔径达到一定值后，透气性提高的幅度随着爆破孔孔径的增大而逐渐减小，说明单纯靠增大爆破孔孔径来提高透气性效果是有限的。一般爆破孔直径在75～100 mm之间较为合理。

对于控制孔，在爆破孔与控制孔的水平连线上，当爆炸应力一定时，随着控制孔半径的增大，煤体所受拉应力以4次幂级数增加，也就是控制孔径越大，对裂隙的形成和扩展越有利。由于受打钻设备和工艺、安全等因素的限制，当孔径达到一定值后，再增大孔径会带来诸多不利因素。一般控制孔直径在89～100 mm，即可达到导向和补偿的目的。

② 爆破有效影响半径

水耦合装药爆破后，煤岩体中的透射应力波，沿炮孔径向向炮孔周围传播，其初始对煤岩产生的径向压力远大于其煤岩的动态抗压强度，煤岩受强烈压缩而呈粉碎性破坏，形成炮孔周围爆炸近区的粉碎区。

粉碎区的最终半径为：

$$R_c=\left(\frac{p_r}{N[\sigma_c]}\right)^{\frac{1}{\alpha}}r_b \tag{9-48}$$

式中 R_c——炮孔周围的压缩区半径；

α——$\alpha=2+\mu/(1-\mu)$；

$[\sigma_c]$——煤岩体的静态单轴抗压强度；

N——动态强度提高系数，有文献指出，在爆炸近区处于各向压缩状态的煤岩，其抗压强度约为静态单轴抗压强度的10倍，故取$N=10$。

破碎区内强烈压缩煤岩，应力波能量消耗很大，强度(压力)迅速衰减，粉碎区以外，煤岩中的径向压应力已不足使煤岩体压碎。但基于煤岩体的弱抗拉性，当由爆炸应力波传播过程中衍生出的切向拉应力值大于煤岩体的动态抗拉强度时，在粉碎区外形成了径向裂隙区。

裂隙区的范围为：

$$R_t=\left(\frac{\lambda p_r}{M[\sigma_t]}\right)^{\frac{1}{\alpha}}r_b \tag{9-49}$$

式中 σ_t——岩石的静态抗拉强度；

M——动态强度提高系数，但某些研究结果指出[76]，岩石的动态抗拉强度随加载应变率的变化很小，在岩石工程爆破的加载范围内可以认为等于静态抗拉强度，即取$M=1$。

代入相关数据，根据理论计算和数值模拟表明：当炮孔半径r取75 mm时，爆破后裂隙区半径可达到4.7 m左右。炮孔间距a应小于两相邻炮孔产生的裂隙区半径之和，即$a<2R_t$。实际布置炮孔时，爆破孔间距可取9 m左右。

③ 控制孔间距的选择

理论分析和数值模拟表明，在煤层条件一定时，随着孔间距的增大，透气性系数迅速降低，当孔间距达到一定值时，透气性已接近原始煤体，即孔间没有形成新的裂隙。反之，当孔间距减少时，透气性迅速上升，但孔间距越小，工程量就越大，成本也就越高。因此，应在保证良好的预裂效果的同时，尽可能加大孔间距。现场试验表明,当爆破孔径为75 mm、控制孔直径为89 mm时,贯通裂隙长度可达9 m,合理的孔间距应为2~3 m。

钻孔的布置,应综合考虑爆破前钻孔测定值及煤层结构等情况确定。一般爆破孔布置在工作面下半部,控制孔与爆破孔插花布置。控制孔的存在相当于在爆破孔周围增加了辅助自由面,相对缩小了爆破抵抗线的长度,使爆破更有利于形成更大范围的破碎圈带和松动圈带。本设计采用爆破孔和控制孔间隔布置,如图9-119所示。

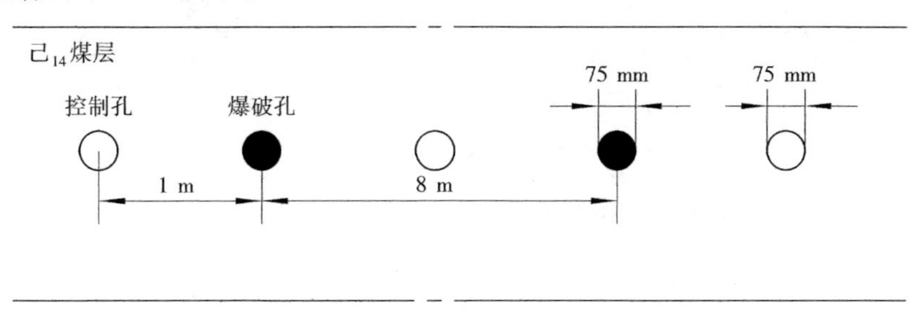

图9-119 爆破孔及控制孔分布示意图

(6) 装药及封孔工艺

生产实际中,由于炸药类型、炸药量及煤岩性变化,往往需要不同的装药结构与之相适应。深孔水压爆破由于爆破孔都比较长,为了安全起爆,采用PVC套管辅助装药,孔内敷设导爆索的方式。其装药结构为组内雷管按并联方式连接,组间雷管按串联方式连接,双炮头正向起爆,如图9-120所示。

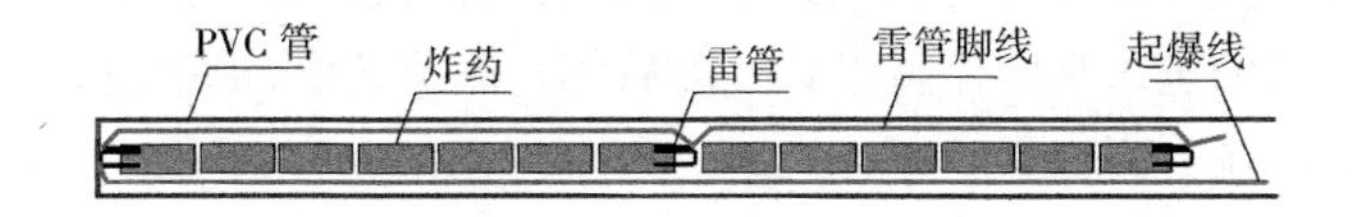

图9-120 装药结构示意图

控制爆破时炮孔的堵塞非常重要,堵塞可以阻止爆轰产物过早地从孔口逸出,延长其有效作用时间。鉴于这种情况,封孔设计为双材料封孔,在PVC管中用水封孔,从孔口向内1~1.5 m处使用黄泥、聚氨酯混合材料封口,装药及封孔示意图见图9-121。

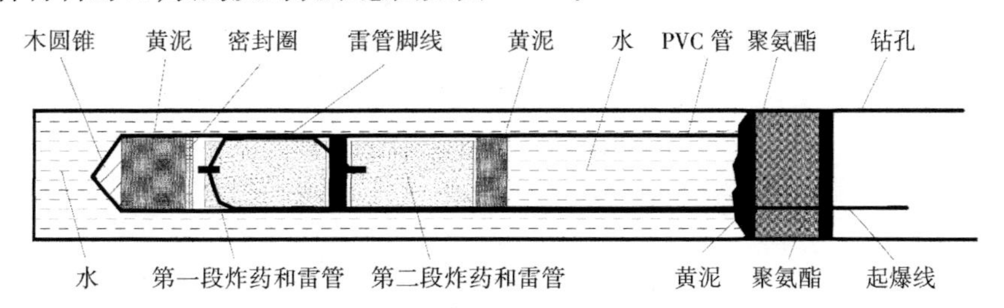

图9-121 装药及封孔示意图

9.5.5.3 试验效果

(1) 控制孔浓度的变化

在现场采用爆破前后控制孔浓度的变化值可以定性地分析爆破效果,并可以用来衡量爆破影响范围。即在实施爆破前测量控制孔稳定的瓦斯涌出浓度 C_1,爆破后每隔半小时测量控制孔涌出瓦斯的浓度,取其平均值 C_2。根据控制孔各点的浓度变化,可知爆破效果的好坏,又可得出浓度变化与钻孔间距大小的一般性规律,如图9-122所示。

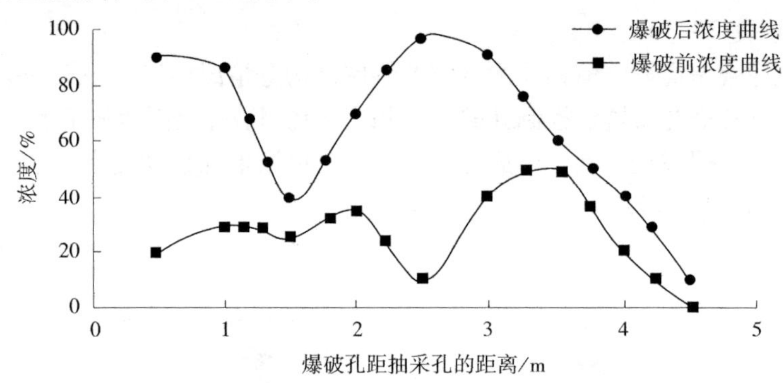

图9-122　水压爆破前后观测孔浓度变化范围图

根据图9-122可直观地看到爆破前后控制孔的抽采浓度有了显著增大,并可近似得出水压爆破影响范围为4.5 m左右。现场测得的影响半径与数值模拟、理论分析的结果是相吻合的。

(2) 运输巷q、S值及偏离值d变化曲线

根据《防突规定》第七十六条及平煤[1999]84号文件规定,结合己$_{15}$煤层的瓦斯地质情况,该工作面进行突出危险性预测的预测指标采用q值和S值两项指标,其中:

q值(瓦斯涌出初速度)临界值取3 L/min;

S值(钻屑量指标)临界值取5 kg/m。

研究及实践认为,目前该两项指标在十二矿己七采区是比较敏感的指标,而且上述临界值也是比较准确的。通过现场实测的进入水压控制爆破区前后的q值及S值,绘制图9-123、图9-124、图9-125可直观得出q值及S值的显著变化。

q值的偏离值:

$$偏离值\,q=\frac{q\,值观测值-q\,值临界值}{q\,值临界值}\times 100\% \tag{9-50}$$

S值的偏离值:

$$偏离值\,S=\frac{S\,值观测值-S\,值临界值}{S\,值临界值}\times 100\% \tag{9-51}$$

偏离值d:

$$偏离值\,d=\frac{偏离值\,q-偏离值\,S}{2} \tag{9-52}$$

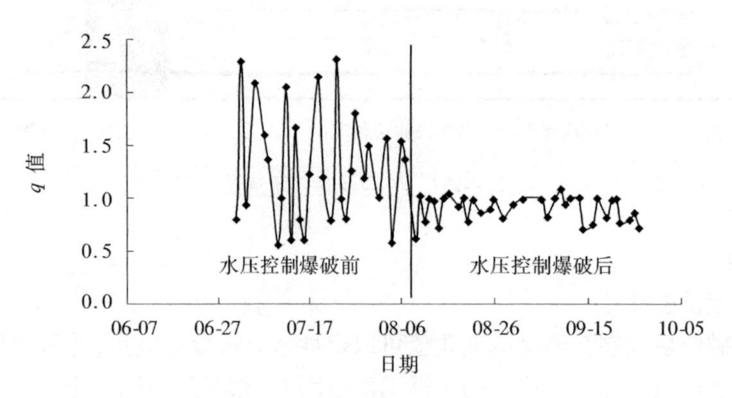

图9-123　q值变化曲线图

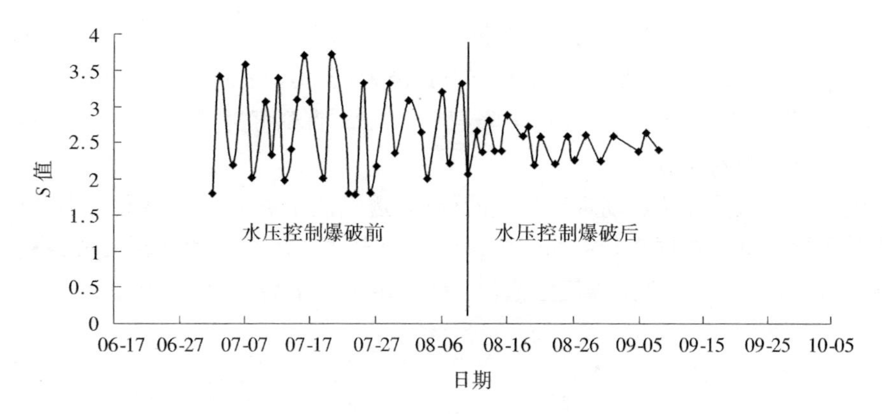

图 9-124　*S* 值变化曲线图

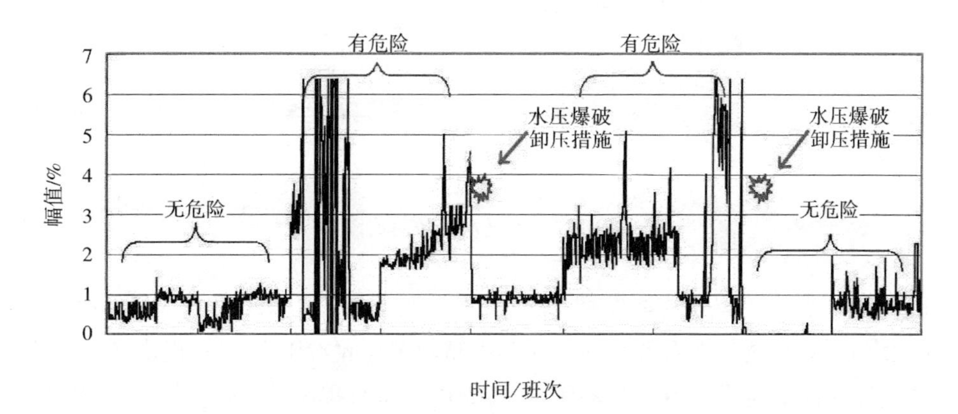

图 9-125　偏离值 *d* 变化曲线图

由以上各图可以看出从 8 月份开始试验后，工作面危险性效检预测指标超标的比例大大减低，变化幅度降低，对严重喷孔、夹钻等突出现象起到了明显的控制作用

(3) 瓦斯压力变化记录

如图 9-126 所示，煤层原始瓦斯压力为 2.85 MPa，水压控制爆破后，待压力稳定时对运输巷 1[#]孔、2[#]孔、3[#]孔进行综合瓦斯压力测定，其值分别为 0.3 MPa、0.2 MPa、0.2 MPa。

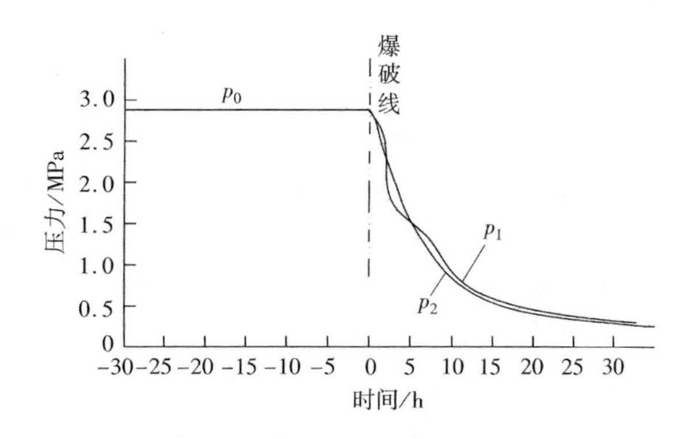

图 9-126　爆破前后瓦斯压力变化图

p_0——实施水压爆破前煤层瓦斯压力；

p_1，p_2——实施水压爆破后，观测孔 1[#]孔、2[#]孔煤层瓦斯压力从以上数据和变化图可以明显看出,水压控制爆破后煤层瓦斯压力大幅度下降。以1#孔瓦斯压力p_1的变化进行说明:爆破20 min后1#孔瓦斯压力p_1由2.85 MPa下降到2.74 MPa,40 min后下降到2.61 MPa,10 h后下降到0.95 MPa,30 h后下降到0.3 MPa,直到掘进工作面接近1#孔时下降到零。

(4) 煤层透气性系数对比分析

煤层透气性系数是煤层瓦斯流动难易程度的标志,透气性系数提高的幅度大小是衡量深孔水压控制爆破效果的重要指标。根据实验室相似模拟试验导出钻孔瓦斯流动计算公式,将各钻孔实际测定的参数值输入计算机程序,计算出透气性系数。每孔取加权平均值,结果见图9-127。

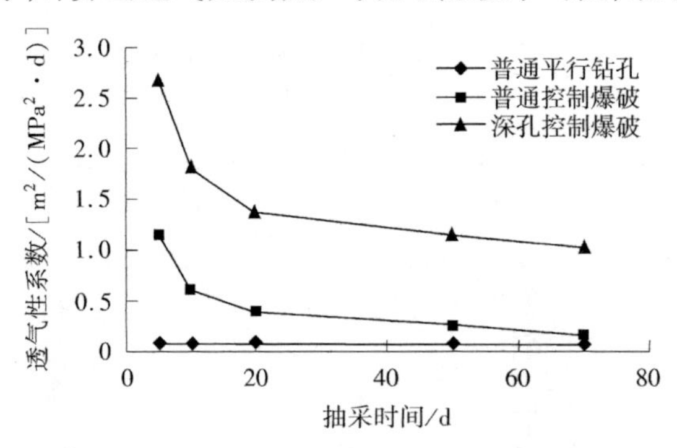

图9-127　透气性系数对比图

从图9-127可知,普通平行钻孔抽采时,煤层透气性系数平均为0.070 7×10^{-2}($m^2/MPa^2\cdot d$);普通控制爆破(无水)后煤层透气性系数平均为0.512 33×10^{-2}($m^2/MPa^2\cdot d$),提高了7.3倍;水压控制爆破后煤层透气性系数平均为1.603 25×10^{-2}($m^2/MPa^2\cdot d$),提高了22.7倍,最大提高了36.2倍。这说明实施深孔水压控制爆破后,煤体内的裂隙增加并扩展,形成了较大范围的裂隙网,提高了煤层瓦斯的抽采率。

9.6　本章小结

本章探讨了煤矿瓦斯动力灾害预测技术,研究了保护层开采过程中采场的时空演化规律和应力空间分布规律,阐述了煤矿区域瓦斯抽采方法,提出了煤矿瓦斯区域时空协同抽采模式及效果评价体系,可以得出如下结论:

(1) 煤矿瓦斯动力灾害的影响因素复杂,现行的突出危险性指标都能一方面或多方面反映瓦斯动力灾害危险性,但是任何一个指标都不能全面而准确地反映危险性的大小。通过将采掘工作面生产过程中的多种现象、测试结果等进行综合分析,可以实现煤矿瓦斯动力灾害的多元信息综合预测,提高预测的准确性。多元信息耦合预测技术是瓦斯动力灾害预测技术的重要发展方向之一,该技术还需要进一步攻关,实现智能化、自动化,开展大数据分析,提高预测准确性和及时性。

(2) 通过将采掘工作面生产过程中的多种现象、测试结果等综合分析,提出了煤矿瓦斯动力灾害的多元信息耦合预测方法,实现了预测参数定性指标与定量指标的有机结合,提高了预测的准确性。

(3) 煤矿区域瓦斯治理是一种区域性瓦斯治理技术措施,是在煤与瓦斯突出煤层开采过程中,由安全区域向不安全区域施工瓦斯治理工程,进而均匀有效地降低不安全区域的瓦斯含量和瓦斯压力,区域性消除煤与瓦斯突出危险性。长期理论研究和突出危险煤层的开采实践证明,开采保护层和预抽煤层瓦斯是有效防治煤与瓦斯突出的区域性措施。

(4) 保护层开采是通过在突出矿井的煤层群中首先开采非突出危险煤层,使得被保护层(突出煤层）内的瓦斯有效得到释放，从而降低被保护层瓦斯突出危险性，一般分为上保护层开采和下保护层开采两种方式。当煤层间垂距较大时，由于卸压强度较小，应结合人工抽采瓦斯，加速并扩大保护作用。

（5）基于瓦斯三维流动的下伏围岩“三带五区”的划分，即沿纵向分为三维卸压带、一维卸压带和原始应力带，沿横向分为原始应力区、压缩区、膨胀区、恢复区和压实区，以及采场“四层空间”分布模型，即在采场周围由远及近依次为原始区、增压区、卸压区、压实区，从力学角度进行远近距离煤层群划分，提出了“低位钻孔抽采底板升浮瓦斯、通风系统优化引流排放瓦斯、高位钻孔抽采卸压瓦斯”的近距离煤层群开采上保护层“三位立体”分源卸压瓦斯综合治理技术。

（6）钻孔预抽是国内外目前抽采开采层瓦斯的主要方式，有地面预抽和井下预抽两种。地面钻孔抽采方式即由地面向开采层打钻抽采瓦斯，有条件的矿区应优先选用此措施。井下布孔抽采方式在不同矿井的技术参数、效果特点并不完全相同，基本方式分为穿层钻孔和顺层钻孔两种。

（7）实现煤矿瓦斯抽采区域划分，将瓦斯抽采区域划分为生产区、准备区和规划区；以瓦斯含量为指标，为瓦斯抽采区域划分提供依据；三区抽采比例可以动态调整，互为补充；提出煤矿瓦斯区域时空协同抽采模式：井上下联合、三区联合、卸压与抽采结合；规划区实施地面井引导式高浓度抽采，准备区实施井下长钻孔递进网络化抽采，生产区实施主动式钻孔递进协同抽采。

（8）提出了矿井瓦斯抽采效果分析的方法，结合陕西彬长矿区对井下瓦斯抽采钻孔进行了设计，形成了采前瓦斯预抽和卸压后瓦斯抽采优势钻孔并建立了井下钻孔的抽采效果评价体系。

（9）研究了穿层深孔水压控制爆破技术，运用 ANSYS/LS—DYNA 程序中的 ALE 算法，分别模拟了不同缓冲介质爆破时的应力传播及位移发生的情况，并成功用于平煤股份十二矿瓦斯动力灾害的防治，研究确定了穿层深孔水压控制爆破的形式，破解了局部卸压增透难题，为高瓦斯、高应力、低透气性煤层提供了一种整体卸压、增透的新途径。

参考文献

[1] 关维娟，张国枢，赵志根，等. 煤与瓦斯突出多指标综合辨识与实时预警研究[J]. 采矿与安全工程学报，2013，30(6)：922-929.

[2] 程远平，俞启香. 中国煤矿区域性瓦斯治理技术的发展[J]. 采矿与安全工程学报，2007(4)：383-390.

[3] 国家安全生产监督管理局，国家煤矿安全监察局. 煤矿安全规程：2016[S]. 北京：煤炭工业出版社，2016.

[4] 林柏泉. 矿井瓦斯防治理论与技术[M]. 徐州：中国矿业大学出版社，2010.

[5] 蔡毅，蒲家全，李秋林. 煤层突出危险性鉴定指标分析[J]. 矿业安全与环保，2011，38(4)：87-88.

[6] 周秀红，杨胜强，胡新成，等. 煤与瓦斯突出鉴定的现状及建议[J]. 煤矿安全，2011，42(1)：116-118.

[7] 刘明举，孟磊，魏建平，等. 我国煤与瓦斯突出特征及其对策[J]. 河南理工大学学报(自然科学版)，2009，28(6)：700-704.

[8] 蒋承林，高艳忠，陈松立，等. 矿井瓦斯动力灾害的分级与分级鉴定指标的研究[J]. 煤炭学报，2007，32(2)：159-162.

[9] 仇海生，曹垚林，都锋，等. 钻孔瓦斯涌出初速度指标的影响因素分析[J]. 煤矿安全，2010，41(4)：99-101.

[10] 凡海东，蔡成功，王尧，等. 钻孔瓦斯涌出初速度 q 的数学模型建立[J]. 煤矿安全，2012，43(2)：

112-115.
[11] 刘海波,程远平,王海锋,等.突出煤层卸压前后钻孔瓦斯涌出初速度的变化规律[J].采矿与安全工程学报,2009,26(2):225-228.
[12] 袁崇孚.我国瓦斯地质的发展与应用[J].煤炭学报,1997,22(6):566-571.
[13] 王恩营.高瓦斯矿井煤与瓦斯突出区域预测瓦斯地质方法[J].煤矿安全,2006,37(10):42-44.
[14] 吕有厂,高建成,代志旭,等.煤与瓦斯突出预兆分析及对策[J].煤矿开采,2012,17(2):99-101.
[15] 赵延旭.基于瓦斯涌出动态变化特征的多元信息耦合预测技术研究[D].徐州:中国矿业大学,2011.
[16] 王文超.突出危险性多元信息耦合监测预警技术研究[D].徐州:中国矿业大学,2009.
[17] 林传兵.瓦斯煤层突出危险性多元信息耦合预测预报技术研究[D].徐州:中国矿业大学,2008.
[18] 杨润全.深井中厚煤层突出预测敏感指标临界值研究[J].安徽理工大学学报(自然科学版),2011,31(3):40-43.
[19] 孙文标,尚政杰.赵家寨矿揭煤工作面突出预测敏感指标的研究[J].煤矿安全,2017,48(1):17-20.
[20] 李成武,何学秋.工作面煤与瓦斯突出危险程度预测技术研究[J].中国矿业大学学报,2005,34(1):71-76.
[21] 谷守生.基于"三率法"对突出敏感指标及其临界值的确定[J].内蒙古煤炭经济,2014(6):135-136.
[22] 杨明军.基于"三率法"煤巷掘进突出预测敏感指标的确定[J].煤炭技术,2014,33(7):43-45.
[23] 杨亚黎.顶板高位走向钻孔瓦斯抽采效果分析及技术优化[J].煤炭工程,2014,46(3):52-54.
[24] 程远平,俞启香.煤层群煤与瓦斯安全高效共采体系及应用[J].中国矿业大学学报,2003,32(5):471-475.
[25] 王应德.近距离上保护层开采瓦斯治理技术[J].煤炭科学技术,2008,36(7):48-50,100.
[26] 刘洪永,程远平,赵长春,等.保护层的分类及判定方法研究[J].采矿与安全工程学报,2010,27(4):468-474.
[27] 罗文柯.上覆巨厚火成岩下煤与瓦斯突出灾害危险性评估与防治对策研究[D].长沙:中南大学,2010.
[28] 汪有清.底抽巷上向穿层钻孔抽采远程卸压瓦斯技术研究[D].淮南:安徽理工大学,2006.
[29] 刘明举,王冕,李波,等.开采保护层的效果评价研究[J].煤炭科学技术,2011,39(1):61-64.
[30] 翟成.近距离煤层群采动裂隙场与瓦斯流动场耦合规律及防治技术研究[D].徐州:中国矿业大学,2008.
[31] 杨威.煤层采场力学行为演化特征及瓦斯治理技术研究[D].徐州:中国矿业大学,2013.
[32] 杨威,林柏泉,屈永安,等.煤层采动应力场空间分布的数值模拟研究:2010(沈阳)国际安全科学与技术学术研讨会论文集[C].沈阳:[出版者不详],2010.
[33] YANG W,LIN B Q,QU Y A,et al. Mechanism of strata deformation under protective seam and its application for relieved methane control[J]. International Journal of Coal Geology,2011,85(3/4):300-306.
[34] YASITLI N E,UNVER B. 3D numerical modeling of longwall mining with top-coal caving[J]. International Journal of Rock Mechanics and Mining Sciences,2005,42(2):219-235.
[35] DAMJANAC B,FAIRHURST C,BRANDSHAUG T. Numerical Simulation of the Effects of Heating On the Permeability of a Jointed Rock Mass:9th International Congress on Rock Mechanics[C]. Paris:

[s. n.],1999.

[36] 杨威,林柏泉,吴海进,等."强弱强"结构石门揭煤消突机理研究[J]. 中国矿业大学学报,2011,40(4):517-522.

[37] BAGHBANAN A, JING L. Stress effects on permeability in a fractured rock mass with correlated fracture length and aperture[J]. International Journal of Rock Mechanics and Mining Sciences,2008,45(8):1320-1334.

[38] 范晓刚,王宏图,胡国忠,等. 急倾斜煤层俯伪斜下保护层开采的卸压范围[J]. 中国矿业大学学报,2010,39(3):380-385.

[39] 胡国忠,王宏图,李晓红,等. 急倾斜俯伪斜上保护层开采的卸压瓦斯抽采优化设计[J]. 煤炭学报,2009(1):9-14.

[40] 周世宁,林柏泉. 煤层瓦斯赋存与流动理论[M]. 北京:煤炭工业出版社,1999.

[41] BAE J S, BHATIA S K. High-Pressure Adsorption of Methane and Carbon Dioxide on Coal[J]. Energy and Fuels,2006, 20(6):2599-2607.

[42] 谢广祥,王磊. 采场围岩应力壳力学特征的工作面长度效应[J]. 煤炭学报,2008,33(12):1336-1340.

[43] 谢广祥. 采高对工作面及围岩应力壳的力学特征影响[J]. 煤炭学报,2006,31(1):6-10.

[44] 谢广祥. 综放工作面及其围岩宏观应力壳力学特征[J]. 煤炭学报,2005,30(3):309-313.

[45] 谢广祥,杨科. 采场围岩宏观应力壳演化特征[J]. 岩石力学与工程学报,2010,29(增刊1):2676-2680.

[46] 钱鸣高,缪协兴,许家林. 资源与环境协调(绿色)开采[J]. 煤炭学报,2007,32(1):1-8.

[47] 许家林,钱鸣高. 地面钻井抽采上覆远距离卸压煤层气试验研究[J]. 中国矿业大学学报,2000,29(1):78-81.

[48] 许家林,钱鸣高. 岩层采动裂隙分布在绿色开采中的应用[J]. 中国矿业大学学报,2004,33(2):141-144.

[49] 国家安全生产监督管理总局. 保护层开采技术规范[S]. 北京:煤炭工业出版社, 2009.

[50] 郭玉森,林柏泉,吴海进,等. 回采工作面瓦斯涌出分布规律的研究[J]. 华北科技学院学报,2007,4(1):5-7.

[51] 郭玉森,林柏泉,周业彬,等. 回采工作面瓦斯涌出分布规律[J]. 煤矿安全,2007,38(12):66-68.

[52] 卫修君,林柏泉. 煤岩瓦斯动力灾害发生机理及综合治理技术[M]. 北京:科学出版社,2009.

[53] 周蒲生,吕国金,李正乾,等. 老虎台矿煤层瓦斯地质特征分析[J]. 煤矿安全,1999,30(7):32-34.

[54] 李国富,何辉,刘刚,等. 煤矿区煤层气三区联动立体抽采理论与模式[J]. 煤炭科学技术,2012,40(10):7-11.

[55] 王永敬. 钻屑瓦斯解吸指标逆向推算煤层瓦斯含量[J]. 煤炭技术,2015,34(12):147-149.

[56] 武华太. 煤矿区瓦斯三区联动立体抽采技术的研究和实践[J]. 煤炭学报,2011,36(8):1312-1316.

[57] 李子文. 低阶煤的微观结构特征及其对瓦斯吸附解吸的控制机理研究[D]. 徐州:中国矿业大学,2015.

[58] 徐龙仓. 提高单一低透气性厚煤层瓦斯抽采效果技术对策[J]. 中国煤层气,2009,6(1):28-30.

[59] 梁建民,韩关桥,谭建军. 煤矿瓦斯抽采技术的应用对比[J]. 煤炭与化工,2014,37(9):4-6.

[60] 李海贵. 递进式瓦斯抽采技术的研究及应用[J]. 矿业安全与环保,2009,36(6):58-60.

[61] 秦明武. 控制爆破[M]. 北京:冶金工业出版社,1993.
[62] 龙维祺. 特种爆破技术[M]. 北京:冶金工业出版社,1993.
[63] 何广沂. 工程爆破新技术[M]. 北京:中国铁道出版社,2000.
[64] 王晓雷. 水压爆破装药参数理论分析及实验研究[D]. 唐山:河北理工学院,2004.
[65] 林刚,何川. 连拱隧道施工全过程地层沉降三维数值模拟[J]. 公路,2004,49(3):136-140.
[66] 颜事龙,徐颖. 水耦合装药爆破破岩机理的数值模拟研究[J]. 地下空间与工程学报,2005,1(6):921-924.
[67] 张云鹏. 炮孔水压爆破及其应用[J]. 爆破器材,1997(2):21-26.
[68] 朱光阔. 利用爆破技术在穿层瓦斯抽采时的爆轰压力分析[D]. 北京:北京科技大学,2006.
[69] 石必明,俞启香. 低透气性煤层深孔欲裂控制松动爆破防突作用分析[J]. 建井技术,2002,23(5):27-30.
[70] 林柏泉,何学秋. 煤体透气性及其对煤和瓦斯突出的影响[J]. 煤炭科学技术,1991(4):50-53.
[71] 林柏泉. 深孔控制卸压爆破及其防突作用机理的实验研究[J]. 阜新矿业学院学报(自然科学版),1995(3):16-21.
[72] 胡殿明,林柏泉. 煤层瓦斯赋存规律及防治技术[M]. 徐州:中国矿业大学出版社,2006.
[73] LEE E, FINGER M, COLLINS W. JWL Equation of State coefficients for high explosives[R]. San Francisco:Lawrence Livermore Laboratory,1973.
[74] 李翼祺,马素贞. 爆炸力学[M]. 北京:科学出版社, 1992.